가장 빠른 지름길!

철도교통
안전관리자

한권으로 끝내기

SD에듀
㈜시대고시기획

Always with you

사람이 길에서 우연하게 만나거나 함께 살아가는 것만이 인연은 아니라고 생각합니다.
책을 펴내는 출판사와 그 책을 읽는 독자의 만남도 소중한 인연입니다.
SD에듀는 항상 독자의 마음을 헤아리기 위해 노력하고 있습니다.
늘 독자와 함께하겠습니다.

머리말

교통안전에 관한 전문적인 지식과 기술을 가진 자에게 자격을 부여하여 운수업체 등에서 교통안전업무를 전담하게 함으로써 교통사고를 방지하고 국민의 생명과 재산 보호에 기여하기 위해 한국교통안전공단에서는 5개 분야(도로, 철도, 항공, 항만, 삭도)의 교통안전관리자 자격시험을 시행하고 있다.

이 책은 그중에서도 철도 분야의 철도교통안전관리자 자격증을 취득하려는 사람들을 대상으로 출제기준에 맞게 필수과목인 교통안전관리론, 철도공학, 열차운전(선택과목), 교통법규 이론을 설명하고 있다.

이론의 각 장을 자세하게 설명함은 물론 시험문제를 대비할 수 있도록 적중예상문제를 이론 뒤에 함께 수록했다. 또한 개정된 법령 부분도 완벽하게 반영되었다.

철도교통안전관리자 시험을 준비하는 모든 수험생들에게 조금이라도 도움이 되고자 하는 마음에서 이 책을 출간하게 되었다. 미흡한 부분은 앞으로 수정 · 보완하여 더 좋은 책을 만들고자 한다.

이 책이 철도교통안전관리자 시험을 준비하는 모든 사람들에게 도움이 되길 바란다. 끝으로 수험생 모두에게 좋은 결과가 있기를 기원한다.

편저자 씀

개 요

철도교통안전에 관한 전문적인 지식과 기술을 가진 자에게 자격을 부여하여 운송업체 등에서 철도교통안전업무를 전담하게 함으로써 교통사고를 미연에 방지하고, 국민의 생명과 재산 보호에 기여하도록 하기 위해 철도교통안전관리자 자격시험을 시행하고 있다.

직 무

1. 교통안전관리규정의 시행 및 그 기록의 작성 · 보존
2. 교통수단의 운행과 관련된 안전점검의 지도 및 감독
3. 선로조건 및 기상조건에 따른 안전운행에 필요한 조치
4. 교통수단 차량을 운전하는 자 등의 운행 중 근무상태 파악 및 교통안전 교육 · 훈련의 실시
5. 교통사고원인조사 · 분석 및 기록 유지
6. 교통수단의 운행상황 또는 교통사고상황이 기록된 운행기록지 또는 기억장치 등의 점검 및 관리

필기시험 안내

▎**시행처** : 한국교통안전공단(lic.kotsa.or.kr)

▎**취득 대상자** : 차량 등의 안전한 운행을 위해 교통안전관리지기 되려는 자

▎**시험과목**

필수과목	문항 수	선택과목	문항 수
교통법규 • 교통안전법 • 철도산업발전기본법 • 철도안전법	50문항	열차운전, 전기이론, 철도신호 중 택일	25문항
교통안전관리론	25문항		
철도공학	25문항		

※ 교통법규는 법 · 시행령 · 시행규칙 모두 포함(법규과목의 시험범위는 시험 시행일 기준으로 시행되는 법령에서 출제됨)
※ 교통안전법은 총칙, 제3장 및 제5장 이하의 규정 중 교통수단운영자에게 적용되는 규정과 관련된 사항만을 말함

▌시험일정

원서 접수 기간	시험장소	시험일자
1.19(금) 10:00부터 시험 7일 전 18:00까지	한국교통안전공단 14개 CBT 시험장 (서울, 수원, 화성, 대전, 대구, 부산, 광주, 인천, 춘천, 청주, 전주, 창원, 울산, 제주)	2.19(월)~2.23(금), 4.22(월)~4.26(금), 6.24(월)~6.28(금) ※ 화성시험장 및 제주시험장은 타 시험 일정으로 인하여 화 · 목만 운영

▌시험시간

구분	1회차 (오전)	2회차 (오후)	3호차 (오후/예비)	과목	문항 수 (배점)	비고
1교시	09:20~10:10 (50분)	13:20~14:10 (50분)	16:20~17:10 (50분)	교통법규	50문항 (2점)	• 교통안전법 : 10문제 • 기타 법규 : 40문제
휴식	10:10~10:30 (20분)	14:10~14:30 (20분)	17:10~17:30 (20분)			–
2교시	10:30~11:45 (75분)	14:30~15:45 (75분)	17:30~18:45 (75분)	• 교통안전관리론 • 분야별 필수과목 • 선택과목	각 25문항 (4점)	과목당 25분 ★면제과목을 제외한 본인응시 과목만 응시 후 퇴실

※ 교통안전법 및 기타 법규의 문제 수가 1~3개의 범위 내에서 변경될 수 있음(전체 문제 수는 50문제 동일)

▌**합격기준 : 응시 과목마다 40% 이상을 얻고, 총점의 60% 이상을 얻은 자**

▌**합격자 발표 : 시험 종료 직후 합격자 발표**

시험일정 및 장소, 응시가능 인원 등은 변경될 수 있으므로, 변동사항은 TS국가자격시험 홈페이지(lic.kotsa.or.kr)에서 확인하시기 바랍니다.

응시자격

| 제한 없음 다만, 교통안전법 제53조제3항에 규정된 결격사유의 어느 하나에 해당하는 자는 자격취득 불가

| 결격사유

- 피성년후견인 또는 피한정후견인
- 금고 이상의 실형을 선고받고 그 집행이 종료(집행이 종료된 것으로 보는 경우를 포함)되거나 면제된 날부터 2년이 지나지 아니한 자
- 금고 이상의 형의 집행유예를 선고받고 그 유예기간 중에 있는 자
- 교통안전관리자 자격의 취소 등(법 제54조)의 규정에 따라 교통안전관리자 자격의 취소처분을 받은 날부터 2년이 지나지 아니한 자. 다만, 피성년후견인 또는 피한정후견인에 해당하여 자격이 취소된 경우는 제외

접수대상 및 접수방법

| 인터넷 및 방문접수 : 모든 응시자

- 방문접수자는 응시하고자 하는 지역으로 방문
- 취득 자격증별로 제출서류가 상이하므로 면제기준을 참고하여 제출
- 자격증에 의한 일부 면제자인 경우 인터넷 접수 시 상세한 자격증 정보를 입력하여야 하고, 방문접수 시 반드시 해당 증빙서류(원본 또는 사본)를 지참

※ 현장 방문접수 시에는 응시 인원마감 등으로 시험접수가 불가할 수도 있사오니 가급적 인터넷으로 시험 접수현황을 확인하시고 방문해주시기 바랍니다.

시험의 일부 면제 대상자와 면제되는 시험과목 (교통안전법 시행령 [별표 7])

면제 대상자	면제되는 시험과목
석사학위 이상 소지자로서 대학 또는 대학원에서 시험과목과 같은 과목을 B학점 이상으로 이수한 자	시험과목과 같은 과목 (교통법규는 제외)
다음 중 어느 하나에 해당하는 자 • 국가기술자격법에 따른 철도차량산업기사 이상의 자격이 있는 자 • 국가기술자격법에 따른 철도차량정비기능사 · 철도토목기능사 · 철도운송기능사 또는 철도전기신호기능사 이상의 자격이 있는 자 중 해당 분야의 실무에 3년 이상 종사한 자 • 국가기술자격법에 따른 산업안전산업기사 이상의 자격이 있는 자 • 철도안전법에 따른 철도차량 운전면허 취득자	선택과목 및 국가자격 시험과목 중 필수과목과 같은 과목 (교통법규는 제외)

※ 국가자격 시험과목 중 '철도차량공학'은 철도교통안전관리자의 시험과목인 '철도공학'과 같은 과목으로 본다.

제출서류(원서접수일 기준 6개월 이내 발행분에 한함)

▍공통제출서류 : 전과목 응시자 및 일부 과목 면제자

- **응시원서**(사진 2매 부착) : 최근 6개월 이내 촬영한 상반신(3.5×4.5cm)
- **인터넷 접수 시 사진 형식** : 10MB 이하의 jpg 파일로 등록
- **응시수수료** : 20,000원
  - 접수기간 내 전액 환불

일부 과목 면제자의 제출서류

구 분		인터넷 접수	방문 접수
국가기술자격법에 따른 자격증 소지자	제출방법	• 자격증 정보 입력 • 파일 첨부(추가 서류 제출자)	• 자격증 원본 지참 및 사본 제출 • 추가 서류 원본 제출
	제출 서류	• 자격증 • 자격취득사항확인서 1부	• 경력증명서(공단서식) 및 고용보험가입증명서 각 1부 • 자동차관리사업등록증 1부
석사학위 이상 취득자	제출방법	• 파일첨부	• 원본 제출
	제출 서류	• 해당 학위증명서 1부　　• 성적증명서 1부 ※ 석사학위 이상 소지자로서 대학 또는 대학원에서 면제받고자 하는 시험과목과 같은 과목을 B학점 이상으로 이수한 자(교통법규는 제외) ※ 시험과목과 이수한 과목의 명칭이 정확히 일치하지 않을 경우 해당 과목의 강의계획서를 제출하여 검토 후 면제 가능	

자격증 발급

- **신청대상** : 합격자
- **자격증 신청방법** : 인터넷 · 방문신청
- **자격증 교부 수수료** : 20,000원(인터넷의 경우 우편료 포함하여 온라인 결제)
- **신청서류** : 교통안전관리자 자격증 발급신청서 1부(인터넷 신청의 경우 생략)
- **자격증 인터넷 신청** : 신청일로부터 5 ~ 10일 이내 수령 가능(토 · 일요일, 공휴일 제외)
- **자격증 방문 발급** : 한국교통안전공단 전국 14개 지역별 접수 · 교부장소
- **준비물** : 신분증(모바일 운전면허증 제외), 후견등기사항부존재증명서, 수수료

목 차

PART 01

교통안전관리론

교통안전관리 일반

제1절 교통안전관리의 개념

1. 교통안전관리의 의의 및 내용

(1) 교통안전관리의 의의

① 교통안전관리란 교통수단을 이용하여 사람과 물자를 장소적으로 이동시키는 과정에서 위험요인이 없는 것을 뜻한다. 즉, 교통수단의 운행과정에서 안전운행에 위험을 주는 외적 또는 내적요소를 사전에 제거하여 교통사고를 미연에 방지함으로써 인명과 재산을 보호하며 개인의 건강과 사회복지증진을 도모하는 것이다.

② 교통안전관리란 교통안전을 확보하기 위하여 계획, 조직, 통제 등의 제기능을 통하여 각종 자원을 교통안전의 제활동에 배분, 조정, 통합하는 과정을 말한다. 즉, 사고위험요소가 존재치 못하도록 관리 또는 통제하는 일련의 수단과 방법을 말한다.

③ 교통안전의 목적은 인명의 존중, 사회복지증진, 수송효율의 향상, 경제성의 향상 등에 있다.

④ 교통안전관리의 대상별로 세분화하면 운전자관리, 자동차관리, 운행관리, 도로 환경관리, 직장 환경관리, 노무관리, 운수업체관리 등으로 구분할 수 있다.

⑤ 교통안전의 확보는 교통의 3요소인 도로, 자동차, 운전자의 안전성의 확보이다.

⑥ 교통안전이란 화물의 안전이 동시에 보장되도록 통제를 가하여 정상적으로 진행시키는 행위라는 점에서는 산업안전의 한 특수분야라고 할 수 있다.

(2) 교통안전관리업무의 주요 내용

① 도로환경의 안전관리

도로의 증설·확장·포장·정비, 교차로와 철도 건널목의 입체화, 보도와 차도의 구별, 표지, 기타 안전시설의 설치·개선 등과 사고 다발지점에 대한 교통안전, 공학적 견지에서의 도로와 안전시설의 개선 및 교통규제 등이 포함된다.

② 자동차의 안전관리

차량의 구입, 검사, 등록, 세금, 보험 등 기타 공과금의 부담, 정비, 점검 등이 포함된다.

③ 운전자의 안전관리

관리자의 눈이 잘 미치지 아니하는 특수한 관리업무이므로 그 특수한 조건에 알맞은 관리수단이나 방법을 사용해야 한다.

교통안전관리의 주요업무
① 교통안전계획
② 운전자 선발관리
③ 운전자 교육훈련관리
④ 자동차 안전관리
⑤ 운전자 및 종업원의 안전관리
⑥ 근무시간 외 안전관리
⑦ 교통안전의 지도감독
⑧ 지속적 교통안전 의식

2. 교통안전관리의 특성(운전자를 관리하는 회사 차원에서)

(1) 교통안전관리는 종합성 · 통합성이 요구된다.

① 교통안전관리대상이 사람, 자동차, 도로, 교통환경 등으로 복잡하기 때문에 종합적인 접근방법이 요구된다.
② 기업 내의 다른 부서와 협조가 있어야 교통안전 업무를 효율적으로 수행할 수 있기 때문에 통합성이 요구된다.

(2) 노무 · 인사관리부문과의 관계성이 깊다.

① 운전자관리를 위해서는 노동조합의 협조가 필연적 조건이고, 우선적으로 신상필벌을 엄격히 적용해야 신뢰를 받을 수 있다.
② 사원의 복리후생시설, 불합리한 제도의 개선을 통하여 종업원의 사기를 증진시켜야 한다.

(3) 교통안전에 대한 투자는 회사의 발전에 긴요하다.

① 교통안전확보를 통하여 경비절감(유류, 타이어, 부품마모율 감소, 사고비용의 감소 등)을 할 수 있다.
② 사회적으로 신뢰가 높아짐으로써 사회적 대우가 개선되고, 안전성 향상은 장기적으로 임금이 상승한다.

(4) 과학적 관리가 필요하다.

① 합목적, 합리적인 의사결정의 과정과 목표달성을 위한 객관적 논리(정보)제공이 요구되고, 과학적인 관리기법이 필요하다.
② POC(Plan, Organization, Control) 사이클을 통하여 문제점의 도출 및 최적대안의 선택을 가능케 한다.

(5) 사내에서 교통안전관리자의 위상이 높아야 한다.

① 교통안전관리자는 중간관리층 이상이 담당해야 한다.

② 교통안전관리자는 적정한 하부조직이 필요하다.

(6) 사내에 교통안전관리 체계를 확립해야 한다.

① 업무기반(제규정의 정비 등)이 필요하다.

② 전문지식과 경험을 갖춘 교통안전관리자의 양성이 필요하다.

중요 CHECK

교통안전관리의 특징

① 종합성과 통합성이 요구된다.

② 노무·인사 관리부문과의 관계성이 깊다.

③ 교통안전에 대한 투자는 회사의 발전에 긴요하다.

④ 과학적 관리가 필요하다.

⑤ 사내에서 교통안전관리자의 위상이 높아져야 한다.

⑥ 사내에 교통안전관리 체계를 확립해야 한다.

---

3. 교통안전관리의 목표와 사고방지원칙

(1) 교통안전관리의 목표

① 교통안전관리의 목적은 궁극적으로 국민복지 증진을 위한 교통안전의 확보라고 할 수 있다.

② 교통안전관리의 궁극적인 가치는 복지사회의 실현이며, 이를 위해서는 교통의 효율화가 되어야 한다.

③ 교통의 효율화는 교통기능의 질적·양적 고도화를 의미하는 것으로서 교통시간의 단축, 경제성의 향상, 안전성의 향상, 무공해와 수송량의 증가, 타 교통시스템과의 조화 등 하부목표가 구현됨을 의미한다.

　㉠ 교통안전성의 향상 : 교통사고의 방지, 교통사고 발생과정의 정확한 분석을 통한 교통사고의 원인에 대한 근원적 파악, 피해발생의 극소화를 위한 적절한 보상 등이다.

　㉡ 교통사고의 방지 : 교통안전관리의 본질적 목표로, 이를 실현하기 위한 실행목표는 인적요인 제거, 차량요인 제거, 도로요인 제거, 교통환경요인 제거 등으로서 요인별 교통안전관리의 핵심적 과제가 된다.

인적요인관리	운전자와 보행자의 결함을 최소화하기 위한 대책상의 관리
자동차요인관리	차량의 제작·유지에 적용하는 안전기준과 자동차등록, 점검·검사제도 등
도로요인관리	도로구조와 안전시설 결함의 시정 등
교통환경요인관리	교통상황 규제, 사고발생처리와 원인조사, 피해보상관리 등을 포함

(2) 교통사고 방지를 위한 원칙

① 욕조곡선의 원리
- ㉠ 욕조곡선이란 고장률과 시간의 관계가 욕조모양의 곡선을 나타내는 것을 말한다.
- ㉡ 기계의 초기 고장은 부품 등에 내재하는 결함이나 사용자의 미숙 등이 원인이 되어 고장률은 높지만, 부품 등을 사용함으로써 고장률은 점차 감소하고 유효사용기간에는 고장률이 가장 저하한다. 그러나 일정 기간이 경과된 이후 마모 또는 노후에 기인하여 시스템 또는 설비의 고장률이 증가한다.

② 하인리히의 법칙
- ㉠ 1930년경에 미국의 하인리히가 산업재해사례를 분석하면서 같은 인간이 일으키는 같은 종류의 재해에 대하여 330건을 수집한 후 이 가운데 300건은 경미한 상해를 수반하는 재해, 29건은 작은 상해를 수반하는 재해, 그리고 나머지 1건은 중대한 상해를 수반하는 재해를 낳고 있다는 점을 알아냈다. 즉, 1대 29대 300 법칙이다.
- ㉡ 대형사고 한 건이 발생하기 이전에 이와 관련 있는 소형사고가 29회 발생하고, 소형사고 전에는 같은 원인에서 비롯된 경미한 징후들이 300번 나타난다는 통계적 법칙을 파악하게 된 것이다. 이 사실로부터 하인리히는 30건의 상해를 수반하는 재해를 방지하기 위해서는 그 하부에 있는 300건의 상해를 수반하는 재해를 제거해야 한다고 주장했다. 이것은 구체적으로 '300운동', '300 기초운동', '300포텐셜운동' 등으로 불리며 실시되고 있는데, 도로교통사고 방지에도 일역을 담당하고 있다.
- ㉢ 수치의 의미는 적극적으로 위험을 사전에 예방하려 한다는 점에 그 중요성이 있는 것이다.
- ㉣ 재해의 발생은 물적 불안전상태와 인적 불안전행위 그리고 숨은 위험한 상태가 혼합되어 발생됨으로써 인적 요인과 물적 요인을 함께 개선해 나가야 한다. 이는 사고발생 연쇄과정을 기초원인 > 2차원인 > 1차원인 > 사고 > 손실로 연결되는 연쇄과정을 설명하면서 하나의 원인을 제거하면 사고의 발생을 방지할 수 있다는 법칙이다.

③ 정상적 컨디션 유지의 원칙
- ㉠ 운전 등 어떤 업무에 숙달이 되면 그 동작이 정밀기계처럼 정확하다. 그러나 직원이 피로하거나 걱정이 많으면 그 동작은 어이없이 산만해져서 뜻밖의 사고를 일으킨다.
- ㉡ 관리자는 심신이 상쾌하고 맑은 기분을 갖게 하여 정상행동이 저해받지 않게 주의와 관심을 기울여야 한다.

④ 무리한 행동 배제의 원칙
- ㉠ 무리한 과속, 무리한 끼어들기, 과로상태의 운전 등 무리한 행동은 사고를 발생시킨다.
- ㉡ 이치와 기준을 벗어나는 무리함은 사고의 요인이 되므로 피해야 한다.

⑤ 방어 확인의 원칙
- ㉠ 위험한 자동차 및 도로환경과 직접 접촉하면 교통사고가 발생한다. 교통사고 원인과 과정을 이해하고 대처하면 안전할 수 있다.

ⓛ 앞차와의 안전거리를 확보하고 양보운전을 하며, 위험한 자동차를 피하고 위험한 도로에 접근하면 일시정지하고 좌·우를 확인한 후 이동해야 한다.

ⓒ 위험한 횡단보도, 커브길, 주택가 생활도로 등 시야가 방해되는 지역에 접근할 때는 브레이크에 발을 올려놓고 사고발생에 대비하여야 한다.

⑥ 안전한 환경조성의 원칙

ⓐ 사고의 예방은 방호(防護)하는 것보다도 적극적인 위험제거 대책이다.

ⓑ 운전환경과 운전조건이 개선돼서 심신에 상해를 받지 않도록 하여 안심하고 운전할 수 있도록 해야 한다.

ⓒ 교통사고 예방을 위해서 안전한 도로환경·자동차 구조·장치 개발 분위기를 조성하는 것이 병행되어야 운전자와 보행자의 안전을 위한 행동이 점차적으로 개선된다.

⑦ 사고요인 등치성 원칙

ⓐ 교통사고 발생에는 교통사고 요인을 구성하는 각종 요소가 똑같은 비중을 지닌다는 것으로서 이것이 곧 사고요인의 등치성 원칙이다.

ⓑ 교통사고 발생의 연쇄적 현상은, 우선 어떤 요인이 발생하면 그것이 근원이 되어서 다음 요인이 생기게 되고, 또 그것이 다음 요인을 일어나게 하는 것과 같이 요인이 연속적으로 하나 하나의 요인을 만들어 간다. 따라서 이들 많은 요인들 중에서 어느 하나만이라도 없다면 연쇄반응은 일어나지 않아 교통사고는 발생하지 않을 것이다.

ⓒ 교통사고에 대해서는 꼭 같은 비중을 지닌다는 것으로, 교통사고의 근본적 원인을 제거하는 것이 곧 방지대책의 기본이다.

⑧ 관리자의 신뢰의 원칙

ⓐ 관리자는 부하직원을 인격적으로 대하고 일을 공평무사하게 처리함과 동시에 신상필벌의 원칙을 엄격히 적용해야만 신뢰를 받아 통솔력이 효과를 발휘한다.

ⓑ 관리자는 운전자로부터 인격과 실력이라는 측면에서 신뢰를 받는 것이 관리의 선결조건이다.

4. 사고방지원리

(1) 사고방지의 관리방법

① 기준 설정

ⓐ 운전, 생산, 서비스 등 업무의 종류에는 관계없이 경영진은 그 업무의 성과기준에 품질관리와 작업행동이 포함되어야 한다.

ⓑ 설정한 기준이 채택되면 운전자들에게 명확히 설명하고, 채택된 기준은 엄격하게 관리되어야 한다.

② 운전자 및 종업원 교육훈련

ⓐ 기준이 공포되면 운전자의 교육훈련을 실시하여 기준을 달성하도록 한다.

ⓛ 기준만으로는 사고를 방지할 수 없으므로 끊임없는 교육훈련과 감독을 통하여 목표 달성을 하도록 하여야 한다.

③ 감독 및 점검
  ㉠ 운전 성과의 점검은 적절하고도 사실적인 사고보고가 포함된다.
  ㉡ 모든 운전자에 대한 불시 점검으로 근무 태도를 점검하는 일이 필요하다.

④ 동기 부여
  ㉠ 운전자가 자기 스스로 운전을 능숙하게 하도록 동기를 부여해야 한다.
  ㉡ 운전자가 안전 운전을 함으로써 자기를 보호한다는 사명을 갖게 한다.

(2) 불안전행동의 방지

① 순찰(Patrol)에 의한 체크
  ㉠ 불안전행동이 무엇인가를 결정하고 순찰(Patrol)을 통해 감찰하고 이것을 체크해서 운전 시 등의 불안전행동에 대한 시정방안을 강구한다.
  ㉡ 순찰은 노선별로 팀을 만드는 경우와 제1선 감독자 또는 안전관리자가 단독으로 시행하는 경우도 있다.

② 상호 간 체크
  ㉠ 불안전행동에 대해서 종사원 상호 간 체크해 가는 일은 서로 간 불안전행동에 대한 관심을 불러일으켜서 안전의식을 높일 수도 있다.
  ㉡ 서로의 체크는 상호불신을 초래할 우려가 있기 때문에 체크제도의 도입에 앞서서 안전사상의 확립이 그 전제가 되어야 한다.
  ㉢ 구체적인 방법으로 안전 당번제에 의한 불안전행동의 체크, 안전경쟁 혹은 안전권장제도 등을 병행하면 그 효과는 더욱 상승될 것이다.

중요 CHECK

운수기업의 교통안전
① 운수기업의 특징
  ㉠ 무형의 서비스업
  ㉡ 공공성
  ㉢ 영리추구
  ㉣ 인간과 기계 시스템의 최적화를 요구
  ㉤ 인간과 기계의 시스템이 효율적으로 결합되어야 양질의 서비스를 제공
② 교통사고와 사업체의 안전
  ㉠ 인간은 착오를 일으키기 쉽다.
  ㉡ 적극적·능동적 사고방지 노력활동이 필요하다.
  ㉢ 운수기업의 안전은 물질적·정신적 동요로부터 자유로워지는 것이다.
  ㉣ 운수기업은 유기체적인 경제집단이다.
  ㉤ 운수기업은 운전자 정비자가 일하는 경제집단이다.

---

5. 일반적관리 이론

(1) 관리의 정의

① 관리는 행하여지는 기능이며, 원칙이며 과업이다.

② 관리는 공동의 목표를 위해서 협동집단의 행동을 지시하는 과정이다.

③ 관리는 조직의 목표를 달성하기 위해서 자원을 이용하고 인간행위에 영향을 주며 변화에 적응하는 사회적 · 기능적 과정이다.

④ 관리는 지식과 이해에 기초를 둔 의사결정을 통하여, 적절한 연결과정으로 목표달성을 위한 조직 시스템의 모든 요소를 서로 관련지우고 종합하는 힘이다.

⑤ 관리는 조직 구성원의 욕구만족에 필요한 가치의 생산과 분배를 기초로 하여 목표의 복잡성 · 한계 · 표준을 고려하면서 구성원 집단을 위하여 명령을 하고 의사결정을 하는 과정이다.

⑥ 관리는 설정된 목표를 달성하기 위해 인간과 다른 자원을 이용해서 계획하고, 조직화하고, 활성화하고, 통제를 수행하는 것으로 구성된 과정이다.

(2) 과정으로서의 관리기능

① 관리과정은 각각의 개별적인 영역을 가지고 있는 기능들로 구성되어 있다. 이러한 개별영역으로서의 과정에서 가장 기본적인 것이 계획과 통제이다.

② 관리과정은 상호작용하는 각 개별기능의 통합과정이다. 이러한 통합과정으로서 특히 중요하게 부각되고 있는 것이 의사결정과 의사소통이다.

③ 관리과정은 각 기능들의 전체와 부분이 상호작용하는 동태적인 성격을 지니고 있다.

(3) 관리기능에 따른 직무수행

① 계 획

  ㉠ 관리의 출발점

  ㉡ 과거의 실적과 현재의 상태를 비교하여 요구되는 점이 무엇인가 명확히 할 것

  ㉢ 수집된 모든 정보 · 자료를 계획목적에 비추어 분석할 것

  ㉣ 관계 부서와 종사원들의 의견을 충분히 수렴할 것

  ㉤ 추진하고자 하는 대안을 복수로 생각해 둘 것

  ㉥ 추진사항의 시행방법도 복수안으로 연구할 것

  ㉦ 필요한 인원, 자재, 경비 등에 대해서 면밀히 검토할 것

  ㉧ 장래에 예상되는 장해조건에 미리 대비할 것

  ㉨ 여러 대안을 경제성 · 긴급성 · 중요성 · 실행가능성의 차원에서 검토할 것 등

② 조 직

　　㉠ 직무를 어떻게 재설계하여 새로운 지위를 어떻게 부여하며, 기존지위를 어떻게 재배치시키며, 권한과 책임관계를 어떻게 명시하며 조직체계의 요소들이 어떻게 상호작용하여야 하는가 등과 같은 것이다.

　　㉡ 조직 설계 시의 원칙

　　　• 전문화의 원칙

　　　• 명령 통일의 원칙

　　　• 권한 및 책임의 원칙

　　　• 감독 범위 적정화의 원칙

　　　• 권한 위임의 원칙

　　　• 공식화의 원칙

③ 지 시

　관리자가 원래 의도대로 목적을 실현하기 위해서는 지시를 내리는 방법과 지시를 받는 방법에 대하여 올바른 인식이 필요하다.

④ 조 정

　　㉠ 조정이란 일정한 목적을 향하여 여러 구성원의 행동이나 기능을 조화롭게 조절하는 것을 말한다.

　　㉡ 조정은 관리의 구심적인 힘으로서 행동을 동시화시켜 분화된 여러 활동을 특정 목적의 달성을 위하여 통합시키는 것이다.

　　㉢ 조정은 특정한 장소·시간 그리고 여건에 따라 각각 다른 법칙에 의존한다.

⑤ 통 제

　관리활동의 본래의 목표·계획과 기준에 따라 수행되고 있는가를 확인하고 실적·성과와 비교하여 그 결과에 따라 시정조치를 취하는 것을 말한다.

제2절　교통안전관리기법

1. 정보 자료

(1) 1차 자료

① 자료는 1차 자료와 2차 자료로 구분된다.

② 1차 자료는 특정한 목적에 따라 조사자 자신이나 조사자가 의뢰한 조사기관에 의하여 처음으로 관찰·수집된 자료를 말한다.

(2) 2차 자료

① 2차 자료의 종류

⊙ 내부 자료

- 내부 자료는 기업 내부에서 다른 목적으로 수집된 자료이다.
- 내부 자료는 자사의 업무상황, 재정상태, 노사관계 등을 알 수 있어서 안전관리에 유익한 자료를 활용할 수 있다.

ⓒ 외부 자료 : 외부기관이 특정한 목적에 따라 작성한 자료를 말한다.

② 2차 자료의 장단점

⊙ 장 점

- 비용의 절약
- 시간의 절약
- 인력의 절약
- 개인적으로는 불가능한 자료를 구할 수 있다.
- 문제의 정의를 파악하는 데 도움이 된다.

ⓒ 단 점

- 용어에 대한 정의가 다를 수 있다.
- 자료의 분류방법이 다를 수 있다.
- 자료가 오래되어 유용성이 떨어질 수 있다.
- 자료의 부정확성 가능성이 있다.

2. 운전자관리

(1) 사업용 운전자가 지켜야 할 수칙

① 교통규칙을 준수할 것
② 배당된 차량 등의 관리
③ 운행시간을 엄수할 것
④ 대중에게 불편을 주지 말 것

(2) 운전자 모집 시 고려사항

① 운전을 잘할 것
② 운전경력을 고려할 것
③ 기술 수준을 파악할 것
④ 사고를 방지하는 능력을 파악할 것
⑤ 업무상 만족여부를 확인할 것

⑥ 인격을 고려할 것

⑦ 결혼여부를 확인할 것

⑧ 사회적 순응능력을 파악할 것

(3) 운전자의 개별평가

① **운전적성의 평가** : 운전자가 안전운전에 필요한 적성을 지니고 있는가 또는 적성의 정도나 문제점을 평가해 보는 것을 말한다.

② **운전지식의 평가** : 운전자가 안전운전에 필요한 지식을 갖추고 있는가의 여부를 파악하는 것이다.

③ **운전기술의 평가** : 운전자가 안전운전에 필요한 기술 등을 어느 정도 갖추고 있는가를 평가·파악해 보는 것을 말한다.

④ **운전태도의 평가** : 운전자가 안전운전에 필요한 태도를 어느 정도 지니고 있는가를 평가하는 것이다.

⑤ **운전경력의 평가** : 운전자의 경력을 통하여 안전운전 능력의 유무, 정도를 평가·파악하는 것이다.

(4) 운전환경의 평가

① **가정환경의 평가** : 운전자의 가정환경을 파악하는 것은 매우 중요한 일이다.

② **직장환경의 평가** : 직장의 노동조건, 임금문제 등을 평가하여야 한다.

③ **도로환경의 평가** : 도로의 상황에 따라 적합한 배치를 위해서 필요하다.

④ **차량 및 화물적재의 평가** : 운전자의 차종이나 대수 혹은 그 상태 및 화물의 특색을 파악하는 것도 중요하다.

⑤ **시설의 평가** : 안전시설의 평가 등도 중요하다.

3. 운전자교육 및 상담원리

(1) 운전자교육의 원리

① **개별성의 원리** : 운전자 개개인의 수준과 능력에 적합한 교육의 실시

② **자발성의 원리** : 운전자의 자발적인 성장욕구의 기초

③ **일관성의 원리** : 운전자의 인격형성이 될 때까지 반복적이고 일관성 있는 교육

④ **종합성의 원리** : 운전자의 모든 환경을 포괄하는 종합적인 교육

⑤ **단계즉응의 원리** : 같은 단계에 속하는 운전자를 모아서 집단교육 실시

⑥ **반복성의 원리**

⑦ **생활교육의 원리**

(2) 운전자와의 상담의 원리

① 개별화의 원리 : 인간의 개인차를 인정

② 의도적 감정표현의 원리

③ 통제된 정서관여의 원리 : 내담자의 감정표현의 자유표현 유도

④ 수용의 원리 : 내담자의 인격 존중

⑤ 비심판적 태도의 원리 : 상담원은 심판자가 아니라는 점에 유의

⑥ 자기결정의 원리 : 개인의 가치와 존엄성 존중, 최종적인 결정자는 내담자라는 점에 유의

⑦ 비밀보장의 원리

4. 관리기법

(1) 종류 및 역할

① 브레인스토밍법 : 10명 정도의 구성원으로 상호 간에 비판 없이 자유분방하게 아이디어를 내고 다른 사람의 아이디어와 결합 개선해 가면서 많은 아이디어를 찾아내는 기법으로서 다른 여러 가지 기법의 기본이 된다.

② 시그니피컨트법 : 유사성 비교라는 방법을 이용해서 얼른 보기에 관계가 있다는 것을 서로 관련시켜 서 아이디어를 찾아낸다.

③ 노모그램법 : 시그니피컨트법의 결점을 보완하면서 지면에 도해적으로 아이디어를 찾아낸다.

④ 희망열거법 : 희망사항을 적극적으로 지정하는 방법이다.

⑤ 체크리스트법 : 창의성을 발휘하는 데 필요하다고 생각되는 항목을 사전에 조목별로 마련해 두었다 가 그것을 하나씩 조사해 나간다.

⑥ 바이오닉스법 : 자연계나 동식물의 모양 활동 등을 관찰하고 그것을 이용해서 아이디어를 찾아낸다.

⑦ 고든법 : 예를 들어 핸들의 개선을 생각할 경우에는 핸들을 문제로 삼는 것이 아니라 회전하는 것에 대해서 아이디어를 찾는다.

⑧ 인풋·아웃풋법 : 오토매틱 시스템의 설계에 효과가 있으며 인풋과 아웃풋을 정해 놓고 그것을 연결 해 본다.

⑨ 초점법 : 인풋·아웃풋법과 동일 사고 방법이며, 초점법에서 먼저 아웃풋 방법을 결정하고 있으나 인풋 쪽은 무결정으로 임의의 것을 강제적으로 결합해 간다.

5. 교통안전교육, 교통안전진단

(1) 교통안전교육

① 인재의 육성은 기업의 자산이다.
② 교육훈련은 기술축적과 조직활성화의 원동력이 된다.
③ 교육훈련은 종업원의 기능, 지식의 향상 이외에 태도를 변화시킨다.
④ 태도변화를 통한 종업원의 성취동기를 형성시켜 근로의욕을 증진시킨다.

(2) 교통안전에 관한 국가 등의 의무(교통안전법 제22조~제32조)

① 국가 등은 안전한 교통환경을 조성하기 위하여 교통시설의 정비, 교통규제 및 관제의 합리화, 공유수면 사용의 적정화 등 필요한 시책을 강구하여야 한다.
② 국가 등은 교통안전에 관한 지식을 보급하고 교통안전에 관한 의식을 제고하기 위하여 학교 그 밖의 교육기관을 통하여 교통안전교육의 진흥과 교통안전에 관한 홍보활동의 충실을 도모하는 등 필요한 시책을 강구하여야 한다.
③ 국가 등은 차량의 운전자, 선박승무원 등 및 항공승무원 등이 해당 교통수단을 안전하게 운행할 수 있도록 필요한 교육을 받도록 하여야 한다.
④ 국가 등은 기상정보 등 교통안전에 관한 정보를 신속하게 수집ㆍ전파하기 위하여 기상관측망과 통신시설의 정비 및 확충 등 필요한 시책을 강구하여야 한다.
⑤ 국가 등은 교통수단의 안전성을 향상시키기 위하여 교통수단의 구조ㆍ설비 및 장비 등에 관한 안전상의 기술적 기준을 개선하고 교통수단에 대한 검사의 정확성을 확보하는 등 필요한 시책을 강구하여야 한다.
⑥ 국가 등은 교통질서를 유지하기 위하여 교통질서 위반자에 대한 단속 등 필요한 시책을 강구하여야 한다.
⑦ 국가 등은 위험물의 안전운송을 위하여 운송 시설 및 장비의 확보와 그 운송에 관한 제반기준의 제정 등 필요한 시책을 강구하여야 한다.
⑧ 국가 등은 교통사고 부상자에 대한 응급조치 및 의료의 충실을 도모하기 위하여 구조체제의 정비 및 응급의료시설의 확충 등 필요한 시책을 강구하여야 한다.
⑨ 국가 등은 교통사고로 인한 피해자에 대한 손해배상의 적정화를 위하여 손해배상보장제도의 충실 등 필요한 시책을 강구하여야 한다.
⑩ 국가 등은 교통안전에 관한 과학기술의 진흥을 위한 시험연구체제를 정비하고 연구ㆍ개발을 추진하며 그 성과의 보급 등 필요한 시책을 강구하여야 한다.
⑪ 국가 등은 교통안전에 관한 시책을 강구할 때 국민생활을 부당하게 침해하지 아니하도록 배려하여야 한다.

6. 운수업체의 안전관리

(1) 운수사업의 기능

① 재화의 생산과 중간단계로의 유통과정을 통하여 장소적 거리간격을 극복함으로써 시장의 형성기능, 경제의 확대기능, 경영의 집결기능 등의 경제적 기능을 담당한다.

② 국민의 장소적·시간적 이동욕구를 충족시키는 대중교통수단의 역할을 통하여 사회복지에 기여를 한다.

(2) 운수기업

① 운수업체란 일반기업과 달라서 공공성을 띤 기업이다.

② 유통경제를 담당할 중요기능을 다하고 있다.

③ 우리의 생명, 신체 또는 재산이 많은 피해를 입고 있어 심각한 사회문제로 대두되고 있다.

④ 피해를 줄이기 위해 정부에서 여러 가지 장치를 마련하고 있는데 그중 하나가 교통안전관리자 제도이다.

⑤ 그중에서 첫 번째가 교통안전계획의 수립·시행이다.

(3) 운수 적성정밀검사제도

① 운전적성정밀검사의 4대 기능

　㉠ 예언적 기능 : 운전자의 현재와 미래의 사고 경향성을 추정할 수 있고 예측된 사고경향성은 사고예방기능을 가능하게 한다.

　㉡ 진단적 기능 : 개인 또는 집단의 교통사고 관련 특성을 분석하여 사고예방자료로 활용된다.

　㉢ 조사연구 기능 : 검사를 통하여 축적된 자료는 운전정밀검사 자체의 개선발전 및 관련 연구 분야의 유용한 자료로서의 기능을 갖는다.

　㉣ 인사선발 및 배치기능 : 운전직 사원의 선발 – 교육훈련 – 배치 – 재교육의 순환과정의 중요한 자료의 기능을 갖는다.

② 운전적성정밀검사의 구분과 그 대상(여객자동차 운수사업법 시행규칙 제49조제3항)

　㉠ 신규검사의 경우에는 다음의 자

　　• 신규로 여객자동차 운송사업용 자동차를 운전하려는 자

　　• 여객자동차 운송사업용 자동차 또는 화물자동차 운수사업법에 따른 화물자동차 운송사업용 자동차의 운전업무에 종사하다가 퇴직한 자로서 신규검사를 받은 날부터 3년이 지난 후 재취업하려는 자(단, 재취업일까지 무사고로 운전한 자는 제외)

　　• 신규검사의 적합판정을 받은 자로서 운전적성정밀검사를 받은 날부터 3년 이내에 취업하지 아니한 자(단, 신규검사를 받은 날부터 취업일까지 무사고로 운전한 사람은 제외)

ⓒ 특별검사의 경우에는 다음의 자

- 중상 이상의 사상(死傷)사고를 일으킨 자
- 과거 1년간 도로교통법 시행규칙에 따른 운전면허 행정처분기준에 따라 계산한 누산점수가 81점 이상인 자
- 질병, 과로, 그 밖의 사유로 안전운전을 할 수 없다고 인정되는 자인지 알기 위하여 운송사업자가 신청한 자

ⓒ 자격유지검사의 경우에는 다음의 사람

- 65세 이상 70세 미만인 사람(자격유지검사의 적합판정을 받고 3년이 지나지 아니한 사람은 제외)
- 70세 이상인 사람(자격유지검사의 적합판정을 받고 1년이 지나지 아니한 사람은 제외)

③ 검사구분별 검사항목(사업용자동차 운전자 운전적성에 대한 정밀검사 관리규정 [별표 1])

구 분	검사항목	신규검사	특별검사	자격유지검사
기기형 검사	1. 속도예측검사	○		○
	2. 정지거리예측검사	○		○

	3. 주의력검사
	  - 주의전환
	  - 반응조절
	  - 변화탐지
		○		○

	4. 야간시력 및 회복력검사		○	
	5. 동체시력검사		○	

	6. 상황인식검사
	  - 상황지각검사
	  - 위험판단검사 Ⅰ
	  - 위험판단검사 Ⅱ
			○	

	7. 운전행동검사		○	
	8. 시야각검사			○
	9. 신호등검사			○
	10. 화살표검사			○
	11. 도로찾기검사			○
	12. 표지판검사			○
	13. 추적검사			○
	14. 복합기능검사			○
필기형 검사	15. 인지능력검사 Ⅰ	○		○
	16. 지각성향검사	○		○
	17. 운전적응력검사 Ⅰ	○		○
	18. 운전적응력검사 Ⅱ		○	

④ 재검사기간 등(사업용자동차 운전자 운전적성에 대한 정밀검사 관리규정 제7조)

운송사업자 및 검사자는 신규검사 및 자격유지검사를 받은 사람에게 검사를 받은 날로부터 14일 이내에 다시 검사를 받게 하여서는 아니 된다.

⑤ 운송사업자의 의무(사업용자동차 운전자 운전적성에 대한 정밀검사 관리규정 제12조)

㉠ 운송사업자는 종합판정표를 운전자의 교정교육 등에 활용토록 하여야 하며, 해고수단 등 직무 이외의 용도에 부당하게 사용하여서는 아니 된다.

㉡ 운송사업자는 교통안전관리자 또는 교육훈련담당자로 하여금 운전자에 대한 교정교육계획을 수립하여 교정교육을 실시하고 교육일지를 작성, 비치토록 하여야 한다.

㉢ 운송사업자는 취업운전자 중 특별검사 대상자가 발생한 때에는 해당 대상자가 검사 및 교정교육을 받을 수 있도록 조치하여야 한다.

㉣ 운송사업자는 취업운전자 중 자격유지검사 대상자가 발생한 때에는 해당 대상자가 검사를 받을 수 있도록 조치를 하여야 하며, 자격유지검사를 받지 아니하거나 부적합 판정을 받은 경우 운전업무에 종사하게 하여서는 아니 된다.

7. 안전관리 통제기법

(1) 안전감독제

① 일일관찰(Day to Day Observation)

㉠ 제일선 감독자에 의해 수행되는 안전감독을 말한다.

㉡ 일선감독자는 종업원의 불안전한 행위 또는 종업원에 의해 일어나는 기계적, 물리적 불안전 상태를 매일 관찰할 수 있는 기회를 가지고 있다.

㉢ 매일 계속되는 관찰을 통하여 불안전한 행위나 상태를 명확히 알게 되고 일어날 뻔한 사고를 구분해 내어 예방한다.

② 검열(Inspection)

㉠ 검열은 안전관리와 다른 기능을 수행하는 데서도 필요한 통제법이다.

㉡ 검열의 빈도는 작업의 특정한 위험도 또는 대상 근무에 따라 결정하고 주기적, 특별 및 임시 검열의 형식으로 행한다.

㉢ 현장 즉각 조치 또는 추후교정조치를 수반한 안전검열은 사고를 예방할 수 있고 사고발생 후에도 그 대책을 효과적으로 수립할 수 있도록 시행한다.

③ 직무안전분석(Job Safety Analysis)

㉠ 직무안전분석이란 각 작업에 대하여 수행해야 할 업무, 사용될 공구, 설비와 작업상태에 관하여 정확하고 상세하게 분석, 기술하는 것 등 안전절차의 분석까지를 포함한다.

㉡ 분석한 내용은 특정작업을 실시하는 데 있어 가장 정확하고 효과적이다.

ⓒ 직무안전분석을 실시함에 있어 각 직무수행에 통상적인 또는 특수한 작업수행상의 성질에 따라
안전기준이나 규칙을 수립하고 이를 지켜서 작업하도록 훈련시켜야 한다.

ⓡ 직무기준은 바로 안전기준이 됨을 확인하여야 한다.

ⓜ 대기업체나 조직체에서 널리 이용된다.

④ 감독자의 자기진단제

ⓞ 안전사고의 발생의 원인이 안전감독자의 자기책임 불이행이 상당히 많이 있으므로 감독자는 감독
에 대한 자기진단을 실시하여 항상 안전책임을 다하도록 한다.

ⓛ 감독소홀의 원인으로 사고가 발생된 예

• 감독자의 지시가 애매했거나, 지시 후 확인하지 않았다.

• 무경험자에게 어렵고 복잡한 직무를 수행토록 허용했다.

• 면허 없는 차량운전을 허가 또는 지시했다.

(2) 안전효과의 확인과 피드백(Feed Back)

① 안전관리기법을 실행할 때 그 효과를 지속적으로 확인해야 하며 그 실행결과 중 다시 새로운 결함이
나타났을 때는 결함을 제거할 수 있도록 피드백하는 것이 필요하다.

② 안전대책을 시달하는 과정이나 실행하는 과정에서 발견하지 못한 결함이나 예상치 못했던 사항들이
실행결과에서 나타나는 경우도 피드백하여 그 원인을 제거하여야 한다.

(3) 안전점검시행

① 습관적 행동이나 타성 등의 상태 변화에 따른 사고를 막아내기 위해서는 체크방법을 활용한다.

② 안전관리기구가 조직되어 있는 회사는 현재 기구의 업무를 평가하여 미진한 사항을 보완 개선함을
목적으로 한다.

③ 새로이 안전기구를 조직하는 회사의 안전점검방법

ⓞ 자가체크 점검방법 : 안전관리자가 실시하는 것이 보통이며 작업원이 실시하는 일일안전점검도
이에 속한다.

ⓛ 전문가에 의한 진단 : 외부에서 안전전문가를 초빙하여 제3자적 입장에서 점검한다.

(4) 안전당번제도

① 안전당번을 정하여 일주일 또는 일정 기간씩 교대로 하여 전 근무처나 작업장을 순찰하여 안전상태를
살펴보고 미비한 점을 지적하여 개선하도록 하는 것을 말한다.

② 당번 순찰 시 지적된 사항을 당번일지에 기입해두는 제도이다.

③ 안전당번 제도를 실시하기 위해서는 안전교육에 의해 충분히 안전태도와 기초소질이 양성된 후에
실시하여야 무엇이 위험한 상태인가를 알 수 있다.

④ 안전당번은 단순한 순찰뿐만 아니라 작업시작 전이나 아침조회에서 안전 규칙이나 작업순서 등을
낭독케 하는 것도 한 가지 당번의 직무가 되기도 한다.

⑤ 안전운동에 무감각·무반응한 사람들이 당번이 되면 한 번 더 생각하게 되므로 좋은 동기부여의 기회가 될 수도 있다.

⑥ 안전당번제도의 목적은 안전은 우리들 누구든지 꼭 달성해야 한다는 의식을 갖도록 하는 것이다.

(5) 안전무결제도

① 안전무결제도는 작업결함이 그대로 사고에 연결되는 직무에 있어서 최선의 방법 중 하나이다.

② 안전작업 규칙 속에 규정되어 있는 직무나 작업의 절차 등은 생략하지 못하도록 습관화시켜야 한다.

③ 이 제도를 실시하기 위해서는 올바른 안전작업의 암기 또는 작업 시 안전작업 절차를 큰소리로 소리 내어 읽도록 시켜 보는 방법이 있다.

(6) 안전추가지도방법

① 교육에서 안전지식을 배운 바를 작업 현장에서 실시할 수 있어야 하므로 이러한 교육목적을 달성하기 위해서는 추가지도가 반드시 요구된다.

② 특히 신입사원이나 작업원이 교육을 마치고 현장에 배치되었을 때에는 꼭 현장작업 상황을 살펴보고 주기적으로 추가지도를 해 주어야 한다.

③ 안전추가지도를 위해서는 작업현장에 근무하고 기능이 원숙한 사람으로 신뢰할 수 있는 인격자를 선임하여 임명하여야 한다.

④ 추가지도방법은 안전은 물론 기능도 향상시켜 생산성이 증가된다. 즉 추가 지도를 실시하기 전과 실시 후의 생산실적을 직접 비교해 보면 추가지도의 효과를 쉽게 확인할 수 있다.

적중예상문제

01 사회와 사회의 교류를 이룩하기 위한 것으로서의 교통의 본질은?

㉮ 사회 전체의 물자이동 등 수급관계에 작용해서 물가의 평준화에 이바지한다.

㉯ 사회 전반에 사회풍조를 만연시켜서 문화창달에 역행하게 된다.

㉰ 운수회사의 사회적인 지위를 향상시키고 기업으로서의 수익성을 높이는 데 있다.

㉱ 자동차의 성능을 시험하는 한편 운전자의 실질적인 실력을 향상시키는 데 있다.

> 해설 현대사회에서의 교통은 필수불가결의 요소로 기능하고 있으며 현대사회는 교통의 발달을 가속화시키고 있다. 또한 교통의 발달은 필연적으로 교통문화를 형성하게 되었고 교통문화 척도가 그 사회의 질서와 의식수준의 지표로 인식되고 있는 것이다. 교통은 한 사회와 다른 사회와의 교류를 가능하게 하여 인류문화를 발전시켰다(정치, 경제, 문화교류 등).

02 안전하면서도 경제적인 교통은 사회나 국가를 판가름하는 (   )지표라 한다. 다음 중 빈칸에 들어갈 말은?

㉮ 소득수준

㉯ 문화수준

㉰ 경제수준

㉱ 의식수준

03 안전성, 고속성, 경제성 등과 같은 세 가지 사항을 기본적인 조건으로 요구하는 것은 무엇인가?

㉮ 안전기능

㉯ 경제적 기능

㉰ 교통서비스 기능

㉱ 고속기능

> 해설 **교통서비스 기능의 측면**
> • 교통의 추구하는 목표(신속성, 정확성, 안전성, 경제성, 쾌적성, 편의성, 보급성)
> • 교통수단(운반구)의 협동
> • 철도의 대량성의 기능과 트럭의 서비스 기능 결합 등

04 교통사고 원인의 등치성 원칙에 관계되는 사고요인의 배열은?

㉮ 단순형

㉯ 연쇄형

㉰ 복합형

㉱ 교차형

해설 교통사고 요인의 등치성 원칙이란 교통사고 발생의 연쇄적 현상을 분석해 보면 우선 어떤 요인이 발생한다면 그것이 근원으로 되어 다음 요인이 생기게 되고, 또 그것이 다음 요인을 일어나게 하는 것과 같이 요인이 연속적으로 하나하나의 요인을 만들어 간다. 즉, 교통사고 발생에는 교통사고 요인을 구성하는 각종 요소가 똑같은 비중을 지닌다는 것이다. 따라서 교통사고의 근본적인 원인을 제거하는 것이 곧 사고본질과 방지대책의 기본일 것이다.

05 우리나라 교통발달 과정을 올바르게 나열한 것은?

㉮ 개인도보 – 기마교통 – 마차교통 – 자동차교통

㉯ 가축 – 마차 – 범선 – 자동차

㉰ 뗏목 – 범선 – 기선 – 자동차

㉱ 개인도보 – 범선 – 기선 – 자동차 – 항공

06 교통서비스의 기능이 아닌 것은?

㉮ 안전성

㉯ 쾌적성·확실성

㉰ 고속성

㉱ 지역균등성

해설 **교통서비스의 기능** : 신속성, 정확성, 안전성, 경제성, 쾌적성, 편의성, 보급성 등

★ 중요

07 교통안전에 관한 설명으로 틀린 것은?

㉮ 교통안전이란 교통수단의 안전운행에 위험을 주는 내·외적 요소를 사전에 제거, 사고를 미연에 방지하는 것이다.

㉯ 교통안전이란 운행과정에서 사고를 방지하여 인명과 재산을 보호하는 것이다.

㉰ 교통안전이란 운행과정에서 운전자의 안전과 재산의 피해를 예방하기 위한 것이다.

㉱ 교통안전이란 교통사고를 방지하여 개인의 건강과 사회복지증진을 도모하는 것이다.

해설 교통안전이란 교통수단을 이용하여 사람과 물자를 장소적으로 이동시키는 과정에서 위험요인이 없는 것을 뜻한다. 즉, 교통수단의 운행과정에서 안전운행에 위험을 주는 외적 또는 내적 요소를 사전에 제거하여 교통사고를 미연에 방지함으로써 인명과 재산을 보호하며 개인의 건강과 사회복지증진을 도모하는 것이다.

08 다음 설명 중 맞는 것은?

㉮ 교통수단의 선택은 경제성에 중요성을 두어 결정한다.

㉯ 교통수단의 선택은 통로이동의 양과 질에 따라 결정된다.

㉰ 교통수단의 선택은 신속성에 중점을 두어 결정한다.

㉱ 교통수단의 선택은 정확성에 중점을 두어 결정한다.

> **해설** 교통 또는 운수는 교통기관의 3대 요소인 통로, 운반구, 동력이 결합되어 사람이나 물건의 공간적 이동의 기능을 하게 되나 통로이동의 양과 질에 따라 교통수단이 결정된다. 즉, 항공교통은 신속성은 있으나 경제성이 없으며, 선박교통은 대량 수송으로 인한 경제성은 있으나 신속성이 결여되어 있기 때문이다.

09 사고원인별 분리의 유형이 아닌 것은?

㉮ 연쇄형

㉯ 복합형

㉰ 집중형

㉱ 분리형

> **해설** 교통사고의 여러 요인 간의 관계는 그 배열과 가치의 문제로 구분해서 생각할 필요가 있으며 먼저 요인의 배열이라는 것을 모델적으로 생각해 본다면 그것은 연쇄형과 집중형으로 대별해 볼 수 있다. 물론 실제상으로 나타나고 있는 교통사고 사례에서 보면 연쇄형과 집중형의 두 가지가 혼합되어 있는 혼합형(복합형)적인 것이 많다.

10 어떤 요인 발생 시에 그것을 근원으로 다음 요인이 생기고 또 그것이 다른 요인을 일어나게 하는 것은?

㉮ 연쇄형

㉯ 복합형

㉰ 집중형

㉱ 분리형

> **해설** 연쇄형이란 우선 어떤 요인이 발생한다면 그것이 근원이 되어 다음 요인이 생기고 또 그것이 다음 요인을 일어나게 하는 것과 같이 요인이 연속적으로 하나하나의 요인을 만들어 가는 현상이다.

⭐중요

11 사고의 많은 요인 중에서 하나만이라도 없다면 연쇄반응은 없다. 그러므로 교통사고도 발생하지 않는다는 원리는?

㉮ 사고복합성의 원리

㉯ 사고등치성의 원리

㉰ 사고연쇄성의 원리

㉱ 사고통일성의 원리

> **해설** 교통사고의 많은 요인들 중에서 어느 하나만이라도 없다면 연쇄반응은 일어나지 않을 것이며 따라서 교통사고는 일어나지 않을 것이다. 다시 말하면 교통사고에 대해서는 똑같은 비중을 지닌다는 것으로 이를 교통사고 등치성의 원리이다.

12 다음 중 현대교통의 사회적 기능측면의 특징은 무엇인가?

㉮ 안전성 　　　　　　　　　　㉯ 쾌적성

㉰ 대량성 　　　　　　　　　　㉱ 정확성

> **해설** 현대교통의 사회적 기능측면과 서비스 기능측면
> • 사회적 기능측면 : 공공성과 대량성
> • 서비스 기능측면 : 신속성, 정확성, 안전성, 경제성, 쾌적성, 편의성, 보급성

★중요

13 다음 중 교통안전목적에 해당하는 것은?

㉮ 수송효율의 향상 　　　　　　㉯ 교통시설의 확충

㉰ 교통법규의 준수 　　　　　　㉱ 교통단속의 강화

> **해설** 교통안전의 목적
> • 인명의 존중
> • 사회복지증진
> • 수송효율의 향상
> • 경제성의 향상

14 현대교통의 특징은 사회적 기능측면과 서비스 기능측면으로 구분된다. 다음 중 서비스 기능측면이 아닌 것은?

㉮ 경제성 　　　　　　　　　　㉯ 교통수단의 일괄수송방식

㉰ 공공성 　　　　　　　　　　㉱ Door to Door

> **해설** 현대교통의 특징
> • 사회적 기능의 측면
> － 공공성
> 　ⓐ 교통기능이 사회적 공기로서의 역할을 해야 할 것이 요구된다.
> 　ⓑ 편의성, 보급성, 서비스이다.
> 　ⓒ 교통수단의 사용자 개인의 사적 이익만을 추구해서는 아니 된다.
> － 대량성 : 철도나 선박에서 그 특색을 찾아볼 수 있다.
> • 서비스 기능의 측면
> － 신속성, 정확성, 경제성, 쾌적성, 편의성, 보급성 등
> － 일괄수송방식
> － Door to Door

15 사고요인이 배열되어 있는 형태를 보고 모델을 분류한 경우 적당하지 않은 것은?

㉮ 복합 연쇄형　　　　　　　　㉯ 복합형

㉰ 집중형　　　　　　　　　　㉳ 교차형

> **해설**　**교통사고 요인의 형태 분류**
> ・연쇄형 : 단순 연쇄형과 복합 연쇄형
> ・집중형
> ・복합형(혼합형)

16 다음 설명 중 가장 알맞은 것은?

㉮ 교통이란 자동차를 이용하여 한 장소에서 다른 장소로 객화의 이동을 말한다.

㉯ 교통이란 교통기관을 이용하여 객화의 공간적 이동을 말한다.

㉰ 수송은 거리공간의 장해를 극복하여 시간과 거리를 단축시키는 것을 말한다.

㉳ 교통은 사람과 화물의 장소적 전이에 의해 그 수요와 공급의 균형을 기하는 것을 말한다.

> **해설**　교통이란 교통기관을 이용한 사람이나 화물의 공간적 이동을 말한다.

17 다음 문항 중 틀린 것은?

㉮ 운수 사업체의 실질적인 교통안전 책임자는 교통안전관리자이다.

㉯ 교통안전관리 조직은 업체 내의 안전관리 업무를 총괄하는 조직이다.

㉰ 교통안전관리자는 사업체 내의 교통안전업무를 전담할 목적으로 설치된 것이다.

㉳ 교통안전업무에 관한 책임은 교통안전관리자에게 있고 사업주는 지원할 의무만을 가진다.

18 교통은 하나의 사회와 또 다른 사회와의 교류로 다양하고 복잡한 큰 사회를 형성하게 되었고 또한 정치, 경제, 문화의 교류를 통하여 사회 전반을 높은 수준으로 발전시켰다. 다음 중 어느 것의 결과인가?

㉮ 교통의 기능　　　　　　　　㉯ 교통의 문화

㉰ 교통의 신속성　　　　　　　㉳ 교통의 경제성

> **해설**　교통의 기능은 한 사회와 한 사회와의 교류로 인류문화를 발전시키고, 교통의 발전은 사회의 복잡 다양한 발전을 이룩하였으며, 교통문화는 그 사회의 의식수준과 질서의식의 척도이다.

19 교통사고 시 모든 요인이 똑같은 비중을 지니고 있다는 것은?

㉮ 등치성의 원리   ㉯ 불안전 행동

㉰ 연쇄반응 현상   ㉱ 사회적 조건

> **해설** 교통사고의 많은 요인들 중에서 어느 하나만이라도 없다면 연쇄반응은 일어나지 않을 것이며 따라서 교통사고는 일어나지 않을 것이다. 다시 말하면 교통사고에 대해서는 똑같은 비중을 지닌다는 것으로 이를 교통사고 원인의 등치성의 원리라 한다.

★ 중요

20 운수기업의 특징이라고 볼 수 없는 것은?

㉮ 공공성   ㉯ 수송효율의 향상

㉰ 무형의 서비스   ㉱ 인간과 기계의 최적화 요구

> **해설** **운수기업의 특징**
> • 무형의 서비스업
> • 공공성
> • 영리추구
> • 인간과 기계 시스템의 최적화를 요구
> • 인간과 기계 시스템이 효율적으로 결합되어야 양질의 서비스를 제공

★ 중요

21 조직설계의 원칙 중 각 구성원은 가능한 한 전문화된 단일업무를 담당함으로써 직무활동의 능률을 높일 수 있기 때문에 기능이 분화되어야 한다는 원칙은?

㉮ 전문화의 원칙   ㉯ 명령통일의 원칙

㉰ 권한 및 책임의 원칙   ㉱ 공식화의 원칙

> **해설** **조직설계의 원칙**
> • 전문화의 원칙 : 각 구성원은 가능한 한 전문화된 단일업무를 담당함으로써 직무활동의 능률을 높일 수 있기 때문에 기능이 분화될 경우 전문적으로 할당할 필요가 있다.
> • 명령통일의 원칙 : 조직의 질서를 바르게 유지하기 위해서는 명령 계통이 일원화되어야 한다.
> • 권한 및 책임의 원칙 : 각 구성원의 직무가 정해지더라도 각 직무 사이의 상호관계가 정해지지 않으면 각 구성원의 활동을 조정할 수가 없다.
> • 감독범위 적정화의 원칙 : 한 사람의 상급자는 몇 사람의 하급자를 거느리는 것이 감독상 가장 적당한가 하는 것을 고려해서 조직을 편성하는 것이다.
> • 권한위임의 원칙 : 상급자가 하급자에게 일을 시키는 데는 권한을 될 수 있는 대로 아래로 위임할 필요가 있다.
> • 공식화의 원칙 : 공식화란 조직 내의 직무가 표준화되어 있는 정도 또는 종업원들의 행위나 태도가 명시되어 있는 정도를 의미하는데, 공식화가 요구되는 이유는 다양한 조직구성원의 행위를 정형화하여 그 예측 및 조정, 통제를 용이하게 하는 데 있다.

22 다음 중 조직설계의 원칙이 아닌 것은?

㉮ 권한집중의 원칙

㉯ 공식화의 원칙

㉰ 명령통일의 원칙

㉱ 전문화의 원칙

> **해설** 권한집중의 원칙이 아니라 권한위임의 원칙이다.

23 관리계층상의 기능에 있어서 최고경영자의 비중이 큰 기능은?

㉮ 통합적 기능   ㉯ 인간적 기능

㉰ 기술적 기능   ㉱ 전문적 기능

> **해설** 최고경영자는 통합적 기능이 가장 중시되고, 중간경영자는 인간적 기능이 중요시되며, 하위경영자는 기술적 기능이 중시된다.

24 사고예방을 위한 접근방법에서 기술적 접근방법의 내용으로 옳지 않은 것은?

㉮ 소프트웨어

㉯ 교통기관의 기술개발을 통하여 안전도를 향상

㉰ 운반구 및 동력제작 기술발전의 교통수단 안전도 향상

㉱ 교통수단을 조작하는 교통종사원의 기술숙련도 향상을 위한 안전운행

> **해설** 소프트웨어는 관리적 접근방법이며, 기술적 접근방법은 하드웨어 개발을 통한 안전의 확보라고 할 수 있다.

25 사고방지를 위한 관리방법 중 운전성과를 점검하는 방법은?

㉮ 동기부여

㉯ 감독 및 점검

㉰ 운전자 및 종업원 교육훈련

㉱ 안전기준 설정

26 조직설계에 관한 원칙 중 공식화 원칙에 대한 설명으로 옳지 않은 것은?

㉮ 공식화란 조직 내의 직무가 표준화되어 있는 정도 또는 종업원들의 행위나 태도가 명시되어 있는 정도를 의미한다.

㉯ 고도로 공식화된 조직은 구성원들이 언제, 무엇을, 어떻게 해야 될 것인가를 규정해 놓은 직무기술서, 규칙, 규정, 절차 등이 많다.

㉰ 공식화가 높은 조직은 사전에 규정된 절차나 규정이 적어 구성원들이 상당한 재량권을 발휘할 수 있다.

㉱ 공식화가 요구되는 이유는 다양한 조직구성원의 행위를 정형화하여 그 예측 및 조정, 통제를 용이하게 하는 데 있다.

> **해설** 공식화가 낮은 조직의 경우 사전에 규정된 절차나 규정이 적어 구성원들이 상당한 재량권을 발휘할 수 있다.

27 다음 중 현대교통의 서비스 기능 측면의 내용이 아닌 것은?

㉮ 교통이 추구하는 목표이다.

㉯ 일괄수송방식

㉰ 공공성과 대량성

㉱ Door to Door

> **해설** 공공성과 대량성은 사회적 기능의 측면이다.

28 교통사고와 사업체의 안전에 관한 내용으로 적절하지 않은 것은?

㉮ 운수기업은 운전자, 정비자가 일하는 경제집단이다.

㉯ 운수기업은 유기체적인 경제집단이다.

㉰ 인간은 완벽한 존재이다.

㉱ 교통사고는 유기체의 활동전역의 혼란과 마비를 일으킨다.

> **해설** **교통사고와 사업체의 안전**
> • 운수기업은 운전자, 정비자가 일하는 경제집단이다.
> • 운수기업은 유기체적인 경제집단이다.
> • 교통사고는 유기체 활동전역의 혼란과 마비를 일으킨다.
> • 운수기업의 안전은 물질적, 정신적 동요로부터 자유로워지는 것이다.
> • 인간은 착오를 일으키기 쉽다.
> • 적극적, 능동적 사고방지 노력활동이 필요하다.

29 교통의 발달로 이루어지는 이점이 아닌 것은?

㉮ 물가의 평준화

㉯ 사회와 사회의 교류

㉰ 정치·경제 등의 지역 간 유대관계 강화

㉱ 사업의 집중화

30 교통사고의 발생은?

㉮ 의도적　　　　　　　　　㉯ 확률적

㉰ 우발적　　　　　　　　　㉱ 충격적

31 교통안전관리단계 중 안전관리자가 최고 경영진에게 가장 효과적인 안전관리방안을 제시해 주어야 하는 단계는?

㉮ 조사단계　　　　　　　　㉯ 계획단계

㉰ 설득단계　　　　　　　　㉱ 확인단계

> **해설**　교통안전관리단계는 준비단계 → 조사단계 → 계획단계 → 설득단계 → 교육훈련단계 → 확인단계 순으로 진행되는데 그중 설득단계에서는 안전관리자가 최고 경영진에게 가장 효과적인 안전관리방안을 제시해 주어야 한다. 이때 안전관리자는 사실 및 사업성에 입각한 안전업무 혹은 안전제도의 실행에 따른 비용 및 제도가 채택됨으로써 얻어지는 기대이익을 경영진에게 제시함으로써 경영진으로부터 최대의 지원을 얻을 수 있도록 하여야 한다.

⭐중요

32 운전자 모집 시 고려하여야 할 사항과 거리가 먼 것은?

㉮ 운전자의 운전경력

㉯ 운전자의 재산상태

㉰ 운전자의 업무상 만족상태

㉱ 운전자의 결혼여부

> **해설**　운전자 모집 시 고려하여야 할 사항
> • 운전을 잘할 것　　　　　　　　• 운전경력을 고려할 것
> • 기술 수준을 파악할 것　　　　　• 사고를 방지하는 능력을 파악할 것
> • 업무상의 만족여부를 확인할 것　• 인격을 고려할 것
> • 결혼 여부를 확인할 것　　　　　• 사회적 순응능력을 파악할 것

33 운행계획에 포함되지 않는 것은?

㉮ 종사원

㉯ 차량·장비

㉰ 업무량

㉱ 실적평가

> **해설**   **운행계획의 고려사항**
> - 종사원의 조건
>   운행경험, 사고력, 종사작업경험, 특기, 의식정도, 신체적 특징, 감각기능, 생활태도, 생활환경
> - 업무량의 조건
>   - 작업이 항상적인 것인가?
>   - 단속적인 것인가?
>   - 작업이 내부사정에 의한 것인가?
>   - 외부사정에 의한 것인가?
>   - 운반톤수는 예측될 수 있는 것인가?
>   - 운행거리, 경유지, 소요시간, 출발·귀착시간, 적재물의 종류 등
> - 차량·장비의 조건
>   종류, 연식, 구조, 성능, 적재중량, 정비상황, 정기점검 정비기 등

34 안전운전의 요건과 거리가 먼 것은?

㉮ 안전운전 적성

㉯ 안전운전 요령

㉰ 안전운전 지식

㉱ 안전운전 태도

> **해설**   안전운전의 요건으로는 안전운전 적성, 안전운전 기술, 안전운전 지식, 안전운전 태도이다.

35 다음 운전자 개별평가에서 운전지식평가의 내용이 아닌 것은?

㉮ 도로나 교통에 관한 지식

㉯ 기상에 관한 지식

㉰ 핸들을 조작하는 능력

㉱ 돌발사태에서 벗어나는 데 필요한 지식

> **해설**   **운전지식평가 내용**
> - 도로교통법 등 관계 법령상 지식
> - 자동차 등의 구조나 성능에 관한 지식
> - 승객 및 하물에 관한 지식
> - 도로나 교통에 관한 지식
> - 운전자나 보행자에 관한 지식
> - 기상에 관한 지식
> - 교통사고의 예방에 관한 지식
> - 돌발사태에서 벗어나는 데 필요한 지식

36 운전자 교육에 있어서 같은 단계에 있는 운전자를 모아서 상호학습을 활용하며 효율적인 집단교육을 실시한다는 원리는?

㉮ 단계즉응의 원리　　　　　　　　㉯ 자발성의 원리
㉰ 개별성의 원리　　　　　　　　　㉱ 종합성의 원리

★중요

37 2차 자료의 단점이 아닌 것은?

㉮ 자료의 부정확성　　　　　　　　㉯ 자료의 유용성이 좋다.
㉰ 자료분류 방법이 다를 수 있다.　　㉱ 용어의 정의가 다르다.

> **해설**　2차 자료의 장단점
> • 장 점
> － 비용의 절약
> － 시간의 절약
> － 인력의 절약
> － 개인적으로는 불가능한 자료를 구할 수 있다는 점
> － 문제의 정의를 파악하는 데 도움이 된다.
> • 단 점
> － 용어에 대한 정의가 다를 수 있다.
> － 자료의 분류방법이 다를 수 있다.
> － 자료가 오래되어 유용성이 떨어질 수 있다.
> － 자료의 부정확성 가능성이 있다.

38 운행계획에서 업무량의 조건 중 가장 우선적인 것은?

㉮ 작업의 향상성　　　　　　　　　㉯ 작업의 내부사정
㉰ 작업의 외부사정　　　　　　　　㉱ 운반톤수의 예측

★중요

39 운전자의 모집원칙에 해당하지 않는 것은?

㉮ 통근을 할 수 있는 지역, 그것이 힘들 때는 근접지역 모집
㉯ 직업안정법 · 근로기준법 준수
㉰ 사사로운 정실이나 금품의 수수금지
㉱ 노동조합 불가입 운전자 모집

40 ZD운동의 실행단계가 아닌 것은?

㉮ 조성단계

㉯ 출발단계

㉰ 종합평가단계

㉱ 실행 및 운영단계

> **해설** ZD운동의 실행단계
> • 조성단계 : 문제점의 도출, 지침 또는 방침의 결정, 교육, 계획수립
> • 출발단계 : 계몽·선전완료, 실행 조별 목표설정 완료
> • 실행 및 운영단계 : 시행, 확인, 분석·평가, 통계유지, 업무개선, 임무완수, 정신자세 실태파악
> • 피드백 단계

41 안전운전의 교육 중 성질이 다른 하나는?

㉮ 화물, 승객 등 적재물에 관한 지식

㉯ 신속·정확한 핸들조작

㉰ 자동차의 구조, 기능에 관한 지식

㉱ 도로교통법, 도로법 등 관계법령에 대한 지식

> **해설** 안전운전교육은 운전지식교육, 운전기술교육, 운전태도교육으로 분류할 수 있는데 ㉯의 경우는 운전기술교육의 내용이고, 나머지는 운전지식교육의 내용이다.

42 태코그래프의 사용목적은?

㉮ 안전운전 실태파악

㉯ 자동차의 성능파악

㉰ 운전자의 피로파악

㉱ 운행시간의 파악

> **해설** 태코그래프는 시시각각의 차량의 운행상황을 정밀하고 객관적이면서도 손쉽게 파악할 수 있게 된다.

43 소집단 교육방법으로 어떤 주제에 대해 의견이나 생활체험을 달리하는 몇 명의 협조자의 토의를 통해서 문제를 여러 각도에서 검토하고 그것에 대한 깊고 넓은 지식을 얻고자 하는 방법은?

㉮ 밀봉토론법

㉯ 패널 디스커션

㉰ 공개토론법

㉱ 심포지움

44 안전교육의 3단계가 아닌 것은?

⑦ 교육계획
④ 교육실시
⑤ 교육평가
⑥ 교육참여

> **해설** 안전교육은 '계획 → 실시 → 평가'라는 3단계를 반복하면서 미래를 위해 전진하는 것이다.

⭐중요

45 관리기법 중 자연계나 동식물의 모양 활동 등을 관찰하고 그것을 이용해서 아이디어를 찾아내는 기법은?

⑦ 브레인스토밍법
④ 시그니피컨트법
⑤ 바이오닉스법
⑥ 체크리스트법

46 안전교육 중 안전교육에 따르는 완성교육이자 가장 기본적이며 인내력이 필요한 교육은?

⑦ 안전지식 교육
④ 안전기술 교육
⑤ 안전태도 교육
⑥ 안전숙지 교육

47 다음 중 표준운전이란?

⑦ 일일 8시간의 운전
④ 격일제 운전
⑤ 생리적으로 안전할 수 있는 연속 운전시간과 휴식시간
⑥ 오전이나 오후 중 하나만 근무

48 사업장 내의 안전교육 실시방법 중 많이 채택되는 것은?

⑦ 자체감독자의 교육
④ 안전관리자가 교육실시
⑤ 외부 전문가를 주체로 하는 강연식 교육
⑥ 안전의식 여부의 시험실시

49 사고발생 시 책임의 원칙 중 해당하지 않는 것은?

㉮ 책임의 명확화

㉯ 무책임제

㉰ 책임전가의 금지

㉱ 책임의 범위

50 운전자들에게 교통사고를 방지하도록 관리지도를 위해 운전자들의 심리를 다루는 방법은?

㉮ 상벌제도   ㉯ 노무관리

㉰ 도로공학   ㉱ 교육훈련

★중요

51 교통여건활동도와 조사가능성, 인력장비, 예산 등의 행정여건과 인간관계의 규명 가능성 등 기능적 타당성 등을 종합하여 고려하면서 현실가능성과 활용도에 역점을 두는데 이와 같은 평가방법은?

㉮ 델파이법   ㉯ 스미드

㉰ 코키드   ㉱ 할로효과

52 교통안전 확보를 위한 정책방향의 방안에 속하지 않는 것은?

㉮ 교통안전시설과 장비개선을 위한 적극투자방안

㉯ 교통안전시설에 관계되는 시책을 위한 정비제도

㉰ 교통안전시설 관련업무 종사원의 자질향상

㉱ 여러 가지 업무 책정

> **해설** **교통안전 확보를 위한 정책방향**
> • 교통안전시설의 정비
> • 수송수단의 안전성 확보
> • 교통종사원의 자질향상
> • 교통안전의식의 제고
> • 교통사고 구조대책의 강화
> • 교통안전 관련 제도의 개선
> • 운송사업체의 육성

53 관리자, 관리보조자 혹은 지도운전자가 실시계획에 입각해서 운전태도 등을 특별히 관리·지도하는 것은 다음 중 어느 것인가?

㉮ 형식지도

㉯ 건강지도

㉰ 구두지도

㉱ 승무지도

54 의지·감정면에서 자제력의 부족, 인내심의 부족, 정서불안정, 공경심 억제부족 등은 다음 어떤 사람들에게 많은가?

㉮ 사고안전자

㉯ 사고관리자

㉰ 사고다발자

㉱ 사고기피자

55 교통종사자 서로가 불안전 행동에 대한 문제점을 검토하면서 안전의식을 높일 수 있도록 하자는 것은 다음 중 어느 것인가?

㉮ 자주통제제도

㉯ 상호 간 체크제도

㉰ 감찰고발제도

㉱ 사고행동제도

56 운전자교육 또는 운전자관리의 합리적인 계획수립을 위한 사전조사에 해당하는 것은 다음 중 어느 것인가?

㉮ 운전자 진단

㉯ 교통법규 분석

㉰ 월급제 실시

㉱ 경영자 통제

57 다음 중 교육훈련 목적의 하나인 것은?

㉮ 조직협력　　　　　　　　　　㉯ 조직정비
㉰ 지휘계통의 확립　　　　　　　㉱ 조직의 통계

> **해설**　교육훈련의 목적에는 기술의 축적, 조직의 협력, 동기유발 등이 있다.

58 계획의 일반적인 특징이 아닌 것은?

㉮ 미래성　　　　　　　　　　　㉯ 목적성
㉰ 불변성　　　　　　　　　　　㉱ 경제성

> **해설**　**계획의 일반적인 특징**
> • 미래성
>   – 장래에 해야 할 활동이므로 불확실성을 내포한다.
>   – 불확실성에 대처하기 위해서 정확한 정보의 입수와 분석을 통한 계획이 필요한 것이다.
> • 목적성 : 계획은 그 목적이 분명해야 한다. 안전계획은 전체계획의 목적에 부합하여야 한다.
> • 경제성 : 계획은 그 추진활동을 효율적으로 집약시키는 것이기 때문에 제반계획 비용을 최소화하는 기능을 발휘하여야 한다.
> • 통제성 : 계획대로 활동이 추진되기 위해서는 통제가 불가피하다.

★ 중요

59 업체의 교통안전 계획에 포함되어야 할 항목으로 노선 및 항로의 점검 및 계획이 들어 있다. 다음 문항 중 관련이 없는 것은?

㉮ 태코그래프의 분석을 통한 애로 노선 구간의 파악
㉯ 노선의 현장점검을 통한 취약장소 발견
㉰ 통계적 관리기법에 의한 변동원인의 파악
㉱ 노선 및 항로 정보의 신속한 입수 및 전파를 활용

60 교통사고 조사항목을 선정하기 위한 평가방법은 교통여건, 자료의 활용도, 조사가능성 그리고 인력·장비·예산 등의 행정적 여건과 인과관계의 규명가능성 등의 기술적 타당성을 종합적으로 고려하면서 현실적 가능성과 활용도에 역점을 두는 방법을 이용하여야 하는데 이러한 방법은 다음 중 어느 방법에 속하는가?

㉮ 회귀분석 방법　　　　　　　　㉯ 델파이 방법
㉰ 유사집단 방법　　　　　　　　㉱ 원단위 방법

61 다음 중 운수사업의 특성으로 잘못된 것은?

㉮ 순수한 영리적 기업

㉯ 3차 산업

㉰ 교통용역사업

㉱ 전반적 사업에 관하여 정부의 개입

> **해설** 운수사업은 공익사업으로서 대다수의 국민경제 생활과 깊은 이해관계를 가지고 있기 때문에 종류에 따라 법과 정도의 차이는 있으나 행정기관의 통제와 제약을 받아야 하는 특성을 지니고 있다.

★중요

62 운전적성정밀검사의 기능에 속하지 않는 것은?

㉮ 진단적 기능

㉯ 조사연구 기능

㉰ 인사선발 및 배치기능

㉱ 피드백 기능

> **해설** **운전적성정밀검사의 기능**
> • 예언적 기능 : 운전자의 현재와 미래의 사고 경향성을 추정할 수 있고 예측된 사고경향성은 사고예방기능을 가능하게 한다.
> • 진단적 기능 : 개인 또는 집단의 교통사고 관련 특성을 분석하여 사고예방자료로 활용된다.
> • 조사연구 기능 : 검사를 통하여 축적된 자료는 운전적성정밀검사 자체의 개선발전 및 관련 연구분야의 유용한 자료로서의 기능을 갖는다.
> • 인사선발 및 배치기능 : 운전직 사원의 선발 – 교육훈련 – 배치 – 재교육의 순환과정의 중요한 자료의 기능을 갖는다.

63 운전적성정밀검사의 구분에 속하는 것은?

㉮ 강제검사와 임의검사

㉯ 정기검사와 수시검사

㉰ 신규검사와 특별검사

㉱ 대략검사와 세밀한 검사

> **해설** 운전적성정밀검사는 신규검사 · 특별검사 및 자격유지검사로 구분되며 검사별 수검대상을 달리한다.

64 다음 중 기기형 검사에 속하지 않는 것은?

㉮ 속도예측검사

㉯ 주의력 검사

㉰ 상황인식검사

㉱ 인성검사

> **해설** 인성검사는 필기형 검사에 속하는 항목이다.

65 자격유지검사 재검사의 경우 검사일로부터 얼마의 경과 후에 받을 수 있는가?

㉮ 14일 후

㉯ 1개월 경과 후

㉰ 3개월 경과 후

㉱ 6개월 경과 후

해설 재검사는 검사일로부터 14일 경과 후 받을 수 있다.

66 운전적성정밀검사의 신규검사 중 속도예측검사의 측정내용인 것은?

㉮ 반응 불균형 정도

㉯ 입체공간 내에서의 원근거리 추정능력

㉰ 피로의 정도

㉱ 접촉사고의 가능성

67 운전 중 자유롭게 주의를 조율할 수 있는 능력을 무엇이라고 하는가?

㉮ 주의전환

㉯ 주의배분

㉰ 주의선택

㉱ 주의집중

해설 주의배분은 전후, 좌우, 상하 등의 주의 배분능력이고, 주의선택은 운전자의 선택적 주의능력 또는 급변하는 돌발사태나 복잡한 사태의 판단 및 대처능력을 말한다.

68 신규검사의 경우 적합판정이 되기 위해서는 각 검사항목에서 취득한 점수를 요인별로 합산하여 모든 요인이 몇 점이 되어야 하는가?

㉮ 40점 이상

㉯ 50점 이상

㉰ 60점 이상

㉱ 70점 이상

해설 신규검사는 각 검사항목에서 취득한 점수를 요인별로 합산하여 모든 요인이 50점 이상이면 적합으로 판정한다.

CHAPTER

02 교통사고의 본질

제1절   교통사고의 개념

1. 교통사고의 의의와 범위

(1) 교통사고의 의의

① 교통사고란 도로 등에서 운전자로서의 의무를 소홀히 하여 차의 교통으로 인하여 사람을 사상하거나 물건을 손괴하여 피해의 결과를 발생시키는 것을 말한다.

② 교통사고라 함은 도로상의 차량이나 전차, 철도의 열차, 항공기, 해상의 선박 등의 각종 교통기관이 그 본래의 사용방법에 따라 운행 중에 타의 차량, 사람, 기차, 항공기, 전차 등 고속교통기관이나 사람 또는 기물 등과 충돌·접촉하거나 전복, 전도, 접촉의 위험을 야기하게 함으로써 사람을 사상하게 하거나, 기물을 손괴하여 재산상의 손실을 초래 또는 교통상의 위험을 발생하게 하는 모든 경우를 포함하는 것으로 정의한다.

③ 도로교통법상 교통사고의 정의

차 또는 노면전차의 운전 등 교통으로 인하여 사람을 사상하거나 물건을 손괴한 경우를 말한다.

④ 교통사고처리특례법상 교통사고의 정의

차의 교통으로 인하여 사람을 사상하거나 물건을 손괴한 경우를 말한다.

ㄱ 자동차에 의한 사고라도 개인 주택의 정원, 자동차 교습소, 역구내, 경기장, 주차장, 차고 등에서 일어난 사람의 사상사고나 실질적으로 물체의 손실이 없는 단순한 위험발생 가능 상태는 교통사고가 아니다.

ㄴ 운행 중이란 사용 중인 차량의 상태를 말하며 운행 중인지 아닌지를 구별하는 데 3가지 조건이 있다.

• 첫째, 차도 내에서 움직이고 있는 상태
• 둘째, 움직이고 있는 차량이 아닌 경우 지정된 주차구역이나 길어깨 이외의 장소에서 곧 움직이려고 하는 상태
• 셋째, 차량이 차도상에 있는 상태 등이다.

(2) 교통사고의 범위

① 광의의 교통사고

차량, 궤도차, 열차, 항공기, 선박 등 교통기관이 운행 중 다른 교통기관, 사람 또는 사물에 충돌·접촉하거나 충돌·접촉의 위험을 야기하게 하여 사람을 사상하거나 물건을 손괴한 결과가 발생하는 것을 말한다.

② 협의의 교통사고

차 또는 궤도차의 교통으로 인하여 사람을 사상하거나 물건을 손괴한 경우를 말한다. 이의 요건으로는 차 또는 궤도차의 통행으로 인하여 야기된 사고일 것, 교통이라 함은 도로상에서 운행 중인 것을 말하므로 도로상에서 야기되는 사고일 것, 사람을 사상하거나 물건을 손괴한 결과가 있어야 할 것 등이다.

③ 최협의의 교통사고

도로에서 발생되는 사고일 것, 차에 의한 사고일 것, 교통으로 인하여 발생한 사고일 것, 피해의 결과발생이 있어야 할 것 등의 요건을 만족하여야 한다.

> **중요 CHECK**
>
> **교통사고 요인의 등치성의 원리**
> ① 동일노선, 동일 장소에서 일어나고 있다는 것이다.
> ② 동일노선, 동일 장소에서는 사고발생 후에 일단 그것을 조사해서 대책을 세운다고 하더라도 계속해서 같은 종류의 교통사고가 일어나고 있다는 점이다.
> ③ 연쇄형 사고로 인하여 연속적으로 하나하나 요인이 만들어지나 그중 하나라도 없으면 연쇄반응은 일어나지 않는다.
> ④ 교통사고는 똑같은 비중을 지닌다는 원리가 사고요인의 등치성의 원리이다.

2. 교통사고의 비용

(1) 교통사고 비용의 개념

① 도로교통사고의 비용이란 사회적·경제적·시간적·정신적 비용을 통틀어 말하는데 보통은 사회적·경제적 비용을 말한다.

② 경제적 손실은 국가경제적인 측면에서 구체적 가치로 환산한 것이다.

③ 교통사고로 발생하는 객관적 손실에는, 당사자의 직접적 손실, 경찰, 재판비용 등의 공공적 지출, 교통사고로 인한 교통정체 등 제3자에 관련되는 손실 등이 있다.

(2) 교통사고의 비용

① 당사자의 손실

㉠ 소득의 상실(사망, 후유장애, 치료 중의 휴업에 의한 것)

㉡ 의료비

ⓒ 물적 피해(차량, 화물, 가옥, 의복 등)

ⓓ 개호간호비(간호 및 보호비)

② 공공적인 지출

ⓐ 경찰의 사고처리비용, 도로시설의 수선비

ⓑ 소방 혹은 의료구급 서비스

ⓒ 재판비용

ⓓ 보험업무비

③ 제3자의 손실

ⓐ 사고에 의한 교통정체로 허비된 사람들의 시간 및 연료손실

ⓑ 병문안, 조문에 소요된 시간, 교통비 등

3. 교통사고 요인

(1) 교통사고 요인 일반

① 교통사고와 직접적으로 관련된 요소로는 운전자, 자동차 및 도로조건 등의 결함이다.

② 교통사고와 간접적으로 작용하는 요소로는 사회, 경제, 문화 등과 같은 구조적 요인이 있다.

③ 교통사고의 요인(사고와 관련된 조건)과 원인을 사람의 상태, 차량의 상태, 도로의 상태, 환경의 상태 등으로 분류하여 설명하면 다음과 같다.

ⓐ 사람의 상태 : 운전자 또는 보행자의 신체적 조건 및 위험의 인지나 회피에 관한 판단 등의 심리적 조건 등이 관련된 사고

ⓑ 차량의 상태 : 차량의 구조장치, 부속품 또는 자동차 정비, 점검에 관한 것

ⓒ 도로의 상태 : 선형, 노면, 신호기, 도로표지, 방호책 등 넓은 의미로서의 도로에 관한 것

ⓓ 환경의 상태 : 천후, 야간 등 자연조건에 관한 것과 차량교통량, 통행차량의 차종구성, 보행자교통량 등 교통상황에 관한 것 등

중요 CHECK

교통사고 요인 분류

① Bird는 교통사고 요인을 교통사고 유발의 근접도에 의거하여 직접 원인, 중간 요인, 간접 요인으로 분류하였다.

② Heinrich는 사고발생 연쇄과정을 기초원인 → 2차 원인 → 1차 원인 → 사고 → 손실로 연결되는 연쇄과정을 설명하면서 하나의 원인을 제거하면 사고의 발생을 방지할 수 있다.

③ 직접원인을 유발한 배경적 요소로서 작용하는 간접원인 : 기술적 원인, 교육적 원인, 신체적 원인, 정신적 원인, 관리적 원인, 문화풍토 요인 등이 있다.

(2) 교통사고의 간접 원인

① 기술적 원인

　ㄱ 주로 장치, 자동차, 도로 등의 설계·점검·보전 등 기술상의 불비에 의한 것

　ㄴ 차량장치의 배치, 도로시설의 정비, 도로의 조명, 사고위험 장소의 방호설비 및 경계설비, 보호구역의 정비 등에 관한 모든 기술적 결함 포함

② 교육적 원인

　ㄱ 안전에 관한 지식 및 경험의 부족에 의한 것

　ㄴ 운행과정의 위험성 및 그것을 안전하게 수행하는 기법에 대한 부족·경시·훈련미숙·악습관·미경험 등 포함

③ 신체적 원인

　ㄱ 신체적 결함에 기인

　ㄴ 병, 근시, 난청 및 수면부족 등에 의한 피로, 음주 등

④ 관리적 원인 : 정부관계자 및 최고관리자의 안전에 대한 책임감의 부족, 안전기준의 불명확, 안전관리제도의 결함, 인사적성배치의 불비 등 정책적 결함

⑤ 문화풍토적 원인 : 학교에서 교육문화조직의 안전교육 미흡, 홍보기능의 미흡 등

⑥ 정신적 원인 : 태만, 반항, 불만 등의 태도불량, 초조, 긴장, 공포, 불화 등의 정신적인 결함, 성격적인 결함, 지능적인 결함 등 포함

(3) 교통사고 발생을 용이하게 하는 조건(간접 요인)

① 사람에 관한 요건

　ㄱ 운전자에 관한 인적요소 : 운전자의 심리, 생리, 습관, 준법정신, 질서의식, 직업관, 연령, 학력, 운전경력 및 운전기술 등

　ㄴ 운전자의 가정생활과 교통사고와는 밀접한 관계가 있다.

② 자동차에 관한 요건

　ㄱ 기계인 자동차를 구성하는 자료 등에는 정적 혹은 동적으로 마찰·부식·피로 등 자동차의 내부 부품에 결함이 있으면 사고의 중대한 요인이 된다.

　ㄴ 자동차의 제작연도가 오래된 차량일수록 정비불량으로 인한 사고가 많이 발생하는 것으로 보아 차량의 노후도와 교통사고는 밀접한 관계가 있음을 알 수 있다.

③ 도로에 관한 요건 : 도로는 운전자에 대한 지적 예측 준비를 위한 정보와 조작에 지장을 주는 요소이다.

　ㄱ 도로 현장에서의 경계 표식의 유무, 가설 도로 재료의 부족

　ㄴ 도로시설(신호, 표지)의 유무, 설치방법의 불비로 오래되기 쉬운 경우 등 도로환경

　　• 시계의 방해 : 시각정보원의 방해나 불량으로 인한 인지의 지연, 오인 등

　　• 시각의 방해 : 주차자동차, 대형자동차, 건조물, 광고물, 수목, 도로의 선형, 구배 등

　　• 시계, 시력의 감소 : 야간, 비, 눈 등

- 현혹 : 대형자동차, 광고등, 가로등 등으로 인한 각종 운전자의 시력의 방해, 안전시설(신호표식) 자체의 불량과 설치량의 문제 등

4. 교통사고 요인의 구체적 내용

(1) 인적 요인

① 교통사고 원인 중에서 인적 요인에 의한 교통사고가 대부분을 차지하고 있다.

② 운전자의 운전습관이 교통사고와 직접·간접적으로 연결되고 있음을 주의해야 한다.

③ 운전자의 가정생활과 교통사고는 밀접한 관계가 있다.

④ 대부분의 교통사고는 사람의 고의나 과실에 의한 행위에서 비롯되는 경우가 많다.

⑤ 중요한 원인으로 확인된 조건과 상태

 ㉠ 신체적/생리적
- 음주장애
- 다른 약물장애
- 피 로
- 만성적 질환
- 신체적 질환
- 시력감퇴

 ㉡ 정신적/정서적
- 정신적 흥분
- 다른 운전자에 의한 방해
- 조급성·불충분한 정신적 능력

 ㉢ 경험/실습
- 운전미숙
- 차량에 대한 비친숙성
- 주행구간에 대한 과도한 습관성
- 주행구간에 대한 비친숙성

(2) 자동차 요인

① 차량의 요인에 의한 사고는 주로 자동차의 각종 기능의 불량으로 운전자의 조작능력에 부담을 주거나 각종 안전장치와 경보장치의 불완전성에 기인하고 있다. 특히 제동장치, 시계장치, 경보장치, 타이어 등은 안전과 직결된다.

② 자동차 요인 중 안전에 직접 관계있는 조립용 부품은 브레이크, 타이어, 조명장치 등이다.

③ 브레이크의 경우 제대로 운전한 운전자라 하여도 브레이크가 듣지 않는다면 자동차는 멈추지 않는다. 그러므로 세심하고 정확한 브레이크 정비가 교통사고 예방조치에 있어서 필수적인 것이다.

④ 주행 중 타이어가 펑크 난다면 자동차는 중심을 잃게 되어 심한 피해를 줄 수 있다. 그러므로 운행 전에 타이어의 공기압과 파손 여부를 확인하여야 한다.

⑤ 알맞은 조명장치는 운전자의 시야를 넓게 하여 눈의 피로에서 오는 자신의 피로를 덜어준다.

⑥ 미국의 차량요인에 의한 사고기여율

(단위 : [%])

구 분	미국(워싱턴 주)		
	치명적 사고	부상 사고	전체 사고
차량적 결함 사고	12.8	5.4	5.2
타이어 불량	9.1	2.7	2.5
마모 한계 이하	8.1	2.3	2.2
펑크 또는 바람 빠짐	1.0	0.4	0.3
제동장치 불량	2.0	1.1	1.1
전조등 불량	0.5	0.1	0.1
광도 부족 또는 고장	0.0	0.1	0.1
광축 불량	0.3	1.1	1.0
조향장치 불량	3.0	0.2	0.2
후방등 광도 불량 또는 고장	0.1	0.3	0.3
기타 등화 및 반사기 이상	0.1	0.1	0.1
엔진 고장	0.0	0.2	0.1
기타 결함	0.6	0.7	0.8
비차량적 결함사고	87.2	64.6	94.8
계	100.0	100.0	100.0

(3) 도로요인

① 시거(거리)

㉠ 정지시거

• 정지시거는 물체를 본 시간부터 브레이크를 밟아 브레이크가 작동하기까지 달린 공주거리와 브레이크가 작동되고부터 정지할 때까지의 미끄러진 거리(제동거리)로 이루어진다.

- 공주거리는 차량의 속도와 운전자의 능력에 따라 달라지나 설계목적으로 통상 2.5초를 사용한다. 이 중에서 1.5초는 반사시간으로서 지각, 식별, 행동판단시간이며, 1초는 근육반응 및 브레이크 반응시간으로 본다.
- 제동거리는 타이어-노면의 마찰계수와 속도 및 도로의 경사에 좌우된다. 마찰계수는 노면상태, 타이어의 마모 정도, 차량종류, 기후조건 및 속도에 따라 달라진다.
- 정지시거를 측정하기 위한 기준으로서 운전자의 눈높이를 1.0[m]로 하며 노면 위의 위험물체의 높이를 15[cm]로 한다.

ⓛ 추월시거
- 추월시거란 양방향 2차선 도로에서 추월하는 데 필요한 최소거리로서 추월가능성을 판단하기 위해서 앞을 바라볼 수 있어야 하는 거리를 말한다.
- 이 거리는 추월차량이 중앙선을 넘어 앞차를 추월하여 다시 본 차선으로 돌아올 동안 맞은 편에서 오는 차량과 충돌을 피할 수 있는 거리이다.
- 추월시거를 측정하기 위한 기준으로서 운전자의 눈높이를 1.0[m]로 하며 맞은편에서 오는 차량의 높이를 1.25[m]로 한다.

ⓒ 피주거리
- 피주거리는 운전자가 진행로 상에 산재해 있는 예측하지 못한 위험요소를 발견하고 그 위험 가능성을 판단하며, 적절한 속도와 진행방향을 선택하여 필요한 안전조치를 효과적으로 취하는 데 필요한 거리이다.
- 피주거리는 운전자의 판단착오를 시정할 여유를 주고 정지하는 대신 동일한 속도로 또는 감속을 하면서 안전한 행동을 취할 수 있게 하기 때문에 이 길이는 정지시거보다 훨씬 큰 값을 갖는다.
- 피주거리는 인터체인지와 교차로, 예측하기 곤란하거나 다른 행동이 요구되는 지점, 톨게이트 또는 차선수가 변하는 지점 또는 도로표지, 교통통제설비 및 광고 등이 한데 몰려 있어 시각적인 혼란이 일어나기 쉬운 곳에 반드시 확보되어야 한다.
- 평면 및 종단곡선부로 인해 피주시거 확보가 여의치 못하면 위험요소를 미리 알려주는 표지판을 설치해 주어야 한다.
- 피주시거를 측정하거나 계산하기 위한 기준으로서 정지시거와 같은 기준인 눈높이 1.0[m], 물체높이 15[cm]를 사용한다.

② 평면선형
ⓛ 직 선
- 직선적인 도로는 단조로워서 운전자에게 권태감과 피로를 유발하기 쉬우며, 주의력이 산만해지고 차간거리의 계측을 잘못해서 사고다발구간이 되는 경우가 있다.
- 직선적용구간
  - 평탄지 및 산과 산 사이에 존재하는 넓은 골짜기
  - 시가지 또는 그 근교지대로서 가로망 등이 직선적인 구성을 이루고 있는 지역
  - 장대교 혹은 긴 고가구간

- 터널구간
- ㉡ 곡 선
  - 곡선을 적용할 때는 지형에 맞도록 적절히 적용시키되 될 수 있는 대로 큰 곡선반경을 쓰도록 하고 곡선부에는 작은 반경의 곡선과 급구배를 겹치지 않도록 한다.
  - 곡선은 직선에 비해서 융통성이 있어 기하학적 형태가 유연하기 때문에 다양한 지형변화에 대해서 순응시킬 수 있고 또 원활한 선형이 얻어질 수 있기 때문에 그 적용범위는 광범위하다.
  - 차량이 곡선을 따라 움직일 때 원심력이 작용하여 바깥쪽으로 밀리거나 쏠리게 되므로 이에 대항하기 위하여 곡선부분의 바깥쪽에 편구배를 만들어 준다.
  - 직선구간에서 곡선구간으로 진행될 때 완만한 변화를 만들어 주기 위하여 완화곡선을 사용한다.
③ 종단선형
  - ㉠ 종단구배
    - 종단구배는 속도와 용량 및 운행비용에 영향을 준다.
    - 지형 등 부득이한 경우 지방부 도로 및 도시고속도로에서는 구배를 3[%] 정도 증가하고, 도시부 일반도로에서는 2[%] 증가시켜도 좋으나 가능하다면 5[%]가 넘은 구배는 사용하지 않는 것이 좋고, 특히 눈이 많이 오는 지역은 5[%]를 넘어서는 안 된다.
    - 구배의 길이가 그 구배에 해당하는 최대 길이보다 길면 구배가 적어지도록 선형을 바꾸거나 혹은 그 구간에 오르막차선을 설치하는 것이 바람직하다.
  - ㉡ 평면선형과 종단선형의 조합
    - 평면선형과 종단선형의 결합은 도로의 주요구간에서 뿐만 아니라 램프나 교차로 등 방향전환을 하는 곳에서도 균형과 조화를 이루어 설치되어야 한다.
      - 선형이 시각적으로 연속성을 확보할 것
      - 선형의 시각적, 심리적 균형을 확보할 것
      - 노면의 배수 및 자동차의 역학적 요구에서 적절히 조화된 구배가 취해질 수 있는 조합을 택할 것
      - 도로환경과의 조화를 고려할 것
④ 차 도
  - ㉠ 차선수
    - 도시부 도로의 차선수는 설계교통량, 회전교통처리 및 출입의 필요성에 따라 좌우된다.
    - 지방부 도로는 2차선 이상으로서 설계교통량에 따라 차선수가 결정된다.
  - ㉡ 차로폭
    일반적으로 차로폭은 3.5[m]이나 도로부지에 제한을 받는 곳이거나 도심지에서는 3.0[m] 또는 3.25[m]도 가능하다.
  - ㉢ 주차선의 폭
    연석에 평행하게 주차하기 위해서는 2.4[m]의 폭이 필요하나 운전자의 운신과 연석으로부터의 거리를 고려하여 3.0[m]의 주차선이 필요하다.

② 노면구배
　　　• 노면의 횡단구배는 도로 중심선에서부터 노면 끝까지의 횡단면 구배로서 배수의 목적으로 사용된다.
　　　• 운전자의 핸들조작에 지장을 주지 않는 범위에서 배수를 고려한 바람직한 경사는 최대 4[%]까지이다.
⑤ 노변지역
　㉠ 갓 길
　　　• 갓길은 차도부를 보호하고 고장차량의 대피소를 제공해 줄 뿐만 아니라 포장면의 바깥쪽이 구조적으로 파괴되는 것을 감소시켜 주는 역할을 한다.
　　　• 고급도로의 경우 갓길의 폭은 3[m]이어야 하고 저급도로 또는 긴 교량이나 터널은 1.2~1.8[m]의 폭이면 족하다.
　　　• 중앙분리대가 설치된 도시간선도로에서는 도로 중앙선 쪽에 왼쪽 갓길을 설치해야 하며 도시고속도로는 최소 1.2[m]의 왼쪽 갓길을 설치해야 한다.
　　　• 갓길은 일반적으로 차도부보다 경사가 급해야 하며 포장된 갓길의 경사는 3~5[%], 비포장의 경우는 4~6[%], 잔디갓길은 8[%]가 적당하다.
　㉡ 측면경사
　　　• 안전과 유지관리 측면에서의 경제성을 고려할 때 완만한 측면경사와 원형의 배수구가 좋다.
　　　• 수평 대 수직이 4 : 1보다 급한 경사는 차량이 차도를 이탈할 때 극히 위험할 뿐만 아니라 유지관리하기도 어렵다.
　　　• 경사면이 접하는 부분은 둥글게 처리해야 하며 갑작스런 경사변화는 피해야 한다.
　㉢ 배수구
　　　배수구의 깊이는 도로중심선 높이로부터 최소 60[cm] 이상은 되어야 하며 기층의 배수를 돕기 위하여 노반보다 최소 15[cm] 이상 낮아야 한다.
　㉣ 연 석
　　　• 연석은 배수를 유도하고 차도의 경계를 명확히 하며 차량의 차도이탈을 방지하는 역할을 하는 것으로 주로 도시부 도로에 설치한다.
　　　• 지방부에서 연석을 설치할 경우 포장된 갓길의 외측단에 연하여 설치하되 등책형이어야 한다.
　　　• 지하배수로는 연석과 차도 사이에 위치하며 그 폭은 30~90[cm]이다.
　㉤ 구조물의 폭
　　　• 도시부 도로에서 구조물의 폭은 차도폭과 인도폭을 합한 것과 같으며 지하차도에서는 같은 넓이의 폭이 필요하다.
　　　• 만약 인도가 없다면 차도끝단과 교대 또는 지하차도인 경우 기둥까지의 수평거리가 최소한 1.8[m]는 되어야 한다.

⑥ 교통분리시설

　　㉠ 중앙분리대

- 중앙분리대는 진행방향과 반대방향에서 오는 교통의 통행로를 분리시켜 반대편 차선으로 침범하는 것을 막아주고 위급한 경우 왼쪽차선 밖에서 벗어날 공간을 제공한다.
- 좌회전 혹은 횡단하는 차량을 보호하거나 제한하고 보행자에게 대피공간을 제공하며, 차량의 대피소 역할도 한다.
- 중앙분리대의 폭은 고속도로, 도시고속도로, 일반도로에서 각각 3.0[m], 2.0[m], 1.5[m] 이상으로 해야 한다.
- 중앙분리대의 분리대는 연석이나 이와 유사한 공작물로 도로의 다른 부분과 구분되도록 설치하고 측대의 폭은 30[cm] 이상으로 한다.

　　㉡ 측 도

- 측도는 고속도로나 주요 간선도로에 평행하게 붙어있는 국지도로이다.
- 측도는 주요도로에의 출입을 제한시키고, 주요도로에서 인접지역으로의 접근성을 제공하며, 주요도로의 양쪽에 교통순환을 시켜 원활한 도로체계를 유지하게 된다.
- 도시부에서 측도는 주로 일방통행으로 운영되지만 지방부에서는 주요도로와 교차하는 도로의 간격이 너무 멀기 때문에 양방통행으로 운영된다.
- 측도의 폭은 정차수요, 대형차의 통행현황 등을 고려해서 정하되 3.0[m] 이상을 표준으로 한다.

5. 교통사고 예방의 접근방법

(1) 안전관리와 기본업무

① 사고는 많은 사람에게 불가항력적이며 우발적이다. 그러므로 사고를 예방하기 위해서는 불안전 행위와 조건을 과학적으로 통제하여야 한다.

② 불안전한 행위와 조건들을 분석하여 위험요소를 사전에 제거하는 것이다.

(2) 위험요소 제거 6단계

① 조직의 구성

안전관리업무를 수행할 수 있는 조직을 구성, 안전관리책임자 임명, 안전계획의 수립 및 추진이다.

② 위험요소의 탐지

안전점검 또는 진단사고, 원인의 규명, 종사원 교통활동 및 태도분석을 통하여 불안전행위와 위험한 환경조건 등 위험요소를 발견한다.

③ 분 석

발견된 위험요소는 면밀히 분석하여 원인을 규명한다.

④ 개선대안 제시

　분석을 통하여 도출된 원인을 토대로 효과적으로 실현할 수 있는 대안을 제시한다.

⑤ 대안의 채택 및 시행

　당해 기업이 실행하기에 가장 알맞은 대안을 선택하고 시행한다.

⑥ 환류(피드백)

　과정상의 문제점과 미비점을 보완하여야 한다.

제2절　교통사고 요인별 특성과 안전관리

1. 인간의 특성과 안전관리

(1) 교통사고의 인적요인

① 조사결과 교통사고 원인 중 80~90[%]가 인간행동의 착오 또는 불안정성으로 인한 것으로 나타난다.

② 각 교통수단별 사고원인 분석

(단위 : [%])

구 분	인적 요인	운반구 결함	환경 · 기타
도로교통	99.5	0.5	0
철도교통	36.3	28.9	34.2
선박교통	72.8	15.1	11.1
항공교통	82.3	11.8	5.9

③ 인간의 반응특성

　㉠ 자극과 반응의 사이에는 시간적인 관계가 존재하며, 이를 반응시간이라고 한다.

　㉡ 자극을 주는 감각의 종류에 따라 반응시간이 달라진다.

　㉢ 신체부위에 따라 반응시간이 달라진다.

　㉣ 선택반응시간은 반응을 일으키기 전에 판별을 필요로 하는 자극 수에 따라 다르다. 자극이 복잡해
　　질수록 반응시간은 길어진다.

　㉤ 반응시간은 제시된 자극의 성질에 따라 다르게 나타난다.

　㉥ 연령과 성별에 따라 차이가 있어서 어린이, 고령자, 여자 등의 반응시간이 길다.

　㉦ 피로, 음주 등이 반응시간을 길게 한다.

④ 반응시간

　㉠ 위험의 출현 : 지각시간

　㉡ 위험의 인식 : 경악시간

　㉢ 반응동작

② 위험에 대한 경악 : 해방시간

⑩ 경악으로부터 해방 : 전환시간

⑤ 반응의 종류

　㉠ 반사반응

　　• 반사반응은 거의 본능에 의한 반응으로서 생각을 하지 않기 때문에 최단시간을 요하는 무의식적인 반응이다.

　　• 운전 중 반사반응을 요하는 경우는 거의 없으며, 자극이 너무 갑작스럽고 강하여 발생되는 반사반응은 행동의 착오를 일으켜 잘못된 행동으로 이어지는 경우가 있으며 반사반응에 걸리는 시간은 0.1초 정도로 극히 짧다.

　㉡ 단순반응 : 자극이 있는 경우나 자극이 예상되는 경우 사태의 진전 여하에 따라 취해야 할 행동이 이미 결정된 상태의 반응으로 단순반응에 걸리는 시간은 대략 0.25초 정도이다.

　㉢ 복합반응 : 가능한 몇 개의 반응 중 선택을 하여 행하는 반응으로 복합반응에 걸리는 시간은 사전에 결정이 이루어지지 않는 상태이다. 자극의 복합성·반응선택의 다양성·유사한 상황은 운전자의 경험에 좌우되나 통상적으로 0.5초에서 2초 정도 걸린다.

　㉣ 식별반응 : 운전자가 습관적으로 연습해 보지 못했던 두 가지 이상의 행위 가운데서 선택해야 하거나 상대방의 행동을 식별한 후 선택하여 행하는 반응으로 식별반응에 걸리는 시간은 모든 반응 중 가장 많은 시간이 소요된다. 상황은 복잡하나 긴급을 요하지 않을 경우 1분까지 걸리는 경우도 있다.

(2) 인간의 시각 특성

① 동체시력

　㉠ 동체시력이란 주행 중 운전자의 시력을 말한다.

　㉡ 동체시력은 자동차의 속도가 빨라지면 그 정도에 따라 점차 떨어진다.

　㉢ 동체시력은 연령이 많아질수록 저하율이 크다.

　㉣ 일반적으로 동체시력은 정지시력에 비해 30[%] 정도 낮다.

② 야간시력

　㉠ 실험에 의하면 야간시력은 일몰 전에 비하여 50[%] 저하된다.

　㉡ 어둠에 적응하는 신체기능의 저하를 인위적으로 보완하기 위하여 자동차에는 전조등이 설치되고 도로에는 조명등이 설치된다.

③ 암순응과 명순응

　㉠ 암순응이란 밝은 장소에서 어두운 곳으로 들어갔을 때, 어둠에 눈이 익숙해져서 시력을 점차 회복하는 것을 말한다.

　㉡ 명순응이란 어두운 장소에서 밝은 곳으로 들어갔을 때, 눈부심에 익숙해져서 시력을 서서히 회복하는 것을 말한다.

ⓒ 암순응에 걸리는 시간은 일반적으로 명순응에 걸리는 시간보다 길어서 완전한 암순응에는 30분 혹은 그 이상이 걸리기도 한다.

④ 시 야

㉠ 시야란 정지되어 있는 상태에서 한 물체에 눈을 고정시킨 자세에서 양쪽 눈으로 볼 수 있는 좌우의 범위를 말한다.

㉡ 정상적인 시력을 가진 사람의 시야는 180~200[°] 정도이고 한쪽 눈의 시야는 좌우 각각 160[°]이며, 색체를 식별할 수 있는 범위는 약 70[°]이다.

(3) 인간행위의 가변적 요인

① **기능상** : 시력, 반사신경의 저하 등 생체기능의 저하가 발생
② **작업능률** : 객관적으로 측정할 수 있는 효율의 저하
③ **생리적** : 긴장 수준의 저하
④ **심리적** : 심적 포화, 피로감, 위화감에 의한 작업의욕의 저하
⑤ 인간의 행동은 인간과 환경과의 관계에 의해서 결정된다는 법칙

(4) 청력, 지능, 신체장애

① 청 력

㉠ 청력은 시각에 비하여 운전에서 차지하는 비중이 크지 않지만 그래도 중요한 항목이다.

㉡ 시각에 미치지 못하는 사실을 추정하여 보고 판단할 수 있는 것이 청력이다.

㉢ 자동차의 고장상태나 노면상황의 보행음을 판단하고, 후방이나 측방의 사각시점에서 접근하여 오는 다른 자동차 등을 소리로서 알아차릴 수 있다. 따라서 청력이 약한 운전자는 경적음을 듣지 못하여 추월과 관련한 사고 또는 철도 건널목 사고 등과 직접 관련되기 쉽다.

② 지 능

지능은 일반적으로 운전과 별 관계가 없으나 지능이 높은 사람은 자기 능력 이하인 작업에 대하여는 만족감을 얻지 못하여 사고가 발생하기 쉽고, 지능이 낮은 사람은 복잡한 작업에 정신집중이 되지 않아 주의가 산만하기 쉽다. 특히, 운전 중에 횡단보도가 있는 교차로를 좌회전하고자 하는 경우에는 일시에 많은 조작을 하여야 하기 때문에 복잡한 작업을 감당하지 못하고 주의력을 잃어 사고를 일으키게 된다.

③ 신체장애

비록 신체장애가 있더라도 필요한 보조수단을 이용한다면 운전을 할 수 있지만 유턴과 같은 고도의 조작 숙련도가 요구되는 상황에서는 사고 발생의 가능성이 비교적 높다.

(5) 태도와 동기

① 처벌 관련

일반적으로 처벌을 주지 않고 있는 교통규칙은 운전자들이 쉽게 위반하는 경향이 있으므로 교통사고가 발생한 도로주변의 교통단속 실태를 검토하여 발생한 교통사고의 원인을 심층적으로 추리할 수 있다.

② 동 기

야간 운전 시 현혹현상으로 인한 보행자 충격 등의 사고는 전조등을 하향으로 전환시키지 않고 달려오는 대향차의 운전자에 대한 분노가 현혹의 동기가 되어 발생하게 된다.

③ 일상태도

근무처, 가정, 오락 등에서 나쁜 태도를 보이는 운전자는 운전 시에도 역시 좋지 못한 태도를 나타내는 경향이 있으므로 평소의 생활태도를 탐문하여 사고유발의 심층적인 원인을 찾아낼 수가 있다.

④ 감 정

사소한 상대방의 과오에 대한 과민한 반응이나 불쾌한 일에 대한 집착이 감정을 불안정하게 하여 사고를 유발하는 수도 있다.

(6) 음주운전과 인간의 특성

① 음주운전 시의 장해

ㄱ 시력장해가 현저해진다. 정체시력도 장해를 받지만 특히 동체시력의 장해가 두드러진다.

ㄴ 다리의 운동신경이 저하되기 때문에 가속에 둔감하고 브레이크 조작이 늦어진다.

ㄷ 호흡, 맥박은 증가하고 혈압은 저하된다.

ㄹ 주의 집중력이 둔화되면서 신체 평형감각이 없어져 장력이 저하되고 피로감이 크게 나타난다.

② 혈중 알코올 농도와 음주와의 관계

혈중 알코올 농도	의미구간	취한 정도
0.05[%] 미만	무 취	• 정상, 운전능력에는 별 영향이 없다. • 겉으로 보기에는 아무렇지 않으며 특히 검사 없이는 주기를 알 수 없다.
0.05 ~ 0.15[%]	미 취	안면홍조, 보행정상, 약간 취하면 말이 좀 많아지고 기분이 좋은 상태, 운전 시 음주의 영향을 받는다.
0.15 ~ 0.25[%]	경 취	• 안면이 창백해지고 보행이 비정상적이며 사고판단, 주의력 등이 산만해지며 언어는 불명확하고 비뇨감각이 저하되며 운전 시 모든 운전자가 음주의 영향을 받는다. • 스스로 느낄 정도로 쾌활해지고 비틀거리거나 우는 사람도 있다.
0.25 ~ 0.35[%]	심 취	모든 기능이 저하되고 보행이 곤란하며 언어는 불명확하고 사고력이 감퇴한다.
0.35 ~ 0.45[%]	만 취	의식이 없고 체온이 내려가며 호흡이 곤란해진다.
0.45[%] 이상	사 망	치명적으로 호흡마비, 심장마비, 심장쇠약으로 사망한다.

(7) 피로와 운전

① 피로와 신체

구 분	가벼운 피로	심한 피로	운전동작에 미치는 영향
감각 기관	• 과민하게 된다. • 작은 소리라도 귀찮게 들린다. • 보통광선이라도 의외로 눈이 부시다.	• 감지가 둔해진다. • 잘못 보거나 잘못 듣는다.	• 신호·표지를 잘못 본다. • 경적이나 위험신호에 민감하지 못하다.
운동 기관	• 손·눈썹 등이 가늘게 떨린다. • 많은 근육을 협동시켜서 움직이는 능력이 둔하다.	• 동작이 느리게 된다. • 기민한 활동이 안 된다.	급한 경우에는 손발이 말을 잘 듣지 아니하고 신속히 움직여지지 않는다.
졸 음	단조로운 도로에서 시계가 없으면 졸음이 온다.	아무리 노력하여도 쏟아지는 졸음을 없앨 수가 없다.	졸음이 올 때는 심신피로 시의 기능저하가 한층 현저해지고 최후에 잠을 자게 된다.

② 피로와 정신

구 분	가벼운 피로	심한 피로	운전동작에 미치는 영향
주의력	• 주의가 산만해진다. • 집중력이 없어진다.	주의력이 감퇴되고 강한 자극에도 반응이 잘 되지 않는다.	교통표지를 보지 못하거나 보행자에게 주의를 하지 못하게 된다.
사고력 판단력	• 깊이 생각하는 것이 구차스럽게 되고 잘못 생각하게 된다. • 정신적 활동이 약해진다.	• 어려운 것을 생각하는 힘이 없어진다. • 틀리는 것이 많아진다.	긴급한 때 취하는 조치를 틀리게 한다.
지구성	긴장이나 주의가 오래 계속되지 않는다.	자구력의 저하가 가일층 현저해지고 일의 능률이 대단히 저하한다.	운전에 필요한 심신컨디션을 오랫동안 확보할 수 없게 된다.
감 정	조그마한 것으로도 화를 내게 되고 슬퍼하게 된다.	역으로 감정이 둔해져서 감격성이 없어지고 모든 것이 어떻게 되든 모르게 된다.	• 처음으로 깜짝 놀라게 되고 판단을 잘못한다. • 다음에 책임감이 둔해져서 사고의 두려움도 둔해진다.
의 지	자기 스스로 하고자 하는 마음이 없어진다.	모든 것이 귀찮게 된다.	엄연히 하여야 할 조치를 하지 않게 되고 방향지시기를 사용하지 않고 급회전을 하게 된다.

2. 자동차의 특성과 안전관리

(1) 자동차사고 충돌역학

① 힘과 운동

ⓐ 어떤 물체의 외부에서 힘을 가하면 정지했던 물체는 움직이고 움직이던 물체는 속도가 더 빨라지거나 느려진다.

ⓑ 힘은 물체의 운동상태를 변화시키는 원인이다.

② 운동의 법칙

ⓐ 제1법칙(관성의 법칙) : 물체에 외력이 작용하지 않으면 정지한 물체는 영원히 정지하여 있고, 운동하고 있던 물체는 영원히 등속도 직선운동을 계속한다.

ⓒ 제2법칙(가속도의 법칙) : 물체에 외력이 작용하면 작용하는 힘에 비례하여 가속도가 그 물체에 속한다.

ⓒ 제3법칙(작용과 반작용의 법칙) : 물체에 힘을 가하면 작용한 힘과 크기가 같고 방향이 반대인 반작용의 힘이 작용한 물체에 미치게 되는 것을 말한다.

(2) 충돌형태

① 1차원 충돌

ⓐ 정면충돌이나 추돌과 같이 차량의 종축상에서 발생하는 사고는 1차원 충돌이라고 한다.

ⓑ 차가 부딪혔을 때 상대방에게 주는 충격이나 자신이 받는 충격력의 크기는 그때의 속도와 중량의 크기에 관계된다.

ⓒ 단단한 물체에 부딪힐 때와 같이 충격작용이 단시간에 이루어질수록 그의 힘은 커진다.

② 2차원 충돌 : 교행충돌이나 측면충돌은 자동차의 회전을 가져오고 2차원 충돌이 된다.

(3) 제동장치의 결함

① 제동력의 전달 불량
② 물기에 의한 제동 저하
③ 증기폐쇄
④ 제동력의 치우침
⑤ 모닝효과
⑥ 페이드
⑦ 제동 라이닝의 마모
⑧ 제동액의 부족이나 누설로 인한 에어록 현상
⑨ 마스터 실린더의 제동 컵 고무가 마모된 경우
⑩ 바퀴 실린더의 제동 컵 고무가 마모된 경우

3. 도로의 특성과 안전관리

(1) 도로의 안전표시(도로교통법 시행규칙 제8조제1항)

① 주의표지

도로 상태가 위험하거나 도로 또는 그 부근에 위험물이 있는 경우에 필요한 안전조치를 할 수 있도록 이를 도로 사용자에게 알리는 표지

② 규제표지

도로교통의 안전을 위하여 각종 제한·금지 등의 규제를 하는 경우에 이를 도로 사용자에게 알리는 표지

③ 지시표지

도로의 통행방법·통행구분 등 도로교통의 안전을 위하여 필요한 지시를 하는 경우에 도로 사용자가
이에 따르도록 알리는 표지

④ 보조표지

주의표지·규제표지 또는 지시표지의 주 기능을 보충하여 도로 사용자에게 알리는 표지

⑤ 노면표시

도로교통의 안전을 위하여 각종 주의·규제·지시 등의 내용을 노면에 기호·문자 또는 선으로 도로
사용자에게 알리는 표지

(2) 신호등(기본)

① 신호등의 성능

㉠ 등화의 밝기는 낮에 150[m] 앞쪽에서 식별할 수 있도록 한다.

㉡ 등화와 빛의 발산각도는 사방으로 각각 45[°] 이상으로 한다.

㉢ 태양광선이나 주위의 다른 빛에 의하여 그 표시가 방해받지 아니하도록 한다.

② 녹색의 등화

㉠ 보행자는 횡단보도를 횡단할 수 있다.

㉡ 차마는 직진 또는 우회전할 수 있다.

㉢ 비보호좌회전표지 또는 비보호좌회전표시가 있는 곳에서는 좌회전할 수 있다.

③ 황색의 등화

㉠ 차마는 우회전을 할 수 있고 우회전하는 경우에는 보행자의 횡단을 방해하지 못한다.

㉡ 차마는 정지선이 있거나 횡단보도가 있을 때에는 그 직전이나 교차로의 직전에 정지하여야 하며,
이미 교차로에 차마의 일부라도 진입한 경우에는 신속히 교차로 밖으로 진행하여야 한다.

④ 적색의 등화

㉠ 보행자는 횡단보도를 횡단하여서는 아니 된다.

㉡ 차마는 정지선, 횡단보도 및 교차로의 직전에서 정지해야 한다.

㉢ 차마는 우회전하려는 경우 정지선, 횡단보도 및 교차로의 직전에서 정지한 후 신호에 따라 진행하
는 다른 차마의 교통을 방해하지 않고 우회전할 수 있다.

㉣ ㉢에도 불구하고 차마는 우회전 삼색등이 적색의 등화인 경우 우회전할 수 없다.

(3) 안전표지 설치운영의 원칙

① 주요 표지의 우선화

특정도로 및 교통상황에 중요한 표지는 우선적으로 그 위치에 세워져야 하며 중요도가 낮은 표지와
혼재하여서는 안 된다.

② 안전표지의 분산화

안전표지를 적절히 분산시킴으로써 운전자의 정보포착을 위한 주의집중이 평준화되도록 배려하여야한다.

③ 안전표지의 유사 특성화

유사 특성화란 동일한 정보를 여러 개의 다른 형태로 제공하는 원칙을 말하는데, 이러한 유사 특성화는 많은 운전자들에게 특정 형태로 알려질 수 있을 뿐만 아니라 무엇을 의미하는지도 확실히 전달되는 장점이 있다.

④ 안전표지의 기대화

안전표지는 충분한 거리 전방에 신호등이 있다는 표지를 설치함으로써 운전자가 이에 충분히 대비토록 해야 한다.

⑤ 안전표지의 반복화

주행에 필요한 충분한 정보는 반복하여 제공해 줌으로써 포착할 기회를 주거나 완전히 이해할 수 있도록 해야 한다.

⑥ 반응시간을 고려한 설치 위치

안전표지는 운전자가 정보를 포착하고 판독하여 이해하고 이에 적절히 대응하는 일련의 정보포착 및 처리시간을 설치 위치의 기본으로 하고 있다.

(4) 안전표지 설계원칙

① 중요도의 부각

전달되는 정보는 가능한 한 오역과 애매모호함을 최소화하면서 중요도가 부각되어야 한다.

② 조화비

운전자는 정보를 이해하기에 앞서 포착해야 하며 포착성은 조화비가 가장 중요하다. 조화비는 표지판의 밝기와 표지판 주변의 밝기의 비율로 나타내며 조화비가 클수록 포착성이 높다.

(5) 안전표지판의 점검사항

① 필요한 정보가 제공되고 있는지의 여부
② 정보가 미비하거나 부적절한가의 여부
③ 정보가 잘못 전달되고 있는지의 여부
④ 정보가 애매모호하거나 혼란을 주는지의 여부
⑤ 정보가 운전자가 최선으로 이용할 수 있는 형태인지의 여부
⑥ 정보가 최적 위치에 설치되어 있는지의 여부
⑦ 너무 많은 정보가 한 곳에 편재되어 있는지의 여부
⑧ 정보가 많은 수목이나 장애물에 의거 방해받고 있는지의 여부

4. 교통환경의 특성과 안전관리

(1) 속도 규제가 교통안전에 미치는 영향

① 교통사고는 자동차의 속도가 100[km/h]의 속도 이상일 때 크게 증가하며 동시에 치사율도 높아진다.

② 사고빈도와 치사율을 함께 고려해 볼 때 보행거리에 기준을 둔 사상자의 수는 속도가 70~80[km/h] 사이에 있을 때 최소이다.

(2) 속도 규제에 대한 정당한 근거

① 운전자들은 운행 시 도로상에서 표지판으로 지시된 속도 규제에 의해서가 아니라 교통조건이나 도로 조건에 따라 그들에게 합리적이고 안전한 속도를 선택한다.

② 속도 제한이 효과적으로 이루어지기 위해서는 반드시 강제로 실시·강요되어야 한다.

③ 속도 제한이란 어떤 것이든 그것이 필요로 하는 도로조건이나 교통조건하에서만 타당하다.

④ 운행상의 보편적인 속도와 도로 또는 도로변의 조건 그리고 그 도로에서의 사고자료에 관한 연구에 기초를 둔 속도 제한은 속도의 분포를 균일하게 하는 효과를 나타낸다.

(3) 거친 날씨에서의 운행 속도(도로교통법 시행규칙 제19조제2항)

① 최고속도의 20/100을 줄인 속도

    ㉠ 비가 내려 노면이 젖어 있는 경우

    ㉡ 눈이 20[mm] 미만 쌓인 경우

② 최고속도의 50/100을 줄인 속도

    ㉠ 폭우, 폭설, 안개 등으로 가시거리가 100[m] 이내인 경우

    ㉡ 노면이 얼어붙은 경우

    ㉢ 눈이 20[mm] 이상 쌓인 경우

제3절 | 교통사고조사 및 사고관리

1. 사고의 조사

(1) 조사의 목적

① 교통사고의 경감과 교통안전을 확보하기 위해서는 필요한 교통사고분석을 위한 자료를 갖추어야 한다.

② 조사의 목적은 적절한 도로 또는 교통공학적 치료 및 예방조치가 취해질 수 있도록 사고에 관련된 인자를 결정하는 것이다.

(2) 사고조사 시 유의사항

① 사고조사는 사고발생 직후 그 현장에서 실시하는 경우가 많기 때문에 조사에 앞서 사고발생 직후의 상황을 보존하기 위해 필요한 조치, 즉 교통차단, 교통정리, 사고당사자 및 목격자를 확보해야 한다.

② 충돌지점, 당사자 및 해당차량의 정지위치와 상태, 사고조사에 필요한 물건 등의 위치를 명확히 하기 위해 줄자, 필기구, 사진기 등을 사용한다.

③ 사고로 인한 부상자의 구호, 조사로 인한 교통지체 및 그로 인하여 연쇄적으로 사고가 일어나지 않도록 유의하여야 한다.

(3) 조사항목

① 사고발생 연월일시, 주야, 요일, 일기

② 사고발생 장소, 도로모양, 도로선형, 노면상태, 교통통제설비, 교통통제상태, 시거상태, 주위의 환경

③ 당사자의 이름, 성별, 나이, 주소, 직업, 행동상황, 사고당시까지의 운전시간, 과로여부, 알코올 및 약물 사용여부, 일상적인 운전빈도, 운전면허의 종류와 운전경험, 동승자 유무, 동반자 유무, 차량등록번호, 제조회사, 연식, 자전거의 종류, 구조

④ 사고유형, 피해 정도와 같은 사고의 종류 및 정도

⑤ 사고원인

⑥ 상대방을 발견한 위치, 상대방의 상황·회피행동 유무·종류·위치·충돌 또는 추돌·접촉 등의 위치, 최종정지위치, 차량 등의 피해 상황, 사람의 피해 상황

⑦ 혈흔, 슬립흔, 활흔, 유리파편 등의 상황, 안전벨트·헬멧착용 여부, 차량검사, 보험, 건널목 종류

(4) 사고조사단계

① 1단계 : 대량의 사고자료, 즉 주로 경찰의 통상적인 사고보고에 기초하여 수집한 자료의 분석과 관계된다. 이 자료를 조사함으로써 도로망상의 문제지점이 밝혀질 수 있으며, 특정지점이나 일련의 지점들에게 걸쳐 광범위한 특성이 설정될 수 있다.

② 2단계 : 보완적 자료, 즉 경찰에 의해서 통상적으로 수집되지 않는 자료의 수집 및 분석과 관련된다. 보완적 자료는 특정유형의 사고, 특정유형의 도로 사용자 또는 특정유형의 차량과 관련된 것들을 포함한 특정사고 문제의 보다 나은 이해를 얻는 것을 목적으로 할 수 있다.

③ 3단계 : 사고현장과 다방면의 전문가에 의해 수집된 심층자료의 분석을 요구하는 심층 다방면 조사와 관련된다. 그 목적은 충돌 전, 충돌 중 및 충돌 후 상황에 관련된 인자 및 얼개의 이해를 돕는 것이다. 그 팀은 의학, 인간공학, 차량공학, 도로 또는 교통공학, 경찰 등 일련의 전문 분야로부터의 전문가들로 구성된다.

(5) 사고조사 자료의 사용 목적

① 사고 많은 지점을 정의하고 이를 파악하기 위함

② 어떤 교통통제대책이 변경되었거나 도로가 개선된 곳에서 사전·사후조사를 하기 위함

③ 교통통제설비를 설치해 달라는 주민들의 요구 타당성을 검토하기 위함

④ 서로 다른 기하설계를 평가하고 그 지역의 상황에 가장 적합한 도로, 교차로, 교통통제설비를 설계하거나 개발하기 위함

⑤ 사고 많은 지점을 개선하는 순위를 정하고 프로그램 및 스케줄화 하기 위함

⑥ 효과적인 사고감소 대책 비용의 타당성 검토

⑦ 교통법규 및 용도지구의 변경을 검토

⑧ 경찰의 교통감시 개선책의 필요성을 판단하기 위함

⑨ 인도나 자전거도로건설의 필요성을 판단하기 위함

⑩ 주차제한의 필요성이나 타당성을 검토하기 위함

⑪ 가로조명 개선책의 타당성을 검토하기 위함

⑫ 사고를 유발하는 운전자 및 보행자의 행동 중에서 교육으로 효과를 볼 수 있는 행동이 무엇인지를 파악하기 위함

⑬ 종합적인 교통안전프로그램의 소요되는 기금을 획득하는 데 도움을 주기 위함

2. 교통사고 조사결과의 기록

(1) 용어의 정의

① 교통사고

도로교통법상의 정의로는 차 또는 노면전차의 운전 등 교통으로 인하여 사람을 사상하였거나 물건을 손괴한 경우를 말한다. 따라서 보행자 상호 간의 사고 또는 열차 상호 간 사고는 도로교통법에 의한 교통사고로 취급되지는 않는다.

② 사 망

교통사고가 발생하여 72시간 이내에 사망한 경우를 말한다.

③ 중 상

교통사고로 인하여 부상하여 3주 이상의 치료를 요하는 경우를 말한다.

④ 경 상

5일~3주 미만의 치료를 요하는 경우이며, 5일 미만의 치료를 요하는 경우도 부상신고를 한다.

⑤ 사고건수

교통사고통계원표에서 말하는 사고건수란 하나의 사고유발행위로 인하여 시간적·공간적으로 근접하며, 연속성이 있고 상호 관련하여 발생한 사고를 포괄하여 1건의 사고로 정의한다. 한 대의 차량이 다른 한 대의 차량 또는 한 사람의 보행자 혹은 도로상의 시설물에 충돌한 사고라도 사고 상황에 따라 한 건의 사고로 취급될 수 있고 경우에 따라서는 여러 건의 사고로 취급할 수 있다.

⑥ 사고당사자

사고에 연루된 당사자 중에서 사고발생에 관한 과실이 큰 운전자를 제1당사자, 과실이 비교적 가벼운 운전자를 제2당사자라 한다. 만약 과실이 비슷한 경우 신체상의 피해가 적은 쪽을 제1당사자, 많은 쪽을 제2당사자라 한다. 차량 단독사고인 경우에는 차량 운전자가 항상 제1당사자가 되며 그 대상물을 제2당사자로 하고 신체 손상을 수반한 동승자는 제3당사자 또는 다른 동승자가 있을 때 4·5… 당사자라 한다.

⑦ 교통사고통계원표

본표란 교통사고자료의 기본적인 사항인 사고발생일시, 장소, 일기, 도로종류, 도로형상, 사고유형 등과 제1 및 제2당사자에 관한 사항을 기록한 표이고, 보충표는 제3당사자 이상의 당사자가 있는 경우에 사용된다.

(2) 사고의 기록체계

① 자동차사고 발생형태별 분류

㉠ 일탈사고 : 추락·이탈

㉡ 비충돌사고 : 전복, 전도사고, 기타 비충돌사고

㉢ 충돌사고 : 보행자, 다른 차량, 주차된 차량, 열차, 자전거, 동물, 고정물체, 기타 물체와의 충돌

② 차량 간 충돌사고의 분류

㉠ 각도충돌 : 다른 방향으로 움직이는 차량 간의 충돌로서 주로 직각충돌

㉡ 추돌 : 같은 방향으로 움직이는 차량 간의 충돌

㉢ 측면충돌 : 같은 방향 혹은 반대방향에서 움직이는 차량 간에 측면으로 스치는 사고

㉣ 정면충돌 : 반대방향에서 움직이는 차량 간의 충돌

㉤ 후진충돌

(3) 사고자료의 집계

① 지점별 집계

㉠ 단일지점 : 사고가 집중적으로 발생하는 특정지점이나 도로의 단구간의 처리

㉡ 노선조치 : 비정상적으로 사고가 많이 발생하는 도로에 치료적 조치의 적용

㉢ 지역조치 : 비정상적으로 사고가 많이 발생하는 지역에 치료적 조치의 적용

㉣ 일반조치 : 일반적 사고 특성을 가진 지점들에서 치료적 조치의 적용

② 사고의 어떤 공통적 특성의 집계

㉠ 정면충돌, 차도이탈 등 사고의 유형

㉡ 노견, 교량접근 등 도로특성

㉢ 트럭, 자전거, 오토바이의 차량유형

㉣ 과속, 피로, 음주 또는 마약 같은 일반적 특성

㉤ 버스와 관련된 사고, 위험물 운반차량, 다중사고 또는 다수의 사망사고 같은 대형사고

1. 매슬로(Maslow)의 욕구 5단계

매슬로는 행동의 동기가 되는 욕구를 다섯 단계로 나누어, 인간은 하위의 욕구가 충족되면 상위의 욕구를 이루고자 한다고 주장하였다. 1~4단계의 하위 네 단계는 부족한 것을 추구하는 욕구라하여 결핍욕구(Deficiency Needs), 가장 상위의 자아실현의 욕구는 존재욕구(Being Needs)라고 부르며 이것은 완전히 달성될 수 없는 욕구로 그 동기는 끊임없이 재생산된다.

구 분	특 징
생리적 욕구 (제1단계)	• 의식주, 종족 보존 등 최하위 단계의 욕구 • 인간의 본능적 욕구이자 필수적 욕구
안전에 대한 욕구 (제2단계)	• 신체적·정신적 위험에 의한 불안과 공포에서 벗어나고자 하는 욕구 • 추위·질병·위험 등으로부터 자신의 건강과 안전을 지키고자 하는 욕구
애정과 소속에 대한 욕구 (제3단계)	• 가정을 이루거나 친구를 사귀는 등 어떤 조직이나 단체에 소속되어 애정을 주고받고자 하는 욕구 • 사회적 욕구로서 사회구성원으로서의 역할 수행에 전제조건이 되는 욕구
자기존중 또는 존경의 욕구 (제4단계)	• 소속단체의 구성원으로서 명예나 권력을 누리려는 욕구 • 타인으로부터 자신의 행동이나 인격이 승인을 얻음으로써 자신감, 명성, 힘, 주위에 대한 통제력 및 영향력을 느끼고자 하는 욕구
자아실현의 욕구 (제5단계)	• 자신의 재능과 잠재력을 발휘하여 자기가 이룰 수 있는 모든 것을 성취하려는 최고 수준의 욕구 • 사회적·경제적 지위와 상관없이 어떤 분야에서 최대의 만족감과 행복감을 느끼고자 하는 욕구

CHAPTER

02 적중예상문제

01 다음 중 교통시설이 아닌 것은?

㉮ 수 로
㉯ 어 항
㉰ 어업무선국
㉱ 비행장

해설 **교통시설**
- 교통안전법에서는 교통시설을 도로·철도·궤도·항만·어항·수로·공항·비행장 등 교통수단의 운행·운항 또는 항행에 필요한 시설과 그 시설에 부속되어 사람의 이동 또는 교통수단의 원활하고 안전한 운행·운항 또는 항행을 보조하는 교통안전표지·교통관제시설·항행안전시설 등의 시설 또는 공작물로 정의하고 있다.
- 교통안전보조시설
  - 도로 : 교통신호등, 교통안전표시, 중앙분리대, 방책, 반사경, 가드레일, 육교, 지하도, 도로표시 등
  - 철도 : 교량, 터널, 철도신호, 전기시설, 각종 제어시설, 건널목 시설
  - 항만 : 부두, 안벽, 방파제, 등대, 항로표시
  - 비행장 : 활주로, 유도로, 계류장, 격납고
  - 항공보안시설 : 활주로등, I.L.S, VOR/TAC, NDB

02 교통기관의 기술개발을 통하여 안전도를 향상시키고 운반구 및 동력제작기술의 발전을 도모하는 것은?

㉮ 관리적 접근방법
㉯ 제도적 접근방법
㉰ 기술적 접근방법
㉱ 선택적 접근방법

해설 **사고예방을 위한 접근방법**
- 기술적 접근방법
  - 교통기관의 기술개발을 통하여 안전도를 향상시키는 것이다.
  - 하드웨어의 개발을 통한 안전의 확보라고 할 수 있다.
  - 운반구 및 동력제작 기술발전의 교통수단 안전도를 향상시킨다.
  - 교통수단을 조작하는 교통종사원의 기술숙련도 향상을 위한 안전운행 역시 기술적 접근방법이라 볼 수 있다.
- 관리적 접근방법
  - 소프트웨어
  - 교통기술면에서 교통기관을 효율적으로 관리하고 통제할 수 있도록 이간을 적합시키는 방법론이다.
  - 경영관리기법을 통한 전사적 안전관리, 통계학을 이용한 사고유형 또는 원인의 분석, 품질관리기법을 원용한 통계적 관리기법, 인간형태학적·인체생리학적 접근방법 등이다.
- 제도적 접근방법
  - 제도적 접근방법은 기술적 접근방법이나 관리적 접근방법을 통하여 개발된 기법의 효율성을 제고하기 위하여 제도적 장치를 마련하는 행위이다.
  - 법령의 제정을 통한 안전기준의 마련이나 안전수칙 또는 원칙을 정하여 준수토록 하면서 제도적으로 안전을 확보하고자 하는 것이다.
  - 제도적 접근방법은 기술적, 관리적인 면에서 개발된 기법을 효율성 있게 제고하기 위한 행위이다.

03 정지시거에 대한 설명 중 틀린 것은?

㉠ 정지시거는 공주거리와 제동거리로 이루어진다.

㉡ 공주거리는 물체를 본 시간부터 브레이크를 밟아 브레이크가 작동하기까지 달린 거리이다.

㉢ 제동거리는 브레이크가 작동되고부터 정지할 때까지 미끄러진 거리이다.

㉣ 반사시간은 통상 2.5초를 설계목적으로 사용한다.

> **해설** 공주거리는 차량의 속도와 운전자의 능력에 따라 달라지나 설계목적으로 통상 2.5초를 사용한다. 이 중에서 1.5초는 반사시간으로서 지각, 식별, 행동판단 시간이며, 1초는 근육반응 및 브레이크 반응시간으로 본다.

04 정지시거에 대한 설명 중 틀린 것은?

㉠ 오르막길에서 정지시거는 짧아진다.

㉡ 설계목적으로 시거를 계산할 때에는 건조노면을 기준으로 한다.

㉢ 제동거리는 타이어-노면의 마찰계수와 속도 및 도로에 적용된다.

㉣ 정지시거는 정지에 필요한 거리로서 모든 도로에 적용된다.

> **해설** 설계목적으로 시거를 계산할 때 젖은 노면상태를 기준으로 한다.

05 설계목적을 위한 최소 추월시거를 계산하는 데 필요한 가정이 아닌 것은?

㉠ 추월차량이 본 차선을 복귀했을 때 뒤차와는 적절한 안전거리를 필요로 한다.

㉡ 피추월차량은 일정한 속도를 주행한다.

㉢ 추월차량의 운전자는 추월행동을 개시할 때까지 행동판단 및 반응시간을 필요로 한다.

㉣ 추월차량은 추월할 기회를 찾으면서 피추월차량과 같은 속도로 안전거리를 유지하며 앞차를 따른다.

> **해설** 추월차량이 본 차선을 복귀했을 때 대향차량과의 적절한 안전거리를 필요로 한다.

06 운전자가 진행로 상에 산재해 있는 예측하지 못한 위험요소를 발견하고 그 위험가능성을 판단하며 적절한 속도와 진행방향을 선택하여 필요한 안전조치를 효과적으로 취하는 데 필요한 거리는?

㉠ 정지시거   ㉡ 추월시거

㉢ 피주시거   ㉣ 안전시거

> **해설** 피주시거는 운전자의 판단착오를 시정할 여유를 주고 정지하는 대신 동일한 속도로 또는 감속하면서 안전한 행동을 취할 수 있기 때문에 정지시거보다 훨씬 큰 값을 갖는다.

07 완화곡선에 대한 설명 중 틀린 것은?

㉮ 완화곡선은 직선부와 곡선부를 원활하게 연결시켜주기 위한 것이다.

㉯ 편구배 변화구간은 완화곡선 구간에 놓인다.

㉰ 설계속도에 대해서 곡선반경이 매우 크면 완화곡선을 생략할 수 있다.

㉱ 완화곡선의 길이는 운전자가 편구배를 느끼면서 최소한 5초 동안 주행할 수 있는 거리가 확보되어야 한다.

해설 2초 동안 주행할 수 있는 거리가 확보되어야 한다.

08 평면선형과 종단선형의 조합원칙으로 틀린 것은?

㉮ 선형이 시각적으로 연속성을 확보할 것

㉯ 선형의 시각적, 심리적 균형을 확보할 것

㉰ 종단구배가 급한 곳에 평면곡선을 삽입할 것

㉱ 도로환경과의 조화를 고려할 것

해설 종단구배가 급한 구간에 작은 평면곡선이 삽입되면 구배가 과대하게 보여 주행상 안전성이 확보되지 못한다.

09 노변지역에 포함되는 것이 아닌 것은?

㉮ 갓 길   ㉯ 배수구

㉰ 측 도   ㉱ 연 석

해설 측도는 고속도로나 주요 간선도로에 평행하게 붙어있는 국지도로로서 교통분리시설에 포함된다.

10 운전자의 핸들조작에 지장을 주지 않는 범위에서 배수를 고려할 때 노면의 최대 횡단구배는 얼마인가?

㉮ 2[%]   ㉯ 3[%]

㉰ 4[%]   ㉱ 5[%]

해설 노면구배
• 노면의 횡단구배는 도로 중심선에서부터 노면 끝까지의 횡단면 구배로서 배수의 목적으로 사용된다.
• 운전자의 핸들조작에 지장을 주지 않는 범위에서 배수를 고려한 바람직한 경사는 최대 4[%]까지이다.

11 갓길에 대한 설명 중 틀린 것은?

㉮ 갓길은 차도부보다 경사가 급해야 한다.

㉯ 갓길의 색채는 차도부와 같게 해야 한다.

㉰ 포장된 갓길의 경사는 3~5[%], 비포장의 경우는 4~6[%]가 적당하다.

㉱ 갓길을 포장하는 것은 경제적이다.

해설 갓길의 색깔이나 질감은 차도와 적절한 대비를 이루도록 하는 것이 좋다.

12 배수구의 깊이는 도로중심선 높이로부터 최소 얼마 이상이어야 하는가?

㉮ 15[cm]　　　　　　　　　　　　㉯ 30[cm]

㉰ 45[cm]　　　　　　　　　　　　㉱ 60[cm]

해설 배수구의 깊이는 도로중심선 높이로부터 최소 60[cm] 이상은 되어야 하며 기층의 배수를 돕기 위하여 노반보다 최소 15[cm] 이상 낮아야 한다.

13 연석의 기능이 아닌 것은?

㉮ 배수유도　　　　　　　　　　　㉯ 차도의 경계구분

㉰ 차량의 이탈방지　　　　　　　　㉱ 고장차량의 대피소

해설 연석은 배수를 유도하고 차도의 경계를 명확히 하며 차량의 차도이탈을 방지하는 역할을 하는 것으로 주로 도시부 도로에 설치한다.

14 중앙분리대의 기능이 아닌 것은?

㉮ 좌회전 혹은 횡단하는 차량을 보호

㉯ 보행자에게 통행로 제공

㉰ 배수나 제설작업을 위한 공간

㉱ 고장 난 차량의 대피소

해설 통행로보다는 대피장소를 제공할 수 있다.

15 측도의 기능이 아닌 것은?

㉮ 주요 도로에의 출입제한

㉯ 주요 도로에서 인접지역으로의 접근성 제공

㉰ 인터체인지 기능 대체

㉱ 원활한 도로체계 유지

> **해설** 인터체인지의 기능을 다양화시키는 데 기여하며 전체 도로체계의 일부분을 이룬다.

16 사고발생 요인 중 가장 많은 비중을 차지하고 있는 것은?

㉮ 인적 요인 　　　　　　　㉯ 환경 요인

㉰ 횡단보도 요인 　　　　　㉱ 교통수단의 요인

> **해설** 인적 요인은 84.8[%], 환경 요인은 17.9[%], 차량 요인은 6.0[%]이다.

17 자동차의 안전운행을 위해서는 인간 – 자동차 – 도로의 계가 안전하지 않으면 안 된다. 그런데 자동차와 도로는 어느 정도까지는 고정시킬 수 있지만, 다음의 요소 중 변동되기 쉬운 것은?

㉮ 관리적 요소 　　　　　　㉯ 차량적 요소

㉰ 인간적 요소 　　　　　　㉱ 연속적 요소

18 운전자의 면허취득, 종별 면허취득, 면허취득 후의 실제운전경력, 운전차종, 사고의 종류 · 횟수 정도에 대한 진단을 무엇이라고 하는가?

㉮ 운전기술진단 　　　　　　㉯ 운전기능진단

㉰ 운전태도진단 　　　　　　㉱ 운전경력진단

19 자동차속도에 대한 결정은 가장 먼저 무엇을 고려해야 하는가?

㉮ 교통로 　　　　　　　　　㉯ 동력용구

㉰ 안전시설 　　　　　　　　㉱ 운전경력진단

20 정지거리란 무엇인가?

㉮ 반응거리에 제동거리를 합친 것

㉯ 위험인지거리에 반응거리와 제동거리를 합친 거리

㉰ 위험인지거리에 제동거리를 합친 것

㉱ 반응거리에 제동거리를 합치고 위험인지거리를 뺀 것

> **해설** 정지시거(정지거리)는 물체를 본 시간부터 브레이크를 밟아 브레이크가 작동하기까지 달린 공주거리와 브레이크가 작동되고부터 정지할 때까지의 미끄러진 제동거리로 이루어진다.

21 교통사고의 요인 중 가정환경의 불합리, 직장인간관계의 잘못은 무슨 원인이라 하겠는가?

㉮ 직접원인 ㉯ 간접원인

㉰ 잠재원인 ㉱ ㉮, ㉯, ㉰와 관계없음

22 교통사고 원인 중 간접적 원인과 직접적 원인에 해당하는 것은?

㉮ 차선 및 신호위반 ㉯ 중앙선 침범

㉰ 앞지르기 위반 ㉱ 음 주

23 교통사고의 위험요소를 제거하기 위해서는 몇 가지 단계를 거쳐야 하는데 안전점검, 안전진단, 교통사고 원인의 규명, 종사원의 교통활동, 태도분석, 교통환경 등에서 위험요소를 적출하는 행위는 다음 중 어느 단계인가?

㉮ 위험요소의 분석 ㉯ 위험요소의 탐지

㉰ 위험요소의 제거 ㉱ 개 선

> **해설** **위험요소의 제거 6단계**
> • 조직의 구성 : 안전관리업무를 수행할 수 있는 조직을 구성, 안전관리책임자 임명, 안전계획의 수립 및 추진이다.
> • 위험요소의 탐지 : 안전점검 또는 진단사고, 원인의 규명, 종사원 교통활동 및 태도분석을 통하여 불안전행위와 위험한 환경조건 등 위험요소를 발견한다.
> • 분석 : 발견된 위험요소는 면밀히 분석하여 원인을 규명한다.
> • 개선대안 제시 : 분석을 통하여 도출된 원인을 토대로 효과적으로 실현할 수 있는 대안을 제시한다.
> • 대안의 채택 및 시행 : 당해 기업이 실행하기에 가장 알맞은 대안을 선택하고 시행한다.
> • 환류(피드백) : 과정상의 문제점과 미비점을 보완하여야 한다.

24 교통사고의 주요 원인에 포함되지 않는 것은?

㉮ 인적 요인 ㉯ 환경 요인

㉰ 운반구 요인 ㉱ 적성 요인

25 인간행동을 규제하는 환경요인이 아닌 것은?

㉮ 자연적 조건 ㉯ 심 리

㉰ 물 리 ㉱ 시 간

26 교통사고 요인이 배열되어 있는 형태를 보아 그 형을 분류할 경우 다음 중에서 적당하지 않은 것은?

㉮ 교차형 ㉯ 복합형

㉰ 집중형 ㉱ 연쇄형

27 교통사고에 영향을 미치는 인간행위의 가변적 요소로서 적합하지 않은 것은?

㉮ 자연적 요소 ㉯ 기능적 요소

㉰ 생리적 요소 ㉱ 심리적 요소

28 사고원인 조사에서 운행 중 여유시간을 4초 이상 유지한 운전을 무엇이라고 하는가?

㉮ 과속운전 ㉯ 서행운전

㉰ 정상운전 ㉱ 준사고운전

29 도로교통운전자들의 운전 여유시간을 기초로 운전을 서행·정상·과속운전 등으로 나눌 때 정상운전에 해당하는 여유시간은 다음 중 어느 것인가?

㉮ 1초 ㉯ 2초

㉰ 3초 ㉱ 4초

30 다음 운전행동상의 사고요인분석 중에서 사고발생률이 가장 낮은 것은?

㉮ 인식지연 　　　　　　　　　㉯ 판단착오

㉰ 불가항력 　　　　　　　　　㉱ 조작착오

> **해설**　㉮를 제외한 나머지 요인은 사고발생률이 지극히 높은 사유이다.

31 다음은 위험요소를 제거하기 위하여 거쳐야 할 일반적 단계이다. 해당하지 않는 것은?

㉮ 평 가 　　　　　　　　　　㉯ 조직의 구성

㉰ 위험요소의 탐지 　　　　　　㉱ 피드백

> **해설**　위험요소의 제거 단계 : 조직의 구성 → 위험요소의 탐지 → 분석 → 개선대안 제시 → 대안의 채택 및 시행 → 피드백

32 교통 종사원, 안전관리, 일반원칙 등은 어디에 포함되는가?

㉮ 안전관리기법 　　　　　　　㉯ 안전운행관리기법

㉰ 통계적 관리기법 　　　　　　㉱ 사례적 안전관리법

33 안전관리의 목적이라고 할 수 없는 것은?

㉮ 경영상의 안전 　　　　　　　㉯ 인적·물적 재산피해의 감소

㉰ 교통환경의 개선 　　　　　　㉱ 자동차 기술의 개선

34 교통사고를 주요 요인별로 분류할 때 이에 해당하지 않는 것은?

㉮ 적성 요인 　　　　　　　　　㉯ 인적 요인

㉰ 환경 요인 　　　　　　　　　㉱ 운반구 요인

35 새로운 교육이나 지도 및 규칙 등을 제때에 이해시키고 납득시킬 수 있다면 사고발생의 위험률을 저하시킬 수가 있는데 이를 위해서는 다음 중 어느 것이 기본적으로 선행되어야 하는가?

㉮ 교통환경 　　　　　　　　　㉯ 사고분석

㉰ 상해부위 　　　　　　　　　㉱ 주행거리

36 최근 운수업체에서 교통안전관리자 제도를 도입하는 이유는 무엇 때문인가?

㉮ 운수수익   ㉯ 교통사고

㉰ 환경관리   ㉱ 운행계획

37 다음의 보기가 설명하고 있는 것은 어느 경우인가?

> 복합원인의 연쇄반응에서 생기고 있는 것이므로 원인이나 유발 특성에 대해 고찰할 필요가 있다.

㉮ 교통사고   ㉯ 교통환경

㉰ 교통조직   ㉱ 정보관리

38 교통사고 장기적인 예측모형 설정 시의 기본요건으로 적합하지 않은 것은?

㉮ 사고위험 지점별 위험도 평가

㉯ 사고발생의 지역 간 격차 및 연도별 추이분석

㉰ 모형 구성요인의 장래치 추정

㉱ 샘플링 작업

39 다음 문항 중 틀린 것은?

㉮ 정보관리란 제반정보의 수집, 분류, 정리, 분석, 평가, 축적, 이용 등에 의한 정보이다.

㉯ 정보관리의 핵심 3단계는 수집, 분석, 평가이다.

㉰ 데이터란 특정한 현상 내지 사실에서 끄집어내어진 현상 그 자체이다.

㉱ 기상상황을 알기 위해 모아진 풍속, 기압, 기온 등은 정보에 해당한다.

40 교통단속 시 발생하는 단속의 파급효과가 일정기간 지속되고 인접지역에까지 영향을 미치는 것을 무엇이라 하는가?

㉮ 경제효과   ㉯ 인적효과

㉰ 파동효과   ㉱ 할로효과

41 다음은 교통사고 현장조사 시 관찰착안점이다. 연결이 잘못된 것은?

㉮ 도로 및 교통조건 – 타이어 흔, 노면상태, 노면경사 및 시계

㉯ 교통통제설비 – 신호기 작동이 정상인가, 황색신호에서 상충관찰, 시인성 점검

㉰ 이면도로 이용실태 – 버스정거장 위치, 주·정차, 연도상점, 차고, 차량출입 빈도

㉱ 도로이용자 형태 – 회전 차량의 회전궤적, 정지위치, 보행자 횡단 특성, 자전거 이용 특성

> **해설** **현장조사**
> • 도로 및 교통조건 : 타이어 흔, 노면상태, 노면경사 및 시계
> • 교통통제설비 : 신호기 작동이 정상적인가, 황색신호에서의 상충관찰, 시인성 점검
> • 이면도로의 이용실태 : 이면도로를 이용하는 교통실태, 이에 대응하는 교통통제방법관찰
> • 도로주변 토지이용실태 : 버스정거장 위치, 주·정차, 연도상점, 차량출입 빈도
> • 도로이용자 형태 : 회전 차량의 회전궤적, 정지위치, 보행자 횡단 특성, 자전거 이용 특성

★ 중요

42 다음 마찰계수 중 타이어가 고정되어 미끄러지고 있을 때의 경우는?

㉮ 세로 미끄럼 마찰계수　　　　㉯ 가로 미끄럼 마찰계수

㉰ 제동 시의 마찰계수　　　　㉱ 자유구름 마찰계수

> **해설** **마찰계수의 정리**
> • 세로 미끄럼 마찰계수 : 타이어가 고정되어 미끄러지고 있을 때의 마찰계수(노면의 상태, 노면의 거친 정도, 타이어 상태, 제동속도 등에 의한 차이)
> • 가로 미끄럼 마찰계수 : 일반적으로 가로 미끄럼 마찰계수는 세로 미끄럼 마찰계수보다 약간 크다.
> • 제동 시의 마찰계수 : 브레이크 작동 시 노면에 대해 미끄러지는 정도
> • 자유구름 마찰계수 : 차량의 속도나 타이어의 공기압에 따라 영향

43 인간행동의 환경적 요소로서 적당한 것은?

㉮ 인간관계　　　　㉯ 일반심리

㉰ 심신상태　　　　㉱ 소 질

44 교통사고를 좌우하는 요소가 아닌 것은?

㉮ 도로 및 교통조건　　　　㉯ 교통통제조건

㉰ 차량을 운전하는 운전자　　　　㉱ 차량의 이용자

> **해설** 교통사고는 차량을 운전하는 운전자와 도로 및 교통조건, 교통통제조건에 따라 크게 좌우된다. 따라서 이들 세 가지 요인들의 교통사고와 관련된 특성을 분석하면 사고방지 대책을 수립하는 데 도움이 된다.

45 도로선형에서의 사고특성에 대한 다음 설명 중 틀린 것은?

㉮ 한 방향으로 진행하는 일방도로에서 왼쪽으로 굽은 도로에서의 사고가 오른쪽으로 굽은 도로에서보다 많다.

㉯ 곡선부가 종단경사와 중복되는 곳은 사고 위험성이 훨씬 더 크다.

㉰ 종단선형이 자주 바뀌면 종단곡선의 정점에서 시거가 단축되어 사고가 일어나기 쉽다.

㉱ 긴 직선구간 끝에 있는 곡선부는 짧은 직선구간 다음의 곡선부에 비해 사고율이 높다.

> **해설**   오른쪽으로 굽은 도로에서의 사고가 왼쪽으로 굽은 도로에서보다 많다.

46 다음 중 사고율이 가장 높은 노면은?

㉮ 건조노면   ㉯ 습윤노면
㉰ 눈덮인 노면   ㉱ 결빙노면

> **해설**   노면의 사고율은 결빙노면 > 눈덮인 노면 > 습윤노면 > 건조노면의 순이다.

47 운전자의 정보처리과정이 옳은 것은?

㉮ 식별 – 지각 – 반응 – 행동판단

㉯ 지각 – 반응 – 식별 – 행동판단

㉰ 지각 – 식별 – 행동판단 – 반응

㉱ 식별 – 지각 – 행동판단 – 반응

> **해설**   운전자뿐만 아니라 보행자 및 모든 인간은 주위의 자극에 대하여 지각 – 식별 – 행동판단 – 반응과정을 거치면서 행동을 한다. 이러한 과정은 거의 대부분 운전경력과 훈련에 의해서 그 능력이 향상된다.

48 정보처리과정 중 착오가 생기는 경우 결정적인 사고가 발생하게 되는 것은?

㉮ 지 각   ㉯ 식 별
㉰ 행동판단   ㉱ 반 응

> **해설**   위해요소에 대해서 취해야 할 적절한 행동을 결심하는 의사결정 과정으로서 그 능력은 운전경험에 크게 좌우된다. 이 과정에서 착오가 생기면 결정적인 사고가 발생한다.

정답   45 ㉮   46 ㉱   47 ㉰   48 ㉰

49 다음 중 교통사고에 영향을 주는 운전자의 육체적 능력이 아닌 것은?

㉮ 현혹회복력
㉯ 시 야
㉰ 주의력
㉱ 지 능

해설   주의력은 후천적 능력이다.

50 다음 중 교통사고에 영향을 주는 후천적 능력이 아닌 것은?

㉮ 성 격
㉯ 시 력
㉰ 도로조건 인식능력
㉱ 차량조작 능력

해설   시력은 후천적 능력이 아니라 선천적 능력이다.

51 다음은 사고를 특히 많이 내는 사람의 특징이다. 틀린 것은?

㉮ 지나치게 동작이 빠르거나 늦다.
㉯ 충동 억제력이 부족하다.
㉰ 상황판단력이 뒤떨어진다.
㉱ 지식이나 경험이 풍부하다.

해설   사고를 많이 내는 사람은 지식이나 경험이 부족한 경우가 많다.

52 음주운전자의 특성으로 틀린 것은?

㉮ 시각적 탐색능력이 현저히 감퇴된다.
㉯ 주위환경에 과민하게 반응한다.
㉰ 속도에 대한 감각이 둔화된다.
㉱ 주위환경에 반응하는 능력이 크게 저하된다.

해설   음주운전자는 차량 조작에만 온 정신을 집중하기 때문에 주위 환경에 반응하는 능력이 크게 저하된다.

53 다음 중 사고방지를 위한 지속적인 운전자 대책은?

㉮ 운전면허의 취소 및 정지
㉯ 운전면허의 자격 제한
㉰ 안전교육
㉱ 교통지도 단속

54 교통사고의 인적요인에 대한 다음 설명 중 틀린 것은?

㉮ 주의표시에 운전자가 취해야 할 행동을 구체적으로 명시하면 행동판단 시간을 현저히 줄일 수 있다.

㉯ 지각 - 반응과정에서 착오를 줄이고 경과시간을 단축하는 것이 사고방지의 요체이다.

㉰ 젊은 운전자는 회전, 추월 및 통행권 양보위반이 많고 나이든 운전자는 속도위반이 많다.

㉱ 중추신경계통의 능력을 저하시키는 요인으로는 알코올이나 약물복용, 피로 등이 있다.

해설 젊은 층에서 속도위반이 많다.

55 교통안내표지에 대한 다음 설명 중 틀린 것은?

㉮ 노선을 명확히 나타내야 한다.

㉯ 도로변 표지가 가공식 표지보다 사고율이 훨씬 낮다.

㉰ 교차로의 부도로 접근로에 양보 표지를 설치하면 사고예방에 도움이 된다.

㉱ 양보 표지는 램프를 사용하여 고속도로에 진입하는 유입램프 쪽에서 설치해도 큰 효과가 있다.

해설 가공식 표지가 사고율이 낮다.

56 다음 중 사고감소를 위해 속도제한구간을 설정하는 근거로 부적합한 것은?

㉮ 사고는 속도 그 자체보다도 속도분포, 즉 차량들 상호 간의 속도 차이에 의해 발생한다.

㉯ 속도제한은 어떠한 도로조건과 교통조건에 대해서도 타당성을 갖는다.

㉰ 속도제한이 효과적으로 이루어지기 위해서는 단속 가능할 정도이어야 한다.

㉱ 운전자는 표시된 제한속도보다는 교통이나 도로조건에 따라 합리적이며 안전하게 그들의 속도를 선택한다.

해설 어떠한 속도제한도 그것이 시행되는 도로조건과 교통조건에 대해서만 타당성을 갖는다. 즉, 제한속도는 일반적으로 좋은 기상조건과 비첨두 시간에 대한 것이기 때문에 이와 다른 조건에서는 적절치가 않다.

57 다음 중 곡선부에서 사고를 감소시키는 방법으로 부적합한 것은?

㉮ 시거를 확보한다.

㉯ 편경사를 감소시킨다.

㉰ 선형을 개선한다.

㉱ 속도표지와 시선유도표를 포함한 주의표지와 노면표지를 잘 설치한다.

해설 Tanner의 연구에 의하면 편경사를 증가시켜 60[%]의 사고감소율을 보였다.

58 교통의 기능에 대한 설명이 가장 바른 것은?

㉮ 공간적 이동을 그 기능으로 하여 사회적 교류를 높인다.

㉯ 공간적 이동을 그 기능으로 하여 문화수준을 향상시킨다.

㉰ 물자 이동을 그 기능으로 하여 인간유대를 증진시킨다.

㉱ 시간적 효용을 그 기능으로 하여 문화수준을 향상시킨다.

해설 교통은 공간적 효용과 시간적 효용을 증대시킨다.

59 종단곡선에 대한 설명으로 틀린 것은?

㉮ 종단구배는 작을수록 좋다.

㉯ 배수에 관계가 있다.

㉰ 종단곡선에는 원과 포물선이 사용된다.

㉱ 아스팔트, 콘크리트 포장에 특히 많이 사용된다.

60 차량 등의 정비를 요청해야 하는 경우와 거리가 먼 것은?

㉮ 결함부품 또는 불량부품정비가 필요한 경우

㉯ 안전시설의 결함으로 교환이 필요한 경우

㉰ 차량 등의 장비나 기구의 정비 또는 교환이 필요한 경우

㉱ 일상점검·정비 외의 특별정비가 필요한 경우

해설 **차량 등의 정비를 요청해야 하는 경우**
- 일상점검·정비 외에 특별한 정비가 필요한 때
- 결함부품·불량부품의 교환 또는 대체가 필요한 때
- 차량 등의 장비나 기구의 정비 또는 교환이 필요한 때

61 다음에서 교통안전정책의 전개방향에 관한 기술로서 적합한 것은?

㉮ 법적 차원에서 질서확립운동으로 전개되어야 한다.

㉯ 운수관련업체의 안전관리 정착운동이 전개되어야 한다.

㉰ 교통종사원의 자질향상운동으로 전개되어야 한다.

㉱ 교통안전의 생활화 차원에서 전개되어야 한다.

해설 교통안전정책은 교통안전의 생활화 또는 사회정화운동 차원에서 전개되어야 한다.

62 계획 - 조사 - 검토 - 독려 - 보고 등의 업무를 관장하는 조직은?

㉮ 참모형 조직   ㉯ 라인형 조직

㉰ 위원회 조직   ㉱ 라인-스탭 혼합형 조직

63 다음 중 교육훈련 목적의 하나인 것은?

㉮ 조직협력   ㉯ 조직정비

㉰ 지휘계통의 확립   ㉱ 조직의 통계

해설 교육훈련의 목적에는 기술의 축적, 조직의 협력, 동기유발 등이 있다.

★중요

64 교통안전교육에 의해서 안전화를 이루는 데 필요한 교육이 아닌 것은?

㉮ 안전지식에 대한 교육   ㉯ 안전기능에 대한 교육

㉰ 안전태도에 대한 교육   ㉱ 안전연습에 대한 교육

65 교통안전의 목적에 해당하는 것은?

㉮ 수송효율의 향상   ㉯ 교통시설의 확충

㉰ 교통법규의 준수   ㉱ 교통단속의 강화

해설 교통안전의 목적은 수송효율의 향상, 인명의 존중, 사회복지의 증진, 경제성의 향상 등이다.

66 다음 중 교통안전관리조직에서 고려해야 할 요소로서 적합하지 않은 사항은?

㉮ 교통안전관리 목적달성에 지장이 없는 한 단순할 것

㉯ 구성원을 능률적으로 조절할 수 있을 것

㉰ 운영자에게 통계상의 정보를 제공할 수 있을 것

㉱ 비공식적인 조직일 것

67 차량의 결함, 정비, 불량, 적재물 사항, 복장, 보호구의 착용사항, 도로사항 등이 문제가 되는 것은?

㉮ 불건강상태　　　　　　　　　　　　㉯ 불안전상태

㉰ 불계획상태　　　　　　　　　　　　㉱ 사고기피자

68 운전자가 빨간 신호를 보고 위험을 인지하고 브레이크를 밟을 경우에 빨간 신호를 보았을 때부터 브레이크가 작동할 때까지의 시간을 보통 무엇이라고 하는가?

㉮ 통과시간　　　　　　　　　　　　㉯ 생각시간

㉰ 여유시간　　　　　　　　　　　　㉱ 반응시간

> **해설** 　**반응시간**
> • 자극과 반응의 사이에는 시간적인 관계가 존재하며 이를 반응시간이라고 한다.
> • 자극을 주는 감각의 종류에 따라 반응시간이 달라진다.
> • 신체 부위에 따라 반응시간이 달라진다.
> • 선택반응 시간은 반응을 일으키기 전에 판별을 필요로 하는 자극 수에 따라 다르다. 자극이 복잡해질수록 반응시간은 길어진다.
> • 반응시간은 제시된 자극의 성질에 따라 다르게 나타난다.
> • 연령과 성별에 따라 차이가 있어서 어린이, 고령자, 여자 등의 반응시간이 길다.
> • 피로, 음주 등이 반응시간을 길게 한다.

69 사람에게는 여러 가지 감각기관이 있으나 운전 중에 약 80[%]를 점유하는 감각기관은 무엇인가?

㉮ 취 각　　　　　　　　　　　　㉯ 미 각

㉰ 촉 각　　　　　　　　　　　　㉱ 시 각

> **해설** 　**시 각**
> • 시각의 중요성 : 운전시에 필요한 정보의 80[%] 이상은 시각을 통해서 들어온다.
> • 시력 : 시력은 지시문이 기입된 교통안전표지판을 잘못 읽어 발생한 사고와 관련이 깊다.
> • 야간시력 : 야간시력 저하현상은 노년층에 많이 나타나는데 전면유리가 착색되어 있거나 선글라스를 착용했을 때 가중된다.
> • 현혹회복시력 : 눈부심에서 회복되는 시간도 노인에게는 길게 나타난다. 특히 야간에 대형차의 전조등 불빛을 똑바로 쳐다보는 경우에 현혹현상이 생겨 사고를 내기 쉽다.
> • 시야 : 시야는 얼굴과 눈을 정면으로 두었을 때 주위를 볼 수 있는 범위를 말하는데 시야가 좁은 경우에는 주간의 직각 마주침 충돌, 끼어들기 사고, 측면 충격사고 등과 관련되기 쉽다.
> • 색약 : 색약의 경우 운전하게 되면 적색신호에서 주행하거나 교통안전표지판의 지시표지와 규제표지를 혼동하여 사고를 일으킬 우려가 있다.

70 야간 주행 중 식별은 밝은 색에 비하여 어두운 색은 얼마 정도인가?

㉮ 10[%]
㉯ 30[%]
㉰ 50[%]
㉱ 80[%]

해설　야간 주행 중 식별범위(전조등이 하향등인 경우)

구 분	밝은 색	어두운 색
물체확인 가능 거리	80[m]	43[m]
사람의 확인	42[m]	20[m]

★중요

71 암순응 혹은 암조응에 관한 설명으로 알맞은 것은?

㉮ 암순응은 밤눈을 말한다.
㉯ 암순응은 밤에 적응을 하는 것이다.
㉰ 암순응은 밤눈과는 관계없다.
㉱ 암조응은 밤눈을 말한다.

해설　**암순응과 명순응**
• 암순응이란 밝은 장소에서 어두운 곳으로 들어갔을 때, 어둠에 눈이 익숙해져서 시력을 회복하는 것을 말한다.
• 명순응이란 어두운 장소에서 밝은 곳으로 들어갔을 때 밝은 빛에 익숙해져서 시력을 회복하는 것을 말한다.
• 암순응에 걸리는 시간은 일반적으로 명순응에 걸리는 시간보다 길어서 완전한 암순응에는 30분 혹은 그 이상이 걸리기도 한다.
• 암순응은 밤눈과는 관계없다.

72 일반적으로 운전자들이 초기에 아주 신중한 운전을 하지만 차츰 시간이 경과함에 따라 무확인 운전 등을 하게 되는 까닭은 무엇이 무시되는 것이라 하겠는가?

㉮ 안전태도
㉯ 안전행동
㉰ 안전운전
㉱ 안전성격

73 안정된 정서, 건강하고 건전한 생활태도, 건강의 유지 등은 다음 어디에서 조성되어 교통안전에 이바지하게 되는가?

㉮ 가정환경
㉯ 학원환경
㉰ 차량환경
㉱ 법규환경

74 도로교통환경의 특성과 관계없는 것은?

㉮ 차선 폭, 시선유도　　　　㉯ 거리 판단

㉰ 조명 정도　　　　　　　　㉱ 신호나 표시

> **해설**　거리 판단은 운전자의 특성에 관계있는 것이다.

75 다음 문장 중 틀린 것은?

㉮ 아무리 훌륭한 교통기관이라 할지라도 인간의 행동특성에 적합하지 않는다면 안전한 교통기관이라고 할 수 없다.

㉯ 인적 요인에 의한 교통사고의 상관성을 인간행동의 법칙에서 알아보면 인간의 행동 = 인적 요인 + 환경요인 공식이 성립한다.

㉰ 인간행동을 규제하는 인적 요인에는 인간관계요인 등이 포함되어 있다.

㉱ 인간행동을 규제하는 요인에는 내적 요인과 외적 요인이 있다.

> **해설**　**인간행동을 규제하는 요인**
> - 인적 요인(내적 요인)
>   - 소질 : 지능지각(운동기능), 성격, 태도
>   - 일반심리 : 착오, 부주의, 무의식적 조건반사
>   - 경력 : 연령, 경험, 교육
>   - 의욕 : 지위, 대우, 후생, 흥미
>   - 심신상태 : 피로, 질병, 수면, 휴식, 알코올, 약물
> - 환경요인(외적 요인)
>   - 인간관계 : 가정, 직장, 사회, 경제, 문화
>   - 자연조건 : 온도, 습도, 기압, 환기, 기상, 명암
>   - 물리적 조건 : 교통공간 배치
>   - 시간적 조건 : 근로시간, 시각, 교대제, 속도

76 인간은 항상 동일 상태로 유지할 수가 없고 늘 변화하기 마련이다. 다음 중 교통사고와 연결될 수 있는 인간행위의 가변요인이 아닌 것은?

㉮ 생체기능의 저하　　　　㉯ 작업효율의 저하

㉰ 불안요인의 저하　　　　㉱ 작업의욕의 저하

> **해설**　**인간행위의 가변요인**
> - 기능상 : 시력, 반사신경의 저하 등 생체기능의 저하가 발생
> - 작업능률 : 객관적으로 측정할 수 있는 효율의 저하
> - 생리적 : 긴장수준의 저하
> - 심리적 : 심적 포화, 피로감, 위화감에 의한 작업의욕의 저하
> - 인간의 행동은 인간과 환경과의 관계에 의해서 결정된다는 법칙

77 교통사고 다발자 등의 일반적 특징에 관한 내용으로 적합하지 않은 것은?

㉮ 억압적 경향과 막연한 불안감   ㉯ 비협조적인 인간관계

㉰ 주관적 판단력과 자기통찰력 미약   ㉱ 만성적 반응 경향

> **해설** **교통사고 다발자의 특성**
> • 억압적 경향과 막연한 불안감
> • 비협조적인 인간관계
> • 주관적 판단력과 자기통찰력 미약
> • 반응촉진 근육동작에 대한 충돌을 제어하지 못하여 조기반응 경향이 있다.
> • 중복 작업면에 있어서 자극을 정확하게 지각하고 그것에 기준해서 통제된 반응동작을 하는 데 곤란함을 나타내 보인다.
> • 충동적이며 자극에 민감, 흥분을 잘한다.
> • 긴장과도로 억압적인 경향이 강하며 막연한 불안감을 가지고 있다.

78 다음에서 보행자의 심리에 관한 내용으로 적합하지 않은 것은?

㉮ 급히 서두르는 경향이 있다.   ㉯ 현 위치에서 횡단하고자 한다.

㉰ 자동차가 양보할 것으로 믿는다.   ㉱ 차량중심적으로 행동한다.

> **해설** **보행자의 심리**
> • 급히 서두르는 경향이 있다.
> • 자동차의 통행이 적다고 해서 신호를 무시하고 횡단하는 경향이 있다.
> • 횡단보도를 이용하기보다는 현 위치에서 횡단하고자 한다.
> • 자동차가 모든 것을 양보해 줄 것으로 믿고 있다.

⭐ 중요

79 다음은 반응시간에 관한 설명이다. 가장 알맞은 것은?

㉮ 정보의 인지에서 차의 조작까지 걸리는 시간이다.

㉯ 정보의 인지에서 종합 판단까지 걸리는 시간이다.

㉰ 정보의 판단에서 차의 조작까지 걸리는 시간이다.

㉱ 정보의 종합판단에 소요되는 시간이다.

> **해설** **반응시간**
> • 자극과 반응의 사이에는 시간적인 관계가 존재한다. 이를 반응시간이라고 한다.
> • 자극을 주는 감각의 종류에 따라 반응시간이 달라진다.
> • 신체 부위에 따라 반응시간이 달라진다.
> • 선택반응 시간은 반응을 일으키기 전에 판별을 필요로 하는 자극 수에 따라 다르다. 자극이 복잡해질수록 반응시간은 길어진다.
> • 반응시간은 제시된 자극의 성질에 따라 다르게 나타난다.
> • 연령과 성별에 따라 차이가 있어서 어린이, 고령자, 여자 등의 반응시간이 길다.
> • 피로, 음주 등이 반응시간을 길게 한다.

80 다음 중 인간행동을 규제하는 환경적 조건이 아닌 것은?

㉮ 자연적 조건　　　　　　　　㉯ 심리적 조건

㉰ 물리적 조건　　　　　　　　㉱ 시간적 조건

> **해설** **인간행동을 규제하는 환경적 조건**
> * 인간관계 : 가정, 직장, 사회, 경제, 문화
> * 자연적 조건 : 온도, 습도, 기압, 환기, 기상, 명암
> * 물리적 조건 : 교통공간 배치
> * 시간적 조건 : 근로시간, 시각, 교대제, 속도

81 다음 중 어린이의 행동특성이 아닌 것은?

㉮ 사물을 이해하는 방법이 단순하다.

㉯ 응용력이 부족하다.

㉰ 감정의 변화가 심하다.

㉱ 어른의 행동을 모방하려 하지 않는다.

> **해설** **어린이의 행동특성**
> * 한 가지 일에 열중하면 주위의 일이 눈이나 귀에 들어오지 않는다.
> * 사물을 이해하는 방법이 단순하다.
> * 감정에 따라 행동의 변화가 심하게 달라진다.
> * 추상적인 말을 잘 이해하지 못한다.
> * 응용력이 부족하다.
> * 어른에게 의지하기 쉽고 어른의 흉내를 잘 낸다.
> * 숨기를 좋아하고 신기한 것에 대한 호기심을 가진다.
> * 위험상황에 대한 대처능력이 부족하고 동일한 충격에도 큰 피해를 입는다.

82 인간의 행동을 규제하는 요인은 인적 요인과 환경요인으로 대별할 수 있다. 다음에서 인적 요인이 아닌 것은?

㉮ 지능지각　　　　　　　　　㉯ 교육경력

㉰ 가정생활　　　　　　　　　㉱ 근무의욕

> **해설** **인간의 행동을 규제하는 인적 요인**
> * 소질 : 지능지각(운동기능), 성격, 태도
> * 일반심리 : 착오, 부주의, 무의식적 조건반사
> * 경력 : 연령, 경험, 교육
> * 의욕 : 지위, 대우, 후생, 흥미
> * 심신상태 : 피로, 질병, 수면, 휴식, 알코올, 약물

83 다음에서 인간행위의 가변성 요인을 분류한 것으로서 옳지 못한 것은?

㉮ 기능상의 요인   ㉯ 직능상의 요인

㉰ 생리적인 요인   ㉱ 심리적인 요인

> **해설** **인간행위의 가변성 요인**
> • 기능상 : 시력, 반사신경의 저하 등 생체기능의 저하가 발생
> • 작업능률 : 객관적으로 측정할 수 있는 효율의 저하
> • 생리적 : 긴장수준의 저하
> • 심리적 : 심적 포화, 피로감, 위화감에 의한 작업의욕의 저하
> • 인간의 행동은 인간과 환경과의 관계에 의해서 결정된다는 법칙

84 피로하여 사고가 일어나는 요인이 아닌 것은?

㉮ 연속 운전으로 피로가 생길 경우

㉯ 운전 전의 작업피로가 운전에 영향을 미치는 경우

㉰ 작업 이외에 의한 운전 전 피로가 운전에 영향을 미치는 경우

㉱ 운전 후 피로가 생길 경우

85 거의 본능적·무의식적 반응으로 최단시간을 필요로 하는 반응을 무엇이라 하는가?

㉮ 시간적 반응   ㉯ 직감적 반응

㉰ 육감적 반응   ㉱ 반사적 반응

> **해설** **반사적 반응**
> • 반사반응은 거의 본능에 의한 반응으로서 생각을 하지 않기 때문에 최단시간을 요하는 무의식적인 반응이다.
> • 운전 중 반사반응을 요하는 경우는 거의 없으며, 자극이 너무 갑작스럽고 강하여 발생하는 반사반응은 행동의 착오를 일으켜 잘못된 행동으로 이어지는 경우가 있으며 반사반응에 걸리는 시간은 0.1초 정도로 극히 짧다.

86 정상적인 사람의 시각(시야)은?

㉮ 100[°]   ㉯ 120[°]

㉰ 200[°]   ㉱ 360[°]

> **해설** **시각(시야)**
> • 시야란 정지되어 있는 상태에서 한 물체에 눈을 고정시킨 자세에서 양쪽 눈으로 볼 수 있는 좌우의 범위를 말한다.
> • 정상적인 시력을 가진 사람의 시야는 180~200[°] 정도이고 한쪽 눈의 시야는 좌우 각각 160[°]이고, 색채를 식별할 수 있는 범위는 약 70[°]이다.

87 움직이는 물체를 보거나 움직이면서 물체를 볼 때의 시력을 무엇이라고 하는가?

㉮ 정지시력   ㉯ 동체시력

㉰ 정체시력   ㉱ 주행시력

> **해설**   **동체시력**
> • 동체시력이란 주행 중 운전자의 시력을 말한다.
> • 동체시력은 자동차의 속도가 빨라지면 그 정도에 따라 점차 떨어진다.
> • 동체시력은 연령이 많아질수록 저하율이 크다.
> • 일반적으로 동체시력은 정지시력에 비해 30[%] 정도 낮다.

88 눈의 위치를 바꾸지 않고 좌우를 볼 수 있는 범위를 무엇이라고 하는가?

㉮ 시 야   ㉯ 시 력

㉰ 시 각   ㉱ 시 선

> **해설**   시야란 정지되어 있는 상태에서 한 물체에 눈을 고정시킨 자세에서 양쪽 눈으로 볼 수 있는 좌우의 범위를 말한다.

89 일반적으로 동체시력은 정지시력의 몇 [%] 수준인가?

㉮ 30[%]   ㉯ 50[%]

㉰ 70[%]   ㉱ 10[%]

> **해설**   일반적으로 동체시력은 정지시력에 비해 30[%] 정도 낮다.

90 주행속도와 시각 특성과의 관계가 맞게 설명된 것은?

㉮ 속도가 빠를수록 시야가 넓어진다.

㉯ 운전하는 데 중요시되는 시력은 동체시력이다.

㉰ 운전 중에는 한 곳을 집중적으로 주시하면서 운전해야 한다.

㉱ 주행속도와 시력과는 상관성이 없다.

91 자동차에 작용하는 마찰의 힘에 대한 설명 중 틀린 것은?

㉮ 타이어와 노면과의 마찰저항이 작용하면서 차는 정지한다.

㉯ 자동차가 앞으로 달려 나가려고 하는 운동에너지는 속도의 제곱에 비례하여 커진다.

㉰ 노면이 젖거나 얼어붙으면 타이어와 노면과의 마찰저항이 커져 제동거리가 길어진다.

㉱ 고속주행 중에 급제동하면 순간적으로 핸들이 돌지 않고 이상한 미끄러짐 현상이 일어나므로 조심해야한다.

92 커브길을 주행하는 자동차는 커브 바깥쪽으로 미끄러지려고 하는 힘을 받게 되는데 이 힘을 무엇이라고 하는가?

㉮ 구심력

㉯ 원심력

㉰ 마찰력

㉱ 충격력

93 교통사고 원인분석 과정이 옳은 것은?

㉮ 현황조사 → 자료정리 → 충돌도 및 현황도 → 문제점 인식

㉯ 자료정리 → 충돌도 및 현황도 → 현황조사 → 문제점 파악

㉰ 현황조사 → 자료정리 → 문제점 파악 → 충돌도 및 현황도

㉱ 현황조사 → 문제점 파악 → 자료정리 → 충돌도 및 현황도

94 한 지점에 주의를 집중하다 보면 먼 곳에 있는 것은 가깝게 보이고 가까이 있던 것은 전과 다르게 보이게 되는 원인은?

㉮ 주의의 판단

㉯ 주의의 동요

㉰ 주의의 배분

㉱ 주의의 집중

해설 **주의의 일점 집중** : 한 곳에 계속 주의를 집중하면 다른 곳의 주의는 약해지는 현상

95 다음 반응 중 거의 본능적에 의한 반응으로 최단시간을 요하는 무의식적 반응은?

㉮ 반사반응

㉯ 단순반응

㉰ 복합반응

㉱ 식별반응

> **해설** **반응의 종류 및 내용**
> • 반사반응 : 거의 본능적 반응, 최단시간을 요하는 무의식적인 반응(0.1초 정도)
> • 단순반응 : 자극이 있는 경우나 자극이 예상되는 경우(약 0.25초 정도)
> • 복합반응 : 반응선택 다양성, 운전자의 경험 적용(0.5~2초 정도)
> • 식별반응 : 상황은 복잡하나 긴급을 요하지 않을 경우 1분까지 걸리는 경우도 있다.

96 다음 시각 중 얼굴과 눈을 정면으로 두었을 때 주위를 볼 수 있는 범위는?

㉮ 색 약

㉯ 시 야

㉰ 현혹회복력

㉱ 시 력

> **해설** **시각에 대한 정리**
> • 시력 : 운전에 필요한 외계의 인식은 대부분 시신경을 통해서 가능하다. 자동차의 고속도화 교통이 복잡해짐에 따라 시력의 강약이 운전에 점하고 있는 위치는 더욱 중요하다.
> • 시야 : 머리와 눈의 위치를 고정시켜 놓고 볼 수 있는 범위를 시야라고 한다. 즉, 주위를 볼 수 있는 범위이다.
> • 현혹회복력 : 누구든지 광도가 강한 빛에 정면으로 전사되면 그 빛에 현혹되어 일시 시력을 잃게 되는 것이다. 그때 시력이 원상상태로 회복하기까지 갖게 되는 시간에는 상당한 개인차가 있다. 이 시력회복이 빠르고 늦은 것을 그 사람의 대현혹시력이라고 부른다. 보통의 사람으로서는 3초에서 8초까지 소요된다고 한다.
> • 야간시력 : 밝은 곳으로부터 급히 어두운 곳으로 들어가면 누구든지 한참동안 시력을 잃게 된다. 그러나 시간이 경과됨에 따라 점점 회복된다. 이것을 암순응이라고 한다.
> • 동체시력 : 움직이고 있는 물체에 대한 시력을 말한다.

97 곡률 및 곡률반경에 대한 설명으로 틀린 것은?

㉮ 곡률과 곡률반경은 개념이 상반된 용어이다.

㉯ 양자의 의미는 곡선의 굽은 정도를 나타낸다.

㉰ 곡률반경이 크면 커브가 급하다.

㉱ 곡률이 크면 커브가 크다.

> **해설** 곡률반경이 크면 커브가 완만하다.

98 시각특성과 주행속도의 관계를 설명한 것이다. 틀린 것은?

㉮ 운전 중에는 한곳을 집중적으로 주시하면서 운전해야 한다.

㉯ 주행속도와 시력은 매우 밀접한 상관성이 있다.

㉰ 운전하는 데 중요시되는 시력은 동체시력이다.

㉱ 속도가 빠를수록 시야가 좁아진다.

99 지각반응 시간동안 주행한 거리를 무엇이라 하는가?

㉮ 지각거리   ㉯ 제동거리

㉰ 정지거리   ㉱ 공주거리

100 다음 중 운전자의 경험이 적용되고 반응 선택이 다양하게 나타날 수 있는 반응은?

㉮ 단순반응   ㉯ 복합반응

㉰ 반사반응   ㉱ 식별반응

101 음주가 운전에 미치는 영향이 아닌 것은?

㉮ 알코올은 대뇌를 침해하여 이성을 잃게 하고 판단력을 떨어뜨린다.

㉯ 감정의 불안정으로 자제력을 잃게 된다.

㉰ 신경을 자극하여 운동능력이 민첩해진다.

㉱ 자기중심적인 운전을 하게 된다.

102 다음 중 앞차가 급히 정지하였을 경우에 그 앞차와의 추돌을 피할 수 있을 정도의 안전한 거리는?

㉮ 정지거리   ㉯ 제동거리

㉰ 공주거리   ㉱ 차간거리

해설   차간거리는 정지거리보다 약간 긴 정도이다.

103 다음 중 운전자가 위험을 느끼고 브레이크를 밟았을 때 자동차가 제동되기 시작하기까지의 사이에 주행하는 거리는?

㉮ 정지거리 ㉯ 제동거리

㉰ 공주거리 ㉱ 차간거리

> **해설** **거리의 종류 및 내용**
> • 차간거리 : 정지거리보다 약간 긴 정도
> • 정지거리 : 공주거리 + 제동거리
> • 공주거리 : 운전자가 위험을 느끼고 브레이크를 밟았을 때 자동차가 제동되기 시작하기까지의 사이에 주행하는 거리
> (0.7~1초 간의 진행거리)
> • 제동거리 : 제동되기 시작하여 정지하기까지의 거리

104 다음 중 교통경찰이 교통사고를 조사하는 목적은?

㉮ 교통법규 및 용도지구의 변경을 검토하기 위하여

㉯ 경찰의 교통감시 개선책의 타당성을 검토하기 위하여

㉰ 주차제한의 필요성이나 타당성을 검토하기 위하여

㉱ 사고발생에 대한 추궁 및 범죄를 입증하기 위하여

> **해설** **교통사고조사의 주체**
> • 경 찰
> - 사고발생에 대한 책임의 추궁 및 범죄를 입증하는 데 있다. 이는 범죄수사이기 때문에 형사소송법에 의거하여 경찰 및 검찰에서 하며, 필요한 경우에는 사고당사자의 체포, 증거물의 압수 등 강제수단이 동원되기도 한다.
> - 사고발생의 직접적 또는 간접적인 원인을 규명하여 사고발생의 실태를 파악함과 동시에 사고방지대책을 수립하기 위한 기초자료를 수집한다.
> • 교통안전공학자
> 통상 한 사고에 관련되는 많은 인자들이 있다는 것을 상기하면서 한 개인의 부분적 행동에 관련된 것이 아닌 그 사고로 유도한 상황 및 과정에 관심을 갖는다.

105 다음은 교통전문가가 사고자료를 사용하는 목적이다. 틀린 것은?

㉮ 사고 많은 지점을 정의하고 이를 파악하기 위하여

㉯ 사고발생에 대한 보험료 산정에 정확을 기하기 위하여

㉰ 교통통제설비를 설치해 달라는 주민들의 요구 타당성을 검토하기 위하여

㉱ 종합적인 교통안전 프로그램에 소요되는 기금을 획득하는 데 도움을 주기 위하여

> **해설** 보험료 산정은 보험기관이나 그 관계인의 업무사항이다.

106 다음 중 종합된 사고 통계자료의 사용목적에 해당하지 않는 것은?

㉮ 차량검사

㉯ 단 속

㉰ 차량구입

㉱ 응급의료서비스

해설 종합된 통계자료는 단속, 교육, 정비, 차량검사, 응급의료서비스 및 도로개선을 위한 기술적인 목적 등에 사용된다.

107 다음 중 개개의 사고자료를 사용하지 않는 사람은?

㉮ 경 찰

㉯ 차량제조업자

㉰ 변호사

㉱ 차량운전자

해설 개개의 사고자료는 경찰, 차량등록기관, 보험회사, 변호사, 법정, 차량제조업자들이 사용한다.

108 다음 사고에 연루된 당사자 중 제1당사자가 아닌 사람은?

㉮ 사고에 과실이 큰 운전자

㉯ 과실이 비슷한 경우 피해가 적은 쪽

㉰ 과실이 비슷한 경우 피해가 많은 쪽

㉱ 차량단독사고인 경우 차량운전자

해설 **사고당사자**

사고에 연루된 당사자 중에서 사고발생에 관한 과실이 큰 운전자를 제1당사자, 과실이 비교적 가벼운 운전자를 제2당사자라 한다. 만약 과실이 비슷한 경우 신체상의 피해가 적은 쪽을 제1당사자, 많은 쪽을 제2당사자라 한다. 차량단독사고인 경우에는 차량운전자가 항상 제1당사자가 되며 그 대상물을 제2당사자로 하고 신체 손상을 수반한 동승자는 제3당사자 또는 다른 동승자가 있을 때 4·5··· 당사자라 한다.

⭐중요

109 교통사고로 인한 인명피해에 대한 다음 설명 중 틀린 것은?

㉮ 사망사고는 교통사고가 발생하여 72시간 이내에 사망한 것을 말한다.

㉯ 중상은 교통사고로 인하여 부상하여 3주 이상의 치료를 요하는 경우를 말한다.

㉰ 경상은 교통사고로 인하여 부상하여 5일 ~ 3주 미만의 치료를 요하는 경우를 말한다.

㉱ 교통사고로 인하여 부상하여 5일 미만의 치료를 요하는 경우에는 부상신고를 하지 않는다.

해설 **경상** : 5일 ~ 3주 미만의 치료를 요하는 경우이며, 5일 미만의 치료를 요하는 경우도 부상신고를 한다.

110 다음 중 도로교통법에 의한 교통사고로 취급되지 않는 것은?

㉮ 자동차 상호 간의 사고　　　　　㉯ 자동차와 보행자 간의 사고
㉰ 열차 상호 간의 사고　　　　　　㉱ 자동차와 자전거 간의 사고

> **해설** 도로교통법에서 교통사고란 차 또는 노면전차의 운전 등 교통으로 인하여 사람을 사상하였거나 물건을 손괴한 것을
> 말한다. 따라서 보행자 상호 간의 사고 또는 열차 상호 간의 사고는 도로교통법에 의한 교통사고로 취급되지 않는다.

111 교통사고로 인한 인명피해에 있어서 사망이란 교통사고가 발생하여 얼마 이내에 사망한 것을 말하는가?

㉮ 24시간 이내　　　　　　　　㉯ 72시간 이내
㉰ 5일 이내　　　　　　　　　　㉱ 3주 이내

> **해설** 사망이란 교통사고가 발생하여 72시간 이내에 사망한 경우를 말한다.

112 사고에 연루된 당사자 중 항상 제1당사자가 되는 경우는?

㉮ 신체상의 피해가 적은 쪽
㉯ 신체손상을 수반한 동승자
㉰ 과실이 비교적 가벼운 운전자
㉱ 차량 단독사고인 경우 차량운전자

> **해설** 차량 단독사고인 경우에는 차량운전자가 항상 제1당사자가 되며, 그 대상물을 제2당사자라 한다.

★ 중요

113 다음 중 교통사고통계원표의 본표에 기록하지 않는 것은?

㉮ 사고발생일시　　　　　　　　㉯ 제3당사자에 관한 사항
㉰ 도로의 종류　　　　　　　　　㉱ 사고유형

> **해설** **교통사고통계원표의 본표에 기록하여야 할 사항**
> • 본표에 기재하여야 할 사항
>   - 사고발생일시　　　　　- 장 소
>   - 일 기　　　　　　　　　- 도로의 종류
>   - 도로의 형상　　　　　　- 사고의 유형
>   - 제1 및 제2당사자에 관한 사항
> • 보충표의 기재사항
>   제3당사자 이상의 당사자가 있는 경우에 사용된다.

114 사고율 산정 시 교차로에서 일반적으로 사용되는 기준 차량대수는?

㉮ 10만대의 진입차량   ㉯ 50만대의 진입차량

㉰ 100만대의 진입차량   ㉱ 1억대의 진입차량

> **해설**   교차로의 경우 일반적으로 사용되는 단위는 100만대의 진입차량이다.

115 사고지점도에 대한 다음 설명 중 틀린 것은?

㉮ 사고의 집중 정도를 나타낸다.

㉯ 보행자 사고나 주차된 차량에 대한 사고 및 경찰순찰구역 등을 나타내는 데 사용된다.

㉰ 지도상에 사고의 종류 또는 지명도에 따라 색깔이 다른 핀을 사용한다.

㉱ 사고방지대책을 수립하는 데 중요한 기초자료로 사용된다.

> **해설** **사고지점도**
> • 사고지점도는 사고가 집중적으로 발생하는 지점의 신속한 시각적 색인을 제공한다.
> • 가장 일반적인 지점도는 지도상에 핀, 색종이를 붙이거나 표시를 하여 사고지점을 나타낸다.
> • 보고받은 사고는 즉시 지점도에 표시되며, 상이한 모양, 크기 또는 색채가 사고의 유형이나 정도를 나타내는 데 사용된다.
> • 다수의 희생자를 포함하는 대형사고에 의한 왜곡을 피하기 위하여 지점도는 희생자 수 대신 사고건수를 나타내는 것이 일반적이다.
> • 범례는 가능한 한 단순해야 하며 4 ~ 5가지 이하의 유형, 크기 및 색채가 사용되도록 한다.
> • 가로의 지형적인 특성을 나타내는 축척 1 : 5,000의 간단한 가로도가 사고지점도로 적합하다.

116 다른 방향으로 움직이는 차량 간의 충돌로서 주로 직각충돌인 것은?

㉮ 측면충돌

㉯ 각도충돌

㉰ 정면충돌

㉱ 추 돌

> **해설** **차량 간 충돌사고의 유형**
> • 각도충돌 : 다른 방향으로 움직이는 차량 간의 충돌로서 주로 직각충돌
> • 추돌 : 같은 방향으로 움직이는 차량 간의 충돌
> • 측면충돌 : 같은 방향 혹은 반대방향에서 움직이는 차량 간에 측면으로 스치는 사고
> • 정면충돌 : 반대방향에서 움직이는 차량 간의 충돌
> • 후진충돌

117 다음 중 사고가 집중적으로 발생하는 지점의 신속한 시각적 색인을 제공하는 것은?

    ㉮ 대상도   ㉯ 사고지점도

    ㉰ 충돌도   ㉱ 현황도

118 장소별 교통사고자료 파일링 시스템 중에서 교통안전을 위한 개선대책을 강구하는 데 가장 적합한 것은?

    ㉮ 인접교차로별 파일   ㉯ 노선[km] Post별 파일

    ㉰ 기여요인별 파일   ㉱ 링크와 노드를 이용하는 법

> **해설**   사고발생에 기여하는 요인별로 파일한다.

119 충돌도의 작도에 대한 다음 설명 중 틀린 것은?

    ㉮ 사고다발지점 간의 거리는 축소되기도 한다.

    ㉯ 충돌의 원인이 되는 차도와 다른 물리적인 것들을 나타내는 것이 매우 중요하다.

    ㉰ 교차로나 구간에 대하여 작도된다.

    ㉱ 각 사고를 나타내는 화살표 위에는 날짜와 시간단위의 시각을 나타낼 수 있다.

> **해설**   **충돌도**
> - 화살표와 기호로 사고에 관련된 차량이나 보행자의 경로, 사고의 유형 및 정도를 도식적으로 나타낸다.
> - 교차로나 구간에 대하여 작도된다.
> - 예방책을 결정하기 위한 사고의 패턴과 예방책의 시행에 따른 결과를 연구하기 위해 사용된다.
> - 개시 시행 전후와 같은 기간 동안의 충돌도들이 비교될 때, 제거된 사고의 유형, 계속적으로 발생하는 유형 및 새로이 발생하는 유형을 알 수 있다.
> - 거의 축척을 무시한다.
> - 충돌의 원인이 되는 차도와 다른 물리적인 것들을 나타내는 것이 매우 중요하다.
> - 각 사고를 나타내는 화살표 위에는 날짜와 시간단위의 시각을 나타낼 수 있다.
> - 음주운전자나 결빙 등과 같은 비정상적인 상황은 별도로 표시되며, 충돌하는 고정물체가 나타나도록 한다.

120 다음 중 교차로에서 사고발생에 기여하는 요인이 아닌 것은?

    ㉮ 교통통제설비   ㉯ 주차된 차량

    ㉰ 회전이동류   ㉱ 급작스런 선형변화

> **해설**   ㉯의 경우는 블록 중간에서 사고발생에 기여하는 요인이다.

121 교통사고 다발지점에서의 중요한 물리적 현황을 축척에 맞추어 그린 것은?

㉮ 충돌도

㉯ 대상도

㉰ 사고지점도

㉴ 현황도

해설 **현황도**
- 교통사고 다발지점에서의 중요한 물리적 현황을 축척에 맞추어 그린 것이다.
- 충돌도와 함께 사고패턴을 해석하는 보조자료로서 사용된다.
- 현황도의 일반적인 축척은 1 : 100에서 1 : 250의 범위이다.
- 차량의 이동에 영향을 미치는 모든 중요한 것들이 나타내어진다.

122 다음 중 현황도의 표시사항이 아닌 것은?

㉮ 시야장애

㉯ 인접 건축물선

㉰ 사고건수

㉴ 교통안전표지 및 교통통제설비

해설 **현황도의 표시사항**
- 연석과 차도의 경계
- 인접 건축물선
- 도류화, 노면표시 등의 차도 및 보도
- 교통안전표지 및 교통통제설비
- 시야장애
- 도로 가까이 또는 도로 내의 물리적 장애물

★ 중요

123 현황도에 대한 다음 설명 중 틀린 것은?

㉮ 사고패턴을 해석하는 보조자료로 사용된다.

㉯ 차량의 이동에 영향을 미치는 모든 중요한 것들이 나타내어진다.

㉰ 거의 축척을 무시하고 작도된다.

㉴ 교통사고 다발지점에서의 중요한 물리적 현황을 축척에 맞추어 그린 것이다.

해설 현황도의 일반적인 축척은 1 : 100에서 1 : 250의 범위이다.

124 다음 중 수마일 연장의 균일한 도로구간에 대해서 작도되는 것은?

㉮ 충돌도

㉯ 사고지점도

㉰ 현황도

㉱ 대상도

> **해설** **대상도**
> • 대상도는 충돌도와 유사하나 수마일 연장의 균일한 도로구간에 대해서 작도된다.
> • 사고다발지점 간의 거리는 축소되기도 한다.

125 사고지점도의 특성에 대한 다음 설명 중 틀린 것은?

㉮ 보고받은 사고는 즉시 지점도에 표시되며 상이한 모양, 크기 또는 색채가 사고의 유형이나 정도를 나타내는 데 사용된다.

㉯ 다수의 희생자를 포함하는 대형사고에 의한 왜곡을 피하기 위하여 지점도는 희생자 수를 나타내는 것이 일반적이다.

㉰ 범례는 가능한 한 단순해야 하며 4~5가지 이하의 유형, 크기 및 색채가 사용되도록 한다.

㉱ 가로와 지형적인 특성을 나타내는 축척 1 : 5,000의 간단한 가로도가 사고지점도로 적합하다.

> **해설** 사고지점도는 희생자 수 대신 사고건수를 나타내는 것이 일반적이다.

126 다음 중 교통사고분석의 일반적 목적이 아닌 것은?

㉮ 사고 많은 장소 선별

㉯ 구입할 차량의 안전기준 결정

㉰ 사고원인을 분석하여 사고방지책을 수립하거나 사고책임을 규명

㉱ 사고에 기여하는 요인을 찾아내어 교통안전대책을 수립하고 소요예산을 책정하는 기초자료로 활용

> **해설** 자동차 구입을 위해서 교통사고를 분석하지 않는다.

127 특정사고의 사고유발 책임소재를 규명하는 데 사용하는 교통사고 분석방법은?

㉮ 위험도 분석

㉯ 사고요인 분석

㉰ 사고원인 분석

㉱ 기본적인 사고통계 비교분석

> **해설** 사고 많은 지점 또는 특정한 사고에 대해서 그 원인을 분석하거나 규명하는 미시적 분석방법이다.

124 ㉱ 125 ㉯ 126 ㉯ 127 ㉰ **정답**

128 화살표와 기호로 사고에 관련된 차량이나 보행자의 경로, 사고의 유형 및 정도를 도식적으로 나타내는 것은?

㉮ 충돌도 ㉯ 대상도
㉰ 현황도 ㉱ 사고지점도

129 교통사고분석으로부터 얻을 수 있는 운전자 및 보행자에 대한 정보가 아닌 것은?

㉮ 사고경력이 많은 운전자
㉯ 거주지별 운전자 운전형태
㉰ 차량사고와 관련된 인명피해 정도, 피해부위
㉱ 육체적 및 심리검사결과와 사고의 관계

해설 교통사고분석으로부터 얻어지는 안전정책이나 안전대책을 수립하는 데 필요한 정보
  • 운전자 및 보행자
    – 사고경력이 많은 운전자
    – 육체적 및 심리검사 결과와 사고의 관계
    – 연령별 사고 발생률
    – 거주지별 운전자 운전형태
  • 차량조건
    – 차량손상의 심각도
    – 차량특성과 사고발생의 관계
    – 차량사고와 관련된 인명피해 정도, 피해부위
  • 도로조건 및 교통조건
    – 도로조건변화의 효과
    – 도로의 특성과 사고발생 및 심각도와의 관계
    – 교통안전시설의 효과
    – 교통운영 방법, 차종 구성비와 사고율의 관계

130 도로, 교통, 차량, 교통안전시설, 교통운영방법과 사고율과의 관계를 분석하는 것은?

㉮ 기본적인 사고통계 비교분석
㉯ 사고요인 분석
㉰ 사고원인 분석
㉱ 위험도 분석

해설 사고요인 분석은 교통사고 방지대책의 수립의 근거자료 및 소요예산책정의 근거자료로 사용한다.

131 사고 많은 구간 또는 지점을 판별하는 데 사용하는 교통사고 분석은?

㉮ 위험도 분석   ㉯ 기본적인 사고통계 비교분석

㉰ 사고원인 분석   ㉱ 사고요인 분석

> **해설** 위험도 분석을 통해 사고 많은 구간 또는 지점을 판별할 수 있다.

132 다음 중 사고율을 계산할 때 사용되는 사고피해의 종류에 해당하지 않는 것은?

㉮ 사망자 수   ㉯ 사망사고 건수

㉰ 재산피해   ㉱ 부상사고 건수

> **해설** 사고율을 계산할 때 사용되는 사고피해의 종류에는 상당한 기간 동안 조사된 사고건수, 사망자 수, 부상자 수, 사망사고
> 건수, 재산피해 등이다.

133 다음 중 교통사고분석에 가장 많이 사용되는 사고율로 맞는 것은?

㉮ 차량 10,000대당 사고

㉯ 인구 10만명당 사고

㉰ 진입차량 100만대당 사고

㉱ 통행량 1억대/[km]당 사고

> **해설** 문제의 내용 중 차량 10,000대당 사고가 가장 많이 사용된다.

⭐ 중요

134 도로 종류별 또는 도로구간 분석에 사용되는 사고율은?

㉮ 인구 10만명당 사고

㉯ 차량 10,000대당 사고

㉰ 진입차량 100만대당 사고

㉱ 통행량 1억대/[km]당 사고

> **해설** **사고율의 사용**
> • 차량 10,000대당 사고 : 일반적으로 교통사고 분석에 가장 많이 사용
> • 인구 10만명당 사고 : 국가 또는 지역 간의 기본적인 사고통계 비교분석에 주로 사용
> • 진입차량 100만대당 사고 : 교차로 사고분석에 사용
> • 통행량 1억대/[km]당 사고 : 도로 종류별 또는 도로구간 분석에 사용

135 국가 또는 지역 내 사고특성 분석에 대한 다음 설명 중 틀린 것은?

㉮ 도로 및 교통행정, 사고방지대책 수립의 기초자료가 된다.

㉯ 지역 내의 사고특성을 파악하기 위한 분석은 전국 또는 시·도별로 교통사고 발생건수의 추이 및 사고발생특성을 파악하기 위한 것이다.

㉰ 사고의 평가척도로는 사고건수, 사망사고 건수, 사망자 수 등을 사용한다.

㉱ 교통사고 통계원표에 있는 조사항목 가운데 컴퓨터에 입력되어 있는 통계를 분석하는 것이 주가 된다.

> **해설** 국가 또는 지역 내 사고특성 분석
> • 지역 내의 사고특성을 파악하기 위한 분석은 전국 또는 시·도별로 교통사고 발생건수의 추이 및 사고발생 특성을 파악하기 위한 것으로서 여기서 얻은 결과는 도로 및 교통행정의 기초자료가 된다.
> • 교통사고 통계원표에 있는 조사항목 가운데 컴퓨터에 입력되어 있는 통계를 분석하는 것이 주가 된다.

136 다음 위험도 분석방법 중에서 품질관리이론을 적용하여 위험도를 평가하는 것은?

㉮ 교통상충법

㉯ Rate-Quality Control법

㉰ 회귀분석모형법

㉱ 사고율법

> **해설** Rate-Quality Control법은 어느 도로구간 또는 교차로에서의 교통사고가 발생할 확률은 다른 장소와 같다는 가정하에서 품질관리이론을 적용하여 위험도를 평가하는 것이다.

137 다음 중 우리나라에서 교통사고 사망자를 예측하기 위한 모델을 만들기 어려운 이유가 아닌 것은?

㉮ 자동차화가 완결되지 않아 인구 증가에 비해 자동차보유대수의 변화가 불규칙하다.

㉯ 경찰의 교통단속 정도에 의해 교통사고 사망자 수가 크게 영향을 받는다.

㉰ 운전자의 운전행태가 정착되지 않았다.

㉱ 자동차보유대수와 교통사고 사망자와의 상관관계가 크다.

> **해설** 자동차화가 미완성인 우리나라는 인구 수와 교통사고 사망자와의 상관관계가 크다. ㉱의 내용은 선진국의 경우이다.

138 도로의 단위길이당 사고건수를 평가척도로 사용하는 위험도 분석방법은?

㉮ 사고건수법　　　　　　㉯ 사고율법

㉰ 통계적 방법　　　　　　㉱ 교통상충법

> **해설** 주어진 어떤 값의 최소 사고건수보다 사고발생건수가 많은 장소를 위험도가 높다고 판정한다. 이때 사용되는 평가척도는 도로의 단위길이당 사고건수이다. 주로 같은 종류의 도로를 비교할 때 사용한다.

139 과거의 사고자료를 사용하지 않고 현재의 잠재적인 사고 가능성을 조사하여 위험도를 판정하는 방법은?

㉮ 사고건수법　　　　　　　　　㉯ 통계적 방법
㉰ 교통상충법　　　　　　　　　㉱ 사고율법

> **해설** **교통상충법**
> • 과거의 사고자료를 사용하지 않고 현재의 잠재적인 사고가능성을 조사하여 위험도를 판정한다.
> • 충돌 가능 기회가 높은 곳에서 교통사고가 많이 발생한다는 가정하에 어떤 장소에서 짧은 시간 동안 수시로 충돌에 근접하는 교통현상을 관측하여 그 장소의 사고 위험성을 평가할 수 있다.

140 기본적인 사고통계 비교분석에 대한 다음 설명 중 틀린 것은?

㉮ 지역 간의 사고특성을 비교·평가하기 위하여 행해지는 사고분석은 교통사고 발생에 영향을 주는 요인을 기준으로 하여 상대적인 평가를 한다.
㉯ 도로의 사고분석에서 구간의 도로조건 및 교통조건의 특성을 명확하게 하기 위해서는 구간을 길게 한다.
㉰ 교차로당 사고건수가 적기 때문에 유의한 분석을 할 수 없는 경우에는 유사한 교차로를 한 그룹으로 묶어 많은 사고건수를 대상으로 분석하는 수도 있다.
㉱ 보행자 횡단사고와 같이 진입차량대수만을 그 척도로 사용할 수 없는 경우에는 진입차량대수와 횡단보행자수를 곱하여 얻은 값을 기준으로 사용하는 수도 있다.

> **해설** 구간을 분할할 때 구간을 길게 하면 도로조건 및 교통조건의 특성이 불명확해지지만 분석대상이 되는 사고건수가 많아지고, 구간을 짧게 하면 그 특성이 명확해지지만 사고건수가 줄어든다.

141 다음 중 기피행동은?

㉮ 진로변경
㉯ 교통규칙 위반행위
㉰ 횡단보행자를 위한 경광등 작동
㉱ 적색신호

> **해설** 충돌을 피하기 위한 브레이크 작동 또는 진로변경 등이 가장 일반적인 기피행동이다.

142 관련된 교통단위의 수에 의한 비중을 주는 방법에 대한 설명 중 틀린 것은?

㉮ 사고건수 대신에 차량, 보행자, 자전거 등의 관련자의 수를 사용한다.

㉯ 두 차량 간의 충돌도 단독차량사고와 같이 계산한다.

㉰ 사고 보고의 변경이 요구되지 않는다.

㉱ 관련자들 중 보행자 및 자전거를 생략한 사고에 관련된 차량의 수가 사고의 심각성을 더욱 잘 나타낼 수도 있다.

> **해설** 관련된 교통단위의 수에 의한 비중
> • 사고건수 대신에 차량, 보행자, 자전거 등의 관련자의 수를 사용한다.
> • 두 차량 간의 충돌은 단독차량사고의 2배로 계산되나 한 건의 보행자-차량사고와 같다.
> • 사고 보고의 변경이 요구되지 않으며, 사고건수보다 실제의 위험을 더 잘 나타낼 수 있는 관련자들의 수를 나타낸다.
> • 관련자들 중 보행자 및 자전거를 생략한 사고에 관련된 차량의 수가 사고의 심각성을 더욱 잘 나타낼 수도 있다.

143 다음 중 교차로가 아닌 것은?

㉮ 간선도로와 이면도로의 교차부

㉯ 건물 유출입로의 교차부

㉰ 이면도로 간의 교차부

㉱ 철도 평면 교차부

> **해설** 건물 유출입로의 교차부는 교차로로 간주되지 않는다.

144 지방부에서 권장되는 표준 구간장은?

㉮ 0.2[km]　　　　　　　　　　㉯ 1[km]

㉰ 2[km]　　　　　　　　　　　㉱ 10[km]

> **해설** 표준 구간장으로는 도시지역에서는 0.2[km], 지방부에서는 2[km]가 권장된다.

145 곡선부 일탈사고에 대한 다음 설명 중 틀린 것은?

㉮ 차량이 옆으로 미끄러져 생기는 미끄럼 흔적은 나선형을 이룬다.

㉯ 뒷바퀴 자국이 앞바퀴 자국의 바깥쪽에 위치한다.

㉰ 미끄럼 흔적의 끝부분의 곡선반경이 사고 조사에 중요한 요소이다.

㉱ 앞바퀴와 뒷바퀴의 궤적이 달라지는 지점이 미끄럼 흔적의 시작점으로 볼 수 있다.

> **해설** 미끄럼 흔적 끝부분의 곡선반경은 속도가 줄어든 상태의 것이므로 별로 중요하지 않다.

146 다음 중 교통사고에 비중을 주는 방법이 아닌 것은?

㉮ 가장 심한 부상에 의한 비중

㉯ 사고비용에 의한 비중

㉰ 관련된 교통단위의 수에 의한 비중

㉱ 도로의 종류에 의한 비중

> **해설** **교통사고에 비중을 주는 방법**
> • 가장 심한 부상에 의한 비중
> − 부상의 정도 : 사망사고, 불구 부상사고, 비불구 부상사고, 가벼운 부상사고, 물적 피해사고
> − 부상의 정도에 의해 비중을 두는 것은 부상의 각 수준에 수치적인 무게를 정하는 것을 포함한다.
> • 사고비용에 의한 비중
> − 사고지점에서 그 사고의 비용을 추정하는 방법
> − 사고에 관련된 사상자에 대해 화폐가치를 적용함으로써 이루어진다.
> • 관련된 교통단위의 수에 의한 비중
> − 사고건수 대신에 차량, 보행자, 자전거 등의 관련자의 수를 사용
> − 두 차량 간의 충돌은 단독차량사고의 2배로 계산되나 한 건의 보행자−차량사고와 같다.

147 다음 중 도로구간의 설정방법이 아닌 것은?

㉮ 노면의 상태

㉯ 교통신호

㉰ 도로변의 유출입 빈도

㉱ 일방향 또는 이방향 교통 운영

> **해설** **도로구간의 설정방법**
> • 특성상의 균질성
> − 차선수, 차선폭, 중앙분리대, 길어깨 같은 횡단면의 특성
> − 도로변의 유출입 빈도
> − 평면곡선과 종단경사의 정도와 빈도
> − 일방향 또는 이방향 교통 운영
> − 노면의 상태
> − 인접지역의 토지이용
> • 표준 구간장
> − 도시지역 : 0.2[km]
> − 지방부 : 2[km]

148 사고의 보고에 대한 다음 설명 중 틀린 것은?

㉮ 정상적으로 수집되는 보고는 사고현장에서의 정보의 전부라고 가정할 수 있다.

㉯ 단독차량사고의 불충분한 보고는 비교차지점에서 예방책에 심각한 영향을 미칠 수 있다.

㉰ 전산처리를 위해서는 각 사고의 지점이 잘못 이해되지 않도록 해야 하며 표준용어로 표현하여야 한다.

㉱ 가벼운 사고가 수적으로 많기 때문에 이들의 생략은 공학적 판단을 위한 데이터베이스를 심각히 감소시킬 수 있다.

> **해설** 정상적으로 수집되는 어떠한 보고라도 사고현장에서의 정보의 전부라고 가정하지 않도록 해야 한다.

149 교통상충 조사방법에 대한 다음 설명 중 틀린 것은?

㉮ 충돌에 근접하는 정도에 따라 상충의 심각도를 구분한다.

㉯ 차량과 차량 또는 차량과 보행자가 그대로 진행하면 충돌이 일어나는 경우 이를 피하기 위하여 어떤 행동을 할 때 이를 상충이라고 한다.

㉰ 상충 조사는 상충을 이용하여 사고의 위험성을 평가하기 위한 것이다.

㉱ 어떤 장소에서 짧은 시간 동안 수시로 충돌에 근접하는 교통상황을 관측하여 그 장소의 사고위험성을 평가하는 방법이다.

> **해설** ㉯의 경우는 기피행동이다.

150 다음 중 사고 당시의 속도추정에 가장 중요한 자료는?

㉮ 편주 흔적

㉯ 차량의 최종 위치

㉰ 미끄럼 흔적

㉱ 가속 흔적

> **해설** 미끄럼 흔적의 모양이나 길이는 교통사고 재현에서 가장 중요한 요소이다. 특히 미끄럼 흔적의 길이는 사고 당시의 속도를 추정하는 데 없어서는 안 될 자료이다.

151 다음 중 충돌도에 기록되는 사항이 아닌 것은?

㉮ 도로폭원   ㉯ 노면상태

㉰ 충돌형태   ㉱ 진행방향

해설   **충돌도와 현황도**

• 충돌도
- 사고 많은 장소의 어느 부분에서 언제 어떠한 형태로 사고가 발생하는가를 검토하고 이에 적합한 사고방지 대책을 수립하는 데 중요한 기초자료로서 작성한다.
- 사고발생장소의 사고현황을 전체적이며 구체적으로 나타내는 것이기 때문에 사고발생장소의 모양, 발생지점, 피해종류, 차종, 진행방향, 행동형태, 충돌형태, 발생일시, 발생 시의 일기, 노면상태 등을 기록하여야 하며 이를 위해 여러 가지 부호가 사용되고 있다.

• 현황도
- 교통사고는 도로 및 교통조건에 의해 크게 영향을 받으므로 충돌도를 작성할 때와 마찬가지로 이러한 주위의 여건을 종합하여 현황도를 작성할 필요가 있다.
- 현황도에는 교차로의 정확한 모양, 도로폭원 등과 같은 도로의 기하구조, 교통통제설비의 위치, 교통통제방법, 교차로 주변의 상황 등을 기록하며 마찬가지로 여러 가지 부호를 사용한다.

152 매슬로(Maslow)가 주장한 욕구의 단계를 옳은 순서로 나열한 것은?

㉮ 생리적 욕구 → 안전욕구 → 사회적 욕구 → 존경의 욕구 → 자아실현의 욕구

㉯ 생리적 욕구 → 안전욕구 → 사회적 욕구 → 자아실현의 욕구 → 존경의 욕구

㉰ 안전욕구 → 생리적 욕구 → 존경의 욕구 → 사회적 욕구 → 자아실현의 욕구

㉱ 사회적 욕구 → 생리적 욕구 → 안전욕구 → 자아실현의 욕구 → 존경의 욕구

해설   **매슬로의 욕구 5단계**

구 분	특 징
생리적 욕구 (제1단계)	• 의식주, 종족 보존 등 최하위 단계의 욕구 • 인간의 본능적 욕구이자 필수적 욕구
안전에 대한 욕구 (제2단계)	• 신체적·정신적 위험에 의한 불안과 공포에서 벗어나고자 하는 욕구 • 추위·질병·위험 등으로부터 자신의 건강과 안전을 지키고자 하는 욕구
애정과 소속에 대한 욕구 (제3단계)	• 가정을 이루거나 친구를 사귀는 등 어떤 조직이나 단체에 소속되어 애정을 주고받고자 하는 욕구 • 사회적 욕구로서 사회구성원으로서의 역할 수행에 전제조건이 되는 욕구
자기존중 또는 존경의 욕구 (제4단계)	• 소속단체의 구성원으로서 명예나 권력을 누리려는 욕구 • 타인으로부터 자신의 행동이나 인격이 승인을 얻음으로써 자신감, 명성, 힘, 주위에 대한 통제력 및 영향력을 느끼고자 하는 욕구
자아실현의 욕구 (제5단계)	• 자신의 재능과 잠재력을 발휘하여 자기가 이룰 수 있는 모든 것을 성취하려는 최고 수준의 욕구 • 사회적·경제적 지위와 상관없이 어떤 분야에서 최대의 만족감과 행복감을 느끼고자 하는 욕구

PART 02

철도공학

CHAPTER

01 철도 개론

제1절 철도의 발달

1. 철도의 정의 등

(1) 철도의 정의

① 넓은 의미의 철도는 여객, 화물운송 전용차량이 레일(선로, 철길, 궤도) 또는 일정한 가이드웨이(Guide Way)에 유도되어 주행하는 육상교통기관의 총칭을 말한다.

② 좁은 의미의 철도는 전용용지에 노반을 조성하고 레일, 침목, 도상 및 부속품으로 구성한 궤도를 부설한 뒤 차량을 운행하여 일시에 대량의 여객과 화물을 수송하는 육상 교통기관을 말한다.

③ 철도의 건설 및 철도시설 유지관리에 관한 법률에서 '철도'란 여객 또는 화물을 운송하는 데 필요한 철도시설과 철도차량 및 이와 관련된 운영·지원체계가 유기적으로 구성된 운송체계를 말한다.

④ 철도는 대표적인 육상교통기관 중의 하나로서 일정한 궤도(Track)를 따라 차량 및 열차가 운행된다는 점에서 도로와 대비되며, 이와 같이 궤도상에서 안전하게 열차가 운행하기 위해서는 전철전력, 통신, 신호 등 시스템설비가 구축되어야 한다.

(2) 철도의 사명

철도수송은 공공성이 강한 육상교통기관으로 경영면에 있어서는 이익을 얻는 동시에 사회적으로는 공익의 편의를 도모해야 하는 공익성 사업이다.

① 지방중심도시 간을 연결하는 고속수송체계의 확립

② 지방시, 대도시 근교의 통근, 통학, 비즈니스(Business) 수송의 확립

③ 생산지와 소비지를 연결하는 중장거리 화물수송의 대단위화 및 고속화

④ 전국철도망 정비에 의한 지역 격차의 해소

2. 철도의 역사

(1) 철도의 기원

① 1765년 와트(J.Watt)가 증기기관을 발명

② 1789년 영국 Ricolas Jessop 플랜지차륜+I형 레일 고안

③ 1805년 어복레일(Fish-Belly Rail) 사용

④ 1814년 영국의 스티븐슨(George Stephenson) 증기기관차 제작 성공

⑤ 1830년 우두레일(Bull-Head Rail) 사용

⑥ 1831년 미국에서 현재와 같은 평저레일(Flat-Bollomed Rail) 고안

⑦ 1855년 현재의 강재레일 제작

(2) 세계 철도의 발전

① 1825년 영국 Stockton ~ Darlington 사이(약 40[km])를 승객과 화물을 적재 주행(최초 철도 영업 개시)

② 1828년 프랑스, 1830년에는 미국에서 각각 철도 개업

③ 1853년 인도, 호주, 뉴질랜드, 세이론 등 영국의 식민지에서 철도 개통

④ 1869년 미국의 대륙횡단열차 동서 연결

⑤ 1881년 독일 지멘스(Siemens)의 전기기관차 운행

⑥ 1880년대 디젤기관(Diesel Engine) 개발. 추후 동력분산방식의 복합단위열차(Multiple Unit Train) 개발로 철도의 근대화

⑦ 19세기 후반 ~ 20세기 초 세계적인 철도의 약진시대

⑧ 1930년대 후반부터 자동차와 항공기의 급속한 발달로 육상교통기관으로서의 중요 지위를 잃고 침체

⑨ 1960년대 중기부터 일본의 신간선 등 고속철도와 초고속철도의 개발(전체적인 교통 System이 재편)

(3) 한국 철도의 발전

① 1899년 제물포 ~ 노량진 간 33.2[km]의 경인선 개통

② 1905년 경부선 전 구간 개통

③ 1906년 경의선, 1914년 호남선, 경원선, 1927년 함경선, 1936년 전라선, 1942년 중앙선 개통

④ 1955년 영암선(86.4[km]), 문경선(22.5[km]), 1957년 영월선(22.6[km]) 개통

⑤ 1963년 국토해양부로부터 철도청을 분리시켜 독립채산제에 의한 철도수송운영을 전담

⑥ 1965 ~ 66년 태백선(34.3[km]), 경북선(29.7[km]) 개통

⑦ 1967년 동력차의 완전 디젤화

⑧ 1969년 경부선 새마을호 개통(1975년 호남선 새마을호 개통)

⑨ 1972년 철도컨테이너 화물수송 개시

⑩ 1974년 서울 지하철 1호선(종로선) 서울 ~ 청량리 간 9.5[km] 개통

⑪ 1975년 영동선, 태백선, 중앙선을 포함한 산업선 320.8[km]의 전철화 완성

⑫ 1977년 수도권 전철구간 C.T.C 설치

⑬ 1978년 3월 호남선(대전 ~ 이리 간 88.6[km]) 완전 복선화

⑭ 1980년 10월 충북선(조치원~봉양 간 126.9[km]) 복선화 개통

⑮ 2004년 4월 1일 경부고속철도 1단계 개통, 2단계 사업으로 대구 ~ 경주 ~ 부산구간 개통

⑯ 2016.9.24 기준 고속철도, 일반철도 등 총 96개의 노선과 총연장 3,918.5[km]를 운영 중에 있음

선 별		구 간	철도거리[km]	최초개통	
				연 도	구 간
경부고속본선		서울~부산	398.2	2004. 4. 1	서울~부산
호남고속본선		오송~광주송정	183.8	2015. 4. 2	오송~광주송정
고속 연결선	시흥 연결선	시흥~광명	1.5	2004. 4. 1	시흥~광명
	대전남 연결선	옥천~고속선	4.2	2004. 4. 1	옥천~고속선
	대구북 연결선	고속선~지천	3.5	2004. 4. 1	고속선~지천
	건천 연결선	고속선~모량	3.3	2015. 4. 2	고속선~모량
기지선		광명, 오송, 영동	1.8	2005. 12. 31	
고속선계			596.3		
경인선		구로~인천	27	1899. 9. 18	노량진~제물포
경부선		서울~부산	441.7	1905. 1. 1	서울~초량
호남선		대전조~목포	252.5	1914. 1. 11	대전조~목포
전라선		익산~여수엑스포	180.4	1936. 12. 16	익산~여수
중앙선		청량리~경주	373.8	1942. 4. 1	청량리~경주
경전선		삼랑진~광주 송정	277.7	1923. 12. 1	진주~삼랑진
장항선		천안~익산	154.4	1922. 6. 1	천안~장항
충북석		조치원~봉양	115.0	1959. 1. 10	조치원~봉양
영동선		영주~강릉	192.7	1956. 1. 16	영주~철암
동해선		모량~포항	35.1	2015. 4. 2	모량~포항
		부산진~포항	143.2	1935. 12. 16	부산진~포항
경춘선		망우~춘천	80.7	1939. 7. 25	청량리~춘천
태백선		제천~백산	104.1	1957. 3. 9	제천~함백
교외선		능곡~의정부	31.8	1963. 8. 20	의정부~능곡
경의선		서울~도라산	56.0	1906. 4. 3	서울~문산
분당선		왕십리~수원	52.9	1994. 8. 1	수서~오리
일산선		지축~대화	19.2	1996. 1. 30	지축~대화
경원선		용산~백마고지	94.4	1914. 8. 16	용산~원산
대구선		가천~영천	29.0	1918. 10. 31	대구~영천
경북선		김천~영주	115.0	1924. 10. 1	김천~점촌
정선선		민둥산~구절리	45.9	1971. 5. 21	정선~여량
삼척선		동해~삼척	12.9	1944. 2. 11	삼척~동해
진해선		창원~동해	21.2	1926. 11. 11	창원~진해
안산선		금정~오이도	26.0	1988. 10. 25	금정~안산
과천선		금정~남태령	14.4	1993. 1. 15	금정~남태령
경강선		성남~여주	57.0		
기타선		62개지선	368.2		
일반선계			3,322.2		
합계(96개 노선)			3,918.5		

※ 코레일공항철도 KTX 직결 운행에 대한 공항철도구간 영업거리 미포함(45.8[km])

3. 철도의 특징

(1) 장 점

① 환경성

철도가 승객 1명을 1[km] 수송할 때 배출되는 CO_2의 양은 0.27[g]에 불과하여 다른 교통수단에 비해 환경피해가 적다.

② 국토이용 효율성

국토이용면에서 철도복선에 해당하는 4차선 도로 건설시는 편입면적이 철도에 비하여 4배 정도가 필요하므로 국토의 효율적인 이용면에서도 철도는 도로보다 월등히 우수하다고 할 수 있다.

③ 안전성

철도는 레일에 의하여 장애물 없이 주행되고, 각종의 보안설비를 동반하므로 사고빈도도 적으며, 만일 사고가 발생하더라도 대량의 사상사고는 발생하지 않으므로 국민의 인적·물적 재산 보호에 공헌하고 있다.

④ 에너지 효율성

우리나라의 도로와 철도를 비교하여 보면 철도의 수송분담률은 22[%]인데 반해 에너지 사용량은 4[%]에 불과하나, 도로의 수송분담률은 60[%] 정도이지만 반면에 에너지 사용량은 50[%]를 넘는다.

⑤ 고속성

항공기에 비해 열세이나 자동차, 선박보다 신속하다.

⑥ 정확성

기상조건이나 교통혼잡의 영향을 받지 않는다.

⑦ 대량수송성

육상교통기관 중 수송력 및 수송단위가 가장 크다.

⑧ 주행저항성

철로 만들어진 레일 위로 철재 차륜의 차량이 주행하기 때문에 주행저항이 대단히 적다.

⑨ 쾌적성

차량의 동요가 적고 차량 내 공간이 넓으며, 승차감이 좋고 소음이 작다.

(2) 단 점

① 소량의 객화 수송에 부적합하여 기동성이 부족하다.
② 시간, 공간적으로 자유스러운 여행이 되지 못한다.
③ 화물수송에 있어서 고급소량물품의 분산집배수송에 적합하지 못하다.

4. 철도의 구분

(1) 일반적 분류

① 국 철

　㉠ 철도의 건설 및 철도시설 유지관리에 관한 법률 제8조에 의거하여 철도건설사업은 국가, 지방자치단체 또는 국가철도공단법에 따라 설립된 국가철도공단이 시행한다(단, '사회기반시설에 대한 민간투자법'에 따라 철도를 건설하는 경우에는 그 법에서 정하는 자가 시행).

　㉡ 우리나라 철도는 남북 축으로 발달되어 서울을 중심으로 한 일축(一軸)구조로 되어 있어 서울~대전 구간의 병목현상이 심한 반면, 동서축을 연결하는 철도는 경전선을 제외하고는 전무한 실정이다.

선 별	구 간	연장[km]	최초 개통년도	정거장(개소)	비 고
경부선	서울~부산	525.6	1905. 1. 1	100	
경부고속선	서울~부산	240.4	2004. 4. 1	2	
호남선	대전~목포	274.9	1978. 3. 30(복선개통)	43	
전라선	익산~여수	197.3	1914. 11	37	
장항선	천안~장항	179.1	1922. 6. 1	32	
중앙선	청량리~경주	393.5	1939. 4	79	
태백선	제천~백산	159.8	1955. 12. 31	28	
영동선	영주~강릉	218.8	1956. 1. 16	38	
충북선	조치원~봉양	115.0	1940. 8. 1	17	
경북선	김천~영주	137.5	1924. 10. 1	13	
대구선	동대구~영천	34.9	1916. 11. 1	6	
동해남부선	부산진~포항	143.2	1918. 10. 31	32	
경전선	삼랑진~송정리	355.4	1905. 5. 26	57	
경춘선	성북~춘천	87.3	1939. 7. 25	17	
경의선	서울~도라산	102.8	1906. 4. 3	29	
경원선	용산~신탄리	88.8	1914. 8. 16	38	
경인선	구로~인천	27.0	1899. 9. 18	20	
안산선	금정~오이도	28	1988. 10. 25	13	
과천선	금정~남태령	14.4	1993. 1. 15	8	
분당선	선릉~보정	30	1994. 8. 1	20	
일산선	지축~대화	19.2	1996. 1. 30	10	

② 도시철도

　㉠ 국가가 도시철도법에 따라 건설 또는 운영하는 도시철도를 말한다(도시철도법 제3조).

　㉡ 도시철도 : 도시교통의 원활한 소통을 위하여 도시교통권역에서 건설·운영하는 철도·모노레일·노면전차·선형유도전동기·자기부상열차 등 궤도에 의한 교통시설 및 교통수단을 말한다(도시철도법 제2조제2호).

　㉢ 우리나라 도시철도의 효시는 서울시지하철 1호선으로 1974년 8월 15일 개통된 후 현재 9호선까지 건설하여 영업 중에 있으며 그 외에 부산, 인천, 대구, 광주, 대전광역시도 도시철도를 운영 중이다.

③ 신교통시스템

  ⊙ 미국에서는 ATS(Advanced Transit System), 일본에서는 NTS(New Transit System)로 불리고 있으며, 우리나라 일부에서는 신교통시스템을 경량전철(LRT)이란 명칭을 사용하고 있다.

  ⓒ 신교통시스템은 교통계획 측면에서 대중 교통수단인 버스의 수송분담을 대체할 수 있고 전체 노면교통의 수송분담률을 경감시키며, 건설비용 측면에서는 중량전철에 비해 대폭 줄일 수 있다.

  ⓒ 운영적인 측면에서는 완전 무인자동운전으로 지하철 시스템에 비하여 운영요원 50[%] 이상 감축이 가능한 특징이 있다.

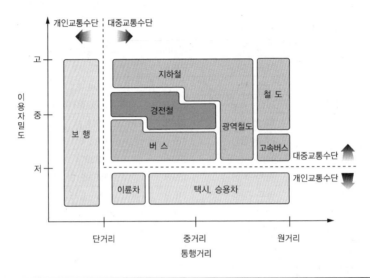

구 분		주요특성	적용지역 적합성
신교통 시스템	노면전차 (SLRT)	• 기존 신호시스템 이용 • 타 궤도시스템에 비해 건설비 저렴	도시 내 도입공간이 있는 경우 도시 내 기본 교통으로 적합
	철제차륜 (AGT)	• 비교적 장거리 교통에 효율적 • 완전 자동운전시스템 도입 가능	중량전철 정도의 규모는 아니나, 노면교통수단(버스)으로는 대응할 수 없을 만큼의 수요가 있는 경우에 도시 내 기본 교통수단으로 적합
	고무차륜 (AGT)	• 비교적 단거리 교통에 효율적 • 완전 자동운전시스템에 의한 무인운전 가능	
	모노레일 (Monorail)	• 점유공간이 작음 • 급곡선, 급경사에 대응 가능	
	선형모터열차 (LIM LRT)	• 지하철에 비해 건설비 저렴 • 급경사에 대응 가능	대도시권의 대량에 적합
	자기부상열차 (Maglev)	• 급경사에 대응 가능 • 저진동 시스템, 최고속도 우수	어느 정도 거리가 있는 2개의 거점 간 수송에 적합
	그룹운송수단 (GRT)	• 저렴한 비용에 높은 서비스 수준 제공 • 비교적 단거리 통행에 유리	공항 및 도심의 단거리 교통수단에 적합
	개인운송수단 (PRT)	• 개인승용차 이용자를 대중교통으로 전환하는 데 유리 • 이용자 요구에 의해 운행하는 개인 교통	• 차량 소형화로 외관이 유리 • 작은 수송용량 등으로 학교 등 내부 교통수단에 적합
	간선급행버스 (BRT)	• 간선도로에 분리된 전용 차로를 이용하므로 정시성 확보 가능	• 기존 간선도로망에 도입공간이 필요 • 대도시권에서의 도시 간 연결 간선 교통수단에 유리

(2) 기능별 분류

한국철도공사에서 운영하는 국철은 그 노선의 중요도 및 성격에 따라 간선철도, 보조간선철도, 지선철도로 구분할 수 있다. 이와 같이 구분하는 사유는 당해 노선의 중요도에 따라 투자우선순위 판단 등 정책입안 시 활용하기 위함이다.

① 간선철도

국가 전체 철도망의 근간을 이루는 철도로서 주요 대도시를 연결하는 역할을 하며, 경부고속철도, 일반철도 중 현재 운행 중인 경부선, 호남선, 경전선, 동해남부선 및 현재 계획 중인 서해선(홍성역과 송산역 연결) 등이 여기에 해당된다.

② 보조 간선철도

주요 간선철도와의 연결노선으로서 주로 2개도(광역시) 이상 권역 내의 간선을 형성하여 권역 내의 주요 도시를 연결하는 역할을 하며, 일반철도 중 장항선, 충북선, 전라선 및 경인선, 안산선, 과천선 등의 광역철도가 여기에 해당된다.

③ 지선철도

간선 또는 보조간선에서 분기하여 지역 내의 도시를 연결하는 노선으로서 간선 또는 분기하여 산업단지, 항만, 화물터미널 등을 연결하는 역할을 하며, 일반철도 중 경북선, 진해선, 남부화물기지선, 여천선, 울산항선 등이 여기에 해당된다.

(3) 성격별 분류

한국철도공사에서 운영하는 국철은 당해 노선의 성격과 역할, 중요도, 운행속도, 서비스 제공 범위 등에 따라 고속철도, 일반철도, 광역철도, 산업철도로 구분한다.

① 고속철도

주요구간을 시속 200[km] 이상으로 주행하는 철도로서 국토교통부장관이 그 노선을 지정·고시하는 철도를 말하며, 현재 운행 중인 경부고속철도와 공사 중인 호남고속철도가 여기에 해당된다.

② 일반철도

고속철도와 도시철도법에 정한 도시철도를 제외한 철도로서 주로 여객 및 화물을 병행 수송하는 철도를 말하며, 경부선, 호남선, 전라선, 장항선 등이 여기에 해당된다.

③ 광역철도

둘 이상의 시·도에 걸쳐 운행되는 도시철도 또는 철도로서 대통령령으로 정하는 요건에 해당되는 도시철도 또는 철도를 말하며, 분당선, 안산선, 일산선 등이 여기에 해당된다. 일반철도 중 일부 구간에서 전철 운행을 병행하기 위해 건설한 중앙선(용산~용문), 경원선(의정부~동안), 경의선(용산~문산), 수인선(수원~인천), 동해남부선(부산~울산) 등도 광역철도로 분류할 수 있다.

④ 산업철도

일반철도의 주요 거점 역에서 분기하여 산업단지, 항만, 화물기지를 연결하는 노선으로 주로 물류기능을 담당하며, 광양역에서 분기하는 광양항선 및 광양제철선, 창원역에서 분기하는 진해선, 덕양역에서 분기하는 여천선 등이 여기에 해당되며, 넓은 의미로 군부대 인입선, 공장청원선 등도 포함한다.

구 분	설계속도[km/h]	곡선반경[m]	완화곡선길이 (캔트의 ○○배)	선로의 기울기[%]	중곡선 반경[m]
고속선	350	5,000	2,500	25	25,000
1급선	200	2,000	1,700	10	16,000
2급선	150	1,200	1,300	12.5	9,000
3급선	120	800	1,000	15	6,000
4급선	70	400	600	25	4,000

제2절 철도시스템

1. 하부구조

(1) 노 반

① 일정 폭의 용지 위에 열차(차량)가 운행될 수 있도록 구축된 전용통로를 말한다. 축조형태에 따라 깎기 및 돋기 노반, 교량 노반, 터널 노반으로 구분할 수 있다.

② 과거 철도는 지형지물을 따라 건설된 관계로 토공노반이 많은 비중을 차지하고 있으나 요즘 건설되는 철도는 고속화에 따른 선형 직선화로 인해 산악지, 농경지 통과가 불가피하고 도로·하천 입체화 등으로 종단고가 높아 대부분 교량 또는 터널로 이루어지는 것이 특징이다.

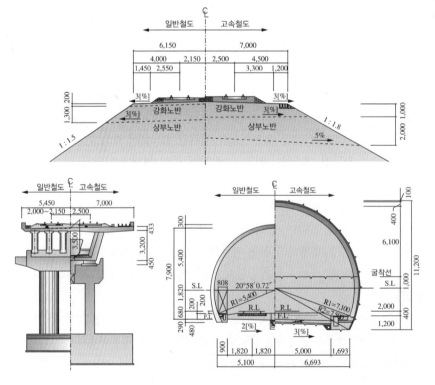

(2) 정거장

정거장이라 함은 여객 또는 화물의 취급을 위한 철도시설 등을 설치한 장소(조치장 및 신호장 포함)를 말한다.

① 역

여객의 수송과 화물을 취급하기 위하여 시설한 장소를 말하며, 여객 및 화물을 모두 취급하는 보통역, 화물만 취급하는 화물역, 여객만 수송하는 여객역으로 나눌 수 있다. 경부선의 서울역, 우암선의 신선대역, 과천선의 범계역 등이 여기에 해당된다.

② 조차장

열차의 조성 또는 차량의 입환(入換)을 위하여 사용되는 장소를 말한다. 주로 노선과 노선이 분기(합류)하는 지점에 설치하며, 각지에서 발생한 화물을 이곳에 모으고 행선지별로 분류하여 열차 단위로 편성하는 곳이다. 경부선과 호남선이 분기하는 대전조차장, 중앙선과 충북선이 분기하는 제천조차장이 여기에 해당된다.

[역]

③ 신호장

열차의 교차 통행 또는 대피를 위하여 철도시설 등이 설치된 장소를 말하며, 주로 단선구간에서 역간 거리가 먼 중간에 설치하거나 삼각형의 선로가 만나는 지점에 설치한다. 경부선의 서창신호장, 영동선의 문단신호장이 여기에 해당된다.

[신호장]

(3) 궤 도

① 의 의

견고한 노반 위에 도상을 정해진 두께로(보통 30[cm]) 깔고 그 위에 침목을 일정 간격(약 60[cm])으로 부설하여 침목 위에 두 줄의 레일을 궤간(1,435[mm])에 맞추어 평행하게 체결한 것으로 시공기면 이하의 노반과 함께 열차하중을 직접 지지하는 중요한 역할을 하는 도상 윗부분을 총칭하여 궤도라고 한다.

② 궤도의 구성요소

ⓐ 레일은 차량을 직접 지지하고 차량을 일정한 방향으로 주행할 수 있도록 유도한다.

ⓑ 침목은 레일로부터 받은 하중을 도상에 전달하고 레일의 위치를 일정하게 유지하는 역할을 한다.

ⓒ 도상은 침목으로부터 받은 하중을 분포시켜 노반에 전달하고 침목의 위치를 유지시키며 열차운행에 의한 충격력을 완화시킨다.

③ 궤도의 구비조건

궤도는 항상 고속으로 운행하는 열차하중과 충격하중을 직접 지지하므로 다음 조건을 구비하여야한다.

ⓐ 열차의 충격을 견딜 수 있는 재료로 구성

ⓑ 차량의 동요와 진동이 적고 승차감을 좋게 주행할 수 있는 구조

ⓒ 유지보수가 용이하고 보수의 성력화(Maintenance Free)가 가능한 구조

ⓓ 궤도틀림이 적고 차량의 원활한 주행과 안전이 확보되는 구조

(4) 시스템 설비

시스템 설비는 노반 및 궤도 위에 설치한 전차선, 전철전력, 통신, 신호설비를 말하며, 운행차량에 에너지를 공급하고 기관사와 통제실 간의 의사소통을 가능하게 하며 열차가 안전하게 운행할 수 있도록 지원하는 역할을 한다.

① 전차선로

ⓐ 동력차에 전기에너지를 공급하기위하여 선로를 따라 설치한 시설물로서 전선, 지지물 및 관련 부속설비를 총괄하여 말한다.

ⓛ 종류에는 가공(공중에 설치된)식 전차선로(Overhead Contact System), 제3레일식 전차선로(Third Rail Conductor System) 및 모노레일에 사용되는 강체복선식 전차선로 등이 있다.

ⓒ 가공식에서는 지지물(고정빔(받침대), 가동브래킷, 스팬선빔, 장력조절장치), 전기차 집전장치와 접촉하여 전력을 공급하는 트롤리선(Trolley Wire), 트롤리선에 전력을 공급하기 위해 귀전선 혹은 급전선(Feeder), 그리고 가공단선식 전차선로에서 변전소에 이어지는 전류의 회로로 되는 귀선, 기타 부속장치로 구성되어 있다.

ⓔ 사고 시 또는 보수작업 시에 전차선을 국부적으로 구분해서 정전시키는 절연장치를 구분장치라고 하는데, 대부분 전기적 절연장치를 사용한다.

ⓜ 전기적 구분장치는 전차선로의 급전계통구분, 작업 중 사고발생 시의 사고구간과 장애시간 단축을 위한 한정구분, 차량검수시의 정전 등 필요에 따라 설치한 에어섹션(Air Section), 섹션인슐레이터(Section Insulator), 사구간(Dead Section, 절연구간)이 있다.

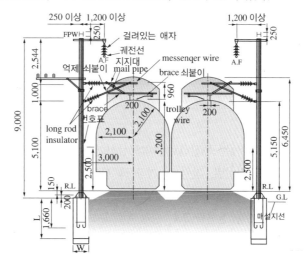

② 전철전력

ⓐ 한국전력에서 생산한 전기를 철도운영에 사용할 목적으로 전기를 운반하고 일정한 전압으로 변환하기 위하여 설치한 설비를 말한다.

ⓑ 수전(受電) 선로의 전압은 수전 전력, 수전 거리 및 이와 연계한 전력계통을 고려하여 접지방식에 따라 비유효접지계는 66[kV], 유효접지계는 22.9, 154, 345[kV]로 나눌 수 있다.

ⓒ 수전선로는 지형적 여건 등 시설조건과 지역적특성(도심, 전원, 산간 등) 및 민원발생요인 등을 강안하여 가공(架空) 또는 지중(地中)으로 시설하며 비상시를 대비하여 예비선로를 확보한다.

ⓓ 한전으로부터 수전된 전기를 전기차에 일정한 전압으로 공급하기 위해 설치하는 것이 변전소(SS), 구분소(SP), 보조구분소(SSP)이다.

ⓜ 변전소 등의 위치는 원칙적으로 급전구간의 부하중심으로 하되 전원에 가까운 곳, 기기 및 자재의 운반이 편리한 곳, 각종 재해의 영향이 최소화되는 곳, 변전소 앞 절연구간에서 열차의 타행운전 (무동력운전, 관성운전, 동력을 주지 아니하고 관성으로 운전하는 곳)이 가능한 곳, 보호지구(개발제한지구, 문화재보호지구, 군사시설 보호지구) 또는 보호시설에 가급적 지장을 주지 않는 곳, 민원발생요인이 적은 곳을 고려하여 결정한다.

ⓑ 변전소 등의 형식은 옥내형을 표준으로 하되 주택 등과 멀리 떨어져 민원발생 등의 우려가 적은 경우, 장래 공해·염해 등의 우려가 적은 지역의 경우, 인구밀집지역이 아닌 지역의 경우, 옥내형으로 건설이 곤란한 경우에는 옥외형으로 할 수 있다.

ⓢ 철도의 안전운행을 위하여 역 및 역 간 각종 부하설비에 안정된 전력을 공급하기 위한 배전선로는 비전철 구간에서는 1회선, 복선전철 구간에서는 2회선, 지하구간 및 2복선 이상 개소에서는 3회선 이상으로 시설하여야 한다.

ⓞ 배전선로에 공급하는 전압 및 전기방식은 고압배전선일 경우 교류 3상 3,300[V] 내지 22,900[V], 선로 안 조명 및 동력시설은 교류 110[V] 내지 440[V], 신호용 배전선은 교류 110[V] 내지 650[V] 로 한다.

③ 정보통신
  ㉠ 철도운영을 효과적으로 지원하고 철도서비스 이용자의 편익을 고려하여 설치하는 것이 정보통신 설비이다.
  ㉡ 정보통신설비의 종류에는 통신선로설비(연선전화기를 포함), 전송설비, 열차무선설비, 역무용 통신설비, 역무자동화설비, 전원 및 기타 그 부대설비로 구분할 수 있다.
  ㉢ 통신선로의 시설방식은 선로에 평행하여 종점을 향하여 좌측에 시설하여야 하고 통신선로를 지하에 포설하는 때에는 전선관 또는 공동관로 등으로 보호한다.
  ㉣ 열차 무선시스템은 열차 무선설비의 음성 또는 데이터가 신뢰도 및 정확성을 갖추어야 하며 간선 없이 송·수신이 가능하여야 하고 모든 지상설비 간 및 지상(地上)설비와 차상(車上)설비 사이에 음성 또는 데이터의 통신을 충분히 확보하여야 하며, 정전시에는 3시간 이상 운용될 수 있도록 하여야 한다.
  ㉤ 영상감지장치는 역, 역 구내, 역 간 주요설비에 설치하여 설비 및 승객의 안전을 확인하기 위한 것으로서 영상신호는 디지털 녹화기에 의하여 자동 또는 수동으로 녹화 및 재생이 가능하여야 한다.
  ㉥ 연선(沿線)전화기는 설치간격을 500[m]를 기준으로 하되 지세여건과 이용자의 편의 및 안전성 등을 고려하여 시설하여야 하고 설치방향은 사용자가 열차에 대항하여 전화기함 문을 열고 닫을 수 있도록 시설하여야 한다.

④ 신 호
  ㉠ 신호는 열차안전운행 확보에 필요한 가장 중요한 설비 중의 하나이며, 도로상의 신호기에 해당한다고 볼 수 있으며 사람의 눈에 비유할 수 있다.
  ㉡ 신호설비에는 신호기, 연동장치(상호 관련을 가진 신호기, 선로전환기 및 궤도회로 등을 하나로 연결시키는 장치), 폐색장치, CTC 등 신호안전설비 등이 있다.

ⓒ 신호기는 열차의 진로를 지시하는 설비로서 설치위치 및 목적에 따라 장내 신호기, 출발신호기, 입환신호기, 유도신호기, 폐색신호기, 엄호신호기, 원방 및 중계신호기 등으로 나눌 수 있다.

ⓡ 신호기와 선로전환기가 있는 역에는 당해 전자연동장치, 전기연동장치, 기계연동장치 중에서 당해 역에 적합한 연동장치를 설치하여야 한다.

ⓜ 열차를 안전하게 운행하기 위한 일정한 폐색(Block, 막힘, 막음, 막힌 운행구간)을 설정하게 되는데 복선구간에서는 자동폐색장치, 연동폐색장치, 차내신호폐색장치(ATC장치) 중에서, 단선구간에는 자동폐색장치, 연동폐색장치 중에서 각 선로의 운전조건에 적합한 폐색장치를 설정한다.

ⓗ 열차운행 밀도가 높은 수도권 구간 등에서 선로구간의 연동장치를 집중 통제하기 위하여 한 지점에서 광범위한 구간의 다수의 신호설비를 집중제어하는 설비(CTC, 열차집중제어장치)를 설치·운영하고 있다.

ⓢ 신호현시체계는 선로구간별로 특성에 부합하도록 기관사가 신호를 식별하는 방법에 따라 지상신호방식 또는 차내신호방식으로 설치한다.

ⓞ 과거에는 대부분 지상신호방식이었으나 최근에 수도권 전철 운행구간에서 ATC, 고속철도 운행구간에서 열차운행 안전도를 높이기 위하여 ATP 등 차내신호방식을 채택하고 있다.

2. 차 량

(1) 철도차량

철도차량(Rolling Stock)이란 한 쌍의 차바퀴를 갖춘 2조 이상의 차축(車軸) 위에 차체를 실어 전용의 궤도 위를 주행할 수 있는 설비로서, 여객이나 화물의 운송을 목적으로 하는 차량과 이들 차량을 견인하기 위한 동력을 장착(裝着)하여 주행하는 차량 및 특수차를 총칭하여 철도차량이라고 한다.

① 객·화차

여객을 수송하기 위한 객차와 화물을 수송하기 위한 화차가 있다. 객차는 열차등급에 따라 KTX, 새마을, 무궁화, 교외용 동차가 있으며, 화차는 지붕의 유무에 따라 유개차, 무개(지붕 없는)차로 구분하며 운반하는 품목의 종류에 따라 시멘트 벌크차, 유류 및 화학물질 조차, 석탄차, 자갈차, 장물차(컨테이너, 코일강판 운반), 냉장차 등으로 구분된다.

② 동력차

차량을 견인하기 위한 차량으로 동력 집중식 방식에서 객·화차를 견인하기 위한 기관차, 여객수송을 목적으로 하는 차량 중 동력분산식인 전동차(電動車), 동차(動車) 등 동력발생장치에 의하여 선로를 이동하는 것을 목적으로 제조된 철도차량을 말한다.

③ 특수차

제설차, 궤도시험차, 전기시험차, 사고구원차, 그 밖에 특별한 구조 또는 설비를 갖춘 차량(기중기 등)을 말한다.

(2) 운영설비

영업을 마친 차량을 정비, 수선, 청소하고 차량 영업을 위해 열차 단위로 편성하는 차량기지와 열차의 실시간 운행상황을 통제하고 지시하여 열차 안전운행을 도모하기 위한 종합관제실 등이 있다.

① 차량기지

일반철도의 차량기지는 경부선의 대전철도차량정비창과 동해남부선의 부산철도차량정비창이 대표적이며, 고속철도의 차량기지는 경의선의 고양차량기지와 경부선의 가야차량기지가 있다. 광역철도 차량기지는 구로, 이문, 시흥, 분당, 병점, 문산, 용문, 평내차량기지가 운영 중에 있다.

[주요 차량기지 현황]

구 분	기지명	위 치 (분가역)	면적([m²])	규 모		비 고
				경수선	중수선	
일 반 철 도	대 전	경부선 신탄진	897,218	–	7,730량/년	경수선은 차량사무소에서 시행
	부 산	동해남부선 범일	209,900	–	4,830량/년	
고 속 철 도	고 양	경의선 화전	1,422,420	44편성	18편성/년	–
	가 야	가야선 가야	360,920	37편성		–
광 역 철 도	구 로	경인선 구로	397,980	514량/일	–	운영 중
	이 문	경원선 신이문	219,450	350량/일	300량/년	
	시 흥	안산선 안산	419,100	140량/일	500량/년	
	분 당	분당선 오리	307,230	140량/일	200량/년	
	병 점	경부선 병점	258,060	135량/일	–	
	문 산	경의선 문산	323,400	320량/일	420량/년	
	용 문	중앙선 용문	293,700	220량/일	–	
	평 내	경춘선 평내	405,900	270량/일	140량/년	

② 종합관제실

열차운행 상황을 실시간 감시하면서 기관사에게 열차운행정보를 제공하고 선로의 차단(遮斷) 승인 등 안전운행을 도모하기 위하여 설치한 설비를 말한다. 서울·부산·대전·순천·영주지역 본부에 각 1개소씩 있고 다시 이를 하나로 통합하여 관제하는 종합관제실이 서울구로기지와 한국철도공사 본사에 있다.

3. 열차의 소음 및 진동

(1) 개 요

열차주행 시 소음 및 진동 공해는 도시인의 심리적·정신적 피로를 가중하며 정온한 생활유지에 지장을 초래하고 철도 주행시 진동은 소음과 밀접한 관계가 있으며 주행 중 발생하는 진동은 소음으로 연결되는 바, 이것에 대한 과제는 시급히 해결 조치하여야 한다.

(2) 진 동

① 발생원인

㉠ 레일두부(레일 상부)면의 요철 및 레일 이음매부, 크로싱 결선부 차륜(차바퀴) 통과 시 충격

㉡ 레일의 면 맞춤 줄 맞춤 등의 궤도불량에 따른 차량충격

㉢ 차륜이 균일하지 못한 상태에서 레일주행 시 충격

② 저감대책

㉠ 열차 진동개소(흔들리는 곳) 적출 및 보수와 레일의 장대화·주량화, 도상의 후층화, 레일의 장대화, 가동크로싱을 사용한다.

㉡ 절연 이음매를 접착식 절연방식으로 한다.

㉢ 분기기(선로바꿈틀)를 중량화 및 고번화하고 분니(진흙분출)개소 제거 등 연약노반을 개량한다.

(3) 소 음

① 발생원인

㉠ 차륜과 레일의 접촉에서 오는 전동소음

㉡ 열차에 전력을 공급하는 팬터그래프 시스템에서 발생하는 소음

㉢ 열차표면에서 공기역학적 메커니즘에 의한 공력소음은 200[km/h] 이상시 지배적 소음이다.

㉣ 추진장치와 냉방장치 등 보조장치에 의한 소음은 저속시 중요도가 있다.

㉤ 차량주행 시 진동이 구조물에 전달되어 발생하는 구조물 소음은 궤도의 불안정과 충격 흡수능력 부족에 의해 발생한다.

[소음테이블]

소음 종류	소음원	대 책
전동소음	차 량	• 방음차륜(Resilient & Damping Wheel) • 차체 Skirt 구조개선 • 차륜 삭정
	궤 도	• 진동흡수레일 • 궤도 구조개선(체결구조, 강성, 질량 등) • 흡음효과 개선(자갈도상) • 레일 연마
	차음 / 흡음 대책	• 수직형 방음벽 • ㄱ자형 방음벽 • 궤도표면의 흡음처리
집전계 소음	이선 시의 아크 소음	• 전차선 개선(균일한 Compliance) • 팬터그래프 개선(동특성 개선)
	집전 마찰음	팬터그래프 집전재(集電材)개선
공력 소음		• 차량 공력학적 설계 및 차량 연결 부위 개선(Flush Type) • 공기저항이 적은 팬터그래프 설계 • 팬터그래프 덮개를 이용한 팬터그래프 주위의 공기 유동개선 • 공력소음을 고려한 방음벽 설계

소음 종류	소음원	대 책
구조물 소음	Steel Beam	거더(Girder) 하부에 차음판 설치
	콘크리트 구조물	구조 형태 개선
추진 장치 및 보조기기 소음	• 견인전동기, 냉각 Fan, 전장품 등의 소음 제어 설계 • 압축기, 공조기기 등의 소음 제어 설계	
터널 미기압파	• 입구와 출구의 완충부위 설계 / 터널 입구의 경사 설계 • 터널 내부 흡음처리	

중요 CHECK

차륜과 레일의 접촉에서 오는 전동소음
① 차량의 공전현상 등에 따라 발생하는 찰상 및 레일두부와 차륜의 요철에 의한 사항
② 레일결선부 통과 시 차륜과 레일의 충격과 차륜의 사행동 및 좌우동에 의한 발생 소음
③ 급곡선 주행 시 선로외측에 발생하는 차륜과 레일의 마찰에 의한 사항

② 저감방안
  ㉠ 궤도분야
    • 레일의 주기적 연마와 레일표면의 조도를 관리한다.
    • 궤도부설 시 품질을 확보하고 레일에 Rail Web Damper를 설치한다.
    • 레일의 중량화 및 장대화와 용접이음 시 단차 편차 기준 내 확보하고 결선부를 없애고자 가동크로싱을 이용한다.
    • 도포성이 우수한 도유를 실시하고 저진동 궤도시스템을 적용한다.
  ㉡ 차량분야
    • 방음 차음구조 완비한 차량을 채택하고 열차 내 소음을 강조시키기 위해 외부소음의 투과손실을 향상한다.
    • 모터 냉방기 등 기기 소음저감을 위해 Skirt 등을 설치하고 조향성능을 개량한 대차를 이용한다.
    • 공력소음저감을 위하여 유선형 설계를 하고 차량 간의 틈새를 줄인다.
    • 전차선의 장력증가를 위한 행거(걸고리) 간격축소 등 집전장치 개량 및 차륜 답면(닿는 면)의 기울기를 관리하며 Damping 차륜을 검토한다.
  ㉢ 운전분야
    • 상 기울기에서 급가속 및 하 기울기에서 급제동을 자제하여 레일찰상을 감소시킨다.
    • 차량의 사행동을 발생시키는 한계속도를 검토하여 열차속도를 조정한다.
  ㉣ 구조물 분야
    • 터널측벽과 도상에 흡음재를 설치한다.
    • 터널벽체에 인공요철을 설치하고 구조물에 의한 진동을 차단한다.
    • 고가교는 강교보다는 콘크리트교를 채택한다. 강교설계 시 콘크리트를 외부에 도포한다.

CHAPTER 01 적중예상문제

01 다음 중 철도의 목적에 해당하지 않는 것은?

㉮ 공공의 편리   ㉯ 산업의 발전

㉰ 도심의 개발   ㉱ 국토의 방위

> **해설** ㉰ 도심의 개발이 아닌 국토의 개발이다.

02 철도의 장점에 해당하지 않는 것은?

㉮ 고속성   ㉯ 정확성

㉰ 쾌적성   ㉱ 기동성

> **해설** **철도의 단점**
> • 철도는 소량수송에 부적합하며 자동차보다 기동성이 떨어진다.
> • 시간적, 공간적으로 자유로운 여행을 만족시키지 못한다.
> • 고급 소량 물품에 대한 다방면의 분산·집 배송에 부적합하다.

03 증기기관차를 제작한 이는?

㉮ 제임슨   ㉯ 포 드

㉰ 와 트   ㉱ 스티븐슨

> **해설** ㉱ 1814년 영국의 스티븐슨(George Stephenson)이 증기기관차 제작에 성공하였다.

04 한국철도의 발전상황과 연도가 적절히 연결되지 않은 것은?

㉮ 1899년 - 경인선 개통

㉯ 1969년 - 경부선 새마을호 개통

㉰ 1972년 - 서울 지하철 1호선(종로선) 개통

㉱ 2004년 - 경부고속철도 1단계 개통

> **해설** ㉰ 1974년 서울 지하철 1호선(종로선)·서울 ~ 청량리 간 9.5[km] 개통

정답 1 ㉰ 2 ㉱ 3 ㉱ 4 ㉰

05 L.R.T(Light Rail Transit)에 대한 설명으로 틀린 것은?

㉮ 노면철도는 도로에 의해 부설되는 것이 원칙으로 선로망은 도로망에 의해 지배된다.

㉯ 별도의 용지비를 감소할 수 있어 일반철도에 비해 경제적이다.

㉱ 정류장의 간격은 지하철의 반 정도로 짧고, 표정속도가 높다.

㉲ 선로의 위치는 도로의 중앙을 원칙으로 하여 자동차 운행의 왕복구간을 구분한다.

> **해설** ㉱ 정류장의 간격은 지하철의 반 정도로 짧고, 표정속도가 낮다.

06 모노레일에 대한 설명으로 틀린 것은?

㉮ 과좌형 또는 현수식은 주행형이 큰 기둥에 지지되는 고가구조이다.

㉯ 주행로가 1본으로 주행 장치에 다수의 안내차량의 필요로 차량의 기구가 복잡하고 고가이다.

㉱ 보통철도와 상호환승이 용이하다.

㉲ 타 교통 기관에 비해 공해가 적으며, 도로상을 점유하는 고가구조로서 건설비가 경제적이고 공기가 짧다.

> **해설** 보통철도와 궤도방식이 상이하여 상호환승이 불가하다.

⭐중요

07 L.I.M(Linear Induction Motor Car)에 대한 설명으로 틀린 것은?

㉮ 물리적 접촉이 없더라도 구동력이 주어지므로 차륜과 레일 간의 마찰력이 필요 없다.

㉯ 선형 유도모터 이용으로 높이가 낮아져 터널단면 축소가능으로 건설비가 절감된다.

㉱ 1회 승차 인원이 지하철보다 많다.

㉲ 곡선반경이 작은 곳도 운행이 가능하여 불규칙한 가로망에서도 건설이 가능하며, 소음, 진동이 작다.

> **해설** L.I.M(Linear Induction Motor Car)의 단점
> • 차량에 부착된 Linear Motor의 회전자와 궤도의 유도자기판의 간격이 넓어 동력 소모량이 다소(10[%]) 높다.
> • 1회 승차 인원이 지하철보다 적다.

08 무레일 전차(Trolly Bus)에 대한 설명으로 틀린 것은?

㉮ 레일을 이용하지 않으므로 건설비가 노면철도에 비해 적고 궤도보수가 없으며, 전식(전기화학적 부식)염려가 없다.

㉯ 고무타이어 이용으로 급구배 운행 및 가·감속이 가능하다.

㉰ 노면 전차에 비해 후속차에 영향을 주지 않으며, 일반도로교통을 저해하는 우려가 적다.

㉱ 버스에 비해 운전상 융통성이 많아 운전 노선이 다양하다.

> **해설** ㉱ 버스에 비해 운전상 융통성이 적고 운전 노선이 제한된다.

09 표정속도 향상방법으로 적절하지 않은 것은?

㉮ 정차시분을 단축하던가 정차역의 수를 줄인다.

㉯ 정차역의 수가 많은 경우 가·감속도를 작게 한다.

㉰ 폐색 취급시간 단축 및 폐색구간 축소 등 신호체계의 현대화

㉱ 궤도구조의 강화 및 선형개량, 기관차의 견인력 증강, 정거장의 대피선, 교행(서로 비켜감)선 증설

> **해설** ㉯ 통근 열차와 같이 역간 거리가 짧고 정차역의 수가 많은 경우 가·감속도를 크게 한다.

10 기존선의 속도향상 방안으로 적절하지 않은 것은?

㉮ 침목을 PC화하고 간격을 확대한다.

㉯ 도상두께를 증가하고 쇄석화 한다.

㉰ 분기기(선로바꿈틀)의 고번화 및 탄성 포인트, 가동크로싱을 이용하고 이음매를 용접한다.

㉱ 체결구의 체결력 강화와 궤도 각부의 탄성화 및 횡압에 대한 강도를 향상한다.

> **해설** ㉮ 레일의 중량화 및 장대화와 침목을 PC화하고 간격을 축소한다.

★중요

11 기존선의 속도 향상을 위한 궤도구조로 적절하지 않은 것은?

㉮ 포인트 전단부 슬랙 축소 및 탄성 포인트 이용과 이음매를 가능한 용접한다.

㉯ 분기기 내 및 분기기 전후 약 20[m] 전후 타이플레이트 부설과 도상을 쇄석화 한다.

㉰ 분기각이 작고 리드(유도)곡선 반경이 큰 고번화 분기기를 이용한다.

㉱ 가드레일(탈선 방지레일) 플랜지웨이 도입각을 확대한다.

> **해설** ㉱ 가드레일 플랜지웨이 도입각을 축소한다.

12 초전도 반발식에 대한 설명으로 틀린 것은?

㉮ 강한 반발력에 의해 Guide Way 상면에서 100[mm] 정도 부상한다.

㉯ 초전도 방식은 상업화까지 극저온 공학, 신소재 등 연구발전이 필요하다.

㉰ 초전도의 강력한 자력이 차내 승객에 미치는 영향에 대한 검토가 필요하다.

㉱ 지진 등으로 Guide Way 상면에 약간의 부정면이 있는 경우 안전상 문제가 발생한다.

★ 중요

13 강제 제어식 틸팅 방식에 대한 설명으로 틀린 것은?

㉮ 차량이 주행하고 있는 선로상태, 운행조건을 가속도계, 속도계, 자이로스코프 등 센서들로 감지한다.

㉯ 센서에 의한 신호들을 이용하여 전자제어 모듈에서 틸팅 신호를 발생한다.

㉰ 링크 등으로 지지된 차체를 유압, 전기 Acturator를 이용하여 차체를 경사시킨다.

㉱ 차체의 회전중심을 무게중심보다 높게 설정하여 곡선에서 주행시 발생하는 차체의 원심력을 이용하여 차체를 곡선내측으로 경사시키는 방식이다.

해설 ㉱는 자연 진자식 틸팅 방식에 대한 설명이다.

14 틸팅 열차에 대한 설명으로 틀린 것은?

㉮ 고속화에 따른 승객이 느끼는 휨가속도도 저감 및 운행시간 단축의 효과가 있다.

㉯ 공해, 소음, 자연파괴 등 심각한 환경문제에 직면하지 않고 고속화를 기대할 수 있다.

㉰ 산악지형이 많고 지형상 곡선부와 구배지역이 많은 우리나라 여건에는 틸팅 차량이 부적합하다.

㉱ 곡선부 통과시 가·감속 빈도가 줄어 에너지 소비가 감소한다.

해설 적은 투자비용과 최소의 환경영향 속에서 승차감의 양호와 운행시간 단축을 제공할 수 있으므로, 산악지형이 많고 지형상 곡선부와 구배지역이 많은 우리나라 여건에는 틸팅 차량을 적용하기에 적합하다고 할 수 있다.

15 연동도표의 작성에 대한 설명으로 틀린 것은?

㉮ 한 개의 역 구내를 단위로 작성하는 것으로 하되 역간의 도중 분기기 등 연동장치 조건에 필요시설은 포함한다.

㉯ 배선약도는 연동 범위까지 그린다.

㉰ 배선약도 신호설비의 위치는 선로평면도와 유사하도록 작성한다.

㉱ 주요 본선은 굵은 선, 기타 선은 가는 선으로 한다.

해설 ㉯ 배선약도는 연동 범위가 아니더라도 보안장치가 설치되는 데까지 배선약도를 그린다. 연동도표는 연동장치가 어떤 내용인지를 일목요연하게 알 수 있도록 만든 도표로, 신호기와 전철기(선로전환기)의 연동관계를 표시한다.

16 궤도의 구성요소라고 보기 어려운 것은?

㉮ 레 일

㉯ 침 목

㉰ 도 상

㉱ 노 반

해설 궤도의 구성요소
- 레일은 차량을 직접 지지하고 차량을 일정한 방향으로 주행할 수 있도록 유도한다.
- 침목은 레일로부터 받은 하중을 도상에 전달하고 레일의 위치를 일정하게 유지하는 역할을 한다.
- 도상은 침목으로부터 받은 하중을 분포시켜 노반에 전달하고 침목의 위치를 유지시키며 열차운행에 의한 충격력을 완화시킨다.

17 열차무선시스템은 정전 시에는 몇 시간 이상 운용될 수 있도록 하여야 하는가?

㉮ 1시간 이상

㉯ 3시간 이상

㉰ 6시간 이상

㉱ 12시간 이상

해설 열차무선시스템은 열차무선설비의 음성 또는 데이터가 신뢰도 및 정확성을 갖추어야 하며 간선 없이 송·수신이 가능하여야 하고 모든 지상설비간 및 地上설비와 車上설비 사이에 음성 또는 데이터의 통신을 충분히 확보하여야 한다. 정전 시에는 3시간 이상 운용될 수 있도록 하여야 한다.

02 철도의 계획과 건설

제1절 철도의 계획

1. 예비 타당성 조사

(1) 개 요

① 정부의 재정이 대규모로 투입되는 대형공공투자사업의 추진을 위해서는 사업의 경제적·정책적·기술적 타당성에 대한 면밀한 사전검토가 필요하다.

② 타당성 조사는 시행시기에 따라 예비 타당성 조사와 타당성 조사로 구분되는데 그 내용을 살펴보면 타당성 조사가 주로 기술적인 타당성을 검토하는 반면 예비 타당성 조사는 경제적·정책적 타당성을 주된 검토대상으로 하고, 타당성 조사는 사업주무부처가 시행하는 반면 예비 타당성 조사는 기획재정부에서 담당한다.

③ 사업추진여부의 최종 판단은 경제성 분석과 정책적 분석의 결과를 바탕으로 평가하여야 하므로 경제성 분석의 계량화된 효율성과 정책적 분석의 형평성 및 비계량화의 평가기준을 하나로 묶는 체계적인 분석모형의 정립이 요구된다.

④ 다양한 평가기준들을 하나의 틀로 종합 분석하는 다중기준분석으로 경제성 및 정책적 분석을 실시하여야 한다.

(2) 대상사업(예비타당성조사 운용지침 제14조제1항제1호, 제15조제1항)

① 총사업비가 500억원 이상이면서 국가의 재정지원 규모가 300억원 이상인 건설사업, 정보화 사업

② 국가직접시행사업, 국가대행사업, 지방자치단체보조사업, 민간투자사업 등 정부재정지원이 포함되는 모든 사업

(3) 예비 타당성 조사 방법

① 사업의 개요 및 기초자료 분석 후 사업분석의 쟁점을 부각시킨다.

② 수요·편익·비용추정을 통해 경제적 타당성 분석 및 재무적 타당성 분석을 실시한다.

③ 지역경제 파급효과 분석, 지역낙후도 평가, 재원조달 가능성 평가 등을 통한 정책적 분석으로 사업의 국민 경제적 위치를 파악한다.

④ 다중기준분석기법(AHP)을 활용하여 경제성 분석 및 정책적 분석 결과의 종합평가를 실시한다.

구 분	예비 타당성 조사	타당성조사(Feasibility Study)
조사의 개념	타당성 조사 이전에 예산반영 여부 및 투자 우선순위 결정을 위한 개략적 조사	예비 타당성 조사를 통과한 사업에 대하여 경제적·기술적 타당성 및 대안분석
관련 계획 검토	국민경제적 필요성, 국토개발계획과의 부합성 등 거시적인 측면 검토	분야별 종합계획과 연계하여 위치, 노선, 도시계획과의 적정성 등 미시적 측면 검토
수요예측	定性的방법(Qualitative Method)에 의한 개략적인 조사(기초자료 및 Del Phi방법 활용)	定量的방법(Quantitative Method)에 의한 수요예측 모델 및 설문조사 등 구체적 방법 활용
경제성 검토	개략적인 경제성 검토	보다 정밀한 경제성 검토
비용편익분석	B/C, IRR 등을 개략적으로 산출하되 우선순위 결정에 있어 참고자료로 활용	B/C, IRR을 자세하게 산출
투자우선순위	사업 간 투자 우선순위 검토	개별사업 수익성 여부만 검토
재원조달계획	재원조달의 적정성, 민자 유치 가능성 등 검토	특별한 경우 외는 검토 안 함
적정투자시기	효율적인 적정 투자시기 분석	특별한 경우 외는 검토 안 함
기술성 검토	최소한의 기술성 검토(전문가의 자문으로 대체)	다각적인 기술성 분석(입지 및 공법 적합성을 대안별로 검토)
총사업비 추정	개략적인 모델 사용(유사사업 실적공사비에 의한 추정 등)	구체적인 토질조사 등을 통해 공사 현장여건 등을 고려한 총사업비 산출
대안분석	노선별, 지역별 구체적인 대안분석 안함(전략적 대안 제시)	노선별, 지역별 등 구체적 대안 제시
조사주체	기획재정부	주무부처

2. 타당성 조사 및 기본계획

(1) 개 요

사업의 기본구상을 토대로 사업의 목표와 이를 위한 수단을 설정하여 경제적 타당성, 기술적 타당성, 사회 및 환경적 타당성을 종합적으로 검토하고 사업시행의 타당성을 판단하며, 목적 시설물의 실현방법에 있어 여러 대안을 비교·검토하여 최적안을 선정하고, 그에 대한 사업의 기본계획을 작성하여 기본설계 용역에 기본이 되는 성과자료를 작성하는 단계를 말한다.

(2) 조사단계

① 관련 계획 조사 및 검토

상위계획, 지역개발계획, 산업시설계획, 교통관련계획 등을 조사하고 필요한 경우 관계기관과 협의한다.

② 현지조사 및 답사

ⓐ 예정 노선의 해당 계획구간에서의 지형, 지물, 식생, 용·배수, 토지이용상황 및 문화재를 파악·확인한다. 또한, 측량 및 지질조사 등을 시행하는 경우 조사계획서를 작성하여 발주청과 협의해야 한다.

ⓑ 현지답사를 하여 계획구간의 지형, 지물, 각종 시설물, 식생, 토지이용상황 등을 파악하고 사진 또는 비디오 등을 이용하여 자료를 수집한다.

③ 수리·수문조사

ⓐ 계획구간 하천의 상태, 정비계획, 유역면적, 주변개발상황 등을 주로 기존자료를 토대로 조사한다.

ⓑ 계획구간이 해상인 경우에는 기상자료(천기일수, 강우량, 강설량, 기온, 풍속 등)와 해상자료(조류, 조석, 파랑 등)를 조사한다.

ⓒ 계획시설물이 해상에 설치되는 경우에는 통행하는 선박의 종류, 크기, 회수 등을 조사한다.

ⓓ 계획구간 인근의 부두시설, 물양장, 선착장 등의 위치, 규모 등을 조사한다.

④ 교통량 및 교통시설 조사

ⓐ 사업의 타당성 평가를 위한 수송수요 조사 및 분석

ⓑ 사업시행에 따른 영향 검토 및 대안 제시

ⓒ 타 교통수단과의 연계 수송체계 검토 및 대안 분석

⑤ 지반조사

예정 노선 축이 연약지반 및 광산지역을 통과할 경우, 특이 지질현황과 노선통과상 장애가 예측되는 폐광 및 지하공동 등의 유무를 문헌자료 또는 전문기관에 탐문하여 우선 조사한다.

(3) 계획단계

① 수송수요 예측 및 평가

ⓐ 계획구간의 인근 도로망 및 철도망의 교통량을 분석하고 계획시설물 설치에 따른 교통량을 추정한다.

ⓑ 장래 기준 연도(보통 과업연도부터 30년)를 설정하고 교통량의 증가추세, 수송수단 이용패턴 등을 검토하여 장래 교통량을 추정한다.

ⓒ 교통특성, 철도의 기능, 입지조건 등을 고려하여 서비스 수준을 결정하고, 최대 추정교통량에 따른 수송계획 자료를 작성한다.

ⓓ 교통량 추정에 따른 인근 철도 및 교통 관련 시설의 신설, 변경 등의 교통처리계획을 검토한다.

② 철도시스템 검토

ⓐ 수송수요 추정 결과에서 제시된 최대 교통량에 대하여 최적의 철도시스템을 검토 결정한다. 다만, 일반철도 등 기존 시스템을 적용할 경우에는 검토하지 않는다.

ⓑ 철도시스템은 일반철도, 고속철도, 경량전철, 단선, 복선, 전철, 비전철 등으로 구분하여 최대수송량을 목적한 시간대에 수송할 수 있게 검토한다.

ⓒ 선정된 시스템에 대하여 노반 및 궤도와 차량, 차량과 신호 및 전차선 등 분야별 시설 간의 기술적 연계성을 검토하여 차량형식과 성능, 노반 및 궤도구조, 신호방식, 전차선방식 등 연계된 시설의 시설기준을 검토하여 건설기준을 제시한다.

ⓔ 선정된 철도시스템은 수송효율 및 건설비와 관련 시설 간의 기술적 연계성을 최적화시키도록 검토되어야 한다.

③ 건설기준 검토

철도시스템 검토 결과 또는 정해진 설계속도 산정에 따라 적용할 건설규칙을 검토하여 선정

④ 노선선정(노선대안결정)

㉠ 도상 노선선정(Paper Location)

• 지형도(1/5,000 ~ 1/25,000)에 대상 노선의 경유지역을 연결하는 노선을 설계속도의 기준에 맞게 대안을 선정한다.

• 도상노선은 몇 개의 예비대안을 검토하여 비교대안을 선정한다.

• 비교노선에 대하여 선형 및 정거장 입지 등에 대한 기술성, 수송능력 및 열차운행 효율성과 건설비, 사업시행성, 공사시공성, 주변 환경성 등을 평가하여 최적노선을 선정한다.

• 최적노선과 유사한 비교대안이 있을 경우 대안으로 선정하여 다음 단계 과업에서 구체적인 검토를 거쳐 최적대안으로 선정될 수 있도록 한다.

중요 CHECK

도상에서 선정한 비교노선 검토사항
① 지형, 지질 및 현지상황 등에 대하여 기술적으로 비교노선의 우열을 판단할 수 있는 자료 수집
② 정거장 예정지의 적합성
③ 구조물 계획상 필요한 지형, 지질, 하천 및 도로 상황
④ 공사시행조건, 환경, 기상특성 등
⑤ 지역개발현황 및 토지이용현황
⑥ 문화재, 폐광, 지하공동, 지장시설현황
⑦ 주거지역, 종교시설 저촉 또는 근접으로 인한 민원발생 예측

㉡ 현지조사 : 도상에서 선정한 비교노선에 대해 다음사항을 현지답사 및 조사하여 반영

• 지형, 지질 및 현지상황 등에 대하여 기술적으로 비교노선의 우열을 판단할 수 있는 자료수집

• 정거장 및 차량기지 예정지의 적합성

• 구조물 계획상 필요한 지형, 지질, 하천 및 도로상황

• 공사시행조건, 환경, 기상특성 등

• 지역개발현황 및 토지이용현황

• 문화재, 폐광, 지하공동, 지장시설 현황

• 민원발생예측

• 과업 수행 상 특정한 조사가 필요한 경우 발주청과 협의하여 필요한 사항 추가조사

ⓒ 노선선정

- 각종 조사 및 검토결과를 토대로 하여 정거장 설치 예정지를 경유하는 선형을 계획하며, 선형은 정거장 설치 예정지를 기본으로 하여 최적노선을 도출할 수 있게 가능한 대안을 선정하여 비교 분석한다.
- 노선은 주변 각종현황 및 지형, 지질 여건상 선로등급에 따라 기술적으로 건설기준에 적합하여야 하고 목표하는 수송능력을 달성하면서 열차 운행효율과 건설비를 최적화시킬 수 있어야 한다.
- 정거장 및 차량기지의 위치는 선형 및 지형 조건상 소정의 시설을 배치할 수 있어야 하고 수혜권 역과의 접근성, 역세권 등 지역 개발성을 고려해야 한다.

⑤ 정거장 선정(경유지선정)

ⓐ 철도시스템에 따른 시·종점, 정거장과 중간정거장의 역할을 검토하여 기능을 설정한다.

ⓑ 장거리 여객열차와 화물열차, 전동차의 정거장 간의 운행 최고속도, 정거장의 정차·통과·대피, 정거장 통과열차의 속도, 열차운행시격 등 열차운행계획에 따라 정거장의 기능을 설정한다.

ⓒ 중간정거장은 정거장 기능에 따른 시설규모로 시설 가능성, 입지조건, 지역 주민의 요구 등을 검토한다.

ⓓ 정거장 시설은 운행열차 간의 환승체계, 타 교통수단과의 환승, 종합터미널 설치 및 역세권 개발 여부를 검토한다.

⑥ 열차운영계획

ⓐ 철도시스템에 따른 장거리 여객열차와 화물열차, 전동차의 정거장간 최고운행속도, 정거장의 정차, 통과, 대피, 정거장 통과 열차의 속도, 열차운행 시격, 정차시분 등 열차운행계획 수립

ⓑ 열차운행 계획에 따라 선로조건과 정거장조건을 검토하여 선로용량(1일 최대 열차운행 능력)설정

ⓒ 수송수요에 따라 여객과 화물의 수송수요를 판단하여 선로용량의 과부족 검토

ⓓ 열차운행계획에 따른 열차종별, 1개 열차의 편성 수, 기관차의 성능, 동력차 및 여객, 화물차량의 수요량을 판단하여 정거장 및 기지의 운영설비 검토

⑦ 경제성 분석 및 재무분석

ⓐ 해당 노선의 건설비, 차량구입비, 운영비, 유지관리비를 개략 산출한다.

ⓑ 철도건설비, 운영비 및 유지관리비와 이용자 편익을 비교하여 편익비(B/C), 초년도수익률(FYRR), 내부수익률(IRR) 및 순현재가치(NPV), 최적 개통시기 등을 산출해야하며, 이때 시간편익을 고려한 경우와 제외한 경우로 구분

ⓒ 경제성 분석은 전 구간을 동시에 건설할 경우와 교통량 예측 및 발주청의 재정 전망을 고려하여 단계별로 건설하는 경우로 구분 분석하고, 단계별 건설시 구간별 투자 우선순위를 제시한다.

ⓓ 건설비, 차량운행비, 교통량, 공사기간 등 경제성 분석 시 사용한 요인이 변경될 경우 경제성에 미치는 영향을 검토하기 위하여 민감도 분석을 시행한다.

ⓔ 개통 이후의 추정 교통량에 따른 운임수입 및 영업비용을 1년 단위로 산출하여 영업채산성을 검토한다.

ⓕ 운임 산정에 있어 경제적, 재무적 측면과 이용객 입장에서 객관적으로 비교하여 산정하여야 한다.

⑧ 환경·교통영향성 검토

현지상황 및 장래계획 등을 조사하여 철도건설로 인하여 공사시행시 및 열차운행시 환경 및 교통에 미치는 영향을 검토하여 반영한다.

⑨ 관계기관 협의

노선 등 시설계획상 필요한 경우와 '건설기술진흥법'에 명시된 대로 노선이 통과하는 지자체 및 관계 기관과 협의한다.

(4) 설계단계

타당성 조사 및 기본계획 단계의 설계업무를 개략설계라 말하며, 원칙적으로 노선대 설계에 사용되는 지형도의 축척은 1/5,000 ~ 1/25,000로 한다.

① 설계기준

    ㉠ 철도시스템 및 설계속도에 따라 적용할 표준하중 체계를 선정한다.

    ㉡ 철도시스템과 열차운영계획에 따라 터널·교량의 길이와 형식, 정거장 및 차량기기의 시설 규모 등을 산정한다.

    ㉢ '철도건설규칙'에 따라 노반의 폭, 터널 및 교량의 표준단면을 정한다.

② 노선설계

    ㉠ 최적 노선대에 대하여 1/5,000 ~ 1/25,000 지형도로 건설기준에 따라 노선도와 정거장 및 차량 기기의 시설 위치도를 작성한다.

    ㉡ 노선도는 평면선형도와 종단선형도를 작성한다. 평면선형도에는 직선구간, 곡선구간, 곡선반경 을 표시하여 작성하고 종단선형은 최급기울기와 수평구간 등 시공기면을 표시하여 가로 1/5,000, 세로 1/1,000 종단선형도를 작성한다.

③ 구조물 개략설계

    ㉠ 평면선형과 종단선형, 현지 답사한 자료를 기준으로 하여 토공, 교량, 터널, 정거장 및 차량기기 구간을 설정한다.

    ㉡ 토공, 교량, 터널 등 표준단면도를 작성하고 정거장 및 차량기기 배선도를 작성한다.

    ㉢ 토공, 교량, 터널, 정거장 및 차량기지의 개략적인 수량을 산출한다.

④ 설계도

    ㉠ 노선도는 1/25,000 또는 1/50,000의 지형도에 노선도, 선 제원(諸元) 및 정거장 예정지, 토공, 교량, 터널 등으로 구분하여 표시한다.

    ㉡ 선로표준종단면도는 지형도 1/25,000 경우 가로 1/25,000, 세로 1/1,000을 표준으로 하며, 도면 에는 철도, 도로, 하천 등 횡단시설의 명칭, 개략적인 구조형식, 길이 등 표시한다. 지반고 및 계획고는 지형도 1/25,000에서는 100[m]마다 표시한다.

3. 기본계획 수립

(1) 의 의

① 철도건설사업은 기본계획을 국토교통부장관이 수립한다. 국토교통부장관이 기본계획을 수립하려는 경우에는 미리 관계 중앙행정기관의 장 및 특별시장·광역시장 또는 도지사(시·도지사)와의 협의를 한다(철도의 건설 및 철도시설 유지관리에 관한 법률 제7조제3항).

② 기본계획이 최종적으로 확정되면 세부 설계시행에 앞서 설계·시공일괄입찰, 대안입찰, 기타공사 중 어느 방식으로 공사를 할 것인지에 대한 공사시행방안을 결정하게 된다.

③ 공사시행방법에 따라 기본설계 또는 실시설계의 시행주체가 달라지므로 기본계획 확정 후에는 바로 공사시행방안을 결정하여야 한다.

④ 기본계획은 사업의 목적을 충분히 이해하고 과거의 자료와 경험에 따른 면밀한 분석 및 실현 가능한 현실적인 대안을 선정하여 객관적인 측면에서 분석하고 아울러 사업의 실효성을 확보하는 데 역점을 두어야 한다.

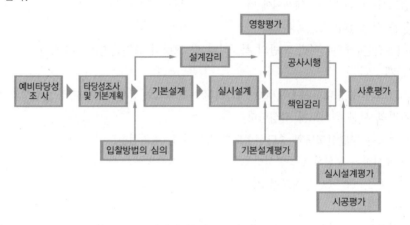

[건설기술업무 절차도]

(2) 기본계획의 주요내용(철도의 건설 및 철도시설 유지관리에 관한 법률 제7조제2항)

① 장래의 철도교통수요 예측

② 철도건설의 경제성·타당성과 그 밖의 관련 사항의 평가

③ 개략적인 노선 및 차량기지 등의 배치계획

④ 공사내용·공사기간 및 사업시행자

⑤ 개략적인 공사비 및 재원조달계획

⑥ 연차별 공사시행계획

⑦ 환경의 보전·관리에 관한 사항

⑧ 지진대책

⑨ 그 밖에 대통령령으로 정하는 사항

    ㉠ 철도의 건설 예정 노선을 표시한 지형도

    ㉡ 다른 교통수단과의 연계수송에 관한 사항

    ㉢ 건설 예정 노선에 투입되는 철도차량의 형식·소요량 및 확보계획

    ㉣ 철도교통수요 예측을 고려한 개략적 열차운영계획

(3) 기본계획의 고시 내용

① 사업의 명칭

② 사업의 목적

③ 사업시행자의 명칭 및 주소

④ 공사의 내용

⑤ 공사비

⑥ 공사기간

⑦ 공사노선의 기점과 종점

⑧ 주요 경유지, 역(특별시·광역시·시 및 군의 행정구역단위까지 표시된 것을 말한다) 및 철도차량 기지의 위치

제2절 철도의 설계

1. 설계일반

(1) 기본설계

① 업무의 범위

    ㉠ 기본설계는 타당성 조사 결과를 토대로 노선 및 공사의 규모, 시설물의 배치 등을 결정하고 실시설계 방침 등 공사의 계획과 제반조건 및 기본적인 사항 등을 결정하는 업무이다.

    ㉡ 타당성 조사에 의해서 결정된 최적 노선대를 토대로 시공성, 경제성, 유지관리, 열차운행계획, 안정성 및 환경 등을 종합적으로 검토하여 노선과 정거장 입지를 선정하고 이에 따른 토공, 교량, 터널, 정거장 시설 등의 건설규모와 건설비 공사기간 등 사업 세부계획의 수립을 목적으로 한다.

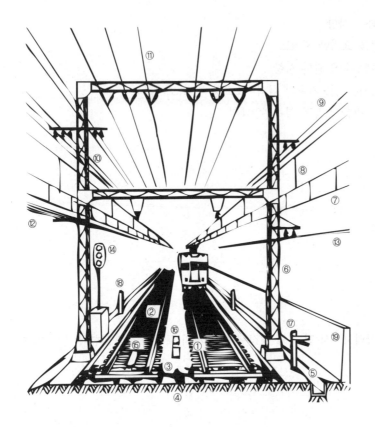

| ① 레 일 ┐ |
| ② 침 목 ├ 궤 도 |
| ③ 도 상 ┘ |

① 레 일 ┐
② 침 목 ├ 궤 도
③ 도 상 ┘
④ 노 반
⑤ 측 구
⑥ 철 주
⑦ 전차선
⑧ 조가선
⑨ 급전선
⑩ 고압선(동력, 신호)
⑪ 특고압선
⑫ 통신선
⑬ 부급전선
⑭ 신호기
⑮ ATS지상자
⑯ 임피던스 · 본드
⑰ 기울기표
⑱ [km] 정표
⑲ 방음벽

[철도 구조 일반도]

② 조사업무

　㉠ 관련계획 조사 및 검토

　　상위계획, 지역개발계획, 사업시설계획, 교통관련계획 등을 조사하고, 필요한 경우 관계기관과

　　협의

　　• 상위계획

　　　– 국토종합계획 수정계획

　　　– 경제사회발전 5개년계획

　　　– 광역개발계획

　　　– 분야별 자체 기본계획

　　　– 국가철도망구축 기본계획

　　• 역 개발계획

　　　– 광역시도 종합개발계획

　　　– 도시기본계획

　　　– 도시계획

• 산업시설계획
  – 국가공단 및 지방공단계획
  – 신항만, 공항, 댐, 도로, 상하수도 등의 건설계획

ⓛ 현지조사 및 답사
  • 노선 경유지역의 지형, 지물, 식생, 용·배수, 토지 이용상황, 문화재를 파악·확인
  • 측량, 지질조사 계획서를 작성하여 발주청과 협의
  • 현지답사를 하여 계획노선의 지형, 지물, 각종 시설물, 식·토지이용상황 등의 정확한 현황을 파악하고, 사진과 비디오 등을 이용하여 과업수행에 필요한 자료 작성
  • 민원 등 정책 기본방침에 따라 노선을 조정·재검토 할 경우 이에 따른 현장답사와 조사 실시

ⓒ 수리·수문조사
  • 계획구간 하천의 상태, 정비계획, 주변 개발상황 등 조사
  • 계획구간 하천의 유역면적, 유로연장, 하폭, 하상구배, 제방 및 호안현황, 지류 등 조사
  • 계획구간 인근의 배수로조사
  • 계획홍수량과 계획홍수위 등을 산정하는데 필요한 자료 검토
  • 필요할 경우 기상 및 해상, 선박운항 조사 실시

ⓔ 교통량 및 교통시설 조사
  • 사업 타당성 평가를 위한 수송수요 조사, 분석
  • 사업시행에 따른 영향 검토 및 대안제시
  • 타 교통수단간의 수송체계 검토 및 대안분석

ⓜ 환경영향조사(문화재조사)
  • 계획시설물 설치로 영향권에 미치는 각종 영향 조사
  • 계획시설물이 계획지역의 동·식물 식생에 미치는 영향조사
  • 소음·진동이 우려되는 곳에서는 계획시설물 설치 전 소음·진동 현황 조사
  • 노선 경유 지역 주변의 문화재 현황을 문헌조사 → 필요시 발주청과 협의하여 지표조사

ⓗ 측 량
  • 측량을 실시하기 전 측량작업계획서 제출
  • 삼각측량, 수준측량, 골조측량, 현황측량(1 : 1,000, 지형측량/항공측량) 수행
  • 중심선 측량은 100[m] 간격으로 시행하되, 평지, 구릉지, 산지 등에 따라 간격 조정
  • 측량은 측량법과 공공측량 작업규정 및 발주청이 정한 기준에 의거 시행
  • 측량기기는 조사에 적절한 것, 관계규정에 의거 수시로 점검·보정 받은 것을 사용
  • 측량 완료 후 야장, 원도 등을 체계적으로 정리·제출, 측량도에는 축척과 측정 등 기재
  • 최적노선과 정거장 입지를 최종적으로 결정하여 정거장, 차량기지, 토공, 교량, 터널 등 건설규모를 검토하여 일반적인 구조물 계획도를 작성할 수 있는 수준으로 측량

ⓧ 지질 및 지반조사
- 노선에 대한 전반적인 지질 및 지반 특성은 기 제작된 지질도와 지표지질조사를 활용하여 확인 · 파악
- 지표지질조사를 통하여 단층, 습곡, 절리 등 지질구조도를 작성하고, 암석의 분포상태나 특성을 파악하여 지질재해 등의 가능성 검토
- 지표지질조사항목 : 표층지반, 암반거동, 암질, 지표수 및 지하수, 지질구조
- 지반조사 범위와 내용은 발주청 기준에 따라 시행하여 구조물 및 토공계획에 반영
- 조사심도는 예상 기초하부 지지층으로부터 최소 기초폭 이상이 되도록 하고, 석회암 지역은 조사심도를 충분히 깊게 하여 조사
- 기초지반의 각종 물성치와 특성을 정확히 파악할 수 있도록 조사

[공종별 지반조사 항목 및 기준]

단 계	지반조사 항목	지반조사 기준
기본설계	• 지표 · 지질조사, 현장조사(시추조사, 핸드오거보링, 시험시굴조사), 현장원 위치시험, 실내시험 등 • 필요시 물리탐사 시험	• 주요 구조물인 터널 및 100[m] 이상 교량은 2차로 기준으로 각 구조물당 3개소 이상 • 연약지반은 100[m]당 20[m] 이상 대절토부는 각 구간당 1개소 이상의 시추조사 • 교각 기초 등과 주요 기초구조의 지반조사에서는 NX Double Core Barrel 보링
실시설계		• 절토부, 연약지반, 터널 시 · 종점 교량부에는 시추조사 • 교량은 교량별로 매 교대, 교각마다 최소 1개소 이상 시추조사 • 교각 기초 등과 주요 기초구조의 지반조사에서는 NX Double Core Barrel 보링

ⓞ 지장물 및 구조물 조사
- 시설물 설계 · 시공에 영향을 미치는 각종 지하매설물과 지상시설물, 장애물 조사
- 지장물조사 : 사업노선에 저촉되는 지상지장물(고압 송유관, 광케이블, 통신시설 등), 지하매설물(전기, 통신, 송유관, 상하수도, 가스 등), 관정 등을 조사 → 관계기관과 조사하여 이설 및 보상계획 수립할 수 있도록 조치
- 시설물 주변의 구조물과 문화재 등에 대한 구조물 조사
- 주요시설(군사시설, 산업시설, 저수지 등)과 문화재는 가급적 우회하도록 노선을 계획, 부득이한 경우 관계기관과 협의하여 대책 강구
- 기존 철도시설 현황 조사
ⓩ 토취장, 사토장, 재료원 조사(필요시)
- 골재원의 위치, 종류, 생산량 등을 조사, 기존 골재원이 없을 경우 개발가능 지역 조사
- 토취장 및 사토의 위치와 규모, 지역현황, 환경영향성 조사
- 공사 시행 시 활용 가능한 사토 및 토공량 조사
- 노선이 길 경우 전 구간에 걸쳐 상호 유용가능성과 토취장사토장으로 활용 가능한 모든 개소 조사

- 공사시행 시기에 활용가능한 후보지 선정
- 래미콘은 생사규격, 생산량, 품질의 신뢰성, 운반조건 등을 조사하고, 현지 생산사용 또는 별도 생산설비 설치 여부 조사
- 공사시 시공성과 경제성을 고려하여 노선 전 구간에 균형적으로 분포되게 토취장, 사토장, 재료원 선정

ⓒ 용지조사(필요시)
- 노선 경유지 구간의 토지이용현황 및 이용계획을 조사하여 노선과 시설계획 자료로 활용
- 철도 등 기존 용지현황과 활용 가능성 검토

③ 계획업무
ⓐ 전 단계 성과검토
- 타당성조사 성과품을 검토, 분석하여 조사, 계획, 설계업무 결과를 기본설계에 최대로 활용
- 만일 조정이 필요할 경우 발주청과 협의하여 타당성 조사를 다시 하도록 함

ⓑ 철도시스템 검토(필요시)
- 수송수요 추정 결과에서 제시된 최대 교통량에 대하여 최적의 철도시스템을 검토하여 결정. 다만, 일반철도 등 기존 시스템을 적용할 경우 검토 제외
- 철도시스템은 일반철도, 고속철도, 경량철도 및 단선, 복선, 전철, 비전철 등으로 구분하여 최대 수송량을 목적한 시간대에 수송할 수 있게 검토
- 선정된 시스템에 대하여 노반, 궤도와 차량, 차량과 신호 및 전차선 등 분야별 시설 간의 기술성, 연계성을 검토하여 차량형식과 성능, 노반 및 궤도구조, 신호방식, 전차선 방식 등 연계된 시설의 기준을 검토하여 건설기준 제시
- 선정된 철도시스템은 수송효율 및 건설비와 관련 시설 간의 기술적 연계성을 최적화하도록 검토

ⓒ 설계기준 검토
- 각 시스템 간 기술적 연계성을 고려하여 노선계획과 정거장계획에 적용할 건설기준과 설계기준 검토
- 설계기준은 각종 시방서 기준의 적용성과 과거 유사한 설계과업에 적용하였던 기준을 검토하여 결정
- 타당성조사에서 비용대비 효과 분석에 의해 산정된 설계속도는 시설계획 등 여건 변화가 있을 경우 이를 반영하여 설계속도 적정성 검토

ⓓ 노선 선정(최적노선 선정)
- 최적노선 선정
  - 타당성조사에서 제시한 개략노선에 대해 경제성, 시공성, 환경성 등을 평가하여 최적노선 선정
  - 실시설계에서 노선이 변경되지 않도록 지장물 등을 충분히 조사하여 최적노선을 선정

- 선형 결정
  - 측량에 의해 작성된 1/1,000 ~ 1/1,200 지형도를 이용하여 평면과 종단에 대한 선형계획 수립
  - 선형계획 시 주요 구조물과 주요 도로시설물의 위치, 규모, 형식과의 연계성 검토
  - 최적 선형은 다음 사항을 검토하여 설계에 반영
    ⓐ 평면 및 종단선형 설계기준과 선형제원
    ⓑ 열차운영계획
    ⓒ 선로의 등급 및 기능
    ⓓ 최적 선형계획도(1/1,000)
- 선형계획
  - 설계속도에 따른 평면선형과 종단선형을 비교·검토하여 열차 운전성능을 최적화할 수 있게 계획
  - 이를 고려하여 정거장 설치구간 계획
  - 주위의 지형, 경관 등을 고려하여 최적의 선형계획
  - 평면 및 종단선형이 잘 조화되도록 계획
  - 전후 선형의 조화를 고려하여 최급구배 및 최소곡선반경은 기준에 맞게 계획하며, 가급적 급구배와 급곡선은 피함
  - 설계기준, 시방서, 지침에 따라 합리적으로 계획
  - 장대터널의 작업구 설치 등 시공성을 고려
  - 각종 구조물 및 지장물의 위치, 토공계획, 배수계획 등을 고려하여 계획
  - 홍수위의 상승, 교차시설(도로, 철도, 선박의 항로)에 따른 적정 형하고를 검토하여 계획
  - 선형계획상 불리한 평면 및 종단선형 변경점 등이 경합되는 것 방지
ⓜ 정거장 선정(위치 선정)
- 시·종점, 정거장과 중간 정거장의 기능과 열차운행 계획에 따라 정거장 시설 검토
- 각 정거장의 기능과 열차운행계획에 따른 정거장 시설을 기술성, 경제성, 실현 가능성 등을 종합적으로 검토하여 최적입지 선정
- 정거장 설치 예정구간의 선형은 '철도건설규칙'에 따라 계획, 소정의 유효장 확보
- 정거장 시설은 분야별 시설간의 기술적 연계성을 검토하여 운용상 기능과 유지관리성 최적화
- 정거장 전후의 급구배와 급곡선을 최대한 피함
- 지역 내 타 교통수단과 연계수송이 원활하고 수혜권에서 접근이 용이할 것
- 정거장 간격은 선로용량 및 열차 운행효율을 향상시킬 수 있게 검토
- 역세권 등 주변 개발성이 우수하고 장래 정거장 시설의 개량/확장을 위해 여유부지를 확보할 수 있게 검토
- 소요 용지확보가 쉽고 토공량 등 공사규모가 가급적 적은 지역을 검토
- 차량기지는 가급적 노선 시종점 구간에 배치
- 조차장은 노선의 시종점이나 분기점에 배치

- 시종점 정거장은 차량기지의 필요성과 연결노선의 접근성, 기존 정거장 시설의 개량 가능성 등을 검토
- 중간정거장은 정거장 기능에 따른 시설규모로 시설 가능성, 입지조건, 지역 주민의 요구 등을 검토
- 정거장 시설은 운행열차간의 환승체계, 타 교통수단과의 환승, 종합교통터미널 설치 및 역세권 개발 여부 검토

ⓑ 주요 구조물 계획
- 교 량
  - 교량 형식 선정 : 철도시스템에 따른 건설기준과 기술성, 경제성, 시공성, 안전성, 미관성, 유지관리성 등의 장단점을 비교·검토하여 최적안 선정
  - 상부구조물 형식 선정 : 주변 환경조건과 지질조건, 형하 유효고, 궤도부설 조건, 교차시설, 제작, 가설공법, 내구성, 유지관리성 등을 비교·검토하여 최적안 선정
  - 하부구조 및 기초형식 선정 : 상부구조형식, 폭, 사용재료, 하중, 지지층까지 심도, 지반의 상태, 하천흐름, 자재와 장비 등의 운반, 진입, 공사방법, 홍수·파랑에 의한 세굴·손상 등을 비교·검토하여 최적안 선정
  - 교량 지간 및 연장(전체선로길이) 선정 : 상부구조물 형식과 사용재료, 홍수시 기존 제방에 미치는 영향, 교차구간, 지장물, 주변경관 등을 비교·검토하여 최적안 선정
  - 교량공법 선정 : 현장조건, 민원, 시공성, 공사비, 공기, 소음·진동과 교통혼잡유발, 환경오염 등을 비교·검토하여 최적안 선정
- 터 널
  - 터널형식 선정 : 철도시스템에 따른 건설기준과 현지 지형조건, 지반조건, 환경조건, 기술성, 경제성, 시공성, 안전성, 유지관리성 등의 장단점을 비교·검토하여 최적형식 선정
  - 터널 연장은 지형조건과 우기 시 출수상황을 검토하여 터널 갱부근 자연지반을 깎기하여 지반침하나 산붕괴가 발생하지 않도록 연장을 가급적 길게 선정
- 입체교차시설
  - 위치선정과 형식을 검토하고, 기술성, 경제성, 시공성, 안전성, 유지관리성 등의 장단점을 비교·검토하여 최적형식 선정
  - 기존 시설의 위치를 기준으로 입체화를 검토하여 최적안 선정
  - 구조물과 철도시설물 계획 시 지자체, 관계기관과 협의하고 지역주민의 민원 반영

ⓢ 열차운영계획
- 수송수요 예측결과를 토대로 구간별 여객/화물 수요에 따라 운행할 열차의 종류, 편성량수, 운행횟수, 급완행의 운행방식, 운행시격 산정
- 열차운행계획에 따라 동력차, 여객·화물 차량의 소요량 수 산정, 정거장과 차량기지 등 운영설비는 열운행계획을 기준으로 검토

◎ 경제성 분석 및 재무분석(필요시)

- 해당 노선의 건설비, 운영비, 유지관리비를 개략적으로 산출
- 철도건설비, 운영비 및 유지관리비와 이용자 편익을 비교하여 편익비용(B/C), 초년도 수익률(FYRR), 내부수익률(IRR), 순현재가치(NPV), 최적 개통시기 등을 산출하여, 이때 시간편익을 고려한 경우와 제외 경우를 구분하여 산출
- 경제성 분석은 전 구간을 동시에 건설할 경우와 교통량 예측 및 발주청의 재정전망을 고려하여 단계별로 건설하는 경우로 구분·분석하며, 단계별 건설 시 구간별 투자우선순위를 제시
- 건설비, 차량운행비, 교통량, 공사기간 등 경제성 분석 시 사용한 제 요인이 변경될 경우 경제성에 미치는 영향을 검토하기 위하여 민감도 분석 시행
- 개통 이후의 추정 교통량에 따른 운임수입 및 영업비용을 1년 단위로 산출하여 영업 채산성 검토
- 운임산정에 대하여는 경제적, 재무적 측면과 이용객 입장에서 객관적으로 비교하여 선정

ⓩ 환경 및 교통영향성 검토

환경, 교통 영향조사와 현황조사 내용을 검토하여 설계에 반영

ⓧ 수리·수문검토

- 최적노선과 정거장 입지를 최종적으로 결정 → 이에 따른 수리수문의 기본사항을 예비 검토
- 조사된 계획홍수량과 계획홍수위 등의 적정성 검토

ⓠ 관계기관 협의 및 민원검토

- 계획시설물 설치에 따라 주변에 미치는 영향과 민원 최소화 방안 검토
- 기본설계 결정 시 민원 등으로 실시설계 변경이 곤란한 경우가 있으므로 관계기관과 충분히 협의
- 집단민원 등 향후 예상 문제점을 파악하고, 관계기관 대책회의 등을 통해 방향 결정, 모든 과정은 문서로 보존
- 최종노선 공고/고시 후 관계법규에 따라 인·허가 절차 추진

④ 설계업무

㉠ 철도설계

- 철도시스템 결정에 따른 건설기준 적용 검토
- 건설기준 적용에 따른 설계조건을 검토하여 기재
  - 과업지시서에 명시한 설계속도 산정 및 요구사항 기재
  - 발주청에서 특별히 요구하는 설계방법, 기준, 시방서, 지침 등을 기재
  - 지장물 조사 자료가 있으면 기재
  - 지반조사, 환경영향평가, 교통 분석 및 대책수립 등의 조사 자료가 있으면 기재
  - 설계하중에서 표준 활하중과 설계속도를 기재. 특히, 통상적인 설계하중 이외의 것은 반드시 기재
  - 관급자재가 있으면 종류, 특성, 공급방법 등을 기재

- 주요 자재 및 재료의 기준 기재
- 노선검토 자료가 있으면 기재
- 계획노선 주변의 사회적, 경제적, 지역적 개발계획 자료가 있으면 기재
- 노선계획지역의 인·허가에 대한 특기사항이 있으면 기재
- 주변하천의 홍수위와 범람자료가 있으면 기재
- 장애자를 위한 시설이 필요할 경우 이에 대한 특기사항을 기재
- 특수선이 필요할 경우 현 운행선로 등 설계조건 기재
- 실시설계를 별도 발주 시 실시설계를 위한 설계기준 작성을 기재
- 내진, 피로, 내구성 설계 반영을 기재
- 타 분야 연계 설계 시 타 분야 적용항목 기재

  ⓛ 노선설계
- 평면·종단 선형의 기술적 연계성 조화되게 최적의 설계
- 주위지형, 도시화 상황, 주변 환경 등을 고려하여 최적의 선형설계
- 급구배와 작은 곡선은 가급적 피하도록 설계
- 설계속도에 따라 최급경사, 최소곡선반경을 적용 설계
- 평면·종단 곡선상의 불리한 경합을 피하도록 설계
- 선형설계
  - 원칙 : 1/1,200 ~ 1/1,000 실측현황도 이용
  - 평면과 종단선형의 연계성 고려, 설계기준에 부합
  - 구조물계획, 토질, 지하매설물 조사 실시 → 경제적인 선형 설계

  ⓒ 평면설계
- 현황도를 이용하여 요구조건에 가장 합리적인 설계안 검토
- 현황도에 구조물의 위치, 절·성토계획, 배수계획, 지장물 등을 검토하여 설계

  ⓔ 종단설계
- 실측 종단도상에 측량, 지질·토질조사 자료를 활용하여 가장 합리적인 설계안 검토
- 실측 종단도상에 구조물의 위치, 토공계획, 배수계획 등을 검토하여 설계

  ⓜ 터널노선 설계
- 가급적 지반조건이 양호한 곳을 통과하도록 설계
- 평면선형은 가급적 직선으로 하되 경제성, 시공성을 고려하여 설계
- 갱구위치는 시공성을 우선하되 편압, 사면안정에 문제가 없는 지역 선정
- 단선병렬의 경우 터널단면과 지반특성을 고려하여 상호위치와 굴착순서 결정

  ⓗ 정거장 설계
- 열차운행계획에 따른 배선계획을 통하여 정거장의 소요 폭과 길이를 확보할 수 있도록 부지 설계
- 기존 정거장을 개량할 경우 열차운행과 안전에 지장이 없도록 설계

- 현장 입지조건에 따라 평면, 선상, 선하, 지하로 검토하여 타 교통수단과 용이하게 환승할 수 있는 시스템으로 설계
- 분기정거장일 경우 정거장 전후 상하선이 입체교차 하도록 설계
- 정거장 배선은 선별, 방향별, 배선에 대한 적용성 비교·검토 → 승강장, 적하장, 역사 등을 종합적으로 검토 → 운영효율 극대화
- 편리하게 이용할 수 있도록 사통팔달의 접근통로를 고려하여 설계
- 여유 공간과 부지에는 편의시설 설치

Ⓧ 교량 설계
- 교량 설계기준
  - 설계속도에 따라 노반 폭과 구조물 형식 결정
  - 구조물 설계방법과 내진설계 등급 규정
  - 궤도형식과 교량구조물 상호작용에 따른 궤도안정성 확보를 위한 교량의 단부꺾임각, 단차 등의 허용기준 설정
  - 재현빈도에 따른 계획홍수량, 계획홍수위 결정
  - 구조물 설계에 적용할 하중의 종류, 크기 등을 규정. 특히, 부가적인 하중과 설하중, 풍하중 등을 규정
  - 구조물 설계에 적용할 사용재료의 종류, 특성(재질, 강도) 등을 규정
  - 해상에 설치 시 조석의 차, 설계파고 등을 결정
  - 설계기준서(시방서, 지침, 편람 등)를 규정
- 교량구조 설계
  - 주요 구조물의 상부, 하부, 기초구조의 단면 설정 → 안전성, 내구성, 사용성 등을 개략 검토하여 설계
  - 주요 구조물 단면 가정, 규정된 해석방법으로 모델링 → 구조계산에 필요한 단면계수 산출
  - 최대 단면력이 산출되도록 하중의 종류 선정, 조합, 재하위치 설정
  - 설계방법에 따른 하중계수, 강도 감소계수 적용
  - 시공방법과 순서를 고려하여 구조계산 수행
  - 산출된 최대 단면력에 대한 안전성 검토, 확인
  - 내진설계에 따른 하부구조와 기초의 안전성 검토
  - 상부구조의 처짐, 하부구조의 전도 및 활동, 기초 구조의 지지력 및 변위 등에 대하여 개략 검토
  - 풍하중 등 동적하중에 대한 구조물 안전성 개략 검토
  - 검증된 구조계산 프로그램 사용
  - 개략 구조계산에 따른 주요 구조물의 표준단면도와 표준구조상세도 작성
- 교량 부대시설 설계
  - 궤도구조, 전차선, 조명, 신호통신 케이블매설, 보수원 통로, 유지관리, 난간, 방음벽 설치 등

- 고정단과 가동단의 교량받침(Shoe) 설계
- 교량받침은 "유지관리를 고려한 교량의 설계 및 시공지침(국토교통부)" 준수

◎ 터널 설계

- 설계조건 기재사항
  - 계획시설물의 노선, 연장, 표준단면 등이 정해진 경우
  - 표준활하중에 대해 기재. 특히 통상적이지 않은 하중(케이블 및 기타)이 예상되는 경우 반드시 기재
  - 발주청이 특별히 요구하는 설계방법, 기준, 시방서, 지침 등
  - 관급자재의 종류, 특성(설계강도 등), 공급방법 등
  - 내진설계 반영
  - 실시설계를 위한 설계기준 작성(실시설계 별도 발주 시)
  - 지반의 피압수와 지하수에 대한 자료가 있을 경우

- 터널 지반조사 평가
  - 반드시 지반조사, 시추보링, 제반시험 결과 평가
  - 현 위치 암반의 역학적 특성을 파악할 수 있도록 현장시험과 실내역학시험을 병행하여 실시
  - 시험수량과 종목은 (사)한국지반공학회 발행 관련도서(터널)에 따름
  - 각종 계산 시 평가된 정수를 반영

- 터널 평면설계
  - 현황도를 이용하여 설계기준, 시방서, 지침에 따라 가장 합리적인 설계가 되도록 검토
  - 현황도 상에 구조물의 위치, 방수, 배수계획, 환기설비, 지장물 등을 검토하여 설계

- 터널 종단설계
  - 실측 종단도상에 측량, 지반조사 자료를 활용하여 가장 합리적인 종단설계가 되도록 검토
  - 터널의 최소 토피는 터널의 구조적 안전영역의 범위가 확보되도록 결정
  - 종단선형의 구배는 시공 중 용수를 터파기 측구로 자연 유하시키기 위하여 가급적 0.3[%] 이상으로 설계
  - 가능하면 갱구에서 굴진방향으로 상향구배가 되게 설계
  - 곡선구간은 편기량에 따른 확폭을 고려하여 설계
  - 장대터널에서 환기기능을 검토할 때 가급적 한 방향 구배가 되도록 설계

- 터널내공 단면설계
  - 실측 횡단도면 상에 측량과 지반조사 자료를 활용하여 암선에 따른 내공단면을 검토하여 설계
  - 터널의 내공단면적은 설계속도와 전차선 가선, 공동구 등 각종 설비의 배치공간 확보, 보수요원 통로, 대비공간 확보를 고려해야 하며, 발주청과 협의하여 적용할 단면을 결정
  - 터널의 내공단면 계획 시 지형, 지반조건, 토피정도에 따라 단선병렬터널이나 복선터널의 채택여부를 충분히 검토하여 안정성, 시공성, 경제성을 확보

- 단선 병렬의 경우 비상시를 위해 상호 연결통로 설치
- 고속열차가 운행할 경우 공기압이 일정수준 이하가 되도록 검토
- 터널 굴착단면계획은 지보재의 총 두께와 콘크리트라이닝의 두께, 허용편차 등을 고려하되, 구조적으로 유리한 형상을 결정
- 동일 작업구간 내의 터널내공 단면은 가급적 동일한 규격과 형상으로 표준화하여 시공성을 높임
- 터널방수 및 배수설계
  - 방수방식 : 배수형방식과 비배수방식
  - 방수방식은 현장상황과 터널조건을 고려하여 공사의 시공성, 경제성, 유지관리성 등을 종합적으로 검토하여 결정
  - 비배수방식 터널은 터널시공 특성에 부합되는 방수 공법과 방수재료를 선정하여야 하며, 수압을 충분히 지지할 수 있는 콘크리트라이닝을 계획
  - 배수형 방수방식 터널은 원활한 배수계통과 배수 단면을 확보하고, 배수계통 기능 확인과 보수가 용이하도록 설계
- 공법검토
  - 적용공법은 지반조건, 지하수위, 인접구조물과 매설물, 공사기간, 시공성, 안전성, 환경조건을 종합적으로 고려하여 선정
  - 터널단면의 크기, 막장의 자립성, 지반 지지력, 지표면 허용치 등 제반 여건을 고려하여 굴착방법 결정
  - 지반조건과 구조물 영향을 고려하여 지보방법 선정
- 가시설 및 부대시설계획
  - 가시설은 수직환기구나 작업구 설치를 위해 검토
  - 작업구는 설치목적, 기능에 따른 공사비, 터널 본체와 연결성, 시공장비 투입의 원활성 등을 고려
  - 부대시설은 환기구, 대피소, 유지보수시설 등과 조명, 비상용 시설 등이 조합되어 시공성, 유지관리성 고려
- 기 타
  - 장대터널의 환기방식 검토
  - 유지관리시설 검토
  - 방재계획 검토
  - 시공성을 고려한 설계검토
㉠ 입체교차 설계
- 철도와 도로 교차지점은 원칙적으로 입체화
- 도로방향, 지형조건, 구조물위치, 도로 장래계획에 따른 폭과 형식을 검토, 최적의 설계

ⓩ 용・배수 설계
- 기존자료, 현지답사, 수리・수문 조사결과를 활용하여 용・배수계획, 구조물형식, 단면 검토
- 유역면적은 1/25,000 ~ 1/50,000 지형도상에서 산출
- 주요 배수시설물에 대한 강우 강도는 설계조건에 기재
- 본선 횡단배수관의 최소규격 제시
- 배수암거의 유속은 2.5[m/s] 이하가 되도록 하고, 초과 시에는 침식방지시설 설치 요구
- 수로 이설시 수로 저폭은 기존 수로 폭 이상으로 설계에 반영
- 경험에 의한 용・배수 구조물을 설계에 반영하고자 할 경우 설계조건에 기재
ⓚ 공구 분할
- 지역여건, 공사량, 현장관리의 효율성, 주요 구조물, 공사시행 여건 등을 고려
- 적정 공구로 분할 가능
ⓔ 기타 설계 : 구조물 설계시 궤도분야 인터페이스 부분 검토
- 레일 축력(길이방향 힘)에 대한 안전성
- 선로 경합개소
- 레일 신축이음매 부설위치
- 정거장 구내의 분기기 배선 등

(2) 실시설계

① 업무의 범위
- ㉠ 실시설계는 기본설계를 구체화하여 시공업체와 공사계약을 하기 위한 공사계약도서 또는 실제 필요한 설계도서를 작성하는 업무를 말한다.
- ㉡ 실시설계는 기본설계로 결정한 노선, 기본선형, 구조물 위치 및 현식 등에 근거하여 공사계약서 또는 공사에 필요한 상세구조를 설계하고, 경제적이고 합리적으로 공사의 비용을 산정하기 위한 자료를 작성하는 것을 목적으로 한다.

② 조사업무
- ㉠ 현지조사 및 답사 : 전단계의 조사사항을 검토분석하고 시설계획과 연계한 쟁점사항을 도출하여 현지조사 및 답사를 시행하며 기본설계 이후 민원 등 정책 기본방침에 따라 확정된 노선을 재검토할 경우 이에 따른 현지답사 및 조사를 한다.
- ㉡ 수리・수문조사 : 전단계 조사사항을 재검토・분석하고 교량 등 배수구조물에 대하여 수리・수문상 영향성을 종합적으로 검토・확인한다.
- ㉢ 측량 : 전단계 용역에서 이미 수행된 측량자료를 검토하여 측량성과의 활용가능 여부를 검토하여 중심선 및 종・횡단 측량과 길내기 등 본선부속 측량 등의 세부 측량을 실시한다.

  ② 지질 및 지반조사 : 전단계 용역에서 기수행한 조사자료를 검토하고 시설계획과 연계하여 추가로 필요한 시추조사 및 시험 등을 시행하도록 하고 광업권 설정현황과 폐광 및 지하공동 등을 조사하여야 한다.

  ⑩ 지장물, 구조물 조사 : 전단계 과업에서 조사내용을 재검토, 분석하고 추가조사를 시행하고 노선에 위치한 구조물 등 기존 시설물을 조사하여 설계에 반영하여야 한다.

  ⑭ 토취장, 사토장, 재료원 조사 : 지역여건 및 환경영향성을 고려하여 토공분배계획에 의한 토취장 및 사토장 입지를 관계기관과 협의, 선정하고 지역 내의 골재원에 대하여 세부조사한다.

  ⑯ 용지조사 : 편입대상 용지는 별도 시행하는 용지측량 성과를 근거로 소유자 관계인을 조사하여 용지 및 지장물 보상과 인·허가 서류의 기초자료로 활용한다.

③ 계획업무

  ㉠ 전단계 성과검토 : 전단계에서 수행된 성과품을 검토, 분석하여 실시설계에 최대한 활용하며 만일 조정이 필요한 경우 발주청의 승인을 받아 다시 실시하도록 한다.

  ㉡ 주요 구조물 계획 : 전단계 과업에서 제시된 교량, 터널, 입체교차 등 주요 구조물 계획은 검토한 내용을 제반조사업무 내용과 연계 세부 검토하여 보완한다.

  ㉢ 열차운영계획 : 전단계 과업에서 제시된 열차운행계획이 교통량 변화 추이 등으로 수송수요 예측치에 변화요인이 있는지를 검토하고 세부적인 열차운행계획을 수립한다.

  ㉣ 환경 및 교통영향 검토 : 전단계 과업에서 검토한 내용을 교통·환경영향평가 결과와 연계 재검토하여 설계에 반영한다.

  ㉤ 수리·수문검토 : 전단계 과업에서 검토한 내용을 수리·수문검토 결과와 연계 검토, 분석하여 설계에 반영하여야 한다.

  ㉥ 관계기관 협의 : 도로, 하천 통과개소 및 민원예상개소는 세부시설계획을 관계기관과 문서로 협의하여야 한다.

④ 설계업무

  ㉠ 실시설계 단계에서의 설계업무를 상세설계라 말하며 기본설계에서 적용된 설계기준안을 검토하여 발주청과 협의, 확정한다.

  ㉡ 기본설계에서 제시된 토공, 용·배수공, 교량, 터널, 입체교차 등은 철도설계기준(노반 및 철도교편, 국가철도공단)에 의거하여 상세설계를 시행하여야 한다.

⑤ 성과품 작성

실시설계 주요성과품은 실시설계보고서, 지질 및 지반조사보고서, 구조 및 수리계산서, 설계예산서, 설계도면, 공사시방서, 용지도 및 용지도서 등이다.

2. 노선계획

(1) 실시설계

① 노선계획의 의의 및 목적

　　㉠ 양호한 노선계획이란 건설비와 유지관리비(운영비)가 최소화될 수 있고 영업 수익을 극대화할 수 있는 노선계획을 말한다.

　　㉡ 노선계획은 주변의 각종 현황 및 지형, 지질여건상 선로등급에 따라 기술적으로 건설기준에 적합하여야 하며 지역발전계획과 부합하고 목표하는 수송능력을 달성하면서 열차운행효율과 건설비를 최적화하는 것이 노선계획의 기본이다.

② 노선계획 순서

　　㉠ 도상계획(Paper Location) : 1/25,000~1/50,000 지형도상 비교노선 작성, 개략적인 선로종·평면도 작성

　　㉡ 답사(Reconnaissance) : 도상계획 비교노선에 대한 현지답사 및 조사

　　㉢ 예측(Preliminary Surveying) : 1/50,000 선로 종·평면도, 50[m] 간격 선로횡단면도를 작성하여 비교노선의 건설비 분석 및 경제성 평가

　　㉣ 실측(Actual or Full Surveying) : 최종 선정된 노선에 대한 확정측량을 시행하여 1/1,000 선로 종·평면도, 20[m] 간격 선로 횡단면도 작성

도상계획	현지답사 및 조사	비교노선 선정
· 1/25,000~1/50,000 지형도 이용 · 2~3개의 비교노선 선정 · 비교안별 개략 선로종·평면도 작성	· 비교안별 현지현황 및 지장물 조사 · 지역 주민의견 청취	· 현지답사 및 조사결과 반영, 비교노선 조정 검토 · 비교노선 선정

예 측	최적노선 선정	실 측
· 비교노선 예측 · 1/50,000 선로종·평면도 작성 · 비교노선 사업비 분석 및 평가	· 관계기관 협의 및 주민의견 수렴 · 설계 자문회의 개최 의견 수렴 · 최적노선 선정	· 최적노선 확정 측량 · 1/1,000 선로종·평면도 작성 · 상세 시설계획 수립

(2) 노선계획시 고려사항

① 정거장의 위치선정

　　㉠ 지형전후의 선로상황, 운전조건 등의 기술적인 면과 그 지방의 경제, 교통상황을 종합, 고려하여야 함

　　㉡ 정거장의 위치는 가급적 시가지 또는 교통중심지에 계획함

　　㉢ 장래 도시계획상의 확장가능 지역으로 함

ⓔ 화물 등의 적하를 위한 광장 여부도 고려함

　　ⓜ 역간거리는 광역철도 2~3[km], 일반철도 10~15[km], 고속철도 50[km] 정도

② 기울기의 산정

　ⓐ 제한기울기

　　• 균형속도를 유지할 수 있고 기관차의 견인정수를 제한하는 기울기이므로 전구간에 걸쳐 일관된 취지하에 결정하고 수송량과 사용 기관차의 견인력을 고려하여 결정하여야 한다.

　　• 곡선저항 및 터널 내의 공기저항도 고려하여 환산한 환산기울기를 가산한 보정기울기를 제한기울기 결정 시 고려하여야 한다.

　ⓑ 기울기의 변화와 길이

　　• 1개 열차가 3개 이상의 기울기에 걸치는 것은 좋지 않다.

　　• 동일 기울기의 길이는 보통 3[km] 이하, 부득이한 경우 5[km] 정도, 전기차 운전구간 7~10[km](온도상승, 연속정격 속도의 유지, 타력운전 때문임)

　ⓒ 터널 내의 기울기

　　제한기울기(보통 취급기울기라고 생각하면 된다)보다 1[‰] 정도 완만한 기울기로 하여야 하며, 보통 배수, 환기 목적으로 3[‰] 기울기를 둔다.

　ⓓ 교량상의 기울기

　　급기울기는 자제하고 기울기변경점을 두지 말아야 하며, 특히 하향급기울기 중에 기울기변경점은 대단히 불리하다.

③ 곡선의 선정

　ⓐ 곡선은 열차저항을 크게 하고 견인정수를 저하시키며, 차량의 고정축거(고정축간거리)를 제한하여 대형차량의 사용을 제한한다.

　ⓑ 운전속도를 제약하는 근본 원인이므로 유념한다.

　ⓒ 곡선 중에 장대교량, 터널, 사각교량은 가급적 계획하지 않는다.

　ⓓ 건설비와 운전비를 비교·검토하여 곡선반경을 선정한다.

④ 선로중심선(노선) 및 시공기면 높이

　ⓐ 가급적 직선으로 계획한다(불가피한 지장물 검토 필요).

　ⓑ 장래 보수가 곤란한 곳은 피한다(습지, 음지, 홍수범람지역).

　ⓒ 터널은 가급적 짧게 하고 지질이 양호한 곳을 택한다.

　ⓓ 환경조건에 대하여 충분히 검토한다.

　ⓜ 하천 횡단 시에는 유수저해 및 기초세굴 우려 개소는 피한다.

　ⓗ 도로, 농로 등에 대하여는 입체화한다.

　ⓢ 하천횡단의 경우 교량은 계획홍수위 1[m] 이상(장대교량 및 기타 특수한 곳은 1.5[m] 이상)의 형하공간 확보 필요

　ⓞ 정거장에서는 도로 연결이 용이해야 한다.

　ⓩ 광장은 역사에서 광장도로 쪽으로 2[‰] 이상의 기울기를 둔다.

        ⓧ 깎기와 돋기의 토공량은 균형을 이루게 하여야 한다.

  ⑤ 교량의 경간(기둥 사이 거리)비

    교량부 구조의 비용은 경간길이의 제곱에 비례하므로 상부구조와 하부구조의 비용을 종합적으로 검토하여 최소의 공사비가 될 수 있도록 하면서 형하공간도 고려해야 한다.

  ⑥ 터널위치 및 단면

      ㉠ 편토압을 받을 우려가 있는 산허리, 단층지대, 애추지대 등은 피한다.

      ㉡ 지질이 양호하면 복선터널, 불량하면 단선터널이 유리하다.

      ㉢ 5[km] 이상의 장대터널은 단선병렬을 원칙으로 한다.

3. 정거장계획

(1) 기본방향

정거장은 철도수송의 기지로서 건설에 많은 투자비가 소요되므로 수송량과 수송형태에 따라 합리적으로 위치와 설비규모를 결정하여야 하며 정거장 계획 시에는 다음 사항을 기본방향으로 한다.

  ① 시설규모 결정 : 열차운행·계획에 부합되도록 시설규모 적용

  ② 선형조건 : 가능한 수평, 직선으로 계획하고 정거장 전후 인접부 선형도 장래확장을 대비 급곡선 및 급기울기를 피할 것

  ③ 역간거리 : 광역철도 2~3[km], 일반철도 10~15[km], 고속철도 30~40[km]

  ④ 접근동선 및 연계교통 : 간선도로와 근접 접근동선 확보 및 타 교통수단과 연계성 확보

  ⑤ 도시개발계획 연계 : 역세권 확보 및 도시발전 도모

  ⑥ 정거장 전후 기울기 : 정거장 전방기울기(상향), 후방기울기(하향)

  ⑦ 토지이용조건 : 토지수용이 용이하고 토공량 및 구조물 시공량이 적은 곳

  ⑧ 여객취급설비 : 접근동선이 단순명쾌하고 이용편의 제공

  ⑨ 교통·환경 : 교통·환경영향평가 결과 반영

(2) 배선계획

  ① 정거장 종류와 배선형식

    정거장의 사명과 역할은 그 주변지역의 현황, 지세 등의 영향을 많이 받지만 선구에서의 역할도 분담하고 있기 때문에 선구에서 정거장의 위치도 많은 영향을 받으며 정거장 배선계획의 좋고 나쁨은 철도운영 효율을 좌우하는 중요한 요소이다.

(3) 배선계획의 고려사항

  ① 구내전반에 걸쳐 투시를 좋게 한다.

  ② 구내배선은 직선을 이상으로 한다.

③ 구내전체를 균형된 배선으로 한다.

④ 구내작업이 서로 경합됨이 없이 효율적인 입환작업을 할 수 있는 배선으로 한다.

⑤ 선로의 사용방법을 단순화한다.

⑥ 본선상에 설치하는 선로전환기의 수는 될 수 있는 한 적게 한다.

⑦ 구내의 선로전환기는 산재하지 말고 될 수 있는 한 집중적으로 설치한다.

⑧ 소요선 간의 확보는 합리적으로 한다.

⑨ 사고 시 대응할 배선도 고려한다.

⑩ 장래확장이 예상되는 경우, 그 여지를 고려한 배선으로 한다.

⑪ 구내에 배치하는 선로전환기의 크기(번수)는 그 선로전환기를 통과하는 열차속도를 고려하여 결정한다.

⑫ 종착역이거나 청원선이 분기되는 거점역에는 기관차 회차를 고려한 인상선 설치 방안을 검토한다.

⑬ 중간종착역 및 거점역에 설치하는 유치선은 차량 유치뿐만 아니라 간단한 경정비를 할 수 있도록 선로중심 간격을 최소 6.5[m] 이격되도록 배치한다(예 : 진주정거장).

⑭ 장비유치선은 유지보수용 자재 적재 및 하화, 유지보수요원 동선 등을 고려하여 운영시설(전기, 궤도)이 있는 쪽에 근접 배치하는 것이 바람직하다.

4. 시설계획

(1) 토 공

① 토공노반의 구성 및 역할

㉠ 토공노반의 구분

토공노반은 땅깎기, 원지반 및 흙쌓기 노반으로 구분하고 흙쌓기 노반은 상부 노반과 하부 노반으로 구분한다. 상부 노반은 시공기면에서 1.5[m] 깊이에 있는 흙쌓기 노반이며 하부 노반은 상부 노반 아랫부분부터 원지반까지의 흙쌓기 노반으로 구분한다.

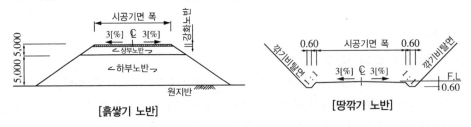

[흙쌓기 노반]   [땅깎기 노반]

㉡ 토공노반 폭 및 시공기면의 횡단기울기

시공기면 폭은 열차하중의 분선범위, 노반의 차수성, 시공기면의 배수성, 시공성 등을 고려하여 철도건설규칙에 따라 계획하고 시공기면 횡단면 기울기는 3[‰] 정도의 배수기울기로 한다.

ⓒ 토공노반의 부대설비

토공노반에는 전기, 신호, 통신케이블 설치를 위한 공동관로 및 전철주 기초 설치를 고려하여 시설계획을 수립하여야 하며, 부대설비 설치에 따른 노반강성의 변화를 최소화하도록 설계한다.

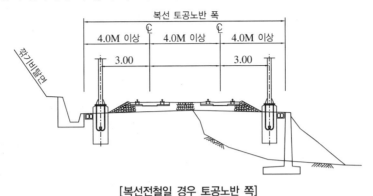

[복선전철일 경우 토공노반 쪽]

ⓓ 토공노반 배수공

노반 및 비탈면의 표면수, 지하수를 배제하기 위해 선로측구를 설치하고 필요에 따라 지하 배수공을 설치토록 하며 노반배수공은 현장여건 및 지반조건에 따라 노반배수공을 다음과 같이 구분하여 설계한다.

[배수공의 구분 및 설치개소]

목 적	형 상	명 칭	설치개소
노반 및 땅깎기 비탈면의 표면수 배수	배수구	선로측구	전구간 본선수로 및 지축수로
		선로 간 배수구	① 복선 이상의 구간
			② 복선 이상에서 시공기면에 단차가 있는 구간
			③ 노반표면의 횡단구배가 오목하게 되는 구간
	배수관	선로횡단 배수공	① 구배구간에 설치된 구조물 상방향의 개소
			② 선로 간 배수구와 선로측구 연결개소
			③ 긴 절취구간의 흙쌓기, 땅깎기부 경계
지하수의 배수	배수층	지하배수공	선로측구 및 선로 간 배수구 하부
			노반 아래 전체 폭

ⓔ 비탈면의 기울기 및 보호공

땅깎기 및 흙쌓기 비탈면의 기울기는 철도설계기준(노반편)을 기준으로 지반조사 결과에 의한 지반물 설치를 반영하여 사면안정이 확보되도록 비탈면 기울기를 결정하여야 하며 현장여건에 부합되는 비탈면 보호공 및 보강공을 설계한다.

ⓕ 본선부속공

본선부속은 본선수로 및 지축수로, 배수시설, 옹벽, 방음벽, 길내기, 개천내기, 울타리 등으로 구분하여 설계한다.

ⓐ 구교 및 배수시설

구교(경간 5.0[m] 미만) 및 배수시설은 사용목적과 현장조건에 적합한 구조형식 및 시공방법, 유지관리 등을 고려하여 설계하여야 하며, 설계빈도는 선로횡단암거 25년(도심지, 주요시설 인접구간 등은 50년), 선로측구 10년, 노반 비탈면 배수시설 10년, 선로인접지 배수시설 10년을 빈도년의 기준으로 한다.

ⓞ 구조물 접속부

토공노반이 선로횡단 지하구조물, 교량, 터널과 접하는 개소는 노반강성의 변화로 인한 부등침하 등으로 궤도틀림 변위량이 증가하는 취약개소임을 고려하여 철도설계기준(노반편) 구조물 접속부 처리기준을 적용하여 설계한다.

(2) 교 량

① 철도교의 기본구조

교량의 기본 구조는 상부구조, 하부구조, 기초로 구성되어 있다.

㉠ 상부구조(Superstructure)

- 열차나 궤도 등의 하중을 지지하는 상판, 주구 또는 주형 등에 의하여 통로를 형성하며 상부구조를 직접 지지하는 것을 받침이라 한다.
- 받침에는 고정받침(Rigid Support)과 보(Girder)의 신축기능을 가진 가동받침(Movable-Support)이 있고, 상부구조의 온도 변화나 탄성변화에 대하여 지장이 없도록 기울기 구간에서는 기울기가 높은 쪽에 가동받침을 둔다.
- 가동받침에는 강제 롤러식 혹은 마찰계수가 적은 합성수지 재료의 미끄럼판식 등이 적용된다.

㉡ 하부구조(Infrastructure)

- 상부구조를 지지하는 교각(Bridge Pier, 교량의 중간부에 있다), 교대(Bridge Stand, 교량의 양단부에 있다) 등을 말한다.
- 교대는 연결부분 성토의 토압(Earth Pressure) 등을 받는 것이 교각과 다르다.
- 교각·교대는 철근 콘크리트제가 원칙이며 위로부터의 하중 외에 지진(Earthquake) 등에 의한 수평방향의 하중을 상정하여 설계된다.

㉢ 기초(Foundation)

- 하부 구조로부터의 힘을 대지로 전달함과 동시에 교량을 고정하는 것이다.
- 가교 지점이 단단한 암반이든지 얕은 암반인 경우는 기초 공사가 간단하게 끝나지만(직접기초), 암반이 깊은 경우나 연약지반(Soft Bed)에서는 콘크리트·강의 말뚝을 박든지(말뚝기초), 철근 콘크리트제의 상자를 지반 내에 침하시키는(케이슨 기초, Caisson Base) 등 대규모의 기초공사를 필요로 한다.

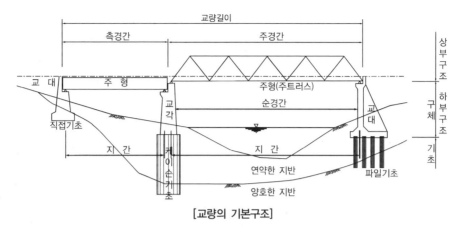

[교량의 기본구조]

② 철도교의 계획

㉠ 표준활하중

철도교의 부담력은 표준활하중과 설계속도로 주행할 수 있는 것을 표준으로 한다.

[선로의 등급 및 표준활하중]

선로등급	표준활하중	설계속도[km/h]
고속선	HL-25	350
1급선	LS-22	200
2급선	LS-22	150
3급선	LS-22	120
4급선	LS-22	70

㉡ 조 사

철도교량의 합리적이고 경제적인 설계와 시공을 위해서는 교량설치 예정지역의 현황, 구조물의 규모 등에 따라 필요한 조사를 하여야 한다. 조사가 불충분하면 설계가 부실해지고 시공단계에서 심각한 문제가 발생될 수도 있기 때문에 시공단계별로 필요한 조사를 충분히 실시하는 것이 중요하다.

㉢ 가설위치와 형식 선정

교량의 형식을 선정할 때도 지형, 지질, 기상, 교차물 등의 외부적 제조건이나, 시공성, 유지관리, 경제성 및 환경과의 미적인 조화를 고려하여 가설위치 및 교량의 형식을 선정하여야 한다. 철도교 량에 일반적으로 상용적용하는 구조형식별 지간장은 PSC빔교 25[m], PF빔교 30~35[m], IPC빔 교 30[m], PSC박스거더교 40~45[m], 강합성교 40~50[m] 정도이다.

㉣ 교차조건과의 관계

교량의 계획단계에서는 교량가설 예정지점의 관할기관과 충분히 협의하여야 하고, 특히 다음의 여러 입지조건을 고려하여야 한다.

• 하천에 가교(架橋)하는 경우 : 가교위치, 교장과 교대의 위치 결정에는 하천의 형상과 개수(改 修) 계획, 지간장, 다리밑 공간, 교각형상의 결정에는 계획홍수위, 계획홍수량, 항운조건, 인접 구조물, 기초상단의 높이 결정에는 개수계획, 세굴상태 등

- 해협이나 운하에 가교하는 경우 : 지간장과 다리밑 공간의 결정에는 항로통과 선박의 크기 등
- 도로나 철도 위에 가교하는 경우 : 교장, 지간장, 다리밑 공간, 교각의 위치와 형상 등의 결정에는 도로나 철도의 폭원 구성, 건축한계, 시거, 교대, 교각 및 기초의 위치와 형상의 결정에는 지하매설물, 지하구조물 등

③ 철도교의 설계
 ⑦ 설계의 원칙
  - 구조물이 받는 하중, 온도변화, 지진의 영향, 기상작용, 지반의 지지력 등에 대응할 수 있도록 해야 한다. 그리고 구조물의 중요도, 시공 검사 및 유지관리, 환경조건, 미관 등을 고려해서 교량의 형식, 사용하는 재료 및 허용응력, 구조세목 등을 정하여 교량을 설계하여야 한다.
  - 철도교량의 설계에 있어서는 일반적으로 교량 및 부재의 강도, 안정, 변형, 내구성 등에 대하여 검토하여야 한다.

중요 CHECK

내진설계
① 지진의 영향으로 과대한 변형, 비틀림, 응력집중 등이 생기지 않는 구조로 한다.
② 교량 전체의 붕괴를 방지하기 위해 구조상 소성힌지가 생기는 부분에는 급격한 파괴가 생기지 않도록 인성을 갖게 해야 한다.
③ 일반적인 내진계산은 교량의 직교 2방향에 대하여 각각 독립적으로 지진의 영향을 고려해서 계산하고 있으나, 실제의 지진 진동은 수평 2방향과 연직방향의 3개 성분이 합성된 것이므로 구조물에 수평비틀림이 생기지 않도록 구조물의 강성의 중심과 질량의 중심이 가급적 일치되는 구조형식으로 하여야 한다.

---

 ⑥ 설계계산
  - 강철도교는 허용응력설계법에 따른다.
  - 콘크리트 철도교 구조물의 설계는 강도설계법으로 하는 것을 원칙으로 하되 허용응력설계법을 적용할 수 있다.
  - 구조물의 안정성 검토에서는 일반적으로 받침면, 기초저면 등에서의 전도, 그리고 지반 및 말뚝 등의 수평 및 연직지지 등에 대한 안전도가 충분히 확보되도록 한다.
  - 구조물의 변형은 일반적으로 열차의 주행안정성을 고려한 허용변위량 이내라야 한다.
  - 철도교량에 요구되는 공용기간과 환경조건에 대한 교량의 내구성능을 고려해서 설계 내용 기간(耐用期間)을 정하는 것이 원칙이다. 교량의 안전성을 고려하는 경우 설계 내용기간을 설정할 필요가 있으며 교량의 내용기간과 구조물의 내구성능을 고려하여 설계 내용기간을 정하도록 한다.

구조형식	장 점	단 점
콘크리트교	• 최적의 형식을 선택하면 경제적인 설계/시공이 가능하다. • 내구성이 크다. • 열차주행에 의한 소음이 적다.	• 중량이 크게 되므로 하부구조에 부담이 크다. • 현장시공의 경우에 공기가 길다. • 콘크리트의 시공관리가 중요하다.
강 교	• 구조상 신뢰성이 높고 짧은 지간에서 긴 지간까지 경제적인 설계/시공이 가능하다. • 중량이 작으므로 하부구조에 부담이 작다. • 가설·교체를 짧은 시간에 용이하게 할 수 있다.	• 도장에 의한 유지관리를 필요로 하는 경우가 많다. • 도시 내 등에서는 열차주행에 의한 소음·진동 대책이 필요하다.
강과 콘크리트 합성교	• 큰 지간이라도 상부공의 자중을 작게 할 수 있다. • 가도교 등에서는 교차도로의 교통을 저해하는 일 없이 짧은 공기로 공사 가능하다. • 열차주행에 의한 소음이 비교적 적다.	• 강과 콘크리트의 양쪽 시공관리를 해야 한다. • 도장에 의한 유지관리를 필요로 하는 경우가 많다.
H형강 매립형	• 거더 높이를 작게 할 수 있다. • 가도교 등에서는 교차도로의 교통을 저해하는 일 없이 짧은 공기로 공사 가능하다. • 열차주행에 의한 소음이 비교적 적다. • 도장 면적이 적다.	• 공사비가 다른 구조에 비교하여 약간 높다. • 강과 콘크리트의 양쪽 시공관리를 해야 한다.

④ 건축한계 및 다리밑 공간

㉠ 건축한계

건축한계는 차량한계 내의 차량이 안전하게 운행될 수 있도록 궤도상의 일정공간을 확보하는 것으로서 어떠한 시설물도 이 한계 내에 들어오는 것이 허용되지 않는다. 곡선구간의 건축한계는 철도건설규칙에 의거 확대 적용하여야 한다.

㉡ 다리밑 공간

교량계획시 조사한 계획홍수위가 주거더(상판) 밑에 있도록 계획하여야 하며 선박의 운항이 없는 하천의 경우 계획홍수량에 따른 다리밑 공간은 다음을 기준으로 한다.

계획홍수량[m³/s]	다리밑 공간[m]
100 이하	0.6 이상
100 ~ 300	1.0 이상
300 ~ 2,000	1.2 이상
2,000 ~ 6,000	1.5 이상
6,000 이상	2.0 이상

※ 다리밑 공간은 하천홍수위로부터 교량받침 하단부까지의 거리로 고려해야 한다.

(3) 터 널

① 터널계획

㉠ 터널계획은 지역여건, 지형상태, 토지이용, 현황 및 장래전망, 지반조건 등 사전조사 성과를 기초로 하여 계획한다.

㉡ 터널계획은 철도터널의 건설 목적 및 기능의 적합성, 공사의 안전성 및 시공성, 공법의 적용성을 우선하여 수립하며 건설비 및 유지관리비 등 경제성을 고려하여 계획한다.

ⓒ 터널계획은 공사 중은 물론 유지관리 시 주변환경에 유해한 영향을 미치지 않도록 하고 환경보전에 대해서도 검토한다.

ⓔ 터널의 내공단면의 크기는 단선터널과 복선터널 또는 대단면터널로 구분하고 터널의 기능과 목적에 따라 계획한다.

ⓜ 터널계획은 터널 길이에 따라 1,000[m] 미만은 짧은 터널, 1,000 ~ 5,000[m]는 장대 터널, 5,000[m] 이상은 초장대 터널로 구분하여 계획한다.

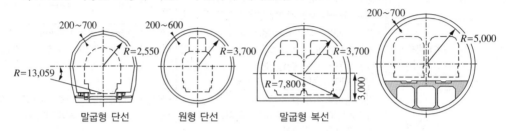

[철도터널의 단면형상]

② 터널설계의 기본방향

㉠ 단선터널, 복선터널, 대단면터널 등으로 구분 후 장래 전철화를 고려하여 설계한다.

㉡ 터널의 총연장을 고려하여 그 기능과 목적 및 승객의 안전에 적합하도록 설계한다.

㉢ 터널설계는 조사결과를 토대로 안전성, 시공성, 경제성과 내구성이 확보되고 유지관리가 편리한 시설이 되도록 하되 실제 시공 시의 조건이 설계 당시에 예측한 조건과 상이하게 되는 경우의 변경방법 및 조치사항 등을 포함하여야 한다. 이를 위하여 설계 시에 적용한 모든 적용자료와 분석 및 예측사항을 명확하게 제시하여야 한다.

㉣ 터널설계는 터널주변 원지반이 보유하고 있는 지보능력을 최대한 활용할 수 있도록 단면형상, 굴착공법 및 방법, 지보재 및 시공순서 등을 선정한다.

㉤ 환기, 조명, 방재시설 등의 제반설비 사항도 고려하고 이들의 역할이 잘 발휘되도록 한다.

㉥ 터널굴착 시 원지반의 손상이나 여굴 발생이 최소화되도록 설계하며 원지반의 손상이나 여굴 발생 시 그 처리방안도 설계한다.

㉦ 터널시공이 터널 주위에 미치는 영향에 대해서 분석하고 필요시 합리적인 대책을 강구한다.

③ 설계방법의 선정

㉠ 설계방법 선정은 지반의 거동특성과 지보재의 지보력이 상호 연합하여 일체가 되도록 거동하여 터널의 안전성이 영구적으로 유지될 수 있는 방법을 선정한다.

㉡ 지반의 거동특성상 지반의 지보능력 활용이 불가능할 경우에는 지반보강을 시행하거나 지보재가 지반하중을 모두 지지하도록 하는 설계방법을 채택한다.

㉢ 지반조사 자료에 따라 지반등급을 분류하고 해당 지반등급에 적용할 표준적인 지보패턴과 굴착방법을 선정한다. 이 경우 유사지반조건의 시공실적 또는 RMR 방법 및 Q-시스템에서 제안한 지보패턴을 참조하여 지보패턴을 정할 수 있다.

㉣ Q-시스템에서 제안한 방법을 사용하여 섬유보강이 없는 일반 숏크리트의 두께를 정하고자 할 경우에는 섬유보강 유무에 따른 숏크리트의 특성을 고려하여 그 두께를 결정한다.

④ 설계의 주요내용

　　㉠ 평면 및 종단선형

　　㉡ 굴착 대상지반의 분석 및 분류

　　㉢ 터널단면의 형상

　　㉣ 굴착공법 및 굴착방법

　　㉤ 각종 지보재의 규격 및 시공순서

　　㉥ 필요한 보조공법

　　㉦ 방수 및 배수방법

　　㉧ 콘크리트 라이닝의 시공

　　㉨ 계측계획 및 수행방법

　　㉩ 환기, 방재 등을 비롯한 각종 부대시설

　　㉪ 터널시공에 따른 환경영향분석

　　㉫ 공사시방서

5. 설계 시 고려사항

(1) 토공(옹벽)

① 하천제외지 성토 시 철도성토 노반이 하천제반 기능도 공유할 경우에는 하천 설계기준에 의한 제방기울기 1 : 2 적용 및 배수블랭킷 설치를 검토한다.

② 본선수로콘크리트 배면의 뒷채움 재료는 막돌로 채울 경우, 공사비가 많이 소요되므로 터널에서 발생하는 버력 등을 병행 사용한다.

③ 옹벽에서 흙과 접하지 않는 노출면의 온도철근(수평방향철근)은 수직철근의 외측으로 배근(철근 배치)하여야 온도철근의 역할을 수행할 수 있으므로 주의를 요한다.

④ 본선수로 및 비탈수로와 기존 수로(하천)와의 연결 방안에 대한 세부 검토가 필요하다.

⑤ 토취장 및 사토장에 여러 개소를 비교 검토하여 토지소유자 및 해당 지자체와 사전 협의한다.

⑥ 골재원 운반거리는 포장여부 및 도로상태 등 운반단가에 대한 조건을 특별시방서에 명기한다.

⑦ 문화재 시·발굴 조사비는 공사비 내역에 반영 및 시행절차 등 특별시방서에 명기한다.

(2) 통로 및 수로암거

① 수로암거와 같이 지간이 짧은 구조물에 작용하는 활하중은 L-하중과 S-하중을 비교 검토 후 불리한 하중을 재하하여야 하므로 이에 대한 검토가 필요하다.

② 통로 암거 등 복토가 없는 경우의 활하중 분포폭은 단선 재하시가 불리한 경우가 있으므로 이에 대한 세부 검토를 하여야 한다.

　　㉠ 복토 높이가 0.5[m] 이하인 경우 단선활하중 재하

　　㉡ 복토 높이가 0.5[m] 이상인 경우 복선활하중 재하

③ 배수구조물 유입·유출부의 세굴검토 및 방지대책을 검토하여야 한다.

④ 암거 날개벽 설치방향은 현지 지형여건에 맞도록 설치각도를 조정하여야 한다.

⑤ 수로BOX 등 암거는 장래 유지보수 등을 고려하여 최소규격 1.5[m]×1.5[m] 이상으로 계획한다.

(3) 교 량

① 도로, 하천 교차부의 철도시공기면 높이(F.L)가 철도종단선형 높이를 결정하는 주요 요소임을 고려하여 교량설계 시 적정구조형식 검토에 의한 시공기면 높이가 최소화될 수 있도록 한다.

② 교량기초가 직접기초일 경우, 시공 시 기초설치 표고가 설계도와 상이할 경우에 대한 대책 및 설계변경 관련사항을 일반도 혹은 시방서에 기재되도록 한다.

③ 동일교량에서 교량 형식이 상이하게 접속되는 부분의 교축보도는 평면 및 종단상으로 단차가 있으므로 이에 대한 처리방안을 강구하여야 한다.

④ 트러스 수직재와 중간 수검재의 규격이 클 경우 운반 시 문제가 있으므로 운반을 고려한 규격을 세부 검토하여야 한다.

⑤ 단선교량에서 교축보도는 열차운행횟수, 경제성, 지형여건 등을 고려하여 편측 설치 또는 양측 설치에 대하여 검토한다.

⑥ 기초지반의 상대적인 연약토층으로 인한 치환용 Mass 콘크리트는 기초 저면의 상재하중을 지지층까지 전달하는 역할을 수행하여야 하므로 일정한 강도확보가 될 수 있도록 한다.

⑦ 교량상에 설치하는 전철주의 위치는 교각부 설치와 슬래브 설치 방안을 교량구조 형식과 연계 검토한다.

⑧ 교량 상부구조 계산 시 탈선하중에 대하여도 검토한다.

⑨ 교량받침의 용량은 지점반력에 근거하여 산정하고 경제적이고 유지관리에 효과적인 교량받침의 선정이 필요하다.

⑩ 연약지반상에 부득이 설치하는 교대의 경우, 측방유동 및 안정성에 대한 세밀한 검토가 필요하다.

⑪ 장대교량의 경우 상부구조 형식 검토에 있어 경제성만을 우선시하여 빔구조(PC, IPC)로 단순하게 계획하는 경향이 있는데, LCC개념으로 분석할 경우에는 1[km] 이상의 교량에서는 PC BOX도 경제성 면에서 경쟁력이 있으므로 적극 검토가 필요하다.

(4) 터 널

① 터널 갱구부는 갱내배수, 비탈면배수, 본선수로 콘크리트와 상호연계하여 원활한 배수계통이 확보되도록 한다.

② 터널상부에 도로가 있을 경우에는 공사 중 터널굴착 시 상부도로에 미치는 영향을 분석하고 이에 대한 대책을 수립하여야 한다.

③ 터널 갱구부와 개착터널 구간의 경우 되메우기 시공 시 지형상 편토압이 크게 발생될 우려가 있는 경우에는 대형토공장비의 재하에 대한 검토와 균형시공에 대한 시방규정의 검토가 필요하다.

④ 터널연장이 긴 구간에서 터널 단면 계획 시 직선과 곡선을 분리하여 적용하는 것이 바람직하므로 시공성, 경제성 측면에서 검토가 필요하다.

⑤ 개착터널과 NATM터널 연결부에서 중앙부 유공관 배수관망이 단절되지 않도록 개착식터널 하부 및 갱구부 옥외 집수정과 배수관망이 연결되도록 검토한다.

⑥ 장대터널 시·종점부에는 유지보수 및 방재 등을 고려하여 갱구부 앞에는 방재구난지역을 설치하고 기존 도로와 연계될 수 있도록 검토한다.

⑦ 터널 산마루측구가 계곡에 근접하여 위치할 경우 강우시 갱구부로 계곡우수의 유입이 우려되므로 산마루측구 단면보다는 본선수로 단면을 확대하는 방안으로 검토한다.

⑧ 터널중간의 개착식터널 구간은 대부분 지형상 계곡부이고 복토가 얕으므로 부력에 의한 안정성 검토 및 복토 후 주변 배수처리계획을 수립한다.

⑨ 터널공사 중 환기는 분진, 매연과 중장비 가동에 의해 발생되는 CO, NOx 등 유해가스 기준농도(외국의 경우, CO : 50[ppm], NOx : 25[ppm]) 이하가 되도록 환기용량을 검토하여야 한다.

제3절 철도의 시공

1. 시공일반

(1) 시공계획의 주요사항

① 시공법의 선정과 관리

예비조사를 바탕으로 현장여건에 부합하는 시공법을 선정하도록 하고, 숙련된 시공전문가를 투입하여 면밀한 시공이 수행될 수 있도록 하며, 특정의 전문분야는 관련 연구기관을 활용한다.

② 공정계획

공정계획은 현장의 상황, 계절, 기상, 재료 및 노무의 공급예상, 기계선정 등을 고려한 후 수립하고 도식화하여 공정표로 작성한다.

③ 장비투입계획

전공사에 필요한 투입장비의 종류, 용량별 소요대수 등을 명확히 파악하여 계획을 수립해야 한다. 그리고 투입장비 선정 시에는 다음 사항을 고려해야 한다.

㉠ 공사의 조건과 투입장비 종류 및 용량의 적합성

㉡ 투입장비의 합리적 조합

㉢ 투입장비의 경제성

④ 자재투입계획

인원투입계획은 공정계획에 기본을 두고 소요되는 모든 인원의 변화는 월마다 또는 일마다 명확히 하여 이것에 관련되는 모든 준비를 하는 것이다.

(2) 환경대책의 수립

① 화학오염 물질의 분석과 제거

오염물질과 오염지역의 농도를 파악한 후 오염물질을 검출하여 대체방안을 수립한다.

② 전과정 평가기법 개발

원료, 제조, 사용 및 처리 등 제품의 전과정에 관련된 소모되고 배출되는 에너지 및 물질의 양을 정량화하여 환경개선 방안을 모색한다.

③ 재활용

사용된 재료를 반복적으로 수거·가공하여 재활용하고 고분자 재활용기술을 개발한다.

④ 기타방법

환경친화적 재료 사용, 에너지 절약, 소음 및 진동대책 강구, 환경관리 시스템 도입 등이 있다.

2. 토공사

(1) 공사준비

① 측량 및 규준틀 설치

㉠ 선로중심을 기준으로 선로 종·횡단측량을 하고 반드시 용지경계를 확인한다.

㉡ 규준틀의 간격은 20[m]를 표준으로 하며 곡선반경이 300[m] 이하이거나 지형이 복잡한 장소에서는 10[m]를 표준으로 한다.

② 사전조사

㉠ 현장답사에 의해 토공사 구간의 위치확인, 지형지물, 지장물 등의 조사, 길내기 및 개천내기 등과 사토장, 토취장의 위치, 연약지반 등에 대해 조사한다.

㉡ 인허가 절차에 따른 발생민원의 최소화를 도모한다.

③ 시공계획

현장조건에 적합하고 공사기간 내에 경제적이고 안전하게 시공할 수 있는 토공사 시공계획서를 작성한다.

④ 준비배수

원지반 고인 물 제거와 시공 중 발생하는 배수에 대하여 민원이 없도록 조치하여야 한다.

⑤ 나무베기와 뿌리뽑기

㉠ 땅깎기 또는 흙쌓기 시공에 앞서 땅깎기 비탈면 어깨나 흙쌓기 비탈면의 끝에서 1[m] 떨어진 선 이내의 폭에서 시행하고, 원지반면의 표토를 100[mm] 제거하는 것도 병행하도록 한다.

    ⓛ 흙쌓기 높이가 1.5[m] 이상일 경우는 수목이나 그루터기의 높이가 지표면에서 150[mm] 이하가 되도록 하고 흙쌓기 높이가 1.5[m] 미만일 경우는 지표면 이하 200[mm]까지 모두 제거해야 한다.

⑥ 구조물 및 지장물 제거

    ㉠ 공사범위 내에 있는 각종 시설물과 공사에 장애가 되는 지장물 등은 처리계획을 수립하여 제거해야 한다.

    ⓛ 구조물의 하부구조는 유수부에서는 하상면까지 제거하고 지표면에서는 최소 300[mm] 깊이까지 제거하여야 한다.

⑦ 원지반 안정처리

    ㉠ 본바닥 및 땅깎기한 원지반은 상부노반으로서의 지반조건을 만족해야 한다.

    ⓛ 상부노반으로서 부족할 때에는 다시 다지거나 석회 또는 시멘트 안정처리 공법, 치환공법, 기타 개량공법 등으로 원지반을 개량하여야 한다.

(2) 땅깎기

① 땅깎기 지층 분류

    ㉠ 토사 : 불도저로 작업하는 흙, 모래, 자갈 및 호박돌이 섞인 지층

    ⓛ 리핑암 : 불도저에 장착된 유압식 리퍼로 쉽게 작업할 수 있을 만큼 풍화가 진행된 지층

    ⓒ 발파암 : 발파를 사용하는 것이 가장 적절한 지층

② 암깎기 발파의 종류

    ㉠ 브레이커 및 무진동 파쇄공법

    ⓛ 선균열공법

    ⓒ 미진동 발파공법

③ 불량토 제거

    흙쌓기에 부적합한 재료인 유기점토, 이토 등 압축성 및 팽창성이 큰 성질을 갖고 있는 재료는 제거하여 사토 처리하여야 한다.

④ 사토 및 잔토처리

    사토 및 잔토는 설계도서에서 지정된 장소에 처리토록 하고, 사토로 인한 환경대책 등 충분한 방재대책을 수립하여야 한다.

⑤ 여 굴

    설계도서에 명시된 범위를 초과하여 땅깎기를 하였을 경우 승인된 재료로 되메우기 하고 다짐 등 보강조치를 취하여야 한다.

⑥ 토취장

    ㉠ 토취장은 배수가 원활하도록 배수시설을 설치해야 하며 주변지형과 조화를 이루도록 균일한 단면과 기울기로 땅깎기를 하여야 한다.

    ⓛ 토취장에는 반드시 침사지 및 차량세륜대를 설치기준에 따라 설치하여야 한다.

(3) 흙쌓기

① **경사지 흙쌓기(층따기)**

원지반의 기울기가 1 : 4보다 급할 경우는 규정된 표준치수의 층따기를 둔다.

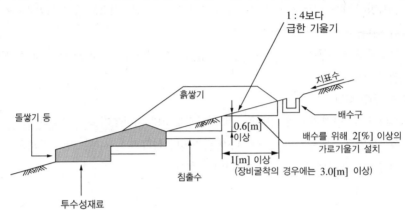

[경사지 흙쌓기의 경우 실시되는 층따기]

② **땅깎기와 흙쌓기의 접속부**

접속되는 경계부는 지지력이 불연속적이고 불균등하며 침투수가 집중되어 흙쌓기 부분이 약화되어 침하되기 쉽다. 이런 변형에 대처하기 위해 횡방향, 종방향으로 치환, 층따기, 다짐 등 조치를 취하여야 한다.

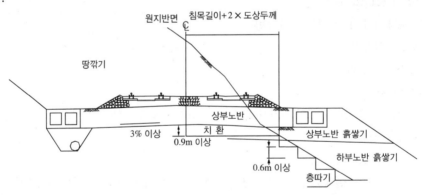

[시공기면이 땅깎기와 흙쌓기에 모두 해당되는 경우]

③ **흙깔기**

상부 노반 및 하부 노반의 한 층 두께는 300[mm]를 초과하지 않도록 한다.

④ **사토 및 잔토처리**

땅깎기 발생토량과 흙쌓기 부적합 재료, 유용하고 남은 재료는 승인된 장소에 사토하나 암사토의 경우는 외부 반출 시 감독자의 승인을 받아야 한다.

(4) 흙다지기

다지기 공사는 상부노반 및 하부노반을 로드 롤러, 타이어 롤러, 진동 롤러, 진동컴팩트 등의 다지기 장비를 사용하여 규정된 재료 및 다지기 요구조건을 만족하도록 하여야 한다.

① 1종 다지기 : KS F 2312(흙의 실내 다짐 시험 방법)의 A방법에 의한 최대건조밀도의 95[%] 다지기 정도로 상부 노반 다지기에 적용한다.

② 2종 다지기 : KS F 2312(흙의 실내 다짐 시험 방법)의 A방법에 의한 최대건조밀도의 90[%] 다지기 정도로 하부 노반 다지기에 적용한다.

(5) 비탈면 보호공

비탈면에는 침식방지, 표층토의 강화, 암석의 풍화방지 등을 위하여 비탈면 보호공사를 하여야 하며 땅깎기에 의해 이루어진 비탈면은 흙비탈면과 암비탈면으로 나누어 보호공사를 검토해야 한다.

① **식생공사** : 떼붙임, 씨앗 뿜어붙이기

② **돌붙임공사** : 식재, 잡석

③ **숏크리트공사** : 물시멘트비 45[%] 이하, 포틀랜드 시멘트 사용

④ **돌쌓기 또는 블록쌓기 공사** : 호박돌 및 활석

⑤ **낙석방지공사** : 장래 녹이 발생되지 않는 재료 사용

(6) 구조물 접속부

① 토공사가 교량이나 구교, 암거 등과 접하는 부분은 노반의 강성이 변화하는 구간으로 부등침하 우려가 있으므로 시공 시 별도의 접속부를 설치토록 한다.

② 보조도상의 재료는 부순돌, 자갈, 모래 및 기타 승인을 얻은 재료 또는 이들의 혼합물로서, 점토 덩어리, 유기물, 먼지 등 기타 유해물을 함유해서는 안 된다.

③ 구조물 접속부는 $K_{30} \geq 15 \times 10^4 [\text{kN}/\text{m}^3]$이 되도록 다져야 한다.

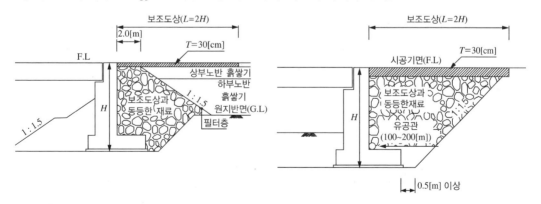

[구조물 접속부 흙쌓기 표준단면]　　　　[땅깎기 후 접속부를 다지는 경우에 대한 표준단면]

(7) 연약지반처리

① 흙쌓기할 기초지반이 연약하여 지지력이 부족하거나 과다한 침하를 초래할 것으로 판단될 때에는 적절한 연약지반 대책공법을 적용하여야 한다.

② 대책공법은 치환공법, 다짐공법, 탈수공법, 고결공법 등이 있다.

(8) 토공배수

노반 및 비탈면의 표면수, 지하수를 배제하기 위하여 선로측구를 설치하고 필요시 지하배수공을 설치하는 것으로 한다.

① 선로측구 : 본선수로 및 지축수로

② 선로 간 배수구 : 복선 이상에서 시공기면에 단차 있는 구간, 횡단기울기 오목구간

③ 선로횡단 배수공 : 배수구와 선로측구 연결개소, 흙쌓기 땅깎기 경계부

④ 지하배수공 : 선로측구 및 선로 간 배수구 하부, 노반 아래 전체 폭

3. 교량공사

(1) 강철도교(Steel Bridge)의 가설

① 가설공법의 선정

가설공법의 산정에는 가설 현지 조건, 교형(다리보)의 형식, 공기, 안전성, 경제성 등을 종합적으로 판단할 필요가 있다. 특히, 운행선 개량 가설 공사, 도로와의 입체 교차 공사 등에서는 작업 시간대에 제약이 있어 안전성, 확실성이 우선된다.

ㄱ 현지조건 : 가설지점의 지형(형하 공간 이용의 가부), 가설 거더(상판)의 지지방식(기초 지반), 자재의 운반로

ㄴ 교형의 조건 : 거더 지간, 높이, 폭, 연결 위치, 한 부재의 크기 및 중량 등

ㄷ 환경 조건 : 작업 시간대의 제약, 하천 사용 기간의 제약, 근린 주민에의 배려

ㄹ 가설 기재의 운용 : 가설 기재의 능력과 주부재는 공장에서 제작되어 트럭이나 트레일러에 실어서 일반의 도로를 통하여 가교 현장으로 운반되기 때문에 부재의 크기 등에 제한을 받는다.

② 운행선 교량 가설

ㄱ 조중차(操重車, Gantry Waggon)

조중차 가설의 공법에는 여러 방식이 있어 가설 조건에 따라 사용한다. 조중차에 의한 가설의 특징은 다음과 같다.

• 건축 한계 내에서 가설할 수 있으므로 전철화 구간(Electrified Section)에서도 전차선을 철거하지 않아도 된다.

• 붐(Boom)이 수평으로 돌출하여 교형의 중앙에 대하여 1점 매달기가 가능하므로 교형의 강하 설치가 짧은 시간에 이루어지고 안전하다.

- 현장 곡선반경 $R = 300[\text{m}]$까지 시공이 가능하다.
- 조중차의 매달기 능력은 1조중차당 중량 35[t] 이하, 거더 높이 2[m] 이하, 거더 길이 22.3[m] 이하로 한다.
- 조중차와 다른 공법의 조합도 가능하다.

ⓛ 횡 이동 가설 공법
- 재래선의 거더 교체 가설, 공사 거더의 가설 등에서 가장 많이 이용되고 있다. 구 거더와 병행하여 새 거더를 배치하고 교축의 직각 방향으로 횡 이동하는 것에 의하여 새 거더와 구 거더를 교환하는 공법이다.
- 거더 이동량은 거더 폭에 여유폭을 가한 정도이기 때문에 가설 시간도 짧게 된다. 야간에 열차 사이의 짬을 이용하여 안전하고 확실하게 공사를 할 수 있는 공법이다.
- 이동량이 최소가 되기 때문에 가설 작업이 짧은 시간으로 되고 야간의 차단시간을 이용하여 안전하고 확실하게 공사를 할 수가 있다.
- 하천의 심도가 커서 벤트를 유수부에 설치할 수 없는 경우 등에서도 가설 거더 또는 케이블 크레인으로 새 거더를 조립하면 가설이 가능하다.
- 비교적 소형의 가설 기재로 가설할 수 있다.

ⓒ 문형 크레인 주행식 공법
- 교체 가설하려는 거더의 양측에 주행 레일을 부설하고 2대의 문형 크레인을 사용하여 구 거더를 들어 올려 철거한 후, 새 거더를 이동 및 강하하여 설치하는 공법이다.
- 이 공법은 일반적으로 작은 지간(12~13[m] 정도)의 거더 교환을 짧은 시간에 시공할 수 있는 유효한 방법이다.
- 지간이 큰 거더, 중량이 큰 거더는 적용할 수 없지만, 작은 지간의 경우는 짧은 시간에 시공할 수 있다.
- 문형 크레인은 현장의 지형, 구조물, 가설하는 거더의 구조 등에 맞추어 제작할 수 있고, 자중도 비교적 가볍게 할 수 있다.
- 동일 형식의 거더 또는 종형 등을 다수 교환하는 경우는 효율이 좋게 시공할 수 있다.

③ 신설선 교량 가설
ⓛ 자주식 크레인에 의한 벤트공법
교량하부에서 자주식 크레인으로 거더 전체 또는 단위부재를 인양 설치하고 벤트에 의해 직접 상부거더를 지지하면서 교형을 연결 조립한 후 벤트를 철거하여 가설하는 공법이다.

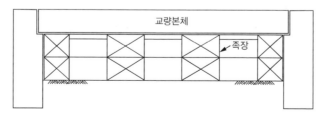

[벤트공법]

ⓛ 케이블 에렉션(Cable Erection) 공법

　　가설 지점이 큰 하천이나 깊은 계곡 등에서 채용되며 철탑·케이블 등으로 구성된 지지 설비로
　　가설 부재를 매달아 지지하면서 교형을 운반 조립하는 공법이다.

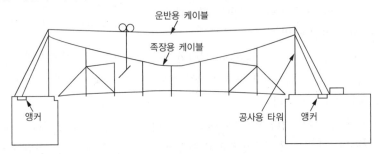

운반용 케이블

족장용 케이블

앵커　　　　　　　　　　　공사용 타워　앵커

[케이블 에렉션 공법]

ⓒ 편측 지지식(Cantilever Erection) 공법

- 이미 가설된 장소를 앵커로 하여 편측 지지식으로 부재를 조립하여 가는 방법과 교각을 중심으로 양측의 가설 하중을 균형이 되게 하면서 내어 붙이는 방법 등의 공법이다.
- 가설 기계에는 트래블러 크레인(Traveler Crane, 전용교량조중차) 등이 사용되며, 연속 거더나 연속 트러스 등 비교적 긴 지간의 교형 가설에 적용된다.

ⓔ 송출공법

　　가설현장의 인접 장소에서 교형을 조립하여 교축 방향으로 소정의 위치까지 잭 등으로 송출하여
　　가설하는 공법이다. 이 공법은 형하에 도로가 있든지 형하의 사용이 제한되는 경우에 적용된다.

(2) 콘크리트교의 가설

① 현장타설 콘크리트에 의한 공법

ⓐ 동바리공법(FSM ; Full Staging Method)

　　교량하부에 동바리를 세우고 동바리로 지지된 거푸집 안에 철근을 조립하여 콘크리트를 타설하
　　고 콘크리트가 소정의 강도에 도달한 후 거푸집과 동바리를 철거하는 방식이다.

ⓑ 캔틸레버공법(FCM ; Free Cantilever Method)

- 시공 시 일반적으로 교량 하부에서 지지하도록 되어 있는 동바리를 사용하지 않고 그 대신에 이동식 작업차(From Traveler) 혹은 이동 가설용 트러스(Moving Traveler)를 이용하여 기시공 되어 있는 교각으로부터 좌우로 평형을 맞추면서 3 ~ 5[m] 길이의 분할된 세그먼트(Segments) 를 순차적으로 시공하는 공법이다.
- 지면으로부터의 동바리 설치가 어려운 깊은 계곡이나 해상 등의 장경간에 적합한 공법으로 거 더 교량, 사장교, 아치교 등 각종 구조형식의 교량 가설에 이용할 수 있다.
- 초기에는 강봉을 주긴장재로 사용하였으나 최근에는 가격이 저렴하고 연결재가 필요 없는 강연 선을 사용하는 추세이다.

   © 이동식 비계공법(MSS ; Movable Scaffolding System)

    • 교량의 상부 구조 작업 시 거푸집이 부착된 특수 이동식 비계를 이용하여 한 경간씩 시공해 가는 공법이다.

    • 경제성을 발휘시키기 위해서는 높은 교각, 다경 간의 교량 시공에 적용하는 것이 바람직하다.

 ② 프리캐스트 콘크리트 세그먼트에 의한 공법

   ㅁ 프리캐스트 세그먼트 공법(PSM ; Precast Segment Method)

    • 캔틸레버 공법의 일종으로서 일정한 길이로 분할된 세그먼트를 공장에서 제작하여 가설 현장에서는 크레인 등의 가설 장비를 이용하여 상부 구조를 완성하는 공법이다.

    • 당초에 세그먼트 접합 시에 모르타르를 사용하였으나 에폭시 수지접착제가 세그먼트 접합제로 사용되면서 최근에는 대부분 에폭시를 사용하는 추세이다.

    • 현장 타설 캔틸레버 공법과 비교하여 공비를 절감할 수 있고 급속 시공이 가능하다는 장점이 있어 미국 등지에서는 현장 타설 방식보다도 오히려 프리캐스트 방식에 의한 시공이 많이 이루어지고 있다.

    • 분업화, 기계화, 자동화에 의하여 대량 생산하는 방식으로서, 초기 투자비가 많이 들지만 대량 생산이 이루어질 경우 큰 효과를 기대할 수 있다.

   ㅂ 연속 압출 공법(ILM ; Incremental Launching Method)

    • 지형과 장애물에 구애받지 않는 공법으로 예전에는 강철도교에 적용 예가 많았으나 최근에는 대용량의 잭과 마찰력을 줄일 수 있는 양질의 패드가 개발되어 추진력의 문제를 해결하고 또한 프리스트레스 기법의 개발로 압출 공법의 시공이 용이하게 되어 PC상형교의 가설에 널리 이용된다.

    • 주형 단면 설계에 직접적인 영향을 미치므로 가설 공법을 전제로 한 설계가 이루어져야 한다.

    • 공법의 종류에는 압출력 작용 방식에 따라 집중 압출 방식(Pulling System, Lifting And Pushing System)과 분산 압출 방식이 있으며, 단면력 감소 방식에 따라 추진 코(Launching Nose)에 의한 방법, 경간 중앙에 가교각을 설치하는 방법, 추진 코와 가교각을 병용하는 방법, 케이블 또는 케이블과 추진 코의 병용 방법이 있으며, 양방향 압출공법이 있다.

4. 터널공사

(1) 개 요

 ① 터널은 굴착하는 공법에 따라 산악터널, 개착터널, 실드터널, 침매(沈埋)터널 등으로 분류된다.

 ② 터널의 굴착작업을 진행함에 있어 중요한 것은 높은 정밀도의 측량(Survey)이다. 이것은 양쪽 갱구(Tunnel Mouth) 또는 중간 갱구로부터의 굴착 방향을 정확하게 합치시키는 것이다.

 ③ 측량에는 양쪽 갱구의 상대적 위치를 측정하는 갱 외 측량과 굴착의 진행에 따라 매회 행하는 갱 내 측량이 있다.

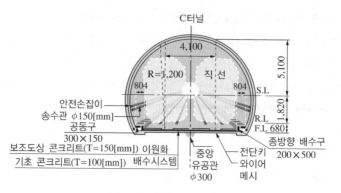

[복선터널 단면]

(2) 산악터널의 공법

① 굴착작업

㉠ 굴착은 다이너마이트로 원지반(Natural Ground, 터널 내벽 지중의 것)을 발파하여 진행하는 발파공법(Blasting Method)이든지, 절삭기를 사용하는 기계굴착공법, 두 가지를 병용하는 공법 등이 채용된다. 이들 선택의 요인으로 되는 것은 암석 강도와 단면 공법, 굴착 길이이다.

㉡ 발파공법은 암석에 공기식 착암기(5 ~ 7[kgf/cm²]의 압축공기를 사용)로 1 ~ 3[m] 천공(Drill)하고 다이너마이트를 묻어 파쇄하는 공법이다. 최근에는 다수의 착암기를 이동 대차(주행 레일식, 타이어식, 무궤도식이 있다)에 탑재·장치하여 유압으로 조작하는 방식(터널 점보)이 주력으로 되어 있다.

㉢ 착암기에 공기식이 사용되어 왔던 것은 사용이 끝난 공기에 의하여 신선한 공기가 갱 내로 공급될 수 있기 때문이며, 동력 공기는 갱외에 설치하는 공기압축기로부터 보내어진다. 최근에는 유압식 착암기(유압은 200[kgf/cm²] 정도)가 개발되어 천공성능이 한층 높게 되어 있다.

㉣ 기계굴착 공법은 커터의 회전에 의하여 암반을 절삭하는 것으로 생력화를 꾀하여 시공속도를 빠르게 하고 있다.

㉤ 발파공법의 단점은 폭파에 의하여 원지반을 손상시키고, 또한 여분의 굴착이 많게 되기 쉬운 점이다.

㉥ 기계 굴착 공법은 기계비용의 부담이 커 짧은 터널에서는 불리하며, 또한 기계의 신뢰성, 정비와 부품의 보급이 수반되지 않으면 능력이 발휘될 수 없다.

② 버력 반출작업

버력 운반에는 운반차의 레일식, 또는 덤프트럭의 타이어식이 채용된다. 터널 단면적, 경제성, 시공성 등을 검토하여 선정되며, 덤프트럭이 직접 갱으로 들어갈 수 있는 대단면 터널은 타이어식이 유리하다.

③ 지보작업

㉠ 지보작업은 굴착으로 흐트러진 원지반(Natural Ground) 내벽에 뿜어 붙이기 콘크리트를 타설하기도 하고, 또는 강재로 떠받치어 원지반 내벽의 붕괴를 방지하는 작업이다.

ⓛ 지보작업의 일반 공법에는 강재 아치 지보공(Tunnel Supports, 떠받치는 골조)과 흙막이판(원지반에 면하는 판)으로 안쪽에서 지지하는 방식이 오랫동안 사용되었다.

ⓒ 1980년대부터는 신오스트리아공법(New-Austrian Tunneling Method, NATM공법)을 많이 이용하게 되었다. 이것은 뿜어 붙이기 콘크리트와 원지반에 긴 록 볼트(약 6[m])를 전용기계로 죄어 원지반 아치 자체의 강도를 이용하는 합리적인 공법으로 가설용 지보 강재가 불필요하다.

④ 복공 작업(Tunnel Lining)

ⓐ 뒤이어 행하는 것이 지압에 견디도록 터널 내벽을 콘크리트로 둘러싸서 항구 구조물로 하는 라이닝이다.

ⓛ 거푸집의 설정, 콘크리트의 타설, 콘크리트의 양생, 거푸집 해체의 순서로 행하며, 지보를 위한 가설재가 있는 경우는 그대로 매립된다.

ⓒ 콘크리트 라이닝의 두께는 내벽 지름 5[m]에 대하여 30 ~ 50[cm]로 하고 있다.

ⓔ 라이닝 종료 후에 라이닝과 원지반(Natural Ground) 사이에 남아있는 공극(틈)에는 시멘트밀크를 충전하여 원지반의 이완(풀림)을 방지한다.

⑤ 기계화 시공

ⓐ 이들의 작업은 대부분 기계화되어 있다. 굴착은 드릴 점보, 보링 머신, 버력 적재기(트랙터 셔블 및 전동식 셔블카)로 행하여진다.

ⓛ 버력 운반은 기관차와 운반차(레일식), 덤프차가 사용된다. 지보작업에는 록 볼트 유압 점보, 유압 타설기가 이용되고, 라이닝 작업에는 강제이동 거푸집, 공기 압송에 의한 콘크리트 타설기가 사용된다.

ⓒ 기관차는 배터리 전기식 또는 디젤 엔진식이 사용되며, 환기(Ventilation)를 전제로 한 디젤식이 많다.

(3) 산악터널 굴착단면 공법

① 전단면 공법(Full Face Method)

ⓐ 미국에서 처음 발달한 공법으로 상반·하반의 전단면을 동시에 굴착하며, 라이닝 작업에 대하여도 측벽 콘크리트·아치 콘크리트를 동시에 시공할 수 있다.

ⓛ 공법은 지질이 양호한 경우에 채용되며, 점보 드릴, 터널 보링기(Tunnel Boring Machine), 고성능 버력 적재기 등의 대형 기계가 채용될 수 있고 효율적인 시공에 의하여 공기의 대폭적인 단축이 가능하다.

ⓒ 공법으로서 대단히 효율이 좋지만, 나쁜 지질을 조우하여 굴착 절삭날개(切羽)가 자립하지 않는 경우는 붕괴의 위험이 수반되기 때문에 특히 지질의 안정성이 조건으로 된다.

② 상부 반단면 선진 공법(벤치 컷 공법, Bench Cut Method)

터널 단면을 상하로 분할하여 계단 모양으로 굴착하는 공법으로 한 번에 굴착하는 단면을 작게 할 수 있는 점에서 지질이 불안정·불량의 경우에 적용된다.

③ 저설도갱 선진 상부 반단면 공법

지질의 조사 확인 · 용수(Seepage) 처리도 포함하여 하부 중앙의 저설도갱(Bottom Heading)의 굴착을 선진시켜 상부에 뒤이어 하부를 시공한다. 지질이 특히 불량한 경우에 채용한다.

④ 측벽도갱 선진 공법(Side Pilot Method)

좌우 2개의 측벽도갱(Pilot)을 선진시키는 것으로 지질이 특히 나쁜 경우에 안전한 공법이다. 그 주된 공정은 측벽도갱(Side Heading) 굴착, 측벽 콘크리트 타설, 상반 굴착, 아치 콘크리트 타설, 중앙부 굴착, 인버트부 굴착, 인버트 콘크리트 타설의 순으로 하고 있다.

(4) 개착터널(Open Cut Excavation)

지표면부터 굴착하는 오픈 컷(Open Cut) 공법으로 비교적 낮은 지하철에 사용된다. 산악 터널에 비하여 건설비 단가는 2~3배로 비싸게 된다. 도심 지구에서 일반적으로 적용되며 주된 공정은 다음과 같다.

① 건설하는 구축에 들어가는 폭과 깊이의 양측에 강말뚝(Steel Pile)을 박아 토류(土留)를 한다.
② 강말뚝 사이에 강형을 설치하고 그 위에 임시의 복공판을 깔아 노면 교통을 확보한다.
③ 갱 내의 매설물을 방호하면서 굴착 · 지보공(Tunnel Supports)을 행한다.
④ 콘크리트로 구축한다.
⑤ 되메우기 후 복구한다. 대부분의 경우에 철근 콘크리트의 직사각형(矩形) 단면이 채용된다.

(5) 실드터널(Shield Tunnel)

① 개 요

㉠ 지반 내에 실드(Shield)라는 강제 원통형 커터 헤드를 가진 굴진기를 추진시켜 터널을 구축하는 공법을 실드공법(Shield Method)이라 한다.

㉡ 최근에는 시공 시에 대한 노면 교통의 확보의 필요, 소음 · 진동 방지대책 등의 이유로 전용기의 고성능화에 맞추어 지하 터널에도 채용되어 최근의 지하철 터널에서는 실드공법이 증가하고 있다.

㉢ 시공법은 실드(강제의 통)를 유압 잭의 추진력(굴착 단면적당 $50 \sim 150[\text{kgf/cm}^2]$)으로 지중으로 추진시키며, 실드의 전단에 있는 커터의 회전으로 굴착하여 버력을 후방으로 보낸다.

㉣ 보통의 공법에서는 굴착 절삭날개의 토류(土留)가 곤란한 것에 비하여 실드공법은 일반적으로 절삭날개의 토류 기구가 설치되어 용이하게 행한다.

㉤ 잭(Jack) 추진력의 반력은 후부의 복공 세그먼트(Segments)로 부담시킨다.

㉥ 실드 후부에는 실드 안쪽에서 강제 또는 철근 콘크리트의 세그먼트(복공재의 구성 부분)를 조립하여 복공을 한다.

㉦ 잇따라 실드를 추진시키면 실드판의 두께와 같은 공극이 복공과 원지반(Natural Ground)의 사이에 생기지만, 되도록 신속하게 이 공극에 시멘트 밀크를 충전한다(1차 복공).

㉧ 2차 복공으로서 1차 복공의 안쪽에 콘크리트를 마무리 시공하는 경우가 많다.

② 토압 방식(Shield Method By Soil Pressure)

커터로 굴착한 토사를 커터 챔버(Cutter Chamber) 내에 넣어 굴착 토사를 절삭날개에 대항하도록 이용함과 더불어 커터 챔버 내에 장비된 벨트 콘베이어에 의하여 실드의 추진량에 균형이 되는 양을 연속 배토하여 실드를 추진시킨다.

③ 니수가압(압력높임) 방식(Shield Method By Press-mud Water)

㉠ 실드의 커터 헤드(Cutter Head)의 후방에 가압 니수로 충만된 니수실을 두고 니수의 고압 분사로 굴착을 하여 토사를 니수와 함께 갱 외로 유체 수송한다.

㉡ 갱 외로 반출된 배토니는 토사와 니수로 분리되며 니수는 다시 순환 사용된다. 이들의 일련의 작업은 집중 관리된다.

㉢ 용수(Seepage)가 많은 경우에는 터널 내에 압축 공기를 충전하여 공기의 압력으로 용수를 억제하는 압기(壓氣)공법(Pneumatic Method)이 채용되며, 실드 터널에는 압기 공법이 병용되는 경우가 많다.

㉣ 사용할 수 있는 기압은 $3[kgf/cm^2]$ 정도가 한도이다. 공기가 높게 되면 잠함(潛函)병에 대한 예방 조치가 필요하며, 노동 시간도 상당히 짧게 되어 공사비가 높아진다.

(6) 침매(沈埋)터널(Tubing Tunnel)

① 하천 등을 횡단하여 물밑에 터널을 건설하기 위한 특수 공법이다. 실드공법과 비교하여 전후의 설치 구간의 장단 등도 아울러 우열을 검토하여 선정된다.

② 건설하는 구조체를 미리 적당한 크기로 분할하여 공장에서 제작한다.

③ 이 터널 엘레멘트는 현장까지 배로 수송되어 소정의 장소에 침하 설치되며, 순차 접속되어 건설이 진행된다.

④ 엘레멘트에는 직사각형(長方形) 단면의 철근 콘크리트 구조 · 원형의 강제 통 등이 있지만, 최근에는 PC 구조도 채용되고 있다.

(7) 방재시설

철도터널 방재시설은 운영 중 사고예방 시설과 사고 시 피해의 확산을 제어하고 인명피해를 최소화할 수 있는 각종 대피 및 구난시설로 구분하며 방재시설은 터널 내부 기본시설인 조명 및 피난유도 등, 전원 및 통신설비, 대피시설, 소화시설, 환기 및 제연시설, 각종 표지판과 방재구난지역시설, 구난역 등이 있다.

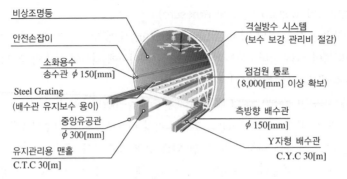

[터널 내부 방재시설]

(8) 공사 중 부대시설

공사 중 터널 부대설비는 터널의 길이, 단면의 크기, 굴착방법, 공사기간, 현장조건 및 자연환경 등에 적합하고 효율적인 설비를 하여야 하며, 갱 내 설비와 갱 외 설비로 구분한다.

① 갱 내 설비

터널굴착 및 콘크리트 라이닝을 시공하기 위한 통로, 환기, 조명 및 갱 내 전기, 공사 중 배수에 필요한 갱 내 설비를 하여야 한다.

② 갱 외 설비

갱 외 설비 부지, 진입도로, 버력 처리장, 골재저장소, 배치플랜트 설치장소, 변전 및 전기설비, 화약고, 환경보호 및 공해방지시설, 사무실 및 숙소, 기타 부대시설 등을 설치한다.

5. 정거장 공사

(1) 개 요

① 정거장은 여객의 승강, 화물의 적하 등의 영업을 행하고 또한 열차의 조성, 차량의 유치, 청소, 검수, 차량의 입환, 열차의 요행 및 대피 등의 운전 및 보안상 필요한 시설을 갖춘 장소로서 역, 신호장, 객차기지, 화차기지, 전동차기지, 기관차 기지 등으로 구분된다.

② 정거장에는 토목분야뿐만 아니라 건축, 궤도, 전력, 신호, 통신, 검수설비분야와 시설물의 계획이 연계되고 교통·환경영향평가 결과를 반영한 시공계획이 수립될 수 있도록 시공 전에 철저한 준비가 필요하다.

(2) 공사준비

① 분야별 시설계획 연계 검토

설계순서에 명시된 배선계획 및 부지규모, 광장, 용지경계, 역사본체, 배수시설과 각 분야 시설 배치 계획과 연계한 시설계획을 검토하고 도시계획, 교통영향평가 결과를 반영한 광장, 진출입 도로 등의 계획을 검토한다.

② 측량 및 기준점 설치

선로중심을 기준으로 정거장 부지 선로횡단측량을 시행하고 용지경계를 확인하여야 하며 선로 종·
횡단 측량성과를 기준으로 시공기준틀을 설치하고 지축공사 완료 후에는 역사, 승강장, 적하장,
광장 등의 위치측량과 배선계획에 의한 위치측량을 하여 기준점을 설치한다.

(3) 시 공

① 시공계획서의 작성

토목, 건축, 궤도, 전기, 신호, 통신, 검수설비 및 교통·환경영향평가 사항 등 연계시설계획을 반영
하여 토공, 구조물공, 하수 및 배수공 등으로 구분하고 공종별로 시공계획서를 작성하여 발주처의
승인을 얻은 후 시공하여야 한다.

② 운행선 인접공사

수송력의 증강을 위하여 기존선의 복선화 등으로 인한 정거장 구내확장 및 선로 유효장 연장 등의
운행선 근접공사는 단계별 공사계획에 따른 열차안전운행 확보를 고려한 임시 배선계획 및 임시
여객 및 화물취급시설 등에 대한 시공계획을 철저히 수립하여 공사 중 여객 및 화물취급에 불편을
주지 않도록 하여야 한다.

③ 타 분야 인터페이스 확보

타 분야에 앞서 선 시공되는 토목분야의 특성을 고려하여 역사건축과 연계한 광장높이, 배수계통을
확보하고 승강장 및 여객통로, 조경, 울타리 등의 연계시설에 대한 분야별 시공한계를 명확히 하여
중복투자 요인이 없도록 시공하여야 한다.

6. 운행선 근접공사

(1) 개 요

① 운행선 근접공사란 열차를 운행하고 있는 철도에 근접하여 시행하는 공사로서 선로차단작업이나 선
로장애를 수반하는 공사나 기존철도에 변위나 변형 등의 영향을 주는 범위 안의 공사, 운행선에 근접
한 관계로 운행선 철도에 관심을 가지고 감시하면서 시행하여야 하는 공사를 말한다.

② 임시선 설치 등으로 운행선을 변경하는 공사도 넓은 의미에서 운행선 근접공사로 볼 수 있다.

③ 운행선 근접공사는 도로와 달리 선형제약이 많고 전기, 신호, 통신시설 등도 함께 포함하여 계획되어
지기 때문에 단계별 시공이 복잡함은 물론 시공이 어려우므로 철저한 사전조사에 의한 면밀한 계획의
수립이 필요한 특성이 있다.

(2) 공사준비

① 사전조사

운행선 근접공사의 사전조사는 설계도서 및 설계내용, 운행선 근접공사구간 시설물 현황, 지장물 및 지하매설물, 기존철도 건축한계, 전차선 및 통신주 위치, 전기·신호·통신 케이블 매설 위치와 중장비 작업조건 및 작업통로, 배수로 연결 관계 등을 세부조사하고 관련시설 관리주체와 협의 시설 계획에 대한 의견을 수렴한다.

② 관리계획서 작성

설계도서 검토, 사전조사 사항, 관련 시설주체 협의의견 등을 반영한 운행선 근접공사 관리계획서를 작성하여 관계기관과 협의하고 발주처의 승인을 얻은 후 시공하여야 한다.

(3) 시 공

① 토공사

운행선과 근접한 땅깎기, 흙쌓기, 터파기공사는 작업단계로 운행선의 철도시설물에 피해를 주지 않도록 사면안정, 방토설비, 측방 이동대책 등을 강구하여 열차 안전운행에 지장이 없도록 시공하여야 한다.

② 교량 및 터널공사

운행선 교량에 근접해서 시행하는 교량 및 터널공사는 기존선 교량터널 보호 및 근접시공 안전대책이 조치되었는지 확인하고 기존 구조물에 악영향이 최소화될 수 있도록 안전 시공대책을 강구하여야 한다.

③ 운행선 변경공사

운행선 변경계획은 토목, 궤도, 전차선, 신호, 통신, 건축, 운수영업 등 연계공종 및 공정을 고려한 계획을 수립하여 사전에 긴밀한 논의와 협조하에 충분히 협의 후 시행하여야 한다. 사전 안전시설물 조치계획은 가능한 한 적극 검토하여 안전을 최우선으로 하는 운행선 변경이 이루어지도록 한다.

7. 시스템(System) 공사

(1) 궤도분야

① 노반강성이 변화하는 교량, 터널 및 구조물 접속부는 부등침하가 발생하지 않도록 소정의 어프로치 블록(Approach Block)을 설치하여야 한다.

② 기존 운행선과 연결개소 및 임시선 설치개소는 토목공사 시공계획시에 궤도분야와 협의하여 궤도절체 등 단계별 시공계획을 수립하여야 한다.

③ 운영 중 궤도분야 유지관리에 필요한 궤도재료 적치장, 차량진·출입로 계획 등을 고려하고 궤도공사 시공 시에 필요한 궤도재료 운반도 고려되어야 한다.

④ 차량이 안전하게 주행하기 위해서는 궤도중심에서 소정의 건축한계 확보가 필수적이므로 입체화부, 정거장부, 터널부, 교량부의 제반 시설물의 건축한계에 저촉되지 않도록 하여야 한다.

(2) 건축분야

① 정거장 구간의 철도시공기면 높이(F.L)와 진·출입로, 광장, 주차장 및 역사건물 신축부지와 연계한 토공 부지계획고 정립 및 포장 등 연계부 시공한계와 범위를 구분하여야 한다.

② 지하여객통로 마감 및 연계부, 승강장 홈지붕기초, 배수처리 등 건축공사와 연계부에 대한 시공한계를 구분하여야 한다.

③ 역사 진출입로, 광장 주차장 시설은 교통·환경영향평가 결과를 반영하여 시공하여야 한다.

(3) 전력, 전차선, 신호, 통신분야

① 전력공급에 따른 변전소 및 단말보조 구분소의 위치 및 면적 등을 전기분야 설계를 근간으로 진·출입로 계획 등을 전기분야와 협의 노반공사에 반영하여 시공되도록 한다.

② 장대터널 안에 설치되는 변압기굴에 대해서도 전기분야와 협의 시공에 반영하도록 한다.

③ 시공기면상에 설치되는 전철주 및 신호기 기초, 전기, 신호, 통신케이블 관로 및 맨홀의 매설 등은 노반강성에 유해 요소가 되므로 가급적 관련분야와 협의하여 토목공사시 동시 시공하도록 해야 한다.

④ 터널구간은 전차선 가설과 관련된 취급앵커 등이 토목공사 시공 시 동시 시공되도록 하여야 한다.

8. 점검 및 시운전(시험운전)

(1) 점 검

① 개통계획수립

철도시설 관리자는 철도운영자와 합동으로 개통 60일 전에 개통계획 수립을 위한 합동공정점검을 시행하고 점검 결과에 따라 국토교통부장관에게 개통계획을 수립하여 보고하여야 하며 철도운영자에게 필요한 조치를 하도록 하여야 한다. 개통계획에는 다음 사항이 포함되어야 한다.

ⓐ 선로시설물의 완공 가능시기

ⓑ 영업시운전을 위한 종합안전점검 및 시설물 검증시험 등 개통일정

ⓒ 개통에 필요한 인력 및 차량투입 계획

ⓓ 포상계획 및 개통행사 일정

② 종합안전점검

개통계획을 통보받은 철도운영자는 사업특성에 맞는 분야별 점검사항을 마련한 후 종합안전점검을 시행하여야 하며 종합안전점검에는 다음 사항이 포함되어야 한다.

ⓐ 개통대비 분야별 체크리스트에 의한 종합안전점검

ⓑ 운용 및 유지관리 인력투입 추진현황

ⓒ 열차 또는 전동차 투입현황

ⓓ 열차 다이아(열차운행계획표)에 의한 영업시운전 시행계획

(2) 시운전

시공된 각 분야별 시설물과 차량시스템 간에 종합적인 성능검증, 안전상태 확보여부와 사전에 철도차량의 운행이 적합한지의 여부를 확인하기 위하여 차량을 단계적으로 최고속도까지 증속하면서 시험운전을 시행하는 것을 말한다.

① 고속선로 : 5단계(60, 120, 170, 230, 270, 300[km/h])
② 일반선로 : 3단계(40, 60, 100, 운행 최고속도[km/h])

[철도공사 개통대비 절차]

기 간	주요업무	업무내용

D-2년 전(5월)	차량구매 예산편성	• 차량구매계획 수립 재원조달 방안 마련
		  – 차량제작기간 고려
		  – 단, 신형차량은 D-3년 전에 계획 수립

D-1년 전(5월)	개통사업 예상요구	• 개통사업관련 소요예산의 재원조달방안 마련 – 공사 및 유지비, 운용인력 등
D-1년 전(6월)	소요인력 확정	• 조직 및 소요인력 확정
D-7개월 전		• 종합공정표 작성 및 보고

D-6개월 전	합동공정점검 및 신설역명 확정	• 합동공정점검 시행
		  – 잔여공정 점검
		  – 유지보수요원 교육 계획 수립
		  – 차량인수점검 및 차량성능시험 계획 수립
		• 신설역명 확정 및 열차다이어그램 작성

D-3개월 전	보수용품 지급계획	• 유지관리 보수용품 지급계획 수립

D-60일 전	개통계획 수립	• 개통계획수립을 위한 합동공정점검 결과 및 개통 계획 보고
		  – 선로시설물 완공 가능시기
		  – 종합안전점검 및 시설물 검증시험 등 개통 일정
		  – 개통에 필요한 인력(조직포함) 및 차량투입 계획
		  – 포상계획 및 개통행사 일정
		  – 다른 철도운영자 또는 도시철도운영자와 협의
		  – 영업개시(안) 작성
		  – 사업특성에 맞는 종합안전점검사항 작성

D-30일 전	시설물 완공 행사계획 수립	• 선로시설물의 완공 • 시설물 인수 및 운용인력 투입 착수 • 유지보수 공구류 및 영업설비 투입 착수 • 행사계획 수립 보고

D-60~30일 전	시설물 검증시험 종합안전점검	• 시설물 검증시험 계획수립 및 시행
		• 영업시운전을 위한 종합안전점검 시행
		  – 개통대비 체크리스트에 의한 종합안전점검
		  – 열차 또는 전동차 투입 점검 및 운용인력 투입

D-20일 전	영업 시운전	• 열차다이어그램에 의한 영업 시운전 시행
D-15~10일 전	이용자 점검	• 철도 이용자에 의한 시설물 이용자가 점검
D-7일 전	영업고시	• 영업고시 및 홍보
D-2일 전		• 개통 행사장 점검

적중예상문제

01 철도의 신선 건설에 대한 설명으로 틀린 것은?

㉮ 1/25,000~1/50,000 지형도에서 시, 종점 및 예정 경유지를 연결하는 노선을 찾는다.

㉯ 도상선정된 몇 개의 비교 안에 대해 현지에 가서 조사한다.

㉰ 중심선 양쪽 100~300[m] 범위에서 선로평면도와 선로 종단면도 50~100[m]마다 선로횡단면도를 작성한다.

㉱ 실측 후에는 더 이상 개측하지 않는다.

> **해설** ㉱ 실측 후로도 좋은 노선이 발견되면 개측한다.

02 이동 지보공 공법에 대한 설명으로 틀린 것은?

㉮ 가설 장비가 하부조건에 지장을 많이 주는 편이다.

㉯ 시공속도가 빠르며 다경 간 교량 시공에 유리하다.

㉰ 제반작업이 가설장비 안에서 시행되므로 안전하다.

㉱ 고도화된 기계의 구동장치로 품질관리가 용이하며, 인력을 줄일 수 있다.

> **해설** ㉮ 가설 장비가 교각상에서 이동하므로 하부조건에 지장을 주지 않는다. MSS(Movable Scaflolding System, 이동지보공 공법)은 장대교량 연속 PC 가설공법으로 지지되거나 매어달은 지보공과 거푸집을 사용하여 1경간씩 현장치기로 시공하고 탈형과 지보공 이동이 기계적으로 되며, 상부구조 제작에 소요되는 장비는 대부분 교각상에서 다음 경간으로 이동하여 전교량을 가설하는 이동식 비계공법이다.

03 돋기의 경우 비탈면 기울기(보통토사)는?

㉮ 1 : 1(높이 : 175수평)

㉯ 1 : 1.2(높이 : 175수평)

㉰ 1 : 1.5(높이 : 175수평)

㉱ 1 : 1.8(높이 : 175수평)

> **해설** 돋기의 경우 비탈면 기울기는 보통토사 1 : 1.5이며(높이 : 175수평) 줄떼기를 심어 보호하며 암석인 경우 1 : 1.2이고 석재로 비탈면을 보호한다.

04 교량은 양교대면 간이 몇 [m] 이상인 것을 말하는가?

㉮ 5[m] 이상

㉯ 7[m] 이상

㉰ 10[m] 이상

㉱ 12[m] 이상

해설 교량은 철도 선로가 하천, 도로, 시가지 및 철도를 횡단하는 개소에 설치하며 양교대면 간이 5[m] 이상인 것을 말한다.

05 복진(선로밀림)의 발생원인에 대한 설명으로 틀린 것은?

㉮ 열차의 견인 및 제동에 있어서 차륜(차바퀴)과 레일의 마찰에 의한다.

㉯ 이음매부 처짐 시 차륜이 레일 단부에 부딪쳐 레일을 전방으로 민다.

㉰ 열차 주행 시 레일에 파상진동이 발생하여 레일이 전방으로 이동하기 쉽다.

㉱ 기관차 및 전동차의 구동륜이 회전 시 반작용으로 레일이 전방으로 밀린다.

해설 ㉱ 기관차 및 전동차의 구동륜이 회전 시 반작용으로 레일이 후방으로 밀린다.

06 셸링(Shelling) 현상의 방지에 대한 설명으로 틀린 것은?

㉮ 레일의 재질을 강화한다.

㉯ 전동, 정착 조건을 개선한다.

㉰ 균열의 발생 후에는 레일을 삭정(다듬기)한다.

㉱ 잔류 응력을 해방한다.

해설 ㉰ 균열의 발생이나 진전 전에 레일을 삭정한다.

⭐중요

07 철도계획의 특징으로 보기 어려운 것은?

㉮ 단기간에 걸친 Life Cycle을 가진다.

㉯ 대규모 투자를 필요로 한다.

㉰ 효과와 영향이 지역사회에 광범위 하고 복잡하게 미친다.

㉱ 많은 사람들과 직간접으로 이해관계를 가진다.

해설 ㉮ 장기간에 걸친 Life Cycle을 가진다.

08 철도계획의 내용으로 가장 적절하지 않은 것은?

㉮ 목표 및 세력권을 설정하고 그 지역의 역사와 문화를 조사한다.

㉯ 수송수요를 예측하고 설비기준을 책정한다.

㉰ 수송능력을 산정 검토하고 투자비 소요 판단을 한다.

㉱ 투자를 평가하고 효과분석 및 종합판단을 한다.

해설 ㉮ 목표 및 세력권을 설정하고 그 지역의 경제 및 현황을 조사한다.

09 수송수요 요인 중 항공서비스는 어떤 요인에 해당하는가?

㉮ 자연요인

㉯ 유발요인

㉰ 전가요인

㉱ 포괄요인

해설 **수송수요 요인**
㉮ 자연요인 : 인구, 생산, 소비, 소득 등의 사회·경제적 요인
㉯ 유발요인 : 열차횟수, 운임 속도 등 철도 자체의 수송서비스 요인
㉰ 전가요인 : 자동차, 선박, 항공기 등 철도 이외의 교통기관의 수송서비스에 의한 요인

★중요

10 착공시기에 대한 지표가 되는 선로용량은?

㉮ 한계용량

㉯ 실용용량

㉰ 경제용량

㉱ 기술용량

해설 **선로용량의 구분**
㉮ 한계용량 : 기존 선구의 수송능력의 한계를 판단하는 용량이다.
㉯ 실용용량 : 일반적으로 한계용량에 선로 이용률을 곱하여 구하고 선로용량이라 하면 이것을 일컫는다.
㉰ 경제용량 : 최저 수송원가가 되는 선구의 열차횟수이며 수송력 증강 대책의 선택이나 그 착공시기에 대한 지표가
된다.

11 2급선의 설계속도는?

㉮ 120[km/h]
㉯ 150[km/h]
㉰ 180[km/h]
㉱ 200[km/h]

해설 선로의 등급 및 표준활하중

선로등급	표준활하중	설계속도[km/h]
고속선	HL-25	350
1급선	LS-22	200
2급선	LS-22	150
3급선	LS-22	120
4급선	LS-22	70

12 강화노반에 대한 설명으로 틀린 것은?

㉮ 입도 조정한 쇄석(또는 Slag)을 편 후 다짐을 하여 쇄석층을 만든다.
㉯ 고르기는 한 층의 두께를 30[cm] 이하로 하여 롤러로 다진 후 20[cm] 정도 쇄석을 편 후 다시 롤러로 다진다.
㉰ 쇄석층 위에 아스팔트 콘크리트층을 설치하여 물을 차단한다.
㉱ 일반적으로 고속도로와 같이 밑에서부터 다짐을 하여 FL밑 30[cm]를 쇄석층 25[cm]와 아스팔트 콘크리트 5[cm]로 한다.

해설 ㉯ 고르기는 한 층의 두께를 15[cm] 이하로 하여 롤러로 다진 후 10[cm] 정도 쇄석을 편 후 다시 롤러로 다진다.

13 어프로치 블록의 재료로 적당하지 않은 것은?

㉮ 입도조정 쇄석 또는 입도조정 Slag
㉯ 압축성이 적은 재료
㉰ 자체 공극이 많은 재료
㉱ 입도분포가 좋은 충분한 다짐이 가능한 재료

해설 압축성이 적은 재료가 좋으나 자체 공극이 많으면 성토로부터 세립분을 끌어들이거나 물의 통로가 되어 바람직하지 않다. 어프로치 블록은 성토가 교대 등의 구조물에 접속하는 위치에서는 성토 구조물 침하 차이에 의한 시공기면의 단차발생 또는 동적특성에 따른 궤도 변형의 진행, 승차감 저하 등이 발생하는데 이런 장해를 감소하기 위해 성토에서 구조물을 향해 압축성이 적은 재료를 사용하여 완충구간을 설치하는 것이다.

14 Ballast-Mat에 대한 설명으로 틀린 것은?

㉮ 열차 주행 시 소음과 진동을 감소시킨다.

㉯ 자갈도상의 세립화 경감 및 궤도 침하를 경감한다.

㉰ 윤중 변동의 경감을 꾀한다.

㉱ 초기에는 방진을 목적으로 했다.

> **해설** Ballast-Mat는 초기에는 방진보다는 자갈파쇄방지를 목적으로 했다. Ballast-Mat는 소음 진동 경감대책으로 궤도에 적절한 탄성을 주기 위하여 지하철 교량구간의 콘크리트, 자갈도상 아래에 천연고무, 유리섬유, 폐타이어, 폴리우레탄 등의 탄성소재로 공장 또는 현장에서 평탄모양으로 고화성형(固化成形)한 것이다.

⭐중요

15 PDM(Paper Drain Method)공법에 대한 설명으로 틀린 것은?

㉮ 타설에 의한 주변지반 교란이 없다.

㉯ Drain 단면이 길이 방향에 걸쳐 시행된다.

㉰ 배수효과가 양호하며 시공이 간단하고 빠르다.

㉱ Sand Drain에 비해 지반 중 타설 시 투수성이 높아진다.

> **해설** Sand Drain에 비해 지반 중 타설 시 측압 및 압밀의 영향으로 투수성이 저하된다. Paper Drain 공법은 Sand Drain 공법과 같이 연약지반의 압밀촉진을 위한 공법으로 Terzaghi 압밀이론에 의해 지반개량에 필요한 압밀침하 시간은 드레인(배수관) 재의 간격에 의해 결정되며, Drain 재료를 모래 대신 투수성이 좋은 특수종이(Card Board)를 사용한다.

16 ILM(Incremental Launch Method, 압출공법)에서 1개의 Segment 작업에 걸리는 시간은?

㉮ 1~2일

㉯ 3~4일

㉰ 1~2주일

㉱ 1~2개월

> **해설** 1개의 Segment 작업은 7~14일 정도로 시공속도가 빠르다. 압출공법은 장대 교량의 연속 PC교 가설공법으로 형하공간 높고 수심이 깊어 동바리재 설치가 곤란한 곳에 유리하며 교장 후대에 설치된 작업장에서 10~30[m] Segment를 제작, 압출장치(Jack)를 이용하여 밀어내는 가설방법으로, 마찰력 감소를 위해 받침부에 미끄럼판(Sliding Pad)을 끼우고, 거더의 캔틸레버 작용을 감소하기 위해 거더 선단에 추진코(Launching Nose)를 부착하여 한쪽 교대에서 교각 위로 밀어내기를 지속하여 반대편 교대에 이르게 한다.

17 Slurry Wall에 대한 설명으로 틀린 것은?

㉮ Smooth Wall을 만들기 쉽다.

㉯ 수직 정도가 우수하며 강성이 커서 큰 토압에 견디는 성능이 있다.

㉰ 굴착에 따른 주변지반 침하에 유리하여 근접공사 및 시가지 공사에 유리하다.

㉱ 벽을 역학적으로 연속시킬 수 있으므로 본체 영구 구조물 벽으로 이용 가능하다.

해설 Slurry Wall의 단점
- 지하수 오염 문제로 지반 안정액 관리에 주의해야 하며, 굴착된 Trench 상태 확인이 어렵다.
- 장시간 트렌치 방치 시 또는 토질이나 지하수 상황에 따라 Trench 붕괴 가능성이 있다.
- Smooth Wall을 만들기 힘들다.
- 굴착 후 퇴적된 Slime으로 인해 콘크리트 타설 후 벽체 침하나, 강도 저하가 우려된다.

18 철도의 건설기준에 관한 규정에 따른 설계속도가 $200 < V \leq 350$인 여객전용선 본선의 최대 기울기 [‰]로 옳은 것은?

㉮ 10

㉯ 12.5

㉰ 25

㉱ 35

해설 본선의 기울기(철도의 건설기준에 관한 규정 제10조)

설계속도 V[km/h]		최대 기울기[‰]
여객전용선	$V \leq 400$	35
여객화물혼용선	$V \leq 250$	25
전기동차전용선		35

※ 설계속도 $V \leq 400$일 때 여객전용선 본선의 최대 기울기는 연속한 선로 10[km]에 대해 평균기울기를 1천분의 25 이하로 하여야 하며, 기울기가 1천분의 35인 구간은 연속하여 6[km]를 초과할 수 없다.

19 다음 중 낙석방지시설의 종류가 아닌 것은?

㉮ 낙석방지교량(피암교량)

㉯ 낙석방지책(피암책)

㉰ 낙석방지터널(피암터널)

㉱ 낙석방지옹벽(피암옹벽)

해설 낙석방지시설은 기능에 따라 크게 보강공법과 보호공법으로 구분되며, 보호공법은 낙석방지망, 낙석방지울타리, 낙석방지옹벽, 피암터널, 식생공법 등으로 구분된다(도로안전시설 설치 및 관리지침 5.2.2).

CHAPTER

03 철도 선로

제1절 선로 개론

1. 선로의 정의

① 차량을 운행하기 위한 궤도(軌道, Track)와 이를 받치는 노반(路盤, Subgrade, Road Bed) 또는 인공구조물로 구성된 시설을 말한다.

② 철도가 수송기관으로서의 가장 특징적인 요소는 고정된 전용 통로인 선로상을 1차원적으로 이동한다는 점으로, 항공기가 3차원의 공간을 선박과 자동차가 2차원적인 평면을 이동하는 특징과 구별되고 이로 인해 시간적으로 정확하고 안정성이 있다.

③ 철도선로를 건설할 때에는 시공기면을 천연지면과 일치하게 하는 것이 가장 좋은 방법이지만 지형상 불가능한 부분은 지형에 따라 깎기와 돋기를 하여야 한다. 또한, 지형의 고저로 구배(기울기)가 생기게 되며 방향을 전환시키기 위하여 곡선이 생기게 된다.

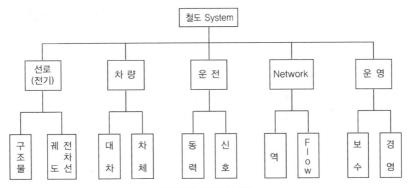

[철도의 구성시스템]

2. 선로의 구조

(1) 선로의 구분

철도 선로는 건설비와 운영비 등 경제상의 이유로 그 중요도, 사용기관차의 형식과 운전 속도 및 수송량 등의 하중 조건에 의하여 네 등급으로 나누고, 그 등급에 따라 소정의 선형과 부담력 등을 정하고 건설과 보수 기준으로 삼으며 안전운행을 위하여 열차를 제한 또는 운행을 금지시키고 있다.

(2) 궤간(선로간격, 철길폭, 레일폭)

궤간(선로간격)이라 하면 레일면에서 하방 14[mm] 점의 레일두부(레일 상부) 내측 간의 최단거리를 말하며 세계 각국 철도에 제일 많이 사용되고 있는 궤간은 1,435[mm]이므로 이것을 표준궤간이라 하고 우리나라에서도 이를 택하고 있다. 이보다 좁은 것을 협궤, 넓은 것을 광궤라 한다.

3. 궤도의 구조

도상, 침목 및 레일로 구성된 궤도의 일반적인 구조는, 잘 다져진 노반 위에 충분한 두께와 폭을 가진 깬자갈 등으로 이루어진 도상이 부설되고 그 위에 소정의 간격으로 침목을 부설하며, 궤간을 맞추어 2줄의 레일을 체결구로 침목에 고정하여 부설한다. 이중 침목과 레일로 조립한 사닥다리 모양을 궤광이라 한다.

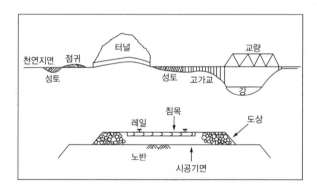

4. 궤도의 역할

① 매끄러운 차륜(차바퀴) 주행로를 높은 정밀도로 유지하여야 한다.
② 강대한 차륜의 집중하중을 노반에 전달하여 노반구성 재료의 강도 이하로 분산시켜 지지 안내할 수 있어야 한다.
③ 불가피하게 발생되는 노반이나 구조물 등의 변형에 쉽게 대응할 수 있어야 한다.
④ 환경조건에 적응할 수 있어야 한다.

5. 시공기면 폭(FL ; Formation Level)

시공기면이라 하면 선로중심선에 있어서의 노반의 높이를 표시하는 기준면을 말하고 노반의 한쪽 비탈머리에서 다른 쪽 비탈머리까지 수평거리를 시공기면폭이라 하며 선로의 등급에 따라서 다르다. 그러나 그 폭은 돌기의 높이와 곡선부의 캔트(Cant, 궤도기울기) 관계로 확대시킬 수도 있다.

[노반의 시공기면 폭]

선로구간의 종별	폭
1급선	4.0[m] 이상
2급선	4.0[m] 이상
3급선	3.5[m] 이상
4급선	3.0[m] 이상

※ 단, 선로를 전철화하는 경우에는 선로의 등급에 관계없이 4.0[m] 이상
※ 노반면 : 시공기면에 궤간 중앙을 중심으로 좌우로 3[%]의 배수구배를 붙인 것

6. 궤도의 중심간격

열차가 서로 비켜 지나갈 때 승무원, 승객 또는 작업자들의 안전을 위하고 또 역이나 차량 사무소 등의 구내에서 차량 정비나 입환 작업을 할 수 있도록 하기 위해 인접한 두 선로 중심 상호 간의 간격을 규정으로 정해두고 있는데 이를 궤도중심간격이라 한다.

① 정거장 외
    ㉠ 2선의 선로를 나란히 설치하는 경우 : 4.0[m] 이상
    ㉡ 3선 이상의 경우 : 인접하는 선로 중 하나는 4.3[m] 이상
    ㉢ KTX 선로 : 5.0[m] 이상

② 정거장 내 : 4.3[m] 이상

③ 곡선부 : $w = \dfrac{50,000}{R}$ 의 2배만큼 확장(각각의 선로를 $\dfrac{50,000}{R(\mathrm{m})}$[mm] 만큼 확대)

④ 선로 사이에 전차선로 지지주 및 신호기 등을 설치 시 그만큼 확대함

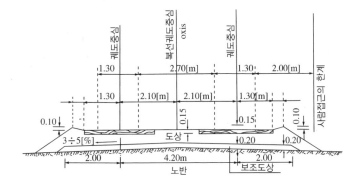

7. 선로의 부담력

본선에 있는 선로의 부담력, 즉 궤도(레일을 제외)와 노반의 부담력은 다음과 같다.

노반구간의 종별	표준활하중	속도[km/h]	비 고
1급선	L-22	150	• 교량 : LS-22
2급선	L-22	120	• 전동차 전용선 : EL-18
3급선	L-22	90	
4급선	L-22	70	

※ LS하중 : 일반철도의 표준 활하중으로 Cooper Load를 이용
　 EL하중 : 전동차 전용하중
　 HL하중 : 경부고속철도 표준 활하중으로 UIC-702하중을 적용

8. 노 반

① 천연의 지반을 가공하여 만든 인공의 지표면인 철도노반은 궤도를 직접 지지하고 궤도상을 중량이 큰 열차가 간단없이 고속도로 운전된다.
② 노반은 궤도로부터 작용되는 열차하중에 의한 압력과 충격으로 침하가 되거나 변형이 되어서는 안 되며 우수와 유수의 침해를 받아서는 안 된다.
③ 돋기개소에서는 노반의 전압(轉壓)에 주의하여야 하고 깎기개소에서는 배수가 양호하도록 유의하여야 한다.
④ 궤도역학상 궤도의 진동성상에 미치는 노반의 영향이 크고, 또한 노반의 배수가 궤도보수상 지대한 영향을 주고 있으므로 돋기면과 깎기면의 구배를 적절하게 결정하여야 하며 떼와 석재로서 그 비탈면을 보호하도록 한다.
⑤ 절취 또는 성토부분의 사면을 법면이라 하는데, 절취법면의 구배율은 지질이나 법면의 높이에 따라 다르지만 1 : 0.8~1.5로, 성토법면의 경우 역시 지질이나 높이에 따라 다르나 일반적으로 1 : 1.5로 하고 있다.

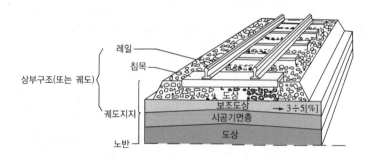

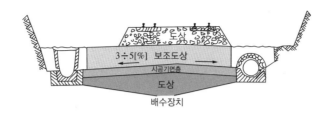

[노반에 따른 배수설비의 설치]

9. 건축한계와 차량한계

(1) 한계의 의의

철도차량은 고속도 주행이므로 그 통로에 접근하여 건축되는 각종 구조물과 차량과의 상간에는 상당한 여유를 두어 주행차량의 동요에 대하여서도 위험이 없도록 하여야 한다.

(2) 건축한계(Construction Gauge)

① 차량운전에 지장이 없도록 궤도상에 일정공간을 설정하는 한계로서 건물과 모든 건조물은 이 한계를 침범할 수 없다. 건축한계의 치수는 우선 차량한계를 결정하고 이 한계에 상당한 여유를 두고 결정한다.

② 일반구간에서의 건축한계로 그 폭은 차량한계의 폭 3.6[m]에 양측으로 30[cm]의 여유를 두어 4.2[m]로 하였으며, 그 높이는 차량한계의 레일면상에서의 높이 4.5[m]에 65[cm]의 간격을 두어 5.15[m]로 하였다.

(3) 차량한계(Rolling Stock Gauge, Vehicle Gauge)

차량단면의 최대치수를 제한한 것으로 차량의 어떠한 부분도 이 한계에 저촉되는 것을 일체 허용하지 않는다. 그러므로 성능이 우수하고 수송량이 큰 차량이라 할지라도 차량한계를 검토하여야 한다.

※ 차량한계의 예외 부분(건축한계 이내)

    ① 바퀴폭 내에서의 차륜(차바퀴)

    ② 도유기(Lubricator)

    ③ 차량정지상태의 열린상태의 문

    ④ 제설장치, 크레인 등의 특수장치(사용 중인 경우)

    ⑤ 보조 배장기(장애물 제거기)

1. 레 일

(1) 레일의 역할

레일은 열차하중을 직접 지지하고 원활한 주행면을 가지고 있어 열차운행을 용이하게 하는 반면 연직력 이외에 두부에 가해지는 힘과 직각방향의 수평력과 길이 방향의 수평력이 동적으로 작용하므로 이에 견딜 수 있는 재질과 형상을 가져야 한다.

(2) 레일의 무게와 길이

① 레일의 무게는 일반적으로 단위 [m]당 중량[kg], 즉 [kg/m]로 표시하며 중량과 단면계수가 클수록 보수주기가 길며, LS-상당치가 높아 유리하다.

② 우리나라에서는 주로 30[kg], 37[kg], 50[kg], 60[kg] 레일이 사용되고 있으며, 경부본선용 레일로 는 50[kgN] 레일을 주로 사용하고 교량, 터널 등의 취약구간은 60[kg] 레일을 기본으로 한다.

③ 레일길이는 운전의 안전, 승차기분, 궤도보수의 절감 등을 고려할 때 가능하다면 길수록 좋으며 25[m]가 정척이며 25[m]보다 짧으면 단척레일, 25[m]보다 크고 200[m] 미만을 장척레일, 200[m] 이상을 장대레일이라 한다.

④ 대체로 우리나라에서 사용하는 레일은 미국철도기술협회의 ARA형이나, 미국 펜실베이니아 철도에 서 설계한 PS 및 일본 국철 신간선에서 사용되는 N형 레일이 사용되고 있다.

(3) 레일의 재질

① 레일의 재질은 일반적으로 탄소강레일을 쓰며 탄소강레일의 특성은 규소, 망간, 인, 유황 등의 영향 도 일부 받으나 대부분 탄소의 함유량으로 결정된다.

② 망간과 규소는 적정량의 함유량일 때 강질을 좋게 하나 인과 유황은 소량이라도 큰 악영향을 미친다. 그러나 인과 유황을 완전히 제거한다는 것은 불가능하다.

(4) 레일의 마모와 내구연한

① 레일과 차량은 접촉면적이 적은 상태에서 차량이 주행하므로 차량의 강한 마찰에 의하여 레일이 마모 하게 된다.

② 이 현상은 레일이 연하고 경량일수록, 직선보다 곡선의 외궤쪽이, 곡선반경이 작을수록, 평탄선보다 구배선이 심하며 열차중량, 속도, 통과톤수가 많을수록 마모진행이 빠르다.

③ 레일길이 방향으로 수[cm] 또는 수십[cm] 간격으로 파형으로 마모되는 파상마모 현상이 있으나 이것 은 도상이 과도하게 견고 고결(固結)한 개소와 콘크리트 도상 등 레일의 지승(支承)체가 단단하여 탄성이 부족한 것에 기인한다.

④ 레일의 내구연한을 결정하는 훼손, 부식, 마모 등의 3요인이 있다.

⑤ 레일피로 현상이 있으면 레일을 교체하여야 한다. 일반적으로 레일의 수명은 궤도, 노반, 운전, 환경, 통과톤수 등에 지배되며 일정치는 않으나 대략 20~30년, 해안에서는 12~16년, 터널 내에서는 5~10년을 갱환(다시 바꿈)한도로 보고 있다.

(5) 레일의 이음매의 종류

① 구조상 분류

ㄱ 보통이음매

보통의 이음매 구조로서 이음매판, 볼트, 로크너트와셔 등으로 체결하는 것이다.

ㄴ 특수이음매

전기신호구간의 절연이음매, 이종 레일의 연결점에 사용되는 이형이음매와 중계레일, 용접한 장대레일의 단부에 사용되는 신축이음매, 용접하여 외관상으로는 이음매가 없는 장척 또는 장대레일의 용접이음매 등이 있다.

② 배치상의 분류

ㄱ 상대식 이음매

좌우 레일의 이음매가 동일 위치에 있는 것으로 상호식보다 열차의 상하동이 많고 이음매의 열화도가 크나 보수작업은 상호식보다 용이하다.

ㄴ 상호식 이음매

한쪽 레일의 이음매가 상대 쪽의 중앙부분에 있도록 배치한 것으로 충격이 상대식보다 적으나 이음매부가 많아 궤도의 좌우 불균형으로 인한 차량의 좌우동을 주게 되어 보수작업에 각별한 유의가 필요하다.

상대식 이음매　　　상호식 이음매

③ 침목 위치상의 분류

ㄱ 현접법

두 침목의 중앙부에 이음매를 두는 방법으로 이때 침목은 보통침목을 사용한다.

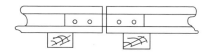

ㄴ 지접법

이음매를 침목 직상부에 두는 방법으로 이 침목을 이음매침목이라 하며 규격이 보통침목보다 다소 크다.

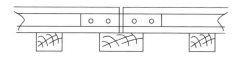

© 2정 이음매법

이음매 지지력을 보강하기 위하여 2개의 보통침목을 병설하고 볼트로 체결하여 사용하는 방법으로 레일처짐이나 끝닳음을 어느 정도 방지할 수 있으나 침목폭이 넓어 도상다지기 작업이 다소 곤란하다.

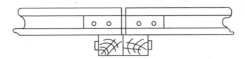

(6) 레일이음매판의 구비조건

① 이음매 이외의 부분과 강도와 강성이 동일할 것
② 구조가 간단하고 설치와 철거가 용이할 것
③ 레일의 온도 신축에 대하여 길이 방향으로 이동할 수 있을 것
④ 연직하중뿐만 아니라 횡압력에 대하여서도 충분히 견딜 수 있을 것
⑤ 가격이 저렴하고 보수에 편리할 것

(7) 장대레일과 신축이음매

① 궤도의 최대 약점인 레일의 이음매가 없으면 보수비용이 줄고 승차감도 크게 개선되지만 온도 변화에 따른 레일 신축의 처리가 곤란하고 레일의 좌굴, 파단 등의 염려가 있다.
② 그러나 레일 용접기술의 발달, 신축이음매의 개발, 도상저항력이 큰 P.C 침목과 원석을 깨어 만든 깬자갈 도상의 보급 등에 의해 장대레일이 널리 채용되고 있다.
③ 온도 변화에 의한 레일의 신축량은 선팽창계수×온도변화량×레일의 길이로 계산할 수 있다.
④ 레일을 고정하였을 때(신축하지 못하도록 강제로 잡고 있을 때)의 축력(인장 혹은 압축력)은 탄성계수×단면적×선팽창계수×레일부설 당시와 축력 계산시의 기온의 차이로 계산하면 된다.
⑤ 장대레일의 경우에는 길게 용접한 레일의 중간부는 신축하지 못하도록 체결장치로 침목에 강제로 잡아매고, 침목은 축력에 잘 버틸 수 있는 깬자갈 등의 도상으로 위치를 고정하면서 양쪽 끝 약 100[m] 구간만 신축할 수 있는 구조로 양단구간에는 신축이음매를 설치하여야 한다.

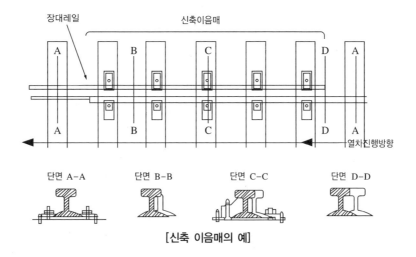

[신축 이음매의 예]

(8) 레일의 용접법

① 전기플래시 버트 용접법

용접할 레일을 접촉시키기 전에 적당한 거리에 놓고 서로 서서히 접근시키면 돌출된 부분부터 접촉하면서 이 부분에 전류가 집중하여 스파크가 발생하고 가열되어 용융상태가 된다. 적당한 고온이 되었을 때 양쪽에 강한 압력을 가해 접합시킨다.

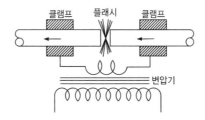

② 가스압접법

다음 그림에서 1과 3은 용접하려는 재료이고 2는 특수 형상을 한 산소 – 아세틸렌 토치이다. 또 5와 6으로부터 산소와 아세틸렌이 공급된다. 토치의 화염으로 용접 온도까지 가열하고, 적당한 온도에서 1과 3의 접촉면을 강하게 압축하면 완전한 접합이 된다.

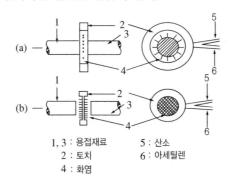

1, 3 : 용접재료   5 : 산소
2 : 토치   6 : 아세틸렌
4 : 화염

③ 테르밋용접

알루미늄(Al)과 산화철(Fe_2O_3)의 분말을 혼합한 것을 테르밋(Thermit)이라 하며 이것을 점화시키면 3,000℃의 고열을 내면서 알루미늄이 알루미나(Al_2O_3)가 되고 철(Fe)을 유리시키기 때문에 용융된 철을 용접부분에 주입하여 모재를 용접하는 방법이 테르밋용접이다. 테르밋 주조용접(Thermit Cast Welding)을 할 때에는 용융된 철을 주입할 주형을 용접할 부분에 만든다.

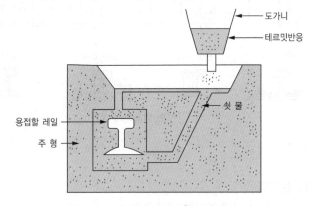

[테르밋 주조용접]

2. 침 목

(1) 침목의 역할

침목은 레일을 견고하게 붙잡아 좌우 레일의 간격을 바르게 유지하면서 레일로부터 받은 열차하중을 도상에 넓게 분포시켜 준다.

(2) 침목의 구비조건

① 레일과 견고한 체결에 적당하고 열차하중을 지지할 수 있는 강도를 가질 것
② 탄성, 완충성, 내구성 등이 풍부할 것
③ 수평방향의 도상저항이 크고 도상다지기 작업에 편리한 치수일 것
④ 취급이 용이하고 내구연한이 길고 경제적일 것

(3) 침목의 종류

사용개소에 의한 분류	부설법에 의한 분류	재질에 의한 분류
• 보통침목	• 횡침목	• 목침목
• 분기침목	• 종침목	• 콘크리트침목
• 교량침목	• 블록침목	• 철침목
• 이음매침목		• 조합침목(합성침목)

(4) 목침목

① 목침목은 목재의 다용도성으로 보아 타 재료가 따르지 못하여 목재자원의 빈약함에도 불구하고 아직도 분기부, 곡선부, 교량상에는 타 재료의 침목을 불허하는 실정이다.

② 목침목은 가공이 간편하고 체결이 용이하며 탄성이 풍부하여 완충성이 크고 보수와 갱환(다시 바꿈) 작업이 용이하며 전기절연도가 크다는 등의 장점이 있다.

③ 자연부식으로 내구연한이 짧고 기계적 손상이 쉽게 발생하며 충해 등을 받기가 쉽다는 결점이 있다.

④ 보강 침목수명을 연장시키기 위하여 반드시 사용 전에 방부처리하도록 규정하고 있다. 또 타이프레트나 패드를 사용하여 기계적 손상을 경감시켜 수명을 연장하고 있다. 방부처리법은 소재를 6개월 ~ 1년간 야적하여 완전히 건조시킨 후에 하도록 하고 있다.

중요 CHECK

방부처리 방법
① 베셀법(Bethell법)
② 로오리법(Lowry법)
③ 류우핑법(Rueping법)
④ 볼톤법(Boulton법)

(5) PC(Prestressed Concrete) 침목

① PC 침목은 압축에는 잘 견디지만 인장에는 약한 콘크리트의 약점을 보완하여 침목으로 사용하는 것으로 내장된 강선을 인장하여 미리 스트레스(응력)를 가한 다음 콘크리트를 흘려 넣어 제작한다.

② 침목 내의 콘크리트는 항상 강선으로 압축되어 있는 상태로 되어 굴곡하중에 강하게 되고 균열이 생기지 않는다.

③ PC 침목은 목침목에 비해 약 5배나 오래 쓸 수 있고 보수비용이 절감되며, 도상저항이 커서 장대레일 부설이 쉽다는 점 등 장점이 있다.

④ 무게가 무거워 취급이 어렵고 도상을 보수할 때 파괴되기 쉬우며 전기절연이 목침목에 비해 떨어지는 등 단점도 있다. 가격도 목침목에 비해 비싸다.

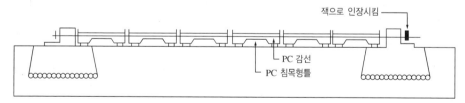

[PC 침목 제작 원리]

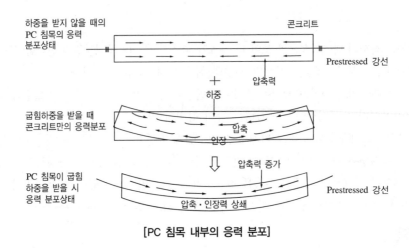

[PC 침목 내부의 응력 분포]

(6) 기 타

① 콘크리트 침목은 레일의 체결장치 전기절연도 자중의 경량화, 강도의 확보, 균열방지 등에 문제점이 많아 거의 사용하지 않고 있다.

② 철제침목은 콘크리트 침목과 마찬가지로 목재자원의 고갈을 극복하려고 고안 제작된 침목이나 최근 별로 사용되지 않고 있다.

③ 조합침목은 두 가지 이상의 서로 다른 재료를 조합하여 각각 그 특성을 발휘하도록 제작된 침목을 말하며 합성침목, 집성침목, 혼합침목 등 여러 가지 이름으로 불리고 있다.

3. 레일 체결장치

(1) 개 요

레일을 침목이나 슬래브 등의 지지물에 고정하여 궤간을 유지함과 동시에 차량 주행 시에 차량이 궤도에 주는 여러 방향의 하중이나 진동, 주로 상하방향의 힘, 횡방향의 힘 및 레일길이 방향의 힘 등에 저항하고 이들을 하부구조인 침목, 도상, 노반으로 분산 혹은 완충하여 전달하는 기능을 가진 것을 말한다.

(2) 레일 체결장치의 분류

① 목침목용 레일 체결장치 : 스파이크(레일누름못), 나사스파이크, 타이플레이트(레일지지판), 코일스 프링형

② PC침목(콘크리트침목)용 레일 체결장치 : 판스프링, 팬드롤형, 보슬로형

③ 철침목용 레일 체결장치

④ 슬래브궤도 등 직결궤도용 레일 체결장치

(3) 탄성체결

① 개 요

㉠ 열차가 주행할 때 레일에 발생하는 고주파(매초 1,000회 정도) 진동이 궤도파괴의 원인이 되므로 이 진동을 흡수시키기 위하여 탄성이 풍부한 체결방법을 고안하였다.

㉡ 탄성이 있는 레일못 스프링 클립(Spring Clip) 외에 타이패드 등을 사용하여 열차의 충격과 진동을 흡수 완화하고 레일이 침목에 박히는 것과 소음을 방지한다.

㉢ 탄성 클립만으로 체결하는 것을 단탄성 또는 일중탄성체결이라 하며 이에다 고무제의 타이패드를 깔고 상하 쌍방에서 체결하는 것을 이중탄성체결이라 하고 이들은 궤도구조 근대화에 필요불가결한 중요한 부분이다.

[탄성체결구의 체결력]

체결구형식		체결력[kg]
재래형(합성식, 동아식, 한성식 등)		400~500
코일스프링클립형	PR형	650~800
	e형	1,100~1,400

② 구 성

㉠ 베이스플레이트

레일과 침목 간에 삽입되는 숄더를 가진 철판을 말하며 재래의 목침목용 단순 체결장치인 스파이크와 함께 이용하는 타이플레이트와 구별하기 위하여 목침목용 2중탄성 레일체결장치의 플레이트를 베이스플레이트라 부른다.

㉡ 체결 스프링

체결 스프링이란 탄성을 가진 레일패드와 함께 2중 탄성을 구성하는 중요부품으로 레일패드를 항상 압축 상태로 유지하고 체결력에 의하여 생기는 마찰력에 의하여 레일의 복진(선도밀림)을 방지하는 작용을 한다.

㉢ 레일패드

재료로는 EVA(Ethylene Vinyl Acetate) 레일의 저부(바닥면)가 닿는 면에는 원형의 블록부가 형성되어 있다.

㉣ 절연 블록

재료는 나일론66을 사용하며 절연과 궤간을 유지 작용한다.

4. 도 상

(1) 도상의 목적

도상은 침목이 받는 차륜하중을 노반에 전달함과 동시에 침목을 소정위치에 견고히 안치하고 깬자갈, 친자갈 및 콘크리트 등으로 구성되는 입상체로 구성된 궤도구조 부분을 말한다.

① 레일 및 침목 등에서 전달된 하중을 널리 노반에 전달할 수 있을 것
② 침목을 소정위치에 고정시키고 안치하여야 하며 경질이고 수평 마찰력이 클 것
③ 침목과 레일을 탄성적으로 지지하고 차량으로부터의 충격을 완화하고 궤도의 열화를 경감시킴과 동시에 성차기분이 양호할 것
④ 배수가 양호하고 동상과 잡초를 방지하며 니토(泥土)와 진애의 혼입이 없을 것
⑤ 궤도정비작업에 대하여 취급이 용이하고 재료공급이 영속적이며 경제적일 것

(2) 콘크리트 도상

① 지하철도나 장대터널 내 등에서는 궤도의 보수작업이 일반 노천구간보다 곤란하며 특히 배수와 다지기 작업이 불편하므로 궤도의 열화도가 심하다. 그러므로 이 구간의 결함을 극복하기 위하여 콘크리트 도상을 구축하는 경우가 있고 이 부분을 콘크리트 도상 또는 고정도상이라고 한다.
② 열차횟수가 많아 보수작업이 곤란한 고가선, 건널목 부분, 객차세척선 등에 사용되며 서울시 지하철 구내에 대개 콘크리트 도상이 부설되어 있다.
③ 콘크리트 도상은 초기 투자비가 고가이고 탄성이 부족하며 반영구적 시설물로 틀림발생 시 보수작업 등에 어려움이 있는 결점이 있다.
④ 콘크리트 도상의 탄성부족을 극복하기 위하여 여러 가지 탄성체결방식이 고안되고 있으며 특히 목재의 단침목을 사용하거나 고무재패드(Pad)로 탄성을 충분히 갖게 하는 방법 등이 시행되고 있다.

(3) 슬래브 궤도

① 블록식 직결궤도의 결점을 개선한 신궤도 구조로서 기본구조는 레일을 지지하기 위한 프리캐스트 콘크리트(궤도슬래브)와 상(床) 콘크리트 및 이 사이에 완충제로서 진충한 시멘트 아스팔트로서 전면 지지 방식으로 되어 있다.
② 우리 철도에는 현재 채용되지 않고 있으나 외국에서는 터널 내, 고가교 등에 시행 중이며 특히 일본 신간선에서는 보수노력을 성력화(省力化)하기 위하여 전 구간에 걸쳐 시행하고 있다. 초기 투자비가 많은 것이 결점이다.

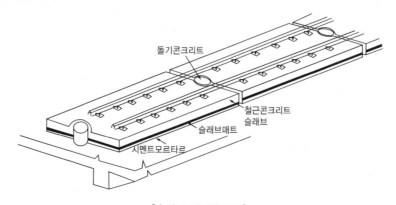

[슬래브 궤도의 구조]

5. 궤도의 부속설비

(1) 레일 버팀쇠

① 궤도의 곡선부에는 외측레일에 캔트(궤도기울기)를 부침으로 이 부분의 캔트 설정속도보다 빠른 열차는 곡선의 외궤에, 느린 열차는 내궤에 횡압력을 줌으로써 곡선부에서는 궤간확대, 레일두부(레일 상부)의 경사(정도가 적다), 레일못의 솟아오름 및 못구멍의 확대 등이 일어난다.

② 이것을 방지하기 위하여 타이프레트를 사용하지 않은 곡선부에는 궤간 외측에 철재 또는 목재지재를 부설하여 곡선반경이 적으면 부설간격을 적게 하여 많은 지재를 사용하고 곡선반경이 크면 간격을 크게 하여 못으로 침목에 고정시킨다.

③ 분기부엔 차량 충격이 심하므로 궤간(선로간격)확보가 곤란하여 매침목마다 강제의 견고한 레일 버팀쇠를 설치하여야 한다.

(2) 게이지 타이 로드(Gauge Tie Rod, 궤간확대방지장치)

종침목구간이나 분기기 전단부에서 궤간 확대 경향이 많으므로 좌우 레일을 연결시켜 궤간 확보를 하기 위하여 게이지 타이 로드를 사용하고 자동 신호구간에서는 좌우 레일을 전기적으로 절연하는 구조로 하여야 한다.

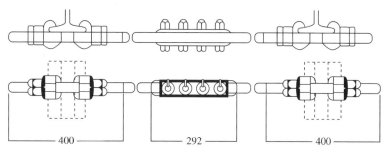

[게이지 타이 로드(전기절연용)]

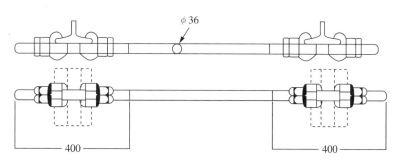

[게이지 타이 로드(일반용)]

(3) 게이지 스트럿(Gauge Strut, 궤간축소방지장치)

게이지 스트럿은 크로싱부 궤간의 축소를 방지하기 위하여 사용한다.

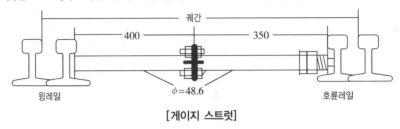

[게이지 스트럿]

(4) 가드(호륜)레일(탈선방지레일)

① 열차주행 시 차량의 탈선(궤도이탈)을 방지하고 탈선했을 경우에는 큰 사고를 예방토록 하며 그 외 차륜의 운연로(輪連路) 확보와 레일의 마모방지 등을 목적으로 본선 레일의 내측 또는 외측에 일정 간격으로 부설한 별개의 레일로서 열차운전에는 직접 사용하지 않는 것이다.

② 가드레일에는 그 목적에 따라서 안전가드레일, 탈선방지가드레일, 교량가드레일, 건널목가드레일, 포인트가드레일, 크로싱가드레일의 6가지가 있다.

(5) 기 타

레일앵커(레일고정장치), 훅볼트, 교량침목용 패킹, 교량침목용 계재(契材) 등

6. 분기기(선로바꿈틀)

(1) 개 요

① 열차 또는 차량을 한 궤도(1차원의 수송통로)에서 타 궤도로 전이시키기 위하여 설치한 궤도상의 설비를 분기장치 도는 분기기라 한다.

② 분기기부에서는 일반 궤도에 비해 텅레일의 단면적이 적고 또한 견고하게 체결되지 않을 뿐만 아니라 크로싱에 레일결선(缺線)부(레일이 없는 부분)가 있어 일반 궤도보다 통과속도가 낮게 제한된다.

③ 방향을 바꿀 때는 레버 또는 손잡이를 사용하는 수동식 전환기나 전기전철기로 끝이 뾰족하게 제작된 가동레일인 텅레일을 전환하고 쇄정(Locking, 잠금)시켜 열차가 지나갈 때 텅레일과 기본레일 사이에서 틈이 발생치 않고 밀착을 계속 유지토록 하여야 한다.

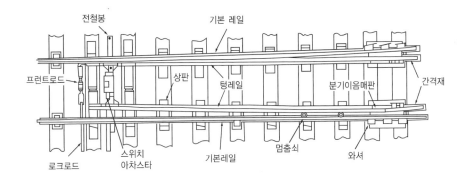

(2) 분기기의 구성

① 포인트부 : 어느 궤도로 진입할 것인가를 선택하는 부분
② 리드(유도)부 : 포인트 후단에서 크로싱 전단까지 부분
③ 크로싱부 : 궤간선(레일)이 교차하는 부분

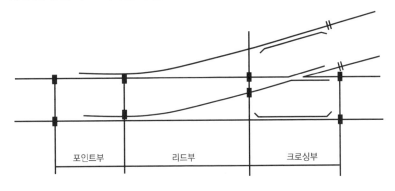

(3) 분기기의 대향과 배향

① 열차가 분기기를 통과할 때 포인트에서 크로싱방향으로 진입할 경우를 대향이라 하고 이와 반대로 크로싱에서 포인트방향으로 진입할 때를 배향이라 한다.
② 운전상의 안전도로서 대향 분기기(전면진입분기기)는 배향 분기보다 불안전하고 위험하다.

(4) 포인트의 정위와 반위

① 평상시는 일정방향으로 개통시키고 사용이 끝나는 직후 원래의 방향으로 복귀시킨다. 이 경우 상시 개통되어 있는 방향을 포인트의 정위라 하고 반대로 개통되어 있는 것을 반위라 한다.
② 실제에 있어서는 포인트가 어떤 방향이 정위인가는 대략 운전회수가 많은 중요한 방향이 정위가 된다.

정위의 표준
① 본선 상호 간에는 중요한 방향, 그러나 단선의 상하본선에서는 열차의 진입 방향
② 본선과 측선에서는 본선의 방향
③ 본선, 안전측선, 상호 간에서는 안전측선의 방향
④ 측선 상호 간에서는 중요한 방향, 탈선 포인트가 있는 선은 차량을 탈선시키는 방향

(5) 분기기 입사각

기본 레일과 텅레일의 교각 I를 포인트의 입사각(Switch Angle)이라 한다. 입사각은 차량의 원활한 주행을 위해 작을수록 좋다.

(6) 크로싱(Crossing)

① 두 개의 선로가 평면에서 서로 교차하는 부분을 크로싱(Crossing)부라 하는데 V자형의 노즈 레일 (Nose Rail)과 X자형의 윙레일(Wing Rail)로 구성되어 있다.

② 크로싱의 번호는 $\dfrac{L_1}{L_2}$ 으로 결정한다. $L_1 : L_2 = 8 : 1$이면 8번 분기, $15 : 1$이면 15번 분기라고 표시한다.

③ 포인트의 종별, 레일의 종류([m]당 무게), 분기기 번호에 따라 첨단 레일의 길이, 입사각, 크로싱 각(角), 리드부의 반경 등이 정해져 있다.

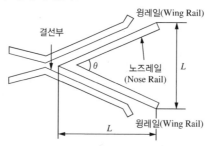

번 호	크로싱각(θ)	번 호	크로싱각(θ)
#8	7°09'	#15	3°49'
#10	5°43'	#18	3°11'
#12	4°46'	#20	2°52'

(7) 고정 크로싱과 가동 크로싱

① 고정 크로싱

크로싱의 각부가 고정되어 윤연로(輪漣路)가 고정되어 있는 것으로 차량이 어떤 방향으로 진행하든지 결선부를 통과하여야 하므로 차륜의 진동과 소음이 크고 승차기분이 불쾌하다.

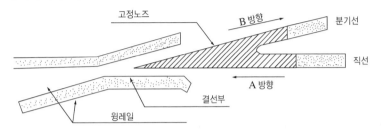

② 가동 크로싱

가동 크로싱은 고정 크로싱의 최대 약점인 결선부를 없게 하여 레일을 연결시켜 격심한 차량의 충격 동요, 소음 등을 해소하고 승차기분을 개선하여 고속열차운행의 안전도 향상을 도모하는 데 그 목적이 있다.

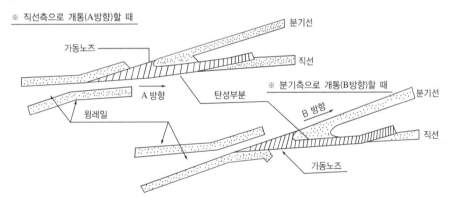

(8) 결선부(缺線部)

① 크로싱에는 기본선과 분기선이 교차하는 곳에 차량의 차륜이 통과할 수 있도록 레일이 없는 곳, 즉 결선부(缺線部)가 생기게 된다.

② 크로싱이 있으면 차량의 충격, 동요, 소음 등으로 고속열차를 안전하게 운행할 수 없을 뿐 아니라 승차감도 떨어진다. 또한 차륜이 노즈레일의 끝부분을 밟아 노즈레일이 손상, 마모되기 쉽다.

③ 손상마모를 방지하기 위해 고망간강 크로싱(Mn 11~14[%])을 사용하여 내구성을 향상시키고 있으나 차량 충격과 승차감 문제는 그대로 남기 때문에 궤간의 결선을 없애기 위해 고속선에서는 노즈부가 이동하는 구조로 된 노즈 가동 크로싱을 사용하기도 한다.

(9) 가드레일(Guard Rail)

차량이 크로싱의 결선부를 통과할 때 차륜의 플랜지가 다른 방향으로 진입하거나 노즈의 끝부분을 훼손시키는 것을 막기 위해, 즉 차륜을 목표방향으로 안전하게 유도하기 위해 반대측 주 레일에 가드레일을 부설한다.

제3절 궤도형상과 차량운행

1. 일반 토목구조물과 궤도의 차이점

① 일반 토목구조물은 영구구조물로서 거의 변형을 허용하지 않는다(실질적으로는 탄성한도 내에서 변형은 허용되고 외력과 변위가 서로 비례).
② 궤도는 특수구조물로서 노반 위에 도상, 침목, 레일 등이 부설되어 있으나 분리된 상태이며 외력에 의해 변형을 허용하는 구조로 항상 원형 유지는 불가능하다(유지보수는 원형 유지 지향).

2. 궤도에 작용하는 힘

(1) 윤 중

차륜이 레일과 접촉면을 통해서 궤도에 전달되는 수직력을 말한다.

① 정지윤중
  ㉠ 차량의 정차 시 차량의 중력이 기초가 되는 힘
  ㉡ 구조물 설계 시 중련한 증기기관차의 하중을 기초로 설계

② 동적윤중
  ㉠ 주행을 기초로 동적인 변동을 가해주는 힘
  ㉡ 속도에 비례하여 증가하는 동적인 변동(차륜/레일 요철이 가진 원)
   • 축 스프링 위의 중량에 기인 시는 정적윤중의 약 10[%]
   • 스프링 아래의 중량에 기인 시는 정적윤중의 80[%]
  ㉢ 횡압에 기인하는 모멘트에 의한 증감(정적윤중의 80[%])
   • 곡선 주행 시 횡압에 의한 윤중의 변동
   • 불평형 원심력에 의한 윤중의 변동

(2) 횡압

횡압은 차륜과 레일의 접촉면을 통하여 차륜으로부터 수평방향으로 레일에 직각으로 작용하는 힘으로 차량이 완전히 안정되어 곡선에서 캔트(궤도기울기)균형으로 양측 차륜의 답면(닿는면) 구배를(기울기) 기초로 윤경차에 의한 윤축이 완전히 안내되면 발생되지 않는다.

① 곡선통과 시 윤축의 방향 전환에 의한 것(전향횡압)

윤축이 곡선을 주행할 때 윤경차에 의한 안내가 충분하지 않고 또한 윤축이 차체 또는 대차에서 구속되어 곡선을 통과할 때 차륜이 곡선의 활선방향으로 진행하게 되어, 플랜지에 의해 구속되는 외궤레일을 따라서 전동하는 경과 곡선 내측으로 미끄러짐에 의해 발생한다.

② 곡선통과 시 불평형 원심력에 의한 것

캔트가 부족할 때는 곡선 외방(바깥쪽)으로, 캔트가 과대할 때는 곡선 내방으로 작용한다.

③ 차량 동요에 의한 관성력에 의한 것

㉠ 차체를 중심으로 한 1~2[Hz]의 저주파의 고유진동과 대차를 중심으로 한 10~20[m] 정도의 장파장을 갖는 고유진동에 기초를 둔 두 가지가 있다.

㉡ 레일에 대해서는 궤도틀림에 의한 강제진동의 반력과 대차의 안정이 나쁜 사행동을 발생하는 경우에는 차량 자체가 궤도틀림과 관계가 되는 자력적인 진동을 발생하여 충격력을 발생한다.

④ 분기기·신축이음매 등 특수개소에서 충격력

조립된 부재에 의해 구성되며, 때로 결선부를 갖고 있기 때문에, 그 좌우방향의 형상으로 탄성을 동일하게 유지하기가 어렵기 때문에 발생하는 횡압이다.

(3) 축 력

레일의 길이 방향으로 작용하는 축력은 다음과 같다.

① 레일의 온도변화에 의한 힘

레일, 침목, 도상 및 노반에서 노반을 형성하는 구조물이 있는 경우는 구조물을 포함한 내력과 작용하는 힘으로 한랭에는 인장력이 더울 때는 압축력이 레일에 작용한다. 그 값은 온도변화 외에 레일과 이를 지지하는 부재 간의 상대변위에 따른 반력에 의해 정한다.

② 차량 가속 및 제동에 의한 반력

그 운동이 차륜/레일의 점착력에 의한 경우는, 차륜과 레일 간의 점착력을 초월하지 않고, 가감속과 관계되는 관성질량에 의하나, 이 힘은 차륜과 레일 상대운동으로 크리프를 통하여 레일에 전달하게 된다.

③ 차량이 구배구간을 통과할 때 윤중이 레일 길이 방향으로 미는 힘

등속운전에서도 차륜과 레일 간의 점착을 통해서 동력의 분력으로 작용된다.

④ 곡선 통과 시 윤축의 전향에 따라 활동하므로 레일 길이 방향으로 미는 힘

차량 내에서 조합된 내력이 있기 때문에, 차량의 범위를 초월하여 작용하지는 않는다.

3. 주행 시 안전

(1) 전 복

① 곡선에서의 고속 주행 시 캔트가 부족할 경우(곡선 외측으로 전복)

안전율을 고려한 합력의 범위 궤간 중앙 1/4 이내

② 곡선에서의 정지 시 최대 캔트와 관련(곡선 내측으로 전복)

안전율을 고려한 합력의 범위 궤간 중앙 1/3 이내

③ 곡선 통과 시의 태풍과 조합된 합력에 의한 전복

열차 운전취급규정에 의거하여 풍속 30[m/s] 초과 시 열차 정지

(2) 탈 선

차륜이 정상적인 위치에서 궤간 내외로 떨어지는 현상으로 차륜과 레일 간 횡압이 차륜을 압상시키고 이를 윤중이 억제하고 있으나 억제하는 힘이 압상하는 힘보다 작을 때 플랜지가 레일을 타넘는 현상이다.

① 궤간 내 탈선

② 올라탐 탈선

③ 미끄러져 오름 탈선

④ 뛰어오름 탈선

(3) 레일전도에 의한 탈선(궤도의 횡압한도)

레일체결부가 파손되거나 침목이 도상중을 횡이동하여 레일 또는 궤도틀림의 발생으로 레일의 전도에 의한 탈선 초래

① 목침목에 스파이크(레일누름못) 체결의 횡압한도

② 레일탄성체결장치의 횡압한도

③ 침목의 도상 중 이동에 의한 급격한 방향 틀림·발생 한도

4. 궤도의 형상

(1) 곡선의 필요성

① 철도선로는 가능한 한 직선이라야 할 것이나, 지형이나 구조물 때문에 방향을 바꾸어야 할 때는 곡선을 삽입하고, 또 구배(기울기)의 변화점에서는 열차의 분리나 탈선(궤도이탈)을 막기 위해 종곡선을 삽입하기도 한다.

② 차량의 원활한 주행을 위해 삽입하는 곡선은 원호의 일부분인 원곡선과 완화곡선으로 이루어지며, 곡선 부위에서는 차량주행 시 원심력에 의한 전복을 막기 위해 캔트를 설치하여야 한다.

③ 곡선에서의 원활한 주행을 위해서는 곡선 부위에 적당한 슬랙(Slack, 궤간확대)도 넣어주어 곡선 부위의 레일 간격을 직선 부위에서보다 약간 넓혀주어야 한다.

구 분	곡선반경(최소곡선반경)				측선과 측선의 분기에 부대하는 곡선
	본 선		본 선		
선로 등급			분기에 부대하는 경우		
	정차장 외 본선	정차장 내 본선	주요본선	기타본선	
1급선	600[m] 이상	600[m] 이상	550[m]까지 축소가능	330[m]까지 축소가능	• 주요한 것 : 150[m] 이상
2급선	400[m] 이상	550[m] 이상	330[m]까지 축소가능	230[m]까지 축소가능	• 기타 : 120[m] 이상
3급선	300[m] 이상	400[m] 이상	230[m]까지 축소가능	230[m]까지 축소가능	• 운전할 차량을 제한할 때 : 80[m]까지
4급선	250[m] 이상	400[m] 이상	150[m]까지 축소가능	150[m]까지 축소가능	
비 고	• 특수한 경우 － 3급선 : 250[m]까지 축소가능 － 4급선 : 200[m]까지 축소가능	분기에 부대하는 곡선 : 분기로 인하여 생긴 분기 내 외측 곡선을 말함			

(2) 캔트(궤도기울기)

① 개 요

ㄱ) 곡선상에서 열차가 주행할 때 원심력에 의한 차량의 전복을 막고 승차감을 향상시키기 위해 외측 레일을 내측 레일보다 높게 부설하는데, 이때 외측 레일과 내측 레일의 높이의 차이를 캔트라 한다.

ㄴ) 튀어 나가려는 힘에 대하여 바깥쪽 레일을 들어 차량 중량의 수평분력으로 저항한다.

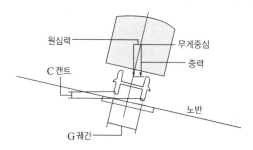

② 캔트의 크기

ㄱ) 캔트는 원심력과 차량 중량의 두 합력 작용선이 궤간(선로간격) 내에 작용하도록 고려하여야 한다(균형캔트).

ㄴ) 캔트의 값이 일정치 이상으로 되면 곡선상에서 차량이 정지하였을 때 차량이 곡선 내측으로 전도될 염려가 있으므로 정지한 차량의 중력선이 궤도궤간 1/3부분(궤도중심으로부터 $G/6$)을 벗어나지 않도록 캔트의 최대량을 결정하여야 한다(최대 캔트).

ㄷ) 실제 캔트에 대하여 균형속도를 상회하여 주행하는 경우 부족캔트는 전도로부터 안전율이 4로 차량에 작용하는 원심력과 중력의 합력이 궤도 중심으로부터 $G/8$ 이내에 들게 하고 있다.

③ 캔트공식

캔트의 양 C는 나라마다 다르게 정하고 있지만 우리나라 철도에서는 $C = 11.8 \dfrac{V^2}{R} - C$ 만큼의 캔트를 분기부를 제외한 곡선부에 붙여 선로를 건설한다.

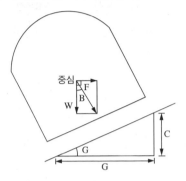

캔트의 양(C)

$$C = 11.8 \frac{V^2}{R} - C'$$

여기서, C : 캔트[mm]

   V : 곡선을 통과하는 열차의 속도[km/h]

   R : 선로의 곡선 반경[m]

   C' : 조정치([mm], 현장 실정을 고려하여 0~100[mm]를 준다)

④ 캔트 부족량(Deficiency of Cant)

㉠ 고속 및 저속 열차가 동시에 통과하는 곡선에서는 이 열차들의 2승 평균속도를 구하여 그 속도에 맞는 캔트를 설정하기 때문에 고속열차의 경우는 캔트가 부족하게 되고 저속 열차의 경우는 캔트가 남게 된다. 이처럼 고속열차의 부족한 캔트의 양을 캔트 부족량이라 한다.

㉡ 캔트 부족 때문에 원심력이 발생하여 안전성과 승차감이 떨어지기 때문에 캔트 부족량에도 한계를 두고 있는데 한국 철도의 최대 허용 캔트 부족량은 100[mm]이다.

㉢ 캔트를 붙일 때는 열차가 곡선상에서 저속으로 주행하든가 정차한 경우에도 곡선 내측으로 전도되지 않도록 적당량을 붙여야 하며, 160[mm]를 초과해서는 안 된다.

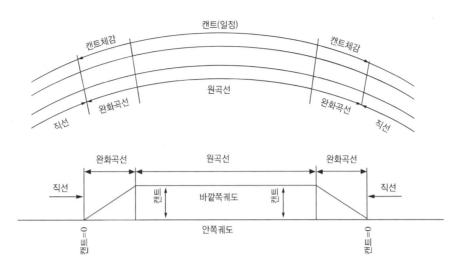

[곡선과 캔트의 증감 그리고 완화곡선]

(3) 완화곡선

① 철도차량이 직선에서 곡선으로 진입시 혹은 그 반대로 곡선에서 직선으로 진행할 때 열차의 주행방향이 급변하여 나타날 차량의 동요를 줄이기 위해 직선과 원곡선 사이에 $y = ax^3$의 3차 포물선을 삽입한다.

② 완화곡선의 길이는 차량이 곡선을 주행할 때 발생하는 대차의 3점 지지에 의한 부상(浮上) 탈선을 막기 위해 캔트의 체감을 완만하게 한다.

③ 주행차량이 받는 단위시간당 캔트의 양의 변화와 캔트 부족량의 변화는 승차감이 크게 저하되지 않는 범위 내에서 일정한 값 이상이어야 한다.

중요 CHECK

완화곡선의 길이

$$l = \frac{c \cdot n}{1,000}$$

여기서, l : 완화곡선 길이[m]이며 5[m]의 정배수(5[m] 미만은 올림)

c : 캔트[mm]

n : 선로등급에 따라 정해지는 상수를 각각 뜻한다.

구분 / 선로등급	완화곡선 삽입		직선 연장 [m]	구배(최급구배)	
	원곡선의 반경[m]	완화곡선의 길이		보통 경우	특별한 경우
1급선	2,000 이하	캔트의 1,300배 이상	70 이상	8/1,000까지	10/1,000까지
2급선	1,800 이하	1,000배 이상	50 이상	12.5/1,000까지	15/1,000까지
3급선	1,200 이하	700배 이상	30 이상	15/1,000까지	30/1,000까지
4급선	800 이하	600배 이상	30 이상	25/1,000까지	35/1,000까지

비고				• 전차선 전용선로 : 선로등급 관련 없이 35/1,000까지
				• 정차장 내 본선 : 3/1,000 이하
				  – 단차량을 유치하지 않는 경우
				   ⓐ 전차전용선로 : 10/1,000
				   ⓑ 전차전용선로 이외 : 8/1,000
				• 측선 : 3/1,000 이하
				  – 단차량을 유치하지 않는 경우 : 35/1,000 이하	

(4) 종곡선(Vertical)

① 선로구배의 변화점에서는 열차가 통과할 때 열차 전후방향으로 인장력과 압축력이 크게 작용하여 연결기가 파손될 위험이 있을 뿐 아니라, 차량이 부상(浮上)되어 탈선되거나 선로가 손상되기 쉽고, 상하동요(動搖)가속도가 증대되어 승차감을 나쁘게 한다.

② 건축한계와 차량한계에도 영향이 있으므로 이러한 악영향을 완화하게 하기 위하여 구배변화점에 종곡선을 투입해야 한다.

③ 종곡선은 보통 원곡선으로 반경 3,000~4,000[m] 이상으로 하고 있으나 포물선을 사용하는 나라도 있다.

④ 한국철도에서는 인접구배의 변화가 1급과 2급선에서는 1,000분의 4(4[‰]), 3급과 4급선에서는 1,000분의 5(5[‰])를 초과할 때는 종곡선을 삽입토록 규정되어 있으며, 선로등급별로 수평거리 20[m]에 대한 구배변화율이 규정되어 있다.

⑤ m[‰]와 n[‰]의 구배가 서로 접하고 있는 구배의 종곡선 부설에 필요한 수치인 L 및 y는 다음 식으로 구하는데 여기서 R은 종곡선의 반경[m]이다.

$$L = \frac{R}{2,000}(m \pm n), \ y = \frac{x^2}{2R}$$

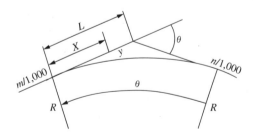

구 분	시공기면 폭	궤도(레일 제외)와 노반의 부담력		레일종별		도상두께 (최소)	차량중량(최대)		20[m]마다의 종곡선변화율(최대)	
선로 등급		표준 활하중	속 도	정차장 외 본선(정차장 내 주요본선)	기 타		축 중	1[m]당 평균	일 반	부득이한 경우
1급선	3[m] 이상	L-22	150[km/h]	60[kg] 이상	37[kg] 이상	침목하면부터 27[mm] 이상	22톤	7톤	2[‰]	4[‰]
2급선	3[m] 이상	L-22	120[km/h]	50[kg] 이상	37[kg] 이상	27[mm] 이상	22톤	7톤	2[‰]	4[‰]
3급선	2.7[m] 이상	L-18	90[km/h]	37[kg] 이상	30[kg] 이상	22[mm] 이상	22톤	6톤	3[‰]	5[‰]
4급선	2.5[m] 이상	L-18	37[km/h]	37[kg] 이상	30[kg] 이상	17[mm] 이상	15톤	5톤	3[‰]	5[‰]
비 고	• 전차전용선 : L-18 • 철도청장인정 중요3급선 : L-22									

(5) 최급구배

① 최급구배는 열차운전구간 중 기울기가 가장 심한 구배를 말한다. 선로의 구배는 수송력 및 열차속도에 영향이 크므로 작을수록 좋다.

② 일반적으로 주요 선로에는 수송력과 열차속도에 중점을 두어 구배를 작게 하고 그다지 중요하지 않은 선로는 경제적인 면에 더욱 중점을 두어 구배를 크게 한다.

③ 최급구배는 허용할 수 있는 가장 급한 구배라는 뜻이며 가능한 한 더 완만한 구배를 사용하는 것이 좋다.

④ 전차용 선로는 선로구간의 종별을 불문하고 그 한도를 35[‰]로 크게 하고 있는데 이는 전차의 성질상 급(急)구배를 쉽게 운전할 수 있고 전차가 주로 도회지구 간에서 운행되는 점을 고려하여 공사비절감을 위해서이다.

(6) 슬랙(Slack)

① 철도차량은 2개 또는 3개의 차축을 대차에 고정시켜 이들 차축들을 전후좌우로 이동할 수 없게 한 소위 고정차축으로 구성되어 있다. 또한 차륜에는 차륜이 레일에서 벗어나지 못하도록 하는 프랜지(Flange)가 있어 곡선부를 원활히 통과하는 것이 쉽지 않다.

② 곡선부에서는 내측에 있는 레일을 궤간외측으로 약간 확대시키는데 이를 슬랙(Slack)이라 한다.

③ 캔트와 마찬가지로 슬랙도 직선에서 0인 것을 점차 체증시켜 원곡선의 소요 슬랙양까지 증가시켜나가게 되어 있다.

④ 곡선반경 300[m] 이하인 곡선구간의 궤도에는 궤간의 다음의 공식에 의하여 산출된 슬랙을 두어야한다. 다만, 슬랙은 30[mm] 이하로 한다.

슬 랙

$$S = \frac{2,400}{R} - S'$$

여기서, S : 슬랙[mm]

　　　　R : 곡선반경[m]

　　　　S' : 조정치([mm], 현장 실정을 고려하여 0~15[mm]를 준다)

⑤ 반경 300[m] 이상의 곡선이라도 필요에 따라 4[mm]까지 슬랙을 붙일 수 있다. 다만, 슬랙은 30[mm] 이하로 한다.

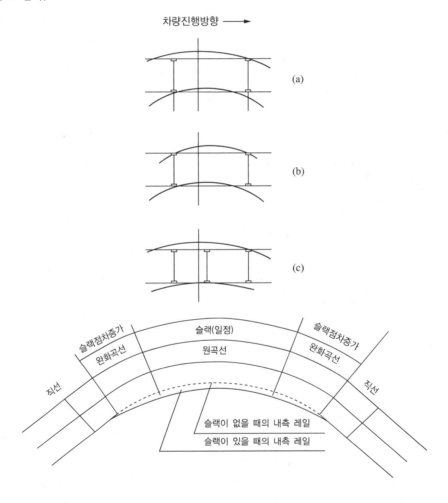

1. 궤도의 틀림

궤도는 열차를 지지하고 원활하게 유도하는 역할을 수행하고 있지만 외부의 영향(열차의 반복하중 및 기상조건 등)을 받아 차차 변형하여 차량 주행면의 부정합이 생긴다. 궤도 틀림은 차량 주행의 안정성이나 승차감에 미치는 영향이 커 중요하게 관리하고 있다.

(1) 궤간(선로간격) 틀림

"궤간"이란 양쪽 레일 안쪽 간의 거리 중 가장 짧은 거리를 말하며, 레일의 윗면으로부터 14[mm] 아래 지점을 기준으로 한다. 궤간의 표준치수는 1,435[mm]로 한다.

(2) 수평틀림

① 레일의 직각방향에 있어서의 좌우 레일 중앙면(직선에서 중심간격 1,500[mm])의 높이차, 즉 궤도면의 경사각이 직선부에서는 수평을 기준하고 곡선부에서는 캔트의 설정값에 대한 치수의 틀림양이다.

② 직선에서는 종점을 향해 우측레일이 높으면 (+), 그와 반대이면 (−)이며 곡선부에서는 설정캔트보다 높은 것을 (+)한다.

(3) 면틀림(높이차이)

① 면(고저) 틀림은 한쪽 레일에 있어서 길이방향에 대한 레일면의 높이차, 즉 레일 두부(레일상부)상면의 길이방향의 요철을 말하며, 일반적으로 10[m] 실을 레일 두부 상면에서 잡아 당겨 그 중앙위치(5[m])의 레일과 실과의 수직 거리에 의하여 나타낸다.

② 구배 변경점 부근 종곡선이 있는 경우에는 측정치에서 중앙종거량을 증감한다.

③ 높은 틀림을 (+)로 한다. 인력 검측 시 직선부에서는 선로의 종점률을 향해 좌측 레일을, 곡선부에서는 내궤측 레일을 측정한다.

(4) 줄틀림

① 줄(방향) 틀림은 궤간 측정선에 있어서의 레일 길이방향의 좌우 굴곡차를 말하며 면틀림과 마찬가지로 10[m]의 실로 측정하며 중앙위치에서의 레일면과 수평거리에 의하여 나타낸다.

② 곡선부에서는 곡선반경에 따른 중앙종거를 차인값으로 한다.

③ 인력 검측 시 직선부에서는 선로 종점을 향해서 좌측 레일을, 곡선부에서는 외궤측 레일을 측정하여 궤간의 외방으로 틀려져 있는 경우를 (+)로 한다.

(5) 평면성 틀림

① 평면성 틀림이란 궤도면의 비틀림을 나타낸 것으로 궤도의 일정거리의 두 점 간의 수평틀림치로 나타나며, 차량이 3점지지 상태로 인한 안전성 손상을 피하기 위해 관리한다.

② 국철에서는 측정하는 두 점 간의 간격은 5[m]로 한다.

③ 완화곡선에서는 캔트의 체가감으로 인해 구조적인 평면성 틀림이 발생한다.

④ 우리나라에서는 평면성의 변화 기준을 초당 1과 1/2인치를 넘지 못하게 완화곡선의 연장을 정하고 있다.

> **중요 CHECK**
>
> **복합 틀림**
> 줄틀림과 수평틀림이 반대 위치(부호가 서로 반대)로 복합되어 있는 틀림을 말하며, 우리나라에서는 관리하지 않고 있으나 일본에서는 관리하고 있다. 화물열차의 도중탈선 사고를 방지하기 위하여 관리하고 있다.(복합틀림 = |줄틀림 − 1.5 × 수평틀림|)

[궤도틀림의 정비 기준]

구 분	본선[mm]	측선[mm]
궤 간	+10 -2	+10 -2
수 평	7	9
고 저	• 직선(10[m]당) 7[m] • 곡선(2[m]당) 3[m]	• 직선(10[m]당) 9[m] • 곡선(2[m]당) 4[m]
방 향	10[m]당 7[m]	10[m]당 9[m]

2. 보선 작업

보선 작업은 선로정비규칙에 의하여 분류되며 보선의 기능을 정상화하기 위한 업무로, 그중 선로의 상태에 직접 관계하는 궤도보수작업의 비율이 절반을 차지하며 그 외에 여러 작업과 선로순회 등이 있다.

(1) 선로지장 업무 및 취급

선로에 대한 상례작업(일상작업)과 자주식장비작업, 선로차단작업 및 트롤리 사용 또는 기타 부득이한 사유로 열차와 차량 운행에 지장을 주거나 혹은 서행시킬 필요가 있는 상태에서의 선로상 업무를 말한다.

① **선로차단작업** : 선로를 일시 절단하거나 장애를 초래하여 열차 운전이 부적합한 상태로 있게 하는 작업

② **상례작업** : 선로차단작업에 의하지 아니하고 선로정비 및 보수를 하는 선로작업

③ **트롤리** : 궤도에서 용이하게 떼어낼 수 있는 소형장비

(2) 선로지장취급

① 열차 또는 차량의 운전에 지장을 주는 선로공사 또는 작업은 열차 운전을 제한하거나 중지하는 조치를 취하고 시행한다.

② 선로를 일시 사용 중지하고자 할 때는 청장 또는 지역본부장의 승인을 받아야 한다.

(3) 운전사항 협의

① 매일 근무시작 전(필요시 근무 완료 후) 작업 책임자(선임시설관리장 또는 감리원)는 운전취급을 하는 역의 역장과 직접 운전사항에 대한 협의를 하여야 한다(부득이한 경우에는 전화, 휴대무전기 또는 휴대전화기로 협의 가능).

② 운전협의 시 작업 책임자는 역장으로부터 열차운행 상태가 기재된 '운전협의서'를 받아 상호 서명한 후, 그날의 상례작업과 선로차단작업의 내용, 구간 및 시간 등을 기재한 '선로작업통고서'를 제출한다.

③ 작업 책임자는 차단작업 착수와 완료를 역장에게 반드시 통보하고 역장은 이를 인근역장에게 알리고 착수 시에는 표찰을 폐색기 조작판에 걸어야 한다.

(4) 선로작업 시행

① 선로작업을 할 때는 반드시 선로작업표를 세운 후 열차 감시원을 배치한 후 작업에 착수하고 작업은 특별한 경우를 제외하고는 열차 운전방향을 향하여 진행하여야 한다.

② 선로작업 중 열차 대피는 시공기면으로 하되 전원이 같은 쪽으로 피하여야 한다(작업 전 대피방법 및 방향 지시).

③ 선로작업표 건식(세움, 설치)

선로작업개소에는 선로작업표를 열차진행 방향에 대향으로 다음 기준 이상의 거리에 세워야 한다. 다만 작업표를 지형여건상 기관사가 400[m] 이상 거리에서 알아보기 어려운 때에는 알아보기 쉬운 적당한 위치에 세운다.

㉠ 130[km/h] 이상 선구 : 400[m]

㉡ 130[km/h] 미만~100[km/h] 이상까지 : 300[m]

㉢ 100[km/h] 미만 선구 : 200[m]

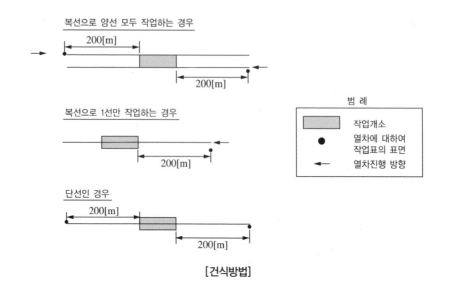

복선으로 양선 모두 작업하는 경우

복선으로 1선만 작업하는 경우

단선인 경우

범 례

작업개소
열차에 대하여
작업표의 표면
열차진행 방향

[건식방법]

(5) 임시신호기

선로의 상태가 일시적으로 열차의 정상운전을 허용하지 않는 경우(서행 등)에 설치하여 신호를 현시하는 것이다.

① 서행신호기

통과하려는 구역을 서행할 것을 지시(지장개소 전방 50[m] 거리에 설치)

② 서행예고신호기

진행 방향 전방에 서행 신호기 있음을 예고(서행신호기 400[m] 이상 거리에 설치)

③ 서행해제신호기

서행구역이 끝났음을 표시하는 것으로 서행 해제할 것을 지시(지장개소가 끝나는 지점을 지나 50[m] 지점에 설치)

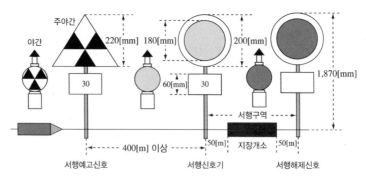

3. 레일의 관리

(1) 개 요

① 레일은 차량하중 등에 의한 외력과 외부환경에 의한 부식, 운전조건 등에 의해 마모되고, 손상(파단, 횡렬, 종렬(길이방향손상), 수평렬, 두부상면상, 파저, 기타)이 되며 이러한 현상을 탐상, 검측하여 대책을 세우고 삭정(다듬기)하거나 굽혀올림 또는 갱환(다시 바꿈)하여야 한다.

② 레일의 이음매 유간(레일 이음부 간격)은 레일의 온도 변화에 따른 신축을 용이하게 하기 위하여 마련되어 있으며 최고온도에서 좌굴하지 않고 최저온도에서 볼트에 과대한 힘이 걸려 파단되지 않아야 한다.

③ 연중 과대한 유간으로 인해 열차에 의한 충격이 큰 기간이 너무 길지 않도록 유간을 설정하여 축력이 소요의 값 이하로 규제되도록 하여야 한다.

④ 유간은 열차 주행에 의하여 복진(선로 밀림) 등 길이방향의 위치 이동에 의해 시간의 경과에 따라 서서히 확대 혹은 축소한다.

(2) 장대레일 관리

① 장대레일이란 궤도의 취약점인 이음매부를 용접한 것으로 하나의 레일 길이가 200[m] 이상인 것을 말하며, 레일의 양단에는 특수한 구조의 신축이음매를 설치하여 온도 등에 의한 레일의 신축을 처리하고 있다.

② 장대레일은 체결장치와 치목에 의하여 도상에 구속되어 있으므로 온도의 상승과 하강에 의하여 자유로운 신축을 할 수 없고 구속된 신축량에 상당하는 레일 내부 응력을 축적하고 있다.

③ 레일 전단면의 내부 온도응력의 합을 레일 축력(길이방향힘)이라 부르며 여름에는 레일 축압력이, 겨울에는 축인장력이 작용한다.

④ 장대레일 관리에서 가장 중요한 것이 이러한 축력이 외부로 표출되지 않게 하는 것, 즉 레일 축력을 외력이 견딜 수 있게 관리하는 것으로 여름철에는 레일의 장출(레일 밀려나감 또는 팽창), 겨울철에는 레일의 절손(파손)이 일어나지 않게 유지, 관리하는 것을 말한다.

4. 분기기(선로 바꿈틀) 관리

(1) 일반사항

① 분기기 내 레일, 크로싱, 텅레일 등은 단차가 발생되는지 검토, 확인하여야 하며 단차가 발생되지 않도록 조치하여야 한다.

② 각종 체결장치, 분기부속품을 교환할 때에는 항상 분기기 정규도와 비교확인하고 동종의 동일한 치수의 것을 사용하여야 한다.

③ 분기부는 궤도구조상 배수불량, 분니(진흙 분출) 등이 발생하기 쉬운 개소이므로 배수와 도상관리에 유의하여야 한다.

④ 침목위치틀림이 발생되면 궤간(선로 간격)과 방향틀림이 일반 구간보다 크게 발생하므로 밀림 등에 의한 침목위치틀림이 발생하지 않도록 한다.

⑤ 본선부대분기에는 웨이티드 포인트(추 붙은 전환기)를 사용하여서는 안 된다.

⑥ 고속열차를 운전하는 본선에서의 상대하는 분기기의 간격은 10[m] 이상, 기타의 본선과 주요한 측선에 분기기를 상대하여 부설할 때 또는 분기기를 연속하여 부설할 때에는 5[m] 이상으로 하여야 한다.

[분기기의 교환 기준]

종 별	본축 선별	마모량			비 고
		37[kg]	50[kg]	60[kg]	
텅레일	본 선	7	10	12	마모 높이는 최대 마모개소를 마모면에 직각으로 측정
	측 선	7	12	14	
크로싱	본 선	7	11	12	• 마모 높이는 마모면에 직각방향으로 측정
	측 선	7	12	14	• 크로싱에 있어 구조상 하락부분의 상면마모는 상면에 직각으로 측정
분기 가드레일	본 선	백게이지를 정정할 수 없도록 마모된 것			크로싱노스 끝부분의 하락부 또는 가동레일의 힐 밀착부에 대응하는 개소에서 측정
	측 선				
분기 내 레일	본 선	7	11	12	마모 높이는 마모면에 직각방향으로 측정
	측 선	7	11	14	

(2) 분기기 정비

① 포인트부 유지관리

㉠ 각종 부속품은 동일형식 정규치수의 것을 사용하고 이완(풀림)되지 않도록 계속적인 감시와 보수

㉡ 텅레일의 삭정부분은 기본레일과 밀착이 양호하도록 하여야 하며 밀착되지 않을 경우에는 텅레일 전단부의 기본레일 굴곡상태, 궤간 등을 점검 보수

㉢ 텅레일의 동정(연결 간 위치에서 측정)은 정규치수를 유지하되 허용한도를 초과하지 않도록 유의 (일반구간 증 10[mm], 감 4[mm])

㉣ 텅레일 끝부분의 기본레일과 힐 이음매부는 후로가 발생하기 쉬운 개소로 수시로 삭정작업을 시행하여 텅레일의 불밀착 및 훼손방지

② 리드(유도)부 유지관리

㉠ 리드곡선의 곡률확보를 위해 텅레일 후단 벌림과 리드길이를 확인하고 정확히 유지

㉡ 리드곡선 중앙점(M)과 1/4점(N)의 종거와 줄맞춤 유지

㉢ 캔트부설이 되지 않는 관계로 과대한 하중이 작용하므로 궤간 확대 등 궤도변형에 유의

③ 크로싱부

㉠ 크로싱부분은 궤간이 축소되는 경향이 많으므로 크로부의 궤간은 양호한 상태로 유지(증 3[mm], 감 2[mm])

㉡ 이음매부의 과대유간, 레일단차, 크로싱 저부(바닥면)의 침목다짐 불량으로 인한 훼손방지

(3) 탈선선로전환기

① 설 치

㉠ 단선구간 정거장에서 상·하행 열차를 동시에 진입시킬 때 긴 하구배(내리막경사)로부터 진입하는 본선의 선단에 안전측선의 설비가 없을 때

㉡ 정거장에서 본선 또는 주요측선이 다른 본선과 평면교차하고 열차상간(열차 사이) 또는 열차와 차량에 대하여 방호할 필요가 있으나 안전측선의 설비가 없을 때

㉢ 기타 필요하다고 인정될 때

② 탈선선로전환기의 설치방법

㉠ 해당 본선에 속하는 출발신호기 바깥쪽에 인접 본선과의 간격이 4.25[m] 이상

㉡ 해당 본선에 속하는 출발신호기와 연동하고 진로가 탈선시키는 방향으로 되었을 때 정지신호가 보이도록 설비한다.

㉢ 대향열차(마주 오는 열차)에 대하여는 장내신호기와 연동하고 이를 탈선시키는 방향으로 되었을 때 정지신호가 보이도록 설비한다.

㉣ ㉠ 및 ㉡ 이외 교차열차에 대하여는 장내신호기와 출발신호기와 연동하고 이를 탈선시키는 방향으로 되었을 때 정지신호가 보이도록 설비한다.

(4) 정거장 외 본선상에 선로전환기의 설치와 취급

① 선로전환기는 되도록 직선부에 설치하도록 하되 부득이 곡선 중에 설치할 경우에는 본선에 적당한 캔트와 슬랙을 설치한다.

② 선로전환기는 통표쇄정기와 전철 표지를 붙이고 텅레일은 키(Key)볼트로서 쇄정(잠금)한다.

③ 키(Key)볼트의 쇄정은 담당역장 담당, 선로전환기 표지등의 점화·소등은 전기(신호제어) 사무소장 담당

CHAPTER

03 적중예상문제

01 콘크리트 도상의 장점으로 적절하지 않은 것은?

㉮ 도상 다짐이 불필요하며 궤도의 세척과 청소가 용이하다.

㉯ 배수의 양호 및 동상이 없고 잡초 발생이 없다.

㉰ 도상의 진동과 차량 동요가 적다.

㉱ 도상 파손 시 보수가 용이하다.

> **해설** **콘크리트 도상의 단점**
> • 궤도 탄성이 적으므로 충격과 소음이 크며 건설비가 많이 든다.
> • 레일 파상마모 우려와 레일의 탄성체결이 필요하다.
> • 선형 변경 및 도상 파손 시 수선이 곤란하다.

02 PC 침목의 장점으로 적절하지 않은 것은?

㉮ 거의 모든 장소에 다양하게 사용할 수 있다.

㉯ 철근 콘크리트 침목보다 단면이 작으므로 재료를 절약할 수 있다.

㉰ 자중이 커서 안정성이 양호하여 궤도틀림이 적다.

㉱ 기상작용에 대한 저항력이 크고 보수비가 적어 경제적이다.

> **해설** ㉮ 전기 절연성이 목 침목보다 부족하며, 분기부, 건널목 등 특정장소 이용에 곤란하다.

⭐중요

03 PC 침목의 단점으로 적절하지 않은 것은?

㉮ 중량이 무거워 취급이 곤란하고 부분파손이 발생하기 쉽다.

㉯ 균열 발생 시 사용할 수 없다.

㉰ 레일 체결이 복잡하고 탄성이 부족하며 충격력에 약하다.

㉱ 인력 다지기 시 침목에 의한 손상 우려가 있다.

> **해설** ㉯ 균열 발생 시에도 탄성한계 내에서는 사용에 지장이 없다.

04 완화곡선과 종곡선의 경합에 대한 설명으로 틀린 것은?

⑦ 완화곡선과 종곡선 경합은 선로보수 곤란, 주행 안전성, 승차감 손상 등을 부른다.

⑭ 완화곡선은 캔트(궤도기울기)의 체감이 있어 구조적인 궤도틀림이 있다.

⑮ 완화곡선과 종곡선 경합 시에는 원심력 변화에 따라 차량의 동요가 심하다.

⑯ 볼록형 종곡선은 차량의 수직방향 모멘트에 의해 궤도와 차량에 큰 충격이 작용한다.

해설 볼록형 종곡선은 원심력 작용에 따라 차량부상으로 윤중이 감소된다(열차 부상가능성 크다). 오목형 종곡선은 차량의 수직방향 모멘트에 의해 궤도와 차량에 큰 충격이 작용한다.

05 궤간(선로간격)틀림에 대한 설명으로 틀린 것은?

⑦ 좌우 레일의 간격틀림으로서 레일 두부(레일상부)면에서 10[mm] 이내의 레일내면 간의 최단거리로 표시한다.

⑭ 직선부에서는 차량의 사행동 및 곡선부에서 원심력에 의한 횡압과 마모에 의해 발생된다.

⑮ 주행차량의 사행동 등으로 궤간 확대 시에는 차륜(차바퀴)이 궤간 내로 탈선한다.

⑯ 정비기준은 본선, 측선은 증 10[mm], 감 2[mm]이며 크로싱부는 증 3[mm], 감 2[mm]이다.

해설 ⑦ 좌우 레일의 간격틀림으로서 레일 두부면에서 14[mm] 이내의 레일내면 간의 최단거리로 표시한다.

06 수도가 낮고 단순지방선 등의 중간역에 이용되며 전환에 품이 들지 않는 포인트는?

⑦ 둔단 포인트 ⑭ 첨단 포인트

⑮ 스프링 포인트 ⑯ 승월 포인트

해설 ⑮ 스프링 포인트 : 속도가 낮고 단순지방선 등의 중간역에 이용되며 전환에 품이 들지 않고 강한 스프링으로 포인트를 항시 일정한 방향으로 확보하며 배향진입 시 차륜의 플랜지로 철레일을 눌러 벌리고 통과한다.

⑦ 둔단 포인트 : 끝을 깎지 않은 보통레일을 이용하며 레일의 접속이 하지 않아 거의 이용되지 않는다.

⑭ 첨단 포인트 : 첨단 텅레일을 사용하며 주행이 원활하여 가장 많이 이용되나 첨단부 손상이 예상된다.

⑯ 승월 포인트 : 안전측선이나 작업기타 등의 분기용으로 이용되며 곡선 내측의 텅레일은 특수한 형상으로 본선레일을 타고 넘으며 크로싱도 본선 정위로 되어 있다.

07 분기부 문제점 중 기준선 측에 해당하지 않는 것은?

㉮ 포인트부 텅레일 단면이 일반레일보다 작아 포인트부 대향 진입 시 손상 우려가 있으며 충격이 심하다.

㉯ 관절포인트 분기에서 Heel 이음매가 느슨하며 Heel 포인트에서 분기기(선로바꿈틀)에 따라 수평차가 있다.

㉰ 가드레일(탈선방지레일) 통과 시 차륜 플랜지가 충격을 받는다.

㉱ 포인트의 입사각은 원활한 운행을 저해한다.

> **해설** **분기선 측 문제점**
> • 포인트의 입사각은 원활한 운행을 저해한다.
> • 슬랙(궤간확대)이 불충분하고 체감이 급하며 특수한 것을 제외하고는 캔트가 없다.
> • 분기부는 소반경의 분기곡선이 있으나, 완화곡선이 없으며 분기 내 곡선과 분기후방과의 사이에는 직선장이 짧다.

08 슬랙에 대한 설명으로 틀린 것은?

㉮ 곡선 외측 레일을 기준으로 내측 레일을 궤간 외측으로 슬랙만큼 확대한다.

㉯ 곡선반경은 승차감을 고려하여 국철 $R \leq 600[\text{m}]$, 지하철도 $R \leq 1,000[\text{m}]$ 한다.

㉰ 최대 슬랙은 30[mm]를 초과하지 못한다.

㉱ 슬랙양이 너무 크면 차륜 Flange가 얇게 되는 경우 차륜이 궤간 내로 탈선할 우려가 있다.

> **해설** ㉯ 곡선반경은 승차감을 고려하여 국철 $R \leq 600[\text{m}]$, 지하철도 $R \leq 800[\text{m}]$로 한다.

09 캔트의 직선 체감에 대한 설명으로 틀린 것은?

㉮ 곡률과 캔트의 직선 체감으로 완화곡선 시 캔트의 변화점이 불연속이 되므로 고속운전에 부적당하다.

㉯ 완화곡선 길이가 짧다.

㉰ 3차 포물선은 곡률이 완화곡선 횡거에 비례하여 증가하는 방법으로 국철에 이용된다.

㉱ 렘니스케이드 곡선은 완화곡선장 길이에 비례하여 증가하는 방법으로 서울시 지하철에 이용된다.

> **해설** 크로소이드 곡선은 완화곡선장 길이에 비례하여 증가하는 방법으로 서울시 지하철에 이용된다. 렘니스케이드 곡선은 곡률이 현장에 비례하여 증가하며 급곡선의 도로나 도시철도에 유리하다.

10 완화곡선에 대한 설명으로 틀린 것은?

㉮ 국철에서는 선로등급에 따라 일정 크기 이하의 곡선반경에 완화곡선을 설치한다.

㉯ 측선 및 분기기에 연속되는 경우는 일반적으로 차량속도가 저속이므로 완화곡선의 삽입이 필요 없다.

㉰ 승차감을 좋게 하기 위해 완화곡선 부설 곡선반경은 클수록 좋다.

㉱ 부족 캔트양 1,000[mm]를 기준으로 직선체감으로 하여 곡선반경을 정한다.

> **해설** ㉱ 건설비와 유지 보수관리 및 승차감을 해치지 않는 범위인 부족 캔트양 100[mm]를 기준으로 직선체감으로 하여 곡선반경을 정한다.

11 입사각에 대한 설명으로 틀린 것은?

㉮ 분기 시 차륜이 텅레일에 닿는 부분을 적게 하기 위해서는 입사각을 가능한 작게 한다.

㉯ 입사각이 작으면 텅레일은 길어지고 곡선반경이 커진다.

㉰ 고번화 분기기일수록 입사각이 작다.

㉱ 열차의 고속운전에는 입사각이 클수록 유리하다.

> **해설** ㉱ 열차의 고속운전에는 입사각이 작을수록 유리하다.

12 광궤의 특성으로 보기 어려운 것은?

㉮ 고속도를 낼 수 있으며 수송력을 증대한다.

㉯ 열차 주행 안전성을 증대하고 동요를 감소한다.

㉰ 차량 폭이 넓으므로 차량 설비를 충분히 하고 수송 효율이 향상한다.

㉱ 차량 폭이 좁아 시설물의 규모가 작아도 되므로 건설비 및 유지비가 절감된다.

> **해설** 협 궤
> • 차량 폭이 좁아 시설물의 규모가 작아도 되므로 건설비 및 유지비가 절감된다.
> • 급곡선에서 광궤에 비해 곡선 저항이 적으므로 산악지대 선로선정에 용이하다.

13 표준궤간의 넓이는?

㉮ 1,415[mm]　　　　　　　　　㉯ 1,435[mm]

㉰ 1,455[mm]　　　　　　　　　㉱ 1,475[mm]

> **해설** 궤간은 레일 두부 아래 14[mm] 지점에서 상대편 레일 두부 동일점까지 내측 면간 최단거리를 말한다. 표준궤간 은 1,435[mm]이며 우리나라 대부분이 이용하고 있고 이것보다 좁은 것을 협궤, 넓은 것을 광궤라 하고 있으며, 수송량, 속도, 안전도 등을 고려하여 결정한다.

14 선로 이용률의 영향 요소에 해당하지 않는 것은?

㉮ 선구 물동량의 종류에 따라 발생되는 성격

㉯ 주요 도시의 면적과 인구

㉰ 인접역 간 운전시분의 차 및 열차횟수

㉱ 열차의 시간별 집중도 및 열차 운전 여유시설

해설 **선로 이용률의 영향 요소**
- 선구 물동량의 종류에 따라 발생되는 성격
- 주요 도시로부터의 시간과 거리
- 인접역 간 운전시분의 차 및 열차횟수
- 열차의 시간별 집중도 및 열차 운전 여유시설
- 여객 열차와 화물 열차의 회수비
- 인위적, 기계적 보수시간

15 탄성 체결 장치에 대한 설명으로 틀린 것은?

㉮ 레일 저부 상면을 스프링 크립만으로 체결하는 방식이 널리 이용되고 있다.

㉯ 레일이 침목을 상시 억누르고 있으므로 그 사이에서 충격력이 생기기 어렵다.

㉰ 레일과 침목은 스프링 작용에 의하여 레일의 복진 방진 및 횡압력에도 유효하게 저항한다.

㉱ 침목 이하의 동적 부담력을 완화하고 궤도의 동적 틀림을 경감한다.

해설 이중탄성 체결은 레일 저부 하면에 탄성패드를 깔고 상면에서 스프링 크립으로 체결하는 방식으로 현재 가장 널리 이용하는 방식이다. 열차 주행 시 고주파 진동이 궤도 파괴의 원인이 되는 바 이 진동을 흡수하기 위해 탄성 있는 레일못, 스프링 크립 이외에 타이패드를 이용하여 열차의 충격과 진동을 흡수 완화하고 레일이 침목에 박히는 것과 소음을 방지하는 등 궤도 근대화에 필요한 부분이다.

★ 중요

16 신축이음매의 부설에 대한 설명으로 틀린 것은?

㉮ 신축 이음매는 직선구간에 배향으로 부설하며 체결을 정확히 한다.

㉯ 동정의 위치는 설정온도에 적합한 위치에 오도록 한다.

㉰ 실제 일어날 수 있는 최고온도에서 동정의 중위에 맞춘다.

㉱ 5[℃] 이상 차이로 온도 설정 시에는 차이 온도 1[℃]에 대해 1.5[mm]율로 정정한다.

해설 ㉰ 실제 일어날 수 있는 최고온도와 최저온도와의 중간온도에서 동정의 중위에 맞춘다. 신축 이음매는 장대레일 접속에 이용하는 이음매의 일종으로 장대레일의 신축량을 신축부에서 처리토록 한 것으로 장대레일 끝에 설치하여 가능한 궤간의 변화와 충격을 주지 않으면서 전 신축량을 흡수하게 하고 있으며 국철에서는 입사각이 없는 텅레일과 비슷하며 레일 온도에 의한 신축과 복진 장대레일 연속 부설의 경우를 고려하여 동정(動程, Stroke)을 250[mm]로 한다.

14 ㉯ 15 ㉮ 16 ㉰ **정답**

17 레일의 버팀쇠에 대한 설명으로 틀린 것은?

㉮ 레일 버팀쇠는 곡선 외측뿐 아니라 내측에도 쓰인다.

㉯ 목재와 철재가 있으며 보통은 목재 지재(Wood Chock)에서 곡선부에서는 궤간 내·외부에 철재 또는 목재 지재를 부설한다.

㉰ 곡선반경이 적으면 간격을 크게 하여 못으로 침목에 고정시킨다.

㉱ 분기부에서 차륜 충격이 상하므로 궤간 확보가 곤란하여 매 침목에 강철재의 견고한 레일 버팀쇠를 설치한다.

> **해설** ㉰ 곡선반경이 작으면 간격을 작게 하여 많은 지재를 사용하고 곡선반경이 크면 간격을 크게 하여 못으로 침목에 고정시킨다.

⭐ **중요**

18 시공기면 결정 시 고려사항으로 적절하지 않은 것은?

㉮ 성토량의 균형으로 토공량이 최소가 되게 한다.

㉯ 가까운 곳에 토취장과 토사장을 설치하여 운반거리를 짧게 한다.

㉰ 부대 구조물이 많아야 한다.

㉱ 용지 보상이나 지장물 보상이 최소가 되게 한다.

> **해설** **시공기면 결정 시 고려사항**
> • 성토량의 균형으로 토공량이 최소가 되게 한다.
> • 가까운 곳에 토취장과 토사장을 설치하여 운반거리를 짧게 한다.
> • 암석 굴착은 비용이 크므로 위험이 있는 곳은 피한다.
> • 연약지반, 산사태, 낙석의 위험이 있는 곳은 피한다.
> • 비탈면 안정에 철저한 조치를 한다.
> • 부대 구조물이 적고 법면의 연장이 적어야 한다.
> • 용지 보상이나 지장물 보상이 최소가 되게 한다.

19 1급선의 시공기면 폭은?

㉮ 3.0[m] ㉯ 3.5[m]

㉰ 4.0[m] ㉱ 4.5[m]

> **해설** **시공기면 폭(선로중심기준)**
> • 고속선 : 4.5[m] • 1급선 : 4.0[m]
> • 2급선 : 4.0[m] • 3급선 : 3.5[m]
> • 4급선 : 3.0[m]

20 유간정정(레일 간격 조정)에 대한 설명으로 틀린 것은?

㉮ 과대 유간은 열차 운행 시 충격, 동요가 발생하고 승차감이 좋지 않다.

㉯ 유간정정작업은 가능한 자주 하는 것이 바람직하다.

㉰ 최고 온도 시 궤도가 좌굴하지 않고, 이음매 볼트에 과대한 힘이 걸리지 않아야 한다.

㉱ 맹유간은 레일 신축 흡수 미비로 축압력이 발생하여 장출(레일 밀려나감)의 원인 및 열차사고 우려가 있다.

해설 빈번한 유간정정작업은 작업이 과도하고 비경제적이다.

21 다음 중 탈선계수를 구하는 공식으로 옳은 것은?

㉮ 횡압/윤중
㉯ 수직방향의 힘/좌우방향의 힘
㉰ 전후진동/좌우진동
㉱ 상하진동/좌우진동

해설 탈선계수(Derailment Coefficient) : Q/P

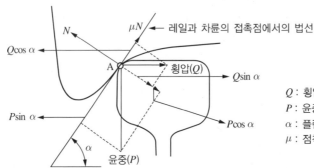

Q : 횡압(橫壓, Lateral Force)
P : 윤중(輪重, Wheel Load)
α : 플랜지(Flange) 각도
μ : 점착계수

[탈선과 관련된 힘]

22 다음 빈칸에 들어갈 말을 알맞게 고른 것은?

> 차량이 곡선 구간을 원활하게 운행할 수 있도록 안쪽 레일을 기준으로 (　　) 레일을 높게 부설하는 것을 (　　)라고 한다.

㉮ 안쪽 – 캔트
㉯ 바깥쪽 – 슬랙
㉰ 바깥쪽 – 캔트
㉱ 안쪽 – 슬랙

해설 캔트와 슬랙의 정의(철도의 건설기준에 관한 규정 제2조)
- 캔트(Cant) : 차량이 곡선 구간을 원활하게 운행할 수 있도록 안쪽 레일을 기준으로 바깥쪽 레일을 높게 부설하는 것
- 슬랙(Slack) : 차량이 곡선 구간의 선로를 원활하게 통과하도록 바깥쪽 레일을 기준으로 안쪽 레일을 조정하여 궤간을 넓히는 것

철도 차량

제1절 차량(Rolling Stock)

1. 철도 차량의 분류

철도 차량은 분류 목적에 따라 여러 방법으로 분류할 수 있으나 가장 일반적으로는 디젤유, 전기 등 사용하는 에너지의 종류, 사람이나 화물 등 수송대상물의 종류, 열차를 견인하는 동력의 유무 여부, 또한 동력의 집중 혹은 분산 등의 관점에서 분류하고 있다.

(1) 사용하는 에너지의 종류에 따른 분류

분 류	정 의	한국철도의 예
증기차	원동기로 증기기관을 사용하는 차량	교외선 관광열차
내연차	원동기로 내연기관을 사용하는 동력차(내연기관차, 내연동차) 및 내연동차와 연결하여 운전되는 제어차와 부수차	• 디젤기관차 • 디젤동차(디젤동차, 제어차, 부수차)
전기차	원동기로 전동기를 사용하는 동력차(전기기관차, 전동차) 및 전동차와 연결하여 운전되는 제어차와 부수차	• 전기기관차 • 전차(전동차, 제어차, 부수차)

※ 제어차는 동력은 없고 운전실이 있는 차(TC)이고 부수차는 동력도 운전실도 없는 차(T)를 말함

(2) 수송대상물의 종류에 따른 분류

분 류	정 의	한국철도의 예
여객차	여객을 수송하는 데 사용되는 기관차 이외의 차량	객차, 전차(전동차, 제어차, 부수차), 디젤동차
화물차	화물을 수송하는 데 사용되는 기관차 이외의 차량	화 차

(3) 열차 견인동력 유무에 따른 분류

분 류	정 의	한국철도의 예
동력차	원동기를 가지며 단독 또는 자기 이외의 차량과 연결되어 운전하는 차량으로 기관차, 전동차, 내연동차 및 동력화차의 총칭	증기기관차, 디젤기관차, 전기기관차, 전차의 전동차, 디젤동차
비동력차	원동기를 가지지 않은 차	객차, 화차, 전차의 제어차 및 부수차, 디젤동차의 제어차 및 부수차

(4) 동력집중 혹은 분산 여부에 따른 분류

분 류	정 의	한국철도의 예
동력집중식차	열차의 구동력을 견인차에 집중하는 방식	디젤기관차, 새마을형 동차, 전기기관차
동력분산식차	여객차에 동력원인 디젤기관이나 전동기를 장착하여 열차 견인에 필요한 동력을 분산하는 방식	전동차, 일부 무궁화형 동차, 일반 동차 등

2. 동력차의 동력 전달 메커니즘

철도차량은 동력차, 객차 및 화물차, 전동차나 디젤동차 편성에서 제어차, 즉 TC차(운전실이 설치되어 있어 동력차를 제어하면서 동시에 여객 혹은 화물 수송에도 이용하는 차)와 부수차인 T차(순전히 여객 또는 화물만을 실을 수 있는 차)로 크게 분류할 수 있다.

(1) 전기차의 동력전달 메커니즘

① 동력집중식과 동력분산식

열차를 견인하는 동력의 배치방식에 의해 동력집중식과 동력분산식으로 구분한다.

㉠ 동력집중식

전기기관차(EL ; Electric Locomotive)처럼 열차의 구동력을 견인차에 집중하는 방식으로 유럽에서 장거리 열차로 많이 사용된다. 한국 철도에서는 중앙선, 영동선, 태백선 등의 산업선에서 사용한다.

㉡ 동력분산식

- 전동차(EC ; Electric Car)로 대표되는데 열차편성중의 여러 차량에 동력을 분산하는 방식으로 동력을 가진 차를 동력차(M차 : Motor Car), 동력을 갖지 않은 차를 부수차(T차 : Trailer)라고 부른다.
- 전차, 열차의 성능이나 능력, 차량중량 등에 의해 M차와 T차의 비(MT비)가 결정되고 또 제어계를 유닛화 설계로 하여 분할, 병합에 대응하면서 운용효율을 높인다.
- 한국철도의 수도권 전동차는 모두 동력분산식이다.

② 직류방식과 교류방식

전기철도의 전기방식은 급전하는 전기의 종류에 따라 직류방식과 교류방식으로 나누어진다.

㉠ 직류방식

- 직류방식은 전기회사의 공급전류인 교류를 직류로 바꾸기 위한 정류기가 필요하는 등 차량에 전기를 공급하는 설비의 구조가 복잡하다.
- 전압이 낮으므로 대전류가 흘러 전압강하가 많게 되므로 변전설비의 설치간격을 짧게 해야 하고, 저전압 대전류를 소화할 수 있도록 직경이 큰 전선을 사용해야 한다.
- 직류방식은 비용이 많이 들지만 차량 측의 전기기기가 교류에 비하여 간단하고 가격도 싼 장점이 있다.

- 주로 직류 600~3,000[V] 사이의 전압이 사용되는데 우리나라의 경우 1,500[V]를 사용하고 있다.
  © 교류방식
  - 교류방식에는 단상식과 3상식이 있는데 3상식을 사용하고 있는 경우는 거의 없고 한국철도의 경우는 모두 단상식이다.
  - 한국철도에서는 60[Hz], 25[kV]가 산업선 전기기관차와 수도권 전동차에 쓰여지고 있다.
  - 단상교류방식은 정류기가 필요없는 등 변전소의 설비나 전차선로의 구조가 직류방식에 비하여 간단하게 되어 비용이 덜 든다.
  - 전압강하가 적기 때문에 변전설비의 설치간격을 길게 하는 것이 가능하며, 전력손실이 적은 등의 이점이 많다.
  - 차량의 전기장치 구조가 복잡하게 되고 유도장애가 일어나기 쉬운 등의 문제도 있다.

(2) 디젤차의 동력전달 메커니즘

① 개 요

ⓐ 디젤기관차(DL ; Diesel Locomotive)나 디젤동차(DC ; Diesel Car)는 차량의 중량이 전기차에 비하여 무겁고 성능도 떨어져서 전기차의 급속한 보급과 더불어 점점 줄어들고 있는 실정이다.

ⓑ 철도차량에 사용되는 내연기관에는 가스터빈엔진이 있는데 이 가스터빈엔진은 기관이 소형이고 가벼운데다 대출력을 얻기 쉽다는 장점이 있는 반면 가격이 비싸고 구조가 복잡하여 정비가 어려우며 연비나 소음문제 등이 해결되지 않아 별로 사용되지 않고 있다.

ⓒ 디젤엔진은 일정 회전수 이하에서는 운전이 불가능하기 때문에 엔진과 동륜을 직결한 상태에서는 시동이 어렵다.

ⓓ 디젤엔진의 특성상 출력(축마력)이 회전수에 비례하여 직선상으로 증가하는 반면, 통상의 사용 회전수 범위 내에서는 회전수에 관계없이 토크가 거의 일정하기 때문에 엔진과 동륜 사이에 동력을 원활하게 전달하기 위한 장치가 필요하다.

② 동력집중식과 동력분산식

디젤차량에는 열차를 견인하는 방식에 따라 동력집중식과 동력분산식이 있다.

ⓐ 동력집중식

열차견인에 필요한 대마력의 디젤엔진을 1기 또는 2기 탑재한 기관차가 동력을 갖지 않은 객차나 화차를 필요시마다 융통성 있게 연결·분리하여 사용할 수 있기 때문에 사용효율을 높일 수 있고, 피견인 차량인 객차나 화차의 구조를 간단하게 할 수 있는 장점이 있다.

ⓑ 동력분산식

여객차의 차체 밑부분, 즉 상하(床下)에 디젤엔진을 장착하여 열차견인에 필요한 동력을 분산하는 방식으로 이 동력분산식의 장점으로는 가속 성능을 높일 수 있고, 축중을 분산시켜 결국 열차 전체의 견인력을 높일 수 있으며, 전동기를 사용하는 차량의 경우 전기브레이크를 사용하여 마찰브레이크의 제동력 부족을 보완하기 용이하다는 점 등이다.

③ 기어식, 액체식 및 전기식

동력전달방식에는 기어식, 액체식 및 전기식의 세 종류가 있다.

㉠ 기어식
- 엔진의 출력을 클러치, 기어식변속기, 추진축, 감속역전기 등을 통하여 기계적으로 동륜을 구동하는 방식이다.
- 변속레버의 조작에 의해 단계적으로 변속하기 때문에 운전에 숙련을 필요로 하는 데다 기동 및 변속시의 쇼크가 크고 총괄제어가 곤란하여 중련운용이나 편성운전에 적합하지 않은 등의 단점이 있어 100~200[HP] 정도의 소형 산업용기관차 이외에는 거의 사용되지 않고 있는 실정이다.

㉡ 액체식
- 엔진출력을 액체변속기, 역전기구(방향선택기), 감속기 등을 통하여 동륜을 구동하는 방식으로 운전이 용이하고 중련운전(연속연결운전)이 가능하다.
- 동력전달 효율은 기어식에 비해 떨어지나 액압을 이용하기 때문에 기동시의 윤활 작용에 의해 엔진에 무리가 가해지지 않고 충분한 기동 토크를 얻을 수 있을 뿐만 아니라 연속 변속도 가능한 등의 장점이 많다.
- 전기식에 비하여 차량 중량이 가볍고 제작비가 저렴하기 때문에 한국철도에서는 새마을호동차, 무궁화동차 및 일반 동차 등에 광범위하게 쓰이고 있다.

㉢ 전기식
- 디젤엔진의 회전력으로 발전기를 돌려 직류 또는 교류 전기를 얻은 다음 발생전력을 견인 전동기(TM ; Traction Motor)에 공급하여 동륜을 구동하는 방식이다.
- 엔진, 발전기, 전동기 등 중량 고가물 탑재가 필요하여 차량의 중량이 무겁고 제작비도 고가이다.
- 2,000마력 이상의 대형엔진이 사용가능(액체식의 경우는 대마력에 대응하는 액체변속기 제작이 곤란)하고 총괄제어도 용이하다.
- 대형 디젤기관차가 많은 미국에서 특히 많이 사용하고 있으며, 한국철도에서도 미국 EMD에서 제작한 엔진을 탑재한 디젤전기기관차가 여객과 화물수송 주기종 중 하나로 쓰이고 있다.

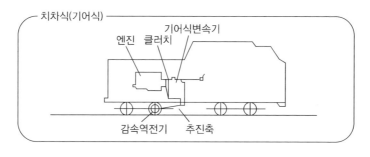

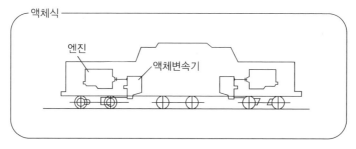

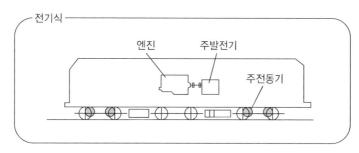

[디젤차의 동력전달방식]

(3) 여객차(Passenger Car)

① 원동기 및 총괄제어장치를 가지고 있지 않고 기관차에 의해 견인되는 객차

② 원동기로 전동기를 사용하는 전차인 전동차 및 제어차, 부수차

③ 원동기로 디젤기관을 사용하는 디젤자동차와 이에 연결하여 사용되는 제어차 및 부수차 등

(4) 화물차

① 유개화차 : 비바람에 노출되어서는 곤란한 화물 수송용으로 통상 상자형 강구조물임

② 무개(지붕 없는)화차 : 비바람에 노출되어도 지장이 없는 화물이나 길이가 특히 길거나 부피가 큰 화물수송용으로 수송물의 하중이나 용적에 따라 종류가 다양함

③ 특수용도화차 : 분말이나 가루수송용의 호퍼(Hopper) 화차를 비롯, 컨테이너 전용화차라든가 자동차 전용화차, 특대중량물 전용화차, 냉동화차, 냉장화차 등

3. 전기차의 동작원리

(1) 전기차의 메커니즘

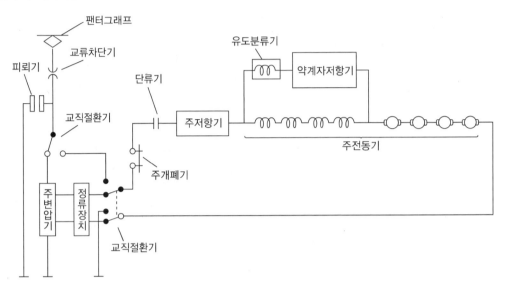

[교직류전차의 주회로]

① 팬터그래프(집전장치)
ㄱ 먼저 집전장치(Pantograph)를 통하여 전차선으로부터 전력을 받아들이는데 이 팬터그래프는 일반적으로 공기압으로 하강 및 스프링의 힘으로 상승하고 5[kgf] 전후의 압상력으로 전차선에 접촉된다.
ㄴ 팬터그래프가 접힌 상태(전차선과의 접촉을 끊은 상태)에서 상승을 막고 있는 갈고리를 공기 실린더의 힘으로 풀어주면 팬터그래프는 스프링의 힘으로 상승하고 상승상태에서는 스프링의 힘에 맞선 하강 실린더의 공기압으로 하강시켜 갈고리를 다시 Locking시키면 접히도록 되어 있다.
② 주회로차단기(MCB ; Main Circuit Brake)
ㄱ 교·직 절환 시에 주회로와 전원(전차선)의 연결을 끊는다거나 예기치 않은 사고 전류가 흐를 때 회로를 차단하여 기기를 보호하는 교류차단기는 압력 공기를 공기실린더에 보내 대형스위치를 개폐함과 동시에 차단시에 발생하는 아크를 압력공기에 불어 날려 보내 동작을 확실히 하는 구조로 되어 있다.
ㄴ 교·직 절환기는 교·직류전차가 교류구간에서 직류구간 혹은 직류구간에서 교류구간으로 통과 시에 전원의 경로를 절환하는 장치로 교·직 양 구간의 중간에는 20~70[m] 정도의 무가압구간 (Dead Section)이 설치되어 전기가 통하지 않도록 되어 있다.
③ 피뢰기
ㄱ 피뢰기는 벼락 등에 의한 외부로부터 유입되는 이상전압을 차체를 통해 레일에 흘려 보내버릴 목적으로 설치되어 있는데 전차 주행 중 운전상태에 따라 넣었다 끊었다 하는 전류 개폐동작에 의해 주회로에 발생할 수 있는 이상전압, 즉 서지(Surge)전압에 의한 기기손상을 막기 위한 목적도 있다.

ⓛ 구조는 밀봉용기에 전극이 있는 간극(Gap)을 두어 이상전압이 가해지면 전극 간에 방전하여 전류가 흘러버리도록 되어 있는 것이 일반적이다.

④ 주변압기

　　㉠ 주변압기는 외부에서 수전한 특별고압인 교류를 제어하기 쉬운 적당한 전압으로 하강시키는 기기로서 변압기를 밀봉용기의 기름에 담가 변압기 작동 중 온도가 올라간 기름은 순환시키면서 송풍기로 강제 냉각한다.

　　ⓛ 이 주변압기에서 강하된 교류전력은 정류 장치에 의해 직류로 변환되는데 실리콘다이오드인 반도체 소자를 이용한 것이 일반적이며, 가능한 직류에 가까운 출력을 얻기 위해 브리지 접속으로 전(全)파정류하고 있다.

⑤ 교·직 전환기

　　교·직 전환기는 교·직 절환기와 연동하여 작동한다.

⑥ 주개폐기

　　주개폐기는 운전 중에는 전류가 통과하도록 닫혀 있고 검수 등으로 회로를 차단해야 할 필요가 있을 때는 수동 조작하여 전류를 차단시키는 장치이다.

⑦ 단류기

　　단류기는 직류 주회로의 전류개폐나 주회로 각부의 비교적 큰 전류개폐를 위한 스위치로 운전 중의 모드에 대응하여 전류의 개폐를 행하는 동작의 빈도가 높아 내구성과 함께 높은 신뢰도가 요구되며 직류대전류 차단시의 섬광현상을 줄이기 위한 대책 등이 고안되어 사용되고 있다.

⑧ 주저항기

　　주저항기는 저항제어전차의 속도제어를 행하는 장치로 역행전반(前半)을 제어하고 제동 시에는 발전제동의 에너지를 흡수하는 역할을 한다.

⑨ 약계자저항기

　　약계자저항기는 고속성능을 좋게 하는 것이다.

⑩ 유도분류기

　　㉠ 유도분류기는 약계자저항기와 직렬로 접속시킨 코일로서 계자제어를 할 때 주전동기에 이상 전류가 흐르지 않게 하는 역할을 한다.

　　ⓛ 전원전압이 급변하거나 노치 상승 시의 과도적인 현상으로 주전동기의 전류가 급변하는 경우 이런 현상을 막기 위해 유도분류기를 설치 모터의 계자코일과 협조하여 급변하는 전류를 억제하는 역할을 하고 있다.

⑪ 전동기

　　㉠ 전차의 구동모터로 사용되는 직류전동기는 회전속도를 광범위하게 변화시킬 필요 때문에 특성상 직권전동기가 일반적으로 사용된다.

　　ⓛ 직권전동기라 함은 계자 코일과 전기자 회로를 직렬로 연결한 것으로 병렬로 연결한 분권전동기와 구별된다.

ⓒ 직류전동기의 구조는 회전자(전기자, 정류자, 축 및 냉각 팬)와 고정자(요크, 계자코일, 브러시 장치, 축수부)로 구성되어 있다.

ⓓ 회전원리는 플레밍의 왼손법칙에 의하는 것으로 계자코일로 자계를 발생시키며, 전기자에 시시 각각 흐르는 위치가 변화(정류자를 통해)되는 전류를 흘려 그 상호작용으로 회전을 계속한다.

ⓔ 직권전동기는 부하가 크면 큰 토크를 내고 부하가 작으면 토크는 점점 감소하지만 회전수는 높은 특성을 가지고 있다.

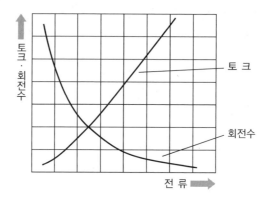

(2) 직류전기차의 제어방식

① 저항제어방식(직·병렬 조합 및 약계자 병용)

ⓐ 전동기의 급전회로에 저항을 접속하여 저항치를 변화시킴으로써 모터전압을 제어하는 방식은 기동 및 역행 시 저항에 흐르는 전류를 줄열로 변화시켜 배출해 버리는 시스템인데 여기서 여분의 에너지를 될 수 있는 대로 적게 하도록 고안된 방법이 구동모터의 직·병렬 조합방식이다.

ⓑ 직·병렬 조합방식은 짝수 개의 구동모터를 2개의 그룹으로 나누어 이 두 그룹을 직렬 또는 병렬 로 변화시켜서 전동기에 가해지는 전압을 변화시키는 방법이다.

ⓒ 모터를 2개 직렬로 연결하면 각각의 모터에는 전압이 1/2씩으로 된다.

ⓓ 아마추어 전류에서 역기전력을 뺀 값, 즉 $Ia - E$가 아마추어에 실제로 흐르는 전류인데 계자가 만드는 자속을 줄이면 다시 말해 병렬로 연결된 저항기로 계자코일의 전류를 줄여주면 역기전력 (E)도 줄어들어 $Ia - E$의 값이 커지고 고속 주행 시의 성능이 향상되는 것이다.

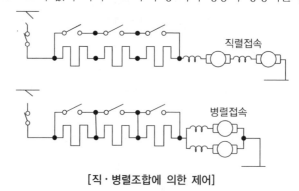

[직·병렬조합에 의한 제어]

② 초퍼제어방식

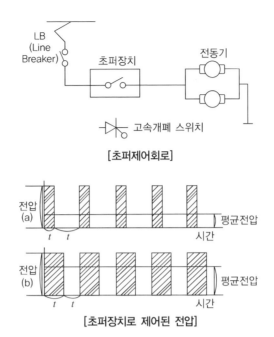

[초퍼제어회로]

[초퍼장치로 제어된 전압]

㉠ 저항제어방식은 기동역행과정에서 여분의 전력을 저항기에서 열로 변환시켜 소모해 버린다. 이는 에너지절약이라는 측면에서 보면 치명적인 결점이기 때문에 이를 개선한 것이 초퍼(Chopper)제어방식이다.

㉡ 저항제어에서의 저항기와 스위치의 조합에 의한 전압제어 대신 반도체소자를 응용한 회로를 집어넣어 전력의 손실을 최소한으로 하기 위한 것으로 대전력용 반도체 소자와 전자기술의 발달로 가능하게 된 시스템이다.

㉢ 초퍼장치는 고속으로 개폐하는 스위치라고 생각하면 된다. 매초마다 수백 회 개폐하여 ON하는 시간, OFF하는 시간의 길이를 조절하여 외관상으로는 전압을 변화시키는 것과 같은 제어를 한다.

㉣ 초퍼장치의 고속개폐 스위치의 역할을 하는 것이 사이리스터라는 반도체 소자인데 적은 신호전류를 가했다가 끊었다가 하여 수백 암페어의 대전류를 개폐하는 것이 가능하다.

③ 인버터제어방식

㉠ 저항제어방식이나 초퍼제어방식은 직류모터를 구동, 제어하는 방식으로 직류모터 특유의 정류자가 있어 구조상 항상 브러시와 정류자면이 마찰하기 때문에 정기적인 브러시 교환 및 정류자면도 다듬어야 하는 보수상의 결점을 가지고 있다.

㉡ 브러시 없는(Brushless) 모터로서 유도전동기가 있는데 이는 특성상 전원을 교류로 사용하고 주파수에 의한 회전방향의 자계변화와 거의 가까운 속도로 회전하면서 큰 견인력을 얻을 수 있기 때문에 교류전원의 주파수를 자유로 조절하여 모터속도로 조절한다.

㉢ 인버터 제어방식은 저항제어처럼 전력손실도 없고, 초퍼제어처럼 모터에 정류자가 없기 때문에 에너지절약, 유지보수의 관점에서 보면 매우 우수한 시스템이다.

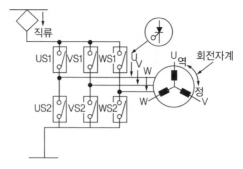

[3상유도전동기의 원리]

(3) 교류전기차의 제어방식

① 탭(Tap) 제어방식

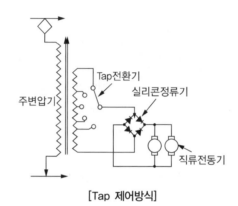

[Tap 제어방식]

교류파 전파정류파

[전파정류]

1차 코일과 2차 코일의 감은 수를 조절하여 2차 전압을 제어키 위해 Tap방식을 채택하였고 직류전동기를 구동하기 위해 전파정류방식을 채택하여 교류를 직류로 바꾼다.

○ 교류는 변압기의 1차 코일과 2차 코일의 감은 횟수의 비율(권수비)을 변화시켜주면 그에 비례한 전압이 출력되는 원리를 이용하여 변압기에 다수의 중간탭을 설치하고 이것을 스위치로 절환하는 방법으로 출력전압을 조절하여 구동모터를 제어하는 것이 가능하다.

○ 여기서 나온 변압기의 2차 측 출력을 실리콘정류기 등으로 직류로 변환한 후 구동모터에 공급하여 견인력을 얻는다.

○ 전차선에서 받은 교류를 변압기의 1차 측에서 받아 2차 측에 출력하면 2차 측 탭절환기의 스위치 조작으로 단계적으로 전압을 변화시킨 후 실리콘정류기에서 직류로 변환시켜 모터를 구동한다.

○ 정류기는 전(全)파정류라 부르는 것으로 4개의 다이오드를 브리지 접속하여 역방향의 전류도 직류로 변환하도록 되어 있다. 직·병렬 조합제어나 약계자제어를 병용하는 것은 물론 가능하다.

② 사이리스터위상 제어

○ 탭 제어는 절환스위치가 필요하지만 무접점으로 하기 위해 고안된 것이 사이리스터위상 제어 방식이다.

○ 초퍼 제어방식에서 전기를 잘게 잘라 전압을 조절하는 것과 마찬가지로 교류의 반사이클 중 일부를 잘라내어 전압을 조절하고 정류도 동시에 행하기 때문에 Tab절환기와 실리콘정류기를 조합한 기능을 가진 것이다.

○ 정류브리지의 일부 다이오드를 사이리스터로 하여 사이리스터의 개폐동작을 맡는 신호전류의 상을 늦춰서 그 늦춤의 정도에 의해 전압을 조절하는 것이 가능한데 이를 위상제어라고 한다.

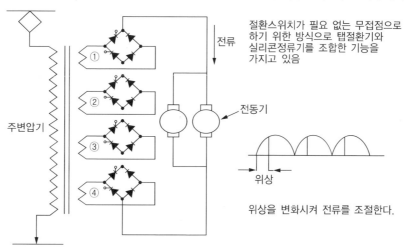

[사이리스터위상 제어방식의 원리]

(4) 교・직류전차의 제어방식

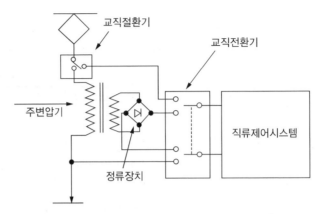

① 교류구간과 직류구간을 같이 운행하는 전차는 일반적으로 직류용 시스템을 기본으로 하고 교류구간
  에서는 변압기와 정류기를 조합하여 직류구간에서 수전하는 것과 같은 전압을 시스템에 공급하는
  방식이 일반적이다.

② 예를 들면 사당 이북의 지하철 구간에서는 직류 1,500[V]를 받아 인버터에서 3상 교류(최대 1,100[V])
  로 바꾸어 3상유도전동기를 회전시키고, 사당 이남의 철도청 구간에서는 25,000[V] 단상교류를 받아
  변압기에서 교류 840[V]로 바꾼 다음 컨버터를 통해 직류 1,800[V]로 바꾸고 이 직류를 다시 주파수를
  변화시킬 수 있는 장치를 가진 인버터에 보내 최대 1,100[V]의 3상교류로 바꾸어 역시 유도전동기를
  회전시키도록 되어 있다.

③ 이를 VVVF 인버터제어방식이라 하는데 VVVF(Variable Voltage Variable Frequency)란 가변 전압
  가변주파수의 의미로 유도전동기에 공급하는 교류의 전압과 주파수를 자유로 조절하여 전차를 제어
  하는 방식이다.

4. 유도전동기

(1) 유도전동기의 원리

원통철심 내부에 동으로 만든 원통을 놓으면, 아라고원판과 같은 원리에 회전자계 때문에 동원통에 와전
류가 생기고 와전류와 회전자계의 상호작용에 의해 플레밍의 왼손 법칙에 따라 동원통에는 회전자계의
회전방향으로 회전자계보다 약간 뒤처져서 토크가 생긴다.

(2) 유도전동기가 널리 사용되는 이유

① 전력회사에서 공급하는 교류를 그냥 사용하므로 전원을 쉽게 얻을 수 있다.

② Brushless 스타일이어서 구조가 간단하고 튼튼하다.

③ 가격이 싸고 유지보수를 위한 비용도 적게 든다.

④ 취급이 간단하고 운전이 쉽다.

⑤ 정속도전동기이며, 부하의 증감에 대하여 속도의 변화가 적다.

5. 대 차

(1) 대차의 기능

① 대차는 차체의 하중을 지지함은 물론, 차체의 견인력을 차륜에 전달하고 제동 시에는 차륜과 레일 사이에 생기는 제동력을 차체에 전달함과 동시에 좋은 승차감 및 안정성 유지, 곡선 통과를 원활히 할 수 있도록 하는 철도차량에서의 핵심적인 장치이다.

② 대차는 차체와 레일 간 상대운동의 중간매개체 역할을 하기 때문에 주행 중 상하, 좌우, 전후, 피칭(Pitching), 롤링(Rolling), 요잉(Yawing) 등의 진동을 수반하고 이들 진동은 차량의 각종 제원, 중량 및 하중조건, 속도, 궤도의 상태 등에 따라 수시로 변하기 때문에 이런 점을 충분히 고려하여 설계 제작되어야 한다.

③ 운행상의 안정성과 바퀴와 레일 사이에서 발생하는 진동의 차체 전달을 최소화하며, 또 소음도 최소화하여 쾌적한 승차감을 확보할 수 있어야 한다.

④ 경제적 관점에서는 유지보수 비용이 저렴하고 궤도손상을 최소화하여 전(全)수명비용이 낮아야 한다.

⑤ 대차를 가볍게 하기 위한 방안의 하나로 대차의 스프링 아래의 중량(스프링 하중량, Unsprung Mass)을 줄이기 위해 차축회전용 견인전동기를 차체에 매달고 탄력적으로 회전력을 차축에 전달하는 방법 등이 사용되기도 한다.

(2) 대차구조의 변천

① 스윙 볼스터 타입 대차

대차구조는 위와 같은 기능들을 수행하기 위해 초기에는 차축과 대차 프레임을 1차 현수장치로 연결하고 대차 프레임과 하부 볼스터는 스윙링크로, 하부 볼스터와 상부 볼스터를 2차 현수장치로, 상부 볼스터와 차체를 센터 피봇으로 연결하였으며 상부 볼스터와 차체 양측에 사이드베어러 마모판을 설치하여, 요잉을 적절히 제어하도록 하였다.

② 볼스터 대차

스윙 볼스터 대차에서 하부 볼스터를 생략한 형식으로 두 가지 타입으로 발전하였다.

㉠ 대차 프레임과 상부 볼스터 사이를 2차 현수장치 및 볼스터 앵커로 연결하고 상부 볼스터와 차체 사이에 센터피봇 및 사이드 베어러를 설치하는 방식

㉡ 상부 볼스터와 차체 사이에 2차 현수장치를 설치하고 센터피봇 및 사이드베어러를 볼스터와 대차 프레임 사이에 두는 구조

③ 볼스터리스(Bolsterless) 대차

이후 하나의 부품이 여러 기능을 수행하도록 부품 구성수를 줄여나갔으며 볼스터를 사용하지 않아 중량을 줄인 볼스터리스(Bolsterless) 대차가 최근에 널리 사용되고 있다.

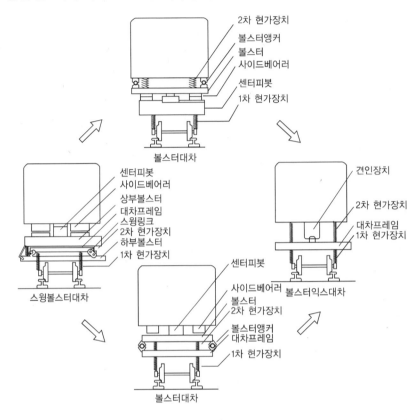

[대차의 구조 및 그 변천]

6. 철도차량의 제동장치

(1) 제동장치의 종류

① 개 요

ㄱ 제동장치에는 브레이크슈(제륜자)를 이용한 제동장치, 디스크제동장치 등의 마찰기계 제동장치와 요즈음의 전기차량에 많이 사용되는 전기제동, 레일과 차륜과의 점착에 의존하지 않는 제동방식으로 최근 각국의 초고속열차에서 적용 중인 와전류제동 등이 있다.

ㄴ 전기차량에도 제동의 신뢰성 확보를 위해 반드시 마찰기계 제동장치를 함께 설치하고 객차와 화차는 전적으로 마찰기계제동에 의존하고 있다.

② 브레이크슈(제륜자)를 이용한 제동장치(답면제동장치)

　　㉠ 차륜(차바퀴)답면(닿는 면)과 주철제 브레이크슈 사이의 마찰력을 이용하여 제동하는 구조가 간단한 제동방식이다.

　　㉡ 차륜답면을 늘 깨끗하게 청소하여 답면상의 이물질과 답면의 미소한 흠을 없애주며 뛰어난 열발산 효과 등의 이점으로 인해 많이 사용되고 있다.

　　㉢ 마찰계수가 속도에 따라 크게 변하고 제륜자의 마모가 심한 것 등의 문제점도 있어 아스베스트, 카본 및 수지 등을 주성분으로 하는 합성제륜자도 개발하여 속도 증가에 따른 마찰계수의 저하가 작은 제륜자를 사용하는 경우도 있다.

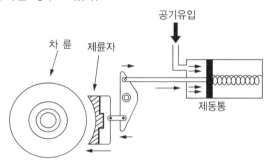

③ 디스크제동장치

　　㉠ 차축에 붙어있는 브레이크디스크와 약 $5 \sim 8[\mathrm{kgf}/\mathrm{cm}^2]$ 정도의 브레이크 실린더 공기압에 의해 레버로 작동되는 브레이크 패드 사이의 마찰력으로 제동을 잡아주는 구조이다.

　　㉡ 차륜답면의 형상과 관계없이 완전독립하여 설치되어 있으므로 마찰면을 넓게 할 수 있어 열방산, 열응력 등에 양호한 효력을 가지고 있기 때문에 제동부하가 큰 철도차량은 이 디스크 제동장치를 많이 사용하고 있다.

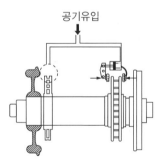

④ 전기제동장치

　　㉠ 전기차량의 차륜을 회전시키는 주전동기는 회로변경에 의해 쉽게 발전기로 변하기 때문에 이 원리를 이용하면 기계적 마찰제동의 최대 문제점인 부품의 마모, 열부하 등의 문제점이 적은 전기제동이 가능하다.

　　㉡ 제동 시 발전한 전력을 차량 내부에 장착된 저항기로 보내 열로 방출해 버리는 발전제동과 전력을 전차선을 통해 지상 측 변전소나 혹은 다른 차량에 보내주는 회생제동으로 나눌 수 있다.

ⓒ 회생제동은 제동 시 생산된 전력을 소모하지 않고 사용하기 때문에 에너지절약 측면에서 우수하다.

ⓔ 제동 시 발전전압을 전차선의 전압과 거의 같게 제어하기 위해 기구가 복잡해지고 교류구간에서는 발생된 전력을 지상 측 주파수와 동기(同期)시켜야 하는 등 어려운 문제가 있으나 최근 사이리스터 등의 반도체를 사용하여 이러한 복잡한 제어를 비교적 쉽게 할 수 있다.

⑤ 와전류(Eddy Current)제동

ⓐ 와전류제동이란 전자석과 궤도의 상대 운동에 의해 궤도면에 유기되는 와전류에 의해 발생되는 제동력을 이용한 것이다.

ⓑ 전자석과 궤도 사이는 자력만으로 결합되어서 마찰이 없고 제동력은 차체 측 전자석의 여자 전류를 변화시킴에 따라 연속적으로 조절할 수 있어 특히 고속차량 및 자기 부상식 철도차량에 가장 적합한 제동 방식이다.

ⓒ 차체에 궤도의 길이 방향으로 전자석의 자극을 N, S, N, S...로 배치하고 이들이 이동하게 되면 궤도에는 자속이 차례로 변화하기 때문에 그 변화를 줄이려는 방향으로 기전력이 발생하게 되고 와전류가 흘러 제동력이 생기게 되어 있다.

ⓔ 와전류식 레일제동만으로는 제동력을 얻기가 곤란하므로 발전제동과 겸하여 사용하는 것이 훨씬 좋고 저속에서는 반드시 답면제동장치나 디스크제동 등의 마찰제동장치와 함께 사용하여야 한다.

ⓜ 와전류식 제동은 레일과의 틈새(Gap)에 따라 제동력이 크게 변화되기 때문에 Gap이 일정하게 확보되도록 해야 한다.

ⓗ 이 경우 대차의 스프링 하부에 취부하지 않으면 안 되나 이 경우 스프링 하중량(Unsprung Mass)이 무겁게 되고 고속대차에서는 주행 안정성 면에서 문제가 있다.

ⓢ 와전류 레일제동과 동일한 원리를 레일 대신 차축의 디스크에 적용하는 방식을 와전류 디스크제동이라 하는데 기계적 마찰 디스크제동 방식과 달리 마찰부분이 없기 때문에 항상 안정된 제동력을 얻을 수 있다(신간선에 적용 중).

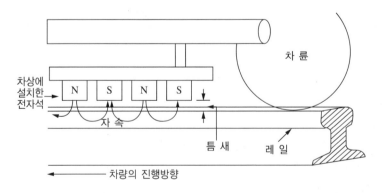

7. 열차 운영관리

(1) 개 요

선로, 차량, 역 설비, 전차선로 신호보안 설비, 통신 설비 등의 철도 Hardware를 효율적으로 조합하여 여객과 화물수송의 최적화를 달성하는 동시에 철도 영업의 경제성을 높이는 것이 열차 운영이며, 수송계획, 운전관리, 열차계획, 기존운전시분 등을 설명한다.

(2) 수송계획

최고 경영자의 경영 방침과 수송 수요를 근거로 철도운영 실무자들이 수송계획을 한다.

① 수송력 설정

수송수요의 변화를 조사하여 1시간 또는 하루의 수송인수, 톤수를 정하고, 평균승차효율, 차량 정원, 적재톤수 등을 고려하여 소요되는 차량 수를 계산하며, 그 결과를 토대로 열차편성과 열차 수를 구한다.

② 열차방식의 선정

어떤 구간의 수송소요와 열차 횟수 등을 고려하여 열차의 방식을 선택한다(전기차 또는 디젤차, 동력 분산식 또는 동력집중식). 예를 들면, 동력 분산식 전기동차는 견인력이 커서 대량수송이 가능하여 통근용 지하철 차량에 적합하다.

③ 열차 단위와 횟수 결정

수송수요에 맞도록 선로용량, 열차의 용량을 고려하여 열차의 운행 횟수를 정한다.

④ 열차종별 책정

운행기간에 따라 정기 및 임시열차, 특급 또는 보통열차, 화물열차 또는 여객열차 등과 같이 필요에 따라 열차 종류를 정한다.

⑤ 열차속도의 책정

열차의 속도는 차량의 성능, 선로규격, 전차선 설비, 신호보안 설비, 정보통신 설비 등 철도시스템의 모든 요소와 관련이 있고, 비용문제와 직결되므로 효율성 및 경제성을 종합적으로 검토하여 결정한다.

(3) 운전관리

운전관리란 운전계획업무(열차 수 책정, 열차 다이어그램 작성, 차량 및 승무원 운용계획), 열차운행관리 업무, 운전취급 업무 등을 총칭한 의미이며 열차운전관리 업무에서는 안전을 우선적으로 확보해야 한다.

① 충돌, 추돌 등의 방지 위해 폐색방식준수(1개 구간에 1열차만 진입)

② 열차운전은 원칙적으로 신호어 지시에 따른다.

③ 선로 조건에 의한 속도제한 또는 열차 성능에 따라 속도를 제어한다.

(4) 열차계획

열차운전을 계획할 때는 다음 조건을 고려하여 정한다.

① 수송력의 검토

수송량 및 계절, 요일, 시간대별 수송량 변화를 고려하여 편성당 좌석수를 정한다.

② 열차의 설정구간

승객의 이용 상황에 맞게 열차가 운행할 구간을 설정한다.

③ 열차배열

여객, 화물과 같이 수송대상물의 종류에 따라 또는 차량 운용과 선로용량, 역구내의 발착선용량 등을 종합하여 어느 시간대에 어떻게 열차를 배열할 것일지를 결정한다.

④ 기준운전시분

역 구간마다 운전곡선을 작성하여 계획상의 최소 소요시간을 기준운전시간이라 한다.

⑤ 정차역과 정차시분

고속열차의 경우 속도향상을 위해 정차역의 수를 줄이는 것이 좋지만 승강인수, 지역사정, 타 선구와의 갈아타기, 타 교통수단과의 관계 등을 종합 검토하여 정차역 위치를 정한다.

⑥ 열차 최소 시격

열차 시격 기본은 후속 열차가 브레이크를 작동시켜 속도를 늦출 필요 없이 진행 신호 현시에 의해 원활하게 운전할 수 있는 상태를 유지하는 것이며, 최소 열차 시격은 2~3 폐색구간과 열차 자체의 길이를 합한 거리를 주행하는 시분이 된다.

⑦ 열차 다이어그램

열차 다이어그램이란 열차가 시간적으로 이동하는 궤적을 표시하는 도표이며, 열차계획, 시각개정의 구상, 열차 승무원의 운용계획, 열차의 운전정리 등에 널리 사용된다.

⑧ 열차 지령관리

매일의 열차운전 때 열차의 운전 상황을 감시하여 지연 등의 이상 발생 시 신속히 정상 상태로 되돌리기 위하여 적당한 구간으로 구분하여 집중적으로 원격 관리하는 중앙운전 사령실을 설치하여 운용하며, 사령실 근무자가 운전자에게 열차운전에 대하여 지시 감독하는 업무를 열차 지령관리라 한다.

1. 열차의 운동역학

(1) 차륜답면(車輪踏面, Wheel Tread)과 윤축(輪軸, Wheelset)

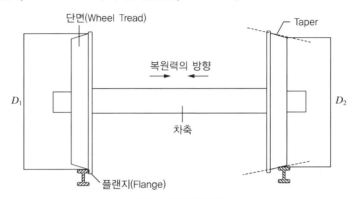

[철도 차량의 윤축]

① 철도차량의 윤축은 견인모터나 엔진 크랭크축의 회전력을 받아 회전운동을 하여 철도차량을 선로 위로 전후진시키는 역할을 한다.

② 윤축은 좌우 한쌍의 차륜답면(Wheel Tread)으로 구성되며, 차륜답면은 테이퍼(Taper)형상으로 되어 있어 레일상을 구르며 주행할 때 차량이 한쪽으로 쏠릴 경우에는 경사진 테이퍼로 인한 복원력이 작용하여 차량이 똑바로 주행할 수 있다.

③ 윤축이 좌측으로 쏠리는 경우에는 좌측 차륜은 우측 차륜보다 직경이 큰 부분($D_1 > D_2$)으로 레일과 접촉하면서 구르게 된다.

④ 윤축은 일체로 되어 있어 같은 회전수로 회전하는 좌측 차륜 쪽이 우측 차륜보다 더 많은 거리를 달려($\pi D_1 > \pi D_2$ 이므로) 앞으로 나가려 하고 상대적으로 우측 차륜 쪽은 우측으로 끌어당기는 힘이 발생하여 윤축을 원위치로 되돌아오게 한다. 우측으로 쏠리는 경우는 그 반대 현상이 나타난다.

⑤ 테이퍼 단면을 가진 윤축은 항상 선로의 중앙으로 향하는 힘이 작용하게 되며, 차량은 안정되게 주행한다.

⑥ 테이퍼 형상 차륜의 문제점은 윤축이 한쪽으로 쏠렸다가 반대쪽으로 쏠리는 현상의 반복으로 인해 열차가 뱀처럼 꾸불꾸불 전진하는 소위 사행동(蛇行動, Hunting)이 일어나기 쉽다는 점이다.

⑦ 이 때문에 차체도 횡(橫)방향으로 흔들려 요잉(Yawing), 롤링(Rolling)현상이 나타나게 되고 차륜의 플랜지와 레일이 서로 충돌하게 되어 마모, 파손 심지어는 탈선하는 경우도 있다.

⑧ 사행동은 사인파 형상으로 나타나는데 이론상 파장 S는 차륜답면의 기하학적 형상에 따라 정해진다.

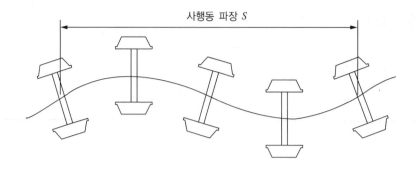

사행동 파장 S

$$S_1 = 2\pi\sqrt{\frac{br}{\gamma}}\ \text{(1축 대차)}$$

여기서, b : 좌우 차륜이 레일과 접촉하는 점 간의 거리의 1/2

r : 접촉점에서의 차륜의 반지름

γ : 접촉점 부근에서의 차륜의 평균 답면 구배

※ 2축대차의 사행동 파장(S_2)공식

$$S_2 = 2\pi\sqrt{\frac{br}{\gamma}\left(1+\frac{a_2}{b_2}\right)}$$

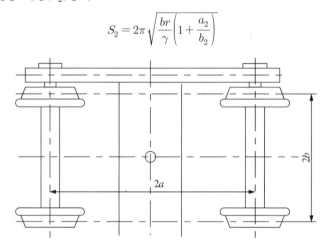

예를 들어 축거 2.1[m]의 보기(Bogie)차의 경우 앞에서 언급한 윤축을 사용하면 S_2=29.33[m]이고, 축거 5.3[m]의 2축차에서는 S_2=66.75[m]가 된다. 이러한 식에서도 알 수 있는 것처럼, 사행동 파장은 궤간이 넓은 쪽이 혹은 차륜직경이 큰 쪽이 길게 된다. 또 차륜답면구배가 완만한 쪽이 길게 된다. 사행동은 기하학적으로는 위와 같이 정해지며, 이것은 열차의 속도와는 무관하다.

⑨ 사행동을 방지하는 방법

　㉠ 답면구배를 적게 하여 사행동 파장을 크게 함으로써 일정 주행속도에서의 사행동 진동수를 감소시키는 방법

　㉡ 1축 사행동이 발생하지 않도록 대차에 윤축을 강하게 잡아매고 대차와 윤축이 결합되는 윤축지지부에 적절한 스프링 및 댐퍼(Damper) 등을 사용하여 공진(共振)하지 않도록 하는 방법 등

(2) 차량진동의 종류

차량진동은 운전상태에 따라서 변화한다. 방향은 x, y, z축 방향으로의 진동, 즉 전후, 좌우 및 상하진동과 x축을 중심으로 회전하는 롤링(Rolling), y축을 중심으로 회전하는 피칭(Pitching), z축을 중심으로 회전하는 요잉(Yawing) 등이 있다.

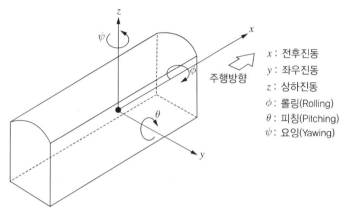

x : 전후진동
y : 좌우진동
z : 상하진동
ϕ : 롤링(Rolling)
θ : 피칭(Pitching)
ψ : 요잉(Yawing)

[차체진동의 여러 가지 형태]

(3) 탈선(脫線) 이론

① 경합탈선(競合脫線)

경합탈선이라 함은 철도차량의 탈선은 차량이나 궤도 등 어느 한쪽만의 원인으로 인하여 일어나는 일은 드물고 차량, 선로 등 여러 원인들이 상호 복합작용하여 탈선이 일어나는 것을 말한다.

② 탈선의 종류

㉠ 경합탈선은 차륜과 레일 간에서 일어나는 현상으로 타오르기 · 미끄러져 오르기 탈선, 튀어오르기 탈선 등 크게 두 가지로 분류된다.

㉡ 타오르기 · 미끄러져 오르기 탈선은 차륜의 플랜지(Wheel Flange)가 회전하면서 레일을 타오르거나 또는 미끄러져 올라가는 것으로 주로 곡선에서 일어난다.

㉢ 튀어 오르기 탈선은 차륜 플랜지가 레일에 충돌하고, 그 힘으로 차륜이 튀어 올라 탈선하는 것으로 주로 속도가 빠를 때 일어난다.

㉣ 탈선에 대한 안전성은 차륜이 레일을 횡방향으로 미는 힘, 즉 횡압(橫壓, Lateral Force라 하고 일반적으로 Q로 나타냄)과 차량의 하중으로 위에서 아래로 누르는 힘, 즉 윤중(Wheel Load라 하고 일반적으로 P로 나타냄)의 비(比) Q/P를 탈선계수(Derailment Coefficient)라 하며 Q/P가 크면 클수록 탈선의 가능성은 커진다.

③ 탈선계수(Derailment Coefficient) : Q/P

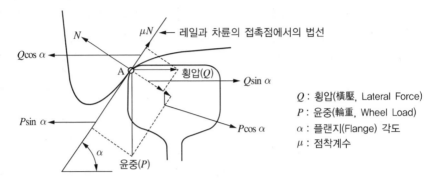

[탈선과 관련된 힘]

ㅇ Q : 횡압(橫壓, Lateral Force)
P : 윤중(輪重, Wheel Load)
α : 플랜지(Flange) 각도
μ : 점착계수

㉠ 타오르기 및 미끄러져오르기 탈선식(비교적 긴시간, 0.05초 이상)

$$N = P\cos\alpha + Q\sin\alpha$$
$$\pm \mu N = P\sin\alpha - Q\cos\alpha$$

위 두 식에서 N을 소거하면

* $\dfrac{Q}{P} = \dfrac{\tan\alpha \pm \mu}{1 \mp \mu\tan\alpha}$ (복호동순)이 되며, 이를 Nadal의 탈선식이라고 한다.

여기서 분모(−), 분자(+)이면 타오르기 탈선이고, 분모(+), 분자(−)이면 미끄러져 오르기 탈선식이 된다.

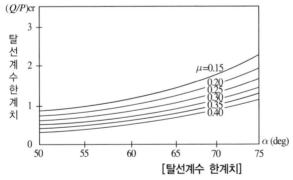

[탈선계수 한계치]

Q/P 한계치 :
탈선할 때의 Q/P

$$\alpha = 60°, \ \mu = 0.25인 \ 경우, \ \frac{Q}{P} \fallingdotseq 1$$

$$\left(\frac{Q}{P}\right) \text{allowable} = 0.8(20\% \ 여유치 \ 부가)$$

ⓛ 튀어오르기 탈선의 경우 : 대단히 짧은 시간에 플랜지와 레일의 충돌(0.05초 이하)

$$\frac{Q}{P} \fallingdotseq 0.05\frac{1}{t}$$

$$\left(\frac{Q}{P}\right) \text{ allowable} \fallingdotseq 0.04\frac{1}{t} \text{ (20[\%] 여유치 부가)}$$

(4) 차량의 전복

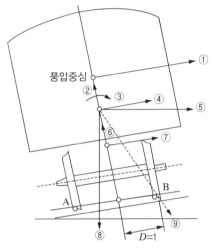

① 풍압력
② 상하진동 관성력
③ 회전진동 관성력
④ 횡진동 관성력
⑤ 원심력
⑥ 전후차량의 연결에 의한 힘의 상하성분
⑦ 전후차량의 연결에 의한 힘의 좌우성분
⑧ 중 력
⑨ 합 력

[차량에 작용하는 외력]

곡선구간을 고속으로 주행하는 차량에 작용하는 외력을 나타내면 그림과 같다. 외력의 합력과 차량무게와의 벡터합을 구해서 벡터합력이 AB 선로 사이에 있으면 전복에 안전하며, 위 그림과 같이 선로 위(B)를 통과하면 반대편 선로(A)의 윤중은 0이 되고 전복이 시작점이 된다. 따라서 합력 ⑨의 방향이 A와 B 사이에 있으면 전복의 위험이 없다.

전복에 대한 위험률(D)
붉은 색의 경우, $D=1$, 합력 ⑨가 레일 중앙을 통과하면 $D=0$
예) (D) allowable ≤ 0.9

상기 외력 중에서 차량의 전복에 가장 큰 영향을 미치는 3가지 힘은 풍압력, 횡진동 관성력 및 원심력이다.

2. 열차의 성능

(1) 점착과 점착계수

① 철도차량이 레일 위를 주행하고 도중에 속도를 가감하며 제동을 써서 수시로 정차할 수 있는 것은 차륜이 레일 위에서 미끄러져버리지 않는 힘, 즉 차륜답면과 레일접촉면과의 마찰력 때문인데 이를 철도에서는 점착력이라 한다.

② 구동력이나 제동력이 점착력보다 큰 경우에는 기동시나 가속시에는 공전(Slip, 헛바퀴)하고 제동 시에는 활주(Skip, 미끄러짐)한다. 이런 현상은 자동차를 운전해 보면 비오는 날이나 눈길에서 출발시 바퀴가 헛돌거나 브레이크를 잡을 때 미끄러져 버리는 현상과 같다.

③ 주행 중 동륜(동력을 가진 바퀴)과 레일의 관계를 역학적 관점에서 보면 차륜답면상에 작용하는 구동력 또는 제동력(둘 다 레일과 평행한 힘이다) F와 답면이 레일과 접촉하는 점에 수직으로 가해지는 힘(이것은 축중이라 칭함) W, 답면과 레일과의 마찰계수(철도에서는 점착계수라 함) μ와의 관계는 $F \leq \mu W$의 식이 성립하여야 한다.

④ 만약 F가 μW보다 크면 기동 시나 역행 시에는 공전(Slip)현상이 나타나 레일에 큰 손상을 주게 되고 제동 시에는 활주(Skip)현상이 나타나 차륜답면에 플랫(Flat, 답면이 국부적으로 평평하게 되는 현상)을 일으켜 차륜에 손상을 입히게 된다.

⑤ 점착력은 축중(W)과 점착계수(μ)를 곱한 값이지만 축중은 선로보호 등을 위한 규정에 의해 노선별로 제한되어 있기 때문에 축중(W)을 무한정 증가시킬 수는 없다.

⑥ 점착계수는 접촉면의 상태, 즉 차륜답면과 레일의 표면에 부착된 물, 기름, 먼지, 녹 등에 의해 그 변화가 매우 크다.

⑦ 건조하고 맑은 날 가장 좋은 상태의 점착계수(μ)가 0.2~0.3 정도라면 접촉면에 비나 서리가 내릴 경우 점착계수는 약 1/2로 줄고 특히 기름류의 오물이 부착되면 1/3 가까이로 점착계수가 줄어든다.

⑧ 모래를 뿌리는 살사방법은 점착계수를 일시적으로 높이는 효과는 비교적 크다고 할 수 있지만 접촉면이 손상되는 결점도 가지고 있다.

(2) 열차의 견인력

① 철도차량은 견인모터나 엔진 크랭크축의 회전력으로 차륜을 회전시켜 추진력을 얻는데 이 추진력은 차륜과 레일의 접촉부분의 마찰력에 의해 생기는 것으로 이를 견인력이라 부른다.

② 답면의 마찰계수 μ와 그 축에 가해지는 축중 W를 곱한 값이 그 축이 얻을 수 있는 최대 견인력이 된다. 자중 40톤에 구동축 4축의 차량의 경우 마찰계수 μ가 0.1이라면 이 차량이 얻을 수 있는 견인력은 0.1×10톤(축당 하중)×4축 = 4톤이 된다.

③ 큰 견인력을 위해 구동 차량을 무겁게 하여 축중을 크게 해야 하나 레일, 도상, 교량 등의 부담 하중에는 제한이 있어 무작정 축중을 크게 할 수는 없고 허용축중한계 내에서 구동축 수를 늘려 소정의 견인력을 얻는 방법을 사용할 수밖에 없다.

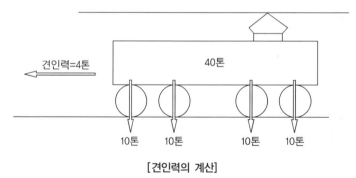

[견인력의 계산]

(3) 열차저항

열차가 진행할 때 주행을 방해하는 힘의 합을 총칭하여 열차저항이라고 하며, 주행저항, 구배저항, 곡선저항, 터널저항, 가속저항 및 출발저항 등 6가지 저항이 있다. 이들 중 가장 큰 저항은 주행저항, 구배저항, 곡선저항이며 보통 이 3가지의 합으로 열차저항을 나타내기도 한다.

> 열차저항 = 주행저항 + 구배저항 + 곡선저항

① 주행저항 : 공기저항+차륜의 구름저항+기타 회전부에서의 마찰저항

$$R_R = av^2 + bv + c$$

여기서, R_R : 주행저항 a : 공기저항계수
         b : 휠-레일 간의 마찰계수 c : 차량내부의 회전체들의 마찰저항계수

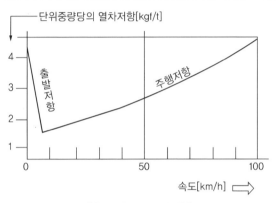

[출발저항 및 주행저항]

   ㉠ 공기저항 : 속도의 제곱에 비례
   ㉡ 출발저항 : 정지로부터 출발에 이르는 순간에 큰 저항
      ∵ 정지 마찰계수가 동 마찰계수보다 크다.

② 구배저항(R_G)
   ㉠ 상구배
   ㉡ $R_G \perp W$라고 가정, 상사법칙
   ㉢ $R_G = W\tan\alpha = W\dfrac{G}{1,000}$

      여기서, $\tan\alpha = G[\unicode{x2030}] = \dfrac{G}{1,000}$

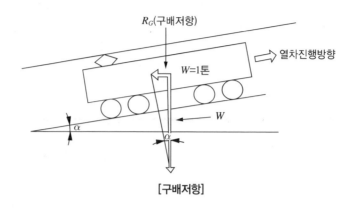

[구배저항]

③ 곡선저항

$$R_c = \frac{700}{R}$$

여기서, R : 선로의 곡선반경(m)

(4) 열차의 가속도 · 감속도

① 열차가 정지상태에서 출발하여 속도를 높여가는 과정을 역행(力行, 동력) 또는 가속상태라고 하고 1초간에 속도가 몇 [km/h] 빨라지는가를 숫자로 표시한 것을 가속도라고 부르며 α[km/h/s]로 표시한다.

② 1초 동안 3[km/h]씩 속도가 증가하고 있다면 α=3[km/h/s]이다. 만약 α=3[km/h/s]로 발차하여 20초 동안 역행 또는 가속하였다면 20초 후의 속도는 3[km/h/s]×20[s]=60[km/h]로 된다.

③ 속도가 일정치에 도달하면 공급동력을 끊어 열차가 타성, 즉 관성력으로 달리는 상태로 되고 이것을 타행운전(무동력운전, 관성운전)상태라 부른다.

④ 정차지점에 가까워지면 브레이크를 잡아 속도를 낮추는 과정을 브레이크 상태 혹은 감속 상태라고 부르고 가속도와는 반대로 1초간에 몇 [km/h]만큼 속도가 내려가는가를 감속도라고 하여 β[km/h/s]로 표시한다.

⑤ 실제로는 차륜, 치차 등 회전 부분에는 회전관성력이라고 하는 가속을 방해하는 힘이 작용하고 있기 때문에 소요견인력을 약 10[%] 정도 더 쳐주어야 한다.

⑥ 일반적으로 어느 정도 속도가 높아지면 전기차에서는 모터의 특성상 서서히 견인력이 약화되고 열차 저항은 속도에 비례하여 커지기 때문에 견인력과 열차저항이 같아지는 속도점이 생기는데 이 속도를 균형속도라 한다.

⑦ 타행운전의 경우에는 외부에서의 동력, 즉 힘의 공급이 없으므로 $F_\beta = 0$으로 하여 β를 계산해 보면 열차저항에 의해 서서히 속도가 내려가는 것을 알 수 있다.

⑧ 열차의 속도 향상, 다시 말해 출발점에서 도착점까지의 운행소요시분을 줄이기 위해 승차감을 해치지 않는 범위 내에서 α와 β를 최대한 높여 가속과 감속에 의한 시간소모를 줄여야 한다.

(5) 열차의 제동거리

① 열차의 제동거리(S)라 함은 기관사가 제동을 취급한 후 정차할 때까지의 시간 동안 열차가 진행한 거리를 말하며 공주거리(S_1)와 실(實) 제동거리(S_2)로 나누어 생각해 볼 수 있다.

② 기관사가 제동을 취급하였다고 하더라도 바로 전체 열차에 제동효과가 생기는 것은 아니고 공기압을 이용하는 기초제동장치에서의 공기이동, 밸브개폐 등에는 얼마만큼의 시간이 필요하기 때문이다.

③ 공주거리는 기관사가 제동을 취급한 후 예정제동력의 75[%]에 도달할 때까지의 열차주행거리를 말하며 실(實) 제동거리는 예정제동력의 75[%] 이상으로 제동력이 충분히 커진 후 열차가 정지할 때까지의 주행거리를 말한다.

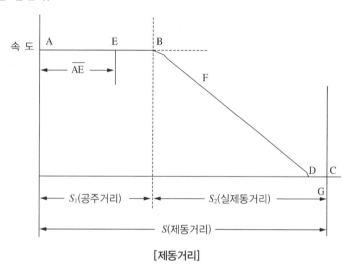

[제동거리]

실(實)제동거리 산출방법

중량이 W[ton]이고 속도가 V[km/h]인 열차의 실제동거리를 산출하기 위해서는 운동하고 있는 열차의 운동을 멈추게 하는 것이므로 열차를 멈추기 위해 외부에서 투입된 일과 열차가 가지고 있는 운동에너지가 서로 같다는 원리를 이용하면 된다. 그런데 열차의 속도를 0으로 하기 위해 투입된 일은 열차의 감속력(F)에 실제동이 시작된 이후에 열차가 진행한 거리, 즉 실제동거리(S_2)를 곱하면 되고 열차의 운동에너지는 $\dfrac{mV^2}{2}(1+e)$이다.

따라서 $F \cdot S_2[\mathrm{kg \cdot m}] = \dfrac{mV^2}{2}(1+e)[\mathrm{kg \cdot m}]$로 쓸 수 있다.

단, 여기서 e는 부가관성중량으로 일반 열차에는 6[%] 정도를 잡아준다.

(6) 열차의 브레이크 성능과 최대운전속도

① 열차의 속도를 자유자재로 조절하려면 역행(力行) 성능과 함께 브레이크 성능 역시 중요한 역할을 한다.

② 브레이크를 작동시킬 때도 역행 때와 마찬가지로 차륜과 레일의 마찰력(점착력)에 의해 제동력(브레이크힘)이 얻어지는 것이며, 점착계수가 크면 강한 제동력을 얻을 수 있지만 점착계수는 매우 불안정한 데다 열차의 속도에 따라서도 점착계수의 값이 변화하여 고속으로 되면 될수록 브레이크 효과는 나빠진다.

③ 열차가 운행되는 선로에는 신호기가 설치되어 있는데 신호기와 다음 신호기와의 사이를 신호폐색구간이라 부르고 폐색구간마다 진행, 주의, 정지 등의 신호현시에 맞추어서 브레이크 성능을 고려한 제한속도를 설계하여 정지신호 앞에서는 반드시 정지할 수 있도록 되어 있다.

④ 열차의 제동거리는 열차의 안전운행에 중요한 요소이고 신호기와 다음 신호기와의 거리인 폐색구간의 길이를 정하는 것과도 밀접한 연관이 있다.

⑤ 폐색구간의 길이는 최고운전속도, 열차밀도(일정한 시간 내에 통과하는 열차수) 등을 결정하는 중요한 열쇠이다.

⑥ 통근용 전동차구간처럼 대량수송이 필요한 경우는 폐색구간을 짧게 하여 열차수를 증가시키고 최고속도는 어느 정도 희생하는 반면 장거리에서 운전시분의 단축을 꾀하는 경우는 최고속도를 우선하는 폐색구간의 길이를 길게 설정하는 것이 일반적이다.

⑦ 열차의 최고운전속도를 향상시키기 위해서는 점착한도를 최대한 활용한 고성능 브레이크시스템이 요망된다. 일반적으로 열차의 브레이크장치에는 공기브레이크와 전기브레이크가 함께 사용되고 있다.

⑧ 고속철도에서처럼 속도가 높은 열차는 감속 성능을 향상시키려는 노력에도 불구하고 브레이크 거리를 크게 늘려 잡아야 하기 때문에 폐색구간의 거리(2,800[m])도 자연히 길어져야 하는 것이다.

(7) 운전곡선

열차는 정해진 노선을 운행한다. 열차가 A역에서 B역, 계속해서 C역으로 주행하는 상태를 이해하기 쉽게 하기 위해서 그래프로 표시한 것이 운전곡선이다. 열차의 주행상태에는 3가지의 모드(Mode)가 있다.

① 역행(가속)모드(Powering)

열차에 동력을 가하여 가속하는 상태로 속도가 서서히 증가한다.

② 타행(느리게 감) 모드(Coasting)

열차에 동력을 끊고 관성력으로 주행하는 상태로 열차 저항에 의해 속도가 서서히 감소한다.

③ 제동 모드(Braking)

제동을 체결하여 속도를 줄여 나가거나 열차를 정지시키는 모드이다.

(8) 열차의 속도

① **최고운전속도** : 영업운전 시의 최고속도

② **균형속도** : 견인력과 열차저항이 같아지는 속도(더 이상 속도를 증가시킬 수 없다)

③ **평균속도** : 일정한 속도로 주행하였다고 가정한 속도, 즉 거리/주행 소요시간

④ **표정속도** : 도중에 정차하는 시간을 포함한 평균속도, 즉 거리/도착에 필요한 시간

⑤ 제한속도 : 선로의 등급, 차량의 종류, 곡선반경 등에 따라 안전운전을 위하여 제한을 가하는 속도

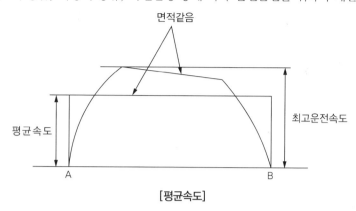

[평균속도]

※ 표정속도의 향상이 중요하며 이를 위해서는 다음과 같은 방안이 있다.
- 정차시분의 단축 및 정차 역의 수를 줄임
- 특급열차와 보통열차의 차이(정차 역의 수 차이)
- 통근열차의 경우 : 가속도, 감속도를 높임
- 고가속, 고감속의 열차 개발

(9) 동력집중과 동력분산

기관차가 끄는 객차열차는 대표적인 동력집중방식이고 편성 중 여러 대의 차량에 동력을 분산 배치한 통근형 전동차는 동력분산식이라 부른다.

① 동력분산식의 장점

　㉠ 높은 가속도를 얻을 수 있음 : 구동축이 많기 때문에 견인력을 크게 하는 것이 가능하고 높은 가속력을 얻을 수 있다. 통근차를 동력분산의 전동차로 편성을 하는 것은 바로 이러한 이유 때문이다.

　㉡ 축중을 분산할 수 있음 : 견인력은 구동축에 가해지는 중량에 의해 결정되기 때문에 동력집중식으로 하면 구동축에 중량을 집중시키게 되어 축중이 무겁게 된다.

　㉢ 전기브레이크를 사용할 수 있음 : 전차의 경우는 제동시에는 구동모터를 발전기로서 작동시켜 그 전기에너지를 저항기에 흡수시키는 방법 등으로 제동력을 얻는 것이 가능하다.

② 동력분산식의 단점

　㉠ 동력을 분산하기 위해 상하(차체 밑부분)에 기기를 분산 배치하고 있어 모터의 구동음이나 발열 기기를 냉각하기 위한 냉각팬의 소음이 있을 수 있다.

　㉡ 동력차에 각각의 구동모터를 제어하는 기기들이 있어 편성 전체로서의 부품수가 많아져 유지보수에 손이 많이 간다.

　㉢ 전차편성의 경우 다른 전차를 연결하는 것이 곤란하고 객차열차처럼 기관차 이외의 객차를 자유롭게 연결, 조정하는 것이 어렵다.

[동력분산식과 동력집중식 고속열차의 비교]

구 분	동력분산식	동력집중식
환경조건	△	◎
동일 성능에서 열차 편성의 유연성	◎	×
단거리 운행(짧은 역들 사이)	◎	△
운행 빈도	◎	×
승차감	○	◎
점착성	◎	△
발차, 주행, 제동(구배)	◎	△
가속 및 감속 시	◎	×
주행한계 속도 시	◎	△
저(底)축중	○	×
열차무게의 균등분배	◎	×
곡선구배 시 안정성	○	△
선로에 대한 효과	○	△
교통성(부피)man-km/h	○	△
좌석용량	○	△
짧은 열차길이	○	△
운행열차 정지 가능성	◎	△
전기제동의 효용	◎	△
빈번한 제동 시	◎	×
팬터그래프 수	△	◎
승객 및 화물에 대한 서비스	×	◎
역주행성(Push-pull Type 제외)	○	×
제동장치 유지보수	◎	△
기타 유지보수(제동장치 제외)	△	◎

◎ : 아주 좋음, ○ : 좋음, △ : 보통, × : 나쁨

3. 선로용량

어떤 선구(線區)에 하루 동안 몇 개의 열차를 운행시킬 수 있는가 하는 것이 선로용량이다. 이 경우 대도시의 전차선구 등에서는 러시아워의 열차설정능력이 중요하기 때문에 피크타임 1시간당 몇 열차로 표시된다.

중요 CHECK

단선구간의 선로용량(간이식)

$$N = \frac{1.440}{t+s} \times d$$

여기서, N : 선로용량
t : 평균운전시분
s : 열차취급시간
d : 선로이용률

4. 차량한계 및 건축한계

(1) 차량한계(Rolling Stock Gauge, Car Gauge, Vehicle Gauge)

① **차량단면형상의 최대 치수** : 차량의 단면적이 크면 수송력이 증대되지만 무턱대고 크게 할 수는 없다.

② 열차가 직선궤도에서 똑바로 선 위치에 정지할 때를 기준

③ 철도차량이 안전하게 주행하기 위해서 건축물이나 지상시설이 어떠한 경우에도 철도차량과 접촉하지 않게 하기 위한 목적

④ 건축한계와의 사이에 여유(간격)

  ㉠ 건축물이나 철도의 지상시설은 건축한계 밖에서만 설치

  ㉡ 차량주행 중의 차량 요동이나 스프링 변위 등에 의한 차량단면형상의 변화는 여유가 담당

⑤ 차량한계는 노선의 등급과 무관하게 일정

⑥ 곡선부에서의 편기는 건축한계와 마찬가지로 확대(50,000/R[mm])

⑦ 철도운영기관에서 건설 및 운영의 경제성 등을 고려하여 결정하며 차량한계/건축한계가 다른 국가나 지역 간의 열차 교환은 면밀한 검토 필요

(2) 건축한계(Construction Gage)

① 열차 또는 차량이 안전하게 운행하기 위하여 궤도 위에 확보하여야 할 일정한 공간의 경계이다.

② 건물 등 어떠한 건조물이나 나무 등의 자연물도 건축한계 이내에 들어오는 것은 허용되지 않는다.

③ 건축한계는 차량한계에 상당한 여유를 두도록 결정한다. 사실 건축한계는 차량한계를 결정한 후에 상당한 여유를 두고 치수를 결정한다. 차량한계는 차량단면의 경계를 말한다.

④ 차량한계는 차량이 차지할 수 있는 단면적의 경계선이다.

⑤ 건축한계와 차량한계 사이의 여유공간은 차량이 주행 시에 차체, 차축의 횡방향 이동, 대차 스프링의 변위, 궤도의 뒤틀림에 의한 편기 등을 고려하여야 한다.

⑥ 정거장 구내와 같이 여러 가지 구조물이 복잡하게 있는 경우에는 사용의 편익과 용지의 절약을 위하여 예외를 인정하고 있다. 가설공사의 경우와 같이 임시로 특별히 인정하는 축소한계를 사용할 수도 있다.

⑦ 건축한계와 차량한계는 노선의 등급과는 관계없이 동일하다.

⑧ 건축한계와 차량한계는 철도운영기관마다 다르다. 이는 선로의 건설 및 철도 운영의 경제성을 고려하여 정하기 때문이다. 이들 한계가 다른 국가나 지역에 열차가 진입하는 것은 불가능하다.

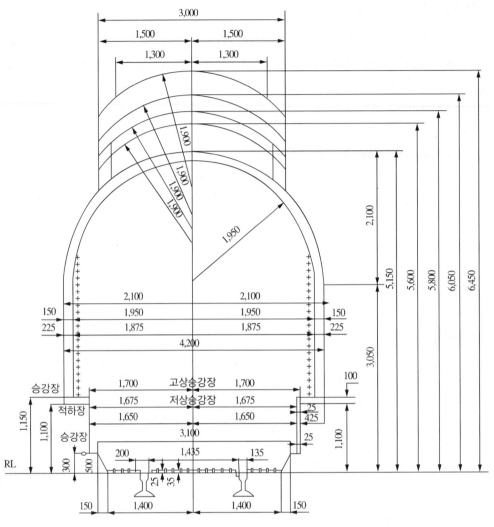

[한국철도의 차량한계]

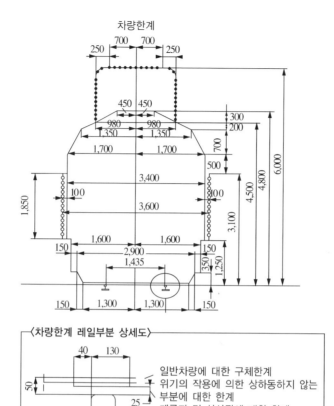

[한국철도의 건축한계]

- 실선 : 일반차량(전차선으로부터 전기를 공급받는 전기차를 제외한 모든 차량) 구체에 대한 차량한계로, 특수장치(열차표지, 살사관 등)를 고려하지 않은 기초적인 차량한계
  폭 3,400[mm] × 높이 4,800[mm]

- ┤├┤├┤├ : 가공전차선에서 전기를 공급받는 전기차가 집전장치를 접었을 때에 차량지붕에 설치된 옥상장치의 한계 (4,500[mm])

- ○─○─○─○ : 열차후부표시등, 열차표지 등의 한계(3,600[mm])

- ●─●─●─● : 가공전차선의 최대높이, 집전장치를 폈을 경우에 집전장치, 공기관, 호스 등의 한계(6,000[mm])

레일 부분에서

- ·─·─·─·─· : 상하로 움직이지 않는 부분의 한계(스프링에 의해 상하동하는 부분보다 레일과의 간격이 적어도 무방, −12[mm])

- ---------- : 차륜답면과 접촉하여 제동력을 발생시키는 제륜자 및 레일과 차륜답면 사이에 모래를 살포하는 살사관에 대한 한계(레일 면에 가깝게 설치하여야만 사용목적을 달성)

(3) 곡선에서의 차량한계와 편기량

① 차량한계와의 간격

  ㉠ 원호부 정점의 높이(5,150[mm])는 차량한계(4,800[mm])에 여유공간 350[mm]

  ㉡ 폭(4,200[mm]) 넓이는 차량한계의 폭(3,600[mm])에 양쪽으로 여유공간 300[mm]

  ㉢ 승강장 및 적하장이 접근하는 부분(1,675[mm])은 차량한계(궤도중심으로부터 1,600[mm])에 간격 75[mm]

  ㉣ 지하철 승강장의 건축한계의 폭은 저상승강장에 25[mm]의 여유를 더 두어(궤도중심으로부터) 1,700[mm], 높이는 적하장 높이(1,100[mm])보다 50[mm]를 더 높여 1,150[mm]로 하였다. 따라서 차량한계와의 간격은 폭, 높이 모두 100[mm]

  ㉤ 측선에서 급수주, 급유대 및 세차대 등은 작업의 성질상 차량에 근접하는 것이 편리하므로 일반 건축한계보다 150[mm] 축소하여, 차량한계(궤도중심선으로부터 1,700[mm])와 250 [mm]의 간격

  ㉥ 전철기(선로 전환기) 표시등 등의 특수시설물의 건축한계는 225[mm]를 축소하여 차량한계와 175[mm]의 간격

② 곡선에서의 편기량(Deviation)

곡선구간에서는 차량 양단과 중앙과는 궤도중심으로부터 편기(빠져나오다)할 것이므로 건축한계를 확대하여야 한다. 확대하는 양, 즉 편기량 w 는 다음 식으로 구한다.

$$w = \frac{50,000}{R}$$

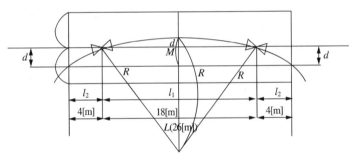

l_1 : 대차중심 간의 거리(8[m])
l_2 : 대차중심으로부터 차량양끝까지의 거리(4[m])
L : 차량의 전길이=l_1+2l_2=26[m]
R : 곡선로의 반경

d_2 : 차량 중앙부의 편기량

피타고라스의 정리

$$R_2 = \left(\frac{l_1}{2}\right)^2 + (R - d_2)^2$$

$$= \frac{l_1^2}{2} + R^2 - 2Rd_2 + d_2^2$$

$$d_2^2 = 0, \ 2Rd_2 = \frac{l_1^2}{4}, \ d_2 = \frac{l_1^2}{8R}$$

d_1 : 차량 양끝단의 편기량

피타고라스의 정리

$$d_1 = M - d_2$$

$$R^2 = \left(\frac{l_1}{2} + l_2\right)^2 + (R - M)^2$$

$$= \left(\frac{l_1}{2} + l_2\right)^2 + R^2 - 2RM + M^2$$

$$M_2^2 = 0, \ 2RM = \left(\frac{l_1}{2} + l_2\right)^2$$

$$M = \frac{(l_1 + 2l_2)^2}{8R}$$

$$d_1 = \frac{(l_1 + 2l_2)^2}{8R} - d_2$$

$$= \frac{l_1^2}{8R} + \frac{4l_1 l_2}{8R} + \frac{4l_1^2}{8R} - d_2$$

$$d_1 = \frac{4l_2^2}{8R} + \frac{4l_1 l_2}{8R} = \frac{l_2(l_1 + l_2)}{2R}$$

여기서, l_1 : 대차 중심 사이의 거리(재래식 대차의 경우 18,000[mm])

l_2 : 대차 중심으로부터 차량 양끝까지의 거리(동일한 경우 4,000[mm])

$$d_2 = \frac{18^2}{2R} \times 1,000[\text{mm}] = \frac{40,500}{R}$$

$$d_1 = \frac{4(4 + 18)}{2R} \times 1,000[\text{mm}] = \frac{44,000}{R} \approx \frac{50,000}{R}$$

따라서 d_1에 여유치를 부가하여

$$w = \frac{50,000}{R} \text{만큼 확대하여야 한다.}$$

③ 캔트(궤도기울기)의 영향

곡선부에서는 차량이 수직이 아니고 약간 비스듬하게 기울어진다. 건축한계도 캔트만큼 기울어지므로 궤도 중심으로부터 건축한계의 선로 안쪽 위쪽까지의 거리 A, 선로 바깥쪽 아래쪽까지의 거리가 B만큼 변하게 된다.

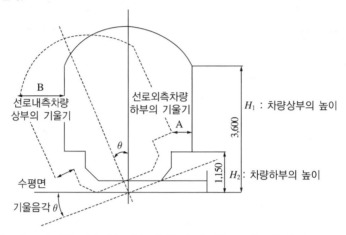

건축한계가 전체적으로 θ만큼 기울 때, 레일 중심 간 간격(1,500[mm])을 G, 캔트량을 C라 하면,

$$\tan\theta = \frac{C}{G} = \frac{B}{H_1} = \frac{A}{H_2}$$

따라서, $A = C \times \dfrac{H_2}{G} = C \times \dfrac{1,150}{1,500} \approx 0.8C$

따라서, $B = C \times \dfrac{H_1}{G} = C \times \dfrac{3,600}{1,500} \approx 2.4C$

④ 곡선에서의 안전한계

곡선에서의 안전한계는 차량편기량과 곡선의 영향을 함께 고려한 양이다.

예 곡선반경 : 400[m], 캔트 160[mm]의 선로에 전주를 세우는 경우

ㄱ 궤도 안쪽 $= 2,100 + \dfrac{50,000}{R} + 2.4C$

$\qquad = 2,100 + 125 + 384 = 2,609[\text{mm}]$

ㄴ 궤도 바깥쪽 $= 2,100 + \dfrac{50,000}{R} - 0.8C$

$\qquad = 2,100 + 125 - 128 = 2,097[\text{mm}]$

(4) 편의량

① 곡선부의 건축한계 폭은 직선부의 건축한계 폭을 궤도중심 각 측에 있어서 아래 제시한 값(차량의 편의로 인한 편의량) 이상 확대하여야 한다(다음 그림 차량의 편의량 참조).

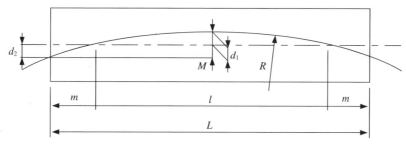

[차량의 편의량]

$$d_1 = \frac{l^2}{8R}, \ d_2 = \frac{m(m+1)}{2R}$$

여기서, d_1 : 차량끝이 궤도중심에서 내방으로 편의하는 양[mm]

d_2 : 차량중앙이 궤도중심에서 외방으로 편의하는 양[mm]

m : 대차중심에서 차량끝까지의 거리[m]

l : 차량의 대차중심 간 거리[m]

R : 곡선반경[m]

② 국철에서 적용하고 있는 건축한계의 확폭 계산식은 $W = \dfrac{50,000}{R}$ 을 적용하고 있다.

이 값은 특수장물차량의 차량제원인 m=4[m], l=18[m]를 대입하여 계산한 값인

$$d_1 = \frac{l^2}{8R} = \frac{18 \times 18}{8R} = \frac{40,500}{R}$$

$$d_2 = \frac{m(m+l)}{2R} = \frac{4 \times (4+18)}{2R} = \frac{44,000}{R}$$ 의 이론적인 계산 결과치에 여유를 둔 편측 확폭량으로 한 것이다.

CHAPTER 04 적중예상문제

01 관절대차에 대한 설명으로 틀린 것은?

㉮ 대차수 및 차륜수량이 감소되어 차량의 경량화가 이루어진다.

㉯ 2개의 연결객차가 일체화되며, 구름저항이나 진동 감소 등 주행성능이 향상된다.

㉰ 경량화, 급곡선 통과 안전성이 개선된다.

㉱ 차량 분리가 용이하고 대차구조가 간단하다.

해설 ㉱ 차량 분리가 곤란하고 대차구조가 복잡하다.

02 가공(공중에 설치된)삭도에 대한 설명으로 틀린 것은?

㉮ 전용 궤도계의 교통기관으로 도로교통에 영향이 없어 정시성이 확보된다.

㉯ 용지 필요한 곳은 지반부분으로서 도입공간의 확보가 용이하다.

㉰ 지주 간격을 짧게 설정할 수 있다.

㉱ 급구배가 가능하고 종단 선형 설정의 자유도가 높다.

해설 ㉰ 지주 간격을 길게 설정할 수 있다. 가공삭도는 Rail 대신 공중에 강색을 가설하고 여기에 여객이나 화물을 운반할 수 있는 차량에 대응하는 운반기를 매달아서 운반하는 시설로 Rope Way라 부르며 주로 관광용으로 이용된다.

03 VVVF(Variable Voltage & Variable Frequency)에 대한 설명으로 틀린 것은?

㉮ 제어 성능이 우수하여 승차감이 좋으며, 점착 성능이 좋아 차량편성에 유리하다.

㉯ 제어장치 및 주전동기의 소형화, 경량화가 가능하고, 지하터널 내 숙열을 방지한다.

㉰ 전력 회생률이 높아 에너지가 절약된다.

㉱ 전파 잡음이 발생하지 않는다.

해설 ㉱ 가변주파수의 전력으로 전차를 구동하므로 저주파에서 고주파에 걸친 전파 잡음이 발생된다.

04 동륜 주견인력에서 전동차 자체 주행 저항을 고려한 견인력은?

㉮ 특성 견인력   ㉯ 유효 견인력

㉰ 점착 견인력   ㉱ 지시 견인력

1 ㉱ 2 ㉰ 3 ㉱ 4 ㉯ **정답**

05 견인정수의 지배 요인 중에서 최대 영향을 미치는 것은?

㉮ 압력구배　　　　　　　　　　㉯ 배수구배

㉰ 사정구배　　　　　　　　　　㉱ 비탈구배

> **해설**　**사정구배**
> • 견인정수의 지배 요인 중에서 최대 영향을 미치는 것이다.
> • 어느 운전선구의 상 구배 중 최대 견인력을 요구하는 구배를 그 구간의 견인정수를 지배하는 구배라 하며 사정구배(지배구배)라 한다.
> • 사정구배 길이가 긴 경우 견인정수는 그 구배의 균형속도 이상으로 사정한다.

06 Disk 제동에 해당하는 것은?

㉮ 제륜자로 직접 차륜 답면을 눌러서 제동하는 방식이다.

㉯ 제륜자로 차륜과 달리 별개의 회전체를 눌러서 제동한다.

㉰ 제륜자를 궤도에 압착하여 제동한다.

㉱ 발전 에너지를 전차선을 통하여 그 흡입력을 제동에 이용하는 방식이다.

> **해설**　**기계식 제동**
> • 제륜자 제동 : 제륜자로 직접 차륜 답면을 눌러서 제동하는 방식이다.
> • Disk 제동 : 제륜자로 차륜과 달리 별개의 회전체를 눌러서 제동한다.
> • 궤도 제동 : 제륜자를 궤도에 압착하여 제동한다.

07 제동거리에 대한 설명으로 틀린 것은?

㉮ 열차의 제동거리는 크게 공주거리와 실 제동거리로 분류한다.

㉯ 공주거리는 제동 취급 시점부터 제동력이 예정 제동률의 70[%] 달성시까지 진행한 거리이다.

㉰ 실 제동거리는 전 제동거리에서 공주거리를 제한한 값이다.

㉱ 제동거리는 제동 가속도에 비례하고 열차 중량에 비례한다.

> **해설**　㉯ 공주거리는 제동 취급 시점부터 제동력이 예정 제동률의 75[%] 달성시까지 진행한 거리이며 이때까지 경과한 시간이 공주시간이다.

08 원동기를 가지며 단독 또는 자기 이외의 차량과 연결되어 운전하는 차량은?

㉮ 전동차　　　　　　　　　　　㉯ 객 차

㉰ 화 차　　　　　　　　　　　　㉱ 전차의 제어차

> **해설**　동력차는 원동기를 가지며 단독 또는 자기 이외의 차량과 연결되어 운전하는 차량으로 기관차, 전동차, 내연동차 및 동력화차의 총칭이다.

09 열차의 구동력을 견인차에 집중하는 방식이 아닌 것은?

㉮ 전기기관차

㉯ 디젤기관차

㉰ 전동차

㉱ 새마을형 동차

해설 동력분산식차는 여객차에 동력원인 디젤기관이나 전동기를 장착하여 열차 견인에 필요한 동력을 분산하는 방식으로 전동차, 일부 무궁화형 동차, 일반 동차 등이 있다.

10 엔진에 대한 설명으로 틀린 것은?

㉮ 가스터빈엔진은 기관이 소형이고 가벼운 데다 대출력을 얻기 쉽다는 장점이 있다.

㉯ 가스터빈엔진은 가격이 비싸고 구조가 복잡하여 정비가 어려우며 연비나 소음 등에서 문제가 있다.

㉰ 디젤기관차나 디젤동차는 차량의 중량이 전기차에 비하여 무겁고 성능도 떨어지는 편이다.

㉱ 디젤엔진은 일정 회전수 이하에서도 운전이 가능하다.

해설 ㉱ 디젤엔진은 일정 회전수 이하에서는 운전이 불가능하기 때문에 엔진과 동륜을 직결한 상태에서는 시동이 어렵다.

⭐중요

11 동력분산식에 대한 설명으로 틀린 것은?

㉮ 가속 성능을 높일 수 있다.

㉯ 전동기 사용차량의 경우 전기브레이크를 사용하여 마찰브레이크의 제동력 부족을 보완하기 용이하다.

㉰ 축중을 분산시켜 결국 열차전체의 견인력을 높일 수 있다.

㉱ 피견인 차량인 객차나 화차의 구조를 간단하게 할 수 있다.

해설 **동력집중식**
열차견인에 필요한 대마력의 디젤엔진을 1기 또는 2기 탑재한 기관차가 동력을 갖지 않은 객차나 화차를 필요시마다 융통성 있게 연결·분리하여 사용할 수 있기 때문에 사용효율을 높일 수 있고, 피견인 차량인 객차나 화차의 구조를 간단하게 할 수 있는 장점이 있다.

12 동력전달방식에 해당하지 않는 것은?

㉮ 기어식

㉯ 액체식

㉰ 전기식

㉱ 전자식

해설 동력전달방식에는 기어식, 액체식 및 전기식의 세 종류가 있다.

9 ㉰ 10 ㉱ 11 ㉱ 12 ㉱ **정답**

13 동력전달방식에 대한 설명으로 틀린 것은?

㉮ 기어식은 기동 및 변속 시의 쇼크가 크고 총괄제어가 곤란하여 중련운용이나 편성운전에 적합하지 않다.

㉯ 액체식은 기어식에 비해 동력전달 효율이 좋은 편이다.

㉰ 액체식은 전기식에 비하여 차량 중량이 가볍고 제작비가 저렴하다.

㉱ 전기식은 차량의 중량이 무겁고 제작비도 고가이다.

> **해설** ㉯ 액체식은 동력전달 효율은 기어식에 비해 떨어지나 액압을 이용하기 때문에 기동 시의 윤활 작용에 의해 엔진에 무리가 가해지지 않고 충분한 기동 토크를 얻을 수 있을 뿐만 아니라 연속 변속도 가능한 등의 장점이 많다.

14 전자석과 궤도의 상대 운동에 의해 제동하는 장치는?

㉮ 제륜자 제동

㉯ 디스크 제동

㉰ 전기 제동

㉱ 와전류 제동

> **해설** 와전류 제동이란 전자석과 궤도의 상대 운동에 의해 궤도면에 유기되는 와전류에 의해 발생되는 제동력을 이용한 것이다.

15 테이퍼 형상 차륜의 가장 큰 문제점은?

㉮ 롤 링 　　　㉯ 피 칭

㉰ 요 잉 　　　㉱ 사행동

> **해설** 테이퍼 형상 차륜의 문제점은 윤축이 한쪽으로 쏠렸다가 반대쪽으로 쏠리는 현상의 반복으로 인해 열차가 뱀처럼 꾸불꾸불 전진하는 소위 사행동(蛇行動, Hunting)이 일어나기 쉽다는 점이다.

16 탈선에 대한 설명으로 틀린 것은?

㉮ 타오르기·미끄러져 오르기 탈선은 주로 곡선에서 일어난다.

㉯ 튀어 오르기 탈선은 주로 속도가 느릴 때 일어난다.

㉰ 탈선계수는 횡압과 윤중의 비(比)로 나타낸다.

㉱ 탈선계수(Derailment Coefficient)가 크면 클수록 탈선의 가능성은 커진다.

> **해설** ㉯ 튀어 오르기 탈선은 차륜 플랜지가 레일에 충돌하고, 그 힘으로 차륜이 튀어 올라 탈선하는 것으로 주로 속도가 빠를 때 일어난다.

17 자중 80톤에 구동축 4축의 차량의 경우 마찰계수 μ가 0.1이라면 이 차량이 얻을 수 있는 견인력은?

㉮ 4톤
㉯ 6톤
㉰ 8톤
㉱ 10톤

해설 자중 80톤에 구동축 4축의 차량의 경우 마찰계수 μ가 0.1이라면 이 차량이 얻을 수 있는 견인력은 0.1 × 20톤(축당 하중) × 4축 = 8톤이 된다.

18 최고평균속도에 대한 설명으로 틀린 것은?

㉮ 최고평균속도는 제한속도의 개념이다.
㉯ 최고평균속도의 향상은 최고운전속도 향상보다 수송시간 단축에 영향이 크다.
㉰ 최고평균속도는 최고운전속도와 함께 최고속도로 분류된다.
㉱ 최고평균속도가 최고운전속도보다 실질적 최고속도라 할 수 있다.

해설 운행한 뒤의 운행결과에 대한 평가속도이다. 최고평균속도는 열차가 어느 선구를 운행 시에는 분기부 곡선부 통과 시 제한 속도의 소요시간, 양호한 선로구간의 직선구간에서 최고속도 소요시간 등 선로조건에 따라 속도가 변하므로 평균속도는 운전거리에 대한 운전시간으로 열차의 운전거리를 정차 시분을 제외한 실제 운전 시분으로 나눈 속도이다.

19 균형속도에 대한 설명으로 틀린 것은?

㉮ 기관차가 특정의 견인중량을 견인하여 주행하는 경우에 기울기마다 결정하는 속도이다.
㉯ 열차가 균형속도 이상으로 운전되고 있다면 열차저항이 감소하여 증속된다.
㉰ 열차가 소정의 균형속도로 주행 시에는 소정의 기울기는 기관차의 견인정수를 제한하는 제한 기울기이다.
㉱ 같은 값의 기울기가 무한으로 이어져 있을 때는 열차속도가 최종적으로 균형속도로 안정되고 그 이후로는 등속도 운동을 한다.

해설 열차가 균형속도 이상으로 운전되고 있다면 열차저항이 증가하여 속도가 감속된다. 열차가 균형속도 이하로 주행하고 있을 때 열차저항이 감소하여 증속된다.

20 다음 중 점착력이 가장 작은 궤조는?

㉮ 낙엽이 있는 궤조
㉯ 서리가 내린 궤조
㉰ 습한 궤조
㉱ 기름기가 있는 궤조

해설 맑고 건조할 때 궤조의 점착계수가 0.25~0.3라면, 습할 때는 0.18~0.2, 서리가 내렸을 때는 0.15~0.18, 기름기가 있을 때는 0.1, 낙엽이 있을 때는 0.08 정도로 점착계수가 줄어든다.

신호 및 전기설비

제1절 지상 신호설비

1. 설비의 개요

(1) 신호설비의 분류

① 우리나라 국유철도 운전규칙에서는 폐색장치, 신호기장치, 연동장치, 선로전환기장치, 제동장치, 건널목 보안장치, 운전용 통신장치 등을 운전보안장치라고 정하고 있다.

② 즉, 열차운전을 보호하고, 안전하게 하는 운전보안장치의 대부분은 신호 설비를 통하여 이루어지고 있으며, 신호보안 설비라는 용어는 신호설비를 통하여 열차운전보안의 기능과 역할을 수행하는 설비라고 할 수 있다.

③ 신호설비는 아래 그림과 같이 열차진로 제어설비, 열차간격 제어설비, 운전보안 및 정보화설비로 구분할 수 있다.

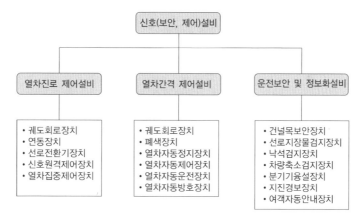

(2) 열차진로 제어설비

열차진로 제어설비는 열차가 진행할 진로상에 있는 분기기를 진행하는 방향으로 전환하여 열차나 차량이 완전히 통과할 때까지 분기기를 쇄정(잠금)한다. 또한 동일한 진로에 다른 차량이 진입하는 일이 없도록 정거장 내의 안전을 확보하고 열차 운전업무의 효율을 높이도록 하는 설비이다.

① 궤도회로장치

레일을 전기회로의 일부로 사용하여 열차의 차축이 레일을 단락(끊음)하는 것을 이용, 열차를 제어하는 데 필요한 운행위치 정보를 제공한다.

② 연동장치

정거장 구내에 있는 선로전환기, 궤도회로, 신호기 상호 간의 연쇄관계를 통하여 열차의 진로를 안전하게 확보할 수 있도록 제어한다.

③ 선로전환기장치

열차 또는 차량을 하나의 선로로부터 다른 선로로 분기할 수 있도록 분기기를 전환하고 쇄정한다.

④ 신호원격제어장치

한 정거장으로부터 인접한 다른 정거장의 신호기 및 선로전환기 등의 신호설비를 원격으로 제어한다. 이 장치는 주로 운전취급요원의 절감으로 경영개선을 목적으로 설치 운용한다.

⑤ 열차집중제어장치

광범위한 구간 내의 운행하는 다수의 열차를 한곳의 종합사령실에서 자동으로 원격 제어하여 그 구간 내의 열차를 일괄 통제하고 조정한다.

(3) 열차간격 제어설비

열차간격 제어설비는 같은 선로를 주행하는 선행열차와 후속열차의 추돌과 양방향으로 운행하는 단선구간에서는 열차의 충돌을 방지하고 선로의 용량을 높임으로써 수송력을 향상시키는 설비이다.

① 폐색장치

　㉠ 종전에는 역과 역 사이를 1폐색 구간으로 하여 1개 열차만을 운전하는 방법으로 열차의 안전운행을 확보하였다.

　㉡ 현재는 수송수요의 증가에 따른 선로용량을 높이기 위하여 역과 역 사이를 다수의 폐색구간으로 분할하고 궤도회로를 이용하여 신호기를 자동제어함으로써 여러 개의 열차를 운행할 수 있게 한다.

　㉢ 최근에는 운행하는 열차의 위치를 실시간으로 파악하여 열차의 운행밀도를 높이도록 폐색구간을 가변하여 열차의 간격을 제어하는 이동폐색방식이 개발되어 운용되고 있다.

② 열차자동정지장치

기관사가 신호기의 지시속도를 초과하여 운전할 경우 선행열차와의 추돌하는 사고를 방지하기 위해 자동으로 열차를 정지 또는 감속시킨다.

③ 열차자동제어장치

지상의 열차운행조건을 궤도회로 또는 정보전송장치를 이용하여 차상으로 전송, 차 내에 허용속도를 연속으로 표시하고, 열차의 속도가 허용속도를 초과할 경우 자동으로 열차를 정지 또는 허용속도 내로 감속시킨다.

④ 열차자동운전장치

종래의 기관사에 의한 수동운전 형태에서 운전능률의 향상을 위해 열차의 가속과 감속 및 정위치 정차 등의 기능을 자동으로 수행하는 장치이다.

(4) 운전보안 및 정보화 설비

운전보안을 위한 대표적인 예로서 철도와 도로가 평면으로 교차하는 건널목의 안전확보를 위한 건널목 보안장치가 있다. 또 건널목 지장물 검지장치, 터널 및 선로변의 낙석 검지장치, 차량의 차축 열의 검지 장치 등이 있다.

2. 신호기 장치

(1) 철도신호의 분류

① 철도신호는 기관사에게 열차의 운전조건을 제시하여 주는 설비로서 열차의 진행가부를 색이나 형 또는 음으로 표시하는 것이다.

구 분	형에 의한 것	색에 의한 것	형과 색에 의한 것	음에 의한 것
신 호	중계신호기 진로표시기	색등식신호기 수신호	완목식신호기 특수신호발광기	발뢰신호 발보신호
전 호	제동시험전호	이동금지전호 추진운전전호	입환전호	기적전호
표 지	차막이표지	서행허용표지 입환 표지	선로전환기표지 가선종단표지	

② 철도신호는 크게 열차의 운행조건을 지시하는 신호와 종사원 상호 간의 의사를 전달하는 전호 및 장소의 상태를 표시하는 표지로 분류한다.

철도 신호	신 호	상치 신호기	주신호기 : 장내, 출발, 폐색, 엄호, 입환, 유도
			종속신호기 : 중계, 원방, 통과
			신호부속기 : 진로표시기
		임시신호기 : 서행, 서행예고, 서행해제 신호기	
		수신호 : 대용수신호, 통과수신호, 임시수신호	
		특수신호 : 발보신호, 발광신호, 폭음신호, 화염신호, 발뢰신호	
		ATC의 차상신호	
	전 호	출발전호, 전철전호, 입환전호, 제동시험전호, 대용수신호현시전호, 비상전호	
		기적전호, 추진운전전호, 정지위치 지시전호, 이동금지전호	
	표 지	자동식별표지, 서행허용표지, 출발반응표지, 출발선식별표지, 입환표지	
		열차정지표지, 선로전환기표지, 차막이표지, 차량접촉한계표지, 가선종단표지	
		가선절연구간표지, 가선절연구간예고표지, 타행표지, 역행표지, 전차선구분표지	
		팬터내림예고표지, 팬터내림표지, 속도제한표지, 기적표지, 차량정지표지	
		돌발입환표지, 궤도회로경계표지	

(2) 기능별 분류

① 주신호기

일정한 방호구역을 갖는 신호기로서 다음과 같은 종류가 있다.

- ㉠ 장내신호기

  정거장에 진입할 열차에 대하여 그 신호기 내방으로의 진입 가부를 지시하는 신호기이다.

- ㉡ 출발신호기

  정거장에서 출발하는 열차에 대하여 그 신호기 내방(안쪽)으로의 진출 가부를 지시하는 신호기이다.

- ㉢ 폐색신호기

  폐색구간에 진입할 열차에 대하여 폐색구간의 진입 가부를 지시하는 신호기이다.

- ㉣ 유도신호기

  주체의 장내신호기가 정지신호를 현시함에도 불구하고 유도를 받을 열차에 대하여 신호기 내방으로 진입할 것을 지시하는 신호기이다.

- ㉤ 엄호신호기

  특별히 방호를 요하는 지점을 통과하는 열차에 대하여 신호기 내방으로의 진입 가부를 지시하는 신호기이다.

- ㉥ 입환신호기

  입환차량에 대하여 신호기 내방으로의 진입 가부를 지시하는 신호기이다.

② 종속신호기

주신호기의 인식거리를 보충하기 위하여 외방(바깥쪽)에 설치하는 신호기이다.

- ㉠ 원방신호기

  비자동구간의 장내신호기에 종속하여 그 외방에서 장내신호기의 신호 현시상태를 예고하는 신호기이다.

- ㉡ 통과신호기

  기계연동장치의 완목식 출발신호기에 종속하여 장내신호기의 하위에 설치하는 신호기로서 정거장의 통과여부를 예고하는 신호기이다.

- ㉢ 중계신호기

  자동구간의 장내·출발·폐색 또는 엄호신호기에 종속하며 확인거리 부족에 따른 주체신호기의 신호를 중계하기 위하여 설치하는 신호기이다. 최근에는 비자동 구간에서도 중계신호기를 설치한다.

③ 신호부속기

- ㉠ 주신호기의 지시내용을 보충하기 위하여 설치하는 기기이다.
- ㉡ 진로표시기는 장내신호기, 출발신호기 또는 입환신호기를 2 이상의 선로에 공용하는 경우 주신호기의 하단에 설치하여 진로개통 방향을 나타내는 것이다.
- ㉢ 진로표시기는 3개진로 이하는 등렬식을, 4개진로 이상은 문자식 진로표시기를 사용한다.

(3) 구조상 분류

① 완목식 신호기

㉠ 직사각형의 완목을 신호기주에 설치하여 주간에는 완목의 위치·형태·색깔에 따라 신호를 현시하고 야간에는 신호기의 등 색깔에 따라 정지 또는 진행신호를 표시한다.

㉡ 1선 철선식 신호기는 신호기와 신호리버 간을 한 줄의 철선으로 연결하여 리버의 기계적인 힘으로 완목을 동작시켜 신호를 현시하는 것으로 현재 주로 사용되고 있는 방식이다.

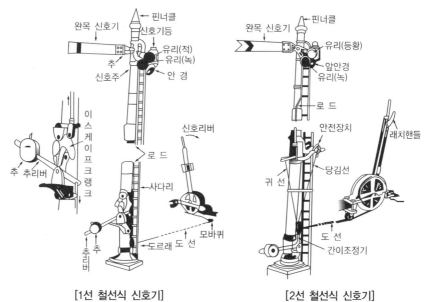

[1선 철선식 신호기]　　　　[2선 철선식 신호기]

② 색등식 신호기

㉠ 단등형 신호기

한 개의 등으로 정지, 주의, 진행의 신호를 현시하는 신호기

㉡ 다등형 신호기

한 개의 신호기구에 여러 개의 등이 있어 정지, 주의, 진행신호를 각각의 등에서 현시하는 신호기로 적, 등황, 녹색의 3색을 조합하여 2~5현시를 할 수 있다.

㉢ 등렬식 신호기

2개 이상의 백색등을 사용하여 점등위치에 따라 신호를 현시하는 것으로 유도, 입환(구형) 중계 신호기가 있다.

(4) 신호현시별 분류

① 2현시 : 정지, 진행 또는 주의, 진행

② 3현시 : 정지, 주의, 진행

③ 4현시 : 정지, 주의, 감속, 진행 또는 정지, 경계, 주의, 진행

④ 5현시 : 정지, 경계, 주의, 감속, 진행

(5) 신호현시 상태별 분류

① 절대신호

진행신호가 현시되는 경우 외에는 절대로 신호기 내방에 진입할 수 없는 신호기

② 허용신호

정지신호가 현시된 경우라도 일단 정지 후 제한 속도 이내로 신호기 내방에 진입할 수 있는 신호기

(6) 임시 신호기

임시 신호기는 선로의 상태가 일시 정상운전을 할 수 없는 경우 임시로 설치하여 신호를 현시하는 것으로서 다음과 같은 종류가 있다.

① 서행예고 신호기

서행신호기에 향하여 진행하려는 열차에 대한 것으로서 전방에 서행신호의 현시가 있음을 예고하는 신호기

② 서행 신호기

서행을 요하는 구역을 통과하려는 열차에 대한 것으로서 그 구역을 서행할 것을 지시하는 신호기

③ 서행해제 신호기

서행구역을 진출하려는 열차에 대한 것으로서 서행을 해제하는 신호기

(7) 전 호

전호는 종사원 상호 간의 의사 전달을 하기 위한 것이다.

① 출발전호

출발전호는 역장과 차장이 지정된 방식에 따라 열차를 출발시킬 때 행하는 전호

② 전철전호

전철전호는 선로전환기의 개통상태를 관계자에게 알릴 경우에 사용

③ 입환전호

입환전호는 정거장에서 차량을 입환(떼붙임)할 때 수전호 또는 전호등에 의하여 행하는 방식

④ 제동시험전호

제동시험전호는 열차의 조성 또는 해결 등으로 제동기를 시험할 경우에 사용

⑤ 수신호현시전호

대용수신호 현시전호는 상치신호기의 고장 또는 신호기의 사용중지 등으로 대용 수신호를 현시할 경우에 사용

(8) 표 지

표지는 장소의 상태를 표시하는 것으로 여러 가지가 있으며 중요한 표지는 다음과 같다.

① 자동폐색식별표지

　㉠ 자동폐색식별표지는 자동폐색 구간의 폐색신호기 아래쪽에 설치하여 폐색신호기가 정지신호를 현시하더라도 일단정지 후 15[km/h] 이하 속도로 폐색구간을 운행하여도 좋다는 것을 나타낸다.

　㉡ 식별표지는 초고휘도 반사재를 사용하여 백색 원판의 중앙에 폐색신호기의 번호를 표시한 것이다.

　㉢ 폐색신호기 번호는 도착역 장내신호기 외방 가장 가까운 신호기를 「1」로 하고 이하 출발역 쪽으로 뒤 번호를 순차적으로 부여한다.

② 서행허용표지

서행허용표지는 선로상태가 1,000분의 10 이상의 상구배에 설치된 자동폐색 신호기 하위에 설치하여 폐색신호기에 정지신호가 현시되었더라도 일단 정지하지 않아도 좋다는 표시이다(천천히 진행).

③ 출발신호반응표지

승강장에서 승강홈의 곡선 등으로 인하여 역장 또는 차장이 출발신호기의 신호현시를 확인할 수 없는 경우에 설치한다.

④ 입환표지

차량의 입환작업을 하는 선로의 개통상태를 나타내는 표지이다.

⑤ 열차정지표지

열차정지표지는 정거장에서 항상 열차의 정차할 한계를 표시할 필요가 있는 지점에 설치한다. 이 표지는 그 선로에 도착하는 열차에 대하여 열차정지표지 설치지점을 지나서 정차할 수 없도록 한 표지로서 등 또는 초고휘도 반사재를 사용한다.

⑥ 출발선식별표지

출발선식별표지는 정거장 내 출발신호기가 동일한 장소에 2기 이상 나란히 설치되어 해당선 출발신호기의 인식이 곤란한 경우 해당 선로번호를 표시하는 표지이다.

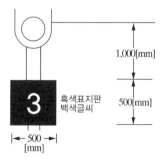

⑦ **차량정지표지**

차량정지표지는 정거장에서 입환전호를 생략하고 입환차량을 운전하는 경우 운전구간의 끝 지점을 표시할 필요가 있는 지점 또는 상시 입환차량의 정지위치를 표시할 필요가 있는 지점에 설치한다. 필요에 따라 정거장 외 측선에도 설치할 수 있으며 입환차량은 설치 지점을 지나서 정차할 수 없다.

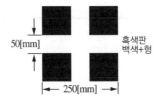

⑧ **차막이 및 차량접촉한계표지**

차막이 표지는 본선 또는 주요한 측선의 차막이 설치 지점에 설치한다.

3. 궤도회로 장치

(1) 개 요

① 궤도회로란 열차 등의 궤도점유 유무를 감지하기 위하여 전기적으로 구성한 회로를 말한다.
② 궤도 회로는 열차의 운행위치 확인, 선로전환기의 쇄정, 열차의 간격조정 운행예고 등에 이용된다.
③ 궤도회로는 레일을 적당한 구간으로 구분하여 인접 궤도회로와 독립된 회로를 구성하기 위하여 경계 부에 궤조절연을 설치한다.
④ 궤도회로 내의 궤도이음매 부분을 접속저항을 적게 하기 위하여 본드로 접속한 다음 한쪽에는 전원을 부하 쪽에는 궤도계전기를 연결하여 전기회로를 구성한 것이다.

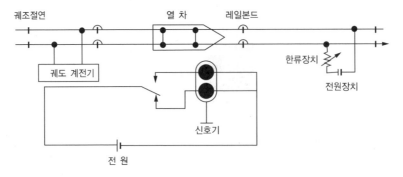

(2) 구성기기

① 전원장치
각 궤도회로마다 설치, 직류방식은 정류기와 축전기를 사용하며 교류방식은 궤도변압기, 주파수 변환기, 송신기 등이 사용된다.

② 한류장치(전류제한장치)
열차의 차축에 의해 궤도회로의 전원을 차단하였을 때 전원장치에 과전류가 흐름을 방지한다.

③ 궤조절연
인접궤조와 절연시키기 위하여 사용된다.

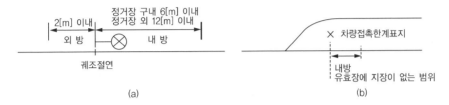

(a)　　　　　　　　　　　　　　　　(b)

(3) 궤도회로 종류

① 전원에 의한 분류
㉠ 직류 궤도회로 : DC전원 사용

㉡ 교류 궤도회로 : AC전원 사용

㉢ 코드 궤도회로 : 궤도에 흐르는 신호 전류를 소정 횟수의 코드수로 단속하고, 이 코드 전류가 계전기를 동작시킨 다음 복조기를 통하여 반응계전기를 동작시킨다(오동작 방지목적).

㉣ 고전압 임펄스 궤도회로 : 교류 25,000[V] 전철구간에 사용되며, 궤도 회로에서 전차선의 귀선 전류는 레일을 통하여 변전소로 보내고, 신호 전류는 임피던스 본드에서 차단하여 궤도회로의 기능을 수행한다.

㉤ AF궤도회로 : 16~20,000[Hz]의 가청주파수를 사용하며, 열차가 200[km/h]를 넘을 경우 지상의 신호기 사용은 불가하여 차상장치가 필요하기 때문에, AF궤도 회로가 차상 신호용에 적합한 방식이다.

② 회로구성방법에 따른 분류
㉠ 개전로식 궤도회로(Normal Open System Track Circuit)
- 회로를 구성하고 있는 전기회로가 상시 개방되어 계전기에는 전류가 흐르지 않다가 열차가 궤도회로 내에 진입하면 차축을 통하여 계전기에 전류가 흘러서 궤도계전기가 여자되어 있는 방식을 개전로식 궤도회로라 한다.
- 이 방식은 전력소모가 적은 장점이 있으나 전원 고장, 회선의 단선, 궤조의 절손(파손) 등일 때는 열차 유·무를 검지할 수 없는 위험성이 있기 때문에 안전도가 떨어져서 특별한 경우 이외에는 사용하지 않고 있다.

ⓛ 폐전로식 궤도회로(Normal Close System Track Circuit)
- 회로가 폐회로로 구성되어 평상시에도 계전기에 전류가 흐른다. 열차가 궤도에 진입하면 차축에 의하여 궤조 양끝이 단락되므로 계전기의 양끝에는 전류가 흐르지 않게 되며 계전기는 무여자로 된다.
- 폐전로식은 회로에 항상 전류가 흐르고 있기 때문에 전력이 많이 소비되는 단점이 있으나 전원의 고장, 회로의 단선, 그밖에 기기가 고장 났을 때에도 계전기는 무여자 상태가 되어 안전한 방향으로 동작하므로 신호보안장치에서 많이 이용되고 있다.

(4) 기 타

① 잠바선

궤도회로의 어느 한쪽으로부터 떨어진 같은 극성의 궤도상호 간을 접속시키는 전선으로 직렬법, 병렬법, 직·병렬법이 있다.

② 궤도 계전기

궤도 계전기는 궤도회로의 동작에 따라 열차 또는 차량의 유무 및 회로의 전기적 조건 등을 나타내는 기기이다. 이 궤도 계전기의 동작에 의해 신호 현시를 변경시키거나 또는 열차 통과 중의 선로전환기를 전환할 수 없도록 쇄정하는 조건을 주는 등 매우 중요한 역할을 한다.

③ 본드류

ⓘ 궤도에 전류가 잘 흐르게 하려면 레일 이음매 볼트만으로는 완전한 전기적 접속회로를 구성할 수 없어서 궤도 이음매 부분을 상호 전기선으로 연결시킨다.

ⓛ 전철구간에 전차선의 귀선전류와 신호전류는 동일한 궤도를 사용하며, 이때 신호전류는 1개의 궤도회로에만 흘러야 하고, 귀선 전류는 변전소까지 연속으로 회로가 구성되어야 하므로 신호전류는 차단시키고 귀선전류만 흐르게 하는 본드를 임피던스 본드라 한다.

4. 선로전환기 장치

(1) 분기기

① 분기기란 하나의 선로에서 다른 선로로 분기하기 위하여 분기지점에 설치한 궤도설비이며, 분기의 방향을 전환시키는 것을 선로전환기라 한다.
② 분기기는 포인트 부분, 리드 부분, 크로싱 부분으로 구성된다.
③ 전기 선로전환기는 전환명령 → 해정 → 전환 → 쇄정 → 표시의 과정으로 동작한다.

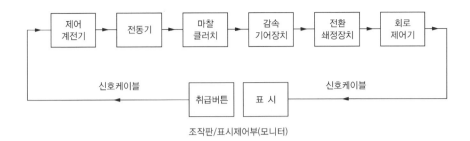

조작판/표시제어부(모니터)

(2) 선로전환기 종류(구조상)

① 보통선로전환기 : 텅레일이 2개 있고, 좌·우 2개의 분기기에 사용
② 삼지선로전환기 : 텅레일이 3개 있고, 좌·중·우 3개의 분기기에 사용
③ 탈선선로전환기 : 크로싱이 없는 전환기로 차량을 탈선시키는 데 사용

5. 연동장치(Interlocking System)

(1) 개 요

① 열차운행과 입환을 능률적이고 안전하게 하기 위하여 신호기와 선로전환기가 있는 정거장, 신호소 및 기지에는 그에 적합한 연동장치를 설치하여야 하며 연동장치는 다음과 같다.
　　㉠ 마이크로프로세서에 의해 소프트웨어 로직으로 상호조건을 쇄정시킨 전자연동장치
　　㉡ 계전기 조건을 회로별로 조합하여 상호조건을 쇄정시킨 전기연동장치
② 정거장 구내에는 많은 선로를 집합 또는 분기하고 열차의 도착, 출발, 입환 등을 하기 위하여 빈번히 선로전환기를 전환하고 신호기를 조작하게 된다. 그러나 조작자의 주의력만으로는 항상 사고가 발생할 우려가 있으며 작업능률도 향상되지 않는다.
③ 인위적으로 선로전환기나 신호기의 조작을 잘못한다 하더라도 일정한 순서에 따라서만 동작하고 조작에는 쇄정을 하여 조작되지 않도록 연쇄한다. 이와 같이 연쇄관계를 유지하면서 동작하게 하는 것을 연동장치라 하며 조작하는 기구를 연동기라 한다.

(2) 연쇄의 기준

① 정거장의 신호기와 전철기 사이에는 열차 운전 조건에 따라 일정한 순서로 조작할 수 있도록 구성되어 있다. 다른 조건의 운전조작을 하려고 할 때에는 해당 정자를 쇄정시켜 조작 순서에 따른 연쇄관계를 유지시켜 준다.
② 먼거리(원방)신호기는 장내신호기에 종속되며 장내신호기로 진입하는 열차에 대하여 운전 조건을 지시하는 것이므로 장내신호기를 반위로 하여 진행신호가 현시된 다음이 아니면 원방신호기는 진행신호를 현시할 수가 없다. 또 원방신호기가 일단 반위, 진행신호를 현시하게 되면 장내 신호기를 정위로 할 수 없도록 반위로 쇄정을 하는데 이것을 반위쇄정이라 한다.

③ 2개의 신호기의 진로가 대향 또는 배향일 경우 동시 진행신호를 현시하였다면 열차의 충돌이 되어 접촉 등과 같은 큰 사고가 발생하게 되므로, 한쪽의 신호기를 반위로 하였을 때에는 다른 한쪽의 신호기는 정위로 쇄정해야 한다. 이것을 정위쇄정이라 한다.

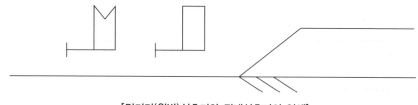

[먼거리(원방)신호기와 장내신호기의 연쇄]

(3) 연동장치의 종류

① 전기계전 연동장치

전기계전 연동장치란 신호기 및 선로전환기를 전기에 의해서 조작, 전환하고 이들 상호 간의 연쇄는 조작반(조작판)과 계전기로 구성된 계전연동기에 의해서 이루어지는 것으로서 선로전환기는 전기 선로전환기가 사용되고 있다.

② 전자 연동장치

전자 연동장치란 신호기 및 선로전환기를 전기에 의하여 조작 전환하고 이들 상호 간의 연쇄는 조작반과 전자장치로 구성된 전자 연동기에 의해서 이루어지는 것으로서 선로전환기는 전기 선로전환기를 사용하고 있다.

③ 기계 연동장치

기계 연동장치는 기계 연동기를 사용하여 현장의 전철정자와 취급소에 설치되어 있는 신호정자들 상호 간에 연쇄를 하는 장치를 말한다.

구 분	전기 연동장치	전자 연동장치
하드웨어	• 대형, 중량 • 다량의 계전기를 설치하여 상호 연동 또는 쇄정하도록 결선	• 소형, 경량(신호계전기실 면적 축소) • 연동장치의 지역 데이터가 내장된 해당 모듈을 표준 커넥터로 연결
제 어	현장설비 연결은 케이블로 계전기실과 연결	현장설비와의 연결은 데이터 통신 또는 케이블 결선
안전성 및 보수성	• 안전측작동 특성은 우수하나 계전기 고장 시 전체 시스템의 고장으로 연결 • 고장발견에 장시간 소요	• 제어 및 표시 부분 다중화 또는 2중화로 신뢰성 확보 • 이중 출력으로 시스템 운용에 영향 없이 모듈교체 가능 • 고장 메시지에 의한 장애발생시간 및 위치 등을 정확히 알 수 있어 신속한 보수유지 가능 • 이상전압 등 외부의 전기적 영향에 취약
운용체계	운용 중 기기 점검 불가능	• 시스템 동작상태 등을 자체 진단으로 운용자 장치에 자동기록 • 데이터분석으로 고장진단 및 예방점검 가능
기 능	열차운전을 위한 최소한의 감시와 신호 설비의 제어	• 광범위한 시스템 자기진단 기능 • 여객에게 열차운행정보 제공
호환성	역 구내 선로모양 변경 시 수급 및 설치에 많은 경비와 기간 소요	• 역 조건의 변동에 따른 데이터 수정으로 가능 • 연동장치 계속 사용 가능

(4) 계전 연동장치

계전기의 동작에 의하여 쇄정을 하는 계전 연동방식은 여러 전기쇄정법을 조합하여 응용한 것이다.

① 조사쇄정

정자 취급소를 달리하는 정자 상호 간에 붙인 연쇄를 말한다.

② 철사쇄정

선로전환기를 포함하는 궤도회로 내에 열차가 있을 때 이 열차에 의하여 선로전환기가 전환되지 않도록 쇄정하는 것을 말한다. 철사쇄정은 궤도회로 조건으로 선로전환기의 전환을 통제하는 것이다.

③ 진로쇄정

열차가 신호기 또는 입환신호기의 진행신호 현시에 따라 그 진로에 진입하였을 때 관계 선로전환기를 포함하는 궤도회로를 통과할 때까지 열차에 의하여 선로전환기를 전환할 수 없도록 쇄정하는 것을 말한다. 진로쇄정은 철사쇄정만으로는 충분한 목적을 달성할 수가 없을 경우에 설치하는 것이다.

④ 진로구분쇄정

열차가 신호기 또는 입환표지 등의 신호현시에 의해서 진로에 진입하였을 때 신호정자를 복귀시켜도 열차에 의해서 관계 선로전환기가 전환되지 않도록 쇄정하고 열차가 한 구간을 통과함에 따라 그 구간의 선로전환기를 해정하는 것을 진로구분 쇄정이라 한다.

⑤ 접근쇄정

신호기가 진행을 현시하고 있어 신호기 외방 일정구간에 열차가 진입하였을 때 또는 열차가 신호기 외방의 일정구간에 진입하고 있어 그 신호기에 진행신호를 현시하였을 때 열차가 신호기의 내방에 진입하거나 또는 신호기에 정지신호를 현시하고 난 다음 상당기간을 경과할 때까지는 열차에 의해 그 진로의 선로전환기 등을 전환하지 못하도록 쇄정하는 것을 접근쇄정이라 한다.

⑥ 보류쇄정

신호기 또는 입환표지에 일단 진행을 지시하는 신호를 현시한 다음 도착선 변경의 필요가 있을 때 취급자는 열차가 신호기 또는 입환표지에 정지신호를 현시한 다음부터 일정 시간이 경과하지 않으면 진로 내의 선로전환기가 전환되지 않도록 각각 쇄정시키는 것을 보류쇄정이라 한다.

⑦ 표시쇄정

신호를 반위에서 정위로 복귀할 때 신호기가 정지신호를 현지할 때까지 그 정자를 완전히 정위로 할 수 없는 전기쇄정법을 말한다. 전철정자에 있어서는 정자를 정위에서 반위로 또는 반위에서 정위로 할 때 동력 선로전환기가 반위 또는 정위로 전환 완료할 때까지 그 정자를 반위 또는 정위로 할 수 없는 전기 쇄정법을 말한다.

6. 건널목 보안장치

(1) 개 요

① 건널목 보안장치는 철도와 도로가 평면 교차하는 개소에서 열차의 진입을 통행자에게 알려 사고를 방지하는 운전보안설비이다.

② 건널목의 주요 보안장치로는 열차가 건널목에 접근하였을 때 도로통행자에게 경고하는 건널목 경보장치와 열차가 건널목에 접근하여 통과할 때까지 통행을 일시적으로 차단하는 건널목차단기 그리고 건널목 통행자에게 건널목이 있음을 표시하는 주의표지 등이 있다.

(2) 건널목 설치기준

건널목의 설치는 열차운행 횟수와 도로 교통량을 조사하여 건널목의 종별을 정하여 설치한다.

① 제1종 건널목

차단기, 경보기 및 건널목 교통안전표지를 설치하고 차단기를 주야간 계속 작동시키거나, 또는 건널목 안내원이 근무하는 건널목

② 제2종 건널목

경보기와 건널목 교통안전 표지만 설치하는 건널목

③ 제3종 건널목

건널목 교통안전 표지만 설치하는 건널목

(3) 건널목 경보기

건널목 경보기의 제어방식은 단선과 복선에 따라 다르며, 궤도를 이용한 연속제어법과 제어자를 이용한 점제어법이 있다.

① 연속제어법

궤도회로를 이용하는 방법은 회로 구성이 간단하고, 보수가 쉬우며, 연속제어로 안전도가 높고, 일반 차량에 의한 건널목 제어 시에도 효과적으로 사용할 수 있다.

② 점제어법

건널목 제어자를 이용하여 20[Hz] 또는 40[Hz]의 고주파를 레일에 통하게 하여, 근거리에서 감쇠되게 하며, 발진부, 여파부, 입출력 변성기, 계전기, 단자반으로 구성된다.

제어구간　　　종 별	제어방식
역 구내	궤도회로식, 필요에 따라 제어자식
역 사이	기설 궤도회로를 이용할 경우는 반드시 궤도회로식, 사용하지 않을 때는 제어자식
역에 근접한 곳	궤도회로식, 필요에 따라 제어자식

(4) 경보제어장치의 일반사항

① 건널목 경보등의 인식거리 : 특별한 경우를 제외하고 45[m] 이상

② 경보시분 : 구간 열차 최고속도를 고려 30초 기준으로 하고 20초 이하로는 할 수 없음(다만, 차단기가 설치되어 있는 개소에는 차단기가 완전히 하강된 후 열차가 완전히 진입할 때까지 15초 이상 확보할 것)

③ 경보등 섬광회수 : 분당 50±10회

④ 경보종 타종수 : 매분 70~100회

(5) 기 타

① 전동차단기

전동차단기는 열차의 진입에 따라 자동으로 직류직권 전동기에 의하여 차단간을 하강시키거나, 상승시키며, 수동도 가능하다.

② 고장 감시장치

고장 감시장치는 건널목 제어 유닛, 전동 차단기, 경보등, 경보종 등과 연결되어 각 기기의 장애상태를 감지하며 현장에서 집중 관리한다.

③ 지장물 검지장치

지장물 검지장치는 건널목을 횡단하는 차량이 고장났을 경우 건널목에 접근하는 열차의 기관사에게 알려주어 사고를 방지하기 위한 설비로서, 레이저를 이용하여 동작되는 기기이다.

제2절 열차제어 설비

1. 폐색장치

(1) 개 요

① 열차는 충돌이나 추돌사고가 없도록 항상 일정 간격을 유지하면서 운행되기 위하여 폐색구간(Block Section)을 두고, 한 폐색구간에는 한 열차만 운행하도록 하고 있다. 열차운행 제어를 위하여 모든 역과 역 사이에는 폐색장치를 설치하여 운용하고 있다.

② 폐색장치는 운행하는 열차에 운전조건을 지시하여 안전운행 및 수송능률을 최대화하는 장치로서 초기에는 통표 폐색기를 사용하였다. 통표 폐색기는 열차속도 제한 등 불편한 점이 많아 전기쇄정법에 의한 연동폐색으로 개량되었다.

(2) 열차의 운행방식

① 시간 간격법

ㄱ 일정한 시간 간격을 두고 연속적으로 열차를 출발시키는 방법으로 선행열차가 도중에서 정차한 경우라고 후속열차는 일정한 시간이 지나면 출발하게 하는 것이다.

ㄴ 운행하는 도중에 장애물(선행열차)에 유의하여 감속을 하면서 운행해야 한다.

ㄷ 시간 간격법은 보안도가 낮기 때문에 천재지변 등으로 통신이 두절되는 경우와 특수한 상황일 때에만 사용하는 방식이다.

② 공간 간격법

ㄱ 열차와 열차 사이에 항상 일정한 공간(거리)을 두고 운행하는 방법으로 이러한 구간을 폐색구간이라고 하고 폐색구간을 정해서 운행하는 방식을 폐색식 운행이라고 한다.

ㄴ 선행열차가 위험구역에 있는지의 여부를 알 수 있고 고속운행을 하는 데 적합하다.

ㄷ 구간이 길면 길수록 보안도는 향상되지만 운행 밀도상 제한을 받는다.

(3) 폐색방식 종류

① 통표 폐색식

단선구간에서 폐색구간의 양쪽 정거장에 서로 정기적으로 쇄정된 통표 폐색기를 설치하고, 양쪽 정거장의 협의에 따라 1개의 통표(운행증)가 빠져나오게 하여, 이 통표는 기관사가 휴대하고 열차를 운행하는 방식이다.

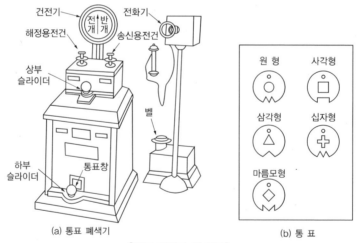

[통표 폐색기 및 통표]

② 연동 폐색식

ㄱ 연동 폐색식은 폐색구간의 양끝에 폐색정자를 설치하여 이를 신호기와 연동시켜 신호현시와 폐색취급의 2중 취급을 단일화한 방식이다.

      ⓛ 연동 폐색기는 복선과 단선구간에 사용하는 것으로서 복선구간의 쌍신 폐색기와 단선구간의 통표 폐색기의 단점을 보완한 것인데 관계 출발신호기를 폐색기와 상호 연동시킴으로써 한 가지라도 충족되지 않으면 열차를 출발시킬 수 없는 설비이다.

      ⓒ 단선구간에서는 운행증(통표)의 주고받기를 위한 열차의 서행운전은 필요하지 않게 되었다.

      ⓔ 폐색장치는 출발버튼, 폐색승인기능의 장내버튼, 개통 및 취소버튼, 출발폐색, 장내폐색, 진행 중의 3가지 표시등이 있다.

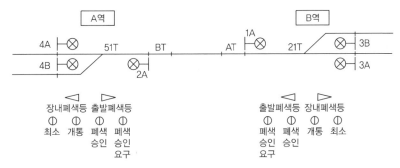

[단선 연동 폐색장치]

③ 자동 폐색식

      ㉠ 폐색구간에 설치한 궤도회로를 이용하여 열차의 진행에 따라 자동적으로 폐색 및 신호가 동작하는 방식으로서 자동 신호장치가 필요하다.

      ⓛ 자동신호장치란 궤도회로를 사용하여 열차에 의해 자동적으로 제어되는 신호장치를 말한다.

      ⓒ 자동 폐색식은 폐색구간의 시발점에 설치된 폐색신호기에서 열차가 그 구간에 있을 때에는 정지신호를 현시하도록 되어 있다.

      ⓔ 신호와 폐색은 일원화되어 있으므로 인위적인 조작이 불가능하며 역 상호 간에 신호기를 건식(설치)하게 되므로 폐색구간을 쉽게 분할할 수 있다.

      ⓜ 복선에 있어서의 자동 폐색식은 열차방향이 일정하므로 대향열차(마주오는 열차)에 대해서는 고려할 필요가 없으며 후속 열차에 대해서만 신호제어를 시행한다.

      ⓗ 단선에 있어서의 자동 폐색식은 대향열차와의 안전을 유지하기 위하여 연동 폐색식에서와 같이 방향시발 스위치를 설치해야 한다.

      ⓢ 방향시발 스위치를 취급하지 않을 때의 모든 폐색신호기는 정지신호를 현시하게 되지만 방향시발 스위치를 취급하면 취급방향의 폐색신호기는 진행 신호를 현시하고 반대방향의 신호기는 정지신호를 현시한다.

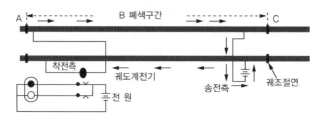

(a) 폐색구간에 열차가 없는 경우

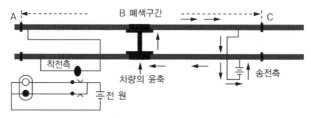

(b) 폐색구간에 열차가 있는 경우

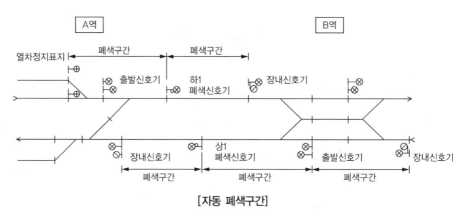

[자동 폐색구간]

④ 차내 신호폐색식

　　ATC(열차자동제어장치)구간에서 선행열차와의 간격 및 진로의 조건에 따라 차내기 열차운전의 허용
지시 속도를 나타내고, 지시 속도보다 초과 운전하거나 정지신호 또는 ATC장치가 고장이 발생하면
자동으로 제동하여 열차는 정지한다.

> **중요 CHECK**
>
> **폐색방식 종류**
> ① 단선구간 : 통표 폐색식, 연동 폐색식, 자동 폐색식
> ② 복선구간 : 연동 폐색식, 자동 폐색식, 차내 신호 폐색식(ATC 장치)
> ③ 대용 폐색방식 : 상용 폐색방식이 고장 시 일시적으로 사용

(4) 기 타

① 운전시격

한 선로에서 선행열차와 후속열차 간의 상호운행 간격시간을 운전시격이라 하며, 신호를 유용하게 사용하려면 운전시격을 최소화하여 많은 열차를 운행시켜야 한다. 자동폐색 신호기를 설치하면 운전시격을 짧게 할 수 있다.

② 폐색분할방법

폐색구간 길이 분할은 균등분할과 4구간 분할 원칙에 따라 열차가 항시 진행신호를 보고 운전하는 조건을 주어야 한다. 또한 열차의 운전속도, 운전시분, 주행거리 등의 상호관계와 선로조건을 고려하여 합리적으로 분할한다.

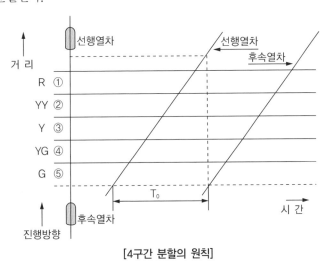

[4구간 분할의 원칙]

2. 열차 자동 정지장치(Automatic Train Stop)

(1) 개 요

① 정지신호를 현시한 신호기에 접근할 때에는 기관사에게 주의를 환기시킨 다음 자동으로 제동이 작동하여 안전하게 정지하도록 하며, 주의 또는 감속 신호일 경우에는 열차속도를 조사하여 제한속도 이하로 운행시키는 장치를 ATS(자동열차정지장치)라 한다.

② ATS장치는 차상장치와 지상장치로 구성되며, 동력차 하부에 설치된 차상장치가 궤도 내에 설치되어 있는 지상자를 통과할 때 제한속도 정보를 차상자가 감지하여 열차가 안전하게 운행되도록 한다.

③ ATS장치는 열차의 안전운행을 확보하는 보완설비로서 지상장치와 차상장치의 정상적인 기능 유지가 필수조건이며, 열차를 안전하고 정확하게 운전하여 열차사고를 방지하게 한다.

(2) 동작방식

① 점제어식 ATS

ⓐ 열차가 진행 또는 주의신호를 현시하는 지점까지 운전실에 설비한 백색등이 점등되어 정상운행이 가능하지만, 신호기에 정지현시일 때 열차가 지상자를 통과하면 적색등이 점등되고 벨이 울려서 기관사에게 경보를 전달한다.

ⓑ 이때 기관사가 5초 이내에 자동제동변을 랩(Lap) 또는 사용제동(Srevic) 위치로 하고 확인버튼을 누르면 경보가 멈추고 적색등이 소등되고 다시 백색등이 전등되지만 확인 조작을 하지 않으면 5초가 지난 다음 자동으로 비상제동이 작용하여 열차는 신호기 앞에서 정지하게 된다.

ⓒ ATS에 의하여 열차가 정지된 후 이를 복귀시키려 할 때에는 자동제어변을 비상위치로 하고 복귀스위치를 조작하면 적색등이 소등되고 백색등이 점등됨과 동시에 정상상태로 복귀한다.

② 차상속도조사식 ATS

ⓐ 속도조사식 ATS의 차상설비는 기억기능을 가진 연속속도조사식 ATS이다.

ⓑ 경부선 5현시 및 수도권 4현시에 사용되고 있다. 지상신호기의 현시에 따라 5현시로 할당한 공진주파수가 변조하는 기능을 기본으로 하여 얻은 정보에 의해 열차속도를 연속적으로 감시하기 위하여 차상에 정보의 기능과 속도조사 기능을 갖추고 있다.

ⓒ 속도조사는 지상에서 전달하는 신호기의 현시를 조사, 속도기에 기억시켜 항상 열차속도와 비교하여 열차속도가 고속일 때에는 즉시 속도를 조절한다.

종 류	차상장치 동작방식
3현시	점제어, 단변주(105[KHz] → 130[KHz])
4현시	차상속도조사식, 다변주(78[KHz] → 5종류)
5현시	차상속도조사식, 다변주(78[KHz] → 5종류)

(3) ATS장치의 구성

① 차상장치

차상자(지상정보검지), 수신기(정보분석 및 경보기, 회로제어), 경보기 및 표시기로 구성된다. 2조의 코일에 의해 지상자로부터 정보를 받아 수신한다.

② 지상장치

궤도 사이에 설치되어 2지점을 통과하는 열차에 정보를 제공하며, 지상자와 제어계전기CR(신호현시에 따라 지상자를 제어), 리드(유도)선으로 구성되어 있다.

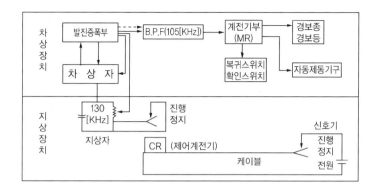

(4) ATS의 기능이 상실되는 경우

ATS의 기능이 상실되는 경우는 다음과 같다. 이때 승무원은 열차의 사고 방지를 위하여 전도 운전구간의 신호기 현시 상태에 특히 주의하면서 운전하여야 한다.

① 기관차가 지상장치 설치지점을 통과한 후에 신호를 변경(진행 또는 주의 신호를 정지신호로 하였을 때)했을 때

② 자동경보에 의하여 기관사가 확인버튼을 누른 후(해당 신호기에 한함)

③ 반대선을 운전할 때

④ 전원개폐용 노휴즈 차단스위치 「NF스위치」가 차단되었을 때

⑤ 운전방향과 차상장치가 접속방향표시기의 표시방향이 일치되지 않았을 때

⑥ 장치에 고장이 발생하였을 때

3. 열차집중제어(Centralized Traffic Control System)

(1) 개 요

① CTC는 중앙사령실에 있는 운전사령자(운전지시자)가 광범위한 지역 내의 모든 열차 운행사항을 파악 후 열차 진로를 자동으로 제어하는 운전방식이다.

② CTC는 중앙에서 열차 위치를 직접 확인하면서 통과와 대피를 결정하므로 보안도가 높고, 기관사에게 운행조건을 직접 지시할 수 있어 신속하며, 정확하게 처리할 수 있어 운전 능률을 향상시킬 수 있다.

③ 각 역의 조작판은 운전취급요원의 조작으로 로컬취급에 의한 진로설정이 이루어진다. 이때 각 역의 연동장치에 연결된 조작판을 중앙으로 연결하면 CTC 집중제어가 가능해진다.

④ CTC 장치는 각 역의 조작판을 중앙으로 옮겨 설치하고 조작판과 연동장치 간을 접속시키는 장치라고 할 수 있다.

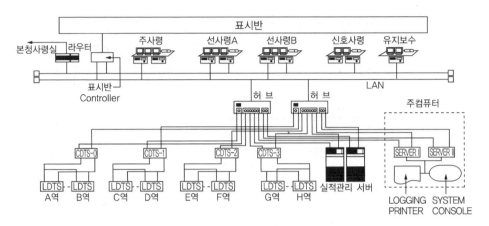

[열차집중제어 장치의 기본 구성도]

(2) 구성과 주요기능

① CTC의 구성

CTC구간에서 선로용량을 늘리고, 신속한 운전상황 판단을 위하여 역간 폐색방식은 자동폐색장치를 설치하고, 피제어역의 연동장치는 전기 또는 전자연동장치 설치한다. 또한 사령실과 각 피제어역에는 신호설비를 조작할 수 있는 제어반을 설치하여 사령의 승인에 따라 열차운행 및 차량의 입환 등을 직접조작하여 역 자체에서도 운전을 취급할 수 있다.

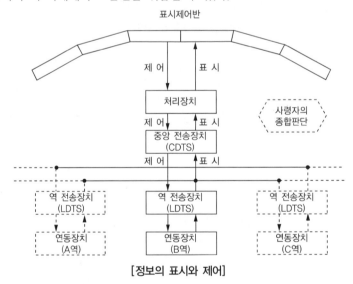

[정보의 표시와 제어]

② 주요기능

ㄱ 열차운행계획 관리

ㄴ 신호 설비의 감시제어

ㄷ 열차의 진로 자동제어

ㄹ 열차운행 상황 표시

③ 열차제어 시스템
　㉠ 열차제어는 열차상호 간의 안전과 다수의 효율적인 열차관리 및 최적 운행의 실현이 목적이다.
　㉡ 열차의 운행정보는 CTC 전송시스템에 의해 중앙 처리로 전달되어 처리되며, 열차의 위치추적은 열차에 의해 점유되는 궤도회로 정보를 연동장치에서 수집하여 처리하고, 열차번호로 표시하고 있다.
④ 주요 구성기기
주컴퓨터, 마이크로프로세서시스템(PMS), 중앙정보전송장치(CDTS), 조작표시반(LDT), 사령콘솔(Console) 등이 있다.

(3) CTC 장치의 운전모드
① CTC에 의한 운전취급은 현장의 열차운전 상황에 대한 표시정보들을 사령실로 전송하여 LDT와 콘솔의 CRT에 표시하여 운전사령자에 의해 종합적으로 열차를 감시한다.
② 컴퓨터 운용을 토대로 사령실 LDP나 콘솔키보드, 컴퓨터의 자동진로제어프로그램에 의해 제어명령을 현장으로 전송하여 현장신호설비들을 제어한다.

제3절　차상신호설비

1. 차상신호방식

(1) 개 요
차상신호방식은 고속열차를 안전하고 효율적으로 운행하기 위하여 사용하며, 이는 선행 열차 위치와 지상의 운행열차 조건에 따른 정보코드가 지상장치를 통하여 차상장치로 전동되어 최종적으로 운전실에 표시된다.

(2) 차상신호방식 필요성
① 안전성과 신뢰성 확보
② 열차속도 향상
③ 선로용량 증대

(3) 구조 및 시스템 종류

① 구 조

차상신호방식은 ATC를 상위개념으로 ATO, ATP, ATS 하부장치가 있다.

- ㉠ 열차자동제어장치(ATC ; Automatic Train Control)
- ㉡ 열차자동운전장치(ATO ; Automatic Train Operation)
- ㉢ 열차자동방호장치(ATP ; Automatic Train Protection)
- ㉣ 열차자동감시장치(ATS ; Automatic Train Supervision)

② 시스템 종류

차상신호방식은 크게 ATC시스템과 ATP시스템 및 무선통신방식인 CBTC시스템으로 구분할 수 있다.

구 분	시스템 종류	개발사
ATC시스템	TVM 계열	프랑스 CSEE
	신간선 ATC	일 본
ATP시스템	EBICAB 계열	스웨덴 BOMBADIER
	SACEM	프랑스 ALSTOM
	ZUB 계열	독일 SIEMENS
	KVB	프랑스 ALSTOM
	ERTMS/ETCS의 유로캡 및 유로발리스	• 프랑스 ALSTOM • 프랑스 CSEE • 독일 SIEMENS • 영국 ALCATEL • 스웨덴 BOMBADIER • ANSALDO 등
CBTC시스템	LZB	독일 SIEMENS

(4) 열차제어기술의 분류

① 개 요

- ㉠ 열차제어시스템의 주요한 기능은 열차의 속도 제어로 열차의 안전운행과 직결되어 있으며, 신호 현시와 열차 운전속도 및 차량의 제동성능 등에 따라 설비에 대한 조건이 달라진다.
- ㉡ 지상설비와 차상설비의 정보 전송방식에 의하여 지상의 특정 지점에서 차상으로 정보를 전송하는 불연속방식과 궤도회로 등을 이용하여 지상으로부터 차상으로 연속적인 정보를 전송하는 연속제어방식으로 나누어진다.
- ㉢ 불연속방식은 연속제어방식에 비해서 신호현시 변화에 대응하는 추종성이 떨어지는 반면 시스템 구성을 단순화할 수 있는 장점이 있다.
- ㉣ 불연속방식은 자동·비자동 구간, 전철·비전철 구간, 직·교류방식에 관계없이 설비가 가능하고 경제성이나 유지 보수 측면에서 유리하다.
- ㉤ 연속제어방식은 연속적으로 차상에서 정보를 수신할 수 있기 때문에 신호 현시의 변화에 대한 대응이 빠르고 우전 능률은 상대적으로 높일 수 있지만, 설치비가 고가인 단점이 있다.

[열차제어기술의 분류]

② 지상신호방식과 차상신호방식

구 분	지상신호방식	차상신호방식
신호 확인	• 기상 조건에 따른 안개, 우천시 신호의 확인이 어렵다. • 선로의 형태에 따른 구배와 곡선 등의 선로 조건에 따른 신호의 확인이 어렵다.	차 내에 제한속도 및 신호의 현시가 표시되므로 신호의 확인이 용이하다.
신호의 다현시화	최대 5현시로 한정되며 그 이상의 제한 속도에는 현시가 불가능하다.	선로 제한속도 및 운행속도 패턴에 따라 표시되므로 신호현시의 다변화가 용이하다.
열차제어 방식	속도의 가·감속 및 제동은 기관사에 의한 수동 제어방식이다.	연속속도 제어방식이다.
신호의 오인	기관사에 의한 신호현시 확인 후 가·감속이 이루어지므로 실수에 의한 신호오인 현상이 발생할 수 있다.	ATC/ATO설비에 의하여 자동 가·감속이 되므로 기관사는 예비적인 기능을 하며 신호의 오인이 없다.
건축한계	신호기를 선로변에 설치해야 하므로 차량 건축한계를 고려해서 설치해야 한다.	신호 패턴이 차상에 표시되므로 건축한계와 무관하다.
운전능률	R0, R1 간의 과주여유 구간이 필요하다.	과주여유 구간이 불필요하다.
적합성	저밀도 운전에 적합하다.	고밀도 운전에 적합하다.
경제성	저가이다.	고가이다.

③ ATC와 ATP

구 분	열차자동제어장치(ATC)	열차자동방호장치(ATP)
장 점	• 연속적인 차상신호 제공으로 안전성과 신뢰성을 확보할 수 있다. • 운전속도 향상과 운전시격 단축으로 선로용량이 증대된다. • 고속열차 차량에 별도의 신호설비를 설치하지 않고 ATC방식에 의해 운행이 가능하다. • 운행선 구분정보에 의해 차상신호속도 단계가 자동으로 변환한다. • 제동 목표거리를 계산하여 운행되므로 안전성과 효율성이 증대한다. • 기기집중 설치에 의해 유지보수가 용이하고 기기 사용수명이 연장되며 장애 복구시간을 단축시킬 수 있다.	• 차량 등급이 다른 온용 운전구간에 적합한 설비이다. • 제동 목표거리와 제동 목표속도를 계산하며 운행하므로 안전성과 신뢰성을 확보할 수 있다. • 폐색구간 신호설비 장애시 2개 폐색구간을 1개 폐색구간으로 사용할 수 있어 연속적인 운행이 가능하여 운행효율을 증대시킬 수 있다. • 궤도회로 종류에 상관없이 사용이 가능하고 기존 설비 개량을 최소화할 수 있어 경제적이다. • 연속적인 ATC 설비에 비하여 건설비가 저렴하다.
단 점	ATC는 전체적인 신호설비를 개량하여야 하므로 건설비가 많이 소요된다.	• 지상정보를 수신할 수 있는 구간이 폐색 신호기 설치 위치로 한정된 점제어방식으로 연속제어방식에 비하여 운행효율이 감소한다. • 지상설비가 현장에 산재되어 있어 보수가 불편하고 장애발생 시 복구 시간이 지연된다.

2. 기 타

(1) 열차자동제어장치(Automatic Train Control)

① ATC장치는 열차 상호 간에 안전을 확보하는 장치로서 열차속도를 제한하는 폐색구간 운행허용속도 이상으로 운행되는 열차에 대하여 자동으로 제동을 걸어 열차속도를 제어한다.

② 차상설비는 ATC차장장치와 지상에 설치되어 진행 조건을 나타내는 ATC지상장치로 구성된다.

③ ATC의 경우 신호현시에 상당하는 신호가 궤도회로를 경유하기 때문에 기관사는 신호기를 보지 않더라도 운전실의 신호현시를 최고속도로 표시하여 운전하는 것이 차상 신호의 형태이다.

④ 정상운행 중인 ATC운행 차량은 비상 제동이 발생하지 않는다. 다만, 비상 제동은 정상 열차가 운행 중에 과속 상황이 발생하여 자동으로 상용 제동이 작동할 때 일정 시간 내에 제동률이 2.4[km/h/s] 이하일 때만 발생한다.

(2) 열차자동운전(ATO ; Automatic Train Operation)장치

① ATO는 열차가 정거장을 발차하여 다음 정거장에 정차할 때까지 가속과 감속 및 도착할 때 정위치에 정차하는 것을 자동으로 수행하며, ATC의 기능도 함께 동작하고 있다.

② 열차자동운전장치에서 기관사는 기기를 감시하는 일을 하며, 무인운전도 가능하므로, 인력을 절감할 수도 있고, 안전하고 정확한 열차운행으로 여객서비스를 향상시킬 수도 있다.

③ ATO는 정속도 운행제어, 정위치 정지제어, 감속제어, 열차정보송신장치 기능 등이 있다.

(3) 지능형 열차제어시스템

① 지능형 열차제어 시스템은 열차운행 타이머에서 미리 정한 프로그램에 따라 정차하는 역에서의 열차속도 감소 및 정지에 관한 열차제어 기능을 하는 ATC 하부 장치이다.

② 최적의 열차제어와 효율적인 운행은 ATO 기능에 의해 수행하게 되며, ATP 차상설비는 운행하는 열차위치를 감지하고, 제동곡선을 사용하여 제어한다.

③ 무선통신을 바탕으로 ATC시스템에 적용하여 운행 중인 열차와 선로변의 각종 시설물의 양방향 데이터 통신에 의해 열차를 제어하도록 설비를 구성할 수 있다.

01 단선에서만 사용되는 폐색방식은?

㉮ 통표폐색식

㉯ 연동폐색식

㉰ 자동폐색식

㉱ 차내 신호폐색식

해설 **폐색방식 종류**
- 단선구간 : 통표폐색식, 연동폐색식, 자동폐색식
- 복선구간 : 연동폐색식, 자동폐색식, 차내 신호폐색식(ATC 장치)

02 특수신호에 해당하지 않는 것은?

㉮ 발보신호

㉯ 폭음신호

㉰ 화염신호(불꽃신호)

㉱ 수신호

해설 **특수신호** : 발보신호, 발광신호, 폭음신호, 화염신호, 발뢰신호

03 수신호에 해당하지 않는 것은?

㉮ 대용수신호

㉯ 통과수신호

㉰ 임시수신호

㉱ 서행수신호

해설 **수신호** : 대용수신호, 통과수신호, 임시수신호

정답 1 ㉮ 2 ㉱ 3 ㉱

04 정거장 입구에 설치하며 정거장 진입가부를 표시하는 신호기는?

㉮ 장내신호기 ㉯ 출발신호기

㉱ 폐색신호기 ㉲ 유도신호기

해설 ㉯ 출발신호기는 정거장에서 출발하는 열차에 대한 출발가부를 지시하며 정거장 진입열차에 대한 정지경계를 나타낸다.
㉱ 폐색신호기는 폐색입구에 설치하여 열차의 진입가부를 나타내며 자동신호기가 이용되며 열차진입 시는 정지, 출발 시에는 진행신호로 현시된다.
㉲ 유도신호기는 장내신호기 방호구역 내 열차가 열차의 증결 등으로 다른 열차 진입 시, 선행열차 정차 중 후속열차 진입 시 장내 신호기와 동일 기둥 주신호기 아래에 설치한다.

05 주신호기를 향해 진행하는 열차에 대해 주신호기 현시를 예고하는 신호기는?

㉮ 입환신호기 ㉯ 엄호신호기

㉱ 통과신호기 ㉲ 원방신호기

해설 ㉮ 입환신호기는 구내운전을 하는 차량에 대해 방호구간의 운전조건을 지시하며 시점에 설치한다.
㉯ 엄호신호기는 정거장 방호구역을 통과하는 열차에 대해 신호기 안쪽 진입가부를 지시한다.
㉱ 통과신호기는 장내신호기 위치에서 그 열차에 대한 그 정거장의 통과 여부를 결정한다.

06 궤도회로의 사구간의 최대 길이는?

㉮ 5[m] ㉯ 6[m]

㉱ 7[m] ㉲ 8[m]

해설 궤도회로의 사구간은 선로의 분기교차점, 크로싱 부분, 교량 등에 있어서 좌우 레일 극성이 같게 되어 열차에 의해 궤도단락이 불가능한 곳을 말하며 길이는 7[m]를 넘지 않게 한다.

07 신호기의 현시를 열차에 의해 자동적으로 현시되도록 제어하는 장비는?

㉮ ATS ㉯ ABS

㉱ ATC ㉲ ATO

해설 ABS(Automatic Blocking System, 자동폐색장치)는 폐색구간에 설치한 궤도회로(레일을 전기회로로 이용)를 이용하여 레일 위에 차량이 있는지에 따라 자동으로 신호를 내어주는 시스템으로 한 폐색구간을 절연 이음매로 인접한 다른 폐색구간과 절연시켜(이음매 부분에 임피던스 본드를 설치하여 신호 전류는 통하지 못하게 하고 전차선 전류는 통과) 구분하면서 폐색구간 내 레일은 레일본드(레일연결동선)로 접속시켜 전류가 자유롭게 통하도록 하며, 신호기의 현시를 열차에 의해 자동적으로 현시되도록 제어하는 방식이다.

08 ATS-P방식에 대한 설명으로 틀린 것은?

㉮ S방식을 개선한 것으로, 즉 S형이 경보를 발하여 확인 취급을 한 후에는 방호기능이 없게 되는 기본적인 약점을 개량한 것으로 지상, 차상 정보 전달 수단으로 디지털 통신장치를 이용한다.

㉯ 지상자로부터 정지현시 신호기까지 거리, 속도정보, 제한 속도 등을 차상으로 전송한다.

㉰ 차상에서는 전송된 정보를 기초로 자신의 브레이크 성능에 대한 속도 조사 패턴 작성과 현재 주행속도를 비교한다.

㉱ 신호기 외방(바깥쪽) 일정 거리에 지상자를 설치하여 신호기가 정지현시에만 차상장치의 발진 주파수를 변화하여 경보를 발한다.

> **해설** ATS-S방식
> - 구조가 간단하고 설비도 작아 모든 열차에 대응하기 위해 지상자 브레이크 성능이 나빠 화물 열차를 전제로 설치된다.
> - 신호기 외방 일정 거리에 지상자를 설치하여 신호기가 정지현시에만 차상장치의 발진 주파수를 변화하여 경보를 발한다.
> - 고성능 열차에서는 경보지점이 빠르고 열차밀도가 높은 선구에서는 경보지점이 많아 확인취급이 소홀할 수 있다.

★중요

09 이동 폐색 장치에 대한 설명으로 틀린 것은?

㉮ 폐색거리를 고정하지 않고 지상에서 수신되는 열차 운행 속도신호에 따라 구간을 변화한다.

㉯ 열차운행 위치를 감지하여 무선으로 전달 열차의 간격, 위치 등을 파악하여 신호를 제어하는 방법이다.

㉰ 일반적으로 ATC를 설치하지 않는 구간에 단독으로 설치한다.

㉱ 최적 안전거리 연산에 의한 열차 운행으로 열차 간 간격을 최소화한다.

> **해설** ㉰ 신뢰성 측면에서 ATC와 병행한다. 폐색장치는 열차의 안전주행을 위해 열차 상호 간 일정한 시간과 간격을 유지하는 것으로 폐색방법에는 시간 간극법(일정시간마다 열차 통과)과 공간 간극법(일정공간 거리 확보)이 있으며 공간 간극법에는 고정폐색방식과 이동 폐색방식이 있으며, 이동 폐색방식은 거리를 고정시키지 않고 지상에서 수신된 운행속도 신호에 따라 구역을 변화시키는 방식이다.

10 신호기에 대한 설명으로 틀린 것은?

㉮ 종속신호기는 주신호기의 인식거리를 보충하기 위하여 외방에 설치하는 신호기이다.

㉯ 통과신호기는 기계연동장치의 완목식 출발신호기에 종속하여 장내신호기의 하위에 설치하는 신호기이다.

㉰ 신호부속기는 주신호기의 지시내용을 보충하기 위하여 설치하는 기기이다.

㉱ 진로표시기는 3개진로 이하는 문자식을, 4개진로 이상은 등렬식 진로표시기를 사용한다.

> **해설** ㉱ 진로표시기는 3개진로 이하는 등렬식을, 4개진로 이상은 문자식 진로표시기를 사용한다.

11 경보제어장치의 일반사항으로 틀린 것은?

㉮ 건널목 경보등의 인식거리 : 특별한 경우를 제외하고 45[m] 이상

㉯ 경보시분 : 구간 열차최고속도를 고려 20초 기준으로 하고 10초 이하로는 할 수 없음

㉰ 경보등 섬광회수 : 분당 50±10회

㉱ 경보종 타종수 : 매분 70~100회

> **해설**　㉯ 경보시분 : 구간 열차최고속도를 고려 30초 기준으로 하고 20초 이하로는 할 수 없다(다만, 차단기가 설치되어 있는 개소에는 차단기가 완전히 하강된 후 열차가 완전히 진입할 때까지 15초 이상 확보할 것).

12 3현시에서 나타나지 않는 것은?

㉮ 정 지

㉯ 주 의

㉰ 진 행

㉱ 감 속

> **해설**　**신호현시별 분류**
> - 2현시 : 정지, 진행 또는 주의, 진행
> - 3현시 : 정지, 주의, 진행
> - 4현시 : 정지, 주의, 감속, 진행 또는 정지, 경계, 주의, 진행
> - 5현시 : 정지, 경계, 주의, 감속, 진행

13 선로전환기의 개통상태를 관계자에게 알릴 경우에 사용하는 전호는?

㉮ 출발전호

㉯ 전철전호

㉰ 입환전호

㉱ 제동시험전호

> **해설**　㉯ 전철전호는 선로전환기의 개통상태를 관계자에게 알릴 경우에 사용한다.
> ㉮ 출발전호는 역장과 차장이 지정된 방식에 따라 열차를 출발시킬 때 행하는 전호이다.
> ㉰ 입환전호는 정거장에서 차량을 입환할 때 수전호 또는 전호 등에 의하여 행하는 방식이다.
> ㉱ 제동시험전호는 열차의 조성 또는 해결 등으로 제동기를 시험할 경우에 사용한다.

14 자동폐색 식별표지 시 허용속도는?

㉮ 일단 정지 후 5[km/h] 이하 속도로 폐색구간 운행

㉯ 일단 정지 후 10[km/h] 이하 속도로 폐색구간 운행

㉰ 일단 정지 후 15[km/h] 이하 속도로 폐색구간 운행

㉱ 일단 정지 후 20[km/h] 이하 속도로 폐색구간 운행

해설 자동폐색 식별표지는 자동폐색 구간의 폐색신호기 아래쪽에 설치하여 폐색신호기가 정지신호를 현시하더라도 일단 정지 후 15[km/h] 이하 속도로 폐색구간을 운행하여도 좋다는 것을 나타낸다.

★중요

15 표지에 대한 설명으로 틀린 것은?

㉮ 서행허용표지는 선로상태가 1,000분의 10 이상의 상구배에 설치된 자동폐색 신호기 하위에 설치한다.

㉯ 서행허용표지는 폐색신호기에 정지신호가 현시되었더라도 일단 정지 후 서행해도 좋다는 표시이다.

㉰ 열차정지표지는 그 선로에 도착하는 열차에 대하여 열차정지표지 설치지점을 지나서 정차할 수 없도록 한 표지이다.

㉱ 열차정지표지는 정거장에서 항상 열차의 정차할 한계를 표시할 필요가 있는 지점에 설치한다.

해설 ㉯ 서행허용표지는 폐색신호기에 정지신호가 현시되었더라도 일단 정지하지 않아도 좋다는 표시이다.

16 표지에 대한 설명으로 틀린 것은?

㉮ 자동폐색 식별표지는 황색 원판의 중앙에 폐색신호기의 번호를 표시한 것이다.

㉯ 폐색신호기 번호는 도착역 장내신호기 외방 가장 가까운 신호기를 「1」로 하고 이하 출발역 쪽으로 뒤 번호를 순차적으로 부여한다.

㉰ 출발신호 반응표지는 승강장에서 승강홈의 곡선 등으로 인하여 역장 또는 차장이 출발신호기의 신호현시 를 확인할 수 없는 경우에 설치한다.

㉱ 출발선 식별표지는 정거장 내 출발신호기가 동일한 장소에 2기 이상 나란히 설치되어 해당선 출발 신호기 의 인식이 곤란한 경우 해당 선로번호를 표시하는 표지이다.

해설 ㉮ 자동폐색 식별표지는 초고휘도 반사재를 사용하여 백색 원판의 중앙에 폐색신호기의 번호를 표시한 것이다.

17 정자 취급소를 달리하는 정자 상호 간에 붙인 연쇄는?

㉮ 조사쇄정   ㉯ 철사쇄정

㉰ 진로쇄정   ㉱ 진로구분쇄정

해설 ㉮ 조사쇄정 : 정자 취급소를 달리하는 정자 상호 간에 붙인 연쇄를 말한다.

㉯ 철사쇄정 : 선로전환기를 포함하는 궤도회로 내에 열차가 있을 때 이 열차에 의하여 선로전환기가 전환되지 않도록 쇄정(잠금)하는 것을 말한다. 철사쇄정은 궤도회로 조건으로 선로전환기의 전환을 통제하는 것이다.

㉰ 진로쇄정 : 열차가 신호기 또한 입환신호기의 진행신호 현시에 따라 그 진로에 진입하였을 때 관계 선로전환기를 포함하는 궤도회로를 통과할 때까지 열차에 의하여 선로전환기를 전환할 수 없도록 쇄정하는 것을 말한다. 진로쇄정은 철사쇄정 만으로는 충분한 목적을 달성할 수가 없을 경우에 설치하는 것이다.

㉱ 진로구분쇄정 : 열차가 신호기 또는 입환표지 등의 신호현시에 의해서 진로에 진입하였을 때 신호정자를 복귀시켜도 열차에 의해서 관계 선로전환기가 전환되지 않도록 쇄정하고 열차가 한 구간을 통과함에 따라 그 구간의 선로전환기를 해정하는 것을 진로구분쇄정이라 한다.

18 경보기와 건널목 교통안전 표지만 설치하는 건널목은?

㉮ 제1종 건널목

㉯ 제2종 건널목

㉰ 제3종 건널목

㉱ 제4종 건널목

해설 ㉯ 제2종 건널목 : 경보기와 건널목 교통안전 표지만 설치하는 건널목

㉮ 제1종 건널목 : 차단기, 경보기 및 건널목 교통안전표지를 설치하고 차단기를 주야간 계속 작동시키거나, 건널목 안내원이 근무하는 건널목

㉰ 제3종 건널목 : 건널목 교통안전 표지만 설치하는 건널목

19 열차자동방호장치는?

㉮ ATC   ㉯ ATO

㉰ ATP   ㉱ ATS

해설 차상신호방식은 ATC를 상위개념으로 ATO, ATP, ATS 하부장치가 있다.

• 열차자동제어장치(ATC ; Automatic Train Control)
  – 열차자동운전장치(ATO ; Automatic Train Operation)
  – 열차자동방호장치(ATP ; Automatic Train Protection)
  – 열차자동감시장치(ATS ; Automatic Train Supervision)

CHAPTER

06 전기철도개론

1. 전기철도의 구성

① 전기철도는 전철·전력, 정보통신, 신호제어 부분으로 구성되어 상호지원과 보완을 통해 철도라는 운송시스템을 운영하는 데 기반이 될 뿐만 아니라 응용되고 발전되어 철도운영에 적용되고 있다.

② 한국철도공사 내 기구조직에서 살펴보면 전기본부 내에 전기계획처, 전철전력처, 통신처, 신호제어 처로 구성되어 긴밀한 상호 협조와 협의를 통해 각 설비들이 관리, 운영되고 있다.

2. 전철화의 필요성

(1) 철도 주요간선 수송력 증강 및 물류비 절감

① 철도의 수송능력은 열차당 편성량 수와 운전속도 등에 의해 정해지는데 일반적으로 전기기관차는 견인전동기의 출력이 커서 급한 구배에서도 높은 속도로 운전이 가능하다.

② 정차장 간격이 짧은 도시철도 구간의 전동차는 가속도와 감속도가 크므로 고빈도 운전으로 열차횟수 를 높일 수 있어 대량수송이 가능하다.

③ 일반적으로 디젤기관차의 점착계수는 약 $0.25 \sim 0.28$이며 전기기관차의 점착계수는 약 $0.32 \sim 0.34$이 므로 전기동력차가 약 30[%]의 견인력이 증가하는 것을 알 수 있다.

④ 열차의 견인력은 동륜 점착계수(μ)에 비례한다.

$$F = \mu W$$

여기서, F : 최대견인력 W : 동력차 중량[kg]

(2) 에너지 이용효율 증대로 동력비 부담 절감

철도 운전 수단별 에너지 이용효율을 비교해 보면 디젤기관차(DL ; Diesel Locomotive)와 전기기관차 (EL ; Electric Locomotive) 간의 에너지 소비율 차이는 약 25[%] 정도로 전기기관차가 에너지 절약 효과를 얻을 수 있다.

EL 운전			DL 운전		증기 운전	
	직 류	교 류				
화력발전소(송전단)	37 (87)	37 (87)	기관 열효율	30	보일러 열효율	60
송전선	90	90	기관차	85	증기효율	11
전철용 변전소	95	98				
전차선	90	95	전달효율	80	기관효율	80
기관차	85	80				
견인에 유효하게 이용되는 에너지	24 (57)	25 (58)		20		5

비고 : ( )는 수력발전의 경우

(3) 수송원가 절감

① 디젤기관차(DL)에 비해 전기기관차(EL)는 내연기관 등 설비가 적어 유지보수 비용이 40[%] 정도 감소되고 차량의 내구연한도 2배가 길며 차량중량도 줄어 궤도 보수비용도 절감된다.

② 장거리 운전이 가능하고 회차율이 높아 적은 차량으로 운용이 가능하며, 열차운행시간 단축으로 승무원 운용효율을 증대시킬수 있다.

③ 일 열차 [km] 및 일 승무 [km]도 EL이 DL의 약 1.7~1.8배이다.

중요 CHECK

전철화의 장점
① 전기모터는 순시 과부하에 적합한 고출력
② 견인동력과 속도의 증감에 유리
③ 도시교통의 특이성에 적합(가감특성과 차량조작의 용이성)
④ 차량운영의 고밀도화
⑤ 동력차 유지보수의 경제성 및 용이성
⑥ 기관사와 유지보수직원들의 격무 경감 등 많은 장점 가짐

---

(4) 환경 친화적인 대중교통수단의 확보 개선

전기철도는 무엇보다도 매연이 없고 소음이 적어서 공해문제가 심각한 현시점에서 볼 때 그 장점이 돋보이는 환경 친화적인 설비이다.

[수송수단별 대기오염 비교]

(단위 : 배/단위수송량당)

전기철도	승용차	화물차	해 운
1	8.3	30	3.3

(5) 지역균형 발전

① 도시전철은 인구 및 경제활동의 분산, 도심 도로혼잡도 완화, 지역주민의 교통편의 제공 등 도심에 집중된 도시기능을 외곽 지역으로 적절히 분산 배치하여 도시 전체의 균형적 발전에 기여하고 있다.

② 간선전철은 인접도시 및 지역 간 대용량 수송체계를 구축하게 되어 원활한 인적, 물적 교류로 균형 있는 경제발전에 기여한다.

③ 짧은 시간 간격의 고빈도 운전으로 대량 고속수송이 가능하며 높은 품질의 교통서비스를 제공해 준다.

경부선, 호남선 주요역 운행시간 및 거리

호남선 (서대전–목포)
49분 (160.8[km])
1시간 38분 (243.0[km])
2시간 30분 (352.0[km])
2시간 58분 (411.4[km])
서울기점

경부선(서울–부산)	
1단계 완료 (기존선 활용)	2단계 완료
출 발	출 발
34분 (96.3[km])	34분 (96.3[km])
49분 (159.7[km])	47분 (158.2[km])
1시간 39분 (292.4[km])	1시간 20분 (281.6[km])
	1시간 36분 (330.2[km])
2시간 40분 (409.8[km])	1시간 56분 (412.0[km])
서울기점	

범례
- 경부선
- 고속철도신선
- 호남선

※ 2010년 기준

3. 전기철도의 분류

(1) 전기방식에 의한 분류

① 직류 전기철도
② 교류 전기철도

전기방식		전압 및 주파수 별
직류식		600[V], 750[V], 1,500[V], 3,000[V]
단상교류식	16 2/3[Hz]	11[kV], 15[kV]
	25[Hz]	6.6[kV], 11[kV]
	50[Hz]	6.6[kV], 16[kV], 20[kV], 25[kV]
	60[Hz]	25[kV]
3상 교류식	16 2/3[Hz]	3.7[kV], 6[kV]
	25[Hz]	6[kV]

(2) 전기차 형태에 의한 분류

① 경전철

차량의 크기가 작고 노선계획의 탄력성으로 기존 도시철도에 비해 건설비가 저렴하며 차량운행의 완전자동화 및 역업무의 무인자동화 등으로 운영비가 절감되며 구배가 큰 노선(100[‰])이나 곡선반경이 작은 노선($R = 30$[m])의 격자형 도시에 적합하다. 일본에서는 '신교통SYSTEM', 구미에서는 'PM(Peaple Move)'이라 부르고 있다.

② 중전철

전동차(도시전철용), 전기기관차

(3) 운전속도에 의한 분류

① 완속전철 : 운전속도가 200[km/h] 미만
② 고속전철 : 운전속도가 200[km/h] 이상
③ 초고속전철 : 운전속도가 350[km/h] 이상

(4) 수송목적에 의한 분류

① 시가지 전철(Street Electric Railway)
② 도시전철(Rapid Transit Electric Railway)
③ 교외전철(Suburban Electric Railway)
④ 도시 간 전철(Interurban Electric Railway)
⑤ 간선전철(Trunk Line Electric Railway)
⑥ 산업선 전철(Industrial Line Electric Railway)

제2절 급전방식 및 급전계통

1. 급전방식

(1) 개 요

전기차의 전력공급 계통은 일반전력 계통으로부터 수전하는 특별고압의 교류전기를 전철변전소에서 적절한 전압으로 변환한 후 전차선로에 전력을 공급하여 전기차를 운전을 하는 형태로 구성되어 있다.

[전기차 전력공급 계통]

(2) 직류급전방식

① 개 요

ㄱ 직류방식은 "전철용 변전소"에서 일반 전력계통으로부터 수전(受電)한 특별고압의 교류전력을 변압기를 통하여 적당한 전압으로 낮추고 Silicon정류기(SR) 등으로 직류로 변환하여 전차선로에 직류전력을 공급하여 전기운전을 하는 방식이다.

ㄴ 비교적 낮은 전압인 DC 1,500[V]는 단면적이 큰 전차선(구리 단면적 400~480[mm²] 이상)이 필요하고, 전기차가 필요로 하는 동력을 공급하기 위하여 각각의 급전점은 인접해서 설치하여야 한다(변전소 간격 : 10~20[km]).

ㄷ 팬터그래프(집전장치)의 집전전압은 모터의 최대부하에 충분한 정격전압을 유지하여야 한다.

ㄹ 줄열에 의해 발생되는 전차선의 발열은 전선의 기계적인 특성을 약화시키지 않아야 한다.

ㅁ 전차선로, 지지물 그리고 규칙적인 경간(기둥 사이 거리)이 연속적으로 설치되어 있어 이 설비들이 전체선로 대부분의 하중을 차지하기 때문에 AC방식보다 더 무거운 고정설비들을 필요로 한다.

② 장 점

ㄱ 직류모터는 견인력이 매우 좋을 뿐 아니라, 튼튼하며, 제작하기 쉽고 경량화할 수 있다.

ㄴ 전압이 낮기 때문에 전차선로나 기기의 절연이 쉽고, 터널이나 교량 등에서 절연거리도 짧게 할 수 있다.

ㄷ 가압(압력 높임)된 상태에서도 작업을 하기가 용이하다.

ㄹ 통신선로에 유도장해가 적고 신호궤도 회로에도 교류방식을 사용할 수 있다.

③ 단 점

ㄱ 교류방식과 비교하여 전차선 전류가 크기 때문에 전압강하가 크다.

ㄴ 변전소 간격이 짧아지므로 변전소 수가 증가한다.

ㄷ 소 내 변압설비가 복잡해진다.

ㄹ 누설전류에 의한 전식(전기화학적 부식)대책이 필요하다.

ⓜ 전류가 크기 때문에 전류용량이 큰 전선을 사용하므로 고정설비가 무거워진다.

[직류방식과 교류방식의 비교]

구 분			교류(25[kV])	직류(1,500[V])
지상 설비	전력 설비	변전소	변전소 간격이 30~50[km] 정도이고 변압기만 설치하면 되므로 지상설비가 싸다.	변전소 간격이 5~20[km] 정도이고 변압기와 정류기가 필요하여 지상설비가 비싸다.
		전차 선로	고전압 저전류이므로 전선을 가늘게 할 수 있고 전선을 지지하는 구조물도 경량으로 된다.	저전압 고전류여서 전선이 굵어지고 전선을 지지하는 구조물도 중량으로 된다.
		전압 강하	저전류이므로 전압강하가 적어서 직렬 콘덴서로 간단히 보상할 수 있다.	대전류이므로 전압강하가 커서 변전소 또는 급전소의 증설이 필요하다.
		보호 설비	운전전류가 작아서 사고전류 판별이 용이하다.	운전전류가 커서 사고전류의 선택 차단이 어렵다.
	부대 설비	통신 유도 장해	유도장애가 커서 BT 또는 AT방식 등으로 장애 방지 유도대책을 세우고 통신선도 케이블화를 요한다.	특별한 대책이 필요 없다.
		터널, 구름다리 등의 높이	고압으로 절연이격거리가 커야 하므로 터널 단면은 크고 구름다리 등이 높아야 한다.	전압이 낮아 교류에 비해 터널 단면, 구름다리 등의 높이를 줄일 수 있다.
차 량		차량 가격	전력변환장치가 복잡하여 직류방식에 비해 고가이다.	교류에 비해 싸다.
		급전 전압	차량 내에 변압기가 있어 고전압을 사용할 수 있다.	고전압 사용이 불가하다.
		집전 장치	집전전류가 작아 소형경량으로 제작가능하고 전차선과의 접촉이 양호하다.	집전전류가 커서 대형으로 되어 전차선과의 접촉이 좋지 않다.
		기기 보호	교류 소전류 차단과 사고전류의 선택차단이 쉽다.	직류 대전류 차단과 사고전류의 선택차단이 어렵다.
		속도 제어	변압기 tap절환으로 속도제어가 쉽다.	속도제어가 어렵다.
		점착 특성	점착성능이 우수하여 소형으로 큰 하중을 얻을 수 있다.	점착성능이 좋지 않아 대출력을 필요로 한다.
		부속 기기	변압기를 통해 여러 가지의 전원 확보가 쉽다.	전원설비가 복잡해진다.
공 해			유도작용에 의한 잡음으로 TV, 라디오 등 무선 통신설비에 장애를 준다.	땅속의 관로 및 선로 등에 전식을 일으킨다.

(3) 교류급전방식

① 단상교류방식

ⓐ 단상교류방식에는 전압, 주파수에 따라 여러 방식이 있지만 최근에는 상용주파수를 채용하는 경우가 많아지고 있다.

ⓑ 이 방식은 일반 송전선으로부터 수전한 상용주파수의 전력을 주파수 변환 없이 그대로 전기차에 공급 가능하기 때문에 변전소에 변압기만 설비하면 되므로 설비가 간단하다.

ⓒ 전기차에는 변압기를 설비하고 있기 때문에 차내에서 전압을 자유롭게 선택할 수 있어 전차선 전압을 비교적 높게 할 수 있다. 그리고 전차선 전류도 작아져, 전압강하가 작아지면 변전소 간격이 크게 되므로 변전소 수가 적어진다.

ⓔ 전압강하가 큰 경우에도 변전소 또는 전차선로에 직렬콘덴서를 설치하여 회로의 임피던스를 보상하는 방법으로 비교적 쉽게 전압을 보상할 수 있다.

ⓜ 상용주파수의 높은 전압을 사용하기 때문에 근접한 통신선로에 대하여 통신유도 장해를 일으킨다.

② 3상교류방식

3상교류방식은 전차선 설비와 집전장치가 복잡하게 되고, 전선 상호 간 절연 문제 때문에 전압을 높이는 데는 한계가 있는 등 불리한 면이 많아 보통의 전기철도에서는 사용되지 않는다.

③ 직접급전방식(Simple Feeding System)

㉠ 가장 간단한 급전회로로 전차선로 구성은 전차선과 레일만으로 된 것과 레일과 병렬로 별도의 귀선(歸線)을 설치한 2가지 방식이 있다.

㉡ 회로구성이 간단하기 때문에 보수가 용이하며 경제적이지만, 전기차 귀선 전류가 레일에 흐르므로 레일에서 대지누설전류에 의한 통신 유도장해가 크고 레일전위가 다른 방식에 비해 큰 단점이 있다.

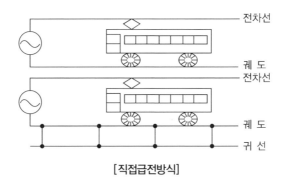

[직접급전방식]

④ 흡상변압기 급전방식(BT급전방식)

권선비 1 : 1의 특수변압기를 약 4[km]마다 설치하여 전차선에 Booster Section을 설치하고 BT의 1, 2차 측을 전차선과 부급전선(NF ; Negative Feeder)에 각각 직렬로 접속하여 대지에 누설되는 전기차 귀전류를 BT작용에 의해 강제적으로 부급전선에 흡상시켜 통신선로의 유도장해를 경감하는 방식이다.

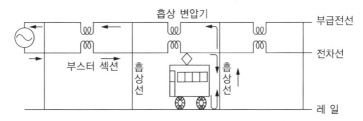

[흡상변압기 급전방식(BT급전방식)]

⑤ 단권변압기 급전방식(AT급전방식)

　　㉠ AT(Auto-Transformer)급전방식은 급전선과 전차선 사이에 약 10[km] 간격으로 AT를 병렬로 설치하여 변압기 권선의 중성점을 레일에 접속하는 방식이다.

　　㉡ 대용량 열차 부하에서도 전압변동, 전압 불평형이 적어 안정된 전력공급이 가능하여 고속전철에도 이 방식을 채택하고 있다.

　　㉢ 레일에 흐르는 전류는 차량을 중심으로 각각 반대 방향의 AT쪽으로 흐르기 때문에 근접 통신선에 대한 유도장해가 적은 장점이 있다.

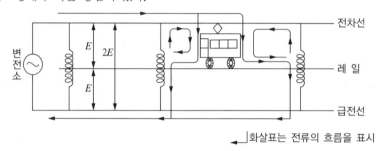

[단권변압기 급전방식(AT급전방식)]

⑥ BT급전방식과 AT급전방식의 비교

구 분	BT급전방식	AT급전방식	비 고
급전전압 및 급전거리	• 급전전압 : AC • 25[kV]변전소 간격이 좁다(약 30[km]). 전기차 급전전압은 AT와 같은 25[kV](팬터그래프~레일 간)이다.	• 급전전압 : AC • 50[kV] 변전소 간격이 넓다(40~100[km]).	급전가능거리는 급전전압의 제곱에 비례하므로 AT방식이 전력회사로부터의 송전선 건설비가 BT방식보다 매우 싸다.
전차선로	간단하다(저렴).	복잡하다(고가).	
통신유도		BT방식보다 적다.	
전압강하	급전전압이 AT에 비해 낮아 전기차에 공급하는 전류가 크게 되며 전차선로의 전압 강하가 커진다.	BT방식의 1/30이면 된다(대용량 장거리 급전에 가장 적합함).	급전전압이 2배가 되면 전류는 1/2이 되며 전압강하는 1/4이 된다.
회로보호	급전전압이 낮으므로 고장전류가 적어 보호가 어렵다.	전압이 높으므로 보호가 비교적 용이하다.	고장전류는 전압에 비례한다.
고장점 발견	회로가 단순하므로 용이하다.	회로가 복잡하고 어렵다.	
경제성	수전점이 멀 때는 송전선 건설비가 많게 된다.	전철변전소의 장소를 수전점 측으로 접근시켜 설치할 수 있으므로 경제적이다.	송전선을 고려하면 AT측이 경제적이다.

2. 급전계통의 운전 및 분리

(1) 급전계통의 구성 시 고려사항
① 전압강하
② 사고 시의 구분
③ 보호계전기의 보호범위
④ 가선범위

(2) 전철 급전계통의 특성
① 고신뢰도, 고안정도의 전원설비가 요구된다.
② 부하의 크기 및 시간적 변동이 극히 심하다.
③ 차량에 대한 전력공급은 전차선과 집전장치(Pantograph)의 접촉에 의해 이루어진다.
④ 레일을 귀선로로 사용한다.
⑤ 교류방식에서는 통신선에 대한 유도장애, 직류방식에서는 전식 대책이 필요하다.
⑥ 전차선의 지락 시에는 사고전류가 크게 된다.

(3) 급전계통의 운전조건
① 전차선 전압이 차량의 운전에 영향을 주지 않는 일정한 범위를 유지한다.
② 전류용량이 차량부하에 충분히 견딜 수 있도록 한다.
③ 변전소, 전차선로, 차량 간의 절연협조가 충분히 요구되는 절연강도, 절연이격을 확보한다.
④ 보수작업 및 사고 발생 시 신속하게 사고개소를 구분한다.

(4) 급전계통의 분리
① 급전별 분리
   급전별 분리는 인접 변전소와 상호 계통운전을 원칙으로 하고 각 변전소 별로 전압위상별, 방면별, 상하선별로 구분하여 급전할 필요가 있다.
② 본선 간의 분리
   본선 간의 분리는 동일계통 급전구간에 사고발생 시 해당구간을 분리하고 급전할 수 있도록 급전구분소(SP) 및 보조 급전구분소(SSP)를 두어 구분한다.
③ 본선과 측선의 분리
   주요 역 구내에서는 사고시 사고구간의 단선운전 또는 타절운전 등을 해야 할 필요가 있기 때문에 주요 역 구내의 전차선을 분리하여 상하선별 다른 급전계통으로부터 상호 급전 가능하도록 하거나 측선에서 사고 발생 시 본선과 분리하여 열차 운행을 할 수 있도록 하는 것이다.

④ 차량기지와 본선과의 분리

전동차 및 전기기관차 기지는 수많은 열차가 대기 및 정비를 하고 있기 때문에 차량의 장애에 의한 전차선로의 차단 등이 많아 본선 운행 중인 열차에 지장을 주거나 본선계통의 사고에 의한 구내의 검수 등에 영향을 받는다. 그래서 본선으로부터 분리하여 별도로 급전할 필요가 있다.

제3절 전철 변전설비

1. 직류 변전계통

직류 전철구간에는 복수의 변전소가 병렬로 접속되는 병렬급전방식이 표준이며 변전설비의 구성에는 변전소(SS ; Sub Station), 구분소(SP ; Sectioning Post), 급전타이포스트(TP ; Tie-Post, 급전단말구분소), 정류포스트(RP ; Rectifying Post) 등으로 구성되어 있다.

(1) 전철 변전소(SS ; Sub Station)

① 한국전력공사 또는 인접변전소에서 수전한 교류 3상 22.9[kV] 등의 전원을 전기차에 공급전원에 적합한 형태로 변환시켜 공급해 주는 역할을 한다.
② 직류변전소는 수전 설비, 변성설비, 급전설비, 고압 배전설비, 소내 전원설비 등의 설비로 구성되어 있다.

(2) 구분소(SP ; Sectioning Post)

본선과 지선이 분기되는 곳에 설치하는 설비로서 전차선로의 전압강하를 경감시키고 고장검출을 용이하게 하며, 사고구간을 한정 구분하고 사고 시나 작업 시에는 정전구간을 단축하는 역할을 한다.

(3) 급전 타이포스트(TP ; Tie Post, 급전단말구분소)

복선구간에서 전차선을 병렬 급전할 수 없는 단말부분의 상선과 하선을 차단기를 통하여 접속할 수 있도록 한 설비이며 그 역할은 급전구분소와 같다.

(4) 정류 포스트(Rectifying Post)

급전구간의 레일과 대지 간 누설전류 경감을 목적으로 설치한다.

2. 교류 변전계통

교류전철방식에는 선로에 근접하는 통신선 등 약전류 전선에 유도장애를 일으키는 문제가 있다. 우리나라 교류전철방식에는 BT방식(Booster Transformer)과 AT방식(Auto Transformer)이 있다.

(1) 흡상변압기(BT) 급전방식 변전소

① BT 전철 변전소는 한전에서 교류 3상 66[kV]를 수전하여 차단기와 단로기를 통해 주변압기(급전용변압기)를 가압하면 2차에 M상과 T상의 단상 25[kV] 2조의 전압으로 변성되고 방면별로 급전한다.
② 한 상의 한 극(PF)은 1P 차단기를 통하여 전차선에 접속되고 다른 한 극(NF)은 차단기를 경유하지 않고 부급전선에 접속되어 전기차에 전원을 공급한다.
③ BT 방식 변전소는 수전설비, 주변압기(급전용변압기), 콘덴서 설비, 급전설비, 고압배전설비, 소내전원설비 등으로 구성되어 있다.

(2) 단권변압기(AT) 급전방식 변전소

① AT 전철 변전소는 한전에서 교류3상 154[kV]를 수전하여 차단기와 단로기를 통해 주변압기(급전용변압기)가 가압되면 2차의 M좌와 T좌에 각각 단상 55[kV] 2조의 전압으로 변성하여 각 방면별로 급전한다.
② 차단기, 단로기와 단권변압기(AT)를 거쳐 급전선(AF), 전차선(TF) 및 보호선(PW)에 접속하여 전기차에 전원을 공급한다.
③ AT방식 변전소는 수전설비, 주변압기(급전변압기), 콘덴서 설비, 급전설비, 고압 배전설비, 소내전원설비 등으로 구성되어 있으며 BT방식과 유사하다.

(3) 급전구분소(SP ; Sectioning Post)

급전 계통을 구분하고 연장급전 등을 하기 위하여 변전소와 변전소의 중간 위치 또는 이종 전원을 구분하기 위한 위치에 차단기, 단로기의 개폐장치와 단권변압기 등을 설치한 곳이다.

(4) 보조 급전구분소(SSP ; Sub Sectioning Post)

① 교류 급전방식에서만 설치하는 설비로, 교류 급전구간에서는 변전소 설치 간격이 멀기 때문에 중간 위치에 급전구분소를 설치하여도 변전소와 급전구분소 간격이 크므로 전차선 작업이나 장애 시에는 정전구간이 길어진다.
② 정전구간 단축을 위하여 변전소와 급전구분소간의 전차선로에 구분장치를 설치하며 이곳을 보조 급전구분소라 한다.

(5) 변압기 포스트(ATP ; Auto Transformer Post)

전차선로에 있어서 전압강하의 보상과 통신 유도장해 경감을 위하여 말단에 단권변압기(AT)만 설치하고 개폐장치는 설치하지 않은 곳을 말한다.

(6) 주변압기(스콧 결선)

① 3상 전원에서 용량이 큰 단상 부하에만 전원을 공급하게 되면 3상 전원은 부하 불평형이 된다. 이를 해소하기 위해 단상변압기 2대를 사용해서 3상 전원을 2상으로 변환하여 3상 전원을 평형이 되도록 하는데 이것이 스콧 결선방식이다.

② 2차측의 M(Main Phase)측과 T(Teaser Phase)측의 위상차는 90[°]이다.

(7) 단권변압기(AT)

① AT가 2대인 경우의 전류분포(부하점이 중앙에 있는 경우)
   ㉠ 전기차는 2대의 AT 중앙에 위치
   ㉡ AT1과 AT2는 전기차에 흐르는 부하전류를 균등하게 분담

② AT가 2대인 경우의 전류분포(부하점이 편중되어 있는 경우)
   AT1과 AT2가 전기차에 공급하는 전류값은 급전거리에 반비례

> **중요 CHECK**
>
> 1차와 2차의 전압, 전류비와 권수의 관계
>
> $$\frac{E_1}{E_2} = \frac{n_1}{n_2}, \ \frac{l_2}{l_1} = \frac{n_1}{n_2}$$

(8) 차단기(CB)

① 유입 차단기(OCB ; Oil Circuit Breaker)
   유입 차단기는 전로의 차단이 절연유를 매질로 하여 동작하는 차단기
   ㉠ 탱크형 : 철제의 탱크 내부의 절연유 중에서 소호를 시키는 것
   ㉡ 소유량형 : 탱크 대신에 자기의 애관을 사용한 것

② 가스 차단기(GCB ; Gas Circuit Breaker)
   가스 차단기는 전로의 차단이 6불화유황(SF_6, Sulfur Hexafluoride)과 같은 특수한 기체, 즉 불활성 가스를 소호 매질로 하여 동작하는 차단기

물리적, 화학적 특성	전기적 특성
• 열전달성이 뛰어나다(공기의 약 1.6배).	• 절연내력이 높다(평등 전계의 1기압에서 공기의 2.5~3.5배, 3기압에서 기름과 같은 절연내력을 가짐).
• 화학적으로 불활성이므로 매우 안정된 가스이다.	• 소호 성능이 뛰어나다.
• 무색, 무취, 무해, 불연성의 가스이다.	• 아크가 안정되어 있다.
• 열적 안정성이 뛰어나다(용매가 없는 상태에서 약 500[℃]까지 분해되지 않음).	• 절연회복이 빠르다.

③ 진공 차단기(VCB ; Vacuum Circuit Breaker)

전로의 차단을 높은 진공 중에서 동작하도록 한 차단기

㉠ 소형으로 무게가 가볍다.

㉡ 불연성, 무소음이다.

㉢ 수명이 길다.

㉣ 고속도, 고빈도 개폐 기능과 차단 성능이 우수하다.

3. 스카다시스템(SCADA System, 원격감시제어시스템)

① SCADA(Supervisory Control and Data Acquisition) SYSTEM은 컴퓨터설비 및 통신망을 이용해 원격지에 있는 각종 제어대상설비를 감시, 제어, 계측할 수 있도록 구축된 설비

② 경부고속철도에서는 서울~동대구 간 고속철도 차량 및 부대설비에 대한 전력을 공급하는 각 변전소, 배전소 및 전차선 등 약 147개소의 전력공급설비들을 전력사령실에서 원격 제어 및 감시할 수 있도록 구축되어 있는 설비

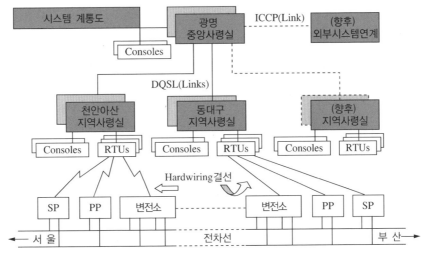

[SCADA 시스템 계통도]

1. 전차선로의 구조

(1) 개 요

① 전차선로의 정의

전기차의 집전장치와 접촉하여 전력을 공급하기 위한 전차선 등의 가선설비와 이에 부속하는 설비를 총칭하여 전차선로라고 한다.

② 전차선로의 구성

전기차에 전력을 직접적으로 공급하는 전차선 등의 가선설비와 이것을 전기적, 기계적으로 구분하거나 보호 조정하는 전차선장치 및 지지구조물 등으로 구성되어 있다.

③ 전차선로의 설치목적

전기차에 양질의 전력을 공급하고 전기차 집전장치에 전력공급이 원활히 되기 위한 집전 성능을 갖도록 하는 것이다.

(2) 전차선로의 특성

① 전기차 부하의 급변동에 대하여 충분한 용량을 가져야 한다.

② 집전의 원활을 위하여 등고성, 등강성과 적정한 압상량을 갖도록 하고 전기차의 진동과 강풍 시에도 지장이 없도록 충분한 기계적 이격을 유지함과 동시에 진동과 동요가 적어야 한다.

③ 가선금구류는 진동, 부식, 열 등에 대하여 충분한 신뢰도를 갖고 전차선로의 각 구성요소와 수명, 신뢰도의 협조가 요구된다.

[각국의 전차선로 비교]

구 분	TGV(대서양)	경부고속철도	기존선고속화	기존철도
전차선전압	교류 단상 25[kV] 50[Hz]	교류 단상 25[kV] 60[Hz]		
가선방식	심플커티너리			
전주형별	H형강주 8[m]	H형강주 9[m]	H형강주 9[m], pc주	H형강주 9[m]
전주경간(가고)	63[m](1.4~1.1)	63[m](1.4~1.1)	50[m]	60~20[m](0.9~0.15)
전주건식게이지	3.5	3.235	3.0	3.0
전차선지지	가동브래킷			
전차선(장력)	Cu 150[mm^2] (2.0)			Cu 107, 110, 170[mm^2] (2.0, 3.0)
전차선 형식	평편한 원형			원 형
조가선 및 장력	Bz 65[mm^2](1.4)			CdCu 70[mm^2], 동복강선
장력방식(활차)	개별자동(5 : 1)			일괄자동(4 : 1, 3 : 1)

구 분		TGV(대서양)	경부고속철도	기존선고속화	기존철도
조가선방식		Bz 12[mm^2]	드로퍼(6.75)Bz 12[mm^2]	Bz 12[mm^2]	행거, 드로퍼 (Fe, CdCu)
절연구분장치		이중 OVERLAP			FRP 절연체방식
동상용구분장치		다이아몬드형			애자, 다이아몬드형
전차선높이		5.08[m]	5.08[m]	5.20[m]	5.20[m](4.8)
전차선편위		좌우 200[mm]			
최대인류구간		1,200[m]	1,200(1,500)[m]	1,600[m]	1,600[m]
가 고		1,400[mm]	1,400[mm]	960[mm]	960[mm]
이도(pre-sag)		경간/2,000			–
운전최고속도		300[km/h]	300[km/h]	160[km/h]	110[km/h]
수전방식		교류3상3선식 154[kV](2회선)	교류3상3선식 154[kV](2회선)	교류3상3선식 225[kV](2회선)	교류3상3선식 154[kV](2회선)
변전소간격		22.4~93[km]	50~70[km]	50~70[km]	20~70[km]
주변 압기	형 식	AT(단권변압기)	SCOTT		
	용 량	60MVA×2	120MVA×2	60MVA×2	33MVA×2
급전방식		AT(단권변압기)			AT, BT
급전구분		방면별			
개폐차단장치		GIS	GIS	GIS	GIS, 일부GCB
고압배전방식		–	22[kV](△-Y방식)	6.6[kV]3φ3[W]	6.6[kV]3φ3[W]

2. 전차선로 가선 및 조가방식

(1) 전차선로 가선방식[(공중)임시선방식]

① 가공(공중에 설치된)식

㉠ 단선식(Single Trolley System)

궤도 상부에 설치된 가공접촉선(Contact Wire)으로부터 공급을 받은 전기차의 전류를, 주행레일을 통하여 변전소에 돌려보내는 방식으로 가장 대표적이다.

㉡ 복선식(Double Trolley System)

상호 절연된 정·부 2조의 가공 접촉전선을 가설하고, 한쪽의 전선으로부터 전기차에 전기를 공급하여 다른 쪽의 전선을 통하여 변전소로 돌려보내는(귀전류를 레일, 대지에 흘리지 않는) 방식이다.

② 강체식(Rigid System)

㉠ 강체단선식(Single Rigid System)

전차선로의 가선방식에 있어 지하구간에 적합하도록 개발된 가선방식으로 도시지하철 구간의 대표적인 방식이다.

ⓛ 강체 복선식(Double Rigid System)

모노레일 등에 사용되고 있는 것으로 주행 궤도 구조물에 강체 구조로 한 급전용 및 귀선용의 정·부 도전 레일을 설비한 방식이다.

ⓒ 제3궤조식(Third Rail System)

주행용 레일 외에 궤도 측면에 설치된 급전용 레일(제3레일)로부터 전기차에 전기를 공급하여 귀선으로 주행 레일을 사용하는 방식이다.

(2) 전차선로 조가방식

① 직접 조가방식

가장 단순한 구조 방식으로 전차선만 1조로 구성된다. 수송밀도가 별로 높지 않은 전철구간에 적합한 가선방식으로서 중속도(85[km/h])까지 사용가능하다.

② 커티너리 조가방식

전기차의 속도 향상을 위하여 전차선의 이도[처짐(정도)]에 의한 이선율을 작게 하고 동시에 지지경간(기둥사이 거리)을 크게 하기 위하여 조가선을 전차선 위에 기계적으로 가선하고 일정한 간격으로 행거(걸고리)나 드로퍼로 매달아 전차선(Trolley Wire)을 두 지지점 사이에서 궤도면에 대하여 일정한 높이를 유지하도록 하는 방식이다.

③ 강체 조가방식

ⓐ T-Bar방식

직류구간에서 사용하는 방식으로 전압이 낮아서 절연거리가 짧기 때문에 250[mm]의 지지애자에 T자형의 알루미늄 합금제 리지드 바로 조가하는 것으로 T-Bar방식이라고 한다.

ⓑ R-Bar방식

교류구간에서 사용하는 방식으로 전압이 높아서 절연거리가 길기 때문에 강체의 직상부 좌·우에 직선형 가동 브래킷을 설치하여 리지드 바로 지지하는 것으로 R-Bar방식이라고 한다.

3. 가공전차선로

(1) 가공 전차선로의 구성

가공 전차선로의 구성에는 가선설비(전차선, 조가선, 급전선, 귀선 등), 전차선장치, 구조물, 기타 부속설비 등이 포함된다.

① 고속신선 전차선로 명칭

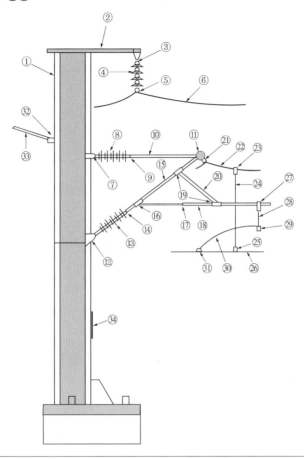

1 : 전주(H형)	18 : 수평파이프
2 : 급전선 완철(전선지지대)	19 : 수평파이프 지지파이프 고정금구
3 : 급전선애자 현수고리	20 : 수평파이프 지지파이프
4 : 급전선애자	21 : 조가선 현수금구
5 : 급전선 현수클램프	22 : 조가선
6 : 급전선	23 : 드로퍼 조가선클램프
7 : 상부파이프 가동고리	24 : 드로퍼
8 : 상부파이프 장간애자	25 : 드로퍼 전차선클램프
9 : 상부파이프애자 연결금구	26 : 전차선
10 : 상부파이프	27 : 곡선당김금구 지지파이프 고정금구
11 : 상부조정봉 연결금구	28 : 곡선당김금구 지지파이프
12 : 주파이프 가동고리	29 : 곡선당김금구 고정금구
13 : 주파이프 장간애자	30 : 곡선당김금구
14 : 주파이프 장간애자 연결금구	31 : 곡선당김클램프
15 : 주파이프	32 : 보호선클램프
16 : 수평파이프 고정금구	33 : 보호선
17 : 수평파이프조정봉 연결금구	34 : 전주 번호표

[고속신선 전차선로 명칭]

② 기존선 전차선로
   ⊙ 급전선
   ⓛ 조가선
   ⓒ 전차선
   ⓔ 가동브래킷
   ⓜ 보호선
   ⓗ 현수애자
   ⊗ 장간애자
   ⊙ 전주(조립주)

(2) 급전선

"급전선"이라 함은 합성전차선에 전기를 공급하는 전선(AT급전방식의 경우 변전소 등 인출 전차선 급전선(TF), 주변압기와 단권변압기간을 연결하는 단권변압기급전선(AF)과 BT급전방식에서 주변압기의 2차측 또는 BT에서 전차선에 이르는 정급전선(PF)을 포함)이다.

(3) 전차선

전차선은 레일면상 일정 높이에 가선되고 집전장치와 직접 접촉하여 Motor에 전기를 공급하기 위한 전선으로 Trolley Wire 또는 Contact Wire라 한다.

① 전차선의 선종
   굵기결정조건, 단면, 재료 등

② 전차선의 높이
   ⊙ 전차선 높이는 레일면상에서 전기차가 직접 접촉하여 전기를 공급받는 전차선 하부까지를 말하며, 전철전력설비 시설규정에는 최대 5,400[mm], 기준 5,200[mm], 최소 5,000[mm]이다.
   ⓛ 부득이한 경우 4,850[mm]까지 할 수 있고, 경부선 동대구~부산 간 터널구간은 4,750[mm]까지 강체구간은 4,750[mm] 이상으로 하고 전기차량의 특성에 따라 조종할 수 있다.

③ 전차선의 편위(좌우치우침 정도)를 정하는 요소
   ⊙ 전기차 동요에 따른 집전장치의 편위
   ⓛ 풍압에 따른 전차선의 편위
   ⓒ 곡선로에 의한 전차선의 편위
   ⓔ 가동 브래킷, 곡선당김금구(Pull-Off Arm)의 이동에 따른 전차선의 편위
   ⓜ 지지물의 변형에 따른 전차선의 편위

④ 전차선의 편위
   전차선의 궤도 중심면에서 수평거리를 말하며 규정상 200[mm]를 기준으로 하고 최대 250[mm]까지 할 수 있다.
   ⊙ 강풍구간 및 승강장 구간은 100[mm]

ⓛ 단선 터널 내에서의 전차선 편위는 좌우 100[mm]

ⓒ 수도권 등 고상층 개소에는 가급적 고상층 반대측으로 편위를 둔다.

⑤ 전차선의 구배

전차선의 레일면에 대한 구배는 한 경간을 기준

ⓐ 본선에서 1,000분의 3 이하(차량속도가 150[km/h] 이상인 구간은 1,000분의 1 이하)

ⓑ 터널/구름다리 등과 건널목이 인접한 장소는 1,000분의 4 이하

ⓒ 측선은 1,000분의 15 이하

⑥ 전차선 마모에 영향을 주는 요소

ⓐ 팬터그래프의 압상력

ⓑ 집전전류

ⓒ 운전속도

ⓓ 접촉력의 변동, 이선

ⓔ 팬터그래프의 구조와 개수

ⓕ 집전판의 재질

ⓖ 전차선의 온도

ⓗ 궤도조건, 차량동요

⑦ 전차선 마모 관리상의 요주의 개소

ⓐ 에어섹션, 부스터섹션, 에어조인트 개소 등(특히 역행개소)

ⓑ 역행개소의 급전분기 및 더블이어 등의 경점개소 부근

ⓒ 전차선 교차개소의 굴곡개소

(4) 조가선

조가선은 가공전차선에 주로 사용되는 전선으로 전차선을 같은 높이로 수평하게 유지시키기 위하여 드로퍼, 행거 등을 이용해서 조가하여 주는 전선을 말한다.

(5) 귀 선

① 부급전선

통신 유도장해를 경감하기 위해서는 흡상변압기(BT)급전방식으로 레일에 흐르고 있는 귀선전류를 흡상변압기에 의하여 흡상하여 강제적으로 변전소에 되돌려 보내기 위하여 귀선과 레일에 병렬로 접속시킨 전선을 "부급전선"이라고 한다.

② 흡상선

교류 전차선로의 통신 유도장해를 경감하기 위하여 부급전선이 있는 흡상변압기(BT) 급전방식의 변전소 바로 근처 및 인접 흡상변압기의 중간지점 부근에서 부급전선과 레일을 접속하는 선을 "흡상선"이라고 한다.

③ 중성선

단권변압기(AT) 급전방식의 변전소 등에 설비되어 있는 단권변압기의 중성점과 레일의 임피던스 본드의 중성점을 연결하는 선을 "중성선"이라고 한다.

④ 보조귀선

귀선로의 전기저항이 높은 경우는 전압강하나 전력손실이 크게 되고, 대지의 누설전류가 증가하여 전식의 원인이 되므로 직류 전차선로의 전압강하 및 레일의 전위상승이 심한 경우에 "보조 귀선"을 시설한다.

⑤ 변전소 인입귀선

직류 급전방식의 변전소 인입개소에서 레일과 변전소 부극모선을 접속하는 선을 "변전소 인입귀선"이라고 한다.

(6) 진동방지-곡선당김 장치

① 전차선의 동요를 억제한다.

② 전차선을 곡선로에 적합한 소정의 위치에 가선되도록 한다.

③ 풍압 및 팬터그래프의 습동 등에 따라 팬터그래프의 집전이 가능하도록 전차선의 위치를 양호한 상태로 유지한다.

(7) 건널(교차)선 장치

전차선 교차개소에 설비된 장치를 "건널(교차)선 장치"라고 한다. 건널선 장치는 선로의 분기개소에서 상호 전기차가 운전 가능하도록 전차선을 교차시켜 팬터그래프의 집전을 가능하게 하기 위한 설비이다.

(8) 구분장치

팬터그래프의 습동에 지장을 주지 않으면서 전차선을 전기적으로 구분하는 장치를 "구분장치" 또는 "Section"이라고 한다.

(9) 장력조정장치

① 온도변화 등에 따라 전선이 신축하는 것 외에 전차선의 마모에 따른 탄성신장으로 전선이 늘어나서 전차선의 이도(처짐(정도))장력에 영향을 주게 된다.

② 이선에 따른 전차선의 집전성능의 악화, 장력 증대에 따른 전차선 단선 등의 위험이 발생하여 전기운전에 지장을 주기 때문에 전차선의 장력을 일정한 크기로 유지하기 위한 설비이다.

자동식	수동식
• 활차식 자동장력 조정장치(Wheel Tension Balancer) • 스프링식 자동장력 조정장치 • 레버식 텐션밸런서(Lever Tension Balancer) • 유압식 밸런서(OTB)	• 와이어 턴버클(Wire Turnbuckle) • 조정 스트랩(Strap)

(10) 흐름방지장치

　① 전차선이 한쪽 방향으로 흐르면 밸런스가 기능을 잃게 되고 그에 따라 장력이 불균형하게 되어 섹션 개소 등의 전차선에 국부 마모를 일으키는 원인이 된다.

　② 한쪽 방향으로 전차선이 흐르는 것을 방지하는 설비를 전차선의 "흐름방지장치"라고 한다.

4. 강체전차선

(1) 개 요

　① 전차선로의 가선((공중)임시선방식)방식에 있어 지하구간에 적합하도록 개발되어진 가선방식으로 도시 지하철 구간의 대표적인 방식이다.

　② 강체전차선은 트롤리 와이어(쇠줄)를 강체에 완전하게 일체화시켜서 고정한 것으로 터널 등의 천장에 애자 또는 측면에 브래킷을 취부하고 여기에 강체전차선을 조가하는 방식이다.

(2) 장 점

　① 터널구조물의 단면 높이를 축소할 수 있어 건설비를 절감할 수 있다.

　② 전주, 빔이 없고 트롤리 와이어 도체 성형재와 일체로 되어 있기 때문에 장력장치, 곡선당김 장치, 진동방지 장치가 불필요하다.

　③ 설비가 간단하기 때문에 보수유지가 쉽다.

　④ 커티너리 조가식의 경우와 같은 단선의 염려가 거의 없고 응급처치 역시 간단하다.

　⑤ 직류급전방식에서는 강체전차선이 충분한 전기적 용량을 갖고 있기 때문에 급전선을 별도로 시설할 필요가 없다.

(3) 단 점

　① 팬터그래프가 강체전차선에 습동하여 운행될 때 이에 대한 추종성이 없어 집전특성이 나쁘기 때문에 전기차 운행속도에 한계가 있다.

　② 유연한 가요성이 없으므로 상대적으로 트롤리 와이어의 마모가 많아진다.

(4) 직류 강체방식(T-Bar)

　① 급전선(Feeder Line)

　　㉠ 정급전선(Positive Feeder Line) : 변전소에서 전차선까지의 급전선

　　㉡ 부급전선(Negative Feeder Line) : 주행레일 임피던스 본드의 중선선 단자(전선연결부)로부터 변전소 부극(−) 단로기 2차측 단자까지의 급전선

② 강체전차선(Rigid Bar Trolley Wire)

　　㉠ 트롤리선

　　㉡ T형제(AT T-Bar)

　　㉢ 롱이어(Long Ear)

　　㉣ 절연매립전

　　㉤ 지지금물

　　㉥ 애자(Insulator)

③ 익스팬션 조인트(Expansion Joint)

　가공(공중에 설치된)전차선로의 에어섹션과 같은 역할을 하는 장치

　　㉠ 강체전차선의 접속

　　㉡ 온도 변화에 따른 강체전차선의 신축

④ 구분장치(Air Section)

　변전소의 급전구분지점, 건널선, 유치선(임시대기선) 등에 급전구분을 목적으로 설치하는 것으로 익스팬션 조인트와 같이 0편 위에 설치되며, 다른 점은 점퍼선이 없고 트롤리선 상호 간격이 250[mm]로서 전기적으로 구분된다.

⑤ 흐름방지장치(Anchoring)

　강체전차선의 이동을 방지하기 위하여 그 스팬 중앙의 최대 편위지점에 흐름을 저지하는 장치를 흐름방지장치라고 한다.

⑥ 건널선장치(Overhead Cross)

　　㉠ 교차건널선(Diamond Cross Over)

　　㉡ 편건널선(I-type Cross Over)

　　㉢ Y건널선(Y-type Cross Over)

⑦ 지상부 이행장치

　지상부의 가공전차선이 터널 내로 들어와 강체전차선으로 바뀌어지는 부분에 전기차의 팬터그래프가 자연스럽게 옮겨지면서 원활하게 운행할 수 있도록 하는 장치이다.

(5) 교류 강체방식(R-Bar)

① 급전선(Feeder Line)

　가공전차 선로방식의 AT 급전선과 같다.

② 비절연 보호선(FPW)

　섬락보호를 위하여 철제, 지지물을 연결하여 귀선 레일에 접속하고 대지에 대하여 절연하지 않는 방식이다.

③ 강체전차선(Conductor Rail)

　전차선(Trolley Wire), 리지드바(Rigid-Bar), 연결금구(Interlocking Joint) 등으로 구성된다.

④ 지지주(Suspension Pole)

지하구간의 천장벽면에 부착하여 브래킷을 지지하는 것이다.

⑤ 브래킷(Bracket)

브래킷은 지지주에 설치하여 강체전차선을 지지하는 것으로 가동형, 고정형, 단축형으로 나눌 수 있다.

⑥ 확장장치

전차선축에 놓여 있는 확장장치는 긴 강체전차선 구간에 온도 변화로부터 생기게 되는 리지드바의 팽창을 상쇄시켜 강체전차선의 기계적, 전기적 저항 변화 없이 길이를 유지하는 장치이다.

⑦ 직접 유도장치

가공전차선 구간에서 지하 강체전차선 구간으로 진입하는 개소에 설치하는 장치로서 가공의 조가선과 강체전차선의 강도 차이를 점진적으로 같게 하여 직접 전기차의 팬터그래프가 통과할 수 있도록 하는 것이다.

⑧ 구분장치

㉠ 절연섹션(Insulator Section)

건널선이나 유치선(임시대기선) 등에 설치하는 것으로 구분절연체를 삽입하여 전기적으로 구분하는 것이다.

㉡ 에어섹션(Air Section)

구분소 등의 급전구분 지점 등에 설치하는 것으로 강체전차선을 전기적으로 구분하기 위해 두 개의 강체전차선을 평행하게 가공전차 선로와 같이 300[mm]를 이격하여 설치한 것이다.

⑨ 고정점

강체전차선의 고정점은 가공 전차선의 흐름방지 장치와 같은 역할을 하는 것으로 한 섹션을 400~600[m]로 할 때 전기차가 일정한 방향으로 진행하게 되면 그 방향으로 전차선이 이동하게 된다. 이러한 이동을 방지하기 위하여 두 확장장치 사이의 중앙에 흐름을 저지하게 하는 장치를 고정점이라고 한다.

⑩ 제한점(End Point)

제한점은 가공전차선의 인류(한쪽당김, 당기다)장치와 같은 용도로 사용되는 장치이며, 이것은 강체전차선으로 들어오는 전차선의 작용을 흡수하는 작용을 한다.

1. 전기철도 구조물의 개요

전기철도에서의 "구조물"은 변전설비와 전차선로설비를 구성하며, 각종 전선과 그 부속물 등을 지지하는 설비를 말한다.

2. 기본적인 조건

① 강도, 수명이 상호 보완될 수 있도록 내부식성이 우수하여야 한다.
② 유효수명(내용연수)이 길어야 한다.
③ 열차의 진동에 따른 풀림 등이 없는 재질과 설비를 갖고 강도에 견딜 수 있어야 한다.
④ 전기운전설비로서 충분한 보안도와 신뢰도를 확보할 수 있어야 한다.
⑤ 경제성이 있고 시공의 편의성과 향후 유지보수가 용이하여야 한다.

3. 전기철도 구조물의 종류

(1) 전철주

전철주는 가공(공중에 설치된)전차선로를 지지 또는 인류하기 위한 설비를 말하며 가동 브래킷, 빔, 지지선 등과 조합해서 사용하며 콘크리트주, 철주, 목주 등을 사용하고 있다.

(2) 전철주 기초

전철주를 대지에 고정시키기 위한 설비를 말하며 전철주 기초에는 근가(전주기초물)기초, 쇄석기초, 콘크리트기초, 특수기초 등이 있다.

(3) 빔

전철주와 조립하여 전차선과 급전선 등을 지지하기 위한 강 구조물을 말하며 고정식, 스팬선식, 가동식이 있다.

(4) 지선(버팀선)

전차선, 급전선 등의 인장력 또는 수평장력이 작용하는 전주에 취부하는 것으로 그 인장력 또는 수평장력에 의하여 전주가 경사 또는 구부러지지 않도록 하기 위한 설비를 지선이라 한다. 지선의 종류에는 단지선, V형지선, 2단지선, 수평지선, 궁형지선 등이 있다.

(5) 완 철

전주 또는 고정빔(받침대) 등에 취부하여 급전선, 부급전선, 보호선 등을 지지 또는 인류하기 위한 구조물을 완철(전선지지대)이라 한다.

(6) 하수강, 평행틀

① 하수강(Y자형 지지대)

전주의 건식(세움)이 곤란한 개소에서 고정빔이나 터널의 천장에서 아래로 가동 브래킷, 곡선당김 장치 등을 지지하기 위한 지지물을 하수강이라 한다.

② 평행틀

전차선 팽행개소(Over Lap) 등에서 1본의 전주에 2개의 가동 브래킷을 지지하기 위한 구조를 평행틀이라 한다.

적중예상문제

01 전기철도에 대한 설명으로 틀린 것은?

㉮ 에너지 효율이 좋고 가·감속도가 커서 속도 향상과 수송력을 증가할 수 있다.

㉯ 역 간 거리가 짧은 도시교통에 가·감속도가 크므로 유리하고 연료비 및 차량 보수비가 저렴하다.

㉰ 매연과 배기가스가 없고 고속향상, 고빈도 열차운행이 가능하다.

㉱ 건설에 소액의 설비투자가 필요하다.

해설 ㉱ 건설에 다액의 설비투자가 필요하고 통신유도장해, 전식(전기화학적 부식) 등 방지를 위해 투자비용이 많이 든다.

02 직류급전방식의 장점으로 적절하지 않은 것은?

㉮ 직류모터는 견인력이 매우 좋을 뿐 아니라, 튼튼하며, 제작하기 쉽고 경량화할 수 있다.

㉯ 전류가 크기 때문에 고정설비가 가벼워진다.

㉰ 가압(압력높임)된 상태에서도 작업을 하기가 용이하다.

㉱ 통신선로에 유도장해가 적고 신호궤도 회로에도 교류방식을 사용할 수 있다.

해설 전류가 크기 때문에 전류용량이 큰 전선을 사용하므로 고정설비가 무거워진다.

03 직류급전방식의 단점으로 적절하지 않은 것은?

㉮ 교류방식과 비교하여 전차선 전류가 크기 때문에 전압강하가 크다.

㉯ 변전소 간격이 짧아지므로 변전소의 수가 증가된다.

㉰ 전압이 높기 때문에 절연거리를 길게 해야 한다.

㉱ 누설전류에 의한 전식대책이 필요하다.

해설 전압이 낮기 때문에 전차선로나 기기의 절연이 쉽고, 터널이나 교량 등에서 절연거리도 짧게 할 수 있다.

1 ㉱ 2 ㉯ 3 ㉰ **정답**

04 BT 급전방식에 대한 설명으로 틀린 것은?

㉮ 전차선로가 간단하다.

㉯ 급전전압이 낮으므로 고장전류가 적어 보호가 어렵다.

㉰ 회로가 복잡하므로 고장점 발견이 어렵다.

㉱ 변전소 간격이 좁다.

> **해설** ㉰ 회로가 단순하므로 고장점 발견이 용이하다.

05 AT 급전방식에 대한 설명으로 틀린 것은?

㉮ 전차선로가 복잡하다.

㉯ 전압이 높으므로 보호가 비교적 용이하다.

㉰ 대용량 장거리급전에 가장 적합하다.

㉱ 건설비가 많이 든다.

> **해설** ㉱ 전철변전소의 장소를 수전점 측으로 접근시켜 설치할 수 있으므로 경제적이다.

⭐중요

06 급전계통의 구성 시 고려사항이 아닌 것은?

㉮ 전압강하 ㉯ 사고 시의 구분

㉰ 누설전류에 대한 전식대책 ㉱ 보호계전기의 보호범위

> **해설** **급전계통 구성 시 고려사항**
> • 전압강하
> • 사고 시의 구분
> • 보호계전기의 보호범위
> • 가선범위

07 전철 급전계통의 특성에 대한 설명으로 틀린 것은?

㉮ 고신뢰도, 고안정도의 전원설비가 요구된다.

㉯ 교류방식에서는 전식대책이 필요하다.

㉰ 부하의 크기 및 시간적 변동이 극히 심하다.

㉱ 레일을 귀선로로 사용한다.

> **해설** ㉯ 교류방식에서는 통신선에 대한 유도장애, 직류방식에서는 전식대책이 필요하다.

08 급전구간의 레일과 대지 간의 누설전류 경감을 목적으로 설치하는 것은?

㉮ 변전소

㉯ 구분소

㉰ 급전타이포스트(급전단말구분소)

㉱ 정류포스트

09 본선과 지선이 분기되는 곳에 설치하는 설비는?

㉮ 변전소

㉯ 구분소

㉰ 급전타이포스트

㉱ 정류포스트

해설 구분소(SP ; Sectioning Post)는 본선과 지선이 분기되는 곳에 설치하는 설비로서 전차선로의 전압강하를 경감시키고 고장검출을 용이하게 하며, 사고구간을 한정 구분하고 사고 시나 작업 시에는 정전구간을 단축하게 하는 역할을 한다.

10 변전설비에 대한 설명으로 틀린 것은?

㉮ 직류 전철구간에는 복수의 변전소가 직렬로 접속되는 직렬급전방식이 표준이다.

㉯ 교류전철방식에는 선로에 근접하는 통신선 등 약전류 전선에 유도장애를 일으키는 문제가 있다.

㉰ 우리나라 교류전철방식에는 BT방식(Booster Transformer)과 AT방식(Auto Transformer)이 있다.

㉱ 직류변전소는 수전 설비, 변성설비, 급전설비, 고압 배전설비, 소내 전원설비 등의 설비로 구성되어 있다.

해설 ㉮ 직류 전철구간에는 복수의 변전소가 병렬로 접속되는 병렬급전방식이 표준이다.

11 전차선로 가선방식((공중)임시선방식) 중 전차선로의 가선방식에 있어 지하구간에 적합하도록 개발되어진 가선방식으로 도시지하철 구간의 대표적인 방식은?

㉮ 강체단선식　　　　　　　　　　　　　㉯ 강체복선식

㉰ 제3궤조식　　　　　　　　　　　　　　㉱ 단선식

> **해설** ㉯ 강체복선식(Double Rigid System) : 모노레일 등에 사용되고 있는 것으로 주행 궤도 구조물에 강체 구조로 한 급전용 및 귀선용의 정·부 도전 레일을 설비한 방식이다.
> ㉰ 제3궤조식(Third Rail System) : 주행용 레일 외에 궤도 측면에 설치된 급전용 레일(제3레일)로부터 전기차에 전기를 공급하여 귀선으로 주행 레일을 사용하는 방식이다.

12 직접 조가방식에 대한 설명으로 틀린 것은?

㉮ 가장 단순한 구조의 방식이다.

㉯ 전차선만 1조로 구성이다.

㉰ 수송밀도가 별로 높지 않은 전철구간에 적합한 가선방식이다.

㉱ 고속도(150[km/h])까지 사용가능하다.

> **해설** ㉱ 중속도(85[km/h])까지 사용가능하다.

13 전철전력설비 시설규정상 기준이 되는 전차선 높이는?

㉮ 5,000[mm]　　　　　　　　　　　　　㉯ 5,200[mm]

㉰ 5,400[mm]　　　　　　　　　　　　　㉱ 5,600[mm]

> **해설** 전차선 높이는 레일면상에서 전기차가 직접 접촉하여 전기를 공급받는 전차선 하부까지를 말하며, 전철전력설비 시설규정에는 최대 5,400[mm], 기준 5,200[mm], 최소 5,000[mm]이다.

14 기준이 되는 전차선의 편위(좌우치우침 정도)는?

㉮ 200[mm]　　　　　　　　　　　　　　㉯ 210[mm]

㉰ 230[mm]　　　　　　　　　　　　　　㉱ 250[mm]

> **해설** 전차선의 편위는 전차선의 궤도 중심면에서 수평거리를 말하며 규정상 200[mm]를 기준으로 하고 최대 250[mm]까지 할 수 있다.

15 귀선로의 전기저항이 높은 경우는 전압강하나 전력손실이 크게 되고, 대지의 누설전류가 증가하여 전식의 원인이 되므로 직류 전차선로의 전압강하 및 레일의 전위상승이 심한 경우 시설하는 것은?

㉮ 부급전선   ㉯ 흡상선

㉰ 중성선   ㉱ 보조귀선

> **해설** ㉮ 부급전선 : 통신 유도장해를 경감하기 위해 흡상변압기(BT)급전방식으로 레일에 흐르고 있는 귀선전류를 흡상변압기에 의하여 흡상하여 강제적으로 변전소에 되돌려 보내기 위하여 귀선과 레일에 병렬로 접속시킨 전선
> ㉯ 흡상선 : 교류 전차선로의 통신 유도장해를 경감하기 위하여 부급전선이 있는 흡상변압기(BT) 급전방식의 변전소 바로 근처 및 인접 흡상변압기의 중간지점 부근에서 부급전선과 레일을 접속하는 선
> ㉰ 중성선 : 단권변압기(AT) 급전방식의 변전소 등에 설비되어 있는 단권변압기의 중성점과 레일의 임피던스 본드의 중성점을 연결하는 선

16 선로의 분기개소에서 상호 전기차가 운전 가능하도록 전차선을 교차시켜 팬터그래프(집전장치)의 집전을 가능하게 하기 위한 설비는?

㉮ 흐름방지장치   ㉯ 진동방지-곡선당김 장치

㉰ 건널(교차)선 장치   ㉱ 구분장치

> **해설** ㉮ 흐름방지장치 : 한쪽 방향으로 전차선이 흐르는 것을 방지하는 설비
> ㉯ 진동방지-곡선당김장치 : 전차선의 동요를 억제하고, 전차선을 곡선로에 적합한 소정의 위치에 가선되도록 하는 장치
> ㉱ 구분장치(Section) : 팬터그래프의 습동에 지장을 주지 않으면서 전차선을 전기적으로 구분하는 장치

17 장력조정장치 중 수동식에 해당하는 것은?

㉮ 와이어(쇠줄) 턴버클(조임쇠) ㉯ 스프링식 자동장력 조정장치

㉰ 레버식 텐션밸런서   ㉱ 유압식 밸런서

> **해설** 장력조정장치는 이선에 따른 전차선의 집전성능의 악화, 장력 증대에 따른 전차선 단선 등의 위험이 발생하여 전기운전에 지장을 주기 때문에 전차선의 장력을 일정한 크기로 유지하기 위한 설비이다.
>
> | 자동식 | 수동식 |
> | --- | --- |
> | • 활차식 자동장력 조정장치(Wheel Tension Balancer)
• 스프링식 자동장력 조정장치
• 레버식 텐션밸런서(Lever Tension Balancer)
• 유압식 밸런서(OTB) | • 와이어 턴버클(Wire Turnbuckle)
• 조정 스트랩(Strap) |

18 강체전차선에 대한 설명으로 적절하지 않은 것은?

㉮ 터널구조물의 단면 높이를 축소할 수 있어 건설비를 절감할 수 있다.

㉯ 장력장치, 곡선당김 장치, 진동방지 장치가 불필요하다.

㉰ 설비가 간단하기 때문에 보수유지가 쉽다.

㉱ 집전특성이 좋기 때문에 운행속도에 장점이 있다.

> **해설** ㉱ 팬터그래프가 강체전차선에 습동하여 운행될 때 이에 대한 추종성이 없어 집전특성이 나쁘기 때문에 전기차 운행속도에 한계가 있다.

19 전주 또는 고정빔(받침대) 등에 취부하여 급전선, 부급전선, 보호선 등을 지지 또는 인류(한쪽 당김, 당기다)하기 위한 구조물은?

㉮ 완 철

㉯ 빔

㉰ 전철주

㉱ 평행틀

> **해설** ㉯ 빔 : 전철주와 조립하여 전차선과 급전선 등을 지지하기 위한 강 구조물을 말한다.
> ㉰ 전철주 : 가공전차선로를 지지 또는 인류하기 위한 설비를 말한다.
> ㉱ 평행틀 : 전차선 팽행개소(Over Lap) 등에서 1본의 전주에 2개의 가동 브래킷을 지지하기 위한 구조를 말한다.

★중요
20 지선(버팀선)의 종류로 보기 어려운 것은?

㉮ 단지선

㉯ W형지선

㉰ 수평지선

㉱ 궁형지선

> **해설** 전차선, 급전선 등의 인장력 또는 수평장력이 작용하는 전주에 취부하는 것으로 그 인장력 또는 수평장력에 의하여 전주가 경사 또는 구부러지지 않도록 하기 위한 설비를 지선이라 한다. 지선의 종류에는 단지선, V형 지선, 2단지선, 수평지선, 궁형지선 등이 있다.

CHAPTER

07 정거장

제1절 개 요

1. 개 요

(1) 정거장의 정의

① 열차가 도착 및 발차하는 장소로서, 여객의 승하차, 화물의 취급 등의 시설을 갖추고 운수 및 운전상
  의 모든 업무를 수행하는 일정한 장소

② 열차를 정거시켜, 여객의 승하차, 화물의 싣고 내리기 등 철도의 영업상 필요한 취급과 열차의 교행
  (서로 비켜감), 열차의 추월, 열차의 해결(Uncoupling and Coupling), 차량의 입환(Shunting) 등의
  운전상 필요한 취급을 하는 곳

(2) 정거장의 범위

정거장은 일정한 범위가 있으며, 상하행선의 양쪽으로 장내신호기를 설치한 지점 간의 구역 또는 장내신
호기가 없을 때에는 정거장 구역표시 간의 지역이 정거장의 구내(構內)가 된다.

(3) 정거장의 구분

① 역(Station)

  열차가 발차하고 정거하여 여객 및 또는 화물을 취급하는 철도영업을 하는 정거장(Station)이다.

② 신호장(Signal Station)

  여객 및 또는 화물은 취급하지 않으나, 열차의 교행(Cross) 또는 추월을 할 수 있도록 열차가 정거하
  는 정거장으로 단선구간에서 역간 거리가 길어 선로용량이 부족한 구간의 열차운행상 필요에 의해서
  설치한다.

③ 조차장(Shunting Yard)

  열차의 조성 및 분해 또는 차량의 입환을 하는 정거장이다.

  ※ 신호소(Signal Box) : 수동 또는 반자동의 신호기를 취급하는 장소로 열차의 정거장이 아니다.

(4) 목적에 따른 정거장의 종류

① 보통역(Ordinary Station)

ㄱ 여객 및 화물을 취급하며, 열차의 조성 및 분해를 하는 역이다.

ㄴ 이전에는 여객 및 화물을 동시에 취급하는 역이 많았으나, 취급의 증가 및 화물수송의 직행거점화 등에 따라 최근에는 여객역 또는 화물역으로 전문역화(化)되는 추세이다.

ㄷ 운전취급을 위한 설비를 갖춘 역이 일반적이나 운전취급시설이 없는 소규모 역도 있다.

중요 CHECK

간이역

보통역의 기능 중 일부만 수행하는 소규모 역이다.

① 무배치 간이역 : 철도직원을 배치하지 않고, 열차승무원이 여객을 취급하거나 승차권 위탁판매 규정에 의해 위탁을 받은 자가 승차권을 발매하는 역으로, 역의 관리는 인접역의 관리역장이 수행하며, 운전취급은 하지 않는다.

② 배치 간이역 : 철도직원을 배치하고 여객 또는 화물을 취급하는 역으로, 지정된 역에서는 운전취급을 수행한다. 다만, 역장은 별도로 임명하지 않으며, 인접역의 역장이 겸임한다.

③ 운전 간이역 : 여객 또는 화물을 취급하고 운전취급은 하지 않으나, 역장은 배치된다.

[한국철도의 정거장 현황]

구 분	정거장					신호소	계
	역			조차장	신호장		
	보통역	무배치간이역	배치간이역				
개 소	340	218	69	2	32	5	666

② 여객역(Passenger Station)

여객을 전문으로 취급하는 역이다.

③ 화물역(Freight Station, Good Station)

화물만을 전문으로 취급하는 역이다.

④ 화차조차장(Shunting Yard)

화물의 취급과 화차의 조성 및 분해를 위하여 설치된 역이다.

2. 정거장의 위치

(1) 도시계획측면

① 지역 및 도시계획측면에서 지역의 기능을 제고하고 지역 상호 연계 기여도가 커야 한다.

② 지역 및 도시의 교통망 체계구축이 가능한 지역이어야 한다.

③ 동일교통 및 타 교통과의 연계체계가 확립되어야 한다.

④ 해당지역의 여객 및 화물의 중심지여야 한다.

(2) 기술적 측면

① 가능한 수평이고 직선이며 정거장에 인접하여 급곡선 급기울기가 없어야 한다.

② 도착 시에는 상기울기, 출발 시에는 하기울기가 좋다.

③ 정거장 거리는 일반적으로 4~8[km], 대도시 전철역은 1~2[km]로 한다.

④ 장래확장 및 개량이 용이해야 하며 그 기능을 충분히 발휘하고 소요면적을 확보할 수 있어야 한다.

3. 선로구간과 정거장과의 관계

(1) 정거장의 유효장

① 정거장 구배의 인접선로에 영향을 주지 않고 열차가 정거할 수 있는 정거장 길이를 정거장의 유효장이라 한다. 일반적으로 인접선로와의 차량접촉 한계 표시 간의 거리이다.

② 본(Main) 선로의 소요 유효장은 그 선로구간을 운행하는 최장 열차에 의해서 결정된다.

③ 일반적으로 화물열차가 여객열차보다 길기 때문에 여객역 이외의 정거장에서는 화물열차의 길이에 의하여 유효장이 결정된다.

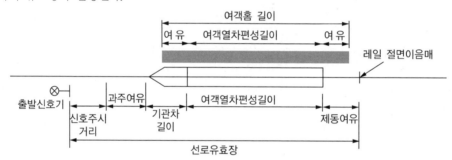

※ • 전차, 동차의 경우는 기관차 길이(약 20[m]) 불필요
  • 객차 1량의 길이는 일반적으로 25[m]
  • 과주/제동의 여유 각 10[m] 이상
  • 출발신호의 주시거리 10[m] 이상
  • 열차 정지위치의 여유 5[m] 이상

(2) 선로용량

① 선로용량은 정거장 사이의 관계에서 결정된다. 단선구간의 선로용량을 증가시키기 위하여 신호장을 할 수 있다. 터널구간에 교행설비를 건설할 수도 있다.

② 선로구간에 용량 부족이 생기면 다이어그램(열차운행계획표)의 조정을 위하여 열차가 전후의 역에서 장시간 체류하게 되므로 발착선 수량을 증가시키게 되고, 구내 배선이 복잡하게 된다.

1. 정거장의 배선(配線, Track Layout, Arrangement of Line)

(1) 개 요

① 배선은 선로의 사용 목적에 따라 길이, 간격, 분기기 위치, 분기기(선로바꿈틀) 종류, 분기기 부대곡선, 차막이 등을 정거장 평면도(1/1,000)에 배치를 계획하고, 이들을 설치할 선로기반시설인 지축을 설계하는 작업이다.

② 선로는 지형 등을 고려하여 배치하며 각종 선 등을 효율적으로 연결함과 동시에 정거장 설비와 조화를 도모해야 하는데, 크게 본선과 측선으로 구분된다.

중요 CHECK

분기부대곡선
본선에서 분기하는 부대곡선은 다음 크기 이상으로 한다.
① 주본선 및 부본선 : $R=1,000[m]$(부득이한 경우 $R=500[m]$)
② 회송선 및 착발선 : $R=500[m]$(부득이한 경우 $R=200[m]$)

(2) 배선의 종류

① 본선(Main Track)

본선로는 열차의 발착 또는 통과시키는 데 상용되는 선로이다.

㉠ 상본선은 열차의 상행운전에 상용되는 선로이다.

㉡ 하본선은 열차의 하행운전에 상용되는 선로이다.

㉢ 여객, 화물본선은 여객의 취급 및 화물취급을 위한 선로이다.

㉣ 도착선은 열차 도착 시에 이용되는 선로이며 소요선수는 도착 열차의 시간간격의 도착선 내에서 작업시간에 따라 결정되고 주요작업은 도착 검사로 소요시간은 10~15분 정도이다.

㉤ 출발선은 조차장에서 제반작업을 완료하고 출발준비의 열차를 출발 시까지 수용 대기하는 장소로서 차량 각부의 점검과 제동기 검사 등 출발 검사와 각차의 급수를 한다.

㉥ 대피선은 후속열차가 선행열차 추월시, 열차의 밀도가 높아 선행열차 출발 전 후속열차 진입시, 화물열차 장기정차 필요시 부설하며, 설치개소는 상하선 간, 상하선별로 설치하며 전자의 경우는 Y선을 설치하고 후자는 주본선 외측에 설치한다.

② 측선(Siding, Sidetrack)

㉠ 유치선(임시대기선)은 상시 사용하는 차량을 유치하는 선로로서 도착선의 작업을 종료하고 다음 작업으로 넘어가는 동안 또는 모든 작업이 완료되어 출발선에 차입될 열차가 임시대기 하는 데 이용되는 설비로서 도착선과 출발선에 인접한 개소에 설치하며 유효장은 최장 열차장 이상으로 하고 소요선수는 도착선, 세척선, 부분검사선, 출발선을 차인한 선수이다.

ⓛ 입환선은 열차를 조성하거나 해방하기 위해, 차량의 입환작업을 하는 선로로서 수 개의 선로가 병행하여 부설되며 일단 또는 양단을 분기기에 결속하여 인상선에 접속시키는 조차장의 기능을 좌우한다.

ⓒ 인상선은 화차 구별 시 이용되며 분해 조성 양자겸용의 3종류가 있으며 인출선이라고도 하며 유효장은 어떠한 경우라도 본선의 유효장과 같아야 한다.

ⓔ 화물적하선은 화차를 열차에서 해방하여 화물홈에 차입시켜 화물의 적재 하차 작업을 한다.

ⓜ 세차선은 차량의 차체를 세척하기 위한 선로로서 1일 1개선당의 작업능률로 소요선수를 결정하고 검사선은 차량을 주기적으로 검사하기 위해 이용되고 소수선과 충전지의 충전도 한다.

ⓗ 차량의 수선을 수시로 하는 수선선이 있으며 기회선은 기관차를 바꾸어 달거나, 기관차 회송 시 정거장 구내에서 기관차 전용의 통로로 이용되는 기회선(기관차회차선)과 기관차를 바꾸어 달 때 열차가 착발하는 본선 근처에 일시 대기하는 기대선이 있다.

ⓢ 안전측선은 정거장 구내에서 2개 이상 열차가 동시 진입 시 열차가 정지 위치에서 과주하여 접촉 또는 충돌을 방지하기 위한 선로로서 분기기는 항상 안전측선의 방향으로 개통되어 있는 것을 정위로 한다.

ⓞ 피난측선은 열차가 정거장에 접근하여 급기울기가 있는 경우 차량고장 운전부주의 등으로 차량 일주 또는 연결기 절단에 의한 역행으로 정지 중에 있는 다른 열차와의 충돌사고를 방지하기 위한 선로로서 사고차량을 탈선시키지 않는 방법이며 분기기는 피난측선의 방향이 정위이다.

(3) 배선 원칙

① 정거장은 전망을 좋게 하고, 본선과 본선의 평면교차는 피한다. 특히 진입노선과의 교차는 적극 피한다.

② 안전측선은 피하는 것이 바람직하다. 열차가 안전측선으로 돌진하여 탈선 전복되는 중대사고가 있었으므로 최근에는 안전측선에 대신하는 방안을 모색하고 있다.

③ 본선상에 설치하는 분기기는 최소한으로 하고, 열차진행에 배향분기로 속도제한이 있어서는 안 된다.

④ 속도제한이 필요한 대향분기기(전면진입분기기)는 피하는 것이 바람직하다. 분기기의 설치는 급행열차가 직선 측을 통과하고 분기 측을 통과하지 않도록 배선하여야 한다.

⑤ 곡선 분기기 등의 특수 분기기는 적극 피한다. 특히, 특수 분기기의 분기 측을 급행열차가 통과하도록 배선해서는 안 된다.

⑥ 구내에 설치하는 분기기는 되도록 집중적으로 배치하고, 비유효장 부분을 적게 하여 정거장 전체 면적을 작게 한다.

⑦ 분기역의 배선은 승강장 부분을 방향별로 하는 것이 바람직하고, 다른 방면으로 갈아타기 위하여 인접한 승강장으로 건너가는 것을 피해야 한다.

⑧ 측선은 본선 한쪽에 배선하여 본선횡단을 적게 한다.

⑨ 사고에 대응할 때를 고려하여 각 선로 상호 간에 융통성이 있게 하여야 한다.

⑩ 반대방향의 열차가 서로 안전하게 착발하고 각개 작업은 타 작업을 방해하지 않고 2종 이상의 작업이 동시에 수행되어야 한다.

⑪ 정거장에서 착발하는 열차루트에 경합이 있는 경우에는 도착 시보다 경합도가 적은 출발 시의 쪽에 경합이 되도록 한다.

⑫ 본선과 인상선, 분류선과 대기선을 분리하는 등 선로의 사용방법을 단순화한다.

⑬ 구내 배선은 직선을 원칙으로 한다. 통과열차가 통과하는 본선은 직선 또는 반경이 커야 한다.

⑭ 선로간격은 합리적으로 확보하고 장래의 확장을 염두해야 한다.

(4) 배선 설계도의 작성

① 선로의 기울기

　㉠ 기울기는 가능한 수평이 좋으나 차체자중 및 승객의 움직임, 경제성 등을 고려하여 2/1,000 이하로 한다.

　㉡ 차량을 해결하지 않는 경우 전차전용 10/1,000, 일반 8/1,000로 한다.

　㉢ 차량을 유치하지 않는 측선은 35/1,000까지 할 수 있다.

② 선로의 곡선

　㉠ 정거장 내 곡선은 승강장 연단과 차량 사이 틈새 확대로 위험요소이므로, 가능한 직선으로 하는 것이 바람직하나, 지형상 등으로 곡선을 한다.

　㉡ 국철에서는 선로등급에 따라 정거장 내외에 최소곡선 반경을 정한다.

③ 궤도중심간격

　㉠ 정거장 외보다 넓은 중심간격이 요구되며 병설하는 궤도중심간격은 4.3[m] 이상으로 한다.

　㉡ 정거장 외에는 4.0[m], 3선 이상인 경우 4.5[m] 이상으로 반향곡선이 발생하는데, 이때는 이심원으로 접속한다.

④ 선로의 유효장

　㉠ 선로의 유효장은 인접선로와 차량접촉한계 간의 거리이며, 여객 화물공용의 본선로 유효장은 화물열차장으로 한다.

　㉡ 측선의 유효장 길이는 사용하는 목적과 포용하는 차량수에 의한다.

2. 배선 방식

(1) 종단역 배선

① 관통식(상대식)

　㉠ 착·발본선이 정거장을 관통하는 것으로 건조물은 선로측면에 설치한다.

　㉡ 여객, 화물열차의 시·종착하는 종단역에는 객차유치선의 선군 및 화차 분별선의 선군을 설치한다.

ⓒ 기관차를 바꾸어다는 경우 기대선이 필요하며 이것은 열차가 착발하는 본선 전단부 근처여야 한다.

ⓒ 일부 객차의 증결 해방을 위한 유치선이 필요하다.

ⓒ 기회선(기관차회차선)과 기관차고선 연결시 구내 타입환 작업에 지장 없이 배선을 해야 한다.

② 두단식 배선

ⓒ 착·발본선이 막힌 종단역으로 주요 건조물은 선로종단에 설치한다.

ⓒ 관통식에 비해 과선교(구름다리) 지하도가 불필요하고 여객흐름이 원활하다.

ⓒ 시내 중심부에 반복운전의 경우 유리하다.

ⓒ 전차종단역의 경우 선로를 도심연결에 편리한 지점까지 부설하고 기지는 교외에 설치한다.

(2) 분기역 배선

① 분기역은 본선과 지선의 열차 통과 운전을 하며 선로별 방향별 배열방식이 있다.

② 선로별 배선은 복복선 4선 중에 어느 한쪽을 복선의 경우와 같이한다.

③ 방향별 배선은 복복선 4선 중에 어느 한쪽 2선은 상행 타2선은 하행이다.

④ 일반여객 승환에는 방향별이 유리하며 복선배선에서 상호 간은 평면교체가 유리하다.

(3) 중간역 배선

① 여객 승강장

ⓒ 섬식은 용지비와 건설비가 절약되나, 여객이 횡단을 해야 하며 장래 확장이 곤란하고 상하열차 동시 발착 시 혼잡의 우려가 있다.

ⓒ 상대식은 상하 열차의 여객수가 차이가 있거나 본선 측에 많은 승객을 승강하는 데 편리하다.

② 화물적하장

ⓒ 여객승강장과는 별도로 설치하며 역본체를 향해 좌측에 설치한다.

ⓒ 화물홈을 연해 화물적하선 반대 측에 화차유치선을 설치한다.

③ 대피선

ⓒ 후속열차가 선행열차 추월, 선행열차 출발 전 후속열차 진입, 화물열차 장시간 정차 필요시 설치한다.

ⓒ 대피선 상하선별 설치 시 주본선 외측에 설치하며 상하선 상간에 설치시에는 Y선을 설치한다.

역종별		형 식		특 성	배선약도
종단역		관통식		• 도중 반복열차를 취급하는 역이다. • 소규모인 때는 반복선이다. • 유치선만으로 대규모인 때는 차량기지로 한다.	
		두단식		• 각 홈에서 여객의 동선이 좋아 대도시의 도심부역에 좋다. • 결점은 반복운전을 요하므로 열차 취급수가 관통식보다 적다.	
중간역	대피선無	상대식		• 선로에 곡선이 없다. • 홈 연장이 비교적 용이하지만, 상하 별도의 홈은 승객이 불편하다.	
		섬식		• 홈의 전후에 곡선이 있다. • 장래 홈의 연장을 미리 고려해야 한다. • 승객이 편리하다.	
	대피선有	被대피열차가 정차하는 경우	3선식	• 중간대피형 : 대향열차와 경합無 • 편측대피형 : 상행열차 하본선 횡단으로 상행열차 대피곤란하다.	
			4선식	일반적인 배선으로 널리 사용되고 있다.	
		被대피열차가 정차하지 않는 경우	3선식	被대피열차가 적은 경우에 사용한다.	
			4선식	• 被대피열차가 많다. • 통과열차의 영향이 홈에 미치지 않는다.	
연락역		분리식		• 극히 일반적이다. • 여객의 동선이 불편하다.	
		접속식		• 여객의 동선이 편리하다. • 입체교차가 필요하다.	
분기역		선별식		• 홈의 취급이 노선별로 되어 있어 승환에는 불편하다. • 노선방향 인식이 용이하다.	
		방향별식		• 홈 취급이 상하 동일 방향이므로 환승이 편리하다. • 선로의 융통성이 크다.	

역종별	형 식			특 성	배선약도
교차역	평면교차			• 동종의 선로여야 한다. • 홈의 공용이 가능하다. • 열차 운행에 상호 간섭한다. • 사용선에 융통성이 있다.	
	입체교차	평면홈	선 별	• 환승객이 불편하다. • 승강시 혼돈이 적다.	
			방향별	승환에 편리하다.	
		홈의 높낮이가 다른 경우		• 여객의 동선이 길고 연결 통로가 복잡하다. • 경영주체가 다른 경우에 많다.	
접속역	선 별			• 환승객은 불편하다. • 승강 시 혼돈이 적다. • 경영 주체가 달라도 좋다.	
	방향별			• 환승이 편리하다. • 입체교차를 요하므로 건설비가 크다.	

제3절 정거장 설비

정거장 설비는 수송에 직접 관계가 있는 영업, 운수, 보수, 각 계통의 현장기관과 여객 및 화물의 취급을
위한 제설비를 말하며 크게 나누면 여객설비, 화물설비, 운전설비, 궤도설비 등으로 구분한다.

1. 여객설비

여객설비는 여객수요에 필요한 제반설비로서 여객의 승강, 수화물의 취급, 우편물 취급을 주로 한다.

(1) 역 본체

① 개 요
    ㉠ 역 본체는 직접여객의 이용에 제공되는 건물 및 여객관계의 사무실을 설치한 건물이다.
    ㉡ 역 본체의 설비, 종류 규모 등은 사무수행에 편리해야 한다.
② 역 본체 계획 시 고려사항
    ㉠ 여객의 보행거리를 최소로 하고 여객의 진로가 상호 지장을 주거나 교차되지 않아야 한다.
    ㉡ 원거리 여객과 근거리 여객을 분리하고 계단은 가능한 피한다.

ⓒ 역 본체 객실의 위치를 여객이 한눈에 식별할 수 있어야 한다.

ⓔ 채광 환기 난방에 유의해야 한다.

(2) 역전광장

① 설계 시 고려사항

ⓐ 역전광장의 면적은 역의 승강인원과 진입 차량수에 의해 결정되며 일반역과 전철역을 구분한다.

ⓑ 보도는 차도보다 넓게 하여 시설물의 여유 공간을 확보하고 차도는 일방통행을 원칙으로 한다.

ⓒ 보행자와 차량이 상호지장을 주지 않도록 하고 주차장을 반드시 설치한다.

ⓓ 역 본체와 일치된 기능을 할 수 있도록 배치하며 장래확장을 고려한다.

ⓔ 도시계획과 관련법을 검토하여 조화를 이루는 적합한 설계를 한다.

② 역전광장의 기능

ⓐ 교통터미널의 기능

- 철도와 타 교통기관의 접속장소로서 2차교통기관의 승강과 상호 환승에 편리해야 한다.
- 버스 승용차 자전차 등의 주정차 장소이며 수화물의 반출기능이 있다.
- 역 주변시설의 자동차의 출입을 충족하는 기능이 있다.

ⓑ 도시활동의 기능

- 역전광장 주변의 상점 사무소 등에 시민을 집중시킬 수 있는 기능이 있다.
- 지역의 관문으로서 시민의 집회 문화활동의 중심장소여야 한다.

ⓒ 환경정비의 기능

- 시가지 교통과 철도교통과의 완충지대로서 역할이 있다.
- 녹지 나무 분수 등 조경시설과 조형시설로서 환경을 정비한다.

ⓓ 방재기능

- 지진 및 대화재 시 긴급피난장소로서 역할을 해야 한다.
- 긴급상황 발생 시 수송물자 적치와 응급차의 주정차 기능이 있다.

③ 역전광장의 정비효과

ⓐ 역세권 확대와 인구밀도를 상승하고 지자체의 수익을 증대한다.

ⓑ 시민 이동에 의한 교통수익과 상업시설 이용자 증대에 따라 수익이 증대된다.

ⓒ 교통의 편리성, 안전성, 쾌적성과 도시경관이 향상된다.

(3) 승강장

① 개 요

ⓐ 여객이 열차에 승차하기 위해 열차를 대기 승환하는 장소로 평행하게 설치한 승강대 시설이다.

ⓑ 수송화물 적하에도 이용되며 대규모 역에는 승강장, 대합실(맞이방), 매점 등 서비스와 열차 운전 업무도 수행한다.

② 승강장의 분류

    ㉠ 상대식 홈은 선로를 사이에 두고 상대로 설치한 것이다.

    ㉡ 섬식 홈은 홈의 양쪽에 열차가 착발할 수 있는 선로가 있다.

    ㉢ 빗형 홈은 기관차 입환 등에 많은 시간이 소요된다.

    ㉣ 쐐기형 홈은 분기역에서 주로 나타나는 현상으로 방향별 선로별 방식이 있다.

    ㉤ 용도에 의한 분류에는 여객홈(저상홈), 전철홈(고상홈, 높은 승강장), 수소화물홈, 우편물 홈 등
이 있다.

③ 승강장 설계 시 고려사항

    ㉠ 길이는 최장열차보다 10~20[m] 정도 길게 한다.

    ㉡ 폭원은 여객열차의 승강인원에 의해 결정한다.

    ㉢ 높이는 용도에 의해 결정하며 전철용과 일반용으로 구분한다.

    ㉣ 승강장 기둥은 연단에서 1[m] 이상, 그 외 시설물은 1.5[m] 이상으로 한다.

(4) 여객통로

① 여객을 역본체와 승강장 상호 간을 연결하는 것이다.

② 평면횡단은 열차횟수가 적고 여객수가 적은 경우 설치한다.

③ 과선교(구름다리)는 여객수가 많아 평면 횡단 시 위험요소가 많은 경우 설치하며 지하도는 잦은 열차
운행으로 넓은 시야 필요시 이용한다.

2. 화물설비

(1) 개 요

화물설비는 화물의 적하와 보관을 위한 설비이다.

(2) 화물설비의 분류

① 화물취급소는 수송화물의 수수, 운임계산 등을 하는 곳으로 화주의 출입이 용이하고 화물보관소와
인접해야 한다.

② 화물적하장은 철도화물과 화물자동차 중간에서 화물적하와 일시 유치하는 곳으로 역본체 좌측에 여
객승강장 별도로 설치하며 종류에 따라 차급홈, 소급홈 높이에 따라 고상용, 저상용 등이 있다.

③ 화물지붕덮개는 화물을 빗물이나 햇빛으로부터 보호한다.

④ 화물통로는 배수를 위해 기울기를 횡단으로 두며 이외에 기타 화물보관고와 하역기계 등이 있다.

3. 운전설비

(1) 개 요

열차의 안전운전을 확보하기 위한 설비이다.

(2) 운전설비 종류

① 기관차 사무소는 차량의 검사, 수선, 급유, 급수 등의 제정비 작업과 열차의 운전 차량의 입환 등을 한다.

② 동력차고에는 기관차고, 전차고, 동차고 등이 있다.

③ 기타 급유 급수설비와 전차대, 루프선 등 전향설비가 있다.

(3) 기관차 사무소의 적정위치

① 열차횟수가 변화하며 선로가 분기하는 지점이어야 한다.

② 타 사무소가 인접하여 업무연락이 원활하여야 한다.

③ 급유급수가 편리하고 기관차고 출입이 편리해야 한다.

4. 궤도설비

(1) 개 요

제반선로 건물 및 이에 부대되는 설비와 현장기관에 관계되는 설비이다.

(2) 궤도설비 분류

① 본선로는 상·하본선, 여객·화물본선, 도착선, 출발선, 통과선, 대피선 등이 있다.

② 측선로는 정거장 구내 본선 이외의 선로이며 보선 전기 건축 등 현장기관에 관계된 설비도 있다.

제4절 기 타

1. 객차 조차장(Coach Yard)

(1) 개 요

객차 조차장은 차량의 세척 및 청소 수선과 보급 등 열차의 안전운행 및 경제적 운영을 위한 차량의 편성을 증감하는 등 열차운행의 근본적 기지이다.

(2) 객차조차장의 기능

① 종착역의 착선 열차를 조속히 타선으로 입환하여 후속열차의 지장을 주지 않는 등 착발선의 능력을 향상한다.

② 장거리 운행 후 다음 운행에 필요한 소수리와 급유 및 검사 등 정비를 한다.

③ 계절 또는 일일시간적인 수송량의 대소에 따라서 편성차량의 증감으로 경제적 운영을 도모한다.

④ 운행 후 외부세척 및 내부청소 등 청결유지와 식당차 침대차 등 특수차량에 대한 보급품 적재와 장구의 교환 세척 및 차량 방향 전환 등의 특수 작업을 한다.

(3) 객차조차장의 위치

① 객차조차장, 여객역, 기관차 사무소 등 상호 간 편의가 좋아야 한다.

② 공장, 또는 기타시설과의 출입이 용이하고 구내가 평탄하며 투시가 양호해야 한다.

③ 지형이 적당하고 건설비가 경제적이며 객차 조차장과 여객역과의 거리는 공차(빈차)회송의 경우 원거리 열차는 10[km] 근거리 열차는 5[km] 이내여야 한다.

(4) 객차 조차장의 선군

① 도착선

㉠ 도착선에서는 도착검사를 주로 하며 소요시간은 10~15분 정도이다.

㉡ 소요선수는 도착열차의 시간간격의 도착선 내에서의 작업시간에 따라 결정한다.

② 조체선

㉠ 객차 연결순서의 변경 객차의 증결과 해방을 하는 선로이다.

㉡ 선군 중 1개 선만이 1개 열차장을 필요로 하며 그 이외의 선은 해방과 증결을 위한 객차를 수용하는 짧은 선을 2~3개 필요로 한다. 경우에 따라서는 유치선(임시대기선) 일부를 이용하여 조체작업을 한다.

③ 세차선

㉠ 차량을 철저히 청소하기 위한 선로이며 작업시간은 1~2.5시간이다.

㉡ 1일 1개선당 작업능률로 소요선수를 정하며 유효장은 최장의 기본편성을 표준으로 한다.

④ 소독선

소독선은 객차 내부와 침대차 내부를 소독하기 위한 선로이며 유효장은 객차 2~3량 정도이다.

⑤ 검사선

㉠ 객차 각 부분의 상태와 기능에 대하여 대규모 검사를 하며 검사결과 수선선에 보낼 정도가 아닌 소수리와 축전지의 축전도 한다.

㉡ 유효장은 최장열차장으로 하고 전장에 검사피트(작업구덩이, 홈파인 작업대)를 설치하여 하부검사를 철저히 기한다.

⑥ 수선선

수선선은 선상에 지분덮개를 하고 수선용 기계기구를 설비하여 수선을 하며 소요 수선시간은 2~3시간 정도이다.

⑦ 유치선

㉠ 상시 사용하는 객차를 유치하여 두는 선로이며 도착선의 작업을 종료하고 다음 작업으로 넘어가는 동안 또는 모든 작업이 완료되어 출발선에 차입될 열차가 일시 대기하는 장소이다.

㉡ 도착선과 인접한 개소에 설치하며 유효장은 최장 열차장 이상이다.

㉢ 유치선수는 소요선수에서 도착선, 세차선, 부분검사선 출발선을 차인한다.

⑧ 출발선

㉠ 조차장에서 제반작업 완료 후 출발준비열차를 출발시까지 수용하여 대기하는 선로이다.

㉡ 차량 각부점검과 제동기 검사 등 출발검사를 하고 각차의 급수를 한다.

㉢ 유치선과 출발선을 겸용하여 출발 수용선으로 겸용하는 경우가 있다.

2. 화차 조차장(Shutting Yard)

(1) 개 요

① 화차 조차장은 각 방면으로 유통되는 화물을 신속하고 능률적으로 수송하기 위해 행선지가 다른 다수의 화차를 재편성하는 장소이다.

② 각 역에 발생하는 화차는 일단 가까운 조차장에서 방향별, 역별로 재편성하여 직통운송 및 각 역에서 작업효율을 높인다.

(2) 화차 조차장의 위치

① 산업과 소비가 집결되는 대도시 주변 및 장거리 간선의 중간점이다.

② 주요선로의 시 종점 또는 분기점이 유리하다.

③ 화차의 집산이 많은 곳 및 석탄, 시멘트 등의 중심지여야 한다.

(3) 화차 조차 방식

① 화차의 분별

㉠ 화차의 선행지가 여러 방향으로 나누어져 있는 경우 각 방향별의 무리로 정리한다.

㉡ 역별 분별은 다음 조차장까지 중간 각 역의 순위로 화차를 정리하는 소분별이다.

㉢ 일반적으로 우선 방향별 분별만을 하고 다시 각 방향에 대해 역별 분별을 한다.

㉣ 경우에 따라서는 방향별 분별 후 열차를 출발하고 다음 조차장에서 역별 분별을 한다.

② 화차의 분해작업 방법
  ㉠ 돌방입환(평면 조차장)
    • 입환 기관차에 화차를 연결하고 인상선에 인출 후 후 추진력에 의해 돌방시켜 소정 위치에 주행
      시킨다.
    • 동일 장소에서 분해와 조성 양 작업을 할 수 있으며 분별선에 보조구배를 두어 능률을 향상
      할 수 있다.
  ㉡ 포링입환
    • 객화차의 연결을 사전에 풀고 인상선에 병행하여 조차전용 포링선을 부설한다.
    • 포링차가 입환기관차에 의해 왕복하면서 횡방향 Pole로서 목적 선로에 주행시킨다.
  ㉢ 중력입환
    • 화차를 높은 곳에서 낮은 곳으로 유전시켜 그 중력을 이용하여 분해작업을 한다.
    • 8/1,000 ~ 10/1,000의 경사장소 선택이 곤란하며, 토공 조성 시 많은 공사비가 소요된다.
  ㉣ 험프 입환
    • 구내에 험프라는 소 구배단면($H = 2 \sim 4[m]$)을 구축하고 입환기관차로 압상한다.
    • 화차연결기를 풀어 화차 자체 중력으로 자주시켜 하방의 분별선에 전주시킨다.
    • 취급화차수가 많은 경우 단시간 내에 다수화차 분해가능하므로 대조차장에서 이용된다.

(4) 화차조차장의 선군

① 도착선
  ㉠ 도착검사를 주로 하고 선수는 취급열차의 회수와 도착선에 있어서 작업시간에 의해 결정된다.
  ㉡ 유효장은 화물열차의 최대 길이에 과주여유거리(과주안전거리)를 확보한다.
② 출발선
  ㉠ 분별작업이 완료된 열차가 출발할 때까지 대기하는 선로이다.
  ㉡ 차량의 제동기 시험, 제동관 연결, 견인 기관차 연결 등 제작업을 한다.
  ㉢ 소요선수와 유효장은 도착선과 같으며 평면 조차장에서는 도착선과 출발선을 겸용하는 경우가
      있다.
③ 분별선
  ㉠ 병렬한 수개의 선로로서 일단 또는 양단을 분기기에 결속하여 인상선에 접속한다.
  ㉡ 조차장의 기능을 좌우하는 중요 선로이다.
  ㉢ 소요 총 유효장은 체류부와 분별부의 소요 유효장 합계에 여유길이를 삽입한다.
④ 인상선
  ㉠ 화차를 분별할 때 이용되며 분해 조성 양자겸용의 3종류가 있다.
  ㉡ 유효장은 어느 경우라도 본선의 유효장과 같아야 한다(1개 열차를 분할하지 않고 작업가능).
⑤ 수수선
  수수선은 분별선이 상하 또는 선로별로 구분되는 경우 다른 선로 사이로 화차를 수수하는 수용선이다.

3. 차량기지(Depot)

(1) 개 요

① 차량기지는 열차 운행 후 차량의 유지, 정비, 수선 등을 실시하여 열차운행의 안전성 확보와 원활한 운전을 위한 철도설비이다.

② 승무원의 교육, 숙식 등을 위한 승무원의 거점이며 현업기관 운영에 관한 업무를 수행하는바, 기지 내에는 이러한 기능을 수행하기 위한 시설물 및 각종 설비가 배치되고 있음에 따라 원활하고 효율적인 업무를 수행할 수 있도록 계획해야 한다.

(2) 위치 선정

① 대단위 평탄한 지역이며 시·종점역과 인접해야 한다.

② 시설배치에 필요한 소요면적 확보와 장래 확장이 용이해야 한다.

③ 상위 계획과 위반되지 않고 교통장애 요인 및 민원발생이 적어야 한다.

④ 주변여건상 상호 환경피해가 적고 차량, 기계 반출입을 위한 타 교통 이용가능 지역이어야 한다.

⑤ 상·하수도 및 전력 등 공급이 용이하며 재해 예방과 통신 등의 편리성이 있어야 한다.

⑥ 입·출고 시 입환선 처리가 용이하며, 본선 열차에 지장을 주지 않아야 한다.

⑦ 투자비가 저렴하고 경제성이 있어야 한다.

(3) 배선의 기본 원칙

① 종합적인 운영관리가 용이하도록 입고 → 정비·검수 → 유치 → 출고가 능률적으로 수행되도록 한다.

② 작업 상호 간에는 경합이 생기지 않도록 한다.

③ 유치선은 전동 방지를 위해 수평으로 하고 유효장은 가능한 1선에 1편성을 유치하도록 하며 원칙적으로 양개 분기기로 한다.

④ 전삭고는 편성단위의 작업원칙으로 가능한 검사고에 인접해야 하며 유효장은 최대 편성량의 2배 연장으로 계획한다.

⑤ 상시 입·출고는 직선으로 배치하고, 시운전은 입출고에 지장이 없도록 한다.

⑥ 각 선의 궤도 중심 간격은 시설물 및 작업공간을 고려해야 한다.

⑦ 열차의 방향 전환이 적고 신호체계가 간단해야 한다.

⑧ 대향 분기기와 본선상 분기기는 가능한 피하고, 선로 연장은 가급적 짧고 적은 용지와 투시가 양호해야 한다.

(4) 시설물 배치원칙

① 장래 수송수요에 대처할 수 있고 기지 내 종사원의 효율적인 운영관리가 가능해야 한다.

② 검수, 정비 작업은 집중하는 것이 좋으며, 입출고 차량의 검사, 수리 등으로 상호 기지 내에서 방해되지 않아야 한다.

③ 용지 형태를 고려한 적정규모가 되어야 하며 가능한 기지 내 정거장 계획과 병행한다.

④ 경제성과 경영관리 측면에서 종합적 검토가 있어야 한다.

(5) 주요 시설물 계획

① 주공장은 입출고가 용이해야 하며, 검사고는 입고 용이 및 검사 후 유치선으로 전환이 용이해야 한다.

② 종합관리 등은 기지 전체를 총괄할 수 있는 위치이며, 종합창고는 주공장 및 기지 내 도로에 인접한다.

③ 전력 부하가 많은 전차선 인입부에 변전소를 세우고, 전기, 공기 압축기실은 건물 및 변전소에 인접한다.

④ 모터카실은 모터카 입, 출고가 원활하고, 자재창고는 주공장에 인접한다.

⑤ 폐수 처리장은 세척고와 옥외 세척고 중간으로 하천에 인접하며, 유류고는 검사고, 주공장에 인접한다.

⑥ 기타 정문, 초소, 소각장, 분철창고 등이 있다.

적중예상문제

01 섬식 정거장에 대한 설명으로 틀린 것은?

㉮ 일반적으로 중간역에 설치하여 건설비와 용지비가 절약된다.

㉯ 장래 확장이 곤란하고 상하열차 동시 착발시 혼잡 우려가 있다.

㉰ 승객의 혼잡도를 1개소로 이용 가능하며, 승강장 이용도가 높다.

㉱ 구축 내 공간 이용도가 낮으며 반대방향의 열차 탑승이 어렵다.

> **해설** ㉱ 구축 내 공간 이용도가 높으며 반대방향의 열차 탑승이 용이하다.

02 상대식 정거장에 대한 설명으로 틀린 것은?

㉮ 일반적으로 중간역에 설치하며 장래연선이 용이하다.

㉯ 승강장 전후에 직선이 없고 대부분 곡선형이다.

㉰ 승객의 혼잡도를 1개소로 집약이 곤란하며 승강장 이용도가 낮다.

㉱ 구축 내 공간 이용도가 낮고 반대방향 열차 탑승 시 지하도 또는 과선교(구름다리)가 필요하다.

> **해설** ㉯ 승강장 전후에 곡선이 없고 대부분 직선형이다.

03 후속열차가 선행열차를 추월할 때 필요한 것은?

㉮ 대피선

㉯ 안전측선

㉰ 피난측선

㉱ 인상선

> **해설** 대피선은 열차가 착발할 때 이용되는 본선으로 정거장에 선로에는 본선과 측선으로 구분되며 본선은 열차가 착발할 때 이용되는 선로로서 대피선은 본선의 일종이며 다음과 같은 사항 발생 시 설치한다.
> • 후속열차가 선행열차를 추월할 때
> • 열차 밀도가 높아서 선행열차 출발 전 후속열차 진입 시

04 심층 지하철의 일반적인 역간거리는?

㉮ 400~600[m]

㉯ 600~800[m]

㉰ 1~2[km]

㉱ 4~6[km]

해설 대도시 도심지역은 고층빌딩의 고밀도와 지하철망 확대로 통상의 지하철과 같이 직접 도로 밑을 진입할 수 있는 여유 공간이 없으므로 대도시 지하철망을 확충하는 경우 새로운 선로는 기존의 지하철 또는 고층빌딩 지하 등 지하 심층부에 노선을 선정해야 하는 경우가 있다. 이와 같은 경우를 심층 지하철이라 하고 일반적으로 지하 50[m] 이상 역간거리 4~6[km]가 된다.

05 정거장 외 구간에서 2개의 선로를 설치하는 경우 선로중심간격은 몇 [m] 이상이어야 하는가?

㉮ 4.0[m] 이상

㉯ 4.5[m] 이상

㉰ 5.0[m] 이상

㉱ 5.5[m] 이상

해설 정거장 외 구간에서 2개의 선로를 설치하는 경우 선로중심간격은 4.0[m] 이상, 3개 이상의 선로를 설치하는 경우 하나는 4.5[m] 이상이어야 한다.

06 정거장 안에 나란히 설치하는 선로중심간격은 몇 [m] 이상이어야 하는가?

㉮ 3.3[m] 이상

㉯ 4.3[m] 이상

㉰ 5.3[m] 이상

㉱ 6.3[m] 이상

해설 정거장 안에 나란히 설치하는 선로중심간격은 4.3[m] 이상이어야 한다.

07 승강장 설계 시 고려사항에 대한 설명으로 틀린 것은?

㉮ 길이는 최장열차보다 3~5[m] 정도 길게 한다.

㉯ 폭원은 여객열차의 승강인원에 의해 결정한다.

㉰ 높이는 용도에 의해 결정하며 전철용과 일반용으로 구분한다.

㉱ 승강장 기둥은 연단에서 1[m] 이상, 그 외 시설물은 1.5[m] 이상으로 한다.

해설 ㉮ 길이는 최장열차보다 10~20[m] 정도 길게 한다.

08 공채(빈차)회송의 경우 객차 조차장과 여객역과의 거리는 몇 [km] 이내여야 하는가?

㉮ 원거리 열차는 10[km], 근거리 열차는 5[km] 이내

㉯ 원거리 열차는 5[km], 근거리 열차는 10[km] 이내

㉰ 원거리 열차는 3[km], 근거리 열차는 6[km] 이내

㉱ 원거리 열차는 6[km], 근거리 열차는 3[km] 이내

해설 공차회송의 경우 객차 조차장과 여객역과의 거리는 원거리 열차는 10[km], 근거리 열차는 5[km] 이내여야 한다.

09 차량의 제동기 시험, 제동관 연결, 견인 기관차 연결 등의 작업이 이루어지는 곳은?

㉮ 도착선

㉯ 출발선

㉰ 분별선

㉱ 인상선

해설 **출발선**
- 분별작업이 완료된 열차가 출발 시까지 대기하는 선로이다.
- 차량의 제동기 시험, 제동관 연결, 견인 기관차 연결 등 제 작업을 한다.
- 소요선수와 유효장은 도착선과 같으며 평면 조차장에서는 도착선과 출발선을 겸용하는 경우가 있다.

10 정거장 배선 시 기본사항에 대한 설명으로 틀린 것은?

㉮ 구내투시가 양호하고 본선과 본선의 평면교차는 피한다.

㉯ 통과열차가 통과하는 본선은 직선 또는 반경이 커야 한다.

㉰ 분기기(선로바꿈틀)는 수를 줄이고 가능한 분산 배치한다.

㉱ 객차 화차의 입환 기관차의 주행에 대하여는 본선을 횡단하지 않는다.

해설 ㉰ 분기기는 가능한 수를 줄이고 배향분기기로 하며 가능한 집중 배치한다.

11 정거장 위치에 대한 고려사항으로 틀린 것은?

㉮ 가능한 수평이고 직선이며 정거장에 인접하여 급곡선 급기울기가 없어야 한다.

㉯ 도착 시에는 하기울기, 출발 시에는 상기울기가 좋다.

㉰ 정거장 거리는 일반적으로 4~8[km], 대도시 전철역은 1~2[km]로 한다.

㉱ 장래확장 및 개량이 용이해야 하며 그 기능을 충분히 발휘하고 소요면적이 확보될 수 있어야 한다.

해설 ㉯ 도착 시에는 상기울기, 출발 시에는 하기울기가 좋다.

12 정거장 배선에 대한 설명으로 틀린 것은?

㉮ 선로의 기울기의 경우 차량을 유치하지 않는 측선은 25/1,000까지 할 수 있다.

㉯ 선로의 유효장은 인접선로와의 차량접촉한계 간의 거리이다.

㉰ 여객 화물공용의 본선로 유효장은 화물열차장으로 한다.

㉱ 측선은 본선 한쪽에 배선하여 본선횡단을 적게 한다.

해설 ㉮ 선로의 기울기의 경우 차량을 유치하지 않는 측선은 35/1,000까지 할 수 있다.

13 관통식 배선에 대한 설명으로 틀린 것은?

㉮ 착발 본선이 정거장을 관통하는 것으로 건조물은 선로측면에 설치한다.

㉯ 여객, 화물열차의 시종착하는 종단역에는 객차유치선의 선군 및 화차 분별선의 선군을 설치한다.

㉰ 시내중심부에 반복운전의 경우 유리하다.

㉱ 일부 객차의 증결 해방하기 위한 유치선이 필요하다.

해설 **두단식 배선**
- 착발 본선이 막힌 종단역으로 주요 건조물은 선로종단에 설치한다.
- 관통식에 비해 과선교 지하도가 불필요하고 여객흐름이 원활하다.
- 시내 중심부에 반복운전의 경우 유리하다.
- 전차종단역의 경우 선로를 도심연결에 편리한 지점까지 부설하고 기지는 교외에 설치한다.

14 분기역 배선에 대한 설명으로 틀린 것은?

㉮ 분기역은 본선과 지선의 열차 통과 운전을 하며 선로별 방식과 방향별 방식이 있다.

㉯ 방향별 배선은 복복선 4선 중 어느 한쪽 2선은 상행 타2선은 하행이다.

㉰ 일반여객 승환에는 선로별이 유리하다.

㉱ 복선배선에서 상호 간은 평면교체가 유리하다.

해설 ㉰ 일반여객 승환에는 방향별이 유리하다.

15 정거장에 대한 설명으로 틀린 것은?

㉮ 섬식은 용여객이 횡단을 해야 하며 장래 확장이 곤란하다.

㉯ 섬식은 용지비와 건설비가 많이 든다.

㉰ 상대식은 상하 열차의 여객수가 차이가 있거나 본선 측에 많은 승객을 승강하는 데 편리하다.

㉱ 화물적하장은 여객승강장과는 별도로 설치하며 역본체를 향해 좌측에 설치한다.

해설 섬식은 용지비와 건설비가 절약되나, 여객이 횡단을 해야 하며 장래 확장이 곤란하고 상하열차 동시 발착시 혼잡우려가 있다.

---

16 정거장에 대한 설명으로 틀린 것은?

㉮ 역전광장 면적은 역의 승강인원과 출입하는 차량수에 의해 결정된다.

㉯ 보도는 일반도로보다 넓게 하며 시민집합의 공간을 확보해야 한다.

㉰ 차도는 양방통행을 원칙으로 한다.

㉱ 택시승강장은 하차장, 체류장, 승강장을 1개의 동선으로 한다.

해설 보행자와 차량이 상호지장을 주지 않아야 하며 주차장을 반드시 설치하고 차도는 일방통행을 원칙으로 한다.

---

17 상대식 승강장에 대한 설명으로 틀린 것은?

㉮ 상·하선 승객수가 비슷한 중간역 및 상호 혼잡을 피할 때 유리하다.

㉯ 승객의 혼잡도를 1개소로 집약이 곤란하다.

㉰ 구축 내 공간의 이용도가 높다.

㉱ 승강장의 이용도가 낮다.

해설 ㉰ 구축 내 공간의 이용도가 낮으며 반대방향의 열차 탑승이 불편하다.

18 섬식 승강장에 대한 설명으로 틀린 것은?

㉮ 시간대별로 상하 이용승객의 이용에 큰 차이가 있는 경우 유리하다.

㉯ 승객의 혼잡도를 1개소로 집약이 가능하며 승강장의 이용도가 높다.

㉰ 구축 내 공간의 이용도가 높으며 반대방향의 열차탑승이 유리하다.

㉱ 섬식 정거장은 대부분 직선으로 승강장 연신이 용이하다.

> **해설** 섬식 정거장은 승강장 전후에 배향곡선 등 곡선이 있으며 확장 시 선로를 움직여야 하므로 연신에 문제점이 있다.

19 기울기에 대한 설명으로 틀린 것은?

㉮ 제한기울기는 기관차의 견인정수를 제한하는 기울기로 전 구간에 일관된 취지로 선정한다.

㉯ 1개의 동일 열차가 2개 이상의 기울기에 걸치는 것은 좋지 않다.

㉰ 터널 내는 터널저항 습기 등에 의한 점착력 감소에 따라 제한기울기보다 1/1,000 정도 완화한다.

㉱ 교량상에는 기울기 변경점(처짐발생)을 가능한 두지 않으며 하향급 기울기에서 기울기 변경은 피한다.

> **해설** ㉯ 동일 기울기는 1개 열차장 이상으로 하고 1개의 동일 열차가 3개 이상의 기울기에 걸치는 것은 좋지 않다.

20 정거장으로 보기 어려운 것은?

㉮ 역(Station)

㉯ 신호장(Signal Station)

㉰ 조차장(Shunting Yard)

㉱ 신호소(Signal Box)

> **해설** 신호소(Signal Box)는 수동 또는 반자동의 신호기를 취급하는 장소로 열차의 정거장이 아니다.

18 ㉱ 19 ㉯ 20 ㉱ **정답**

PART 03

열차운전

운전취급규정

제1절 총 칙

1. 목적, 적용범위 등

(1) 목적(제1조)

이 규정은 철도차량운전규칙 제4조에 근거하여 한국철도공사(이하 "공사")에서 여객 및 화물을 안전하고 원활하게 수송하기 위하여 열차와 차량의 운전취급에 필요한 사항을 정함을 목적으로 한다.

(2) 적용범위(제2조)

① 공사 소속 선로 및 이와 부대하는 선로에서 열차 또는 차량의 운전에 관하여는 이 규정에 따른다. 다만, 다음의 어느 하나에 해당하는 경우에는 이 규정에 따르지 않을 수 있다.
   1. 따로 정한 운전관계 사규
   2. 사용개시를 하기 전의 신설선 또는 개량선
   3. 철도차량정비단, 전용철도 등에 전용하는 선로
② 공사와 다른 철도운영기관 사이에 상호 직통운전을 하는 경우에 열차 또는 승무원은 다음의 규정에 따라야 한다.
   1. 공사 승무원이 다른 철도운영기관 관내를 운전할 경우에는 그 철도운영기관의 운전관계 사규
   2. 다른 철도운영기관 소속 열차 또는 승무원이 공사 관내를 운전할 경우에는 공사의 운전취급규정

2. 정의(제3조)

(1) 열 차

정거장 외 본선을 운전할 목적으로 조성한 차량을 말한다.

(2) 차 량

가. "동력차"란 기관차, 전동차, 동차 등 동력발생장치에 의하여 선로를 이동하는 것을 목적으로 제조한 차량을 말하며, 동력집중식(이하 "기관차")과 동력분산식(이하 "고정편성열차")으로 구분한다.
나. "객차"란 여객을 태울 수 있는 차량(우편차 포함)을 말하며, 동차 등에 연결된 단순한 객차로서의 기능만을 가진 차량을 "부수차"라고도 한다.

다. "화차"란 화물을 실을 수 있는 차량을 말한다.

라. "특수차"란 특수사용을 목적으로 제작된 차량으로서 발전차·사고복구용차·모터카·작업차 및 시험차 등으로서 객차와 화차에 속하지 아니하는 차량을 말한다.

(3) 정거장

가. "역"이란 열차를 정차하고 여객 또는 화물의 취급을 위하여 설치한 장소를 말한다.

나. "조차장"이란 열차의 조성 또는 차량의 입환을 위하여 설치한 장소를 말한다.

다. "신호장"이란 열차의 교행 또는 대피를 위하여 설치한 장소를 말한다.

(4) 신호소

상치신호기 등 열차제어시스템을 조작·취급하기 위하여 설치한 장소를 말한다.

(5) 운전취급역

해당 정거장에 운전취급담당자가 배치되어, 상례적 또는 이례적으로 신호 및 폐색취급 등의 운전취급업무를 수행하는 정거장 또는 신호소를 말하며, 해당 정거장에 운전취급직원 1명만 근무하는 정거장을 1명 근무역이라 한다.

(6) 운전취급생략역

가. "역원배치간이역"이란 직원은 배치되어 있으나, 당해 정거장에서 신호 및 폐색취급 등의 운전취급업무를 수행하는 운전취급담당자가 배치되지 않은 정거장 또는 신호소를 말한다.

나. "역원무배치간이역"이란 직원이 배치되지 않은 정거장 또는 신호소를 말한다.

(7) 관제사

철도안전법에 따른 관제자격증명을 받은 자로서 국토교통부장관의 위임을 받은 사장의 책임으로 열차운행의 집중제어, 통제·감시 등의 업무를 수행하는 자를 말한다.

(8) 운전취급담당자

정거장, 신호소, 철도차량정비단(차량사업소를 포함)에서 운전취급 업무를 담당하는 자로, 다음에 해당하는 자를 말한다.

가. "운전취급책임자"란 해당 소속(피제어역 포함)에서 운전취급 업무를 책임지고 관리하는 자로서 "역장"으로 칭한다.

나. "운전취급자"란 해당 소속에서 폐색 및 신호취급업무를 담당하는 자를 말한다.

(9) 적임자

직무수행을 위하여 자격자 이외의 자에게 일시적으로 그 직무에 적당하다고 인정하는 경우에 사장, 관제사 또는 역장 등이 그 직무를 수행하도록 지명한 자를 말한다.

(10) 운전보안장치

열차 안전운행에 필요한 각종 장치로서 다음에 해당하는 장치를 말하며, 가목부터 다목까지를 통칭하여 "열차제어장치"라 한다.

가. "열차자동정지장치(ATS ; Automatic Train Stop)"란 열차가 지상에 설치된 신호기의 현시 속도를 초과하면 열차를 자동으로 정지시키는 장치를 말한다.

나. "열차자동제어장치(ATC ; Automatic Train Control)"란 선행열차의 위치와 선로조건에 의한 운행속도를 차상으로 전송하여 운전실 내 신호현시창에 표시하며 열차의 실제 운행속도가 이를 초과하면 자동으로 감속시키는 장치를 말한다.

다. "열차자동방호장치(ATP ; Automatic Train Protection)"란 열차운행에 필요한 각종 정보를 지상장치를 통해 차량으로 전송하면 차상의 신호현시창에 표시하여 열차의 속도를 감시하여 일정속도 이상을 초과하면 자동으로 감속 · 제어하는 장치를 말한다.

라. "폐색장치"란 폐색구간의 폐색신호방식을 구성하기 위한 신호제어기기를 말한다.

마. "신호연동장치"란 열차 또는 차량의 운행을 위하여 신호기, 선로전환기, 궤도회로 등의 제어 · 조작을 일정한 순서에 따라 기계적 · 전기적 또는 전자적으로 상호 쇄정하는 장치를 말한다.

바. "제동장치"란 공기, 전기 등을 이용하여 열차 또는 차량을 정지시키기 위한 장치를 말한다.

사. "건널목보안장치"란 열차가 건널목을 접근할 때 차량 및 보행자를 차단하거나, 경보하는 장치를 말한다.

아. "운전경계장치"란 기관사의 심신 장애, 졸음 등으로 역행제어핸들에서 손을 떼거나, 일정시간 내에 스위치를 동작하지 않을 경우에 경보 또는 열차에 자동으로 제동을 체결시키는 장치를 말한다.

자. "열차방호장치"란 열차 또는 차량운행 중 사고발생으로 전 차량 탈선, 인접선로 지장 등으로 병발사고 우려 시 인접선로를 운행하는 열차에 방호신호를 송출하여 자동으로 경보 또는 열차를 정지시키는 장치를 말한다.

차. "운전용통신장치"란 각종 무선전화기, 관제전화기, 폐색전화기 등 열차 또는 차량의 운행과 관련된 직원 간의 운전정보 교환을 위하여 사용하는 통신장치를 말한다.

카. "지장물검지장치(ID ; Intrusion Detector)"란 선로 내에 열차의 안전운행을 지장하는 낙석, 토사, 차량 등의 물체가 침범되는 것을 감지하기 위해 설치한 장치를 말한다.

타. "차축온도검지장치(HBD ; Hot Box Detector)"란 고속선을 운행하는 열차의 차축온도를 검지하는 장치를 말한다.

파. "끌림물검지장치(DD ; Dragging Detector)"란 고속선의 선로상 설비를 보호하기 위해 기지나 일반선에서 진입하는 열차 또는 차량 하부의 끌림물체를 검지하는 장치를 말한다.

하. "기상검지장치(MD ; Meteorological Detectors)"란 고속선에 풍향, 풍속, 강우량을 검지하는 장치를 말한다.

거. "신호보안장치"란 신호기장치, 선로전환기장치, 궤도회로장치, 폐색장치, 신호원격제어장치(RC), 고속철도신호설비, 고속철도안전설비 등을 말하며, 열차 또는 차량의 안전운행과 수송능력 향상을 목적으로 설치한 종합적인 설비의 통칭한다.

(11) 선로전환기

열차 또는 차량의 운행선로를 전환하는 장치를 말한다.

(12) 본 선

열차의 운전에 상용하는 선로로서 정거장 내 선로에 대해서 일반선은 주/부본선으로 고속선은 통과/정차본선으로 구분하며 다음과 같다.

가. "주본선"이란 동일방향에 대한 본선이 2 이상 있을 경우 가장 주요한 본선을 한다.

나. "부본선"이란 주본선 이외의 본선을 말한다.

다. "통과본선"이란 동일방향의 본선 중 열차통과에 상용하는 본선을 말한다.

라. "정차본선"이란 동일방향의 본선 중 열차정차에 상용하는 본선을 말한다.

(13) 측 선

본선이 아닌 선로를 말한다.

(14) 안전측선

정거장 또는 신호소에 열차가 진입할 때 정지위치를 지나더라도 대향열차 또는 입환차량과 충돌사고를 방지하기 위하여 설치한 선로를 말한다.

(15) 건넘선

선로의 도중에서 다른 선로의 도중으로 통하는 선로를 말한다.

(16) 인상선

입환작업 또는 구내운전 시 차량의 인상에 전용하는 선로를 말한다.

(17) 고속선

고속선 진입표지부터 진출표지까지의 운행선로를 말한다.

(18) 연결선

고속선과 일반선이 서로 연결되는 구간을 말한다.

(19) 전차선로

전기차에 전력을 공급할 수 있는 전차선, 급전선, 귀선 및 이에 부속하는 설비를 말한다.

(20) 지하구간

열차 또는 차량이 운행하는 선로가 지하에 설치된 구간을 말한다.

(21) 유효장

선로에 열차 또는 차량을 수용함에 있어서 그 선로의 수용가능 최대 길이를 말한다.

(22) 추진운전(밀기운전)

열차 또는 차량을 맨 앞쪽 이외의 운전실에서 운전하는 경우를 말한다.

(23) 주의운전

특수한 사유로 인하여 특별한 주의력을 가지고 운전하는 경우를 말한다.

(24) 퇴행운전(되돌이운전)

열차가 운행 도중 최초의 진행방향과 반대의 방향으로 운전하는 경우를 말한다.

(25) 감속운전

신호의 이상 또는 재해나 악천후 등 이례사항 발생 시 관제사의 지시로 규정된 제한속도보다 낮추어 운전하는 것을 말한다.

(26) 양방향운전

복선운전구간에서 하나의 선로를 상·하선 구분 없이 양방향 신호설비를 갖추고 차내신호 폐색식에 의하여 열차를 취급하는 운전방식을 말한다.

(27) A.T.C운전

차내신호 폐색식에 따라 운전하는 방식을 말한다.

(28) 구내운전

정거장 또는 차량기지구내에서 입환신호기, 입환표지, 선로별표시등의 현시 조건에 의하여 동력을 가진 차량을 이동 또는 전선하는 경우에 운전하는 방식을 말한다.

(29) 입환(차갈이)

사람의 힘에 의하거나 동력차를 사용하여 차량을 이동, 교환, 분리, 연결 또는 이에 부수되는 작업을 말한다.

(30) 본무, 보조

열차에 2 이상의 동력차를 사용하는 경우 열차운전의 책임을 지는 동력차를 본무라 하고, 기타는 보조라 하며, 기관사에 대하여도 이와 같다.

(31) 총괄제어법

2 이상의 동력차를 사용하는 열차를 1개소에서 조종하거나 또는 제어차로서 조정하는 방법을 말한다.

(32) 단행열차

동력을 가진 기관차만으로 조성한 열차 또는 동차 1량으로 조성한 열차를 말한다.

(33) 공사열차

철도시설물의 유지보수를 위하여 운행하는 열차를 말한다.

(34) 구원열차

정거장 외의 고장열차를 회수하기 위한 열차를 말한다.

(35) 보수장비

다음에 해당하는 장비를 말한다.
가. 보선장비관리기준 제4조(대상장비)
나. 전철보수장비관리요령 제4조(전철장비의 종류)

(36) 고정편성열차

고정적인 편성으로 조성된 차량으로서 앞·뒤에 운전실이 있는 열차를 말한다.

(37) 유치차량

정거장 내에 유치하는 차량을 말한다.

(38) 완급차

비상변·공기압력계 및 수제동기를 갖추고 공기제동기를 사용할 수 있는 차량으로서 열차승무원이 집무할 수 있는 차량을 말한다.

(39) 특대화물 적재화차

적재제한을 초과하여 화물을 적재한 화차를 말하며, 특대화물에는 돌출화물, 하중을 2차 이상에 부담시킨 화물을 포함한다.

(40) 공기제동기 사용 불능차

공기의 관통은 가능하나 공기제동기의 기능이 불완전한 차량을 말한다.

(41) 관통제동

열차를 조성한 전 차량의 제동관에 공기를 관통시켜 제동관 내의 공기를 대기로 배출시킬 경우 자동적으로 제동작용을 하는 장치를 말한다.

(42) 정거장 내외

"정거장 내"란 장내신호기 또는 정거장경계표지를 설치한 위치에서 안쪽을, "정거장 외"란 그 위치에서 바깥쪽을 말하며, 동일 선로에 대하여 2 이상의 신호기가 있는 경우에는 맨 바깥쪽의 신호기를 기준으로 한다.

(43) 차량접촉한계표지 내외

"차량접촉한계표지 내"란 차량이 접촉하지 않는 방향을 말하고, "차량접촉한계표지 외"란 차량이 접촉하는 방향을 말한다.

(44) 신호기의 안팎

"신호기의 안쪽"이란 그 신호기의 위치에서 신호현시로 방호되는 뒷면의 방향을 말하고, "신호기의 바깥쪽"이란 앞면의 방향을 말한다.

(45) 신 호

다음에 해당하는 것을 말한다.
가. "신호"란 모양, 색 또는 소리 등으로써 열차 또는 차량에 대하여 운행의 조건을 지시하는 것을 말한다.
나. "전호"란 모양, 색 또는 소리 등으로써 직원상호 간의 상대자에 대하여 의사를 표시하는 것을 말한다.
다. "표지"란 모양 또는 색 등으로써 물체의 위치, 방향 또는 조건을 표시하는 것을 말한다.

(46) 수신호

신호기가 설치되지 않은 경우 또는 이를 사용할 수 없는 경우 열차에 대하여 신호를 현시하는 것을 말한다.

(47) 진행 지시신호

진행신호 · 감속신호 · 주의신호 · 경계신호 · 유도신호("안내신호"라고도 한다) 및 차내신호(정지신호 제외) 등 진행을 지시하는 신호를 말한다.

(48) 차내신호

열차 및 차량의 진로정보를 지상장치로부터 차상장치로 수신하여 운전실 내에 설치된 신호현시장치에 의해 열차의 운행조건을 지시하는 신호방식을 말한다.

(49) 신호의 주시

신호를 현시하는 신호기 위치를 통과할 때까지 특별한 주의력을 집중하여 신호 현시상태를 계속적으로 확인하는 것을 말한다.

(50) 폐색구간(운전허용구간)

2 이상의 열차를 동시에 운전시키지 않기 위하여 정한 구역을 말한다.

(51) 폐색표시등

연동폐색식 또는 자동폐색식 구간의 폐색취급 상태를 표시하는 폐색방향표의 표시등을 말한다.

(52) 열차방호

정거장 외의 선로에서 열차가 정차한 경우 및 선로 또는 전차선로에 열차의 정차를 요하는 철도사고가 발생한 경우에 진행하여 오는 열차를 정차시키기 위한 조치를 말한다.

(53) 열차집중제어장치(CTC ; Centralized Traffic Control)

1개소의 철도교통관제센터에서 각 역을 직접 제어하여 열차운전취급 및 감시를 수행하는 신호보안 설비를 말하고, CTC에 의하여 제어하는 방식을 CTC제어방식, CTC제어방식에 의하는 구간을 CTC 구간이라고 한다.

(54) 원격제어방식(RC ; Remote Control)

소규모의 열차집중제어 장치로서 제어역과 피제어역으로 구분하여, 제어역에서 피제어역의 폐색취급 · 신호 취급 및 선로전환기를 원격제어하는 방식을 말하고, 제어역과 피제어역 간을 원격제어구간(RC구간)이라고 한다.

(55) 로컬(LOCAL) 제어

CTC 또는 제어역에서 취급할 수 없거나, 피제어역으로 제어권을 이전하는 경우에 피제어역 자체적으로 신호 및 진로를 제어할 수 있는 제어방식을 말한다.

(56) 자동제어방식(AUTO, Central Computer Auto Mode)

CTC Computer System에 따라 자동으로 제어하는 방식을 말한다.

(57) 콘솔제어방식(C.C.M ; Console Control Mode)

CTC 콘솔에서 Keyboard 및 Mouse를 사용하여 수동으로 제어하는 방식을 말한다.

(58) 조작반

관할 구역 내의 현장 신호설비를 제어하고, 상태를 확인하며 열차의 운행상태를 파악하기 위해 정거장에 설치된 장치로 CTC구간의 표시제어부(콘솔)를 포함한다.

(59) 단로기

전차선로에 전기의 공급을 차단하거나 투입할 수 있는 개폐기를 말한다.

(60) 철도공사관제운영실장(관제운영실장)

사장의 권한으로서 "철도교통관제센터(관제센터)"의 통제 및 상황반 내의 운전취급과 관련된 업무를 총괄 · 지휘 · 의사결정을 하는 자를 말한다.

(61) 장비운전원

철도장비 운전면허를 소지하고, 운전 가능한 철도차량을 운전하는 자를 말한다.

(62) 운전관계승무원

　가. 동력차승무원 : 철도차량 또는 열차의 운전을 담당하는 기관사(KTX 기장, 장비운전원을 포함한다.
　　이하 같다)와 부기관사, 지시에 다른 운전업무수행자
　나. 열차승무원 : 열차팀장, 여객전무, 전철차장, 지시에 따른 열차승무업무 수행자

(63) 병용취급

복선운전구간에서 일시 단선운전하는 경우 차내신호폐색식(자동폐색식 포함)과 지도통신식(또는 지령식)을 함께 쓰는 것을 말한다.

(64) 서행발리스

송·수신용 안테나로 구성되며 지상정보를 차상으로 공급하는 역할을 하고 열차감속용으로 서행구간 앞쪽에 설치한다.

(65) 고속화구간

일반선 구간에서 열차가 170[km/h] 이상의 속도로 운행하는 구간을 말한다.

(66) 안전표지

열차 또는 차량의 안전운전을 위하여 설치한 각종 표지를 말한다.

(67) 승강장 안전문(안전문)

승강장 위에 선로와 격리되는 시설물 중 차량의 승강문과 연동 개폐하는 "승강장스크린도어"를 말한다.

(68) 영상감시설비

여객안전과 열차안전운행을 확보하기 위하여 승강장 및 선로전환기 등 주요장소에 CCTV를 설치하여 운전취급담당자 및 운전관계승무원 등이 차량상태, 여객의 승하차 및 승강장 상태를 확인할 수 있는 영상장치를 말한다.

(69) 고장처리지침

철도차량 및 시설물 등의 고장이 발생하였을 경우 조치요령을 안내하는 기기와 매뉴얼 등을 말한다.

(70) 기 지

화물취급 또는 차량의 유치 등을 목적으로 건설한 장소로서 화물기지, 차량기지, 주박기지, 보수기지 및 궤도기지 등을 말하며, 이들 기지 중 신호보안장치와 열차제어장치를 갖춘 기지에서의 입·출고 열차에 대한 운전취급은 정거장에 관한 규정을 준용한다.

3. 이례사항 발생 시 조치 및 운전정지 등

(1) 이례사항 발생 시 조치(제4조)

열차 또는 차량을 운전 중 이례사항이 발생하였을 때에 각 관계자는 상황을 판단하여 이 규정, 따로 정한 사규 및 관계 매뉴얼에 따라 조치하여야 하며, 정해진 조치방법이 없는 경우에는 상황을 판단하여 열차 운전에 가장 안전하다고 인정되는 방법에 따라 필요한 조치를 하여야 한다.

(2) 열차운행의 일시중지(제5조)

① 천재지변과 악천후로 열차의 안전운행에 지장이 있다고 인정되는 경우에 사장(관제사를 포함)은 열차운행을 일시중지할 수 있다.

② 천재지변과 악천후로 인한 기상정보의 통보절차 및 열차의 운전취급은 다음에 따른다.
→ 다만, 고속화구간의 이상기후에 따른 운전취급은 일반철도운전취급세칙에 따로 정한다.

중요 CHECK

1. 풍속의 측정은 다음의 기준에 따른다.
   가. 정거장과 인접한 기상관측소의 기상청의 자료에 따를 것
   나. 가목에 따를 수 없는 경우에는 [별표 1]에 정한 목측에 의한 풍속측정기준에 따를 것

   [별표 1] 목측에 의한 풍속의 측정기준

종 별	풍속([m/s])	파도([m])	현 상
센바람	14 이상~17 미만	4	나무전체가 흔들림. 바람을 안고서 걷기가 어려움
큰바람	17 이상~20 미만	5.5	작은 나무가 꺾임. 바람을 안고서는 걸을 수가 없음
큰센바람	20 이상~25 미만	7	가옥에 다소 손해가 있거나 굴뚝이 넘어지고 기와가 벗겨짐
노대바람	25 이상~30 미만	9	수목이 뿌리채 뽑히고 가옥에 큰 손해가 일어남
왕바람	30 이상~33 미만	12	광범위한 파괴가 생김
싹쓸바람	33 이상	12 이상	광범위한 파괴가 생김

2. 풍속에 따른 운전취급은 다음과 같다.
   가. 역장은 풍속이 20[m/s] 이상으로 판단된 경우에는 그 사실을 관제사에게 보고하여야 한다.
   나. 역장은 풍속이 25[m/s] 이상으로 판단된 경우에는 다음에 따른다.
   1) 열차운전에 위험이 우려되는 경우에는 열차의 출발 또는 통과를 일시 중지할 것
   2) 유치 차량에 대하여 구름방지의 조치를 할 것
   다. 관제사는 기상자료 또는 역장으로부터의 보고에 따라 풍속이 30[m/s] 이상으로 판단되는 경우에는 해당구간의 열차운행을 일시중지하는 지시를 하여야 한다.

3. 강우에 따른 운전취급은 다음과 같다.
   가. 지원사령 및 재해대책본부 근무자는 강우경보시스템 경보상황 관리 및 경보발령의 경우 신속히 담당 관제사에게 급보하여야 한다.
   나. 관제사는 강우경보 접수 시 강우구간 운행열차에 대해 [별표 1]에 정한 경보수준별 운전취급을 시행하여야 한다.

[별표 1] 강우량에 따른 경보발령 기준 및 조치절차

규제종별	강우기준 및 경보(시강 : 시간당 강우량, 연강 : 연속강우량)	
운행정지	연강 150[mm] 미만, 시강 65[mm] 이상	자동강우경보시스템 '운행정지' 경보
	연강 150[mm] 이상~320[mm] 미만, 시강 25[mm] 이상	
	연강 320[mm] 이상	
서행운전	연강 125[mm] 미만, 시강 50[mm] 이상	• 자동강우경보시스템 '서행운전' 경보 • 기상청 강우경보 기준 초과 시 적용
	연강 125[mm] 이상~250[mm] 미만, 시강 20[mm] 이상	
	연강 250[mm] 이상	
주의운전	연강 100[mm] 미만, 시강 40[mm] 이상	• 자동강우경보시스템 '주의운전' 경보 • 기상청 기상특보(경보 및 주의보) 발령 시
	연강 100[mm] 이상~210[mm] 미만, 시강 10[mm] 이상	
	연강 210[mm] 이상	

1. 강우급보	2. 강우경보 접수	3. 운전규제 통보
강우급보 : 지원사령, 역장, 기관사는 관제사에게 강우상황 보고 ※ 경보시스템 모니터 : 지원사령, 재해대책본부	강우상황 접수(관제사) 시 강우개소 및 열차운행상황 확인	관제사는 관계 기관사 및 역장에게 단계별 운전규제 통보 1. 주의발령 : 주의운전 지시 2. 서행발령 : 45[km/h] 서행운전 지시 3. 정지발령 : 열차운행정지 지시

1단계 주의운전
- 적용 : 주의경보
- 해제 : 강우 종료 3시간 경과 및 경보 소멸
- No : 유지

2단계 서행운전
- 적용 : 서행경보
- 해제 : 시간당 강우 2.5[mm] 이하로 3시간 이상 지속, 순회 결과 이상 없음
- No : 유지

3단계 운행중지
- 적용 : 정지경보
- 해제 : 시간강우량 이하, 순회 결과 이상 없음
- No : 유지

단계별 규제 해제 시 하위단계의 규제 적용

① 강우 종료 12시간 경과
② 강우경보 소멸

상황종료
[관제사]
1. 주의운전 해제
2. 정상운전 지시

다. 기관사는 관제사의 지시에 따라야 하며 경보오류로 판단되면 관제사에게 보고 후 정상 운전하여야 한다.
4. 기관사 또는 선로순회 직원은 선로의 침수로 열차운행에 지장이 있다고 판단되면 다음과 같이 조치하여야 한다.
　가. 선로침수를 발견한 직원은 즉시 열차정차 후 현장상황을 최근 역장 또는 관제사에게 통보할 것
　나. 선로침수를 통보받은 역장 또는 관제사는 관계부서에 통보하여 배수조치 의뢰 및 열차운행 일시 중지 등을 지시할 것
　다. 기관사는 침수된 선로를 운전하는 경우에는 다음에 따른다.
　　1) 레일 면까지 침수된 경우에는 그 앞쪽 지점에 일단정차 후 선로상태를 확인하고 통과가 가능하다고 인정될 때는 15[km/h] 이하로 주의운전할 것
　　2) 레일 면을 초과하여 침수된 경우에는 운전을 중지하고 관제사의 지시에 따를 것
5. 대기온도 상승에 따른 레일온도 상승 시 운전취급은 다음과 같다.
　가. 지원사령은 [별표 1]에 정한 레일온도 기준초과 시 해당 관제사에게 신속하게 통보하고 60[℃] 이상일 경우 서행운전을 요청할 것

[별표 1] 폭염에 따른 레일온도 상승 시 통보 및 조치

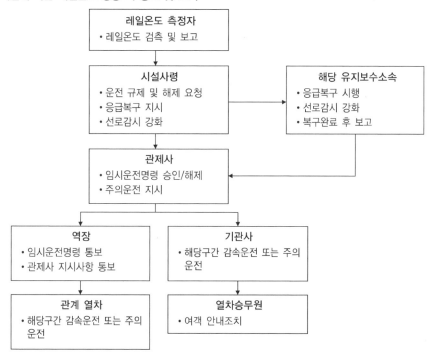

[레일온도 상승에 따른 운전규제]

레일온도	64[℃] 이상	60[℃] 이상~64[℃] 미만	55[℃] 이상~60[℃] 미만	55[℃] 미만
운전규제	운행중지	60[km/h] 이하 운전	주의운전	정상운전

※ 시설 또는 전기분야 순회자가 선로이상(레일장출, 궤도틀림, 굴곡, 절손 등) 발견 시 운전취급규정 제297조(순회자가 선로 고장 발견 시 조치)에 의거 보고 및 조치 시행

나. 지원사령이 서행운전을 요청할 경우 해당 관제사는 임시운전명령에 의해 해당 역장 및 기관사에게 서행운전을 지시할 것

다. 역장은 임시운전명령 수보 시 관련내용(서행사유, 서행지점, 서행속도)을 운행 중인 관계열차에 신속하게 통보할 것

라. 해당 서행지점을 운행하는 기관사는 각별한 주의력을 가지고 선로상태를 확인하며 운행할 것

6. 지진 발생에 따른 운행열차에 대한 조치는 다음과 같다.

    가. 지진이 발생되었을 경우 지진 진도는 철도안전관리 시행세칙의 [별표 12]에 따르며 현장에서의 조치 및 관계자 조치사항은 같은 세칙 [별표 13]에 따른다.

    나. 가에 따르지 않고 역·사업소장이 현장에서 지진을 감지하였을 때에는 운행 중인 열차를 즉시 정차시켜야 한다. 이 경우 역장은 관제사에게 상황을 철도안전관리 시행세칙 [별표 14]에 따라 보고한다.

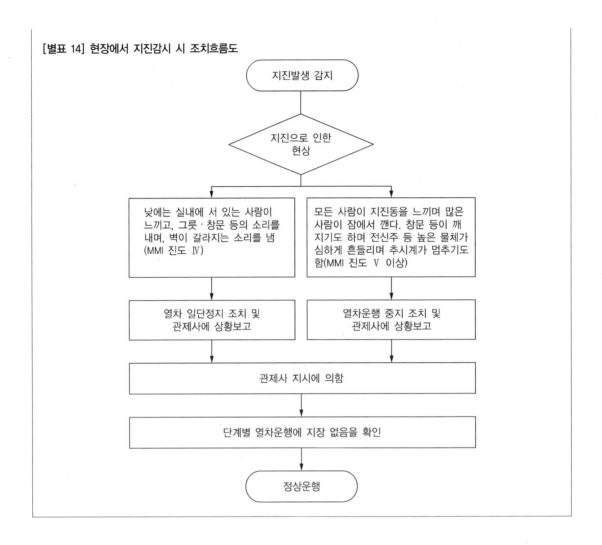

[별표 14] 현장에서 지진감시 시 조치흐름도

지진발생 감지

지진으로 인한 현상

낮에는 실내에 서 있는 사람이 느끼고, 그릇·창문 등의 소리를 내며, 벽이 갈라지는 소리를 냄 (MMI 진도 Ⅳ)

모든 사람이 지진동을 느끼며 많은 사람이 잠에서 깬다. 창문 등이 깨지기도 하며 전신주 등 높은 물체가 심하게 흔들리며 추시계가 멈추기도 함(MMI 진도 Ⅴ 이상)

열차 일단정지 조치 및 관제사에 상황보고

열차운행 중지 조치 및 관제사에 상황보고

관제사 지시에 의함

단계별 열차운행에 지장 없음을 확인

정상운행

(3) 규정의 위임(제6조)

① 다음의 사항은 열차운전시행세칙에 위임하여 따로 정한다.

1. 본선의 명칭 및 순위
2. 본선의 운전방향 기준
3. 선로의 명칭기준
4. 복선 운전구간
5. 운전취급생략정거장
6. 1명 근무지정역
7. 제어역 및 피제어역
8. 유효장
9. 견인정수
10. 선로의 구배

11. 선별 신호 현시방식

12. 차량 최고속도

13. 선로 최고속도

14. 하구배 속도

15. 곡선 속도

16. 선별 속도제한 구간

17. 폐색구간의 폐색방식

18. 폐색구간의 도중분기 및 반송기 설치 장소

19. 통표폐색식 폐색구간별 통표 형상 및 개수

20. 대피금지 및 열차장 제한 정거장

21. 열차출발에 사용할 수 있는 입환신호기 및 우측선로 정거장 진입용 입환신호기

22. ATS 구간

23. ATP 구간

24. CTC 구간

25. 분계역

26. 전철화구간

27. 절연구분장치 위치

28. 양방향 신호설비 운영구간

② 이 규정 각 조에서 별도로 정하여 위임하지 않은 사항은 운전관계세칙 및 내규에 위임하여 따로 정한다.

(4) 운전관계 승무원의 배치 또는 생략(제7조)

① 열차에는 다음의 승무원을 탑승시켜야 한다.

1. 기관사(KTX 기장 및 장비운전자를 포함)

2. 부기관사

3. 열차승무원

② 사장 또는 본부장은 철도운영상 필요하다고 인정되면 기관사를 제외한 승무원을 생략할 수 있으며 이 경우 다음에 따라야 한다.

승무원 생략 시 세부사항

1. 열차승무원의 승무를 생략한 경우에는 부기관사, 부기관사의 승무를 생략한 경우에는 열차승무원, 부기관사 및 열차승무원의 승무를 동시에 생략한 경우에는 기관사가 그 업무를 겸할 것
2. 사장 또는 본부장은 열차승무원이 승무할 열차에 부득이한 사유로 열차승무원을 승무시키지 못할 경우에는 다음에 해당하는 자를 대신 승무하게 할 것
   가. 역장, 부역장, 역무팀장, 로컬관제원, 역무원
   나. 가목의 각 직 또는 열차승무원의 직에 있었던 경력자
   다. 열차승무교육을 이수한 자
3. 사고 또는 그 밖에 부득이한 사유로 정거장 밖에서 열차승무원이 열차에서 내렸을 때에는 제2호의 자격자가 있는 가장 가까운 정거장까지 그대로 운전할 수 있으며, 관제사의 지시를 받을 것. 열차운행 중 열차승무원의 결승을 인지한 경우에도 그러하다.

③ 사장은 재해, 비상사태, 그밖에 열차의 정상적인 운행이 어렵다고 인정되는 경우에는 열차의 정상적인 운행에 필요한 적격자를 지정하여 승무하게 할 수 있다.

(5) 운전작업내규의 제정 및 준수(제8조)

① 역·소장(철도차량정비단장 포함)은 열차 또는 차량의 운전취급에 있어서 작업의 순서, 방법, 관계자 간의 연락방법, 특히 주의를 요하는 사항 및 취약요인에 대한 관리방안 등 소속 특성에 따른 운전작업 내규를 제정·시행하여야 한다.

② 운전취급 직원은 소속의 내규를 숙지하고, 이를 준수하여 안전한 운전취급 업무를 수행하여야 한다.

③ 지역본부장과 철도차량정비단장은 운전작업내규의 준수여부와 적정관리 상태를 점검하여야 한다.

(6) 무선전화기의 사용(제9조)

① 열차 또는 차량의 운전취급을 하는 때에 무선전화기(열차 무선전화기 또는 휴대용 무선전화기를 말한다)를 사용할 수 있는 경우는 다음 어느 하나에 해당한다.

1. 운전정보 교환
2. 운전상 위급사항 통고
3. 열차 또는 차량의 입환취급 및 각종전호 시행
4. 통고방법을 별도로 정하지 않은 사항을 열차를 정차시키지 않고 통고
5. 고속선에서 운전명령서식의 작성
6. 무선전화기 방호

② 무선전화기로 ①의 4.의 통화를 하는 경우에 통화자 쌍방은 통화의 일시, 열차, 직·성명, 내용 등 통화에 관한 사항을 명확히 기록 유지하여야 한다.

③ 역간 무선통화는 해당 원격모장치 무전송수신기를 사용하여 통화품질을 확보하여야 한다.

④ 무선전화기 통화방식이 다른 구간으로 진입하는 열차의 기관사는 운전실에 설치된 무선전화기 채널을 운행구간 통화방식에 맞게 전환하여야 하며 통화방식이 자동 전환되는 경우에는 채널위치의 정상 여부를 확인하여야 한다.

1. 통 칙

(1) 정거장 외 본선의 운전(제10조)

① 본선을 운전하는 차량은 이를 열차로 하여야 하며 열차제어장치의 기능에 이상이 없어야 한다. 다만, 입환차량 또는 차단장비로서 단독 운전하는 경우에는 그러하지 아니하다.

② 관제사는 다음의 어느 하나에 해당하는 경우에는 열차제어장치 차단운전 승인번호를 부여하여 열차를 운행시킬 수 있다.

　　1. 열차제어장치의 고장인 경우

　　2. 퇴행운전이나 추진운전을 하는 경우

　　3. 대용폐색방식이나 전령법 시행으로 열차제어장치 차단운전이 필요한 경우

　　4. 사고나 그 밖에 필요하다고 인정하는 경우

　　5. 2.와 3.에 대한 승인번호는 운전명령번호를 적용한다.

③ 열차제어장치는 다음 중 어느 하나의 경우에는 자동적으로 제동이 작동하여 열차가 정지되어야 한다.

　　1. "Stop" 신호의 현시 있는 경우

　　2. 지상장치가 고장인 경우

　　3. 차상장치가 고장인 경우

　　4. 지시속도를 넘겨 계속 운전하는 경우

(2) 열차의 운전위치(제11조)

열차 또는 구내운전을 하는 차량은 운전방향 맨 앞 운전실에서 운전하여야 한다. 다만, 운전방향의 맨 앞 운전실에서 운전하지 않아도 되는 경우는 다음과 같으며 구내운전의 경우에는 역장과 협의하여 차량 입환에 따른다.

① 추진운전을 하는 경우

② 퇴행운전을 하는 경우

③ 보수장비 작업용 조작대에서 작업 운전을 하는 경우

(3) 관통제동의 취급(제12조)

열차 또는 구내운전 차량은 관통제동 취급을 원칙으로 한다. 다만, 제동관통기불능차를 회송하기 위하여 연결하였을 때는 그 차량 1차에 대하여는 그러하지 아니하다.

2. 열차의 조성

(1) 열차의 조성(제13조)

① 역무원은 열차로 조성하는 차량을 연결하는 때에는 다음의 사항을 준수하여야 한다.
  1. 가급적 차량의 최고속도가 같은 차량으로 조성할 것
  2. 각 차량의 연결기를 완전히 연결하고 각 공기관을 연결한 후 즉시 전 차량에 공기를 관통시킬 것
  3. 전기연결기가 설치된 각 차량 중 서로 통전할 필요가 있는 차량은 전기가 통하도록 연결해야 하며, 이 경우에 전기연결기의 분리 또는 연결은 차량관리원이 시행하며, 차량관리원이 없을 때는 역무원이 시행할 것
② 열차를 조성하는 때에는 운행구간의 도중 정거장에서 차량의 연결 및 분리를 감안하여 편리한 위치에 연결하여야 하며, 연결차량 및 적재화물에 따른 속도제한으로 열차가 지연되지 않도록 하여야 한다.

(2) 조성완료(제14조)

① 열차의 조성완료는 조성된 차량의 공기제동기 시험, 통전시험, 뒤표지 표시를 완료한 상태를 말하며, 출발시각 10분 이전까지 완료하여야 한다. 다만, 부득이한 사유가 있는 경우로서 관제사의 승인을 받은 때에는 그러하지 아니하다.
② ①에 따라 출발시각 10분 이전까지 열차조성을 완료하지 못한 때에는 관계직원(기관사, 열차승무원, 역장, 역무원, 차량관리원, 관제사)은 지연사유 및 지연시분을 명확히 기록 유지하여야 한다.

(3) 조성 후 확인(제15조)

① 역무원은 열차를 조성완료한 후 각종 차량의 연결가부, 차수, 위치 및 격리 등이 열차조성에 위배됨이 없도록 하여야 하고, 화물열차의 출발검사 시 차량에 이상 없음을 확인하여야 한다.
② 차량관리원은 여객열차를 조성완료한 후 조성상태 및 차량의 정비 상태가 이상 없음을 확인하여야 한다. 다만, 차량관리원이 없는 경우에는 역무원이 확인하여야 한다.

(4) 차량해결통지서 발행(제16조)

① 역무원은 차량해결통지서에 시발 조성역에서 도착역까지의 조성현황 및 조성차량의 최저속도를 비고란에 기록하여 승무원에게 지급하여야 한다. 다만, 승무일지에 조성차량의 정보가 자동표기되는 여객열차와 고정편성열차의 경우에는 차량해결통지서의 발행을 생략할 수 있다.
② 도중역에서 열차조성계획이 변경되면 해당 역에서 차량해결통지서를 재발급하여야 한다.
③ 여객열차의 승무일지에 조성차량의 정보가 자동표기 되지 않을 경우에는 열차승무원이 기관사에게 차량해결통지서를 가져다 주거나 무선전화기로 관련 정보를 알려 주어야 한다.

(5) 조성차수(제17조)

① 열차를 조성하는 경우에는 견인정수 및 열차장 제한을 초과할 수 없다. 다만, 관제사가 각 관계처에 통보하여 운전정리에 지장이 없다고 인정하는 경우에는 열차장 제한을 초과할 수 있다.

② ①의 단서 이외의 경우에 최대 열차장은 전도 운행구간 착발선로의 가장 짧은 유효장에서 차장률 1.0량을 감한 것으로 한다.

(6) 기관차의 연결(제18조)

① 열차의 운전에 사용하는 기관차는 열차의 맨 앞에 연결하여야 한다. 다만, 열차의 맨 앞에 기관차를 연결하지 않는 경우는 일반철도운전취급세칙에 따로 정한다.

② 열차에 2 이상의 기관차를 연결하는 경우에는 맨 앞에 연속 연결하여야 한다. 다만, 운전정리, 시험운전 등 필요한 경우에는 그러하지 아니하다.

(7) 완급차의 연결(제19조)

열차의 맨 뒤(추진운전은 맨 앞)에는 완급차를 연결하여야 한다. 다만, 열차의 맨 뒤에 완급차를 연결하지 않는 경우는 일반철도운전취급세칙에 따로 정한다.

(8) 열차의 제동력 확보(제20조)

① 열차는 연결축수(연결된 차량의 차축 총수)에 대한 제동축수의 비율(이하 "제동축비율")이 100이 되도록 조성하여야 한다. 다만, 부득이한 경우로서 제동축비율이 100 미만인 경우의 운전취급은 [별표 2]에 따른다.

중요 CHECK

[별표 2] 제동축비율에 따른 운전속도

1. 최고속도가 다른 차량으로 조성한 열차에 대한 이 표의 적용은 지정속도가 가장 낮은 차량의 최고속도로 적용하며 제동 축비율에 따른 운전속도는 아래 표와 같다.

차량 최고속도 [km/h]		여객열차				화물열차							
		180	150	120(통), 110(R)	110(전)	120	110	105	100	90	85	80	70
제동 비율 및 적용 속도	100[%] 미만 80[%] 이상	180	150	100	110	105	100	95	90	80	75	70	60
	80[%] 미만 60[%] 이상	160	120	90	90	50							
	60[%] 미만 40[%] 이상	100	70	70	70	40							

[비고] • 120(통) : 통근열차(CDC), 발전차(120[km/h])를 연결한 일반열차
　　　 • 110(R) : RDC편성 무궁화열차
　　　 • 110(전) : 전동열차

2. 제동축비율은 운전에 사용하는 기관차를 포함하지 않는다.
3. 제동축비율이 40[%] 미만 되었을 경우 최근 정거장까지 25[km] 이하로 운행 후 조치한다.

② 열차의 제동축 비율이 100 미만일 경우에 역장 및 기관사는 다음에 따라 통보하여야 한다.
  1. 정거장에서 제동시험 시 : 역장이 관제사 및 기관사에게 통보
  2. 정거장 외에서 발생 시 : 기관사가 관제사 또는 역장에게 통보

(9) 여객열차에 대한 차량의 연결(제21조)

① 여객열차에는 화차를 연결할 수 없다. 다만, 부득이한 경우로서 관제사의 지시가 있는 때에는 그러하지 아니하다.
② ①의 단서에 따라 화차를 연결하는 경우에는 객차(발전차를 포함)의 앞쪽에 연결하여야 하며, 객차와 객차 사이에는 연결할 수·없다.
③ 여객열차에 회송객차를 연결하는 경우에는 열차의 맨 앞 또는 맨 뒤에 연결하여야 한다.
④ 발전차는 견인기관차 바로 다음 또는 편성차량의 맨 뒤에 연결하여야 한다. 다만, 차량을 회송하는 경우에는 그러하지 아니하다.

(10) 차량의 적재 및 연결 제한(제22조)

① 차량에 화물을 적재할 경우에는 최대 적재량을 초과하지 않는 범위에서 중량의 부담이 균등히 되도록 하여야 하며, 운전 중의 흔들림으로 인하여 무너지거나 넘어질 우려가 없도록 하여야 한다. 입환의 경우에도 또한 같다.
② 차량에는 철도차량의 차량한계를 초과하여 화물을 적재·운송하여서는 아니 된다. 다만, 열차의 안전운행에 필요한 조치를 하고 특대화물을 운송하는 경우에는 차량한계를 초과하여 화물을 운송할 수 있다.
③ ②에 따라 특대화물을 수송하는 경우에는 사전에 해당 구간에 열차운행에 지장을 초래하는 장애물이 있는지의 여부 등을 조사·검토한 후 운송하여야 한다.
④ 화약류 등을 적재한 화차를 열차에 연결하는 경우에 연결제한 및 격리는 [별표 3]과 같다.

[별표 3] 차량의 연결 제한 및 격리

격리·연결 제한할 경우	격리·연결 제한하는 화차	1. 화약류 적재화차	2. 위험물 적재화차	3. 불에 타기 쉬운 화물 적재화차	4. 특대화물 적재화차
1. 격리	가. 여객승용차량	3차 이상	1차 이상	1차 이상	1차 이상
	나. 동력을 가진 기관차	3차 이상	3차 이상	3차 이상	
	다. 화물호송인 승용차량	1차 이상	1차 이상	1차 이상	
	라. 열차승무원 또는 그 밖의 직원 승용차량	1차 이상			
	마. 불에 타기 쉬운 화물적재화차	1차 이상	1차 이상		
	바. 불이 나기 쉬운 화물 적재화차 또는 폭발 염려가 있는 화물 적재화차	3차 이상	3차 이상	1차 이상	
	사. 위험물 적재화차	1차 이상		1차 이상	
	아. 특대화물 적재화차	1차 이상			
	자. 인접차량에 충격 염려 화물 적재화차	1차 이상			
2. 격리의 예외사항	가. 군용열차에 연결 시는 격리하지 않을 수 있다. 나. 불에 타기 쉬운 화물을 적재한 화차로서 문과 창을 잠근 유개화차는 격리하지 않을 수 있다.				
3. 연결제한	가. 여객열차 이상의 열차	연결 불가(화물열차 미운행 구간 또는 운송상 특별한 사유 시 화약류 적재화차 1량 연결 가능. 단, 3차 이상 격리)			
	나. 그 밖의 열차	5차 (다만, 군사수송은 열차 중간에 연속하여 10차)	연 결	열차 뒤쪽에 연결	
	다. 군용열차	연 결			
4. 연결제한의 그 밖의 사항	가. "격리차"란 빈 화차, 불에 타지 않는 물질을 적재한 무개화차, 불이 날 염려 없는 화물을 적재한 유개화차(컨테이너 화차 포함), 차장차를 말한다. 나. "위험물"이란 화물운송약관에 정하는 바에 따른다. 다. "불타기 쉬운 화물"이란 면화, 종이, 모피, 직물류 등을 말한다. 라. "불나기 쉬운 화물"이란 초산, 생석회, 표백분, 기름종이, 기름넝마, 셀룰로이드, 필름 등을 말한다. 마. "인접차량에 충격 염려 화물"이란 레일·전주·교량 거더·PC빔·장물의 철재·원목 등을 말한다. 바. 화공약품 적재화차와 화약 또는 폭약 적재화차는 이를 동일한 열차에 연결할 수 없다. 사. 특대화물을 연결하는 경우에는 화물수송세칙에 정한 바에 따른다. 아. 화약류 또는 위험의 화차차표를 표시한 화차는 화기 있는 장소에서 30[m] 이상 격리하여야 한다. 자. 이 규정에서 격리차 등 차량길이는 차장률(14[m])을 기본으로 하여 량 단위로 표시한다.				

⑤ 전후동력형 새마을동차의 동력차 전두부와 다른 객차(발전차, 부수차 포함)를 연결할 수 없다.

(11) 회송차량의 연결(제23조)

① 화물열차에 회송동차·회송부수차 및 회송객화차(회송차량)를 연결하는 경우에는 열차의 맨 뒤에 연결하여야 한다.

② 회송차량으로서 다음에 해당하는 경우에는 여객을 취급하는 열차에 연결할 수 없다.

　1. 동차 또는 부수차로서 차체의 강도가 부족한 것

　2. 제동관 통기 불능한 것

　3. 연결기 파손, 그 밖의 파손으로 운전상 주의를 요하는 것

③ ②에 따라 회송차량을 화물열차에 연결하는 경우에는 1차에 한정하며 견인운전을 하는 열차의 맨 뒤에 연결하여야 하며, 파손차량을 연결하는 경우의 조치는 일반철도운전취급세칙 및 철도차량관리 세칙에 따른다.

(12) 공기제동기 시험 및 시행자(제24조)

① 열차 또는 차량이 출발하기 전에 공기제동기 시험을 시행하는 경우는 다음의 어느 하나와 같다. 다만, 차량특성별 추가 시험기준은 관련 세칙에 따로 정한다.

　1. 시발역에서 열차를 조성한 경우. 다만, 각종 고정편성 열차는 기능점검 시 시행한다.

　2. 도중역에서 열차의 맨 뒤에 차량을 연결하는 경우

　3. 제동장치를 차단 및 복귀하는 경우

　4. 구원열차 연결 시

　5. 기관사가 열차의 제동기능에 이상이 있다고 인정하는 경우

② ①에 따른 공기제동기 시험의 시행자는 다음과 같다.

　1. 화물열차 이외의 열차 : 차량관리원(경력자를 포함). 다만, 차량관리원이 없는 장소에서는 역무원이 시행하고, 역무원이 없는 장소에서는 열차승무원이 시행한다.

　2. 화물열차 : 역무원(다만, 무인역 또는 역간에 정차하여 제동장치를 차단 또는 복귀한 경우에는 기관사)

　3. 도중역에서 열차에 보조기관차를 분리 또는 연결하였을 때 : 기관사

(13) 열차승강문의 취급(제25조)

① 열차의 승강문은 열차가 정지위치에 완전히 정차한 다음에 열고 닫아야 한다.

② 열차별 승강문 취급의 세부절차는 관련 세칙에 따른다.

(14) 공기제동기 제동감도 시험 및 생략(제26조)

① 기관사는 다음의 경우에 45[km/h] 이하 속도에서 제동감도 시험을 하여야 한다.

　1. 열차를 시발역 또는 도중역에서 인수하여 출발하는 경우

　2. 도중역에서 조성이 변경되어 공기제동기 시험을 한 경우

② ①에 따른 제동감도 시험은 선로·지형 여건에 따라 소속장이 그 시행 위치를 따로 정하거나, 속도를 낮추어 지정할 수 있으며 정거장 구내 연속된 분기기 등 취약개소는 최대한 피해서 시행하여야 한다.

③ 공기제동기 제동감도 시험을 생략할 수 있는 경우는 다음의 어느 하나와 같다.

    1. 동력차 승무원이 도중에 교대하는 여객열차

    2. 기관사 2인이 승무하여 기관사 간 교대하는 경우

    3. 회송열차를 운전실의 변경 없이 본 열차에 충당하여 계속 운전하는 경우. 본 열차 반대의 경우에도 그러하다.

(15) 본선본위 운전의 지선운전(제27조)

① 본선과 지선에 걸쳐서 운전하는 열차의 조성은 본선 운전형태 그대로 지선을 운전하는 경우에는 다음에 따른다.

    1. 열차의 맨 앞에는 동력차

    2. 열차의 맨 뒤에는 뒤표지를 표시한 제동 작용이 완전한 차량

② 본선과 지선의 구분은 2개의 선중 선로의 등급이 높거나 같은 경우는 주요한 선을 본선으로, 다른 한 선을 지선으로 한다.

3. 열차의 운전

(1) 운전시각 및 순서(제28조)

① 열차의 운전은 미리 정한 시각 및 순서에 따른다. 다만, 다음 어느 하나에 해당하는 경우에는 관제사의 승인에 의해 지정된 시각보다 일찍 출발 또는 늦게 출발시킬 수 있다.

    1. 여객을 취급하지 않는 열차의 일찍 출발

    2. 운전정리에 지장이 없는 전동열차로서 5분 이내의 일찍 출발

    3. 여객 접속역에서 여객 계승을 위하여 지연열차의 도착을 기다리는 다음의 경우

        가. 고속여객열차의 늦게 출발

        나. 고속여객열차 이외 여객열차의 5분 이상 늦게 출발

② ①의 경우에 복선구간 및 CTC 구간에서는 관제사의 승인을 관제사의 지시에 의할 수 있다.

③ ①에 정한 사항 중 여객을 취급하지 않는 열차의 5분 이내 일찍 출발은 관제사의 승인 없이 역장이 시행할 수 있다.

④ 구원열차 등 긴급한 운전이 필요한 임시열차는 현 시각으로 운전할 수 있으며, 정차할 필요가 없는 정거장은 통과시켜야 한다.

⑤ 트롤리 사용 중에 있는 구간을 진입하는 열차는 일찍 출발 및 조상운전을 할 수 없다.

(2) 정시운전 노력(제29조)

① 역장, 기관사, 열차승무원 등 운전취급 직원은 운전·여객·화물취급 업무를 적극적으로 수행하여 열차가 정시에 운행되도록 하여야 한다.

② 역장 또는 열차승무원은 열차가 지연되었을 때에는 여객 및 화물의 취급, 그 밖에 작업에 지장이 없는 범위에서 정차시간 단축, 승·하차 독려방송 및 승강문 취급 적정 등 지연시분을 회복하거나 더 이상 지연되지 않도록 최선을 다하여야 한다.

③ 기관사는 열차가 지연되었을 때에는 허용속도의 범위에서 정시운전에 노력하여야 한다.

(3) 착발시각의 보고 및 통보(제30조)

① 역장은 열차가 도착, 출발 또는 통과할 때는 그 시각을 차세대 철도운영정보시스템(XROIS)에 입력하거나 직통전화기로 관제사에게 보고하여야 하며, 열차를 출발시키는 시발역의 경우에는 그 시각을 직통전화기로 관제사에게 보고하여야 한다.

② 역장은 ①에 따라 보고하는 경우에는 다음의 사항을 포함하여야 한다.

  1. 열차가 지연하였을 때에는 그 사유

  2. 열차의 연발이 예상될 때는 그 사유와 출발 예정시각

  3. 지연운전이 예상될 때는 그 사유와 지연 예상시간

③ 역장은 열차가 출발 또는 통과한 때에는 즉시 앞쪽의 인접 정거장 또는 신호소 역장에게 열차번호 및 시각을 통보하여야 한다. 다만, 정해진 시각(스케줄)에 운행하는 전동열차의 경우에 인접 정거장 역장에 대한 통보는 생략할 수 있다.

④ 열차의 도착·출발 및 통과시각의 기준은 다음에 따른다.

  1. 도착시각 : 열차가 정해진 위치에 정차한 때

  2. 출발시각 : 열차가 출발하기 위하여 진행을 개시한 때

  3. 통과시각 : 열차의 앞부분이 정거장의 본 역사 중앙을 통과한 때. 고속선은 열차의 앞부분이 절대 표지(출발)를 통과한 때

⑤ 기관사는 열차운전 중 차량상태 또는 기후상태 등으로 열차를 정상속도로 운전할 수 없다고 인정한 경우에는 그 사유 및 전도 지연예상시간을 역장에게 통보하여야 한다.

(4) 열차의 정차(제31조)

① 열차는 정거장 밖에서 정차할 수 없다. 다만, 다음의 경우는 예외로 한다.

  1. 취약구간의 운전취급 등 특히 지정한 경우

  2. 정지신호의 현시 있는 경우

  3. 사고발생 또는 사고발생의 우려 있는 경우

  4. 선로장애 또는 선로장애 우려로 이의 긴급처리를 위한 시설 관계 직원이 현장에 출장할 경우

  5. 열차운전과 직접적 관계가 있는 철도차량 및 시설물의 긴급수리를 위한 보수자가 현장에 타고 내릴 경우

6. 위급한 부상자의 긴급수송 및 치료를 위해 의료요원이 현지에 출장할 경우

7. 공사 직원 및 그 가족의 신병으로 이를 긴급 수송하거나 치료하기 위하여 의료요원이 타고 내릴 경우

8. 그 밖에 부득이한 사유가 있는 경우

② 열차는 정거장의 차량접촉한계표지 안쪽에 정차하여야 한다. 다만, 관제사의 특별한 지시가 있을 때는 예외로 한다.

③ ①의 4.부터 8.까지는 관제사의 승인에 따라 열차를 임시로 정차시킬 수 있다. 다만, 통신 불능 등의 사유로 승인을 받을 수 없을 때에는 나중에 이를 보고할 수 있다.

④ ③에 따라 열차를 임시로 정차시킬 경우 관제사는 임시 정차하는 정거장 역장과 임시정차하기 전의 역장에게 알리고, 연락받은 역장은 그 요지를 기관사에게 알려야 한다.

(5) 열차의 동시진입 및 동시진출(제32조)

정거장에서 2 이상의 열차착발에 있어서 상호 지장할 염려 있는 때에는 동시에 이를 진입 또는 진출시킬 수 없다. 다만 다음의 어느 하나에 해당하는 경우에는 그러하지 아니하다.

1. 안전측선, 탈선선로전환기, 탈선기가 설치된 경우

2. 열차를 유도하여 진입시킬 경우

3. 단행열차를 진입시킬 경우

4. 열차의 진입선로에 대한 출발신호기 또는 정차위치로부터 200[m](동차·전동열차의 경우는 150[m]) 이상의 여유거리가 있는 경우

5. 동일방향에서 동시에 진입하는 열차 쌍방이 정차위치를 지나서 진행할 경우 상호 접촉되는 배선에서는 그 정차위치에서 100[m] 이상의 여유거리가 있는 경우

6. 차내신호 "25"신호(구내폐색 포함)에 의해 진입시킬 경우

(6) 열차의 운전방향(제33조)

상·하열차를 구별하여 운전하는 1쌍의 선로가 있는 경우에 열차 또는 차량은 좌측의 선로로 운전하여야 한다. 다만, 다음 중 어느 하나에 해당하는 경우에는 그러하지 아니하다.

1. 다른 철도운영기관과 따로 운전선로를 지정하는 경우

2. 선로 또는 열차의 고장 등으로 퇴행할 경우

3. 공사·구원·제설열차 또는 시험운전열차를 운전할 경우

4. 정거장과 정거장 외의 측선 간을 운전할 경우

5. 정거장 구내에서 운전할 경우

6. 양방향운전취급에 따라 우측선로로 운전할 경우

7. 그 밖에 특수한 사유가 있을 경우

(7) 선행열차 발견 시 조치(제34조)

① 차내신호폐색식(자동폐색식 포함) 구간의 같은 폐색구간에서 뒤 열차가 앞 열차에 접근하는 때 뒤 열차의 기관사는 앞 열차의 기관사에게 열차의 접근을 알림과 동시 열차를 즉시 정차시켜야 한다.

② ①의 경우에 뒤 열차는 앞 열차의 운행상황 등을 고려하여, 1분 이상 지난 후에 다시 진행할 수 있다.

(8) 열차의 퇴행운전(제35조)

① 열차는 퇴행운전을 할 수 없다. 다만, 다음의 경우에는 예외로 한다.

1. 철도사고(장애 포함) 및 재난재해가 발생한 경우
2. 공사열차·구원열차·시험운전열차 또는 제설열차를 운전하는 경우
3. 동력차의 견인력 부족 또는 절연구간 정차 등 전도운전을 할 수 없는 운전상 부득이한 경우
4. 정지위치를 지나 정차한 경우. 다만, 열차의 맨 뒤가 출발신호기를 벗어난 일반열차와 고속열차는 제외하며, 전동열차는 광역철도 운전취급 세칙 제10조에 따른다.
   가. 전동열차가 정지위치를 지나 승강장 내 정차한 경우에는 전철차장과 협의하여 정지위치를 조정할 수 있으며 조정 후 역장 또는 관제사에게 즉시 보고하여야 한다.
   나. 전동열차가 승강장을 완전히 벗어난 경우에는 관제사가 후속열차와의 운행간격 및 마지막 열차 등 운행상황을 감안하여 승인한 경우 퇴행할 수 있다.

② ①에 따른 퇴행운전은 관제사의 승인을 받아야 하며 다음에 따라 조치하여야 한다.

1. 관제사는 열차의 퇴행운전으로 그 뒤쪽 신호기에 현시된 신호가 변화되면 뒤따르는 열차에 지장이 없도록 조치할 것
2. 열차승무원 또는 부기관사는 ①에 따라 퇴행운전할 때는 추진운전 전호를 하여야 한다. 다만, 고정 편성열차로서 뒤 운전실에서 운전하는 경우에는 예외로 한다.

(9) 열차의 착발선 지정 및 운용(제36조)

① 관제사는 고속선, 역장은 일반선에 대하여 운행열차의 착발 또는 통과선(이하 "착발선")을 지정하여 운용하여야 한다.

② 정거장 내로 진입하는 열차의 착발선 취급은 다음에 따른다.

1. 1개 열차만 취급하는 경우에는 같은 방향의 가장 주요한 본선. 다만, 여객취급에 유리한 경우에는 다른 본선
2. 같은 방향으로 2 이상의 열차 취급하는 경우에는 상위열차는 같은 방향의 가장 주요한 본선, 그 밖의 열차는 같은 방향의 다른 본선
3. 여객취급을 하지 않는 열차로서 시발·종착역 또는 조성 정거장에 착발, 운전정리, 그 밖의 사유로 1. 또는 2.에 따를 수 없을 때에는 그 외의 선로

③ 역장 및 관제사는 사고 등 부득이한 사유로 인하여 지정된 착발선을 변경할 때는 선로 및 열차의 운행상태 등을 확인하여 열차승무원과 기관사에게 그 내용을 통보하고 여객승하차 및 운전취급에 지장이 없도록 조치하여야 한다.

(10) 열차의 감시(제37조)

① 열차가 정거장에 도착·출발 또는 통과할 때와 운행 중인 열차의 감시는 다음에 따른다.

1. 기관사

   가. 견인력 저하 등 차량이상을 감지한 경우 열차상태를 확인 후 운행할 것

   나. 열차교행, 역 출발 또는 통과 시 무선전화기 수신에 주의할 것

   다. 동력차 2인 승무열차의 기관사(또는 부기관사)는 운행 중 각 정거장 간 1회 이상 뒤를 감시하여 열차의 이상 유무를 확인하여야 하며, 열차가 정거장을 출발하거나 통과할 경우 때때로 뒤를 감시하여 열차의 상태와 역장 또는 열차승무원의 동작에 주의할 것

   라. 동력차 1인 승무열차는 뒤 감시 생략

2. 열차승무원

   가. 열차가 도착 또는 출발하는 경우 정지위치의 적정여부, 뒤표지, 여객의 타고 내림, 출발신호기의 현시상태 등을 확인할 것. 다만, 열차출발 후 열차감시를 할 수 없는 차량구조인 열차의 감시는 생략할 것

   나. 전철차장의 경우 열차가 정거장에 도착한 다음부터 열차 맨 뒤가 고상홈 끝 지점을 진출할 때까지 감시할 것. 다만, 승강장 안전문이 설치된 정거장에서는 열차가 정거장에 정차하고 있을 때에는 열차의 정차위치, 열차의 상태, 승객의 승·하차 등을 확인하고, 열차가 출발할 때에는 열차의 맨 뒤가 고상홈 끝을 벗어날 때까지 뒤쪽을 감시할 것

3. 역장은 다음의 어느 하나에 해당하면 승강장의 적당한 위치에서 장내신호기 진입부터 맨 바깥쪽 선로전환기 진출할 때까지 신호·선로의 상태 및 여객의 타고 내림, 뒤표지, 완해불량 등 열차의 상태를 확인하여야 한다.

   가. 기관사가 열차에 이상이 있음을 감지하여 열차감시를 요구하는 경우

   나. 여객을 취급하는 고정편성열차의 승강문이 연동 개폐되지 않을 경우(다만, 감시자를 배치하거나 승강문 잠금의 경우는 생략)

   다. 관제사가 열차감시를 지시한 경우

4. 역구내 및 선로를 순회하는 각 분야 순회점검자는 업무수행 도중 지나가는 열차의 이상소음, 불꽃 및 매연발생 등 이상을 발견하면 해당 열차의 기관사 및 관계역장에게 즉시 보고하여야 한다.

② ①의 열차감시 중 열차상태 이상을 발견하면 즉시 정차조치를 하고 관계자(기관사, 역장 또는 관제사)에게 통고 및 보고하여야 하며 고장처리지침에 따라 조치하여야 한다.

(11) 영상감시설비에 의한 열차의 감시(제38조)

열차감시 지정역의 역장은 조작반 취급, 열차무선교신 등 운전취급에 지장 없는 범위에서 영상감시장비를 활용하여 열차가 정거장에 진입 또는 진출할 때 주행장치 등의 이상 유무를 감시하여야 한다. 다만, 고정편성 여객열차 및 동력차만으로 조성한 열차는 감시를 생략할 수 있다.

(12) 역장과 건널목관리원 등의 업무협의(제39조)

역장은 건널목관리원 또는 교량·터널의 근무자와 매일 열차 운행상황과 고압배전선로의 단전계획 등을
협의하고 변경사항이 발생한 때에는 가장 신속한 방법으로 통보하여야 한다.

4. 신호의 지시

(1) 정지신호의 지시(제40조)

① 열차 또는 차량은 신호기에 정지신호 또는 차내신호에 정지신호(목표속도 "0") 현시의 경우에는 그
현시지점을 지나 진행할 수 없다. 다만, 정지신호 현시지점을 지나 진행할 수 있는 경우는 관련 세칙
에 따로 정한다.

② 열차 또는 차량이 운행 중 앞쪽의 신호기에 갑자기 정지신호가 현시된 경우에는 신속히 정차조치를
하여야 한다.

(2) 특수신호에 의한 정지신호(제41조)

① 기관사는 열차운전 중 열차무선방호장치 경보 또는 정지 수신호를 확인한 때에는 본 열차에 대한
정지신호로 보고 신속히 정차조치를 하여야 한다.

② 기관사는 열차무선방호장치의 경보로 정차한 경우 관제사 또는 역장에게 보고하고 지시에 따라야
한다. 다만, 지시를 받을 수 없을 때는 무선통화를 시도하며 앞쪽 선로에 이상 있을 것을 예측하고
25[km/h] 이하의 속도로 다음 정거장까지 운행할 수 있다.

(3) 신호현시별 적용기준(제42조)

신호현시방식은 차내신호와 지상신호로 구분하며 신호적용은 다음의 기준에 따라야 한다.

1. 단일 신호구간을 운행하는 경우 해당 신호현시에 따른다.
2. 차내신호와 지상신호의 혼용구간을 운행하는 경우 차내신호를 우선으로 한다. 다만, 차내신호장치
   미설치 또는 차단한 경우 지상신호에 따른다.
3. 양방향신호 구간에서 우측선로 운전할 경우 2.에 따른다.

(4) 유도신호의 지시(제43조)

① 열차는 신호기에 유도신호가 현시된 때에는 앞쪽 선로에 지장 있을 것을 예측하고, 일단정차 후 그
현시지점을 지나 25[km/h] 이하의 속도로 진행할 수 있다.

② 역장은 ①에 따라 열차를 도착시키는 경우에는 정차위치에 정지수신호를 현시하여야 한다. 이 경우
에 수신호 현시위치에 열차정지표지 또는 출발신호기가 설치된 경우에는 따로 정지수신호를 현시하
지 않을 수 있다.

(5) 경계신호의 지시(제44조)

열차는 신호기에 경계신호 현시가 있을 때는 다음 상치신호기에 정지신호의 현시가 있을 것을 예측하고, 그 현시지점부터 25[km/h] 이하의 속도로 운전하여야 한다. 다만, 5현시 구간으로서 경계신호가 현시된 경우 65[km/h] 이하의 속도로 운전할 수 있는 신호기는 다음의 어느 하나와 같다.

1. 각선 각역의 장내신호기. 다만, 구내폐색신호기가 설치된 선로 제외
2. 인접역의 장내신호기까지 도중폐색신호기가 없는 출발신호기

(6) 주의신호의 지시(제45조)

① 열차는 신호기에 주의신호가 현시된 경우에는 다음 상치신호기에 정지신호 또는 경계신호가 현시될 것을 예측하고, 그 현시지점을 지나 45[km/h] 이하로 진행할 수 있다. 이 경우에 신호 5현시 구간은 65[km/h] 이하의 속도로 한다. 다만, 원방신호기에 주의신호가 현시될 때와 다음의 경우에는 주의신호 속도 이상으로 운전할 수 있다.

1. 인접역의 장내신호기까지 도중 폐색신호기가 없는 출발신호기
2. 신호 3현시 구간의 각선 각역의 장내신호기
3. 신호 3현시 구간의 자동폐색신호기에 주의신호가 현시된 구간을 운전할 때 역장 또는 관제사로부터 다음 신호기에 진행 지시신호가 현시되었다는 통보를 받았을 경우

② CTC 신호 4현시 구간에서 주의신호 또는 정지신호에 따라 운전하는 열차가 앞쪽의 최근 신호기에 진행 지시신호 현시가 있을 때 그 신호기까지 신호 제한속도에 따르지 않고 운전할 수 있는 ATS 지상자 설치지점은 다음과 같다.

1. 경부선 의왕역 : 12번 상출발(3N)신호기 바깥쪽 272[m], 9번 하출발(4I)신호기 바깥쪽 319[m]
2. 경원선 소요산역 : 하장 내(1A)신호기 바깥쪽 15[m]

(7) 주의신호의 지시 예외(제46조)

다음의 구간 상치신호기에 주의신호가 현시되면 전동열차를 제외한 열차는 25[km/h] 이하의 속도로 운행하여야 한다.

1. 경부 제2본선 : 가산디지털단지~천안(단, 천안역 장내신호기 제외)
2. 경부 제3본선 : 용산~구로

(8) 감속신호의 지시(제47조)

열차는 신호기에 감속신호가 현시되면 다음 상치신호기에 주의신호 현시될 것을 예측하고, 그 현시지점을 지나 65[km/h] 이하로 진행할 수 있다. 이 경우에 신호 5현시 구간은 105[km/h] 이하의 속도로 운행한다.

(9) 진행신호의 지시(제48조)

열차는 신호기에 진행신호가 현시되면 그 현시 지점을 지나 진행할 수 있다.

(10) 임시신호의 지시(제49조)

① 열차는 서행신호기가 있을 경우 그 신호기부터 지정속도 이하로 진행하여야 한다.

② 열차는 서행예고신호기가 있을 때는 다음에 서행신호기가 있을 것을 예측하고 진행하여야 한다.

③ 열차의 맨 뒤 차량이 서행해제신호의 현시지점을 지났을 때 서행을 해제한다.

(11) 허용속도의 현시(제50조)

선행열차와 후속열차 사이의 거리유지, 진로연동 및 열차감시 정보에 의한 제한속도와 궤도정보에 의한 열차의 허용속도를 현시한다.

(12) 열차검지에 따른 속도현시(제51조)

모든 열차가 위치해 있는 궤도에서 열차위치를 검지하며 열차가 최종적으로 검지된 궤도위치에 열차의 허용속도를 '0'로 현시한다.

(13) 차내신호의 지시(제52조)

열차 또는 차량은 차내신호의 지시하는 속도 이하로 운행하여야 한다.

5. 열차운전정리

(1) 관제사의 운전정리 시행(제53조)

① 관제사는 열차운행에 혼란이 있거나 혼란이 예상되는 때에는 관계자에게 알려 운전정리를 하여야 한다.

② 관제사의 운전정리 사항은 다음과 같다.

   1. 교행변경 : 단선운전 구간에서 열차교행을 할 정거장을 변경

   2. 순서변경 : 선발로 할 열차의 운전시각을 변경하지 않고 열차의 운행순서를 변경

   3. 조상운전 : 열차의 계획된 운전시각을 앞당겨 운전

   4. 조하운전 : 열차의 계획된 운전시각을 늦추어 운전

   5. 일찍출발 : 열차가 정거장에서 계획된 시각보다 미리 출발

   6. 속도변경 : 견인정수 변동에 따라 운전속도가 변경

   7. 열차 합병운전 : 열차운전 중 2 이상의 열차를 합병하여 1개 열차로 운전

   8. 특발 : 지연열차의 도착을 기다리지 않고 따로 열차를 조성하여 출발

   9. 운전휴지(운휴) : 열차의 운행을 일시 중지하는 것을 말하며 전구간 운휴 또는 구간운휴로 구분

10. 선로변경 : 선로의 정해진 운전방향을 변경하지 않고 열차의 운전선로를 변경

11. 단선운전 : 복선운전을 하는 구간에서 한쪽 방향의 선로에 열차사고·선로고장 또는 작업 등으로 그 선로로 열차를 운전할 수 없는 경우 다른 방향의 선로를 사용하여 상하 열차를 운전

12. 그 밖에 사항 : 운전정리에 따르는 임시열차의 운전, 편성차량의 변경·증감 등 그 밖의 조치

(2) 역장의 운전정리 시행(제54조)

① 역장은 열차지연으로 교행변경 또는 순서변경의 운전정리가 유리하다고 판단되나 통신 불능으로 관제사에게 통보할 수 없을 때에는 관계 역장과 협의하여 운전정리를 할 수 있다.

② 통신기능이 복구되었을 때 역장은 통신불능 기간 동안의 운전정리에 관한 사항을 관제사에게 즉시 보고하여야 한다.

(3) 열차의 등급(제55조)

열차등급의 순위는 다음과 같다.

1. 고속여객열차 : KTX, KTX-산천

2. 특급여객열차 : ITX-청춘

3. 급행여객열차 : ITX-새마을, 새마을호열차, 무궁화호열차, 누리로열차, 특급·급행전동열차

4. 보통여객열차 : 통근열차, 일반전동열차

5. 급행화물열차

6. 화물열차 : 일반화물열차

7. 공사열차

8. 회송열차

9. 단행열차

10. 시험운전열차

(4) 운전정리 사항 통고(제56조)

열차 운전정리를 하는 경우의 통고 대상소속은 [별표 4]와 같다.

[별표 4] 열차 운전정리 통고 소속

정 리 종 별	관계 정거장 ("역"이라 약칭)	관계열차 기관사·열차승무원에 통고할 담당 정거장("역"이라 약칭)	관계소속
교행변경	원교행역 및 임시교행역을 포함하여 그 역 사이에 있는 역	지연열차에는 임시교행역의 전 역, 대향열차에는 원교행역	
순서변경	변경구간 내의 각 역 및 그 전 역	임시대피 또는 선행하게 되는 역의 전 역(단선구간) 또는 해당 역(복선구간)	
조상운전 조하운전	시각변경구간 내의 각 역	시각변경구간의 최초 역	승무원 및 동력차의 충당 승무사업소 및 차량사업소

정리 종별	관계 정거장 ("역"이라 약칭)	관계열차 기관사·열차승무원에 통고할 담당 정거장("역"이라 약칭)	관계소속
속도변경	변경구간 내의 각 역	속도변경구간의 최초 역 또는 관제사가 지정한 역	변경열차와 관계열차의 승무원 소속 승무사업소 및 차량사업소
운전휴지 합병운전	운휴 또는 합병구간 내의 각 역	운휴 또는 합병할 역, 다만, 미리 통고할 수 있는 경우에 편의역장을 통하여 통고	승무원 및 기관차의 충당 승무사 업소·차량사업소와 승무원 소 속 승무사업소
특발	관제사가 지정한 역에서 특발 역 까지의 각 역, 특발열차 운전구간 내의 역	지연열차에는 관제사가 지정한 역, 특 발열차에는 특발 역	위와 같음
선로변경	변경구간 내의 각 역	관제사가 지정한 역	필요한 소속
단선운전	위와 같음	단선운전구간 내 진입열차에는 그 구간 최초의 역	선로고장에 기인할 때에는 관할 시설처
그 밖의 사항	관제사가 필요하다고 인정하는 역	관제사가 지정한 역	필요한 소속

6. 운전명령

(1) 운전명령의 의의 및 발령구분(제57조)

① 운전명령이란 사장(열차운영단장, 관제실장) 또는 관제사가 열차 및 차량의 운전취급에 관련되는 상례 이외의 상황을 특별히 지시하는 것을 말한다.

② 정규 운전명령은 수송수요·수송시설 및 장비의 상황에 따라 상당시간 이전에 XROIS 또는 공문으로서 발령한다.

③ 임시 운전명령은 열차 또는 차량의 운전정리 사항과 긴급히 발령하는 운전취급에 관한 지시를 말하며 XROIS 또는 전화(무선전화기를 포함)로서 발령한다.

④ 운전명령 요청 및 시행 부서는 XROIS 또는 공문에 의한 운전명령 내용을 확인하여 운전명령이 차질 없이 시행할 수 있도록 하여야 한다.

(2) 운전명령의 주지(제58조)

① 승무적합성검사를 시행하는 사업소장 및 역장은 운전명령에 대하여 다음에 따라 관계 직원에게 주지시켜야 한다.

1. 정거장 또는 신호소 및 관계 사업소에서는 운전명령의 내용을 관계직원이 출근하기 전에 게시판에 게시할 것

2. 기관사 또는 열차승무원이 승무일지에 기입이 쉽도록 1.에 따르는 외 운정장표취급 내규[별지 제2호 서식] 운전시행전달부에 구간별로 기입하여 열람시킬 것

3. 운전명령 사항에 변동이 있을 때마다 이를 정리하여야 한다. 소속직원이 출근 후에 접수한 운전명령은 즉시 그 내용을 해당 직원에게 통고하는 동시에 게시판과 운전시행전달부에 붉은 글씨로 기입할 것

② 관계 직원이 출근하는 때는 반드시 게시판 등에 게시한 운전명령을 열람하고, 담당 업무에 필요한 사항을 기록 또는 숙지하여야 한다.

③ 기관사 및 열차승무원은 ②를 따르는 외에 다음에 따른다.

    1. 승무담당 노선의 운전명령을 승무일지에 기입하고, 이를 당무팀장에게 제시하여 점검을 받은 후 승무 시 휴대할 것

    2. 열차시발 전 또는 승무 중 수시로 승무일지의 운전명령사항을 열람하여 숙지할 것

(3) 운전명령 통고 의뢰 및 통고(제59조)

① 사업소장은 운전관계승무원의 승무개시 후 접수한 임시 운전명령을 해당 직원에게 통고하지 못하였을 때는 관계 운전취급담당자에게 통고를 의뢰하여야 하며 임시운전명령사항은 다음과 같다.

    1. 폐색방식 또는 폐색구간의 변경

    2. 열차 운전시각의 변경

    3. 열차 견인정수의 임시변경

    4. 열차의 운전선로의 변경

    5. 열차의 임시교행 또는 대피

    6. 열차의 임시서행 또는 정차

    7. 신호기 고장의 통보

    8. 수신호 현시

    9. 열차번호 변경

    10. 열차 또는 차량의 임시입환

    11. 그 밖에 필요한 사항

② ①의 임시운전명령 통고를 의뢰받은 운전취급담당자는 해당 운전관계승무원에게 임시운전명령번호 및 내용을 통고하여야 한다. 다만, ① 5.의 경우에 복선운전구간과 CTC구간은 관제사 운전명령번호를 생략한다.

③ 운전취급담당자는 기관사에게 임시운전명령을 통고하는 경우 무선전화기 3회 호출에도 응답이 없을 때에는 상치신호기 정지신호 현시 및 열차승무원의 비상정차 지시 등의 조치를 하여야 한다.

④ ③의 경우 운전취급담당자는 열차승무원 또는 역무원으로 하여금 해당 열차의 이상여부 확인 및 운전명령 통고 후 운행토록 한다.

⑤ 임시운전명령을 통고받은 운전관계승무원은 해당열차 및 관계열차의 운전관계승무원과 그 내용을 상호 통보하여야 한다.

(4) 운전관계승무원의 휴대용품(제60조)

① 운전관계승무원은 승무 시 다음에 정한 용품을 휴대하여야 한다. 다만, 5. 운전관계규정은 승무 시 지급한 열차운전안내장치(GKOVI)로 그 내용을 확인할 수 있는 경우에는 휴대하지 않을 수 있다.

    1. 손전등 : 동력차승무원

2. 승무일지 : 기관사 및 열차승무원

3. 전호등·기(적·녹색) : 열차승무원. 열차승무원 승무생략 열차의 경우 기관사

4. 휴대용 무선전화기 : 기관사, 열차승무원

5. 운전관계규정

　　가. 운전취급규정 : 기관사

　　나. 고속철도운전취급세칙 : KTX기장

　　다. 일반철도운전취급세칙 : 일반철도 기관사

　　라. 광역철도운전취급세칙 : 광역철도 기관사

　　마. 열차운전시행세칙 : 기관사

6. 열차운전시각표 : 기관사 및 열차승무원

7. 그 밖에 필요하다고 인정하는 것

② ①의 3.의 전호등은 녹색등과 적색등을 현시할 수 있는 손전등으로 대체할 수 있다.

③ 승무사업소장은 [별지 제2호 서식]에 따라 열차시각표를 작성하여 해당 열차의 기관사 및 열차승무원에게 이를 휴대시켜야 한다. 다만, 긴급한 임시열차를 운전하는 경우에는 휴대를 생략할 수 있으며, 열차운전에 필요한 사항을 포함하여 승무사업소장이 승인한 자체 제작된 열차시각표로 대신할 수 있다.

④ 비상공구함 또는 운전실에 비치한 품목은 따로 휴대하지 않을 수 있다.

7. 차량의 입환

(1) 입환작업 기준의 설정(제61조)

역장 및 사업소장(철도차량정비단장 포함)은 입환 작업에 필요한 다음의 사항을 운전작업 내규에 포함하여야 한다.

1. 입환작업 전 관계부서와 협의를 해야 할 사항

2. 2 이상의 동력차로 입환을 하는 경우 그 작업구역의 범위

3. 입환작업 시 주의를 요하는 선로·장치 등에 관한 작업방법

4. 최대유치 가능차수와 그 7할에 도달할 때 보고 및 조치사항

5. 무선입환을 하는 경우 사용채널 지정

6. 그 밖의 필요한 사항

(2) 차량의 분리 및 연결(제62조)

① 열차시각표에 지정된 정거장에서만 열차와 차량을 분리하거나 연결 하여야 한다. 다만, 임시로 분리 및 연결 등의 입환에 관하여 관제사의 승인이 있는 경우에는 그러하지 아니하다.

② ①의 단서에 따라 임시로 분리 및 연결 등의 입환을 할 때는 기관사 및 열차승무원에게 운전명령번호에 의한 입환작업계획서를 교부하여야 한다.

(3) 입환 협의 및 통보(제63조)

① 역장은 입환작업 전에 기관사, 운전취급담당자, 관계직원에게 작업내용, 작업방법 등[별지 2호]의 입환작업계획서를 작성하여 배부하고, 작업내용과 안전조치 사항 등을 교육하여야 한다. 다만, 입환작업계획서의 교부를 생략하고 기관사에게 구두로 통보할 수 있는 경우는 다음과 같다.

1. 종착역이나 시발역에서 단행기관차 또는 조성된 열차를 전선하는 경우
2. 열차 또는 차량이 동일선로 내에서 이동하는 경우
3. 중간역에서 본 조성의 차량을 다른 선로로 이동하는 경우
4. 입환작업계획서 교부 후 입환 순서, 시간 등이 변경되어 무선전화기를 이용하여 기관사에게 통보한 경우

② 기관사는 입환의 순서와 방법 등이 입환작업계획서 또는 구두 통보받은 내용과 다를 때에는 역무원에게 그 사유를 확인하여야 한다.

③ 기관사는 역장으로부터 받은 입환작업계획서의 내용을 숙지하고 입환작업에 임하여야 하며 사업종료 시 사업소장에게 제출하여야 한다.

(4) 입환작업 전 확인 및 통고(제64조)

① 역무원은 입환작업 시작 전에 다음의 사항을 확인하여야 한다.

1. 입환작업 시행에 있어 본선을 지장하거나 지장할 염려가 있을 때에는 그 본선에 대한 신호기에 정지신호가 현시되어 있을 것
2. 선로의 상태가 입환에 지장 없어야 할 것
3. 구름막이는 제거되었거나 열려 있을 것
4. 탈선선로전환기 및 탈선기는 탈선시키지 않는 방향으로 개통되어 있을 것
5. 특수한 사유 있는 경우 이외에는 화차의 문이 닫혀 있을 것
6. 이동금지전호기의 표시상태를 확인할 것
7. 분리·연결 차량의 각 공기관 호스 및 전기연결기가 분리·연결되어 정해진 위치에 있을 것. 이 경우에 전기연결기가 분리·연결되지 않았을 때는 차량관리원에게 이의 분리·연결을 요구하고, 차량관리원이 없는 경우에는 역무원이 분리·연결할 것

② 역무원은 입환작업을 할 때에 다음 중 어느 하나에 해당되면 관계 선로의 길고 짧음과 유치차량의 유무 등을 기관사에게 알리고 입환에 주의하여야 한다.

1. 야간 입환 및 특히 주의를 요하는 장소에서 입환을 하는 경우
2. 앞쪽의 선로상황을 확인 할 수 없는 장소에서 입환을 하는 경우
3. 동력차에 기관사 1인만 승무한 경우
4. 고속차량의 입환을 하는 경우

(5) 차량입환 시 입환전호(제65조)

① 역무원은 차량입환을 하는 경우에는 기관사에게 다음에 따른 수전호에 의한 입환전호를 하여야 한다.
1. 입환전호는 기관사로부터 잘 보이는 위치에서 정확히 할 것
2. 입환전호가 기관사로부터 잘 보이지 않을 때는 다른 직원으로서 중계시킬 것
3. 2.에 따른 전호의 중계가 부득이 곤란한 경우 부기관사 측에서 입환전호를 하거나 무선전호를 할 것
4. 입환신호기(입환표지를 포함) 신호 또는 기계식 선로전환기 진로가 정당함을 확인하고 입환전호를 할 것

② 기관사는 입환전호에 따라 차량을 움직이거나 정차시켜야 한다.

③ ①에 따라 부기관사 측에서 수전호에 의한 입환전호를 할 때에는 부기관사가 말로 기관사에게 중계하여야 한다. 이 경우 특히 속도절제에 주의하여야 한다.

④ 역무원은 입환신호기(입환표지 포함) 고장 또는 관계 궤도회로 점유 등으로 이를 사용할 수 없는 경우에 관계 진로의 이상 유무를 확인하고 입환전호를 하여야 한다. 이 경우 역장은 반드시 조작반으로 관계 진로의 이상 유무를 확인 후 기관사에게 입환신호기의 고장 또는 궤도회로 점유로 관계 진로에 이상 없음 등의 사유를 통보하고, 본선지장 승인 번호를 부여하여야 한다.

⑤ 역무원은 정거장 밖의 장대한 측선에서 진행방향 맨 앞에 동력차를 연결하고 입환을 할 때는 그 운전실에 승차하여 전호할 수 있다. 다만, 앞쪽의 선로를 확인 할 수 없을 때는 그러하지 아니하다.

(6) 입환 시의 제동취급(제66조)

기관사는 입환작업을 하는 때는 기관차만의 단독제동을 사용하되, 모든 차량의 제동장치를 사용하는 것이 안전하다고 인정될 때에는 역무원에게 제동관 연결을 요구하고 관통제동을 사용하여야 한다.

(7) 입환 차량의 연결취급(제67조)

① 입환차량은 상호 연결하여야 한다.
② 차량의 연결은 다른 한쪽이 정차하였을 때에 연결하여야 한다.
③ 차량을 분리·연결할 때는 굴러가지 않도록 상당한 조치를 하여야 한다.
④ 차량을 연결하는 경우에 역무원은 다음에 따라 전호를 하여야 한다.
1. 차량 상호간격이 약 42[m]에 접근하였을 때는 "오너라"의 전호를 일단 중지하고, "속도를 절제하라"의 전호를 할 것
2. 기관사의 기적전호(짧게 1회) 응답이 있을 때는 전호의 흔드는 폭을 점차 작게 하여 연결할 차량의 상호간격 약 3[m] 지점에 정차할 수 있도록 "정지하라"의 전호를 할 것
3. 차량연결을 위해 "조금 접근" 또는 "조금 퇴거"의 전호를 시행할 것

⑤ ④의 1.의 전호는 동력차에 연결된 차량의 상태 등을 감안하여 상황에 따라 42[m] 이상의 거리에서 미리 속도절제 등의 조치를 하여야 한다.

(8) 입환 제한(제68조)

① 기관차를 사용하여 동차 또는 부수차의 입환을 할 때는 동차 또는 부수차를 다른 차량의 중간에 끼워서 입환할 수 없다.

② 동차를 사용하여 입환을 할 때는 동차·부수차 또는 객차 이외의 차량을 연결할 수 없다.

③ 여객이 승차한 객차의 입환은 할 수 없다. 다만, 부득이 여객이 승차한 객차의 입환을 할 경우는 관련 세칙(일반철도 운전취급 세칙 제14조)에 따로 정한다.
  1. 방송 또는 말로 승객 및 직원에게 입환 시행에 대한 내용을 주지시키고 주의사항을 통보할 것
  2. 입환 객차에 승차한 여객이 안전하도록 유도할 것
  3. 객차의 분리 및 연결 입환을 할 때는 15[km/h] 이하 속도로 운전할 것

④ 이동 중인 차량을 분리 또는 연결할 수 없다.

(9) 건널목 입환 취급(제69조)

제1종 건널목을 제외한 건널목 또는 제1종 건널목 중 통행차량이 잦은 건널목을 지장하는 입환을 하는 경우에 역무원은 입환차량을 일단정차시켜 차량을 통제한 후 입환차량의 통과에 안전할 때 이를 유도하고 기관사는 이에 주의운전 하여야 한다. 다만, 역무원이 미리 차량의 통행을 통제한 경우에는 일단정차 하지 않을 수 있다.

(10) 인력입환(제70조)

인력입환에 관하여 일반철도 운전취급 세칙에 따라 다음의 내용에 따른다.
1. 인력입환은 정거장 본선에서는 이를 시행하지 말 것
2. 정거장 안과 밖의 본선을 지장할 염려가 있는 인력입환을 하는 경우에는 역장의 승인에 따를 것. 이 경우 CTC구간의 정거장에서는 관제사의 승인을 받을 것
3. 인력입환을 하는 2 이상의 차량은 상호 연결할 것
4. 1,000분의 3을 넘는 경사가 있는 선로에서는 인력입환을 하지 말 것
5. 맨 바깥쪽 본선 선로전환기에서 정거장 밖으로 100m 사이에 정거장 밖을 향하는 내리막 경사가 있을 때에는 그 선로전환기에 걸치는 인력입환을 하지 말 것

(11) 정거장 외 측선에서의 입환(제71조)

정거장 또는 정거장 밖의 본선에서 분기하는 측선(이하 "정거장 외 측선")에서의 입환은 다음에 따른다.
1. 관통제동 사용을 원칙으로 할 것
2. 구원운전의 경우 이외에는 동력을 가진 다른 차량을 운전할 수 없다. 다만, 관제사의 승인에 의할 때는 제외
3. 차량을 정거장 안으로 진입시킬 때는 일단정지표지 바깥쪽에 정차시키고 역장의 지시에 따를 것. 다만, 사전에 역장으로부터 진입선명을 통보받았을 때는 제외

(12) 열차의 진입 또는 진출선로 지장입환(제72조)

① 열차가 정거장에 진입 또는 진출할 시각 5분 전에는 그 진입 또는 진출할 선로를 지장하거나 지장할 염려 있는 입환을 할 수 없다.

② ①에 불구하고 열차의 진입선로를 개통시키는 등 긴급 부득이한 사유로 인하여 열차를 정거장 바깥쪽에 정차시키고 입환을 할 필요가 있을 때에는 열차가 정거장에 진입하는 시각의 5분 전까지 입환차량을 맨 바깥쪽의 선로전환기 안쪽으로 이동시키고 열차가 정거장 바깥쪽에 정차한 것을 확인한 다음 입환작업을 개시할 수 있다.

③ 열차 도착 진입선로의 지장 입환을 2분 전까지 단축 시행할 수 있는 정거장은 다음 중 어느 하나와 같다.

　1. CTC구간의 각 정거장에서 역 자체 조작에 따라 장내신호기에 정지신호를 현시한 정거장. 다만, CTC시단역의 경우로서 CTC구간이 아닌 방향은 제외

　2. 일간 입환량(중계, 착발)이 100량 이상인 정거장

　3. 동력차를 교체하게 되어 있는 정거장

④ ③의 2. 및 3.의 경우로서 열차의 도착 진입선로를 지장 또는 지장할 염려 있는 입환을 하는 경우에 역장은 사전에 기관사에게 통보한 후 시행하여야 하며, 통보받은 기관사는 지장 있을 것을 예측하고 장내신호기 밖에 정차할 자세로 주의 운전하여야 한다.

(13) 열차의 정차위치 전방선로 지장입환(제73조)

열차의 도착 또는 통과시각으로부터 5분 이내는 그 정차위치 앞쪽 선로를 지장하는 입환 또는 지장할 염려 있는 입환을 할 수 없다. 다만, 다음의 경우는 예외로 한다.

1. 열차의 정차위치로부터 200[m](동차·전동열차의 경우는 150[m]) 이상의 과주여유거리를 가진 선로

2. CTC구간의 각 정거장에서 역 자체 조작에 의하여 장내신호기에 정지신호를 현시한 선로 또는 기타 역에서 유도신호에 의하여 열차를 진입시키는 선로의 경우에는 1.의 과주 여유거리를 갖지 않아도 된다.

(14) 정거장 외의 입환(제74조)

① 열차가 인접 정거장을 출발 또는 통과한 후에는 그 열차에 대한 장내신호기의 바깥쪽을 지장하는 입환을 할 수 없다.

② 정거장 또는 정거장 바깥쪽의 급경사로 인하여 차량이 굴러갈 염려가 있는 정거장에서 입환하는 경우에는 다음의 내용에 따른다.

　1. 내리막을 향한 입환 또는 내리막 방향의 본선을 건너는 입환 시 관통제동을 사용할 것

　2. 내리막 방향으로 맨 앞에 동력차를 연결하여 입환할 것. 다만, 내리막으로 굴러갈 것에 대비하여 안전조치를 하였을 때는 제외한다.

　3. 제동취급경고표지를 설치한 지점에 일단 정차할 자세로 입환할 것

③ 지역본부장은 ②의 정거장을 지정하여야 한다.

(15) 본선지장 입환(제75조)

① 정거장 내외의 본선을 지장하는 입환을 할 필요가 있을 때에 역무원은 그때마다 역장의 승인을 받아
야 한다. 다만, 정거장 내 주본선 이외의 본선지장 입환 시 해당 본선의 관계열차 착발시각과 입환
종료시각까지 10분 이상의 시간이 있을 때는 본선지장 입환 승인을 생략할 수 있다.

② ①의 승인을 요청받은 역장은 열차의 운행상황을 확인하고, 정거장 밖에서 입환할 때는 인접역장과
협의하여 열차에 지장 없는 범위에서 입환을 승인하고 다음의 내용에 따른다.

1. 본선지장승인 기록부에 승인내용을 기록하고, 관계 직원에게 통보할 것
2. 해당 조작반(표시제어부, 폐색기 포함)에 "본선지장입환 중"임을 표시할 것. 정거장 바깥쪽에 걸
친 입환인 경우에는 협의를 받은 인접 역장 또한 같다.
3. 지장시간·지장열차·지장본선·내용 등을 입환작업계획서에 간략하게 붉은 글씨로 기재하여
통고할 것

③ 본선지장 입환이 승인시간 내에 완료되지 않을 경우에는 다음 각 호에 따른다.

1. 기관사 또는 역무원은 역장에게 그 사유를 승인시간 종료 전에 통보할 것
2. 1.의 통보를 받은 역장은 열차 운행상황을 파악하여, 재승인하거나 입환중지 등의 지시를 할 것
3. 기관사는 입환차량이 본선진입 전일 때는 차량을 속히 정차시키고 역장의 지시에 따를 것

④ CTC구간에서 열차진입 할 방향의 정거장 밖에서 입환을 해야 할 때는 ① 및 ③에 따르며 관제사의
승인을 받아야 한다. 이 경우 관제사는 관계열차의 내용을 통보하는 등 안전조치의 지시를 하여야
한다.

(16) 구내운전의 방식(제76조)

① 구내운전은 다음의 내용에 따라야 한다.

1. 운전취급담당자는 다음 내용의 신호를 현시한 후 기관사에게 도착선명, 도착지점 또는 유치차량
유무 등에 대한 사항을 포함한 무선전호를 시행할 것
   가. 입환신호기 진행신호 현시
   나. 입환표지 개통 현시
   다. 선로별표시등, 백색등 점등
2. 기관사는 1.의 무선전호를 통보 받은 경우에는 다음 내용에 따를 것
   가. 운전취급담당자와 동일한 무선전호로 응답
   나. 도착선로 또는 도착지점에 정차
   다. 유치차량 약 42[m] 앞에 정차. 단, 유치차량과의 거리가 약 42[m] 미만인 경우에는 적당한
   지점에 정차
3. 1.의 무선전호는 통신장치 또는 무선전화기로 할 것. 다만, 통화불능 시에는 관계 직원의 중계에
따를 것
4. 운전취급담당자는 해당 차량의 기관사와 무선통화로 운전준비가 완료됨을 확인하고 1.의 신호를
현시하여야 한다.

② 구내운전을 하는 시작 지점 또는 끝 지점은 다음과 같다.

1. 입환신호기
2. 입환표지
3. 선로별표시등
4. 차량정지표지
5. 열차정지표지
6. 운전취급담당자가 통보한 도착지점
7. 수동식 선로전환기 중 키볼트로 쇄정한 선로전환기. 이 경우에 운전취급담당자는 기관사에게 쇄정한 선로전환기 명칭을 사전에 통보할 것

③ 구내운전을 할 수 있는 대상차량은 다음과 같다.

1. 단행기관차(중련 포함) : 디젤기관차 또는 전기기관차
2. 고정편성 차량 : 앞·뒤 운전실이 있는 차량
3. 보수장비
4. 1.의 기관차에 다른 차량(무동력 기관차 포함)을 연결하고 견인 운전하는 경우를 포함. 다만, 추진운전의 경우 제외

④ 입환작업 도중에 ③의 1.의 단행기관차를 차량에서 분리 한 후 이를 단독으로 이동 또는 전선하는 경우에는 구내운전에 따른다. 이 경우에 역무원과 운전취급담당자간에 사전에 협의하여 업무한계를 명확히 하여야 한다.

⑤ ①의 1. 가.의 입환신호기에 반응표시등이 설치된 경우의 구내운전 취급은 관련 세칙에 따른다.

⑥ 구내운전 구간의 운전속도는 차량 입환속도에 준한다. 다만, 구내운전 속도를 넘어 운전할 수 있는 경우는 관련 세칙에 따로 정한다.

⑦ 차량기지 및 역 구내 등 별도의 구내운전 속도제한개소는 운전작업내규에 따로 지정할 수 있으며 속도제한표지 및 속도제한해제표지를 설치하여야 한다.

8. 선로전환기의 취급

(1) 선로전환기의 정위(제77조)

① 선로전환기의 정위는 다음의 선로 방향으로 개통한 것으로 한다. 다만, 본선과 측선에 있어서 입환 인상선으로 지역본부장이 지정하면 측선으로 개통한 것을 정위로 할 수가 있다.

1. 본선과 본선의 경우 주요한 본선. 다만, 단선운전구간의 정거장에서는 열차가 진입할 본선
2. 본선과 측선과의 경우에는 본선
3. 본선 또는 측선과 안전측선(피난선을 포함)의 경우에는 안전측선
4. 측선과 측선의 경우 주요한 측선

② 탈선선로전환기 또는 탈선기는 탈선시킬 상태에 있는 것을 정위로 한다.

(2) 선로전환기의 정위 유지(제78조)

① 기계식 선로전환기(탈선선로전환기 및 탈선기 포함)를 열차 또는 차량을 진입·진출시키기 위하여 반위로 취급한 후 그 사용이 끝나면 즉시 정위로 복귀하여야 한다. 다만, 추 붙은 선로전환기의 경우에는 그러하지 아니하다.

② 열차 또는 차량의 정차를 육안 또는 무선전화기로 확인하기 전에 선로전환기를 반위로 할 수 없는 경우는 다음과 같다.

    1. 안전측선 및 입환 인상선(그 선으로 개통된 것을 정위로 하는 것에 한함)으로 분기하는 선로전환기로서 정차할 열차에 대한 것. 다만, 정차 후 진출할 열차로서 대향열차 없고 폐색취급을 완료한 경우에는 그러하지 아니할 수 있다.

    2. 피난선 분기선로전환기 및 탈선선로전환기로서 여객열차 이외의 정차할 열차에 대한 것

(3) 선로전환기 및 키볼트의 잠금(제79조)

① 열차 또는 차량을 운전하는 경우에 선로전환기(탈선선로전환기 및 탈선기 포함)는 연동장치에 의하여 잠가야 한다. 다만, 연동장치가 설치되지 않았거나 고장인 경우에는 그러하지 아니하다.

② ①의 단서에 따른 선로전환기는 열차 또는 차량이 통과하기 전에 다음에 따라 잠가야 한다.

    1. 수동전환한 전기선로전환기는 첨단밀착 및 쇄정창의 쇄정상태를 확인하고, 수동핸들 또는 쇄정핀을 끼워 넣어 둘 것

    2. 표지부 선로전환기는 그 손잡이를 잠글 것

    3. 추붙은 선로전환기는 텅레일을 기본레일에 밀착시키고 잠금 구멍에 핀을 끼울 것

    4. 통표잠금기로 잠글 것

    5. 1.부터 3.까지의 잠금을 할 수 없는 경우에는 키볼트를 사용하여 텅레일 및 크로싱부 가동레일을 잠글 것

    6. 장시간 잠가 두어야 할 필요가 있는 선로전환기는 개못(Dog Spike)으로 잠글 것

③ 지역본부장과 고속철도 시설·전기 사무소장은 소속 내 선로전환기 키볼트의 적정수량을 구비하고 이를 관리하여야 한다.

④ 철도건설사업 과정에서 사용개시 이전의 선로전환기 및 키볼트의 잠금조치는 건설사업시행자가 시행하고 관리한다.

(4) 정거장 외 본선 선로전환기의 잠금(제80조)

① 정거장 밖의 본선에 있는 도중분기 선로전환기는 열차 또는 차량을 분기 선로에 출입시키는 경우 이외에는 다음에 따라 상시 잠가야 하며, 도중분기 선로전환기의 취급은 일반철도운전취급 세칙에 따로 정한다.

    1. 선로전환기의 손잡이를 자물쇠로 잠그거나, 선로전환기 잠금 기구를 사용하여 텅레일을 잠글 것

    2. 통표잠금기를 설치한 경우에는 1.에 의하는 외 통표잠금기에 커버를 설치하고 이를 자물쇠로 잠글 것

② ①의 선로전환기를 취급하기 위한 열쇠는 관계역장이 보관하고 열차 또는 차량을 분기선로에 출입시킬 때는 열차의 열차승무원 또는 역무원에게 지급하여야 한다.

(5) 선로전환기 취급자(제81조)

① 선로전환기는 역무원이 취급하여야 한다. 다만, 다음의 경우는 그러하지 아니하다.
  1. 1명 근무역 또는 운전취급생략역에서 선로전환기 장애발생으로 열차승무원, 기관사 및 유지보수(시설·전기) 직원이 취급할 경우
  2. 1명 근무역 또는 운전취급생략역에서 보수장비 입환을 위하여 유지보수(시설·전기) 직원이 취급할 경우
  3. 1명 근무역 또는 정거장 외 측선에서 열차의 입환을 위하여 열차승무원이 취급할 경우
  4. 정거장에서 보수장비 등을 이동 또는 전선하는 경우에 수동으로 전환하는 선로전환기를 유지보수 직원이 취급할 경우
  5. 선로전환기 제어불능으로 역장이 직원을 적임자로 지정하여 수동 취급할 경우
② ①에 따라 선로전환기를 취급하는 경우에는 다음에 따른다.
  1. ①의 1.의 경우에는 관제사의 승인번호에 따르고, ①의 2.부터 5.까지는 역장과 사전에 협의하여야 한다.
  2. ①의 4.의 경우에 제어역장은 열차 지장 없음을 확인하여야 하고, 작업책임자는 취급한 선로전환기 명칭 및 개통방향을 제어역장에게 통보할 것
③ 선로전환기 취급자는 역장의 지시에 따라 다음 사항을 취급한다.
  1. 입환작업
  2. 수동으로 전환하는 선로전환기의 전환
  3. 전기 선로전환기의 수동 전환
  4. 수신호 현시
④ 정거장 내 소속을 달리하는 측선의 선로전환기에 대한 관리는 측선의 해당 소속에서 하여야 하며, 지역본부장은 필요에 따라 이에 관하여 따로 지정할 수 있다.

(6) 선로전환기의 전환 및 확인(제82조)

① 선로전환기의 전환은 다음에 따른다.
  1. 열차 또는 차량이 선로전환기를 통과하여 전환에 지장 없음을 확인할 것
  2. 열차 또는 차량이 선로전환기와 차량접촉한계표지 사이에 없음을 확인할 것
  3. 입환표지가 설치되지 않은 선로전환기를 취급하는 경우에는 열차 또는 차량이 완전히 통과하고 정차한 것을 확인 후 다른 선로전환기나 신호를 취급할 것

② 선로전환기를 전환한 후에는 다음에 따른다.

1. 조작반으로 취급하는 경우에는 진로구성에 이상이 없음을 확인할 것
2. 수동으로 전환하는 선로전환기는 텅레일이 기본레일에 밀착 확인 또는 잠금 상태가 완전함을 확인할 것. 다만, 레버를 1개소에 집중한 선로전환기로서 레버가 잠금장치로 완전히 잠긴 경우에는 제외

9. 운전속도

(1) 열차 및 차량의 운전속도(제83조)

열차 또는 차량은 다음 속도를 넘어서 운전할 수 없다.

1. 차량최고속도
2. 선로최고속도
3. 하구배속도
4. 곡선속도
5. 분기기속도
6. 열차제어장치가 현시하는 허용속도

(2) 각종 속도의 제한(제84조)

열차 또는 차량에 대하여 각종속도를 제한하는 경우에는 그 제한속도 이하로 운전하여야 하며, 각종속도의 제한은 [별표 5]와 같다. 다만, 관련 세칙에 따로 정할 수 있다.

[별표 5] 각종 속도제한

속도를 제한하는 사항	속도[km/h]	예외 사항 및 조치 사항
1. 열차퇴행 운전	25	
가. 관제사 승인이 있는 경우	25	위험물 수송열차는 15[km/h] 이하
나. 관제사 승인이 없는 경우	15	전동열차의 정차위치 조정에 한함
2. 장내 · 출발 진행수신호 운전	25	1) 수신호등을 설치한 경우 45[km/h] 이하 운전 2) 장내 진행수신호는 다음 신호 현시위치 또는 정차위치까지 운전 3) 출발 진행수신호 　가) 맨 바깥쪽 선로전환기까지 　나) 자동폐색식 구간 : 기관사는 맨 바깥쪽 선로전환기부터 다음 신호기 위치까지 열차없음이 확인될 때는 45[km/h] 이하 운전(그 밖에는 25[km/h] 이하) 　다) 도중 자동폐색신호기 없는 자동폐색식 구간 : 맨 바깥쪽 선로전환기까지만 25[km/h] 이하 운전
3. 선로전환기에 대향 운전	25	연동장치 또는 잠금장치로 잠겨 있는 경우는 제외
4. 추진운전	25	뒤 보조기관차가 견인형태가 될 경우 45[km/h] 이하
5. 차량입환	25	특히 지정한 경우는 예외
6. 뒤 운전실 운전	45	전기기관차, 고정편성열차의 앞 운전실 고장으로 뒤 운전실에서 운전하여 최근 정거장까지 운전할 때를 포함
7. 입환신호기에 의한 열차 출발	45	1) 도중 폐색신호기 없는 구간 : 제외 2) 도중 폐색신호기 있는 구간 : 다음 신호기까지

10. 차량의 유치

(1) 차량의 본선유치(제85조)

① 차량은 본선에 유치할 수 없다. 다만 다음 경우에는 그러하지 아니하다.

　1. 지역본부장이 열차 또는 차량의 유치선을 별도로 지정한 경우

　2. 다른 열차의 취급에 지장이 없는 종착역의 경우

　3. 열차가 중간정거장에서 입환작업을 하기 위하여 일시적으로 유치하는 경우

② ①에 따르는 경우에도 10/1,000 이상의 선로에는 열차 또는 차량을 유치할 수 없다. 다만, 동력을 가진 동력차를 연결하고 있을 경우에는 그러하지 아니하다.

③ 정거장 구내 본선에 차량을 유치하는 경우에 역무원은 운전취급담당자에게 그 요지를 통고하여야 한다.

(2) 차량의 유치 및 제한(제86조)

① 지역본부장은 각 정거장에 대한 유치 가능차수를 결정하고 그 7할을 초과하는 차수를 유치시키지 않도록 하여야 한다.

② 역장은 정거장 내의 유치차량이 최대 유치 가능차수의 7할에 도달할 때 신속히 관제사에 이를 보고하여야 하며 차량유치 시 차량접촉한계표지 안쪽에 유치하여야 한다. 다만, 입환작업 도중 일시적으로 유치하는 경우에는 그러하지 아니하다.

③ 정거장에서 최대 유치 가능차수의 7할을 초과하는 경우에 관제운영실장은 이를 조절하여야 한다.

④ 차량은 부득이한 경우 이외에는 다음 선로에 유치할 수 없다.

  1. 안전측선(피난선을 포함)
  2. 동력차 출·입고선
  3. 선로전환기 또는 철차 위
  4. 차량접촉한계표지 바깥쪽
  5. 그 밖의 특수시설 있는 선로

⑤ ④의 선로에 차량을 유치하는 경우에 역무원은 운전취급담당자 또는 관계 직원에게 그 요지를 통고하여야 한다.

(3) 유치차량의 구름방지 및 유치책임자(제87조)

① 유치하는 차량은 조성이 유리하도록 상호 연결하고 차량이 굴러가지 않도록 다음 구름방지 조치를 하여야 한다.

  1. 경사가 있는 선로에는 내림막 방향으로 맨 앞 차량의 앞 차축 차륜부터 한쪽에 연속하여 2개 이상의 수용바퀴구름막이를 설치할 것
  2. 경사가 없는 선로에는 양쪽 방향 중 한쪽의 맨 끝 차량의 마지막 차축 차륜 양쪽에 각각 1개의 수용바퀴구름막이를 설치할 것
  3. 정거장 안의 측선 및 정거장 밖의 측선에 유치하는 차량이 본선으로 굴러 나갈 염려 있는 개소에는 개폐식 구름막이를 설치할 것
  4. 1. 및 2.에 따라 구름방지 조치 시 살사장치 등으로 인해 설치가 어려운 경우에는 인접한 차륜에 설치할 것

② 유치차량의 책임자는 다음과 같다.

  1. 정거장 구내에 유치하는 경우 : 역장. 다만, 검수지정선에서 검수를 목적으로 유치한 경우에는 검수시행 소속장
  2. 검수시행 소속선에 유치한 경우 : 검수시행 소속장
  3. 궤도를 운행하도록 되어 있는 각종 장비를 유치한 경우(유치장소를 불문한다) : 장비운용 소속장

(4) 동력차의 유치 및 감시책임자(제88조)

① 동력차를 유치하는 경우에는 다음에 따른다.

    1. 동력을 가진 차량을 유치하는 때에는 제동을 반드시 체결하고 자동으로 굴러가지 않도록 필요한 조치를 할 것. 일시적으로 기관을 정지하는 것은 동력이 있는 것으로 본다.

    2. 전기차를 유치하는 때에는 동절기에 운전실의 전기 난방을 사용하는 경우 외에는 팬터그래프를 내릴 것

② 동력차의 감시책임자는 다음과 같다.

    1. 동력차를 인수한 때로부터 승무사업을 마친 후 인계 시까지는 승무사업 담당 동력차 승무원

    2. 차량사업소 구내에서는 차량사업소장

    3. 1. 및 2. 이외의 정거장 구내에서는 역장. 다만, 차량사업소가 있는 정거장에서 지역본부장이 검수 또는 유치선으로 지정한 선로에 유치하는 경우에는 차량사업소장

    4. 기관사는 ②의 1.의 승무사업 중 동력차 승무원의 교대지연 또는 휴게시간 확보, 동력차의 기관정지 등의 사유가 발생하여 정거장 구내에 일시적으로 유치하는 경우에 구름방지 등 열차의 안전조치 후 3.의 감시책임자에게 동력차 감시를 의뢰할 수 있다.

    5. 1. 내지 3. 이외의 경우에는 운전관계승무원. 다만, 운전관계승무원의 업무공백이 불가피한 경우에는 해당 선로관리 또는 인접 소속의 장에게 동력차 감시를 의뢰할 수 있다.

③ 동력차 감시를 의뢰받은 감시책임자는 동력차인수인계부 [별지 4호 서식]을 작성하여 동력차 감시를 시행하여야 하며 동력차 인계 시 안전조치 사항 통보 및 운전용품을 인계하여야 한다.

(5) 구름막이의 설치 및 적재 등(제89조)

① 수용바퀴구름막이의 구비기준은 다음과 같다.

    1. 동력차에는 동륜수 이상을 적재할 것. 다만, 고정편성열차의 경우에는 제어차마다 2개(고속열차 4개) 이상을 적재할 것

    2. 화물열차에 충당하는 동력차는 1. 외에 화차용 수용바퀴구름막이를 10개 이상 적재할 것

    3. 정거장에 비치할 수용바퀴구름막이의 개수는 지역본부장이 지정할 것

② 개폐식구름막이의 설치 및 취급은 다음에 따른다.

    1. 개폐식 구름막이는 본선으로부터 분기하는 측선의 차량접촉한계표지의 안쪽 3[m] 이상의 지점에 설치할 것

    2. 개폐식 구름막이는 그 선로에 차량을 유치하고 있을 때는 입환의 경우를 제외하고 반드시 닫아 둘 것

    3. 개폐식 구름막이를 설치할 정거장·선로의 지정 및 설치는 지역본부장이 지정할 것

③ 구름막이의 규격 및 설치는 [별표 6]과 같다.

[별표 6] 구름막이의 규격

1. 수용바퀴구름막이

[전기기관차용]

[각종 동차 및 객화차용]

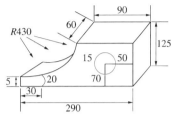

[디젤기관차용]

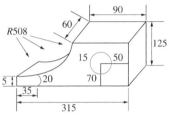

[P·P동차용]

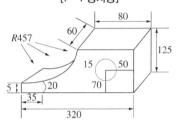

[양압식 제륜자가 부착된 화차용]

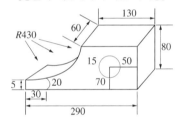

[참고] 수용바퀴구름막이의 설치방법

가. 재료는 단단한 목재로 한다.

나. 색깔은 전체를 적색으로 하며 야광도료를 사용하거나 또는 야광스티커를 부착할 수 있다.

다. 치수는 [mm]로 한다.

라. 차륜 답면과 균일하게 접촉되도록 한다.

마. 구름막이 기능을 손상시키지 않도록 손잡이를 부착하여 사용할 수 있다.

2. 개폐식구름막이

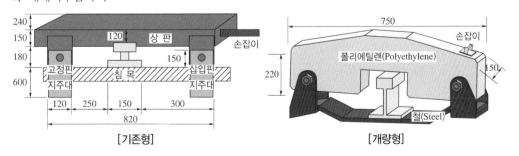

[기존형]

[개량형]

가. 재료는 견고한 재질로 한다.

나. 치수는 [mm]로 한다.

다. 기존형 지주대는 침목을 중앙에 두고 선로 바깥쪽에 2개, 선로 안쪽에 2개 설치한다.

라. 기존형(상판과 지주대) 및 개량형은 선로 바깥쪽은 고정핀, 선로 안쪽은 삽입핀으로 고정할 수 있도록 설치한다.

마. 상판은 사용에 편리하도록 손잡이를 부착한다.

11. 세부적 운전취급 방법

(1) 취약구간의 운전취급(제90조)

취약구간은 [별표 7]과 같으며 다음의 사항은 일반철도운전취급 세칙에 따로 정한다. 다만, 고속철도운전취급 세칙에 정한 고속차량으로 조성된 고속열차는 취약구간 운전취급 적용의 예외로 한다.

1. 제동장치 기능 확보

2. 제동취급 방법

3. 운전정보 교환방법 및 운전취급

4. 기관사 관리

(2) CTC · RC 구간의 운전취급(제91조)

중앙집중제어(이하 "CTC") 구간 또는 원격제어(이하 "RC") 구간의 운전취급은 다음에 따른다.

1. CTC · RC구간의 로컬취급

　가. 관제사는 CTC구간 또는 RC구간에서 다음 중 하나에 해당하는 경우에는 역장(제어역장은 피제어역장)에게 로컬취급을 하도록 하여야 한다.

　　1) 원격제어장치에 고장이 발생하였을 경우

　　2) 대용폐색방식을 시행할 경우. 다만, 관제사가 직접 지령식을 시행하는 경우는 그러하지 아니하다.

　　3) 상례작업을 제외한 선로지장작업 시행의 경우(양쪽 역을 포함한 작업구간 내 역)

　　4) 수신호취급을 할 경우

　　5) 도중에서 돌아올 열차가 있을 경우

　　6) 정거장 또는 신호소 외에서 퇴행하는 열차가 있을 경우

　　7) 트롤리를 운행시킬 경우

　　8) 입환을 할 경우

　　9) 선로전환기 전환시험을 할 경우

　　10) 정전 · 그 밖의 부득이한 사유가 발생하였을 경우

나. 로컬취급으로 전환할 경우에 제어역장은 관제사로부터, 피제어역장은 제어역장으로부터 각각 승인을 받아야 한다. 다만, 통신이 두절되었을 경우 및 위급한 경우에는 사후에 통보할 수 있다.

다. 피제어역에서 로컬취급을 하는 도중에 이례사항이 발생한 경우에는 피제어역장은 그때마다 관제사의 승인을 받아서 취급하여야 하며, 필요한 경우 상대 역장과 협의하여야 한다.

라. 피제어역의 운전취급을 원격제어취급에서 로컬취급으로 전환할 경우에는 피제어역장이, 로컬취급에서 원격제어취급으로 전환할 경우에는 제어역장이 인접 운전취급 역장에게 즉시 통보하여야 한다.

2. 분계역 열차진입 시 보고

가. CTC 분계역(열차운전시행세칙 [별표 26]) 역장은 CTC 및 ATC(고속선) 구간으로 열차를 진입시키는 경우에 열차 출발 5분 이전에 출발예정 열차번호를 해당 관제사에게 보고하여야 한다.

나. 가.의 경우 CTC 및 ATC(고속선) 분계역 역장은 조작반상 열차번호 표시창의 출발예정 열차번호와 이상 없음을 확인하여야 한다.

3. RC구간의 운전취급

가. RC구간에서 폐색취급할 정거장 또는 신호소가 피제어역인 경우에는 그 역을 제어하는 제어역장이 폐색취급을 하여야 한다. 다만, 피제어역에서 로컬취급을 할 경우에는 피제어역장이 폐색취급을 하여야 한다.

나. 제어역장·피제어역장 및 인접역장은 다음에 따라 열차의 착발통보를 해야 한다. 이 경우 피제어역 운전취급담당자가 야간 휴게시간으로 근무하지 않을 경우에는 제어역장이 담당한다.

1) 출발통보 : 폐색취급을 한 상대역 및 열차가 진행하는 방향 인접역

2) 도착통보 : 해당 열차에 대한 폐색취급을 한 상대역. 다만, 로컬취급을 하고 있지 않은 동안의 피제어역의 경우에는 제어역

다. 피제어역장은 신호계전기실 열쇠를 관계 직원에게 인계한 경우에는 제어역장의 승인을 받아야 한다. 이 경우에 로컬취급을 하고 있는 경우에는 그러하지 아니하다.

(3) 2복선 이상 일반선 구간에서의 운전취급(제92조)

CTC 2복선 이상의 구간에서의 운전취급은 다음에 따른다.

1. 운전선로의 지정

가. CTC 2복선 이상 구간 : 경부3복선(서울~구로)과 경부2복선(구로~천안, 부산진~부산), 경인2복선(구로~동인천), 경의2복선(디지털미디어시티~능곡)이며 다음과 같이 선로를 구분한다.

1) 상선군(상 제1본선, 제2본선, 제3본선), 하선군(하 제1본선, 제2본선 및 제3본선)으로 구분

2) 상선군과 하선군 중 열차 정상운행 방향의 우측의 선로를 상 또는 하 제1본선, 그 좌측의 선로를 제2본선이라 한다.

나. 가.의 선로 중 열차 운전선로는 다음과 같이 지정한다.

1) 경부 2, 3복선

가) 일반전동열차 : 남영~두정역 간 제2본선

나) 서울역 시·종착 급행전동열차 : 서울~수원 간 제1본선, 수원~두정 간 제2본선

다) 서울역 외 시·종착 특급·급행전동열차 : 남영~두정 간 제2본선, 용산(시·종착)~구로역 간 제3본선

라) 열차등급 화물열차 이하 : 서울~두정역 간 제1본선 또는 제2본선, 용산~구로역 간 제1본선 또는 제3본선

마) 일반·고속열차 : 서울~두정역 간 제1본선

2) 경인 2복선

가) 제1본선 : 특급·급행전동열차, 화물열차

나) 제2본선 : 제1본선을 운전하는 특급·급행전동열차 이외의 전동열차, 화물열차

3) 경의 2복선

가) 제1본선 : 전 열차

나) 제2본선 : 전동열차 상용선(공항철도 운행 고속열차)

2. 운전선로의 교차

가. 경부 2복선

1) 급행전동열차

가) 상행 : 서울역 도착열차(수원역 북부)

나) 하행 : 서울역 시발열차(수원역 남부 또는 북부)

나. 경인 2복선 : 동인천역 북부 또는 남부 및 오류동역 북부

3. 선로의 사용정지

가. 2복선 구간의 상·하선군중 1선 또는 각각 1선에 선로고장, 차단공사, 그 밖에 사고 등으로 사용을 할 수 없는 경우에는 그 복구 또는 공사완료의 통보가 있을 때까지 그 선로의 사용을 정지하고, 정상방향의 정상선로에 대하여 1.의 지정은 변경하여 시행할 수 있다.

나. 가.의 취급은 관제사 승인에 따르고, 전차선로 고장 시에도 이를 준용한다.

4. 선로별 폐색방식

가. 2복선 상하선 군중 1선 또는 각각 1선이 신호장치 고장 등으로 상용폐색방식을 시행함이 불리하다고 인정할 때에는 그 선로에 한정하여 지령식 또는 통신식을 사용하고, 역장은 인접선열차에 대하여 그 시행사항을 통보하여야 한다.

나. 2복선 상하선 군중 1군의 선로고장, 차단공사 또는 그 밖에 사고 등으로 사용할 수 없는 경우에는 다음과 같다.

1) 정상방향의 열차는 정상선로군의 제2본선으로 상용폐색방식을 다음에 따라 열차를 취급하여야 한다.

가) 제2본선을 운전하는 열차의 출발은 수신호에 의할 수 없을 것. 다만, 수신호에 의하지 않으면 열차를 출발할 수 없다고 판단될 경우에는 관제사의 승인을 받아야 하며 관제사는 제2본선의 열차 운전에 지장 없음을 확인 후 이에 승인할 것

나) 역장은 가) 단서에 따라 관제사의 승인을 받을 수 없는 때에는 관계 진로의 이상 유무를 확인하고 상대역장 및 기관사에게 수신호 시행을 통보할 것

　2) 반대방향의 열차는 정상선로군의 제1본선으로 지령식 또는 지도통신식을 시행한다.

다. 2복선 구간에서 지령식 또는 통신식 시행을 위한 폐색 및 개통의 취급의 경우에는 000열차 앞에 지령식 또는 통신식을 시행하는 선로명을 부여하고, 지도통신식 시행을 위한 지도표 또는 지도권 발행의 경우에는 앞면 구간란에 선로명(상 제1본선 또는 하 제2본선)을 기재하여야 한다.

라. 나. 중 전차선로 고장, 전차선로 차단공사 또는 그 밖에 사고 등으로 1군의 전차선로를 사용할 수 없는 경우의 취급은 다음과 같다.

　1) 고장선로군은 전기를 동력으로 하는 열차를 제외한 정상방향의 열차를 운행할 것

　2) 정상선로군 중 제2본선은 정상방향의 열차를 운행하고, 제1본선은 전기를 동력으로 하는 반대방향의 열차만을 운행할 것

(4) 운전취급생략역 등에서의 운전취급(제93조)

운전취급생략역 또는 1명 근무역의 운전취급은 다음에 따른다.

1. 관제사 및 제어역장은 열차의 임시교행 또는 대피취급은 가급적 피하도록 조치하여야 하며, 부득이한 사유로 열차의 교행 또는 대피취급을 할 경우에는 해당 열차의 기관사에게 그 사항을 알려야 한다.

2. 기관사는 운전취급생략역에서 열차가 정차하였다가 출발하는 경우에는 출발신호기에 진행 지시신호가 현시되면 자기 열차에 대한 신호임을 확인하고 열차승무원 또는 역장의 출발전호 없이 출발할 수 있다. 다만, 여객의 승하차를 위해서 정차하는 열차는 출발전호에 의하여야 한다.

3. 대용폐색방식 시행 시 폐색구간

가. 지령식, 통신식을 시행할 경우 : 폐색구간의 경계는 정거장 간을 1폐색구간으로 한다.

나. 지도통신식을 시행할 경우 : 폐색구간의 일단이 되는 한쪽 또는 양쪽의 정거장이 운전취급생략역인 경우에는 운전취급생략역을 기준으로 최근 양쪽 운전취급역 간의 폐색구간을 합병하여 1폐색구간으로 한다.

4. 대용폐색방식 시행 시 폐색협의

가. 지령식의 폐색협의는 규정 제140조에 따라 시행한다.

나. 통신식의 폐색협의는 관제승인에 따라 다음에 정한 역장이 시행한다.

　1) 제어역과 피제어역(운전취급역) 간 시행 : 제어역장과 피제어역장

　2) 제어역과 피제어역(운전취급생략역) 간 시행 : 제어역장 단독

　3) 이외의 정거장 : 해당 정거장을 제어하는 운전취급역장

다. 지도통신식의 폐색협의는 관제승인에 따라 다음에 정한 폐색구간 양쪽 역장이 시행한다.

　1) 제어역과 제어역 : 제어역장

　2) 제어역과 피제어역 : 제어역장 단독

　3) 운전취급역으로 피제어역 간 : 피제어역장

　4) 이외의 정거장 : 해당 정거장을 제어하는 운전취급역장

5. 지도통신식 시행구간의 운전취급생략역에 있는 열차를 출발시킬 경우 운전허가증 발행 및 교부는 다음에 따른다.

    가. 운전허가증은 열차를 출발시키는 정거장 역장이 발행하되 교부는 생략할 것

    나. 발행역장은 운전허가증 기록 내용을 해당 열차 기관사에게 무선통보할 것

    다. 기관사는 운전허가증 기록내용을 승무일지에 기록 유지한 후 발행역장에게 재차 무선 통보하여 기록 내용을 상호 재확인할 것

(5) 지도통신식 합병구간 상치신호기의 취급(제94조)

① 지도통신식을 시행하는 합병구간의 상치신호기 및 운전취급은 다음에 따른다.

    1. 제어역장은 합병구간 중 상치신호기를 정상적으로 취급할 수 있는 경우에는 이를 취급하고, 기관사는 신호기 현시조건에 따라 운전할 것

    2. 제어역장은 상치신호기 고장 또는 복선운전 구간에서 반대방향의 선로를 운전하는 경우에는 관계진로의 이상 유무 및 선로전환기 잠김상태를 조작반 등으로 확인하고, 열차를 진입 또는 진출시키는 선명과 관제사 수신호 생략승인번호를 기관사에게 통보할 것. 이 경우에 입환표지(입환신호기 포함)를 현시할 수 있는 경우에는 이를 현시할 것

② 진입 · 진출선 및 관제사 수신호 생략승인번호를 통보받은 기관사는 상치신호기 바깥쪽에 일단 정차하지 않고 45[km/h] 이하로 운전하여야 한다. 다만, 통보를 받지 못한 기관사는 정거장 또는 신호소 바깥쪽에 정차하고, 제어역장과 무선통화하여야 한다.

(6) 적임자 파견역의 지정(제95조)

① 지역본부 영업처장(관리역장)은 운전취급생략역 및 1명 근무역(일근) 업무시간 외 장애 발생 시 선로전환기 수동전환 취급 등을 위한 적임자 파견역을 지정하여 운전작업내규에 포함하여야 한다.

② 1명 근무역 및 역원무배치간이역에 구원열차 운전을 위한 전령자에 대하여도 ①을 준용한다.

(7) 보수장비의 무선입환(제96조)

① 1명 근무역 또는 운전취급생략역의 구내에서 보수장비를 입환하는 경우에는 다음에 따른다.

    1. 입환작업은 유지보수 직원(시설 또는 전기) 간에 시행할 것

    2. 1명 근무역의 운전취급자 또는 운전취급생략역을 제어하는 운전취급자와 장비운전원(감시원 포함) 간의 무선전호에 따를 것. 다만, 장비운전자와 감시원 간에는 수전호를 병행할 수 있다.

    3. 장비운전자는 운전취급자 또는 감시원의 무선전호를 확인하고, 동일한 무선전호로 응답한 후 운전할 것

    4. 입환표지 현시상태, 선로전환기 개통방향과 앞쪽 진로의 이상 유무 등의 확인은 다음에 따라야 한다.

        가. 장비를 맨 앞에서 견인운전하는 경우에는 장비운전자가 확인하고 운전할 것

나. 장비를 맨 뒤에서 추진운전하는 경우에는 맨 앞에 승차 또는 배치된 감시원(유지보수 직원)이 확인하고, 장비운전원은 감시원의 전호에 의하여 운전할 것. 특히, 감시원은 입환표지가 설치되지 않은 경우에는 선로전환기의 개통방향을 철저히 확인할 것

② 제어역에서 피제어역의 보수장비와 무선전호를 하는 경우에는 원격무선통신 설비가 완비되어야 한다.

③ 무선전화기는 채널 1번을 사용하며, 운행 중인 다른 열차의 일반 통화에 지장을 최소화하여야 한다.

(8) 1명 근무역의 운전취급(제97조)

① 제91조 1.의 로컬취급에 불구하고, 피제어역으로 지정된 1명 근무역의 운전취급담당자는 이례사항 발생 시 다음 업무를 수행할 수 있다.

1. 보수장비 이외의 열차 또는 차량의 입환취급

2. 수신호 취급 또는 선로전환기의 수동취급

3. 대용폐색방식 시행 시 운전허가증 교부

4. 운전취급자가 조작반 취급 이외의 현장에서 수행하여야 할 업무

② ①의 경우에는 제어역에서 원격제어취급 및 무선전호를 시행하고, 제어역 운전취급자, 1명 근무 역 운전취급자, 기관사 상호 간 운전협의를 철저히 하여야 한다.

③ 1명 근무역의 야간 근무시간(22:00~다음날 06:00) 중 운전취급담당자의 수면시간에는 제어역 운전취급자의 원격제어 및 무선전호에 따라 취급할 수 있다.

(9) 운전취급담당자 야간 근무시간의 취급(제98조)

① 운전취급역 중 운전취급담당자의 야간 수면시간 확보로 인하여 일시적으로 1명 근무역이 되는 경우에는 규정 제96조 및 제97조를 준용한다.

② 지역본부 영업처장은 ①의 대상역을 선정하여 시설처장 및 전기처장에게 사전에 통보하여야 한다.

제3절 폐 색

1. 통 칙

(1) 1폐색구간 1열차 운전(제99조)

1폐색구간에는 1개 열차만 운전하여야 한다. 다만, 1폐색구간에 2 이상의 열차를 운전할 수 있는 경우는 다음과 같다.

1. 자동폐색신호기에 정지신호의 현시가 있는 경우에 그 폐색구간을 운전하는 경우

2. 통신 두절된 경우에 연락 등으로 단행열차를 운전하는 경우

3. 고장열차 있는 폐색구간에 구원열차를 운전하는 경우

4. 선로 불통된 폐색구간에 공사열차를 운전하는 경우

5. 폐색구간에서 열차를 분할하여 운전하는 경우

6. 열차가 있는 폐색구간에 다른 열차를 유도하여 운전하는 경우

7. 전동열차 ATC 차내 신호 15신호가 현시된 폐색구간에 열차를 운전하는 경우

8. 그 밖에 특수한 사유가 있는 경우

(2) 폐색방식의 시행 및 종류(제100조)

① 1폐색구간에 1개 열차를 운전시키기 위하여 시행하는 방법으로 이를 상용폐색방식과 대용폐색방식으로 크게 나눈다.

② 열차는 다음의 상용폐색방식에 의해 운전하여야 한다.

    1. 복선구간 : 자동폐색식, 차내신호폐색식, 연동폐색식

    2. 단선구간 : 자동폐색식, 연동폐색식, 통표폐색식

③ 열차를 ②에 따라 운전할 수 없는 경우에는 다음 대용폐색방식에 따른다.

    1. 복선운전을 하는 경우 : 지령식, 통신식

    2. 단선운전을 하는 경우 : 지령식, 지도통신식, 지도식

(3) 폐색준용법의 시행 및 종류(제101조)

폐색방식을 시행할 수 없는 경우에 이에 준하여 열차를 운전시킬 필요가 있는 경우에는 폐색준용법으로 전령법을 시행한다.

(4) 폐색방식 변경 및 복귀(제102조)

① 역장은 대용폐색방식 또는 폐색준용법을 시행할 경우에는 먼저 그 요지를 관제사에게 보고하고 승인을 받은 다음 그 구간을 운전할 열차의 기관사에게 다음 사항을 알려야 한다. 이 경우에 통신 불능으로 관제사에게 보고하지 못한 경우는 먼저 시행한 다음에 그 내용을 보고하여야 한다.

    1. 시행구간

    2. 시행방식

    3. 시행사유

② 대용폐색방식 또는 폐색준용법 시행의 원인이 없어진 경우에 역장은 상대역장과 협의하여 관제사의 승인을 받아 속히 상용폐색방식으로 복귀하여야 한다. 이 경우에 역장은 양쪽 정거장 또는 신호소 간에 열차 또는 차량없음(이하 "열차없음")을 확인하고 기관사에게 복귀사유를 통보하여야 한다.

③ CTC 취급 중 폐색방식 또는 폐색구간을 변경할 때에는 관제사가 이를 역장에게 지시하여야 한다. 변경 전의 폐색방식으로 복귀시킬 때에는 역장은 그 요지를 관제사에게 보고하여야 한다.

④ 대용폐색방식으로 출발하는 열차의 기관사는 출발에 앞서 다음 운전취급역 역장과 관제사 승인번호 및 운전허가증 번호를 통보하는 등 열차운행에 대한 무선통화를 하여야 한다. 다만, 지형 등 그 밖의 사유로 통화를 할 수 없을 때는 열차를 출발시키는 역장에게 통보를 요청하여야 한다.

(5) 폐색취급의 취소(제103조)

① 폐색구간 양끝 역장이 상호 협의하여 폐색취급을 하였으나, 폐색취급을 취소하여야 하는 경우는 다음 어느 하나와 같다.
　1. 철도사고 또는 운전정리 등으로 20분 이상이 지난 후 열차를 진입시킬 수 있다고 판단한 경우
　2. 다른 열차를 폐색구간에 먼저 진입시키는 경우

② ①에 따라 폐색취급을 취소한 경우에 폐색구간 양끝 역장은 협의하여 폐색상태를 개통상태로 하여야 한다. 이 경우에 지도표 또는 지도권을 발행한 역장은 무효조치(×표)를 하여야 한다.

(6) 폐색장치의 사용정지표 표시 및 철거(제104조)

① 폐색장치를 사용정지한 경우에 양끝 역장은 그 폐색장치의 적당한 위치에 사용정지표를 표시하여야 한다. 다만, 단선구간의 자동폐색식 또는 연동폐색식 구간에서는 양끝 역장은 모두 사용정지표를 표시하여야 한다.

② 폐색장치 사용정지의 원인이 없어진 경우에는 폐색구간 양끝 역장은 즉시 협의하여 폐색구간에 열차 없음을 확인한 후 폐색장치의 사용정지를 해제하고 사용정지표를 제거하여야 한다.

③ ②에 따라 사용정지를 해제한 폐색장치가 폐색상태에 있는 경우에는 양역장 협동으로 개통상태로 하여야 한다.

④ 사용정지표의 규격은 [별표 8]과 같다.

[별표 8] 사용정지표

백색바탕에 적색글씨

(7) 궤도회로 단락불능 차량 운행 제한(제105조)

궤도회로를 단락할 수 없는 가벼운 차량은 궤도회로가 설치된 정거장 안과 바깥의 본선을 단독 운전할 수 없다. 다만, 궤도회로 단락 불능한 가벼운 차량과 궤도회로 단락 가능한 차량을 연결하여 운전하는 경우에는 예외로 한다.

(8) 폐색구간의 설정 및 경계(제106조)

① 본선은 이를 폐색구간으로 나누어 열차를 운전한다.

② 차내신호폐색식(자동폐색식 포함) 이외의 폐색방식은 인접의 정거장 또는 신호소 간을 1폐색구간으로 한다.

③ 차내신호폐색식(자동폐색식 포함) 구간에서는 정거장 또는 신호소 내의 본선을 폐색구간으로 하며 인접의 정거장 간과 정거장 내 본선을 다시 자동폐색신호기로 분할된 각 구간을 1폐색구간으로 할 수 있다.

④ 폐색구간의 경계는 다음과 같다.

1. 자동폐색식 구간 : 폐색신호기, 엄호신호기, 장내신호기 또는 출발신호기 설치지점
2. 차내신호폐색식 구간 : 폐색경계표지, 장내경계표지 또는 출발경계표지 설치지점
3. 자동폐색식 및 차내신호폐색식 혼용구간 : 폐색신호기, 엄호신호기, 장내신호기 또는 출발신호기 설치지점
4. 1. 내지 3. 이외의 구간에서는 장내신호기 설치지점

(9) 폐색구간의 분할 또는 합병(제107조)

① 철도사고, 그 밖의 부득이한 사유로 대용폐색방식 또는 전령법을 시행할 때는 관제사의 승인을 받아 폐색구간을 분할 또는 합병하여 1폐색구간으로 하고 열차를 운전할 수 있다. 다만, 관제사 승인을 받을 수 없는 때에는 관계 역장 간 협의하여 시행하고 관제사에게 그 요지를 나중에 보고하여야 한다.

② 폐색구간의 분할은 선로 또는 신호보안장치 고장으로 신속한 복구가 어렵다고 판단하거나, 신호 절체작업 등으로 열차가 장시간 지연되거나 지연이 예상되는 경우에 시행하며 다음에 따른다.

1. 관제사의 지시에 따라 폐색구간 도중에 임시 운전취급역을 선정하고 양쪽 역장이 협의 후 운전취급을 할 수 있는 적임자를 파견하여 폐색구간 분할취급 및 그 요지를 관계처에 통보할 것
2. 관제사는 분할된 임시 운전취급역에 정거장 명칭이 없는 경우에는 임시로 정거장 명칭을 부여할 것
3. 분할지점에 폐색전화기, 관제전화기 등 통신장치가 설치되어 있는 때는 이를 활용하고 통신장치가 없을 때는 긴급 가설 조치할 것
4. 통신장치 가설이 장시간 소요될 경우 가설 시까지 휴대용 무선전화기를 활용하여 협의할 것
5. 임시 운전취급역에 파견된 운전취급자는 다음의 운전취급용품을 휴대할 것
   가. 전호기(등)
   나. 휴대용 무선전화기
   다. 열차시각표
   라. 운전허가증(휴대기 포함)
6. 장시간 임시 운전취급역으로 운용될 경우에는 폐색상황판을 설치 운용할 것

③ 복선 운전구간에서 복선운전 시 ②에 따라 폐색구간을 분할한 경우의 운전취급은 다음에 따른다.

1. 양쪽 역간 폐색구간을 분할하는 경우의 폐색취급은 3개소(양쪽역 및 분할지점) 각각 지정된 사람이 직접 취급하되 특별한 경우를 제외하고 교대시간 내에는 이를 변경하지 말 것. 이 경우 양끝역이 피제어역인 경우에는 제어역장이 폐색취급할 것
2. 분할지점에는 상하선 각각 수신호 취급자를 지정할 것. 이 경우 수신호 취급자는 역장의 지시에 따라 진행 수신호를 현시할 것

3. 폐색방식은 통신식을 시행하고, 운전명령번호를 기관사에게 통보할 것

4. 임시 운전취급역에 접근한 열차는 정차할 자세로 주의운전할 것

5. 임시 운전취급역 역장은 다음에 따를 것

　　가. 열차정지위치표지 지점에서 정지 또는 진행 수신호를 현시할 것

　　나. 다음 폐색구간 열차운전에 대한 운전명령 번호를 기관사에게 통보할 것

　　다. 열차의 맨 뒤가 열차정지위치표지 지점을 완전히 진출한 후 역장에 대하여 열차의 개통을 통보할 것

6. 임시운전취급역 역장의 진행수신호 현시 있을 경우 운전속도는 다음에 따를 것

　　가. 진행수신호를 향하여 오는 열차 : 25[km/h] 이하

　　나. 진행수신호에 따라 진출하는 열차 : 각종 제한속도 이하

④ 복선운전 구간에서 일시 단선운전 시 또는 단선운전 구간에서 ②에 따라 폐색구간을 분할한 경우의 취급은 다음에 따른다.

1. 양쪽 역 간을 상행 또는 하행 중 동일 방향으로 연속 운전하는 경우에 한하여 분할취급할 것

2. 분할취급은 상·하행별로 열차운행 방향을 변경할 때마다 관제사의 지시에 따라 양쪽 역장 및 임시 운전취급역 역장이 상호 협의하고 시행할 것

3. 폐색방식은 지도통신식을 시행하고, 기타 운전취급은 ③에 따라 취급할 것

⑤ 신호보안장치 장애 또는 신호절체 등으로 운전취급생략역을 포함한 폐색구간을 합병하여야 할 사유가 발생하여 운전취급생략역을 임시 운전취급역으로 운용할 필요가 있는 경우에도 이 조를 준용한다.

⑥ 폐색구간을 원상태로 복귀하는 경우에도 ① 및 ②에 따른다.

(10) 운전취급담당자의 자격(제108조)

① 운전취급담당자는 철도안전법 제23조 및 같은 법 시행령 제21조에 의한 적성검사와 신체검사에 합격하여야 한다.

② 운전취급담당자는 ①에 정한 검사를 합격한 자로서, 다음과 같이 구분한다.

1. 운전취급책임자

　　가. 역장, 부역장 또는 역무팀장의 직에 있는 자 또는 그 경력이 있는 자

　　나. 로컬관제원

　　　1) 가.에 해당하는 자

　　　2) 로컬관제원의 경력이 있는 자

　　　3) 열차팀장 또는 여객전무의 직에 있는 자 또는 그 경력이 있는 자

　　　4) 영업분야 3년 이상 또는 총근무경력 5년 이상인 자로서 교육훈련기관에서 시행하는 운전취급 및 신호취급에 관한 교육을 2주 이상(소집교육, 사이버교육) 이수한 자

　　다. 선임전기장, 전기장, 전기원(이하 "전기원") 또는 차량사업소의 역무원, 차량관리팀장, 선임차량관리장, 차량관리원(이하 "차량관리원") 경력 2년 이상인 자로서 교육훈련기관에서 시행하는 운전취급 및 신호취급 교육(3주일, 실기 포함)을 이수한 자

2. 운전취급자

　가. 1.의 자격이 있는 자

　나. 역무원 재직 6개월(수송업무 전담 역무원은 그 직 3개월) 이상인 자로서 역장(역장이 배치되지 않은 역은 관리역장)이 시행하는 운전취급 및 신호취급에 관한 교육을 1주일 이상 이수한 자

　다. 전기원 또는 차량관리원 경력 1년 이상인 자로서 교육훈련기관에서 시행하는 운전취급 및 신호취급 교육(3주일, 실기 포함)을 이수한 자

③ 로컬관제원은 교육이수일 기준으로 5년마다 교육훈련기관에서 시행하는 운전취급 및 신호취급에 관한 교육을 2주 이상(소집교육, 사이버교육) 받아야 한다.

(11) 운전취급담당자 지정 및 배치(제109조)

① 폐색 및 신호취급 등 운전취급 업무는 지정된 운전취급담당자가 취급하여야 한다.

② 운전취급담당자의 지정은 제108조에 정한 자격이 있는 자를 문서에 의하여 다음과 같이 지정한다. 다만, 역장, 부역장, 역무팀장(운전업무), 로컬관제원으로 발령된 자는 운전취급책임자로 지정된 것으로 본다.

　1. 정거장 운전취급자 : 역장. 다만, 역장 미배치 역은 관리역장

　2. 전기분야 운전취급정거장·신호소 및 차량사업소 : 지역본부 해당 처장

　3. 철도차량정비단 : 철도차량정비단장

③ 운전취급 업무를 수행하는 정거장·신호소·차량사업소 및 철도차량정비단에는 해당 소속의 업무량을 감안하여 적정인원의 운전취급책임자 및 운전취급자를 배치하여야 한다. 다만, 업무량이 적은 소속에는 운전취급자의 배치를 생략할 수 있다.

④ ③에 따라 지정한 운전취급담당자가 부적격자로 인정된 경우에는 즉시 재지정하여야 하며 지정자가 소속을 달리할 때에는 다시 지정하여야 한다.

(12) 운전취급담당자 업무의 수행 및 제한(제110조)

① 운전취급담당자별 담당업무는 다음과 같다.

　1. 운전취급책임자

　　가. 신호 및 폐색취급에 관련된 운전취급

　　나. 운전정리 및 운전명령 시행에 관련된 운전취급

　　다. 열차감시 및 입환에 관한 운전취급

　　라. 각종 작업 및 시행에 관한 운전취급

　2. 운전취급자

　　가. 폐색장치 및 신호장치의 취급(폐색, 개통, 신호, 선로전환기)

　　나. 수신호취급 및 수신호취급에 관련된 선로전환기 수동취급

　　다. 가. 및 나. 이외에 운전취급책임자가 지시하는 운전취급관련 업무

② 다음의 경우에는 역장, 부역장, 역무팀장이 ①의 1.에 정한 운전취급책임자의 업무를 담당하여야 한다. 다만, 역장, 부역장, 역무팀장이 근무하지 않거나 부득이한 사유가 있을 때는 로컬관제원이 그 업무를 담당할 수 있다.

    1. 철도사고조사 및 피해구상 세칙에 정한 철도교통사고, 철도안전사고, 운행장애가 발생한 경우

    2. 운전명령 등 특별히 운행하는 열차가 있는 경우

③ ②에 해당하는 운전취급의 사유가 발생한 경우에 관계자는 운전취급책임자의 지시에 따라야 한다.

(13) 운전취급시간의 지정 및 인계인수(제111조)

① 운전취급책임자별 야간 운전취급시간(22 : 00~06 : 00)은 인접 정거장 또는 신호소와 서로 중복되지 않도록 지역본부장이 이를 지정하여야 한다. 다만, 1명 근무역에서는 선로차단작업 또는 이례사항 발생 시에는 적의 조정할 수 있다.

② 운전취급담당자의 근무교대는 운전취급에 영향을 주지 않는 시간에 시행하고, 신호 및 폐색취급 중인 경우에는 그 사항에 대하여 철저히 인계인수를 하여야 한다.

(14) 운전취급담당자의 일시부족 시 조치(제112조)

① 근태사유 등으로 운전취급담당자가 일시 부족한 경우에는 운전취급책임자는 관리역장, 철도차량정비단장 또는 사업소장에게 대리근무자의 지정을 요구하여야 한다.

② ①의 대리근무자 지정을 요구받은 경우 신속히 적격자를 선정하여 대리근무를 지정하여야 하며, 대리근무자의 지정이 곤란한 경우에는 지역본부장에게 요구하여야 한다.

③ ②의 대리근무자는 운전취급담당자 업무를 수행할 수 있는 적격한 자로서 1시간 이상의 교육을 받아야 한다.

④ 운전취급담당자의 대리근무자를 지정하는 경우 각 역장은 역운영시스템에 관련내용을 기록 · 유지하여야 한다.

(15) 운전취급담당자의 교육(제113조)

① 지역본부장(철도차량정비단장 포함)은 운전취급 교육에 대한 세부시행계획을 수립하여 운전취급담당자에 대하여 매분기 3시간 이상 교육을 시행하여야 하며 교육시행자는 다음과 같이 지정하여 운영한다. 다만, 필요한 경우 교육시행자가 지정한 적임자로 하여금 교육을 시행할 수 있다.

    1. 정거장 및 신호소 운전취급담당자 : 해당 영업처장(전기처장)

    2. 차량사업소 : 해당 차량사업소장

    3. 철도차량정비단 : 해당 처장 또는 센터장

② ①의 교육시행자는 다음의 운전취급담당자에 대해 전입자 교육형식에 따라 4시간 이상 실무적응교육을 시행한 후 업무에 임하도록 하고 그 이행상태를 확인 및 점검하여야 한다.

1. 전입자
2. 신규자
3. 30일 이상 장기간 업무공백자

(16) 사유표시 표찰 표시(제114조)

운전취급담당자 또는 관제사는 조작반 취급 중 다음 어느 하나의 사유가 있는 경우에 사유표시 표찰을 조작반상 적당한 위치에 표시 또는 게시하여야 한다.

1. 선로사용중지	2. 전차선 단전
3. 차단공사	4. 수신호
5. 열차퇴행	6. 대용폐색방식
7. 트롤리 사용 중	8. 본선 지장입환
9. 폐색기 사용정지	10. 그 밖에 필요하다고 인정하는 사항

(17) 폐색요구에 응답 없는 경우의 취급(제115조)

① 연동폐색식·통표폐색식·통신식 또는 지도통신식을 시행하는 구간에서 역장이 폐색취급을 하기 위하여 5분간 연속하여 호출하여도 상대역장의 응답이 없을 때는 다음에 따른다.

1. 응답 없는 정거장 또는 신호소의 다음 운전취급역장과 통화할 수 있을 때는 그 역장으로 하여금 재차 5분간 연속 호출하도록 할 것
2. 1.에 따른 호출에도 응답이 없을 때에는 응답 없는 정거장 또는 신호소를 건너뛴 양끝 정거장 또는 신호소 간을 1폐색구간으로 하고 복선 운전구간에서는 통신식, 단선 운전구간에서는 지도통신식을 시행할 것

② ①의 경우에 그 구간으로 진입하는 열차의 열차승무원 또는 기관사를 통하여 응답 없는 역장에게 그 요지를 통보하고 변경 전의 방식으로 복귀할 수 있을 때는 속히 복귀하여야 한다.

③ ①의 경우에 관제사와 통화할 수 있을 때는 그 지시를 받아야 한다.

(18) 운전허가증의 확인(제116조)

① 기관사는 운전허가증이 있는 폐색방식의 폐색구간에 진입하는 경우에는 역장으로부터 받은 운전허가증의 정당함을 확인하고 휴대하여야 한다. 다만, 운전취급생략역에서 운전허가증의 교부를 생략하도록 따로 정한 경우에는 그러하지 아니할 수 있다.

② ①의 열차가 폐색구간의 한끝이 되는 정거장 또는 신호소에 도착하였을 때 기관사는 운전허가증을 역장에게 주어야 하며, 이를 받은 역장은 그 정당함을 확인하여야 한다.

③ 운전허가증이라 함은 다음에 해당하는 것을 말한다.

   1. 통표폐색식 시행구간에서는 통표

   2. 지도통신식 시행구간에서는 지도표 또는 지도권

   3. 지도식 시행구간에서는 지도표

   4. 전령법 시행구간에서는 전령자

④ ③의 운전허가증 중 지도표, 또는 지도권은 [별지 4호 서식]에 따른다.

(19) 운전허가증의 주고받음(제117조)

① 운전허가증은 다음에 따라 주고받아야 한다.

   1. 운전허가증은 운전허가증 휴대기(이하 "휴대기")에 넣어 역장과 기관사 간에 주고받을 것. 다만, 집무상 부득이한 경우에는 역장은 적임자, 기관사는 부기관사 또는 열차승무원이 주고받을 수 있다.

   2. 역장은 사전에 기관사와 주고받는 위치를 통보하고, 그 열차에 대하여 한 팔을 높이 들어 원형(야간에는 백색등 원형)을 그려 위치를 알려야 하며, 야간에는 그 위치에는 조명을 할 것

   3. 역장은 사전에 동력차에 승무원이 1인만 승무한 열차인지 여부를 파악한 후 기관사석 위치와 동일한 쪽에서 휴대기를 주고받을 것

   4. 역장은 지도권을 교부하는 경우에는 지도표를 제시할 것

   5. 운전허가증은 열차를 정차한 후 주고받을 것. 다만, 운전허가증을 휴대열차가 다음 정거장 또는 신호소에서 운전허가증의 교부가 없는 경우에 운전허가증은 25[km/h] 이하로 줄 수 있다.

② 운전허가증 휴대기의 모양은 [별표 9]와 같다.

[별표 9] 운전허가증 휴대기

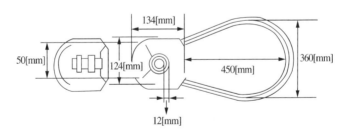

(20) 운전허가증 및 휴대기의 비치·운용(제118조)

① 역장은 운전허가증을 비치하여야 한다.

② 휴대기는 관리역장이 판단하여 3개 이상 비치하여야 한다.

③ 관리역장은 소속 정거장 또는 신호소의 통표 또는 휴대기를 적정하게 비치하도록 수시로 조절하고, 과부족으로 인하여 열차운행에 지장이 없도록 하여야 한다. 또한, 지도표와 지도권은 부족하지 않도록 비치하여야 한다.

2. 상용폐색방식

(1) 정거장 외 도중 정차열차의 취급(제119조)

① 차내신호폐색식(자동폐색식 포함) 구간에서 구원열차 등 정거장 또는 신호소 밖에서 도중 정차하는 열차를 출발시킨 역장은 도중 정차열차가 현장을 출발한 것을 확인한 다음 다른 열차를 출발시켜야 한다. 이 경우에 조작반 또는 도중 정차열차와 무선통화로 현장 출발한 것을 확인하여야 한다.

② 역장은 CTC구간의 경우에 도중 정차열차를 출발시키는 때에는 관제사의 승인을 받아야 한다.

(2) 출발신호기 고장 선로 등에서 열차출발 취급(제120조)

① 역장은 복선 차내신호폐색식(자동폐색식 포함) 구간에서 출발신호기 고장 또는 출발신호기가 설치되지 않은 선로에서 열차를 폐색구간에 진입시키는 경우 출발신호기가 방호하는 폐색구간에 열차없음을 다음 어느 하나에 따라 확인할 수 있을 때에는 폐색방식을 변경하여서는 아니 된다.
  1. 조작반의 궤도회로 표시
  2. 다른 선로의 출발신호기
  3. 1. 및 2.에 따를 수 없는 경우에는 적임자 파견

② 단선 자동폐색식 또는 연동폐색식 구간에서 열차를 폐색구간에 진입시키고자 하는 역장은 ①에 따르고, 상대역장과 협의 및 양쪽 정거장 간 반대 열차가 없음을 확인하여야 한다.

③ 역장은 ① 및 ②에 따른 확인을 한 경우에는 관제사의 진행수신호 생략승인번호에 따라 그 요지를 기관사에게 통보하여 열차를 출발시켜야 한다.

(3) 자동폐색식(제121조)

폐색구간에 설치한 궤도회로를 이용하여 열차 또는 차량의 점유에 따라 자동적으로 폐색 및 신호를 제어하여 열차를 운행시키는 폐색방식을 말하며, 다음 어느 하나에 해당하는 경우에는 자동으로 정지신호를 현시하여야 한다.
  1. 폐색구간에 열차 또는 차량이 있는 경우
  2. 폐색장치에 고장이 있는 경우
  3. 폐색구간에 있는 선로전환기가 정당한 방향으로 개통되지 아니한 경우
  4. 분기하는 선, 교차점에 있는 열차 또는 차량이 폐색구간을 지장한 경우
  5. 단선구간에서 한쪽 방향의 정거장 또는 신호소에서 진행 지시신호를 현시한 후 그 반대방향의 경우

(4) 자동폐색식 구간 열차출발 취급(제122조)

① 복선 자동폐색식 구간에서는 열차를 진입시키는 역장이 출발신호기에 진행 지시신호를 현시하여야 한다.

② 단선 자동폐색식 구간에서는 열차를 진입시키는 역장이 상대 역장과 협의하고 출발신호기에 진행 지시신호를 현시하여야 한다.

③ ① 및 ②에 불구하고 CTC 취급을 하도록 정한 정거장 또는 신호소에서는 관제사가 취급하여야 한다.

(5) 차내신호폐색식(제123조)

① 차내신호(ATC, ATP) 현시에 따라 열차를 운행시키는 폐색방식으로 지시 속도보다 낮은 속도로 열차의 속도를 제한하면서 열차를 운행할 수 있도록 하는 폐색방식을 말한다.

② 차내신호폐색식의 세부 운전취급은 다음과 같이 따로 정한다.

　1. KTX : 고속철도운전취급 세칙, 운전보안장치취급 내규

　2. 일반열차 : 일반철도운전취급 세칙, 운전보안장치취급 내규

　3. 전동열차 : 광역철도운전취급 세칙, 운전보안장치취급 내규

(6) ATP 구간의 양방향 운전취급(제124조)

① 복선 ATP구간에서 양방향 신호에 의해 우측선로로 열차를 운행시킬 경우의 운전취급은 다음에 따라야 한다.

　1. 관제사는 열차의 우측선로 운전에 따른 운전명령 승인 시 관련 역장과 기관사에게 운전취급사항(시행사유, 시행구간, 작업개소 등)을 통보하여야 한다.

　2. 우측선로 운전은 차내신호폐색식에 의하며 운전취급은 다음과 같다.

　　가. 우측선로로 열차를 진입시키는 역장은 진입구간에 열차없음을 확인하고 상대역장과 폐색협의 및 취급 후 해당 출발신호기(입환신호기 포함)를 취급하여야 한다.

　　나. 상대역장은 출발역장과 우측선로 운전에 대한 폐색협의 및 취급을 하고 우측선로의 장내신호기(우측선로 장내용 입환신호기 포함)를 취급하여야 한다.

　3. 우측선로 운전을 통보받은 기관사는 차내신호가 지시하는 속도에 따라 운전하여야 한다.

　4. 유지보수 소속장은 안전사고 우려 있는 작업개소의 인접선로에는 선로작업표지 또는 임시신호기를 설치하여야 한다.

　5. 기관사는 우측선로를 운행 시 ATP 미장착 또는 차단 등으로 차내신호에 따를 수 없는 경우에는 관제사의 승인을 받아 70[km/h] 이하의 속도로 주의운전하고, 장내신호기(우측선로 장내용 입환신호기 포함) 바깥에 일단 정차한 다음 진행신호에 따라 열차도착지점까지 25[km/h] 이하의 속도로 운전하여야 한다.

② ① 이외의 경우에는 대용폐색방식에 따른다.

(7) 연동폐색식(제125조)

폐색구간 양끝의 정거장 또는 신호소에 설치한 연동폐색장치와 출발신호기를 양쪽 역장이 협의 취급하여 열차를 운행시키는 폐색방식을 말하며 다음 어느 하나에 해당하는 경우에는 자동으로 정지신호를 현시하여야 한다.

1. 폐색구간에 열차 있는 경우
2. 폐색장치가 고장인 경우
3. 단선구간에서 한쪽 정거장 또는 신호소에서 진행 지시신호를 현시한 후 그 반대방향

(8) 연동구간 열차의 출발 및 도착 취급(제126조)

① 연동폐색구간 열차의 출발취급은 다음과 같다.
    1. 역장은 열차를 폐색구간에 진입시키려 하는 경우에는 상대역장과 협동하여 폐색취급을 하여야 한다.
    2. 폐색구간 양끝의 역장은 폐색구간에 열차없음을 확인하지 않고서는 1.의 취급을 할 수 없다.
    3. 1.의 취급은 열차를 폐색구간에 진입시킬 시각 10분 이전에 이를 할 수 없다.
② 연동폐색구간 열차의 도착취급은 다음과 같다.
    1. 역장은 열차가 도착한 경우에는 상대역장과 협동하여 개통취급을 하여야 한다.
    2. 열차가 일부차량을 남겨 놓고 도착한 경우에는 개통취급을 할 수 없다.
    3. 폐색구간 도중에서 퇴행한 열차가 도착한 경우에도 1.과 같다.

(9) 연동폐색장치의 사용정지(제127조)

다음 어느 하나에 해당하는 경우에는 그 폐색구간 양끝의 역장이 상호 통보하고 폐색장치의 사용을 정지하여야 한다. 이 경우 전화불통 시에는 사후에 통보하여야 한다.

1. 폐색장치에 고장이 있는 경우
2. 폐색취급을 하지 않은 폐색구간에 열차 또는 차량이 진입한 경우
3. 폐색취급을 한 폐색구간에 다른 열차가 진입한 경우
4. 열차운전 중의 폐색구간에 다른 열차가 진입한 경우
5. 열차운전 중의 폐색구간에 대하여 개통취급을 한 경우
6. 폐색구간에 일부 차량을 남겨 놓고 진출한 경우
7. 폐색구간에 정거장 또는 신호소에서 굴러간 차량이 진입한 경우
8. 정거장 또는 신호소 외에서 구원열차를 요구한 경우
9. 폐색구간을 분할 또는 합병한 경우
10. 복선구간에서 일시 단선운전하는 경우

(10) 통표폐색식(제128조)

폐색구간 양끝의 정거장 또는 신호소에 통표폐색 장치를 설치하여 양끝의 정거장 역장이 상호 협의하여 한쪽의 정거장 또는 신호소에서 통표를 꺼내어 기관사에게 휴대하도록 하여 열차를 운행하는 폐색방식을 말한다.

(11) 통표폐색장치의 구비조건(제129조)

통표폐색식 시행구간의 양끝 정거장 또는 신호소에는 다음 조건을 구비한 통표폐색장치를 설치하여야 한다. 다만, 인접 정거장이 운전취급을 하지 않는 정거장인 경우에는 그러하지 아니할 수 있다.
1. 그 구간 전용의 통표만을 넣을 수 있을 것
2. 폐색구간 양끝의 역장이 협동하지 않으면 통표를 꺼낼 수 없을 것
3. 폐색구간 양끝의 통표폐색기에 넣은 통표는 1개에 한하여 꺼낼 수 있으며 꺼낸 통표를 통표폐색기에 넣은 후가 아니면 다른 통표를 꺼내지 못 할 것
4. 인접 폐색구간의 통표는 넣을 수 없을 것

(12) 통표의 종류 및 통표폐색기의 타종전호(제130조)

① 통표의 종류는 원형, 사각형, 삼각형, 십자형, 마름모형이 있으며 인접 폐색구간의 통표는 그 모양을 달리하여야 한다.
② 통표폐색기를 사용하는 타종전호는 다음과 같으며 타종전호에 승인을 하는 경우에는 동일 전호로 응답하고, 전호의 취소는 폐색용 전화기로 한다.
   1. 열차 진입(이하 "폐색전호") : 2타(● ●)
   2. 열차 도착(이하 "개통전호") : 4타(● ● ● ●)
   3. 통화를 하는 경우 : 3타(● ● ●)

(13) 통표구간 열차의 출발 및 도착 취급(제131조)

① 통표폐색구간 열차의 출발취급은 다음과 같다.
   1. 역장은 열차를 폐색구간에 진입시키려 할 경우에 상대역장과 협의하여 폐색취급을 하고 꺼낸 통표를 기관사에게 교부하여야 한다.
   2. 폐색구간 양끝의 역장은 그 구간에 열차 또는 차량이 없음을 확인하지 않고서는 ①의 취급을 할 수 없다.
   3. 1.의 취급은 열차를 폐색구간에 진입시킬 시각 10분 이전에 이를 할 수 없다.
② 통표폐색구간 열차의 도착취급은 다음과 같다.
   1. 역장은 열차가 도착한 경우에는 기관사로부터 통표를 받은 후 상대역장과 협동하여 통표를 폐색기에 넣고 개통취급을 하여야 한다.

2. 열차가 일부 차량을 남겨 놓고 도착한 경우에는 개통취급을 할 수 없으며 그 통표를 잠글 수 있는 적당한 장소에 보관하여야 한다.

3. 폐색구간의 도중에서 퇴행한 열차가 도착한 경우 또는 통표를 반복 사용한 열차가 도착한 경우에도 1.과 같다.

(14) 통표의 사용 및 회수(제132조)

① 열차운전에 사용한 통표는 열차 교행시간 5분 이내의 경우에 한하여 규정 제131조에 불구하고, 통표 폐색기에 넣지 않고 이를 다른 열차에 반복 사용할 수 있다.

② ①에 의하여 통표를 반복 사용하는 경우에는 폐색구간 양끝 역장은 미리 그 요지를 협의하여야 한다.

③ 기관사에게 통표 교부 후 입환 시행 또는 통과열차를 정차시킬 경우에는 교부하거나 통표걸이의 통표를 신속히 회수하여야 한다.

(15) 통표폐색장치의 사용정지(제133조)

① 다음 어느 하나에 해당하는 경우에 폐색구간 양끝의 역장은 상호 통보하고, 폐색장치의 사용을 정지하여야 한다. 이 경우 전화 불통 시는 사후에 통보하여야 한다.
1. 폐색장치에 고장이 있는 경우
2. 폐색취급을 하지 않은 폐색구간에 열차 또는 차량이 진입한 경우
3. 폐색취급을 한 폐색구간에 다른 열차가 진입한 경우
4. 열차운전 중의 폐색구간에 다른 열차가 진입한 경우
5. 폐색구간에 일부 차량을 남겨 놓고 진출한 경우
6. 폐색구간에 정거장 또는 신호소에서 굴러간 차량이 진입한 경우
7. 정거장 또는 신호소 외에서 구원열차를 요구한 경우
8. 폐색구간을 분할 또는 합병한 경우
9. 정당한 통표를 휴대하지 않고 열차가 폐색구간에 진입한 경우
10. 통표를 분실, 손상 또는 다른 구간으로 가지고 나간 경우
11. 열차가 통표를 휴대하지 않고 폐색구간을 진입한 경우

② 폐색기의 사용을 정지하는 경우 이미 꺼낸 통표가 있을 때 역장은 이를 잠글 수 있는 적당한 장소에 보관하여야 한다.

(16) 통표의 사고처리(제134조)

통표를 손상 또는 분실한 경우에는 다음에 따른다.
1. 가벼운 손상으로 사용에 지장 없다고 인정할 때는 사용을 계속한다. 다만, 이 경우에는 상대역장에게 그 사유를 속보할 것

2. 통표를 꺼낸 후 손상으로 사용에 부적당한 경우라도 그 손상이 그 구간의 통표인 것이 용이하게 확인 될 정도일 때는 상대역장과 협의하여 그 열차에 한하여 통표를 사용한 후 그 통표 및 폐색기의 사용을 정지할 것

3. 1. 및 2.에 정하는 경우 외에는 손상 통표 및 폐색기의 사용을 즉시 정지할 것

(17) 통표반송기의 설치 및 열차취급(제135조)

① 통표폐색기가 설치되어 있는 장소(이하 "갑")와 상당히 떨어진 다음 장소(이하 "을")와의 상호 간에 통표를 반송할 필요가 있을 때는 그 갑과 을 간에 통표반송기를 설치하며 이를 통표폐색기로 대용할 수 있다. 다만, 통표반송기 고장으로 사용할 수 없는 경우에는 통표를 갑과 을 간에 직접 운반하여야 한다.

1. 열차 착발장소

2. 정거장 또는 신호소 외 본선으로부터 측선으로 분기하는 장소

② 규정 제131조에 따른 통표구간의 열차출발 또는 도착 시의 취급은 통표반송기를 설치한 을에 이를 준용하며 정거장 또는 신호소 외 본선에서 측선으로 분기하는 장소에 통표반송기를 설치한 경우 을에 서의 취급은 열차승무원 또는 역무원이 하여야 한다.

3. 대용폐색방식

(1) 지령식(제136조)

지령식은 CTC구간에서 관제사가 조작반으로 열차운행상태 확인이 가능하고, 운전용 통신장치 기능이 정상인 경우에 우선 적용하며 관제사의 승인에 의해 운전하는 대용폐색방식을 말한다.

(2) 지령식의 시행(제137조)

① 관제사 및 상시로컬역장은 신호장치 고장 및 궤도회로 단락 등의 사유로 지령식을 시행하는 경우에는 해당 구간에 열차 또는 차량 없음을 확인한 후 시행하여야 한다.

② 관제사는 지령식 시행의 경우 관계 열차의 기관사에게 열차무선전화기로 관제사 승인번호, 시행구 간, 시행방식, 시행사유 등 운전주의사항을 통보 후 출발지시를 하여야 한다. 다만, 열차무선전화기 로 직접 통보할 수 없는 경우에는 관계역장으로 하여금 그 내용을 통보할 수 있다.

③ 지령식 운용구간의 폐색구간 경계는 정거장과 정거장까지를 원칙으로 하며 관제사가 지정한다.

④ 기관사는 지령식 시행구간 정거장 진입 전 장내신호 현시상태를 확인하여야 한다.

(3) 지령식 시행 시 운전취급(제138조)

① 지령식 사유발생 시 관제사는 관계 역장에게 시행사유 및 구간을 통보한 후 지령식 운전명령번호를 부여하여 운전취급을 지시할 수 있다. 다만, 다음의 운행선로는 관제사가 직접 기관사에게 지령식 시행을 통보하여야 한다.

1. 수인선(오이도~인천역)
2. 경인선(구로~인천역)
3. 안산선(금정~오이도역)
4. 과천선(금정~선바위역)
5. 분당선(왕십리~수원역)
6. 일산선(지축~대화역)
7. 경강선(판교~여주역)

② 상시로컬역장은 지령식 사유발생 시 관제사에게 이를 보고하고 관제사 승인에 의해 지령식을 시행하여야 하며 상시로컬역 이외의 운전취급역은 CTC제어로 전환하여야 한다.

③ 지령식 시행을 통보받은 기관사는 다음의 내용에 따라야 한다.

1. 운전명령사항을 승무일지에 기록한다.
2. 관제사 또는 관계역장에게 재차 열차무선 통보하여 운전명령사항을 재확인한다.
3. 지령식 운행종료역 도착 후 관제사 또는 역장에게 열차상태 이상 유무를 보고한다.

(4) 통신식(제139조)

복선 운전구간에서 대용폐색방식 시행의 경우로서 다음 경우에는 폐색구간 양끝 역장은 전용전화기를 사용하여 협의한 후 통신식을 시행하여야 한다.

1. CTC구간에서 CTC장애, 신호장치 고장 또는 열차무선전화기 고장 등으로 지령식을 시행할 수 없을 경우
2. CTC 이외의 구간에서 신호장치 고장 등으로 상용폐색방식을 시행할 수 없는 경우

(5) 통신식구간 열차의 출발 및 도착 취급(제140조)

① 통신식 구간에서 열차를 폐색구간에 진입시키는 역장의 출발취급은 다음과 같다.

1. 상대 역장과 협의하여 양끝 폐색구간에 열차없음을 확인한 후 폐색취급을 하여야 한다.
2. 1.의 폐색취급은 열차를 폐색구간에 진입시킬 시각 5분 이전에는 이를 할 수 없다.
3. 폐색구간에 열차없음을 기관사에게 통보하고 관제사 운전명령번호와 출발 대용수신호에 따라 열차를 출발시켜야 한다.

② 통신식 구간에서 열차의 도착취급은 규정 제126조(연동구간 열차도착 취급)에 이를 준용한다.

(6) 통신식 폐색취급 및 개통취급(제141조)

① 통신식을 시행하는 경우의 폐색취급은 다음에 따른다.

    1. 역장은 상대역장에게 대하여 「○○열차 폐색」이라고 통고할 것

    2. 1.의 통고를 받은 역장은 「○○열차 폐색승인」이라고 응답할 것

② 통신식을 시행하는 경우의 개통취급은 다음에 따른다.

    1. 역장은 상대역장에게 대하여 「○○열차 개통」이라고 통고할 것

    2. 1.의 통고를 받은 역장은 「○○열차 개통」이라고 응답할 것

③ 폐색구간 양끝의 역장은 폐색구간에 열차없음을 확인하여야 한다.

(7) 통신식 폐색상태 표시(제142조)

① 폐색구간 양끝의 역장은 폐색취급 또는 개통취급을 한 경우에는 다음에 따라 폐색구간의 폐색상태를 표시하여야 한다.

    1. 폐색취급을 한 경우에는 「열차폐색구간에 있음」의 표를 확인이 용이한 장소에 표시할 것

    2. 개통취급을 한 경우 또는 폐색취급을 취소한 경우에는 「열차폐색구간에 없음」의 표를 확인이 용이한 장소에 표시할 것

② ①의 폐색구간 상태표의 규격은 [별표 10]과 같다.

[별표 10] 통신식 폐색구간 상태표

가. 규격 : 가로(80[mm])×세로(250[mm])

나. 색 깔
- 폐색표 – 백색바탕에 적색글씨
- 개통표 – 백색바탕에 흑색글씨

(8) 폐색취급의 정지 및 해제(제143조)

① 다음 어느 하나에 해당하는 경우에는 그 폐색구간 양끝의 역장은 상호 통보한 후 제127조(연동폐색장치의 사용정지)에 따른 사용정지표를 확인이 용이한 장소에 표시하여 폐색취급을 정지하고, 폐색구간 상태표는 제거하여야 한다.

    1. 폐색취급을 하지 않은 폐색구간에 열차가 진입한 경우

    2. 폐색취급을 한 폐색구간에 다른 열차가 진입한 경우

    3. 열차운전 중인 폐색구간에 다른 열차가 진입한 경우

    4. 폐색구간에 열차가 일부차량을 남겨 놓고 그 구간을 진출한 경우

    5. 폐색구간에 정거장 또는 신호소에서 굴러간 차량이 진입한 경우

6. 열차사고로 인하여 정거장 또는 신호소 외에서 구원열차를 요구한 경우

② ①의 폐색취급의 정지 원인이 없어진 경우에는 폐색구간 양끝 역장은 신속히 협의하고, 폐색구간에 열차없음을 확인한 후 사용정지표를 제거하여야 한다.

(9) 지도통신식(제144조)

단선구간 및 복선구간의 상·하선 중 한쪽선이 사용정지되어 일시 단선운전을 하는 구간에서 대용폐색 방식을 시행하는 다음 경우에는 폐색구간 양끝의 역장이 협의한 후 지도통신식을 시행하여야 한다. 다만, 제124조(ATP구간의 양방향 운전취급), 제151조(복선구간의 단선운전 시 폐색방식의 병용) 또는 제 152조(CTC제어 복선구간에서 작업시간대 단선운전 시 폐색방식의 시행)에 따른 경우에는 그러하지 아니하다.

1. CTC구간에서 CTC장애, 신호장치 또는 열차무선전화기 고장 등으로 지령식을 시행할 수 없을 경우
2. CTC 이외의 구간에서 신호장치 고장 등으로 상용폐색방식을 시행할 수 없는 경우

(10) 지도통신식 구간 열차의 출발 및 도착 취급(제145조)

① 지도통신식 구간에서 열차의 출발취급은 다음과 같다.

1. 열차를 폐색구간에 진입시키는 역장은 상대역장과 협의하여 양끝 폐색구간에 열차없음을 확인하고, 지도표 또는 지도권을 기관사에게 교부하여야 한다.
2. 상대역장에게 대하여 「○○열차 폐색」이라고 통고할 것
3. 2.의 통고를 받은 역장은 「○○열차 폐색승인」이라고 응답할 것
4. 1.의 취급은 열차를 폐색구간에 진입시키는 시각 10분 이전에 할 수 없다.

② 지도통신식 구간에서 열차의 도착취급은 다음과 같다.

1. 열차가 폐색구간을 진출하였을 때 역장은 지도표 또는 지도권을 기관사로부터 받은 후 상대 역장과 다음에 따라 개통취급을 하여야 한다.
   가. 상대역장에게 「○○열차 개통」이라고 통고할 것
   나. 가.의 통고를 받은 역장은 「○○열차 개통」이라고 응답할 것
2. 폐색구간의 도중에서 퇴행한 열차가 도착하는 때에도 1.과 같다.
3. 열차가 일부 차량을 폐색구간에 남겨 놓고 도착한 경우에는 개통취급을 할 수 없다.
4. 역장은 1.에 따라 지도권을 받은 경우에는 개통취급을 하기 전에 지도권에 무효기호(×)를 그어야 한다.

(11) 지도통신식 폐색상태 표시(제146조)

① 제142조(통신식 폐색상태 표시) 제1항은 지도통신식에 이를 준용한다.

② 지도통신식 폐색구간 상태표의 규격은 [별표 11]과 같다.

[별표 11] 지도통신식 폐색구간 상태표

```
    폐색표              개통표

 ┌─────────┐       ┌─────────┐
 │  ○   ○  │       │  ○   ○  │
 │  ○   ○  │       │  ○   ○  │
 │         │       │         │
 │    간   │       │    간   │
 │    열   │       │    열   │
 │    차   │       │    차   │
 │    폐   │       │    폐   │
 │    색   │       │    색   │
 │    구   │       │    구   │
 │    간   │       │    간   │
 │    에   │       │    에   │
 │         │       │         │
 │    있   │       │    없   │
 │    음   │       │    음   │
 └─────────┘       └─────────┘
```

가. 규격 : 가로(80[mm])×세로(250[mm])
나. 색 깔
  • 폐색표 – 백색바탕에 적색글씨
  • 개통표 – 백색바탕에 흑색글씨

(12) 지도식 시행의 취급(제147조)

단선운전 구간에서 열차사고 또는 선로고장 등으로 현장과 최근 정거장 또는 신호소 간을 1폐색구간으로 하고 열차를 운전하는 경우로서 후속열차 운전에 필요 없는 경우에는 지도식을 시행하여야 한다.

(13) 지도식 구간 열차의 출발 및 도착 취급(제148조)

① 지도식 구간에서 열차의 출발취급은 다음과 같다.

  1. 정거장 또는 신호소에서 열차를 폐색구간에 진입시키는 역장은 그 구간에 열차없음을 확인한 후 기관사에게 통보하고 지도표를 교부하여야 한다.

  2. 1.의 경우에 지도표는 열차를 폐색구간에 진입시킬 시각 10분 이전에 이를 기관사에게 교부할 수 없다.

② 지도식 구간에서 열차가 폐색구간 한끝의 정거장 또는 신호소에 도착하는 때에 역장은 기관사로부터 지도표를 회수하여야 한다.

(14) 단선구간의 대용폐색방식 시행(제149조)

① 단선운전을 하는 구간에서 다음 경우에는 대용폐색방식을 시행한다. 다만, CTC 이외의 구간에서는 지도통신식에 의한다.

  1. 자동폐색식 구간에서는 다음의 어느 하나에 해당할 것

     가. 자동폐색신호기 2기 이상 고장인 경우. 다만, 구내폐색신호기는 제외

     나. 출발신호기 고장으로 폐색표시등을 현시할 수 없는 경우

     다. 제어장치의 고장으로 자동폐색식에 따를 수 없는 경우

라. 도중폐색신호기가 설치되지 않은 구간에서 원인을 알 수 없는 궤도회로 장애로 출발신호기에 진행 지시신호가 현시되지 않은 경우

마. 정거장 외로부터 퇴행할 열차를 운전시키는 경우

2. 연동폐색식 구간에서는 다음의 어느 하나에 해당할 것

가. 폐색장치 고장으로 이를 사용할 수 없는 경우

나. 출발신호기 고장으로 폐색표시등을 현시할 수 없는 경우

3. 통표폐색식 구간에서는 다음의 어느 하나에 해당할 것

가. 폐색장치 고장으로 이를 사용할 수 없는 경우

나. 통표를 분실하거나 손상된 경우

다. 통표를 다른 구간으로 가지고 나간 경우

② 단선 자동폐색식과 단선 연동폐색식 구간에서 대용폐색방식을 시행하는 경우에 그 원인이 없어질 때까지 상하 각 열차는 대용폐색방식을 시행하여야 한다.

(15) 복선구간의 복선운전 시 대용폐색방식 시행(제150조)

복선구간에서 복선운전을 하는 선로에서 다음 경우에는 대용폐색방식을 시행한다. 다만, CTC 이외의 구간에서는 통신식에 의한다.

1. 차내신호폐색식(자동폐색식 포함) 구간에서는 다음의 어느 하나에 해당할 것

가. 자동폐색신호기 2기 이상 고장인 경우. 다만, 구내폐색신호기는 제외

나. 출발신호기 고장 시 조작반의 궤도회로 표시로 출발신호기가 방호하는 폐색구간에 열차없음을 확인할 수 없는 경우

다. 다른 선로의 출발신호기 취급으로 출발신호기가 방호하는 폐색구간에 열차없음을 확인할 수 없는 경우

라. 도중폐색신호기가 설치되지 않은 구간에서 원인을 알 수 없는 궤도회로 장애로 출발신호기에 진행 지시신호가 현시되지 않은 경우

마. 정거장 외로부터 퇴행할 열차를 운전시키는 경우

2. 연동폐색식 구간에서는 다음의 어느 하나에 해당할 것

가. 폐색장치 고장이 있는 경우

나. 출발신호기 고장으로 폐색표시등을 현시할 수 없는 경우

3. 차내신호폐색식 전용구간에서는 다음의 어느 하나에 해당할 것. 다만, 혼용구간의 경우 어느 하나의 신호현시 확인이 가능한 경우는 예외로 한다.

가. 지상장치가 고장인 경우

나. 차상장치가 고장인 경우

(16) 복선구간의 단선운전 시 폐색방식의 병용(제151조)

① 폐색방식 혼용 구간에서 한쪽 선로를 사용하지 못하여 양쪽 방향의 열차를 일시 단선운전하는 경우에는 제149조(단선구간의 대용폐색방식 시행)의 규정을 준용하고, 다음에 따라 폐색방식을 병용하여 열차를 취급할 수 있다.

1. 지령식과 차내신호폐색식(자동폐색식 포함)의 병용(CTC구간에 한함)
2. 지도통신식과 차내신호폐색식(자동폐색식 포함)의 병용
   가. 차내신호폐색식(자동폐색식 포함)에 따를 수 있는 정상방향의 선행하는 각 열차는 지도권, 맨 뒤의 열차는 지도표를 휴대하고 차내신호(자동폐색신호)에 따라 운전할 것. 다만, 발리스(자동폐색신호기) 고장 등으로 이를 시행함이 불리하다고 인정한 경우에는 제외
   나. 차내신호폐색식(자동폐색식 포함)에 따를 수 없는 반대방향의 열차는 지도통신식에 따라 운전할 것
   다. 역장은 기관사에게 병용 취급하는 열차임을 통고할 것
   라. 역장은 최초열차 운행 시 폐색취급을 하고, 상대 역장은 지도표 휴대열차 도착 시 개통취급을 할 것

② ①에 따라 대용폐색방식으로 반대선(우측선로)을 운행하는 열차의 속도는 70[km/h] 이하로 한다.

(17) CTC제어 복선구간에서 작업시간대 단선운전 시 폐색방식의 시행(제152조)

① 양방향신호가 설치되지 않은 복선구간에서 정규 운전명령으로 사전에 정상방향의 열차만을 운행하도록 지정된 작업시간대에 일시 단선운전을 하는 경우에는 차내신호폐색식(자동폐색식 포함)을 시행한다.

② ①에 따라 차내신호폐색식(자동폐색식 포함)을 시행하는 경우에는 다음에 따른다.

1. 관제사는 반대방향의 열차가 운행되지 않도록 조치하고, 지정된 작업시간대에 운행하는 열차에는 관제사 운전명령번호를 부여할 것. 이 경우에 연속된 작업시간대에는 관제사의 운전명령번호는 동일번호로 할 것
2. 단선운전구간으로 열차를 출발시키는 역장은 기관사에게 관제사의 운전명령번호에 의한 자동폐색식으로 운행하는 열차임을 통보할 것
3. 기관사는 작업구간 시작정거장 출발 전에 다음 운전취급역 역장을 호출하여 열차 출발을 통보할 것. 다만, 다음 역장과 통화가 되지 않을 경우에는 출발역의 역장 또는 관제사로 하여금 통보하도록 의뢰하고 통보사실을 확인한 후 운전을 개시하여야 한다.

③ ①에 따른 작업시간대 운전취급을 할 수 없는 경우에는 다음에 따른다.

1. 지정시간에 작업 착수지연, 작업취소, 조기완료 등으로 복선 차내신호폐색식(자동폐색식 포함)에 따라 열차를 정상 운행할 경우에는 관제사의 승인에 따를 것
2. 작업시간대에 차내신호폐색식(자동폐색식 포함) 시행 중 부득이 반대방향의 열차를 운행시켜야 할 경우에는 관제사의 승인번호에 따라 최초의 반대방향 열차부터 작업종료 시까지 제151조(복선구간의 단선운전 시 폐색방식의 병용)에 따를 것

3. 1. 및 2.의 승인을 받은 역장은 이를 기관사에게 통보할 것

④ 양방향신호가 설치되지 않은 복선구간에서 선로사용중지의 정규 운전명령 발령 시 반대선 열차의 운행을 계획한 때에는 폐색변경에 대한 내용과 사유를 포함하여야 한다. 이 경우 폐색변경이 있는 경우에는 처음부터 대용폐색방식을 시행하여야 한다.

(18) 중단운전 시 대용폐색방식 시행(제153조)

① 열차사고 또는 정거장 바깥쪽으로 차량이 굴러갔거나 남겨 놓은 경우 또는 선로고장 등의 경우에는 현장과 최근 정거장 또는 신호소 간을 1폐색구간으로 할 수 있다. 다만, 다음 어느 하나에 해당하는 경우에는 그러하지 아니하다.

1. 전화불통으로 관제사의 지시 또는 관계역장과 협의를 할 수 없는 경우
2. 복구 후 현장을 넘어서 구원열차 또는 공사열차를 운전할 필요가 있는 경우

② ①에 따른 경우에 그 구간에 지도통신식 또는 지도식을 시행하여야 한다.

③ ②의 폐색구간에서 재차 열차사고가 발생하였거나 그 폐색구간으로 굴러간 차량이 있어 구원열차를 운전하는 때는 그 구간에 전령법을 시행하여야 한다.

(19) 지도표의 발행(제154조)

① 지도통신식을 시행하는 경우에 폐색구간 양끝 역장이 협의한 후 열차를 진입시키는 역장이 발행하여야 한다.

② 지도표는 1폐색구간 1매로 하고 지도통신식 시행 중 이를 순환 사용한다.

③ 지도표를 발행하는 경우에 지도표 발행 역장이 지도표의 양면에 필요사항을 기입하고 서명하여야 한다. 이 경우에 폐색구간 양끝 역장은 지도표의 최초 열차명 및 지도표 번호를 전화기로 상호 복창하고 기록하여야 한다.

④ ③의 지도표를 최초 열차에 사용하여 상대 정거장 또는 신호소에 도착하는 때에 그 역장은 지도표의 기재사항을 점검하고 상대 역장란에 역명을 기입하고 서명하여야 한다.

⑤ 지도표의 발행번호는 1호부터 10호까지로 한다.

(20) 지도권의 발행(제155조)

① 지도통신식을 시행하는 경우에 폐색구간 양끝의 역장이 협의한 후 지도표가 존재하는 역장이 발행하여야 한다.

② 지도권은 1폐색구간에 1매로 하고, 1개 열차에만 사용하여야 한다.

③ 지도권의 발행번호는 51호부터 100호까지로 한다.

(21) 지도표와 지도권의 사용구별(제156조)

① 지도표는 다음 어느 하나에 해당하는 열차에 사용한다.

1. 폐색구간의 양끝에서 교대로 열차를 구간에 진입시킬 때는 각 열차

2. 연속하여 2 이상의 열차를 동일방향의 폐색구간에 연속 진입시킬 때는 맨 뒤의 열차

3. 정거장 외에서 퇴행할 열차

② 지도권은 ① 이외의 열차에 사용한다.

(22) 지도표와 지도권의 회수(제157조)

① 지도표 또는 지도권을 기관사에게 교부한 후 부득이한 사유로 입환을 하는 경우에는 일단 이를 회수하여야 한다.

② 통과열차를 정차시킬 경우에 이미 운전허가증 주는 걸이에 걸은 지도표가 있는 경우에는 속히 이를 회수하여야 한다.

(23) 지도표의 사용정지 및 해제(제158조)

① 다음 어느 하나에 해당하는 경우에는 그 폐색구간 양끝 역장은 상호 통보한 후 지도표의 사용을 정지한다.

1. 폐색취급을 하지 않은 폐색구간에 열차가 진입한 경우

2. 폐색취급을 한 폐색구간에 다른 열차가 진입한 경우

3. 열차가 운전 중인 폐색구간에 다른 열차가 진입한 경우

4. 폐색구간에 열차가 일부차량을 남겨 놓고 그 구간을 진출한 경우

5. 폐색구간에 정거장에서 굴러간 차량이 진입한 경우

6. 열차사고로 인하여 정거장 외에서 구원열차를 요구한 경우

7. 정당한 지도표 또는 지도권을 휴대하지 않고 폐색구간에 열차가 진입한 경우

8. 지도표 또는 지도권을 휴대하지 않고 폐색구간에 진입한 경우

② ①의 경우에 제146조(지도통신식 폐색상태 표시)의 폐색구간 상태표를 철거하여야 한다.

③ 지도표의 사용을 정지한 경우에 지도표가 있는 역장은 적당한 장소에 보관하여야 한다.

④ 지도표의 사용을 정지하는 경우에 이미 발행한 지도권이 있는 때에는 역장은 이에 무효기호(×표)를 그어야 한다.

⑤ 지도표 사용정지의 원인이 없어진 경우에 폐색구간 양끝 역장은 즉시 협의하고, 그 구간에 열차없음을 확인한 후 보관 중인 지도표를 꺼내어야 한다.

(24) 지도표의 재발행(제159조)

① 열차의 교행변경 또는 지도표의 분실·오용 등으로 지도표가 없는 정거장 또는 신호소에서 열차를 폐색구간에 진입시키는 경우에 역장은 관계 역장과 협의한 후 사용하던 지도표를 폐지하고, 다른 지도표를 재발행할 수 있다.

② ①에 따라 지도표를 재발행하는 경우에는 사전에 관제사에 그 요지를 보고한 후 승인을 받아야 한다. 다만, 전화불통으로 승인을 받을 수 없는 때는 사후에 보고하여야 한다.

③ 지도표를 재발행하는 경우에는 그 뒷면 여백에 「재발행」이라고 굵고 검은 글씨로 써야 한다.

(25) 지도표 및 지도권의 폐지(제160조)

① 지도표의 사용원인이 없어진 경우에는 지도표를 사용하여 운행하는 열차가 도착한 역장은 지도표를 받아 상대역장과 협의하여 이를 폐지하여야 한다. 다만, 일반철도운전취급 세칙에 따로 정한 경우에는 그러하지 아니하다.

② 지도표의 뒷면에 마지막 열차명과 폐지 역명을 기입한 다음 그 앞면에 무효기호(×)로 폐지하고, 양쪽 역장은 대용폐색시행부에 마지막 열차명과 폐지 역명을 기입하여야 한다.

③ 지도권을 사용하여 운행하는 열차가 도착하면 역장은 지도권을 받아 즉시 무효기호(×)를 하여 이를 폐지하여야 한다.

(26) 지도표와 지도권 관리 및 처리(제161조)

① 발행하지 않은 지도표 및 지도권은 이를 보관함에 넣어 폐색장치 부근의 적당한 장소에 보관하여야 한다.

② 지도권을 발행하기 위하여 사용 중인 지도표는 휴대기에 넣어 폐색장치 부근의 적당한 장소에 보관하여야 한다.

③ 역장은 사용을 폐지한 지도표 및 지도권은 1개월간 보존하고 폐기하여야 한다. 다만, 사고와 관련된 지도표 및 지도권은 1년간 보존하여야 한다.

④ 역장은 분실한 지도표 또는 지도권을 발견한 경우에는 상대역장에게 그 사실을 통보한 후 지도표 또는 지도권의 앞면에 무효기호(×)를 하여 이를 폐지하여야 하며 그 뒷면에 발견일시, 장소 및 발견자의 성명을 기록하여야 한다.

4. 폐색준용법

(1) 전령법의 시행(제162조)

① 다음 어느 하나에 해당하는 경우에는 폐색구간 양끝의 역장이 협의하여 전령법을 시행하여야 한다.
   1. 고장열차가 있는 폐색구간에 폐색구간을 변경하지 않고 구원열차를 운전하는 경우
   2. 정거장 또는 신호소 바깥으로 차량이 굴러갔거나 차량을 남겨 놓은 폐색구간에 폐색구간을 변경하지 않고 그 차량을 회수하기 위하여 구원열차를 운전하는 경우
   3. 선로고장의 경우에 전화불통으로 관제사의 지시를 받지 못할 경우
   4. 현장에 있는 공사열차 이외에 재료수송, 그 밖에 다른 공사열차를 운전하는 경우
   5. 중단운전구간에서 재차 사고발생으로 구원열차를 운전하는 경우
   6. 전령법에 따라 구원열차 또는 공사열차 운전 중 사고, 그 밖의 다른 구원열차 또는 공사열차를 동일 폐색구간에 운전할 필요 있는 경우

② ①에 불구하고 폐색구간 한 끝의 역장이 전령법을 시행하는 경우는 다음과 같다.
   1. 제153조(중단운전 시 대용폐색방식 시행) ③ 중단운전 폐색구간에 전령법을 시행하는 경우

2. 전화불통으로 양끝 역장이 폐색협의를 할 수 없어 열차를 폐색구간에 정상 진입시키는 역장이 전령법을 시행하는 경우

③ ②의 2.의 경우에는 현장을 넘어서 열차를 운전할 수 없다.

④ 전령법을 시행하는 경우에 현장에 있는 고장열차, 남겨 놓은 차량, 굴러간 차량 외 그 폐색구간에 열차없음을 확인하여야 하며, 열차를 그 폐색구간에 정상 진입시키는 역장은 현장 간에 열차없음을 확인하여야 한다.

(2) 전령자(제163조)

① 전령법을 시행하는 경우에는 폐색구간 양끝의 역장이 협의하여 전령자를 선정하여야 한다. 다만, 제162조(전령법의 시행) ②의 경우에는 열차를 폐색구간에 진입시키는 역장이 선정한다.

② 전령자는 1폐색구간에 1명을 다음에 정한 자를 선정하여야 한다.

1. 운전취급역(1명 근무역 제외) 또는 역원배치간이역 : 역무원

2. 1명 근무역 또는 역원무배치간이역

가. 열차승무원이 승무한 열차 : 열차승무원

나. 열차승무원이 승무하지 않은 열차 : 인접 운전취급역에서 파견된 역무원

3. 1. 및 2.에 불구하고 고속열차를 구원하는 경우에는 구원열차가 시발하는 정거장의 역무원

③ 관제사는 전령자의 출동지연이 예상될 경우 전령자를 생략하고 운전명령번호에 따라 구원열차를 운전시킬 수 있다. 다만, 구원요구 열차가 여객열차 이외의 열차로서 1인 승무인 경우는 제외한다.

④ 역장은 ③에 따라 전령자를 생략하고 운전하는 경우에 기관사에게 구원열차 도착지점을 정확히 통보하여야 한다.

(3) 전령법 시행 시 조치(제164조)

① 전령법으로 구원열차를 진입시키는 역장은 전령자에게 전령법 시행사유 및 도착지점(선로거리 제표), 선로조건 등 현장상황을 정확히 파악하여 통보하여야 한다.

② 전령자는 다음에 따른다.

1. 열차 맨 앞 운전실에 승차하여 기관사에게 전령자임을 알리고 ①의 사항을 통고할 것

2. 구원요구 열차의 기관사와 정차지점, 선로조건의 재확인을 위한 무선통화를 할 것. 다만, 무선통화불능 시 휴대전화 등 가용 통신수단을 활용할 것

3. 구원열차 운행 중 신호 및 선로를 주시하여야 하며 기관사가 제한속도를 준수하도록 할 것

4. 기관사에게 구원요구 열차의 앞쪽 1[km] 및 50[m] 지점을 통보하여 일단 정차를 유도할 것

5. 구원요구 열차 앞쪽 50[m] 지점부터 구원열차의 유도 및 연결 등의 조치를 할 것

③ 전령법에 따라 운전하는 기관사는 다음에 따른다. 다만, 관련 세칙에 따로 정한 경우에는 그러하지 아니하다.

1. 자동폐색식 또는 차내신호폐색식 구간에서 구원요구 열차까지 정상신호를 통보받은 경우

가. 신호조건에 따라 운전할 것. 다만, 3현시구간 주의신호는 25[km/h] 이하로 운전

나. 차내신호 지시속도 또는 폐색신호기가 정지신호인 경우 신호기 바깥 지점에 일단정차 후 구원요구 열차의 50[m] 앞까지 25[km/h] 이하로 운전하여 일단 정차할 것

다. 도중 폐색신호기가 없는 3현시 자동폐색구간의 출발신호기 정지신호인 경우에는 2.에 따라 운전할 것

2. 1. 이외의 경우에는 구원요구 열차의 정차지점 1[km] 앞까지 45[km/h] 이하로 운전하고, 그 이후부터 50[m] 앞까지 25[km/h] 이하로 운전하여 일단 정차할 것

3. 1.와 2.의 일단정차를 위한 제동은 선로조건을 고려한 안전속도로 취급하고, 특히 규정 제90조의 [별표 7]에 명시된 취약구간 및 급경사지점에서 구원운전을 시행하는 경우에는 경사변환지점에서 정차제동으로 일단 정차하여 제동력을 확인한 후 운전할 것

4. 구원요구 열차 약 50[m] 앞부터 전령자의 유도전호에 의해 연결하여야 하며 전령자 생략의 경우에는 전호자(부기관사 또는 열차승무원)의 유도전호에 의해 연결할 것

④ ①에 따른 구원 조치 후 정거장으로 돌아오는 경우에는 다음에 따른다.

1. 차내신호폐색식(자동폐색식 포함) 구간 중 도중 자동폐색신호기가 설치된 구간에서 신호가 정상인 경우에는 신호현시 조건에 따를 것

2. 1. 이외의 구간에서는 주의운전 할 것. 다만, 복선구간에서 반대방향의 선로로 돌아오는 경우 양방향 건널목 설비가 설치되지 않은 건널목은 25[km/h] 이하로 운전할 것

(4) 전령법 구간 열차의 출발 및 도착 취급(제165조)

① 전령법으로 열차를 출발시키는 역장은 그 구간에 열차없음을 확인한 후 전령자를 승차시켜야 한다.

② 전령법 구간에서 열차의 도착취급은 다음과 같다.

1. 폐색구간의 한끝 정거장에 도착한 때에 기관사는 전령자를 운전실에서 내리게 할 것

2. 역장은 전령법에 따라 열차를 운전한 때에는 전령자 도착을 확인하고 그 구간에 열차를 진입시킬 것

제4절 │ 신 호

1. 통 칙

(1) 신호 및 진로의 주시(제166조)

① 열차 또는 차량을 운전하는 기관사는 각종 신호, 전호 및 표지가 정하는 바에 따라 운전하여야 한다.

② 열차 또는 차량을 운전하는 기관사는 신호 및 진로를 주시하면서 주의운전 하여야 한다. 추진운전을 하는 경우에 앞에 승무한 열차승무원 또는 적임자 또한 이와 같다.

(2) 주간·야간의 신호 현시방식(제167조)

① 주간과 야간의 현시방식을 달리하는 신호, 전호 및 표지는 일출부터 일몰까지는 주간의 방식에 따르고, 일몰부터 일출까지는 야간의 방식에 따른다. 다만, 기후상태로 200[m] 거리에서 인식할 수 없는 경우에 진행 중의 열차에 대한 신호의 현시는 주간이라도 야간의 방식에 따른다.

② 지하구간 및 터널 내에 있어서의 신호·전호 및 표지는 주간이라도 야간의 방식에 따른다.

③ 선상역사로 인하여 전호 및 표지를 확인할 수 없는 때에는 주간이라도 야간의 방식에 따른다.

(3) 진행 지시신호와 진로(제168조)

① 열차 또는 차량에 대하여 진행 지시신호를 현시하는 경우에는 진로에 지장 없는 것을 확인하고 신호를 현시하여야 한다.

② 진행 지시신호의 현시가 있는 때는 그 진로를 지장하는 취급을 할 수 없다.

③ ①에 불구하고 다음의 어느 하나에 해당하는 경우에는 출발신호기를 사용할 수 있는 때에는 이를 사용할 수 있다.
   1. 고장열차가 있는 폐색구간에 구원열차를 운전하는 경우
   2. 선로 불통된 폐색구간에 공사열차를 운전하는 경우

④ 다음의 경우에는 각각의 관계열차 기관사에게 그 사유를 통보하고 진행 지시신호를 현시하여야 한다.
   1. 진행 지시신호가 현시된 상치신호기의 진로를 변경하는 경우
   2. 상치신호기의 진행 지시신호를 취소하고 다른 선로의 상치신호기에 진행 지시신호를 현시하는 경우

(4) 제한신호의 추정(제169조)

① 상치신호기 또는 수신호를 현시해야 할 지점에 신호의 현시가 없거나, 그 현시가 불명확할 때에는 정지신호의 현시가 있는 것으로 본다. 다만, 원방신호기는 주의신호의 현시가 있는 것으로 본다.

② 상치신호기, 임시신호기 또는 수신호가 각각 다른 신호를 현시한 때에는 그중 최대로 제한하는 신호에 따른다. 다만, 사전에 통보가 있을 때에는 통보된 신호에 따른다.

③ 진로표시기 고장 등으로 진입선로를 확인할 수 없는 때는 최대의 속도제한을 받는 선로에 진입할 것으로 예상하고 운전하여야 한다.

(5) 2 이상의 신호기가 있는 경우의 취급(제170조)

① 열차가 정거장 또는 신호소에 진입하는 경우에 같은 신호주 또는 동일지점에 2 이상의 신호를 현시할 장소에 있어서 일부 신호는 소등되고, 1개의 신호만 진행을 지시할 때는 그 열차의 진입선로에 대한 것임을 확인한 경우에 진입하여야 한다.

② 같은 선로에서 분기하는 2 이상의 진로에 대한 신호기에 따라 진입하는 경우에 같은 신호주 또는 동일지점의 신호기에 2개 이상의 진행을 지시하는 신호가 나타날 때는 일단 신호기 바깥쪽에 정차하여 사유를 확인하여야 한다.

2. 상치신호기

(1) 상치신호기의 종류 및 용도(제171조)

① 상치신호기는 일정한 지점에 설치하여, 열차 또는 차량의 운전조건을 지시하는 신호를 현시하는 것으로서 그 종류 및 용도는 다음과 같다.

  1. 주신호기

    가. 장내신호기 : 정거장에 진입하려는 열차에 대하는 것으로서 그 신호기의 안쪽으로 진입의 가부를 지시

    나. 출발신호기 : 정거장에서 진출하려는 열차에 대하는 것으로서 그 신호기의 안쪽으로 진입의 가부를 지시

    다. 폐색신호기 : 폐색구간에 진입하려는 열차에 대하는 것으로서 그 신호기의 안쪽으로 진입의 가부를 지시. 다만, 정거장 내에 설치된 폐색신호기는 구내폐색신호기라 한다.

    라. 엄호신호기 : 정거장 외에 있어서 방호를 요하는 지점을 통과하려는 열차에 대하는 것으로서 그 신호기의 안쪽으로 진입의 가부를 지시

    마. 유도신호기 : 장내신호기에 진행을 지시하는 신호를 현시할 수 없는 경우 유도를 받을 열차에 대하는 것으로서 그 신호기의 안쪽으로 진입할 수 있는 것을 지시

    바. 입환신호기 : 입환차량에 대하는 것으로서 그 신호기의 안쪽으로 진입의 가부를 지시. 다만, 열차운전시행 세칙에 따로 정한 경우에는 출발신호기에 준용

  2. 종속신호기

    가. 원방신호기 : 1.의 가.부터 라.까지의 신호기에 종속하여 열차에 대하여 주신호기가 현시하는 신호를 예고하는 신호를 현시

    나. 통과신호기 : 출발신호기에 종속하여 정거장에 진입하는 열차에 대하여 신호기가 현시하는 신호를 예고하며, 정거장을 통과할 수 있는지의 여부에 대한 신호를 현시

다. 중계신호기 : 1.의 가.부터 라.까지의 신호기에 종속하여 열차에 대하여 주신호기가 현시하는 신호를 중계하는 신호를 현시

라. 보조신호기 : 1.의 가.부터 다.까지의 신호기 현시상태를 확인하기 곤란한 경우 그 신호기에 종속하여 해당선로 좌측 신호기 안쪽에 설치하여 동일한 신호를 현시

3. 신호부속기

가. 진로표시기 : 장내신호기, 출발신호기, 진로개통표시기 및 입환신호기에 부속하여 열차 또는 차량에 대하여 그 진로를 표시

나. 진로예고표시기 : 장내신호기, 출발신호기에 종속하여 그 신호기의 현시하는 진로를 예고

다. 진로개통표시기 : 차내신호기를 사용하는 본 선로의 분기부에 설치하여 진로의 개통상태를 표시

라. 입환신호중계기 : 입환표지 또는 입환신호기의 신호현시 상태를 확인할 수 없는 곡선선로 등에 설치하여, 입환표지 또는 입환신호기의 현시상태를 중계

4. 그 밖의 표시등 또는 경고등

가. 신호기 반응표시등

나. 입환표지 및 선로별표시등

다. 수신호등

라. 기외정차 경고등

마. 건널목지장 경고등

바. 승강장비상정지 경고등

② 원방신호기는 주신호기가 동일지점에 2 이상 설치되었거나 2 이상의 진로를 현시할 수 있는 경우 1개의 신호기 또는 1개 진로에 대하여만 사용하여야 한다. 다만, 진로표시기를 장치한 경우에는 그러하지 아니하다.

(2) 신호현시 방식의 기준(제172조)

① 색등식 신호기의 신호현시 방식은 다음과 같다.

1. 장내신호기・폐색신호기 및 엄호신호기 : 2현시 이상

2. 출발신호기 : 2현시. 다만, 자동폐색식 구간은 3현시 이상

3. 입환신호기 : 2현시

② 완목식 신호기의 신호현시 방식은 2현시로 하고, 선로좌측에 설치하며 모양은 [별표 12]와 같다.

[별표 12] 완목식 신호기의 모양(제172조)

1. 장내신호기, 출발신호기 및 입환신호기

가. 모양 : 긴 사각형

나. 색 깔

1) 앞면 : 적색으로 하고 신호기 암 끝부분에 백색선 1선을 세로로 그음

2) 뒷면 : 백색으로 하고 신호기 암 끝부분에 흑색선 1선을 세로로 그음

3) 정지신호 : 주간 - 신호기 암 수평, 야간 - 적색등

4) 진행신호 : 주간 - 신호기 암 좌하향 45도, 야간 - 녹색등

2. 원방신호기(통과신호기를 제외)

　가. 모양 : 화살깃형

　나. 색 깔

　　1) 앞면 : 등황색으로 하고 신호기 암 끝부분에 흑색선 1선을 그음

　　2) 뒷면 : 백색으로 하고 신호기 암 끝부분에 흑색선 1선을 그음

　　3) 정지신호 : 주간 - 신호기 암 수평, 야간 - 등황색등

　　4) 진행신호 : 주간 - 신호기 암 좌하향 45도, 야간 - 녹색등

3. 통과신호기

　가. 모양 : 나팔형

　나. 색 깔

　　1) 앞면 : 등황색으로 하고 신호기 암 끝부분에 흑색선 1선을 세로로 그음

　　2) 뒷면 : 백색으로 하고 신호기 암 끝부분에 흑색선 1선을 세로로 그음

　　3) 정지신호 : 주간 - 신호기 암 수평, 야간 - 적색등

　　4) 진행신호 : 주간 - 신호기 암 좌하향 45도, 야간 - 녹색등

[참 고]

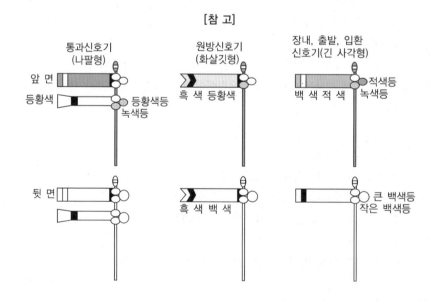

(3) 신호현시 방식(제173조)

① 신호기의 신호현시 방식은 [별표 13]과 같다.

[별표 13] 신호기의 신호현시 방식

1. 장내신호기, 출발신호기, 폐색신호기 및 엄호신호기

구분		5번신호기	4번신호기	3번신호기	2번신호기	1번신호기
배선		H⊗	H⊗	H⊗	H⊗	(차량표지)
지상신호구간	2현시	G	G	G	G	R
	3현시	G	G	G	Y	R
	4현시 지상구간	G	YG	Y	R_1	R_0
	4현시 지하구간	G	Y	YY	R_1	R_0
	5현시	G	YG	Y	YY	R
차내신호구간	전동열차	60신호	40신호	25신호	R_1	R_0
	KTX	300	270	230	170	정지예고 / RRR

주1] 주간과 야간 방식 동일

주2] 2복선의 경우 등 동일방향 인접선로의 신호기와 양방향 운전구간에서 반대방향의 신호기를 구별할 필요가 있는 진행신호의 경우에는 녹색등과 청색등으로 이를 구분하여 사용할 수 있다(녹색등 : ●, 적색등 : ●, 황색등 : ●, 백색등 : ○).

2. 유도신호기(유도신호) : 주간·야간 백색등열 좌하향 45도

3. 입환신호기

구분	현시방식 단등식	현시방식 다등식		비고
정지신호	주·야간 적색등 무유도등 소등	지상	주·야간 적색등 무유도등 소등	1. 지상구간의 다진로에는 자호식 진로표지를 덧붙임
		지하	적색등	2. 지하구간에는 화살표시 방식 진로표지를 덧붙임
진행신호	주·야간 청색등 무유도등 백색등 점등	지상	주·야간 청색등 무유도등 백색등 점등	3. 지상구간의 경우 무유도 표지 소등 시에는 입환표지로 사용할 수 있다.
		지하	등황색등 점등	

4. 원방신호기

구 분	색등식	
	신호현시	현시방식
주체의 신호기가 정지신호를 현시하는 경우	주의신호	주야간 : 등황색등
주체의 신호기가 주의신호 또는 진행신호를 현시하는 경우	진행신호	주야간 : 녹색등

5. 중계신호기

    가. 정지중계 : 백색등열(3등) 수평

    나. 제한중계 : 백색등열(3등) 좌하향 45도

    다. 진행중계 : 백색등열(3등) 수직

    진행중계   제한중계   정지중계

② 임시신호기의 신호현시 방식은 [별표 14]와 같다.

[별표 14] 임시신호기 신호현시 방식

순 번	임시 신호기	주·야간	앞면 현시	뒷면 현시
1	서행신호기 (서행신호)	주 간	백색테두리를 한 등황색 원판	백 색
		야 간	등황색등	등 또는 백색(반사재)
2	서행예고신호기 (서행예고신호)	주 간	흑색3각형 3개를 그린 백색3각형판	흑 색
		야 간	흑색3각형 3개를 그린 백색등	없 음
3	서행해제신호기 (서행해제신호)	주 간	백색 테두리를 한 녹색 원판	백 색
		야 간	녹색등	등 또는 백색(반사재)

1. 임시신호기의 모양 및 현시 방식도(규격 중 괄호 안은 지하구간용임, 단위 [mm])

2. 2복선 이상의 구간에서 궤도 중심 간격이 협소한 경우에는 지하구간용을 설치할 수 있다. 이 경우 서행예고신호기는 서행신호기로부터 500[m] 이상의 지점에 설치하여야 한다.

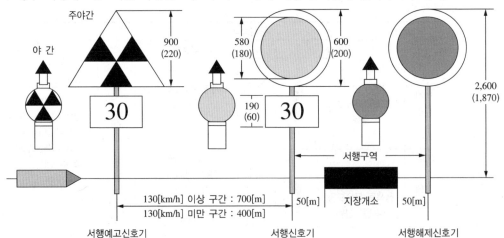

③ 신호부속기의 신호현시 방식은 [별표 15]와 같다.

[별표 15] 신호부속기의 신호현시 방식

1. 진로표시기

　가. 문자식 진로표시기 : 도착할 선로를 숫자 또는 문자로 표시

　나. 등열식 진로표시기

　　1) 표시할 진로 3의 경우

　　　가) 우측진로로 개통하였을 때 : 백색등열 ┌형

　　　나) 중앙진로로 개통하였을 때 : 백색등열 │형

　　　다) 좌측진로로 개통하였을 때 : 백색등열 ┐형

　　2) 표시할 진로 2의 경우

　　　가) 우측진로로 개통하였을 때 : 백색등열 ┌형

　　　나) 좌측진로로 개통하였을 때 : 백색등열 ┐형

　　[참고] 등열식 진로표시기(3진로)의 표시방식도

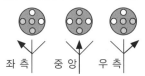

다. LED조합식 진로표시기 : LED의 조합으로 한글, 숫자, 화살표 등으로 표시

　　1) 장내신호기 3진로 이하의 경우

　　　가) 우측진로 : LED 황색화살표 ↗형

　　　나) 중앙진로 : LED 황색화살표 ↑형

　　　다) 좌측진로 : LED 황색화살표 ↖형

　　2) 장내신호기 4진로 이상의 경우 : 도착선 선로번호를 숫자로 표시, 필요한 경우 한글 2글자 또는 한글 1글자와 숫자를 혼용하여 표시

　　3) 출발신호기의 경우 : 해당 선로명칭을 한글 2글자로 표시, 숫자로 구분할 필요가 있을 경우 한글 또는 숫자를 혼용하여 표시

　　[참고] LED조합식의 표시방식도(예)

라. 화살표시방식 진로표시기(지하구간 입환진로)

　　1) 표시할 진로 3의 경우

　　　가) 우측진로로 개통하였을 때 : 백살화살표시등 → 형

　　　나) 중앙진로로 개통하였을 때 : 백살화살표시등 ↑ 형

　　　다) 좌측진로로 개통하였을 때 : 백살화살표시등 ← 형

2) 표시할 진로 2의 경우

　　가) 우측진로로 개통하였을 때 : 백색화살표시등 → 형

　　나) 좌측진로로 개통하였을 때 : 백색화살표시등 ← 형

[참고] 화살표시방식 진로표시기의 표시방식도

우방진로　　중앙진로　　좌방진로

2. 진로예고표시기 표시방식 : 한글 2글자

　가. 고속선으로 진입할 경우 : **고속**

　나. 경부선으로 진입할 경우 : **경부**

　다. 호남선으로 진입할 경우 : **호남**

3. 입환신호중계기

　가. 정지중계 : 백색등 (2등) 수평 점등

　나. 진행중계 : 백색등 (2등) 수직 점등

[참고] 입환신호중계기의 현시방식도

정지 중　　진행 중

④ 그 밖의 신호등의 현시 방식은 [별표 16]과 같다.

[별표 16] 그 밖의 신호등의 현시 방식

반응표시등 (제164조)	입환표지 단등식(제165조)		입환표지 다등식(제165조)		선로별표시등(제165조)	
	진로 미개통	진로 개통	진로 미개통	진로 개통	진로 미개통	진로 개통
○	적 색	청 색	적 색	청 색	○	등황색

수신호등 (제166조)	기외정차경고등 (제167조)	건널목지장경고등 (제168조)	승강장비상정지경고등(제169조)	
			정 상	동 작
적 색 청 색	적 색	적 색	비상정지등	비상정지등　적 색

⑤ 수신호의 신호현시 방식은 [별표 17]과 같다.

[별표 17] 수신호 신호현시 방식

순 번	수신호 종류	주·야간	신호현시 방식
1	정지신호	주 간	적색기. 다만, 부득이한 경우에는 양팔을 높게 들어 이에 대용할 수 있다.
		야 간	적색등
2	서행신호	주 간	적색기 및 녹색기의 기폭을 걷어잡고 머리 위에서 교차한다. 다만, 부득이한 경우에는 양팔을 좌우로 뻗어 천천히 상하로 움직여 이에 대용할 수 있다.
		야 간	깜박이는 녹색등
3	진행신호	주 간	녹색기. 다만, 부득이한 경우에는 한 팔을 높이 들어 이에 대용할 수 있다.
		야 간	녹색등

(4) 상치신호기의 정위(제174조)

상치신호기는 별도의 신호취급을 하지 않은 상태에서 현시하는 신호의 정위는 다음과 같다.

1. 장내·출발 신호기 : 정지신호. 다만 CTC열차운행스케줄 설정에 따라 진행지시신호를 현시하는 경우에는 그러하지 아니하다.
2. 엄호신호기 : 정지신호
3. 유도신호기 : 신호를 현시하지 않음
4. 입환신호기 : 정지신호
5. 원방신호기 : 주의신호
6. 폐색신호기
   가. 복선구간 : 진행 지시신호
   나. 단선구간 : 정지신호

(5) 상치신호기의 배열(제175조)

① 동일선로에서 분기하는 2 이상의 선로에 대하여 동일 종류의 상치신호기 2 이상을 동일 지점에 설치한 경우에는 다음에 따른다.
   1. 신호기를 병렬로 설치한 경우에는 맨 왼쪽에 있는 것은 맨 왼쪽의 선로에 대하고 이하 순차 오른쪽의 선로에 대하여 사용할 것
   2. 신호기를 동일주에 상하로 설치한 경우에는 맨 위에 있는 것은 맨 왼쪽의 선로에 대하고 이하 순차 오른쪽 선로에 대하여 사용할 것
   3. 맨 위에 설치한 신호기는 가장 주요한 선로에 대하여 사용할 것
② 열차의 진입 또는 진출하는 선로를 구분하여 2 이상의 장내신호기 또는 출발신호기를 설치한 경우에 장내신호기는 맨 바깥쪽의 것으로 부터 출발신호기는 맨 안쪽의 것으로부터 순차적으로 제1, 2 등의 번호를 붙여서 이를 구별한다.

(6) 중계신호기(제176조)

① 중계신호기의 현시가 있는 경우에는 다음에 따른다.

1. 정지중계 : 주신호기에 정지신호가 현시되었거나 주체의 신호기 바깥쪽에 열차가 있을 것을 예측하고 그 현시지점을 지나서 주신호기의 신호를 확인될 때까지 즉시 정차할 수 있는 속도로 주의운전 할 것
2. 제한중계 : 주신호기에 경계신호, 주의신호 또는 감속신호의 현시가 있을 것을 예측하고 그 현시 지점을 지나서 주의운전 할 것
3. 진행중계 : 주신호기에 진행신호가 현시된 것을 예측하고 그 현시지점을 지나서 운전

② 상치신호기가 동일지점에 2 이상 설치된 경우에 그 신호를 중계할 중계신호기는 1개로서 공용할 수 없다.

③ 진로표시기로 2 이상의 진로에 대하여 신호를 현시할 수 있는 주신호기가 설치된 경우에 그 신호를 중계할 중계신호기는 1개로서 공용할 수 있다. 이 경우 주신호기가 현시한 진로를 특별히 중계할 필요가 있을 때에는 중계신호기에 진로표시기를 설치할 수 있다.

(7) 진로표시기(제177조)

진로표시기는 열차 또는 차량에 대하여 다음의 진로를 표시한다.

1. 2 이상의 선로에 공용하는 장내신호기 또는 출발신호기에 장치한 것은 그 신호기를 넘어서 진행하려는 열차의 진로
2. 입환신호기에 장치한 것은 그 신호기를 넘어서 운전하려는 열차 또는 차량의 진로

(8) 입환신호중계기(제178조)

입환신호중계기가 현시된 경우에는 다음에 따라 취급하여야 한다.

1. 정지중계 : 열차 또는 차량이 주체의 입환신호기 안쪽에 진입하거나 진입할 염려 있는 취급을 할 수 없을 것
2. 진행중계 : 역무원의 전호에 따라 그 현시지점을 지나서 진행할 수 있으며 차량의 일부가 주체의 입환신호기 안쪽에 진입하기 전에 입환신호기 정지신호가 현시된 경우에는 즉시 정차할 것

(9) 반응표시등(제179조)

① 곡선 또는 시설물 등으로 다음의 신호기에 진행 지시신호의 현시 상태를 열차승무원, 기관사 또는 역장이 확인할 수 없는 경우에는 반응표시등을 설치할 수 있다.

1. 출발신호기
2. 경부선 CTC 구간의 입환신호기
3. 경부선 CTC 신호 4현시 구간의 장내신호기 및 폐색신호기

② 출발신호기 반응표시등 고장의 경우에 열차승무원 또는 역장은 직접 출발신호기에 진행 지시신호가 현시된 것을 확인하고 출발전호를 하여야 하며, 기관사가 확인하는 반응표시등이 고장난 경우에는 그 요지를 기관사에게 통고한 후 출발전호를 하여야 한다. 또한, 입환신호기 반응표시 등 고장의 경우에는 그 사유를 열차승무원에게 통고하고, 열차승무원은 기관사에게 시동전호를 하여야 한다.

③ 반응표시등은 신호기가 정지신호를 현시하고 있을 때에는 소등되고, 진행 지시신호가 현시된 경우에는 백색등 1개가 점등된다. 다만, 절연구간과 인접한 정거장의 경우 반응표시등의 점등조건을 특정신호로 지정할 수 있으며, 지정개소는 [별표 26]과 같다.

[별표 26] 반응표시등 점등조건 지정개소

노선명	지정개소	점등조건	비 고
경부선	관악역(하2선), 안양역(상2선), 금정역(하2선), 지제역(상2선)	진 행	
	수원역(하2선), 세류역(상2선), 물금역(하선 5, 6번선)	감 속	
경인선	구일역(상2선), 구일역(하1선), 송내역(하선), 송내역(하2선)	진 행	
	구일역(하2선), 개봉역(상1선), 부개역(상2선), 제물포역(상1선), 제물포역(상2선), 도화역(하2선)	감 속	
경원선	회룡(하선), 회기역(상선, 지하청량리 방면)	감 속	
안산선	수리산역(하선)	감 속	
수인선	소래포구역(상선), 월곶역(하선)	감 속	

④ 반응표시등을 확인한 기관사는 주체의 신호기 신호현시 상태를 철저히 확인하여야 한다.

(10) 입환표지 및 선로별 표시등(제180조)

① 입환표지 및 선로별 표시등은 구내운전 또는 차량입환을 하는 선로의 개통상태를 표시할 필요있는 경우에 설치하여야 한다.

② 동일선로로부터 분기하는 2 이상의 선로에 대하여 입환표지 및 선로별 표시등을 공용하는 경우에는 필요에 따라 그 진로를 표시하는 진로표시등을 설치할 수 있다.

(11) 수신호등(제181조)

선로개량작업 등을 시행하는 경우 인원부족 등으로 장내신호기 또는 출발신호기에 대한 진행 수신호를 현시하기 어려울 때에는 그 대용으로 수신호등을 설치하여 사용할 수 있으며 그 설치 및 취급은 다음에 따른다.

1. 수신호등을 설치할 정거장 및 신호소는 구내배선 및 열차특성을 감안하여 미리 운전명령으로 열차운영단장이 지정할 것

2. 수신호등을 사용하는 선로는 관련 선로전환기를 키볼트 등으로 잠글 것

3. 수신호등에 의해 진출입하는 열차의 기관사는 관계 선로전환기의 개통방향을 확인하고 주의운전할 것

(12) 기외정차 경고등(제182조)

① 장내신호기 바깥쪽에 열차가 정차한 경우에 뒤따르는 열차의 기관사에게 제동거리를 확보할 수 있도록 경보가 필요한 지점에 기외정차 경고등을 설치하여야 한다.

② 기외정차 경고등의 동작은 다음과 같다.

   1. 제1폐색신호기 안쪽 궤도회로에 열차가 점유하면 최초 동작하여 장내신호기 안쪽으로 열차가 완전히 진입하면 즉시 소등될 것

   2. 평상시 소등되며 열차진입 시 상위 1개등은 적색등이 점등되며, 하위 2개등은 적색등이 교호로 깜박거릴 것

③ 기외정차 경고등의 설치 위치는 [별표 18]과 같다.

[별표 18] 기외정차 경고등의 설치 위치

설치역	신호기명	설치 위치
수 원	하제1, 2장 내	하4-5호 폐색신호기 사이
영등포	상장 내	상4-5호 폐색신호기 사이
서 울	상장 내	상1-용산상 제1본선 출발신호기 사이
인 천	하장 내	하3-4호 폐색신호기 사이
청량리	하장 내	왕십리구내 상출발·상장 내 신호기 사이
성 북	하장 내	하3-4호 폐색신호기 사이

(13) 건널목 지장경고등(제183조)

① 철도건널목 내에 자동차 등의 장애물이 지장을 하고 있는 경우에 열차 또는 차량의 승무원에게 경고할 필요가 있는 지점에 건널목 지장경고등을 설치하여야 한다.

② 건널목 지장경고등의 동작은 다음과 같다.

   1. 건널목을 지장하고 있을 때에는 적색등 5개가 시계방향으로 1개씩 차례로 점등 및 소등될 것

   2. 건널목 내에 지장이 없을 때에는 적색등 5개는 소등되고, 고장표시등은 백색등 1개가 점등될 것

   3. 건널목 지장경고등이 고장인 경우에는 적색등 5개가 소등되고, 고장표시용 백색등 1개가 소등될 것

③ 건널목 지장경고등 설치지점으로 운행하는 열차 또는 차량의 승무원은 다음에 따른다.

   1. 건널목 지장경고등의 적색등 5개 중 1개 이상 점등을 확인한 때에는 즉시 정차 조치할 것. 이 경우 고장표시등이 소등되어 있는 경우를 포함

   2. 건널목 지장경고등과 고장표시등이 모두 소등되었을 때에는 건널목 바깥쪽에서 정차할 자세로 주의운전할 것

④ 건널목 지장경고등의 발광기 및 수광기가 되어 있는 건널목의 건널목관리원은 통행차량 또는 사람·동물 등이 발광기 및 수광기 사이를 지장하지 않도록 하여야 한다.

(14) 승강장 비상정지 경고등(제184조)

① 역구내 승강장에서 승객의 선로추락, 화재, 테러, 독가스 유포 등의 사유가 발생하였을 경우에 승강장을 향하는 열차 또는 차량의 기관사에게 경고할 필요가 있는 지점에 승강장 비상정지 경고등을 설치하여야 한다.

② 승강장 비상정지 경고등은 평상시 소등되어 있다가 승강장의 비상정지버튼을 작동시키면 적색등이 점등되어, 약 1초 간격으로 점멸하여야 한다.

③ 기관사는 승강장 비상정지 경고등의 점등을 확인한 때에는 즉시 정차조치하고 역장 및 관제사에게 통보하여야 한다.

④ 역장(대매소 포함)은 승강장 비상정지 경고등이 동작하였을 때에는 기관사 및 관제사에게 통보하고 현장에 출동하여 적절한 조치를 하여야 하며, 열차운행에 지장 없음을 확인 후 관제사에게 보고하여야 한다.

(15) 신호기 고장 시 조치 및 통보(제185조)

① 상치신호기 및 진로표시기 고장의 경우에는 다음에 따라 조치하여야 한다.

1. 상치신호기(원방신호기·중계신호기 제외) : 정지신호 현시. 다만, 정지신호를 현시할 수 없는 때는 신호를 현시하지 않음
2. 원방신호기 : 주의신호 현시. 다만, 주의신호를 현시할 수 없는 때는 신호를 현시하지 않음
3. 중계신호기 : 정지중계 현시 또는 소등
4. 진로표시기 : 소등

② 상치신호기(입환신호기 제외) 및 진로표시기가 고장 난 경우의 통보는 다음에 따른다.

1. 역장은 관계열차의 기관사에게 신속히 통보할 것
2. 기관사는 1.의 고장을 통보받은 경우에 복구의 통고가 있을 때까지 고장에 준하여 취급할 것
3. 열차승무원 및 기관사는 고장을 발견한 경우에는 전방 최근 역장 또는 관계처에 통보할 것

(16) 폐색방식 변경 시 상치신호기의 사용 및 중지(제186조)

① 대용폐색방식 또는 폐색준용법 시행구간의 정상방향 상치신호기 기능이 정상인 경우에는 그 신호기를 사용한다.

② 대용폐색방식 또는 폐색준용법 시행구간의 신호기 사용중지의 경우는 다음과 같다.

1. CTC구간

가. 자동폐색신호기 2기 이상 고장으로 대용폐색방식 시행구간의 도중 폐색신호기. 다만, 2 이상의 정거장 또는 신호소를 합병하여 대용폐색방식을 시행하는 구간에서는 고장이 발생된 구간에 있는 양쪽 정거장 또는 신호소 사이의 도중 자동폐색신호기에 한정한다.

나. 지령식 및 통신식에 의하여 출발하는 운전취급역의 출발신호기

다. 신호개량 중인 상치신호기

2. CTC 이외의 구간

가. 도중분기와 연동하는 엄호신호기 고장의 경우(도중분기 선로전환기 잠금의 경우에 한함)

나. 통신식에 의하여 출발하는 운전취급역의 출발신호기

다. 신호개량 중인 상치신호기

③ 신호기 사용을 중지한 구간을 운전하는 기관사는 장내신호기 또는 출발신호기의 신호를 확인할 때까지는 정차할 자세로 운전하여야 한다. 다만, 차내신호폐색식(자동폐색식 포함) 구간에서 도중 궤도회로 장애의 원인이 밝혀지지 않을 경우로서 대용폐색방식 또는 폐색준용법에 따라 운전하는 열차에 대하여 역장은 최초열차임을 통보하여야 하며 그 폐색구간 또는 궤도회로경계표지 구간을 운전하는 최초열차는 25[km/h] 이하로 주의운전하여야 한다.

(17) 신호기 사용중지 시 조치(제187조)

① 규정 제186조 ②의 신호기 사용중지 이외의 상치신호기 사용을 일시 중지하는 경우에는 다음에 따라 조치하여야 한다.

1. 완목식 신호기는 암에 반사재를 사용한 백색 야광테이프로 X형 표시를 하고 야간에는 소등할 것
2. 색등식 또는 등열식 신호기는 소등하고, 신호기등 함에 반사재를 사용한 백색 야광테이프로 X형 표시하거나 이를 옆으로 돌려놓을 것

② 사용이 중단되었으나 철거하지 않은 신호기와 사용을 시작하지 않은 상치신호기도 ①과 같다. 다만, 사용개시를 위한 기능시험을 하는 경우에는 점등할 수 있으며, 이 경우에 유지보수 소속장은 역장에게 통보하고, 역장은 기관사에게 그 사유를 통보하여야 한다.

(18) 신호기 및 표지의 일시 소등(제188조)

① 역장은 상치신호기, 입환표지(입환신호기 포함), 선로전환기 표지에 대하여 운전취급상 지장이 없는 경우에만 설비별로 각각 일시 소등할 수 있다.

② ①의 취급은 운전취급담당자가 소등할 수 있는 장치를 설비한 역에서만 소등하고, 피제어역의 경우에는 원격제어 역장이 시행한다.

③ ① 중 입환신호기를 제외한 상치신호기의 소등 취급은 관제사와 협의 후 시행하여야 한다.

3. 임시신호기

(1) 임시신호기(제189조)

선로의 상태가 일시 정상운전을 할 수 없는 경우에는 그 구역의 바깥쪽에 임시신호기를 설치하여야 하며 종류와 용도는 다음과 같다.

1. 서행신호기 : 서행운전할 필요가 있는 구간에 진입하려는 열차 또는 차량에 대하여 그 구간을 서행할 것을 지시하는 신호기
2. 서행예고신호기 : 서행신호기를 향하는 열차 또는 차량에 대하여 그 앞쪽에 서행신호의 현시 있음을 예고하는 신호기
3. 서행해제신호기 : 서행구역을 진출하려는 열차 또는 차량에 대한 것으로서 서행해제 되었음을 지시하는 신호기

(2) 임시신호기의 설치(제190조)

① 임시신호기는 서행구간이 있는 운행선로의 열차운행 방향에 따라 설치하여야 한다.

② 임시신호기는 좌측선로 운행구간은 선로의 좌측에, 우측선로 운행구간은 선로의 우측에 각각 설치하여야 한다. 다만, 선로상태로 인식을 할 수 없거나 설치장소 협소 등 부득이한 경우에는 반대측에 각각에 설치할 수 있으며, 그 내용을 사전에 기관사에게 통보하여야 한다.

③ 서행신호기는 서행구역(지장지점으로부터 앞뒤 양방향 50[m]를 각각 연장한 구간)의 시작지점, 서행해제신호기는 서행구역이 끝나는 지점에 각각 설치한다. 단선 운전구간에 설치하는 경우에는 그 뒷면 표시로서 서행해제신호기를 겸용할 수 있다.

④ 서행예고신호기는 서행신호기 바깥쪽으로부터 선로최고속도 130[km/h] 이상 구간의 경우 700[m], 130[km/h] 미만 구간의 경우 400[m], 지하구간에서는 200[m] 이상의 위치에 설치하여야 한다. 이 경우 서행예고신호기의 인식을 할 수 없는 경우에는 그 거리를 연장하여 설치할 수 있다. 다만, ATP 구간에서 서행발리스를 설치하는 경우 서행예고신호기 설치에 관해서는 운전취급 내규 제111조에 따른다.

⑤ 복선구간에서 선로작업 등으로 일시 단선운전을 할 경우에는 작업개소 부근 운행선로 양쪽방향에 60[km/h] 이하의 서행신호기를 설치하여야 한다. 다만, 작업관련 소속장이 작업유형, 선로지형 등을 고려하여 서행속도를 더 제한하거나, 열차서행을 하지 않도록 정규운전명령을 요청할 수 있다.

⑥ 임시신호기는 작업시행 소속장이 설치 및 철거하여야 한다.

(3) 서행발리스 설치(제191조)

제190조에 따른 임시신호기 설치 서행구간에는 운행속도 감속용 서행발리스를 설치할 수 있으며, 설치기준 등 세부사항은 운전취급 내규에 정한다.

(4) 서행 시 감시원의 배치(제192조)

① 긴급한 선로작업 등으로 10[km/h] 이하의 서행을 요하는 서행구간에는 감시원을 배치하여야 한다.

② ①의 감시원은 열차의 속도가 빠르다고 인정될 때는 열차를 일단 정차시킨 후 따로 서행수신호를 현시하여야 한다.

(5) 임시신호기 고장 시 조치 및 통보(제193조)

① 서행신호기 또는 서행해제신호기가 고장이거나, 설치할 수 없는 경우에는 다음 수신호를 현시하여야 한다.
  1. 서행신호기 : 서행수신호
  2. 서행해제신호기 : 진행수신호

② 임시신호기의 고장 또는 이에 대용하는 수신호의 현시가 없는 경우에는 다음에 따른다.
  1. 열차승무원 또는 기관사는 전방 최근 역장에게 무선전화기 또는 말로 통보할 것
  2. 1.의 통보를 받은 역장은 속히 그 요지를 시설처장에게 통보할 것

(6) 임시서행의 조치(제194조)

① 선로 순회 직원은 열차 또는 차량을 임시서행 할 사유가 발생한 경우에는 최근 역장에게 그 요지를 통보하고, 서행수신호를 현시하여야 한다.

② ①의 통보를 받은 역장은 그 구간을 운행하는 기관사에게 서행구역 및 속도를 통보하여야 하고, 인접 역장에게도 통보하여야 한다.

4. 수신호

(1) 수신호 현시취급(제195조)

① 신호기 고장인 선로 또는 신호기가 설치되지 않은 선로(반대선로 운전 포함)에 열차를 진입, 진출시 키는 경우에는 관계 선로전환기의 잠금 상태 및 관계진로에 이상 없음을 조작반이나 육안으로 확인한 후 진행수신호를 현시하여야 한다.

② 수신호 현시위치는 다음에 따른다.

1. 상치신호기 또는 임시신호기의 대용으로 현시하는 수신호는 그 신호기의 설치위치에서 현시하고, 신호기가 설치되지 않은 경우에는 설치할 위치에서 현시하여야 한다. 다만, 열차에서 인식할 수 없거나 현시를 할 수 없는 위치인 경우에는 그 바깥쪽 적당한 위치에서 현시할 수 있다.

2. 장내신호기와 맨 바깥쪽 선로전환기 사이에 교량 또는 터널이 있어 장내신호기 지점에서 수신호 를 현시할 수 없는 경우에는 ①에 불구하고 장내신호기에 대한 수신호를 맨 바깥쪽 선로전환기 지점에서 현시할 수 있다. 이 경우에 기관사는 장내신호기 바깥쪽에 일단정차한 후 그 지점부터 25[km/h] 이하로 진입하여야 한다.

3. 1명 근무역이나 1근무조 2명 근무역으로서 휴게시간으로 야간에 1명 근무하는 경우의 수신호는 열차에서 인식 용이한 위치에서 현시할 수 있다.

(2) 수신호 현시생략(제196조)

① 진행수신호를 생략하고 관제사의 운전명령번호로 열차를 진입, 진출시키는 경우는 다음 어느 하나와 같다.

1. 입환신호기에 진행신호를 현시할 수 있는 선로
2. 입환표지에 개통을 현시할 수 있는 선로
3. 1. 및 2. 이외에 역 조작반(CTC 포함) 취급으로 신호연동장치에 의하여 진로를 잠글 수 있는 선로
4. 완목식 신호기에 녹색등은 소등되었으나, 완목이 완전하게 하강된 선로
5. 고장신호기와 연동된 선로전환기가 상시 잠겨 있는 경우

② ①에 따라 열차를 진입 또는 진출시키는 경우에는 다음에 따른다.

1. 기관사는 당해 신호기 바깥쪽에 열차를 일단 정차시킨 후 무선전화기로 역장에게 그 사유를 확인할 것. 다만, 사전에 신호기 고장 사유와 관제사 운전명령번호를 통보받은 경우에는 일단정차하지 않을 수 있다.

2. 역장은 조작반으로 해당 역(피제어역 포함)의 진입 또는 진출시키는 선로의 모든 전기 선로전환기 잠김상태 및 관계진로에 지장 없음을 확인하고, 그 사유를 관제사에게 보고하여 진행수신호 현시생략에 대한 승인을 요구할 것

3. 2.에 따라 보고를 받은 관제사는 관계직원과 협의 등의 필요한 조치를 하여 열차가 진입 또는 진출하여도 안전상 이상 없음을 확인한 후 진행수신호 현시 생략에 관한 사유와 운전명령 번호를 통보하여야 한다. 이 경우 CTC구간에서는 조작반에 의하여 관계진로의 이상이 없음을 직접 확인할 것

4. 3.의 승인을 받은 역장은 그 신호기의 고장 사유와 관제사 운전명령번호를 관계열차의 기관사에게 무선전화기 또는 말로 통고할 것

5. 4.의 통고를 받은 기관사는 그 신호기 지점부터 25[km/h] 이하의 속도로 주의 운전하여야 하고, 특히 관계진로에 지장 없음을 확인할 것. 다만, 복선운전구간에서 반대선로로 운전한 경우에 사전에 진입선 또는 진출선을 통보받은 경우에는 일단정차하지 않고 45[km/h] 이하의 속도로 운전할 수 있다.

(3) 수신호의 변경 및 철거(제197조)

① 신호기 고장 등으로 인하여 수신호로 대용할 것을 기관사에게 통고한 후 고장을 복구한 것을 통고한 경우에는 신호기 현시상태에 따른다.

② 진행수신호 및 서행수신호는 열차의 맨 뒤가 그 현시지점을 통과한 후 철거하여야 한다.

5. 신호의 취급

(1) 진행 지시신호의 현시 시기(제198조)

① 장내신호기, 출발신호기 또는 엄호신호기는 열차가 그 안쪽에 진입할 시각 10분 이전에 진행지시신호를 현시할 수 없다. 다만, CTC열차운행스케줄 설정에 따라 진행지시신호를 현시하는 경우에는 그러하지 아니하다.

② 전동열차에 대한 시발역 출발신호기의 진행지시신호는 ①에 불구하고 열차가 그 안쪽에 진입할 시각 3분 이전에 이를 현시할 수 없다.

(2) 수신호의 현시 취급시기(제199조)

① 상치신호기의 대용하는 수신호의 현시 시기는 다음에 따른다.

1. 진행수신호는 열차가 진입할 시각 10분 이전에는 현시하지 말 것
2. 정지수신호는 열차가 진입할 시각 10분 이전에 현시할 것. 다만, 전동열차의 경우에는 열차 진입할 시각 상당시분 이전에 이를 현시할 수 있다.

② 정지수신호 취급자는 열차가 정차하였음을 확인하고, 진행수신호를 현시하여야 한다. 다만, 다음 경우에는 정차하기 전에 진행수신호를 현시할 수 있으며, 기관사는 일단정차하지 않을 수 있다.

1. 선로가 급구배상으로 일단정차하면 인출을 할 수 없는 경우
2. 기관사가 수신호 제한속도 이하로 감속되었음을 수신호 취급자에게 통보한 경우

③ 역장은 열차를 정차시키는 사유를 사전에 통보하여야 하며, 신호기 고장 또는 도착선 예고를 하지 않았을 때는 수신호 취급자가 진행수신호를 현시하기 전에 열차를 장내신호기 바깥쪽에 일단 정차시키고 기관사에게 그 사유를 통고하여야 한다.

(3) 폐색취급과 출발신호기 취급(제200조)

① 출발신호기 또는 이에 대용하는 수신호는 다음 조건을 구비하지 않으면 진행 지시신호를 현시할 수 없다. 다만, 차내신호폐색식(자동폐색식 포함)을 시행하는 경우에는 그러하지 아니하다.

1. 폐색취급이 필요한 경우에는 취급을 한 후
2. 통표·지도표·지도권 또는 전령자가 필요한 경우에는 이를 교부 또는 승차시킨 후

② 통표폐색식 또는 지도통신식 구간의 역장은 다음 어느 하나의 경우에 폐색취급을 한 후 통표 또는 지도표의 교부 전이라도 출발신호기에 진행 지시신호 또는 이에 대용하는 진행수신호를 현시할 수 있다.

1. 통과열차를 취급하는 경우
2. 반복선 또는 출발도움선에서 열차를 출발하는 경우

(4) 신호취급 후 확인(제201조)

신호기 또는 표지를 취급한 직원은 그 신호기나 표지에 정당한 신호가 현시된 것을 직접 또는 조작반으로 확인하여야 한다.

(5) 신호 확인을 할 수 없을 때 조치(제202조)

짙은 안개 또는 눈보라 등 악천후로 신호현시 상태를 확인할 수 없는 때에 역장 및 기관사는 다음에 따라 조치하여야 한다.

1. 역 장

　가. 폐색승인을 한 후에는 열차의 진로를 지장하지 말 것

　나. 짙은 안개 또는 눈보라 등 기후상태를 관제사에게 보고할 것

다. 장내신호기 또는 엄호신호기에 정지신호를 현시하였으나 200[m]의 거리에서 이를 확인할 수 없는 경우에는 이 상태를 인접역장에게 통보할 것

라. 다.의 통보를 받은 인접역장은 그 역을 향하여 운행할 열차의 기관사에게 이를 통보하여야 하며, 통보를 못한 경우에는 통과할 열차라도 정차시켜 통보할 것

마. 열차를 출발시킬 때에는 그 열차에 대한 출발신호기에 진행 지시신가 현시된 것을 조작반으로 확인한 후 신호현시 상태를 기관사에게 통보할 것

2. 기관사

가. 신호를 주시하여 신호기 앞에서 정차할 수 있는 속도로 주의운전하여야 하며, 신호현시 상태를 확인할 수 없는 경우에는 일단 정차할 것. 다만, 역장과 운전정보를 교환하여 그 열차의 전방에 있는 폐색구간에 열차가 없음을 확인한 경우에는 정차하지 않을 수 있다.

나. 출발신호기의 신호현시 상태를 확인할 수 없는 경우에 역장으로부터 진행 지시신호가 현시되었음을 통보받았을 때에는 신호기의 현시상태를 확인할 때까지 주의운전할 것

다. 열차운전 중 악천후의 경우에는 최근 역장에게 통보할 것

(6) 열차도착 시 신호취급(제203조)

① 역장은 정거장에서 정차할 열차를 도착시킬 경우 출발신호기는 정지신호를 현시하고 장내신호기에 진행 지시신호를 현시하여야 한다. 다만, 출발신호기가 CTC열차운행스케줄 설정에 따라 진행지시신호를 현시하는 경우에는 그러하지 아니하다.

② 역장은 ①의 출발신호기로서 열차가 정차하기 전 도착선의 끝 지점에 설치한 출발신호기 또는 입환신호기에 진행 지시신호를 현시할 수 없다. 다만, 단선 자동폐색식 구간의 출발신호기로서 열차의 맨 뒤가 도착선로의 유효장 안쪽으로 도착한 것을 확인한 후에는 그러하지 아니하다.

③ 기관사는 ① 및 ②의 단서에 따라 출발신호기에 진행 지시신호가 현시되었더라도 정차열차인 경우에는 정차하여야 한다.

(7) 열차출발 시 신호취급(제204조)

① 정거장에서 열차를 출발시킬 때는 출발신호기 또는 입환신호기에 진행 지시신호를 현시하여야 한다. 이 경우 열차 출발에 사용하도록 열차운전 시행세칙에 지정하지 않은 입환신호기는 관제사의 승인에 따른다.

② ①의 경우에 신호기 고장일 때는 그 요지를 기관사(추진운전의 경우 열차승무원 포함)에게 통고하고 그 대용으로 진행수신호를 현시하여야 한다.

③ ①의 입환신호기에 진행 지시신호를 현시하는 때는 진로표시기로 열차의 진로를 표시하여야 한다. 다만, 고장으로서 이를 표시할 수 없는 경우에는 그 요지를 기관사(추진운전의 경우 열차승무원 포함)에게 통고한 경우에는 그러하지 아니하다.

(8) 차내신호폐색식 또는 자동폐색식 구간 퇴행할 열차출발 시 신호취급(제205조)

① 역장은 차내신호폐색식(자동폐색식 포함) 구간 도중에서 퇴행할 공사열차 또는 구원열차를 출발시켰을 때에는 출발신호기에 정지신호를 현시하여 두고, 그 열차가 귀착한 것을 확인한 후가 아니면 이에 진행 지시신호를 현시하여서는 아니 된다.

② ①의 경우에 역장은 제142조(통신식 폐색상태 표시) 또는 제146조(지도통신식 폐색상태 표시)에 따른 폐색구간 상태표의 폐색표를 확인이 용이한 장소에 표시하여야 한다.

(9) 통과열차 신호취급(제206조)

① 역장은 열차를 통과시킬 때는 장내신호기·출발신호기 또는 엄호신호기에 진행 지시신호를 현시하여야 한다. 이 경우 원방신호기 및 통과신호기가 설치되어 있을 때는 출발신호기, 장내신호기, 통과신호기, 원방신호기 순으로 취급한다.

② 통과열차를 임시로 정차시킬 때는 그 진입선로의 출발신호기에 정지신호를 현시한 후 이를 기관사에게 예고하여야 한다. 다만, 통신 불능 등으로 이를 예고하지 못하고 3현시 이상의 장내신호기가 설치된 선로에 도착시킬 때는 신호기에 경계신호 또는 주의신호를 현시하여야 한다.

6. 전 호

(1) 전호의 현시 방식(제207조)

① 열차 또는 차량에 대한 전호의 현시 방식에 의한 구분은 다음과 같다.
　1. 무선전화기 전호
　2. 전호기(등) 전호
　3. 버저 전호
　4. 기적 전호

② 동일사항에 대하여 서로 다른 전호가 있으면 반드시 확인하고 열차 또는 차량을 운전하여야 한다.

(2) 열차의 출발전호 시행 또는 생략(제208조)

① 열차승무원은 열차를 정거장에서 출발시킬 때는 기관사에게 출발전호를 하여야 한다. 다만, 관련세칙에 따로 정한 경우에는 예외로 한다.

② 아래의 열차는 역장이 기관사에게 출발전호를 하여야 한다. 다만, 관련세칙에 따로 정한 경우에는 예외로 한다.
　1. 열차승무원의 승무를 생략한 열차
　2. 대용폐색방식 또는 폐색준용법에 의하여 출발하는 열차
　3. 객차 승강문이 한꺼번에 열고 닫음이 되지 않은 열차

③ ①과 ②에 따라 출발전호를 할 때는 열차승무원 또는 역장은 열차 출발시각과 신호현시 상태 등 출발 준비가 완료된 것을 확인하고 기관사에게 출발전호를 하여야 한다.

(3) 열차의 출발전호 방식(제209조)

① 기관사는 열차출발 전 출발신호기가 진행지시신호를 현시하는 경우 열차승무원에게 "철도 ○○열차 출발○○(신호현시상태). 기관사 이상"이라 통보하고, 열차승무원은 "제○○열차 열차승무원 수신양호 이상"이라고 응답하여야 한다. 다만, 관련세칙에 따로 정한 경우에는 그러하지 아니하다.

② ①의 통보 후 열차를 출발시키는 경우에는 다음의 어느 하나에 해당하는 방식에 따라 출발전호를 하여야 한다.

  1. 무선전화기 전호

   가. 출발신호기 신호현시 확인이 가능한 경우 : "철도○○열차, ○○열차, ○○역 ○번선 출발 ○○(신호현시상태) 발차. 열차승무원(역장) 이상"

   나. 출발신호기 신호현시를 확인할 수 없고 반응표시등 점등을 확인한 경우 : "철도○○열차, ○○열차, ○○역 반응표시등 점등 발차. 열차승무원(역장) 이상"

   다. 열차출발선이 단순배선(본선, 부본선)으로 되어 있는 경우 : "철도○○열차, ○○열차, ○○ 역 본(부본)선 출발○○(신호현시상태) 발차. 열차승무원(역장) 이상"

   라. 출발신호기 신호현시 및 반응표시등 점등을 확인할 수 없는 경우 : "철도○○열차, ○○열차, ○○역 출발확인하고 발차. 열차승무원(역장) 이상"

  2. 전호기(등) 전호 : 주간에 녹색기 또는 야간에 녹색등으로 원형을 그린다. 이 경우에 열차의 반대 편 위에서 시작하여 열차가 있는 편으로 향하도록 원형을 그린다.

  3. 버저 전호 : 버저를 보통으로 1회 울린다. 다만, 이에 따를 수 없는 때는 차내방송장치 또는 직통 전화로 출발을 통보할 수 있다.

③ ②의 1. 및 2.에 따른 출발전호를 확인한 기관사는 무선전화기로 "철도○○열차 발차. 기관사 이상"이라고 응답하여야 한다. 다만, 전동열차 등 버저전호의 경우에는 이를 생략할 수 있다.

(4) 정거장 밖에 정차한 열차의 출발전호(제210조)

정거장 밖에서 정차한 열차를 출발시킬 때 열차승무원은 기관사에게 출발전호를 하여야 한다. 다만, 열차승무원의 출발전호를 생략하는 경우는 다음과 같다.

1. 차내신호폐색식(자동폐색식 포함) 이외의 구간으로서 장내신호기 또는 이에 대용하는 수신호의 정지 신호로 정차하였다가 진행지시 신호에 따라 출발하는 경우

2. 차내신호(자동폐색신호)의 정지신호로 일단정차하였다가 출발하거나 일단 정차한 다음 진행 지시신호에 따라 출발하는 경우

(5) 각종전호(제211조)

열차 또는 차량을 운전하는 직원상호 간의 의사표시를 하는 각종 전호의 현시방식은 [별표 19]와 같다.

[별표 19] 각종전호 현시방식

순 번	전호 종류	전호 구분	전호 현시방식
1	비상전호	주 간	양팔을 높이 들거나 녹색기 이외의 물건을 휘두른다.
		야 간	녹색등 이외의 등을 급격히 휘두르거나 양팔을 높이 든다.
		무 선	00열차 또는 00차 비상정차
2	추진운전전호		
	가. 전도지장 없음	주 간	녹색기를 현시한다.
		야 간	녹색등을 현시한다.
		무 선	전도양호
	나. 정차하라	주 간	적색기를 현시한다.
		야 간	적색등을 현시한다.
		무 선	정차 또는 00[m] 전방정차
	다. 주의기적을 울려라	주 간	녹색기 폭을 걷어잡고 상하로 수차 크게 움직인다.
		야 간	백색등을 상하로 크게 움직인다.
		무 선	00열차 기적
	라. 서행신호의 현시 있음	주 간	녹색기를 어깨와 수평의 위치에 현시하면서 하방 45도의 위치까지 수차 움직인다.
		야 간	깜박이는 녹색등
		무 선	전방 00[m] 서행 00킬로
3	정지위치 지시신호	주 간	녹색기를 좌우로 움직이면서 열차가 상당 위치에 도달하였을 때 적색기를 높이 든다.
		야 간	녹색등을 좌우로 움직이면서 열차가 상당 위치에 도달하였을 때 적색등을 높이 든다.
		무 선	전호자 위치 정차
4	자동승강문 열고 닫음 전호		
	가. 문을 닫아라	주 간	한 팔을 천천히 상하로 움직인다.
		야 간	백색등을 천천히 상하로 움직인다.
		무 선	출입문 폐쇄
	나. 문을 열어라	주 간	한 팔을 높이 들어 급격히 좌우로 움직인다.
		야 간	백색등을 높이 들어 급격히 좌우로 움직인다.
		무 선	출입문 개방
5	수신호 현시 통보전호		
	가. 진행수신호를 현시하라	주 간	녹색기를 천천히 상하로 움직인다.
		야 간	녹색등을 천천히 상하로 움직인다.
		무 선	0번선 00신호 녹색기(등) 현시
	나. 정지수신호를 현시하라	주 간	적색기를 천천히 상하로 움직인다.
		야 간	적색등을 천천히 상하로 움직인다.
		무 선	0번선 00신호 적색기(등) 현시

순 번	전호 종류	전호 구분	전호 현시방식
6	제동시험 전호		
	가. 제동을 체결하라	주 간	한 팔을 상하로 움직인다.
		야 간	백색등을 천천히 상하로 움직인다.
		무 선	00열차 제동
	나. 제동을 완해하라	주 간	한 팔을 높이 들어 좌우로 움직인다.
		야 간	백색등을 높이 들어 좌우로 움직인다.
		무 선	00열차 제동 완해
	다. 제동시험 완료	주 간	한 팔을 높이 들어 원형을 그린다.
		야 간	백색등을 높이 들어 원형을 그린다.
		무 선	00열차 제동 완료
7	이동금지 전호	주 간	적색기를 게출한다.
		야 간	적색등을 게출한다.

(6) 비상전호(제212조)

위험이 절박하여 열차 또는 차량을 신속히 정차시킬 필요가 있을 때는 기관사 또는 열차승무원에게 비상전호를 시행하여야 한다.

(7) 추진운전전호(제213조)

① 열차를 추진으로 운전하는 경우에 열차승무원은 열차의 맨 앞에 승무하여 기관사에게 추진운전전호를 시행하여야 한다. 이 경우 추진운전 방향의 맨 앞에 보조기관차가 연결되어 있어 견인운전 형태가 되는 경우에는 그러하지 아니하다.

② 추진운전 열차의 편성이 장대하거나, 기후불량으로 인하여 앞·뒤 승무원 간에 연락을 하기 어려운 경우에는 적임자를 상당 위치에 승차시키거나 무선전화기를 사용하여 추진운전전호를 중계하여야 한다. 다만, 기관사 단독승무 열차의 경우에는 적임자를 열차의 맨 앞 운전실에 승차시켜야 한다.

③ 추진운전 중의 열차를 운전구간의 도중에서 정차하라는 전호에 따라 정차시킨 후 열차를 전진 또는 퇴행의 지시를 할 필요가 있을 때는 수전호의 입환전호에 따른다.

(8) 정지위치 지시전호(제214조)

① 열차의 정지위치를 지시할 필요가 있을 때는 그 위치에서 기관사에게 정지위치 지시전호를 시행하여야 한다.

② ①의 전호는 열차가 정거장 안에서는 200[m], 정거장 밖에서는 400[m]의 거리에 접근하였을 때 이를 현시하여야 한다.

③ 정지위치 지시전호의 현시가 있으면 기관사는 그 현시지점을 기관사석 중앙에 맞추어 정차하여야 한다.

(9) 자동승강문 열고 닫음 전호(제215조)

① 역장은 열차의 자동승강문이 1개소에서 한꺼번에 열고 닫음이 되지 않는 경우로서 승차 또는 하차해야 할 승객이 있음을 알릴 필요가 있을 때에는 열차승무원에게 전호를 시행하여야 한다.

② ①의 전호를 확인한 열차승무원은 자동승강문을 열거나 닫은 다음 열차가 완전하게 출발하여 승강장을 벗어날 때까지 역장의 동태 또는 승객의 뛰어내림을 계속 확인하여야 한다.

(10) 수신호 현시 통보전호(제216조)

① 상치신호기 고장 등으로 이에 대용하는 수신호를 현시시킬 경우에는 필요에 따라 지시자는 현시자에게 전호를 시행하여야 한다.

② ①의 경우에 현시자는 동일전호로서 응답하여야 한다.

③ 수신호의 현시자는 야간에 수신호 현시를 위하여 출장 시 신호기의 설치 지점에서 그 위치를 표시하기 위하여 지시자에 대하여 백색등을 표시하여 두어야 한다.

(11) 제동시험전호(제217조)

① 열차의 조성 또는 분리 · 연결 등으로 제동기 시험을 할 경우에는 제동시험전호를 시행하여야 한다.

② 공기제동기 시험은 제동시험완료의 전호를 확인한 기관사가 짧게 한 번의 기적전호 또는 무선전화기로 응답함으로서 완료하는 것으로 한다. 이 경우에 기관사는 제동시험 완료에 대하여 역장에게 통보하여야 한다.

(12) 이동금지전호(제214조)

① 차량관리원 또는 역무원은 차량의 검사나 수선 등을 할 때는 이동금지전호기(등)를 걸어야 한다.

② 차량관리원 또는 역무원은 열차에 연결한 차량 또는 유치 차량의 차체 밑으로 들어갈 경우 기관사나 다른 역무원에게 그 사유를 알려 주고 이동금지전호기(등)를 잘 보이는 위치에 걸어야 한다.

③ 이동금지전호기(등)의 철거는 해당 전호기를 걸었던 차량관리원 또는 역무원이 시행한다.

(13) 수전호의 입환전호(제219조)

① 차량의 입환작업을 하는 경우에는 다음 수전호의 입환전호를 하여야 한다. 수전호의 입환전호현시방식은 [별표 20]과 같다.

　1. 오너라(접근)

　2. 가거라(퇴거)

　3. 속도를 절제하라(속도절제)

　4. 조금 진퇴하라(조금 접근 또는 조금 퇴거)

　5. 정지하라(정지)

　6. 연 결

　7. 1번선부터 10번선

[별표 20] 입환전호 현시방식

순 번	전호 종류	전호 구분	전호 현시방식
1	오너라(접근)	주 간	녹색기를 좌우로 움직인다. 다만, 한 팔을 좌우로 움직여 이에 대용할 수 있다.
		야 간	녹색등을 좌우로 움직인다.
		무 선	접근
2	가거라(퇴거)	주 간	녹색기를 상하로 움직인다. 다만, 한 팔을 상하로 움직여 이에 대용할 수 있다.
		야 간	녹색등을 상하로 움직인다.
		무 선	퇴거
3	속도를 절제하라 (속도절제)	주 간	녹색기로 「가거라」 또는 「오너라」 전호를 하다가 크게 상하로 1회 움직인다. 다만, 한 팔을 상하 또는 좌우로 움직이다가 크게 상하로 1회 움직여 이에 대용할 수 있다.
		야 간	녹색등으로 「가거라」 또는 「오너라」 전호를 하다가 크게 상하로 1회 움직인다.
		무 선	속도절제
4	조금 진퇴하라 (조금 접근 또는 조금 퇴거)	주 간	적색기 폭을 걷어잡고 머리 위에서 움직이며 「오너라」 또는 「가거라」 전호를 한다. 다만, 한 팔을 머리 위에서 움직이며 다른 한 팔로 「오너라」 또는 「가거라」의 전호를 하여 이에 대용할 수 있다.
		야 간	적색등을 상하로 움직인 후 「오너라」 또는 「가거라」의 전호를 한다.
		무 선	조금 접근 또는 조금 퇴거
5	정지하라(정지)	주 간	적색기를 현시한다. 다만, 양팔을 높이 들어 이에 대용할 수 있다.
		야 간	적색등을 현시한다.
		무 선	정지
6	연 결	주 간	머리 위 높이 수평으로 깃대 끝을 접한다.
		야 간	적색등과 녹색등을 번갈아가면서 여러 번 현시한다.
7	1번선	주 간	양팔을 좌우 수평으로 뻗는다.
		야 간	백색등으로 좌우로 움직인다.
8	2번선	주 간	왼팔을 내리고 오른팔을 수직으로 올린다.
		야 간	백색등을 좌우로 움직인 후 높게 든다.
9	3번선	주 간	양팔을 수직으로 올린다.
		야 간	백색등을 상하로 움직인다.
10	4번선	주 간	오른팔을 우측 수평 위 45도, 왼팔을 좌측 수평 하 45도로 뻗는다.
		야 간	백색등을 높게 들고 작게 흔든다.
11	5번선	주 간	양팔을 머리 위에서 교차시킨다.
		야 간	백색등으로 원형을 그린다.
12	6번선	주 간	양팔을 좌우 아래 45도로 뻗는다.
		야 간	백색등으로 원형을 그린 후 좌우로 움직인다.
13	7번선	주 간	오른팔을 수직으로 올리고 왼팔을 왼쪽 수평으로 뻗는다.
		야 간	백색등으로 원형을 그린 후 좌우로 움직이고 높게 든다.
14	8번선	주 간	왼팔을 내리고 오른쪽 수평으로 뻗는다.
		야 간	백색등으로 원형을 그린 후 상하로 움직인다.
15	9번선	주 간	오른팔을 오른쪽 수평으로 왼팔을 오른팔 아래 약 35도로 뻗는다.
		야 간	백색등으로 원형을 그린 후 높게 들고 작게 흔든다.
16	10번선	주 간	양팔을 좌우 위 45도의 각도로 올린다.
		야 간	백색등을 좌우로 움직인 후 상하로 움직인다.

주. 6~16까지 무선전호는 전호의 종류와 동일하게 시행한다.

② ①의 1.부터 4.까지의 전호는 계속하여 이를 현시하여야 한다.

③ 「조금 진퇴하라」의 전호를 확인한 기관사는 기적을 짧게 1회 울려야 한다.

④ 전호자는 「오너라」 전호에 따라 전호자 위치에 도달한 차량을 계속 진행시킬 경우에는 기관사가 전호자의 위치에 도달하였을 때 「가거라」의 전호로 변경하여야 한다.

⑤ 11번선부터 19번선에 대한 전호는 10번선 전호를 먼저 현시한 후 1번선부터 9번선에 해당하는 전호를 현시한다.

(14) 기적전호(제220조)

① 동력차에 장치되어 있는 기적의 음을 이용하여 기관사가 타의 직원 또는 일반인에게 전호를 시행하여야 한다. 기적전호의 현시방식은 [별표 21]과 같다.

[별표 21] 기적전호 현시방식

순 번	전호 종류	전호 현시방식
1	운전을 개시	—
2	정거장 또는 운전상 주의를 요하는 지점에 접근 통고	———
3	전호담당자 호출	— —
4	역무원 호출	— — —
5	차량관리원 호출	— — — —
6	시설관리원 또는 전기원 호출	——— (여러 번)
7	제동시험 완료의 전호에 응답	•
8	비상사고발생 또는 위험을 경고	• • • • • (여러 번)
9	방호를 독촉하거나 사고 기타로 정지 통고 (정거장 내에서 차량고장으로 즉시 출발할 수 없는 경우)	• ——— •
10	사고복구한 것 또는 방호 해제할 것을 통고할 때	——— •
11	구름방지 조치	• • •
12	구름방지 조치 해제	— —
13	통과열차로서 운전명령서 받음	— —
14	기관차 2 이상 연결하고 역행운전을 개시	•
15	기관차 2 이상 연결하고 타행운전을 개시	— •
16	기관차 2 이상 연결하고 퇴행운전을 개시	• • —
17	열차발차 독촉	• —

주) • : 짧게(0.5초간)
　　 — : 보통으로(2초간)
　　 ——— : 길게(5초간)

② 기관사는 기적전호를 하기 전 무선전호 또는 수전호에 의하고, 위급상황이나 부득이한 경우를 제외하고는 소음억제를 위하여 관제기적이 설치되어 있으면 이를 사용하여야 한다.

(15) 무선전호(제221조)

각종 전호 또는 수전호에 의한 입환전호 등은 전호방법을 따로 정한 무선전호를 사용할 수 있다.

(16) 버저전호(제222조)

① 양쪽 운전실이 있는 고정편성열차에서 기관사와 열차승무원 간에 방송에 의한 무선전호가 어려운 경우에 각종 전호 또는 수전호의 입환전호 등을 버저를 사용하여 전호를 시행할 수 있다. 그 방법은 [별표 22]에 정한다.

[별표 22] 버저전호 현시방식

순 번	전호 종류	전호 현시방식
1	차내전화 요구	●●●
2	차내전화 응답	●
3	출발전호 또는 시동전호	―
4	전도지장 없음	●●, ●●, ●●
5	정지신호 현시 있음 또는 비상정차	●●●● (여러 번, 정차 시까지)
6	주의기적 울려라	― ―
7	서행신호 현시 있음	●● ― ●● (서행 시까지)
8	속도를 낮추어라	―― ―― (서행 시까지)
9	진행 지시신호 현시 있음	●●, ●●
10	건널목 있음	● ―, ● ―, ● ― (건널목 통과 시까지)
11	정차역 확인요구	― ― (경인, 경부, 경원, 안산선 급행전동열차 한함)
12	정차역 확인응답	●

주) ● : 짧게(0.5초간)
　　― : 보통으로(2초간)
　　―― : 길게(5초간)

② 앞 운전실 고장으로 뒤 운전실에서 운전하는 경우의 열차승무원의 무선전호를 확인한 기관사는 짧게 1회의 버저전호로 응답하여야 한다.

7. 표 지

(1) 안전표지의 설치 및 관리(제223조)

① 선로(전차선로 포함) 및 시설물에 설치하는 각종 안전표지는 동력차승무원의 열차운전에 혼란 또는 지장이 없도록 설치하여야 한다.

② 열차운전에 직접 또는 간접적으로 필요한 안전표지는 반사재 또는 조명(발광다이오드)등을 사용하고, 이를 수시로 정비하여야 한다.

③ 안전표지의 설치 및 관리는 지역본부장이 하여야 하며 개량 및 신설선의 경우에는 철도시설관리자가 설치한다.

(2) 열차표지(제224조)

① 열차의 앞쪽에는 앞표지, 뒤쪽에는 뒤표지를 열차 출발시각 10분 전까지 다음 방식에 따라 표시하여야 한다. 다만, 뒤표지의 표시가 어려운 차량은 그 직전 차량에 표시하거나 표시를 생략할 수 있다.
   1. 앞표지 : 주간 또는 야간에 열차(입환차량 포함)의 맨 앞쪽 차량의 전면에 백색등 1개 이상
   2. 뒤표지
      가. 주간 : 열차의 맨 뒤쪽 차량의 상부에 전면 백색·적색(등), 후면 적색(등) 1개 이상
      나. 야간 : 열차의 맨 뒤쪽 차량의 상부에 전면 백색·적색등, 후면 적색등(깜박이는 경우 포함) 1개 이상
      다. 고정편성 열차 또는 고정편성 차량을 입환하는 경우에는 맨 뒤쪽 차량의 후면에 적색등 1개 이상

② ①에도 불구하고 열차표지를 표시하지 않을 수 있는 경우와 표시가 어려운 경우는 다음과 같다.
   1. 앞표지는 정차 중에는 이를 표시하지 않을 수 있으며, 추진운전을 하는 열차는 맨 앞 차량의 진행방향 좌측 상부에 이를 표시할 수 있다.
   2. 뒤표지를 현시할 수 없는 단행열차 및 주간에 운행하는 여객열차(회송 포함)에는 뒤표지를 표시하지 않을 수 있다.
   3. 2. 이외의 열차 중 뒤표지의 표시가 어려운 차량은 그 직전 차량에 표시하거나 표시를 생략할 수 있다.

③ ②의 3.에 따라 열차 뒤표지의 표시 생략 또는 표시위치를 변경할 경우에는 관제사의 지시를 받아야 한다. 다만, 차내신호폐색식(자동폐색식 포함) 구간에서는 야간에 뒤표지의 표시를 생략할 수 없다.

④ 관제사는 ③에 따라 열차 뒤표지의 표시 생략 또는 표시 위치의 변경을 지시할 경우에는 그 요지를 관계처에 통보하여야 한다.

(3) 앞표지의 밝기 조절(제225조)

열차교행·대피 또는 차량 입환을 하는 경우에 동력차의 앞표지로 다른 열차 또는 차량의 기관사가 진로 주시에 지장받을 염려가 있을 경우에는 그 밝기를 줄이거나 일시적으로 표시를 하지 않을 수 있다.

(4) 퇴행열차의 열차표지(제226조)

① 퇴행하는 열차의 앞표지 및 뒤표지는 이를 변경할 수 없다.
② 정거장 밖의 측선으로부터 정거장으로 돌아오는 열차의 앞표지 및 뒤표지는 이를 변경하지 않을 수 있다.

(5) 남겨 놓은 차량의 열차표지(제227조)

열차사고, 그 밖에 사유로 정거장 바깥의 본선에 남겨 놓은 차량에는 뒤표지를 표시하여야 한다.

(6) 열차표지의 표시 및 제거(제228조)

① 열차표지의 표시 및 제거는 다음에 따라 취급하여야 한다.

    1. 동력차의 표지는 기관사, 객차의 표지는 차량관리원, 화차의 표지는 역무원이 표시 또는 제거할 것. 다만, 차량관리원이 없는 장소에서 객차의 표지는 역무원, 열차승무원, 기관사의 순으로 한다.

    2. 동력차의 표지는 출고선, 객·화차의 표지는 열차 착발선에서 이를 표시 또는 제거할 것

② 열차 뒤표지의 운용 방법 등은 일반철도운전취급 세칙에 따로 정한다.

(7) 열차표지 고장 시 조치(제229조)

열차운행 중 열차표지의 고장 또는 없는 것을 발견한 경우에는 다음에 따른다.

1. 앞표지가 1등 이상 점등되는 경우에는 그대로 운전할 것

2. 앞표지가 모두 소등된 경우에 기관사는 관제사에게 통보하고, 응급조치매뉴얼에 따라야 하며 응급조치가 불가한 경우 관제사는 기관사에게 운행선로의 형태, 주·야간 등을 고려하여 주의기적을 수시로 울리면서 최근 정거장까지 주의운전할 것을 지시할 것

3. 뒤표지가 모두 소등 또는 없는 것을 발견한 관계 직원은 다음에 따를 것

    가. 발견 즉시 관제사에게 통보할 것

    나. 가.의 통보를 받은 관제사는 열차를 최근 정거장에 도착시켜 역장 또는 열차승무원에게 정비시키도록 조치할 것

    다. 정비를 할 수 없는 경우에는 관제사의 지시에 따를 것

(8) 열차 뒤표지의 확인(제230조)

① 열차승무원은 열차가 정거장에 도착하면 뒤표지 상태를 확인하고 그 불량함을 발견하였을 때는 즉시 이를 정비하여야 한다.

② 폐색구간의 도중에서 열차가 정차하였다가 출발할 때에 열차승무원 및 기관사는 뒤표지가 완전함을 확인하여야 한다. 다만, 동력차에 승무원 1인이 승무하는 열차의 기관사는 예외로 한다.

(9) 각종 안전표지의 형상(제231조)

각종 안전표지의 형상은 [별표 23]과 같다.

[별표 23] 각종 안전표지의 형상

1. 시설·영업분야

열차정지표지 (제232조)	차량정지 표지 (제233조)	추불은 선로전환기(제235조)		정거장경계표지 (제236조)	무인역표지 (제237조)
		(정반위의 기준 : 대향방향) 정위(좌방진로개통 : 백색)	반위(우방 진로개통 : 흑색)		
250 / 50	250 / 50			1. 백색바탕에 흑색문자 2. 지하구간 아크릴판 사용벽면 부착가능 (정거장경계표 40 560 105)	무인역 400 900 / 무 약240 40

차막이표지(제239조)	차량접촉한계표지(제240조)	열차정지위치표지 지상용(제241조)		
		일반열차		고속열차
100 400 / 400	300 / 100 40 230	135(80) 150(90) 10(5) / 8 / 600 (360) / 2,000 : 일반열차용 1,000 : 전기동차용 ※( ) : 지하		20 / 135 200 600 / 2,000 반사재

열차정지위치표지(제241조)					열차정지위치표지	
천장달대용	벽면돌출용	고속/일반 지상용	KTX산천 지상용 (1~8호 객차편성)	KTX산천 지상용 (11~18호 객차편성)	벽면부착용 (제241조)	선로중앙설치용 (제241조)
8 / 지상 2,500	8 / 지상 2,500	30 120 / A 8 / 600 / 2,000 ※ A : 신천 1~8호 객차 ※ B : 신천 11~18호 객차 ※ 8 : 일반열차 8량	A	B	400 / 구 로 10 / 500	6 / 160 1,000 180

일단정지표지(제243조)		속도제한표지 (제247조)	속도제한해제표지 (제248조)	서행구역통과측정 표지(제249조)	곡선예고표지 (제250조)
지상용	지하구간용				
일단정지	일단정지	40 / 600 (200) ( ) : 지하	600 (200) ( ) : 지하	30 / 600 2,000	4 / 80 400 600 50 / 2,000

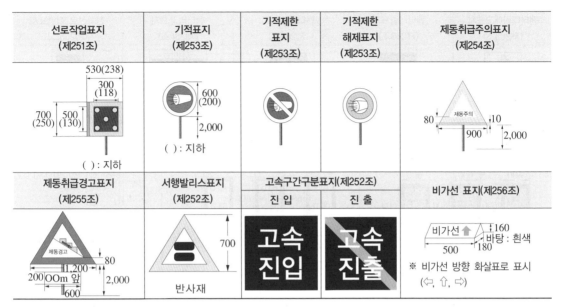

2. 전기분야

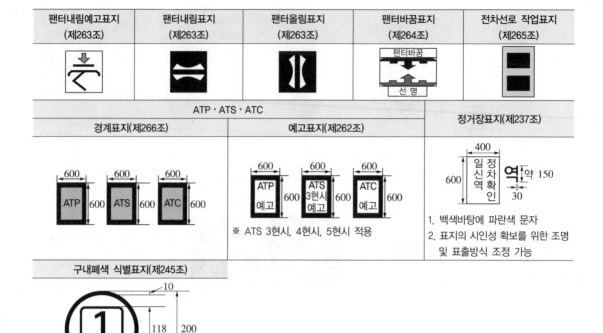

팬터내림예고표지 (제263조)	팬터내림표지 (제263조)	팬터올림표지 (제263조)	팬터바꿈표지 (제264조)	전차선로 작업표지 (제265조)

(10) 열차정지표지(제232조)

정거장에서 열차 또는 구내운전 차량을 상시 정차할 지점을 표시할 필요 있는 다음의 경우에는 열차정지표지를 설치하고, 열차 또는 차량은 표지 설치지점 전방에 정차하여야 한다.

1. 출발신호기를 정해진 위치에 설치할 수 없는 선로
2. 출발신호기를 설치하지 않은 선로
3. 구내운전 차량의 끝 지점

(11) 차량정지표지(제233조)

① 정거장에서 구내운전 또는 입환차량을 정지시키거나, 운전구간의 끝지점을 표시할 필요 있는 지점에는 차량정지표지를 설치하여야 하며, 차량은 표지 설치지점 전방에 정차하여야 한다.

② 정거장 외 측선에도 필요에 따라 ①의 차량정지표지를 설치할 수 있다.

(12) 상치신호기 식별표지(제234조)

① 같은 상치신호기가 한 장소에 2 이상 설치되어 신호오인 우려되면 상치신호기에 식별표지를 설치할 수 있다.

② 상치신호기 식별표지는 자호식등 또는 자호식 야광도료판으로 상치신호기등 하단 1[m] 지점을 기준으로 설치하여 열차에서 쉽게 확인되어야 하며, 다음과 같이 표시할 수 있다. 다만, 자호식 식별표지에 설치된 LED등은 정지신호 현시의 경우 소등, 진행지시신호 현시의 경우 점멸되도록 하여야 한다.

  1. 출발·폐색신호기 : 선로번호 또는 고속선과 일반선(고속, 경부, 호남)

  2. 장내신호기 : 철도노선명

(13) 선로전환기표지(제235조)

선로전환기에는 다음 방식에 따라 선로전환기 표지를 갖추어야 한다.

1. 기계식 선로전환기

2. 탈선 선로전환기(전기선로전환기 제외)

3. 추 붙은 선로전환기

4. 차상전기 선로전환기

(14) 정거장경계표지(제236조)

① 장내신호기가 설치되지 않아 경계를 표시할 수 없는 정거장에는 정거장 경계표지(이하 "경계표지")를 설치하여야 한다.

② 경계표지의 설치위치는 장내신호기를 설치할 위치 또는 그 방향에 대한 정거장 맨 바깥쪽 본선 선로전환기 지점의 바깥쪽(선로전환기 설치 없는 지하구간역 : 고상홈 끝 지점으로부터 20[m] 바깥쪽)으로 한다. 다만, 단선운전 구간에서는 지선 또는 측선, 복선운전 구간에서 건넘선이 없는 경우에는 승강장 끝에서 승강장이 설치된 방향으로 상하 각각 다음의 지점으로 한다.

  1. 경부선 및 호남선의 정거장 : 460[m]

  2. 1. 이외 선로의 정거장 : 370[m]

③ 경계표지는 선로 좌측에 설치하고 문자를 정거장 측으로 향하여 수직으로 설치하여야 한다.

④ 지하구간의 경우에는 아크릴판을 사용하여 벽면에 부착할 수 있으며, ② 및 ③에 따를 수 없는 경우에는 경계표지의 설치위치를 적절히 조정할 수 있다.

(15) 정거장안내표지(제237조)

다음에 따라 정거장에 직원이 배치되지 않은 역에는 무인역 표지를, 정거장명을 예고할 필요가 있는 경우에는 정거장표지를 설치하여야 한다.

1. 무인역표지 : 역원무배치간이역에 설치하며 장내신호기 하단의 식별이 용이한 곳에 설치하여야 한다.

2. 정거장표지 : 터널, 곡선 등 운행조건상 정거장 위치 확인이 필요한 개소에는 적정한 위치를 지정하여 설치할 수 있다.

(16) 궤도회로경계표지(제238조)

① 원격제어하는 차내신호폐색(자동폐색 포함) 구간의 궤도회로 경계지점에는 궤도회로경계표지를 설치할 수 있다.

② 궤도회로경계표지는 운행선로의 좌측에 설치하여야 하며 그 지점은 역조작반에 표시되는 궤도회로의 경계지점으로 한다. 다만, 이 표지의 뒷면을 반대방향의 궤도회로 경계표지로 사용하는 경우와 현지 여건상 좌측 설치가 어려운 경우에는 우측에 설치할 수 있으며, 곡선 등으로 확인할 수 없는 경우에는 경계지점의 바깥쪽 적당한 지점에 설치할 수 있다.

(17) 차막이표지(제239조)

본선 또는 주요한 측선의 끝 지점에 있는 정차위치는 차막이표지를 설치하여야 하며, 차량은 이 지점을 넘을 수 없다.

(18) 차량접촉한계표지(제240조)

선로가 분기 또는 교차하는 지점에는 선로상의 차량이 인접선로를 운전하는 차량을 지장하지 않는 한계를 표시하기 위하여 차량접촉한계표지를 설치하여야 한다.

(19) 열차정지위치표지(제241조)

① 정거장에서 여객 또는 화물취급의 편의를 위하여 열차의 정지위치를 표시할 필요가 있을 때에는 열차정지위치표지를 설치하여야 한다.

② 열차정지위치표지의 설치 위치는 여객 승하차 승강장 방향으로 하여야 한다. 다만, 선로의 상태에 따라 인식할 수 없는 경우 또는 부득이한 경우에는 승강장 반대방향 또는 선로 중앙하부에 설치할 수 있다.

③ 전동열차운행구간의 고상홈 선로 내에 설치한 열차정지위치표지는 전동열차에만 사용한다.

④ 열차정지위치표지가 설치되어 있는 경우 열차의 맨 앞 동력차 기관사 좌석이 열차정지위치표지와 일치하도록 정차하여야 한다. 다만, 편성차수에 따라 정차위치를 변경할 수 있다.

⑤ 열차정지위치표지의 설치위치 지정 및 설치·관리는 지역본부장, 물류사업단장이 하여야 하며, 반기 1회 이상 정비하여야 한다. 다만, 임시열차 및 그 밖에 필요한 경우의 일시적 설치는 소속 역장이 지정할 수 있으며, 이동할 수 있는 장치로 할 수 있다.

⑥ 열차정지위치표지는 여객동선 및 차호 등을 고려하여 동일 승강장에 3개까지 설치할 수 있으며 열차 맨 뒤 끝으로부터 열차정지위치표지 설치 위치까지의 편성차수를 다음과 같이 기재하여야 한다. 다만, 고속열차와 일반열차가 겸용하는 승강장의 경우에는 1개까지 추가설치 할 수 있다.

　1. 동력차에 승객이 승차하는 열차는 열차의 현차수

　2. 동력차에 승객이 승차하지 않는 열차는 동력차를 제외한 열차의 현차수

(20) 정지위치확인표지(제242조)

① 전동열차의 승강장에는 열차승무원의 승차위치와 일치하는 곳에 전동차 출입문 취급의 편의를 위한 정지위치확인표지를 설치하여야 한다. 다만, 안전문이 설치된 승강장은 제외한다.

② 정지위치확인표지는 전동차 운전실 출입문과 직각으로 폭 20[cm], 길이 2[m]의 황색 야광도료로 표시한다.

③ 전동열차가 승강장에 정지하였을 때 전철차장은 정지위치확인표지를 확인하여, 위치가 맞지 않으면 기관사에게 정차위치 조정을 요구를 하여야 한다.

④ 정지위치확인표지는 필요한 경우 열차정지위치표지 설치위치에도 이를 표시할 수 있으며 열차 운행 량수를 고려하여 설치하고, 지역본부장은 연 2회 이상 정비하여야 한다.

(21) 일단정지표지(제243조)

① 입환 또는 구내운전 중의 차량을 일단 정차시킬 필요가 있는 지점에는 일단정지표지를 설치한다.

② 기관사는 일단정지표지 설치 지점에서는 차량을 일단 정차하여야 한다.

(22) 자동식별표지(제244조)

① 자동폐색신호기에는 열차도착 정거장(장내·출발신호기 설치된 신호소 포함)의 장내신호기로부터 가장 가까운 자동폐색신호기를 1번으로 하여 출발 정거장(장내·출발신호기 설치된 신호소 포함) 방향으로 순차 번호를 부여하고, 그 번호를 표기한 자동식별표지를 설치하여야 한다.

② 자동식별표지는 반사재를 사용한 백색원판 1개로 하고, 표지의 중앙에는 흑색으로 폐색신호기의 번호를 표시하여야 한다.

(23) 구내폐색 식별표지(제245조)

구내폐색신호기에는 열차 운행방향 기준으로 도착지점에서 출발지점으로 1번부터 순차 번호를 부여하고, 그 번호를 표기한 구내폐색 식별표지를 설치하여야 한다.

(24) 서행허용표지(제246조)

① 급경사의 오르막과 그 밖에 특히 필요하다고 인정되는 지점의 자동폐색신호기에는 자동식별표지를 대신하여 서행허용표지를 설치하여야 한다.

② 서행허용표지는 백색테두리를 한 짙은 남색의 반사재 원판 1개로 하고, 표지의 중앙에는 백색으로 폐색신호기의 번호를 표시하여야 한다.

(25) 속도제한표지(제247조)

① 선로의 속도제한을 할 필요 있는 구역에는 속도제한표지를 설치하여야 한다.

② 속도제한표지는 속도제한구간 시작지점의 선로 좌측(우측선로를 운행하는 구간은 우측)에 설치하여야 하고, 진행 중인 열차로부터 400[m] 바깥쪽에서 확인할 수 없을 때에는 적당한 위치에 설치할 수 있다.

(26) 속도제한해제표지(제248조)

① 속도제한이 끝나는 지점에는 속도제한 해제표지를 설치하여야 한다.

② 단선구간에서는 속도제한표지의 뒷면으로서 속도제한 해제표지를 겸용할 수 있다.

③ 속도제한해제표지는 선로 좌측에 설치하여야 한다. 다만, 우측 선로를 운행하는 구간이나 단선구간에서 속도제한 표지의 뒷면으로서 속도제한해제표지로 겸용하는 경우에는 우측에 설치할 수 있다.

(27) 서행구역통과측정표지(제249조)

① 서행해제신호기 설치지점으로부터 적정한 지점에 차장률 15량, 20량, 30량 등의 서행구역통과측정표지를 설치하여야 한다. 다만, 단선운전 구간에서는 서행구역통과측정표지를 설치하지 않을 수 있다.

② 서행구역 운전 시 서행해제신호기 지점의 열차 맨 뒤 통과확인은 서행구역통과측정표지에 따른다. 다만, 단선구간에서는 열차운행방향의 반대방향에 대한 서행예고신호기로 서행구역통과측정표지를 갈음할 수 있다.

(28) 곡선예고표지(제250조)

① 곡선표지 설치지점 300[m] 이상 앞쪽 지점의 선로 좌측에 곡선예고표지를 다음에 따라 설치하여야 하며, 터널이나 교량 등으로 설치할 수 없는 경우에는 그 바깥쪽 적당한 지점에 설치할 수 있다.
1. 경부·호남선의 곡선반경 400~1,200[m] 각 구간
2. 광주선의 곡선반경 300~1,200[m] 각 구간
3. 선로최고속도가 150[km/h] 이상인 신선·개량선의 곡선반경 400~1,200[m] 각 구간

② 기관사는 곡선예고표지를 확인한 경우에는 300[m] 앞 지점에 곡선이 있을 것을 감안하고 운전을 하여야 한다.

(29) 선로작업표지(제251조)

① 시설관리원이 본선에서 선로작업을 하는 경우에는 열차에 대하여 그 작업구역을 표시하는 선로작업표지를 설치하여야 한다. 다만, 차단작업으로 해당 선로에 열차가 운행하지 않음이 확실하고, 양쪽 역장에서 통보한 경우 예외로 할 수 있다.

② 선로작업표지는 작업지점으로부터 다음에 정한 거리 이상의 바깥쪽에 설치하여야 한다. 다만, 곡선 등으로 400[m] 이상의 거리에 있는 열차로부터 이를 인식할 수 없는 때에는 그 거리를 연장하여 설치하여야 한다.

1. 130[km/h] 이상 선구 : 400[m]
2. 100~130[km/h] 미만 선구 : 300[m]
3. 100[km/h] 미만 선구 : 200[m]

③ 기관사는 선로작업표지를 확인하였을 때는 주의기적을 울려서 열차가 접근함을 알려야 한다.

(30) 서행발리스표지 및 고속화구간 구분표지(제252조)

고속화구간의 서행구간 전방 서행발리스 설치지점에는 서행발리스표지를 설치하여야 하며 고속화구간에는 고속구간 구분표지를 설치하여야 한다.

(31) 기적표지(제253조)

① 건널목·터널·교량·깎기비탈 및 곡선 등으로 앞쪽 선로의 확인이 어려운 지점 중에서 특히 기적을 울릴 필요가 있는 지점에는 기적표지를 설치하여야 한다.

② 기적표지의 설치위치는 다음에 따라 설치하여야 한다.
1. 400[m] 이상 거리의 열차에서 확인할 수 있을 것
2. 기적을 울릴 필요가 있는 장소 앞쪽에 설치할 것
3. 부득이한 경우 이외는 열차 진행방향 선로 좌측에 설치할 것

(32) 제동취급주의표지(제254조)

취약구간에는 기관사가 제동취급에 적정을 기하기 위하여 제동취급 위치를 선정하여 제동취급주의표지를 설치하여야 한다.

(33) 제동취급경고표지(제255조)

정거장 또는 정거장 바깥쪽이 급경사로 인하여 입환상 주의가 필요한 경우에는 다음에 따라 제동취급경고표지를 설치하여야 한다.
1. 내리막 경사가 장내신호기 바깥쪽에 있는 경우 : 내리막 경사 방향 맨 바깥쪽 선로전환기 20[m] 지점 좌측(장내 신호 쪽)
2. 내리막 경사가 장내신호기 안쪽에 있는 경우 : 내리막 경사 시작지점 50[m] 전방 좌측

(34) 비가선표지(제256조)

① 전차선로가 설치되지 않은 선로의 식별이 필요한 지점에는 비가선표지를 설치할 수 있다.
② 비가선표지는 전차선로가 없는 구간의 30[m] 이전 선로중앙에 표시하여야 한다.

(35) 가선종단표지(제257조)

전차선로가 끝나는 지점을 표시할 필요 있는 지점에 설치하며, 전기차는 표지 앞쪽에 정차하여야 한다. 다만, 가동전차선로가 설치된 경우에는 팬터그래프 가용거리까지 이동할 수 있다.

(36) 가선절연구간표지(제258조)

① 전차선로의 절연구간을 표시할 필요가 있는 경우 절연구간의 시작지점에 가선절연구간표지를 설치하며, 전기차는 표지 설치구간을 역행운전하지 못한다.

② 교류 및 직류 겸용 전기차 이외의 전기차는 전원이 다른 구간에 거쳐서 역행운전할 수 없다.

(37) 가선절연구간예고표지(제259조)

가선절연구간표지 있음을 예고하기 위하여 선로속도 200[km/h] 초과 구간에서는 가선절연구간 중앙에서 1,100[m] 이상의 지점에 설치하며, 그 밖의 구간은 가선절연구간표지 400[m] 앞쪽에 가선절연구간예고표지를 설치하여야 한다.

(38) 타행표지(제260조)

① 타행표지는 선로속도 200[km/h] 초과 구간에서는 전차선로의 절연구간 중앙에서 310[m] 지점에 설치하며, 그 밖의 구간은 교류/직류(AC/DC)가선 절연구간의 150~200[m], 교류/교류(AC/AC)가선 절연구간의 100~200[m] 앞쪽에 설치한다.

② 전기차를 운전할 경우 타행표지 설치지점부터 역행표지 설치지점의 직전까지 타행운전을 하여야 한다. 다만, 부득이한 경우에는 그러하지 아니하다.

(39) 역행표지(제261조)

전차선로의 절연구간을 지난 지점에 역행표지를 설치하며, 전기차는 역행표지 설치지점부터는 역행운전할 수 있다.

(40) 전차선구분표지(제262조)

① 급전구분 장치의 시작 지점에는 전차선구분표지를 설치하며 전기차 운전 시 급전여부를 확인하여야 한다.

② 전기차를 운전 중 부득이한 사유로서 정차할 경우 팬터그래프가 전차선 구분장치에 걸리지 않도록 하여야 한다.

(41) 팬터내림예고 · 팬터내림 · 팬터올림표지(제263조)

전차선로 작업, 고장, 장애 등으로 해당 구간을 팬터그래프를 내리고 타력운전이 필요할 경우에는 다음 표지를 설치하여야 한다.

1. 팬터내림예고표지 : 해당 지점으로부터 고속선 1,400[m] 이상, 선로 최고속도가 150[km/h] 구간은 500[m] 이상, 120[km/h] 구간 이하는 400[m] 이상의 앞쪽에 설치하고 예고표지의 안쪽에 팬터내림표지가 있음을 예고

2. 팬터내림표지 : 해당 지점으로부터 고속선은 500[m] 이상, 선로최고속도가 150[km/h] 구간은 300[m] 이상, 120[km/h] 구간 이하는 200[m] 이상의 앞쪽에 설치하고, 그 구간 통과 시 팬터그래프를 내리고 운전할 것을 표시. 이 경우 고속선에는 팬터내림표지 앞쪽 100[m] 지점에 팬터내림 보조표지를 설치

3. 팬터올림표지 : 해당 지점으로부터 고속선 500[m] 이상, 기타선은 열차장을 고려하여 적정 지점 뒤쪽에 설치하고 팬터그래프를 올리고 운전할 것을 표시

4. 선로의 경사가 20/1,000 이상의 오르막 구간에서 운행속도가 80[km/h] 이하인 경우에는 타력운전을 제한할 것

(42) 팬터바꿈표지(제264조)

① 철도차량정비단 세척고의 전차선 없는 구간을 안전하게 통과하기 위하여 동 구간 양방향의 적당한 지점에 팬터바꿈표지를 설치하여야 한다.

② 팬터바꿈표지는 철도차량정비단장이 설치 및 관리하여야 한다.

③ 기관사는 팬터바꿈표지에서 정상 팬터그래프를 내리고 비상팬터그래프를 올려야 한다.

(43) 전차선로작업표지(제265조)

① 전기원이 본선에서 전차선로 작업을 하는 경우에는 열차에 대하여 그 작업구역을 표시하는 전차선로작업표지를 설치하여야 한다. 다만, 차단작업으로 해당 선로에 열차가 운행하지 않음이 확실하고, 양쪽 역장에게 통보한 경우 예외로 할 수 있다.

② 전차선로작업표지는 작업지점으로부터 200[m] 이상의 바깥쪽에 설치하여야 한다. 다만, 곡선 등으로 400[m] 이상의 거리에 있는 열차가 이를 확인할 수 없는 때에는 그 거리를 연장하여 설치하여야 한다.

③ 기관사는 전차선로작업표지를 확인한 때에는 주의기적을 울려서 열차가 접근함을 알려야 한다.

(44) ATP · ATS · ATC 경계표지(제266조)

선로의 열차제어장치가 변경되는 구간에 진입하는 열차와 차량에 대하여 그 열차제어장치의 경계지점을 알리는 ATP · ATS · ATC 경계표지(이하 "경계표지")를 선로 좌측에 설치하여야 한다.

(45) ATP · ATS · ATC 예고표지(제267조)

열차제어장치의 경계표지 앞쪽에는 경계표지 방향으로 운행하는 열차에 대하여 ATP · ATS · ATC 예고표지를 경계표지 앞쪽 200[m](연결선구간 400[m]) 이상 지점의 선로 좌측에 설치하여야 한다.

1. 통칙

(1) 사고발생 시 조치(제268조)

① 철도사고가 발생할 우려가 있거나 사고가 발생한 경우에는 지체 없이 관계 열차 또는 차량을 정차시
켜야 한다. 다만, 계속 운전하는 것이 안전하다고 판단될 경우에는 정차하지 않을 수 있다.

② 사고가 발생한 경우에는 그 상황을 정확히 판단하여 차량의 안전조치, 구름방지, 열차방호, 승객의
유도, 인명의 보호, 철도재산피해 최소화, 구원여부, 병발사고의 방지 등 가장 안전하다고 인정되는
방법으로 신속하게 조치하여야 한다.

③ 사고 관계자는 즉시 그 상황을 관제사 또는 인접 역장에게 급보하여야 하며, 보고받은 관제사 또는
역장은 사고 발생내용을 관계부서에 통보하는 등 신속한 사고 복구가 이루어질 수 있도록 조치하여야
한다.

2. 열차의 방호

(1) 열차의 방호(제269조)

① 열차사고(열차충돌, 열차탈선, 열차화재) 및 건널목사고 발생 또는 발견 즉시 열차무선방호장치 방호
를 시행한 후 인접선 지장여부를 확인한다. 다만 열감지 및 화재감지장치 설치차량의 경우 고장처리
지침에 따른다.

② 열차사고 이외의 경우라도 철도사고 및 운행장애 등으로 관계열차를 급히 정차시킬 필요가 있을 경우
에는 열차방호를 하여야 한다.

③ 열차방호를 확인한 관계 열차 기관사는 즉시 열차를 정차시켜야 한다.

(2) 열차방호의 종류 및 시행방법(제270조)

① 열차방호의 종류와 방법은 다음과 같으며 현장상황에 따라 신속히 시행하여야 한다.

1. 열차무선방호장치 방호 : 지장열차의 기관사 또는 역장은 열차방호상황발생 시 상황발생스위
치를 동작시키고, 후속열차 및 인접 운행열차가 정차하였음이 확실한 경우 또는 그 방호 사유가
없어진 경우에는 즉시 열차무선방호장치의 동작을 해제시킬 것

2. 무선전화기 방호 : 지장열차의 기관사 또는 선로 순회 직원은 지장 즉시 무선전화기의 채널을
비상통화위치(채널 2번)에 놓고 또는 상용채널(채널1번 : 감청수신기 미설치 차량에 한함)에 놓고
"비상, 비상, 비상, ○○~△△역 간 상(하)선 무선방호!(단선 운전구간의 경우에는 상·하선 구분
생략)"라고 3~5회 반복 통보하고, 관계 열차 또는 관계 정거장을 호출하여 지장 내용을 통보할
것. 이 경우에 기관사는 열차승무원에게도 통보할 것

3. 열차표지 방호 : 지장 고정편성열차의 기관사 또는 열차승무원은 뒤 운전실의 전조등을 점등시킬 것(ITX-새마을 제외). 이 경우에 KTX 열차는 기장이 비상경보버튼을 눌러 열차의 진행방향 적색등을 점멸시킬 것

4. 정지수신호 방호 : 지장열차의 열차승무원 또는 기관사는 지장지점으로부터 정지수신호를 현시하면서 주행하여 400[m] 이상의 지점에 정지수신호를 현시할 것. 수도권 전동열차 구간의 경우에는 200[m] 이상의 지점에 정지수신호를 현시할 것

5. 방호스위치 방호 : 고속선에서 KTX기장, 열차승무원, 유지보수 직원은 선로변에 설치된 폐색방호스위치(CPT) 또는 역구내방호스위치(TZEP)를 방호위치로 전환시킬 것

6. 역구내 신호기 일괄제어 방호 : 역장은 역구내 열차방호를 의뢰받은 경우 또는 열차방호상황 발생 시 '신호기 일괄정지' 취급 후 관제 및 관계직원에 사유를 통보하여야 하며 방호사유가 없어진 경우에는 운전보안장치취급매뉴얼에 따라 방호를 해제시킬 것

② 열차의 방호는 지장선로의 앞·뒤 양쪽에 시행함을 원칙으로 한다. 다만, 열차가 진행하여 오지 않음이 확실한 방향과 무선전화기 방호에 따라 관계 열차에 지장사실을 확실히 통보한 경우에는 정지수신호 방호 또는 열차표지 방호를 생략할 수 있다.

(3) 무선전화기 방호 시 조치(제271조)

① 무선전화기 방호를 경청하였거나 통보받은 관계자별 조치는 다음에 따른다.

1. 역 장
    가. 방호 열차가 있는 방향에 대한 운전취급을 중지하고 통과할 열차 또는 차량에 대해서는 정차 조치할 것
    나. 열차방호의 사유가 없어지기 전까지는 후속열차의 운행을 하지 말 것
    다. 선로 순회 직원으로부터 무선전화기 방호를 수신한 경우에는 열차운행 방향에 대하여 통보할 것
    라. 특수차량의 열차방호를 통보받은 경우 관계열차의 기관사 및 장비운전원에게 방호상황을 통보

2. 기관사
    가. 모든 열차의 기관사는 현재의 위치에서 정차할 자세로 주의운전하고, 자기 열차가 관계 열차인지 주의하여 경청하고 그 사유를 파악할 것
    나. 관계 열차의 기관사는 현재의 위치에서 열차를 즉시 정차하고 방호 열차의 위치를 확인한 후 관제사 또는 관계역장의 지시에 따를 것

3. 열차승무원
    가. 해당 열차의 열차승무원은 즉시 열차의 뒤쪽에 정지수신호 방호를 할 것
    나. 관계 열차의 열차승무원은 기관사가 즉시 정차하지 않을 경우에는 즉시 열차 정차조치를 할 것

4. 선로순회 직원

　　가. 관계 역장으로부터 열차 있음을 통보받은 경우에는 열차가 진입하는 방향으로 정지수신호를 현시하면서 주행하여 400[m] 이상 지점에 정지수신호를 현시할 것

　　나. 무선전화기 방호를 할 수 없는 경우에는 선로변 연선전화기 또는 유선전화기를 이용하여 최근 정거장 역장에게 통보하고, 열차 진입이 예상되는 방향으로 정지수신호를 현시하면서 주행하여 400[m] 이상 지점에 정지수신호를 현시할 것

② 무선전화기 방호의 사유를 확실히 통보한 경우에 기관사 및 열차승무원의 정지수신호 방호는 생략할 수 있다. 이 경우 기관사는 통보받은 자의 직·성명을 기록·유지하고 열차승무원에게 그 내용을 통보할 것

(4) 사상사고 발생 등으로 인접선 방호조치(제272조)

① 사상사고 등 이례사항 발생 시 비상대응계획시행 세칙에 따라 사고조치를 하여야 하며 인접선 방호가 필요한 경우에는 다음에 따라야 한다.

1. 해당 기관사는 관제사 또는 역장에게 사고개요 급보 시 사고수습 관련하여 인접선 지장여부를 확인하고 지장선로를 통보할 것

2. 지장선로를 통보받은 관제사는 관계 선로 운행열차 기관사에게 45[km/h] 이하 운행을 지시하는 등 운행정리 조치를 할 것

3. 인접 지장선로를 운행하는 기관사는 제한속도를 준수하여 주의 운전할 것

② ①의 1. 기관사는 속도제한 사유가 없어진 경우에는 열차가 정상운행될 수 있도록 관계처에 통보하여야 한다.

(5) 단락용 동선의 장치 및 휴대(제273조)

① 운전관계승무원, 시설·전기직원 또는 건널목관리원이 인접 선로 지장 또는 전 차량 탈선 등으로 궤도회로를 단락하지 않을 염려가 있어 궤도회로를 단락할 때는 양쪽 레일 윗부분에 단락용 동선을 장치하여 궤도회로의 단락 조치를 하고, 신호기의 정지신호 현시를 확인하여야 한다.

② 궤도회로를 단락하고 그 사유가 소멸된 경우에는 단락용 동선을 즉시 철거하고 관제사에게 통보하여야 한다.

③ 단락용 동선의 휴대·적재 및 비치는 다음과 같다.

1. 선로순회 시설·전기직원 : 1개 이상

2. 각 열차의 동력차 : 2개 이상

3. 소속별 단락용 동선 비치(연동 및 통표폐색식 시행구간 제외)

　　가. 각 정거장 및 신호소 : 2개 이상

　　나. 차량사업소 : 동력차에 적재할 상당수의 1할 이상

　　다. 시설관리반 : 2개 이상

　　라. 건널목 관리원 처소 : 2개 이상

　　마. 전기원 주재소 : 2개 이상

3. 열차의 사고

(1) 기외 정차한 경우의 통고 및 확인(제274조)

① 역장은 사고, 그 밖의 사유로 장내신호기 또는 엄호신호기에 정지신호를 현시하여 열차를 정차시켰 거나 정차시킬 예정인 경우에 그 사유를 기관사 및 열차승무원(추진운전의 경우)에게 통고하여야 한다.

② 열차가 ①에 따라 기외에 정차하였을 경우에 기관사 또는 열차승무원은 그 사유를 역장에게 확인하여 야 한다.

(2) 예정시각에 도착하지 않는 열차의 수색(제275조)

열차의 도착예정시각이 경과하여도 도착하지 않고 그 사유가 판명되지 않은 경우에 역장은 관제사에게 보고함과 동시에 적임자를 파견하여 이를 조사하여야 한다. 다만, CTC구간에서는 관제사가 역장에게 열차의 수색을 지시하여야 한다.

(3) 철도사고 등으로 정차한 경우의 통보(제276조)

① 기관사는 철도사고 등으로 정차한 경우 그 사유를 관제사 또는 역장에게 보고하여야 하며, 열차통제 (속도제한)가 필요한 경우 이를 요청하여야 한다.

② ①에 따라 구원열차 요구 등으로 상당시간 정차를 해야 하나 통신 불능으로 통보할 수 없을 때는 다음에 따른다.

   1. 인접선로를 운전하는 열차가 있을 때는 이를 정차시키고 그 기관사 또는 열차승무원으로서 보고 하도록 할 것
   2. 적임자를 파견하여 보고할 것

(4) 열차 분리한 경우의 조치(제277조)

① 열차운전 중 그 일부의 차량이 분리한 경우에는 다음에 따라 조치하여야 한다.

   1. 열차무선방호장치 방호를 시행한 후 분리차량 수제동기를 사용하는 등 속히 정차시키고 이를 연결할 것
   2. 분리차량이 이동 중에는 이동구간의 양끝 역장 또는 기관사에게 이를 급보하여야 하며, 충돌을 피하기 위하여 상호 적당한 거리를 확보할 것
   3. 분리차량의 정차가 불가능한 경우 열차승무원 또는 기관사는 그 요지를 해당 역장에게 급보할 것

② 기관사는 연결기 고장으로 분리차량을 연결할 수 없는 경우에는 다음에 따라 조치하여야 한다.

   1. 분리차량의 구름방지를 할 것
   2. 분리차량의 차량상태를 확인하고 보고할 것
   3. 구원열차 및 적임자 출동을 요청할 것

③ ②의 조치를 한 기관사는 분리차량이 열차승무원 또는 적임자에 의해 감시되거나 구원열차에 연결된 경우 관제사의 승인을 받아 분리차량을 현장에 남겨 놓고 운전할 수 있다.

④ 분리차량을 연결한 구원열차의 기관사는 관제사의 지시에 따라야 한다.

(5) 구원요구 및 협조(제278조)

① 기관사는 철도사고 등으로 고장이 발생한 차량을 응급조치를 하여도 계속 운전이 불가능하다고 판단되면 신속히 관제사 또는 역장에게 구원사유, 구원지점, 선로조건(구배, 기상상태)을 보고하고 구원을 요구하여야 한다.

② 기관사가 구원열차 연결을 위해 업무협조를 요구하면 역무원, 열차승무원 등 관계직원은 본연의 업무에 지장이 없는 한 적극 협조하여야 한다.

(6) 구원열차 요구 후 이동 금지(제279조)

① 철도사고 등의 발생으로 열차가 정차하여 구원열차를 요구하였거나 구원열차 운전의 통보가 있는 경우에는 해당 열차를 이동하여서는 아니 된다. 다만, 구원열차 요구 후 열차 또는 차량을 이동할 수 있는 경우는 다음과 같으며 이 경우 지체 없이 구원열차의 기관사와 관제사 또는 역장에게 그 사유와 정확한 정차지점 통보와 열차방호 및 구름방지 등 안전조치를 하여야 한다.
1. 철도사고 등이 확대될 염려가 있는 경우
2. 응급작업을 수행하기 위하여 다른 장소로 이동이 필요한 경우

② 열차승무원 또는 기관사는 구원열차가 도착하기 전에 사고 복구하여 열차의 운전을 계속할 수 있는 경우에는 관제사 또는 최근 역장의 지시를 받아야 한다.

(7) 남겨 놓았거나 분할운전을 하는 경우의 취급(제280조)

① 열차승무원 또는 기관사는 정거장 바깥에서 열차에 연결된 차량의 일부를 남겨 놓거나 분할운전을 할 때는 관제사 또는 최근 역장에게 그 요지를 보고하여야 한다. 다만, 통신 불능으로 보고할 수 없는 경우에는 도착 즉시 보고하여야 한다.

② 정거장 밖에서 차량고장, 탈선 등으로 본무 동력차가 운전이 불가능하여 다른 동력차로 운행이 가능한 경우에는 다른 차량을 연결하고 뒤쪽 최근 정거장까지 운전할 수 있다.

(8) 자동폐색식 또는 차내신호폐색식 구간에서 열차합병(제281조)

① 자동폐색식 또는 차내신호폐색식 구간의 정거장 밖에서 열차를 운전 중 뒤에 오는 열차와 합병을 하는 경우 열차승무원 또는 기관사는 신속하게 관제사 또는 관계역장에게 필요사항을 통보하고 승인을 받아야 한다. 다만, 통신이 불가능하여 승인을 받을 수 없을 때는 양쪽 열차의 기관사 및 열차승무원은 협의하여 열차를 합병하고 가장 가까운 정거장까지 계속 운전할 수 있다.

② ①의 단서에 따라 합병한 열차가 정거장에 도착하였을 때는 남은 구간의 운전에 대하여 관제사의 지시를 받아야 한다.

③ 합병열차를 운전하기 위하여 뒤쪽 열차에서 제어할 경우에는 25[km/h] 이하의 속도로 운전하여야 한다. 다만, 앞뒤 열차의 동력차가 같은 차종인 경우로서 열차제어장치의 기능이 양호하고, 앞 열차의 맨 앞 운전실에서 전 차량에 제동취급을 할 수 있는 때에는 45[km/h] 이하의 속도로 운전할 수 있다.

(9) 열차에 화재 발생 시 조치(제282조)

① 열차에 화재가 발생하였을 때에는 즉시 소화의 조치를 하고 여객의 대피 유도 또는 화재차량을 다른 차량에서 격리하는 등 필요한 조치를 하여야 한다.

② 화재 발생 장소가 교량 또는 터널 내일 때에는 일단 그 밖까지 운전하는 것을 원칙으로 하고 지하구간 일 경우에는 최근 역 또는 지하구간의 밖으로 운전하는 것으로 한다.

③ 유류열차 운전 중 폐색구간 도중에서 화재 또는 화재 발생 우려가 있는 경우에는 다음에 따른다.
  1. 일반인의 접근을 금지하는 등 화기단속을 철저히 할 것
  2. 소화에 노력하고 관계처에 급보할 것
  3. 신속히 열차에서 분리하여 30[m] 이상 격리하고 남겨 놓은 차량이 구르지 아니하도록 조치할 것
  4. 인접선을 지장할 우려가 있을 경우 제288조에 의한 방호를 할 것

(10) 정거장 구내 열차방호(제283조)

① 운전관계승무원은 열차방호를 하여야 할 지점이 상치신호기를 취급하는 정거장(신호소 포함) 구내 또는 피제어역인 경우에는 해당 역장 또는 제어역장에게 열차방호를 의뢰하고 의뢰방향에 대한 열차방호는 생략할 수 있다.

② 열차방호를 의뢰받은 역장은 해당 선로의 상치신호기 정지신호 현시 및 무선전화기 방호를 시행하여야 한다.

③ ②의 열차방호를 시행하는 경우 역구내 신호기 일괄제어장치 또는 열차무선방호장치가 설치된 역의 역장은 이를 우선 사용할 수 있다.

(11) 열차승무원 및 기관사의 방호 협조(제284조)

① 철도사고 등으로 열차가 정차한 경우 또는 차량을 남겨 놓았을 때의 방호는 열차승무원이 하여야 한다. 다만, 열차승무원이 방호할 수 없거나 기관사가 조치함이 신속하고 유리하다고 판단할 경우에는 기관사와 협의하여 시행할 수 있다.

② 열차 전복 등으로 인접선로를 지장한 경우, 인접선로를 운전하는 열차에 대한 방호가 필요할 때는 열차승무원 및 기관사가 이를 조치하여야 한다.

(12) CTC 구간에서 정차한 경우의 방호(제285조)

열차가 사고 및 그 밖의 사유로 정차한 경우 기관사는 속히 무선전화기 방호를 시행하여야 하며 관계역장 및 관제사에게 정차사유 및 지점을 정확히 통보하여야 한다. 다만, 발리스(자동폐색신호기) 및 장내 신호기 정지신호에 따라 일단 정차한 경우에는 그러하지 아니하다.

(13) 구원열차에 대한 정차열차의 방호(제286조)

① 열차가 사고, 그 밖의 사유로 정차하여 구원열차를 요구한 때에는 무선전화기 방호를 하여야 한다.
② 무선전화기 통화가 되지 않으면 열차무선방호장치 방호를 시행하여야 하며 다른 통신수단 등을 활용하여 최근 역장 및 관제사에게 정차사유 및 지점을 통보한 다음 이를 해제할 수 있다.

(14) 차량을 남겨 놓은 경우의 방호(제287조)

① 열차가 사고, 그 밖의 사유로 차량을 남겨 놓은 경우에는 열차승무원 또는 적임자가 현장에 남아 정지수신호 방호를 하여야 하며 열차가 진행하여 오지 않음이 확실한 방향은 이를 생략할 수 있다.
② 1인 승무열차의 경우에는 열차 분리경우의 조치에 따른다.

(15) 인접선로를 지장한 경우의 방호(제288조)

정거장 밖에서 열차탈선·전복 등으로 인접선로를 지장한 경우에 기관사는 즉시 열차무선방호장치 방호와 함께 무선전화기 방호를 시행하여야 한다.

(16) 열차방호의 해제(제289조)

① 정지수신호 방호에 따라 다른 열차를 정차시킨 방호자는 그 열차의 기관사에게 사유를 통보한 후 방호를 해제하고 담당 열차로 돌아와야 한다.
② 정지수신호 방호자는 방호해제의 기적전호가 있을 때는 다른 열차가 진행하여 오는지를 확인하면서 담당 열차로 돌아와야 한다.

4. 차량 및 선로의 사고

(1) 차량고장 시 조치(제290조)

① 차량고장 발생으로 응급조치가 필요한 경우 동력차는 기관사, 객화차는 열차승무원이 조치하여야 하며 응급조치를 하여도 운전을 계속할 수 없다고 판단되면 구원열차를 요구하여야 한다. 다만, 열차승무원이 없을 경우에는 기관사가 조치한다.
② 교량이나 경사가 없는 지점에 정차하여 응급조치를 하여야 하며 기관정지 등으로 열차가 구를 염려가 있을 때는 즉시 수제동기 및 수용바퀴구름막이 등을 사용하여 구름방지를 하여야 한다.

③ 동력차의 구름방지는 기관사가 하며 객화차의 구름방지는 열차승무원이 하여야 한다. 다만, 열차승무원이 없을 때는 기관사가 하여야 한다.

④ 차축발열 등 차량고장으로 열차운전상 위험하다고 인정한 경우에는 열차에서 분리하고 열차분리 경우의 조치에 따른다.

⑤ 여객열차의 승강문 고장 시 취급과 고속철도운전취급 세칙에 정한 고속차량 또는 고속열차가 고속화구간 운행 중 고장조치는 관련 세칙에 따로 정한다.

(2) 기적고장 시 조치(제291조)

① 열차운행 중 기적의 고장이 발생하면 구원을 요구하여야 한다. 다만, 관제기적이 정상일 경우에는 계속 운행할 수 있다.

② ①에 따라 구원요구 후 기관사는 동력차를 교체할 수 있는 최근 정거장까지 30[km/h] 이하의 속도로 주의운전하여야 한다.

(3) 속도계 고장 시 조치(제292조)

① 기관사는 열차운행 중 속도계가 모두 고장 난 경우에는 구원을 요구하고, 동력차를 교체할 수 있는 정거장까지 주의 운전하여야 한다.

② 관제사는 ①의 정거장에서 동력차를 교체할 수 없는 경우에는 속도를 현시하는 기기(GKOVI 등)가 설치된 경우에 한하여 종착역까지 운행시킬 수 있다.

(4) 팬터그래프 이상 시 조치(제293조)

① 기관사는 다음과 같이 팬터그래프의 이상을 감지하였거나 또는 이상을 통보받았을 경우에는 팬터그래프를 비상하강시키는 동시에 열차를 정차시키고 관제사에 통보하여야 한다.

  1. 주회로차단기 차단(고장표시등 점등인 경우)

  2. 지붕에서 이상음 발생 시

  3. 전차선 동요

  4. 전차선과 팬터그래프 사이에서 불꽃이 발생할 경우

② ①의 경우에 기관사는 하강된 팬터그래프를 지상에서 검사하고 팬터그래프의 고장(손상)인 경우에는 비상팬터그래프를 상승하여 운전할 수 있으며, 관제운영실장은 도착역에서 반복사업에 충당한 경우에는 도착역 차량사업소장에게 차량의 이상 유무를 확인하도록 지시하여야 한다. 다만, 도착역에 차량사업소가 없는 경우에는 해당 지역본부의 최근 차량사업소장에게 지시한다.

③ 관제운영실장의 지시를 받은 차량사업소장은 차량의 이상 유무를 확인하여, 동력차 충당여부를 관제운영실장에게 보고하여야 한다.

④ 전기사령(SCADA)은 단전구간 내 전기차량의 팬터그래프 이상 유무 확인이 필요한 경우 관제사에게 단전내용을 통보하고 확인을 요청하여야 한다.

(5) 제동관 고장 시 조치(제294조)

① 기관사는 정거장 밖에서 제동관 통기불능 차량이 발생하면 상황을 판단하여 구원을 요구하거나, 계속 운전하여도 안전하다고 인정될 때는 가장 가까운 정거장까지 주의운전할 수 있다.

② ①에 따라 구원을 요구한 경우 가장 가까운 정거장에서 제동관 통기불능 차량을 열차에서 분리하여야 한다. 다만, 여객취급 열차로서 분리하기 어려운 경우에는 남은 구간 운전에 대하여 관제사의 지시를 받아야 한다.

③ 관제사는 ②의 단서에 따라 계속운전 지시를 할 때는 1차만을 열차의 맨 뒤에 연결하고 여객을 분산시키는 등의 안전조치 할 것을 지시하여야 한다. 또한, 조속히 객차 교체의 지시를 하여야 한다. 다만, 고정편성 여객열차인 경우에는 종착역까지 운전시킬 수 있다.

④ 기관사 및 관제사는 ① 또는 ③에 따라 운전하는 경우 고장차량이 열차에서 분리될 것을 대비하여 열차승무원 또는 감시자를 불량차에 승차시켜야 한다.

⑤ 고장차량에 승차한 열차승무원 또는 감시자는 열차분리되었을 경우 수제동기 체결 등 안전조치를 하여야 한다.

(6) 앞 운전실 고장 시 조치(제295조)

① 열차의 동력차 운전실이 앞뒤에 있는 경우에 맨 앞 운전실이 고장일 때는 뒤 운전실에서 조종하여 열차를 운전할 수 있다. 이 경우에 다른 승무원(열차승무원, 보조기관사, 부기관사 등)이 맨 앞 운전실에 승차하여 앞쪽의 신호 또는 진로 이상여부를 뒤 운전실의 기관사에게 통보하여야 한다.

② ①에 따른 운전은 최근 정거장까지로 한다. 다만, 여객을 취급하지 않거나 마지막 열차 등 부득이하여 관제사가 지시한 경우에는 그러하지 아니하다.

③ 전철차장의 승무를 생략한 전동열차의 맨 앞 운전실이 고장인 경우에 기관사는 관제사에 보고하고 합병운전 등의 조치를 하여야 한다.

④ ①의 열차가 기관사 1인 승무열차인 경우에 관제사는 적임자를 지정하여 다른 승무원의 역할을 수행하도록 조치하여야 한다.

(7) 차량이 굴러간 경우의 조치(제296조)

① 차량이 정거장 밖으로 굴러갔을 경우 역장은 즉시 그 구간의 상대역장에게 그 요지를 급보하고 이를 정차시킬 조치를 하여야 한다.

② ①의 급보를 받은 상대역장은 차량의 정차에 노력하고 필요하다고 인정하였을 때는 인접 역장에게 통보하여야 한다.

③ ① 및 ②의 역장은 인접선로를 운행하는 열차를 정차시키고 열차승무원과 및 기관사에게 통보하여야 한다.

(8) 순회자가 선로 고장 발견 시 조치(제297조)

① 시설·전기직원(이하 "순회자") 등이 정거장 밖에서 선로 고장, 운전보안장치 고장 또는 지장 있는 것을 발견하고 열차 운전에 위험하다고 인정되면 즉시 무선전화기 방호를 하는 동시에 관제사 또는 가장 가까운 역장에게 급보하여야 한다.

② 정거장 밖에서 선로, 그 밖의 고장 또는 지장으로 열차가 서행으로 현장을 통과해야 할 경우에 순회자는 무선전화기 방호로 열차를 정차시켜 기관사에게 통보하고 서행수신호를 현시하여야 한다.

③ 정거장 밖으로 굴러간 차량을 발견한 순회자는 속히 이를 정차시키고 구름방지를 한 다음 ①의 조치를 하여야 한다. 다만, 차량을 정차시킬 수 없을 때는 최근 역장에게 그 요지를 급보하여야 한다.

(9) 승무원이 선로 고장 발견 시 조치(제298조)

① 기관사 또는 열차승무원은 열차 운전 중 선로(전차선로 포함)의 고장 또는 운전보안장치의 고장을 감지하였거나 인접선로의 고장을 발견하였을 경우에는 다음에 따라 조치하여야 한다.

    1. 열차 운행에 위험하다고 판단되면 팬터그래프 비상하강 및 열차를 정차시키고 신속히 열차무선방호장치 방호 등의 조치 후 최근 역장 또는 관제사에게 그 요지를 통보할 것

    2. 1. 이외의 경우에는 무선전화기 등으로 최근 역장 또는 순회자에게 그 요지를 통보할 것

② ①의 2.의 통보를 받은 역장 또는 순회자는 다음에 의한 조치를 하여야 한다.

    1. 역장은 순회자 및 상대역장에게 통보하고 필요에 따라 그 구간을 운전하는 열차의 기관사와 열차승무원에게 통보하여 주의운전하도록 할 것

    2. 순회자는 현장을 조사하여 응급조치를 하고 그 결과를 역장에게 통보할 것

(10) 선로장애 우려지점 운전 및 지장물검지장치 작동 시 조치(제299조)

① 선로장애 우려되는 지점을 운전할 때의 취급은 다음에 따른다.

    1. 역장은 선로장애가 우려되는 구간에 열차를 진입시킬 때는 시설처장(사무소장을 포함한다. 이하 같다)과 연락하여 선로상태에 이상 없음을 확인할 것

    2. 기관사 및 열차승무원은 선로장애가 우려되는 구간을 운전할 때는 특히 선로 및 열차의 상태에 주의운전할 것

② 시설처장은 계절적으로 선로장애 우려되는 지점에는 장애의 종류를 기재한 표를 설치하고 감시원을 배치하여 역장과 상시 연락을 할 수 있어야 한다.

③ 관제사 또는 역장은 지장물검지장치 작동 시 유지보수 소속장에게 관계직원 파견을 요구하고 관계열차 기관사에게 장애 통보 및 현장 상태의 확인을 지시하여야 한다. 이 경우의 기관사는 다음에 따라 조치하여야 한다.

    1. 관제사로부터 신호정지에 따른 정지통과 승인을 받고 특수운전을 선택하여 장애구간 앞쪽까지 이동할 것

2. 열차 구름방지 조치 후 다음을 확인하고 상·하행열차의 운행에 지장이 없을 경우 역장에게 통보 후 보호해제버튼을 취급하여 정지신호를 해제할 것

　가. 운행선로의 장애물 지장여부

　나. 지장물검지장치의 손상유무(검지선 및 보호망)

3. 지장물검지장치와 상하선 신호기가 상호 연동되지 않은 구간에서 지장물검지장치 동작 시 인접선 운행열차는 그 구간을 45[km/h] 이하 속도로 주의운전하여야 하며 지장물검지장치 설치개소는 [별표 24]와 같다.

4. 기관사 및 유지보수자는 진행선로 및 반대선로의 지장물 유무를 반드시 확인하여야 하며 장애물 지장 시 관제사 및 역장에게 통보 후 지시에 따른다.

5. 보호해제버튼 취급 후 운전취급은 정지신호를 통과하기 위한 운전취급에 따른다.

(11) 선로전환기 장애발생 시 조치(제300조)

① 관제사는 선로전환기에 장애가 발생한 경우에 유지보수 소속장에게 신속한 보수 지시와 관계열차 기관사에게 장애 발생 사항 통보 등의 조치를 하여야 한다.

② 유지보수 소속장은 관계 직원이 현장에 신속히 출동하도록 조치하고, 복구여부를 관계처에 통보하여야 한다.

③ 장애를 통보받은 기관사는 신호기 바깥쪽에 정차할 자세로 주의운전하고, 통보를 받지 못하고 신호기에 정지신호가 현시된 경우에는 신호기 바깥쪽에 정차하고 역장에게 그 사유를 확인하여야 한다.

④ 관제사 또는 역장은 조작반으로 진입·진출시키는 모든 선로전환기 잠금상태를 확인하여 이상 없음이 확실한 경우에는 진행 수신호 생략승인번호를 통보하여야 한다. 다만, 선로전환기의 잠금 상태가 확인되지 않을 경우에는 다음 적임자를 지정하여 선로전환기를 수동 전환하도록 승인하여야 한다.

1. 운전취급역 및 역원배치간이역 : 역무원

2. 역원무배치간이역 : 인접역 역무원 또는 유지보수 직원

3. 2.의 경우는 열차가 진입, 진출 중에 장애가 발생하였거나, 적임자 출동 등으로 열차지연이 예상될 때는 열차승무원. 다만, 열차승무원이 승무하지 않는 열차의 경우에는 동력차 승무원

⑤ ④의 3.에 따른 경우의 운전취급은 다음에 따른다.

1. 기관사는 신호기 바깥쪽에 정차 후 관제사의 선로전환기 수동전환 승인에 따라 해당 선로전환기 앞쪽까지 25[km/h] 이하의 속도로 운전할 것

2. 열차승무원은 관계 선로전환기를 수동 전환 요령에 따라 전환하여 쇄정핀 삽입 후 수동핸들을 동력차에 적재하고, 열차의 맨 뒤가 관계 선로전환기를 완전히 통과할 때까지 유도하여 정차시키고, 출발전호에 의해 열차를 출발시킬 것. 다만, 열차승무원이 승무하지 않은 열차의 기관사는 관계 선로전환기를 수동전환하여 쇄정핀을 삽입하고 수동핸들을 동력차에 적재한 다음 출발할 것

⑥ 선로전환기를 수동으로 전환했을 때에는 개통방향을 관제사에게 보고하여야 한다.

⑦ ④ 및 ⑤에 따라 선로전환기 잠금 상태를 확인하였거나, 잠금 조치를 하였을 경우에는 관계 선로전환기를 25[km/h] 이하의 속도로 진입 또는 진출하여야 한다. 다만, 열차를 계속하여 운행시킬 필요가 있을 경우에는 관제사 승인에 의하여 해당 신호기 설치지점부터 관계 선로전환기까지 일단 정차하지 않고 45[km/h] 이하의 속도로 운전할 수 있다.

(12) 복선구간 반대선로 열차운전 시 취급(제301조)

복선 운전구간에서 차단작업, 선로고장, 차량고장 등의 사유로 인하여 관제사의 운전명령으로 우측선로로 운전하는 경우에는 다음의 운전취급에 따른다.

1. 관제사는 우측선로 운전구간의 양방향설비가 설치되지 않은 건널목에는 관계역장에게 감시자 배치를 지시하여야 하며 관계역장은 규정 제302조에 따른 조치를 하여야 한다.
2. 우측 선로를 운전하는 기관사는 다음의 조치에 따를 것
    가. 열차출발 전에 역장으로부터 운행구간의 서행개소 및 서행속도 등 운전에 필요한 사항을 통고받지 못한 경우에는 확인하고 운전할 것
    나. 인접선의 선로고장 또는 차량고장으로 운행구간을 지장하거나 지장할 우려가 있다고 통보받은 구간은 60[km/h] 이하의 속도로 운전할 것. 다만, 서행속도에 관한 지시를 사전에 통보받은 경우에는 그 지시속도에 따를 것
    다. 관제사 또는 해당 역장에게 건널목관리원 배치여부를 확인하고, 건널목차단기가 자동차단 되지 않거나 건널목관리원이 배치되지 않았을 경우에는 규정 제302조에 따를 것
3. 열차를 우측선로로 진입시키는 역장은 상대역장에게 열차출발을 통보하여야 하며 양방향신호구간에서의 우측선로 운전취급은 규정 제124조에 따른다.

(13) 건널목보안장치 장애 시 조치(제302조)

① 역장은 건널목보안장치가 고압배전선로 단전 또는 장치고장으로 정상작동이 불가한 경우 관계처(건널목관리원, 유지보수소속, 관제사, 기관사)에 해당 건널목을 통보하고 건널목관리원이 없는 경우 신속히 지정 감시자를 배치하여야 한다.
② 장애 건널목을 운행하는 기관사는 건널목 앞쪽부터 25[km/h] 이하의 속도로 주의운전한다. 다만, 건널목 감시자를 배치한 경우에는 그러하지 아니하다.
③ 지역본부장은 관내 무인건널목의 장애에 대비한 감시자 지정 및 운용절차를 수립하여야 하며 건널목 감시자는 반드시 양 인접역장과 열차 운행상황 협의 후 건널목차단기 수동취급을 시행하여야 한다.

(14) 전차선 단전 시 취급(제303조)

① 전기를 동력으로 하는 열차가 단전으로 역행운전을 할 수 없을 때에는 다음에 의하여 취급하여야 한다.
    1. 정거장 또는 신호소 구내를 운전 중일 때에는 그 위치에 정차할 것

2. 정거장 밖을 운전 중일 때에는 가능한 타력으로 가까운 정거장 또는 신호소까지 운전하여야 하고, 정차하면 제동을 체결하고 구름방지를 할 것
3. 10분 이상의 단전예상 시 구름방지 및 축전지방전 방지 등의 안전조치를 할 것
② 기관사는 ①의 조치를 한 후 관제사 또는 역장에게 조치사항을 보고하고 지시를 받아야 한다.
③ 열차승무원은 객실을 다니면서 육성안내방송과 여객안전을 확인하여야 하며 발전차가 연결되어 있으면 기동하여 객차에 전원을 공급하여야 한다.

(15) 전차선 단전 및 급전요구(제304조)

① 기관사는 사고(장애) 등에 의하여 전차선 단전 사유가 발생하였을 때에는 그 상황에 따른 열차 안전조치 후 역장 또는 관제사에게 그 요지를 보고하여야 한다.
② ①의 보고를 받은 관제사는 장애구간 관계열차에 대하여 전차선 단전예고를 하고 급전사령과 협의 후 단전을 하여야 한다.
③ 관제사는 장애요인 제거 및 사고복구를 한 다음 장애구간의 관계열차 기관사에게 전차선 급전예고를 하고 급전하도록 하여야 한다.

(16) 절연구간 정차 시 취급(제305조)

① 전기차 열차가 운전 중 절연구간에 정차하였을 때에 기관사는 단로기를 취급하여 자력으로 통과하거나, 구원요구에 대하여 상황을 판단하고 관제사 또는 역장에게 통보하여야 한다.
② ①의 단로기 취급방법은 다음과 같다.
1. 전기차의 정차위치에 따라 절연구간을 통과하기에 적합한 팬터그래프를 올릴 것
2. 열차운전방향의 단로기를 투입하되 단로기가 절연구간 양쪽에 각각 2개씩 장치되어 있는 것은 맨 바깥쪽 단로기를 취급할 것. 이 경우 안쪽 단로기는 보수용이므로 기관사는 절대 취급하지 말 것
3. 기관차를 기동시키고 절연구간을 통과하여 정차한 후 단로기를 개방하고 열쇠를 제거하여야 하며, 정상 팬터그래프를 취급하고 계속 운전을 하면서 이를 관제사에게 통보할 것
③ 절연구간에 설치된 기관사용 단로기는 전기차가 절연구간에 정차한 경우에만 취급하여야 한다.

(17) 단로기 취급(제306조)

① 열차 또는 차량의 운전에 상용하지 않는 전차선에 설치된 단로기는 평상시 개방(OFF)하여야 한다. 다만, 필요할 경우 다음에 따라 이를 일시 투입(ON)할 수 있다.
1. 화물을 싣거나 내리기 위하여 화물측선에 전기기관차를 진입시키는 경우에는 역장의 승인을 받을 것
2. 전기차를 검수차고로 진입시키거나 또는 유치선에서 진출시킬 때는 검수담당 소속장은 안전관계 사항을 확인하고 단로기를 투입할 것

② 전기처장은 본선 또는 측선에서 전차선로 작업을 하는 경우 역장과 협의한 후 급전담당자의 승인을 받아 단로기를 개방하여야 하며, 투입하는 경우 또한 같다.

③ 전기처장은 전원전환용 단로기를 개방하거나 투입할 때는 전기차 검수담당 소속장과 협의한 후 관제사의 승인을 받아 이를 취급하여야 한다.

④ 단로기를 취급하기 위하여 사용한 열쇠는 그때마다 자물쇠를 잠그고 이를 제거하여야 한다.

⑤ 단로기가 설치되어 있는 소속 또는 전기기관차에는 단로기 열쇠를 항상 비치하여야 한다.

(18) 사고현장에서의 차량 및 선로의 검사(제307조)

열차사고로서 파손된 차량 및 선로의 사용가부는 다음에 정한 자가 검사하여 결정하여야 한다.

1. 차량은 차량처장 또는 처장이 명한 자
2. 선로는 시설·전기처장(사무소장을 포함) 또는 처장이 명한 자

5. 폐색의 사고

(1) 운전허가증을 휴대하지 않은 경우의 조치(제308조)

① 열차 운전 중 정당한 운전허가증을 휴대하지 않았거나 전령자가 승차하지 않은 것을 발견한 기관사는 속히 열차를 정차시키고 열차승무원 또는 뒤쪽 역장에게 그 사유를 보고하여야 한다.

② ①에 따라 정차한 기관사는 즉시 열차무선방호장치 방호를 하고 관제사 또는 가장 가까운 역장의 지시를 받아야 한다.

③ ②의 보고를 받은 관제사 또는 역장은 열차의 운행상태를 확인하고, ①의 열차 기관사에게 현장대기, 계속운전, 열차퇴행 등의 지시를 하여야 한다.

④ 기관사는 무선전화기 통신 불능일 경우 다른 통신수단을 사용하여 관제사 또는 역장의 지시를 받아야 하며, 관제사 또는 역장의 지시를 받기 위해 무선전화기 상태를 수시로 확인하여야 한다.

(2) 운전허가증 분실 시 조치(제309조)

기관사는 정거장 바깥에서 정당한 운전허가증을 분실하였을 때는 그대로 운전하고 앞쪽의 가장 가까운 역장에게 그 사유와 분실지점을 통보하여야 한다.

(3) 타 구간 운전허가증의 처리(제310조)

열차가 정당한 취급에 따라 폐색구간에 진입한 다음에 그 뒤쪽 구간의 운전허가증을 역장에게 주지 않고 가지고 나온 것을 발견하였을 때에는 해당 역장에게 그 내용을 통보하고 그대로 열차를 운전하여 앞쪽 가장 가까운 역장에게 주어야 한다.

6. 개정 전 조치

(1) 개정 전 조치(제311조)

이 규정에 정하여 시행할 사항으로서 개정 시행하는 기일이 촉박한 경우에는 사장의 지시에 따라 규정의 개정 전이라도 잠정적으로 먼저 시행하게 할 수 있다.

CHAPTER

01 적중예상문제

01 운전취급규정에서 정한 용어의 정의가 잘못된 것은?

㉮ 신호소 – 상치신호기 등 열차제어시스템을 조작·취급하기 위하여 설치한 장소

㉯ 관제사 – 철도안전법에 따른 관제자격증명을 받은 자로서 국토교통부장관의 위임을 받은 사장의 책임으로 열차 운행의 집중제어, 통제·감시 등의 업무를 수행하는 자

㉰ 운전취급담당자 – 정거장, 신호소, 철도차량정비단(차량사업소를 포함)에서 운전취급 업무를 담당하는 자

㉱ 적임자 – 임시로 작업을 시킬 때 적당한 자격이 있는 자

해설 ㉱ 적임자 : 직무수행을 위하여 자격자 이외의 자에게 일시적으로 그 직무에 적당하다고 인정하는 경우에 사장, 관제사 또는 역장 등이 그 직무를 수행하도록 지명한 자를 말한다(제3조).

02 운전취급규정에서 정한 용어의 정의가 잘못된 것은?

㉮ 추진운전 – 동력차가 가장 뒤에서 운전하는 경우

㉯ 주의운전 – 특수한 사유로 인하여 특별한 주의력을 가지고 운전하는 경우

㉰ 퇴행운전 – 열차가 운행도중 최초의 진행방향과 반대의 방향으로 운전하는 경우

㉱ 구내운전 – 정거장 또는 차량기지 구내에서 입환신호기, 입환표지, 선로별 표시등의 현시 조건에 의하여 차량을 운전하는 방식

해설 ㉮ 추진운전 : 열차 또는 차량을 맨 앞쪽 이외의 운전실에서 운전하는 경우, "밀기운전"이라고도 한다(제3조).

03 운전취급규정에서 정한 용어의 정의가 잘못된 것은?

㉮ 유효장은 선로에 열차 또는 차량을 수용함에 있어서 그 선로의 수용가능 최대길이를 말한다.

㉯ 열차에 2 이상의 동력차를 사용하는 경우 열차운전의 책임을 지는 동력차를 본무라 하고, 기타는 보조라 한다.

㉰ 정거장 외의 고장열차를 회수하기 위한 열차를 구원열차라 한다.

㉱ 동일 선로에 2 이상의 신호기가 있는 경우에는 맨 안쪽의 신호기를 기준으로, 장내신호기 또는 정거장경계표를 설치한 위치에서 안쪽을 "정거장 내"라 한다.

해설 "정거장 내"라 함은 장내신호기 또는 정거장경계표를 설치한 위치에서 안쪽을, "정거장 외"라 함은 그 위치에서 바깥쪽을 말하며, 동일 선로에 대하여 2 이상의 신호기가 있는 경우에는 맨 바깥쪽의 신호기를 기준으로 한다(제3조).

정답 1 ㉱ 2 ㉮ 3 ㉱

04 모양 또는 색 등으로써 물체의 위치, 방향 또는 조건을 표시하는 것을 무엇이라 하는가?

㉮ 신 호
㉯ 전 호
㉰ 표 지
㉱ 현 시

> **해설**　**정의(제3조)**
> "신호"란 다음 각 목에 해당하는 것을 말한다.
> ① "신호"란 모양, 색 또는 소리 등으로써 열차 또는 차량에 대하여 운행의 조건을 지시하는 것을 말한다.
> ② "전호"란 모양, 색 또는 소리 등으로써 직원상호 간의 상대자에 대하여 의사를 표시하는 것을 말한다.
> ③ "표지"란 모양 또는 색 등으로서 물체의 위치, 방향 또는 조건을 표시하는 것을 말한다.

05 열차의 조성에 대한 설명으로 틀린 것은?

㉮ 열차로 조성하는 차량을 연결하는 때에는 각 차량의 연결기를 완전히 연결하고 각 공기관을 연결한 후 즉시 전 차량에 공기를 완전히 관통시켜야 한다.
㉯ 전기연결기가 설치된 각 차량 중 서로 통전할 필요가 있는 차량은 전기가 통하도록 연결한 상태이어야 한다.
㉰ 열차의 조성은 출발시각 30분 이전까지 완료하여야 한다.
㉱ 열차에 2 이상의 기관차를 연결하는 경우에는 맨 앞에 연속 연결하여야 한다.

> **해설**　**조성완료(제14조)**
> ① 열차의 조성완료는 조성된 차량의 공기제동기 시험, 통전시험, 뒤표지 표시를 완료한 상태를 말하며, 출발시각 10분 이전까지 완료하여야 한다. 다만, 부득이한 사유가 있는 경우로서 관제사의 승인을 받은 때에는 그러하지 아니하다.
> ② ①에 따라 출발시각 10분 이전까지 열차조성을 완료하지 못한 때는 관계직원(기관사, 열차승무원, 역장, 역무원, 차량관리원, 관제사)은 지연사유 및 지연시분을 명확히 기록 유지하여야 한다.

06 차량운전의 원칙에 대한 설명으로 틀린 것은?

㉮ 열차는 운전방향의 맨 앞 운전실에서 운전하는 것을 원칙으로 한다.
㉯ 열차 또는 구내운전 차량은 관통제동 취급을 원칙으로 한다.
㉰ 차량은 열차로 하지 않으면 정거장 외 본선을 운전할 수 없다.
㉱ 열차의 맨 뒤에는 완급차를 연결하지 않는다.

> **해설**　**완급차의 연결(제19조)**
> 열차의 맨 뒤(추진운전은 맨 앞)에는 완급차를 연결하여야 한다. 다만, 열차의 맨 뒤에 완급차를 연결하지 않는 경우는 일반철도운전취급 세칙에 따로 정한다.

4 ㉰　5 ㉰　6 ㉱　**정답**

07 여객열차에 대한 차량의 연결로 틀린 것은?

㉮ 여객열차에는 화차를 연결할 수 없다.

㉯ 화차를 연결하는 경우에는 객차의 뒤쪽에 연결하여야 한다.

㉰ 여객열차에 회송객차를 연결하는 경우에는 열차의 맨 앞 또는 맨 뒤에 연결하여야 한다.

㉱ 발전차는 견인기관차 바로 다음 또는 편성차량의 맨 뒤에 연결하여야 한다.

> **해설** ㉯ 화차를 연결하는 경우에는 객차(발전차를 포함)의 앞쪽에 연결하여야 하며, 객차와 객차 사이에는 연결할 수 없다(제21조).

08 불에 타기 쉬운 화물에 해당하지 않는 것은?

㉮ 종 이 ㉯ 필 름

㉰ 모 피 ㉱ 직물류

> **해설** **차량의 연결 제한 및 격리(별표 3)**
> * 불타기 쉬운 화물 : 면화, 종이, 모피, 직물류 등
> * 불나기 쉬운 화물 : 초산, 생석회, 표백분, 기름종이, 기름넝마, 셀룰로이드, 필름 등

중요

09 열차 또는 차량이 출발하기 전에 공기제동기 시험을 시행하여야 하는 경우가 아닌 것은?

㉮ 제동장치를 차단 및 복귀하는 경우

㉯ 도중역에서 열차의 맨 앞에 차량을 연결하는 경우

㉰ 기관사가 열차의 제동기능에 이상이 있다고 인정하는 경우

㉱ 시발역에서 열차를 조성한 경우

> **해설** **공기제동기 시험을 시행하는 경우(제24조제1항)**
> ① 시발역에서 열차를 조성한 경우. 다만, 각종 고정편성 열차는 기능점검 시 시행한다.
> ② 도중역에서 열차의 맨 뒤에 차량을 연결하는 경우
> ③ 제동장치를 차단 및 복귀하는 경우
> ④ 구원열차 연결 시
> ⑤ 기관사가 열차의 제동기능에 이상이 있다고 인정하는 경우

10 공기제동기 시험 시행자의 연결이 적당하지 않은 것은?

㉮ 화물열차 이외의 열차 : 차량관리원

㉯ 차량관리원이 없는 장소 : 역무원

㉰ 역무원이 없는 장소 : 기관사

㉱ 도중역에서 열차에 보조기관차를 분리 또는 연결하였을 때 : 기관사

> **해설**　공기제동기 시험의 시행자(제24조)
> ① 화물열차 이외의 열차 : 차량관리원(경력자를 포함). 다만, 차량관리원이 없는 장소에서는 역무원이 시행하고, 역무원이 없는 장소에서는 열차승무원이 시행한다.
> ② 화물열차 : 역무원(다만, 무인역 또는 역간에 정차하여 제동장치를 차단 또는 복귀한 경우에는 기관사)
> ③ 도중역에서 열차에 보조기관차를 분리 또는 연결하였을 때 : 기관사

11 운전시각에 대한 설명으로 틀린 것은?

㉮ 운전상 지장이 없고 안전하다고 인정되는 경우 전동열차의 5분 이내 일찍 출발은 역장의 승인하에 시행할 수 있다.

㉯ 여객을 취급하지 않는 열차의 5분 이내 일찍 출발은 관제사의 승인 없이 역장이 시행할 수 있다.

㉰ 트롤리 사용 중에 있는 구간을 진입하는 열차는 일찍 출발 및 계획된 운전시각을 앞당길 수 없다.

㉱ 구원열차 등 시급한 운전을 요하는 임시열차는 현 시각으로 운전할 수 있으며, 정차할 필요가 없는 정거장은 통과시켜야 한다.

> **해설**　㉮의 경우 관제사의 승인에 따라 지정된 시각보다 일찍 출발 또는 늦게 출발시킬 수 있다(제28조).

12 착발시각의 보고 등에 대한 설명으로 틀린 것은?

㉮ 역장은 열차가 도착·출발 또는 통과 시 그 시각을 XROIS에 입력하거나 관제사에게 보고하여야 한다.

㉯ 도착시각은 열차가 정해진 위치에 정차한 때를 말한다.

㉰ 출발시각은 열차가 출발하기 위하여 진행을 개시한 때를 말한다.

㉱ 통과시각은 열차의 뒷부분이 역사 중앙을 통과한 때를 말한다.

> **해설**　㉱ 통과시각은 열차의 앞부분이 정거장의 본 역사 중앙을 통과한 때를 말한다(제30조).

13 열차의 동시진입 및 동시진출 금지의 원칙의 예외에 해당하지 않는 경우는?

㉮ 탈선기가 설치되어 있을 때

㉯ 열차를 유도하여 진입시킬 때

㉰ 열차의 진입선로에 대한 출발신호기 또는 정차위치로부터 100[m]의 여유거리가 있을 때

㉱ 동일방향에서 동시에 진입하는 열차 쌍방이 정차위치를 지나서 진행할 경우 상호 접촉되는 배선에서는 그 정차위치에서 100[m]의 여유거리가 있을 때

> **해설** **열차의 동시진입 및 동시진출**(제32조)
> 정거장에서 2 이상의 열차착발에 있어서 상호 지장할 염려 있는 때에는 동시에 이를 진입 또는 진출시킬 수 없다. 다만, 다음 중 어느 하나에 해당하는 경우에는 그러하지 아니하다.
> ① 안전측선, 탈선선로전환기, 탈선기가 설치된 경우
> ② 열차를 유도하여 진입시킬 경우
> ③ 단행열차를 진입시킬 경우
> ④ 열차의 진입선로에 대한 출발신호기 또는 정차위치로부터 200[m](동차·전동열차의 경우는 150[m]) 이상의 여유거리가 있는 경우
> ⑤ 동일방향에서 동시에 진입하는 열차 쌍방이 정차위치를 지나서 진행할 경우 상호 접촉되는 배선에서는 그 정차위치에서 100[m] 이상의 여유거리가 있는 경우
> ⑥ 차내신호 "25"신호(구내폐색 포함)에 의해 진입시킬 경우

14 다음 중 반드시 좌측의 선로로 운전하여야 하는 경우는?

㉮ 다른 철도운영기관과 따로 운전선로를 지정하는 경우

㉯ 선로 또는 열차의 고장 등으로 퇴행할 경우

㉰ 공사·구원·제설열차 또는 시험운전열차를 운전할 경우

㉱ 상·하열차를 구별하여 운전하는 1쌍의 선로가 있는 경우

> **해설** **열차의 운전방향**(제33조)
> 상·하열차를 구별하여 운전하는 1쌍의 선로가 있는 경우에 열차 또는 차량은 좌측의 선로로 운전하여야 한다. 다만, 다음의 어느 하나에 해당하는 경우에는 그러하지 아니하다.
> ① 다른 철도운영기관과 따로 운전선로를 지정하는 경우
> ② 선로 또는 열차의 고장 등으로 퇴행할 경우
> ③ 공사·구원·제설열차 또는 시험운전열차를 운전할 경우
> ④ 정거장과 정거장 외의 측선 간을 운전할 경우
> ⑤ 정거장 구내에서 운전할 경우
> ⑥ 양방향운전취급에 따라 우측선로로 운전할 경우
> ⑦ 그 밖에 특수한 사유가 있을 경우

15 열차는 퇴행할 수 없는 것이 원칙이지만 몇 가지 경우에서 예외를 두고 있다. 예외사항이 아닌 것은?

㉮ 철도사고가 발생한 경우

㉯ 공사열차나 구원열차를 운전하는 경우

㉰ 본선운전을 하는 경우

㉱ 절연구간 정차 등 전도운전을 할 수 없는 운전상 부득이한 경우

> 해설 **열차의 퇴행운전(제35조제1항)**
> 열차는 퇴행운전을 할 수 없다. 다만, 다음의 경우에는 예외로 한다.
> ① 철도사고(장애 포함) 및 재난재해가 발생한 경우
> ② 공사열차·구원열차·시험운전열차 또는 제설열차를 운전하는 경우
> ③ 동력차의 견인력 부족 또는 절연구간 정차 등 전도운전을 할 수 없는 운전상 부득이한 경우
> ④ 정지위치를 지나 정차한 경우. 다만, 열차의 맨 뒤가 출발신호기를 벗어난 일반열차와 고속열차는 제외하며, 전동열차는 광역철도 운전취급 세칙 제10조에 따른다.

16 열차의 퇴행운전에 대한 설명으로 옳지 않은 것은?

㉮ 철도사고 및 재난재해가 발생한 경우 퇴행운전을 할 수 있다.

㉯ 공사열차·구원열차·시험운전열차 또는 제설열차를 운전하는 경우 퇴행운전을 할 수 있다.

㉰ 동력차의 견인력 부족으로 전도운전을 할 수 없는 등 운전상 부득이한 경우 퇴행운전을 할 수 있다.

㉱ 퇴행운전 조치 시 역장은 열차의 퇴행운전으로 그 뒤쪽 신호기에 현시된 신호가 변화되면 뒤따르는 열차에 지장이 없도록 조치하여야 한다.

> 해설 **열차의 퇴행운전(제35조제2항제1호)**
> 관제사는 열차의 퇴행운전으로 그 뒤쪽 신호기에 현시된 신호가 변화되면 뒤따르는 열차에 지장이 없도록 조치할 것

15 ㉰ 16 ㉱ **정답**

17 신호의 지시에 대한 설명으로 틀린 것은?

㉮ 열차 또는 차량은 신호기에 정지신호 현시 된 때에는 그 현시지점을 지나 진행할 수 없다.

㉯ 기관사는 열차운전 중 열차무선방호장치 경보 또는 정지 수신호의 현시를 확인한 때에는 본 열차에 대한 정지신호로 보고, 신속히 정차조치를 하여야 한다.

㉰ 신호기에 유도신호가 현시가 있는 때는 전도에 지장 있을 것을 예측하고, 그 현시지점을 지나 35[km/h] 이하의 속도로 진행한다.

㉱ 열차는 신호기에 경계신호 현시가 있는 때는 다음 상치신호기에 정지신호의 현시 있을 것을 예측하고, 그 현시지점부터 25[km/h] 이하의 속도로 운전하여야 한다.

> **해설** **유도신호의 지시(제43조제1항)**
> 열차는 신호기에 유도신호가 현시된 때에는 전도에 지장 있을 것을 예측하고, 일단정차 후 그 현시지점을 지나 25[km/h] 이하로 진행할 수 있다.

18 신호의 지시에 대한 설명으로 틀린 것은?

㉮ 열차는 신호기에 진행신호 현시가 있을 때는 그 현시지점을 지나 진행할 수 있다.

㉯ 열차는 차내신호의 지시하는 속도로 운행하여야 한다.

㉰ 열차는 서행신호기가 있을 경우 그 신호기부터 지정속도 이하로 진행하여야 한다.

㉱ 열차는 서행예고신호기가 있을 때는 다음에 서행신호기가 있을 것을 예측하고 진행하여야 한다.

> **해설** ㉯ 열차 또는 차량은 차내신호의 지시하는 속도 이하로 운행하여야 한다(제52조).

19 신호기에 주의신호가 현시되었을 때는 다음 상치신호기에 정지신호 또는 경계신호의 현시될 것을 예측하고 그 현시지점을 지나서 진행할 수 있다. 이때의 제한운전속도는?

㉮ 25[km/h]   ㉯ 35[km/h]

㉰ 45[km/h]   ㉱ 65[km/h]

> **해설** **주의신호의 지시(제45조)**
> 열차는 신호기에 주의신호가 현시된 경우에는 다음 상치신호기에 정지신호 또는 경계신호 현시가 있을 것을 예측하고, 그 현시지점을 지나 45[km/h] 이하의 속도로 진행할 수 있다. 이 경우에 신호 5현시 구간은 65[km/h] 이하의 속도로 한다.

20 감속신호가 현시되었을 때 제한속도는?

㉮ 45[km/h]
㉯ 65[km/h]
㉰ 85[km/h]
㉱ 105[km/h]

해설 **감속신호의 지시(제47조)**
열차는 신호기에 감속신호가 현시되면 65[km/h](신호 5현시 구간은 105[km/h]이하의 속도로 운행) 이하의 속도로 그 현시지점을 지나서 진행할 수 있다.

21 열차의 계획된 운전시각을 앞당겨 운전함을 말하는 것은?

㉮ 교행변경
㉯ 순서변경
㉰ 조상운전
㉱ 특 발

해설 ㉮ 교행변경 : 단선운전구간에서 열차교행을 할 정거장을 변경함을 말한다(제53조제2항).
㉯ 순서변경 : 선발로 할 열차의 운전시각을 변경하지 않고 열차의 운행순서를 변경함을 말한다(제53조제2항).
㉱ 특발 : 지연열차의 도착을 기다리지 않고 따로 열차를 조성하여 출발함을 말한다(제53조제2항).

22 열차등급의 순위로 옳지 않은 것은?

㉮ 고속여객열차 : KTX, KTX-산천
㉯ 특급여객열차 : ITX-청춘
㉰ 급행여객열차 : 급행화물열차
㉱ 보통여객열차 : 통근열차, 일반전동열차

해설 **열차의 등급(제55조)**
① 고속여객열차 : KTX, KTX-산천
② 특급여객열차 : ITX-청춘
③ 급행여객열차 : ITX-새마을, 새마을호열차, 무궁화호열차, 누리로열차, 특급·급행 전동열차
④ 보통여객열차 : 통근열차, 일반전동열차
⑤ 급행화물열차
⑥ 화물열차 : 일반화물열차
⑦ 공사열차
⑧ 회송열차
⑨ 단행열차
⑩ 시험운전열차

23 운전명령에 대한 설명으로 틀린 것은?

㉮ 정규의 운전명령은 수송수요·수송시설 및 장비의 상황에 따라 상당시간 이전에 XROIS 또는 공문으로서 발령한다.

㉯ 임시 운전명령은 열차 또는 차량의 운전정리 사항과 긴급히 발령하는 운전취급에 관한 지시를 말하며 XROIS 또는 전화(무선전화기 포함)로서 발령한다.

㉰ 관계 직원이 출근 시에는 반드시 관제사와 협의를 하여야 한다.

㉱ 사업소장은 운전관계승무원의 승무개시 후 접수한 임시 운전명령을 해당 직원에게 통고하지 못하였을 때는 관계 운전취급담당자에게 통고를 의뢰하여야 한다.

> **해설** ㉰ 관계 직원이 출근하는 때는 반드시 게시판 등에 게시한 운전명령을 열람하고, 담당 업무에 필요한 사항을 기록 또는 숙지하여야 한다(제58조제2항).

24 역무원이 입환작업을 할 경우 관계 선로의 길고 짧음과 유치차량의 유무 등을 기관사에게 알려야 하는 경우가 아닌 것은?

㉮ 야간입환 및 특히 주의를 요하는 장소에서 입환할 경우

㉯ 앞쪽 선로상황을 확인할 수 없는 장소에서 입환을 하는 경우

㉰ 동력차에 기관사 1인만 승무한 경우

㉱ 화물열차의 입환을 하는 경우

> **해설** ㉱ 고속차량의 입환을 하는 경우(제64조제2항)

25 다음 입환차량에 대한 설명으로 옳지 않은 것은?

㉮ 기관사는 입환작업을 하는 때의 제동취급은 관통제동 취급을 하여야 한다.

㉯ 입환차량은 차량접촉한계표지 안쪽에 유치하여야 한다.

㉰ 입환차량은 상호 연결하여야 한다.

㉱ 차량의 연결은 다른 한쪽이 정차한 경우에 연결하여야 한다.

> **해설** **입환 시의 제동취급(제66조)**
> 기관사는 입환작업을 하는 때는 기관차만의 단독제동을 사용하되, 모든 차량의 제동장치를 사용하는 것이 안전하다고 인정될 때에는 역무원에게 제동관 연결을 요구하고 관통제동을 사용하여야 한다.

26 다음 입환차량에 대한 설명으로 옳지 않은 것은?

㉮ 기관차를 사용하여 동차 또는 부수차의 입환을 하는 경우에는 동차 또는 부수차를 다른 차량의 중간에 끼워서 입환한다.

㉯ 동차를 사용하여 입환을 하는 경우에는 동차·부수차 또는 객차 이외의 차량을 연결할 수 없다.

㉰ 이동 중인 차량을 분리 또는 연결할 수 없다.

㉱ 여객이 승차한 상태의 객차입환은 할 수 없다.

> **해설** **입환 제한(제68조)**
> 기관차를 사용하여 동차 또는 부수차의 입환을 하는 경우에는 동차 또는 부수차를 다른 차량의 중간에 끼워서 입환할 수 없다.

27 여객이 승차한 상태의 객차입환은 안전조치를 하고 입환할 수 있다. 안전조치로 옳지 않은 것은?

㉮ 입환 전 방송 또는 말로 승객 및 직원에게 입환 시행에 대한 내용을 주지시키고 주의사항을 통보할 것

㉯ 입환 중 입환 객차에 승차한 여객이 안전하도록 유도할 것

㉰ 객차분리 및 연결입환 시 15[km/h] 이하로 운전할 것

㉱ 가급적 여객이 많은 쪽의 차량을 연결할 것

> **해설** **여객열차의 입환(일반철도 운전취급 세칙 제14조)**
> 운전취급규정에 따라 여객이 승차한 상태에서 열차를 다른 선로로 이동시키거나 객차를 교체할 때는 다음의 안전조치를 하고 입환을 하여야 한다.
> ① 방송 또는 말로 승객 및 직원에게 입환 시행에 대한 내용을 주지시키고 주의사항을 통보할 것
> ② 입환 객차에 승차한 여객이 안전하도록 유도할 것
> ③ 객차의 분리 및 연결 입환을 할 때는 15[km/h] 이하 속도로 운전할 것

28 정거장 또는 정거장 바깥쪽의 급경사로 인하여 차량이 굴러갈 염려 있는 정거장에서 입환하는 경우에 대한 설명으로 틀린 것은?

㉮ 내리막을 향한 입환 또는 내리막 방향의 본선을 건너는 입환 시 관통제동을 사용할 것

㉯ 내리막으로 굴러갈 경우를 대비한 안전조치를 한 경우에는 내리막 방향으로 맨 앞에 동력차를 연결하여 입환할 것

㉰ 제동취급경고표지를 설치한 지점에 일단 정차할 자세로 입환할 것

㉱ 차량이 굴러갈 염려 있는 정거장의 지정은 지역본부장이 할 것

> **해설** ㉯ 내리막 방향으로 맨 앞에 동력차를 연결하여 입환할 것. 다만, 내리막으로 굴러갈 경우를 대비한 안전조치를 한 경우에는 제외한다(제74조제2항).

26 ㉮ 27 ㉱ 28 ㉯ **정답**

29 선로전환기의 정위가 아닌 것은?

㉮ 본선과 본선의 경우에는 주요한 본선

㉯ 본선과 측선의 경우에는 본선

㉰ 본선 또는 측선과 안전측선의 경우에는 본선 또는 측선

㉱ 측선과 측선의 경우에는 주요한 측선

해설 ㉰ 본선 또는 측선과 안전측선(피난선을 포함)과의 경우에는 안전측선(제77조제1항)

⭐중요
30 선로전환기의 취급에 대한 설명으로 틀린 것은?

㉮ 선로전환기는 역무원이 취급하여야 한다.

㉯ 선로전환기 취급자는 관제사의 지시에 따라 취급한다.

㉰ 선로전환기 취급자는 입환작업, 수동으로 전환하는 선로전환기의 전환, 전기 선로전환기의 수동 전환, 수신호 현시 등을 취급한다.

㉱ 정거장 내 소속을 달리하는 측선의 선로전환기에 대한 관리는 측선의 해당 소속에서 하여야 하며, 지역본부장은 필요에 따라 이에 관하여 따로 지정할 수 있다.

해설 선로전환기의 취급자의 취급사항(제81조제3항)
선로전환기 취급자는 역장의 지시에 따라 다음의 사항을 취급한다.
① 입환작업
② 수동으로 전환하는 선로전환기의 전환
③ 전기 선로전환기의 수동 전환
④ 수신호 현시

31 열차 및 차량의 최고속도로 적절하지 않은 것은?

㉮ 분기기속도 ㉯ 선로최고속도

㉰ 상구배속도 ㉱ 곡선속도

해설 열차 및 차량의 운전속도(제83조)
열차 또는 차량은 다음의 속도를 넘어서 운전할 수 없다.
① 차량최고속도
② 선로최고속도
③ 하구배속도
④ 곡선속도
⑤ 분기기속도
⑥ 열차제어장치가 현시하는 허용속도

32 차량을 본선에 유치할 수 있는 경우와 거리가 먼 것은?

㉮ 지역본부장이 열차 또는 차량의 유치선을 별도로 지정한 경우

㉯ 다른 열차의 취급에 지장이 없는 종착역의 경우

㉰ 열차가 중간정거장에서 입환작업을 하기 위하여 일시적으로 유치하는 경우

㉱ 차량접촉한계표지 바깥쪽에 유치하는 경우

> **해설** **차량의 유치 및 제한(제86조제4항)**
> 차량은 부득이한 경우 이외에는 다음의 선로에 유치할 수 없다.
> • 안전측선(피난선을 포함)
> • 동력차 출·입고선
> • 선로전환기 또는 철차 위
> • 차량접촉한계표지 바깥쪽
> • 그 밖의 특수시설 있는 선로

33 개폐식 구름막이는 어디에 설치하여야 하는가?

㉮ 본선으로부터 분기하는 측선의 차량접촉한계표지의 안쪽 3[m] 이상의 지점

㉯ 본선으로부터 분기하는 측선의 차량접촉한계표지의 안쪽 5[m] 이상의 지점

㉰ 본선으로부터 분기하는 측선의 차량접촉한계표지의 안쪽 8[m] 이상의 지점

㉱ 본선으로부터 분기하는 측선의 차량접촉한계표지의 안쪽 10[m] 이상의 지점

> **해설** **구름막이 설치 및 적재 등(제89조)**
> 개폐식 구름막이는 본선으로부터 분기하는 측선의 차량접촉한계표지의 안쪽 3[m] 이상의 지점에 설치할 것

34 1폐색구간에 1개 열차를 운전시키기 위하여 시행하는 방법으로 이를 상용폐색방식과 대용폐색방식으로 대별한다. 열차를 통상적으로 폐색구간에 운전하는 경우에는 다음의 상용폐색방식에 따른다. 이 중 복선구간에만 시행하는 운전방식은?

㉮ 자동폐색식

㉯ 통표폐색식

㉰ 차내신호폐색식

㉱ 연동폐색식

> **해설** **상용폐색방식의 시행 및 종류(제100조제2항)**
> • 복선구간 : 자동폐색식, 차내신호폐색식, 연동폐색식
> • 단선구간 : 자동폐색식, 연동폐색식, 통표폐색식

32 ㉱ 33 ㉮ 34 ㉰ **정답**

35 복선운전을 할 때 대용폐색방식으로 옳은 것은?

㉮ 통신식

㉯ 지도통신식

㉰ 지도식

㉱ 지도통신식 또는 지도식

> **해설** **대용폐색방식의 시행 및 종류(제100조제3항)**
> • 복선운전을 할 때 : 지령식, 통신식
> • 단선운전을 할 때 : 지령식, 지도통신식, 지도식

36 폐색준용법을 시행하는 구간을 운전할 열차의 기관사 및 차장에게 보고할 때 보고사항이 아닌 것은?

㉮ 시행시기   ㉯ 시행구간

㉰ 시행방식   ㉱ 시행사유

> **해설** **폐색방식 변경 및 복귀(제102조제1항)**
> 역장은 대용폐색방식 또는 폐색준용법으로 시행하는 경우에는 먼저 그 요지를 관제사에 보고하고 승인을 받은 다음 그 구간을 운전할 열차의 기관사에게 다음의 사항을 알려야 한다. 이 경우에 통신 불능으로 관제사에게 보고하지 못한 경우는 먼저 시행한 다음에 그 내용을 보고하여야 한다.
> ① 시행구간
> ② 시행방식
> ③ 시행사유

37 운전허가증에 대한 설명으로 틀린 것은?

㉮ 통표폐색식 시행구간에서는 통표

㉯ 지도통신식 시행구간에서는 지도표 또는 지도권

㉰ 지도식 시행구간에서는 지도권

㉱ 전령법 시행구간에서는 전령자

> **해설** **운전허가증의 확인(제116조제3항)**
> 운전허가증이라 함은 다음에 해당하는 것을 말한다.
> ① 통표폐색식 시행구간에서는 통표
> ② 지도통신식 시행구간에서는 지도표 또는 지도권
> ③ 지도식 시행구간에서는 지도표
> ④ 전령법 시행구간에서는 전령자

38 각 정거장의 통표휴대기 비치수는 몇 개 이상이어야 하는가?

㉮ 1개

㉯ 2개

㉰ 3개

㉱ 4개

> **해설** 운전허가증 및 휴대기의 비치 · 운용(제118조제2항)
> 각 정거장의 휴대기는 관리역장이 판단하여 3개 이상 비치하여야 한다.

★중요

39 연동폐색식에 대한 설명으로 틀린 것은?

㉮ 열차를 폐색구간에 진입시키려 할 때 역장은 상대역장과 협동하여 폐색취급을 하여야 한다.

㉯ 폐색취급은 열차를 폐색구간에 진입시킬 시각 10분 이전에 할 수 없다.

㉰ 열차가 일부 차량을 남겨 놓고 도착하였을 때 역장은 상대역장과 협동하여 개통취급을 하여야 한다.

㉱ 철도사고 또는 운전정리 등으로 20분 이상이 지난 후 열차를 진입시킬 수 있다고 판단한 경우 역장은 전에 한 폐색취급을 취소하여야 한다.

> **해설** 연동구간 열차의 출발 및 도착 취급(제126조제2항)
> 열차가 도착한 경우에는 상대역장과 협동하여 개통취급을 하여야 한다. 다만, 열차가 일부 차량을 남겨 놓고 도착하였을 때는 개통취급을 할 수 없다.

40 통표의 종류에 해당하지 않는 것은?

㉮ 사각형

㉯ 마름모형

㉰ 오각형

㉱ 십자형

> **해설** 통표의 종류 및 통표폐색기의 타종전호(제130조제1항)
> 통표의 종류는 원형, 사각형, 삼각형, 십자형, 마름모형이 있으며 인접 폐색구간의 통표는 그 모양을 달리하여야 한다.

41 지도표의 발행에 대한 설명 중 맞지 않는 것은?

㉮ 지도통신식을 시행하는 경우에 폐색구간 양끝 역장이 협의한 후 열차를 출발시키는 역장이 발행하여야 한다.

㉯ 지도표는 1폐색구간 1매로 하고 지도통신식 시행 중 이를 순환 사용한다.

㉰ 지도표를 발행하는 경우에 지도표 발행 역장이 지도표의 양면에 필요사항을 기입하고 서명하여야 한다.

㉱ 지도표를 최초 열차에 사용하여 상대 정거장 또는 신호소에 도착하는 때에 그 역장은 지도표의 기재사항을 점검하고 상대 역장란에 역명을 기입하고 서명하여야 한다.

> **해설** ㉮ 지도표는 열차를 진입시키는 역장이 발행하여야 한다(제154조제1항).

38 ㉰ 39 ㉰ 40 ㉰ 41 ㉮ **정답**

42 지도표 또는 지도권의 발행에 대한 설명 중 맞지 않는 것은?

㉮ 지도통신식을 시행하는 경우에 폐색구간 양끝 역장이 협의한 후 지도표가 존재하는 정거장 역장이 발행하여야 한다.

㉯ 지도권은 1폐색구간에 1매로 하고, 1개 열차에만 사용하여야 한다.

㉰ 지도권의 발행번호는 1호부터 10호까지로 한다.

㉱ 지도표 또는 지도권을 기관사에게 교부한 후 부득이한 사유로 입환을 하는 경우에는 일단 이를 회수하여야 한다.

해설　지도표의 발행번호는 1호부터 10호까지로 하고, 지도권의 발행번호는 51호부터 100호까지로 한다(제154조, 제155조).

43 정거장에서 진출하려는 열차에 대하는 것으로서 그 신호기의 안쪽으로 진입의 가부를 지시하는 신호기는?

㉮ 장내신호기　　　　　　　　　　㉯ 출발신호기
㉰ 폐색신호기　　　　　　　　　　㉱ 엄호신호기

해설　㉮ 장내신호기 : 정거장에 진입하려는 열차에 대하는 것으로서 그 신호기의 안쪽으로 진입의 가부를 지시한다(제171조).
　　　㉰ 폐색신호기 : 폐색구간에 진입하려는 열차에 대하는 것으로서 그 신호기의 안쪽으로 진입의 가부를 지시한다(제171조).
　　　㉱ 엄호신호기 : 정거장 외에 있어서 방호를 요하는 지점을 통과하려는 열차에 대하는 것으로서 그 신호기의 안쪽으로 진입의 가부를 지시한다(제171조).

44 폐색신호기는 완목식의 경우 몇 현시를 기준으로 하는가?

㉮ 2현시　　　　　　　　　　　　㉯ 3현시
㉰ 4현시　　　　　　　　　　　　㉱ 5현시

해설　신호현시 방식의 기준(제172조제2항)
완목식 신호기의 신호현시 방식은 2현시로 하고, 선로좌측에 설치한다.

45 상치신호기의 정위로 적절하지 않은 것은?

㉮ 엄호신호기 : 정지신호 현시

㉯ 유도신호기 : 주의신호 현시

㉰ 입환신호기 : 정지신호 현시

㉱ 원방신호기 : 주의신호 현시

> **해설** ㉯ 유도신호기 : 신호를 현시하지 않음(제174조)

⭐ 중요

46 임시신호기의 설치위치에 대한 설명으로 틀린 것은?

㉮ 임시신호기는 선로의 좌측(우측선로 운행구간은 우측)에 설치하여야 한다.

㉯ 서행구역은 지장지점으로부터 앞·뒤 양방향 50[m]를 각각 연장한 거리를 말한다.

㉰ 서행예고신호기는 서행신호기의 바깥쪽 500[m] 이상의 위치에 설치하여야 한다.

㉱ 서행신호기는 서행구역의 시작지점, 서행해제신호기는 서행구역이 끝나는 지점에 각각 설치하여야 한다.

> **해설** **임시신호기의 설치(제190조제4항)**
> 서행예고신호기는 서행신호기 바깥쪽으로부터 선로최고속도 130[km/h] 이상 구간의 경우 700[m], 130[km/h] 미만 구간의 경우 400[m], 지하구간에서는 200[m] 이상의 위치에 설치하여야 한다. 이 경우 서행예고신호기의 인식을 할 수 없는 경우에는 그 거리를 연장하여 설치할 수 있다. 다만, ATP구간에서 서행발리스를 설치하는 경우 서행예고신호기 설치에 관해서는 운전취급 내규 제111조에 따른다.

---

47 몇 [km/h] 이하의 서행을 요하는 서행개소에는 감시원을 배치하여야 하는가?

㉮ 10[km/h] 이하의 서행

㉯ 15[km/h] 이하의 서행

㉰ 20[km/h] 이하의 서행

㉱ 25[km/h] 이하의 서행

> **해설** **서행 시 감시원의 배치(제192조제1항)**
> 긴급한 선로작업 등으로 10[km/h] 이하의 서행을 요하는 서행구간에는 감시원을 배치하여야 한다.

45 ㉯ 46 ㉰ 47 ㉮ **정답**

48 정지위치 지시전호를 현시하여야 하는 위치는?

㉮ 정거장 안에서는 100[m], 정거장 밖에서는 200[m]의 거리에 접근하였을 때

㉯ 정거장 안에서는 200[m], 정거장 밖에서는 400[m]의 거리에 접근하였을 때

㉰ 정거장 안에서는 300[m], 정거장 밖에서는 600[m]의 거리에 접근하였을 때

㉱ 정거장 안에서는 400[m], 정거장 밖에서는 800[m]의 거리에 접근하였을 때

> **해설** 정지위치 지시신호(제214조제2항)
> 정지위치 지시전호는 열차가 정거장 안에서는 200[m], 정거장 밖에서는 400[m]의 거리에 접근하였을 때 현시하여야 한다.

49 열차에 화재 발생 시 조치 설명으로 옳지 않은 것은?

㉮ 열차에 화재가 발생하였을 때에는 즉시 소화의 조치를 하고 여객의 대피 유도 또는 화재차량을 다른 차량에서 격리하는 등 필요한 조치를 하여야 한다.

㉯ 화재 발생 장소가 지하구간일 경우에는 즉시 소화 조치를 하고 여객의 대피를 유도한다.

㉰ 유류열차 운전 중 폐색구간 도중에서 화재 또는 화재 발생 우려가 있는 경우에는 일반인의 접근을 금지하는 등 화기단속을 철저히 한다.

㉱ 유류열차 운전 중 폐색구간 도중에서 화재 또는 화재 발생 우려가 있는 경우에는 신속히 열차에서 분리하여 30[m] 이상 격리하고 남겨 놓은 차량이 구르지 아니하도록 조치하여야 한다.

> **해설** ㉯ 화재 발생 장소가 교량 또는 터널 내일 때에는 일단 그 밖까지 운전하는 것을 원칙으로 하고 지하구간일 경우에는 최근 역 또는 지하구간의 밖으로 운전하는 것으로 한다(제282조제2항).

50 차량고장 시 조치로 옳지 않은 것은?

㉮ 차량고장 발생으로 응급조치를 하여도 운전을 계속할 수 없다고 판단한 경우에는 구원열차를 요구하여야 한다.

㉯ 고장 등으로 응급조치를 함에 있어 기관정지 등으로 열차가 구를 염려 있을 때는 즉시 수제동기 및 수용바퀴구름막이 등을 사용하여 열차의 구름방지를 하여야 한다.

㉰ 구름방지는 동력차, 객화차 모두 기관사가 하여야 한다.

㉱ 차축발열 등 차량고장으로 열차운전상 위험하다고 인정한 경우에는 열차에서 분리하여야 한다.

> **해설** ㉰ 동력차의 구름방지는 기관사가 하며 객화차의 구름방지는 열차승무원이 하여야 한다. 다만 열차승무원이 없을 때는 기관사가 하여야 한다(제290조제3항).

51 차량 및 선로의 사고 시 조치로 맞지 않는 것은?

㉮ 열차운행 중 속도계가 모두 고장 난 경우에는 구원을 요구하고, 동력차를 교체할 수 있는 정거장까지 주의운전하여야 한다.

㉯ 기관사는 정거장 밖에서 제동관 통기불능 차량이 발생하면 상황을 판단하여 구원을 요구하거나, 계속 운전하여도 안전하다고 인정될 때는 가장 가까운 정거장까지 주의운전할 수 있다.

㉰ 시설·전기직원(순회자) 등이 정거장 밖에서 선로 고장, 운전보안장치 고장 또는 지장 있는 것을 발견하고 열차 운전에 위험하다고 인정되면 즉시 무선전화기 방호를 하는 동시에 관제사 또는 가장 가까운 역장에게 급보하여야 한다.

㉱ 열차운행 중 속도계가 모두 고장으로 다음 정거장에서 교체할 수 없는 경우는 운행을 정지시킨다.

> **해설** **속도계 고장 시 조치(제292조)**
> ① 기관사는 열차운행 중 속도계가 모두 고장 난 경우에는 구원을 요구하고, 동력차를 교체할 수 있는 정거장까지 주의운전하여야 한다.
> ② 관제사는 ①의 정거장에서 동력차를 교체할 수 없는 경우에는 속도를 현시하는 기기(GKOVI 등)가 설치된 경우에 한하여 종착역까지 운행시킬 수 있다.

52 단로기 취급에 관한 설명으로 옳지 않은 것은?

㉮ 열차 또는 차량의 운전에 상용하지 않는 전차선에 설치된 단로기는 평상시 개방(OFF)하여야 한다.

㉯ 전기처장은 본선 또는 측선에서 전차선로 작업을 하는 경우 급전담당자와 협의한 후 단로기를 개방하여야 한다.

㉰ 전기처장은 전원전환용 단로기를 개방하거나 투입할 때는 전기차 검수담당 소속장과 협의한 후 관제사의 승인을 받아 이를 취급하여야 한다.

㉱ 단로기가 설치되어 있는 소속 또는 전기기관차에는 단로기 열쇠를 항상 비치하여야 한다.

> **해설** **단로기 취급(제306조제2항)**
> 전기처장은 본선 또는 측선에서 전차선로 작업을 하는 경우 역장과 협의한 후 급전담당자의 승인을 받아 단로기를 개방하여야 하며, 투입하는 경우 또한 같다.

CHAPTER

02 철도차량운전규칙

제1절 총 칙

1. 목적(제1조)

철도차량운전규칙은 열차의 편성, 철도차량의 운전 및 신호방식 등 철도차량의 안전운행에 관하여 필요한 사항을 정함을 목적으로 한다.

2. 정의(제2조)

(1) 정거장

여객의 승강(여객 이용시설 및 편의시설을 포함), 화물의 적하, 열차의 조성(철도차량을 연결하거나 분리하는 작업), 열차의 교행 또는 대피를 목적으로 사용되는 장소를 말한다.

(2) 본 선

열차의 운전에 상용하는 선로를 말한다.

(3) 측 선

본선이 아닌 선로를 말한다.

(4) 차 량

열차의 구성부분이 되는 1량의 철도차량을 말한다.

(5) 전차선로

전차선 및 이를 지지하는 공작물을 말한다.

(6) 완급차

관통제동기용 제동통·압력계·차장변(車掌弁) 및 수(手)제동기를 장치한 차량으로서 열차승무원이 집무할 수 있는 차실이 설비된 객차 또는 화차를 말한다.

(7) 철도신호

제76조의 규정에 의한 신호·전호(傳號) 및 표지를 말한다.

(8) 진행지시신호

진행신호·감속신호·주의신호·경계신호·유도신호 및 차내신호(정지신호 제외) 등 차량의 진행을 지시하는 신호를 말한다.

(9) 폐 색

일정 구간에 동시에 2 이상의 열차를 운전시키지 아니하기 위하여 그 구간을 하나의 열차의 운전에만 점용시키는 것을 말한다.

(10) 구내운전

정거장 내 또는 차량기지 내에서 입환신호에 의하여 열차 또는 차량을 운전하는 것을 말한다.

(11) 입 환

사람의 힘에 의하거나 동력차를 사용하여 차량을 이동·연결 또는 분리하는 작업을 말한다.

(12) 조차장

차량의 입환 또는 열차의 조성을 위하여 사용되는 장소를 말한다.

(13) 신호소

상치신호기 등 열차제어시스템을 조작·취급하기 위하여 설치한 장소를 말한다.

(14) 동력차

기관차(機關車), 전동차(電動車), 동차(動車) 등 동력발생장치에 의하여 선로를 이동하는 것을 목적으로 제조한 철도차량을 말한다.

(15) 위험물

철도안전법 제44조 제1항의 규정에 의한 위험물을 말한다.

(16) 무인운전

사람이 열차 안에서 직접 운전하지 아니하고 관제실에서의 원격조종에 따라 열차가 자동으로 운행되는 방식을 말한다.

(17) 운전취급담당자

철도신호기·선로전환기 또는 조작판을 취급하는 사람을 말한다.

3. 업무규정의 제정·개정 등(제4조)

① 철도운영자 및 철도시설관리자(철도운영자 등)는 이 규칙에서 정하지 아니한 사항이나 지역별로 상이한 사항 등 열차운행의 안전관리 및 운영에 필요한 세부기준 및 절차(업무규정)를 이 규칙의 범위 안에서 따로 정할 수 있다.

② 철도운영자 등은 다음의 경우에는 이와 관련된 다른 철도운영자 등과 사전에 협의해야 한다.

    ㉠ 다른 철도운영자 등이 관리하는 구간에서 열차를 운행하려는 경우

    ㉡ ㉠에 따른 열차 운행과 관련하여 업무규정을 제정·개정하는 경우

4. 철도운영자 등의 책무(제5조)

철도운영자 등은 열차 또는 차량을 운행함에 있어 철도사고를 예방하고 여객과 화물을 안전하고 원활하게 운송할 수 있도록 필요한 조치를 하여야 한다.

5. 철도종사자 등

(1) 교육 및 훈련(제6조)

① 철도운영자 등은 다음 중 어느 하나에 해당하는 사람에게 철도안전법 등 관계 법령에 따라 필요한 교육을 실시해야 하고, 해당 철도종사자 등이 업무 수행에 필요한 지식과 기능을 보유한 것을 확인한 후 업무를 수행하도록 해야 한다.

    ㉠ 철도차량의 운전업무에 종사하는 사람(운전업무종사자)

    ㉡ 철도차량운전업무를 보조하는 사람(운전업무보조자)

    ㉢ 철도차량의 운행을 집중 제어·통제·감시하는 업무에 종사하는 사람(관제업무종사자)

    ㉣ 여객에게 승무 서비스를 제공하는 사람(여객승무원)

    ㉤ 운전취급담당자

    ㉥ 철도차량을 연결·분리하는 업무를 수행하는 사람

    ㉦ 원격제어가 가능한 장치로 입환 작업을 수행하는 사람

② 철도운영자 등은 운전업무종사자, 운전업무보조자 및 여객승무원이 철도차량에 탑승하기 전 또는 철도차량의 운행 중에 필요한 사항에 대한 보고·지시 또는 감독 등을 적절히 수행할 수 있도록 안전관리체계를 갖추어야 한다.

③ 철도운영자 등은 ②의 규정에 의한 업무를 수행하는 자가 과로 등으로 인하여 당해 업무를 적절히 수행하기 어렵다고 판단되는 경우에는 그 업무를 수행하도록 하여서는 아니 된다.

(2) 열차에 탑승하여야 하는 철도종사자(제7조)

① 열차에는 운전업무종사자와 여객승무원을 탑승시켜야 한다. 다만, 해당 선로의 상태, 열차에 연결되는 차량의 종류, 철도차량의 구조 및 장치의 수준 등을 고려하여 열차운행의 안전에 지장이 없다고 인정되는 경우에는 운전업무종사자 외의 다른 철도종사자를 탑승시키지 않거나 인원을 조정할 수 있다.

② ①에도 불구하고 무인운전의 경우에는 운전업무종사자를 탑승시키지 않을 수 있다.

6. 적재제한 등

(1) 차량의 적재 제한 등(제8조)

① 차량에 화물을 적재할 경우에는 차량의 구조와 설계강도 등을 고려하여 허용할 수 있는 최대적재량을 초과하지 않도록 해야 한다.

② 차량에 화물을 적재할 경우에는 중량의 부담을 균등히 해야 하며, 운전 중의 흔들림으로 인하여 무너지거나 넘어질 우려가 없도록 해야 한다.

③ 차량에는 차량한계(차량의 길이, 너비 및 높이의 한계를 말한다)를 초과하여 화물을 적재·운송해서는 안 된다. 다만, 열차의 안전운행에 필요한 조치를 하는 경우에는 차량한계를 초과하는 화물(특대화물)을 운송할 수 있다.

④ ①부터 ③까지의 규정에 따른 차량의 화물 적재 제한 등에 필요한 세부사항은 국토교통부장관이 정하여 고시한다.

(2) 특대화물의 수송(제9조)

철도운영자 등은 특대화물을 운송하려는 경우에는 사전에 해당 구간에 열차운행에 지장을 초래하는 장애물이 있는지 등을 조사·검토한 후 운송해야 한다.

1. 열차의 조성

(1) 열차의 최대연결차량수 등(제10조)

열차의 최대연결차량수는 이를 조성하는 동력차의 견인력, 차량의 성능·차체(Frame) 등 차량의 구조 및 연결장치의 강도와 운행선로의 시설현황에 따라 정하여야 한다.

(2) 동력차의 연결위치(제11조)

열차의 운전에 사용하는 동력차는 열차의 맨 앞에 연결하여야 한다. 다만, 다음 중 어느 하나에 해당하는 경우에는 그러하지 아니하다.

① 기관차를 2 이상 연결한 경우로서 열차의 맨 앞에 위치한 기관차에서 열차를 제어하는 경우
② 보조기관차를 사용하는 경우
③ 선로 또는 열차에 고장이 있는 경우
④ 구원열차·제설열차·공사열차 또는 시험운전열차를 운전하는 경우
⑤ 정거장과 그 정거장 외의 본선 도중에서 분기하는 측선과의 사이를 운전하는 경우
⑥ 그 밖에 특별한 사유가 있는 경우

(3) 여객열차의 연결제한(제12조)

① 여객열차에는 화차를 연결할 수 없다. 다만, 회송의 경우와 그 밖에 특별한 사유가 있는 경우에는 그러하지 아니하다.
② 화차를 연결하는 경우에는 화차를 객차의 중간에 연결하여서는 아니 된다.
③ 파손차량, 동력을 사용하지 아니하는 기관차 또는 2차량 이상에 무게를 부담시킨 화물을 적재한 화차는 여객열차에 연결하여서는 아니 된다.

(4) 열차의 운전위치(제13조)

① 열차는 운전방향 맨 앞 차량의 운전실에서 운전하여야 한다.
② ①에도 불구하고 다음에 해당하는 경우에는 운전방향 맨 앞 차량의 운전실 외에서도 열차를 운전할 수 있다.
　㉠ 철도종사자가 차량의 맨 앞에서 전호를 하는 경우로서 그 전호에 의하여 열차를 운전하는 경우
　㉡ 선로·전차선로 또는 차량에 고장이 있는 경우
　㉢ 공사열차·구원열차 또는 제설열차를 운전하는 경우
　㉣ 정거장과 그 정거장 외의 본선 도중에서 분기하는 측선과의 사이를 운전하는 경우
　㉤ 철도시설 또는 철도차량을 시험하기 위하여 운전하는 경우
　㉥ 사전에 정한 특정한 구간을 운전하는 경우

ⓧ 무인운전을 하는 경우

◎ 그 밖에 부득이한 경우로서 운전방향 맨 앞 차량의 운전실에서 운전하지 아니하여도 열차의 안전한 운전에 지장이 없는 경우

(5) 열차의 제동장치(제14조)

2량 이상의 차량으로 조성하는 열차에는 모든 차량에 연동하여 작용하고 차량이 분리되었을 때 자동으로 차량을 정차시킬 수 있는 제동장치를 구비하여야 한다. 다만, 다음에 해당하는 경우에는 그러하지 아니하다.

① 정거장에서 차량을 연결·분리하는 작업을 하는 경우

② 차량을 정지시킬 수 있는 인력을 배치한 구원열차 및 공사열차의 경우

③ 그 밖에 차량이 분리된 경우에도 다른 차량에 충격을 주지 아니하도록 안전조치를 취한 경우

(6) 열차의 제동력(제15조)

① 열차는 선로의 굴곡정도 및 운전속도에 따라 충분한 제동능력을 갖추어야 한다.

② 철도운영자 등은 연결축수(연결된 차량의 차축 총수)에 대한 제동축수(소요 제동력을 작용시킬 수 있는 차축의 총수)의 비율(제동축비율)이 100이 되도록 열차를 조성하여야 한다. 다만, 긴급상황 발생 등으로 인하여 열차를 조성하는 경우 등 부득이한 사유가 있는 경우에는 그러하지 아니하다.

③ 열차를 조성하는 경우에는 모든 차량의 제동력이 균등하도록 차량을 배치하여야 한다. 다만, 고장 등으로 인하여 일부 차량의 제동력이 작용하지 아니하는 경우에는 제동축비율에 따라 운전 속도를 감속하여야 한다.

(7) 완급차의 연결(제16조)

① 관통제동기를 사용하는 열차의 맨 뒤(추진운전의 경우에는 맨 앞)에는 완급차를 연결하여야 한다. 다만, 화물열차에는 완급차를 연결하지 아니할 수 있다.

② ①의 단서규정에 불구하고 군전용열차 또는 위험물을 운송하는 열차 등 열차승무원이 반드시 탑승하여야 할 필요가 있는 열차에는 완급차를 연결하여야 한다.

(8) 제동장치의 시험(제17조)

열차를 조성하거나 열차의 조성을 변경한 경우에는 당해 열차를 운행하기 전에 제동장치를 시험하여 정상작동여부를 확인하여야 한다.

2. 열차의 운전

(1) 철도신호와 운전의 관계(제18조)

철도차량은 신호·전호 및 표지가 표시하는 조건에 따라 운전하여야 한다.

(2) 정거장의 경계(제19조)

철도운영자 등은 정거장 내·외에서 운전취급을 달리하는 경우 내·외로 구분하여 운영하고 그 경계지점과 표시방식을 지정하여야 한다.

(3) 열차의 운전방향 지정 등(제20조)

① 철도운영자 등은 상행선·하행선 등으로 노선이 구분되는 선로의 경우에는 열차의 운행방향을 미리 지정하여야 한다.

② 다음에 해당되는 경우에는 지정된 선로의 반대선로로 열차를 운행할 수 있다.

　㉠ 철도운영자 등과 상호 협의된 방법에 따라 열차를 운행하는 경우

　㉡ 정거장 내의 선로를 운전하는 경우

　㉢ 공사열차·구원열차 또는 제설열차를 운전하는 경우

　㉣ 정거장과 그 정거장 외의 본선 도중에서 분기하는 측선과의 사이를 운전하는 경우

　㉤ 입환운전을 하는 경우

　㉥ 선로 또는 열차의 시험을 위하여 운전하는 경우

　㉦ 퇴행(退行)운전을 하는 경우

　㉧ 양방향 신호설비가 설치된 구간에서 열차를 운전하는 경우

　㉨ 철도사고 또는 운행장애(철도사고 등)의 수습 또는 선로보수공사 등으로 인하여 부득이하게 지정된 선로방향을 운행할 수 없는 경우

③ 철도운영자 등은 반대선로로 운전하는 열차가 있는 경우 후속 열차에 대한 운행통제 등 필요한 안전조치를 하여야 한다.

(4) 정거장 외 본선의 운전(제21조)

차량은 이를 열차로 하지 아니하면 정거장 외의 본선을 운전할 수 없다. 다만, 입환작업을 하는 경우에는 그러하지 아니하다.

(5) 열차의 정거장 외 정차금지(제22조)

열차는 정거장 외에서는 정차하여서는 아니 된다. 다만, 다음에 해당하는 경우에는 그러하지 아니하다.

① 경사도가 1,000분의 30 이상인 급경사 구간에 진입하기 전의 경우

② 정지신호의 현시가 있는 경우

③ 철도사고 등이 발생하거나 철도사고 등의 발생 우려가 있는 경우

④ 그 밖에 철도안전을 위하여 부득이 정차하여야 하는 경우

(6) 열차의 운행시각(제23조)

철도운영자 등은 정거장에서의 열차의 출발·통과 및 도착의 시각을 정하고 이에 따라 열차를 운행하여야 한다. 다만, 긴급하게 임시열차를 편성하여 운행하는 경우 등 부득이한 경우에는 그러하지 아니하다.

(7) 운전정리(제24조)

철도사고 등의 발생 등으로 인하여 열차가 지연되어 열차의 운행일정의 변경이 발생하여 열차운행상 혼란이 발생한 때에는 열차의 종류·등급·목적지 및 연계수송 등을 고려하여 운전정리를 행하고, 정상운전으로 복귀되도록 하여야 한다.

(8) 열차 출발 시의 사고방지(제25조)

철도운영자 등은 열차를 출발시키는 경우 여객이 객차의 출입문에 끼었는지의 여부, 출입문의 닫힘 상태 등을 확인하는 등 여객의 안전을 확보할 수 있는 조치를 하여야 한다.

(9) 열차의 퇴행 운전(제26조)

① 열차는 퇴행하여서는 아니 된다. 다만, 다음에 해당하는 경우에는 그러하지 아니하다.

　㉠ 선로·전차선로 또는 차량에 고장이 있는 경우

　㉡ 공사열차·구원열차 또는 제설열차가 작업상 퇴행할 필요가 있는 경우

　㉢ 뒤의 보조기관차를 활용하여 퇴행하는 경우

　㉣ 철도사고 등의 발생 등 특별한 사유가 있는 경우

② 퇴행하는 경우에는 다른 열차 또는 차량의 운전에 지장이 없도록 조치를 취하여야 한다.

(10) 열차의 재난방지(제27조)

철도운영자 등은 폭풍우·폭설·홍수·지진·해일 등으로 열차에 재난 또는 위험이 발생할 우려가 있는 경우에는 그 상황을 고려하여 열차운전을 일시 중지하거나 운전속도를 제한하는 등의 재난·위험방지조치를 강구해야 한다.

(11) 열차의 동시 진출·입 금지(제28조)

2 이상의 열차가 정거장에 진입하거나 정거장으로부터 진출하는 경우로서 열차 상호 간 그 진로에 지장을 줄 염려가 있는 경우에는 2 이상의 열차를 동시에 정거장에 진입시키거나 진출시킬 수 없다. 다만, 다음에 해당하는 경우에는 그러하지 아니하다.

① 안전측선·탈선선로전환기·탈선기가 설치되어 있는 경우

② 열차를 유도하여 서행으로 진입시키는 경우

③ 단행기관차로 운행하는 열차를 진입시키는 경우

④ 다른 방향에서 진입하는 열차들이 출발신호기 또는 정차위치로부터 200[m](동차·전동차의 경우에는 150[m]) 이상의 여유거리가 있는 경우

⑤ 동일방향에서 진입하는 열차들이 각 정차위치에서 100[m] 이상의 여유거리가 있는 경우

(12) 열차의 긴급정지 등(제29조)

철도사고 등이 발생하여 열차를 급히 정지시킬 필요가 있는 경우에는 지체 없이 정지신호를 표시하는 등 열차정지에 필요한 조치를 취하여야 한다.

(13) 선로의 일시 사용중지(제30조)

① 선로의 개량 또는 보수 등으로 열차의 운행에 지장을 주는 작업이나 공사가 진행 중인 구간에는 작업이나 공사 관계 차량 외의 열차 또는 철도차량을 진입시켜서는 안 된다.

② 작업 또는 공사가 완료된 경우에는 열차의 운행에 지장이 없는지를 확인하고 열차를 운행시켜야 한다.

(14) 구원열차 요구 후 이동금지(제31조)

① 철도사고 등의 발생으로 인하여 정거장 외에서 열차가 정차하여 구원열차를 요구하였거나 구원열차 운전의 통보가 있는 경우에는 당해 열차를 이동하여서는 아니 된다. 다만, 다음에 해당하는 경우에는 그러하지 아니하다.

　㉠ 철도사고 등이 확대될 염려가 있는 경우

　㉡ 응급작업을 수행하기 위하여 다른 장소로 이동이 필요한 경우

② 철도종사자는 열차나 철도차량을 이동시키는 경우에는 지체 없이 구원열차의 운전업무종사자와 관제업무종사자 또는 운전취급담당자에게 그 이동 내용과 이동 사유를 통보하고, 열차의 방호를 위한 정지수신호 등 안전조치를 취해야 한다.

(15) 화재발생 시의 운전(제32조)

① 열차에 화재가 발생한 경우에는 조속히 소화의 조치를 하고 여객을 대피시키거나 화재가 발생한 차량을 다른 차량에서 격리시키는 등의 필요한 조치를 하여야 한다.

② 열차에 화재가 발생한 장소가 교량 또는 터널 안인 경우에는 우선 철도차량을 교량 또는 터널 밖으로 운전하는 것을 원칙으로 하고, 지하구간인 경우에는 가장 가까운 역 또는 지하구간 밖으로 운전하는 것을 원칙으로 한다.

(16) 무인운전 시의 안전확보 등(제32조의2)

열차를 무인운전하는 경우에는 다음의 사항을 준수해야 한다.

① 철도운영자 등이 지정한 철도종사자는 차량을 차고에서 출고하기 전 또는 무인운전 구간으로 진입하기 전에 운전방식을 무인운전 모드(Mode)로 전환하고, 관제업무종사자로부터 무인운전 기능을 확인받을 것

② 관제업무종사자는 열차의 운행상태를 실시간으로 감시하고 필요한 조치를 할 것

③ 관제업무종사자는 열차가 정거장의 정지선을 지나쳐서 정차한 경우 다음의 조치를 할 것

ㄱ 후속 열차의 해당 정거장 진입 차단

ㄴ 철도운영자 등이 지정한 철도종사자를 해당 열차에 탑승시켜 수동으로 열차를 정지선으로 이동

ㄷ ㄴ의 조치가 어려운 경우 해당 열차를 다음 정거장으로 재출발

④ 철도운영자 등은 여객의 승하차 시 안전을 확보하고 시스템 고장 등 긴급상황에 신속하게 대처하기 위하여 정거장 등에 안전요원을 배치하거나 순회하도록 할 것

(17) 특수목적열차의 운전(제33조)

철도운영자 등은 특수한 목적으로 열차의 운행이 필요한 경우에는 당해 특수목적열차의 운행계획을 수립·시행하여야 한다.

3. 열차의 운전속도

(1) 열차의 운전 속도(제34조)

① 열차는 선로 및 전차선로의 상태, 차량의 성능, 운전방법, 신호의 조건 등에 따라 안전한 속도로 운전하여야 한다.

② 철도운영자 등은 다음을 고려하여 선로의 노선별 및 차량의 종류별로 열차의 최고속도를 정하여 운용하여야 한다.

ㄱ 선로에 대하여는 선로의 굴곡의 정도 및 선로전환기의 종류와 구조

ㄴ 전차선에 대하여는 가설방법별 제한속도

(2) 운전방법 등에 의한 속도제한(제35조)

철도운영자 등은 다음에 해당하는 경우에는 열차 또는 차량의 운전제한속도를 따로 정하여 시행하여야 한다.

① 서행신호 현시구간을 운전하는 경우

② 추진운전을 하는 경우(총괄제어법에 따라 열차의 맨 앞에서 제어되는 경우 제외)

③ 열차를 퇴행운전을 하는 경우

④ 쇄정되지 않은 선로전환기를 대향으로 운전하는 경우

⑤ 입환운전을 하는 경우

⑥ 전령법에 의하여 열차를 운전하는 경우

⑦ 수신호 현시구간을 운전하는 경우

⑧ 지령운전을 하는 경우

⑨ 무인운전 구간에서 운전업무종사자가 탑승하여 운전하는 경우

⑩ 그 밖에 철도안전을 위하여 필요하다고 인정되는 경우

(3) 열차 또는 차량의 정지(제36조)

① 열차 또는 차량은 정지신호가 현시된 경우에는 그 현시지점을 넘어서 진행할 수 없다. 다만, 다음에 해당하는 경우에는 그러하지 아니하다.

ⓐ 수신호에 의하여 정지신호의 현시가 있는 경우

ⓑ 신호기 고장 등으로 인하여 정지가 불가능한 거리에서 정지신호의 현시가 있는 경우

② ①의 규정에 불구하고 자동폐색신호기의 정지신호에 의하여 일단 정지한 열차 또는 차량은 정지신호 현시 중이라도 운전속도의 제한 등 안전조치에 따라 서행하여 그 현시지점을 넘어서 진행할 수 있다.

③ 서행허용표지를 추가하여 부설한 자동폐색신호기가 정지신호를 현시하는 때에는 정지신호 현시 중이라도 정지하지 아니하고 운전속도의 제한 등 안전조치에 따라 서행하여 그 현시지점을 넘어서 진행할 수 있다.

(4) 열차 또는 차량의 진행(제37조)

열차 또는 차량은 진행을 지시하는 신호가 현시된 때에는 신호종류별 지시에 따라 지정속도 이하로 그 지점을 지나 다음 신호가 있는 지점까지 진행할 수 있다.

(5) 열차 또는 차량의 서행(제38조)

① 열차 또는 차량은 서행신호의 현시가 있을 때에는 그 속도를 감속하여야 한다.

② 열차 또는 차량이 서행해제신호가 있는 지점을 통과한 때에는 정상속도로 운전할 수 있다.

4. 입 환

(1) 입환(제39조)

① 철도운영자 등은 입환작업을 하려면 다음의 사항을 포함한 입환작업계획서를 작성하여 기관사, 운전취급담당자, 입환작업자에게 배부하고 입환작업에 대한 교육을 실시하여야 한다. 다만, 단순히 선로를 변경하기 위하여 이동하는 입환의 경우에는 입환작업계획서를 작성하지 아니할 수 있다.

ⓐ 작업 내용

ⓑ 대상 차량

ⓒ 입환 작업 순서

ⓔ 작업자별 역할

ⓜ 입환전호 방식

ⓗ 입환 시 사용할 무선채널의 지정

ⓢ 그 밖에 안전조치사항

② 입환작업자(기관사를 포함)는 차량과 열차를 입환하는 경우 다음의 기준에 따라야 한다.

ⓖ 차량과 열차가 이동하는 때에는 차량을 분리하는 입환작업을 하지 말 것

ⓛ 입환 시 다른 열차의 운행에 지장을 주지 않도록 할 것

ⓒ 여객이 승차한 차량이나 화약류 등 위험물을 적재한 차량에 대하여는 충격을 주지 않도록 할 것

(2) 선로전환기의 쇄정 및 정위치 유지(제40조)

① 본선의 선로전환기는 이와 관계된 신호기와 그 진로 내의 선로전환기를 연동쇄정하여 사용하여야 한다. 다만, 상시 쇄정되어 있는 선로전환기 또는 취급회수가 극히 적은 배향(背向)의 선로전환기의 경우에는 그러하지 아니하다.

② 쇄정되지 아니한 선로전환기를 대향으로 통과할 때에는 쇄정기구를 사용하여 텅레일(Tongue Rail)을 쇄정하여야 한다.

③ 선로전환기를 사용한 후에는 지체 없이 미리 정하여진 위치에 두어야 한다.

(3) 차량의 정차 시 조치(제41조)

차량을 측선 등에 정차시켜 두는 경우에는 차량이 움직이지 아니하도록 필요한 조치를 하여야 한다.

(4) 열차의 진입과 입환(제42조)

① 다른 열차가 정거장에 진입할 시각이 임박한 때에는 다른 열차에 지장을 줄 수 있는 입환을 할 수 없다. 다만, 다른 열차가 진입할 수 없는 경우 등 긴급하거나 부득이한 경우에는 그러하지 아니하다.

② 열차의 도착 시각이 임박한 때에는 그 열차가 정차 예정인 선로에서는 입환을 할 수 없다. 다만, 열차의 운전에 지장을 주지 아니하도록 안전조치를 한 후에는 그러하지 아니하다.

(5) 정거장 외 입환(제43조)

다른 열차가 인접정거장 또는 신호소를 출발한 후에는 그 열차에 대한 장내신호기의 바깥쪽에 걸친 입환을 할 수 없다. 다만, 특별한 사유가 있는 경우로서 충분한 안전조치를 한 때에는 그러하지 아니하다.

(6) 인력입환(제45조)

본선을 이용하는 인력입환은 관제업무종사자 또는 운전취급담당자의 승인을 얻어야 하며, 운전취급담당자는 그 작업을 감시해야 한다.

1. 총 칙

(1) 열차 간의 안전 확보(제46조)

① 열차는 열차 간의 안전을 확보할 수 있도록 다음 중 어느 하나의 방법으로 운전해야 한다. 다만, 정거장 내에서 철도신호의 현시·표시 또는 그 정거장의 운전을 관리하는 사람의 지시에 따라 운전하는 경우에는 그렇지 않다.

㉠ 폐색에 의한 방법

㉡ 열차 간의 간격을 확보하는 장치(열차제어장치)에 의한 방법

㉢ 시계(視界)운전에 의한 방법

② 단선구간에서 폐색을 한 경우 상대역의 열차가 동시에 당해 구간에 진입하도록 하여서는 아니 된다.

③ 구원열차를 운전하는 경우 또는 공사열차가 있는 구간에서 다른 공사열차를 운전하는 등의 특수한 경우로서 열차운행의 안전을 확보할 수 있는 조치를 취한 경우에는 ① 및 ②의 규정에 의하지 아니할 수 있다.

(2) 진행지시신호의 금지(제47조)

열차 또는 차량의 진로에 지장이 있는 경우에는 이에 대하여 진행을 지시하는 신호를 현시할 수 없다.

(3) 열차의 방호(제47조의2)

① 철도운영자 등은 철도사고 등이 발생하여 인접 선로의 열차 운행에 지장을 주는 등 다른 열차의 정차가 필요한 경우에는 방호 조치를 해야 한다.

② 운전업무종사자는 다른 열차의 방호 조치를 확인한 경우 즉시 열차를 정차해야 한다.

2. 폐색에 의한 방법

(1) 폐색에 의한 방법(제48조)

폐색에 의한 방법을 사용하는 경우에는 당해 열차의 진로상에 있는 폐색구간의 조건에 따라 신호를 현시하거나 다른 열차의 진입을 방지할 수 있어야 한다.

(2) 폐색에 의한 열차 운행(제49조)

① 폐색에 의한 방법으로 열차를 운행하는 경우에는 본선을 폐색구간으로 분할하여야 한다. 다만, 정거장 내의 본선은 폐색구간으로 하지 아니할 수 있다.

② 하나의 폐색구간에는 둘 이상의 열차를 동시에 운행할 수 없다. 다만, 다음에 해당하는 경우에는 그렇지 않다.
　　㉠ 현시지점을 넘어서 열차를 진입시키려는 경우
　　㉡ 고장열차가 있는 폐색구간에 구원열차를 운전하는 경우
　　㉢ 선로가 불통된 구간에 공사열차를 운전하는 경우
　　㉣ 폐색구간에서 뒤의 보조기관차를 열차로부터 떼었을 경우
　　㉤ 열차가 정차되어 있는 폐색구간으로 다른 열차를 유도하는 경우
　　㉥ 폐색에 의한 방법으로 운전을 하고 있는 열차를 열차제어장치로 운전하거나 시계운전이 가능한 노선에서 열차를 서행하여 운전하는 경우
　　㉦ 그 밖에 특별한 사유가 있는 경우

(3) 폐색방식의 구분(제50조)

① 상용(常用)폐색방식 : 자동폐색식 · 연동폐색식 · 차내신호폐색식 · 통표폐색식
② 대용(代用)폐색방식 : 통신식 · 지도통신식 · 지도식 · 지령식

(4) 자동폐색장치의 구비조건(제51조)

자동폐색식을 시행하는 폐색구간의 폐색신호기 · 장내신호기 및 출발신호기는 다음의 기능을 갖추어야 한다.
① 폐색구간에 열차 또는 차량이 있을 때에는 자동으로 정지신호를 현시할 것
② 폐색구간에 있는 선로전환기가 정당한 방향으로 개통되지 아니한 때 또는 분기선 및 교차점에 있는 차량이 폐색구간에 지장을 줄 때에는 자동으로 정지신호를 현시할 것
③ 폐색장치에 고장이 있을 때에는 자동으로 정지신호를 현시할 것
④ 단선구간에 있어서는 하나의 방향에 대하여 진행을 지시하는 신호를 현시한 때에는 그 반대방향의 신호기는 자동으로 정지신호를 현시할 것

(5) 연동폐색장치의 구비조건(제52조)

연동폐색식을 시행하는 폐색구간 양끝의 정거장 또는 신호소에는 다음의 기능을 갖춘 연동폐색기를 설치해야 한다.
① 신호기와 연동하여 자동으로 다음의 표시를 할 수 있을 것
　　㉠ 폐색구간에 열차 있음
　　㉡ 폐색구간에 열차 없음
② 열차가 폐색구간에 있을 때에는 그 구간의 신호기에 진행을 지시하는 신호를 현시할 수 없을 것
③ 폐색구간에 진입한 열차가 그 구간을 통과한 후가 아니면 ㉠의 표시를 변경할 수 없을 것
④ 단선구간에 있어서 하나의 방향에 대하여 폐색이 이루어지면 그 반대방향의 신호기는 자동으로 정지신호를 현시할 것

(6) 열차를 연동폐색구간에 진입시킬 경우의 취급(제53조)

① 열차를 폐색구간에 진입시키려는 경우에는 "폐색구간에 열차 없음"의 표시를 확인하고 전방의 정거장 또는 신호소의 승인을 받아야 한다.

② 승인은 "폐색구간에 열차 있음"의 표시로 해야 한다.

③ 폐색구간에 열차 또는 차량이 있을 때에는 승인을 할 수 없다.

(7) 차내신호폐색장치의 기능(제54조)

차내신호폐색식을 시행하는 구간의 차내신호는 다음의 경우에는 자동으로 정지신호를 현시하는 기능을 갖추어야 한다.

① 폐색구간에 열차 또는 다른 차량이 있는 경우

② 폐색구간에 있는 선로전환기가 정당한 방향에 있지 아니한 경우

③ 다른 선로에 있는 열차 또는 차량이 폐색구간을 진입하고 있는 경우

④ 열차제어장치의 지상장치에 고장이 있는 경우

⑤ 열차 정상운행선로의 방향이 다른 경우

(8) 통표폐색장치의 기능 등(제55조)

① 통표폐색식을 시행하는 폐색구간 양끝의 정거장 또는 신호소에는 다음의 기능을 갖춘 통표폐색장치를 설치해야 한다.

  ㉠ 통표는 폐색구간 양끝의 정거장 또는 신호소에서 협동하여 취급하지 아니하면 꺼낼 수 없을 것

  ㉡ 폐색구간 양끝에 있는 통표폐색기에 넣은 통표는 1개에 한하여 꺼낼 수 있으며, 꺼낸 통표를 통표폐색기에 넣은 후가 아니면 다른 통표를 꺼내지 못하는 것일 것

  ㉢ 인접 폐색구간의 통표는 넣을 수 없는 것일 것

② 통표폐색기에는 그 구간 전용의 통표만을 넣어야 한다.

③ 인접폐색구간의 통표는 그 모양을 달리하여야 한다.

④ 열차는 당해 구간의 통표를 휴대하지 아니하면 그 구간을 운전할 수 없다. 다만, 특별한 사유가 있는 경우에는 그러하지 아니하다.

(9) 열차를 통표폐색구간에 진입시킬 경우의 취급(제56조)

① 열차를 통표폐색구간에 진입시키려는 경우에는 폐색구간에 열차가 없는 것을 확인하고 운행하려는 방향의 정거장 또는 신호소 운전취급담당자의 승인을 받아야 한다.

② 열차의 운전에 사용하는 통표는 통표폐색기에 넣은 후가 아니면 이를 다른 열차의 운전에 사용할 수 없다. 다만, 고장열차가 있는 폐색구간에 구원열차를 운전하는 경우 등 특별한 사유가 있는 경우에는 그러하지 아니하다.

(10) 통신식 대용폐색 방식의 통신장치(제57조)

통신식을 시행하는 구간에는 전용의 통신설비를 설치하여야 한다. 다만, 다음 중 어느 하나에 해당하는 경우에는 다른 통신설비로서 대신할 수 있다.

① 운전이 한산한 구간인 경우

② 전용의 통신설비에 고장이 있는 경우

③ 철도사고 등의 발생 그 밖에 부득이한 사유로 인하여 전용의 통신설비를 설치할 수 없는 경우

(11) 열차를 통신식 폐색구간에 진입시킬 경우의 취급(제58조)

① 열차를 통신식 폐색구간에 진입시키는 경우에는 관제업무종사자 또는 운전취급담당자의 승인을 받아야 한다.

② 관제업무종사자 또는 운전취급담당자는 폐색구간에 열차 또는 차량이 없음을 확인한 경우에만 열차의 진입을 승인할 수 있다.

(12) 지도통신식의 시행(제59조)

① 지도통신식을 시행하는 구간에는 폐색구간 양끝의 정거장 또는 신호소의 통신설비를 사용하여 서로 협의한 후 시행한다.

② 지도통신식을 시행하는 경우 폐색구간 양끝의 정거장 또는 신호소가 서로 협의한 후 지도표를 발행하여야 한다.

③ 지도표는 1폐색구간에 1매로 한다.

(13) 지도표와 지도권의 사용구별(제60조)

① 지도통신식을 시행하는 구간에서 동일방향의 폐색구간으로 진입시키고자 하는 열차가 하나뿐인 경우에는 지도표를 교부하고, 연속하여 2 이상의 열차를 동일방향의 폐색구간으로 진입시키고자 하는 경우에는 최후의 열차에 대하여는 지도표를, 나머지 열차에 대하여는 지도권을 교부한다.

② 지도권은 지도표를 가지고 있는 정거장 또는 신호소에서 서로 협의를 한 후 발행하여야 한다.

(14) 열차를 지도통신식 폐색구간에 진입시킬 경우의 취급(제61조)

열차는 당해구간의 지도표 또는 지도권을 휴대하지 아니하면 그 구간을 운전할 수 없다. 다만, 고장열차가 있는 폐색구간에 구원열차를 운전하는 경우 등 특별한 사유가 있는 경우에는 그러하지 아니하다.

(15) 지도표ㆍ지도권의 기입사항(제62조)

① 지도표에는 그 구간 양끝의 정거장명ㆍ발행일자 및 사용열차번호를 기입하여야 한다.

② 지도권에는 사용구간ㆍ사용열차ㆍ발행일자 및 지도표 번호를 기입하여야 한다.

(16) 지도식의 시행(제63조)

지도식은 철도사고 등의 수습 또는 선로보수공사 등으로 현장과 가장 가까운 정거장 또는 신호소 간을 1폐색구간으로 하여 열차를 운전하는 경우에 후속열차를 운전할 필요가 없을 때에 한하여 시행한다.

(17) 지도표의 발행(제64조)

① 지도식을 시행하는 구간에는 지도표를 발행하여야 한다.
② 지도표는 1폐색구간에 1매로 하며, 열차는 당해구간의 지도표를 휴대하지 아니하면 그 구간을 운전할 수 없다.

(18) 지령식의 시행(제64조의2)

① 지령식은 폐색 구간이 다음의 요건을 모두 갖춘 경우 관제업무종사자의 승인에 따라 시행한다.
    ㉠ 관제업무종사자가 열차 운행을 감시할 수 있을 것
    ㉡ 운전용 통신장치 기능이 정상일 것
② 관제업무종사자는 지령식을 시행하는 경우 다음의 사항을 준수해야 한다.
    ㉠ 지령식을 시행할 폐색구간의 경계를 정할 것
    ㉡ 지령식을 시행할 폐색구간에 열차나 철도차량이 없음을 확인할 것
    ㉢ 지령식을 시행하는 폐색구간에 진입하는 열차의 기관사에게 승인번호, 시행구간, 운전속도 등 주의사항을 통보할 것

3. 열차제어장치에 의한 방법

(1) 열차제어장치에 의한 방법(제65조)

열차 간의 간격을 자동으로 확보하는 열차제어장치는 운행하는 열차와 동일 진로상의 다른 열차와의 간격 및 선로 등의 조건에 따라 자동으로 해당 열차를 감속시키거나 정지시킬 수 있어야 한다.

(2) 열차제어장치의 종류(제66조)

① 열차자동정지장치(ATS ; Automatic Train Stop)
② 열차자동제어장치(ATC ; Automatic Train Control)
③ 열차자동방호장치(ATP ; Automatic Train Protection)

(3) 열차제어장치의 기능(제67조)

① 열차자동정지장치는 열차의 속도가 지상에 설치된 신호기의 현시 속도를 초과하는 경우 열차를 자동으로 정지시킬 수 있어야 한다.

② 열차자동제어장치 및 열차자동방호장치는 다음의 기능을 갖추어야 한다.

    ㉠ 운행 중인 열차를 선행열차와의 간격, 선로의 굴곡, 선로전환기 등 운행 조건에 따라 제어정보가 지시하는 속도로 자동으로 감속시키거나 정지시킬 수 있을 것

    ㉡ 장치의 조작 화면에 열차제어정보에 따른 운전 속도와 열차의 실제 속도를 실시간으로 나타내 줄 것

    ㉢ 열차를 정지시켜야 하는 경우 자동으로 제동장치를 작동하여 정지목표에 정지할 수 있을 것

4. 시계운전에 의한 방법

(1) 시계운전에 의한 방법(제70조)

① 시계운전에 의한 방법은 신호기 또는 통신장치의 고장 등으로 상용폐색방식 및 대용폐색방식 외의 방법으로 열차를 운전할 필요가 있는 경우에 한하여 시행하여야 한다.

② 철도차량의 운전속도는 전방 가시거리 범위 내에서 열차를 정지시킬 수 있는 속도 이하로 운전하여야 한다.

③ 동일 방향으로 운전하는 열차는 선행 열차와 충분한 간격을 두고 운전하여야 한다.

(2) 단선구간에서의 시계운전(제71조)

단선구간에서는 하나의 방향으로 열차를 운전하는 때에 반대방향의 열차를 운전시키지 아니하는 등 사고예방을 위한 안전조치를 하여야 한다.

(3) 시계운전에 의한 열차의 운전(제72조)

시계운전에 의한 열차운전은 다음의 어느 하나의 방법으로 시행해야 한다. 다만, 협의용 단행기관차의 운행 등 철도운영자 등이 특별히 따로 정한 경우에는 그렇지 않다.

복선운전을 하는 경우	단선운전을 하는 경우
• 격시법 • 전령법	• 지도격시법 • 전령법

(4) 격시법 또는 지도격시법의 시행(제73조)

① 격시법 또는 지도격시법을 시행하는 경우에는 최초의 열차를 운전시키기 전에 폐색구간에 열차 또는 차량이 없음을 확인하여야 한다.

② 격시법은 폐색구간의 한끝에 있는 정거장 또는 신호소의 운전취급담당자가 시행한다.

③ 지도격시법은 폐색구간의 한끝에 있는 정거장 또는 신호소의 운전취급담당자가 적임자를 파견하여 상대의 정거장 또는 신호소 운전취급담당자와 협의한 후 시행해야 한다. 다만, 지도통신식을 시행 중인 구간에서 통신두절이 된 경우 지도표를 가지고 있는 정거장 또는 신호소에서 출발하는 최초의 열차에 대해서는 적임자를 파견하지 않고 시행할 수 있다.

(5) 전령법의 시행(제74조)

① 열차 또는 차량이 정차되어 있는 폐색구간에 다른 열차를 진입시킬 때에는 전령법에 의하여 운전하여야 한다.

② 전령법은 그 폐색구간 양끝에 있는 정거장 또는 신호소의 운전취급담당자가 협의하여 이를 시행해야 한다. 다만, 다음 중 어느 하나에 해당하는 경우에는 협의하지 않고 시행할 수 있다.

    ㉠ 선로고장 등으로 지도식을 시행하는 폐색구간에 전령법을 시행하는 경우

    ㉡ ㉠ 외의 경우로서 전화불통으로 협의를 할 수 없는 경우

③ ②의 ㉡에 해당하는 경우에는 당해 열차 또는 차량이 정차되어 있는 곳을 넘어서 열차 또는 차량을 운전할 수 없다.

(6) 전령자(제75조)

① 전령법을 시행하는 구간에는 전령자를 선정하여야 한다.

② 전령자는 1폐색구간 1인에 한한다.

③ 전령법을 시행하는 구간에서는 당해구간의 전령자가 동승하지 아니하고는 열차를 운전할 수 없다.

제4절 철도신호

1. 총 칙

(1) 철도신호(제76조)

① 신호는 모양·색 또는 소리 등으로 열차나 차량에 대하여 운행의 조건을 지시하는 것으로 할 것

② 전호는 모양·색 또는 소리 등으로 관계직원 상호 간에 의사를 표시하는 것으로 할 것

③ 표지는 모양 또는 색 등으로 물체의 위치·방향·조건 등을 표시하는 것으로 할 것

(2) 주간 또는 야간의 신호 등(제77조)

주간과 야간의 현시방식을 달리하는 신호·전호 및 표지의 경우 일출 후부터 일몰 전까지는 주간 방식으로, 일몰 후부터 다음 날 일출 전까지는 야간 방식으로 한다. 다만, 일출 후부터 일몰 전까지의 경우에도 주간 방식에 따른 신호·전호 또는 표지를 확인하기 곤란한 경우에는 야간 방식에 따른다.

(3) 지하구간 및 터널 안의 신호(제78조)

지하구간 및 터널 안의 신호·전호 및 표지는 야간의 방식에 의하여야 한다. 다만, 길이가 짧아 빛이 통하는 지하구간 또는 조명시설이 설치된 터널 안 또는 지하 정거장 구내의 경우에는 그러하지 아니하다.

(4) 제한신호의 추정(제79조)

① 신호를 현시할 소정의 장소에 신호의 현시가 없거나 그 현시가 정확하지 아니할 때에는 정지신호의 현시가 있는 것으로 본다.

② 상치신호기 또는 임시신호기와 수신호가 각각 다른 신호를 현시한 때에는 그 운전을 최대로 제한하는 신호의 현시에 의하여야 한다. 다만, 사전에 통보가 있을 때에는 통보된 신호에 의한다.

(5) 신호의 겸용금지(제80조)

하나의 신호는 하나의 선로에서 하나의 목적으로 사용되어야 한다. 다만, 진로표시기를 부설한 신호기는 그러하지 아니하다.

2. 상치신호기

(1) 상치신호기(제81조)

상치신호기는 일정한 장소에서 색등 또는 등열에 의하여 열차 또는 차량의 운전조건을 지시하는 신호기를 말한다.

(2) 상치신호기의 종류(제82조)

① 주신호기

   ㉠ 장내신호기 : 정거장에 진입하려는 열차에 대하여 신호를 현시하는 것

   ㉡ 출발신호기 : 정거장을 진출하려는 열차에 대하여 신호를 현시하는 것

   ㉢ 폐색신호기 : 폐색구간에 진입하려는 열차에 대하여 신호를 현시하는 것

   ㉣ 엄호신호기 : 특히 방호를 요하는 지점을 통과하려는 열차에 대하여 신호를 현시하는 것

   ㉤ 유도신호기 : 장내신호기에 정지신호의 현시가 있는 경우 유도를 받을 열차에 대하여 신호를 현시하는 것

   ㉥ 입환신호기 : 입환차량 또는 차내신호폐색식을 시행하는 구간의 열차에 대하여 신호를 현시하는 것

② 종속신호기

   ㉠ 원방신호기 : 장내신호기·출발신호기·폐색신호기 및 엄호신호기에 종속하여 열차에 주신호기가 현시하는 신호의 예고신호를 현시하는 것

   ㉡ 통과신호기 : 출발신호기에 종속하여 정거장에 진입하는 열차에 신호기가 현시하는 신호를 예고하며, 정거장을 통과할 수 있는지에 대한 신호를 현시하는 것

   ㉢ 중계신호기 : 장내신호기·출발신호기·폐색신호기 및 엄호신호기에 종속하여 열차에 주신호기가 현시하는 신호의 중계신호를 현시하는 것

③ 신호부속기

　㉠ 진로표시기 : 장내신호기·출발신호기·진로개통표시기 및 입환신호기에 부속하여 열차 또는 차량에 대하여 그 진로를 표시하는 것

　㉡ 진로예고기 : 장내신호기·출발신호기에 종속하여 다음 장내신호기 또는 출발신호기에 현시하는 진로를 열차에 대하여 예고하는 것

　㉢ 진로개통표시기 : 차내신호기를 사용하는 열차가 운행하는 본선의 분기부에 설치하여 진로의 개통 상태를 표시하는 것

　㉣ 차내신호 : 동력차 내에 설치하여 신호를 현시하는 것

(3) 차내신호(제83조)

차내신호의 종류 및 그 제한속도는 다음과 같다.

① **정지신호** : 열차운행에 지장이 있는 구간으로 운행하는 열차에 대하여 정지하도록 하는 것

② **15신호** : 정지신호에 의하여 정지한 열차에 대한 신호로서 1시간에 15[km] 이하의 속도로 운전하게 하는 것

③ **야드신호** : 입환차량에 대한 신호로서 1시간에 25[km] 이하의 속도로 운전하게 하는 것

④ **진행신호** : 열차를 지정된 속도 이하로 운전하게 하는 것

(4) 신호현시방식(제84조)

① 장내신호기·출발신호기·폐색신호기 및 엄호신호기

종 류	신호현시방식					
	5현시	4현시	3현시	2현시		
					완목식	
	색등식	색등식	색등식	색등식	주 간	야 간
정지신호	적색등	적색등	적색등	적색등	완·수평	적색등
경계신호	• 상위 : 등황색등 • 하위 : 등황색등					
주의신호	등황색등	등황색등	등황색등			
감속신호	• 상위 : 등황색등 • 하위 : 녹색등	• 상위 : 등황색등 • 하위 : 녹색등				
진행신호	녹색등	녹색등	녹색등	녹색등	완·좌하향 45°	녹색등

② 유도신호기(등열식) : 백색등열 좌·하향 45°

③ 입환신호기

종 류	신호현시방식		
	등열식	색등식	
		차내신호폐색구간	그 밖의 구간
정지신호	백색등열 수평 무유도등 소등	적색등	적색등
진행신호	백색등열 좌하향 45° 무유도등 점등	등황색등	청색등 무유도등 점등

④ 원방신호기(통과신호기 포함)

종 류		신호현시방식		
		색등식	완목식	
			주 간	야 간
주신호기가 정지신호를 할 경우	주의신호	등황색등	완·수평	등황색등
주신호기가 진행을 지시하는 신호를 할 경우	진행신호	녹색등	완·좌하향 45°	녹색등

⑤ 중계신호기

종 류		등열식	색등식
주신호기가 정지신호를 할 경우	정지중계	백색등열(3등) 수평	적색등
주신호기가 진행을 지시하는 신호를 할 경우	제한중계	백색등열(3등) 좌하향 45°	주신호기가 진행을 지시하는 색등
	진행중계	백색등열(3등) 수직	

⑥ 차내신호

종 류	신호현시방식
정지신호	적색사각형등 점등
15신호	적색원형등 점등("15" 지시)
야드신호	노란색 직사각형등과 적색원형등(25등신호) 점등
진행신호	적색원형등(해당 신호등) 점등

(5) 신호현시의 기본원칙(제85조)

① 별도의 작동이 없는 상태에서의 상치신호기의 기본원칙은 다음과 같다.

  ㉠ 장내신호기 : 정지신호

  ㉡ 출발신호기 : 정지신호

  ㉢ 폐색신호기(자동폐색신호기 제외) : 정지신호

  ㉣ 엄호신호기 : 정지신호

  ㉤ 유도신호기 : 신호를 현시하지 아니한다.

  ㉥ 입환신호기 : 정지신호

  ㉦ 원방신호기 : 주의신호

② 자동폐색신호기 및 반자동폐색신호기는 진행을 지시하는 신호를 현시함을 기본으로 한다. 다만, 단선구간의 경우에는 정지신호를 현시함을 기본으로 한다.

③ 차내신호는 진행신호를 현시함을 기본으로 한다.

(6) 배면광 설비(제86조)

상치신호기의 현시를 후면에서 식별할 필요가 있는 경우에는 배면광(背面光)을 설비하여야 한다.

(7) 신호의 배열(제87조)

기둥 하나에 같은 종류의 신호 2 이상을 현시할 때에는 맨 위에 있는 것을 맨 왼쪽의 선로에 대한 것으로 하고, 순차적으로 오른쪽의 선로에 대한 것으로 한다.

(8) 신호현시의 순위(제88조)

원방신호기는 그 주된 신호기가 진행신호를 현시하거나 3위식 신호기는 그 신호기의 배면쪽 제1의 신호기에 주의 또는 진행신호를 현시하기 전에 이에 앞서 진행신호를 현시할 수 없다.

(9) 신호의 복위(제89조)

열차가 상치신호기의 설치지점을 통과한 때에는 그 지점을 통과한 때마다 유도신호기는 신호를 현시하지 아니하며 원방신호기는 주의신호를, 그 밖의 신호기는 정지신호를 현시하여야 한다.

3. 임시신호기

(1) 임시신호기(제90조)

선로의 상태가 일시 정상운전을 할 수 없는 상태인 경우에는 그 구역의 바깥쪽에 임시신호기를 설치하여야 한다.

(2) 임시신호기의 종류(제91조)

① 서행신호기

서행운전할 필요가 있는 구간에 진입하려는 열차 또는 차량에 대하여 당해 구간을 서행할 것을 지시하는 것

② 서행예고신호기

서행신호기를 향하여 진행하려는 열차에 대하여 그 전방에 서행신호의 현시 있음을 예고하는 것

③ 서행해제신호기

서행구역을 진출하려는 열차에 대하여 서행을 해제할 것을 지시하는 것

④ 서행발리스(Balise)

서행운전할 필요가 있는 구간의 전방에 설치하는 송·수신용 안테나로 지상 정보를 열차로 보내 자동으로 열차의 감속을 유도하는 것

(3) 신호현시방식(제92조)

① 임시신호기의 신호현시방식

종 류	신호현시방식	
	주 간	야 간
서행신호	백색테두리를 한 등황색 원판	등황색등 또는 반사재
서행예고신호	흑색삼각형 3개를 그린 백색삼각형	흑색삼각형 3개를 그린 백색등 또는 반사재
서행해제신호	백색테두리를 한 녹색원판	녹색등 또는 반사재

② 서행신호기 및 서행예고신호기에는 서행속도를 표시하여야 한다.

4. 수신호

(1) 수신호의 현시방법(제93조)

신호기를 설치하지 아니하거나 사용하지 못하는 경우에 사용하는 수신호는 다음과 같이 현시한다.

① 정지신호

　　㉠ 주간 : 적색기. 다만, 적색기가 없을 때에는 양팔을 높이 들거나 또는 녹색기 외의 것을 급히 흔든다.

　　㉡ 야간 : 적색등. 다만, 적색등이 없을 때에는 녹색등 외의 것을 급히 흔든다.

② 서행신호

　　㉠ 주간 : 적색기와 녹색기를 모아 쥐고 머리 위에 높이 교차한다.

　　㉡ 야간 : 깜박이는 녹색등

③ 진행신호

　　㉠ 주간 : 녹색기. 다만, 녹색기가 없을 때는 한 팔을 높이 든다.

　　㉡ 야간 : 녹색등

(2) 선로에서 정상 운행이 어려운 경우의 조치(제94조)

선로에서 정상적인 운행이 어려워 열차를 정지하거나 서행시켜야 하는 경우로서 임시신호기를 설치할 수 없는 경우에는 다음의 구분에 따른 조치를 해야 한다. 다만, 열차의 무선전화로 열차를 정지하거나 서행시키는 조치를 한 경우에는 다음의 구분에 따른 조치를 생략할 수 있다.

① 열차를 정지시켜야 하는 경우

　　철도사고 등이 발생한 지점으로부터 200[m] 이상의 앞 지점에서 정지 수신호를 현시할 것

② 열차를 서행시켜야 하는 경우

　　서행구역의 시작지점에서 서행수신호를 현시하고 서행구역이 끝나는 지점에서 진행수신호를 현시할 것

5. 전 호

(1) 전호현시(제98조)

열차 또는 차량에 대한 전호는 전호기로 현시하여야 한다. 다만, 전호기가 설치되어 있지 아니하거나 고장이 난 경우에는 수전호 또는 무선전화기로 현시할 수 있다.

(2) 출발전호(제99조)

열차를 출발시키고자 할 때에는 출발전호를 하여야 한다.

(3) 기적전호(제100조)

다음의 어느 하나에 해당하는 경우에 기관사는 기적전호를 하여야 한다.
① 위험을 경고하는 경우
② 비상사태가 발생한 경우

(4) 입환전호 방법(제101조)

① 입환작업자(기관사를 포함)는 서로 맨눈으로 확인할 수 있도록 다음의 방법으로 입환전호해야 한다.
  ㉠ 오너라전호
    • 주간 : 녹색기를 좌우로 흔든다. 다만, 부득이한 경우에는 한 팔을 좌우로 움직임으로써 이를 대신할 수 있다.
    • 야간 : 녹색등을 좌우로 흔든다.
  ㉡ 가거라전호
    • 주간 : 녹색기를 위아래로 흔든다. 다만, 부득이한 경우에는 한 팔을 위아래로 움직임으로써 이를 대신할 수 있다.
    • 야간 : 녹색등을 위아래로 흔든다.
  ㉢ 정지전호
    • 주간 : 적색기. 다만, 부득이한 경우에는 두 팔을 높이 들어 이를 대신할 수 있다.
    • 야간 : 적색등
② ①에도 불구하고 다음 중 어느 하나에 해당하는 경우에는 무선전화를 사용하여 입환전호를 할 수 있다.
  ㉠ 무인역 또는 1인이 근무하는 역에서 입환하는 경우
  ㉡ 1인이 승무하는 동력차로 입환하는 경우
  ㉢ 신호를 원격으로 제어하여 단순히 선로를 변경하기 위하여 입환하는 경우
  ㉣ 지형 및 선로여건 등을 고려할 때 입환전호하는 작업자를 배치하기가 어려운 경우
  ㉤ 원격제어가 가능한 장치를 사용하여 입환하는 경우

(5) 작업전호(제102조)

다음 중 어느 하나에 해당하는 때에는 전호의 방식을 정하여 그 전호에 따라 작업을 하여야 한다.

① 여객 또는 화물의 취급을 위하여 정지위치를 지시할 때

② 퇴행 또는 추진운전 시 열차의 맨 앞 차량에 승무한 직원이 철도차량운전자에 대하여 운전상 필요한 연락을 할 때

③ 검사·수선연결 또는 해방을 하는 경우에 당해 차량의 이동을 금지시킬 때

④ 신호기 취급직원 또는 입환전호를 하는 직원과 선로전환기취급 직원 간에 선로전환기의 취급에 관한 연락을 할 때

⑤ 열차의 관통제동기의 시험을 할 때

6. 표 지

(1) 열차의 표지(제103조)

열차 또는 입환 중인 동력차는 표지를 게시하여야 한다.

(2) 안전표지(제104조)

열차 또는 차량의 안전운전을 위하여 안전표지를 설치하여야 한다.

적중예상문제

01 철도차량 운전규칙에 따른 완급차의 구비조건이 아닌 것은?

㉮ 압력계

㉯ 전환기

㉰ 차장변

㉱ 수(手)제동기

> **해설** 완급차(緩急車)는 관통제동기용 제동통·압력계·차장변(車掌弁) 및 수(手)제동기를 장치한 차량으로서 열차승무원이 집무할 수 있는 차실이 설비된 객차 또는 화차를 말한다(제2조).

02 철도차량운전규칙상 용어의 정의에 대한 설명으로 틀린 것은?

㉮ 입환은 사람의 힘에 의하거나 동력차를 사용하여 차량을 이동·연결 또는 분리하는 작업을 말한다.

㉯ 신호소라 함은 상치신호기 등 열차제어시스템을 조작, 취급하기 위하여 설치한 장소를 말한다.

㉰ 구내운전이라 함은 정거장 내 또는 차량기지 내에서 입환표지에 의하여 열차 또는 차량을 운전하는 것을 말한다.

㉱ 폐색이라 함은 일정 구간에 동시에 2 이상의 열차를 운전시키지 아니하기 위하여 그 구간을 하나의 열차의 운전에만 점용시키는 것을 말한다.

> **해설** **구내운전** : 정거장 내 또는 차량기지 내에서 입환신호에 의하여 열차 또는 차량을 운전하는 것(제2조)

03 열차의 운전에 사용하는 동력차는 열차의 맨 앞에 연결하여야 하지만 예외가 인정된다. 예외에 해당하지 않는 것은?

㉮ 기관차를 2 이상 연결한 경우로서 열차의 맨 앞에 위치한 기관차에서 열차를 제어하는 경우

㉯ 보조기관차를 사용하는 경우

㉰ 선로 또는 열차에 고장이 있는 경우

㉱ 정거장과 그 정거장 외의 본선을 운전하는 경우

> **해설** **동력차의 연결위치(제11조)**
> 열차의 운전에 사용하는 동력차는 열차의 맨 앞에 연결하여야 한다. 다만, 다음 중 어느 하나에 해당하는 경우에는 그러하지 아니하다.
> • 기관차를 2 이상 연결한 경우로서 열차의 맨 앞에 위치한 기관차에서 열차를 제어하는 경우
> • 보조기관차를 사용하는 경우
> • 선로 또는 열차에 고장이 있는 경우
> • 구원열차·제설열차·공사열차 또는 시험운전열차를 운전하는 경우
> • 정거장과 그 정거장 외의 본선 도중에서 분기하는 측선과의 사이를 운전하는 경우
> • 그 밖에 특별한 사유가 있는 경우

04 여객열차의 연결제한에 대한 설명으로 틀린 것은?

㉮ 여객열차에는 화차를 연결할 수 없는 것이 원칙이다.

㉯ 회송의 경우와 그 밖에 특별한 사유가 있는 경우 여객열차에는 화차를 연결할 수 있다.

㉰ 동력을 사용하지 아니하는 기관차는 여객열차에 연결할 수 있다.

㉱ 화차를 연결하는 경우에는 화차를 객차의 중간에 연결하여서는 아니 된다.

> **해설** **여객열차의 연결제한(제12조제3항)**
> 파손차량, 동력을 사용하지 아니하는 기관차 또는 2차량 이상에 무게를 부담시킨 화물을 적재한 화차는 이를 여객열차에 연결하여서는 아니 된다.

3 ㉱ 4 ㉰ **정답**

05 운전방향 맨 앞 차량의 운전실 외에서도 열차를 운전할 수 있는 경우에 해당하지 않는 것은?

㉮ 보조기관차를 사용하는 경우

㉯ 제설열차를 운전하는 경우

㉰ 사전에 정한 특정한 구간을 운전하는 경우

㉱ 차량에 고장이 있는 경우

해설 **열차의 운전위치(제13조제2항)**
다음에 해당하는 경우에는 운전방향 맨 앞 차량의 운전실 외에서도 열차를 운전할 수 있다.
- 철도종사자가 차량의 맨 앞에서 전호를 하는 경우로서 그 전호에 의하여 열차를 운전하는 경우
- 선로·전차선로 또는 차량에 고장이 있는 경우
- 공사열차·구원열차 또는 제설열차를 운전하는 경우
- 정거장과 그 정거장 외의 본선 도중에서 분기하는 측선과의 사이를 운전하는 경우
- 철도시설 또는 철도차량을 시험하기 위하여 운전하는 경우
- 사전에 정한 특정한 구간을 운전하는 경우
- 무인운전을 하는 경우
- 그 밖에 부득이한 경우로서 운전방향 맨 앞 차량의 운전실에서 운전하지 아니하여도 열차의 안전한 운전에 지장이 없는 경우

06 철도운영자 등은 제동축비율이 얼마가 되도록 열차를 조성하여야 하는가?

㉮ 10

㉯ 50

㉰ 80

㉱ 100

해설 **열차의 제동력(제15조제2항)**
철도운영자 등은 연결축수(연결된 차량의 차축 총수)에 대한 제동축수(소요 제동력을 작용시킬 수 있는 차축의 총수)의 비율(제동축비율)이 100이 되도록 열차를 조성하여야 한다. 다만, 긴급상황 발생 등으로 인하여 열차를 조성하는 경우 등 부득이한 사유가 있는 경우에는 그러하지 아니하다.

07 완급차의 연결에 대한 설명으로 맞는 것은?

㉮ 관통제동기를 사용하는 열차의 맨 앞에 완급차를 연결하여야 한다.

㉯ 추진운전의 경우에는 맨 뒤에 완급차를 연결하여야 한다.

㉰ 화물열차에는 완급차를 연결하지 아니할 수 있다.

㉱ 열차승무원이 반드시 탑승하여야 할 필요가 있는 열차에는 연결하지 아니할 수 있다.

해설 **완급차의 연결(제16조)**
㉮ 관통제동기를 사용하는 열차의 맨 뒤에 완급차를 연결하여야 한다.
㉯ 추진운전의 경우에는 맨 앞에 완급차를 연결하여야 한다.
㉱ 군전용열차 또는 위험물을 운송하는 열차 등 열차승무원이 반드시 탑승하여야 할 필요가 있는 열차에는 완급차를 연결하여야 한다.

08 지정된 선로의 반대선로로 열차를 운행할 수 없는 경우는?

㉮ 정거장 외의 선로를 운전하는 경우

㉯ 입환운전을 하는 경우

㉰ 퇴행운전을 하는 경우

㉱ 양방향 신호설비가 설치된 구간에서 열차를 운전하는 경우

> **해설** **열차의 운전방향 지정 등(제20조제2항)**
> 다음에 해당하는 경우에는 지정된 선로의 반대선로로 열차를 운행할 수 있다.
> • 철도운영자 등과 상호 협의된 방법에 따라 열차를 운행하는 경우
> • 정거장 내의 선로를 운전하는 경우
> • 공사열차·구원열차 또는 제설열차를 운전하는 경우
> • 정거장과 그 정거장 외의 본선 도중에서 분기하는 측선과의 사이를 운전하는 경우
> • 입환운전을 하는 경우
> • 선로 또는 열차의 시험을 위하여 운전하는 경우
> • 퇴행운전을 하는 경우
> • 양방향 신호설비가 설치된 구간에서 열차를 운전하는 경우
> • 철도사고 또는 운행장애(철도사고 등)의 수습 또는 선로보수공사 등으로 인하여 부득이하게 지정된 선로방향을 운행할
>   수 없는 경우

09 열차가 정거장 외에서 정차할 수 없는 경우는?

㉮ 경사도가 1,000분의 30 이상인 급경사 구간에 진입하기 전의 경우

㉯ 서행신호의 현시가 있는 경우

㉰ 철도사고 등이 발생하거나 철도사고 등의 발생 우려가 있는 경우

㉱ 철도안전을 위하여 부득이 정차하여야 하는 경우

> **해설** **열차의 정거장 외 정차금지(제22조제2호)**
> 서행신호가 아니라 정지신호의 현시가 있는 경우 열차는 정거장 외에서 정차할 수 있다.

8 ㉮ 9 ㉯ **정답**

10 열차가 퇴행할 수 없는 경우의 예외가 아닌 것은?

㉮ 전차선로에 고장이 있는 경우

㉯ 공사열차가 작업상 퇴행할 필요가 있는 경우

㉰ 뒤의 보조기관차를 활용하여 퇴행하는 경우

㉱ 정거장 내의 선로를 운전하는 경우

> **해설** **열차의 퇴행운전(제26조)**
> 열차는 퇴행하여서는 아니 된다. 다만, 다음의 어느 하나에 해당하는 경우에는 그러하지 아니하다.
> • 선로 · 전차선로 또는 차량에 고장이 있는 경우
> • 공사열차 · 구원열차 또는 제설열차가 작업상 퇴행할 필요가 있는 경우
> • 뒤의 보조기관차를 활용하여 퇴행하는 경우
> • 철도사고 등의 발생 등 특별한 사유가 있는 경우

11 2 이상의 열차를 동시에 정거장에 진입시킬 수 있는 경우에 해당하지 않는 것은?

㉮ 안전측선 · 탈선선로전환기 · 탈선기가 설치되어 있는 경우

㉯ 열차를 유도하여 서행으로 진입시키는 경우

㉰ 단행기관차로 운행하는 열차를 진입시키는 경우

㉱ 다른 방향에서 진입하는 전동차들이 정차위치로부터 200[m] 이상의 여유거리가 있는 경우

> **해설** **열차의 동시 진출 · 입 금지(제28조)**
> 2 이상의 열차가 정거장에 진입하거나 정거장으로부터 진출하는 경우로서 열차 상호 간 그 진로에 지장을 줄 염려가 있는 경우에는 2 이상의 열차를 동시에 정거장에 진입시키거나 진출시킬 수 없다. 다만, 다음에 해당하는 경우에는 그러하지 아니하다.
> • 안전측선 · 탈선선로전환기 · 탈선기가 설치되어 있는 경우
> • 열차를 유도하여 서행으로 진입시키는 경우
> • 단행기관차로 운행하는 열차를 진입시키는 경우
> • 다른 방향에서 진입하는 열차들이 출발신호기 또는 정차위치로부터 200[m](동차 · 전동차의 경우에는 150[m]) 이상의 여유거리가 있는 경우
> • 동일방향에서 진입하는 열차들이 각 정차위치에서 100[m] 이상의 여유거리가 있는 경우

12 열차를 무인운전하는 경우의 준수사항으로 옳지 않은 것은?

㉮ 철도운영자 등이 지정한 철도종사자는 차량을 무인운전구간으로 진입한 후 운전방식을 무인운전 모드 (Mode)로 전환할 것

㉯ 관제업무종사자는 열차의 운행상태를 실시간으로 감시하고 필요한 조치를 할 것

㉰ 관제업무종사자는 열차가 정거장의 정지선을 지나쳐서 정차한 경우 후속 열차의 해당 정거장 진입을 차단 할 것

㉱ 철도운영자 등은 여객의 승하차 시 안전을 확보하고 시스템 고장 등 긴급상황에 신속하게 대처하기 위하 여 정거장 등에 안전요원을 배치하거나 순회하도록 할 것

> **해설** **무인운전 시의 안전확보 등(제32조의2)**
> 철도운영자 등이 지정한 철도종사자는 차량을 차고에서 출고하기 전 또는 무인운전구간으로 진입하기 전에 운전방식을 무인운전 모드(Mode)로 전환하고, 관제업무종사자로부터 무인운전 기능을 확인받을 것

13 열차 또는 차량의 운전제한속도를 따로 정하여 시행하지 않아도 되는 경우는?

㉮ 서행신호 현시구간을 운전하는 때

㉯ 총괄제어법에 의하여 열차의 맨 앞에서 제어되는 추진운전을 하는 경우

㉰ 열차를 퇴행운전을 하는 때

㉱ 쇄정되지 아니한 선로전환기를 대향으로 운전하는 때

> **해설** **운전방법 등에 의한 속도제한(제35조)**
> 철도운영자 등은 다음 중 어느 하나에 해당하는 경우에는 열차 또는 차량의 운전제한속도를 따로 정하여 시행하여야 한다.
> • 서행신호 현시구간을 운전하는 경우
> • 추진운전을 하는 경우(총괄제어법에 따라 열차의 맨 앞에서 제어하는 경우를 제외)
> • 열차를 퇴행운전을 하는 경우
> • 쇄정되지 않은 선로전환기를 대향으로 운전하는 경우
> • 입환운전을 하는 경우
> • 전령법에 의하여 열차를 운전하는 경우
> • 수신호 현시구간을 운전하는 경우
> • 지령운전을 하는 경우
> • 무인운전 구간에서 운전업무종사자가 탑승하여 운전하는 경우
> • 그 밖에 철도안전을 위하여 필요하다고 인정되는 경우

14 철도차량운전규칙상 열차의 운전속도에 대한 설명으로 틀린 것은?

㉮ 열차는 선로 및 전차선로의 상태, 차량의 성능, 운전방법, 신호의 조건 등에 따라 안전한 속도로 운전하여야 한다.

㉯ 철도운영자 등은 선로의 굴곡 정도 및 선로 전환기의 종류와 구조를 고려하여 선로의 노선별 및 차량의 종류별로 열차의 최고속도를 정하여 운용하여야 한다.

㉰ 철도운영자 등은 전차선 가설방법별 제한속도를 고려하여 선로의 노선별 및 차량의 종류별로 열차의 최고속도를 정하여 운용하여야 한다.

㉱ 서행허용표지를 부설한 자동폐색신호기가 정지신호 현시 중일 때는 그 지점을 넘어서 진행할 수 없다.

> 해설 **열차 또는 차량의 정지(제36조제3항)**
> 서행허용표지를 추가하여 부설한 자동폐색신호기가 정지신호를 현시하는 때에는 정지신호 현시 중이라도 정지하지 아니하고 운전속도의 제한 등 안전조치에 따라 서행하여 그 현시지점을 넘어서 진행할 수 있다.

15 입환에 대한 설명으로 적절하지 않은 것은?

㉮ 입환작업을 하려면 철도운영자 등은 입환작업계획서를 작성하여 기관사, 운전취급담당자, 입환작업자에게 배부하여야 한다.

㉯ 본선의 선로전환기는 이와 관계된 신호기와 그 진로 내의 선로전환기를 연동쇄정하여 사용하여야 한다.

㉰ 쇄정되지 아니한 선로전환기를 대향으로 통과할 때에는 쇄정기구를 사용하여 텅레일(Tongue Rail)을 쇄정하여야 한다.

㉱ 선로전환기를 사용한 후에는 사용한 위치에 두어야 한다.

> 해설 **선로전환기의 쇄정 및 정위치 유지(제40조제3항)**
> 선로전환기를 사용한 후에는 지체 없이 미리 정하여진 위치에 두어야 한다.

16 한 폐색구간에 2 이상의 열차를 동시에 운전할 수 없는 경우에 해당하는 것은?

㉮ 선로가 개통된 구간에 공사열차를 운전하는 때

㉯ 고장열차가 있는 폐색구간에 구원열차를 운전하는 때

㉰ 열차가 정차되어 있는 폐색구간으로 다른 열차를 유도하는 때

㉱ 현시지점을 넘어서 열차를 진입시키는 때

> **해설** **폐색에 의한 열차 운행(제49조제2항)**
> 하나의 폐색구간에는 둘 이상의 열차를 동시에 운행할 수 없다. 다만, 다음의 어느 하나에 해당하는 경우에는 그렇지 않다.
> • 현시지점을 넘어서 열차를 진입시키려는 경우
> • 고장열차가 있는 폐색구간에 구원열차를 운전하는 경우
> • 선로가 불통된 구간에 공사열차를 운전하는 경우
> • 폐색구간에서 뒤의 보조기관차를 열차로부터 떼었을 경우
> • 열차가 정차되어 있는 폐색구간으로 다른 열차를 유도하는 경우
> • 폐색에 의한 방법으로 운전을 하고 있는 열차를 열차제어장치로 운전하거나 시계운전이 가능한 노선에서 열차를 서행하여 운전하는 경우
> • 그 밖에 특별한 사유가 있는 경우

★중요

17 폐색방식의 종류에서 상용폐색방식에 해당하는 것은?

㉮ 지령폐색식 ㉯ 차내신호폐색식

㉰ 지도통신폐색식 ㉱ 통신폐색식

> **해설** **폐색방식의 구분(제50조)**
> • 상용폐색방식 : 자동폐색식 · 연동폐색식 · 차내신호폐색식 · 통표폐색식
> • 대용폐색방식 : 통신식 · 지도통신식 · 지도식 · 지령식

---

18 다음 중 대용폐색방식에 해당하는 것은?

㉮ 지도통신식 ㉯ 연동폐색식

㉰ 차내신호폐색식 ㉱ 통표폐색식

> **해설** **폐색방식의 구분(제50조)**
> • 상용폐색방식 : 자동폐색식 · 연동폐색식 · 차내신호폐색식 · 통표폐색식
> • 대용폐색방식 : 통신식 · 지도통신식 · 지도식 · 지령식

16 ㉮ 17 ㉯ 18 ㉮ **정답**

19 차내신호폐색식을 시행하는 구간의 차내신호가 자동으로 정지신호를 현시하여야 하는 경우에 해당하지 않는 것은?

㉮ 폐색구간에 열차 또는 다른 차량이 있는 경우
㉯ 폐색구간에 있는 선로전환기가 정당한 방향에 있는 경우
㉰ 다른 선로에 있는 열차 또는 차량이 폐색구간을 진입하고 있는 경우
㉱ 열차자동제어장치의 지상장치에 고장이 있는 경우

> **해설** **차내신호폐색장치의 구비조건(제54조)**
> 차내신호폐색식을 시행하는 구간의 차내신호는 다음 중 어느 하나에 해당하는 경우에는 자동으로 정지신호를 현시하는 기능을 갖추어야 한다.
> • 폐색구간에 열차 또는 다른 차량이 있는 경우
> • 폐색구간에 있는 선로전환기가 정당한 방향에 있지 아니한 경우
> • 다른 선로에 있는 열차 또는 차량이 폐색구간을 진입하고 있는 경우
> • 열차제어장치의 지상장치에 고장이 있는 경우
> • 열차 정상운행선로의 방향이 다른 경우

20 통표폐색장치의 구비조건으로 적절하지 않은 것은?

㉮ 통표는 폐색구간 양끝의 정거장 또는 신호소에서 협동하여 취급하지 않으면 통표를 꺼낼 수 없도록 하여야 한다.
㉯ 통표폐색기에는 그 구간 전용의 통표만을 넣어야 한다.
㉰ 인접폐색구간의 통표는 그 모양을 통일하여야 한다.
㉱ 열차는 당해 구간의 통표를 휴대하지 아니하면 그 구간을 운전할 수 없다.

> **해설** **통표폐색장치의 기능 등(제55조제3항)**
> 인접폐색구간의 통표는 그 모양을 달리하여야 한다.

21 지도통신식 시행구간에서 동일 방향의 폐색구간으로 진입시키고자 하는 열차가 하나뿐인 경우 교부하여야 하는 것은?

㉮ 지도표 및 지도권 ㉯ 통 표
㉰ 지도표 ㉱ 적임자

> **해설** **지도표와 지도권의 사용구별(제60조제1항)**
> 지도통신식을 시행하는 구간에서 동일 방향의 폐색구간으로 진입시키고자 하는 열차가 하나뿐인 경우에는 지도표를 교부하고, 연속하여 2 이상의 열차를 동일 방향의 폐색구간으로 진입시키고자 하는 경우에는 최후의 열차에 대하여는 지도표를, 나머지 열차에 대하여는 지도권을 교부한다.

22 지도표의 기입사항으로 적절하지 않은 것은?

㉮ 양끝의 정거장명
㉯ 발행일자
㉰ 사용구간
㉱ 사용열차번호

해설 지도표·지도권의 기입사항(제62조)
- 지도표에는 그 구간 양끝의 정거장명·발행일자 및 사용열차번호를 기입하여야 한다.
- 지도권에는 사용구간·사용열차·발행일자 및 지도표 번호를 기입하여야 한다.

23 시계운전에 대한 설명으로 틀린 것은?

㉮ 격시법 또는 지도격시법을 시행하는 경우에는 최초의 열차를 운전시키기 전에 폐색구간에 열차 또는 차량이 없음을 확인하여야 한다.
㉯ 격시법은 폐색구간의 한 끝에 있는 정거장 또는 신호소의 운전취급담당자가 시행한다.
㉰ 열차 또는 차량이 정차되어 있는 폐색구간에 다른 열차를 진입시킬 때에는 전령법에 의하여 운전하여야 한다.
㉱ 복선운전을 하는 경우 지도격시법 또는 전령법에 의한다.

해설 시계운전에 의한 열차의 운전(제72조)

복선운전을 하는 경우	단선운전을 하는 경우
• 격시법	• 지도격시법
• 전령법	• 전령법

24 빈칸에 차례대로 들어갈 것은?

> 가. (   )는 모양·색 또는 소리 등으로 열차나 차량에 대하여 운행의 조건을 지시하는 것으로 할 것
> 나. (   )는 모양·색 또는 소리 등으로 관계직원 상호 간에 의사를 표시하는 것으로 할 것
> 다. (   )는 모양 또는 색 등으로 물체의 위치·방향·조건 등을 표시하는 것으로 할 것

㉮ 신호 – 전호 – 표지
㉯ 전호 – 신호 – 표지
㉰ 표지 – 전호 – 신호
㉱ 신호 – 표지 – 전호

해설 철도신호(제76조)
가. 신호는 모양·색 또는 소리 등으로 열차나 차량에 대하여 운행의 조건을 지시하는 것으로 할 것
나. 전호는 모양·색 또는 소리 등으로 관계직원 상호 간에 의사를 표시하는 것으로 할 것
다. 표지는 모양 또는 색 등으로 물체의 위치·방향·조건 등을 표시하는 것으로 할 것

25 신호를 추정하여 운전하여야 할 때의 올바른 운전방법으로 틀린 것은?

㉮ 신호를 현시할 장소에 신호의 현시가 없을 때에는 정지신호의 현시가 있는 것으로 본다.

㉯ 임시신호기와 수신호가 각각 다른 신호를 현시한 때에는 그 운전을 최대로 제한하는 신호의 현시에 따른다.

㉰ 사전에 통보가 있을 때에는 통보된 신호에 따른다.

㉱ 신호를 현시할 소정의 장소에서 현시가 정확하지 아니하여도 그 현시에 따른다.

> **해설** 제한신호의 추정(제79조)
> • 신호를 현시할 소정의 장소에 신호의 현시가 없거나 그 현시가 정확하지 아니할 때에는 정지신호의 현시가 있는 것으로 본다.
> • 상치신호기 또는 임시신호기와 수신호가 각각 다른 신호를 현시한 때에는 그 운전을 최대로 제한하는 신호의 현시에 의하여야 한다. 다만, 사전에 통보가 있을 때에는 통보된 신호에 의한다.

26 상치신호기의 종류에 대한 설명으로 맞는 것은?

㉮ 출발신호기 : 정거장에 진입하려는 열차에 대하여 신호를 현시하는 것

㉯ 장내신호기 : 정거장을 진출하려는 열차에 대하여 신호를 현시하는 것

㉰ 엄호신호기 : 특히 방호를 요하는 지점을 통과하려는 열차에 대하여 신호를 현시하는 것

㉱ 유도신호기 : 차내신호폐색식을 시행하는 구간의 열차에 대하여 신호를 현시하는 것

> **해설** 상치신호기의 종류(제82조)
> ㉮ 장내신호기 : 정거장에 진입하려는 열차에 대하여 신호를 현시하는 것
> ㉯ 출발신호기 : 정거장을 진출하려는 열차에 대하여 신호를 현시하는 것
> ㉱ 입환신호기 : 입환차량 또는 차내신호폐색식을 시행하는 구간의 열차에 대하여 신호를 현시하는 것

27 다음 중 원방신호기에 대한 설명으로 맞는 것은?

㉮ 장내신호기·출발신호기·폐색신호기 및 엄호신호기에 종속하여 열차에 대하여 주신호기가 현시하는 신호의 예고신호를 현시하는 것

㉯ 출발신호기에 종속하여 정거장에 진입하는 열차에 신호기가 현시하는 신호를 예고하며, 정거장을 통과할 수 있는지의 여부에 대한 신호를 현시하는 것

㉰ 장내신호기·출발신호기에 종속하여 다음 장내신호기 또는 출발신호기에 현시하는 진로를 열차에 대하여 예고하는 것

㉱ 장내신호기·출발신호기·폐색신호기 및 엄호신호기에 종속하여 열차에 대하여 주신호기가 현시하는 신호를 중계하는 신호를 현시하는 것

> **해설** 상치신호기의 종류(제82조)
> ㉯ 통과신호기 ㉰ 진로예고기 ㉱ 중계신호기

28 철도차량운전규칙에 따른 중계신호기가 아닌 것은?

㉮ 장내신호기에 종속하여 열차에 주신호기가 현시하는 신호의 중계신호를 현시하는 것

㉯ 출발신호기에 종속하여 열차에 주신호기가 현시하는 신호의 중계신호를 현시하는 것

㉰ 폐색신호기에 종속하여 열차에 주신호기가 현시하는 신호의 중계신호를 현시하는 것

㉱ 원방신호기에 종속하여 열차에 주신호기가 현시하는 신호의 중계신호를 현시하는 것

> **해설** **종속신호기의 종류 및 용도(제82조)**
> • 원방신호기 : 장내신호기 · 출발신호기 · 폐색신호기 및 엄호신호기에 종속하여 열차에 주신호기가 현시하는 신호의 예고신호를 현시하는 것
> • 통과신호기 : 출발신호기에 종속하여 정거장에 진입하는 열차에 신호기가 현시하는 신호를 예고하며, 정거장을 통과할 수 있는지에 대한 신호를 현시하는 것
> • 중계신호기 : 장내신호기 · 출발신호기 · 폐색신호기 및 엄호신호기에 종속하여 열차에 주신호기가 현시하는 신호의 중계신호를 현시하는 것

29 다음 중 진행신호에 대한 설명으로 맞는 것은?

㉮ 열차운행에 지장이 있는 구간으로 운행하는 열차에 대하여 정지하도록 하는 것

㉯ 정지신호에 의하여 정지한 열차에 대한 신호로서 1시간에 15[km] 이하의 속도로 운전하게 하는 것

㉰ 입환차량에 대한 신호로서 1시간에 25[km] 이하의 속도로 운전하게 하는 것

㉱ 열차를 지정된 속도 이하로 운전하게 하는 것

> **해설** **차내신호(제83조)**
> ㉮ 정지신호 ㉯ 15신호 ㉰ 야드신호

★ 중요

30 신호현시의 기본원칙이 나머지와 다른 것은?

㉮ 장내신호기   ㉯ 유도신호기

㉰ 출발신호기   ㉱ 입환신호기

> **해설** **신호현시의 기본원칙(제85조)**
> • 장내신호기 : 정지신호
> • 출발신호기 : 정지신호
> • 폐색신호기(자동폐색신호기 제외) : 정지신호
> • 엄호신호기 : 정지신호
> • 유도신호기 : 신호를 현시하지 아니한다.
> • 입환신호기 : 정지신호
> • 원방신호기 : 주의신호

31 다음 중 선로의 상태가 일시 정상운전을 할 수 없는 경우 설치하는 신호기는?

㉮ 임시신호기

㉯ 유도신호기

㉰ 특수신호기

㉱ 수신호

> 해설 **임시신호기(제90조)**
> 선로의 상태가 일시 정상운전을 할 수 없는 상태인 경우에는 그 구역의 바깥쪽에 임시신호기를 설치하여야 한다.

⭐중요

32 철도차량운전규칙에 의거 임시신호기의 신호현시방식에 관한 설명으로 틀린 것은?

㉮ 주간의 서행신호는 백색테두리를 한 등황색원판을 현시한다.

㉯ 야간의 서행예고신호는 흑색삼각형 3개를 그린 황색등을 현시한다.

㉰ 주간의 서행해제신호는 백색테두리를 한 녹색원판을 현시한다.

㉱ 서행신호기에는 서행속도를 표시하여야 한다.

> 해설 **신호현시방식(제92조)**
> • 임시신호기의 신호현시방식은 다음과 같다.

종 류	신호현시방식	
	주 간	야 간
서행신호	백색테두리를 한 등황색원판	등황색등 또는 반사재
서행예고신호	흑색삼각형 3개를 그린 백색삼각형	흑색삼각형 3개를 그린 백색등 또는 반사재
서행해제신호	백색테두리를 한 녹색원판	녹색등 또는 반사재

> • 서행신호기 및 서행예고신호기에는 서행속도를 표시하여야 한다.

33 다음 중 임시신호기에 서행속도를 표시하여야 할 신호기로 가장 올바른 것은?

㉮ 서행신호기 및 서행예고신호기

㉯ 서행신호기 및 서행해제신호기

㉰ 서행예고신호기 및 서행해제신호기

㉱ 서행신호기, 서행예고신호기 및 서행해제신호기

> 해설 **신호현시방식(제92조제2항)**
> 서행신호기 및 서행예고신호기에는 서행속도를 표시하여야 한다.

34 수신호에 대한 설명으로 틀린 것은?

㉮ 주간에 서행신호는 녹색기와 등황색기를 모아 쥐고 머리 위에 높이 교차한다.

㉯ 야간에 정지신호는 적색등이 없을 때에는 녹색등 외의 것을 급히 흔든다.

㉰ 열차를 정지시켜야 하는 경우 철도사고 등이 발생한 지점으로부터 200[m] 이상의 앞 지점에서 정지수신
호를 현시하여야 한다.

㉱ 서행시켜야 하는 경우 서행구역의 시작지점에 서행수신호를 현시하고 서행구역이 끝나는 지점에 진행수
신호를 현시하여야 한다.

> **해설** 주간에 서행신호는 적색기와 녹색기를 모아 쥐고 머리 위에 높이 교차한다(제93조).

35 선로에서 정상 운행이 어려운 경우의 조치에서 정지시켜야 하는 경우 사고 등이 발생한 지점의 몇 [m]
이상의 지점에 정지수신호를 현시하여야 하는가?

㉮ 100 ㉯ 200
㉰ 300 ㉱ 400

> **해설** 선로에서 정상 운행이 어려운 경우의 조치(제94조)
> • 열차를 정지시켜야 하는 경우 : 철도사고 등이 발생한 지점으로부터 200[m] 이상의 앞 지점에서 정지수신호를
> 현시할 것

36 전호에 대한 설명으로 틀린 것은?

㉮ 열차 또는 차량에 대한 전호는 전호기로 현시하여야 한다.

㉯ 비상사태가 발생한 경우 기관사는 기적전호를 하여야 한다.

㉰ 주간에 오너라전호는 녹색기를 위·아래로 흔든다.

㉱ 부득이한 경우 주간의 정지전호는 두 팔을 높이 들어 이를 대신할 수 있다.

> **해설** 입환전호방법(제101조)
> 주간에 오너라전호는 녹색기를 좌우로 흔드는 것이고, 녹색기를 위아래로 흔드는 것은 가거라전호이다.

37 입환작업자의 전호 방법 중 주간 가거라전호의 방법으로 옳은 것은?

㉮ 녹색기를 좌우로 흔든다. ㉯ 녹색등을 좌우로 흔든다.
㉰ 녹색기를 위아래로 흔든다. ㉱ 녹색등을 위아래로 흔든다.

> **해설** 가거라전호의 방법(제101조)
> • 주간 : 녹색기를 위아래로 흔든다. 다만, 부득이한 경우에는 한 팔을 위아래로 움직임으로써 이를 대신할 수 있다.
> • 야간 : 녹색등을 위아래로 흔든다.

CHAPTER

03 도시철도운전규칙

제1절 총 칙

1. 목적(제1조)

도시철도의 운전과 차량 및 시설의 유지·보전에 필요한 사항을 정하여 도시철도의 안전운전을 도모함을 목적으로 한다.

2. 적용범위(제2조)

도시철도의 운전에 관하여 이 규칙에서 정하지 아니한 사항이나 도시교통권역별로 서로 다른 사항은 법령의 범위에서 도시철도운영자가 따로 정할 수 있다.

3. 정의(제3조)

(1) 정거장

여객의 승차·하차, 열차의 편성, 차량의 입환 등을 위한 장소를 말한다.

(2) 선 로

궤도 및 이를 지지하는 인공구조물을 말하며, 열차의 운전에 상용되는 본선과 그 외의 측선으로 구분된다.

(3) 열 차

본선에서 운전할 목적으로 편성되어 열차번호를 부여받은 차량을 말한다.

(4) 차 량

선로에서 운전하는 열차 외의 전동차·궤도시험차·전기시험차 등을 말한다.

(5) 운전보안장치

열차 및 차량(열차 등)의 안전운전을 확보하기 위한 장치로서 폐색장치, 신호장치, 연동장치, 선로전환장치, 경보장치, 열차자동정지장치, 열차자동제어장치, 열차자동운전장치, 열차종합제어장치 등을 말한다.

(6) 폐 색

선로의 일정구간에 둘 이상의 열차를 동시에 운전시키지 아니하는 것을 말한다.

(7) 전차선로

전차선 및 이를 지지하는 인공구조물을 말한다.

(8) 운전사고

열차 등의 운전으로 인하여 사상자가 발생하거나 도시철도시설이 파손된 것을 말한다.

(9) 운전장애

열차 등의 운전으로 인하여 그 열차 등의 운전에 지장을 주는 것 중 운전사고에 해당하지 아니하는 것을 말한다.

(10) 노면전차

도로면의 궤도를 이용하여 운행되는 열차를 말한다.

(11) 무인운전

사람이 열차 안에서 직접 운전하지 아니하고 관제실에서의 원격조종에 따라 열차가 자동으로 운행되는 방식을 말한다.

(12) 시계운전(視界運轉)

사람의 맨눈에 의존하여 운전하는 것을 말한다.

4. 직원 교육(제4조)

① 도시철도운영자는 도시철도의 안전과 관련된 업무에 종사하는 직원에 대하여 적성검사와 정해진 교육을 하여 도시철도 운전 지식과 기능을 습득한 것을 확인한 후 그 업무에 종사하도록 하여야 한다. 다만, 해당업무와 관련이 있는 자격을 갖춘 사람에 대해서는 적성검사나 교육의 전부 또는 일부를 면제할 수 있다.

② 도시철도운영자는 소속직원의 자질 향상을 위하여 적절한 국내연수 또는 국외연수 교육을 실시할 수 있다.

5. 안전조치 등

(1) 안전조치 및 유지 · 보수 등(제5조)

① 도시철도운영자는 열차 등을 안전하게 운전할 수 있도록 필요한 조치를 하여야 한다.

② 도시철도운영자는 재해를 예방하고 안전성을 확보하기 위하여 시설물의 안전 및 유지관리에 관한 특별법에 따라 도시철도시설의 안전점검 등 안전조치를 하여야 한다.

(2) 응급복구용 기구 및 자재 등의 정비(제6조)

도시철도운영자는 차량, 선로, 전력설비, 운전보안장치 그 밖에 열차운전을 위한 시설에 재해 · 고장 · 운전사고 또는 운전장애가 발생할 경우에 대비하여 응급복구에 필요한 기구 및 자재를 항상 적당한 장소에 보관하고 정비하여야 한다.

(3) 안전운전계획의 수립 등(제8조)

도시철도운영자는 안전운전과 이용승객의 편의증진을 위하여 장기 · 단기계획을 수립하여 시행하여야 한다.

(4) 신설구간 등에서의 시험운전(제9조)

도시철도운영자는 선로 · 전차선로 또는 운전보안장치를 신설 · 이설 또는 개조한 경우 그 설치상태 또는 운전체계의 점검과 종사자의 업무숙달을 위하여 정상운전을 하기 전에 60일 이상 시험운전을 하여야 한다. 다만, 이미 운영하고 있는 구간을 확장 · 이설 또는 개조한 경우에는 관계 전문가의 안전진단을 거쳐 시험운전 기간을 줄일 수 있다.

제2절 선로 및 설비의 보전

1. 선 로

(1) 선로의 보전(제10조)

선로는 열차 등이 도시철도운영자가 정하는 속도(지정속도)로 안전하게 운전할 수 있는 상태로 보전하여야 한다.

(2) 선로의 점검 · 정비(제11조)

① 선로는 매일 한 번 이상 순회점검하여야 하며, 필요한 경우에는 정비하여야 한다.

② 선로는 정기적으로 안전점검을 하여 안전운전에 지장이 없도록 유지 · 보수하여야 한다.

(3) 공사 후의 선로 사용(제12조)

선로를 신설 · 개조 또는 이설하거나 일시적으로 사용을 중지한 경우에는 이를 검사하고 시험운전을 하기 전에는 사용할 수 없다. 다만, 경미한 정도의 개조를 한 경우에는 그러하지 아니하다.

2. 전력설비

(1) 전력설비의 보전(제13조)

전력설비는 열차 등이 지정속도로 안전하게 운전할 수 있는 상태로 보전하여야 한다.

(2) 전차선로의 점검(제14조)

전차선로는 매일 한 번 이상 순회점검을 하여야 한다.

(3) 전력설비의 검사(제15조)

전력설비의 각 부분은 도시철도운영자가 정하는 주기에 따라 검사를 하고 안전운전에 지장이 없도록 정비하여야 한다.

(4) 공사 후의 전력설비 사용(제16조)

전력설비를 신설 · 이설 · 개조 또는 수리하거나 일시적으로 사용을 중지한 경우에는 이를 검사하고 시험운전을 하기 전에는 사용할 수 없다. 다만, 경미한 정도의 개조 또는 수리를 한 경우에는 그러하지 아니하다.

3. 통신설비

(1) 통신설비의 보전(제17조)

통신설비는 항상 통신할 수 있는 상태로 보전하여야 한다.

(2) 통신설비의 검사 및 사용(제18조)

① 통신설비의 각 부분은 일정한 주기에 따라 검사를 하고 안전운전에 지장이 없도록 정비하여야 한다.
② 신설 · 이설 · 개조 또는 수리한 통신설비는 검사하여 기능을 확인하기 전에는 사용할 수 없다.

4. 운전보안장치

(1) 운전보안장치의 보전(제19조)

운전보안장치는 완전한 상태로 보전하여야 한다.

(2) 운전보안장치의 검사 및 사용(제20조)

① 운전보안장치의 각 부분은 일정한 주기에 따라 검사를 하고 안전운전에 지장이 없도록 정비하여야 한다.

② 신설·이설·개조 또는 수리한 운전보안장치는 검사하여 기능을 확인하기 전에는 사용할 수 없다.

5. 건축한계 안의 물품유치 금지

(1) 물품유치 금지(제21조)

차량운전에 지장이 없도록 궤도상에 설정한 건축한계 안에는 열차 등 외의 다른 물건을 둘 수 없다. 다만, 열차 등을 운전하지 아니하는 시간에 작업을 하는 경우에는 그러하지 아니하다.

(2) 선로 등 검사에 관한 기록보존(제22조)

선로·전력설비·통신설비 또는 운전보안장치의 검사를 하였을 때에는 검사자의 성명·검사상태 및 검사일시 등을 기록하여 일정기간 보존하여야 한다.

6. 열차 등의 보전

(1) 열차 등의 보전(제23조)

열차 등은 안전하게 운전할 수 있는 상태로 보전하여야 한다.

(2) 차량의 검사 및 시험운전(제24조)

① 제작·개조·수선 또는 분해검사를 한 차량과 일시적으로 사용을 중지한 차량은 검사하고 시험운전을 하기 전에는 사용할 수 없다. 다만, 경미한 정도의 개조 또는 수선을 한 경우에는 그러하지 아니하다.

② 차량의 각 부분은 일정한 기간 또는 주행거리를 기준으로 하여 그 상태와 작용에 대한 검사와 분해검사를 하여야 한다.

③ 검사를 할 때 차량의 전기장치에 대해서는 절연저항시험 및 절연내력시험을 하여야 한다.

(3) 편성차량의 검사(제25조)

열차로 편성한 차량의 각 부분은 검사하여 안전운전에 지장이 없도록 하여야 한다.

(4) 검사 및 시험의 기록(제27조)

검사 또는 시험을 하였을 때에는 검사종류, 검사자의 성명, 검사상태 및 검사일 등을 기록하여 일정기간 보존하여야 한다.

1. 열차의 편성

(1) 열차의 편성(제28조)

열차는 차량의 특성 및 선로 구간의 시설상태 등을 고려하여 안전운전에 지장이 없도록 편성하여야 한다.

(2) 열차의 비상제동거리(제29조)

열차의 비상제동거리는 600[m] 이하로 하여야 한다.

(3) 열차의 제동장치(제30조)

열차에 편성되는 각 차량에는 제동력이 균일하게 작용하고 분리 시에 자동으로 정차할 수 있는 제동장치를 구비하여야 한다.

(4) 열차의 제동장치시험(제31조)

열차를 편성하거나 편성을 변경할 때에는 운전하기 전에 제동장치의 기능을 시험하여야 한다.

2. 열차의 운전

(1) 열차 등의 운전(제32조)

① 열차 등의 운전은 열차 등의 종류에 따라 철도안전법에 따른 운전면허를 소지한 사람이 하여야 한다. 다만, 무인운전의 경우에는 그러하지 아니하다.
② 차량은 열차에 함께 편성되기 전에는 정거장 외의 본선을 운전할 수 없다. 다만, 차량을 결합·해체하거나 차선을 바꾸는 경우 또는 그 밖에 특별한 사유가 있는 경우에는 그러하지 아니하다.

(2) 무인운전 시의 안전확보 등(제32조의2)

도시철도운영자가 열차를 무인운전으로 운행하려는 경우에는 다음의 사항을 준수하여야 한다.
① 관제실에서 열차의 운행상태를 실시간으로 감시 및 조치할 수 있을 것

② 열차 내의 간이운전대에는 승객이 임의로 다룰 수 없도록 잠금장치가 설치되어 있을 것

③ 간이운전대의 개방이나 운전 모드(Mode)의 변경은 관제실의 사전 승인을 받을 것

④ 운전 모드를 변경하여 수동운전을 하려는 경우에는 관제실과의 통신에 이상이 없음을 먼저 확인할 것

⑤ 승차·하차 시 승객의 안전 감시나 시스템 고장 등 긴급상황에 대한 신속한 대처를 위하여 필요한 경우에는 열차와 정거장 등에 안전요원을 배치하거나 안전요원이 순회하도록 할 것

⑥ 무인운전이 적용되는 구간과 무인운전이 적용되지 아니하는 구간의 경계 구역에서의 운전 모드 전환을 안전하게 하기 위한 규정을 마련해 놓을 것

⑦ 열차 운행 중 다음의 긴급상황이 발생하는 경우 승객의 안전을 확보하기 위한 조치 규정을 마련해 놓을 것

　　㉠ 열차에 고장이나 화재가 발생하는 경우

　　㉡ 선로 안에서 사람이나 장애물이 발견된 경우

　　㉢ 그 밖에 승객의 안전에 위험한 상황이 발생하는 경우

(3) 열차의 운전위치(제33조)

열차는 맨 앞의 차량에서 운전하여야 한다. 다만, 추진운전, 퇴행운전 또는 무인운전을 하는 경우에는 그러하지 아니하다.

(4) 열차의 운전 시각(제34조)

열차는 도시철도운영자가 정하는 열차시간표에 따라 운전하여야 한다. 다만, 운전사고·운전장애 등 특별한 사유가 있는 경우에는 그러하지 아니하다.

(5) 운전 정리(제35조)

도시철도운영자는 운전사고, 운전장애 등으로 열차를 정상적으로 운전할 수 없을 때에는 열차의 종류, 도착지, 접속 등을 고려하여 열차가 정상운전이 되도록 운전정리를 하여야 한다.

(6) 운전 진로(제36조)

① 열차의 운전방향을 구별하여 운전하는 한 쌍의 선로에서 열차의 운전 진로는 우측으로 한다. 다만, 좌측으로 운전하는 기존의 선로에 직통으로 연결하여 운전하는 경우에는 좌측으로 할 수 있다.

② 다음에 해당하는 경우에는 운전진로를 달리할 수 있다.

　　㉠ 선로 또는 열차에 고장이 발생하여 퇴행운전을 하는 경우

　　㉡ 구원열차 또는 공사열차를 운전하는 경우

　　㉢ 차량을 결합·해체하거나 차선을 바꾸는 경우

　　㉣ 구내운전을 하는 경우

　　㉤ 시험운전을 하는 경우

ⓗ 운전사고 등으로 인하여 일시적으로 단선운전을 하는 경우

ⓢ 그 밖에 특별한 사유가 있는 경우

(7) 폐색구간(제37조)

① 본선은 폐색구간으로 분할하여야 한다. 다만, 정거장 안의 본선은 그러하지 아니하다.

② 폐색구간에서는 둘 이상의 열차를 동시에 운전할 수 없다. 다만, 다음에 해당하는 경우에는 그러하지 아니하다.

　ⓐ 고장난 열차가 있는 폐색구간에서 구원열차를 운전하는 경우

　ⓑ 선로불통으로 폐색구간에서 공사열차를 운전하는 경우

　ⓒ 다른 열차의 차선바꾸기 지시에 따라 차선을 바꾸기 위하여 운전하는 경우

　ⓓ 하나의 열차를 분할하여 운전하는 경우

(8) 추진운전과 퇴행운전(제38조)

① 열차는 추진운전이나 퇴행운전을 하여서는 아니 된다. 다만, 다음에 해당하는 경우에는 그러하지 아니하다.

　ⓐ 선로나 열차에 고장이 발생한 경우

　ⓑ 공사열차나 구원열차를 운전하는 경우

　ⓒ 차량을 결합·해체하거나 차선을 바꾸는 경우

　ⓓ 구내운전을 하는 경우

　ⓔ 시설 또는 차량의 시험을 위하여 시험운전을 하는 경우

　ⓕ 그 밖에 특별한 사유가 있는 경우

② 노면전차를 퇴행운전하는 경우에는 주변 차량 및 보행자들의 안전을 확보하기 위한 대책을 마련하여 야 한다.

(9) 열차의 동시출발 및 도착의 금지(제39조)

둘 이상의 열차는 동시에 출발시키거나 도착시켜서는 아니 된다. 다만, 열차의 안전운전에 지장이 없도 록 신호 또는 제어설비 등을 완전하게 갖춘 경우에는 그러하지 아니하다.

(10) 정거장 외의 승차·하차금지(제40조)

정거장 외의 본선에서는 승객을 승차·하차시키기 위하여 열차를 정지시킬 수 없다. 다만, 운전사고 등 특별한 사유가 있을 때에는 그러하지 아니하다.

(11) 선로의 차단(제41조)

도시철도운영자는 공사나 그 밖의 사유로 선로를 차단할 필요가 있을 때에는 미리 계획을 수립한 후 그 계획에 따라야 한다. 다만, 긴급한 조치가 필요한 경우에는 운전업무를 총괄하는 사람(관제사)의 지시에 따라 선로를 차단할 수 있다.

(12) 열차 등의 정지(제42조)

① 열차 등은 정지신호가 있을 때에는 즉시 정지시켜야 한다.
② 정차한 열차 등은 진행을 지시하는 신호가 있을 때까지는 진행할 수 없다. 다만, 특별한 사유가 있는 경우 관제사의 속도제한 및 안전조치에 따라 진행할 수 있다.

(13) 열차 등의 서행(제43조)

① 열차 등은 서행신호가 있을 때에는 지정속도 이하로 운전하여야 한다.
② 열차 등이 서행해제신호가 있는 지점을 통과한 후에는 정상속도로 운전할 수 있다.

(14) 열차 등의 진행(제44조)

열차 등은 진행을 지시하는 신호가 있을 때에는 지정속도로 그 표시지점을 지나 다음 신호기까지 진행할 수 있다.

(15) 노면전차의 시계운전(제44조의2)

시계운전을 하는 노면전차의 경우에는 다음의 사항을 준수하여야 한다.
① 운전자의 가시거리 범위에서 신호 등 주변상황에 따라 열차를 정지시킬 수 있도록 적정 속도로 운전할 것
② 앞서가는 열차와 안전거리를 충분히 유지할 것
③ 교차로에서 앞서가는 열차를 따라서 동시에 통과하지 않을 것

3. 차량의 결합 · 해체 등

(1) 차량의 결합 · 해체 등(제45조)

① 차량을 결합 · 해체하거나 차량의 차선을 바꿀 때에는 신호에 따라 하여야 한다.
② 본선을 이용하여 차량을 결합 · 해체하거나 열차 등의 차선을 바꾸는 경우에는 다른 열차 등과의 충돌을 방지하기 위한 안전조치를 하여야 한다.

(2) 차량결합 등의 장소(제46조)

정거장이 아닌 곳에서 본선을 이용하여 차량을 결합 · 해체하거나 차선을 바꾸어서는 아니 된다. 다만, 충돌방지 등 안전조치를 하였을 때에는 그러하지 아니하다.

4. 선로전환기의 취급

(1) 선로전환기의 쇄정 및 정위치 유지(제47조)

① 본선의 선로전환기는 이와 관계있는 신호장치와 연동쇄정을 하여 사용하여야 한다.

② 선로전환기를 사용한 후에는 지체 없이 미리 정하여진 위치에 두어야 한다.

③ 노면전차의 경우 도로에 설치하는 선로전환기는 보행자 안전을 위해 열차가 충분히 접근하였을 때에 작동하여야 하며, 운전자가 선로전환기의 개통 방향을 확인할 수 있어야 한다.

5. 운전속도

(1) 운전속도(제48조)

① 도시철도운영자는 열차 등의 특성, 선로 및 전차선로의 구조와 강도 등을 고려하여 열차의 운전속도를 정하여야 한다.

② 내리막이나 곡선선로에서는 제동거리 및 열차 등의 안전도를 고려하여 그 속도를 제한하여야 한다.

③ 노면전차의 경우 도로교통과 주행선로를 공유하는 구간에서는 도로교통법에 따른 최고속도를 초과하지 않도록 열차의 운전속도를 정하여야 한다.

(2) 속도제한(제49조)

도시철도운영자는 다음에 해당하는 경우에는 운전속도를 제한하여야 한다.

① 서행신호를 하는 경우

② 추진운전이나 퇴행운전을 하는 경우

③ 차량을 결합 · 해체하거나 차선을 바꾸는 경우

④ 쇄정되지 아니한 선로전환기를 향하여 진행하는 경우

⑤ 대용폐색방식으로 운전하는 경우

⑥ 자동폐색신호의 정지신호가 있는 지점을 지나서 진행하는 경우

⑦ 차내신호의 "0"신호가 있은 후 진행하는 경우

⑧ 감속 · 주의 · 경계 등의 신호가 있는 지점을 지나서 진행하는 경우

⑨ 그 밖에 안전운전을 위하여 운전속도제한이 필요한 경우

6. 차량의 유치

(1) 차량의 구름 방지(제50조)

① 차량을 선로에 두는 경우에는 저절로 구르지 않도록 필요한 조치를 하여야 한다.
② 동력을 가진 차량을 선로에 두는 경우에는 그 동력으로 움직이는 것을 방지하기 위한 조치를 마련하여야 하며, 동력을 가진 동안에는 차량의 움직임을 감시하여야 한다.

제4절 폐색방식

1. 통 칙

(1) 폐색방식의 구분(제51조)

① 열차를 운전하는 경우의 폐색방식은 일상적으로 사용하는 폐색방식(상용폐색방식)과 폐색장치의 고장이나 그 밖의 사유로 상용폐색방식에 따를 수 없을 때 사용하는 폐색방식(대용폐색방식)에 따른다.
② 폐색방식에 따를 수 없을 때에는 전령법에 따르거나 무폐색운전을 한다.

2. 상용폐색방식

(1) 상용폐색방식(제52조)

상용폐색방식은 자동폐색식 또는 차내신호폐색식에 따른다.

(2) 자동폐색식(제53조)

자동폐색구간의 장내신호기, 출발신호기 및 폐색신호기에는 다음의 구분에 따른 신호를 할 수 있는 장치를 갖추어야 한다.

① 폐색구간에 열차 등이 있을 때 : 정지신호
② 폐색구간에 있는 선로전환기가 올바른 방향으로 되어 있지 아니할 때 또는 분기선 및 교차점에 있는 다른 열차 등이 폐색구간에 지장을 줄 때 : 정지신호
③ 폐색장치에 고장이 있을 때 : 정지신호

(3) 차내신호폐색식(제54조)

차내신호폐색식에 따르려는 경우에는 폐색구간에 있는 열차 등의 운전상태를 그 폐색구간에 진입하려는 열차의 운전실에서 알 수 있는 장치를 갖추어야 한다.

3. 대용폐색방식

(1) 대용폐색방식(제55조)

대용폐색방식은 다음의 구분에 따른다.
① 복선운전을 하는 경우 : 지령식 또는 통신식
② 단선운전을 하는 경우 : 지도통신식

(2) 지령식 및 통신식(제56조)

① 폐색장치 및 차내신호장치의 고장으로 열차의 정상적인 운전이 불가능할 때에는 관제사가 폐색구간에 열차의 진입을 지시하는 지령식에 따른다.
② 상용폐색방식 또는 지령식에 따를 수 없을 때에는 폐색구간에 열차를 진입시키려는 역장 또는 소장이 상대 역장 또는 소장 및 관제사와 협의하여 폐색구간에 열차의 진입을 지시하는 통신식에 따른다.
③ 지령식 또는 통신식에 따르는 경우에는 관제사 및 폐색구간 양쪽의 역장 또는 소장은 전용전화기를 설치·운용하여야 한다. 다만, 부득이한 사유로 전용전화기를 설치할 수 없거나 전용전화기에 고장이 발생하였을 때에는 다른 전화기를 이용할 수 있다.

(3) 지도통신식(제57조)

① 지도통신식에 따르는 경우에는 지도표 또는 지도권을 발급받은 열차만 해당 폐색구간을 운전할 수 있다.
② 지도표와 지도권은 폐색구간에 열차를 진입시키려는 역장 또는 소장이 상대 역장 또는 소장 및 관제사와 협의하여 발행한다.
③ 역장이나 소장은 같은 방향의 폐색구간으로 진입시키려는 열차가 하나뿐인 경우에는 지도표를 발급하고, 연속하여 둘 이상의 열차를 같은 방향의 폐색구간으로 진입시키려는 경우에는 맨 마지막 열차에 대해서는 지도표를, 나머지 열차에 대하여는 지도권을 발급한다.
④ 지도표와 지도권에는 폐색구간 양쪽의 역이름 또는 소(所)이름, 관제사, 명령번호, 열차번호 및 발행일과 시각을 적어야 한다.
⑤ 열차의 기관사는 발급받은 지도표 또는 지도권을 폐색구간을 통과한 후 도착지의 역장 또는 소장에게 반납하여야 한다.

4. 전령법

(1) 전령법의 시행(제58조)

① 열차 등이 있는 폐색구간에 다른 열차를 운전시킬 때에는 그 열차에 대하여 전령법을 시행한다.
② 전령법을 시행할 경우에는 이미 폐색구간에 있는 열차 등은 그 위치를 이동할 수 없다.

(2) 전령자의 선정 등(제59조)

① 전령법을 시행하는 구간에는 한 명의 전령자를 선정하여야 한다.

② 전령자는 백색 완장을 착용하여야 한다.

③ 전령법을 시행하는 구간에서는 그 구간의 전령자가 탑승하여야 열차를 운전할 수 있다. 다만, 관제사가 취급하는 경우에는 전령자를 탑승시키지 아니할 수 있다.

제5절 신 호

1. 통 칙

(1) 신호의 종류(제60조)

도시철도의 신호의 종류는 다음과 같다.

① 신호 : 형태·색·음 등으로 열차 등에 대하여 운전의 조건을 지시하는 것

② 전호 : 형태·색·음 등으로 직원 상호간에 의사를 표시하는 것

③ 표지 : 형태·색 등으로 물체의 위치·방향·조건을 표시하는 것

(2) 주간 또는 야간의 신호(제61조)

① 주간과 야간의 신호방식을 달리하는 경우에는 일출부터 일몰까지는 주간의 방식, 일몰부터 다음 날 일출까지는 야간방식에 따라야 한다. 다만, 일출부터 일몰까지의 사이에 기상상태로 인하여 상당한 거리로부터 주간방식에 따른 신호를 확인하기 곤란할 때에는 야간방식에 따른다.

② 차내신호방식 및 지하구간에서의 신호방식은 야간방식에 따른다.

(3) 제한신호의 추정(제62조)

① 신호가 필요한 장소에 신호가 없을 때 또는 그 신호가 분명하지 아니할 때에는 정지신호가 있는 것으로 본다.

② 상설신호기 또는 임시신호기의 신호와 수신호가 각각 다를 때에는 열차 등에 가장 많은 제한을 붙인 신호에 따라야 한다. 다만, 사전에 통보가 있었을 때에는 통보된 신호에 따른다.

(4) 신호의 겸용금지(제63조)

하나의 신호는 하나의 선로에서 하나의 목적으로 사용되어야 한다. 다만, 진로표시기를 부설한 신호기는 그러하지 아니하다.

2. 상설신호기

(1) 상설신호기(제64조)

상설신호기는 일정한 장소에서 색등 또는 등열에 의하여 열차 등의 운전조건을 지시하는 신호기를 말한다.

(2) 상설신호기의 종류(제65조)

상설신호기의 종류와 기능은 다음과 같다.

① 주신호기
   - ㉠ 차내신호기 : 열차 등의 가장 앞쪽의 운전실에 설치하여 운전조건을 지시하는 신호기
   - ㉡ 장내신호기 : 정거장에 진입하려는 열차 등에 대하여 신호기 뒷방향으로의 진입이 가능한지를 지시하는 신호기
   - ㉢ 출발신호기 : 정거장에서 출발하려는 열차 등에 대하여 신호기 뒷방향으로의 진입이 가능한지를 지시하는 신호기
   - ㉣ 폐색신호기 : 폐색구간에 진입하려는 열차 등에 대하여 운전조건을 지시하는 신호기
   - ㉤ 입환신호기 : 차량을 결합·해체하거나 차선을 바꾸려는 차량에 대하여 신호기 뒷방향으로의 진입이 가능한지를 지시하는 신호기

② 종속신호기
   - ㉠ 원방신호기 : 장내신호기 및 폐색신호기에 종속되어 그 신호상태를 예고하는 신호기
   - ㉡ 중계신호기 : 주신호기에 종속되어 그 신호상태를 중계하는 신호기

③ 신호부속기
   - ㉠ 진로표시기 : 장내신호기, 출발신호기, 진로개통표시기 또는 입환신호기에 부속되어 열차 등에 대하여 그 진로를 표시하는 것
   - ㉡ 진로개통표시기 : 차내신호기를 사용하는 본선로의 분기부에 설치하여 진로의 개통상태를 표시하는 것

(3) 상설신호기의 종류 및 신호방식(제66조)

상설신호기는 계기·색등 또는 등열로써 다음의 방식으로 신호하여야 한다.

① 주신호기
   - ㉠ 차내신호기

주간·야간별 　　　　신호의 종류	정지신호	진행신호
주간 및 야간	"0"속도를 표시	지령속도를 표시

ⓒ 장내신호기, 출발신호기 및 폐색신호기

방식	신호의 종류 / 주간·야간별	정지신호	경계신호	주의신호	감속신호	진행신호
색등식	주간 및 야간	적색등	상하위 등황색등	등황색등	상위는 등황색등 하위는 녹색등	녹색등

ⓒ 입환신호기

방식	신호의 종류 / 주간·야간별	정지신호	진행신호
색등식	주간 및 야간	적색등	등황색등

② 종속신호기

㉠ 원방신호기

방식	신호의 종류 / 주간·야간별	주신호기가 정지신호를 할 경우	주신호기가 진행을 지시하는 신호를 할 경우
색등식	주간 및 야간	등황색등	녹색등

ⓒ 중계신호기

방식	신호의 종류 / 주간·야간별	주신호기가 정지신호를 할 경우	주신호기가 진행을 지시하는 신호를 할 경우
색등식	주간 및 야간	적색등	주신호기가 한 진행을 지시하는 색등

③ 신호부속기

㉠ 진로표시기

방식	개통방향 / 주간·야간별	좌측진로	중앙진로	우측진로
색등식	주간 및 야간	흑색 바탕에 좌측방향 백색화살표 ←	흑색 바탕에 수직방향 백색화살표 ↑	흑색 바탕에 우측방향 백색화살표 →
문자식	주간 및 야간	4각 흑색바탕에 문자 A I		

ⓒ 진로개통표시기

방식	신호의 종류 / 주간·야간별	진로가 개통되었을 경우		진로가 개통되지 아니한 경우	
색등식	주간 및 야간	등황색등	● ○	적색등	○ ●

3. 임시신호기

(1) 임시신호기의 설치(제67조)

선로가 일시 정상운전을 하지 못하는 상태일 때에는 그 구역의 앞쪽에 임시신호기를 설치하여야 한다.

(2) 임시신호기의 종류(제68조)

임시신호기의 종류는 다음과 같다.

① 서행신호기

서행운전을 필요로 하는 구역에 진입하는 열차 등에 대하여 그 구간을 서행할 것을 지시하는 신호기

② 서행예고신호기

서행신호기가 있을 것임을 예고하는 신호기

③ 서행해제신호기

서행운전구역을 지나 운전하는 열차 등에 대하여 서행해제를 지시하는 신호기

(3) 임시신호기의 신호방식(제69조)

① 임시신호기의 형태 · 색 및 신호방식은 다음과 같다.

신호의 종류 주간 · 야간별	서행신호	서행예고신호	서행해제신호
주 간	백색테두리의 황색원판	흑색삼각형 무늬 3개를 그린 3각 형판	백색테두리의 녹색원판
야 간	등황색등	흑색삼각형 무늬 3개를 그린 백색등	녹색등

② 임시신호기 표지의 배면과 배면광은 백색으로 하고, 서행신호기에는 지정속도를 표시하여야 한다.

4. 수신호

(1) 수신호방식(제70조)

신호기를 설치하지 아니한 경우 또는 신호기를 사용하지 못할 경우에는 다음의 방식으로 수신호를 하여야 한다.

① 정지신호

  ㉠ 주간 : 적색기. 다만, 부득이한 경우에는 두 팔을 높이 들거나 또는 녹색기 외의 물체를 급격히 흔드는 것으로 대신할 수 있다.

  ㉡ 야간 : 적색등. 다만, 부득이한 경우에는 녹색등 외의 등을 급격히 흔드는 것으로 대신할 수 있다.

② 진행신호

  ㉠ 주간 : 녹색기. 다만, 부득이한 경우에는 한 팔을 높이 드는 것으로 대신할 수 있다.

  ㉡ 야간 : 녹색등

③ 서행신호

  ㉠ 주간 : 적색기와 녹색기를 머리 위로 높이 교차한다. 다만, 부득이한 경우에는 양 팔을 머리 위로 높이 교차하는 것으로 대신할 수 있다.

  ㉡ 야간 : 명멸하는 녹색등

(2) 선로 지장 시의 방호신호(제71조)

선로의 지장으로 인하여 열차 등을 정지시키거나 서행시킬 경우, 임시신호기에 따를 수 없을 때에는 지장지점으로부터 200[m] 이상의 앞 지점에서 정지수신호를 하여야 한다.

5. 전 호

(1) 출발전호(제72조)

열차를 출발시키고자 할 때에는 출발전호를 하여야 한다. 다만, 승객안전설비를 갖추고 차장을 승무시키지 아니한 경우에는 그러하지 아니하다.

(2) 기적전호(제73조)

다음에 해당하는 경우에는 기적전호를 하여야 한다.
① 비상사고가 발생한 경우
② 위험을 경고할 경우

(3) 입환전호(제74조)

입환전호방식은 다음과 같다.
① 접근전호
  ㉠ 주간 : 녹색기를 좌우로 흔든다. 다만, 부득이한 경우에는 한 팔을 좌우로 움직이는 것으로 대신할 수 있다.
  ㉡ 야간 : 녹색등을 좌우로 흔든다.
② 퇴거전호
  ㉠ 주간 : 녹색기를 상하로 흔든다. 다만, 부득이한 경우에는 한 팔을 상하로 움직이는 것으로 대신할 수 있다.
  ㉡ 야간 : 녹색등을 상하로 흔든다.
③ 정지전호
  ㉠ 주간 : 적색기를 흔든다. 다만, 부득이한 경우에는 두 팔을 높이 드는 것으로 대신할 수 있다.
  ㉡ 야간 : 적색등을 흔든다.

6. 표지, 노면전차 신호

(1) 표지의 설치(제75조)

도시철도운영자는 열차 등의 안전운전에 지장이 없도록 운전관계표지를 설치하여야 한다.

(2) 노면전차 신호기의 설계(제76조)

노면전차의 신호기는 다음의 요건에 맞게 설계하여야 한다.

① 도로교통 신호기와 혼동되지 않을 것

② 크기와 형태가 눈으로 볼 수 있도록 뚜렷하고 분명하게 인식될 것

CHAPTER

03 적중예상문제

01 도시철도운전규칙에서 차량에 해당하지 않는 것은?

㉮ 열 차

㉯ 전동차

㉰ 궤도시험차

㉱ 전기시험차

> **해설** 차량 : 선로에서 운전하는 열차 외의 전동차·궤도시험차·전기시험차 등을 말한다(제3조).

★중요

02 전차선로를 신설한 경우 종사자의 업무숙달을 위하여 정상운전을 하기 전에 얼마나 시험운전을 하여야 하는가?

㉮ 20일 이상

㉯ 30일 이상

㉰ 50일 이상

㉱ 60일 이상

> **해설** 도시철도운영자는 선로·전차선로 또는 운전보안장치를 신설·이설 또는 개조한 경우 그 설치상태 또는 운전 체계의 점검과 종사자의 업무숙달을 위하여 정상운전을 하기 전에 60일 이상 시험운전을 하여야 한다(제9조).

03 선로 및 설비에 대한 설명으로 틀린 것은?

㉮ 선로는 매일 한 번 이상 순회 점검하여야 하며, 필요한 경우에는 이를 정비하여야 한다.

㉯ 선로를 개조한 경우에는 바로 사용할 수 있다.

㉰ 전차선로는 매일 한 번 이상 순회 점검하여야 한다.

㉱ 신설·이설·개조 또는 수리한 통신설비는 검사하여 기능을 확인하기 전에는 사용할 수 없다.

> **해설** 선로를 신설·개조 또는 이설하거나 일시적으로 사용을 중지한 경우에는 이를 검사하고 시험운전을 하기 전에는 사용할 수 없다. 다만, 경미한 정도의 개조를 한 경우에는 그러하지 아니하다(제12조).

04 도시철도운전규칙에 따른 점검 및 검사에 대한 설명으로 옳지 않은 것은?

㉮ 전차선로는 매일 한 번 이상 순회 점검을 하여야 한다.

㉯ 전력설비는 열차 등이 지정속도로 안전하게 운전할 수 있는 상태로 보전하여야 한다.

㉰ 선로는 매일 한 번 이상 순회 점검하여야 하며, 필요한 경우에는 정비하여야 한다.

㉱ 전력설비를 경미한 정도로 개조 또는 수리한 경우에는 검사하고 시험운전을 하기 전에는 사용할 수 없다.

> **해설** **공사 후의 전력설비 사용(제16조)**
> 전력설비를 신설·이설·개조 또는 수리하거나 일시적으로 사용을 중지한 경우에는 이를 검사하고 시험운전을 하기
> 전에는 사용할 수 없다. 다만, 경미한 정도의 개조 또는 수리를 한 경우에는 그러하지 아니하다.

05 차량의 검사 및 시험운전에 대한 설명으로 틀린 것은?

㉮ 차량의 각 부분은 일정한 기간 또는 주행거리를 기준으로 하여 그 상태와 작용에 대한 검사와 분해 검사를 하여야 한다.

㉯ 검사를 할 때 차량의 전기장치에 대해서는 인장시험 및 피로시험을 하여야 한다.

㉰ 제작·개조·수선 또는 분해검사를 한 차량과 일시적으로 사용을 중지한 차량은 검사하고 시험운전을 하기 전에는 사용할 수 없다.

㉱ 경미한 정도의 개조 또는 수선을 한 경우에는 검사와 시험운전을 생략할 수 있다.

> **해설** 검사를 할 때 차량의 전기장치에 대해서는 절연저항시험 및 절연내력시험을 하여야 한다(제24조).

06 열차의 비상제동거리 기준은?

㉮ 200[m] 이하

㉯ 300[m] 이하

㉰ 500[m] 이하

㉱ 600[m] 이하

> **해설** 열차의 비상제동거리는 600[m] 이하로 하여야 한다(제29조).

07 열차가 맨 앞의 차량에서 운전하지 않아도 되는 경우는?

㉮ 추진운전 또는 퇴행운전 시

㉯ 시험운전 또는 퇴행운전 시

㉰ 추진운전 또는 구내운전 시

㉱ 입환운전 또는 퇴행운전 시

> **해설** 열차는 맨 앞의 차량에서 운전하여야 한다. 다만, 추진운전, 퇴행운전 또는 무인운전을 하는 경우에는 그러하지 아니하다 (제33조).

⭐ 중요

08 운전진로를 달리할 수 있는 경우에 해당하지 않는 것은?

㉮ 구내운전을 하는 경우

㉯ 시험운전을 하는 경우

㉰ 제설열차를 운전하는 경우

㉱ 열차에 고장이 발생하여 퇴행운전을 하는 경우

> **해설** 운전진로(제36조)
> 다음에 해당하는 경우에는 운전진로를 달리할 수 있다.
> • 선로 또는 열차에 고장이 발생하여 퇴행운전을 하는 경우
> • 구원열차 또는 공사열차를 운전하는 경우
> • 차량을 결합·해체하거나 차선을 바꾸는 경우
> • 구내운전을 하는 경우
> • 시험운전을 하는 경우
> • 운전사고 등으로 인하여 일시적으로 단선운전을 하는 경우
> • 그 밖에 특별한 사유가 있는 경우

09 열차의 운전에 관한 설명으로 틀린 것은?

㉮ 열차의 운전방향을 구별하여 운전하는 한 쌍의 선로에 있어서 열차의 운전진로는 우측으로 한다.

㉯ 좌측으로 운전하는 기존의 선로에 직통으로 연결하여 운전하는 경우에는 운전진로를 좌측으로 할 수 있다.

㉰ 정거장 안의 본선은 폐색구간으로 분할하여야 한다.

㉱ 정거장 외의 본선에서는 승객을 승차·하차시키기 위하여 열차를 정지시킬 수 없다.

> **해설** 본선은 폐색구간으로 분할하여야 한다. 다만, 정거장 안의 본선은 그러하지 아니하다(제37조).

10 도시철도운전규칙상 폐색구간에서 둘 이상의 열차를 동시에 운전시킬 수 있는 경우가 아닌 것은?

㉮ 두 개의 열차를 합병하여 운전하는 경우

㉯ 고장난 열차가 있는 폐색구간에 구원열차를 운전하는 경우

㉰ 하나의 열차를 분할하여 운전하는 경우

㉱ 선로 불통으로 폐색구간에서 공사열차를 운전하는 경우

> **해설** **폐색구간(제37조)**
> 폐색구간에서는 둘 이상의 열차를 동시에 운전할 수 없다. 다만, 다음에 해당하는 경우에는 그러하지 아니하다.
> • 고장난 열차가 있는 폐색구간에서 구원열차를 운전하는 경우
> • 선로 불통으로 폐색구간에서 공사열차를 운전하는 경우
> • 다른 열차의 차선바꾸기 지시에 따라 차선을 바꾸기 위하여 운전하는 경우
> • 하나의 열차를 분할하여 운전하는 경우

11 도시철도운전규칙상 도시철도운영자가 운전속도를 제한하여야 하는 경우가 아닌 것은?

㉮ 서행신호를 하는 경우

㉯ 차량을 결합, 해체하거나 차선을 바꾸는 경우

㉰ 쇄정된 선로전환기를 향하여 진행하는 경우

㉱ 대용폐색방식으로 운전하는 경우

> **해설** **속도제한(제49조)**
> 도시철도운영자는 다음에 해당하는 경우에는 운전속도를 제한하여야 한다.
> • 서행신호를 하는 경우
> • 추진운전이나 퇴행운전을 하는 경우
> • 차량을 결합·해체하거나 차선을 바꾸는 경우
> • 쇄정되지 아니한 선로전환기를 향하여 진행하는 경우
> • 대용폐색방식으로 운전하는 경우
> • 자동폐색신호의 정지신호가 있는 지점을 지나서 진행하는 경우
> • 차내신호의 "0"신호가 있은 후 진행하는 경우
> • 감속·주의·경계 등의 신호가 있는 지점을 지나서 진행하는 경우
> • 그 밖에 안전운전을 위하여 운전속도제한이 필요한 경우

12 폐색방식에 대한 설명으로 틀린 것은?

㉮ 열차를 운전하는 경우 일상적으로 사용하는 폐색방식은 상용폐색방식이다.

㉯ 대용폐색방식은 폐색장치의 고장이나 그 밖의 사유로 상용폐색방식에 따를 수 없을 때 사용한다.

㉰ 폐색방식에 따를 수 없을 때에는 전령법에 따르거나 격시법을 한다.

㉱ 상용폐색방식은 자동폐색식 또는 차내신호폐색식에 따른다.

> **해설** 폐색방식에 따를 수 없을 때에는 전령법에 따르거나 무폐색운전을 한다(제51조).

13 대용폐색방식에 대한 설명으로 적절하지 않은 것은?

㉮ 복선운전을 하는 경우 지령식 또는 통신식에 따른다.

㉯ 폐색장치 및 차내신호장치의 고장으로 열차의 정상적인 운전이 불가능할 때에는 관제사가 폐색구간에 열차의 진입을 지시하는 통신식에 따른다.

㉰ 상용폐색방식 또는 지령식에 따를 수 없을 때에는 폐색구간에 열차를 진입시키려는 역장 또는 소장이 상대 역장 또는 소장 및 관제사와 협의하여 폐색구간에 열차의 진입을 지시하는 통신식에 따른다.

㉱ 지령식 또는 통신식에 따르는 경우에는 관제사 및 폐색구간 양쪽의 역장 또는 소장은 전용전화기를 설치·운용하여야 한다.

> **해설** 폐색장치 및 차내신호장치의 고장으로 열차의 정상적인 운전이 불가능할 때에는 관제사가 폐색구간에 열차의 진입을 지시하는 지령식에 따른다(제56조).

14 지도통신식에 대한 설명으로 적절하지 않은 것은?

㉮ 지도통신식에 따르는 경우에는 지도표 또는 지도권을 발급받은 열차만 해당 폐색구간을 운전할 수 있다.

㉯ 지도표와 지도권은 폐색구간에 열차를 진입시키려는 역장 또는 소장이 상대 역장 또는 소장 및 관제사와 협의하여 발행한다.

㉰ 역장이나 소장은 같은 방향의 폐색구간으로 진입시키려는 열차가 하나뿐인 경우에는 지도표를 발급한다.

㉱ 열차의 기관사는 발급받은 지도표 또는 지도권을 열차운전이 끝난 후에도 일정 기간 보관하여야 한다.

> **해설** 열차의 기관사는 발급받은 지도표 또는 지도권을 폐색구간을 통과한 후 도착지의 역장 또는 소장에게 반납하여야 한다(제57조).

15 전령법에 대한 설명으로 맞는 것은?

㉮ 열차 등이 있는 폐색구간에 다른 열차를 운전시킬 때에는 그 열차에 대하여 전령법을 시행한다.

㉯ 전령법을 시행할 경우에는 이미 폐색구간에 있는 열차는 속히 지정위치로 이동하여야 한다.

㉰ 전령법을 시행하는 구간에는 두 명의 전령자를 선정하여야 한다.

㉱ 전령자는 녹색 완장을 착용하여야 한다.

> **해설** ㉯ 전령법을 시행할 경우에는 이미 폐색구간에 있는 열차 등은 그 위치를 이동할 수 없다(제58조).
> ㉰ 전령법을 시행하는 구간에는 한 명의 전령자를 선정하여야 한다(제59조).
> ㉱ 전령자는 백색 완장을 착용하여야 한다(제59조).

16 다음 중 장내신호기에 해당하는 것은?

㉮ 열차 등의 가장 앞쪽의 운전실에 설치하여 운전조건을 지시하는 신호기

㉯ 정거장에 진입하려는 열차 등에 대하여 신호기 뒷방향으로의 진입이 가능한지를 지시하는 신호기

㉰ 정거장에서 출발하려는 열차 등에 대하여 신호기 뒷방향으로의 진입이 가능한지를 지시하는 신호기

㉱ 장내신호기 및 폐색신호기에 종속되어 그 신호상태를 예고하는 신호기

> **해설** ㉮ 차내신호기, ㉰ 출발신호기, ㉱ 원방신호기
> **상설신호기의 종류(제65조)**
> • 주신호기
>   – 차내신호기 : 열차 등의 가장 앞쪽의 운전실에 설치하여 운전조건을 지시하는 신호기
>   – 장내신호기 : 정거장에 진입하려는 열차 등에 대하여 신호기 뒷방향으로의 진입이 가능한지를 지시하는 신호기
>   – 출발신호기 : 정거장에서 출발하려는 열차 등에 대하여 신호기 뒷방향으로의 진입이 가능한지를 지시하는 신호기
>   – 폐색신호기 : 폐색구간에 진입하려는 열차 등에 대하여 운전조건을 지시하는 신호기
>   – 입환신호기 : 차량을 결합·해체하거나 차선을 바꾸려는 차량에 대하여 신호기 뒷방향으로의 진입이 가능한지를 지시하는 신호기

17 상설신호기의 종류 중 종속신호기에 해당하는 것은?

㉮ 장내신호기

㉯ 폐색신호기

㉰ 입환신호기

㉱ 중계신호기

> **해설** **상설신호기의 종류(제65조)**
> • 종속신호기
>   – 원방신호기 : 장내신호기 및 폐색신호기에 종속되어 그 신호상태를 예고하는 신호기
>   – 중계신호기 : 주신호기에 종속되어 그 신호상태를 중계하는 신호기

18 주신호기가 정지신호를 할 경우 원방신호기의 색등은?

㉮ 등황색등 　　　　　　　㉯ 녹색등
㉰ 적색등 　　　　　　　　㉱ 백색등

> **해설**　상설신호기의 종류 및 신호방식(제66조)
> • 원방신호기

방 식	신호의 종류 주간·야간별	주신호기가 정지신호를 할 경우	주신호기가 진행을 지시하는 신호를 할 경우
색등식	주간 및 야간	등황색등	녹색등

19 주신호기가 진행을 지시하는 신호를 할 경우 중계신호기의 색등은?

㉮ 등황색등
㉯ 녹색등
㉰ 적색등
㉱ 주신호기가 한 진행을 지시하는 색등

> **해설**　상설신호기의 종류 및 신호방식(제66조)
> • 중계신호기

방 식	신호의 종류 주간·야간별	주신호기가 정지신호를 할 경우	주신호기가 진행을 지시하는 신호를 할 경우
색등식	주간 및 야간	적색등	주신호기가 한 진행을 지시하는 색등

20 진로개통표시기가 바르게 적시된 것은?

㉮

진로가 개통되었을 경우	
등황색등	● ○

진로가 개통되지 아니한 경우	
적색등	● ○

㉯

진로가 개통되었을 경우	
적색등	● ○

㉱

진로가 개통되지 아니한 경우	
등황색등	○ ●

> **해설**　상설신호기의 종류 및 신호방식(제66조)
> • 진로개통표시기

방 식	개통방향 주간·야간별	진로가 개통되었을 경우		진로가 개통되지 아니한 경우	
색등식	주간 및 야간	등황색등	● ○	적색등	○ ●

21 임시신호기의 신호방식이 잘못 연결된 것은?

㉮ 서행신호(주간) – 백색테두리의 황색원판

㉯ 서행예고신호(주간) – 흑색삼각형 무늬 3개를 그린 3각 형판

㉰ 서행예고신호(야간) – 흑색삼각형 무늬 3개를 그린 등황색등

㉱ 서행해제신호(야간) – 녹색등

해설 임시신호기의 신호방식(제69조)

임시신호기의 형태·색 및 신호방식은 다음과 같다.

신호의 종류 주간·야간별	서행신호	서행예고신호	서행해제신호
주 간	백색테두리의 황색원판	흑색삼각형 무늬 3개를 그린 3각 형판	백색테두리의 녹색원판
야 간	등황색등	흑색삼각형 무늬 3개를 그린 백색등	녹색등

22 임시신호기 중 지정속도를 표시하여야 하는 것은?

㉮ 서행신호기

㉯ 서행예고신호기

㉰ 서행해제신호기

㉱ 서행예고신호기 및 서행해제신호기

해설 임시신호기의 표지의 배면과 배면광은 백색으로 하고, 서행신호기에는 지정속도를 표시하여야 한다(제69조).

★ 중요

23 입환전호방식의 설명으로 옳지 않은 것은?

㉮ 접근전호 시 주간에는 녹색기를 좌우로 흔든다. 다만, 부득이한 경우에는 한 팔을 좌우로 움직이는 것으로 대신할 수 있다.

㉯ 접근전호 시 야간에는 녹색등을 좌우로 흔든다.

㉰ 퇴거전호 시 주간에는 황색기를 상하로 흔든다. 다만, 부득이한 경우에는 한 팔을 상하로 움직이는 것으로 대신할 수 있다.

㉱ 정지전호 시 주간에는 적색기를 흔든다. 다만, 부득이한 경우에는 두 팔을 높이 드는 것으로 대신할 수 있다.

해설 입환전호(제74조)

• 퇴거전호
  – 주간 : 녹색기를 상하로 흔든다. 다만, 부득이한 경우에는 한 팔을 상하로 움직이는 것으로 대신할 수 있다.
  – 야간 : 녹색등을 상하로 흔든다.

PART **04**

교통법규

CHAPTER

01 교통안전법

제1절 총 칙

1. 목적(법 제1조)

교통안전에 관한 국가 또는 지방자치단체의 의무·추진체계 및 시책 등을 규정하고 이를 종합적·계획적으로 추진함으로써 교통안전 증진에 이바지함을 목적으로 한다.

2. 정의(법 제2조)

(1) 교통수단

① 차 량

차마 또는 노면전차, 철도차량(도시철도 포함) 또는 궤도에 의하여 교통용으로 사용되는 용구 등 육상교통용으로 사용되는 모든 운송수단

② 선 박

선박 등 수상 또는 수중의 항행에 사용되는 모든 운송수단으로 물에서 항행수단으로 사용하거나 사용할 수 있는 모든 종류의 배(물 위에서 이동할 수 있는 수상항공기와 수면비행선박을 포함)

③ 항공기

항공기 등 항공교통에 사용되는 모든 운송수단으로 공기의 반작용(지표면 또는 수면에 대한 공기의 반작용은 제외)으로 뜰 수 있는 기기로서 최대이륙중량, 좌석수 등 국토교통부령으로 정하는 기준에 해당하는 비행기, 헬리콥터, 비행선, 활공기(滑空機)와 그 밖에 대통령령으로 정하는 기기

(2) 교통시설

도로·철도·궤도·항만·어항·수로·공항·비행장 등 교통수단의 운행·운항 또는 항행에 필요한 시설과 그 시설에 부속되어 사람의 이동 또는 교통수단의 원활하고 안전한 운행·운항 또는 항행을 보조하는 교통안전표지·교통관제시설·항행안전시설 등의 시설 또는 공작물을 말한다.

(3) 교통체계

사람 또는 화물의 이동·운송과 관련된 활동을 수행하기 위하여 개별적으로 또는 서로 유기적으로 연계되어 있는 교통수단 및 교통시설의 이용·관리·운영체계 또는 이와 관련된 산업 및 제도 등을 말한다.

(4) 교통사업자

① 교통수단운영자

여객자동차운수사업자, 화물자동차운수사업자, 철도사업자, 항공운송사업자, 해운업자 등 교통수단을 이용하여 운송 관련 사업을 영위하는 자

② 교통시설설치 · 관리자

교통시설을 설치 · 관리 또는 운영하는 자

③ ① 및 ② 외에 교통수단 제조사업자, 교통 관련 교육 · 연구 · 조사기관 등 교통수단 · 교통시설 또는 교통체계와 관련된 영리적 · 비영리적 활동을 수행하는 자

(5) 지정행정기관

교통수단 · 교통시설 또는 교통체계의 운행 · 운항 · 설치 또는 운영 등에 관하여 지도 · 감독을 행하거나 관련 법령 · 제도를 관장하는 중앙행정기관으로서 대통령령으로 정하는 행정기관(영 제2조)으로 다음과 같다.

① 기획재정부
② 교육부
③ 법무부
④ 행정안전부
⑤ 문화체육관광부
⑥ 농림축산식품부
⑦ 산업통상자원부
⑧ 보건복지부
⑨ 환경부
⑩ 고용노동부
⑪ 여성가족부
⑫ 국토교통부
⑬ 해양수산부
⑭ 경찰청
⑮ 국무총리가 교통안전정책상 특히 필요하다고 인정하여 지정하는 중앙행정기관

(6) 교통행정기관

법령에 의하여 교통수단 · 교통시설 또는 교통체계의 운행 · 운항 · 설치 또는 운영 등에 관하여 교통사업자에 대한 지도 · 감독을 행하는 지정행정기관의 장, 특별시장 · 광역시장 · 도지사 · 특별자치도지사(이하 "시 · 도지사") 또는 시장 · 군수 · 구청장(자치구의 구청장)을 말한다.

(7) 교통사고

교통수단의 운행·항행·운항과 관련된 사람의 사상 또는 물건의 손괴를 말한다.

(8) 교통수단안전점검

교통행정기관이 이 법 또는 관계법령에 따라 소관 교통수단에 대하여 교통안전에 관한 위험요인을 조사·점검 및 평가하는 모든 활동을 말한다.

(9) 교통시설안전진단

육상교통·해상교통 또는 항공교통의 안전(교통안전)과 관련된 조사·측정·평가업무를 전문적으로 수행하는 교통안전진단기관이 교통시설에 대하여 교통안전에 관한 위험요인을 조사·측정 및 평가하는 모든 활동을 말한다.

(10) 단지 내 도로

공동주택단지, 학교 등에 설치되는 통행로로서 도로교통법에 따른 도로가 아닌 것을 말하며, 그 종류와 범위는 대통령령으로 정한다.

3. 각종 의무

(1) 국가 등의 의무(법 제3조)

① 국가는 국민의 생명·신체 및 재산을 보호하기 위하여 교통안전에 관한 종합적인 시책을 수립하고 이를 시행하여야 한다.
② 지방자치단체는 주민의 생명·신체 및 재산을 보호하기 위하여 그 관할구역 내의 교통안전에 관한 시책을 해당 지역의 실정에 맞게 수립하고 이를 시행하여야 한다.
③ 국가 및 지방자치단체(국가 등)는 교통안전에 관한 시책을 수립·시행하는 것 외에 지역개발·교육·문화 및 법무 등에 관한 계획 및 정책을 수립하는 경우에는 교통안전에 관한 사항을 배려하여야 한다.

(2) 교통시설설치·관리자의 의무(법 제4조)

교통시설설치·관리자는 해당 교통시설을 설치 또는 관리하는 경우 교통안전표지 그 밖의 교통안전시설을 확충·정비하는 등 교통안전을 확보하기 위한 필요한 조치를 강구하여야 한다.

(3) 교통수단 제조사업자의 의무(법 제5조)

교통수단 제조사업자는 법령에서 정하는 바에 따라 그가 제조하는 교통수단의 구조·설비 및 장치의 안전성이 향상되도록 노력하여야 한다.

(4) 교통수단운영자의 의무(법 제6조)

교통수단운영자는 법령에서 정하는 바에 따라 그가 운영하는 교통수단의 안전한 운행·항행·운항 등을 확보하기 위하여 필요한 노력을 하여야 한다.

(5) 차량 운전자 등의 의무(법 제7조)

① 차량을 운전하는 자 등은 법령에서 정하는 바에 따라 해당 차량이 안전운행에 지장이 없는지를 점검하고 보행자와 자전거이용자에게 위험과 피해를 주지 아니하도록 안전하게 운전하여야 한다.
② 선박에 승선하여 항행업무 등에 종사하는 자(도선사 포함, 이하 "선박승무원 등")는 해당 선박이 출항하기 전에 검사를 행하여야 하며, 기상조건·해상조건·항로표지 및 사고의 통보 등을 확인하고 안전운항을 하여야 한다.
③ 항공기에 탑승하여 그 운항업무 등에 종사하는 자(이하 "항공승무원 등")는 해당 항공기의 운항 전 확인 및 항행안전시설의 기능장애에 관한 보고 등을 행하고 안전운항을 하여야 한다.

(6) 보행자의 의무(법 제8조)

보행자는 도로를 통행할 때 법령을 준수하여야 하고, 육상교통에 위험과 피해를 주지 아니하도록 노력하여야 한다.

(7) 재정 및 금융조치(법 제9조)

① 국가 등은 교통안전에 관한 시책의 원활한 실시를 위하여 예산의 확보, 재정지원 등 재정·금융상의 필요한 조치를 강구하여야 한다.
② 국가 등은 이 법에 따라 다음의 어느 하나에 해당하는 자에게 교통안전장치 장착을 의무화할 경우 이에 따른 비용을 대통령령으로 정하는 바에 따라 지원할 수 있다.
    ㉠ 여객자동차 운수사업법에 따른 여객자동차운송사업자
    ㉡ 화물자동차 운수사업법에 따른 화물자동차운송사업자 또는 화물자동차운송가맹사업자
    ㉢ 도로교통법에 따른 어린이통학버스(규정에 따라 운행기록장치를 장착한 차량은 제외) 운영자

(8) 국회에 대한 보고(법 제10조)

정부는 매년 국회에 정기국회 개회 전까지 교통사고 상황, 국가교통안전기본계획 및 국가교통안전시행계획의 추진 상황 등에 관한 보고서를 제출하여야 한다.

(9) 다른 법률과의 관계(법 제11조)

① 교통안전에 관하여 다른 법률을 제정하거나 개정하는 경우에는 이 법의 목적에 부합되도록 하여야 한다.
② 교통안전에 관하여 다른 법률에 특별한 규정이 있는 경우를 제외하고는 이 법에서 정하는 바에 따른다.

1. 국가교통안전기본계획

(1) 국가교통안전기본계획(법 제15조)

① 국토교통부장관은 국가의 전반적인 교통안전수준의 향상을 도모하기 위하여 교통안전에 관한 기본계획(국가교통안전기본계획)을 5년 단위로 수립하여야 한다.

② 국가교통안전기본계획에는 다음의 사항이 포함되어야 한다.

    ㉠ 교통안전에 관한 중·장기 종합정책방향

    ㉡ 육상교통·해상교통·항공교통 등 부문별 교통사고의 발생현황과 원인의 분석

    ㉢ 교통수단·교통시설별 교통사고 감소목표

    ㉣ 교통안전지식의 보급 및 교통문화 향상목표

    ㉤ 교통안전정책의 추진성과에 대한 분석·평가

    ㉥ 교통안전정책의 목표달성을 위한 부문별 추진전략

    ㉦ 고령자, 어린이 등 교통약자의 교통사고 예방에 관한 사항

    ㉧ 부문별·기관별·연차별 세부 추진계획 및 투자계획

    ㉨ 교통안전표지·교통관제시설·항행안전시설 등 교통안전시설의 정비·확충에 관한 계획

    ㉩ 교통안전 전문인력의 양성

    ㉪ 교통안전과 관련된 투자사업계획 및 우선순위

    ㉫ 지정행정기관별 교통안전대책에 대한 연계와 집행력 보완방안

    ㉬ 그 밖에 교통안전수준의 향상을 위한 교통안전시책에 관한 사항

③ 국토교통부장관은 국가교통안전기본계획의 수립을 위하여 지정행정기관별로 추진할 교통안전에 관한 주요 계획 또는 시책에 관한 사항이 포함된 지침을 작성하여 지정행정기관의 장에게 통보하여야 하며, 지정행정기관의 장은 통보받은 지침에 따라 소관별 교통안전에 관한 계획안을 국토교통부장관에게 제출하여야 한다.

④ 국토교통부장관은 제출받은 소관별 교통안전에 관한 계획안을 종합·조정하여 국가교통안전기본계획안을 작성한 후 국가교통위원회의 심의를 거쳐 이를 확정한다.

⑤ 국토교통부장관은 확정된 국가교통안전기본계획을 지정행정기관의 장과 시·도지사에게 통보하고, 이를 공고(인터넷 게재 포함)하여야 한다.

⑥ ③부터 ⑤까지의 규정은 확정된 국가교통안전기본계획을 변경하는 경우에 이를 준용한다. 다만, 대통령령으로 정하는 경미한 사항을 변경하는 경우에는 그러하지 아니하다.

⑦ ①부터 ⑥까지의 규정에 따른 국가교통안전기본계획의 수립 및 변경 등에 관하여 필요한 사항은 대통령령으로 정한다.

대통령령으로 정하는 경미한 사항을 변경하는 경우(영 제11조)

1. 국가교통안전기본계획 또는 국가교통안전시행계획에서 정한 부문별 사업규모를 100분의 10 이내의 범위에서 변경하는 경우
2. 국가교통안전기본계획 또는 국가교통안전시행계획에서 정한 시행기한의 범위에서 단위 사업의 시행시기를 변경하는 경우
3. 계산 착오, 오기(誤記), 누락, 그 밖에 국가교통안전기본계획 또는 국가교통안전시행계획의 기본방향에 영향을 미치지 아니하는 사항으로서 그 변경 근거가 분명한 사항을 변경하는 경우

(2) 국가교통안전기본계획의 수립(영 제10조)

① 법 제15조제3항에 따라 국토교통부장관은 국가교통안전기본계획의 수립 또는 변경을 위한 지침(수립지침)을 작성하여 계획연도 시작 전전년도 6월 말까지 지정행정기관의 장에게 통보하여야 한다.

② 지정행정기관의 장은 수립지침에 따라 소관별 교통안전에 관한 계획안을 작성하여 계획연도 시작 전년도 2월 말까지 국토교통부장관에게 제출하여야 한다.

③ 국토교통부장관은 법 제15조제4항에 따라 ②의 소관별 교통안전에 관한 계획안을 종합·조정하여 계획연도 시작 전년도 6월 말까지 국가교통안전기본계획을 확정하여야 한다. 소관별 교통안전에 관한 계획안을 종합·조정하는 경우에는 다음의 사항을 검토하여야 한다.

　㉠ 정책목표
　㉡ 정책과제의 추진시기
　㉢ 투자규모
　㉣ 정책과제의 추진에 필요한 해당 기관별 협의사항

④ 국토교통부장관은 ③에 따라 국가교통안전기본계획을 확정한 경우에는 확정한 날부터 20일 이내에 지정 행정기관의 장과 시·도지사에게 이를 통보하여야 한다.

(3) 국가교통안전시행계획(법 제16조)

① 지정행정기관의 장은 국가교통안전기본계획을 집행하기 위하여 매년 소관별 교통안전시행계획안을 수립하여 이를 국토교통부장관에게 제출하여야 한다.

② 국토교통부장관은 ①의 규정에 따라 제출받은 소관별 교통안전시행계획안을 국가교통안전기본계획에 따라 종합·조정하여 국가교통안전시행계획안을 작성한 후 국가교통위원회의 심의를 거쳐 이를 확정한다.

③ 국토교통부장관은 ②의 규정에 따라 확정된 국가교통안전시행계획을 지정행정기관의 장과 시·도지사에게 통보하고, 이를 공고하여야 한다.

④ ①부터 ③까지의 규정은 국가교통안전시행계획을 변경하는 경우에 이를 준용한다. 다만, 대통령령으로 정하는 경미한 사항을 변경하는 경우에는 그러하지 아니하다.

⑤ ①부터 ④까지의 규정에 따른 국가교통안전시행계획의 수립 및 변경 등에 관하여 필요한 사항은 대통령령으로 정한다.

(4) 국가교통안전시행계획의 수립(영 제12조)

① 법 제16조제1항에 따라 지정행정기관의 장은 다음 연도의 소관별 교통안전시행계획안을 수립하여 매년 10월 말까지 국토교통부장관에게 제출하여야 한다.

② 국토교통부장관은 법 제16조제2항에 따라 소관별 교통안전시행계획안을 종합·조정할 때에는 다음의 사항을 검토하여야 한다.

㉠ 국가교통안전기본계획과의 부합 여부

㉡ 기대 효과

㉢ 소요예산의 확보 가능성

③ 국토교통부장관은 국가교통안전시행계획을 12월 말까지 확정하여 지정행정기관의 장과 시·도지사에게 통보하여야 한다.

2. 지역교통안전기본계획

(1) 지역교통안전기본계획의 수립(법 제17조, 영 제13조)

① 시·도지사는 국가교통안전기본계획에 따라 시·도교통안전기본계획을 5년 단위로 수립하여야 하며, 시장·군수·구청장은 시·도교통안전기본계획에 따라 시·군·구교통안전기본계획을 5년 단위로 수립하여야 한다. 기본계획에는 각각 다음의 사항이 포함되어야 한다.

㉠ 해당 지역의 육상교통안전에 관한 중·장기 종합정책방향

㉡ 그 밖에 육상교통안전수준을 향상하기 위한 교통안전시책에 관한 사항

② 국토교통부장관 또는 시·도지사는 지역교통안전기본계획의 수립에 관한 지침을 작성하여 시·도지사 및 시장·군수·구청장에게 통보할 수 있다.

③ 시·도지사가 시·도교통안전기본계획을 수립한 때에는 지방교통위원회의 심의를 거쳐 이를 확정하고, 시장·군수·구청장이 시·군·구교통안전기본계획을 수립한 때에는 시·군·구교통안전위원회의 심의를 거쳐 계획연도 시작 전년도 10월 말까지 이를 확정한다.

④ 시·도지사 등은 지역교통안전기본계획을 확정한 때에는 확정한 날부터 20일 이내에 시·도지사는 국토교통부장관에게 이를 제출하고, 시장·군수·구청장은 시·도지사에게 이를 제출하여야 한다.

⑤ 시·도지사는 시·도교통안전기본계획을 확정한 때에는 국토교통부장관에게 제출한 후 이를 공고하여야 하며, 시장·군수·구청장은 시·군·구교통안전기본계획을 확정한 때에는 시·도지사에게 제출한 후 이를 공고하여야 한다.

(2) 지역교통안전시행계획의 수립(법 제18조, 영 제14조)

① 시·도지사 및 시장·군수·구청장은 소관 지역교통안전기본계획을 집행하기 위하여 지역교통안전시행계획을 매년 수립·시행하여야 한다. 시·도지사 등은 각각 다음 연도의 지역교통안전시행계획을 12월 말까지 수립하여야 한다.

② 시장·군수·구청장은 시·군·구교통안전시행계획과 전년도의 시·군·구교통안전시행계획 추진실적을 매년 1월 말까지 시·도지사에게 제출하고, 시·도지사는 이를 종합·정리하여 그 결과를 시·도교통안전시행계획 및 전년도의 시·도교통안전시행계획 추진실적과 함께 매년 2월 말까지 국토교통부장관에게 제출하여야 한다.

③ 시·도지사는 시·도교통안전시행계획을 수립한 때에는 국토교통부장관에게 제출한 후 이를 공고하여야 하며, 시장·군수·구청장은 시·군·구교통안전시행계획을 수립한 때에는 시·도지사에게 제출한 후 이를 공고하여야 한다.

중요 CHECK

지역교통안전시행계획의 추진실적에 포함되어야 하는 세부사항 등(규칙 제3조)
① 시·도교통안전시행계획 또는 시·군·구교통안전시행계획(지역교통안전시행계획)의 추진실적에 포함되어야 하는 세부사항은 다음과 같다.
  1. 지역교통안전시행계획의 단위 사업별 추진실적(예산사업에는 사업량과 예산집행실적을 포함, 계획미달 사업에는 그 사유와 대책을 포함)
  2. 지역교통안전시행계획의 추진상 문제점 및 대책
  3. 교통사고 현황 및 분석
    가. 연간 교통사고 발생건수 및 사상자 내역
    나. 교통수단별·교통시설별(관리청이 다른 경우 따로 구분) 교통안전정책 목표 달성 여부
    다. 교통약자에 대한 교통안전정책 목표 달성 여부
    라. 교통사고의 분석 및 대책
      1) 교통수단의 종류별 사고의 건수와 그 원인
      2) 유형별 사고의 건수와 그 원인
      3) 월별·요일별·시간별 및 장소별 사고의 건수와 그 원인
      4) 교통수단의 운전자와 피해자의 성별 및 연령층별로 구분한 사고의 건수와 그 원인
      5) 그 밖에 교통사고의 원인 분석에 필요한 사항
      6) 각 유형별 교통사고 예방 대책
    마. 교통문화지수 향상을 위한 노력
    바. 그 밖에 지역교통안전 수준의 향상을 위하여 각 지역별로 추진한 시책의 실적
② 교통안전시행계획의 추진실적 평가를 위하여 필요한 사항은 국토교통부장관이 정한다.

---

(3) 지역교통안전기본계획 등의 조정(법 제19조)

① 국토교통부장관은 시·도교통안전기본계획 또는 시·도교통안전시행계획이 국가교통안전기본계획 또는 국가교통안전시행계획에 위배되는 경우에는 해당 시·도지사에게 시·도교통안전기본계획 또는 시·도교통안전시행계획의 변경을 요구할 수 있다.

② 시·도지사는 시·군·구교통안전기본계획 또는 시·군·구교통안전시행계획이 시·도교통안전기본계획 또는 시·도교통안전시행계획에 위배되는 경우에는 해당 시장·군수·구청장에게 시·군·구교통안전기본계획 또는 시·군·구교통안전시행계획의 변경을 요구할 수 있다.

(4) 계획수립의 협력 요청(법 제20조)

① 국토교통부장관, 지정행정기관의 장, 시·도지사 및 시장·군수·구청장은 국가교통안전기본계획 또는 국가교통안전시행계획, 지역교통안전기본계획 또는 지역교통안전시행계획의 수립·시행을 위하여 필요하다고 인정하는 때에는 관계 행정기관의 장, 공공기관의 장 그 밖의 관계인에 대하여 자료의 제출 그 밖의 필요한 협력을 요청할 수 있다.

② 요청을 받은 자는 특별한 사유가 없으면 그 요청을 따라야 한다.

(5) 교통안전시행계획의 추진실적 평가(영 제15조)

① 지정행정기관의 장은 전년도의 소관별 국가교통안전시행계획 추진실적을 매년 3월 말까지 국토교통부장관에게 제출하여야 한다.

② 국토교통부장관은 ①에 따른 국가교통안전시행계획 추진실적과 지역교통안전시행계획 추진실적을 종합·평가하여 그 결과를 국가교통위원회에 보고하여야 하며, 필요하다고 인정되는 경우에는 교통안전과 관련된 전문기관·단체에 자문을 하거나 조사·연구를 의뢰할 수 있다.

③ 국가교통위원회는 ②에 따른 추진실적 평가 결과에 대하여 관계 지정행정기관의 장과 시·도지사 등이 참석하는 합동평가회의를 개최할 수 있다.

3. 교통시설설치·관리자 등의 교통안전관리규정

(1) 교통안전관리규정의 내용(법 제21조제1항, 영 제18조)

대통령령으로 정하는 교통시설설치·관리자 및 교통수단운영자(교통시설설치·관리자 등)는 그가 설치·관리하거나 운영하는 교통시설 또는 교통수단과 관련된 교통안전을 확보하기 위하여 다음의 사항을 포함한 규정(교통안전관리규정)을 정하여 관할 교통행정기관에 제출하여야 한다. 이를 변경한 때에도 또한 같다.

① 교통안전의 경영지침에 관한 사항

② 교통안전목표 수립에 관한 사항

③ 교통안전 관련 조직에 관한 사항

④ 교통안전담당자 지정에 관한 사항

⑤ 안전관리대책의 수립 및 추진에 관한 사항

⑥ 그 밖에 교통안전에 관한 중요 사항으로서 대통령령으로 정하는 다음의 사항(영 제18조)

   ㉠ 교통안전과 관련된 자료·통계 및 정보의 보관·관리에 관한 사항

   ㉡ 교통시설의 안전성 평가에 관한 사항

   ㉢ 사업장에 있는 교통안전 관련 시설 및 장비에 관한 사항

   ㉣ 교통수단의 관리에 관한 사항

   ㉤ 교통업무에 종사하는 자의 관리에 관한 사항

ⓗ 교통안전의 교육·훈련에 관한 사항

ⓢ 교통사고 원인의 조사·보고 및 처리에 관한 사항

ⓞ 그 밖에 교통안전관리를 위하여 국토교통부장관이 따로 정하는 사항

(2) 교통안전관리규정의 준수와 변경(법 제21조제2~4항, 시행규칙 제5조제1항)

① 교통시설설치·관리자 등은 교통안전관리규정을 준수하여야 한다.

② 교통행정기관은 국토교통부령으로 정하는 바에 따라 교통시설설치·관리자 등이 교통안전관리규정을 준수하고 있는지의 여부를 확인하고 이를 평가하여야 한다.

③ 교통행정기관은 교통안전을 확보하기 위하여 필요하다고 인정하는 때에는 교통안전관리규정의 변경을 명할 수 있다. 이 경우 변경 명령을 받은 교통시설설치·관리자 등은 특별한 사유가 없으면 그 명령을 따라야 한다.

④ 교통안전관리규정 준수 여부의 확인·평가는 교통안전관리규정을 제출한 날을 기준으로 매 5년이 지난 날의 전후 100일 이내에 실시한다.

(3) 교통안전관리규정의 검토 등(영 제19조)

① 교통행정기관은 교통시설설치·관리자 등이 제출한 교통안전관리규정이 법 제21조제1항 각 호에서 정한 사항을 포함하여 적정하게 작성되었는지를 검토하여야 한다.

② ①에 따른 교통안전관리규정에 대한 검토 결과는 다음과 같이 구분한다.

   ⓘ 적합 : 교통안전에 필요한 조치가 구체적이고 명료하게 규정되어 있어 교통시설 또는 교통수단의 안전성이 충분히 확보되어 있다고 인정되는 경우

   ⓛ 조건부 적합 : 교통안전의 확보에 중대한 문제가 있지는 아니하지만 부분적으로 보완이 필요하다고 인정되는 경우

   ⓒ 부적합 : 교통안전의 확보에 중대한 문제가 있거나 교통안전관리규정 자체에 근본적인 결함이 있다고 인정되는 경우

③ 교통행정기관은 교통시설설치·관리자 등이 제출한 교통안전관리규정이 ②에 따른 조건부 적합 또는 부적합 판정을 받은 경우에는 법 제21조제4항에 따라 교통안전관리규정의 변경을 명하는 등 필요한 조치를 하여야 한다.

(4) 교통시설설치·관리자 등의 범위와 교통안전관리규정 제출시기(영 제16·17조)

① 법 제21조제1항에 따른 교통시설설치·관리자 및 교통수단운영자(이하 "교통시설설치·관리자 등")는 [별표 1]과 같다(영 제16조).

ⓒ 교통시설설치 · 관리자

도 로	1) 한국도로공사법에 따른 한국도로공사
	2) 도로법에 따라 관리청의 허가를 받아 도로공사를 시행하거나 유지하는 관리청이 아닌 자
	3) 유료도로법에 따라 유료도로를 신설 또는 개축하여 통행료를 받는 비도로관리청
	4) 도로법에 따른 도로 및 도로부속물에 대하여 사회기반시설에 대한 민간투자법에 따른 민간투자사업을 시행하고, 이를 관리 · 운영하는 민간투자법인

ⓛ 교통수단운영자

자동차	다음 중 어느 하나에 해당하는 자 중 사업용으로 20대 이상의 자동차(피견인 자동차는 제외)를 사용하는 자
	1) 여객자동차 운수사업법에 따라 여객자동차운송사업의 면허를 받거나 등록을 한 자
	2) 여객자동차 운수사업법에 따라 여객자동차운수사업의 관리를 위탁받은 자
	3) 여객자동차 운수사업법에 따라 자동차대여사업의 등록을 한 자
	4) 화물자동차 운수사업법에 따라 일반물자동차운송사업의 허가를 받은 자
궤 도	궤도운송법에 따라 궤도사업의 허가를 받은 자 또는 제5조에 따라 전용궤도의 승인을 받은 전용궤도운영자

② 교통안전관리규정의 제출시기(영 제17조)

ⓒ 교통시설설치 · 관리자 등이 법 제21조제1항에 따른 교통안전관리규정(이하 "교통안전관리규정")을 제출하여야 하는 시기는 다음의 구분에 따른다.

  • 교통시설설치 · 관리자 : [별표 1] ⓒ의 어느 하나에 해당하게 된 날부터 6개월 이내
  • 교통수단운영자 : [별표 1] ⓛ의 어느 하나에 해당하게 된 날부터 1년의 범위에서 국토교통부령으로 정하는 기간 이내

ⓛ 교통시설설치 · 관리자 등은 교통안전관리규정을 변경한 경우에는 변경한 날부터 3개월 이내에 변경된 교통안전관리규정을 관할 교통행정기관에 제출하여야 한다.

중요 CHECK

국토교통부령으로 정하는 기간(규칙 제4조)

1. 여객자동차 운수사업법에 따라 여객자동차운송사업의 면허를 받거나 등록을 한 자, 여객자동차운수사업의 관리를 위탁받은 자 또는 자동차대여사업의 등록을 한 자(이하 "여객자동차운송사업자 등")로서 200대 이상의 자동차를 보유한 자 : 6개월 이내
2. 여객자동차운송사업자 등으로서 100대 이상 200대 미만의 자동차를 보유한 자 및 궤도운송법에 따라 궤도사업의 허가를 받은 자 및 전용궤도의 승인을 받은 자 : 9개월 이내
3. 여객자동차운송사업자 등으로서 100대 미만의 자동차를 보유한 자, 화물자동차 운수사업법에 따라 일반물자동차운송사업의 허가를 받은 자 : 1년 이내

1. 교통안전에 관한 기본시책

(1) 교통시설의 정비 등(법 제22조)

① 국가 등은 안전한 교통환경을 조성하기 위하여 교통시설의 정비(교통안전표지 그 밖의 교통안전시설에 대한 정비 포함), 교통규제 및 관제의 합리화, 공유수면 사용의 적정화 등 필요한 시책을 강구하여야 한다.

② 국가 등은 주거지·학교지역 및 상점가에 대하여 ①의 규정에 따른 시책을 강구할 때에 특히 보행자와 자전거이용자가 보호되도록 배려하여야 한다.

(2) 교통안전지식의 보급 등(법 제23조)

① 국가 등은 교통안전에 관한 지식을 보급하고 교통안전에 관한 의식을 제고하기 위하여 학교 그 밖의 교육기관을 통하여 교통안전교육의 진흥과 교통안전에 관한 홍보활동의 충실을 도모하는 등 필요한 시책을 강구하여야 한다.

② 국가 등은 교통안전에 관한 국민의 건전하고 자주적인 조직 활동이 촉진되도록 필요한 시책을 강구하여야 한다.

③ 국가 등은 어린이, 노인 및 장애인의 교통안전 체험을 위한 교육시설을 설치할 수 있다. 이 경우 해당 교육시설을 설치하고자 하는 교통행정기관의 장은 관계 행정기관의 장과 협의하여야 한다.

④ 국가 등은 어린이, 노인 및 장애인의 교통안전 체험을 위한 교육시설 설치를 지원하기 위하여 예산의 범위에서 재정적 지원을 할 수 있다.

> **중요 CHECK**
>
> **교통안전 체험시설의 설치기준 등(영 제19조의2)**
> ① 국가 및 시·도지사 등은 법 제23조제3항에 따라 어린이, 노인 및 장애인(어린이 등) 교통안전의 체험을 위한 교육시설(교통안전 체험시설)을 설치할 때에는 다음의 설치기준 및 방법에 따른다.
> 　1. 어린이 등이 교통사고 예방법을 습득할 수 있도록 교통의 위험상황을 재현할 수 있는 영상장치 등 시설·장비를 갖출 것
> 　2. 어린이 등이 자전거를 운전할 때 안전한 운전방법을 익힐 수 있는 체험시설을 갖출 것
> 　3. 어린이 등이 교통시설의 운영체계를 이해할 수 있도록 보도·횡단보도 등의 시설을 관계 법령에 맞게 배치할 것
> 　4. 교통안전 체험시설에 설치하는 교통안전표지 등이 관계 법령에 따른 기준과 일치할 것
> ② 교통안전 체험시설의 설치와 운영 등에 필요한 사항은 해당 지방자치단체의 조례로 정한다.

(3) 교통수단의 안전운행 등의 확보(법 제24조)

① 국가 등은 차량의 운전자, 선박승무원 등 및 항공승무원 등(이하 "운전자 등")이 해당 교통수단을 안전하게 운행할 수 있도록 필요한 교육을 받도록 하여야 한다.

② 국가 등은 운전자 등의 자격에 관한 제도의 합리화, 교통수단 운행체계의 개선, 운전자 등의 근무조건의 적정화와 복지향상 등을 위하여 필요한 시책을 강구하여야 한다.

(4) 교통안전에 관한 정보의 수집·전파(법 제25조)

국가 등은 기상정보 등 교통안전에 관한 정보를 신속하게 수집·전파하기 위하여 기상관측망과 통신시설의 정비 및 확충 등 필요한 시책을 강구하여야 한다.

(5) 교통수단의 안전성 향상(법 제26조)

국가 등은 교통수단의 안전성을 향상시키기 위하여 교통수단의 구조·설비 및 장비 등에 관한 안전상의 기술적 기준을 개선하고 교통수단에 대한 검사의 정확성을 확보하는 등 필요한 시책을 강구하여야 한다.

(6) 교통질서의 유지(법 제27조)

국가 등은 교통질서를 유지하기 위하여 교통질서 위반자에 대한 단속 등 필요한 시책을 강구하여야 한다.

(7) 위험물의 안전운송(법 제28조)

국가 등은 위험물의 안전운송을 위하여 운송 시설 및 장비의 확보와 그 운송에 관한 제반기준의 제정 등 필요한 시책을 강구하여야 한다.

(8) 긴급 시의 구조체제의 정비(법 제29조)

① 국가 등은 교통사고 부상자에 대한 응급조치 및 의료의 충실을 도모하기 위하여 구조체제의 정비 및 응급의료시설의 확충 등 필요한 시책을 강구하여야 한다.
② 국가 등은 해양사고 구조의 충실을 도모하기 위하여 해양사고 발생정보의 수집체제 및 해양사고 구조체제의 정비 등 필요한 시책을 강구하여야 한다.

(9) 손해배상의 적정화(법 제30조)

국가 등은 교통사고로 인한 피해자(유족 포함)에 대한 손해배상의 적정화를 위하여 손해배상보장제도의 충실 등 필요한 시책을 강구하여야 한다.

(10) 과학기술의 진흥(법 제31조)

① 국가 등은 교통안전에 관한 과학기술의 진흥을 위한 시험연구체제를 정비하고 연구·개발을 추진하며 그 성과의 보급 등 필요한 시책을 강구하여야 한다.
② 국가 등은 교통사고 원인을 과학적으로 규명하기 위하여 교통체계 등에 관한 종합적인 연구·조사의 실시 등 필요한 시책을 강구하여야 한다.

(11) 교통안전에 관한 시책 강구 상의 배려(법 제32조)

국가 등은 교통안전에 관한 시책을 강구할 때 국민생활을 부당하게 침해하지 아니하도록 배려하여야 한다.

2. 교통수단안전점검

(1) 교통수단안전점검의 실시(법 제33조)

① 교통행정기관은 소관 교통수단에 대한 교통안전 실태를 파악하기 위하여 주기적으로 또는 수시로 교통수단안전점검을 실시할 수 있다.

중요 CHECK

교통수단안전점검의 대상 등(영 제20조제1항)
교통수단안전점검의 대상은 다음과 같다.
1. 여객자동차 운수사업법에 따른 여객자동차운송사업자가 보유한 자동차 및 그 운영에 관련된 사항
2. 화물자동차 운수사업법에 따른 화물자동차 운송사업자가 보유한 자동차 및 그 운영에 관련된 사항
3. 건설기계관리법에 따른 건설기계사업자가 보유한 건설기계(도로교통법에 따른 운전면허를 받아야 하는 건설기계에 한정한다) 및 그 운영에 관련된 사항
4. 철도사업법에 따른 철도사업자 및 전용철도운영자가 보유한 철도차량 및 그 운영에 관련된 사항
5. 도시철도법에 따른 도시철도운영자가 보유한 철도차량 및 그 운영에 관련된 사항
6. 항공사업법에 따른 항공운송사업자가 보유한 항공기(항공안전법을 적용받는 군용항공기 등과 국가기관 등 항공기는 제외) 및 그 운영에 관련된 사항
7. 그 밖에 국토교통부령으로 정하는 어린이 통학버스 및 위험물 운반자동차 등 교통수단안전점검이 필요하다고 인정되는 자동차 및 그 운영에 관련된 사항

---

② 교통행정기관은 ①에 따른 교통수단안전점검을 실시한 결과 교통안전을 저해하는 요인이 발견된 경우 그 개선대책을 수립·시행하여야 하며, 교통수단운영자에게 개선사항을 권고할 수 있다.

③ 교통행정기관은 교통수단안전점검을 효율적으로 실시하기 위하여 관련 교통수단운영자로 하여금 필요한 보고를 하게 하거나 관련 자료를 제출하게 할 수 있으며, 필요한 경우 소속 공무원으로 하여금 교통수단운영자의 사업장 등에 출입하여 교통수단 또는 장부·서류나 그 밖의 물건을 검사하게 하거나 관계인에게 질문하게 할 수 있다.

④ ③에 따라 사업장을 출입하여 검사하려는 경우에는 출입·검사 7일 전까지 검사일시·검사이유 및 검사내용 등을 포함한 검사계획을 교통수단운영자에게 통지하여야 한다. 다만, 증거인멸 등으로 검사의 목적을 달성할 수 없다고 판단되는 경우에는 검사일에 검사계획을 통지할 수 있다.

⑤ ③에 따라 출입·검사를 하는 공무원은 그 권한을 표시하는 증표를 내보이고 성명·출입시간 및 출입목적 등이 표시된 문서를 교부하여야 한다.

⑥ ①에도 불구하고 국토교통부장관은 대통령령으로 정하는 교통수단과 관련하여 대통령령으로 정하는 기준 이상의 교통사고가 발생한 경우 해당 교통수단에 대하여 교통수단안전점검을 실시하여야 한다.

⑦ 국토교통부장관은 ⑥에 따른 교통수단안전점검을 실시한 결과 교통안전을 저해하는 요인이 발견된 경우에는 그 결과를 소관 교통행정기관에 통보하여야 한다.

⑧ ⑦에 따라 교통수단안전점검 결과를 통보받은 교통행정기관은 교통안전 저해요인을 제거하기 위하여 필요한 조치를 하고 국토교통부장관에게 그 조치의 내용을 통보하여야 한다.

⑨ ① 및 ⑥에 따른 교통수단안전점검에 필요한 대상·기준·시기 및 항목 등에 관하여 필요한 사항은 대통령령으로 정한다.

(2) 대통령령으로 정하는 교통수단(영 제20조제2항)

① 여객자동차 운수사업법에 따른 여객자동차운송사업의 면허를 받거나 등록을 한 자(같은 법에 따른 수요응답형 여객자동차운송사업자 및 개인택시운송사업자 등 자동차 보유대수가 1대인 운송사업자는 제외)

② 화물자동차 운수사업법에 따라 화물자동차 운송사업의 허가를 받은 자(자동차 보유대수가 1대인 운송사업자는 제외)

(3) 대통령령으로 정하는 기준 이상의 교통사고(영 제20조제3항)

① 1건의 사고로 사망자가 1명 이상 발생한 교통사고

② 1건의 사고로 중상자가 2명 이상 발생한 교통사고

③ 자동차를 20대 이상 보유한 (2)의 어느 하나에 해당하는 자의 [별표 3의2]에 따른 교통안전도 평가지수가 국토교통부령으로 정하는 기준을 초과하여 발생한 교통사고

(4) 교통수단안전점검의 항목(영 제20조제4항)

① 교통수단의 교통안전 위험요인 조사

② 교통안전 관계 법령의 위반 여부 확인

③ 교통안전관리규정의 준수 여부 점검

④ 그 밖에 국토교통부장관이 관계 교통행정기관의 장과 협의하여 정하는 사항

(5) 교통수단안전점검의 방법(영 제21조)

① 교통행정기관의 장은 교통수단안전점검을 실시할 때에는 교통안전에 관한 전문지식과 경험이 있는 관계 공무원으로 하여금 이를 실시하도록 하여야 한다.

② 교통수단안전점검의 대상이 둘 이상의 교통행정기관의 소관 사항인 경우에는 해당 소관 기관이 공동으로 점검할 수 있다.

③ 교통행정기관의 장은 교통수단안전점검을 하기 위하여 필요하다고 인정되는 경우에는 교통안전과 관련된 전문기관·단체의 지원을 받을 수 있다.

(6) 교통수단안전점검 결과의 처리(영 제21조의2)

법 제33조제7항에 따른 교통수단안전점검 결과를 통보받은 교통행정기관은 법 제33조제8항에 따라 점검 결과를 통보받은 날부터 3개월 이내에 다음의 사항을 국토교통부장관에게 통보하여야 한다. 이 경우 법 제52조제1항에 따른 교통안전정보관리체계(이하 "교통안전정보관리체계")에 해당 사항을 입력한 경우에는 국토교통부장관에게 통보한 것으로 본다.

① 교통수단안전점검 결과에 따른 조치내용
② 미조치 사항에 대한 사유 및 조치계획

(7) 교통안전 특별실태조사의 실시 등(법 제33조의2)

① 지정행정기관의 장은 교통사고가 자주 발생하는 등 교통안전이 취약한 시(제주특별자치도 설치 및 국제자유도시 조성을 위한 특별법에 따른 행정시를 포함) · 군 · 구에 대하여 필요하다고 인정하는 경우 해당 시 · 군 · 구의 교통체계에 대한 특별실태조사를 실시할 수 있다.

② 지정행정기관의 장은 ①에 따라 특별실태조사를 실시한 결과 교통안전의 확보를 위하여 필요하다고 인정하는 경우에는 관할 교통행정기관에 대하여 교통시설 등의 교통체계를 개선할 것을 권고할 수 있다. 이 경우 지정행정기관의 장은 관할 교통행정기관에 개선권고의 이행에 필요한 행정적 지원을 할 수 있다.

③ ②에 따라 지정행정기관의 장의 개선권고를 받은 관할 교통행정기관은 이행계획서를 작성하여 지정행정기관의 장에게 제출하여야 하고, 지정행정기관의 장은 이를 이행하는지 확인 또는 점검하여야 한다.

④ ③에 따라 이행계획서를 제출한 관할 교통행정기관은 대통령령으로 정하는 바에 따라 이행결과보고서를 지정행정기관의 장에게 제출하여야 한다.

⑤ 지정행정기관의 장은 예산의 범위에서 ②에 따른 개선권고의 이행에 필요한 재원의 전부 또는 일부를 지원할 수 있다.

⑥ 특별실태조사의 구체적인 대상, 절차, 방법 등에 관하여 필요한 사항은 국토교통부령으로 정한다.

3. 교통시설안전진단

(1) 교통시설설치자의 교통시설안전진단(법 제34조제1 · 2항)

① 대통령령으로 정하는 일정 규모 이상의 도로 · 철도 · 공항의 교통시설을 설치하려는 자(교통시설설치자)는 해당 교통시설의 설치 전에 등록한 교통안전진단기관(이하 "교통안전진단기관")에 의뢰하여 교통시설안전진단을 받아야 한다.

② ①에 따라 교통시설안전진단을 받은 교통시설설치자는 해당 교통시설에 대한 공사계획 또는 사업계획 등에 대한 승인 · 인가 · 허가 · 면허 또는 결정 등(이하 "승인 등")을 받아야 하거나 신고 등을 하여야 하는 경우에는 대통령령으로 정하는 바에 따라 교통안전진단기관이 작성 · 교부한 교통시설안전진단보고서를 관련 서류와 함께 관할 교통행정기관에 제출하여야 한다.

(2) 교통시설안전진단을 받아야 하는 교통시설(영 [별표 2])

구 분	대상 교통시설	교통시설안전진단보고서 제출시기(법 제34조제2항)	교통시설안전진단보고서 제출시기(법 제34조제4항)
도 로	1) 국토의 계획 및 이용에 관한 법률에 따른 도시·군계획시설사업으로 시행하는 다음과 같은 도로의 건설 가) 일반국도·고속국도 : 총 길이 5[km] 이상 나) 특별시도·광역시도·지방도(국가지원지방도를 포함) : 총 길이 3[km] 이상 다) 시도·군도·구도 : 총 길이 1[km] 이상	1) 국토의 계획 및 이용에 관한 법률 따른 실시계획의 인가 전	1) 국토의 계획 및 이용에 관한 법률 제98조에 따른 준공검사 전
	2) 도로법에 따른 다음의 어느 하나에 해당하는 도로의 건설 가) 일반국도·고속국도 : 총 길이 5[km] 이상 나) 특별시도·광역시도·지방도 : 총 길이 3[km] 이상 다) 시도·군도·구도 : 총 길이 1[km] 이상	2) 도로법 제25조에 따른 도로구역의 결정 전	2) 건설기술 진흥법 시행령 제78조에 따른 준공검사 전
철 도	1) 철도의 건설 및 철도시설 유지관리에 관한 법률과 국토의 계획 및 이용에 관한 법률에 따른 철도의 건설(철도사업법에 따른 전용철도를 공장 안에 설치하는 경우는 제외) : 1개소 이상의 정거장을 포함하는 총 길이 1[km] 이상	1) 국토의 계획 및 이용에 관한 법률에 따른 도시·군계획시설사업으로 시행하는 경우에는 실시계획의 인가 전, 그 밖의 경우에는 철도의 건설 및 철도시설 유지관리에 관한 법률에 따른 실시계획의 승인 전	1) 국토의 계획 및 이용에 관한 법률에 따른 도시·군계획시설사업으로 시행하는 경우에는 준공검사 전, 그 밖의 경우에는 철도의 건설 및 철도시설 유지관리에 관한 법률에 따른 준공확인 전
	2) 도시철도법에 따른 도시철도의 건설 : 1개소 이상의 정거장을 포함하는 총 길이 1[km] 이상	2) 도시철도법에 따른 사업계획의 승인 전	2) 도시철도법에 따른 운송개시 전 또는 준공검사 전

비 고
철도안전법에 따라 종합시험운행을 실시하는 경우 및 공항시설법에 따라 공항운영증명을 받은 경우에는 교통시설안전진단 대상에서 제외한다.

(3) 교통안전 우수사업자 지정 등(법 제35조의2)

① 국토교통부장관은 교통안전수준을 높이고 교통사고 감소에 기여한 교통수단운영자를 교통안전 우수사업자로 지정할 수 있다.

② 교통행정기관은 ①에 따라 지정을 받은 자에 대하여 교통수단안전점검을 면제하는 등 국토교통부령으로 정하는 지원을 할 수 있다.

③ 국토교통부장관은 ①에 따라 지정을 받은 자가 다음에 해당하는 경우에는 지정을 취소할 수 있다. 다만, ㉠에 해당하는 경우에는 지정을 취소하여야 한다.

㉠ 거짓이나 그 밖의 부정한 방법으로 ①에 따른 지정을 받은 경우

㉡ 국토교통부령으로 정하는 기준 이상의 교통사고를 일으킨 경우

④ ①에 따른 교통안전 우수사업자 지정의 대상, 기준, 유효기간, 절차, 방법 등에 관하여 필요한 사항은 국토교통부령으로 정한다.

(4) 교통시설안전진단의 실시 등(영 제25조제1·2항, 제26조)

① 교통시설안전진단은 해당 교통시설 등을 설계·시공 또는 감리한 자의 계열회사인 교통안전진단기관이나 해당 교통사업자의 자회사인 교통안전진단기관에 의뢰하여서는 아니 된다. 다만, 교통시설 등에 대한 교통시설안전진단을 할 때에 다른 교통안전진단기관이 교통시설안전진단을 할 수 없거나 특별히 필요하다고 인정되는 경우로서 국토교통부령으로 정하는 경우에는 그러하지 아니하다.

② 교통안전진단기관이 교통시설안전진단을 할 때에는 제32조제1항제1호에 따른 요건을 갖춘 자로 하여금 진단하게 하여야 한다.

③ 교통시설안전진단보고서에는 다음의 사항이 포함되어야 한다(영 제26조).
  ㉠ 교통시설안전진단을 받아야 하는 자의 명칭 및 소재지
  ㉡ 교통시설안전진단 대상의 종류
  ㉢ 교통시설안전진단의 실시기간과 실시자
  ㉣ 교통시설안전진단 대상의 상태 및 결함 내용
  ㉤ 교통안전진단기관의 권고사항
  ㉥ 그 밖에 교통안전관리에 필요한 사항

(5) 교통시설안전진단 명령(영 제30조)

① 교통행정기관은 교통시설안전진단을 받을 것을 명할 때에는 교통시설안전진단을 받아야 하는 날부터 30일 전까지 교통시설설치·관리자에게 이를 통보하여야 한다. 다만, 해당 교통시설로 인하여 교통사고를 초래할 중대한 위험요인이 있다고 인정되는 경우로서 긴급하게 교통시설안전진단을 받을 필요가 있다고 인정되는 경우에는 그 기간을 단축할 수 있다.

② ①에 따른 교통시설안전진단 명령은 서면으로 하여야 하며, 그 서면에는 교통시설안전진단의 대상·일시 및 이유를 분명하게 밝혀야 한다.

(6) 교통시설안전진단 결과의 처리(법 제37조)

① 교통행정기관은 교통시설안전진단을 받은 자가 제출한 교통시설안전진단보고서를 검토한 후 교통안전의 확보를 위하여 필요하다고 인정되는 경우에는 해당 교통시설안전진단을 받은 자에 대하여 다음 사항을 권고하거나 관계 법령에 따른 필요한 조치(권고 등)를 할 수 있다. 이 경우 교통행정기관은 교통시설안전진단을 받은 자가 권고사항을 이행하기 위하여 필요한 자료 제공 및 기술지원을 할 수 있다.
  ㉠ 교통시설에 대한 공사계획 또는 사업계획 등의 시정 또는 보완
  ㉡ 교통시설의 개선·보완 및 이용제한
  ㉢ 교통시설의 관리·운영 등과 관련된 절차·방법 등의 개선·보완
  ㉣ 그 밖에 교통안전에 관한 업무의 개선

② 교통행정기관은 ①에 따라 권고 등을 받은 자가 권고 등을 이행하는지를 점검할 수 있다.

③ 교통행정기관은 ②에 따른 점검을 위하여 필요하다고 인정하는 경우에는 ①에 따라 권고 등을 받은 자에게 권고 등의 이행실적을 제출할 것을 요청할 수 있다.

(7) 교통시설안전진단지침(법 제38조, 영 제31조)

① 국토교통부장관은 교통시설안전진단의 체계적이고 효율적인 실시를 위하여 대통령령으로 정하는 바에 따라 교통시설안전진단의 실시 항목·방법 및 절차, 교통시설안전진단을 실시하는 자의 자격 및 구성, 교통시설안전진단보고서의 작성 및 교통시설안전진단 결과의 사후 관리 등의 내용을 포함한 교통시설안전진단지침을 작성하여 이를 관보에 고시하여야 한다.

 ㉠ 교통시설안전진단에 필요한 사전준비에 관한 사항

 ㉡ 교통시설안전진단 실시자의 자격 및 구성에 관한 사항

 ㉢ 교통시설안전진단의 대상 및 범위에 관한 사항

 ㉣ 교통시설안전진단의 항목에 관한 사항

 ㉤ 교통시설안전진단 방법 및 절차에 관한 사항

 ㉥ 교통시설안전진단보고서의 작성 및 사후관리에 관한 사항

 ㉦ 교통시설안전진단의 결과에 따른 조치에 관한 사항

 ㉧ 교통시설안전진단의 평가에 관한 사항

② 국토교통부장관은 교통시설안전진단지침을 작성하려면 미리 관계지정행정기관의 장과 협의하여야 한다.

③ 교통안전진단기관은 교통시설안전진단을 실시하는 경우에는 ①에 따른 교통시설안전진단지침에 따라야 한다.

4. 교통안전진단기관

(1) 교통안전진단기관의 등록(영 제32조제2·3항)

① 교통안전진단기관으로 등록하려는 자는 등록신청서에 국토교통부령으로 정하는 서류를 첨부하여 시·도지사에게 제출하여야 한다.

② 시·도지사는 ①에 따른 등록신청을 받은 경우에는 등록요건을 갖추었는지를 검토한 후 다음의 구분에 따라 교통안전진단기관으로 등록하여야 한다.

 ㉠ 도로분야

 ㉡ 철도분야

 ㉢ 공항분야

(2) 교통안전진단에 필요한 전문인력 인정기준(영 제32조제1항, [별표 4])

① **전문인력-도로분야**

전문인력 인정기준에 따른 인력으로서 국토교통부령으로 정하는 교통시설안전진단 교육·훈련과정을 마친 자

㉠ 책임교통안전진단사의 자격요건(1명 이상 보유)

- 도로 및 공항기술사 또는 교통기술사 자격을 가진 사람
- 토목기사 또는 교통기사 자격을 취득한 후 도로의 설계·감리·감독·진단 또는 평가 등의 관련 업무를 10년 이상 수행한 사람

㉡ 교통안전진단사의 자격요건(2명 이상 보유)

토목기사 또는 교통기사 자격을 취득한 후 도로의 설계·감리·감독·진단 또는 평가 등의 관련 업무를 7년 이상 수행한 사람

㉢ 보조요원의 자격요건(2명 이상 보유)

토목기사 또는 교통기사 자격을 취득한 후 도로의 설계·감리·감독·진단 또는 평가 등의 관련 업무를 4년 이상 수행한 사람

② **전문인력-철도분야**

전문인력 인정기준에 따른 인력으로서 국토교통부령으로 정하는 교통시설안전진단 교육·훈련과정을 마친 자

㉠ 책임교통안전진단사의 자격요건(1명 이상 보유)

- 철도신호기술사, 전기철도기술사, 철도기술사 또는 교통기술사 자격을 가진 사람
- 토목기사, 철도보선기사, 철도신호기사, 전기철도기사 또는 교통기사 자격을 취득한 후 철도시설의 설계·감리·감독·진단·점검 또는 평가 등의 관련 업무를 10년 이상 수행한 사람

㉡ 교통안전진단사의 자격요건(2명 이상 보유) : 토목기사, 철도보선기사, 철도신호기사, 전기철도기사 또는 교통기사 자격을 취득한 후 철도시설의 설계·감리·감독·진단·점검 또는 평가 등의 관련 업무를 7년 이상 수행한 사람

㉢ 보조요원의 자격요건(2명 이상 보유) : 토목기사, 철도보선기사, 철도신호기사, 전기철도기사 또는 교통기사 자격을 취득한 후 철도시설의 설계·감리·감독·진단·점검 또는 평가 등의 관련 업무를 4년 이상 수행한 사람

③ **장 비**

교통안전에 관한 위험요인을 조사·측정하기 위하여 필요한 장비로서 국토교통부령으로 정하는 장비(규칙 제11조 [별표 1])

분 야	장비명	
도 로	1. 노면 미끄럼 저항 측정기	2. 반사성능 측정기
	3. 조도계(照度計)	4. 평균휘도계[광원(光源) 단위 면적당 밝기의 평균 측정기]
	5. 거리 및 경사 측정기	6. 속도 측정장비
	7. 계수기(計數器)	8. 워킹메저(Walking-Measure)
	9. 위성항법장치(GPS)	10. 그 밖의 부대설비(컴퓨터 포함) 및 프로그램
철 도	해당 없음	

(3) 변경사항의 신고 등(법 제40조)

① 교통안전진단기관은 등록사항 중 교통안전진단기관의 상호, 대표자, 사무소 소재지 또는 전문인력이 변경된 때에는 그 사실을 시·도지사에게 신고하여야 한다.

② 교통안전진단기관은 계속하여 6개월 이상 휴업하거나 재개업 또는 폐업하고자 하는 때에는 시·도지사에게 신고하여야 하며, 시·도지사는 폐업신고를 받은 때에는 그 등록을 말소하여야 한다.

(4) 결격사유(법 제41조)

다음의 어느 하나에 해당하는 자는 교통안전진단기관으로 등록할 수 없다.

① 피성년후견인 또는 피한정후견인

② 파산선고를 받고 복권되지 아니한 자

③ 이 법을 위반하여 징역형의 실형을 선고받고 그 집행이 종료(집행이 종료된 것으로 보는 경우 포함)되거나 집행이 면제된 날부터 2년이 지나지 아니한 자

④ 이 법을 위반하여 징역형의 집행유예를 선고받고 그 유예기간 중에 있는 자

⑤ 교통안전진단기관의 등록이 취소된 후 2년이 지나지 아니한 자(단, 제43조제3호 중 제41조제1호 및 제2호에 해당하여 등록이 취소된 경우는 제외)

⑥ 임원 중에 ①부터 ⑤까지의 어느 하나에 해당하는 자가 있는 법인

(5) 명의대여의 금지(법 제42조)

교통안전진단기관은 타인에게 자기의 명칭 또는 상호를 사용하여 교통시설안전진단 업무를 영위하게 하거나 교통안전진단기관등록증을 대여하여서는 아니 된다.

(6) 등록의 취소(법 제43조제1항)

시·도지사는 교통안전진단기관이 다음의 어느 하나에 해당하는 때에는 그 등록을 취소하거나 1년 이내의 기간을 정하여 영업의 정지를 명할 수 있다. 다만, ①부터 ⑤까지의 어느 하나에 해당하는 때에는 그 등록을 취소하여야 한다.

① 거짓이나 그 밖의 부정한 방법으로 등록을 한 때

② 최근 2년간 2회의 영업정지처분을 받고 새로이 영업정지처분에 해당하는 사유가 발생한 때

③ 교통안전진단기관의 결격사유(법 제41조)에 해당하게 된 때. 다만, 법인의 임원 중에 같은 조 제1호부터 제5호까지의 어느 하나에 해당하는 자가 있는 경우 6개월 이내에 해당 임원을 개임한 때에는 그러하지 아니하다.

④ 명의대여의 금지(법 제42조) 규정을 위반하여 타인에게 자기의 명칭 또는 상호를 사용하게 하거나 교통안전진단기관등록증을 대여한 때

⑤ 영업정지처분을 받고 영업정지처분기간 중에 새로이 교통시설안전진단 업무를 실시한 때

⑥ 교통안전진단기관의 등록기준에 미달하게 된 때

⑦ 교통시설안전진단을 실시할 자격이 없는 자로 하여금 교통시설안전진단을 수행하게 한 때

⑧ 교통시설안전진단의 실시결과를 평가한 결과 안전의 상태를 사실과 다르게 진단하는 등 교통시설안전진단 업무를 부실하게 수행한 것으로 평가된 때

(7) 행정처분 후의 업무수행(법 제44조)

① 등록의 취소 또는 영업정지처분을 받은 교통안전진단기관은 그 처분 당시에 이미 착수한 교통시설안전진단 업무는 이를 계속할 수 있다. 이 경우 교통안전진단기관은 그 처분 받은 내용을 지체 없이 교통시설안전진단 실시를 의뢰한 자에게 통지하여야 한다.

② 업무를 계속하는 자는 업무를 완료할 때까지 해당 업무에 관하여는 교통안전진단기관으로 본다.

(8) 교통시설안전진단 실시결과의 평가(법 제45조제1항, 영 제34조제1·2항)

① 국토교통부장관은 교통시설안전진단의 기술수준을 향상시키고 부실진단을 방지하기 위하여 교통안전진단기관이 수행한 교통시설안전진단의 실시결과를 평가하여야 한다.

② 교통시설안전진단의 실시결과에 대한 평가의 대상은 다음과 같다.

  ㉠ 다른 교통시설안전진단보고서를 베껴 쓰거나 뚜렷하게 짧은 기간에 진단을 끝내는 등 국토교통부장관이 부실진단의 우려가 있다고 인정하는 경우

  ㉡ 교통시설안전진단 비용의 산정기준에 뚜렷하게 못 미치는 금액으로 도급계약을 체결하여 교통안전진단을 한 경우

  ㉢ 그 밖에 국토교통부장관이 교통시설의 안전을 위하여 필요하다고 인정하는 경우

③ 교통시설안전진단의 실시결과에 대한 평가를 할 때에는 다음의 사항을 포함하여야 한다.

  ㉠ 교통시설에 대한 조사 결과 분석 및 안전성 평가 방법의 적정성

  ㉡ 교통시설안전진단의 실시결과에 따라 제시된 권고사항의 적정성

  ㉢ 그 밖에 국토교통부장관이 해당 교통시설의 안전을 위하여 필요하다고 인정하는 사항

5. 교통시설안전사업 등

(1) 교통시설안전진단 비용의 부담(법 제46조)

① 교통시설안전진단에 드는 비용은 교통시설안전진단을 받는 자가 부담한다.

② 교통시설안전진단 비용의 산정기준은 국토교통부장관이 정하여 고시한다.

(2) 교통안전진단기관에 대한 지도 · 감독(법 제47조)

① 시 · 도지사는 교통안전진단기관이 교통시설안전진단 업무를 적절하게 수행하고 있는지의 여부 등을 확인하기 위하여 교통안전진단기관으로 하여금 필요한 보고를 하게 하거나 관련 자료를 제출하게 할 수 있으며, 필요한 경우 소속 공무원으로 하여금 관련 서류 그 밖의 물건을 점검 · 검사하게 하거나 관계인에게 질문을 하게 할 수 있다.

② ①에 따라 출입 · 검사를 하는 경우에는 검사일 7일 전까지 검사일시 · 검사이유 및 검사내용 등을 포함한 검사계획을 교통안전진단기관에 통지하여야 한다. 다만, 증거인멸 등으로 검사의 목적을 달성할 수 없거나 긴급한 사정이 있는 경우에는 검사일에 검사계획을 통지할 수 있다.

③ ①에 따라 출입 · 검사를 하는 공무원은 관계인에게 자신의 권한을 나타내는 증표를 내보이고 성명 · 출입시간 및 출입목적 등이 표시된 문서를 교부하여야 한다.

6. 교통사고의 조사 등

(1) 교통사고의 조사(법 제49조)

① 교통사고가 발생한 경우 법령에 의하여 해당 교통사고를 조사 · 처리하는 권한을 가진 교통행정기관, 위원회 또는 관계공무원 등은 법령에 따라 정확하고 신속하게 교통사고의 원인을 규명하여야 한다.

② ①의 규정에 따라 교통사고의 원인을 조사 · 처리한 교통행정기관 등은 교통사고의 재발방지를 위한 대책을 수립 · 시행하거나 관계행정기관에 교통사고재발방지대책을 수립 · 시행할 것을 권고할 수 있다. 이 경우 교통행정기관 등은 관계행정기관에 권고 이행에 필요한 행정적 · 기술적 지원을 할 수 있다.

③ ②에 따른 권고를 받은 관계행정기관의 장은 권고를 받은 날부터 30일 이내에 이행계획서를 작성하여 교통행정기관 등에 제출하여야 한다.

④ ③에 따라 이행계획서를 제출한 관계행정기관의 장은 대통령령으로 정하는 바에 따라 이행결과보고서를 교통행정기관 등에 제출하여야 한다.

⑤ ③에도 불구하고 ②에 따른 권고를 받은 관계행정기관의 장은 권고 내용을 이행할 필요가 없다고 판단하는 경우에는 권고를 받은 날부터 30일 이내에 그 이유를 교통행정기관 등에 문서로 통보하여야 한다.

(2) 교통시설을 관리하는 행정기관 등의 교통사고원인조사(법 제50조)

① 교통시설을 관리하는 행정기관, 교통시설설치 · 관리자를 지도 · 감독하는 교통행정기관은 소관 교통시설 안에서 대통령령으로 정하는 중대한 교통사고가 발생한 경우에는 해당 교통시설의 결함, 교통안전표지 등 교통안전시설의 미비 등으로 인하여 교통사고가 발생하였는지의 여부 등 교통사고의 원인을 조사하여야 한다.

② 교통수단의 안전기준을 관장하는 지정행정기관의 장은 대통령령으로 정하는 중대한 교통사고가 발생한 때에는 교통수단의 제작상의 결함 등으로 인하여 교통사고가 발생하였는지의 여부에 대하여 조사할 수 있다.

③ ①의 규정에 따라 교통사고의 원인을 조사하여야 하는 지방자치단체의 장은 그 결과를 소관 지정행정기관의 장에게 제출하여야 한다.

④ ① 및 ②의 규정에 따른 교통사고조사의 구체적인 대상·방법 등에 관하여 필요한 사항은 대통령령으로 정한다.

(3) 중대한 교통사고 등(영 제36조)

① 대통령령이 정하는 중대한 교통사고란 교통시설 또는 교통수단의 결함으로 사망사고 또는 중상사고(의사의 최초진단결과 3주 이상의 치료가 필요한 상해를 입은 사람이 있는 사고를 말한다. 이하 같다)가 발생했다고 추정되는 교통사고를 말한다.

② 지방자치단체의 장은 소관 교통시설 안에서 교통수단의 결함이 원인이 되어 ①에 따른 교통사고가 발생하였다고 판단되는 경우에는 지정행정기관의 장에게 교통사고의 원인조사를 의뢰할 수 있다.

③ 교통시설(도로만 해당한다. 이하 같다)을 관리하는 행정기관과 교통시설설치·관리자(도로의 설치·관리자만 해당한다. 이하 같다)를 지도·감독하는 교통행정기관(이하 "교통행정기관 등")은 지난 3년간 발생한 ①에 따른 교통사고를 기준으로 교통사고의 누적지점과 구간에 관한 자료를 보관·관리하여야 한다.

④ 지방자치단체의 장이 교통안전정보관리체계에 제출한 소관 교통시설에 대한 교통사고의 원인조사 결과는 소관 지정행정기관의 장에게 제출한 교통사고의 원인조사 결과로 본다.

(4) 교통사고원인조사의 대상·방법(영 제37조제1·2항, [별표 5])

① 교통사고원인조사의 대상

대상 도로	대상 구간
최근 3년간 다음의 어느 하나에 해당하는 교통사고가 발생하여 해당 구간의 교통시설에 문제가 있는 것으로 의심되는 도로 1. 사망사고 3건 이상 2. 중상사고 이상의 교통사고 10건 이상	1. 교차로 또는 횡단보도 및 그 경계선으로부터 150[m]까지의 도로 지점 2. 국토의 계획 및 이용에 관한 법률 제6조제1호에 따른 도시지역의 경우에는 600[m], 도시지역 외의 경우에는 1,000[m]의 도로구간

② 교통행정기관 등의 장은 교통사고의 원인을 조사하기 위하여 필요한 경우에는 다음의 자로 구성된 교통사고원인조사반을 둘 수 있다.

ㄱ 교통시설의 안전 또는 교통수단의 안전기준을 담당하는 관계 공무원

ㄴ 해당 구역의 교통사고 처리를 담당하는 경찰공무원

ㄷ 그 밖에 교통행정기관 등의 장이 교통사고원인조사에 필요하다고 인정하는 자

(5) 교통사고관련자료 등의 보관·관리(영 제38·39조)

① 교통사고관련자료(교통사고와 관련된 자료·통계 또는 정보) 등을 보관·관리하는 자는 교통사고가 발생한 날부터 5년간 이를 보관·관리하여야 한다.

② ①에 따라 교통사고관련자료 등을 보관·관리하는 자는 교통사고관련자료 등의 멸실 또는 손상에 대비하여 그 입력된 자료와 프로그램을 다른 기억매체에 따라 입력시켜 격리된 장소에 안전하게 보관·관리하여야 한다.

③ 교통사고관련자료 등을 보관·관리하는 자(영 제39조)

    ㉠ 한국교통안전공단

    ㉡ 도로교통공단

    ㉢ 한국도로공사

    ㉣ 손해보험협회에 소속된 손해보험회사

    ㉤ 여객자동차운송사업의 면허를 받거나 등록을 한 자

    ㉥ 여객자동차운수사업법에 따른 공제조합

    ㉦ 화물자동차운수사업자로 구성된 협회가 설립한 연합회

중요 CHECK

중대 교통사고의 기준 및 교육실시(규칙 제31조의2)

① 법 제56조의2제1항 전단에서 "국토교통부령으로 정하는 교육"이란 [별표 7] 제1호의 기본교육과정을 말한다.

② 법 제56조의2제2항에서 "중대 교통사고"란 차량운전자가 교통수단운영자의 차량을 운전하던 중 1건의 교통사고로 8주 이상의 치료를 요하는 의사의 진단을 받은 피해자가 발생한 사고를 말한다.

③ 차량운전자는 ②에 따른 중대 교통사고가 발생하였을 때에는 교통사고조사에 대한 결과를 통지 받은 날부터 60일 이내에 교통안전 체험교육을 받아야 한다. 다만, 각 호에 해당하는 차량운전자의 경우에는 각 호에서 정한 기간 내에 교육을 받아야 한다.

  1. 해당 차량운전자가 중대 교통사고 발생에 따른 구속 또는 금고 이상의 실형을 선고받고 그 형이 집행 중인 경우에는 석방 또는 그 집행이 종료되거나 집행을 받지 아니하기로 확정된 날부터 60일 이내

  2. 해당 차량운전자가 중대 교통사고 발생에 따른 상해를 받아 치료를 받아야 하는 경우에는 치료가 종료된 날부터 60일 이내

  3. 중대 교통사고로 인하여 운전면허가 취소 또는 정지된 차량운전자의 경우에는 운전면허를 다시 취득하거나 정지기간이 만료되어 운전할 수 있는 날부터 60일 이내

④ 교통수단운영자는 ②에 따른 중대 교통사고를 일으킨 차량운전자를 고용하려는 때에는 교통안전체험교육을 받았는지 여부를 확인하여야 한다.

---

7. 교통안전관리자

(1) 교통안전관리자 자격의 취득(법 제53조제1·2항)

① 국토교통부장관은 교통수단의 운행·운항·항행 또는 교통시설의 운영·관리와 관련된 기술적인 사항을 점검·관리하는 교통안전관리자 자격 제도를 운영하여야 한다.

② 교통안전관리자 자격을 취득하려는 사람은 국토교통부장관이 실시하는 시험에 합격하여야 하며, 국토교통부장관은 시험에 합격한 사람에 대하여는 교통안전관리자 자격증명서를 교부한다.

(2) 교통안전관리자 자격의 결격 및 취소사유(법 제53조제3항, 제54조)

① 다음의 어느 하나에 해당하는 자는 교통안전관리자가 될 수 없다.

    ㉠ 피성년후견인 또는 피한정후견인

    ㉡ 금고 이상의 실형을 선고받고 그 집행이 종료(집행이 종료된 것으로 보는 경우를 포함)되거나 집행이 면제된 날부터 2년이 지나지 아니한 자

    ㉢ 금고 이상의 형의 집행유예를 선고받고 그 유예기간 중에 있는 자

    ㉣ 규정에 따라 교통안전관리자 자격의 취소처분을 받은 날부터 2년이 지나지 아니한 자. 다만, ②에 ㉠ 중 ①의 ㉠에 해당하여 자격이 취소된 경우는 제외한다.

② 시·도지사는 교통안전관리자가 다음 ㉠ 및 ㉡의 어느 하나에 해당하는 때에는 그 자격을 취소하여야 하며, ㉢에 해당하는 때에는 교통안전관리자의 자격을 취소하거나 1년 이내의 기간을 정하여 해당 자격의 정지를 명할 수 있다.

    ㉠ ①의 어느 하나에 해당하게 된 때

    ㉡ 거짓이나 그 밖의 부정한 방법으로 교통안전관리자 자격을 취득한 때

    ㉢ 교통안전관리자가 직무를 행하면서 고의 또는 중대한 과실로 인하여 교통사고를 발생하게 한 때

③ 시·도지사는 ②에 따라 자격의 취소 또는 정지처분을 한 때에는 국토교통부령으로 정하는 바에 따라 해당 교통안전관리자에게 이를 통지하여야 한다.

④ ②의 규정에 따른 행정처분의 세부기준 및 절차는 그 위반행위의 유형과 위반의 정도에 따라 국토교통부령으로 정한다.

(3) 교통안전관리자의 종류(영 제41조의2)

① 도로교통안전관리자

② 철도교통안전관리자

③ 항공교통안전관리자

④ 항만교통안전관리자

⑤ 삭도교통안전관리자

(4) 교통안전담당자의 지정 등(법 제54조의2, 영 제44조제2항)

① 대통령령으로 정하는 교통시설설치·관리자 및 교통수단운영자는 다음의 어느 하나에 해당하는 사람을 교통안전담당자로 지정하여 직무를 수행하게 하여야 한다.

    ㉠ 제53조에 따라 교통안전관리자 자격을 취득한 사람

    ㉡ 대통령령으로 정하는 자격을 갖춘 사람으로 다음의 어느 하나에 해당하는 사람

        • 산업안전보건법 제17조에 따른 안전관리자

        • 자격기본법에 따른 민간자격으로서 국토교통부장관이 교통사고 원인의 조사·분석과 관련된 것으로 인정하는 자격을 갖춘 사람

② ①에 따른 교통시설설치·관리자 및 교통수단운영자는 교통안전담당자로 하여금 교통안전에 관한 전문지식과 기술능력을 향상시키기 위하여 교육을 받도록 하여야 한다.

③ 교통안전담당자의 직무, 지정 방법 및 교통안전담당자에 대한 교육에 필요한 사항은 대통령령으로 정한다.

(5) 교통안전담당자의 직무(영 제44조의2)

① 교통안전담당자의 직무는 다음과 같다.
　㉠ 교통안전관리규정의 시행 및 그 기록의 작성·보존
　㉡ 교통수단의 운행·운항 또는 항행(운행 등) 또는 교통시설의 운영·관리와 관련된 안전점검의 지도·감독
　㉢ 교통시설의 조건 및 기상조건에 따른 안전 운행 등에 필요한 조치
　㉣ 법 제24조제1항에 따른 운전자 등의 운행 등 중 근무상태 파악 및 교통안전 교육·훈련의 실시
　㉤ 교통사고 원인 조사·분석 및 기록 유지
　㉥ 운행기록장치 및 차로이탈경고장치 등의 점검 및 관리

② 교통안전담당자는 교통안전을 위해 필요하다고 인정하는 경우에는 다음의 조치를 교통시설설치·관리자 등에게 요청해야 한다. 다만, 교통안전담당자가 교통시설설치·관리자 등에게 필요한 조치를 요청할 시간적 여유가 없는 경우에는 직접 필요한 조치를 하고, 이를 교통시설설치·관리자 등에게 보고해야 한다.
　㉠ 국토교통부령으로 정하는 교통수단의 운행 등의 계획 변경
　㉡ 교통수단의 정비
　㉢ 운전자 등의 승무계획 변경
　㉣ 교통안전 관련 시설 및 장비의 설치 또는 보완
　㉤ 교통안전을 해치는 행위를 한 운전자 등에 대한 징계 건의

(6) 교통안전담당자에 대한 교육(영 제44조의3)

① 교통시설설치·관리자 등은 법 제54조의2제2항에 따라 교통안전담당자로 하여금 다음의 구분에 따른 교육을 받도록 해야 한다.
　㉠ 신규교육 : 교통안전담당자의 직무를 시작한 날부터 6개월 이내에 1회
　㉡ 보수교육 : 교통안전담당자의 직무를 시작한 날이 속하는 연도를 기준으로 2년마다 1회

② ①의 ㉠에 따른 신규교육은 16시간으로, ㉡에 따른 보수교육은 회당 8시간으로 한다.

③ ①에 따른 교육은 다음의 기관(이하 이 조에서 "교통안전담당자 교육기관")이 실시한다.
　㉠ 한국교통안전공단
　㉡ 여객자동차 운수사업법 제25조제3항에 따른 운수종사자 연수기관

④ 국토교통부장관은 교육일정 및 장소 등이 포함된 다음 연도 교육계획을 매년 12월 31일까지 고시해야 한다.

⑤ 교통안전담당자 교육기관은 전년도 교육인원 및 수료자 명단 등 교육 실적을 매년 2월 말일까지 국토교통부장관에게 제출해야 한다.

⑥ ①부터 ⑤까지에서 규정한 사항 외에 구체적인 교육 과목·내용 및 그 밖에 교육에 필요한 사항은 국토교통부장관이 정하여 고시한다.

(7) 자격의 취소 등(규칙 제26조)

① 법 제54조제2항에 따른 교통안전관리자 자격의 취소 또는 정지처분의 통지에는 다음의 사항이 포함되어야 한다.

  ㉠ 자격의 취소 또는 정지처분의 사유

  ㉡ 자격의 취소 또는 정지처분에 대하여 불복하는 경우 불복신청의 절차와 기간 등

  ㉢ 교통안전관리자 자격증명서의 반납에 관한 사항

② 시·도지사는 법 제54조제1항에 따라 교통안전관리자자격의 취소 또는 정지처분을 한 때에는 교통안전관리자 자격증명서를 회수하고, 그 처분을 받은 자의 성명과 취소 또는 정지 사유를 한국교통안전공단에 통보하여야 한다. 이 경우 회수한 교통안전관리자 자격증명서는 취소처분을 받은 경우에는 폐기하고, 정지처분을 받은 경우에는 정지기간이 끝났을 때 지체 없이 처분을 받은 자에게 돌려주어야 한다.

③ 한국교통안전공단은 교통안전관리자가 법 제54조제1항의 어느 하나에 해당한다는 사실을 알았을 때에는 지체 없이 시·도지사에게 보고하여야 한다.

(8) 교통안전관리자 자격 행정처분의 세부기준(규칙 제27조)

법 제54조제3항에 따른 교통안전관리자의 위반행위의 종류와 위반정도별 행정처분의 세부기준은 [별표 3]과 같다.

① 일반기준

  ㉠ 위반행위가 둘 이상인 경우에는 그중 무거운 처분기준(무거운 처분기준이 같을 때에는 그중 하나의 처분기준을 말한다. 이하 같다)에 따른다.

  ㉡ 위반행위의 횟수에 따른 행정처분의 기준은 최근 2년간 같은 위반행위로 행정처분을 받은 경우에 적용한다. 이 경우 기준적용일은 최초의 위반행위가 있었던 날부터 같은 위반행위로 다시 적발된 날을 기준으로 한다.

  ㉢ 행정처분권자는 위반사항의 내용으로 보아 그 위반 정도가 경미하거나 그 밖에 특별한 사유가 있다고 인정되는 경우에는 처분기준에도 불구하고 그 처분일수의 5분의 1의 범위에서 처분일수를 줄일 수 있다.

  ㉣ 시·도지사는 행정처분 전에 일정기간을 정하여 위반사항의 개선 권고를 할 수 있다. 이 경우 개선 권고 기간 내에 위반사항이 개선되지 아니한 경우에는 ②의 위반행위별 처분기준에 따라 행정처분을 하여야 한다.

② 위반행위별 처분기준

위반행위	행정처분기준		
	1차 위반	2차 위반	3차 위반
가. 법 제53조제3항 각 호의 어느 하나에 해당하게 된 때	자격취소		
나. 거짓 그 밖의 부정한 방법으로 교통안전관리자 자격을 취득한 때	자격취소		
다. 교통안전관리자가 직무를 행함에 있어서 고의 또는 중대한 과실로 인하여 교통사고를 발생하게 한 때	자격정지 (30일)	자격정지 (60일)	자격취소

8. 운행기록 등

(1) 운행기록장치의 장착 및 운행기록의 활용 등(법 제55조, 제55조의2, 규칙 제30조의2)

① 다음의 어느 하나에 해당하는 자는 그 운행하는 차량에 국토교통부령으로 정하는 기준에 적합한 운행기록장치를 장착하여야 한다. 다만, 소형 화물차량 등 국토교통부령으로 정하는 차량은 그러하지 아니하다.

ㄱ 여객자동차운수사업법에 따른 여객자동차 운송사업자

ㄴ 화물자동차운수사업법에 따른 화물자동차 운송사업자 및 화물자동차 운송가맹사업자

ㄷ 도로교통법에 따른 어린이통학버스(ㄱ에 따라 운행기록장치를 장착한 차량은 제외) 운영자

중요 CHECK

운행기록장치의 장착(규칙 제29조의3)

① "국토교통부령으로 정하는 기준에 적합한 운행기록장치"란 [별표 4]에서 정하는 기준을 갖춘 전자식 운행기록 장치(Digital Tachograph)를 말한다.

② 교통수단제조사업자는 그가 제조하는 차량(법 제55조제1항에 따라 운행기록장치를 장착하여야 하는 차량만 해당)에 대하여 ①에 따른 전자식 운행기록장치를 장착할 수 있다.

운행기록장치 장착면제 차량(규칙 제29조의4)

법 제55조제1항 단서에서 "소형 화물차량 등 국토교통부령으로 정하는 차량"이란 다음의 어느 하나에 해당하는 차량을 말한다.

1. 화물자동차운수사업법에 따른 화물자동차운송사업용 자동차로서 최대 적재량 1톤 이하인 화물자동차
2. 자동차관리법 시행규칙에 따른 경형·소형 특수자동차 및 구난형·특수작업형 특수자동차
3. 여객자동차운수사업법에 따른 여객자동차운송사업에 사용되는 자동차로서 2002년 6월 30일 이전에 등록된 자동차

② ①에 따라 운행기록장치를 장착하여야 하는 자(이하 "운행기록장치 장착의무자")는 운행기록장치에 기록된 운행기록을 대통령령으로 정하는 기간(6개월) 동안 보관하여야 하며, 교통행정기관이 제출을 요청하는 경우 이에 따라야 한다. 다만, 대통령령으로 정하는 운행기록장치 장착의무자는 교통행정기관의 제출 요청과 관계없이 운행기록을 주기적으로 제출하여야 한다. 이 경우 운행기록장치 장착의무자는 운행기록장치에 기록된 운행기록을 임의로 조작하여서는 아니 된다.

③ 교통행정기관은 ②에 따라 제출받은 운행기록을 점검·분석하여 그 결과를 해당 운행기록장치 장착의무자 및 차량운전자에게 제공하여야 한다.

④ 교통행정기관은 다음의 조치를 제외하고는 ③에 따른 분석결과를 이용하여 운행기록장치 장착의무자 및 차량운전자에게 이 법 또는 다른 법률에 따른 허가·등록의 취소 등 어떠한 불리한 제재나 처벌을 하여서는 아니 된다.

　　㉠ 규정에 따른 교통수단안전점검의 실시

　　㉡ 교통수단 및 교통수단운영체계의 개선 권고

　　㉢ 최소휴게시간, 연속근무시간 및 속도제한장치 무단해제 확인

⑤ 운행기록의 보관·제출방법·분석·활용 등에 필요한 사항은 국토교통부령으로 정한다.

⑥ 차로이탈경고장치의 장착(법 제55조의2) : ①의 ㉠ 또는 ㉡에 따른 차량 중 국토교통부령으로 정하는 차량은 국토교통부령으로 정하는 기준에 적합한 차로이탈경고장치를 장착하여야 한다.

　　㉠ 국토교통부령으로 정하는 차량이란 길이 9미터 이상의 승합자동차 및 차량총중량 20톤을 초과하는 화물·특수자동차를 말한다. 다만, 다음의 어느 하나에 해당하는 자동차는 제외한다.

　　　• 자동차관리법 시행규칙 [별표 1] 제2호에 따른 덤프형 화물자동차

　　　• 피견인자동차

　　　• 자동차 및 자동차부품의 성능과 기준에 관한 규칙에 따라 입석을 할 수 있는 자동차

　　　• 그 밖에 자동차의 구조나 운행여건 등으로 설치가 곤란하거나 불필요하다고 국토교통부장관이 인정하는 자동차

　　㉡ 국토교통부령으로 정하는 기준이란 자동차 및 자동차부품의 성능과 기준에 관한 규칙에 따른 차로이탈경고장치 기준을 말한다.

중요 CHECK

운행기록장치 등의 장착 여부에 관한 조사(법 제55조의3)

① 국토교통부장관 또는 교통행정기관은 다음 중 어느 하나에 해당하는 사항을 확인하기 위하여 관계공무원, 자동차관리법에 따른 자동차안전단속원 또는 도로법에 따른 운행제한단속원(관계공무원 등)으로 하여금 운행 중인 자동차를 조사하게 할 수 있다.

1. 제55조의 제1항을 위반하여 운행기록장치를 장착하지 아니하였거나 기준에 적합하지 아니한 운행기록장치를 장착하였는지 여부

2. 제55조의2를 위반하여 차로이탈경고장치를 장착하지 아니하였거나 기준에 적합하지 아니한 차로이탈경고장치를 장착하였는지 여부

② 운행 중인 자동차의 소유자나 운전자는 정당한 사유 없이 ①에 따른 조사를 거부·방해 또는 기피하여서는 아니 된다.

③ ①에 따라 조사를 하는 관계공무원 등은 그 권한을 표시하는 증표를 지니고 이를 관계인에게 내보여야 한다.

중요 CHECK

운행기록의 보관 및 제출방법 등(규칙 제30조)

① 운행기록의 보관 및 제출방법은 다음과 같다.

1. 보관방법 : 운행기록장치 또는 저장장치(개인용 컴퓨터, CD, 휴대용 플래시메모리 저장장치 등을 말한다)에 보관

2. 제출방법 : 운행기록을 한국교통안전공단의 운행기록 분석·관리 시스템에 입력하거나, 운행기록파일을 인터넷 또는 저장장치를 이용하여 제출

② 운행기록장치를 장착하여야 하는 자(운행기록장치 장착의무자)는 운행기록의 제출을 요청받으면 [별표 5]에서 정하는 배열순서에 따라 이를 제출하여야 한다.

③ 운행기록 장착의무자는 월별 운행기록을 작성하여 다음 달 말일까지 교통행정기관에 제출하여야 한다.

④ 한국교통안전공단은 운행기록장치 장착의무자가 제출한 운행기록을 점검하고 다음의 항목을 분석하여야 한다.

    1. 과 속

    2. 급감속

    3. 급출발

    4. 회 전

    5. 앞지르기

    6. 진로변경

⑤ 운행기록의 분석 결과는 다음의 자동차 · 운전자 · 교통수단운영자에 대한 교통안전 업무 등에 활용되어야 한다.

    1. 자동차의 운행관리

    2. 차량운전자에 대한 교육 · 훈련

    3. 교통수단운영자의 교통안전관리

    4. 운행계통 및 운행경로 개선

    5. 그 밖에 교통수단운영자의 교통사고 예방을 위한 교통안전정책의 수립

⑥ ①부터 ④까지의 규정에서 정한 사항 외에 운행기록의 제출방법, 점검 및 분석 등에 필요한 세부사항은 국토교통부장관이 정한다.

(2) 운행기록장치의 장착시기 및 보관기간(영 제45조제1 · 2항)

① 운행차량에 운행기록장치를 장착하여야 하는 시기는 다음과 같다.

    ㉠ 이미 등록된 차량 : 다음의 구분에 따른 시기

        • 여객자동차운송사업자(개인택시 운송사업자는 제외)가 운행하는 차량 : 2012년 12월 31일

        • 화물자동차운송사업자 및 화물자동차운송가맹사업자 및 개인택시운송사업자가 운행하는 차량 : 2013년 12월 31일

    ㉡ 법 제55조 제1항에 해당하는 교통사업자가 운행하는 차량으로서 2011년 1월 1일 이후 최초로 신규등록하는 차량 : 신규등록일

② 법 제55조 제2항에서 "대통령령으로 정하는 기간"은 6개월로 한다.

(3) 운행기록의 배열순서(규칙 [별표 5])

항 목	자릿수	표기방법	표기시기
운행기록장치 모델명	20	오른쪽으로 정렬하고 빈칸은 '#'으로 표기	최초 사용 시 등록
차대번호	17	영문(대문자) · 아라비아숫자 전부 표기	〃
자동차 유형	2	11 : 시내버스 22 : 개인택시 12 : 농어촌버스 31 : 일반화물자동차 13 : 마을버스 32 : 개별화물자동차 14 : 시외버스 41 : 비사업용자동차 15 : 고속버스 51 : 어린이통학버스 16 : 전세버스 98 : 기타1 17 : 특수여객자동차 99 : 기타2 21 : 일반택시	〃
자동차 등록번호	12	자동차등록번호 전부 표기 (한글 하나에 두 자리 차지, 빈칸은 '#'으로 표기)	〃

항 목		자릿수	표기방법	표기시기
운송사업자 등록번호		10	사업자등록번호 전부 표기(XXXYYZZZZZ)	최초 사용 시 등록
운전자코드		18	운전자의 자격증번호로, 빈칸은 '#'으로 표기하고 중간자 '-'는 생략	자동차 운송사업자 설정
주행거리 [km]	일일주행거리	4	00시부터 24시까지 주행한 거리(범위 : 0000~9999)	실시간
	누적주행거리	7	최초등록일로부터 누적한 거리(범위 : 0000000~9999999)	〃
정보발생일시		14	YYMMDDhhmmssss(연/월/일/시/분/0.01초)	〃
차량속도[km/h]		3	범위 : 000~255	〃
분당 엔진회전수(RPM)		4	범위 : 0000~9999	〃
브레이크 신호		1	범위 : 0(Off) 또는 1(On)	〃
차량위치 (GPS X, Y 좌표)	X	9	10진수로 표기 (예) 127.123456*1000000 ⇒ 127123456)	〃
	Y	9		
위성항법 장치(GPS) 방위각		3	범위 : 0~360(0~360°에서 1°를 1로 표현)	〃
가속도 [m/s²]	$\triangle V_x$	6	범위 : −100.0~+100.0	〃
	$\triangle V_y$	6		

9. 교통안전체험

(1) 교통안전체험에 관한 연구·교육시설의 설치(법 제56조제1항)

교통행정기관의 장은 교통수단을 운전·운행하는 자의 교통안전의식과 안전운전능력을 효과적으로 향상시키고 이를 현장에서 적극적으로 실천할 수 있도록 교통안전체험에 관한 연구·교육시설을 설치·운영할 수 있다.

(2) 교통안전체험연구·교육시설의 요건(영 제46조제1항, 규칙 [별표 6])

① 시 설

고속주행에 따른 자동차의 변화와 특성을 체험할 수 있는 고속주행 코스 및 통제시설 등 국토교통부령으로 정하는 시설

㉠ 코 스

종 류	용 도
고속주행코스	고속주행에 따른 운전자 및 자동차의 변화와 특성을 체험
일반주행코스	중저속 상황에서의 기본 주행 및 응용 주행을 체험
기초훈련코스	자동차 운전에 대한 감각 등 안전주행에 필요한 기본적인 사항을 연수
자유훈련코스	회전 및 선회(旋回) 주행을 통하여 올바른 운전자세를 습득하고 자동차의 한계를 체험
제동훈련코스	도로 상태별 급제동에 따른 자동차의 특성과 한계를 체험
위험회피코스	위험 및 돌발 상황에서 운전자의 한계를 체험하고 위험회피 요령을 습득
다목적코스	부정형(不定形)의 노면 상태에서 화물자동차의 적재 상태가 운전에 미치는 영향을 체험

- 각 코스는 고속주행, 급제동, 급가속 또는 선회 등을 할 때에 안전하도록 충분한 안전지대를 확보하여야 한다.
- 코스마다 안전을 확보할 수 있는 통제시설을 갖추어야 한다.

ⓛ 정비시설 : 자동차부분정비업 기준에 맞는 100[m²] 이상인 정비시설(다른 사업장에 위탁하는 경우를 포함)

② 전문인력

국토교통부령으로 정하는 자격과 경력을 갖춘 자로서 교통안전체험에 관하여 국토교통부령으로 정하는 교육·훈련과정을 마친 자

ㄱ 자격과 경력 : 다음의 어느 하나의 요건을 갖출 것
- 전문학원 강사 자격을 갖춘 자로서 5년 이상의 강사 경력이 있는 자
- 기능검정원 자격을 갖춘 자로서 5년 이상의 기능검정원 경력이 있는 자
- 자동차의 검사·정비·연구·교육 또는 그 밖의 교통안전업무(정부·지방자치단체 또는 공공기관의 업무만 해당한다)에 3년 이상 종사한 경력이 있는 자로서 교통안전체험교육에 사용되는 자동차를 운전할 수 있는 운전면허가 있는 자

ⓛ 교육·훈련과정 : 국내 또는 국외의 교통안전체험 교육·훈련기관에서 실시하는 전문인력 양성과정을 마친 자

③ 장 비

국토교통부령으로 정하는 교통안전체험용 자동차[바퀴잠김 방지식 제동장치(ABS ; Anti-lock Brake System)를 장착한 자동차 및 이를 장착하지 아니한 자동차, 그 밖에 교육·훈련목적에 적합한 장치를 장착한 자동차]

ㄱ 효율적인 교육·훈련의 시행과 자동차 관리를 위하여 교육·훈련용 자동차임을 알 수 있는 표시를 하여야 한다.

ⓛ 자동차에 대한 점검·정비 결과를 기록부로 작성하여 유지·관리하여야 한다.

ⓒ 교육·훈련 중 발생하는 사고로 인한 응급환자 발생 시 환자이송 등 신속하게 대응할 수 있는 응급 및 구급 체계를 마련하여야 한다.

(3) 교통안전체험연구·교육시설의 체험내용(영 제46조제2항)

교통안전체험연구·교육시설은 다음의 내용을 체험할 수 있도록 하여야 한다.
① 교통사고에 관한 모의실험
② 비상상황에 대한 대처능력 향상을 위한 실습 및 교정
③ 상황별 안전운전 실습

(4) 교통안전 전문교육의 실시(제56조의3)

① 다음의 어느 하나에 해당하는 사람은 교통안전에 관한 전문성 및 직무능력 향상을 위하여 국토교통부장관이 실시하는 교통안전 전문교육을 정기적으로 받아야 한다.

ㄱ 국토교통부령으로 정하는 교통행정기관에서 교통안전에 관한 업무를 담당하는 공무원
ⓛ 교통시설설치·관리자의 직원
ⓒ 도로법 제77조제4항에 따른 운행제한단속원

② 제54조의2제2항에 따라 교육을 받은 사람에게는 ①에 따른 교육의 전부 또는 일부를 면제할 수 있다.

③ 국토교통부장관은 ①에 따른 교통안전 전문교육을 대통령령으로 정하는 전문인력과 시설을 갖춘 기관 또는 단체에 위탁할 수 있다.

④ 교통안전 전문교육의 종류・대상 및 교육 면제, 그 밖에 교통안전 전문교육의 실시에 필요한 사항은 국토교통부령으로 정한다.

10. 교통문화지수

(1) 교통문화지수의 조사 등(법 제57조제1항, 영 제47조제2・3항)

① 지정행정기관의 장은 소관 분야와 관련된 국민의 교통안전의식의 수준 또는 교통문화의 수준을 객관적으로 측정하기 위한 지수(교통문화지수)를 개발・조사・작성하여 그 결과를 공표할 수 있다.

② 교통문화지수는 기초지방자치단체별 교통안전 실태와 교통사고 발생 정도를 조사하여 산정한다. 다만, 도로교통분야 외의 분야는 국토교통부장관이 조사방법을 다르게 정하여 조사할 수 있다.

③ 국토교통부장관은 교통문화지수를 조사하기 위하여 필요하다고 인정되는 경우에는 해당 지방자치단체의 장에게 자료 및 의견의 제출 등 필요한 협조를 요청할 수 있다.

(2) 교통문화지수의 조사항목(영 제47조제1항)

① 운전행태

② 교통안전

③ 보행행태(도로교통분야로 한정)

④ 그 밖에 국토교통부장관이 필요하다고 인정하여 정하는 사항

(3) 교통안전 시범도시의 지정 및 지원(법 제57조의2)

① 지정행정기관의 장은 교통안전에 대한 지역 주민들의 관심을 높이고 효율적인 교통사고 예방대책의 도입 및 확산을 위하여 교통안전 시범도시를 지정할 수 있다.

② 지정행정기관의 장은 ①에 따라 지정된 교통안전 시범도시에 대하여 예산의 범위에서 교통안전시설의 개선사업 등 관련 사업비의 일부를 지원할 수 있다.

③ ①에 따른 교통안전 시범도시의 지정 기준, 절차 및 그 밖의 필요한 사항은 국토교통부령으로 정한다.

(4) 단지 내 도로의 교통안전(법 제57조의3)

① 단지 내 도로설치・관리자는 자동차의 안전운전 및 보행자 등의 안전을 위하여 대통령령으로 정하는 안전시설물(이하 "단지 내 교통안전시설")을 설치・관리하여야 한다(제3항).

② 시장・군수・구청장은 단지 내 도로에서의 교통안전을 확보하기 위하여 관계공무원으로 하여금 교통안전 실태점검을 실시하게 할 수 있다. 이 경우 단지 내 도로에 접속되는 도로교통법에 따른 도로의 일부 구간(이하 "접속구간")을 실태점검의 범위에 포함시킬 수 있다(제4항).

③ 단지 내 도로설치·관리자는 시장·군수·구청장에게 실태점검의 실시를 요청할 수 있다. 이 경우 공동주택단지의 단지 내 도로설치·관리자는 입주자대표회의의 의결을 거치거나 대통령령으로 정하는 요건을 갖춘 일정비율 이상 입주민의 동의를 받아야 한다(제5항).

④ 시장·군수·구청장은 실태점검을 실시하고 필요한 경우에는 다음의 조치를 취할 수 있다. 이 경우 미리 단지 내 도로설치·관리자의 의견을 들어야 한다(제7항).

　㉠ 단지 내 도로설치·관리자에 대한 단지 내 도로에서의 통행방법의 내용, 게시 장소·방법의 개선 및 단지 내 교통안전시설의 설치·보완 등 권고

　㉡ 접속구간의 개선 또는 관할 교통행정기관에 대한 접속구간의 개선 요청

⑤ 단지 내 도로설치·관리자는 단지 내 도로에서 자동차로 인하여 발생한 사고로서 대통령령으로 정하는 중대한 사고가 발생한 경우에는 이를 시장·군수·구청장에게 통보하여야 한다(제9항).

⑥ 시장·군수·구청장은 ⑤에 따른 중대한 사고에 대하여 관할 경찰서장에게 관련 자료를 요청할 수 있다. 이 경우 요청을 받은 관할 경찰서장은 정당한 사유가 있는 경우를 제외하고는 이에 따라야 한다(제10항).

제4절　보칙과 벌칙

1. 보 칙

(1) 비밀유지 등(법 제58조)

다음에 해당하는 업무에 종사하는 자 또는 종사하였던 자는 그 직무상 알게 된 비밀을 타인에게 누설하거나 직무상 목적 외에 이를 사용하여서는 아니 된다. 다만, 다른 법령에 특별한 규정이 있는 경우에는 그러하지 아니하다.

① 교통수단안전점검업무

② 교통시설안전진단업무

③ 교통사고원인조사업무

④ 교통사고관련자료 등의 보관·관리업무

⑤ 운행기록 관련 업무

(2) 권한의 위임 및 업무의 위탁(법 제59조)

① 국토교통부장관 또는 지정행정기관의 장은 이 법에 따른 권한의 일부를 대통령령으로 정하는 바에 따라 소속 기관의 장 또는 시·도지사에게 위임할 수 있다.

② 시·도지사는 ①의 규정에 따라 국토교통부장관 또는 지정행정기관의 장으로부터 위임받은 권한의 일부를 국토교통부장관 또는 지정행정기관의 장의 승인을 얻어 시장·군수·구청장에게 재위임할 수 있다.

③ 국토교통부장관, 교통행정기관 또는 시장·군수·구청장은 이 법에 따른 업무의 일부를 대통령령으로 정하는 바에 따라 교통안전과 관련된 전문기관·단체에 위탁할 수 있다.

(3) 수수료(법 제60조, 규칙 제32조)

① 교통안전진단기관의 등록(변경등록 포함), 교통안전관리자 자격시험의 응시, 교통안전관리자자격증의 교부(재교부 포함)를 받고자 하는 자는 수수료를 납부하여야 한다.

② ①에 따른 교통안전관리자 자격시험 응시 수수료 및 자격증 교부(재교부 포함) 수수료는 각각 2만원으로 한다.

③ 한국교통안전공단은 ②에 따른 교통안전관리자 자격시험 응시 수수료를 납부한 사람에 대하여 다음의 반환기준에 따라 응시수수료의 전부 또는 일부를 반환하여야 한다.

  ㉠ 응시수수료를 과오납한 경우 : 과오납한 금액의 전부
  ㉡ 한국교통안전공단의 귀책사유로 시험에 응시하지 못한 경우 : 납입한 응시수수료의 전부
  ㉢ 응시원서 접수기간에 접수를 취소한 경우 : 납입한 응시수수료의 전부
  ㉣ 응시원서 접수마감일의 다음 날부터 시험시행일 7일 전까지 접수를 취소하는 경우 : 납입한 수수료의 100분의 60

(4) 청문(법 제61조)

시·도지사는 다음에 해당하는 처분을 하고자 하는 경우에는 청문을 실시하여야 한다.

① 교통안전진단기관 등록의 취소
② 교통안전관리자 자격의 취소

(5) 벌칙 적용에서의 공무원 의제(법 제62조)

다음 중 어느 하나에 해당하는 사람은 형법 제129조부터 제132조까지의 규정을 적용할 때에는 이를 공무원으로 본다.

① 교통시설안전진단을 실시하는 교통안전진단기관의 임직원
② 자동차관리법에 따른 자동차안전단속원 및 도로법에 따른 운행제한단속원
③ (2)의 ③에 따라 위탁받은 업무에 종사하는 교통안전과 관련된 전문기관·단체의 임직원

2. 벌 칙

(1) 2년 이하의 징역 또는 2천만원 이하의 벌금(법 제63조)

① 교통안전진단기관 등록을 하지 아니하고 교통시설안전진단 업무를 수행한 자
② 거짓이나 그 밖의 부정한 방법으로 교통안전진단기관 등록을 한 자

③ 타인에게 자기의 명칭 또는 상호를 사용하게 하거나 교통안전진단기관등록증을 대여한 자 및 교통안
   전진단기관의 명칭 또는 상호를 사용하거나 교통안전진단기관등록증을 대여받은 자
④ 영업정지처분을 받고 그 영업정지 기간 중에 새로이 교통시설안전진단 업무를 수행한 자
⑤ 직무상 알게 된 비밀을 타인에게 누설하거나 직무상 목적 외에 이를 사용한 자

(2) 1천만원 이하의 과태료(법 제65조제1항)

① 교통시설안전진단을 받지 아니하거나 교통시설안전진단보고서를 거짓으로 제출한 자
② 운행기록장치를 장착하지 아니한 자
③ 운행기록장치에 기록된 운행기록을 임의로 조작한 자
④ 차로이탈경고장치를 장착하지 아니한 자

(3) 500만원 이하의 과태료(법 제65조제2항)

① 교통시설설치·관리자 등의 교통안전관리규정을 제출하지 아니하거나 이를 준수하지 아니하는 자
   또는 변경명령에 따르지 아니하는 자
② 교통수단안전점검을 거부·방해 또는 기피한 자
③ 교통수단안전점검과 관련하여 교통행정기관이 지시한 보고를 하지 아니하거나 거짓으로 보고한 자
   또는 자료제출요청을 거부·기피·방해하거나 관계공무원의 질문에 대하여 거짓으로 진술한 자
④ 교통안전진단기관 등록사항 중 대통령령이 정하는 사항이 변경된 때에 이를 신고하지 아니하거나
   거짓으로 신고한 자
⑤ 신고를 하지 아니하고 교통시설안전진단업무를 휴업·재개업 또는 폐업하거나 거짓으로 신고한 자
⑥ 국토교통부장관이 교통안전진단기관에 지시한 보고를 하지 아니하거나 거짓으로 보고한 자 또는 자
   료제출요청을 거부·기피·방해한 자
⑦ 교통안전진단기관에 대한 지도·감독에 따른 점검·검사를 거부·기피·방해하거나 질문에 대하여
   거짓으로 진술한 자
⑧ 규정을 위반하여 교통사고관련자료 등을 보관·관리하지 아니한 자
⑨ 규정을 위반하여 교통사고관련자료 등을 제공하지 아니한 자
⑩ 교통안전담당자의 지정 등(법 제54조의2제1항)을 위반하여 교통안전담당자를 지정하지 아니한 자
⑪ 교통안전담당자의 지정 등(법 제54조의2제2항)을 위반하여 교육을 받게 하지 아니한 자
⑫ 규정을 위반하여 운행기록을 보관하지 아니하거나 교통행정기관에 제출하지 아니한 자
⑬ 운행기록장치의 장착 및 적합여부 조사를 거부·방해 또는 기피한 자
⑭ 중대 교통사고자에 대한 교육실시를 위반하여 교육을 받지 아니한 자
⑮ 단지 내 도로의 교통안전(제57조의3제2항)을 위반하여 통행방법을 게시하지 아니한 자
⑯ 단지 내 도로의 교통안전(제57조의3제9항)을 위반하여 중대한 사고를 통보하지 아니한 자

(4) 과태료의 부과기준 중 개별기준(법 제65조제3항, 영 [별표 9])

과태료는 대통령령으로 정하는 바에 따라 국토교통부장관, 교통행정기관 또는 시장·군수·구청장이 부과·징수한다.

위반행위	과태료 금액		
	1차	2차	3차 이상
1. 법 제21조제1항부터 제3항까지의 규정을 위반하여 교통안전관리규정을 제출하지 않거나 이를 준수하지 않은 경우 또는 변경명령에 따르지 않은 경우	200만원		
2. 법 제33조제1항 또는 제6항에 따른 교통수단안전점검을 거부·방해 또는 기피한 경우	300만원		
3. 법 제33조제3항을 위반하여 보고를 하지 않거나 거짓으로 보고한 경우 또는 자료제출요청을 거부·기피·방해하거나 관계공무원의 질문에 대하여 거짓으로 진술한 경우	300만원		
4. 법 제34조제5항에 따른 교통시설안전진단을 받지 않거나 교통시설안전진단보고서를 거짓으로 제출한 경우	600만원		
5. 법 제40조제1항에 따른 신고를 하지 않거나 거짓으로 신고한 경우	100만원		
6. 법 제40조제2항에 따른 신고를 하지 않고 교통시설안전진단업무를 휴업·재개업 또는 폐업하거나 거짓으로 신고한 경우	100만원		
7. 법 제47조제1항을 위반하여 보고를 하지 않거나 거짓으로 보고한 경우 또는 자료제출요청을 거부·기피·방해한 경우	300만원		
8. 법 제47조제1항에 따른 점검·검사를 거부·기피·방해하거나 질문에 대하여 거짓으로 진술한 경우	300만원		
9. 법 제51조제2항을 위반하여 교통사고관련자료 등(교통사고조사와 관련된 자료·통계 또는 정보를 말한다. 이하 9., 10.에서 같다)을 보관·관리하지 않은 경우	100만원		
10. 법 제51조제3항을 위반하여 교통사고관련자료 등을 제공하지 않은 경우	100만원		
11. 법 제54조의2제1항을 위반하여 교통안전담당자를 지정하지 않은 경우	500만원		
12. 법 제54조의2제2항을 위반하여 교육을 받게 하지 않은 경우	50만원		
13. 법 제55조제1항에 따른 운행기록장치를 장착하지 않은 경우	50만원	100만원	150만원
14. 법 제55조제2항을 위반하여 운행기록을 보관하지 않거나 교통행정기관에 제출하지 않은 경우	50만원	100만원	150만원
15. 법 제55조제2항 후단을 위반하여 운행기록장치에 기록된 운행기록을 임의로 조작한 경우	100만원		
15의2. 법 제55조의2에 따른 차로이탈경고장치를 장착하지 않은 경우	50만원	100만원	150만원
16. 법 제55조의3제2항을 위반하여 조사를 거부·방해 또는 기피한 경우	300만원		
17. 법 제56조의2제1항을 위반하여 교육을 받지 않은 경우	50만원		
18. 법 제57조의3제2항을 위반하여 통행방법을 게시하지 않은 경우	100만원	300만원	500만원
19. 법 제57조의3제8항을 위반하여 중대한 사고를 통보하지 않은 경우	100만원		

CHAPTER

01 적중예상문제

01 교통안전법의 목적으로 적절하지 않은 것은?

㉮ 의무·추진체계 및 시책 등을 규정

㉯ 시책 등을 종합적·계획적으로 추진

㉰ 자동차의 성능 및 안전을 확보함

㉱ 교통안전 증진에 이바지함

> **해설** 교통안전에 관한 국가 또는 지방자치단체의 의무·추진체계 및 시책 등을 규정하고 이를 종합적·계획적으로 추진함으로써 교통안전 증진에 이바지함을 목적으로 한다(법 제1조).

02 교통안전법에서 정한 용어의 정의에 해당하지 않는 것은?

㉮ 차량이라 함은 도로를 운행할 수 있는 건설기계도 포함된다.

㉯ 500cc 이상의 자동차도 차량에 포함된다.

㉰ 차량에는 수중의 항행에 사용되는 모든 운송수단도 포함된다.

㉱ 항공기란 항공기 등 항공교통에 사용되는 모든 운송수단을 말한다.

> **해설** **선박** : 선박 등 수상 또는 수중의 항행에 사용되는 모든 운송수단(법 제2조)

03 국가 등 및 교통시설설치·관리자의 의무에 대한 설명으로 틀린 것은?

㉮ 국가는 국민의 생명·신체 및 재산을 보호하기 위하여 교통안전에 관한 종합적인 시책을 수립하고 이를 시행하여야 한다.

㉯ 국가는 주민의 생명·신체 및 재산을 보호하기 위하여 그 관할구역 내의 교통안전에 관한 시책을 해당 지역의 실정에 맞게 수립하고 이를 시행하여야 한다.

㉰ 국가 및 지방자치단체는 교통안전에 관한 시책을 수립·시행하는 것 외에 지역개발·교육·문화 및 법무 등에 관한 계획 및 정책을 수립하는 경우에는 교통안전에 관한 사항을 배려하여야 한다.

㉱ 교통시설설치·관리자는 해당 교통시설을 설치 또는 관리하는 경우 교통안전표지 그 밖의 교통안전시설을 확충·정비하는 등 교통안전을 확보하기 위한 필요한 조치를 강구하여야 한다.

> **해설** 지방자치단체는 주민의 생명·신체 및 재산을 보호하기 위하여 그 관할구역 내의 교통안전에 관한 시책을 해당 지역의 실정에 맞게 수립하고 이를 시행하여야 한다(법 제3조제2항).

04 다음 중 보행자의 의무에 해당하는 것은?

㉮ 해당 차량이 안전운행에 지장이 없는지를 점검하고 보행자와 자전거이용자에게 위험과 피해를 주지 아니하도록 안전하게 운전하여야 한다.

㉯ 기상조건·해상조건·항로표지 및 사고의 통보 등을 확인하고 안전운항을 하여야 한다.

㉰ 항공기의 운항 전 확인 및 항행안전시설의 기능장애에 관한 보고 등을 행하고 안전운항을 하여야 한다.

㉱ 도로를 통행할 때 법령을 준수하여야 하고, 육상교통에 위험과 피해를 주지 아니하도록 노력하여야 한다.

> **해설** ㉮ 차량을 운전하는 자의 의무(법 제7조제1항), ㉯ 선박승무원 등의 의무(법 제7조제2항), ㉰ 항공승무원 등의 의무(법 제7조제3항)

05 국가교통안전기본계획의 수립주기는?

㉮ 3년 　　　　　　　　㉯ 4년

㉰ 5년 　　　　　　　　㉱ 10년

> **해설** 국토교통부장관은 국가의 전반적인 교통안전수준의 향상을 도모하기 위하여 교통안전에 관한 기본계획(국가교통안전기본계획)을 5년 단위로 수립하여야 한다(법 제15조제1항).

★중요

06 국가교통안전기본계획의 내용과 거리가 먼 것은?

㉮ 교통안전에 관한 중·장기 종합정책방향

㉯ 육상교통·해상교통·항공교통 등 부문별 교통사고의 발생현황과 원인의 분석

㉰ 교통수단·교통시설별 소요예산의 확보방법

㉱ 교통안전지식의 보급 및 교통문화 향상목표

> **해설** 국가교통안전기본계획에 포함되어야 하는 사항(법 제15조제2항)
> - 교통안전에 관한 중·장기 종합정책방향
> - 육상교통·해상교통·항공교통 등 부문별 교통사고의 발생현황과 원인의 분석
> - 교통수단·교통시설별 교통사고 감소목표
> - 교통안전지식의 보급 및 교통문화 향상목표
> - 교통안전정책의 추진성과에 대한 분석·평가
> - 교통안전정책의 목표달성을 위한 부문별 추진전략
> - 고령자, 어린이 등 교통약자의 교통사고 예방에 관한 사항
> - 부문별·기관별·연차별 세부 추진계획 및 투자계획
> - 교통안전표지·교통관제시설·항행안전시설 등 교통안전시설의 정비·확충에 관한 계획
> - 교통안전 전문인력의 양성
> - 교통안전과 관련된 투자사업계획 및 우선순위
> - 지정행정기관별 교통안전대책에 대한 연계와 집행력 보완방안
> - 그 밖에 교통안전수준의 향상을 위한 교통안전시책에 관한 사항

07 국토교통부장관이 소관별 교통안전에 관한 계획안을 종합·조정하는 경우 검토하여야 할 사항과 거리가 먼 것은?

㉮ 정책목표

㉯ 정책과제의 추진시기

㉰ 교통안전 전문인력의 양성

㉱ 정책과제의 추진에 필요한 해당 기관별 협의사항

> **해설** 검토하여야 할 사항은 ㉮, ㉯, ㉱와 투자규모이다(영 제10조제3항).

08 교통안전법에서 국가교통안전기본계획의 수립에 관한 설명으로 옳지 않은 것은?

㉮ 국토교통부장관은 국가교통안전기본계획의 수립 또는 변경을 위한 지침을 작성하여 계획연도 시작 전전년도 6월 말까지 지정행정기관의 장에게 통보하여야 한다.

㉯ 지정행정기관의 장은 수립지침에 따라 소관별 교통안전에 관한 계획안을 작성하여 계획연도 시작 전년도 2월 말까지 국토교통부장관에게 제출하여야 한다.

㉰ 국토교통부장관은 소관별 교통안전에 관한 계획안을 종합·조정하여 계획연도 시작 전년도 6월 말까지 국가교통안전기본계획을 확정하여야 한다.

㉱ 지정행정기관의 장은 국가교통안전기본계획을 확정한 경우에는 확정한 날부터 20일 이내에 국토교통부장관에게 이를 통보하여야 한다.

> **해설** ㉱ 국토교통부장관은 국가교통안전기본계획을 확정한 경우에는 확정한 날부터 20일 이내에 지정행정기관의 장과 시·도지사에게 이를 통보하여야 한다(영 제10조제4항).

09 지역교통안전기본계획의 수립에 관한 설명으로 틀린 것은?

㉮ 시·도지사는 국가교통안전기본계획에 따라 시·도교통안전기본계획을 5년 단위로 수립하여야 한다.

㉯ 시장·군수·구청장은 시·도교통안전기본계획에 따라 시·군·구교통안전기본계획을 5년 단위로 수립하여야 한다.

㉰ 지역교통안전기본계획에는 해당 지역의 육상교통안전에 관한 중·장기 종합정책방향이 포함되어야 한다.

㉱ 지역교통안전기본계획을 확정한 때에는 확정한 날부터 20일 이내에 시장·군수·구청장은 국토교통부장관에게 이를 제출하여야 한다.

> **해설** ㉱ 지역교통안전기본계획을 확정한 때에는 확정한 날부터 20일 이내에 시·도지사는 국토교통부장관에게 이를 제출하고, 시장·군수·구청장은 시·도지사에게 이를 제출하여야 한다(영 제13조제3항).

10 지역교통안전기본계획에 관한 설명으로 틀린 것은?

㉠ 국토교통부장관 또는 시·도지사는 지역교통안전기본계획의 수립에 관한 지침을 작성하여 시·도지사 및 시장·군수·구청장에게 통보할 수 있다.

㉡ 시장·군수·구청장이 시·군·구교통안전기본계획을 수립한 때에는 시·도교통안전위원회의 심의를 거쳐 이를 확정한다.

㉢ 시·도지사가 시·도교통안전기본계획을 수립한 때에는 지방교통위원회의 심의를 거쳐 이를 확정한다.

㉣ 시·도지사는 시·도교통안전기본계획을 확정한 때에는 국토교통부장관에게 제출한 후 이를 공고하여야 하며, 시장·군수·구청장은 시·군·구교통안전기본계획을 확정한 때에는 시·도지사에게 제출한 후 이를 공고하여야 한다.

> **해설** ㉡ 시장·군수·구청장이 시·군·구교통안전기본계획을 수립한 때에는 시·군·구교통안전위원회의 심의를 거쳐 이를 확정한다(법 제17조제3항).

★ 중요

11 교통시설설치·관리자의 교통안전관리규정 제출시기는?

㉠ 교통시설설치·관리자에 해당하게 된 날부터 6개월 이내

㉡ 교통시설설치·관리자에 해당하게 된 날부터 1년 이내

㉢ 교통시설설치·관리자에 해당하게 된 날부터 1년 6개월 이내

㉣ 교통시설설치·관리자에 해당하게 된 날부터 3개월 이내

> **해설** **교통시설설치·관리자 등의 교통안전관리규정 제출시기(영 제17조제1항제1호)**
> 교통시설설치·관리자 등이 교통안전관리규정을 제출하여야 하는 시기는 교통시설설치·관리자에 해당하게 된 날부터 6개월 이내

★ 중요

12 교통수단안전점검에 대한 설명으로 바르지 않은 것은?

㉠ 교통행정기관은 소관 교통수단에 대한 교통안전 실태를 파악하기 위하여 주기적으로 또는 수시로 교통수단안전점검을 실시할 수 있다.

㉡ 교통행정기관은 교통수단안전점검을 효율적으로 실시하기 위하여 관련 교통수단운영자로 하여금 필요한 보고를 하게 하거나 관련 자료를 제출하게 할 수 있다.

㉢ 사업장을 출입하여 검사하려는 경우에는 검사일 전까지 검사일시·검사이유 및 검사내용 등을 교통수단운영자에게 통지하여야 한다.

㉣ 출입·검사를 하는 공무원은 그 권한을 표시하는 증표를 내보이고 성명·출입시간 및 출입목적 등이 표시된 문서를 교부하여야 한다.

> **해설** ㉢ 사업장을 출입하여 검사하려는 경우에는 출입·검사 7일 전까지 검사일시·검사이유 및 검사내용 등을 포함한 검사계획을 교통수단운영자에게 통지하여야 한다(법 제33조제4항 전단).

13 교통수단안전점검의 항목으로 바르지 않은 것은?

㉮ 교통수단·교통시설 및 교통체계의 점검

㉯ 교통안전 관계 법령의 위반 여부 확인

㉰ 교통안전관리규정의 준수 여부 점검

㉱ 그 밖에 국토교통부장관이 관계 교통행정기관의 장과 협의하여 정하는 사항

해설 ㉮ 교통수단의 교통안전 위험요인 조사(영 제20조제4항)

14 교통안전법령상 교통시설설치자의 교통시설안전진단 규정으로 옳지 않은 것은?

㉮ 교통시설설치자는 해당 교통시설의 설치 전에 교통안전진단기관에 의뢰하여 교통시설안전진단을 받아야 한다.

㉯ 도로법에 따른 총 길이 5[km] 이상의 일반국도·고속국도를 건설 시 교통시설안전진단을 받아야 한다.

㉰ 도로법에 따른 총 길이 2[km] 이상의 특별시도·광역시도·지방도를 건설 시 교통시설안전진단을 받아야 한다.

㉱ 도로법에 따른 총 길이 1[km] 이상의 시도·군도·구도를 건설 시 교통시설안전진단을 받아야 한다.

해설 **교통시설안전진단을 받아야 하는 교통시설 등(영 [별표 2])**
도로법 제10조에 따른 다음의 어느 하나에 해당하는 도로의 건설
① 일반국도·고속국도 : 총 길이 5[km] 이상
② 특별시도·광역시도·지방도 : 총 길이 3[km] 이상
③ 시도·군도·구도 : 총 길이 1[km] 이상

15 교통시설안전진단 결과의 처리 등에 관한 설명으로 옳지 않은 것은?

㉮ 교통행정기관은 교통시설안전진단을 받은 자가 권고사항을 이행하기 위하여 필요한 자료 제공 및 기술 지원을 할 수 있다.

㉯ 교통행정기관은 권고 등을 받은 자가 권고 등을 이행하는지를 점검할 수 있다.

㉰ 교통행정기관은 점검을 위하여 필요하다고 인정하는 경우에는 권고 등을 받은 자에게 권고 등의 이행실적을 제출할 것을 요청할 수 있다.

㉱ 국토교통부장관은 교통시설안전진단의 실시를 위하여 교통시설안전진단지침을 작성하여 교통시설안전진단을 받을 자에게 전달해야 한다.

해설 ㉱ 국토교통부장관은 교통시설안전진단의 체계적이고 효율적인 실시를 위하여 대통령령으로 정하는 바에 따라 교통시설안전진단지침을 작성하여 이를 관보에 고시하여야 한다(법 제38조제1항).

16 다음 중 교통안전진단기관 등록을 할 수 있은 자는?

㉮ 피성년후견인

㉯ 피한정후견인

㉰ 교통안전진단기관의 등록이 취소된 후 2년이 지나지 아니한 자

㉱ 파산선고를 받고 복권된 자

> **해설** 교통안전진단기관 등록의 결격사유(법 제41조)
> ① 피성년후견인 또는 피한정후견인
> ② 파산선고를 받고 복권되지 아니한 자
> ③ 이 법을 위반하여 징역형의 실형을 선고받고 그 집행이 종료(집행이 종료된 것으로 보는 경우 포함)되거나 집행이 면제된 날부터 2년이 지나지 아니한 자
> ④ 이 법을 위반하여 징역형의 집행유예를 선고받고 그 유예기간 중에 있는 자
> ⑤ 교통안전진단기관의 등록이 취소된 후 2년이 지나지 아니한 자
> ⑥ 임원 중에 ①~⑤의 어느 하나에 해당하는 자가 있는 법인

★중요

17 시·도지사가 교통안전진단기관에게 1년 이내의 기간을 정하여 영업의 정지를 명할 수 있는 경우는?

㉮ 거짓 그 밖의 부정한 방법으로 등록을 한 때

㉯ 최근 2년간 2회의 영업정지처분을 받고 새로이 영업정지처분에 해당하는 사유가 발생한 때

㉰ 교통안전진단기관의 결격사유에 해당하게 된 때(법인의 임원 중 결격사유에 해당하는 자가 있는 경우 6개월 이내에 해당 임원을 개임한 때 제외)

㉱ 교통안전진단기관의 등록기준에 미달하게 된 때

> **해설** ㉮, ㉯, ㉰의 경우 반드시 등록을 취소하여야 한다(법 제43조제1항).

18 다음 중 교통안전관리가가 될 수 있는 자는?

㉮ 피성년후견인 또는 피한정후견인

㉯ 금고 이상의 실형을 선고받고 그 집행이 종료되거나 집행이 면제된 날부터 2년이 지나지 아니한 자

㉰ 금고 이상의 형의 집행유예를 선고받고 그 유예기간 중에 있는 자

㉱ 파산선고를 받고 복권되지 아니한 자

> **해설** 교통안전관리자의 결격사유에 해당하는 자(법 제53조)
> • 피성년후견인 또는 피한정후견인
> • 금고 이상의 실형을 선고받고 그 집행이 종료(집행이 종료된 것으로 보는 경우 포함)되거나 집행이 면제된 날부터 2년이 지나지 아니한 자
> • 금고 이상의 형의 집행유예를 선고받고 그 유예기간 중에 있는 자
> • 교통안전관리자 자격의 취소처분을 받은 날부터 2년이 지나지 아니한 자

16 ㉱ 17 ㉱ 18 ㉱ **정답**

19 교통안전관리자 자격증명서는 누가 교부하는가?

㉮ 진흥공단이사장 ㉯ 도지사

㉰ 서울시장 ㉱ 국토교통부장관

> **해설** 교통안전관리자 자격을 취득하려는 사람은 국토교통부장관이 실시하는 시험에 합격하여야 하며, 국토교통부장관은 시험에 합격한 사람에 대하여는 교통안전관리자 자격증명서를 교부한다(법 제53조제2항).

⭐중요

20 다음 중 교통안전관리자의 자격을 취소하여야 하거나 자격을 정지하여야 하는 사유가 아닌 것은?

㉮ 교통안전관리자 직무 중 중대한 과실로 인하여 교통사고가 발생된 때

㉯ 자격을 부정한 방법으로 취득했을 때

㉰ 금고 이상의 형의 집행유예 선고를 받고 그 유예기간 중에 있는 자

㉱ 파산선고를 받고 복권된 자

> **해설** **교통안전관리자 자격의 취소 등(법 제54조제1항)**
> 시·도지사는 교통안전관리자가 다음 ① 및 ②의 어느 하나에 해당하는 때에는 그 자격을 취소하여야 하며, ③에 해당하는 때에는 교통안전관리자의 자격을 취소하거나 1년 이내의 기간을 정하여 해당 자격의 정지를 명할 수 있다.
> ① 교통안전관리자의 결격사유에 해당하게 된 때(반드시 자격취소)
> ② 거짓이나 그 밖의 부정한 방법으로 교통안전관리자 자격을 취득한 때(반드시 자격취소)
> ③ 교통안전관리자가 직무를 행하면서 고의 또는 중대한 과실로 인하여 교통사고를 발생하게 한 때(자격취소 또는 1년 이내의 자격정지)

⭐중요

21 교통사고관련자료 등의 보관 및 관리 등에 관한 설명으로 틀린 것은?

㉮ 교통사고관련자료 등을 보관·관리하는 자는 교통사고가 발생한 날부터 5년간 이를 보관·관리하여야 한다.

㉯ 교통사고관련자료 등을 보관·관리하는 자는 교통사고관련자료 등의 멸실 또는 손상에 대비하여 그 입력된 자료와 프로그램을 다른 기억매체에 따로 입력시켜 격리된 장소에 안전하게 보관·관리하여야 한다.

㉰ 한국교통안전공단, 도로교통공단 등도 교통사고관련자료 등을 보관·관리한다.

㉱ 한국도로공사, 교통안전관리자 등도 교통사고관련자료 등을 보관·관리한다.

> **해설** **교통사고관련자료 등을 보관·관리하는 자(영 제39조)**
> • 한국교통안전공단
> • 도로교통공단
> • 한국도로공사
> • 손해보험협회에 소속된 손해보험회사
> • 여객자동차운송사업의 면허를 받거나 등록을 한 자
> • 여객자동차 운수사업법에 따른 공제조합
> • 화물자동차운수사업자로 구성된 협회가 설립한 연합회

22 교통안전법령에서 정한 교통안전관리자에 해당하지 않는 것은?

㉮ 도로교통안전관리자

㉯ 철도교통안전관리자

㉰ 해상교통안전관리자

㉱ 삭도교통안전관리자

> **해설** 교통안전관리자의 자격의 종류(영 제41조의2)
> • 도로교통안전관리자
> • 철도교통안전관리자
> • 항공교통안전관리자
> • 항만교통안전관리자
> • 삭도교통안전관리자

★중요

23 교통안전관리자의 직무로 맞지 않는 것은?

㉮ 교통안전관리규정의 시행 및 그 기록의 작성·보존

㉯ 교통수단의 운행 등과 관련된 안전점검의 지도 및 감독

㉰ 교통시설의 조건에 따른 안전 운행 등에 필요한 조치

㉱ 교통사고원인조사 및 대책

> **해설** 교통안전담당자의 직무(영 제44조의2제1항)
> • 교통안전관리규정의 시행 및 그 기록의 작성·보존
> • 교통수단의 운행·운항 또는 항행(운행 등) 또는 교통시설의 운영·관리와 관련된 안전점검의 지도·감독
> • 교통시설의 조건 및 기상조건에 따른 안전 운행 등에 필요한 조치
> • 운전자 등의 운행 등 중 근무상태 파악 및 교통안전 교육·훈련의 실시
> • 교통사고 원인 조사·분석 및 기록 유지
> • 운행기록장치 및 차로이탈경고장치 등의 점검 및 관리

24 다음 중 교통안전체험교육시설에서 실시하는 체험내용이 아닌 것은?

㉮ 교통사고에 관한 모의실험

㉯ 비상상황에 대한 대처능력 향상을 위한 실습 및 교정

㉰ 상황별 안전운전 실습

㉱ 교통안전 관련 법률의 습득

> **해설** 체험내용(영 제46조제2항)
> • 교통사고에 관한 모의실험
> • 비상상황에 대한 대처능력 향상을 위한 실습 및 교정
> • 상황별 안전운전 실습

22 ㉰ 23 ㉱ 24 ㉱ **정답**

25 교통문화지수의 조사 등에 관한 설명으로 옳지 않은 것은?

㉮ 지정행정기관의 장은 국민의 교통문화의 수준을 객관적으로 측정하기 위한 지수를 개발·조사·작성하여 그 결과를 공표할 수 있다.

㉯ 교통문화지수는 기초지방자치단체별 교통안전실태와 교통사고 발생 정도를 조사하여 산정한다.

㉰ 국토교통부장관은 교통문화지수를 조사하기 위하여 필요하다고 인정되는 경우에는 해당 지방자치단체의 장에게 자료 및 의견의 제출 등 필요한 협조를 요청할 수 있다.

㉱ 교통문화지수의 조사항목에는 운전행태, 교통안전, 보행행태(철도분야를 포함) 등이 있다.

> **해설** 교통문화지수의 조사항목 등(영 제47조제1항)
> • 운전행태
> • 교통안전
> • 보행행태(도로교통분야로 한정)
> • 그 밖에 국토교통부장관이 필요하다고 인정하여 정하는 사항

26 중대 교통사고의 기준 및 교육실시에 관한 설명으로 틀린 것은?

㉮ "중대 교통사고"란 차량을 운전하던 중 1건의 교통사고로 7주 이상의 치료를 요하는 피해자가 발생한 사고를 말한다.

㉯ 차량운전자는 중대 교통사고가 발생하였을 때에는 교통사고조사에 대한 결과를 통지받은 날부터 60일 이내에 교통안전 체험교육을 받아야 한다.

㉰ 차량운전자가 중대 교통사고 발생에 따른 상해를 받아 치료를 받아야 하는 경우에는 치료가 종료된 날부터 60일 이내에 교통안전 체험교육을 받아야 한다.

㉱ 중대 교통사고로 인하여 운전면허가 취소 또는 정지된 차량운전자의 경우에는 운전면허를 다시 취득하거나 정지기간이 만료되어 운전할 수 있는 날부터 60일 이내에 교통안전 체험교육을 받아야 한다.

> **해설** ㉮ "중대 교통사고"란 차량운전자가 교통수단운영자의 차량을 운전하던 중 1건의 교통사고로 8주 이상의 치료를 요하는 의사의 진단을 받은 피해자가 발생한 사고를 말한다(규칙 제31조의2).

27 교통안전법상 청문을 실시하여야 하는 경우는?

㉮ 교통안전진단기관의 영업 정지

㉯ 교통안전관리자 자격의 정지 사유 발생 시

㉰ 교통안전관리자 직무를 행함에 있어서 과실로 인한 교통사고 발생 시

㉱ 교통안전관리자 자격의 취소

> **해설** 시·도지사는 다음에 해당하는 처분을 하고자 하는 경우에는 청문을 실시하여야 한다(법 제61조).
> • 교통안전진단기관 등록의 취소
> • 교통안전관리자 자격의 취소

28 교통안전법상 과태료 처분이 아닌 경우는?

㉮ 거짓 그 밖의 부정한 방법으로 교통안전진단기관 등록을 한 자

㉯ 교통수단안전점검을 거부·방해 또는 기피한 자

㉰ 신고를 하지 아니하고 교통시설안전진단업무를 휴업·재개업 또는 폐업하거나 거짓으로 신고한 자

㉱ 교통안전진단기관의 등록사항 중 대통령령이 정하는 사항이 변경된 때에 신고를 하지 아니하거나 거짓으로 신고한 자

해설 ㉮의 경우 2년 이하의 징역 또는 2천만원 이하의 벌금에 처한다(법 제63조제2호).

29 교통안전법상 과태료 처분 사항에 해당하는 것은?

㉮ 직무상 알게 된 비밀을 타인에게 누설하거나 직무상 목적 외에 이를 사용한 자

㉯ 거짓 그 밖의 부정한 방법으로 교통안전진단기관 등록을 한 자

㉰ 교통수단안전점검을 거부·방해 또는 기피한 자

㉱ 영업정지처분을 받고 그 영업정지기간 중에 새로이 교통시설안전진단업무를 수행한 자

해설 ㉮, ㉯, ㉱의 경우 2년 이하의 징역 또는 2천만원 이하의 벌금에 해당한다(법 제63조).

30 교통안전법에서 정한 2년 이하의 징역 또는 2천만원 이하의 벌금에 해당하는 경우는?

㉮ 교통안전관리규정을 제출하지 아니하거나 이를 준수하지 아니하는 자 또는 변경명령에 따르지 아니하는 자

㉯ 교통수단안전점검을 거부·방해 또는 기피한 자

㉰ 교통수단안전점검과 관련하여 교통행정기관이 지시한 보고를 하지 아니하거나 거짓으로 보고한 자 또는 자료제출요청을 거부·기피·방해하거나 관계공무원의 질문에 대하여 거짓으로 진술한 자

㉱ 직무상 알게 된 비밀을 타인에게 누설하거나 직무상 목적 외에 이를 사용한 자

해설 ㉮, ㉯, ㉰의 경우 500만원 이하의 과태료에 해당한다(법 제65조제2항).

제1절 총 칙

1. 목적(법 제1조)

철도산업의 경쟁력을 높이고 발전기반을 조성함으로써 철도산업의 효율성 및 공익성의 향상과 국민경제의 발전에 이바지함을 목적으로 한다.

2. 적용범위(법 제2조)

다음의 어느 하나에 해당하는 철도에 대하여 적용한다. 다만, 철도산업 발전기반의 조성(제2장, 이 법 제4조부터 제13조의2까지를 말한다)에 관한 규정은 모든 철도에 대하여 적용한다.

① 국가 및 한국고속철도건설공단법에 의하여 설립된 한국고속철도건설공단(이하 "고속철도건설공단") 이 소유·건설·운영 또는 관리하는 철도

② 규정(제20조제3항)에 따라 설립되는 국가철도공단 및 규정(제21조제3항)에 따라 설립되는 한국철도공사가 소유·건설·운영 또는 관리하는 철도

3. 정의(법 제3조)

(1) 철 도

여객 또는 화물을 운송하는 데 필요한 철도시설과 철도차량 및 이와 관련된 운영·지원체계가 유기적으로 구성된 운송체계를 말한다.

(2) 철도시설

① 철도의 선로(선로에 부대되는 시설 포함), 역시설(물류시설·환승시설 및 편의시설 등 포함) 및 철도 운영을 위한 건축물·건축설비

② 선로 및 철도차량을 보수·정비하기 위한 선로보수기지, 차량정비기지 및 차량유치시설

③ 철도의 전철전력설비, 정보통신설비, 신호 및 열차제어설비

④ 철도노선간 또는 다른 교통수단과의 연계운영에 필요한 시설

⑤ 철도기술의 개발·시험 및 연구를 위한 시설

⑥ 철도경영연수 및 철도전문인력의 교육훈련을 위한 시설
⑦ 그 밖에 철도의 건설·유지보수 및 운영을 위한 시설로서 대통령령으로 정하는 시설(영 제2조)
  ㉠ 철도의 건설 및 유지보수에 필요한 자재를 가공·조립·운반 또는 보관하기 위하여 당해 사업기간 중에 사용되는 시설
  ㉡ 철도의 건설 및 유지보수를 위한 공사에 사용되는 진입도로·주차장·야적장·토석채취장 및 사토장과 그 설치 또는 운영에 필요한 시설
  ㉢ 철도의 건설 및 유지보수를 위하여 당해 사업기간 중에 사용되는 장비와 그 정비·점검 또는 수리를 위한 시설
  ㉣ 그 밖에 철도안전관련시설·안내시설 등 철도의 건설·유지보수 및 운영을 위하여 필요한 시설로서 국토교통부장관이 정하는 시설

(3) 철도운영

① 철도 여객 및 화물 운송
② 철도차량의 정비 및 열차의 운행관리
③ 철도시설·철도차량 및 철도부지 등을 활용한 부대사업개발 및 서비스

(4) 철도차량

선로를 운행할 목적으로 제작된 동력차·객차·화차 및 특수차를 말한다.

(5) 선 로

철도차량을 운행하기 위한 궤도와 이를 받치는 노반 또는 공작물로 구성된 시설을 말한다.

(6) 철도시설의 건설

철도시설의 신설과 기존 철도시설의 직선화·전철화·복선화 및 현대화 등 철도시설의 성능 및 기능향상을 위한 철도시설의 개량을 포함한 활동을 말한다.

(7) 철도시설의 유지보수

기존 철도시설의 현상유지 및 성능향상을 위한 점검·보수·교체·개량 등 일상적인 활동을 말한다.

(8) 철도산업

철도운송·철도시설·철도차량 관련 산업과 철도기술개발 관련 산업 그 밖에 철도의 개발·이용·관리와 관련된 산업을 말한다.

(9) 철도시설관리자

철도시설의 건설 및 관리 등에 관한 업무를 수행하는 자로서 다음에 해당하는 자를 말한다.

① 관리청
② 국가철도공단
③ 철도시설관리권을 설정받은 자
④ ①부터 ③까지의 자로부터 철도시설의 관리를 대행·위임 또는 위탁받은 자

(10) 철도운영자

한국철도공사 등 철도운영에 관한 업무를 수행하는 자를 말한다.

(11) 공익서비스

철도운영자가 영리목적의 영업활동과 관계없이 국가 또는 지방자치단체의 정책이나 공공목적 등을 위하여 제공하는 철도서비스를 말한다.

제2절 철도산업발전기반의 조성

1. 철도산업시책의 수립 및 추진체제

(1) 시책의 기본방향(법 제4조)

① 국가는 철도산업시책을 수립하여 시행하는 경우 효율성과 공익적 기능을 고려하여야 한다.
② 국가는 에너지이용의 효율성, 환경친화성 및 수송효율성이 높은 철도의 역할이 국가의 건전한 발전과 국민의 교통편익 증진을 위하여 필수적인 요소임을 인식하여 적정한 철도수송분담의 목표를 설정하여 유지하고 이를 위한 철도시설을 확보하는 등 철도산업발전을 위한 여러 시책을 마련하여야 한다.
③ 국가는 철도산업시책과 철도투자·안전 등 관련 시책을 효율적으로 추진하기 위하여 필요한 조직과 인원을 확보하여야 한다.

(2) 철도산업발전기본계획의 수립 등(법 제5조, 영 제3조)

① 국토교통부장관은 철도산업의 육성과 발전을 촉진하기 위하여 5년 단위로 철도산업발전기본계획(이하 "기본계획")을 수립하여 시행하여야 한다.
② 기본계획에는 다음의 사항이 포함되어야 한다.
　　㉠ 철도산업 육성시책의 기본방향에 관한 사항
　　㉡ 철도산업의 여건 및 동향전망에 관한 사항
　　㉢ 철도시설의 투자·건설·유지보수 및 이를 위한 재원확보에 관한 사항

ㄹ 각종 철도 간의 연계수송 및 사업조정에 관한 사항

ㅁ 철도운영체계의 개선에 관한 사항

ㅂ 철도산업 전문인력의 양성에 관한 사항

ㅅ 철도기술의 개발 및 활용에 관한 사항

ㅇ 그 밖에 철도산업의 육성 및 발전에 관한 사항으로서 대통령령으로 정하는 사항(영 제3조)

- 철도수송분담의 목표
- 철도안전 및 철도서비스에 관한 사항
- 다른 교통수단과의 연계수송에 관한 사항
- 철도산업의 국제협력 및 해외시장 진출에 관한 사항
- 철도산업시책의 추진체계
- 그 밖에 철도산업의 육성 및 발전에 관한 사항으로서 국토교통부장관이 필요하다고 인정하는 사항

③ 기본계획은 국가기간교통망계획, 중기 교통시설투자계획 및 국토교통과학기술 연구개발 종합계획과 조화를 이루도록 하여야 한다.

④ 국토교통부장관은 기본계획을 수립하고자 하는 때에는 미리 기본계획과 관련이 있는 행정기관의 장과 협의한 후 철도산업위원회의 심의를 거쳐야 한다. 수립된 기본계획을 변경(대통령령으로 정하는 경미한 변경은 제외)하고자 하는 때에도 또한 같다.

> **중요 CHECK**
>
> **철도산업발전기본계획의 경미한 변경(영 제4조)**
> 대통령령으로 정하는 경미한 변경이라 함은 다음의 변경을 말한다.
> ① 철도시설투자사업 규모의 100분의 1의 범위 안에서의 변경
> ② 철도시설투자사업 총투자비용의 100분의 1의 범위 안에서의 변경
> ③ 철도시설투자사업 기간의 2년의 기간 내에서의 변경

⑤ 국토교통부장관은 ④에 따라 기본계획을 수립 또는 변경한 때에는 이를 관보에 고시하여야 한다.

⑥ 관계행정기관의 장은 수립·고시된 기본계획에 따라 연도별 시행계획을 수립·추진하고, 해당 연도의 계획 및 전년도의 추진실적을 국토교통부장관에게 제출하여야 한다.

⑦ ⑥에 따른 연도별 시행계획의 수립 및 시행절차에 관하여 필요한 사항은 대통령령으로 정한다.

2. 철도산업위원회

(1) 철도산업위원회(법 제6조제1~4항, 영 제9조)

① 철도산업에 관한 기본계획 및 중요정책 등을 심의·조정하기 위하여 국토교통부에 철도산업위원회(이하 "위원회")를 둔다.

② 위원회는 다음의 사항을 심의·조정한다.

　　㉠ 철도산업의 육성·발전에 관한 중요정책 사항

　　㉡ 철도산업구조개혁에 관한 중요정책 사항

　　㉢ 철도시설의 건설 및 관리 등 철도시설에 관한 중요정책 사항

　　㉣ 철도안전과 철도운영에 관한 중요정책 사항

　　㉤ 철도시설관리자와 철도운영자 간 상호협력 및 조정에 관한 사항

　　㉥ 이 법 또는 다른 법률에서 위원회의 심의를 거치도록 한 사항

　　㉦ 그 밖에 철도산업에 관한 중요한 사항으로서 위원장이 회의에 부치는 사항

③ 위원회는 위원장을 포함한 25인 이내의 위원으로 구성한다.

④ 위원회에 상정할 안건을 미리 검토하고 위원회가 위임한 안건을 심의하기 위하여 위원회에 분과위원회를 둔다.

⑤ 위원회에 간사 1인을 두되, 간사는 국토교통부장관이 국토교통부소속 공무원 중에서 지명한다(영제9조).

(2) 철도산업위원회의 구성과 위원장의 직무(영 제6·7조)

① 철도산업위원회(이하 "위원회")의 위원장은 국토교통부장관이 된다.

② 위원회의 위원은 다음의 자가 된다.

　　㉠ 기획재정부차관·교육부차관·과학기술정보통신부차관·행정안전부차관·산업통상자원부차관·고용노동부차관·국토교통부차관·해양수산부차관 및 공정거래위원회부위원장

　　㉡ 국가철도공단(이하 "국가철도공단")의 이사장

　　㉢ 한국철도공사(이하 "한국철도공사")의 사장

　　㉣ 철도산업에 관한 전문성과 경험이 풍부한 자중에서 위원회의 위원장이 위촉하는 자

③ ②의 ㉣에 의한 위원의 임기는 2년으로 하되, 연임할 수 있다.

④ 위원회의 위원장은 위원회를 대표하며, 위원회의 업무를 총괄한다. 위원회의 위원장이 부득이한 사유로 직무를 수행할 수 없는 때에는 위원회의 위원장이 미리 지명한 위원이 그 직무를 대행한다(영제7조).

(3) 위원의 해촉(영 제6조의2)

위원회의 위원장은 (2)의 ②에서 ㉣에 따른 위원이 다음의 어느 하나에 해당하는 경우에는 해당 위원을 해촉(解囑)할 수 있다.

① 심신장애로 인하여 직무를 수행할 수 없게 된 경우

② 직무와 관련된 비위사실이 있는 경우

③ 직무태만, 품위손상이나 그 밖의 사유로 인하여 위원으로 적합하지 아니하다고 인정되는 경우

④ 위원 스스로 직무를 수행하는 것이 곤란하다고 의사를 밝히는 경우

(4) 회의(영 제8조)

① 위원회의 위원장은 위원회의 회의를 소집하고, 그 의장이 된다.

② 위원회의 회의는 재적위원 과반수의 출석과 출석위원 과반수의 찬성으로 의결한다.

③ 위원회는 회의록을 작성·비치하여야 한다.

(5) 실무위원회의 구성 등(영 제10조제1~6항)

① 위원회의 심의·조정사항과 위원회에서 위임한 사항의 실무적인 검토를 위하여 위원회에 실무위원회를 둔다.

② 실무위원회는 위원장을 포함한 20인 이내의 위원으로 구성한다.

③ 실무위원회의 위원장은 국토교통부장관이 국토교통부의 3급 공무원 또는 고위공무원단에 속하는 일반직공무원 중에서 지명한다.

④ 실무위원회의 위원은 다음의 자가 된다.

  ㉠ 기획재정부·교육부·과학기술정보통신부·행정안전부·산업통상자원부·고용노동부·국토교통부·해양수산부 및 공정거래위원회의 3급 공무원, 4급 공무원 또는 고위공무원단에 속하는 일반직공무원 중 그 소속기관의 장이 지명하는 자 각 1인

  ㉡ 국가철도공단의 임직원 중 국가철도공단이사장이 지명하는 자 1인

  ㉢ 한국철도공사의 임직원 중 한국철도공사사장이 지명하는 자 1인

  ㉣ 철도산업에 관한 전문성과 경험이 풍부한 자 중에서 실무위원회의 위원장이 위촉하는 자

⑤ ④의 ㉣ 규정에 의한 위원의 임기는 2년으로 하되, 연임할 수 있다.

⑥ 실무위원회에 간사 1인을 두되, 간사는 국토교통부장관이 국토교통부소속 공무원 중에서 지명한다.

(6) 실무위원회 위원의 해촉 등(영 제10조의2)

① (5)의 ④의 ㉠부터 ㉢까지의 규정에 따라 위원을 지명한 자는 위원이 다음의 어느 하나에 해당하는 경우에는 그 지명을 철회할 수 있다.

  ㉠ 심신장애로 인하여 직무를 수행할 수 없게 된 경우

  ㉡ 직무와 관련된 비위사실이 있는 경우

  ㉢ 직무태만, 품위손상이나 그 밖의 사유로 인하여 위원으로 적합하지 아니하다고 인정되는 경우

  ㉣ 위원 스스로 직무를 수행하는 것이 곤란하다고 의사를 밝히는 경우

② 실무위원회의 위원장은 (5)의 ④에서 ㉣에 따른 위원이 ①의 어느 하나에 해당하는 경우에는 해당 위원을 해촉할 수 있다.

(7) 철도산업구조개혁기획단의 구성 등(영 제11조제1·2항)

① 위원회의 활동을 지원하고 철도산업의 구조개혁 그 밖에 철도정책과 관련되는 다음의 업무를 지원·수행하기 위하여 국토교통부장관 소속하에 철도산업구조개혁기획단(이하 "기획단")을 둔다.

   ㉠ 철도산업구조개혁기본계획 및 분야별 세부추진계획의 수립
   ㉡ 철도산업구조개혁과 관련된 철도의 건설·운영주체의 정비
   ㉢ 철도산업구조개혁과 관련된 인력조정·재원확보대책의 수립
   ㉣ 철도산업구조개혁과 관련된 법령의 정비
   ㉤ 철도산업구조개혁추진에 따른 철도운임·철도시설사용료·철도수송시장 등에 관한 철도산업정책의 수립
   ㉥ 철도산업구조개혁추진에 따른 공익서비스비용의 보상, 세제·금융지원 등 정부지원정책의 수립
   ㉦ 철도산업구조개혁추진에 따른 철도시설건설계획 및 투자재원조달대책의 수립
   ㉧ 철도산업구조개혁추진에 따른 전기·신호·차량 등에 관한 철도기술개발정책의 수립
   ㉨ 철도산업구조개혁추진에 따른 철도안전기준의 정비 및 안전정책의 수립
   ㉩ 철도산업구조개혁추진에 따른 남북철도망 및 국제철도망 구축정책의 수립
   ㉪ 철도산업구조개혁에 관한 대외협상 및 홍보
   ㉫ 철도산업구조개혁추진에 따른 각종 철도의 연계 및 조정
   ㉬ 그 밖에 철도산업구조개혁과 관련된 철도정책 전반에 관하여 필요한 업무

② 기획단은 단장 1인과 단원으로 구성한다.

3. 철도산업의 육성

(1) 철도시설 투자의 확대(법 제7조)

① 국가는 철도시설 투자를 추진하는 경우 사회적·환경적 편익을 고려하여야 한다.
② 국가는 각종 국가계획에 철도시설 투자의 목표치와 투자계획을 반영하여야 하며, 매년 교통시설 투자예산에서 철도시설 투자예산의 비율이 지속적으로 높아지도록 노력하여야 한다.

(2) 철도산업의 지원(법 제8조)

국가 및 지방자치단체는 철도산업의 육성·발전을 촉진하기 위하여 철도산업에 대한 재정·금융·세제·행정상의 지원을 할 수 있다.

(3) 철도산업전문인력의 교육·훈련 등(법 제9조)

① 국토교통부장관은 철도산업에 종사하는 자의 자질향상과 새로운 철도기술 및 그 운영기법의 향상을 위한 교육·훈련방안을 마련하여야 한다.

② 국토교통부장관은 철도산업전문연수기관과 협약을 체결하여 철도산업에 종사하는 자의 교육·훈련 프로그램에 대한 행정적·재정적 지원 등을 할 수 있다.

③ ②에 따른 철도산업전문연수기관은 매년 전문인력수요조사를 실시하고 그 결과와 전문인력의 수급에 관한 의견을 국토교통부장관에게 제출할 수 있다.

④ 국토교통부장관은 새로운 철도기술과 운영기법의 향상을 위하여 특히 필요하다고 인정하는 때에는 정부투자기관·정부출연기관 또는 정부가 출자한 회사 등으로 하여금 새로운 철도기술과 운영기법의 연구·개발에 투자하도록 권고할 수 있다.

(4) 철도산업교육과정의 확대 등(법 제10조)

① 국토교통부장관은 철도산업전문인력의 수급의 변화에 따라 철도산업교육과정의 확대 등 필요한 조치를 관계중앙행정기관의 장에게 요청할 수 있다.

② 국가는 철도산업종사자의 자격제도를 다양화하고 질적 수준을 유지·발전시키기 위하여 필요한 시책을 수립·시행하여야 한다.

③ 국토교통부장관은 철도산업 전문인력의 원활한 수급 및 철도산업의 발전을 위하여 특성화된 대학 등 교육기관을 운영·지원할 수 있다.

(5) 철도기술의 진흥 등(법 제11조)

① 국토교통부장관은 철도기술의 진흥 및 육성을 위하여 철도기술전반에 대한 연구 및 개발에 노력하여야 한다.

② 국토교통부장관은 ①에 따른 연구 및 개발을 촉진하기 위하여 이를 전문으로 연구하는 기관 또는 단체를 지도·육성하여야 한다.

③ 국가는 철도기술의 진흥을 위하여 철도시험·연구개발시설 및 부지 등 국유재산을 한국철도기술연구원에 무상으로 대부·양여하거나 사용·수익하게 할 수 있다.

(6) 철도산업의 정보화 촉진(법 제12조, 영 제15조제1항, 영 제16조제1항)

① 국토교통부장관은 철도산업에 관한 정보를 효율적으로 처리하고 원활하게 유통하기 위하여 대통령령으로 정하는 바에 의하여 철도산업정보화기본계획을 수립·시행하여야 한다.

② 국토교통부장관은 철도산업에 관한 정보를 효율적으로 수집·관리 및 제공하기 위하여 대통령령으로 정하는 바에 의하여 철도산업정보센터를 설치·운영하거나 철도산업에 관한 정보를 수집·관리 또는 제공하는 자 등에게 필요한 지원을 할 수 있다.

③ ①의 규정에 의한 철도산업정보화기본계획에 포함되어야 하는 사항(영 제15조제1항)

    ㉠ 철도산업정보화의 여건 및 전망

    ㉡ 철도산업정보화의 목표 및 단계별 추진계획

    ㉢ 철도산업정보화에 필요한 비용

    ㉣ 철도산업정보의 수집 및 조사계획

ⓜ 철도산업정보의 유통 및 이용활성화에 관한 사항

　　　ⓗ 철도산업정보화와 관련된 기술개발의 지원에 관한 사항

　　　ⓢ 그 밖에 국토교통부장관이 필요하다고 인정하는 사항

　④ ②의 규정에 의한 철도산업정보센터가 행하는 업무(영 제16조제1항)

　　　㉠ 철도산업정보의 수집·분석·보급 및 홍보

　　　㉡ 철도산업의 국제동향 파악 및 국제협력사업의 지원

(7) 국제협력 및 해외진출 촉진(법 제13조)

　① 국토교통부장관은 철도산업에 관한 국제적 동향을 파악하고 국제협력을 촉진하여야 한다.

　② 국가는 철도산업의 국제협력 및 해외시장 진출을 추진하기 위하여 관련 기술 및 인력의 국제교류, 국제표준화, 국제공동연구개발 등의 사업을 지원할 수 있다.

(8) 협회의 설립(법 제13조의2)

　① 철도산업에 관련된 기업, 기관 및 단체와 이에 관한 업무에 종사하는 자는 철도산업의 건전한 발전과 해외진출을 도모하기 위하여 철도협회(이하 "협회")를 설립할 수 있다.

　② 협회는 법인으로 한다.

　③ 협회는 국토교통부장관의 인가를 받아 주된 사무소의 소재지에 설립등기를 함으로써 성립한다.

　④ 협회는 철도 분야에 관한 다음의 업무를 한다.

　　　㉠ 정책 및 기술개발의 지원

　　　㉡ 정보의 관리 및 공동활용 지원

　　　㉢ 전문인력의 양성 지원

　　　㉣ 해외철도 진출을 위한 현지조사 및 지원

　　　㉤ 조사·연구 및 간행물의 발간

　　　㉥ 국가 또는 지방자치단체 위탁사업

　　　㉦ 그 밖에 정관으로 정하는 업무

　⑤ 국가, 지방자치단체 및 철도 분야 공공기관은 협회에 위탁한 업무의 수행에 필요한 비용의 전부 또는 일부를 예산의 범위에서 지원할 수 있다.

　⑥ 협회의 정관은 국토교통부장관의 인가를 받아야 하며, 정관의 기재사항과 협회의 운영 등에 필요한 사항은 대통령령으로 정한다.

　⑦ 협회에 관하여 이 법에 규정한 것 외에는 민법 중 사단법인에 관한 규정을 준용한다.

(1) 철도안전(법 제14조)

① 국가는 국민의 생명·신체 및 재산을 보호하기 위하여 철도안전에 필요한 법적·제도적 장치를 마련하고 이에 필요한 재원을 확보하도록 노력하여야 한다.

② 철도시설관리자는 그 시설을 설치 또는 관리할 때에 법령에서 정하는 바에 따라 해당 시설의 안전한 상태를 유지하고, 해당 시설과 이를 이용하려는 철도차량 간의 종합적인 성능검증 및 안전상태 점검 등 안전확보에 필요한 조치를 하여야 한다.

③ 철도운영자 또는 철도차량 및 장비 등의 제조업자는 법령에서 정하는 바에 따라 철도의 안전한 운행 또는 그 제조하는 철도차량 및 장비 등의 구조·설비 및 장치의 안전성을 확보하고 이의 향상을 위하여 노력하여야 한다.

④ 국가는 객관적이고 공정한 철도사고조사를 추진하기 위한 전담기구와 전문인력을 확보하여야 한다.

(2) 철도서비스의 품질개선 등(법 제15조, 규칙 제3조)

① 철도운영자는 그가 제공하는 철도서비스의 품질을 개선하기 위하여 노력하여야 한다.

② 국토교통부장관은 철도서비스의 품질을 개선하고 이용자의 편익을 높이기 위하여 철도서비스의 품질을 평가하여 시책에 반영하여야 한다.

③ ②에 따른 철도서비스 품질평가의 절차 및 활용 등에 관하여 필요한 사항은 국토교통부령으로 정한다.

④ 철도서비스의 품질평가방법 등(규칙 제3조)

　㉠ 국토교통부장관은 ②의 규정에 의한 철도서비스의 품질평가(이하 "품질평가")를 2년마다 실시한다. 다만, 필요한 경우에는 품질평가일 2주전까지 철도운영자에게 품질평가계획을 통보한 후 수시품질평가를 실시할 수 있다.

　㉡ 국토교통부장관은 객관적인 품질평가를 위하여 적정 철도서비스의 수준, 평가항목 및 평가지표를 정하여야 한다.

　㉢ 국토교통부장관은 품질평가의 결과를 확정하기 전에 법 제6조의 규정에 의한 철도산업위원회(위원회)의 심의를 거쳐야 한다.

(3) 철도이용자의 권익보호 등(법 제16조)

국가는 철도이용자의 권익보호를 위하여 다음의 시책을 강구하여야 한다.

① 철도이용자의 권익보호를 위한 홍보·교육 및 연구

② 철도이용자의 생명·신체 및 재산상의 위해 방지

③ 철도이용자의 불만 및 피해에 대한 신속·공정한 구제조치

④ 그 밖에 철도이용자 보호와 관련된 사항

1. 기본시책

(1) 철도산업구조개혁의 기본방향(법 제17조)

① 국가는 철도산업의 경쟁력을 강화하고 발전기반을 조성하기 위하여 철도시설 부문과 철도운영 부문을 분리하는 철도산업의 구조개혁을 추진하여야 한다.

② 국가는 철도시설 부문과 철도운영 부문 간의 상호 보완적 기능이 발휘될 수 있도록 대통령령으로 정하는 바에 의하여 상호협력체계 구축 등 필요한 조치를 마련하여야 한다.

중요 CHECK

선로배분지침의 수립 등(영 제24조)

① 국토교통부장관은 법 제17조제2항의 규정에 의하여 철도시설관리자와 철도운영자가 안전하고 효율적으로 선로를 사용할 수 있도록 하기 위하여 선로용량의 배분에 관한 지침(이하 "선로배분지침")을 수립·고시하여야 한다.

② ①의 규정에 의한 선로배분지침에는 다음의 사항이 포함되어야 한다.
　㉠ 여객열차와 화물열차에 대한 선로용량의 배분
　㉡ 지역 간 열차와 지역 내 열차에 대한 선로용량의 배분
　㉢ 선로의 유지보수·개량 및 건설을 위한 작업시간
　㉣ 철도차량의 안전운행에 관한 사항
　㉤ 그 밖에 선로의 효율적 활용을 위하여 필요한 사항

③ 철도시설관리자·철도운영자 등 선로를 관리 또는 사용하는 자는 ①의 규정에 의한 선로배분지침을 준수하여야 한다.

④ 국토교통부장관은 철도차량 등의 운행정보의 제공, 철도차량 등에 대한 운행통제, 적법운행 여부에 대한 지도·감독, 사고발생 시 사고복구 지시 등 철도교통의 안전과 질서를 유지하기 위하여 필요한 조치를 할 수 있도록 철도교통관제시설을 설치·운영하여야 한다.

(2) 철도산업구조개혁기본계획의 수립 등(법 제18조, 영 제25·27조)

① 국토교통부장관은 철도산업의 구조개혁을 효율적으로 추진하기 위하여 철도산업구조개혁기본계획(이하 "구조개혁계획")을 수립하여야 한다.

② 구조개혁계획에는 다음의 사항이 포함되어야 한다.
　㉠ 철도산업구조개혁의 목표 및 기본방향에 관한 사항
　㉡ 철도산업구조개혁의 추진방안에 관한 사항
　㉢ 철도의 소유 및 경영구조의 개혁에 관한 사항
　㉣ 철도산업구조개혁에 따른 대내외 여건조성에 관한 사항
　㉤ 철도산업구조개혁에 따른 자산·부채·인력 등에 관한 사항
　㉥ 철도산업구조개혁에 따른 철도관련 기관·단체 등의 정비에 관한 사항
　㉦ 그 밖에 철도산업구조개혁을 위하여 필요한 사항으로서 대통령령으로 정하는 사항(영 제25조)
　　• 철도서비스 시장의 구조개편에 관한 사항
　　• 철도요금·철도시설사용료 등 가격정책에 관한 사항

- 철도안전 및 서비스향상에 관한 사항
- 철도산업구조개혁의 추진체계 및 관계기관의 협조에 관한 사항
- 철도산업구조개혁의 중장기 추진방향에 관한 사항
- 그 밖에 국토교통부장관이 철도산업구조개혁의 추진을 위하여 필요하다고 인정하는 사항

③ 국토교통부장관은 구조개혁계획을 수립하고자 하는 때에는 미리 구조개혁계획과 관련이 있는 행정 기관의 장과 협의한 후 위원회의 심의를 거쳐야 한다. 수립한 구조개혁계획을 변경(대통령령으로 정하는 경미한 변경은 제외)하고자 하는 경우에도 또한 같다.

④ 국토교통부장관은 ③에 따라 구조개혁계획을 수립 또는 변경한 때에는 이를 관보에 고시하여야 한다.

⑤ 관계행정기관의 장은 수립·고시된 구조개혁계획에 따라 연도별 시행계획을 수립·추진하고, 그 연 도의 계획 및 전년도의 추진실적을 국토교통부장관에게 제출하여야 한다.

⑥ ⑤에 따른 연도별 시행계획의 수립 및 시행 등에 관하여 필요한 사항은 대통령령으로 정한다.

⑦ 철도산업구조개혁시행계획의 수립절차 등(영 제27조)

ㄱ 관계행정기관의 장은 ⑤의 규정에 의한 당해 연도의 시행계획을 전년도 11월 말까지 국토교통부 장관에게 제출하여야 한다.

ㄴ 관계행정기관의 장은 전년도 시행계획의 추진실적을 매년 2월 말까지 국토교통부장관에게 제출 하여야 한다.

(3) 관리청(법 제19조, 영 제28조)

① 철도의 관리청은 국토교통부장관으로 한다.

② 국토교통부장관은 이 법과 그 밖의 철도에 관한 법률에 규정된 철도시설의 건설 및 관리 등에 관한 그의 업무의 일부를 대통령령으로 정하는 바에 의하여 설립되는 국가철도공단으로 하여금 대행하게 할 수 있다. 이 경우 대행하는 업무의 범위·권한의 내용 등에 관하여 필요한 사항은 대통령령으로 정한다.

③ 설립되는 국가철도공단은 ②에 따라 국토교통부장관의 업무를 대행하는 경우에 그 대행하는 범위 안에서 이 법과 그 밖의 철도에 관한 법률을 적용할 때에는 그 철도의 관리청으로 본다.

④ 국토교통부장관이 ②의 규정에 의하여 국가철도공단으로 하여금 대행하게 하는 경우 그 대행업무는 다음과 같다(영 제28조).

ㄱ 국가가 추진하는 철도시설 건설사업의 집행

ㄴ 국가 소유의 철도시설에 대한 사용료 징수 등 관리업무의 집행

ㄷ 철도시설의 안전유지, 철도시설과 이를 이용하는 철도차량간의 종합적인 성능검증·안전상태점 검 등 철도시설의 안전을 위하여 국토교통부장관이 정하는 업무

ㄹ 그 밖에 국토교통부장관이 철도시설의 효율적인 관리를 위하여 필요하다고 인정한 업무

(4) 철도시설(법 제20조)

① 철도산업의 구조개혁을 추진하는 경우 철도시설은 국가가 소유하는 것을 원칙으로 한다.

② 국토교통부장관은 철도시설에 대한 다음의 시책을 수립·시행한다.

   ㉠ 철도시설에 대한 투자 계획수립 및 재원조달

   ㉡ 철도시설의 건설 및 관리

   ㉢ 철도시설의 유지보수 및 적정한 상태유지

   ㉣ 철도시설의 안전관리 및 재해대책

   ㉤ 그 밖에 다른 교통시설과의 연계성 확보 등 철도시설의 공공성 확보에 필요한 사항

③ 국가는 철도시설 관련 업무를 체계적이고 효율적으로 추진하기 위하여 그 집행조직으로서 철도청 및 고속철도건설공단의 관련 조직을 통·폐합하여 특별법에 의하여 국가철도공단을 설립한다.

(5) 철도운영(법 제21조)

① 철도산업의 구조개혁을 추진하는 경우 철도운영 관련 사업은 시장경제원리에 따라 국가 외의 자가 영위하는 것을 원칙으로 한다.

② 국토교통부장관은 철도운영에 대한 다음의 시책을 수립·시행한다.

   ㉠ 철도운영부문의 경쟁력 강화

   ㉡ 철도운영서비스의 개선

   ㉢ 열차운영의 안전진단 등 예방조치 및 사고조사 등 철도운영의 안전 확보

   ㉣ 공정한 경쟁여건의 조성

   ㉤ 그 밖에 철도이용자 보호와 열차운행원칙 등 철도운영에 필요한 사항

③ 국가는 철도운영 관련 사업을 효율적으로 경영하기 위하여 철도청 및 고속철도건설공단의 관련 조직을 전환하여 특별법에 의하여 한국철도공사(이하 "철도공사")를 설립한다.

2. 자산·부채 및 인력의 처리

(1) 철도자산의 구분 등(법 제22조제1항)

국토교통부장관은 철도산업의 구조개혁을 추진하는 경우 철도청과 고속철도건설공단의 철도자산을 다음과 같이 구분하여야 한다.

① **운영자산** : 철도청과 고속철도건설공단이 철도운영 등을 주된 목적으로 취득하였거나 관련 법령 및 계약 등에 의하여 취득하기로 한 재산·시설 및 그에 관한 권리

② **시설자산** : 철도청과 고속철도건설공단이 철도의 기반이 되는 시설의 건설 및 관리를 주된 목적으로 취득하였거나 관련 법령 및 계약 등에 의하여 취득하기로 한 재산·시설 및 그에 관한 권리

③ **기타자산** : ① 및 ②의 철도자산을 제외한 자산

(2) 철도자산의 처리(법 제23조, 영 제29조)

① 국토교통부장관은 대통령령으로 정하는 바에 의하여 철도산업의 구조개혁을 추진하기 위한 철도자산의 처리계획(이하 "철도자산처리계획")을 위원회의 심의를 거쳐 수립하여야 한다.

② 국가는 국유재산법에도 불구하고 철도자산처리계획에 의하여 철도공사에 운영자산을 현물출자한다.

③ 철도공사는 ②에 따라 현물출자받은 운영자산과 관련된 권리와 의무를 포괄하여 승계한다.

④ 국토교통부장관은 철도자산처리계획에 의하여 철도청장으로부터 다음의 철도자산을 이관받으며, 그 관리업무를 국가철도공단, 철도공사, 관련 기관 및 단체 또는 대통령령으로 정하는 민간법인에 위탁하거나 그 자산을 사용·수익하게 할 수 있다.
  ㉠ 철도청의 시설자산(건설 중인 시설자산은 제외)
  ㉡ 철도청의 기타자산

⑤ 국가철도공단은 철도자산처리계획에 의하여 다음의 철도자산과 그에 관한 권리와 의무를 포괄하여 승계한다. 이 경우 ㉠ 및 ㉡의 철도자산이 완공된 때에는 국가에 귀속된다.
  ㉠ 철도청이 건설 중인 시설자산
  ㉡ 고속철도건설공단이 건설 중인 시설자산 및 운영자산
  ㉢ 고속철도건설공단의 기타자산

⑥ 철도청장 또는 고속철도건설공단이사장이 ②부터 ⑤까지의 규정에 의하여 철도자산의 인계·이관 등을 하고자 하는 때에는 그에 관한 서류를 작성하여 국토교통부장관의 승인을 얻어야 한다.

⑦ ⑥에 따른 철도자산의 인계·이관 등의 시기와 해당 철도자산 등의 평가방법 및 평가기준일 등에 관한 사항은 대통령령으로 정한다.

⑧ ①의 규정에 의한 철도자산처리계획에는 다음의 사항이 포함되어야 한다(영 제29조).
  ㉠ 철도자산의 개요 및 현황에 관한 사항
  ㉡ 철도자산의 처리방향에 관한 사항
  ㉢ 철도자산의 구분기준에 관한 사항
  ㉣ 철도자산의 인계·이관 및 출자에 관한 사항
  ㉤ 철도자산처리의 추진일정에 관한 사항
  ㉥ 그 밖에 국토교통부장관이 철도자산의 처리를 위하여 필요하다고 인정하는 사항

(3) 철도자산 관리업무의 민간위탁계획과 민간위탁계약의 체결(영 제30조제2·3항, 제31조)

① 민간위탁계획(영 제30조제2·3항)
  국토교통부장관은 철도자산의 관리업무를 민간법인에 위탁하고자 하는 때에는 위원회의 심의를 거쳐 민간위탁계획을 수립하여야 한다. 민간위탁계획에는 다음의 사항이 포함되어야 한다.
  ㉠ 위탁대상 철도자산
  ㉡ 위탁의 필요성·범위 및 효과
  ㉢ 수탁기관의 선정절차

② 민간위탁계약의 체결(영 제31조)

국토교통부장관은 철도자산의 관리업무를 위탁하고자 하는 때에는 민간위탁계획에 따라 사업계획을 제출한 자 중에서 당해 철도자산을 관리하기에 적합하다고 인정되는 자를 선정하여 위탁계약을 체결하여야 한다. 위탁계약에는 다음의 사항이 포함되어야 한다.

㉠ 위탁대상 철도자산

㉡ 위탁대상 철도자산의 관리에 관한 사항

㉢ 위탁계약기간(계약기간의 수정·갱신 및 위탁계약의 해지에 관한 사항을 포함)

㉣ 위탁대가의 지급에 관한 사항

㉤ 위탁업무에 대한 관리 및 감독에 관한 사항

㉥ 위탁업무의 재위탁에 관한 사항

㉦ 그 밖에 국토교통부장관이 필요하다고 인정하는 사항

(4) 철도부채의 처리(법 제24조제1·2항)

① 국토교통부장관은 기획재정부장관과 미리 협의하여 철도청과 고속철도건설공단의 철도부채를 다음으로 구분하여야 한다.

㉠ 운영부채 : 운영자산과 직접 관련된 부채

㉡ 시설부채 : 시설자산과 직접 관련된 부채

㉢ 기타부채 : ㉠ 및 ㉡의 철도부채를 제외한 부채로서 철도사업특별회계가 부담하고 있는 철도부채 중 공공자금관리기금에 대한 부채

② 운영부채는 철도공사가, 시설부채는 국가철도공단이 각각 포괄하여 승계하고, 기타부채는 일반 회계가 포괄하여 승계한다.

(5) 고용승계 등(법 제25조)

① 철도공사 및 국가철도공단은 철도청 직원 중 공무원 신분을 계속 유지하는 자를 제외한 철도청 직원 및 고속철도건설공단 직원의 고용을 포괄하여 승계한다.

② 국가는 ①에 따라 철도청 직원 중 철도공사 및 국가철도공단 직원으로 고용이 승계되는 자에 대하여는 근로여건 및 퇴직급여의 불이익이 발생하지 않도록 필요한 조치를 한다.

3. 철도시설관리권 등

(1) 철도시설관리권(법 제26조)

① 국토교통부장관은 철도시설을 관리하고 그 철도시설을 사용하거나 이용하는 자로부터 사용료를 징수할 수 있는 권리(이하 "철도시설관리권")를 설정할 수 있다.

② ①에 따라 철도시설관리권의 설정을 받은 자는 대통령령으로 정하는 바에 따라 국토교통부장관에게 등록하여야 한다. 등록한 사항을 변경하고자 하는 때에도 또한 같다.

(2) 철도시설관리권의 성질 등(법 제27·28조, 제29조제1항)

① 철도시설관리권은 이를 물권으로 보며, 이 법에 특별한 규정이 있는 경우를 제외하고는 민법 중 부동산에 관한 규정을 준용한다.

② 저당권이 설정된 철도시설관리권은 그 저당권자의 동의가 없으면 처분할 수 없다.

③ 철도시설관리권 또는 철도시설관리권을 목적으로 하는 저당권의 설정·변경·소멸 및 처분의 제한은 국토교통부에 비치하는 철도시설관리권등록부에 등록함으로써 그 효력이 발생한다.

(3) 철도시설 관리대장(법 제30조제1항, 규칙 제4조)

① 철도시설을 관리하는 자는 그가 관리하는 철도시설의 관리대장을 작성·비치하여야 한다.

② 철도시설관리대장은 철도노선별로 작성하되, 다음의 사항을 기재하여야 한다.

    ㉠ 철도노선 및 철도시설의 현황 및 도면

    ㉡ 철도시설의 신설·증설·개량 등의 변동현황

    ㉢ 그 밖에 철도시설의 관리를 위하여 필요한 사항

③ ②㉠의 규정에 의한 도면 중 평면도는 철도시설 부근의 지형·방위·해발고도 등을 표시하여 축척 1,200분의 1로 작성하되, 다음의 사항을 기재하여야 한다.

    ㉠ 철도시설 및 그 경계선

    ㉡ 행정구역의 명칭 및 경계선

    ㉢ 철도시설의 위치 및 배치현황

    ㉣ 도로·공항·항만 등 철도접근교통시설

    ㉤ 철도주변의 장애물 분포현황

    ㉥ 그 밖에 철도시설의 관리를 위하여 필요한 사항

(4) 철도시설 사용료(법 제31조)

① 철도시설을 사용하고자 하는 자는 대통령령으로 정하는 바에 따라 관리청의 허가를 받거나 철도시설관리자와 시설사용계약을 체결하거나 그 시설사용계약을 체결한 자(이하 "시설사용계약자")의 승낙을 얻어 사용할 수 있다.

② 철도시설관리자 또는 시설사용계약자는 ①에 따라 철도시설을 사용하는 자로부터 사용료를 징수할 수 있다. 다만, 국유재산법 제34조에도 불구하고 지방자치단체가 직접 공용·공공용 또는 비영리 공익사업용으로 철도시설을 사용하고자 하는 경우에는 대통령령으로 정하는 바에 따라 그 사용료의 전부 또는 일부를 면제할 수 있다.

③ ②에 따라 철도시설 사용료를 징수하는 경우 철도의 사회경제적 편익과 다른 교통수단과의 형평성 등이 고려되어야 한다.

④ 철도시설 사용료의 징수기준 및 절차 등에 관하여 필요한 사항은 대통령령으로 정한다.

(5) 철도시설의 사용계약(영 제35조제1~3항)

① 철도시설의 사용계약에는 다음의 사항이 포함되어야 한다.

    ㉠ 사용기간·대상시설·사용조건 및 사용료

    ㉡ 대상시설의 제3자에 대한 사용승낙의 범위·조건

    ㉢ 상호책임 및 계약위반 시 조치사항

    ㉣ 분쟁 발생 시 조정절차

    ㉤ 비상사태 발생 시 조치

    ㉥ 계약의 갱신에 관한 사항

    ㉦ 계약내용에 대한 비밀누설금지에 관한 사항

② 법 제3조제2호가목 내지 라목의 철도시설(이하 "선로 등")에 대한 사용계약(이하 "선로등사용계약")은 당해 선로 등을 여객 또는 화물운송을 목적으로 사용하고자 하는 경우에 한한다. 이 경우 그 사용기간은 5년을 초과할 수 없다.

③ 선로 등에 대한 ① ㉠의 규정에 의한 사용조건에는 다음의 사항이 포함되어야 한다. 다만, 선로배분지침에 위반되는 내용이어서는 아니 된다.

    ㉠ 투입되는 철도차량의 종류 및 길이

    ㉡ 철도차량의 일일운행횟수·운행개시시각·운행종료시각 및 운행간격

    ㉢ 출발역·정차역 및 종착역

    ㉣ 철도운영의 안전에 관한 사항

    ㉤ 철도여객 또는 화물운송서비스의 수준

4. 공익적 기능의 유지

(1) 공익서비스비용의 부담(법 제32조)

① 철도운영자의 공익서비스 제공으로 발생하는 비용(이하 "공익서비스비용")은 국가 또는 해당 철도서비스를 직접 요구한 자(이하 "원인제공자")가 부담하여야 한다.

② 원인제공자가 부담하는 공익서비스비용의 범위는 다음과 같다.

    ㉠ 철도운영자가 다른 법령에 의하거나 국가정책 또는 공공목적을 위하여 철도운임·요금을 감면할 경우 그 감면액

    ㉡ 철도운영자가 경영개선을 위한 적절한 조치를 취하였음에도 불구하고 철도이용수요가 적어 수지 균형의 확보가 극히 곤란하여 벽지의 노선 또는 역의 철도서비스를 제한 또는 중지하여야 되는 경우로서 공익목적을 위하여 기초적인 철도서비스를 계속함으로써 발생되는 경영손실

    ㉢ 철도운영자가 국가의 특수목적사업을 수행함으로써 발생되는 비용

(2) 공익서비스 제공에 따른 보상계약의 체결(법 제33조제1·2항)

① 원인제공자는 철도운영자와 공익서비스비용의 보상에 관한 계약(이하 "보상계약")을 체결하여야 한다.

② ①에 따른 보상계약에는 다음의 사항이 포함되어야 한다.

    ㉠ 철도운영자가 제공하는 철도서비스의 기준과 내용에 관한 사항

    ㉡ 공익서비스 제공과 관련하여 원인제공자가 부담하여야 하는 보상내용 및 보상방법 등에 관한 사항

    ㉢ 계약기간 및 계약기간의 수정·갱신과 계약의 해지에 관한 사항

    ㉣ 그 밖에 원인제공자와 철도운영자가 필요하다고 합의하는 사항

(3) 특정노선 폐지 등의 승인(법 제34조)

① 철도시설관리자와 철도운영자(이하 "승인신청자")는 다음의 어느 하나에 해당하는 경우에 국토교통부장관의 승인을 얻어 특정노선 및 역의 폐지와 관련 철도서비스의 제한 또는 중지 등 필요한 조치를 취할 수 있다.

    ㉠ 승인신청자가 철도서비스를 제공하고 있는 노선 또는 역에 대하여 철도의 경영개선을 위한 적절한 조치를 취하였음에도 불구하고 수지균형의 확보가 극히 곤란하여 경영상 어려움이 발생한 경우

    ㉡ 보상계약체결에도 불구하고 공익서비스비용에 대한 적정한 보상이 이루어지지 아니한 경우

    ㉢ 원인제공자가 공익서비스비용을 부담하지 아니한 경우

    ㉣ 원인제공자가 규정에 의한 조정에 따르지 아니한 경우

② 승인신청자는 다음의 사항이 포함된 승인신청서를 국토교통부장관에게 제출하여야 한다.

    ㉠ 폐지하고자 하는 특정 노선 및 역 또는 제한·중지하고자 하는 철도서비스의 내용

    ㉡ 특정 노선 및 역을 계속 운영하거나 철도서비스를 계속 제공하여야 할 경우의 원인제공자의 비용부담 등에 관한 사항

    ㉢ 그 밖에 특정 노선 및 역의 폐지 또는 철도서비스의 제한·중지 등과 관련된 사항

③ 국토교통부장관은 ②에 따라 승인신청서가 제출된 경우 원인제공자 및 관계 행정기관의 장과 협의한 후 위원회의 심의를 거쳐 승인 여부를 결정하고 그 결과를 승인신청자에게 통보하여야 한다. 이 경우 승인하기로 결정된 때에는 그 사실을 관보에 공고하여야 한다.

④ 국토교통부장관 또는 관계행정기관의 장은 승인신청자가 ①에 따라 특정 노선 및 역을 폐지하거나 철도서비스의 제한·중지 등의 조치를 취하고자 하는 때에는 대체수송수단의 마련 등 필요한 조치를 하여야 한다.

(4) 승인의 제한 등(법 제35조)

① 국토교통부장관은 (3) ①의 어느 하나에 해당되는 경우에도 다음의 어느 하나에 해당하는 경우에는 (3) ③에 따른 승인을 하지 아니할 수 있다.

    ㉠ 노선 폐지 등의 조치가 공익을 현저하게 저해한다고 인정하는 경우

    ⓒ 노선 폐지 등의 조치가 대체교통수단 미흡 등으로 교통서비스 제공에 중대한 지장을 초래한다고
     인정하는 경우
  ② 국토교통부장관은 ①에 따라 승인을 하지 아니함에 따라 철도운영자인 승인신청자가 경영상 중대한
    영업손실을 받은 경우에는 그 손실을 보상할 수 있다.

(5) 비상사태 시 처분(법 제36조제1항, 영 제49조)

  ① 국토교통부장관은 천재·지변·전시·사변, 철도교통의 심각한 장애 그 밖에 이에 준하는 사태의
    발생으로 인하여 철도서비스에 중대한 차질이 발생하거나 발생할 우려가 있다고 인정하는 경우에는
    필요한 범위 안에서 철도시설관리자·철도운영자 또는 철도이용자에게 다음의 사항에 관한 조정·
    명령 그 밖의 필요한 조치를 할 수 있다.
    ㉠ 지역별·노선별·수송대상별 수송 우선순위 부여 등 수송통제
    ⓒ 철도시설·철도차량 또는 설비의 가동 및 조업
    ⓒ 대체 수송수단 및 수송로의 확보
    ⓔ 임시열차의 편성 및 운행
    ⓜ 철도서비스 인력의 투입
    ⓑ 철도이용의 제한 또는 금지
    ⓢ 그 밖에 철도서비스의 수급안정을 위하여 대통령령으로 정하는 사항(영 제49조)
     • 철도시설의 임시사용
     • 철도시설의 사용제한 및 접근 통제
     • 철도시설의 긴급복구 및 복구지원
     • 철도역 및 철도차량에 대한 수색 등

제5절   보칙과 벌칙

1. 보 칙

(1) 철도건설 등의 비용부담(법 제37조)

  ① 철도시설관리자는 지방자치단체·특정한 기관 또는 단체가 철도시설건설사업으로 인하여 현저한 이
    익을 받는 경우에는 국토교통부장관의 승인을 얻어 그 이익을 받는 자(이하 이 조에서 "수익자")로
    하여금 그 비용의 일부를 부담하게 할 수 있다.
  ② ①에 따라 수익자가 부담하여야 할 비용은 철도시설관리자와 수익자가 협의하여 정한다. 이 경우
    협의가 성립되지 아니하는 때에는 철도시설관리자 또는 수익자의 신청에 의하여 위원회가 이를 조정
    할 수 있다.

(2) 권한의 위임 및 위탁(법 제38조, 영 제50조, 규칙 제12조)

① 국토교통부장관은 이 법에 따른 권한의 일부를 특별시장·광역시장·도지사·특별자치도지사 또는 지방교통관서의 장에 위임하거나 관계 행정기관·국가철도공단·철도공사·정부출연연구기관에게 위탁할 수 있다. 다만, 철도시설유지보수 시행업무는 철도공사에 위탁한다.

② 대통령령으로 정하는 바에 따른 권한의 위탁(영 제50조)

　㉠ 국토교통부장관은 ①에 의하여 규정에 의한 철도산업정보센터의 설치·운영업무를 다음의 자 중에서 국토교통부령이 정하는 자에게 위탁한다.
　　• 정부출연연구기관등의설립·운영및육성에관한법률 또는 과학기술분야정부출연연구기관등의 설립·운영및육성에관한법률에 의한 정부출연연구기관
　　• 국가철도공단

　㉡ 국토교통부장관은 ①에 의하여 철도시설유지보수 시행업무를 철도청장에게 위탁한다.

　㉢ 국토교통부장관은 ①에 의하여 규정에 의한 철도교통관제시설의 관리업무 및 철도교통관제업무를 다음의 자 중에서 국토교통부령이 정하는 자에게 위탁한다.
　　• 국가철도공단
　　• 철도운영자

③ 국토교통부령으로 정하는 권한의 위탁(규칙 제12조)

　㉠ 국토교통부장관은 ②의 ㉠에 따라 규정에 따른 철도산업정보센터의 설치·운영업무를 국가철도공단에 위탁한다.

　㉡ 국토교통부장관은 ②의 ㉢에 의하여 규정에 의한 철도교통관제시설의 관리업무 및 철도교통관제업무를 한국철도공사에 위탁한다.

　㉢ 국토교통부장관은 ㉡의 규정에 의하여 한국철도공사에 철도교통관제업무를 위탁하는 경우에는 한국철도공사로부터 철도교통관제업무에 종사하는 자의 독립성이 보장될 수 있도록 필요한 조치를 하여야 한다.

(3) 청문(법 제39조)

국토교통부장관은 특정 노선 및 역의 폐지와 이와 관련된 철도서비스의 제한 또는 중지에 대한 승인을 하고자 하는 때에는 청문을 실시하여야 한다.

2. 벌 칙

(1) 3년 이하의 징역 또는 5천만원 이하의 벌금(법 제40조제1항)

특정노선 폐지 등의 승인(법 제34조)의 규정을 위반하여 국토교통부장관의 승인을 얻지 아니하고 특정 노선 및 역을 폐지하거나 철도서비스를 제한 또는 중지한 자

(2) 2년 이하의 징역 또는 3천만원 이하의 벌금(법 제40조제2항)

① 거짓이나 그 밖의 부정한 방법으로 철도시설 사용료(법 제31조제1항)에 따른 허가를 받은 자

② 철도시설 사용료(제31조제1항)에 따른 허가를 받지 아니하고 철도시설을 사용한 자

③ 비상사태 시 처분(제36조제1항제1호부터 제5호까지 또는 제7호)에 따른 조정·명령 등의 조치를 위반한 자

(3) 양벌규정(법 제41조)

법인의 대표자나 법인 또는 개인의 대리인, 사용인, 그 밖의 종업원이 그 법인 또는 개인의 업무에 관하여 벌칙(법 제40조)의 위반행위를 하면 그 행위자를 벌하는 외에 그 법인 또는 개인에게도 해당 조문의 벌금형을 과(科)한다. 다만, 법인 또는 개인이 그 위반행위를 방지하기 위하여 해당 업무에 관하여 상당한 주의와 감독을 게을리하지 아니한 경우에는 그러하지 아니하다.

(4) 과태료(법 제42조)

비상사태 시 처분 중 '철도이용의 제한 또는 금지' 규정에 관한 조정·명령 그 밖의 필요한 조치(법 제36조제1항제6호)의 규정을 위반한 자에게는 1천만원 이하의 과태료를 부과한다.

CHAPTER

02 적중예상문제

01 철도산업발전기본법상 용어정의에 관한 설명으로 맞지 않는 것은?

㉮ 철도차량 : 선로를 운행할 목적으로 제작된 동력차·객차·화차 및 특수차를 말한다.

㉯ 선로 : 철도차량을 운행하기 위한 궤도와 이를 받치는 노반 또는 공작물로 구성된 시설을 말한다.

㉰ 철도시설의 건설 : 철도시설의 신설과 기존 철도시설의 직선화·전철화·복선화 및 현대화 등 철도시설의 성능 및 기능향상을 위한 철도시설의 개량을 포함한 활동을 말한다.

㉱ 철도시설의 유지보수 : 철도운송·철도시설·철도차량 관련 산업과 철도기술개발 관련 산업 그 밖에 철도의 개발·이용·관리와 관련된 활동을 말한다.

> **해설** **철도시설의 유지보수** : 기존 철도시설의 현상유지 및 성능향상을 위한 점검·보수·교체·개량 등 일상적인 활동을 말한다(법 제3조제7호).
> ※ **철도산업** : 철도운송·철도시설·철도차량 관련 산업과 철도기술개발 관련 산업 그 밖에 철도의 개발·이용·관리와 관련된 산업을 말한다(법 제3조제8호).

02 철도시설관리자에 해당하지 않는 자는?

㉮ 관리청

㉯ 한국철도공사

㉰ 철도시설관리권을 설정받은 자

㉱ 철도시설의 관리를 대행·위임 또는 위탁받은 자

> **해설** **철도시설관리자**(법 제3조제9호)
> ① 관리청
> ② 국가철도공단
> ③ 철도시설관리권을 설정받은 자
> ④ ①부터 ③까지의 자로부터 철도시설의 관리를 대행·위임 또는 위탁받은 자

03 철도산업발전기본계획은 몇 년에 한 번씩 수립되는가?

㉮ 2년 ㉯ 3년

㉰ 5년 ㉱ 10년

> **해설** 국토교통부장관은 철도산업의 육성과 발전을 촉진하기 위하여 5년 단위로 철도산업발전기본계획을 수립하여 시행하여야 한다(법 제5조제1항).

04 철도산업발전기본계획의 수립 등에 관한 설명으로 옳지 않은 것은?

㉮ 국토교통부장관은 철도산업발전기본계획을 수립하여 시행하여야 한다.

㉯ 기본계획은 국가기간교통망계획, 중기 교통시설투자계획 및 국토교통과학기술 연구개발 종합계획과 조화를 이루도록 하여야 한다.

㉰ 국토교통부장관 기본계획을 수립 또는 변경한 때에는 이를 관보에 고시하여야 한다.

㉱ 국토교통부장관은 기본계획을 수립하고자 하는 때에는 미리 관련 행정기관의 장과 협의한 후 즉시 고시한다.

> **해설** ㉱ 국토교통부장관은 기본계획을 수립하고자 하는 때에는 미리 기본계획과 관련이 있는 행정기관의 장과 협의한 후 철도산업위원회의 심의를 거쳐야 한다. 수립된 기본계획을 변경(대통령령으로 정하는 경미한 변경은 제외)하고자 하는 때에도 또한 같다(법 제5조제4항).

05 철도산업위원회의 위원장은 누구로 하는가?

㉮ 국토교통부장관

㉯ 국토교통부차관

㉰ 한국철도공사의 사장

㉱ 한국철도시설공단의 이사장

> **해설** 철도산업위원회의 위원장은 국토교통부장관이 된다(영 제6조제1항).

06 철도산업위원회의 위원이 아닌 사람은?

㉮ 행정안전부장관

㉯ 국가철도공단의 이사장

㉰ 한국철도공사의 사장

㉱ 철도산업에 관한 전문성과 경험이 풍부한 자 중에서 위원회의 위원장이 위촉하는 자

> **해설** 위원회의 위원은 ㉯, ㉰, ㉱와 기획재정부차관·교육부차관·과학기술정보통신부차관·행정안전부차관·산업통상자원부차관·고용노동부차관·국토교통부차관·해양수산부차관 및 공정거래위원회부위원장이다(영 제6조제2항제1호).

07 철도산업위원회에 대한 설명으로 적절하지 않은 것은?

㉮ 위원회는 위원장을 포함한 20인 이내의 위원으로 구성한다.

㉯ 위원회에 간사 1인을 두되, 간사는 국토교통부장관이 국토교통부소속 공무원 중에서 지명한다.

㉰ 철도산업에 관한 기본계획 및 중요정책 등을 심의·조정한다.

㉱ 위원의 임기는 2년으로 하되, 연임할 수 있다.

> **해설** 위원회는 위원장을 포함한 25인 이내의 위원으로 구성한다(법 제6조제3항).

08 실무위원회에 대한 설명으로 적절하지 않은 것은?

㉮ 위원회의 심의·조정사항과 위원회에서 위임한 사항의 실무적인 검토를 위하여 위원회에 실무위원회를 둔다.

㉯ 실무위원회는 위원장을 포함한 20인 이내의 위원으로 구성한다.

㉰ 실무위원회의 위원장은 국토교통부차관이 된다.

㉱ 실무위원회에 간사 1인을 두되, 간사는 국토교통부장관이 국토교통부소속 공무원 중에서 지명한다.

> **해설** ㉰ 실무위원회의 위원장은 국토교통부장관이 국토교통부의 3급 공무원 또는 고위공무원단에 속하는 일반직공무원 중에서 지명한다(영 제10조제3항).

09 철도산업전문인력의 교육·훈련에 관한 설명으로 틀린 것은?

㉮ 국토교통부장관은 철도산업에 종사하는 자의 자질향상과 새로운 철도기술 및 그 운영기법의 향상을 위한 교육·훈련방안을 마련하여야 한다.

㉯ 국토교통부장관은 철도산업에 종사하는 자의 교육·훈련프로그램에 대한 행정적·재정적 지원 등을 할 수 있다.

㉰ 국토교통부장관은 매년 전문인력수요조사를 실시하고 그 결과와 전문인력의 수급에 관한 의견을 수렴해야 한다.

㉱ 국토교통부장관은 새로운 철도기술과 운영기법의 향상을 위하여 정부투자기관·정부출연기관 또는 정부가 출자한 회사 등으로 하여금 새로운 철도기술과 운영기법의 연구·개발에 투자하도록 권고할 수 있다.

> **해설** ㉰ 철도산업전문연수기관은 매년 전문인력수요조사를 실시하고 그 결과와 전문인력의 수급에 관한 의견을 국토교통부장관에게 제출할 수 있다(법 제9조제3항).

10 철도서비스의 품질개선에 대한 설명으로 적절하지 않은 것은?

㉮ 국토교통부장관은 품질평가를 2년마다 실시한다.

㉯ 필요한 경우에는 품질평가일 2개월 전까지 철도운영자에게 품질평가계획을 통보한 후 수시품질평가를 실시할 수 있다.

㉰ 국토교통부장관은 객관적인 품질평가를 위하여 적정 철도서비스의 수준, 평가항목 및 평가지표를 정하여야 한다.

㉱ 국토교통부장관은 품질평가의 결과를 확정하기 전에 철도산업위원회의 심의를 거쳐야 한다.

> **해설** 국토교통부장관은 품질평가를 2년마다 실시한다. 다만, 필요한 경우에는 품질평가일 2주 전까지 철도운영자에게 품질평가계획을 통보한 후 수시품질평가를 실시할 수 있다(규칙 제3조제1항).

11 철도산업에 관한 정보를 효율적으로 수집·관리 및 제공하기 위하여 운영하는 기관은?

㉮ 한국철도기술공사   ㉯ 한국철도공사

㉰ 한국철도시설공단   ㉱ 철도산업정보센터

> **해설** 국토교통부장관은 철도산업에 관한 정보를 효율적으로 수집·관리 및 제공하기 위하여 철도산업정보센터를 설치·운영하거나 철도산업에 관한 정보를 수집·관리 또는 제공하는 자 등에게 필요한 지원을 할 수 있다(법 제12조제2항).

★중요

12 국가는 철도이용자의 권익보호를 위하여 시책을 강구하여야 한다. 강구할 시책으로 거리가 먼 것은?

㉮ 철도이용자의 권익보호를 위한 홍보·교육 및 연구

㉯ 철도이용자의 생명·신체의 위해 발생 시 손해배상

㉰ 철도이용자의 불만 및 피해에 대한 신속·공정한 구제조치

㉱ 그 밖에 철도이용자 보호와 관련된 사항

> **해설** ㉮, ㉰, ㉱ 외에 철도이용자의 생명·신체 및 재산상의 위해 방지이다(법 제16조제2호).

13 철도시설관리권에 관한 설명으로 옳지 않은 것은?

㉮ 국토교통부장관은 철도시설을 관리하고 사용·이용하는 자로부터 사용료를 징수할 수 있는 권리를 설정할 수 있다.

㉯ 철도시설관리권의 설정을 받은 자는 국토교통부장관에게 등록하여야 한다.

㉰ 철도시설관리권은 채권으로 보며, 이 법에 특별한 규정이 있는 경우를 제외하고는 채권법에 관한 규정을 준용한다.

㉱ 저당권이 설정된 철도시설관리권은 그 저당권자의 동의가 없으면 처분할 수 없다.

해설 ㉰ 철도시설관리권은 이를 물권으로 보며, 이 법에 특별한 규정이 있는 경우를 제외하고는 민법 중 부동산에 관한 규정을 준용한다(법 제27조).

14 다음은 철도산업발전기본법의 내용이다. (   ) 안에 들어갈 말로 알맞은 것은?

철도시설관리권 또는 철도시설관리권을 목적으로 하는 저당권의 설정·변경·소멸 및 처분의 제한은 (   )에 비치하는 (   )에 등록함으로써 그 효력이 발생한다.

㉮ 국토교통부, 철도시설관리권등록부

㉯ 철도청, 철도시설관리대장

㉰ 철도시설공단, 철도시설관리대장

㉱ 철도공사, 철도시설관리권등록부

해설 철도시설관리권 또는 철도시설관리권을 목적으로 하는 저당권의 설정·변경·소멸 및 처분의 제한은 국토교통부에 비치하는 철도시설관리권등록부에 등록함으로써 그 효력이 발생한다(법 제29조).

15 철도시설관리대장에 관한 설명으로 옳지 않은 것은?

㉮ 철도시설을 관리하는 자는 그가 관리하는 철도시설의 관리대장을 작성·비치하여야 한다.

㉯ 철도시설관리대장은 철도노선별로 작성한다.

㉰ 철도시설관리대장에 철도노선 및 철도시설의 현황 및 도면, 철도시설의 신설·증설·개량 등의 변동현황 등을 기재하여야 한다.

㉱ 철도노선 및 철도시설의 현황 및 도면 중 평면도는 철도시설 부근의 지형·방위·해발고도 등을 표시하여 축척 500분의 1로 작성한다.

해설 철도노선 및 철도시설의 현황 및 도면 중 평면도는 철도시설 부근의 지형·방위·해발고도 등을 표시하여 축척 1,200분의 1로 작성한다(규칙 제4조제2항).

13 ㉰ 14 ㉮ 15 ㉱ **정답**

16 철도시설관리자와 철도운영자는 국토교통부장관의 승인을 얻어 특정노선 및 역의 폐지와 관련 철도서비스의 제한 또는 중지 등 필요한 조치를 취할 수 있다. 다음 중 이에 해당하는 경우가 아닌 것은?

㉮ 철도의 경영개선을 위한 적절한 조치를 취하였음에도 불구하고 수지균형의 확보가 극히 곤란하여 경영상 어려움이 발생한 경우

㉯ 보상계약의 미체결로 공익서비스비용에 대한 적정한 보상이 이루어지지 아니한 경우

㉰ 원인제공자가 공익서비스비용을 부담하지 아니한 경우

㉱ 원인제공자가 조정에 따르지 아니한 경우

> **해설** ㉯ 보상계약체결에도 불구하고 공익서비스비용에 대한 적정한 보상이 이루어지지 아니한 경우 국토교통부장관의 승인을 얻어 특정노선 및 역의 폐지와 관련 철도서비스의 제한 또는 중지 등 필요한 조치를 취할 수 있다(법 제34조제1항제2호).

★중요

17 철도산업발전기본법상 2년 이하의 징역 또는 3천만원 이하의 벌금에 해당하지 않는 것은?

㉮ 거짓이나 그 밖의 부정한 방법으로 철도시설 사용허가를 받은 자

㉯ 철도시설 사용허가를 받지 아니하고 철도시설을 사용한 자

㉰ 비상사태 시 처분규정(철도이용의 제한 또는 금지는 제외)에 의한 조정·명령 등의 조치를 위반한 자

㉱ 국토교통부장관의 승인을 얻지 아니하고 특정 노선 및 역을 폐지하거나 철도서비스를 제한 또는 중지한 자

> **해설** 국토교통부장관의 승인을 얻지 아니하고 특정 노선 및 역을 폐지하거나 철도서비스를 제한 또는 중지한 자는 3년 이하의 징역 또는 5천만원 이하의 벌금에 처한다(법 제40조제1항).

18 비상사태 시 처분 중 '철도이용의 제한 또는 금지' 규정에 관한 조정·명령 등의 조치를 위반한 자에 대한 처분은?

㉮ 5천만원 이하의 벌금   ㉯ 3천만원 이하의 벌금

㉰ 1천만원 이하의 과태료   ㉱ 500만원 이하의 과태료

> **해설** 비상사태 시 처분 중 '철도이용의 제한 또는 금지' 규정에 관한 조정·명령 등의 조치를 위반한 자에게는 1천만원 이하의 과태료를 부과한다(법 제42조제1항).

19 철도산업발전기본법령상 국토교통부장관이 과태료를 부과하고자 하는 때에는 과태료 처분 대상자에게 며칠 이상의 기간을 정하여 구술 또는 서면에 의한 의견 진술의 기회를 주어야 하는가?

㉮ 3일 이상   ㉯ 5일 이상

㉰ 7일 이상   ㉱ 10일 이상

> **해설** 국토교통부장관은 규정에 의하여 과태료를 부과하고자 하는 때에는 10일 이상의 기간을 정하여 과태료처분대상자에게 구술 또는 서면에 의한 의견진술의 기회를 주어야 한다. 이 경우 지정된 기일까지 의견진술이 없는 때에는 의견이 없는 것으로 본다(영 제51조).

CHAPTER

03 철도안전법

제1절 총 칙

1. 목적(법 제1조)

이 법은 철도안전을 확보하기 위하여 필요한 사항을 규정하고 철도안전 관리체계를 확립함으로써 공공복리의 증진에 이바지함을 목적으로 한다.

2. 용어의 정의(법 제2조, 영 제2조)

(1) 철 도

철도산업발전기본법(이하 "기본법")에 따른 철도를 말한다.

(2) 전용철도

철도사업법에 따른 전용철도를 말한다.

(3) 철도시설

기본법에 따른 철도시설을 말한다.

(4) 철도운영

기본법에 따른 철도운영을 말한다.

(5) 철도차량

기본법에 따른 철도차량을 말한다.

(6) 철도용품

철도시설 및 철도차량 등에 사용되는 부품·기기·장치 등을 말한다.

(7) 열 차

선로를 운행할 목적으로 철도운영자가 편성하여 열차번호를 부여한 철도차량을 말한다.

(8) 선 로

철도차량을 운행하기 위한 궤도와 이를 받치는 노반(路盤) 또는 인공구조물로 구성된 시설을 말한다.

(9) 철도운영자

철도운영에 관한 업무를 수행하는 자를 말한다.

(10) 철도시설관리자

철도시설의 건설 또는 관리에 관한 업무를 수행하는 자를 말한다.

(11) 철도종사자

① 철도차량의 운전업무에 종사하는 사람(이하 "운전업무종사자")
② 철도차량의 운행을 집중 제어·통제·감시하는 업무(이하 "관제업무")에 종사하는 사람
③ 여객에게 승무 서비스를 제공하는 사람(이하 "여객승무원")
④ 여객에게 역무 서비스를 제공하는 사람(이하 "여객역무원")
⑤ 철도차량의 운행선로 또는 그 인근에서 철도시설의 건설 또는 관리와 관련한 작업의 협의·지휘·감독·안전관리 등의 업무에 종사하도록 철도운영자 또는 철도시설관리자가 지정한 사람(이하 "작업책임자")
⑥ 철도차량의 운행선로 또는 그 인근에서 철도시설의 건설 또는 관리와 관련한 작업의 일정을 조정하고 해당 선로를 운행하는 열차의 운행일정을 조정하는 사람(이하 "철도운행안전관리자")
⑦ 그 밖에 철도운영 및 철도시설관리와 관련하여 철도차량의 안전운행 및 질서유지와 철도차량 및 철도시설의 점검·정비 등에 관한 업무에 종사하는 사람으로서 대통령령으로 정하는 사람

> **중요 CHECK**
>
> **안전운행 또는 질서유지 철도종사자(영 제3조)**
> ① 철도사고, 철도준사고 및 운행장애(이하 "철도사고 등")가 발생한 현장에서 조사·수습·복구 등의 업무를 수행하는 사람
> ② 철도차량의 운행선로 또는 그 인근에서 철도시설의 건설 또는 관리와 관련된 작업의 현장감독업무를 수행하는 사람
> ③ 철도시설 또는 철도차량을 보호하기 위한 순회점검업무 또는 경비업무를 수행하는 사람
> ④ 정거장에서 철도신호기·선로전환기 또는 조작판 등을 취급하거나 열차의 조성업무를 수행하는 사람
> ⑤ 철도에 공급되는 전력의 원격제어장치를 운영하는 사람
> ⑥ 철도경찰 사무에 종사하는 국가공무원
> ⑦ 철도차량 및 철도시설의 점검·정비 업무에 종사하는 사람

(12) 철도사고

철도운영 또는 철도시설관리와 관련하여 사람이 죽거나 다치거나 물건이 파손되는 사고로 국토교통부령으로 정하는 것을 말한다.

철도사고의 범위로 "국토교통부령으로 정하는 것"이란 다음의 어느 하나에 해당하는 것을 말한다(규칙 제1조의2).

① **철도교통사고** : 철도차량의 운행과 관련된 사고로서 다음의 어느 하나에 해당하는 사고
  ㉠ 충돌사고 : 철도차량이 다른 철도차량 또는 장애물(동물 및 조류는 제외)과 충돌하거나 접촉한 사고
  ㉡ 탈선사고 : 철도차량이 궤도를 이탈하는 사고
  ㉢ 열차화재사고 : 철도차량에서 화재가 발생하는 사고
  ㉣ 기타철도교통사고 : ㉠부터 ㉢까지의 사고에 해당하지 않는 사고로서 철도차량의 운행과 관련된 사고

② **철도안전사고** : 철도시설 관리와 관련된 사고로서 다음의 어느 하나에 해당하는 사고(단, 재난 및 안전관리 기본법에 따른 자연재난으로 인한 사고는 제외)
  ㉠ 철도화재사고 : 철도역사, 기계실 등 철도시설에서 화재가 발생하는 사고
  ㉡ 철도시설파손사고 : 교량·터널·선로, 신호·전기·통신 설비 등의 철도시설이 파손되는 사고
  ㉢ 기타철도안전사고 : ㉠ 및 ㉡에 해당하지 않는 사고로서 철도시설 관리와 관련된 사고

(13) 철도준사고

철도안전에 중대한 위해를 끼쳐 철도사고로 이어질 수 있었던 것으로 국토교통부령으로 정하는 것을 말한다.

철도준사고의 범위로 "국토교통부령으로 정하는 것"이란 다음의 어느 하나에 해당하는 것을 말한다(규칙 제1조의3).

① 운행허가를 받지 않은 구간으로 열차가 주행하는 경우
② 열차가 운행하려는 선로에 장애가 있음에도 진행을 지시하는 신호가 표시되는 경우(단, 복구 및 유지보수를 위한 경우로서 관제 승인을 받은 경우에는 제외)
③ 열차 또는 철도차량이 승인 없이 정지신호를 지난 경우
④ 열차 또는 철도차량이 역과 역 사이로 미끄러진 경우
⑤ 열차운행을 중지하고 공사 또는 보수작업을 시행하는 구간으로 열차가 주행한 경우
⑥ 안전운행에 지장을 주는 레일 파손이나 유지보수 허용범위를 벗어난 선로 뒤틀림이 발생한 경우
⑦ 안전운행에 지장을 주는 철도차량의 차륜, 차축, 차축베어링에 균열 등의 고장이 발생한 경우
⑧ 철도차량에서 화약류 등 운송취급주의 위험물(영 제45조)에 따른 위험물 또는 위해물품의 종류(규칙 제78조제1항)에 따른 위해물품이 누출된 경우
⑨ ①부터 ⑧까지의 준사고에 준하는 것으로서 철도사고로 이어질 수 있는 것

(14) 운행장애

철도사고 및 철도준사고 외에 철도차량의 운행에 지장을 주는 것으로서 국토교통부령으로 정하는 것을 말한다.

운행장애의 범위로 "국토교통부령으로 정하는 것"이란 다음의 어느 하나에 해당하는 것을 말한다(규칙 제1조의4).

① 관제의 사전승인 없는 정차역 통과
② 다음의 구분에 따른 운행 지연(단, 다른 철도사고 또는 운행장애로 인한 운행 지연은 제외)
  ㉠ 고속열차 및 전동열차 : 20분 이상
  ㉡ 일반여객열차 : 30분 이상
  ㉢ 화물열차 및 기타열차 : 60분 이상

(15) 철도차량정비

철도차량(철도차량을 구성하는 부품·기기·장치를 포함)을 점검·검사, 교환 및 수리하는 행위를 말한다.

(16) 철도차량정비기술자

철도차량정비에 관한 자격, 경력 및 학력 등을 갖추어 철도차량정비기술자의 인정 규정에 따라 국토교통 부장관의 인정을 받은 사람을 말한다.

① 철도차량정비기술자로 인정을 받으려는 사람은 국토교통부장관에게 자격 인정을 신청하여야 한다.
② 국토교통부장관은 ①에 따른 신청인이 대통령령으로 정하는 자격, 경력 및 학력 등 철도차량정비기 술자의 인정 기준에 해당하는 경우에는 철도차량정비기술자로 인정하여야 한다.

(17) 정거장(영 제2조)

여객의 승하차(여객 이용시설 및 편의시설을 포함), 화물의 적하, 열차의 조성(철도차량을 연결하거나 분리하는 작업), 열차의 교차통행 또는 대피를 목적으로 사용되는 장소를 말한다.

(18) 선로전환기(영 제2조)

철도차량의 운행선로를 변경시키는 기기를 말한다.

3. 국가 등의 책무

(1) 국가 등의 책무(법 제4조)

① 국가와 지방자치단체는 국민의 생명·신체 및 재산을 보호하기 위하여 철도안전시책을 마련하여 성실히 추진하여야 한다.

② 철도운영자 및 철도시설관리자(이하 "철도운영자 등")는 철도운영이나 철도시설관리를 할 때에는 법령에서 정하는 바에 따라 철도안전을 위하여 필요한 조치를 하고, 국가나 지방자치단체가 시행하는 철도안전시책에 적극 협조하여야 한다.

제2절 **철도안전 관리체계**

1. 철도안전 종합계획(법 제5조)

(1) 철도안전 종합계획

① 국토교통부장관은 5년마다 철도안전에 관한 종합계획(이하 "철도안전 종합계획")을 수립하여야 한다.

② 국토교통부장관은 철도안전 종합계획을 수립할 때에는 미리 관계 중앙행정기관의 장 및 철도운영자 등과 협의한 후 기본법 제6조 제1항에 따른 철도산업위원회의 심의를 거쳐야 한다. 수립된 철도안전 종합계획을 변경(대통령령으로 정하는 경미한 사항의 변경은 제외)할 때에도 또한 같다.

> **중요 CHECK**
>
> **철도안전 종합계획의 경미한 변경(영 제4조)**
> 1. 철도안전 종합계획에서 정한 총사업비를 원래 계획의 100분의 10 이내에서의 변경
> 2. 철도안전 종합계획에서 정한 시행기한 내에 단위사업의 시행시기의 변경
> 3. 법령의 개정, 행정구역의 변경 등과 관련하여 철도안전 종합계획을 변경하는 등 당초 수립된 철도안전종합계획의 기본방향에 영향을 미치지 아니하는 사항의 변경

③ 국토교통부장관은 철도안전 종합계획을 수립하거나 변경하기 위하여 필요하다고 인정하면 관계 중앙행정기관의 장 또는 특별시장·광역시장·특별자치시장·도지사·특별자치도지사(이하 "시·도지사")에게 관련 자료의 제출을 요구할 수 있다. 자료 제출 요구를 받은 관계 중앙행정기관의 장 또는 시·도지사는 특별한 사유가 없으면 이에 따라야 한다.

④ 국토교통부장관은 ②에 따라 철도안전 종합계획을 수립하거나 변경하였을 때에는 이를 관보에 고시하여야 한다.

(2) 철도안전 종합계획의 내용

① 철도안전 종합계획의 추진 목표 및 방향
② 철도안전에 관한 시설의 확충, 개량 및 점검 등에 관한 사항
③ 철도차량의 정비 및 점검 등에 관한 사항
④ 철도안전 관계 법령의 정비 등 제도개선에 관한 사항
⑤ 철도안전 관련 전문 인력의 양성 및 수급관리에 관한 사항
⑥ 철도종사자의 안전 및 근무환경 향상에 관한 사항
⑦ 철도안전 관련 교육훈련에 관한 사항
⑧ 철도안전 관련 연구 및 기술개발에 관한 사항
⑨ 그 밖에 철도안전에 관한 사항으로서 국토교통부장관이 필요하다고 인정하는 사항

2. 시행계획

(1) 시행계획(법 제6조제1항)

국토교통부장관, 시·도지사 및 철도운영자 등은 철도안전 종합계획에 따라 소관별로 철도안전 종합계획의 단계적 시행에 필요한 연차별 시행계획(이하 "시행계획")을 수립·추진하여야 한다.

(2) 시행계획 수립절차 등(영 제5조)

① 특별시장·광역시장·특별자치시장·도지사 또는 특별자치도지사(이하 "시·도지사")와 철도운영자 및 철도시설관리자(이하 "철도운영자 등")는 다음 연도의 시행계획을 매년 10월 말까지 국토교통부장관에게 제출하여야 한다.
② 시·도지사 및 철도운영자 등은 전년도 시행계획의 추진실적을 매년 2월 말까지 국토교통부장관에게 제출하여야 한다.
③ 국토교통부장관은 ①에 따라 시·도지사 및 철도운영자 등이 제출한 다음 연도의 시행계획이 철도안전 종합계획에 위반되거나 철도안전 종합계획을 원활하게 추진하기 위하여 보완이 필요하다고 인정될 때에는 시·도지사 및 철도운영자 등에게 시행계획의 수정을 요청할 수 있다.
④ ③에 따른 수정 요청을 받은 시·도지사 및 철도운영자 등은 특별한 사유가 없는 한 이를 시행계획에 반영하여야 한다.

3. 안전관리체계

(1) 안전관리체계의 승인(법 제7조)

① 철도운영자 등(전용철도의 운영자는 제외한다. 이하 이 조에서 같다)은 철도운영을 하거나 철도시설을 관리하려는 경우에는 인력, 시설, 차량, 장비, 운영절차, 교육훈련 및 비상대응계획 등 철도 및 철도시설의 안전관리에 관한 유기적 체계(이하 "안전관리체계")를 갖추어 국토교통부장관의 승인을 받아야 한다.

② 전용철도의 운영자는 자체적으로 안전관리체계를 갖추고 지속적으로 유지하여야 한다.

③ 철도운영자 등은 ①에 따라 승인받은 안전관리체계를 변경(⑤에 따른 안전관리기준의 변경에 따른 안전관리체계의 변경을 포함한다. 이하 이 조에서 같다)하려는 경우에는 국토교통부장관의 변경승인을 받아야 한다. 다만, 국토교통부령으로 정하는 경미한 사항을 변경하려는 경우에는 국토교통부장관에게 신고하여야 한다.

④ 국토교통부장관은 ① 또는 ③의 본문에 따른 안전관리체계의 승인 또는 변경승인의 신청을 받은 경우에는 해당 안전관리체계가 ⑤에 따른 안전관리기준에 적합한지를 검사한 후 승인 여부를 결정하여야 한다.

⑤ 국토교통부장관은 철도안전경영, 위험관리, 사고 조사 및 보고, 내부점검, 비상대응계획, 비상대응훈련, 교육훈련, 안전정보관리, 운행안전관리, 차량·시설의 유지관리(차량의 기대수명에 관한 사항을 포함) 등 철도운영 및 철도시설의 안전관리에 필요한 기술기준을 정하여 고시하여야 한다.

⑥ ①부터 ⑤까지의 규정에 따른 승인절차, 승인방법, 검사기준, 검사방법, 신고절차 및 고시방법 등에 관하여 필요한 사항은 국토교통부령으로 정한다.

(2) 안전관리체계 승인 신청 절차 등(규칙 제2조)

① 철도운영자 및 철도시설관리자(철도운영자 등)가 법 (1)의 ①에 따른 안전관리체계(안전관리체계)를 승인받으려는 경우에는 철도운용 또는 철도시설 관리 개시 예정일 90일 전까지 [별지 제1호 서식]의 철도안전관리체계 승인신청서에 다음의 서류를 첨부하여 국토교통부장관에게 제출하여야 한다.

   ㉠ 철도사업법 또는 도시철도법에 따른 철도사업면허증 사본

   ㉡ 조직·인력의 구성, 업무 분장 및 책임에 관한 서류

   ㉢ 다음의 사항을 적시한 철도안전관리시스템에 관한 서류

      • 철도안전관리시스템 개요

      • 철도안전경영

      • 문서화

      • 위험관리

      • 요구사항 준수

      • 철도사고 조사 및 보고

      • 내부 점검

- 비상대응
- 교육훈련
- 안전정보
- 안전문화
ⓔ 다음의 사항을 적시한 열차운행체계에 관한 서류
- 철도운영 개요
- 철도사업면허
- 열차운행 조직 및 인력
- 열차운행 방법 및 절차
- 열차 운행계획
- 승무 및 역무
- 철도관제업무
- 철도보호 및 질서유지
- 열차운영 기록관리
- 위탁 계약자 감독 등 위탁업무 관리에 관한 사항
ⓜ 다음의 사항을 적시한 유지관리체계에 관한 서류
- 유지관리 개요
- 유지관리 조직 및 인력
- 유지관리 방법 및 절차[법 제38조에 따른 종합시험운행 실시 결과(완료된 결과를 말한다. 이하 같다)를 반영한 유지관리 방법을 포함]
- 유지관리 이행계획
- 유지관리 기록
- 유지관리 설비 및 장비
- 유지관리 부품
- 철도차량 제작 감독
- 위탁 계약자 감독 등 위탁업무 관리에 관한 사항
ⓗ 법 제38조에 따른 종합시험운행 실시 결과 보고서
② 철도운영자 등이 (1)의 ③ 본문에 따라 승인받은 안전관리체계를 변경하려는 경우에는 변경된 철도운용 또는 철도시설 관리 개시 예정일 30일 전(철도노선의 신설 또는 개량에 따른 변경사항의 경우에는 90일 전)까지 [별지 제1호의2 서식]의 철도안전관리체계 변경승인신청서에 다음의 서류를 첨부하여 국토교통부장관에게 제출하여야 한다.
ⓐ 안전관리체계의 변경내용과 증빙서류
ⓑ 변경 전후의 대비표 및 해설서

③ ① 및 ②에도 불구하고 철도운영자 등이 안전관리체계의 승인 또는 변경승인을 신청하는 경우 ①의 ㅁ의 유지관리 방법 및 절차 및 ㅂ에 따른 서류는 철도운용 또는 철도시설 관리 개시 예정일 14일 전까지 제출할 수 있다.

④ 국토교통부장관은 ① 및 ②에 따라 안전관리체계의 승인 또는 변경승인 신청을 받은 경우에는 15일 이내에 승인 또는 변경승인에 필요한 검사 등의 계획서를 작성하여 신청인에게 통보하여야 한다.

(3) 안전관리체계의 승인 방법 및 증명서 발급 등(규칙 제4조)

① (1)의 ④에 따른 안전관리체계의 승인 또는 변경승인을 위한 검사는 다음에 따른 서류검사와 현장검사로 구분하여 실시한다. 다만, 서류검사만으로 (1)의 ⑤에 따른 안전관리에 필요한 기술기준(안전관리기준)에 적합 여부를 판단할 수 있는 경우에는 현장검사를 생략할 수 있다.

  ㉠ 서류검사 : (2)의 ① 및 ②에 따라 철도운영자 등이 제출한 서류가 안전관리기준에 적합한지 검사

  ㉡ 현장검사 : 안전관리체계의 이행가능성 및 실효성을 현장에서 확인하기 위한 검사

② 국토교통부장관은 도시철도법 제3조 제2호에 따른 도시철도 또는 같은 법 제24조 또는 제42조에 따라 도시철도건설사업 또는 도시철도운송사업을 위탁받은 법인이 건설 · 운영하는 도시철도에 대하여 (1)의 ④에 따른 안전관리체계의 승인 또는 변경승인을 위한 검사를 하는 경우에는 해당 도시철도의 관할 시 · 도지사와 협의할 수 있다. 이 경우 협의 요청을 받은 시 · 도지사는 협의를 요청받은 날부터 20일 이내에 의견을 제출하여야 하며, 그 기간 내에 의견을 제출하지 아니하면 의견이 없는 것으로 본다.

③ 국토교통부장관은 ①에 따른 검사 결과 안전관리기준에 적합하다고 인정하는 경우에는 [별지 제 2호 서식]의 철도안전관리체계 승인증명서를 신청인에게 발급하여야 한다.

④ ①에 따른 검사에 관한 세부적인 기준, 절차 및 방법 등은 국토교통부장관이 정하여 고시한다.

4. 안전관리체계의 유지

(1) 안전관리체계의 유지 등(법 제8조)

① 철도운영자 등(법 제7조제1항에 표기된 내용에 따라 전용철도의 운영자는 제외한다. 이하 이 조에서 같다)은 철도운영을 하거나 철도시설을 관리하는 경우에는 제7조에 따라 승인받은 안전관리체계를 지속적으로 유지하여야 한다.

② 국토교통부장관은 안전관리체계 위반 여부 확인 및 철도사고 예방 등을 위하여 철도운영자 등이 ①에 따른 안전관리체계를 지속적으로 유지하는지 다음의 검사를 통해 국토교통부령으로 정하는 바에 따라 점검 · 확인할 수 있다.

  ㉠ 정기검사 : 철도운영자 등이 국토교통부장관으로부터 승인 또는 변경승인 받은 안전관리체계를 지속적으로 유지하는지를 점검 · 확인하기 위하여 정기적으로 실시하는 검사

ⓛ 수시검사 : 철도운영자 등이 철도사고 및 운행장애 등을 발생시키거나 발생시킬 우려가 있는 경우에 안전관리체계 위반사항 확인 및 안전관리체계 위해요인 사전예방을 위해 수행하는 검사

③ 국토교통부장관은 ②에 따른 검사 결과 안전관리체계가 지속적으로 유지되지 아니하거나 그 밖에 철도안전을 위하여 필요하다고 인정하는 경우에는 국토교통부령으로 정하는 바에 따라 시정조치를 명할 수 있다.

(2) 안전관리체계의 유지 · 검사 등(규칙 제6조)

① 국토교통부장관은 (1) ②의 ⓐ에 따른 정기검사를 1년마다 1회 실시해야 한다.

② 국토교통부장관은 (1) ②에 따른 정기검사 또는 수시검사를 시행하려는 경우에는 검사 시행일 7일 전까지 다음의 내용이 포함된 검사계획을 검사 대상 철도운영자 등에게 통보해야 한다. 다만, 철도사고, 철도준사고 및 운행장애(이하 "철도사고 등")의 발생 등으로 긴급히 수시검사를 실시하는 경우에는 사전 통보를 하지 않을 수 있고, 검사 시작 이후 검사계획을 변경할 사유가 발생한 경우에는 철도운영자 등과 협의하여 검사계획을 조정할 수 있다.

ⓐ 검사반의 구성

ⓛ 검사 일정 및 장소

ⓒ 검사 수행 분야 및 검사 항목

ⓡ 중점 검사 사항

ⓜ 그 밖에 검사에 필요한 사항

③ 국토교통부장관은 다음의 사유로 철도운영자 등이 안전관리체계 정기검사의 유예를 요청한 경우에 검사 시기를 유예하거나 변경할 수 있다.

ⓐ 검사 대상 철도운영자 등이 사법기관 및 중앙행정기관의 조사 및 감사를 받고 있는 경우

ⓛ 항공 · 철도 사고조사에 관한 법률 제4조제1항에 따른 항공 · 철도사고조사위원회가 같은 법 제19조에 따라 철도사고에 대한 조사를 하고 있는 경우

ⓒ 대형 철도사고의 발생, 천재지변, 그 밖의 부득이한 사유가 있는 경우

④ 국토교통부장관은 정기검사 또는 수시검사를 마친 경우에는 다음의 사항이 포함된 검사 결과보고서를 작성하여야 한다.

ⓐ 안전관리체계의 검사 개요 및 현황

ⓛ 안전관리체계의 검사 과정 및 내용

ⓒ (1)의 ③에 따른 시정조치 사항

ⓡ ⑥에 따라 제출된 시정조치계획서에 따른 시정조치명령의 이행 정도

ⓜ 철도사고에 따른 사망자 · 중상자의 수 및 철도사고 등에 따른 재산피해액

⑤ 국토교통부장관은 (1)의 ③에 따라 철도운영자 등에게 시정조치를 명하는 경우에는 시정에 필요한 적정한 기간을 주어야 한다.

⑥ 철도운영자 등이 (1)의 ③에 따라 시정조치명령을 받은 경우에 14일 이내에 시정조치계획서를 작성하여 국토교통부장관에게 제출하여야 하고, 시정조치를 완료한 경우에는 지체 없이 그 시정내용을 국토교통부장관에게 통보하여야 한다.

⑦ ①부터 ⑥까지의 규정에서 정한 사항 외에 정기검사 또는 수시검사에 관한 세부적인 기준·방법 및 절차는 국토교통부장관이 정하여 고시한다.

5. 승인의 취소

(1) 승인의 취소 등(법 제9조, 규칙 제7조)

① 국토교통부장관은 안전관리체계의 승인을 받은 철도운영자 등이 다음의 어느 하나에 해당하는 경우에는 그 승인을 취소하거나 6개월 이내의 기간을 정하여 업무의 제한이나 정지를 명할 수 있다. 다만, ㉠에 해당하는 경우에는 그 승인을 취소하여야 한다.

㉠ 거짓이나 그 밖의 부정한 방법으로 승인을 받은 경우

㉡ 변경승인을 받지 아니하거나 변경신고를 하지 아니하고 안전관리체계를 변경한 경우

㉢ 안전관리체계를 지속적으로 유지하지 아니하여 철도운영이나 철도시설의 관리에 중대한 지장을 초래한 경우

㉣ 시정조치명령을 정당한 사유 없이 이행하지 아니한 경우

② ①에 따른 승인 취소, 업무의 제한 또는 정지의 기준 및 절차 등에 관하여 필요한 사항은 국토교통부령으로 정한다.

③ 안전관리체계 승인의 취소 등 처분기준(규칙 제7조)

철도운영자 등의 안전관리체계 승인의 취소 또는 업무의 제한·정지 등의 처분기준은 [별표 1]과 같다.

[별표 1] 안전관리체계 관련 처분기준

1. 일반기준

가. 위반행위의 횟수에 따른 행정처분의 가중된 부과기준은 최근 2년간 같은 위반행위로 행정처분을 받은 경우에 적용한다. 이 경우 기간의 계산은 위반행위에 대하여 행정처분을 받은 날과 그 처분 후 다시 같은 위반행위를 하여 적발된 날을 기준으로 한다.

나. 가목에 따라 가중된 부과처분을 하는 경우 가중처분의 적용 차수는 그 위반행위 전 부과처분 차수(가목에 따른 기간 내에 행정처분이 둘 이상 있었던 경우에는 높은 차수를 말한다)의 다음 차수로 한다.

다. 위반행위가 둘 이상인 경우로서 그에 해당하는 각각의 처분기준이 다른 경우에는 그중 무거운 처분기준(무거운 처분기준이 같을 때에는 그중 하나의 처분기준을 말한다)에 따르며, 둘 이상의 처분기준이 같은 업무제한·정지인 경우에는 무거운 처분기준의 2분의 1 범위에서 가중할 수 있되, 각 처분기준을 합산한 기간을 초과할 수 없다.

라. 국토교통부장관은 다음의 어느 하나에 해당하는 경우에는 2.의 개별기준에 따른 업무제한·정지 기간의 2분의 1 범위에서 그 기간을 줄일 수 있다.

   1) 위반행위가 사소한 부주의나 오류로 인한 것으로 인정되는 경우

   2) 위반행위자가 법 위반상태를 시정하거나 해소하기 위한 노력이 인정되는 경우

   3) 그 밖에 위반행위의 정도, 위반행위의 동기와 그 결과 등을 고려하여 업무제한·정지 기간을 줄일 필요가 있다고 인정되는 경우

마. 국토교통부장관은 다음의 어느 하나에 해당하는 경우에는 2.의 개별기준에 따른 업무제한·정지 기간의 2분의 1 범위에서 그 기간을 늘릴 수 있다. 다만, 법 제9조제1항에 따른 업무제한·정지 기간의 상한을 넘을 수 없다.

   1) 위반의 내용 및 정도가 중대하여 공중에게 미치는 피해가 크다고 인정되는 경우

   2) 법 위반상태의 기간이 6개월 이상인 경우

   3) 그 밖에 위반행위의 정도, 위반행위의 동기와 그 결과 등을 고려하여 업무제한·정지 기간을 늘릴 필요가 있다고 인정되는 경우

2. 개별기준

위반행위	처분기준
가. 거짓이나 그 밖의 부정한 방법으로 승인을 받은 경우	
1) 1차 위반	승인취소
나. 법 제7조제3항을 위반하여 변경승인을 받지 않고 안전관리체계를 변경한 경우	
1) 1차 위반	업무정지(업무제한) 10일
2) 2차 위반	업무정지(업무제한) 20일
3) 3차 위반	업무정지(업무제한) 40일
4) 4차 이상 위반	업무정지(업무제한) 80일
다. 법 제7조제3항을 위반하여 변경신고를 하지 않고 안전관리체계를 변경한 경우	
1) 1차 위반	경 고
2) 2차 위반	업무정지(업무제한) 10일
3) 3차 이상 위반	업무정지(업무제한) 20일
라. 법 제8조제1항을 위반하여 안전관리체계를 지속적으로 유지하지 않아 철도운영이나 철도시설의 관리에 중대한 지장을 초래한 경우	
1) 철도사고로 인한 사망자 수	
가) 1명 이상 3명 미만	업무정지(업무제한) 30일
나) 3명 이상 5명 미만	업무정지(업무제한) 60일
다) 5명 이상 10명 미만	업무정지(업무제한) 120일
라) 10명 이상	업무정지(업무제한) 180일
2) 철도사고로 인한 중상자 수	
가) 5명 이상 10명 미만	업무정지(업무제한) 15일
나) 10명 이상 30명 미만	업무정지(업무제한) 30일
다) 30명 이상 50명 미만	업무정지(업무제한) 60일
라) 50명 이상 100명 미만	업무정지(업무제한) 120일
마) 100명 이상	업무정지(업무제한) 180일

위반행위	처분기준
3) 철도사고 또는 운행장애로 인한 재산피해액	
가) 5억원 이상 10억원 미만	업무정지(업무제한) 15일
나) 10억원 이상 20억원 미만	업무정지(업무제한) 30일
다) 20억원 이상	업무정지(업무제한) 60일
마. 법 제8조제3항에 따른 시정조치명령을 정당한 사유 없이 이행하지 않은 경우	
1) 1차 위반	업무정지(업무제한) 20일
2) 2차 위반	업무정지(업무제한) 40일
3) 3차 위반	업무정지(업무제한) 80일
4) 4차 이상 위반	업무정지(업무제한) 160일

비 고
1. "사망자"란 철도사고가 발생한 날부터 30일 이내에 그 사고로 사망한 경우를 말한다.
2. "중상자"란 철도사고로 인해 부상을 입은 날부터 7일 이내 실시된 의사의 최초 진단결과 24시간 이상 입원 치료가 필요한 상해를 입은 사람(의식불명, 시력상실을 포함)을 말한다.
3. "재산피해액"이란 시설피해액(인건비와 자재비 등 포함), 차량피해액(인건비와 자재비 등 포함), 운임환불 등을 포함한 직접손실액을 말한다.

(2) 과징금(법 제9조의2)

① 국토교통부장관은 (1)의 ①에 따라 철도운영자 등에 대하여 업무의 제한이나 정지를 명하여야 하는 경우로서 그 업무의 제한이나 정지가 철도 이용자 등에게 심한 불편을 주거나 그 밖에 공익을 해할 우려가 있는 경우에는 업무의 제한이나 정지를 갈음하여 30억원 이하의 과징금을 부과할 수 있다.

② ①에 따라 과징금을 부과하는 위반행위의 종류, 과징금의 부과기준 및 징수방법, 그 밖에 필요한 사항은 대통령령으로 정한다.

③ 국토교통부장관은 ①에 따른 과징금을 내야 할 자가 납부기한까지 과징금을 내지 아니하는 경우에는 국세 체납처분의 예에 따라 징수한다.

중요 CHECK

과징금의 부과 및 납부(영 제7조)
① 국토교통부장관은 법 제9조의2제1항에 따라 과징금을 부과할 때에는 그 위반행위의 종류와 해당 과징금의 금액을 명시하여 이를 납부할 것을 서면으로 통지하여야 한다.
② ①에 따라 통지를 받은 자는 통지를 받은 날부터 20일 이내에 국토교통부장관이 정하는 수납기관에 과징금을 내야 한다.
③ ②에 따라 과징금을 받은 수납기관은 그 과징금을 낸 자에게 영수증을 내주어야 한다.
④ 과징금의 수납기관은 ②에 따른 과징금을 받으면 지체 없이 그 사실을 국토교통부장관에게 통보하여야 한다.

1. 철도차량 운전면허

(1) 철도차량 운전면허(법 제10조)

① 철도차량을 운전하려는 사람은 국토교통부장관으로부터 철도차량 운전면허(운전면허)를 받아야 한다. 다만, 교육훈련 또는 운전면허시험을 위하여 철도차량을 운전하는 경우 등 대통령령으로 정하는 경우에는 그러하지 아니하다.

② 도시철도법 제2조제2호에 따른 노면전차를 운전하려는 사람은 ①에 따른 운전면허 외에 도로교통법 제80조에 따른 운전면허를 받아야 한다.

③ ①에 따른 운전면허는 대통령령으로 정하는 바에 따라 철도차량의 종류별로 받아야 한다.

(2) 운전면허 없이 운전할 수 있는 경우(영 제10조)

① (1)의 ① 단서에서 '대통령령으로 정하는 경우'란 다음의 어느 하나에 해당하는 경우를 말한다.

㉠ 법 제16조제3항에 따른 철도차량 운전에 관한 전문 교육훈련기관(운전교육훈련기관)에서 실시하는 운전교육훈련을 받기 위하여 철도차량을 운전하는 경우

㉡ 법 제17조제1항에 따른 운전면허시험(운전면허시험)을 치르기 위하여 철도차량을 운전하는 경우

㉢ 철도차량을 제작·조립·정비하기 위한 공장 안의 선로에서 철도차량을 운전하여 이동하는 경우

㉣ 철도사고 등을 복구하기 위하여 열차운행이 중지된 선로에서 사고복구용 특수차량을 운전하여 이동하는 경우

② ①의 ㉠ 또는 ㉡에 해당하는 경우에는 해당 철도차량에 운전교육훈련을 담당하는 사람이나 운전면허 시험에 대한 평가를 담당하는 사람을 승차시켜야 하며, 국토교통부령으로 정하는 표지를 해당 철도차량의 앞면 유리에 붙여야 한다.

(3) 운전면허 종류(영 제11조, 규칙 제11조)

① 철도차량의 종류별 운전면허는 다음과 같다.

㉠ 고속철도차량 운전면허

㉡ 제1종 전기차량 운전면허

㉢ 제2종 전기차량 운전면허

㉣ 디젤차량 운전면허

㉤ 철도장비 운전면허

㉥ 노면전차(路面電車) 운전면허

② ①에 따른 운전면허를 받은 사람이 운전할 수 있는 철도차량의 종류는 국토교통부령으로 정한다.

③ 운전면허의 종류에 따라 운전할 수 있는 철도차량의 종류(규칙 제11조)

영 제11조 제1항에 따른 철도차량의 종류별 운전면허를 받은 사람이 운전할 수 있는 철도차량의 종류는 [별표 1의2]와 같다.

[별표 1의2] 철도차량 운전면허 종류별 운전이 가능한 철도차량

운전면허의 종류	운전할 수 있는 철도차량의 종류	
1. 고속철도차량 운전면허	가. 고속철도차량	나. 철도장비 운전면허에 따라 운전할 수 있는 차량
2. 제1종 전기차량 운전면허	가. 전기기관차	나. 철도장비 운전면허에 따라 운전할 수 있는 차량
3. 제2종 전기차량 운전면허	가. 전기동차	나. 철도장비 운전면허에 따라 운전할 수 있는 차량
4. 디젤차량 운전면허	가. 디젤기관차 다. 증기기관차	나. 디젤동차 라. 철도장비 운전면허에 따라 운전할 수 있는 차량
5. 철도장비 운전면허	가. 철도건설과 유지보수에 필요한 기계나 장비 나. 철도시설의 검측장비 다. 철도 · 도로를 모두 운행할 수 있는 철도복구장비 라. 전용철도에서 25[km/h] 이하로 운전하는 차량 마. 사고복구용 기중기 바. 입환작업을 위해 원격제어가 가능한 장치를 설치하여 25[km/h] 이하로 운전하는 동력차	
6. 노면전차 운전면허	노면전차	

1. 100[km/h] 이상으로 운행하는 철도시설의 검측장비 운전은 고속철도차량 운전면허, 제1종 전기차량 운전면허, 제2종 전기차량 운전면허, 디젤차량 운전면허 중 하나의 운전면허가 있어야 한다.
2. 선로를 200[km/h] 이상의 최고운행 속도로 주행할 수 있는 철도차량을 고속철도차량으로 구분한다.
3. 동력장치가 집중되어 있는 철도차량을 기관차, 동력장치가 분산되어 있는 철도차량을 동차로 구분한다.
4. 도로 위에 부설한 레일 위를 주행하는 철도차량은 노면전차로 구분한다.
5. 철도차량 운전면허(철도장비 운전면허는 제외) 소지자는 철도차량 종류에 관계없이 차량기지 내에서 25[km/h] 이하로 운전하는 철도차량을 운전할 수 있다. 이 경우 다른 운전면허의 철도차량을 운전하는 때에는 국토교통부장관이 정하는 교육훈련을 받아야 한다.
6. 전용철도란 철도사업법 제2조 제5호에 따른 전용철도를 말한다.

(4) 운전면허의 결격사유 등(법 제11조)

① 다음의 어느 하나에 해당하는 사람은 운전면허를 받을 수 없다.

ㄱ 19세 미만인 사람

ㄴ 철도차량 운전상의 위험과 장해를 일으킬 수 있는 정신질환자 또는 뇌전증환자로서 대통령령으로 정하는 사람

ㄷ 철도차량 운전상의 위험과 장해를 일으킬 수 있는 약물(마약류 관리에 관한 법률에 따른 마약류 및 화학물질관리법에 따른 환각물질을 말한다. 이하 같다) 또는 알코올 중독자로서 대통령령으로 정하는 사람

ㄹ 두 귀의 청력 또는 두 눈의 시력을 완전히 상실한 사람

ㅁ 운전면허가 취소된 날부터 2년이 지나지 아니하였거나 운전면허의 효력정지기간 중인 사람

② 국토교통부장관은 ①에 따른 결격사유의 확인을 위하여 개인정보를 보유하고 있는 기관의 장에게 해당 정보의 제공을 요청할 수 있다. 이 경우 요청을 받은 기관의 장은 특별한 사유가 없으면 이에 따라야 한다.

③ ②에 따라 요청하는 대상기관과 개인정보의 내용 및 제공방법 등에 필요한 사항은 대통령령으로 정한다.

2. 신체검사

(1) 운전면허의 신체검사(법 제12조)

① 운전면허를 받으려는 사람은 철도차량 운전에 적합한 신체상태를 갖추고 있는지를 판정받기 위하여 국토교통부장관이 실시하는 신체검사에 합격하여야 한다.

② 국토교통부장관은 ①에 따른 신체검사를 (2)에 따른 의료기관에서 실시하게 할 수 있다.

③ ①에 따른 신체검사의 합격기준, 검사방법 및 절차 등에 관하여 필요한 사항은 국토교통부령으로 정한다.

(2) 신체검사 실시 의료기관(법 제13조)

① 의 원

② 병 원

③ 종합병원

(3) 신체검사 항목 및 불합격 기준(규칙 [별표 2])

① 운전면허 또는 관제자격증명 취득을 위한 신체검사

검사 항목	불합격 기준
가. 일반 결함	1) 신체 각 장기 및 각 부위의 악성종양 2) 중증인 고혈압증(수축기 혈압 180[mmHg] 이상이고, 확장기 혈압 110[mmHg] 이상인 사람) 3) 이 표에서 달리 정하지 아니한 법정 감염병 중 직접 접촉, 호흡기 등을 통하여 전파가 가능한 감염병
나. 코·구강·인후 계통	의사소통에 지장이 있는 언어장애나 호흡에 장애를 가져오는 코, 구강, 인후, 식도의 변형 및 기능장애
다. 피부 질환	다른 사람에게 감염될 위험성이 있는 만성 피부질환자 및 한센병 환자
라. 흉부 질환	1) 업무수행에 지장이 있는 급성 및 만성 늑막질환 2) 활동성 폐결핵, 비결핵성 폐질환, 중증 만성천식증, 중증 만성기관지염, 중증 기관지확장증 3) 만성폐쇄성 폐질환
마. 순환기 계통	1) 심부전증 2) 업무수행에 지장이 있는 발작성 빈맥(분당 150회 이상)이나 기질성 부정맥 3) 심한 방실전도장애 4) 심한 동맥류 5) 유착성 심낭염 6) 폐성심 7) 확진된 관상동맥질환(협심증 및 심근경색증)
바. 소화기 계통	1) 빈혈증 등의 질환과 관계있는 비장종대 2) 간경변증이나 업무수행에 지장이 있는 만성 활동성 간염 3) 거대결장, 게실염, 회장염, 궤양성 대장염으로 고치기 어려운 경우

검사 항목	불합격 기준
사. 생식이나 비뇨기 계통	1) 만성 신장염 2) 중증 요실금 3) 만성 신우염 4) 고도의 수신증이나 농신증 5) 활동성 신결핵이나 생식기 결핵 6) 고도의 요도협착 7) 진행성 신기능장애를 동반한 양측성 신결석 및 요관결석 8) 진행성 신기능장애를 동반한 만성신증후군
아. 내분비 계통	1) 중증의 갑상샘 기능 이상 2) 거인증이나 말단비대증 3) 애디슨병 4) 그 밖에 쿠싱증후근 등 뇌하수체의 이상에서 오는 질환 5) 중증인 당뇨병(식전 혈당 140 이상) 및 중증의 대사질환(통풍 등)
자. 혈액이나 조혈 계통	1) 혈우병 2) 혈소판 감소성 자반병 3) 중증의 재생불능성 빈혈 4) 용혈성 빈혈(용혈성 황달) 5) 진성적혈구 과다증 6) 백혈병
차. 신경 계통	1) 다리·머리·척추 등 그 밖에 이상으로 앉아 있거나 걷지 못하는 경우 2) 중추신경계 염증성 질환에 따른 후유증으로 업무수행에 지장이 있는 경우 3) 업무에 적응할 수 없을 정도의 말초신경질환 4) 머리뼈 이상, 뇌 이상이나 뇌 순환장애로 인한 후유증(신경이나 신체증상)이 남아 업무 수행에 지장이 있는 경우 5) 뇌 및 척추종양, 뇌기능장애가 있는 경우 6) 전신성·중증 근무력증 및 신경근 접합부 질환 7) 유전성 및 후천성 만성근육질환 8) 만성 진행성·퇴행성 질환 및 탈수조성 질환(유전성 무도병, 근위축성 측색경화증, 보행실조증, 다발성경화증)
카. 사 지	1) 손의 필기능력과 두 손의 악력이 없는 경우 2) 난치의 뼈·관절 질환이나 기형으로 업무수행에 지장이 있는 경우 3) 한쪽 팔이나 한쪽 다리 이상을 쓸 수 없는 경우(운전업무에만 해당한다)
타. 귀	귀의 청력이 500[Hz], 1,000[Hz], 2,000[Hz]에서 측정하여 측정치의 산술평균이 두 귀 모두 40[dB] 이상인 사람
파. 눈	1) 두 눈의 나안(맨눈) 시력 중 어느 한쪽의 시력이라도 0.5 이하인 경우(다만, 한쪽 눈의 시력이 0.7 이상이고 다른 쪽 눈의 시력이 0.3 이상인 경우는 제외)로서 두 눈의 교정시력 중 어느 한쪽의 시력이라도 0.8 이하인 경우(다만, 한쪽 눈의 교정시력이 1.0 이상이고 다른 쪽 눈의 교정시력이 0.5 이상인 경우는 제외) 2) 시야의 협착이 1/3 이상인 경우 3) 안구 및 그 부속기의 기질성·활동성·진행성 질환으로 인하여 시력 유지에 위협이 되고, 시기능장애가 되는 질환 4) 안구 운동장애 및 안구진탕 5) 색각이상(색약 및 색맹)

검사 항목	불합격 기준
하. 정신 계통	1) 업무수행에 지장이 있는 지적장애 2) 업무에 적응할 수 없을 정도의 성격 및 행동장애 3) 업무에 적응할 수 없을 정도의 정신장애 4) 마약·대마·향정신성 의약품이나 알코올 관련 장애 등 5) 뇌전증 6) 수면장애(폐쇄성 수면 무호흡증, 수면발작, 몽유병, 수면 이상증 등)이나 공황장애

② 운전업무종사자 등에 대한 신체검사

검사 항목	불합격 기준	
	최초검사·특별검사	정기검사
가. 일반 결함	1) 신체 각 장기 및 각 부위의 악성종양 2) 중증인 고혈압증(수축기 혈압 180[mmHg] 이상이고, 확장기 혈압 110[mmHg] 이상인 경우) 3) 이 표에서 달리 정하지 아니한 법정 감염병 중 직접 접촉, 호흡기 등을 통하여 전파가 가능한 감염병	1) 업무수행에 지장이 있는 악성종양 2) 조절되지 아니하는 중증인 고혈압증 3) 이 표에서 달리 정하지 아니한 법정 감염병 중 직접 접촉, 호흡기 등을 통하여 전파가 가능한 감염병
나. 코·구강·인후 계통	의사소통에 지장이 있는 언어장애나 호흡에 장애를 가져오는 코·구강·인후·식도의 변형 및 기능장애	의사소통에 지장이 있는 언어장애나 호흡에 장애를 가져오는 코·구강·인후·식도의 변형 및 기능장애
다. 피부 질환	다른 사람에게 감염될 위험성이 있는 만성 피부질환자 및 한센병 환자	
라. 흉부 질환	1) 업무수행에 지장이 있는 급성 및 만성 늑막질환 2) 활동성 폐결핵, 비결핵성 폐질환, 중증 만성천식증, 중증 만성기관지염, 중증 기관지확장증 3) 만성 폐쇄성 폐질환	1) 업무수행에 지장이 있는 활동성 폐결핵, 비결핵성 폐질환, 만성 천식증, 만성 기관지염, 기관지확장증 2) 업무수행에 지장이 있는 만성 폐쇄성 폐질환
마. 순환기 계통	1) 심부전증 2) 업무수행에 지장이 있는 발작성 빈맥(분당 150회 이상)이나 기질성 부정맥 3) 심한 방실전도장애 4) 심한 동맥류 5) 유착성 심낭염 6) 폐성심 7) 확진된 관상동맥질환(협심증 및 심근경색증)	1) 업무수행에 지장이 있는 심부전증 2) 업무수행에 지장이 있는 발작성 빈맥(분당 150회 이상)이나 기질성 부정맥 3) 업무수행에 지장이 있는 심한 방실전도장애 4) 업무수행에 지장이 있는 심한 동맥류 5) 업무수행에 지장이 있는 유착성 심낭염 6) 업무수행에 지장이 있는 폐성심 7) 업무수행에 지장이 있는 관상동맥질환(협심증 및 심근경색증)
바. 소화기 계통	1) 빈혈증 등의 질환과 관계있는 비장종대 2) 간경변증이나 업무수행에 지장이 있는 만성 활동성 간염 3) 거대결장, 게실염, 회장염, 궤양성 대장염으로 난치인 경우	업무수행에 지장이 있는 만성 활동성 간염이나 간경변증

검사 항목	불합격 기준	
	최초검사 · 특별검사	정기검사
사. 생식이나 비뇨기 계통	1) 만성 신장염 2) 중증 요실금 3) 만성 신우염 4) 고도의 수신증이나 농신증 5) 활동성 신결핵이나 생식기 결핵 6) 고도의 요도협착 7) 진행성 신기능장애를 동반한 양측성 신결석 및 요관결석 8) 진행성 신기능장애를 동반한 만성신증후군	1) 업무수행에 지장이 있는 만성 신장염 2) 업무수행에 지장이 있는 진행성 신기능장애를 동반한 양측성 신결석 및 요관결석
아. 내분비 계통	1) 중증의 갑상샘 기능 이상 2) 거인증이나 말단비대증 3) 애디슨병 4) 그 밖에 쿠싱증후근 등 뇌하수체의 이상에서 오는 질환 5) 중증인 당뇨병(식전 혈당 140 이상) 및 중증의 대사질환(통풍 등)	업무수행에 지장이 있는 당뇨병, 내분비질환, 대사질환(통풍 등)
자. 혈액이나 조혈 계통	1) 혈우병 2) 혈소판 감소성 자반병 3) 중증의 재생불능성 빈혈 4) 용혈성 빈혈(용혈성 황달) 5) 진성적혈구 과다증 6) 백혈병	1) 업무수행에 지장이 있는 혈우병 2) 업무수행에 지장이 있는 혈소판 감소성 자반병 3) 업무수행에 지장이 있는 재생불능성 빈혈 4) 업무수행에 지장이 있는 용혈성 빈혈(용혈성 황달) 5) 업무수행에 지장이 있는 진성적혈구 과다증 6) 업무수행에 지장이 있는 백혈병
차. 신경 계통	1) 다리 · 머리 · 척추 등 그 밖에 이상으로 앉아 있거나 걷지 못하는 경우 2) 중추신경계 염증성 질환에 따른 후유증으로 업무수행에 지장이 있는 경우 3) 업무에 적응할 수 없을 정도의 말초신경질환 4) 머리뼈 이상, 뇌 이상이나 뇌 순환장애로 인한 후유증(신경이나 신체증상)이 남아 업무수행에 지장이 있는 경우 5) 뇌 및 척추종양, 뇌기능장애가 있는 경우 6) 전신성 · 중증 근무력증 및 신경근 접합부 질환 7) 유전성 및 후천성 만성근육질환 8) 만성 진행성 · 퇴행성 질환 및 탈수조성 질환(유전성 무도병, 근위축성 측색경화증, 보행 실조증, 다발성 경화증)	1) 다리 · 머리 · 척추 등 그 밖에 이상으로 앉아 있거나 걷지 못하는 경우 2) 중추신경계 염증성 질환에 따른 후유증으로 업무수행에 지장이 있는 경우 3) 업무에 적응할 수 없을 정도의 말초신경질환 4) 머리뼈 이상, 뇌 이상이나 뇌 순환장애로 인한 후유증(신경이나 신체증상)이 남아 업무수행에 지장이 있는 경우 5) 뇌 및 척추종양, 뇌기능장애가 있는 경우 6) 전신성 · 중증 근무력증 및 신경근 접합부 질환 7) 유전성 및 후천성 만성근육질환 8) 업무수행에 지장이 있는 만성 진행성 · 퇴행성 질환 및 탈수조성 질환(유전성 무도병, 근위축성 측색경화증, 보행 실조증, 다발성 경화증)
카. 사지	1) 손의 필기능력과 두 손의 악력이 없는 경우 2) 난치의 뼈 · 관절 질환이나 기형으로 업무수행에 지장이 있는 경우 3) 한쪽 팔이나 한쪽 다리 이상을 쓸 수 없는 경우(운전업무에만 해당한다)	1) 손의 필기능력과 두 손의 악력이 없는 경우 2) 난치의 뼈 · 관절 질환이나 기형으로 업무수행에 지장이 있는 경우 3) 한쪽 팔이나 한쪽 다리 이상을 쓸 수 없는 경우(운전업무에만 해당한다)

검사 항목	불합격 기준	
	최초검사·특별검사	정기검사
타. 귀	귀의 청력이 500[Hz], 1,000[Hz], 2,000[Hz]에서 측정하여 측정치의 산술평균이 두 귀 모두 40[dB] 이상인 경우	귀의 청력이 500[Hz], 1,000[Hz], 2,000[Hz]에서 측정하여 측정치의 산술평균이 두 귀 모두 40[dB] 이상인 경우
파. 눈	1) 두 눈의 나안 시력 중 어느 한쪽의 시력이라도 0.5 이하인 경우(다만, 한쪽 눈의 시력이 0.7 이상이고 다른 쪽 눈의 시력이 0.3 이상인 경우는 제외)로서 두 눈의 교정시력 중 어느 한쪽의 시력이라도 0.8 이하인 경우(다만, 한쪽 눈의 교정시력이 1.0 이고 다른 쪽 눈의 교정시력이 0.5 이상인 경우는 제외) 2) 시야의 협착이 1/3 이상인 경우 3) 안구 및 그 부속기의 기질성, 활동성, 진행성 질환으로 인하여 시력 유지에 위협이 되고, 시기능장애가 되는 질환 4) 안구 운동장애 및 안구진탕 5) 색각이상(색약 및 색맹)	1) 두 눈의 나안 시력 중 어느 한쪽의 시력이라도 0.5 이하인 경우(다만, 한쪽 눈의 시력이 0.7 이상이고 다른 쪽 눈의 시력이 0.3 이상인 경우는 제외)로서 두 눈의 교정시력 중 어느 한쪽의 시력이라도 0.8 이하인 경우(다만, 한쪽 눈의 교정시력이 1.0 이상이고 다른 쪽 눈의 교정시력이 0.5 이상인 경우는 제외) 2) 시야의 협착이 1/3 이상인 경우 3) 안구 및 그 부속기의 기질성, 활동성, 진행성 질환으로 인하여 시력 유지에 위협이 되고, 시기능장애가 되는 질환 4) 안구 운동장애 및 안구진탕 5) 색각이상(색약 및 색맹)
하. 정신 계통	1) 업무수행에 지장이 있는 지적장애 2) 업무에 적응할 수 없을 정도의 성격 및 행동장애 3) 업무에 적응할 수 없을 정도의 정신장애 4) 마약·대마·향정신성 의약품이나 알코올 관련 장애 등 5) 뇌전증 6) 수면장애(폐쇄성 수면 무호흡증, 수면발작, 몽유병, 수면 이상증 등)이나 공황장애	1) 업무수행에 지장이 있는 지적장애 2) 업무에 적응할 수 없을 정도의 성격 및 행동장애 3) 업무에 적응할 수 없을 정도의 정신장애 4) 마약·대마·향정신성 의약품이나 알코올 관련 장애 등 5) 뇌전증 6) 업무수행에 지장이 있는 수면장애(폐쇄성 수면 무호흡증, 수면발작, 몽유병, 수면 이상증 등)이나 공황장애

3. 적성검사

(1) 운전적성검사(법 제15조)

① 운전면허를 받으려는 사람은 철도차량 운전에 적합한 적성을 갖추고 있는지를 판정받기 위하여 국토교통부장관이 실시하는 적성검사(이하 "운전적성검사")에 합격하여야 한다.

② 운전적성검사에 불합격한 사람 또는 운전적성검사 과정에서 부정행위를 한 사람은 다음의 구분에 따른 기간 동안 운전적성검사를 받을 수 없다.

    ㉠ 운전적성검사에 불합격한 사람 : 검사일부터 3개월

    ㉡ 운전적성검사과정에서 부정행위를 한 사람 : 검사일부터 1년

③ 운전적성검사의 합격기준, 검사의 방법 및 절차 등에 관하여 필요한 사항은 국토교통부령으로 정한다.

④ 국토교통부장관은 운전적성검사에 관한 전문기관(이하 "운전적성검사기관")을 지정하여 운전적성검사를 하게 할 수 있다.

⑤ 운전적성검사기관의 지정기준, 지정절차 등에 관하여 필요한 사항은 대통령령으로 정한다.

⑥ 운전적성검사기관은 정당한 사유 없이 운전적성검사업무를 거부하여서는 아니 되고, 거짓이나 그 밖의 부정한 방법으로 운전적성검사 판정서를 발급하여서는 아니 된다.

(2) 적성검사 방법·절차 및 합격기준 등(규칙 제16조)

① (1)의 ①에 따른 운전적성검사 또는 법 제21조의6 제1항에 따른 관제적성검사를 받으려는 사람은 [별지 제9호 서식]의 적성검사 판정서에 성명·주민등록번호 등 본인의 기록사항을 작성하여 (1)의 ④에 따른 운전적성검사기관 또는 법 제21조의6 제3항에 따른 관제적성검사기관에 제출하여야 한다.

② (1)의 ③ 및 법 제21조의6 제2항에 따른 적성검사의 항목 및 합격기준은 [별표 4]와 같다.

③ 운전적성검사기관 또는 관제적성검사기관은 [별지 제9호 서식]의 적성검사 판정서의 각 적성검사 항목별로 적성검사를 실시한 후 합격 여부를 기록하여 신청인에게 발급하여야 한다.

④ 그 밖에 운전적성검사 또는 관제적성검사의 방법·절차·판정기준 및 항목별 배점기준 등에 관하여 필요한 세부사항은 국토교통부장관이 정한다.

(3) 적성검사 항목 및 불합격 기준(규칙 [별표 4])

검사대상	검사항목		불합격기준
	문답형 검사	반응형 검사	
고속철도차량·제1종전기차량·제2종전기차량·디젤차량·노면전차·철도차량 운전면허 응시자	• 인 성 – 일반성격 – 안전성향	• 주의력 – 복합기능 – 선택주의 – 지속주의 • 인식 및 기억력 – 시각변별 – 공간지각 • 판단 및 행동력 – 추 론 – 민첩성	• 문답형 검사항목 중 안전성향 검사에서 부적합으로 판정된 사람 • 반응형 검사 평가점수가 30점 미만인 사람

검사대상	검사항목		불합격기준
	문답형 검사	반응형 검사	
철도교통관제사 자격증명 응시자	• 인 성 – 일반성격 – 안전성향	• 주의력 – 복합기능 – 선택주의 • 인식 및 기억력 – 시각변별 – 공간지각 – 작업기억 • 판단 및 행동력 – 추 론 – 민첩성	• 문답형 검사항목 중 안전성향 검사에서 부적합으로 판정된 사람 • 반응형 검사 평가점수가 30점 미만인 사람

비 고
1. 문답형 검사 판정은 적합 또는 부적합으로 한다.
2. 반응형 검사 점수 합계는 70점으로 한다.
3. 안전성향검사는 전문의(정신건강의학) 진단결과로 대체할 수 있으며, 부적합 판정을 받은 자에 대해서는 당일 1회에 한하여 재검사를 실시하고 그 재검사 결과를 최종적인 검사결과로 할 수 있다.
4. 철도차량 운전면허 소지자가 다른 종류의 철도차량 운전면허를 취득하려는 경우에는 운전적성검사를 받은 것으로 본다. 다만, 철도장비 운전면허 소지자(2020년 10월 8일 이전에 적성검사를 받은 사람만 해당)가 다른 종류의 철도차량 운전면허를 취득하려는 경우에는 적성검사를 받아야 한다.
5. 도시철도 관제자격증명을 취득한 사람이 철도 관제자격증명을 취득하려는 경우에는 관제적성검사를 받은 것으로 본다.

(4) 운전적성검사기관 지정절차(영 제13조)

① 운전적성검사에 관한 전문기관(운전적성검사기관)으로 지정을 받으려는 자는 국토교통부장관에게 지정 신청을 하여야 한다.

② 국토교통부장관은 ①에 따라 운전적성검사기관 지정 신청을 받은 경우에는 지정기준을 갖추었는지 여부, 운전적성검사기관의 운영계획, 운전업무종사자의 수급상황 등을 종합적으로 심사한 후 그 지정 여부를 결정하여야 한다.

③ 국토교통부장관은 ②에 따라 운전적성검사기관을 지정한 경우에는 그 사실을 관보에 고시하여야 한다.

④ ①부터 ③까지의 규정에 따른 운전적성검사기관 지정절차에 관한 세부적인 사항은 국토교통부령으로 정한다.

(5) 운전적성검사기관 지정기준(영 제14조)

① 운전적성검사기관의 지정기준은 다음과 같다.
　㉠ 운전적성검사 업무의 통일성을 유지하고 운전적성검사 업무를 원활히 수행하는 데 필요한 상설 전담조직을 갖출 것
　㉡ 운전적성검사 업무를 수행할 수 있는 전문검사인력을 3명 이상 확보할 것
　㉢ 운전적성검사 시행에 필요한 사무실, 검사장과 검사 장비를 갖출 것
　㉣ 운전적성검사기관의 운영 등에 관한 업무규정을 갖출 것

② ①에 따른 운전적성검사기관 지정기준에 관한 세부적인 사항은 국토교통부령으로 정한다.

(6) 운전적성검사기관 및 관제적성검사기관의 세부 지정기준 등(규칙 제18조)

① 운전적성검사기관 및 관제적성검사기관의 세부 지정기준은 [별표 5]와 같다.

② 국토교통부장관은 운전적성검사기관 또는 관제적성검사기관이 ① 및 (5)의 ①에 따른 지정기준에 적합한지를 2년마다 심사해야 한다.

③ (7) 및 영 제20조의3에 따른 운전적성검사기관 및 관제적성검사기관의 변경사항 통지는 [별지 제11호의2 서식]에 따른다.

[별표 5] 운전적성검사기관 또는 관제적성검사기관의 세부 지정기준

1. 검사인력

   가. 자격기준

등 급	자격자	학력 및 경력자
책임검사관	1) 정신건강임상심리사 1급 자격을 취득한 사람 2) 정신건강임상심리사 2급 자격을 취득한 사람으로서 2년 이상 적성검사 분야에 근무한 경력이 있는 사람 3) 임상심리사 1급 자격을 취득한 사람 4) 임상심리사 2급 자격을 취득한 사람으로서 2년 이상 적성검사 분야에 근무한 경력이 있는 사람	1) 심리학 관련 분야 박사학위를 취득한 사람 2) 심리학 관련 분야 석사학위 취득한 사람으로서 2년 이상 적성검사 분야에 근무한 경력이 있는 사람 3) 대학을 졸업한 사람으로서 선임검사관 경력이 2년 이상 있는 사람
선임검사관	1) 정신건강임상심리사 2급 자격을 취득한 사람 2) 임상심리사 2급 자격을 취득한 사람	1) 심리학 관련 분야 석사학위를 취득한 사람 2) 심리학 관련 분야 학사학위를 취득한 사람으로서 2년 이상 적성검사 분야에 근무한 경력이 있는 사람 3) 대학을 졸업한 사람으로서 검사관 경력이 5년 이상 있는 사람
검사관		학사학위 이상 취득자

   나. 보유기준

   1) 운전적성검사 또는 관제적성검사 업무를 수행하는 상설 전담조직을 1일 50명을 검사하는 것을 기준으로 하며, 책임검사관과 선임검사관 및 검사원은 각각 1명 이상 보유하여야 한다.

   2) 1일 검사인원이 25명 추가될 때마다 적성검사를 진행할 수 있는 검사관을 1명씩 추가로 보유하여야 한다.

2. 시설 및 장비

   가. 시설기준

   1) 1일 검사능력 50명(1회 25명) 이상의 검사장($70[\text{m}^2]$ 이상이어야 한다)을 확보하여야 한다. 이 경우 분산된 검사장은 제외한다.

   나. 장비기준

   1) [별표 4] 또는 [별표 13]에 따른 문답형 검사 및 반응형 검사를 할 수 있는 검사장비와 프로그램을 갖추어야 한다.

   2) 적성검사기관 공동으로 활용할 수 있는 프로그램([별표 4] 또는 [별표 13]에 따른 문답형 검사 및 반응형 검사)을 개발할 수 있어야 한다.

3. 업무규정
    가. 조직 및 인원
    나. 검사 인력의 업무 및 책임
    다. 검사체제 및 절차
    라. 각종 증명의 발급 및 대장의 관리
    마. 장비운용·관리계획
    바. 자료의 관리·유지
    사. 수수료 징수기준
    아. 그 밖에 국토교통부장관이 적성검사 업무수행에 필요하다고 인정하는 사항
4. 일반사항
    가. 국토교통부장관은 2개 이상의 운전적성검사기관 또는 관제적성검사기관을 지정한 경우에는 모든 운전적성검사기관 또는 관제적성검사기관에서 실시하는 적성검사의 방법 및 검사항목 등이 동일하게 이루어지도록 필요한 조치를 하여야 한다.
    나. 국토교통부장관은 철도차량운전자 등의 수급계획과 운영계획 및 검사에 필요한 프로그램개발 등을 종합 검토하여 필요하다고 인정하는 경우에는 1개 기관만 지정할 수 있다. 이 경우 전국의 분산된 5개 이상의 장소에서 검사를 할 수 있어야 한다.

(7) 운전적성검사기관의 변경사항 통지(영 제15조)

① 운전적성검사기관은 그 명칭·대표자·소재지나 그 밖에 운전적성검사 업무의 수행에 중대한 영향을 미치는 사항의 변경이 있는 경우에는 해당 사유가 발생한 날부터 15일 이내에 국토교통부장관에게 그 사실을 알려야 한다.
② 국토교통부장관은 ①에 따라 통지를 받은 때에는 그 사실을 관보에 고시하여야 한다.

(8) 운전적성검사기관의 지정취소 및 업무정지(법 제15조의2)

① 국토교통부장관은 운전적성검사기관이 다음의 어느 하나에 해당할 때에는 지정을 취소하거나 6개월 이내의 기간을 정하여 업무의 정지를 명할 수 있다. 다만, ㉠ 및 ㉡에 해당할 때에는 지정을 취소하여야 한다.
    ㉠ 거짓이나 그 밖의 부정한 방법으로 지정을 받았을 때
    ㉡ 업무정지 명령을 위반하여 그 정지기간 중 운전적성검사 업무를 하였을 때
    ㉢ 지정기준에 맞지 아니하게 되었을 때
    ㉣ 정당한 사유 없이 운전적성검사 업무를 거부하였을 때
    ㉤ 거짓이나 그 밖의 부정한 방법으로 운전적성검사 판정서를 발급하였을 때
② ①에 따른 지정취소 및 업무정지의 세부기준 등에 관하여 필요한 사항은 국토교통부령으로 정한다.
③ 국토교통부장관은 ①에 따라 지정이 취소된 운전적성검사기관이나 그 기관의 설립·운영자 및 임원이 그 지정이 취소된 날부터 2년이 지나지 아니하고 설립·운영하는 검사기관을 운전적성검사기관으로 지정하여서는 아니 된다.

4. 교육훈련

(1) 운전교육훈련(법 제16조)

① 운전면허를 받으려는 사람은 철도차량의 안전한 운행을 위하여 국토교통부장관이 실시하는 운전에 필요한 지식과 능력을 습득할 수 있는 교육훈련(운전교육훈련)을 받아야 한다.

② 운전교육훈련의 기간, 방법 등에 관하여 필요한 사항은 국토교통부령으로 정한다.

③ 국토교통부장관은 철도차량 운전에 관한 전문 교육훈련기관(운전교육훈련기관)을 지정하여 운전교육훈련을 실시하게 할 수 있다.

④ 운전교육훈련기관의 지정기준, 지정절차 등에 관하여 필요한 사항은 대통령령으로 정한다.

⑤ 운전교육훈련기관의 지정취소 및 업무정지 등에 관하여는 제15조제6항 및 제15조의2를 준용한다. 이 경우 운전적성검사기관은 운전교육훈련기관으로, 운전적성검사업무는 운전교육훈련업무로, 제15조제5항은 제16조제4항으로, 운전적성검사 판정서는 운전교육훈련 수료증으로 본다.

(2) 운전교육훈련의 기간 및 방법 등(규칙 제20조)

① (1)의 ①에 따른 교육훈련은 운전면허 종류별로 실제 차량이나 모의운전연습기를 활용하여 실시한다.

② 운전교육훈련을 받으려는 사람은 (1)의 ③에 따른 운전교육훈련기관(운전교육훈련기관)에 운전교육훈련을 신청하여야 한다.

③ 운전교육훈련의 과목과 교육훈련시간은 [별표 7]과 같다.

④ 운전교육훈련기관은 운전교육훈련과정별 교육훈련신청자가 적어 그 운전교육훈련과정의 개설이 곤란한 경우에는 국토교통부장관의 승인을 받아 해당 운전교육훈련과정을 개설하지 아니하거나 운전교육훈련시기를 변경하여 시행할 수 있다.

⑤ 운전교육훈련기관은 운전교육훈련을 수료한 사람에게 [별지 제12호 서식]의 운전교육훈련 수료증을 발급하여야 한다.

⑥ 그 밖에 운전교육훈련의 절차ㆍ방법 등에 관하여 필요한 세부사항은 국토교통부장관이 정한다.

[별표 7] 운전면허 취득을 위한 교육훈련 과정별 교육시간 및 교육훈련과목(일반응시자)

교육과목 및 시간		
교육과정	이론교육	기능교육
디젤차량 운전면허 (810)	• 철도관련법(50) • 철도시스템 일반(60) • 디젤차량의 구조 및 기능(170) • 운전이론 일반(30) • 비상시 조치(인적오류 예방 포함) 등(30)	• 현장실습교육 • 운전실무 및 모의운행 훈련 • 비상시 조치 등
	340시간	470시간

교육과목 및 시간		
교육과정	이론교육	기능교육
제1종 전기차량 운전면허 (810)	• 철도관련법(50) • 철도시스템 일반(60) • 전기기관차의 구조 및 기능(170) • 운전이론 일반(30) • 비상시 조치(인적오류 예방 포함) 등(30)	• 현장실습교육 • 운전실무 및 모의운행 훈련 • 비상시 조치 등
	340시간	470시간
제2종 전기차량 운전면허 (680)	• 철도관련법(40) • 도시철도시스템 일반(45) • 전기동차의 구조 및 기능(100) • 운전이론 일반(25) • 비상시 조치(인적오류 예방 포함) 등(30)	• 현장실습교육 • 운전실무 및 모의운행 훈련 • 비상시 조치 등
	240시간	440시간
철도장비 운전면허 (340)	• 철도관련법(50) • 철도시스템 일반(40) • 기계·장비의 구조 및 기능(60) • 비상시 조치(인적오류 예방 포함) 등(20)	• 현장실습교육 • 운전실무 및 모의운행 훈련 • 비상시 조치 등
	170시간	170시간
노면전차 운전면허 (440)	• 철도관련법(50) • 노면전차 시스템 일반(40) • 노면전차의 구조 및 기능(80) • 비상시 조치(인적오류 예방 포함) 등(30)	• 현장실습교육 • 운전실무 및 모의운행 훈련 • 비상시 조치 등
	200시간	240시간

비 고
1. ( ) : 시간
2. 이론교육의 과목별 교육시간은 100분의 20 범위 내에서 조정 가능

(3) 운전교육훈련기관의 지정기준(영 제17조)

① 운전교육훈련기관 지정기준은 다음과 같다.

㉠ 운전교육훈련 업무 수행에 필요한 상설 전담조직을 갖출 것

㉡ 운전면허의 종류별로 운전교육훈련 업무를 수행할 수 있는 전문인력을 확보할 것

㉢ 운전교육훈련 시행에 필요한 사무실·교육장과 교육 장비를 갖출 것

㉣ 운전교육훈련기관의 운영 등에 관한 업무규정을 갖출 것

② ①에 따른 운전교육훈련기관 지정기준에 관한 세부적인 사항은 국토교통부령으로 정한다.

(4) 운전교육훈련기관의 세부 지정기준 등(규칙 제22조제1·2항)

① 운전교육훈련기관의 세부 지정기준은 [별표 8]과 같다.

② 국토교통부장관은 운전교육훈련기관이 지정기준에 적합한지의 여부를 2년마다 심사하여야 한다.

[별표 8] 교육훈련기관의 세부 지정기준

1. 인력기준

　가. 자격기준

등급	학력 및 경력
책임교수	1) 박사학위 소지자로서 철도교통에 관한 업무에 10년 이상 또는 철도차량 운전 관련 업무에 5년 이상 근무한 경력이 있는 사람
	2) 석사학위 소지자로서 철도교통에 관한 업무에 15년 이상 또는 철도차량 운전 관련 업무에 8년 이상 근무한 경력이 있는 사람
	3) 학사학위 소지자로서 철도교통에 관한 업무에 20년 이상 또는 철도차량 운전 관련 업무에 10년 이상 근무한 경력이 있는 사람
	4) 철도 관련 4급 이상의 공무원 경력 또는 이와 같은 수준 이상의 자격 및 경력이 있는 사람
	5) 대학의 철도차량 운전 관련 학과에서 조교수 이상으로 재직한 경력이 있는 사람
	6) 선임교수 경력이 3년 이상 있는 사람
선임교수	1) 박사학위 소지자로서 철도교통에 관한 업무에 5년 이상 또는 철도차량 운전 관련 업무에 3년 이상 근무한 경력이 있는 사람
	2) 석사학위 소지자로서 철도교통에 관한 업무에 10년 이상 또는 철도차량 운전 관련 업무에 5년 이상 근무한 경력이 있는 사람
	3) 학사학위 소지자로서 철도교통에 관한 업무에 15년 이상 또는 철도차량 운전 관련 업무에 8년 이상 근무한 경력이 있는 사람
	4) 철도차량 운전업무에 5급 이상의 공무원 경력 또는 이와 같은 수준 이상의 자격 및 경력이 있는 사람
	5) 대학의 철도차량 운전 관련 학과에서 전임강사 이상으로 재직한 경력이 있는 사람
	6) 교수 경력이 3년 이상 있는 사람
교수	1) 학사학위 소지자로서 철도차량 운전업무수행자에 대한 지도교육 경력이 2년 이상 있는 사람
	2) 전문학사 소지자로서 철도차량 운전업무수행자에 대한 지도교육 경력이 3년 이상 있는 사람
	3) 고등학교 졸업자로서 철도차량 운전업무수행자에 대한 지도교육 경력이 5년 이상 있는 사람
	4) 철도차량 운전과 관련된 교육기관에서 강의 경력이 1년 이상 있는 사람

1) "철도교통에 관한 업무"란 철도운전·안전·차량·기계·신호·전기·시설에 관한 업무를 말한다.

2) "철도차량운전 관련 업무"란 철도차량 운전업무수행자에 대한 안전관리·지도교육 및 관리 감독 업무를 말한다.

3) 교수의 경우 해당 철도차량 운전업무 수행경력이 3년 이상인 사람으로서 학력 및 경력의 기준을 갖추어야 한다.

4) 노면전차 운전면허 교육과정 교수의 경우 국토교통부장관이 인정하는 해외 노면전차 교육훈련과정을 이수한 제3호에 따른 경력을 갖춘 것으로 본다.

5) 해당 철도차량 운전업무 수행경력이 있는 사람으로서 현장 지도교육의 경력은 운전업무 수행경력으로 합산할 수 있다.

6) 책임교수·선임교수의 학력 및 경력란 1)부터 3)까지의 "근무한 경력" 및 교수의 학력 및 경력란 1)부터 3)까지의 "지도교육 경력"은 해당 학위를 취득 또는 졸업하기 전과 취득 또는 졸업한 후의 경력을 모두 포함한다.

나. 보유기준

    1) 1회 교육생 30명을 기준으로 철도차량 운전면허 종류별 전임 책임교수, 선임교수, 교수를 각 1명 이상 확보하여야 하며, 운전면허 종류별 교육인원이 15명 추가될 때마다 운전면허 종류별 교수 1명 이상을 추가로 확보하여야 한다. 이 경우 추가로 확보하여야 하는 교수는 비전임으로 할 수 있다.

    2) 두 종류 이상의 운전면허 교육을 하는 지정기관의 경우 책임교수는 1명만 둘 수 있다.

2. 시설기준

가. 강의실

    1) 면적은 교육생 30명 이상 한 번에 수용할 수 있어야 한다(60[m^2] 이상). 이 경우 1[m^2] 수용인원은 1명을 초과하지 아니하여야 한다.

나. 기능교육장

    1) 전 기능 모의운전연습기·기본기능 모의운전연습기 등을 설치할 수 있는 실습장을 갖추어야 한다.

    2) 30명이 동시에 실습할 수 있는 컴퓨터지원시스템 실습장(면적 90[m^2] 이상)을 갖추어야 한다.

다. 그 밖에 교육훈련에 필요한 사무실·편의시설 및 설비를 갖출 것

3. 장비기준

가. 실제차량

    1) 철도차량 운전면허별로 교육훈련기관으로 지정받기 위하여 고속철도차량·전기기관차·전기동차·디젤기관차·철도장비·노면전차를 각각 보유하고, 이를 운용할 수 있는 선로, 전기·신호 등의 철도시스템을 갖출 것

나. 모의운전연습기

장비명	성능기준	보유기준	비 고
전 기능 모의운전연습기	• 운전실 및 제어용 컴퓨터시스템 • 선로영상시스템 • 음향시스템 • 고장처치시스템 • 교수제어대 및 평가시스템	1대 이상 보유	
	• 플랫홈시스템 • 구원운전시스템 • 진동시스템	권 장	
기본기능 모의운전연습기	• 운전실 및 제어용 컴퓨터시스템 • 선로영상시스템 • 음향시스템 • 고장처치시스템	5대 이상 보유	1회 교육수요(10명 이하)가 적어 실제차량으로 대체하는 경우 1대 이상으로 조정할 수 있음
	교수제어대 및 평가시스템	권 장	

1) "전기능 모의운전연습기"란 실제차량의 운전실과 유사하게 제작한 장비를 말한다.

2) "기본기능 모의운전연습기"란 철도차량의 운전훈련에 꼭 필요한 부분만을 제작한 장비를 말한다.

3) "보유"란 교육훈련을 위하여 설비나 장비를 필수적으로 갖추어야 하는 것을 말한다.

4) "권장"이란 원활한 교육의 진행을 위하여 설비나 장비를 향후 갖추어야 하는 것을 말한다.

5) 교육훈련기관으로 지정받기 위하여 철도차량 운전면허 종류별로 모의운전연습기나 실제 차량을 갖추어야 한다. 다만, 부득이한 경우 등 국토교통부장관이 인정하는 경우에는 기본기능 모의운전연습기의 보유기준은 조정할 수 있다.

다. 컴퓨터지원교육시스템

성능기준	보유기준	비 고
• 운전 기기 설명 및 취급법 • 운전 이론 및 규정 • 신호(ATS, ATC, ATO, ATP) 및 제동이론 • 차량의 구조 및 기능 • 고장처치 목록 및 절차 • 비상시 조치 등	지원교육프로그램 및 컴퓨터 30대 이상 보유	컴퓨터지원교육시스템은 차종별 프로그램만 갖추면 다른 차종과 공유하여 사용할 수 있음

"컴퓨터지원교육시스템"이란 컴퓨터의 멀티미디어 기능을 활용하여 운전·차량·신호 등을 학습할 수 있도록 제작된 프로그램 및 이를 지원하는 컴퓨터시스템 일체를 말한다.

라. 제1종 전기차량 운전면허 및 제2종 전기차량 운전면허의 경우는 팬터그래프, 변압기, 컨버터, 인버터, 견인전동기, 제동장치에 대한 설비교육이 가능한 실제 장비를 추가로 갖출 것. 다만, 현장교육이 가능한 경우에는 장비를 갖춘 것으로 본다.

4. 국토교통부장관이 정하는 필기시험 출제범위에 적합한 교재를 갖출 것

5. 교육훈련기관 업무규정의 기준

가. 교육훈련기관의 조직 및 인원

나. 교육생 선발에 관한 사항

다. 연간 교육훈련계획 : 교육과정 편성, 교수인력의 지정 교과목 및 내용 등

라. 교육기관 운영계획

마. 교육생 평가에 관한 사항

바. 실습설비 및 장비 운용방안

사. 각종 증명의 발급 및 대장의 관리

아. 교수인력의 교육훈련

자. 기술도서 및 자료의 관리·유지

차. 수수료 징수에 관한 사항

카. 그 밖에 국토교통부장관이 철도전문인력 교육에 필요하다고 인정하는 사항

(5) 운전교육훈련기관의 지정취소 및 업무정지 등(규칙 제23조제1항)

법 제16조제5항에서 준용하는 법 제15조의2에 따른 운전교육훈련기관의 지정취소 및 업무정지의 기준은 [별표 9]와 같다.

[별표 9] 운전교육훈련기관의 지정취소 및 업무정지기준

위반사항	근거법조문	처분기준			
		1차 위반	2차 위반	3차 위반	4차 위반
1. 거짓이나 그 밖의 부정한 방법으로 지정을 받은 경우	법 제15조의2 제1항제1호	지정취소	-	-	-
2. 업무정지 명령을 위반하여 그 정지기간 중 운전교육훈련업무를 한 경우	법 제15조의2 제1항제2호	지정취소	-	-	-
3. 법 제16조제4항에 따른 지정기준에 맞지 아니한 경우	법 제15조의2 제1항제3호	경고 또는 보완명령	업무정지 1개월	업무정지 3개월	지정취소
4. 정당한 사유 없이 운전교육훈련업무를 거부한 경우	법 제15조의2 제1항제4호	경 고	업무정지 1개월	업무정지 3개월	지정취소
5. 법 제16조제5항에 따라 준용되는 법 제15조제6항을 위반하여 거짓이나 그 밖의 부정한 방법으로 운전교육훈련 수료증을 발급한 경우	법 제15조의2 제1항제5호	업무정지 1개월	업무정지 3개월	지정취소	-

1. 위반행위가 둘 이상인 경우로서 그에 해당하는 각각의 처분기준이 다른 경우에는 그중 무거운 처분기준에 따르며, 위반행위가 둘 이상인 경우로서 그에 해당하는 각각의 처분기준이 같은 경우에는 무거운 처분기준의 2분의 1까지 가중할 수 있되, 각 처분기준을 합산한 기간을 초과할 수 없다.
2. 위반행위의 횟수에 따른 행정처분의 가중된 부과기준은 최근 1년간 같은 위반행위로 행정처분을 받은 경우에 적용한다. 이 경우 기간의 계산은 위반행위에 대하여 행정처분을 받은 날과 그 처분 후 다시 같은 위반행위를 하여 적발된 날을 기준으로 한다.
3. 2.에 따라 가중된 행정처분을 하는 경우 가중처분의 적용 차수는 그 위반행위 전 부과처분 차수(2.에 따른 기간 내에 행정처분이 둘 이상 있었던 경우에는 높은 차수를 말한다)의 다음 차수로 한다.
4. 처분권자는 위반행위의 동기·내용 및 위반의 정도 등 다음 각 목에 해당하는 사유를 고려하여 그 처분을 감경할 수 있다. 이 경우 그 처분이 업무정지인 경우에는 그 처분기준의 2분의 1 범위에서 감경할 수 있고, 지정취소인 경우(거짓이나 그 밖의 부정한 방법으로 지정을 받은 경우나 업무정지 명령을 위반하여 정지기간 중 교육훈련업무를 한 경우는 제외)에는 3개월의 업무정지 처분으로 감경할 수 있다.
   가. 위반행위가 고의나 중대한 과실이 아닌 사소한 부주의나 오류로 인한 것으로 인정되는 경우
   나. 위반의 내용·정도가 경미하여 이해관계인에게 미치는 피해가 적다고 인정되는 경우

5. 운전면허시험

(1) 운전면허시험(법 제17조)

① 운전면허를 받으려는 사람은 국토교통부장관이 실시하는 철도차량 운전면허시험(이하 "운전면허시험")에 합격하여야 한다.
② 운전면허시험에 응시하려는 사람은 신체검사 및 운전적성검사에 합격한 후 운전교육훈련을 받아야 한다.
③ 운전면허시험의 과목, 절차 등에 관하여 필요한 사항은 국토교통부령으로 정한다.

(2) 운전면허시험의 과목 및 합격기준(규칙 제24조)

① 철도차량 운전면허시험(운전면허시험)은 운전면허의 종류별로 필기시험과 기능시험으로 구분하여 시행한다. 이 경우 기능시험은 실제차량이나 모의 운전연습기를 활용하여 시행한다.

② ①에 따른 필기시험과 기능시험의 과목 및 합격기준은 [별표 10]과 같다. 이 경우 기능시험은 필기시험을 합격한 경우에만 응시할 수 있다.

③ ①에 따른 필기시험에 합격한 사람에 대해서는 필기시험에 합격한 날부터 2년이 되는 날이 속하는 해의 12월 31일까지 실시하는 운전면허시험에 있어 필기시험의 합격을 유효한 것으로 본다.

④ 운전면허시험의 방법·절차, 기능시험 평가위원의 선정 등에 관하여 필요한 세부사항은 국토교통부장관이 정한다.

[별표 10] 철도차량 운전면허시험의 과목 및 합격기준

1. 운전면허 시험의 응시자별 면허시험 과목

   가. 일반응시자·철도차량 운전 관련 업무경력자·철도 관련 업무 경력자·버스 운전 경력자

응시면허	필기시험	기능시험
디젤차량 운전면허	• 철도 관련 법 • 철도시스템 일반 • 디젤차량의 구조 및 기능 • 운전이론 일반 • 비상시 조치 등	• 준비점검 • 제동취급 • 제동기 외의 기기 취급 • 신호준수, 운전취급, 신호·선로 숙지 • 비상시 조치 등
제1종 전기차량 운전면허	• 철도 관련 법 • 철도시스템 일반 • 전기기관차의 구조 및 기능 • 운전이론 일반 • 비상시 조치 등	• 준비점검 • 제동취급 • 제동기 외의 기기 취급 • 신호준수, 운전취급, 신호·선로 숙지 • 비상시 조치 등
제2종 전기차량 운전면허	• 철도 관련 법 • 도시철도시스템 일반 • 전기동차의 구조 및 기능 • 운전이론 일반 • 비상시 조치 등	• 준비점검 • 제동취급 • 제동기 외의 기기 취급 • 신호준수, 운전취급, 신호·선로 숙지 • 비상시 조치 등
철도장비 운전면허	• 철도 관련 법 • 철도시스템 일반 • 기계·장비차량의 구조 및 기능 • 비상시 조치 등	• 준비점검 • 제동취급 • 제동기 외의 기기 취급 • 신호준수, 운전취급, 신호·선로 숙지 • 비상시 조치 등
노면전차 운전면허	• 철도 관련 법 • 노면전차 시스템 일반 • 노면전차의 구조 및 기능 • 비상시 조치 등	• 준비점검 • 제동취급 • 제동기 외의 기기 취급 • 신호준수, 운전취급, 신호·선로 숙지 • 비상시 조치 등

1. 철도 관련 법은 철도안전법과 그 하위규정 및 철도차량 운전에 필요한 규정을 포함한다.
2. 철도차량 운전 관련 업무경력자나 철도 관련 업무 경력자 또는 버스운전 경력자가 철도차량 운전면허시험에 응시하는 때에는 그 경력을 증명하는 서류를 첨부하여야 한다.

나. 운전면허 소지자

소지면허	응시면허	필기시험	기능시험
디젤차량 운전면허 제1종 전기차량 운전면허 제2종 전기차량 운전면허	고속철도 차량 운전면허	• 고속철도 시스템 일반 • 고속철도차량의 구조 및 기능 • 고속철도 운전이론 일반 • 고속철도 운전 관련 규정 • 비상시 조치 등	• 준비점검 • 제동 취급 • 제동기 외의 기기 취급 • 신호 준수, 운전 취급, 신호·선로 숙지 • 비상시 조치 등
		주) 고속철도차량 운전면허시험 응시자는 디젤차량, 제1종 전기차량 또는 제2종 전기차량에 대한 운전업무 수행 경력이 3년 이상 있어야 한다.	
디젤차량 운전면허	제1종 전기차량 운전면허	전기기관차의 구조 및 기능	• 준비점검 • 제동 취급 • 제동기 외의 기기 취급 • 비상시 조치 등 • 신호 준수, 운전 취급, 신호·선로 숙지
		주) 디젤차량 운전업무수행 경력이 2년 이상 있고 [별표 7] 제2호에 따른 교육훈련을 받은 사람은 필기시험 및 기능시험을 면제한다.	
	제2종 전기차량 운전면허	• 도시철도 시스템 일반 • 전기동차의 구조 및 기능	• 준비점검 • 제동 취급 • 제동기 외의 기기 취급 • 비상시 조치 등 • 신호 준수, 운전 취급, 신호·선로 숙지
		주) 디젤차량 운전업무수행 경력이 2년 이상 있고 [별표 7] 제2호에 따른 교육훈련을 받은 사람은 필기시험을 면제한다.	
	노면전차 운전면허	• 노면전차 시스템 일반 • 노면전차의 구조 및 기능	• 준비점검 • 제동 취급 • 제동기 외의 기기 취급 • 비상시 조치 등 • 신호 준수, 운전 취급, 신호·선로 숙지
		주) 디젤차량 운전업무수행 경력이 2년 이상 있고 [별표 7] 제2호에 따른 교육훈련을 받은 사람은 필기시험을 면제한다.	

소지면허	응시면허	필기시험	기능시험
제1종 전기차량 운전면허	디젤차량 운전면허	디젤차량의 구조 및 기능	• 준비점검 • 제동 취급 • 제동기 외의 기기 취급 • 비상시 조치 등 • 신호 준수, 운전 취급, 신호 · 선로 숙지
		주) 제1종 전기차량 운전업무수행 경력이 2년 이상 있고 [별표 7] 제2호에 따른 교육훈련을 받은 사람은 필기시험 및 기능시험을 면제한다.	
	제2종 전기차량 운전면허	• 도시철도 시스템 일반 • 전기동차의 구조 및 기능	• 준비점검 • 제동 취급 • 제동기 외의 기기 취급 • 비상시 조치 등 • 신호 준수, 운전 취급, 신호 · 선로 숙지
		주) 제1종 전기차량 운전업무수행 경력이 2년 이상 있고 [별표 7] 제2호에 따른 교육훈련을 받은 사람은 필기시험을 면제한다.	
	노면전차 운전면허	• 노면전차 시스템 일반 • 노면전차의 구조 및 기능	• 준비점검 • 제동 취급 • 제동기 외의 기기 취급 • 비상시 조치 등 • 신호 준수, 운전 취급, 신호 · 선로 숙지
		주) 제1종 전기차량 운전업무수행 경력이 2년 이상 있고 [별표 7] 제2호에 따른 교육훈련을 받은 사람은 필기시험을 면제한다.	
제2종 전기차량 운전면허	디젤차량 운전면허	• 철도시스템 일반 • 디젤차량의 구조 및 기능	• 준비점검 • 제동 취급 • 제동기 외의 기기 취급 • 비상시 조치 등 • 신호 준수, 운전 취급, 신호 · 선로 숙지
		주) 제2종 전기차량 운전업무수행 경력이 2년 이상 있고 [별표 7] 제2호에 따른 교육훈련을 받은 사람은 필기시험을 면제한다.	
	제1종 전기차량 운전면허	• 철도시스템 일반 • 전기기관차의 구조 및 기능	• 준비점검 • 제동 취급 • 제동기 외의 기기 취급 • 비상시 조치 등 • 신호 준수, 운전 취급, 신호 · 선로 숙지
		주) 제2종 전기차량 운전업무수행 경력이 2년 이상 있고 [별표 7] 제2호에 따른 교육훈련을 받은 사람은 필기시험을 면제한다.	

소지면허	응시면허	필기시험	기능시험
제2종 전기차량 운전면허	노면전차 운전면허	• 노면전차 시스템 일반 • 노면전차의 구조 및 기능	• 준비점검 • 제동 취급 • 제동기 외의 기기 취급 • 비상시 조치 등 • 신호 준수, 운전 취급, 신호·선로 숙지
		주) 제2종 전기차량 운전업무수행 경력이 2년 이상 있고 [별표 7] 제2호에 따른 교육훈련을 받은 사람은 필기시험을 면제한다.	
철도장비 운전면허	디젤차량 운전면허	• 철도 관련 법 • 철도시스템 일반 • 디젤차량의 구조 및 기능	• 준비점검 • 제동 취급 • 제동기 외의 기기 취급 • 신호 준수, 운전 취급, 신호·선로 숙지 • 비상시 조치 등
	제1종 전기차량 운전면허	• 철도 관련 법 • 철도시스템 일반 • 전기기관차의 구조 및 기능	
	제2종 전기차량 운전면허	• 철도 관련 법 • 도시철도시스템 일반 • 전기동차의 구조 및 기능	
	노면전차 운전면허	• 철도 관련 법 • 노면전차 시스템 일반 • 노면전차의 구조 및 기능	
노면전차 운전면허	디젤차량 운전면허	• 철도 관련 법 • 철도시스템 일반 • 디젤차량의 구조 및 기능 • 운전이론 일반	• 준비점검 • 제동 취급 • 제동기 외의 기기 취급 • 신호 준수, 운전 취급, 신호·선로 숙지 • 비상시 조치 등
	제1종 전기차량 운전면허	• 철도 관련 법 • 철도시스템 일반 • 전기기관차의 구조 및 기능 • 운전이론 일반	
	제2종 전기차량 운전면허	• 철도 관련 법 • 도시철도 시스템 일반 • 전기동차의 구조 및 기능 • 운전이론 일반	
	철도장비 운전면허	• 철도 관련 법 • 철도시스템 일반 • 기계·장비차량의 구조 및 기능	

1. 운전면허 소지자가 다른 종류의 운전면허를 취득하기 위하여 운전면허시험에 응시하는 경우에는 신체검사 및 적성검사의 증명서류를 운전면허증 사본으로 갈음한다. 다만, 철도장비 운전면허 소지자의 경우에는 적성검사 증명서류를 첨부하여야 한다.
2. 철도차량 운전면허 시험의 합격기준은 다음과 같다.
   가. 필기시험 합격기준은 과목당 100점을 만점으로 하여 매 과목 40점 이상(철도 관련법의 경우 60점 이상), 총점 평균 60점 이상 득점한 사람
   나. 기능시험의 합격기준은 시험 과목당 60점 이상, 총점 평균 80점 이상 득점한 사람
3. 기능시험은 실제차량이나 모의운전연습기를 활용한다.

(3) 운전면허시험 시행계획의 공고(규칙 제25조)

① 한국교통안전공단은 운전면허시험을 실시하려는 때에는 매년 11월 30일까지 필기시험 및 기능시험의 일정·응시과목 등을 포함한 다음 해의 운전면허시험 시행계획을 인터넷 홈페이지 등에 공고하여야 한다.

② 한국교통안전공단은 운전면허시험의 응시 수요 등을 고려하여 필요한 경우에는 ①에 따라 공고한 시행계획을 변경할 수 있다. 이 경우 미리 국토교통부장관의 승인을 받아야 하며 변경되기 전의 필기시험일 또는 기능시험일(필기시험일 또는 기능시험일이 앞당겨진 경우에는 변경된 필기시험일 또는 기능시험일을 말한다)의 7일 전까지 그 변경사항을 인터넷 홈페이지 등에 공고하여야 한다.

(4) 운전면허시험 응시원서의 제출 등(규칙 제26조)

① 운전면허시험에 응시하려는 사람은 필기시험 응시원서 접수기한까지 [별지 제15호 서식]의 철도차량 운전면허시험 응시원서에 다음의 서류를 첨부하여 한국교통안전공단에 제출해야 한다.

   ㉠ 신체검사의료기관이 발급한 신체검사 판정서(운전면허시험 응시원서 접수일 이전 2년 이내인 것에 한정)

   ㉡ 운전적성검사기관이 발급한 운전적성검사 판정서(운전면허시험 응시원서 접수일 이전 10년 이내인 것에 한정)

   ㉢ 운전교육훈련기관이 발급한 운전교육훈련 수료증명서(기능시험 응시원서 접수기한까지 제출 가능)

   ㉣ 운전교육훈련기관으로 지정받은 대학의 장이 발급한 철도운전관련 교육과목 이수 증명서(이론교육 과목의 이수로 인정받으려는 경우에만 해당)

   ㉤ 철도차량 운전면허증의 사본(철도차량 운전면허 소지자가 다른 철도차량 운전면허를 취득하고자 하는 경우에 한정)

   ㉥ 관제자격증명서 사본(관제자격증명 취득자만 제출)

   ㉦ 운전업무 수행 경력증명서(고속철도차량 운전면허시험에 응시하는 경우에 한정)

② 한국교통안전공단은 ①의 ㉠부터 ㉥까지의 서류를 정보체계에 따라 확인할 수 있는 경우에는 그 서류를 제출하지 않도록 할 수 있다.

③ 한국교통안전공단은 ①에 따라 운전면허시험 응시원서를 접수한 때에는 [별지 제16호 서식]의 철도차량 운전면허시험 응시원서 접수대장에 기록하고 [별지 제15호 서식]의 운전면허시험 응시표를 응시자에게 발급하여야 한다. 다만, 응시원서 접수 사실을 정보체계에 따라 관리하는 경우에는 응시원서 접수 사실을 철도차량 운전면허시험 응시원서 접수대장에 기록하지 아니할 수 있다.

④ 한국교통안전공단은 운전면허시험 응시원서 접수마감 7일 이내에 시험 일시 및 장소를 한국교통안전공단 게시판 또는 인터넷 홈페이지 등에 공고하여야 한다.

(5) 운전면허시험 응시표의 재발급(규칙 제27조)

운전면허시험 응시표를 발급받은 사람이 응시표를 잃어버리거나 헐어서 못 쓰게 된 경우에는 사진(3.5 ×4.5[cm]) 1장을 첨부하여 한국교통안전공단에 재발급을 신청(정보통신망을 이용한 신청을 포함)하여 야 하고, 한국교통안전공단은 응시원서 접수 사실을 확인한 후 운전면허시험 응시표를 신청인에게 재발 급하여야 한다.

(6) 시험실시결과의 게시 등(규칙 제28조)

① 한국교통안전공단은 운전면허시험을 실시하여 합격자를 결정한 때에는 한국교통안전공단 게시판 또 는 인터넷 홈페이지에 게재하여야 한다.
② 한국교통안전공단은 운전면허시험을 실시한 경우에는 운전면허 종류별로 필기시험 및 기능시험 응 시자 및 합격자 현황 등의 자료를 국토교통부장관에게 보고하여야 한다.

6. 운전면허의 갱신

(1) 운전면허의 갱신(법 제19조)

① 운전면허의 유효기간은 10년으로 한다.
② 운전면허 취득자로서 ①에 따른 유효기간 이후에도 그 운전면허의 효력을 유지하려는 사람은 운전면 허의 유효기간 만료 전에 국토교통부령으로 정하는 바에 따라 운전면허의 갱신을 받아야 한다.
③ 국토교통부장관은 ② 및 ⑤에 따라 운전면허의 갱신을 신청한 사람이 다음의 어느 하나에 해당하는 경우에는 운전면허증을 갱신하여 발급하여야 한다.
　㉠ 운전면허의 갱신을 신청하는 날 전 10년 이내에 국토교통부령으로 정하는 철도차량의 운전업 무에 종사한 경력이 있거나 국토교통부령으로 정하는 바에 따라 이와 같은 수준 이상의 경력 이 있다고 인정되는 경우
　㉡ 국토교통부령으로 정하는 교육훈련을 받은 경우

> **중요 CHECK**
>
> **운전면허 갱신에 필요한 경력 등(규칙 제32조)**
> ① 법 제19조제3항제1호에서 "국토교통부령으로 정하는 철도차량의 운전업무에 종사한 경력"이란 운전면허의 유효 기간 내에 6개월 이상 해당 철도차량을 운전한 경력을 말한다.
> ② 법 제19조제3항제1호에서 "이와 같은 수준 이상의 경력"이란 다음의 어느 하나에 해당하는 업무에 2년 이상 종사 한 경력을 말한다.
> 　1. 관제업무
> 　2. 운전교육훈련기관에서의 운전교육훈련업무
> 　3. 철도운영자 등에게 소속되어 철도차량 운전자를 지도·교육·관리하거나 감독하는 업무
> ③ 법 제19조제3항제2호에서 "국토교통부령으로 정하는 교육훈련을 받은 경우"란 운전교육훈련기관이나 철도운영자 등이 실시한 철도차량 운전에 필요한 교육훈련을 운전면허 갱신신청일 전까지 20시간 이상 받은 경우를 말한다.
> ④ ① 및 ②에 따른 경력의 인정, ③에 따른 교육훈련의 내용 등 운전면허 갱신에 필요한 세부사항은 국토교통부 장관이 정하여 고시한다.

④ 운전면허 취득자가 ②에 따른 운전면허의 갱신을 받지 아니하면 그 운전면허의 유효기간이 만료되는 날의 다음 날부터 그 운전면허의 효력이 정지된다.

⑤ ④에 따라 운전면허의 효력이 정지된 사람이 6개월의 범위에서 대통령령으로 정하는 기간 내에 운전면허의 갱신을 신청하여 운전면허의 갱신을 받지 아니하면 그 기간이 만료되는 날의 다음 날부터 그 운전면허는 효력을 잃는다.

⑥ 국토교통부장관은 운전면허 취득자에게 그 운전면허의 유효기간이 만료되기 전에 국토교통부령으로 정하는 바에 따라 운전면허의 갱신에 관한 내용을 통지하여야 한다.

⑦ 국토교통부장관은 ⑤에 따라 운전면허의 효력이 실효된 사람이 운전면허를 다시 받으려는 경우 대통령령으로 정하는 바에 따라 그 절차의 일부를 면제할 수 있다.

(2) 철도차량 운전면허증 기록사항 변경(규칙 제30조)

① 운전면허 취득자가 주소 등 철도차량 운전면허증의 기록사항을 변경하려는 경우에는 이를 증명할 수 있는 서류를 첨부하여 한국교통안전공단에 기록사항의 변경을 신청하여야 한다. 이 경우 한국교통안전공단은 기록사항을 변경한 때에는 [별지 제19호 서식]의 철도차량 운전면허증 관리대장에 이를 기록·관리하여야 한다.

② ① 후단에도 불구하고 철도차량 운전면허증의 기록 사항의 변경을 영 제63조제1항제7호에 따라 관리하는 정보체계에 따라 관리하는 경우에는 [별지 제19호 서식]의 철도차량 운전면허증 관리대장에 이를 기록·관리하지 아니할 수 있다.

(3) 운전면허의 갱신절차(규칙 제31조)

① 철도차량운전면허(운전면허)를 갱신하려는 사람은 운전면허의 유효기간 만료일 전 6개월 이내에 [별지 제20호 서식]의 철도차량 운전면허 갱신신청서에 다음의 서류를 첨부하여 한국교통안전공단에 제출하여야 한다.

ㄱ 철도차량 운전면허증

ㄴ (1)의 ③에 해당함을 증명하는 서류

② ①에 따라 갱신받은 운전면허의 유효기간은 종전 운전면허 유효기간의 만료일 다음 날부터 기산한다.

(4) 운전면허 취득절차의 일부면제(영 제20조)

운전면허의 효력이 실효된 사람이 운전면허가 실효된 날부터 3년 이내에 실효된 운전면허와 동일한 운전면허를 취득하려는 경우에는 다음의 구분에 따라 운전면허 취득절차의 일부를 면제한다.

① (1)의 ③에 해당하지 아니하는 경우 : 운전교육훈련 면제

② (1)의 ③에 해당하는 경우 : 운전교육훈련과 운전면허시험 중 필기시험 면제

(5) 운전면허 갱신 안내 통지(규칙 제33조)

① 한국교통안전공단은 운전면허의 효력이 정지된 사람이 있는 때에는 해당 운전면허의 효력이 정지된 날부터 30일 이내에 해당 운전면허 취득자에게 이를 통지하여야 한다.

② 한국교통안전공단은 운전면허의 유효기간 만료일 6개월 전까지 해당 운전면허 취득자에게 운전면허 갱신에 관한 내용을 통지하여야 한다.

③ ②에 따른 운전면허 갱신에 관한 통지는 [별지 제21호 서식]의 철도차량 운전면허 갱신통지서에 따른다.

④ ① 및 ②에 따른 통지를 받을 사람의 주소 등을 통상적인 방법으로 확인할 수 없거나 통지서를 송달할 수 없는 경우에는 한국교통안전공단 게시판 또는 인터넷 홈페이지에 14일 이상 공고함으로써 통지에 갈음할 수 있다.

7. 운전면허의 취소·정지

(1) 운전면허의 취소·정지 등(법 제20조)

① 국토교통부장관은 운전면허 취득자가 다음의 어느 하나에 해당할 때에는 운전면허를 취소하거나 1년 이내의 기간을 정하여 운전면허의 효력을 정지시킬 수 있다. 다만, ㉠부터 ㉣까지의 규정에 해당할 때에는 운전면허를 취소하여야 한다.

㉠ 거짓이나 그 밖의 부정한 방법으로 운전면허를 받았을 때

㉡ 철도차량 운전상의 위험과 장해를 일으킬 수 있는 정신질환자 또는 뇌전증환자로서 대통령령으로 정하는 사람, 철도차량 운전상의 위험과 장해를 일으킬 수 있는 약물(마약류 및 환각물질) 또는 알코올 중독자로서 대통령령으로 정하는 사람, 두 귀의 청력 또는 두 눈의 시력을 완전히 상실한 사람

㉢ 운전면허의 효력정지기간 중 철도차량을 운전하였을 때

㉣ 운전면허증을 다른 사람에게 빌려주었을 때

㉤ 철도차량을 운전 중 고의 또는 중과실로 철도사고를 일으켰을 때

㉥ 운전업무종사자가 철도차량 운전업무 수행 중 준수하여야 할 사항(철도차량 출발 전 국토교통부령으로 정하는 조치 사항을 이행할 것, 국토교통부령으로 정하는 철도차량 운행에 관한 안전수칙을 준수할 것) 또는 철도사고 등이 발생하는 경우 해당 철도차량의 운전업무종사자와 여객승무원이 철도사고 등의 현장을 이탈하여서는 아니 되며, 철도차량 내 안전 및 질서유지를 위하여 승객 구호 조치 등 국토교통부령으로 정하는 후속조치를 이행하여야 할 것을 위반하였을 때

㉦ 술을 마시거나 약물을 사용한 상태에서 철도차량을 운전하였을 때

㉧ 술을 마시거나 약물을 사용한 상태에서 업무를 하였다고 인정할 만한 상당한 이유가 있음에도 불구하고 국토교통부장관 또는 시·도지사의 확인 또는 검사를 거부하였을 때

㉨ 철도의 안전 및 보호와 질서유지를 위하여 한 명령·처분을 위반하였을 때

② 국토교통부장관이 ①에 따라 운전면허의 취소 및 효력정지 처분을 하였을 때에는 국토교통부령으로 정하는 바에 따라 그 내용을 해당 운전면허 취득자와 운전면허 취득자를 고용하고 있는 철도운영자 등에게 통지하여야 한다.

③ ②에 따른 운전면허의 취소 또는 효력정지 통지를 받은 운전면허 취득자는 그 통지를 받은 날부터 15일 이내에 운전면허증을 국토교통부장관에게 반납하여야 한다.

④ 국토교통부장관은 ③에 따라 운전면허의 효력이 정지된 사람으로부터 운전면허증을 반납받았을 때에는 보관하였다가 정지기간이 끝나면 즉시 돌려주어야 한다.

⑤ ①에 따른 취소 및 효력정지 처분의 세부기준 및 절차는 그 위반의 유형 및 정도에 따라 국토교통부령으로 정한다.

⑥ 국토교통부장관은 국토교통부령으로 정하는 바에 따라 운전면허의 발급, 갱신, 취소 등에 관한 자료를 유지·관리하여야 한다.

(2) 운전면허의 취소 및 효력정지 처분(규칙 제34·35조)

① 국토교통부장관은 운전면허의 취소나 효력정지 처분을 한 때에는 [별지 제22호 서식]의 철도차량 운전면허 취소·효력정지 처분 통지서를 해당 처분대상자에게 발송하여야 한다.

② 국토교통부장관은 ①에 따른 처분대상자가 철도운영자 등에게 소속되어 있는 경우에는 철도운영자 등에게 그 처분 사실을 통지하여야 한다.

③ ①에 따른 처분대상자의 주소 등을 통상적인 방법으로 확인할 수 없거나 [별지 제22호 서식]의 철도차량 운전면허 취소·효력정지 처분 통지서를 송달할 수 없는 경우에는 운전면허시험기관인 한국교통안전공단 게시판 또는 인터넷 홈페이지에 14일 이상 공고함으로써 ①에 따른 통지에 갈음할 수 있다.

④ ①에 따라 운전면허의 취소 또는 효력정지 처분의 통지를 받은 사람은 통지를 받은 날부터 15일 이내에 운전면허증을 한국교통안전공단에 반납하여야 한다.

⑤ (1)의 ⑤에 따른 운전면허의 취소 또는 효력정지 처분의 세부기준은 [별표 10의2]와 같다(규칙 제35조).

[별표 10의2] 운전면허취소·효력정지 처분의 세부기준

처분대상	처분기준			
	1차 위반	2차 위반	3차 위반	4차 위반
1. 거짓이나 그 밖의 부정한 방법으로 운전면허를 받은 경우	면허취소			
2. 법 제11조 제2호부터 제4호까지의 규정에 해당하는 경우 　가. 철도차량 운전상의 위험과 장해를 일으킬 수 있는 정신질환자 또는 뇌전증환자로서 해당 분야 전문의가 정상적인 운전을 할 수 없다고 인정하는 사람 　나. 철도차량 운전상의 위험과 장해를 일으킬 수 있는 약물(마약류 관리에 관한 법률 제2조 제1호에 따른 마약류 및 화학물질 관리법 제22조제1항에 따른 환각물질을 말한다) 또는 알코올 중독자로서 해당 분야 전문의가 정상적인 운전을 할 수 없다고 인정하는 사람 　다. 두 귀의 청력을 완전히 상실한 사람, 두 눈의 시력을 완전히 상실한 사람	면허취소			
3. 운전면허의 효력정지 기간 중 철도차량을 운전한 경우	면허취소			
4. 운전면허증을 타인에게 대여한 경우	면허취소			

처분대상		처분기준			
		1차 위반	2차 위반	3차 위반	4차 위반
5. 철도차량을 운전 중 고의 또는 중과실로 철도 사고를 일으킨 경우	사망자가 발생한 경우	면허취소			
	부상자가 발생한 경우	효력정지 3개월	면허취소		
	1천만원 이상 물적 피해가 발생한 경우	효력정지 2개월	효력정지 3개월	면허취소	
5의2. 법 제40조의2제1항을 위반한 경우		경 고	효력정지 1개월	효력정지 2개월	효력정지 3개월
5의3. 법 제40조의2제5항을 위반한 경우		효력정지 1개월	면허취소		
6. 법 제41조제1항을 위반하여 술에 만취한 상태(혈중 알코올농도 0.1퍼센트 이상)에서 운전한 경우		면허취소			
7. 법 제41조제1항을 위반하여 술을 마신 상태의 기준(혈중 알코올농도 0.02퍼센트 이상)을 넘어서 운전을 하다가 철도사고를 일으킨 경우		면허취소			
8. 법 제41조제1항을 위반하여 약물을 사용한 상태에서 운전한 경우		면허취소			
9. 법 제41조제1항을 위반하여 술을 마신 상태(혈중 알코올농도 0.02퍼센트 이상 0.1퍼센트 미만)에서 운전한 경우		효력정지 3개월	면허취소		
10. 법 제41조제2항을 위반하여 술을 마시거나 약물을 사용한 상태에서 업무를 하였다고 인정할 만한 상당한 이유가 있음에도 불구하고 확인이나 검사 요구에 불응한 경우		면허취소			
11. 철도차량 운전규칙을 위반하여 운전을 하다가 열차운행에 중대한 차질을 초래한 경우		효력정지 1개월	효력정지 2개월	효력정지 3개월	면허취소

1. 위반행위가 둘 이상인 경우로서 그에 해당하는 각각의 처분기준이 다른 경우에는 그중 무거운 처분기준에 따르며, 위반행위가 둘 이상인 경우로서 그에 해당하는 각각의 처분기준이 같은 경우에는 무거운 처분기준의 2분의 1까지 가중할 수 있되, 각 처분기준을 합산한 기간을 초과할 수 없다.

2. 위반행위의 횟수에 따른 행정처분의 기준은 최근 1년간 같은 위반행위로 행정처분을 받은 경우에 적용한다. 이 경우 행정처분 기준의 적용은 같은 위반행위에 대하여 최초로 행정처분을 한 날과 그 처분 후의 위반행위가 다시 적발된 날을 기준으로 한다.

3. 국토교통부장관은 다음 어느 하나에 해당하는 경우에는 위 표 제5호, 제5호의2, 제5호의3 및 제11호에 따른 효력정지기간(위반행위가 둘 이상인 경우에는 비고 제1호에 따른 효력정지기간을 말한다)을 2분의 1의 범위에서 이를 늘리거나 줄일 수 있다. 다만, 효력정지기간을 늘리는 경우에도 1년을 넘을 수 없다.
- • 효력정지기간을 줄여서 처분할 수 있는 경우
  - − 철도안전에 대한 위험을 피하기 위한 부득이한 사유가 있는 경우
  - − 그 밖에 위반행위의 정도, 위반행위의 동기와 그 결과 등을 고려하여 처분을 줄일 필요가 있다고 인정되는 경우
- • 효력정지기간을 늘려서 처분할 수 있는 경우
  - − 고의 또는 중과실에 의해 위반행위가 발생한 경우
  - − 다른 열차의 운행안전 및 여객·공중(公衆)에 상당한 영향을 미친 경우
  - − 그 밖에 위반행위의 정도, 위반행위의 동기와 그 결과 등을 고려하여 처분을 늘릴 필요가 있다고 인정되는 경우

8. 운전업무 수행의 요건

(1) 운전업무 실무수습(법 제21조, 규칙 제37조 [별표 11])

① 철도차량의 운전업무에 종사하려는 사람은 국토교통부령으로 정하는 바에 따라 실무수습을 이수하여야 한다.

② ①에 따라 철도차량의 운전업무에 종사하려는 사람이 이수하여야 하는 실무수습의 세부기준은 [별표 11]과 같다.

[별표 11] 실무수습·교육의 세부기준

㉠ 운전면허취득 후 실무수습·교육항목 : 선로·신호 등 시스템, 운전취급 관련 규정, 제동기 취급, 제동기 외의 기기취급, 속도관측, 비상시 조치 등

㉡ 규정한 사항 외에 운전업무 실무수습의 방법·평가 등에 관하여 필요한 세부사항은 국토교통부장관이 정하여 고시한다.

(2) 무자격자의 운전업무 금지 등(법 제21조의2)

철도운영자 등은 운전면허를 받지 아니하거나(운전면허가 취소되거나 그 효력이 정지된 경우를 포함) 실무수습을 이수하지 아니한 사람을 철도차량의 운전업무에 종사하게 하여서는 아니 된다.

(3) 운전업무 실무수습의 관리 등(규칙 제38조)

철도운영자 등은 철도차량의 운전업무에 종사하려는 사람이 (1)의 ②에 따른 운전업무 실무수습을 이수한 경우에는 [별지 제24호 서식]의 운전업무종사자 실무수습 관리대장에 운전업무 실무수습을 받은 구간 등을 기록하고 그 내용을 한국교통안전공단에 통보하여야 한다.

(4) 관제업무 실무수습(법 제22조, 규칙 제39조)

① 관제업무에 종사하려는 사람은 국토교통부령으로 정하는 바에 따라 실무수습을 이수하여야 한다.

② ①에 따라 관제업무에 종사하려는 사람은 다음의 관제업무 실무수습을 모두 이수하여야 한다.

㉠ 관제업무를 수행할 구간의 철도차량 운행의 통제·조정 등에 관한 관제업무 실무수습

㉡ 관제업무 수행에 필요한 기기 취급방법 및 비상 시 조치방법 등에 대한 관제업무 실무수습

③ 철도운영자 등은 ②에 따른 관제업무 실무수습의 항목 및 교육시간 등에 관한 실무수습 계획을 수립하여 시행하여야 한다. 이 경우 총실무수습 시간은 100시간 이상으로 하여야 한다.

④ ③에도 불구하고 관제업무 실무수습을 이수한 사람으로서 관제업무를 수행할 구간 또는 관제업무 수행에 필요한 기기의 변경으로 인하여 다시 관제업무 실무수습을 이수하여야 하는 사람에 대해서는 별도의 실무수습 계획을 수립하여 시행할 수 있다.

⑤ ②에 따른 관제업무 실무수습의 방법·평가 등에 관하여 필요한 세부사항은 국토교통부장관이 정하여 고시한다.

(5) 무자격자의 관제업무 금지 등(법 제22조의2)

철도운영자 등은 관제자격증명을 받지 아니하거나(관제자격증명이 취소되거나 그 효력이 정지된 경우를 포함) 실무수습을 이수하지 아니한 사람을 관제업무에 종사하게 하여서는 아니 된다.

(6) 관제업무 실무수습의 관리 등(규칙 제39조의2)

① 철도운영자 등은 (4)의 ③ 및 ④에 따른 실무수습 계획을 수립한 경우에는 그 내용을 한국교통안전공단에 통보하여야 한다.

② 철도운영자 등은 관제업무에 종사하려는 사람이 (4)의 ②에 따른 관제업무 실무수습을 이수한 경우에는 [별지 제25호 서식]의 관제업무종사자 실무수습 관리대장에 실무수습을 받은 구간 등을 기록하고 그 내용을 한국교통안전공단에 통보하여야 한다.

③ 철도운영자 등은 관제업무에 종사하려는 사람이 (4)의 ②에 따라 관제업무 실무수습을 받은 구간 외의 다른 구간에서 관제업무를 수행하게 하여서는 아니 된다.

9. 운전업무종사자 등의 관리

(1) 운전업무종사자 등의 관리(법 제23조)

① 철도차량 운전·관제업무 등 대통령령으로 정하는 업무에 종사하는 철도종사자는 정기적으로 신체검사와 적성검사를 받아야 한다.

> **중요 CHECK**
>
> **신체검사 등을 받아야 하는 철도종사자(영 제21조)**
> 법 제23조제1항에서 "대통령령으로 정하는 업무에 종사하는 철도종사자"란 다음의 어느 하나에 해당하는 철도종사자를 말한다.
> ① 운전업무종사자
> ② 관제업무종사자
> ③ 정거장에서 철도신호기·선로전환기 및 조작판 등을 취급하는 업무를 수행하는 사람

② ①에 따른 신체검사·적성검사의 시기, 방법 및 합격기준 등에 관하여 필요한 사항은 국토교통부령으로 정한다.

③ 철도운영자 등은 ①에 따른 업무에 종사하는 철도종사자가 같은 항에 따른 신체검사·적성검사에 불합격하였을 때에는 그 업무에 종사하게 하여서는 아니 된다.

④ ①에 따른 업무에 종사하는 철도종사자로서 적성검사에 불합격한 사람 또는 적성검사 과정에서 부정행위를 한 사람은 규정(제15조제2항)에 따른 기간 동안 적성검사를 받을 수 없다.

⑤ 철도운영자 등은 ①에 따른 신체검사와 적성검사를 신체검사 실시 의료기관 및 운전적성검사기관·관제적성검사기관에 각각 위탁할 수 있다.

(2) 운전업무종사자 등에 대한 신체검사(규칙 제40조)

① 철도종사자에 대한 신체검사는 다음과 같이 구분하여 실시한다.

　　㉠ 최초검사 : 해당 업무를 수행하기 전에 실시하는 신체검사

　　㉡ 정기검사 : 최초검사를 받은 후 2년마다 실시하는 신체검사

　　㉢ 특별검사 : 철도종사자가 철도사고 등을 일으키거나 질병 등의 사유로 해당 업무를 적절히 수행하기가 어렵다고 철도운영자 등이 인정하는 경우에 실시하는 신체검사

② 운전업무종사자 또는 관제업무종사자는 운전면허의 신체검사 또는 관제자격증명의 신체검사를 받은 날에 ①의 ㉠에 따른 최초검사를 받은 것으로 본다. 다만, 해당 신체검사를 받은 날부터 2년 이상이 지난 후에 운전업무나 관제업무에 종사하는 사람은 ①의 ㉠에 따른 최초검사를 받아야 한다.

③ 정기검사는 최초검사나 정기검사를 받은 날부터 2년이 되는 날(신체검사 유효기간 만료일) 전 3개월 이내에 실시한다. 이 경우 정기검사의 유효기간은 신체검사 유효기간 만료일의 다음 날부터 기산한다.

④ ①에 따른 신체검사의 방법 및 절차 등에 관하여는 신체검사 방법·절차·합격기준 규정을 준용하며, 그 합격기준은 [별표 2] 제2호와 같다.

(3) 운전업무종사자 등에 대한 적성검사(규칙 제41조)

① 철도종사자에 대한 적성검사는 다음과 같이 구분하여 실시한다.

　　㉠ 최초검사 : 해당 업무를 수행하기 전에 실시하는 적성검사

　　㉡ 정기검사 : 최초검사를 받은 후 10년(50세 이상인 경우에는 5년)마다 실시하는 적성검사

　　㉢ 특별검사 : 철도종사자가 철도사고 등을 일으키거나 질병 등의 사유로 해당 업무를 적절히 수행하기 어렵다고 철도운영자 등이 인정하는 경우에 실시하는 적성검사

② 운전업무종사자 또는 관제업무종사자는 운전적성검사 또는 관제적성검사를 받은 날에 ①의 ㉠에 따른 최초검사를 받은 것으로 본다. 다만, 해당 운전적성검사 또는 관제적성검사를 받은 날부터 10년(50세 이상인 경우에는 5년) 이상이 지난 후에 운전업무나 관제업무에 종사하는 사람은 ①의 ㉠에 따른 최초검사를 받아야 한다.

③ 정기검사는 최초검사나 정기검사를 받은 날부터 10년(50세 이상인 경우에는 5년)이 되는 날(적성검사 유효기간 만료일) 전 12개월 이내에 실시한다. 이 경우 정기검사의 유효기간은 적성검사 유효기간 만료일의 다음 날부터 기산한다.

④ ①에 따른 적성검사의 방법·절차 등에 관하여는 적성검사 방법·절차 및 합격기준 규정을 준용하며, 그 합격기준은 [별표 13]과 같다.

[별표 13] 운전업무종사자 등의 적성검사 항목 및 불합격기준

검사대상		검사 주기	검사항목		불합격기준
			문답형 검사	반응형 검사	
영 제21조제1호의 운전업무종사자	고속철도차량·제1종 전기차량·제2종 전기차량·디젤차량·노면전차·철도장비 운전업무종사자	정기 검사	• 인 성 　– 일반성격 　– 안전성향 　– 스트레스	• 주의력 　– 복합기능 　– 선택주의 　– 지속주의 • 인식 및 기억력 　– 시각변별 　– 공간지각 • 판단 및 행동력 　– 민첩성	• 문답형 검사항목 중 안전성향 검사에서 부적합으로 판정된 사람 • 반응형 검사 항목 중 부적합(E등급)이 2개 이상인 사람
		특별 검사	• 인 성 　– 일반성격 　– 안전성향 　– 스트레스	• 주의력 　– 복합기능 　– 선택주의 　– 지속주의 • 인식 및 기억력 　– 시각변별 　– 공간지각 • 판단 및 행동력 　– 추 론 　– 민첩성	• 문답형 검사항목 중 안전성향 검사에서 부적합으로 판정된 사람 • 반응형 검사 항목 중 부적합(E등급)이 2개 이상인 사람
영 제21조제2호의 관제업무종사자		정기 검사	• 인 성 　– 일반성격 　– 안전성향 　– 스트레스	• 주의력 　– 복합기능 　– 선택주의 • 인식 및 기억력 　– 시각변별 　– 공간지각 　– 작업기억 • 판단 및 행동력 　– 민첩성	• 문답형 검사항목 중 안전성향 검사에서 부적합으로 판정된 사람 • 반응형 검사 항목 중 부적합(E등급)이 2개 이상인 사람
		특별 검사	• 인 성 　– 일반성격 　– 안전성향 　– 스트레스	• 주의력 　– 복합기능 　– 선택주의 • 인식 및 기억력 　– 시각변별 　– 공간지각 　– 작업기억 • 판단 및 행동력 　– 추 론 　– 민첩성	• 문답형 검사항목 중 안전성향 검사에서 부적합으로 판정된 사람 • 반응형 검사 항목 중 부적합(E등급)이 2개 이상인 사람

검사대상	검사주기	검사항목		불합격기준
		문답형 검사	반응형 검사	
영 제21조제3호의 정거장에서 철도신호기·선로전환기 및 조작판 등을 취급하는 업무를 수행하는 사람	최초 검사	• 인 성 – 일반성격 – 안전성향	• 주의력 – 복합기능 – 선택주의 • 인식 및 기억력 – 시각변별 – 공간지각 – 작업기억 • 판단 및 행동력 – 추 론 – 민첩성	• 문답형 검사항목 중 안전성향 검사에서 부적합으로 판정된 사람 • 반응형 검사 평가점수가 30점 미만인 사람
	정기 검사	• 인 성 – 일반성격 – 안전성향 – 스트레스	• 주의력 – 복합기능 – 선택주의 • 인식 및 기억력 – 시각변별 – 공간지각 – 작업기억 • 판단 및 행동력 – 민첩성	• 문답형 검사항목 중 안전성향 검사에서 부적합으로 판정된 사람 • 반응형 검사 항목 중 부적합(E등급)이 2개 이상인 사람
	특별 검사	• 인 성 – 일반성격 – 안전성향 – 스트레스	• 주의력 – 복합기능 – 선택주의 • 인식 및 기억력 – 시각변별 – 공간지각 – 작업기억 • 판단 및 행동력 – 추 론 – 민첩성	• 문답형 검사항목 중 안전성향 검사에서 부적합으로 판정된 사람 • 반응형 검사 항목 중 부적합(E등급)이 2개 이상인 사람

비 고
1. 문답형 검사 판정은 적합 또는 부적합으로 한다.
2. 반응형 검사 점수 합계는 70점으로 한다. 다만, 정기검사와 특별검사는 검사항목별 등급으로 평가한다.
3. 특별검사의 복합기능(운전) 및 시각변별(관제/신호) 검사는 시뮬레이터 검사기로 시행한다.
4. 안전성향검사는 전문의(정신건강의학) 진단결과로 대체할 수 있으며, 부적합 판정을 받은 자에 대해서는 당일 1회에 한하여 재검사를 실시하고 그 재검사 결과를 최종적인 검사결과로 할 수 있다.

(4) 철도종사자에 대한 안전 및 직무교육(법 제24조)

① 철도운영자 등 또는 철도운영자 등과의 계약에 따라 철도운영이나 철도시설 등의 업무에 종사하는 사업주(이하 이 조에서 "사업주")는 자신이 고용하고 있는 철도종사자에 대하여 정기적으로 철도안전에 관한 교육을 실시하여야 한다.

② 철도운영자 등은 자신이 고용하고 있는 철도종사자가 적정한 직무수행을 할 수 있도록 정기적으로 직무교육을 실시하여야 한다.

③ 철도운영자 등은 ①에 따른 사업주의 안전교육 실시 여부를 확인하여야 하고, 확인 결과 사업주가 안전교육을 실시하지 아니한 경우 안전교육을 실시하도록 조치하여야 한다.

④ ① 및 ②에 따라 철도운영자 등 및 사업주가 실시하여야 하는 교육의 대상, 내용 및 그 밖에 필요한 사항은 국토교통부령으로 정한다.

10. 철도차량정비기술자의 관리

(1) 철도차량정비기술자의 인정 등(법 제24조의2)

① 철도차량정비기술자로 인정을 받으려는 사람은 국토교통부장관에게 자격 인정을 신청하여야 한다.

② 국토교통부장관은 ①에 따른 신청인이 대통령령으로 정하는 자격, 경력 및 학력 등 철도차량정비기술자의 인정 기준에 해당하는 경우에는 철도차량정비기술자로 인정하여야 한다.

③ 국토교통부장관은 ①에 따른 신청인을 철도차량정비기술자로 인정하면 철도차량정비기술자로서의 등급 및 경력 등에 관한 증명서(이하 "철도차량정비경력증")를 그 철도차량정비기술자에게 발급하여야 한다.

④ ①부터 ③까지의 규정에 따른 인정의 신청, 철도차량정비경력증의 발급 및 관리 등에 필요한 사항은 국토교통부령으로 정한다.

(2) 철도차량정비기술자의 명의 대여금지 등(법 제24조의3)

① 철도차량정비기술자는 자기의 성명을 사용하여 다른 사람에게 철도차량정비 업무를 수행하게 하거나 철도차량정비경력증을 빌려 주어서는 아니 된다.

② 누구든지 다른 사람의 성명을 사용하여 철도차량정비 업무를 수행하거나 다른 사람의 철도차량정비경력증을 빌려서는 아니 된다.

③ 누구든지 ①이나 ②에서 금지된 행위를 알선해서는 아니 된다.

(3) 철도차량정비기술교육훈련(법 제24조의4)

① 철도차량정비기술자는 업무 수행에 필요한 소양과 지식을 습득하기 위하여 대통령령으로 정하는 바에 따라 국토교통부장관이 실시하는 교육·훈련(정비교육훈련)을 받아야 한다.

② 국토교통부장관은 철도차량정비기술자를 육성하기 위하여 철도차량정비 기술에 관한 전문 교육훈련기관(정비교육훈련기관)을 지정하여 정비교육훈련을 실시하게 할 수 있다.

③ 정비교육훈련기관의 지정기준 및 절차 등에 필요한 사항은 대통령령으로 정한다.

④ 정비교육훈련기관은 정당한 사유 없이 정비교육훈련 업무를 거부하여서는 아니 되고, 거짓이나 그 밖의 부정한 방법으로 정비교육훈련 수료증을 발급하여서는 아니 된다.

(4) 철도차량정비기술자의 인정취소 등(법 제24조의5)

① 국토교통부장관은 철도차량정비기술자가 다음의 어느 하나에 해당하는 경우 그 인정을 취소하여야 한다.

ㄱ 거짓이나 그 밖의 부정한 방법으로 철도차량정비기술자로 인정받은 경우

ㄴ (1)의 ②에 따른 자격기준에 해당하지 아니하게 된 경우

ㄷ 철도차량정비 업무 수행 중 고의로 철도사고의 원인을 제공한 경우

② 국토교통부장관은 철도차량정비기술자가 다음의 어느 하나에 해당하는 경우 1년의 범위에서 철도차량정비기술자의 인정을 정지시킬 수 있다.

ㄱ 다른 사람에게 철도차량정비경력증을 빌려준 경우

ㄴ 철도차량정비 업무 수행 중 중과실로 철도사고의 원인을 제공한 경우

제4절 철도시설 및 철도차량의 안전관리

1. 기술기준(철도의 건설 및 철도시설 유지관리에 관한 법률)

(1) 철도시설의 기술기준(법률 제19조)

① 철도건설사업의 시행자는 국토교통부령으로 정하는 기술기준에 맞게 철도시설을 설치하여야 한다.

② 철도시설관리자는 국토교통부령으로 정하는 바에 따라 ①에 따른 기술기준에 맞게 철도시설을 유지·관리하여야 한다.

③ 철도를 새로 건설하거나 개량하는 경우에는 철도차량이 철도 노선 간을 상호 연계하여 운행할 수 있도록 국토교통부령으로 정하는 바에 따라 철도시설의 호환성과 안전성을 확보하여야 한다.

(2) 철도시설의 유지관리(규칙 제7조)

① 철도시설관리자는 (1)의 ②에 따라 다음의 기준에 맞게 철도시설을 유지·관리해야 한다.

ㄱ 철도시설관리자는 소관 철도시설의 위험성을 파악하고 그 원인 및 영향을 분석하여 철도사고의 발생 가능성을 최소화할 수 있도록 안전성 분석을 실시할 것

ㄴ 선로에 열차의 안전운행 및 여객의 안전을 위해 노반(路盤)·교량·터널 등에 탈선방지시설, 대피시설, 안전시설 등을 설치하고, 주기적으로 점검할 것

ㄷ 역 시설에 열차가 안전하게 정지·출발하고 여객이 안전하고 자유롭게 이동·대기할 수 있도록 승강장, 대기실, 피난로 등을 설치하고, 주기적으로 점검할 것

ㄹ 철도건널목의 이용자와 철도를 보호할 수 있도록 안전설비를 설치하고, 교통량 조사·관리원 배치 등 대책을 수립·시행할 것

ㅂ 열차의 안전운행 및 수송의 효율성 향상에 적합하도록 전철전력설비, 철도신호제어설비 및 철도 정보통신설비를 설치하고, 주기적으로 점검할 것

② 국토교통부장관은 ①에서 정한 기준의 시행에 필요한 세부기준을 정하여 고시할 수 있다.

(3) 철도시설의 호환성·안전성 확보(규칙 제8조)

① 사업시행자 또는 철도시설관리자는 (1)의 ③에 따라 철도를 새로 건설하거나 개량하는 경우 다음의 기준에 맞게 설치하여 호환성·안전성을 확보해야 한다.

ㄱ 철도시설의 호환성·안전성 확보를 위해 철도시설의 구조 설계, 기술요건 및 적합여부 평가기준 등에 대한 계획을 수립할 것

ㄴ 철도시설은 철도차량이 철도 노선 간을 상호 연계하여 운행·이용될 수 있도록 안전성, 신뢰성, 가용성, 산업안전보건, 환경보호, 기술적 호환성과 교통약자의 접근성이 확보되도록 할 것

ㄷ 철도시설과 다른 철도시설 간 및 철도시설과 철도차량 간의 상호 작용을 고려할 것

② 사업시행자 또는 철도시설관리자는 철도를 새로 건설하거나 개량하는 경우 철도의 설계, 제작, 시공 등 단계별로 철도시설의 호환성·안전성 여부를 확인해야 한다.

③ 국토교통부장관은 ① 및 ②에 따른 철도시설의 호환성·안전성 여부의 확인에 필요한 세부 기준을 정하여 고시할 수 있다.

2. 철도기술심의위원회(철도안전법)

(1) 철도기술심의위원회의 설치(규칙 제44조)

국토교통부장관은 다음의 사항을 심의하게 하기 위하여 철도기술심의위원회(기술위원회)를 설치한다.

① 법 제7조제5항·제26조제3항·제26조의3제2항·제27조제2항 및 제27조의2제2항에 따른 기술기준의 제정·개정 또는 폐지

② 법 제27조제1항에 따른 형식승인 대상 철도용품의 선정·변경 및 취소

③ 법 제34조제1항에 따른 철도차량·철도용품 표준규격의 제정·개정 또는 폐지

④ 영 제63조제4항에 따른 철도안전에 관한 전문기관이나 단체의 지정

⑤ 그 밖에 국토교통부장관이 필요로 하는 사항

(2) 철도기술심의위원회의 구성·운영 등(규칙 제45조)

① 기술위원회는 위원장을 포함한 15인 이내의 위원으로 구성하며, 위원장은 위원 중에서 호선한다.

② 기술위원회에 상정할 안건을 미리 검토하고 기술위원회가 위임한 안건을 심의하기 위하여 기술위원회에 기술분과별 전문위원회(전문위원회)를 둘 수 있다.

③ 이 규칙에서 정한 것 외에 기술위원회 및 전문위원회의 구성·운영 등에 관하여 필요한 사항은 국토교통부장관이 정한다.

3. 승하차용 출입문 설비의 설치

(1) 승하차용 출입문 설비의 설치(법 제25조의2)

철도시설관리자는 선로로부터의 수직거리가 국토교통부령으로 정하는 기준 이상인 승강장에 열차의 출입문과 연동되어 열리고 닫히는 승하차용 출입문 설비를 설치하여야 한다. 다만, 여러 종류의 철도차량이 함께 사용하는 승강장 등 국토교통부령으로 정하는 승강장의 경우에는 그러하지 아니하다.

(2) 승하차용 출입문 설비의 설치(규칙 제43조)

① (1) 본문에서 "국토교통부령으로 정하는 기준"이란 1,135[mm]를 말한다.

② (1) 단서에서 "여러 종류의 철도차량이 함께 사용하는 승강장 등 국토교통부령으로 정하는 승강장"이란 다음의 어느 하나에 해당하는 승강장으로서 규칙 제44조에 따른 철도기술심의위원회에서 승강장에 열차의 출입문과 연동되어 열리고 닫히는 승하차용 출입문 설비(승강장 안전문)를 설치하지 않아도 된다고 심의·의결한 승강장을 말한다.

    ⊙ 여러 종류의 철도차량이 함께 사용하는 승강장으로서 열차 출입문의 위치가 서로 달라 승강장안전문을 설치하기 곤란한 경우

    ⓒ 열차가 정차하지 않는 선로 쪽 승강장으로서 승객의 선로 추락 방지를 위해 안전난간 등의 안전시설을 설치한 경우

    ⓒ 여객의 승하차 인원, 열차의 운행 횟수 등을 고려하였을 때 승강장안전문을 설치할 필요가 없다고 인정되는 경우

4. 품질인증

(1) 철도차량 형식승인(법 제26조)

① 국내에서 운행하는 철도차량을 제작하거나 수입하려는 자는 국토교통부령으로 정하는 바에 따라 해당 철도차량의 설계에 관하여 국토교통부장관의 형식승인을 받아야 한다.

② ①에 따라 형식승인을 받은 자가 승인받은 사항을 변경하려는 경우에는 국토교통부장관의 변경승인을 받아야 한다. 다만, 국토교통부령으로 정하는 경미한 사항을 변경하려는 경우에는 국토교통부장관에게 신고하여야 한다.

③ 국토교통부장관은 ①에 따른 형식승인 또는 ②의 본문에 따른 변경승인을 하는 경우에는 해당 철도차량이 국토교통부장관이 정하여 고시하는 철도차량의 기술기준에 적합한지에 대하여 형식승인검사를 하여야 한다.

④ 국토교통부장관은 ③에도 불구하고 다음의 어느 하나에 해당하는 경우에는 형식승인검사의 전부 또는 일부를 면제할 수 있다.

    ⊙ 시험·연구·개발 목적으로 제작 또는 수입되는 철도차량으로서 대통령령으로 정하는 철도차량에 해당하는 경우

ⓒ 수출 목적으로 제작 또는 수입되는 철도차량으로서 대통령령으로 정하는 철도차량에 해당하는 경우

ⓒ 대한민국이 체결한 협정 또는 대한민국이 가입한 협약에 따라 형식승인검사가 면제되는 철도 차량의 경우

ⓔ 그 밖에 철도시설의 유지·보수 또는 철도차량의 사고복구 등 특수한 목적을 위하여 제작 또는 수입되는 철도차량으로서 국토교통부장관이 정하여 고시하는 경우

⑤ 누구든지 ①에 따른 형식승인을 받지 아니한 철도차량을 운행하여서는 아니 된다.

⑥ ①부터 ④까지의 규정에 따른 승인절차, 승인방법, 신고절차, 검사절차, 검사방법 및 면제절차 등에 관하여 필요한 사항은 국토교통부령으로 정한다.

(2) 철도차량 형식승인 신청 절차 등(규칙 제46조)

① 철도차량 형식승인을 받으려는 자는 [별지 제26호 서식]의 철도차량 형식승인신청서에 다음의 서류를 첨부하여 국토교통부장관에게 제출하여야 한다.

ⓐ 철도차량의 기술기준(철도차량기술기준)에 대한 적합성 입증계획서 및 입증자료

ⓑ 철도차량의 설계도면, 설계 명세서 및 설명서(적합성 입증을 위하여 필요한 부분에 한정한다)

ⓒ 형식승인검사의 면제 대상에 해당하는 경우 그 입증서류

ⓓ 차량형식 시험 절차서

ⓔ 그 밖에 철도차량기술기준에 적합함을 입증하기 위하여 국토교통부장관이 필요하다고 인정하여 고시하는 서류

② 철도차량 형식승인을 받은 사항을 변경하려는 경우에는 [별지 제26호의2 서식]의 철도차량 형식변경 승인신청서에 다음의 서류를 첨부하여 국토교통부장관에게 제출하여야 한다.

ⓐ 해당 철도차량의 철도차량 형식승인증명서

ⓑ ①의 각 호의 서류(변경되는 부분 및 그와 연관되는 부분에 한정한다)

ⓒ 변경 전후의 대비표 및 해설서

③ 국토교통부장관은 ① 및 ②에 따라 철도차량 형식승인 또는 변경승인 신청을 받은 경우에 15일 이내에 승인 또는 변경승인에 필요한 검사 등의 계획서를 작성하여 신청인에게 통보하여야 한다.

중요 CHECK

형식승인검사를 면제할 수 있는 철도차량 등(영 제22조)

① (1)의 ④에 ⓐ에서 "대통령령으로 정하는 철도차량"이란 여객 및 화물 운송에 사용되지 아니하는 철도차량을 말한다.

② (1)의 ④에 ⓑ에서 "대통령령으로 정하는 철도차량"이란 국내에서 철도운영에 사용되지 아니하는 철도차량을 말한다.

③ (1)의 ④에 따라 철도차량별로 형식승인검사를 면제할 수 있는 범위는 다음의 구분과 같다.

  1. (1)의 ④에 ⓐ 및 ⓑ에 해당하는 철도차량 : 형식승인검사의 전부

  2. (1)의 ④에 ⓒ에 해당하는 철도차량 : 대한민국이 체결한 협정 또는 대한민국이 가입한 협약에서 정한 면제의 범위

  3. (1)의 ④에 ⓓ에 해당하는 철도차량 : 형식승인검사 중 철도차량의 시운전단계에서 실시하는 검사를 제외한 검사로서 국토교통부령으로 정하는 검사

(3) 형식승인의 취소 등(법 제26조의2)

① 국토교통부장관은 형식승인을 받은 자가 다음의 어느 하나에 해당하는 경우에는 그 형식승인을 취소할 수 있다. 다만, ㉠에 해당하는 경우에는 그 형식승인을 취소하여야 한다.
  ㉠ 거짓이나 그 밖의 부정한 방법으로 형식승인을 받은 경우
  ㉡ (1)의 ③에 따른 기술기준에 중대하게 위반되는 경우
  ㉢ ②에 따른 변경승인명령을 이행하지 아니한 경우

② 국토교통부장관은 형식승인이 (1)의 ③에 따른 기술기준에 위반(이 조 ①의 ㉡에 해당하는 경우는 제외)된다고 인정하는 경우에는 그 형식승인을 받은 자에게 국토교통부령으로 정하는 바에 따라 변경승인을 받을 것을 명하여야 한다.

③ ①의 ㉠에 해당되는 사유로 형식승인이 취소된 경우에는 그 취소된 날부터 2년간 동일한 형식의 철도차량에 대하여 새로 형식승인을 받을 수 없다.

(4) 철도차량 제작자승인(법 제26조의3)

① 형식승인을 받은 철도차량을 제작(외국에서 대한민국에 수출할 목적으로 제작하는 경우를 포함한다)하려는 자는 국토교통부령으로 정하는 바에 따라 철도차량의 제작을 위한 인력, 설비, 장비, 기술 및 제작검사 등 철도차량의 적합한 제작을 위한 유기적 체계(이하 "철도 차량 품질관리체계")를 갖추고 있는지에 대하여 국토교통부장관의 제작자승인을 받아야 한다.

② 국토교통부장관은 ①에 따른 제작자승인을 하는 경우에는 해당 철도차량 품질관리체계가 국토교통부장관이 정하여 고시하는 철도차량의 제작관리 및 품질유지에 필요한 기술기준에 적합한지에 대하여 국토교통부령으로 정하는 바에 따라 제작자승인검사를 하여야 한다.

③ 국토교통부장관은 ① 및 ②에도 불구하고 대한민국이 체결한 협정 또는 대한민국이 가입한 협약에 따라 제작자승인이 면제되는 경우 등 대통령령으로 정하는 경우에는 제작자승인 대상에서 제외하거나 제작자승인검사의 전부 또는 일부를 면제할 수 있다.

(5) 철도차량 제작자승인의 신청 등(규칙 제51조)

① 철도차량 제작자승인을 받으려는 자는 [별지 제30호 서식]의 철도차량 제작자승인신청서에 다음의 서류를 첨부하여 국토교통부장관에게 제출하여야 한다. 다만, 대한민국이 체결한 협정 또는 대한민국이 가입한 협약에 따라 제작자승인이 면제되거나 제작자승인검사의 전부 또는 일부가 면제되는 경우에는 ㉣의 서류만 첨부한다.
  ㉠ 철도차량의 제작관리 및 품질유지에 필요한 기술기준(철도차량제작자승인기준)에 대한 적합성 입증계획서 및 입증자료
  ㉡ 철도차량 품질관리체계서 및 설명서
  ㉢ 철도차량 제작 명세서 및 설명서
  ㉣ 제작자승인 또는 제작자승인검사의 면제 대상에 해당하는 경우 그 입증서류

ⓜ 그 밖에 철도차량제작자승인기준에 적합함을 입증하기 위하여 국토교통부장관이 필요하다고 인정하여 고시하는 서류

② 철도차량 제작자승인을 받은 자가 법 제26조의8에서 준용하는 법 제7조제3항에 따라 철도차량 제작자승인 받은 사항을 변경하려는 경우에는 [별지 제30호의2 서식]의 철도차량 제작자 변경승인신청서에 다음의 서류를 첨부하여 국토교통부장관에게 제출하여야 한다.

ⓒ 해당 철도차량의 철도차량 제작자승인증명서

ⓒ ①의 서류(변경되는 부분 및 그와 연관되는 부분에 한정한다)

ⓒ 변경 전후의 대비표 및 해설서

③ 국토교통부장관은 ① 및 ②에 따라 철도차량 제작자승인 또는 변경승인 신청을 받은 경우에 15일 이내에 승인 또는 변경승인에 필요한 검사 등의 계획서를 작성하여 신청인에게 통보하여야 한다.

(6) 철도차량 제작자승인 등을 면제할 수 있는 경우 등(영 제23조)

① "대한민국이 체결한 협정 또는 대한민국이 가입한 협약에 따라 제작자 승인이 면제되는 경우 등 대통령령으로 정하는 경우"란 다음의 어느 하나에 해당하는 경우를 말한다.

ⓒ 대한민국이 체결한 협정 또는 대한민국이 가입한 협약에 따라 제작자승인이 면제되거나 제작자승인검사의 전부 또는 일부가 면제되는 경우

ⓒ 철도시설의 유지·보수 또는 철도차량의 사고복구 등 특수한 목적을 위하여 제작 또는 수입되는 철도차량으로서 국토교통부장관이 정하여 고시하는 철도차량에 해당하는 경우

② 제작자승인 또는 제작자승인검사를 면제할 수 있는 범위는 다음의 구분과 같다.

ⓒ ①의 ⓒ에 해당하는 경우 : 대한민국이 체결한 협정 또는 대한민국이 가입한 협약에서 정한 제작자승인 또는 제작자승인검사의 면제 범위

ⓒ ①의 ⓒ에 해당하는 경우 : 제작자승인검사의 전부

5. 형식승인

(1) 철도용품 형식승인(법 제27조)

① 국토교통부장관이 정하여 고시하는 철도용품을 제작하거나 수입하려는 자는 국토교통부령으로 정하는 바에 따라 해당 철도용품의 설계에 대하여 국토교통부장관의 형식승인을 받아야 한다.

② 국토교통부장관은 ①에 따른 형식승인을 하는 경우에는 해당 철도용품이 국토교통부장관이 정하여 고시하는 철도용품의 기술기준에 적합한지에 대하여 국토교통부령으로 정하는 바에 따라 형식승인검사를 하여야 한다.

③ 누구든지 ①에 따른 형식승인을 받지 아니한 철도용품(국토교통부장관이 정하여 고시하는 철도용품만 해당)을 철도시설 또는 철도차량 등에 사용하여서는 아니 된다.

④ 철도용품 형식승인의 변경, 형식승인검사의 면제, 형식승인의 취소, 변경승인명령 및 형식승인의 금지기간 등에 관하여는 제26조제2항·제4항·제6항 및 제26조의2를 준용한다. 이 경우 "철도차량"은 "철도용품"으로 본다.

(2) 형식승인검사를 면제할 수 있는 철도용품(영 제26조)

① (1)의 ④에서 준용하는 형식승인검사를 면제할 수 있는 철도용품은 법 제26조제4항제1호부터 제3호까지의 어느 하나에 해당하는 경우로 한다.

② (1)의 ④에서 준용하는 법 제26조제4항제1호에서 "대통령령으로 정하는 철도용품"이란 철도차량 또는 철도시설에 사용되지 아니하는 철도용품을 말한다.

③ (1)의 ④에서 준용하는 법 제26조제4항제2호에서 "대통령령으로 정하는 철도용품"이란 국내에서 철도운영에 사용되지 아니하는 철도용품을 말한다.

④ (1)의 ④에서 준용하는 법 제26조제4항에 따라 철도용품별로 형식승인검사를 면제할 수 있는 범위는 다음의 구분과 같다.

ㄱ 법 제26조제4항제1호 및 제2호에 해당하는 철도용품 : 형식승인검사의 전부

ㄴ 법 제26조제4항제3호에 해당하는 철도용품 : 대한민국이 체결한 협정 또는 대한민국이 가입한 협약에서 정한 면제의 범위

(3) 철도용품 제작자승인(법 제27조의2)

① 형식승인을 받은 철도용품을 제작(외국에서 대한민국에 수출할 목적으로 제작하는 경우를 포함)하려는 자는 국토교통부령으로 정하는 바에 따라 철도용품의 제작을 위한 인력, 설비, 장비, 기술 및 제작검사 등 철도용품의 적합한 제작을 위한 유기적 체계(이하 "철도 용품 품질관리체계")를 갖추고 있는지에 대하여 국토교통부장관으로부터 제작자승인을 받아야 한다.

② 국토교통부장관은 ①에 따른 제작자승인을 하는 경우에는 해당 철도용품 품질관리체계가 국토교통부장관이 정하여 고시하는 철도용품의 제작관리 및 품질유지에 필요한 기술기준에 적합한지에 대하여 국토교통부령으로 정하는 바에 따라 철도용품 제작자승인검사를 하여야 한다.

③ ①에 따라 제작자승인을 받은 자는 해당 철도용품에 대하여 국토교통부령으로 정하는 바에 따라 형식승인을 받은 철도용품임을 나타내는 형식승인표시를 하여야 한다.

④ ①에 따른 철도용품 제작자승인의 변경, 철도용품 품질관리체계의 유지·검사 및 시정조치, 과징금의 부과·징수, 제작자승인 등의 면제, 제작자승인의 결격사유 및 지위승계, 제작자승인의 취소, 업무의 제한·정지 등에 관하여는 제7조제3항, 제8조, 제9조, 제9조의2, 제26조의3제3항, 제26조의4, 제26조의5 및 제26조의7을 준용한다. 이 경우 "안전관리체계"는 "철도용품 품질관리체계"로, "철도차량"은 "철도용품"으로 본다.

(4) 형식승인을 받은 철도용품의 표시(규칙 제68조)

① 철도용품 제작자승인을 받은 자는 해당 철도용품에 다음의 사항을 포함하여 형식승인을 받은 철도용품(이하 "형식승인품")임을 나타내는 표시를 하여야 한다.

　　㉠ 형식승인품명 및 형식승인번호

　　㉡ 형식승인품명의 제조일

　　㉢ 형식승인품의 제조자명(제조자임을 나타내는 마크 또는 약호를 포함)

　　㉣ 형식승인기관의 명칭

② ①에 따른 형식승인품의 표시는 국토교통부장관이 정하여 고시하는 표준도안에 따른다.

(5) 철도용품 품질관리체계의 유지 등(규칙 제71조)

① 국토교통부장관은 (3)의 ④에서 준용하는 법 제8조제2항에 따라 철도용품 품질관리체계에 대하여 1년마다 1회의 정기검사를 실시하고, 철도용품의 안전 및 품질 확보 등을 위하여 필요하다고 인정하는 경우에는 수시로 검사할 수 있다.

② 국토교통부장관은 ①에 따라 정기검사 또는 수시검사를 시행하려는 경우에는 검사 시행일 15일 전까지 다음의 내용이 포함된 검사계획을 철도용품 제작자승인을 받은 자에게 통보하여야 한다.

　　㉠ 검사반의 구성

　　㉡ 검사 일정 및 장소

　　㉢ 검사 수행 분야 및 검사 항목

　　㉣ 중점 검사 사항

　　㉤ 그 밖에 검사에 필요한 사항

③ 국토교통부장관은 정기검사 또는 수시검사를 마친 경우에는 다음의 사항이 포함된 검사 결과보고서를 작성하여야 한다.

　　㉠ 철도용품 품질관리체계의 검사 개요 및 현황

　　㉡ 철도용품 품질관리체계의 검사 과정 및 내용

　　㉢ (3)의 ④에서 준용하는 제8조제3항에 따른 시정조치 사항

④ 국토교통부장관은 (3)의 ④에서 준용하는 법 제8조제3항에 따라 철도용품 제작자승인을 받은 자에게 시정조치를 명하는 경우에는 시정에 필요한 적정한 기간을 주어야 한다.

⑤ (3)의 ④에서 준용하는 제8조제3항에 따라 시정조치명령을 받은 철도용품 제작자 승인을 받은 자는 시정조치를 완료한 경우에는 지체 없이 그 시정내용을 국토교통부장관에게 통보하여야 한다.

⑥ ①부터 ⑤까지의 규정에서 정한 사항 외에 정기검사 또는 수시검사에 관한 세부적인 기준·방법 및 절차는 국토교통부장관이 정하여 고시한다.

철도용품 제작자승인 관련 과징금의 부과기준(영 제27조)

① 법 제27조의2제4항에서 준용하는 법 제9조의2제2항에 따른 과징금을 부과하는 위반행위의 종류와 과징금의 금액은 [별표 3]과 같다.

② ①에 따른 과징금의 부과에 관하여는 제6조제2항 및 제7조를 준용한다.

(6) 철도용품 제작자승인 등을 면제할 수 있는 경우 등(영 제28조)

① (3)의 ④에서 준용하는 법 제26조의3 제3항에서 "대한민국이 체결한 협정 또는 대한민국이 가입한 협약에 따라 제작자승인이 면제되는 경우 등 대통령령으로 정하는 경우"란 대한민국이 체결한 협정 또는 대한민국이 가입한 협약에 따라 제작자승인이 면제되거나 제작자승인검사의 전부 또는 일부가 면제되는 경우를 말한다.

② ①에 해당하는 경우에 제작자승인 또는 제작자승인검사를 면제할 수 있는 범위는 대한민국이 체결한 협정 또는 대한민국이 가입한 협약에서 정한 면제의 범위에 따른다.

6. 형식인증의 사후관리

(1) 형식승인 등의 사후관리(법 제31조)

① 국토교통부장관은 형식승인을 받은 철도차량 또는 철도용품의 안전 및 품질의 확인·점검을 위하여 필요하다고 인정하는 경우에는 소속 공무원으로 하여금 다음의 조치를 하게 할 수 있다.

㉠ 철도차량 또는 철도용품이 기술기준에 적합한지에 대한 조사

㉡ 철도차량 또는 철도용품 형식승인 및 제작자승인을 받은 자의 관계 장부 또는 서류의 열람·제출

㉢ 철도차량 또는 철도용품에 대한 수거·검사

㉣ 철도차량 또는 철도용품의 안전 및 품질에 대한 전문연구기관에의 시험·분석 의뢰

㉤ 그 밖에 철도차량 또는 철도용품의 안전 및 품질에 대한 긴급한 조사를 위하여 국토교통부령으로 정하는 사항

② 철도차량 또는 철도용품 형식승인 및 제작자승인을 받은 자와 철도차량 또는 철도용품의 소유자·점유자·관리인 등은 정당한 사유 없이 ①에 따른 조사·열람·수거 등을 거부·방해·기피하여서는 아니 된다.

③ ①에 따라 조사·열람 또는 검사 등을 하는 공무원은 그 권한을 표시하는 증표를 지니고 이를 관계인에게 내보여야 한다. 이 경우 그 증표에 관하여 필요한 사항은 국토교통부령으로 정한다.

④ 철도차량 완성검사를 받은 자가 해당 철도차량을 판매하는 경우 다음의 조치를 하여야 한다.

㉠ 철도차량정비에 필요한 부품을 공급할 것

ⓛ 철도차량을 구매한 자에게 철도차량정비에 필요한 기술지도·교육과 정비매뉴얼 등 정비 관련
　　　자료를 제공할 것
　⑤ ④에 따른 정비에 필요한 부품의 종류 및 공급하여야 하는 기간, 기술지도·교육 대상과 방법, 철도차
　　량정비 관련 자료의 종류 및 제공 방법 등에 필요한 사항은 국토교통부령으로 정한다.
　⑥ 국토교통부장관은 철도차량 완성검사를 받아 해당 철도차량을 판매한 자가 ④에 따른 조치를 이행하
　　지 아니한 경우에는 그 이행을 명할 수 있다.

(2) 형식승인 등의 사후관리 대상 등(규칙 제72조)

　① (1)의 ①에 ⓜ에서 "국토교통부령으로 정하는 사항"이란 다음의 어느 하나에 해당하는 사항을 말한다.
　　㉠ 사고가 발생한 철도차량 또는 철도용품에 대한 철도운영 적합성 조사
　　㉡ 장기 운행한 철도차량 또는 철도용품에 대한 철도운영 적합성 조사
　　㉢ 철도차량 또는 철도용품에 결함이 있는지의 여부에 대한 조사
　　㉣ 그 밖에 철도차량 또는 철도용품의 안전 및 품질에 관하여 국토교통부장관이 필요하다고 인정하
　　　여 고시하는 사항
　② 공무원의 권한을 표시하는 증표는 [별지 제43호 서식]에 따른다.

(3) 제작 또는 판매 중지 등(법 제32조)

　① 국토교통부장관은 형식승인을 받은 철도차량 또는 철도용품이 다음의 어느 하나에 해당하는 경우에
　　는 그 철도차량 또는 철도용품의 제작·수입·판매 또는 사용의 중지를 명할 수 있다. 다만, ㉠에
　　해당하는 경우에는 제작·수입·판매 또는 사용의 중지를 명하여야 한다.
　　㉠ 법 제26조의2제1항(법 제27조제4항에서 준용하는 경우를 포함)에 따라 형식승인이 취소된 경우
　　㉡ 법 제26조의2제2항(법 제27조제4항에서 준용하는 경우를 포함)에 따라 변경승인 이행명령을 받
　　　은 경우
　　㉢ 완성검사를 받지 아니한 철도차량을 판매한 경우(판매 또는 사용의 중지 명령만 해당한다)
　　㉣ 형식승인을 받은 내용과 다르게 철도차량 또는 철도용품을 제작·수입·판매한 경우
　② ①에 따른 중지명령을 받은 철도차량 또는 철도용품의 제작자는 국토교통부령으로 정하는 바에 따라
　　해당 철도차량 또는 철도용품의 회수 및 환불 등에 관한 시정조치계획을 작성하여 국토교통부장관에
　　게 제출하고 이 계획에 따른 시정조치를 하여야 한다. 다만, ①의 ㉡ 및 ㉢에 해당하는 경우로서
　　그 위반경위, 위반정도 및 위반효과 등이 국토교통부령으로 정하는 경미한 경우에는 그러하지 아니
　　하다.
　③ ② 단서에 따라 시정조치의 면제를 받으려는 제작자는 대통령령으로 정하는 바에 따라 국토교통부장
　　관에게 그 시정조치의 면제를 신청하여야 한다.
　④ 철도차량 또는 철도용품의 제작자는 ②의 본문에 따라 시정조치를 하는 경우에는 국토교통부령으로
　　정하는 바에 따라 해당 시정조치의 진행 상황을 국토교통부장관에게 보고하여야 한다.

(4) 표준화(법 제34조)

① 국토교통부장관은 철도의 안전과 호환성의 확보 등을 위하여 철도차량 및 철도용품의 표준규격을 정하여 철도운영자 등 또는 철도차량을 제작·조립 또는 수입하려는 자 등(이하 "차량제작자 등")에게 권고할 수 있다. 다만, 산업표준화법에 따른 한국산업표준이 제정되어 있는 사항에 대하여는 그 표준에 따른다.

② ①에 따른 표준규격의 제정·개정 등에 필요한 사항은 국토교통부령으로 정한다.

(5) 철도표준규격의 제정 등(규칙 제74조)

① 국토교통부장관은 철도차량이나 철도용품의 표준규격(이하 "철도표준규격")을 제정·개정하거나 폐지하려는 경우에는 기술위원회의 심의를 거쳐야 한다.

② 국토교통부장관은 철도표준규격을 제정·개정하거나 폐지하는 경우에 필요한 경우에는 공청회 등을 개최하여 이해관계인의 의견을 들을 수 있다.

③ 국토교통부장관은 철도표준규격을 제정한 경우에는 해당 철도표준규격의 명칭·번호 및 제정 연월일 등을 관보에 고시하여야 한다. 고시한 철도표준규격을 개정하거나 폐지한 경우에도 또한 같다.

④ 국토교통부장관은 ③에 따라 철도표준규격을 고시한 날부터 3년마다 타당성을 확인하여 필요한 경우에는 철도표준규격을 개정하거나 폐지할 수 있다. 다만, 철도기술의 향상 등으로 인하여 철도표준규격을 개정하거나 폐지할 필요가 있다고 인정하는 때에는 3년 이내에도 철도표준규격을 개정하거나 폐지할 수 있다.

⑤ 철도표준규격의 제정·개정 또는 폐지에 관하여 이해관계가 있는 자는 [별지 제44호 서식]의 철도표준규격 제정·개정·폐지 의견서에 다음의 서류를 첨부하여 과학기술분야 정부출연 연구기관 등의 설립·운영 및 육성에 관한 법률에 따른 한국철도기술연구원(이하 "한국철도기술연구원")에 제출할 수 있다.

　㉠ 철도표준규격의 제정·개정 또는 폐지안

　㉡ 철도표준규격의 제정·개정 또는 폐지안에 대한 의견서

⑥ ⑤에 따른 의견서를 받은 한국철도기술연구원은 이를 검토한 후 그 검토 결과를 해당 이해관계인에게 통보하여야 한다.

⑦ 철도표준규격의 관리 등에 필요한 세부사항은 국토교통부장관이 정하여 고시한다.

(6) 종합시험운행(법 제38조)

① 철도운영자 등은 철도노선을 새로 건설하거나 기존노선을 개량하여 운영하려는 경우에는 정상운행을 하기 전에 종합시험운행을 실시한 후 그 결과를 국토교통부장관에게 보고하여야 한다.

② 국토교통부장관은 ①에 따른 보고를 받은 경우에는 기술기준에의 적합 여부, 철도시설 및 열차운행체계의 안전성 여부, 정상운행 준비의 적절성 여부 등을 검토하여 필요하다고 인정하는 경우에는 개선·시정할 것을 명할 수 있다.

③ ① 및 ②에 따른 종합시험운행의 실시 시기·방법·기준과 개선·시정 명령 등에 필요한 사항은 국토교통부령으로 정한다.

(7) 종합시험운행의 시기·절차 등(규칙 제75조)

① 철도운영자 등이 실시하는 종합시험운행(이하 "종합시험운행")은 해당 철도노선의 영업을 개시하기 전에 실시한다.

② 종합시험운행은 철도운영자와 합동으로 실시한다. 이 경우 철도운영자는 종합시험운행의 원활한 실시를 위하여 철도시설관리자로부터 철도차량, 소요인력 등의 지원 요청이 있는 경우 특별한 사유가 없는 한 이에 응하여야 한다.

③ 철도시설관리자는 종합시험운행을 실시하기 전에 철도운영자와 협의하여 다음의 사항이 포함된 종합시험운행계획을 수립하여야 한다.
  ㉠ 종합시험운행의 방법 및 절차
  ㉡ 평가항목 및 평가기준 등
  ㉢ 종합시험운행의 일정
  ㉣ 종합시험운행의 실시 조직 및 소요인원
  ㉤ 종합시험운행에 사용되는 시험기기 및 장비
  ㉥ 종합시험운행을 실시하는 사람에 대한 교육훈련계획
  ㉦ 안전관리조직 및 안전관리계획
  ㉧ 비상대응계획
  ㉨ 그 밖에 종합시험운행의 효율적인 실시와 안전 확보를 위하여 필요한 사항

④ 철도시설관리자는 종합시험운행을 실시하기 전에 철도운영자와 합동으로 해당 철도노선에 설치된 철도시설물에 대한 기능 및 성능 점검결과를 설명한 서류에 대한 검토 등 사전검토를 하여야 한다.

⑤ 종합시험운행은 다음의 절차로 구분하여 순서대로 실시한다.
  ㉠ 시설물검증시험 : 해당 철도노선에서 허용되는 최고속도까지 단계적으로 철도차량의 속도를 증가시키면서 철도시설의 안전상태, 철도차량의 운행적합성이나 철도시설물과의 연계성(Interface), 철도시설물의 정상 작동 여부 등을 확인·점검하는 시험
  ㉡ 영업시운전 : 시설물검증시험이 끝난 후 영업 개시에 대비하기 위하여 열차운행계획에 따른 실제 영업상태를 가정하고 열차운행체계 및 철도종사자의 업무숙달 등을 점검하는 시험

⑥ 철도시설관리자는 기존 노선을 개량한 철도노선에 대한 종합시험운행을 실시하는 경우에는 철도운영자와 협의하여 ②에 따른 종합시험운행 일정을 조정하거나 그 절차의 일부를 생략할 수 있다.

⑦ 철도시설관리자는 ⑤ 및 ⑥에 따라 종합시험운행을 실시하는 경우에는 철도운영자와 합동으로 종합시험운행의 실시내용·실시결과 및 조치내용 등을 확인하고 이를 기록·관리하여야 하며, 그 결과를 국토교통부장관에게 보고하여야 한다.

⑧ 철도운영자 등은 철도시설의 개선·시정명령을 받은 경우나 열차운행 체계 또는 운행준비에 대한 개선·시정명령을 받은 경우에는 이를 개선·시정하여야 하고, 개선·시정을 완료한 후에는 종합시험운행을 다시 실시하여 국토교통부장관에게 그 결과를 보고하여야 한다. 이 경우 ⑤의 종합시험운행절차 중 일부를 생략할 수 있다.

⑨ 철도운영자 등이 종합시험운행을 실시하는 때에는 안전관리책임자를 지정하여 다음의 업무를 수행하도록 하여야 한다.

ㄱ 산업안전보건법 등 관련 법령에서 정한 안전조치사항의 점검·확인

ㄴ 종합시험운행을 실시하기 전의 안전점검 및 종합시험운행 중 안전관리 감독

ㄷ 종합시험운행에 사용되는 철도차량에 대한 안전 통제

ㄹ 종합시험운행에 사용되는 안전장비의 점검·확인

ㅁ 종합시험운행 참여자에 대한 안전교육

⑩ 그 밖에 종합시험운행의 세부적인 절차·방법 등에 관하여 필요한 사항은 국토교통부장관이 정하여 고시한다.

(8) 종합시험운행 결과의 검토 및 개선명령 등(규칙 제75조의2)

① (6)의 ②에 따라 실시되는 종합시험운행의 결과에 대한 검토는 다음의 절차로 구분하여 순서대로 실시한다.

ㄱ 철도의 건설 및 철도시설 유지관리에 관한 법률에 따른 기술기준에의 적합여부 검토

ㄴ 철도시설 및 열차운행체계의 안전성 여부 검토

ㄷ 정상운행 준비의 적절성 여부 검토

② 국토교통부장관은 도시철도법에 따른 도시철도 또는 같은 법 제24조 또는 제42조에 따라 도시철도건설사업 또는 도시철도운송사업을 위탁받은 법인이 건설·운영하는 도시철도에 대하여 ①에 따른 검토를 하는 경우에는 해당 도시철도의 관할 시·도지사와 협의할 수 있다. 이 경우 협의 요청을 받은 시·도지사는 협의를 요청받은 날부터 7일 이내에 의견을 제출하여야 하며, 그 기간 내에 의견을 제출하지 아니하면 의견이 없는 것으로 본다.

③ 국토교통부장관은 ①에 따른 검토 결과 해당 철도시설의 개선·보완이 필요하거나 열차운행체계 또는 운행준비에 대한 개선·보완이 필요한 경우에는 (6)의 ②에 따라 철도운영자 등에게 이를 개선·시정할 것을 명할 수 있다.

④ ①에 따른 종합시험운행의 결과 검토에 대한 세부적인 기준·절차 및 방법에 관하여 필요한 사항은 국토교통부장관이 정하여 고시한다.

(9) 철도차량의 개조 등(법 제38조의2)

① 철도차량을 소유하거나 운영하는 자(이하 "소유자 등")는 철도차량 최초 제작 당시와 다르게 구조, 부품, 장치 또는 차량성능 등에 대한 개량 및 변경 등(이하 "개조")을 임의로 하고 운행하여서는 아니된다.

② 소유자 등이 철도차량을 개조하여 운행하려면 제26조제3항에 따른 철도차량의 기술기준에 적합한지에 대하여 국토교통부령으로 정하는 바에 따라 국토교통부장관의 승인(이하 "개조승인")을 받아야한다. 다만, 국토교통부령으로 정하는 경미한 사항을 개조하는 경우에는 국토교통부장관에게 신고(이하 "개조신고")하여야 한다.

③ 소유자 등이 철도차량을 개조하여 개조승인을 받으려는 경우에는 국토교통부령으로 정하는 바에 따라 적정 개조능력이 있다고 인정되는 자가 개조 작업을 수행하도록 하여야 한다.

④ 국토교통부장관은 개조승인을 하려는 경우에는 해당 철도차량이 제26조제3항에 따라 고시하는 철도차량의 기술기준에 적합한지에 대하여 개조승인검사를 하여야 한다.

⑤ ② 및 ④에 따른 개조승인절차, 개조신고절차, 승인방법, 검사기준, 검사방법 등에 대하여 필요한 사항은 국토교통부령으로 정한다.

(10) 철도차량의 운행제한(법 제38조의3)

① 국토교통부장관은 다음의 어느 하나에 해당하는 사유가 있다고 인정되면 소유자 등에게 철도차량의 운행제한을 명할 수 있다.

㉠ 소유자 등이 개조승인을 받지 아니하고 임의로 철도차량을 개조하여 운행하는 경우

㉡ 철도차량이 제26조제3항에 따른 철도차량의 기술기준에 적합하지 아니한 경우

② 국토교통부장관은 ①에 따라 운행제한을 명하는 경우 사전에 그 목적, 기간, 지역, 제한내용 및 대상 철도차량의 종류와 그 밖에 필요한 사항을 해당 소유자 등에게 통보하여야 한다.

(11) 철도차량의 이력관리(법 제38조의5)

① 소유자 등은 보유 또는 운영하고 있는 철도차량과 관련한 제작, 운용, 철도차량정비 및 폐차 등 이력을 관리하여야 한다.

② ①에 따라 이력을 관리하여야 할 철도차량, 이력관리 항목, 전산망 등 관리체계, 방법 및 절차 등에 필요한 사항은 국토교통부장관이 정하여 고시한다.

③ 누구든지 ①에 따라 관리하여야 할 철도차량의 이력에 대하여 다음의 행위를 하여서는 아니 된다.

㉠ 이력사항을 고의 또는 과실로 입력하지 아니하는 행위

㉡ 이력사항을 위조 · 변조하거나 고의로 훼손하는 행위

㉢ 이력사항을 무단으로 외부에 제공하는 행위

④ 소유자 등은 ①의 이력을 국토교통부장관에게 정기적으로 보고하여야 한다.

⑤ 국토교통부장관은 ④에 따라 보고된 철도차량과 관련한 제작, 운용, 철도차량정비 및 폐차 등 이력을 체계적으로 관리하여야 한다.

(12) 철도차량정비 등(법 제38조의6)

① 철도운영자 등은 운행하려는 철도차량의 부품, 장치 및 차량성능 등이 안전한 상태로 유지될 수 있도록 철도차량정비가 된 철도차량을 운행하여야 한다.

② 국토교통부장관은 ①에 따른 철도차량을 운행하기 위하여 철도차량을 정비하는 때에 준수하여야 할 항목, 주기, 방법 및 절차 등에 관한 기술기준(이하 "철도차량정비기술기준")을 정하여 고시하여야 한다.

③ 국토교통부장관은 철도차량이 다음의 어느 하나에 해당하는 경우에 철도운영자 등에게 해당 철도차량에 대하여 국토교통부령으로 정하는 바에 따라 철도차량정비 또는 원상복구를 명할 수 있다. 다만, ⓛ 또는 ⓒ에 해당하는 경우에는 국토교통부장관은 철도운영자 등에게 철도차량정비 또는 원상복구를 명하여야 한다.

　ⓐ 철도차량기술기준에 적합하지 아니하거나 안전운행에 지장이 있다고 인정되는 경우

　ⓑ 소유자 등이 개조승인을 받지 아니하고 철도차량을 개조한 경우

　ⓒ 국토교통부령으로 정하는 철도사고 또는 운행장애 등이 발생한 경우

(13) 철도차량 정비조직인증(법 제38조의7)

① 철도차량정비를 하려는 자는 철도차량정비에 필요한 인력, 설비 및 검사체계 등에 관한 기준(이하 "정비조직인증기준")을 갖추어 국토교통부장관으로부터 인증을 받아야 한다. 다만, 국토교통부령으로 정하는 경미한 사항의 경우에는 그러하지 아니하다.

② ①에 따라 정비조직의 인증을 받은 자(이하 "인증정비조직")가 인증받은 사항을 변경하려는 경우에는 국토교통부장관의 변경인증을 받아야 한다. 다만, 국토교통부령으로 정하는 경미한 사항을 변경하는 경우에는 국토교통부장관에게 신고하여야 한다.

③ 국토교통부장관은 정비조직을 인증하려는 경우에는 국토교통부령으로 정하는 바에 따라 철도차량정비의 종류·범위·방법 및 품질관리절차 등을 정한 세부 운영기준(이하 "정비조직운영기준")을 해당 정비조직에 발급하여야 한다.

④ ①부터 ③까지에 따른 정비조직인증기준, 인증절차, 변경인증절차 및 정비조직운영기준 등에 필요한 사항은 국토교통부령으로 정한다.

(14) 결격사유(법 제38조의8)

다음의 어느 하나에 해당하는 자는 정비조직의 인증을 받을 수 없다. 법인인 경우에는 임원 중 다음의 어느 하나에 해당하는 사람이 있는 경우에도 또한 같다.

① 피성년후견인 및 피한정후견인

② 파산선고를 받은 자로서 복권되지 아니한 자

③ (16)에 따라 정비조직의 인증이 취소((16)의 ①의 ㉣에 따라 ⓐ 및 ⓑ에 해당되어 인증이 취소된 경우는 제외)된 후 2년이 지나지 아니한 자

④ 이 법을 위반하여 징역 이상의 실형을 선고받고 그 집행이 끝나거나 그 집행이 면제된 날부터 2년이 지나지 아니한 사람

⑤ 이 법을 위반하여 징역 이상의 형의 집행유예를 선고받고 그 유예기간 중에 있는 사람

(15) 인증정비조직의 준수사항(법 제38조의9)

인증정비조직은 다음의 사항을 준수하여야 한다.

① 철도차량정비기술기준을 준수할 것

② 정비조직인증기준에 적합하도록 유지할 것

③ 정비조직운영기준을 지속적으로 유지할 것

④ 중고 부품을 사용하여 철도차량정비를 할 경우 그 적정성 및 이상 여부를 확인할 것

⑤ 철도차량정비가 완료되지 않은 철도차량은 운행할 수 없도록 관리할 것

(16) 인증정비조직의 인증 취소 등(법 제38조의10)

① 국토교통부장관은 인증정비조직이 다음의 어느 하나에 해당하면 인증을 취소하거나 6개월 이내의 기간을 정하여 업무의 제한이나 정지를 명할 수 있다. 다만, ㉠, ㉡(고의에 의한 경우로 한정) 및 ㉣에 해당하는 경우에는 그 인증을 취소하여야 한다.

㉠ 거짓이나 그 밖의 부정한 방법으로 인증을 받은 경우

㉡ 고의 또는 중대한 과실로 국토교통부령으로 정하는 철도사고 및 중대한 운행장애를 발생시킨 경우

㉢ (13)의 ②를 위반하여 변경인증을 받지 아니하거나 변경신고를 하지 아니하고 인증받은 사항을 변경한 경우

㉣ (14)의 ① 및 ②에 따른 결격사유에 해당하게 된 경우

㉤ (15)에 따른 준수사항을 위반한 경우

② ①에 따른 정비조직인증의 취소, 업무의 제한 또는 정지의 기준 및 절차 등에 필요한 사항은 국토교통부령으로 정한다.

(17) 철도차량 정밀안전진단(법 제38조의12)

① 소유자 등은 철도차량이 제작된 시점(완성검사증명서를 발급받은 날부터 기산)부터 국토교통부령으로 정하는 일정기간 또는 일정주행거리가 지나 노후된 철도차량을 운행하려는 경우 일정기간마다 물리적 사용가능 여부 및 안전성능 등에 대한 진단(이하 "정밀안전진단")을 받아야 한다.

② 국토교통부장관은 철도사고 및 중대한 운행장애 등이 발생된 철도차량에 대하여는 소유자 등에게 정밀안전진단을 받을 것을 명할 수 있다. 이 경우 소유자 등은 특별한 사유가 없으면 이에 따라야 한다.

③ 국토교통부장관은 ① 및 ②에 따른 정밀안전진단 대상이 특정 시기에 집중되는 경우나 그 밖의 부득이한 사유로 소유자 등이 정밀안전진단을 받을 수 없다고 인정될 때에는 그 기간을 연장하거나 유예할 수 있다.

④ 소유자 등은 정밀안전진단 대상이 ① 및 ②에 따른 정밀안전진단을 받지 아니하거나 정밀안전진단 결과 또는 (19)의 ①에 따른 정밀안전진단 결과에 대한 평가 결과 계속 사용이 적합하지 아니하다고 인정되는 경우에는 해당 철도차량을 운행해서는 아니 된다.

⑤ 소유자 등은 (18)의 ①에 따른 정밀안전진단기관으로부터 정밀안전진단을 받아야 한다.

⑥ ①부터 ③까지의 정밀안전진단 등의 기준·방법·절차 등에 필요한 사항은 국토교통부령으로 정한다.

(18) 정밀안전진단기관의 지정 등(법 제38조의13)

① 국토교통부장관은 원활한 정밀안전진단 업무 수행을 위하여 철도차량 정밀안전진단기관(정밀안전진단기관)을 지정하여야 한다.

② 정밀안전진단기관의 지정기준, 지정절차 등에 필요한 사항은 국토교통부령으로 정한다.

③ 국토교통부장관은 정밀안전진단기관이 다음의 어느 하나에 해당하는 경우에 그 지정을 취소하거나 6개월 이내의 기간을 정하여 그 업무의 전부 또는 일부의 정지를 명할 수 있다. 다만, ㉠부터 ㉢까지의 어느 하나에 해당하는 경우에는 그 지정을 취소하여야 한다.

  ㉠ 거짓이나 그 밖의 부정한 방법으로 지정을 받은 경우

  ㉡ 이 조에 따른 업무정지명령을 위반하여 업무정지 기간 중에 정밀안전진단 업무를 한 경우

  ㉢ 정밀안전진단 업무와 관련하여 부정한 금품을 수수하거나 그 밖의 부정한 행위를 한 경우

  ㉣ 정밀안전진단 결과를 조작한 경우

  ㉤ 정밀안전진단 결과를 거짓으로 기록하거나 고의로 결과를 기록하지 아니한 경우

  ㉥ 성능검사 등을 받지 아니한 검사용 기계·기구를 사용하여 정밀안전진단을 한 경우

  ㉦ (19)의 ①에 따라 정밀안전진단 결과를 평가한 결과 고의 또는 중대한 과실로 사실과 다르게 진단하는 등 정밀안전진단 업무를 부실하게 수행한 것으로 평가된 경우

④ ③에 따른 처분의 세부기준과 그 밖에 필요한 사항은 국토교통부령으로 정한다.

(19) 정밀안전진단 결과의 평가(법 제38조의14)

① 국토교통부장관은 정밀안전진단기관의 부실 진단을 방지하기 위하여 (17)의 ① 및 ②에 따라 소유자 등이 정밀안전진단을 받은 경우 정밀안전진단기관이 수행한 해당 정밀안전진단의 결과를 평가할 수 있다.

② 국토교통부장관은 정밀안전진단기관 또는 소유자 등에게 ①에 따른 평가에 필요한 자료를 제출하도록 요구할 수 있다. 이 경우 자료의 제출을 요구받은 자는 특별한 사유가 없으면 이에 따라야 한다.

③ ①에 따른 평가의 대상, 방법, 절차 등에 필요한 사항은 국토교통부령으로 정한다.

제5절 | 철도차량의 운행안전 및 철도보호

1. 철도차량의 운행

(1) 철도차량의 운행(법 제39조)

열차의 편성, 철도차량 운전 및 신호방식 등 철도차량의 안전운행에 필요한 사항은 국토교통부령으로 정한다.

중요 CHECK

> **철도차량운전규칙 제1조(목적)**
> 이 규칙은 철도안전법 제39조의 규정에 의하여 열차의 편성, 철도차량의 운전 및 신호방식 등 철도차량의 안전운행에 관하여 필요한 사항을 정함을 목적으로 한다.

(2) 철도교통관제(법 제39조의2)

① 철도차량을 운행하는 자는 국토교통부장관이 지시하는 이동·출발·정지 등의 명령과 운행 기준·방법·절차 및 순서 등에 따라야 한다.

② 국토교통부장관은 철도차량의 안전하고 효율적인 운행을 위하여 철도시설의 운용상태 등 철도차량의 운행과 관련된 조언과 정보를 철도종사자 또는 철도운영자 등에게 제공할 수 있다.

③ 국토교통부장관은 철도차량의 안전한 운행을 위하여 철도시설 내에서 사람, 자동차 및 철도차량의 운행제한 등 필요한 안전조치를 취할 수 있다.

④ ①부터 ③까지의 규정에 따라 국토교통부장관이 행하는 업무의 대상, 내용 및 절차 등에 관하여 필요한 사항은 국토교통부령으로 정한다.

(3) 철도교통관제업무의 대상 및 내용 등(규칙 제76조)

① 다음의 어느 하나에 해당하는 경우에는 (2)에 따라 국토교통부장관이 행하는 철도교통관제업무(이하 "관제업무")의 대상에서 제외한다.

　㉠ 정상운행을 하기 전의 신설선 또는 개량선에서 철도차량을 운행하는 경우

　㉡ 철도산업발전기본법 제3조제2호나목에 따른 철도차량을 보수·정비하기 위한 차량정비 기지 및 차량유치시설에서 철도차량을 운행하는 경우

② (2)의 ④에 따라 국토교통부장관이 행하는 관제업무의 내용은 다음과 같다.

　㉠ 철도차량의 운행에 대한 집중 제어·통제 및 감시

　㉡ 철도시설의 운용상태 등 철도차량의 운행과 관련된 조언과 정보의 제공 업무

　㉢ 철도보호지구에서 법 제45조제1항의 어느 하나에 해당하는 행위를 할 경우 열차운행 통제 업무

　㉣ 철도사고 등의 발생 시 사고복구, 긴급구조·구호 지시 및 관계 기관에 대한 상황 보고·전파 업무

⑩ 그 밖에 국토교통부장관이 철도차량의 안전운행 등을 위하여 지시한 사항

③ 철도운영자 등은 철도사고 등이 발생하거나 철도시설 또는 철도차량 등이 정상적인 상태에 있지 아니하다고 의심되는 경우에는 이를 신속히 국토교통부장관에 통보하여야 한다.

④ 관제업무에 관한 세부적인 기준·절차 및 방법은 국토교통부장관이 정하여 고시한다.

(4) 영상기록장치의 설치·운영 등(법 제39조의3)

① 철도운영자 등은 철도차량의 운행상황 기록, 교통사고 상황 파악, 안전사고 방지, 범죄 예방 등을 위하여 다음의 철도차량 또는 철도시설에 영상기록장치를 설치·운영하여야 한다. 이 경우 영상기록장치의 설치 기준, 방법 등은 대통령령으로 정한다.

   ㉠ 철도차량 중 대통령령으로 정하는 동력차 및 객차

   ㉡ 승강장 등 대통령령으로 정하는 안전사고의 우려가 있는 역 구내

   ㉢ 대통령령으로 정하는 차량정비기지

   ㉣ 변전소 등 대통령령으로 정하는 안전확보가 필요한 철도시설

   ㉤ 건널목 개량촉진법 제2조제3호에 따른 건널목으로서 대통령령으로 정하는 안전확보가 필요한 건널목

② 철도운영자 등은 ①에 따라 영상기록장치를 설치하는 경우 운전업무종사자, 여객 등이 쉽게 인식할 수 있도록 대통령령으로 정하는 바에 따라 안내판 설치 등 필요한 조치를 하여야 한다.

③ 철도운영자 등은 설치 목적과 다른 목적으로 영상기록장치를 임의로 조작하거나 다른 곳을 비추어서는 아니 되며, 운행기간 외에는 영상기록(음성기록을 포함한다. 이하 같다)을 하여서는 아니 된다.

④ 철도운영자 등은 다음의 어느 하나에 해당하는 경우 외에는 영상기록을 이용하거나 다른 자에게 제공하여서는 아니 된다.

   ㉠ 교통사고 상황 파악을 위하여 필요한 경우

   ㉡ 범죄의 수사와 공소의 제기 및 유지에 필요한 경우

   ㉢ 법원의 재판업무수행을 위하여 필요한 경우

⑤ 철도운영자 등은 영상기록장치에 기록된 영상이 분실·도난·유출·변조 또는 훼손되지 아니하도록 대통령령으로 정하는 바에 따라 영상기록장치의 운영·관리 지침을 마련하여야 한다.

⑥ 영상기록장치의 설치·관리 및 영상기록의 이용·제공 등은 개인정보 보호법에 따라야 한다.

⑦ ④에 따른 영상기록의 제공과 그 밖에 영상기록의 보관 기준 및 보관 기간 등에 필요한 사항은 국토교통부령으로 정한다.

(5) 영상기록장치 설치대상 차량(영 제30조 제1항)

(4)의 ①에 ㉠에서 "대통령령으로 정하는 동력차 및 객차"란 다음의 동력차 및 객차를 말한다.

① 열차의 맨 앞에 위치한 동력차로서 운전실 또는 운전설비가 있는 동력차

② 승객 설비를 갖추고 여객을 수송하는 객차

(6) 영상기록장치 설치 안내(영 제31조)

철도운영자 등은 (4)의 ②에 따라 운전업무종사자 및 여객 등 개인정보 보호법에 따른 정보주체가 쉽게 인식할 수 있는 운전실 및 객차 출입문 등에 다음의 사항이 표시된 안내판을 설치해야 한다.
① 영상기록장치의 설치 목적
② 영상기록장치의 설치 위치, 촬영 범위 및 촬영 시간
③ 영상기록장치 관리 책임 부서, 관리책임자의 성명 및 연락처
④ 그 밖에 철도운영자 등이 필요하다고 인정하는 사항

(7) 영상기록장치의 운영ㆍ관리 지침(영 제32조)

철도운영자 등은 (4)의 ⑤에 따라 영상기록장치에 기록된 영상이 분실ㆍ도난ㆍ유출ㆍ변조 또는 훼손되지 않도록 다음의 사항이 포함된 영상기록장치 운영ㆍ관리 지침을 마련해야 한다.
① 영상기록장치의 설치 근거 및 설치 목적
② 영상기록장치의 설치 대수, 설치 위치 및 촬영 범위
③ 관리책임자, 담당 부서 및 영상기록에 대한 접근 권한이 있는 사람
④ 영상기록의 촬영 시간, 보관기간, 보관장소 및 처리방법
⑤ 철도운영자 등의 영상기록 확인 방법 및 장소
⑥ 정보주체의 영상기록 열람 등 요구에 대한 조치
⑦ 영상기록에 대한 접근 통제 및 접근 권한의 제한 조치
⑧ 영상기록을 안전하게 저장ㆍ전송할 수 있는 암호화 기술의 적용 또는 이에 상응하는 조치
⑨ 영상기록 침해사고 발생에 대응하기 위한 접속기록의 보관 및 위조ㆍ변조 방지를 위한 조치
⑩ 영상기록에 대한 보안프로그램의 설치 및 갱신
⑪ 영상기록의 안전한 보관을 위한 보관시설의 마련 또는 잠금장치의 설치 등 물리적 조치
⑫ 그 밖에 영상기록장치의 설치ㆍ운영 및 관리에 필요한 사항

(8) 영상기록의 보관기준 및 보관기간(규칙 제76조의3)

① 철도운영자 등은 영상기록장치에 기록된 영상기록을 (7)에 따른 영상기록장치 운영ㆍ관리 지침에서 정하는 보관기간 동안 보관하여야 한다. 이 경우 보관기간은 3일 이상의 기간이어야 한다.
② 철도운영자 등은 보관기간이 지난 영상기록을 삭제하여야 한다. 다만, 보관기간 내에 (4)에 ④의 어느 하나에 해당하여 영상기록에 대한 제공을 요청받은 경우에는 해당 영상기록을 제공하기 전까지는 영상기록을 삭제해서는 아니 된다.

2. 열차운행의 일시 중지

(1) 열차운행의 일시 중지(법 제40조)

① 철도운영자는 다음의 어느 하나에 해당하는 경우로서 열차의 안전운행에 지장이 있다고 인정하는 경우에는 열차운행을 일시 중지할 수 있다.

　㉠ 지진, 태풍, 폭우, 폭설 등 천재지변 또는 악천후로 인하여 재해가 발생하였거나 재해가 발생할 것으로 예상되는 경우

　㉡ 그 밖에 열차운행에 중대한 장애가 발생하였거나 발생할 것으로 예상되는 경우

② 철도종사자는 철도사고 및 운행장애의 징후가 발견되거나 발생 위험이 높다고 판단되는 경우에는 관제업무종사자에게 열차운행을 일시 중지할 것을 요청할 수 있다. 이 경우 요청을 받은 관제업무종사자는 특별한 사유가 없으면 즉시 열차운행을 중지하여야 한다.

③ 철도종사자는 ②에 따른 열차운행의 중지 요청과 관련하여 고의 또는 중대한 과실이 없는 경우에는 민사상 책임을 지지 아니한다.

④ 누구든지 ②에 따라 열차운행의 중지를 요청한 철도종사자에게 이를 이유로 불이익한 조치를 하여서는 아니 된다.

3. 철도종사자의 준수사항 등

(1) 철도종사자의 준수사항(법 제40조의2)

① 운전업무종사자는 철도차량의 운전업무 수행 중 다음의 사항을 준수하여야 한다.

　㉠ 철도차량 출발 전 국토교통부령으로 정하는 조치 사항을 이행할 것

　㉡ 국토교통부령으로 정하는 철도차량 운행에 관한 안전 수칙을 준수할 것

② 관제업무종사자는 관제업무 수행 중 다음의 사항을 준수하여야 한다.

　㉠ 국토교통부령으로 정하는 바에 따라 운전업무종사자 등에게 열차 운행에 관한 정보를 제공할 것

　㉡ 철도사고, 철도준사고 및 운행장애(이하 "철도사고 등") 발생 시 국토교통부령으로 정하는 조치 사항을 이행할 것

③ 작업책임자는 철도차량의 운행선로 또는 그 인근에서 철도시설의 건설 또는 관리와 관련된 작업 수행 중 다음의 사항을 준수하여야 한다.

　㉠ 국토교통부령으로 정하는 바에 따라 작업 수행 전에 작업원을 대상으로 안전교육을 실시할 것

　㉡ 국토교통부령으로 정하는 작업안전에 관한 조치 사항을 이행할 것

④ 철도운행안전관리자는 철도차량의 운행선로 또는 그 인근에서 철도시설의 건설 또는 관리와 관련된 작업 수행 중 다음의 사항을 준수하여야 한다.

　㉠ 작업일정 및 열차의 운행일정을 작업수행 전에 조정할 것

      ⓛ ⑤의 작업일정 및 열차의 운행일정을 작업과 관련하여 관할 역의 관리책임자(정거장에서 철도신
호기・선로전환기 또는 조작판 등을 취급하는 사람을 포함한다. 이하 이 조에서 같다) 및 관제업
무종사자와 협의하여 조정할 것

      ⓒ 국토교통부령으로 정하는 열차운행 및 작업안전에 관한 조치 사항을 이행할 것

⑤ 철도사고 등이 발생하는 경우 해당 철도차량의 운전업무종사자와 여객승무원은 철도사고 등의 현장
을 이탈하여서는 아니 되며, 철도차량 내 안전 및 질서유지를 위하여 승객 구호조치 등 국토교통부령
으로 정하는 후속조치를 이행하여야 한다. 다만, 의료기관으로의 이송이 필요한 경우 등 국토교통부
령으로 정하는 경우에는 그러하지 아니다.

⑥ 철도운행안전관리자와 관할 역의 관리책임자 및 관제업무종사자는 ④의 ⓛ에 따른 협의를 거친 경우
에는 그 협의 내용을 국토교통부령으로 정하는 바에 따라 작성・보관하여야 한다.

(2) 철도종사자의 흡연 금지(법 제40조의3)

철도종사자(법 제21조에 따른 운전업무 실무수습을 하는 사람을 포함)는 업무에 종사하는 동안에는 열차
내에서 흡연을 하여서는 아니 된다.

(3) 철도종사자의 음주 제한 등(법 제41조)

① 다음의 어느 하나에 해당하는 철도종사자(실무수습 중인 사람을 포함)는 술(주세법에 따른 주류를
말한다. 이하 같다)을 마시거나 약물을 사용한 상태에서 업무를 하여서는 아니 된다.

      ⊙ 운전업무종사자

      ⓛ 관제업무종사자

      ⓒ 여객승무원

      ⓓ 작업책임자

      ⓜ 철도운행안전관리자

      ⓗ 정거장에서 철도신호기・선로전환기 및 조작판 등을 취급하거나 열차의 조성(철도차량을 연결하
거나 분리하는 작업을 말한다)업무를 수행하는 사람

      ⓢ 철도차량 및 철도시설의 점검・정비 업무에 종사하는 사람

② 국토교통부장관 또는 시・도지사(도시철도법에 따른 도시철도 및 같은 법 제24조에 따라 지방자치단
체로부터 도시철도의 건설과 운영의 위탁을 받은 법인이 건설・운영하는 도시철도만 해당한다. 이하
이 조, 제42조, 제45조, 제46조 및 제82조제6항에서 같다)는 철도 안전과 위험방지를 위하여 필요하
다고 인정하거나 ①에 따른 철도종사자가 술을 마시거나 약물을 사용한 상태에서 업무를 하였다고
인정할 만한 상당한 이유가 있을 때에는 철도종사자에 대하여 술을 마셨거나 약물을 사용하였는지
확인 또는 검사할 수 있다. 이 경우 그 철도종사자는 국토교통부장관 또는 시・도지사의 확인 또는
검사를 거부하여서는 아니 된다.

③ ②에 따른 확인 또는 검사 결과 철도종사자가 술을 마시거나 약물을 사용하였다고 판단하는 기준은 다음의 구분과 같다.
　　㉠ 술 : 혈중알코올농도가 0.02[%](①의 ㉣부터 ㉠까지의 철도종사자는 0.03[%]) 이상인 경우
　　㉡ 약물 : 양성으로 판정된 경우
④ ②에 따른 확인 또는 검사의 방법·절차 등에 관하여 필요한 사항은 대통령령으로 정한다.

(4) 철도종사자의 음주 등에 대한 확인 또는 검사(영 제43조의2)

① (3)의 ②에 따른 술을 마셨는지에 대한 확인 또는 검사는 호흡측정기 검사의 방법으로 실시하고, 검사 결과에 불복하는 사람에 대해서는 그 철도종사자의 동의를 받아 혈액 채취 등의 방법으로 다시 측정할 수 있다.
② (3)의 ②에 따른 약물을 사용하였는지에 대한 확인 또는 검사는 소변 검사 또는 모발 채취 등의 방법으로 실시한다.
③ ① 및 ②에 따른 확인 또는 검사의 세부절차와 방법 등 필요한 사항은 국토교통부장관이 정한다.

4. 위해물품

(1) 위해물품의 휴대 금지(법 제42조)

① 누구든지 무기, 화약류, 허가물질, 제한물질, 금지물질, 유해화학물질 또는 인화성이 높은 물질 등 공중(公衆)이나 여객에게 위해를 끼치거나 끼칠 우려가 있는 물건 또는 물질(이하 "위해물품")을 열차에서 휴대하거나 적재(積載)할 수 없다. 다만, 국토교통부장관 또는 시·도지사의 허가를 받은 경우 또는 국토교통부령으로 정하는 특정한 직무를 수행하기 위한 경우에는 그러하지 아니하다.
② 위해물품의 종류, 휴대 또는 적재 허가를 받은 경우의 안전조치 등에 관하여 필요한 세부사항은 국토교통부령으로 정한다.

(2) 위해물품 휴대금지 예외(규칙 제77조)

(1)의 ① 단서에서 "국토교통부령으로 정하는 특정한 직무를 수행하기 위한 경우"란 다음의 사람이 직무를 수행하기 위하여 위해물품을 휴대·적재하는 경우를 말한다.
① 사법경찰관리의 직무를 수행할 자와 그 직무범위에 관한 법률에 따른 철도공안 사무에 종사하는 국가공무원
② 경찰관직무집행법의 경찰관 직무를 수행하는 사람
③ 경비업법에 따른 경비원
④ 위험물품을 운송하는 군용열차를 호송하는 군인

(3) 위해물품의 종류 등(규칙 제78조)

① (1)의 ②에 따른 위해물품의 종류는 다음과 같다.

　㉠ 화약류 : 총포·도검·화약류 등의 안전관리에 관한 법률에 따른 화약·폭약·화공품과 그 밖에 폭발성이 있는 물질

　㉡ 고압가스 : 50[℃] 미만의 임계온도를 가진 물질, 50[℃]에서 300[kPa]을 초과하는 절대압력(진공을 0으로 하는 압력을 말한다. 이하 같다)을 가진 물질, 21.1[℃]에서 280[kPa]을 초과하거나 54.4[℃]에서 730[kPa]을 초과하는 절대압력을 가진 물질이나, 37.8[℃]에서 280[kPa]을 초과하는 절대가스압력(진공을 0으로 하는 가스압력을 말한다)을 가진 액체상태의 인화성 물질

　㉢ 인화성 액체 : 밀폐식 인화점 측정법에 따른 인화점이 60.5[℃] 이하인 액체나 개방식 인화점 측정법에 따른 인화점이 65.6[℃] 이하인 액체

　㉣ 가연성 물질류 : 다음에서 정하는 물질

　　• 가연성고체 : 화기 등에 의하여 용이하게 점화되며 화재를 조장할 수 있는 가연성 고체

　　• 자연발화성 물질 : 통상적인 운송상태에서 마찰·습기흡수·화학변화 등으로 인하여 자연발열하거나 자연발화하기 쉬운 물질

　　• 그 밖의 가연성물질 : 물과 작용하여 인화성 가스를 발생하는 물질

　㉤ 산화성 물질류 : 다음에서 정하는 물질

　　• 산화성 물질 : 다른 물질을 산화시키는 성질을 가진 물질로서 유기과산화물 외의 것

　　• 유기과산화물 : 다른 물질을 산화시키는 성질을 가진 유기물질

　㉥ 독물류 : 다음에서 정하는 물질

　　• 독물 : 사람이 흡입·접촉하거나 체내에 섭취한 경우에 강력한 독작용이나 자극을 일으키는 물질

　　• 병독을 옮기기 쉬운 물질 : 살아 있는 병원체 및 살아 있는 병원체를 함유하거나 병원체가 부착되어 있다고 인정되는 물질

　㉦ 방사성 물질 : 원자력안전법 제2조에 따른 핵물질 및 방사성물질이나 이로 인하여 오염된 물질로서 방사능의 농도가 74[kBq/kg](0.002[μCi/g]) 이상인 것

　㉧ 부식성 물질 : 생물체의 조직에 접촉한 경우 화학반응에 의하여 조직에 심한 위해를 주는 물질이나 열차의 차체·적하물 등에 접촉한 경우 물질적 손상을 주는 물질

　㉨ 마취성 물질 : 객실승무원이 정상근무를 할 수 없도록 극도의 고통이나 불편함을 발생시키는 마취성이 있는 물질이나 그와 유사한 성질을 가진 물질

　㉩ 총포·도검류 등 : 총포·도검·화약류 등의 안전관리에 관한 법률에 따른 총포·도검 및 이에 준하는 흉기류

　㉪ 그 밖의 유해물질 : ㉠부터 ㉩까지 외의 것으로서 화학변화 등에 의하여 사람에게 위해를 주거나 열차 안에 적재된 물건에 물질적인 손상을 줄 수 있는 물질

② 철도운영자 등은 ①에 따른 위해물품에 대하여 휴대나 적재의 적정성, 포장 및 안전조치의 적정성 등을 검토하여 휴대나 적재를 허가할 수 있다. 이 경우 해당 위해물품이 위해물품임을 나타낼 수 있는 표지를 포장 바깥면 등 잘 보이는 곳에 붙여야 한다.

5. 위험물

(1) 위험물의 운송위탁 및 운송 금지(법 제43조)

누구든지 점화류(點火類) 또는 점폭약류(點爆藥類)를 붙인 폭약, 니트로글리세린, 건조한 기폭약(起爆藥), 뇌홍질화연(雷汞窒化鉛)에 속하는 것 등 대통령령으로 정하는 위험물의 운송을 위탁할 수 없으며, 철도운영자는 이를 철도로 운송할 수 없다.

(2) 운송위탁 및 운송 금지 위험물 등(영 제44조)

(1)에서 "점화류(點火類) 또는 점폭약류(點爆藥類)를 붙인 폭약, 니트로글리세린, 건조한 기폭약(起爆藥), 뇌홍질화연(雷汞窒化鉛)에 속하는 것 등 대통령령으로 정하는 위험물"이란 다음의 위험물을 말한다.
① 점화 또는 점폭약류를 붙인 폭약
② 니트로글리세린
③ 건조한 기폭약
④ 뇌홍질화연에 속하는 것
⑤ 그 밖에 사람에게 위해를 주거나 물건에 손상을 줄 수 있는 물질로서 국토교통부장관이 정하여 고시하는 위험물

(3) 위험물의 운송 등(법 제44조)

① 대통령령으로 정하는 위험물(이하 "위험물")의 운송을 위탁하여 철도로 운송하려는 자와 이를 운송하는 철도운영자(이하 "위험물취급자")는 국토교통부령으로 정하는 바에 따라 철도운행상의 위험 방지 및 인명(人命) 보호를 위하여 위험물을 안전하게 포장ㆍ적재ㆍ관리ㆍ운송(이하 "위험물취급")하여야 한다.
② 위험물의 운송을 위탁하여 철도로 운송하려는 자는 위험물을 안전하게 운송하기 위하여 철도운영자의 안전조치 등에 따라야 한다.

(4) 위험물 포장 및 용기의 검사 등(제44조의2)

① 위험물을 철도로 운송하는 데 사용되는 포장 및 용기(부속품을 포함. 이하 이 조에서 같다)를 제조ㆍ수입하여 판매하려는 자 또는 이를 소유하거나 임차하여 사용하는 자는 국토교통부장관이 실시하는 포장 및 용기의 안전성에 관한 검사에 합격하여야 한다.

② ①에 따른 위험물 포장 및 용기의 검사의 합격기준·방법 및 절차 등에 필요한 사항은 국토교통부령으로 정한다.

③ 국토교통부장관은 ①에도 불구하고 다음의 어느 하나에 해당하는 경우에는 국토교통부령으로 정하는 바에 따라 위험물 포장 및 용기의 안전성에 관한 검사의 전부 또는 일부를 면제할 수 있다.

    ㉠ 고압가스 안전관리법 제17조에 따른 검사에 합격하거나 검사가 생략된 경우

    ㉡ 선박안전법 제41조제2항에 따른 검사에 합격한 경우

    ㉢ 항공안전법 제71조제1항에 따른 검사에 합격한 경우

    ㉣ 대한민국이 체결한 협정 또는 대한민국이 가입한 협약에 따라 검사하여 외국 정부 등이 발행한 증명서가 있는 경우

    ㉤ 그 밖에 국토교통부령으로 정하는 경우

④ 국토교통부장관은 위험물 포장 및 용기에 관한 전문검사기관(이하 "위험물 포장·용기검사기관")을 지정하여 ①에 따른 검사를 하게 할 수 있다.

⑤ 위험물 포장·용기검사기관의 지정 기준·절차 등에 필요한 사항은 국토교통부령으로 정한다.

⑥ 국토교통부장관은 위험물 포장·용기검사기관이 다음의 어느 하나에 해당하는 경우에는 그 지정을 취소하거나 6개월 이내의 기간을 정하여 그 업무의 전부 또는 일부의 정지를 명할 수 있다. 다만, ㉠ 또는 ㉡에 해당하는 경우에는 그 지정을 취소하여야 한다.

    ㉠ 거짓이나 그 밖의 부정한 방법으로 위험물 포장·용기검사기관으로 지정받은 경우

    ㉡ 업무정지 기간 중에 ①에 따른 검사 업무를 수행한 경우

    ㉢ ②에 따른 포장 및 용기의 검사방법·합격기준 등을 위반하여 ①에 따른 검사를 한 경우

    ㉣ ⑤에 따른 지정기준에 맞지 아니하게 된 경우

⑦ ⑥에 따른 처분의 세부기준 등에 필요한 사항은 국토교통부령으로 정한다.

(5) 위험물취급에 관한 교육 등(제44조의3)

① 위험물취급자는 자신이 고용하고 있는 종사자(철도로 운송하는 위험물을 취급하는 종사자에 한정)가 위험물취급에 관하여 국토교통부장관이 실시하는 교육(이하 "위험물취급안전교육")을 받도록 하여야 한다. 다만, 종사자가 다음의 어느 하나에 해당하는 경우에는 위험물취급안전교육의 전부 또는 일부를 면제할 수 있다.

    ㉠ 제24조제1항에 따른 철도안전에 관한 교육을 통하여 위험물취급에 관한 교육을 이수한 철도종사자

    ㉡ 화학물질관리법 제33조에 따른 유해화학물질 안전교육을 이수한 유해화학물질 취급 담당자

    ㉢ 위험물안전관리법 제28조에 따른 안전교육을 이수한 위험물의 안전관리와 관련된 업무를 수행하는 자

    ㉣ 고압가스 안전관리법 제23조에 따른 안전교육을 이수한 운반책임자

    ㉤ 그 밖에 국토교통부령으로 정하는 경우

② ①에 따른 교육의 대상·내용·방법·시기 등 위험물취급안전교육에 필요한 사항은 국토교통부령으로 정한다.

③ 국토교통부장관은 ①에 따른 교육을 효율적으로 하기 위하여 위험물취급안전교육을 수행하는 전문교육기관(이하 "위험물취급전문교육기관")을 지정하여 위험물취급안전교육을 실시하게 할 수 있다.

④ 교육시설·장비 및 인력 등 위험물취급전문교육기관의 지정기준 및 운영 등에 필요한 사항은 국토교통부령으로 정한다.

⑤ 국토교통부장관은 위험물취급전문교육기관이 다음의 어느 하나에 해당하는 경우에는 그 지정을 취소하거나 6개월 이내의 기간을 정하여 그 업무의 전부 또는 일부의 정지를 명할 수 있다. 다만, ㉠ 또는 ㉡에 해당하는 경우에는 그 지정을 취소하여야 한다.
㉠ 거짓이나 그 밖의 부정한 방법으로 위험물취급전문교육기관으로 지정받은 경우
㉡ 업무정지 기간 중에 위험물취급안전교육을 수행한 경우
㉢ ④에 따른 지정기준에 맞지 아니하게 된 경우

⑥ ⑤에 따른 처분의 세부기준 및 절차 등에 필요한 사항은 국토교통부령으로 정한다.

(6) 운송취급주의 위험물(영 제45조)

(3)의 ①에서 "대통령령으로 정하는 위험물"이란 다음의 어느 하나에 해당하는 것으로서 국토교통부령으로 정하는 것을 말한다.
㉠ 철도운송 중 폭발할 우려가 있는 것
㉡ 마찰·충격·흡습(吸濕) 등 주위의 상황으로 인하여 발화할 우려가 있는 것
㉢ 인화성·산화성 등이 강하여 그 물질 자체의 성질에 따라 발화할 우려가 있는 것
㉣ 용기가 파손될 경우 내용물이 누출되어 철도차량·레일·기구 또는 다른 화물 등을 부식시키거나 침해할 우려가 있는 것
㉤ 유독성 가스를 발생시킬 우려가 있는 것
㉥ 그 밖에 화물의 성질상 철도시설·철도차량·철도종사자·여객 등에 위해나 손상을 끼칠 우려가 있는 것

6. 철도보호지구

(1) 철도보호지구에서의 행위제한 등(법 제45조)

① 철도경계선(가장 바깥쪽 궤도의 끝선을 말한다)으로부터 30[m] 이내[도시철도법 제2조제2호에 따른 도시철도 중 노면전차(이하 "노면전차")의 경우에는 10[m] 이내]의 지역(이하 "철도보호지구")에서 다음의 어느 하나에 해당하는 행위를 하려는 자는 대통령령으로 정하는 바에 따라 국토교통부장관 또는 시·도지사에게 신고하여야 한다.

ⓐ 토지의 형질변경 및 굴착(掘鑿)

ⓑ 토석, 자갈 및 모래의 채취

ⓒ 건축물의 신축·개축(改築)·증축 또는 인공구조물의 설치

ⓓ 나무의 식재(대통령령으로 정하는 경우만 해당)

ⓔ 그 밖에 철도시설을 파손하거나 철도차량의 안전운행을 방해할 우려가 있는 행위로서 대통령령으로 정하는 행위

중요 CHECK

철도보호지구에서의 안전운행 저해행위 등(영 제48조)

(1)의 ⓐ에 ⓔ에서 "대통령령으로 정하는 행위"란 다음의 어느 하나에 해당하는 행위를 말한다.

1. 폭발물이나 인화물질 등 위험물을 제조·저장하거나 전시하는 행위
2. 철도차량 운전자 등이 선로나 신호기를 확인하는 데 지장을 주거나 줄 우려가 있는 시설이나 설비를 설치하는 행위
3. 철도신호등(鐵道信號燈)으로 오인할 우려가 있는 시설물이나 조명 설비를 설치하는 행위
4. 전차선로에 의하여 감전될 우려가 있는 시설이나 설비를 설치하는 행위
5. 시설 또는 설비가 선로의 위나 밑으로 횡단하거나 선로와 나란히 되도록 설치하는 행위
6. 그 밖에 열차의 안전운행과 철도 보호를 위하여 필요하다고 인정하여 국토교통부장관이 정하여 고시하는 행위

② 노면전차 철도보호지구의 바깥쪽 경계선으로부터 20[m] 이내의 지역에서 굴착, 인공구조물의 설치 등 철도시설을 파손하거나 철도차량의 안전운행을 방해할 우려가 있는 행위로서 대통령령으로 정하는 행위를 하려는 자는 대통령령으로 정하는 바에 따라 국토교통부장관 또는 시·도지사에게 신고하여야 한다.

③ 국토교통부장관 또는 시·도지사는 철도차량의 안전운행 및 철도 보호를 위하여 필요하다고 인정할 때에는 ① 또는 ②의 행위를 하는 자에게 그 행위의 금지 또는 제한을 명령하거나 대통령령으로 정하는 필요한 조치를 하도록 명령할 수 있다.

④ 국토교통부장관 또는 시·도지사는 철도차량의 안전운행 및 철도 보호를 위하여 필요하다고 인정할 때에는 토지, 나무, 시설, 건축물, 그 밖의 공작물(이하 "시설 등")의 소유자나 점유자에게 다음의 조치를 하도록 명령할 수 있다.

ⓐ 시설 등이 시야에 장애를 주면 그 장애물을 제거할 것

ⓑ 시설 등이 붕괴하여 철도에 위해(危害)를 끼치거나 끼칠 우려가 있으면 그 위해를 제거하고 필요하면 방지시설을 할 것

ⓒ 철도에 토사 등이 쌓이거나 쌓일 우려가 있으면 그 토사 등을 제거하거나 방지시설을 할 것

⑤ 철도운영자 등은 철도차량의 안전운행 및 철도 보호를 위하여 필요한 경우 국토교통부장관 또는 시·도지사에게 ③ 또는 ④에 따른 해당 행위 금지·제한 또는 조치 명령을 할 것을 요청할 수 있다.

(2) 철도 보호를 위한 안전조치(영 제49조)

(1)의 ③에서 "대통령령으로 정하는 필요한 조치"란 다음의 어느 하나에 해당하는 조치를 말한다.

① 공사로 인하여 약해질 우려가 있는 지반에 대한 보강대책 수립·시행

② 선로 옆의 제방 등에 대한 흙막이공사 시행

③ 굴착공사에 사용되는 장비나 공법 등의 변경

④ 지하수나 지표수 처리대책의 수립·시행

⑤ 시설물의 구조 검토·보강

⑥ 먼지나 티끌 등이 발생하는 시설·설비나 장비를 운용하는 경우 방진막, 물을 뿌리는 설비 등 분진방지시설 설치

⑦ 신호기를 가리거나 신호기를 보는 데 지장을 주는 시설이나 설비 등의 철거

⑧ 안전울타리나 안전통로 등 안전시설의 설치

⑨ 그 밖에 철도시설의 보호 또는 철도차량의 안전운행을 위하여 필요한 안전조치

(3) 손실보상(법 제46조)

① 국토교통부장관, 시·도지사 또는 철도운영자 등은 (1)의 ③ 또는 ④에 따른 행위의 금지·제한 또는 조치명령으로 인하여 손실을 입은 자가 있을 때에는 그 손실을 보상하여야 한다.

② ①에 따른 손실의 보상에 관하여는 국토교통부장관, 시·도지사 또는 철도운영자 등이 그 손실을 입은 자와 협의하여야 한다.

③ ②에 따른 협의가 성립되지 아니하거나 협의를 할 수 없을 때에는 대통령령으로 정하는 바에 따라 공익사업을 위한 토지 등의 취득 및 보상에 관한 법률에 따른 관할 토지수용위원회에 재결(裁決)을 신청할 수 있다.

④ ③의 재결에 대한 이의신청에 관하여는 공익사업을 위한 토지 등의 취득 및 보상에 관한 법률 제83조부터 제86조까지의 규정을 준용한다.

7. 금지행위

(1) 여객열차에서의 금지행위(법 제47조)

① 여객(무임승차자를 포함. 이하 이 조에서 같다)은 여객열차에서 다음의 어느 하나에 해당하는 행위를 하여서는 아니 된다.

㉠ 정당한 사유 없이 국토교통부령으로 정하는 여객출입 금지장소에 출입하는 행위

㉡ 정당한 사유 없이 운행 중에 비상정지버튼을 누르거나 철도차량의 옆면에 있는 승강용 출입문을 여는 등 철도차량의 장치 또는 기구 등을 조작하는 행위

㉢ 여객열차 밖에 있는 사람을 위험하게 할 우려가 있는 물건을 여객열차 밖으로 던지는 행위

㉣ 흡연하는 행위

㉤ 철도종사자와 여객 등에게 성적(性的) 수치심을 일으키는 행위

㉥ 술을 마시거나 약물을 복용하고 다른 사람에게 위해를 주는 행위

㉦ 그 밖에 공중이나 여객에게 위해를 끼치는 행위로서 국토교통부령으로 정하는 행위

② 여객은 여객열차에서 다른 사람을 폭행하여 열차운행에 지장을 초래하여서는 아니 된다.

③ 운전업무종사자, 여객승무원 또는 여객역무원은 ① 또는 ②의 금지행위를 한 사람에 대하여 필요한 경우 다음의 조치를 할 수 있다.
　　㉠ 금지행위의 제지
　　㉡ 금지행위의 녹음·녹화 또는 촬영
④ 철도운영자는 국토교통부령으로 정하는 바에 따라 ① 및 ②에 따른 여객열차에서의 금지행위에 관한 사항을 여객에게 안내하여야 한다.

(2) 철도 보호 및 질서유지를 위한 금지행위(법 제48조)

① 누구든지 정당한 사유 없이 철도 보호 및 질서유지를 해치는 다음의 어느 하나에 해당하는 행위를 하여서는 아니 된다.
　　㉠ 철도시설 또는 철도차량을 파손하여 철도차량 운행에 위험을 발생하게 하는 행위
　　㉡ 철도차량을 향하여 돌이나 그 밖의 위험한 물건을 던져 철도차량 운행에 위험을 발생하게 하는 행위
　　㉢ 궤도의 중심으로부터 양측으로 폭 3[m] 이내의 장소에 철도차량의 안전 운행에 지장을 주는 물건을 방치하는 행위
　　㉣ 철도교량 등 국토교통부령으로 정하는 시설 또는 구역에 국토교통부령으로 정하는 폭발물 또는 인화성이 높은 물건 등을 쌓아 놓는 행위
　　㉤ 선로(철도와 교차된 도로는 제외) 또는 국토교통부령으로 정하는 철도시설에 철도운영자 등의 승낙 없이 출입하거나 통행하는 행위
　　㉥ 역시설 등 공중이 이용하는 철도시설 또는 철도차량에서 폭언 또는 고성방가 등 소란을 피우는 행위
　　㉦ 철도시설에 국토교통부령으로 정하는 유해물 또는 열차운행에 지장을 줄 수 있는 오물을 버리는 행위
　　㉧ 역시설 또는 철도차량에서 노숙(露宿)하는 행위
　　㉨ 열차운행 중에 타고 내리거나 정당한 사유 없이 승강용 출입문의 개폐를 방해하여 열차운행에 지장을 주는 행위
　　㉩ 정당한 사유 없이 열차 승강장의 비상정지버튼을 작동시켜 열차운행에 지장을 주는 행위
　　㉪ 그 밖에 철도시설 또는 철도차량에서 공중의 안전을 위하여 질서유지가 필요하다고 인정되어 국토교통부령으로 정하는 금지행위

질서유지를 위한 금지행위(규칙 제85조)

(2)의 ㉮에서 "국토교통부령으로 정하는 금지행위"란 다음의 행위를 말한다.

1. 흡연이 금지된 철도시설이나 철도차량 안에서 흡연하는 행위
2. 철도종사자의 허락 없이 철도시설이나 철도차량에서 광고물을 붙이거나 배포하는 행위
3. 역시설에서 철도종사자의 허락 없이 기부를 부탁하거나 물품을 판매·배부하거나 연설·권유를 하는 행위
4. 철도종사자의 허락 없이 선로변에서 총포를 이용하여 수렵하는 행위

② ①의 금지행위를 한 사람에 대한 조치에 관하여는 여객열차에서의 금지행위(제47조제3항)를 준용한다.

(3) 출입금지 철도시설(규칙 제83조)

(2)의 ⑤에서 "국토교통부령으로 정하는 철도시설"이란 다음의 철도시설을 말한다.

① 위험물을 적하하거나 보관하는 장소

② 신호·통신기기·설치장소 및 전력기기·관제설비 설치장소

③ 철도운전용 급유시설물이 있는 장소

④ 철도차량 정비시설

(4) 철도종사자의 직무상 지시 준수(법 제49조)

① 열차 또는 철도시설을 이용하는 사람은 이 법에 따라 철도의 안전·보호와 질서유지를 위하여 하는 철도종사자의 직무상 지시에 따라야 한다.

② 누구든지 폭행·협박으로 철도종사자의 직무집행을 방해하여서는 아니 된다.

(5) 철도종사자의 권한표시(영 제51조)

① (4)에 따른 철도종사자는 복장·모자·완장·증표 등으로 그가 직무상 지시를 할 수 있는 사람임을 표시하여야 한다.

② 철도운영자 등은 철도종사자가 ①에 따른 표시를 할 수 있도록 복장·모자·완장·증표 등의 지급 등 필요한 조치를 하여야 한다.

(6) 사람 또는 물건에 대한 퇴거 조치 등(법 제50조)

철도종사자는 다음의 어느 하나에 해당하는 사람 또는 물건을 열차 밖이나 대통령령으로 정하는 지역 밖으로 퇴거시키거나 철거할 수 있다.

① 여객열차에서 위해물품을 휴대한 사람 및 그 위해물품

② 운송 금지 위험물을 운송위탁하거나 운송하는 자 및 그 위험물

③ 철도보호지구에서의 행위제한 등(제45조제3항 또는 제4항)에 따른 행위 금지·제한 또는 조치 명령에 따르지 아니하는 사람 및 그 물건

④ 여객열차에서의 금지행위(제47조제1항 또는 제2항)를 위반하여 금지행위를 한 사람 및 그 물건

⑤ 철도 보호 및 질서유지를 위한 금지행위(제48조제1항)를 위반하여 금지행위를 한 사람 및 그 물건

⑥ 보안검색에 따르지 아니한 사람

⑦ 철도종사자의 직무상 지시를 따르지 아니하거나 직무집행을 방해하는 사람

8. 철도사고조사 · 처리

(1) 철도사고 등의 발생 시 조치(법 제60조)

① 철도운영자 등은 철도사고 등이 발생하였을 때에는 사상자 구호, 유류품(遺留品) 관리, 여객 수송 및 철도시설 복구 등 인명피해 및 재산피해를 최소화하고 열차를 정상적으로 운행할 수 있도록 필요한 조치를 하여야 한다.

② 철도사고 등이 발생하였을 때의 사상자 구호, 여객 수송 및 철도시설 복구 등에 필요한 사항은 대통령령으로 정한다.

③ 국토교통부장관은 사고 보고를 받은 후 필요하다고 인정하는 경우에는 철도운영자 등에게 사고수습 등에 관하여 필요한 지시를 할 수 있다. 이 경우 지시를 받은 철도운영자 등은 특별한 사유가 없으면 지시에 따라야 한다.

(2) 철도사고 등의 발생 시 조치사항(영 제56조)

(1)의 ②에 따라 철도사고 등이 발생한 경우 철도운영자 등이 준수하여야 하는 사항은 다음과 같다.

① 사고수습이나 복구작업을 하는 경우에는 인명의 구조와 보호에 가장 우선순위를 둘 것

② 사상자가 발생한 경우에는 안전관리체계에 포함된 비상대응계획에서 정한 절차(이하 "비상대응절차")에 따라 응급처치, 의료기관으로 긴급이송, 유관기관과의 협조 등 필요한 조치를 신속히 할 것

③ 철도차량 운행이 곤란한 경우에는 비상대응절차에 따라 대체교통수단을 마련하는 등 필요한 조치를 할 것

9. 사고보고

(1) 철도사고 등 의무보고(법 제61조)

① 철도운영자 등은 사상자가 많은 사고 등 대통령령으로 정하는 철도사고 등이 발생하였을 때에는 국토교통부령으로 정하는 바에 따라 즉시 국토교통부장관에게 보고하여야 한다.

② 철도운영자 등은 ①에 따른 철도사고 등을 제외한 철도사고 등이 발생하였을 때에는 국토교통부령으로 정하는 바에 따라 사고 내용을 조사하여 그 결과를 국토교통부장관에게 보고하여야 한다.

(2) 국토교통부장관에게 즉시 보고하여야 하는 철도사고 등(영 제57조)

(1)의 ①에서 "사상자가 많은 사고 등 대통령령으로 정하는 철도사고 등"이란 다음의 어느 하나에 해당하는 사고를 말한다.

① 열차의 충돌이나 탈선사고

② 철도차량이나 열차에서 화재가 발생하여 운행을 중지시킨 사고

③ 철도차량이나 열차의 운행과 관련하여 3명 이상 사상자가 발생한 사고

④ 철도차량이나 열차의 운행과 관련하여 5천만원 이상의 재산피해가 발생한 사고

(3) 철도사고 등의 의무보고(규칙 제86조)

① 철도운영자 등은 (1)의 ①에 따른 철도사고 등이 발생한 때에는 다음의 사항을 국토교통부장관에게 즉시 보고하여야 한다.

　　㉠ 사고 발생 일시 및 장소

　　㉡ 사상자 등 피해사항

　　㉢ 사고 발생 경위

　　㉣ 사고 수습 및 복구 계획 등

② 철도운영자 등은 (1)의 ②에 따른 철도사고 등이 발생한 때에는 다음의 구분에 따라 국토교통부장관에게 이를 보고하여야 한다.

　　㉠ 초기보고 : 사고발생현황 등

　　㉡ 중간보고 : 사고수습·복구상황 등

　　㉢ 종결보고 : 사고수습·복구결과 등

③ ① 및 ②에 따른 보고의 절차 및 방법 등에 관한 세부적인 사항은 국토교통부장관이 정하여 고시한다.

제6절　철도안전기반 구축

1. 철도안전기술의 진흥

(1) 철도안전기술의 진흥(법 제68조)

국토교통부장관은 철도안전에 관한 기술의 진흥을 위하여 연구·개발의 촉진 및 그 성과의 보급 등 필요한 시책을 마련하여 추진하여야 한다.

(2) 철도안전 지식의 보급 등(법 제70조)

국토교통부장관은 철도안전에 관한 지식의 보급과 철도안전의식을 고취하기 위하여 필요한 시책을 마련하여 추진하여야 한다.

(3) 철도안전 정보의 종합관리 등(법 제71조)

① 국토교통부장관은 이 법에 따른 철도안전시책을 효율적으로 추진하기 위하여 철도안전에 관한 정보를 종합관리하고, 관계 지방자치단체의 장 또는 철도운영자 등, 운전적성검사기관, 관제적성검사기관, 운전교육훈련기관, 관제교육훈련기관, 인증기관, 시험기관, 안전전문기관, 위험물 포장·용기검사기관, 위험물취급전문교육기관 및 업무를 위탁받은 기관 또는 단체(이하 "철도관계기관 등")에 그 정보를 제공할 수 있다.

② 국토교통부장관은 ①에 따른 정보의 종합관리를 위하여 관계 지방자치단체의 장 또는 철도관계기관 등에 필요한 자료의 제출을 요청할 수 있다. 이 경우 요청을 받은 자는 특별한 이유가 없으면 요청을 따라야 한다.

2. 철도안전 전문기관 등의 육성

(1) 철도안전 전문기관 등의 육성(법 제69조)

① 국토교통부장관은 철도안전에 관한 전문기관 또는 단체를 지도·육성하여야 한다.

② 국토교통부장관은 철도시설의 건설, 운영 및 관리와 관련된 안전점검업무 등 대통령령으로 정하는 철도안전업무에 종사하는 전문인력(이하 "철도안전 전문인력")을 원활하게 확보할 수 있도록 시책을 마련하여 추진하여야 한다.

③ 국토교통부장관은 철도안전 전문인력의 분야별 자격을 다음과 같이 구분하여 부여할 수 있다.
　㉠ 철도운행안전관리자
　㉡ 철도안전전문기술자

④ 철도안전 전문인력의 분야별 자격기준, 자격부여 절차 및 자격을 받기 위한 안전교육훈련 등에 관하여 필요한 사항은 대통령령으로 정한다.

⑤ 국토교통부장관은 철도안전에 관한 전문기관(이하 "안전전문기관")을 지정하여 철도안전 전문인력의 양성 및 자격관리 등의 업무를 수행하게 할 수 있다.

⑥ 안전전문기관의 지정기준, 지정절차 등에 관하여 필요한 사항은 대통령령으로 정한다.

⑦ 안전전문기관의 지정취소 및 업무정지 등에 관하여는 제15조제6항 및 제15조의2를 준용한다. 이 경우 "운전적성검사기관"은 "안전전문기관"으로, "운전적성검사업무"는 "안전교육훈련업무"로, "제15조제5항"은 "제69조제6항"으로, "운전적성검사 판정서"는 "안전교육훈련 수료증 또는 자격증명서"로 본다.

(2) 철도안전 전문인력의 구분(영 제59조)

① (1)의 ②에서 "대통령령으로 정하는 철도안전업무에 종사하는 전문인력"이란 다음의 어느 하나에 해당하는 인력을 말한다.
　㉠ 철도운행안전관리자

ⓛ 전기철도·철도신호·철도궤도·철도차량 분야 철도안전전문기술자

② ①에 따른 철도안전 전문인력(이하 "철도안전 전문인력")의 업무 범위는 다음과 같다.

 ⓐ 철도운행안전관리자의 업무

  • 철도차량의 운행선로나 그 인근에서 철도시설의 건설 또는 관리와 관련한 작업을 수행하는 경우에 작업일정의 조정 또는 작업에 필요한 안전장비·안전시설 등의 점검

  • 위 항목에 따른 작업이 수행되는 선로를 운행하는 열차가 있는 경우 해당 열차의 운행일정 조정

  • 열차접근경보시설이나 열차접근감시인의 배치에 관한 계획 수립·시행과 확인

  • 철도차량 운전자나 관제업무종사자와 연락체계 구축 등

 ⓑ 철도안전전문기술자의 업무

  • 전기철도, 철도신호, 철도궤도 분야 철도안전전문기술자 : 해당 철도시설의 건설이나 관리와 관련된 설계·시공·감리·안전점검 업무나 레일용접 등의 업무

  • 철도차량 분야 철도안전전문기술자 : 철도차량의 설계·제작·개조·시험검사·정밀안전진단·안전점검 등에 관한 품질관리 및 감리 등의 업무

(3) 철도안전 전문인력 자격부여 절차 등(규칙 제92조)

① 영 제60조의2 제1항에 따른 철도안전 전문인력의 자격을 부여받으려는 자는 [별지 제46호 서식]의 철도안전 전문인력 자격부여(증명서 재발급) 신청서에 다음의 서류를 첨부하여 지정받은 안전전문기관(이하 "안전전문기관")에 제출하여야 한다.

 ⓐ 경력을 확인할 수 있는 자료

 ⓑ 교육훈련 이수증명서(해당자에 한정)

 ⓒ 전기공사업법에 따른 전기공사기술자, 전력기술관리법에 따른 전력기술인, 정보통신공사업법에 따른 정보통신기술자 경력수첩 또는 건설기술 진흥법에 따른 건설기술경력증 사본(해당자에 한정)

 ⓓ 국가기술자격증 사본(해당자에 한정)

 ⓔ 이 법에 따른 철도차량정비경력증 사본(해당자에 한정)

 ⓕ 사진(3.5×4.5[cm])

② 안전전문기관은 ①에 따른 신청인이 철도안전 전문인력 자격기준에 적합한 경우에는 [별지 제47호 서식]의 철도안전 전문인력 자격증명서를 신청인에게 발급하여야 한다.

③ ②에 따라 철도안전 전문인력 자격증명서를 발급받은 사람이 철도안전 전문인력 자격증명서를 잃어버렸거나 철도안전 전문인력 자격증명서가 헐거나 훼손되어 못 쓰게 된 때에는 철도안전 전문인력 자격증명서 재발급 신청서에 다음의 서류를 첨부하여 안전전문기관에 신청해야 한다.

 ⓐ 철도안전 전문인력 자격증명서(헐거나 훼손되어 못 쓰게 된 경우만 제출)

 ⓑ 분실사유서(분실한 경우만 제출)

 ⓒ 증명사진(3.5×4.5[cm])

④ ③에 따른 재발급 신청을 받은 안전전문기관은 자격부여 사실과 재발급 사유를 확인한 후 철도안전
전문인력 자격증명서를 신청인에게 재발급해야 한다.
⑤ 안전전문기관은 해당 분야 자격 취득자의 자격증명서 발급 등에 관한 자료를 유지·관리하여야 한다.

(4) 안전전문기관의 지정취소·업무정지 등(규칙 제92조의5)

① (1)의 ⑦에서 준용하는 법 제15조의2에 따른 안전전문기관의 지정취소 및 업무정지의 기준은 [별표
26]과 같다.
② 국토교통부장관은 안전전문기관의 지정을 취소하거나 업무정지의 처분을 한 경우에는 지체 없이 그
안전전문기관에 [별지 제11호의3 서식]의 지정기관 행정처분서를 통지하고 그 사실을 관보에 고시하
여야 한다.

3. 재정지원

(1) 재정지원(법 제72조)

정부는 다음의 기관 또는 단체에 보조 등 재정적 지원을 할 수 있다.
① 운전적성검사기관, 관제적성검사기관 또는 정밀안전진단기관
② 운전교육훈련기관, 관제교육훈련기관 또는 정비교육훈련기관
③ 인증기관, 시험기관, 안전전문기관 및 철도안전에 관한 단체
④ 업무를 위탁받은 기관 또는 단체

(2) 철도횡단교량 개축·개량 지원(법 제72조의2)

① 국가는 철도의 안전을 위하여 철도횡단교량의 개축 또는 개량에 필요한 비용의 일부를 지원할 수
있다.
② ①에 따른 개축 또는 개량의 지원대상, 지원조건 및 지원비율 등에 관하여 필요한 사항은 대통령령으
로 정한다.

4. 보 칙

(1) 보고 및 검사(법 제73조)

① 국토교통부장관이나 관계 지방자치단체는 다음의 어느 하나에 해당하는 경우 대통령령으로 정하는 바
에 따라 철도관계기관 등에 대하여 필요한 사항을 보고하게 하거나 자료의 제출을 명할 수 있다.
㉠ 철도안전 종합계획 또는 시행계획의 수립 또는 추진을 위하여 필요한 경우
㉡ 철도안전투자의 공시가 적정한지를 확인하려는 경우

ⓒ 철도운영자 등이 안전관리체계를 지속적으로 유지하는지를 점검·확인하기 위하여 필요한 경우 (정기 또는 수시로 검사할 수 있다)

ⓔ 철도운영자 등의 안전관리 수준평가를 위하여 필요한 경우

ⓜ 운전적성검사기관, 관제적성검사기관, 운전교육훈련기관, 관제교육훈련기관, 안전전문기관, 정비교육훈련기관, 정밀안전진단기관, 인증기관, 시험기관, 위험물 포장·용기검사기관 및 위험물 취급전문교육기관의 업무 수행 또는 지정기준 부합 여부에 대한 확인이 필요한 경우

ⓗ 철도운영자 등의 철도종사자 관리의무 준수 여부에 대한 확인이 필요한 경우

ⓢ 철도차량 완성검사를 받은 자가 해당 철도차량을 판매하는 경우의 조치의무 준수 여부를 확인하려는 경우

ⓞ 기술기준에의 적합 여부, 철도시설 및 열차운행체계의 안전성 여부, 정상운행 준비의 적절성 여부 등의 검토를 위하여 필요한 경우

ⓩ 인증정비조직의 준수사항 이행 여부를 확인하려는 경우

ⓒ 철도운영자가 열차운행을 일시 중지한 경우로서 그 결정 근거 등의 적정성에 대한 확인이 필요한 경우

ⓚ 철도운영자의 안전조치 등이 적정한지에 대한 확인이 필요한 경우

ⓣ 위험물 포장 및 용기의 안전성에 대한 확인이 필요한 경우

ⓟ 철도로 운송하는 위험물을 취급하는 종사자의 위험물취급안전교육 이수 여부에 대한 확인이 필요한 경우

ⓗ 철도사고 등 보고에 따른 보고와 관련하여 사실 확인 등이 필요한 경우

㉮ 철도안전기술의 진흥, 철도안전 전문인력의 원활한 확보, 철도안전에 관한 지식의 보급과 철도안전의식을 고취하기 위한 시책을 마련하기 위하여 필요한 경우

㉯ 철도의 안전을 위하여 철도횡단교량의 개축 또는 개량에 필요한 비용의 지원을 결정하기 위하여 필요한 경우

② 국토교통부장관이나 관계지방자치단체는 ①의 어느 하나에 해당하는 경우 소속 공무원으로 하여금 철도관계기관 등의 사무소 또는 사업장에 출입하여 관계인에게 질문하게 하거나 서류를 검사하게 할 수 있다.

③ ②에 따라 출입·검사를 하는 공무원은 국토교통부령으로 정하는 바에 따라 그 권한을 표시하는 증표를 지니고 이를 관계인에게 보여주어야 한다.

④ ③에 따른 증표에 관하여 필요한 사항은 국토교통부령으로 정한다.

(2) 수수료(법 제74조)

① 이 법에 따른 교육훈련, 면허, 검사, 진단, 성능인증 및 성능시험 등을 신청하는 자는 국토교통부령으로 정하는 수수료를 내야 한다. 다만, 이 법에 따라 국토교통부장관의 지정을 받은 운전적성검사기관, 관제적성검사기관, 운전교육훈련기관, 관제교육훈련기관, 정비교육훈련기관, 정밀안전진단기관, 인증기관, 시험기관, 안전전문기관, 위험물 포장·용기검사기관 및 위험물취급전문교육기관(이하 이 조에서 "대행기관") 또는 업무를 위탁받은 기관(이하 이 조에서 "수탁기관")의 경우에는 대행기관 또는 수탁기관이 정하는 수수료를 대행기관 또는 수탁기관에 내야 한다.

② ① 단서에 따라 수수료를 정하려는 대행기관 또는 수탁기관은 그 기준을 정하여 국토교통부장관의 승인을 받아야 한다. 승인받은 사항을 변경하려는 경우에도 또한 같다.

(3) 청문(법 제75조)

국토교통부장관은 다음의 어느 하나에 해당하는 처분을 하는 경우에는 청문을 하여야 한다.

① 안전관리체계의 승인 취소
② 운전적성검사기관의 지정취소(준용하는 경우 포함)
③ 운전면허의 취소 및 효력정지
④ 관제자격증명의 취소 또는 효력정지
⑤ 철도차량정비기술자의 인정 취소
⑥ 형식승인의 취소(준용하는 경우를 포함)
⑦ 제작자승인의 취소(준용하는 경우를 포함)
⑧ 인증정비조직의 인증 취소
⑨ 정밀안전진단기관의 지정 취소
⑩ 위험물 포장·용기검사기관의 지정 취소 또는 업무정지
⑪ 위험물취급전문교육기관의 지정 취소 또는 업무정지
⑫ 시험기관의 지정 취소
⑬ 철도운행안전관리자의 자격 취소
⑭ 철도안전전문기술자의 자격 취소

검사 공무원증(규칙 [별지 제48호 서식])

(앞 쪽)

증명서 번호 : 제   호

검 사 공 무 원 증

사 진
(모자를 쓰지 않고 배경
없이 6개월 이내에 촬영
한 것)
3.5cm × 4.5cm

홍 길 동
Hong. G. D.

국토교통부장관

55mm×85mm[폴리염화비닐(PVC)]

(색상 : 연하늘색)

(뒤 쪽)

검 사 공 무 원 증

성명(Name) : 홍길동

생년월일 :

위 사람은 「철도안전법」 제73조 제4항
및 같은 법 시행규칙 제93조에 따라
검사 공무원임을 증명합니다.

년   월   일

국토교통부장관 직인

☎(044) 0000-0000

1. 이 증은 다른 사람에게 대여하거나 양도할
   수 없습니다.
2. 이 증을 습득한 경우에는 가까운 우체통에
   넣어 주십시오.

비고 : 앞면의 바탕에는 돋을새김 디자인 또는 비표를 넣어 쉽게 위조할 수 없도록 합니다.

(4) 벌칙 적용에서 공무원 의제(법 제76조)

다음의 어느 하나에 해당하는 사람은 형법 제129조부터 제132조까지의 규정을 적용할 때에는 공무원으로 본다.

① 운전적성검사 업무에 종사하는 운전적성검사기관의 임직원 또는 관제적성검사 업무에 종사하는 관제적성검사기관의 임직원

② 운전교육훈련 업무에 종사하는 운전교육훈련기관의 임직원 또는 관제교육훈련 업무에 종사하는 관제교육훈련기관의 임직원

③ 정비교육훈련 업무에 종사하는 정비교육훈련기관의 임직원

④ 정밀안전진단 업무에 종사하는 정밀안전진단기관의 임직원

⑤ 위탁받은 검사 업무에 종사하는 기관 또는 단체의 임직원

⑥ 성능시험 업무에 종사하는 시험기관의 임직원 및 성능인증·점검 업무에 종사하는 인증기관의 임직원

⑦ 철도안전 전문인력의 양성 및 자격관리 업무에 종사하는 안전전문기관의 임직원

⑧ 위험물 포장·용기검사 업무에 종사하는 위험물 포장·용기검사기관의 임직원

⑨ 위험물취급안전교육 업무에 종사하는 위험물취급전문교육기관의 임직원

⑩ 위탁업무에 종사하는 철도안전 관련 기관 또는 단체의 임직원

5. 권한의 위임·위탁

(1) 권한의 위임·위탁(법 제77조)

① 국토교통부장관은 이 법에 따른 권한의 일부를 대통령령으로 정하는 바에 따라 소속 기관의 장 또는 시·도지사에게 위임할 수 있다.

② 국토교통부장관은 이 법에 따른 업무의 일부를 대통령령으로 정하는 바에 따라 철도안전 관련 기관 또는 단체에 위탁할 수 있다.

(2) 권한의 위임(영 제62조)

① 국토교통부장관은 (1)의 ①에 따라 해당 특별시·광역시·특별자치시·도 또는 특별자치도의 소관 도시철도(도시철도법에 따른 도시철도 또는 같은 법 제24조 또는 제42조에 따라 도시철도건설사업 또는 도시철도운송사업을 위탁받은 법인이 건설·운영하는 도시철도를 말한다)에 대한 다음의 권한을 해당 시·도지사에게 위임한다.

　㉠ 이동·출발 등의 명령과 운행기준 등의 지시, 조언·정보의 제공 및 안전조치 업무

　㉡ 과태료의 부과·징수

② 국토교통부장관은 (1)의 ①에 따라 다음의 권한을 국토교통부와 그 소속기관 직제 제40조에 따른 철도특별사법경찰대장에게 위임한다.

　㉠ 술을 마셨거나 약물을 사용하였는지에 대한 확인 또는 검사

ⓛ 법 제48조의2제2항에 따른 철도보안정보체계의 구축·운영

ⓒ 법 제82조제1항제14호, 같은 조 제2항제7호부터 제10호까지, 같은 조 제4항 및 같은 조 제5항제2호에 따른 과태료의 부과·징수

(3) 업무의 위탁(영 제63조)

① 국토교통부장관은 (1)의 ②에 따라 다음의 업무를 한국교통안전공단에 위탁한다.

ⓐ 안전관리기준에 대한 적합 여부 검사

ⓛ 기술기준의 제정 또는 개정을 위한 연구·개발

ⓒ 안전관리체계에 대한 정기검사 또는 수시검사

ⓔ 철도운영자 등에 대한 안전관리 수준평가

ⓜ 운전면허시험의 실시

ⓗ 운전면허증 또는 관제자격증명서의 발급과 운전면허증 또는 관제자격증명서의 재발급이나 기재사항의 변경

ⓢ 운전면허증 또는 관제자격증명서의 갱신 발급과 운전면허 또는 관제자격증명 갱신에 관한 내용 통지

ⓞ 운전면허증 또는 관제자격증명서의 반납의 수령 및 보관

ⓩ 운전면허 또는 관제자격증명의 발급·갱신·취소 등에 관한 자료의 유지·관리

ⓩ 관제자격증명시험의 실시

ⓚ 철도차량정비기술자의 인정 및 철도차량정비경력증의 발급·관리

ⓣ 철도차량정비기술자 인정의 취소 및 정지에 관한 사항

ⓟ 종합시험운행 결과의 검토

ⓗ 철도차량의 이력관리에 관한 사항

㉮ 철도차량 정비조직의 인증 및 변경인증의 적합 여부에 관한 확인

㉯ 정비조직운영기준의 작성

㉰ 정밀안전진단기관이 수행한 해당 정밀안전진단의 결과 평가

㉱ 철도안전 자율보고의 접수

㉲ 철도안전에 관한 지식 보급과 철도안전에 관한 정보의 종합관리를 위한 정보체계 구축 및 관리

㉳ 철도차량정비기술자의 인정 취소에 관한 청문

② 국토교통부장관은 (1)의 ②에 따라 다음의 업무를 한국철도기술연구원에 위탁한다.

ⓐ 법 제25조제1항, 제26조제3항, 제26조의3제2항, 제27조제2항 및 제27조의2제2항에 따른 기술기준의 제정 또는 개정을 위한 연구·개발

ⓛ 철도운영자 등이 안전관리체계를 지속적으로 유지하는지를 점검·확인하기 위한 정기검사 또는 수시 검사(법 제8조제2항)

ⓒ 철도차량·철도용품 표준규격의 제정·개정 등에 관한 업무 중 다음의 업무

• 표준규격의 제정·개정·폐지에 관한 신청의 접수

- 표준규격의 제정·개정·폐지 및 확인 대상의 검토
- 표준규격의 제정·개정·폐지 및 확인에 대한 처리결과 통보
- 표준규격서의 작성
- 표준규격서의 기록 및 보관
ⓔ 철도차량 개조승인검사
③ 국토교통부장관은 (1)의 ②에 따라 철도보호지구 등의 관리에 관한 다음의 업무를 국가철도공단에 위탁한다.
ⓐ 철도보호지구에서의 행위의 신고 수리, 노면전차 철도보호지구의 바깥쪽 경계선으로부터 20[m] 이내의 지역에서의 행위의 신고 수리 및 행위 금지·제한이나 필요한 조치명령
ⓑ 손실보상과 손실보상에 관한 협의
④ 국토교통부장관은 (1)의 ②에 따라 다음의 업무를 국토교통부장관이 지정하여 고시하는 철도안전에 관한 전문기관이나 단체에 위탁한다.
ⓐ 자격부여 등에 관한 업무 중 자격부여신청 접수, 자격증명서 발급, 관계 자료 제출 요청 및 자격부여에 관한 자료의 유지·관리 업무

6. 벌 칙

(1) 벌칙(법 제78조)

① 다음의 어느 하나에 해당하는 사람은 무기징역 또는 5년 이상의 징역에 처한다.
ⓐ 사람이 탑승하여 운행 중인 철도차량에 불을 놓아 소훼(燒毁)한 사람
ⓑ 사람이 탑승하여 운행 중인 철도차량을 탈선 또는 충돌하게 하거나 파괴한 사람
② 철도시설 또는 철도차량을 파손하여 철도차량 운행에 위험을 발생하게 한 사람은 10년 이하의 징역 또는 1억원 이하의 벌금에 처한다.
③ 과실로 ①의 죄를 지은 사람은 1년 이하의 징역 또는 1천만원 이하의 벌금에 처한다.
④ 과실로 ②의 죄를 지은 사람은 1천만원 이하의 벌금에 처한다.
⑤ 업무상 과실이나 중대한 과실로 ①의 죄를 지은 사람은 3년 이하의 징역 또는 3천만원 이하의 벌금에 처한다.
⑥ 업무상 과실이나 중대한 과실로 ②의 죄를 지은 사람은 2년 이하의 징역 또는 2천만원 이하의 벌금에 처한다.
⑦ ① 및 ②의 미수범은 처벌한다.

(2) 벌칙(법 제79조)

① 폭행·협박으로 철도종사자의 직무집행을 방해한 자는 5년 이하의 징역 또는 5천만원 이하의 벌금에 처한다.

② 다음의 어느 하나에 해당하는 자는 3년 이하의 징역 또는 3천만원 이하의 벌금에 처한다.
  ㉠ 안전관리체계의 승인을 받지 아니하고 철도운영을 하거나 철도시설을 관리한 자
  ㉡ 철도차량 제작자승인을 받지 아니하고 철도차량을 제작한 자
  ㉢ 철도용품 제작자승인을 받지 아니하고 철도용품을 제작한 자
  ㉣ 개조승인을 받지 아니하고 철도차량을 임의로 개조하여 운행한 자
  ㉤ 적정 개조능력이 있다고 인정되지 아니한 자에게 철도차량 개조 작업을 수행하게 한 자
  ㉥ 국토교통부장관의 운행제한 명령을 따르지 아니하고 철도차량을 운행한 자
  ㉦ 철도사고 등 발생 시 사람을 사상(死傷)에 이르게 하거나 철도차량 또는 철도시설을 파손에 이르게 한 자
  ㉧ 술을 마시거나 약물을 사용한 상태에서 업무를 한 사람
  ㉨ 운송 금지 위험물의 운송을 위탁하거나 그 위험물을 운송한 자
  ㉩ 위험물의 운송 등(법 제44조제1항)을 위반하여 위험물을 운송한 자
  ㉪ 여객열차에서 다른 사람을 폭행하여 열차운행에 지장을 초래한 자
  ㉫ 규정(법 제48조제1항제2호부터 제4호까지)에 따른 다음의 금지행위를 한 자
    • 철도차량을 향하여 돌이나 그 밖의 위험한 물건을 던져 철도차량 운행에 위험을 발생하게 하는 행위
    • 궤도의 중심으로부터 양측으로 폭 3[m] 이내의 장소에 철도차량의 안전 운행에 지장을 주는 물건을 방치하는 행위
    • 철도교량 등 국토교통부령으로 정하는 시설 또는 구역에 국토교통부령으로 정하는 폭발물 또는 인화성이 높은 물건 등을 쌓아 놓는 행위
③ 다음의 어느 하나에 해당하는 자는 2년 이하의 징역 또는 2천만원 이하의 벌금에 처한다.
  ㉠ 거짓이나 그 밖의 부정한 방법으로 안전관리체계의 승인을 받은 자
  ㉡ 철도운영이나 철도시설의 관리에 중대하고 명백한 지장을 초래한 자
  ㉢ 거짓이나 그 밖의 부정한 방법으로 운전적성검사기관(법 제15조제4항), 운전교육훈련기관(법 제16조제3항), 관제적성검사기관(법 제21조의6제3항), 관제교육훈련기관(법 제21조의7제3항), 정비교육훈련기관(법 제24조의4제2항), 정밀안전진단기관(법 제38조의13제1항) 또는 안전전문기관(법 제69조제5항)에 따른 지정을 받은 자
  ㉣ 운전적성검사기관의 지정취소 및 업무정지(준용하는 경우를 포함)에 따른 업무정지 기간 중에 해당 업무를 한 자
  ㉤ 거짓이나 그 밖의 부정한 방법으로 형식승인을 받은 자
  ㉥ 형식승인을 받지 아니한 철도차량을 운행한 자
  ㉦ 거짓이나 그 밖의 부정한 방법으로 제작자승인을 받은 자
  ㉧ 거짓이나 그 밖의 부정한 방법으로 제작자승인의 면제를 받은 자
  ㉨ 완성검사를 받지 아니하고 철도차량을 판매한 자
  ㉩ 업무정지 기간 중에 철도차량 또는 철도용품을 제작한 자

ⓚ 형식승인을 받지 아니한 철도용품을 철도시설 또는 철도차량 등에 사용한 자

ⓔ 거짓이나 그 밖의 부정한 방법으로 위탁받은 검사 업무를 수행한 자

ⓟ 중지명령에 따르지 아니한 자

ⓗ 종합시험운행을 실시하지 아니하거나 실시한 결과를 국토교통부장관에게 보고하지 아니하고 철도노선을 정상운행한 자

㋓ 철도차량정비가 되지 않은 철도차량임을 알면서 운행한 자

㋘ 철도차량정비 또는 원상복구 명령에 따르지 아니한 자

㋐ 거짓이나 그 밖의 부정한 방법으로 철도차량 정비조직의 인증을 받은 자

㋕ 고의 또는 중대한 과실로 철도사고 또는 중대한 운행장애를 발생시킨 자

㋙ 정밀안전진단을 받지 아니하거나 정밀안전진단 결과 또는 정밀안전진단 결과에 대한 평가 결과 계속 사용이 적합하지 아니하다고 인정된 철도차량을 운행한 자

㋛ 특별한 사유 없이 열차운행을 중지하지 아니한 자

㋜ 열차운행의 중지를 요청(법 제40조제4항)한 철도종사자에게 불이익한 조치를 한 자

㋝ 철도종사자가 술을 마셨거나 약물을 사용하였는지의 확인 또는 검사에 불응한 자

㋞ 정당한 사유 없이 위해물품을 휴대하거나 적재한 사람

㋟ 철도보호지구에서의 행위제한(법 제45조제1항 및 제2항)에 따른 신고를 하지 아니하거나 같은 조 제3항에 따른 명령에 따르지 아니한 자

㋠ 정당한 사유없이 운행 중 비상정지버튼을 누르거나 승강용 출입문을 여는 행위를 한 사람

㋡ 철도안전 자율보고를 한 사람에게 불이익한 조치를 한 자

④ 다음의 어느 하나에 해당하는 자는 1년 이하의 징역 또는 1천만원 이하의 벌금에 처한다.

㉠ 운전면허를 받지 아니하고(운전면허가 취소되거나 그 효력이 정지된 경우를 포함) 철도차량을 운전한 사람

㉡ 거짓이나 그 밖의 부정한 방법으로 운전면허를 받은 사람

㉢ 거짓이나 그 밖의 부정한 방법으로 관제자격증명을 받은 사람

㉣ 거짓이나 그 밖의 부정한 방법으로 철도차량정비기술자로 인정받은 사람

㉤ 운전면허증을 다른 사람에게 빌려주거나 빌리거나 이를 알선한 사람

㉥ 실무수습을 이수하지 아니하고 철도차량의 운전업무에 종사한 사람

㉦ 운전면허를 받지 아니하거나(운전면허가 취소되거나 그 효력이 정지된 경우를 포함) 실무수습을 이수하지 아니한 사람을 철도차량의 운전업무에 종사하게 한 철도운영자 등

㉧ 관제자격증명을 받지 아니하고(관제자격증명이 취소되거나 그 효력이 정지된 경우를 포함) 관제업무에 종사한 사람

㉨ 관제자격증명서를 다른 사람에게 빌려주거나 빌리거나 이를 알선한 사람

㉩ 실무수습을 이수하지 아니하고 관제업무에 종사한 사람

㉪ 관제자격증명을 받지 아니하거나(관제자격증명이 취소되거나 그 효력이 정지된 경우를 포함) 실무수습을 이수하지 아니한 사람을 관제업무에 종사하게 한 철도운영자 등

ⓣ 신체검사와 적성검사를 받지 아니하거나 신체검사와 적성검사에 합격하지 아니하고 업무를 한 사람 및 그로 하여금 그 업무에 종사하게 한 자

ⓟ 철도차량정비기술자의 명의 대여금지 등을 위반한 다음의 어느 하나에 해당하는 사람
- 다른 사람에게 자기의 성명을 사용하여 철도차량정비 업무를 수행하게 하거나 자신의 철도차량 정비경력증을 빌려준 사람
- 다른 사람의 성명을 사용하여 철도차량정비 업무를 수행하거나 다른 사람의 철도차량정비경력 증을 빌린 사람
- 위의 행위를 알선한 사람

ⓗ 형식승인을 받지 아니한 철도차량 또는 철도용품을 판매한 자

㉠ 철도차량 완성검사를 받고 해당 철도차량을 판매하는 경우 다음의 이행 명령에 따르지 아니 한 자
- 철도차량정비에 필요한 부품을 공급할 것
- 철도차량을 구매한 자에게 철도차량정비에 필요한 기술지도·교육과 정비매뉴얼 등 정비 관련 자료를 제공할 것

㉡ 종합시험운행 결과를 허위로 보고한 자

㉢ 철도차량 정비조직의 인증을 받지 아니하고 철도차량정비를 한 자

㉣ 이동·출발·정지 등의 명령과 운행 기준·방법·절차 및 순서 등에 따른 지시를 따르지 아니 한 자

㉤ 설치 목적과 다른 목적으로 영상기록장치를 임의로 조작하거나 다른 곳을 비춘 자 또는 운행기간 외에 영상기록을 한 자

㉥ 영상기록을 목적 외의 용도로 이용하거나 다른 자에게 제공한 자

㉦ 안전성 확보에 필요한 조치를 하지 아니하여 영상기록장치에 기록된 영상정보를 분실·도난·유 출·변조 또는 훼손당한 자

㉧ 술을 마시거나 약물을 복용하고 다른 사람에게 위해를 주는 행위를 한 사람

㉨ 거짓이나 부정한 방법으로 철도운행안전관리자 자격을 받은 사람

㉩ 철도운행안전관리자를 배치하지 아니하고 철도시설의 건설 또는 관리와 관련한 작업을 시행한 철도운영자

㉪ 정기교육을 받지 아니하고 업무를 한 사람 및 그로 하여금 그 업무에 종사하게 한 자

㉫ 철도안전 전문인력의 분야별 자격을 다른 사람에게 빌려주거나 빌리거나 이를 알선한 사람

⑤ 철도종사자와 여객 등에게 성적(性的) 수치심을 일으키는 행위를 한 자는 500만원 이하의 벌금에 처한다.

(3) 형의 가중(법 제80조)

① (1)의 ①의 죄를 지어 사람을 사망에 이르게 한 자는 사형, 무기징역 또는 7년 이상의 징역에 처한다.

② (2)의 ①, ③에 ㉧ 또는 ㉨의 죄를 범하여 열차운행에 지장을 준 자는 그 죄에 규정된 형의 2분의 1까지 가중한다.

③ (2)의 ③에 ㉧ 또는 ㉨의 죄를 범하여 사람을 사상에 이르게 한 자는 5년 이하의 징역 또는 5천만원 이하의 벌금에 처한다.

(4) 양벌규정(법 제81조)

법인의 대표자나 법인 또는 개인의 대리인, 사용인, 그 밖의 종업원이 그 법인 또는 개인의 업무에 관하여 법 제79조제2항, 같은 조 제3항(제16호는 제외) 및 제4항(제2호는 제외) 또는 법 제80조(법 제79조제3항제17호의 가중죄를 범한 경우만 해당)의 어느 하나에 해당하는 위반행위를 하면 그 행위자를 벌하는 외에 그 법인 또는 개인에게도 해당 조문의 벌금형을 과(科)한다. 다만, 법인 또는 개인이 그 위반행위를 방지하기 위하여 해당 업무에 관하여 상당한 주의와 감독을 게을리하지 아니한 경우에는 그러하지 아니하다.

(5) 1천만원 이하의 과태료(법 제82조제1항)

① 제7조제3항(제26조의8 및 제27조의2제4항에서 준용하는 경우를 포함)을 위반하여 안전관리체계의 변경승인을 받지 아니하고 안전관리체계를 변경한 자

② 제8조제3항(제26조의8 및 제27조의2제4항에서 준용하는 경우를 포함)을 위반하여 정당한 사유 없이 시정조치 명령에 따르지 아니한 자

③ 제9조의4제4항을 위반하여 시정조치 명령을 따르지 아니한 자

④ 제26조제2항(제27조제4항에서 준용하는 경우를 포함)을 위반하여 변경승인을 받지 아니한 자

⑤ 제26조의5제2항(제27조의2제4항에서 준용하는 경우를 포함)에 따른 신고를 하지 아니한 자

⑥ 제27조의2제3항을 위반하여 형식승인표시를 하지 아니한 자

⑦ 제31조제2항을 위반하여 조사·열람·수거 등을 거부, 방해 또는 기피한 자

⑧ 제32조제2항 또는 제4항을 위반하여 시정조치계획을 제출하지 아니하거나 시정조치의 진행 상황을 보고하지 아니한 자

⑨ 제38조제2항에 따른 개선·시정 명령을 따르지 아니한 자

⑩ 제38조의5제3항을 위반한 다음의 어느 하나에 해당하는 자

　　㉠ 이력사항을 고의로 입력하지 아니한 자

　　㉡ 이력사항을 위조·변조하거나 고의로 훼손한 자

　　㉢ 이력사항을 무단으로 외부에 제공한 자

⑪ 제38조의7제2항을 위반하여 변경인증을 받지 아니한 자

⑫ 제38조의9에 따른 준수사항을 지키지 아니한 자

⑬ 제38조의12제2항에 따른 정밀안전진단 명령을 따르지 아니한 자

⑭ 제38조의14제2항 후단을 위반하여 특별한 사유 없이 자료를 제출하지 아니하거나 거짓으로 제출한 자

⑮ 제39조의2제3항에 따른 안전조치를 따르지 아니한 자

⑯ 제39조의3제1항을 위반하여 영상기록장치를 설치·운영하지 아니한 자

⑰ 제48조의3제1항을 위반하여 국토교통부장관의 성능인증을 받은 보안검색장비를 사용하지 아니한 자

⑱ 제49조제1항을 위반하여 철도종사자의 직무상 지시에 따르지 아니한 사람

⑲ 제61조제1항 및 제61조의2제1항·제2항에 따른 보고를 하지 아니하거나 거짓으로 보고한 자

⑳ 제73조제1항에 따른 보고를 하지 아니하거나 거짓으로 보고한 자

㉑ 제73조제1항에 따른 자료제출을 거부, 방해 또는 기피한 자

㉒ 제73조제2항에 따른 소속 공무원의 출입·검사를 거부, 방해 또는 기피한 자

(6) 500만원 이하의 과태료(법 제82조제2항)

① 제7조제3항(제26조의8 및 제27조의2제4항에서 준용하는 경우를 포함)을 위반하여 안전관리체계의 변경신고를 하지 아니하고 안전관리체계를 변경한 자

② 제24조제1항을 위반하여 안전교육을 실시하지 아니한 자 또는 제24조제2항을 위반하여 직무교육을 실시하지 아니한 자

③ 제24조제3항을 위반하여 안전교육 실시 여부를 확인하지 아니하거나 안전교육을 실시하도록 조치하지 아니한 철도운영자 등

④ 제26조제2항(제27조제4항에서 준용하는 경우를 포함)을 위반하여 변경신고를 하지 아니한 자

⑤ 제38조의2제2항 단서를 위반하여 개조신고를 하지 아니하고 개조한 철도차량을 운행한 자

⑥ 제38조의5제3항제1호를 위반하여 이력사항을 과실로 입력하지 아니한 자

⑦ 제38조의7제2항을 위반하여 변경신고를 하지 아니한 자

⑧ 제40조의2에 따른 준수사항을 위반한 자

⑨ 제44조제1항에 따른 위험물취급의 방법, 절차 등을 따르지 아니하고 위험물취급을 한 자(위험물을 철도로 운송한 자는 제외)

⑩ 제44조의2제1항에 따른 검사를 받지 아니하고 포장 및 용기를 판매 또는 사용한 자

⑪ 제44조의3제1항을 위반하여 자신이 고용하고 있는 종사자가 위험물취급안전교육을 받도록 하지 아니한 위험물취급자

⑫ 제47조제1항제1호 또는 제3호를 위반하여 여객출입 금지장소에 출입하거나 물건을 여객열차 밖으로 던지는 행위를 한 사람

⑬ 제47조제4항을 위반하여 여객열차에서의 금지행위에 관한 사항을 안내하지 아니한 자

⑭ 제48조제1항제5호를 위반하여 철도시설(선로는 제외)에 승낙 없이 출입하거나 통행한 사람

⑮ 제48조제1항제7호·제9호 또는 제10호를 위반하여 철도시설에 유해물 또는 오물을 버리거나 열차운행에 지장을 준 사람

⑯ 제48조의3제2항에 따른 보안검색장비의 성능인증을 위한 기준·방법·절차 등을 위반한 인증기관 및 시험기관

⑰ 제61조제2항에 따른 보고를 하지 아니하거나 거짓으로 보고한 자

(7) 300만원 이하의 과태료(법 제82조제3항)

① 제9조의4제3항을 위반하여 우수운영자로 지정되었음을 나타내는 표시를 하거나 이와 유사한 표시를 한 자

② 제20조제3항(제21조의11제2항에서 준용하는 경우를 포함)을 위반하여 운전면허증을 반납하지 아니한 사람

(8) 100만원 이하의 과태료(법 제82조제4항)

① 제40조의3을 위반하여 업무에 종사하는 동안에 열차 내에서 흡연을 한 사람

② 제47조제1항제4호를 위반하여 여객열차에서 흡연을 한 사람

③ 제48조제1항제5호를 위반하여 선로에 승낙 없이 출입하거나 통행한 사람

④ 제48조제1항제6호를 위반하여 폭언 또는 고성방가 등 소란을 피우는 행위를 한 사람

(9) 50만원 이하의 과태료(법 제82조제5항)

① 제45조제4항을 위반하여 조치명령을 따르지 아니한 자

② 제47조제1항제7호를 위반하여 공중이나 여객에게 위해를 끼치는 행위를 한 사람

CHAPTER

03 적중예상문제

01 철도안전을 확보하기 위하여 필요한 사항을 규정하고 철도안전 관리체계를 확립함으로써 공공복리의 증진에 이바지함을 목적으로 제정된 법률은?

㉮ 철도산업발전기본법

㉯ 철도안전법

㉰ 철도차량운전규칙

㉱ 위험물철도운송규칙

해설 **철도안전법의 목적(법 제1조)**
이 법은 철도안전을 확보하기 위하여 필요한 사항을 규정하고 철도안전 관리체계를 확립함으로써 공공복리의 증진에 이바지함을 목적으로 한다.

02 다음 보기 중 철도안전법의 목적을 모두 묶은 것은?

> ㉠ 철도안전 관리체계 확립
> ㉡ 공공복리 증진
> ㉢ 철도안전 확보
> ㉣ 국가물류체계 확립

㉮ ㉠, ㉡, ㉢, ㉣

㉯ ㉠, ㉡, ㉢

㉰ ㉡, ㉣

㉱ ㉣

해설 이 법은 철도안전을 확보하기 위하여 필요한 사항을 규정하고 철도안전 관리체계를 확립함으로써 공공복리의 증진에 이바지함을 목적으로 한다(법 제1조).

1 ㉯ 2 ㉯ **정답**

03 철도안전법령상 철도준사고에 해당하는 것은?

㉮ 열차화재사고

㉯ 충돌사고

㉰ 탈선사고

㉱ 운행허가를 받지 않은 구간으로 열차가 주행하는 경우

해설 철도준사고의 범위(규칙 제1조의3)
- ㉠ 운행허가를 받지 않은 구간으로 열차가 주행하는 경우
- ㉡ 열차가 운행하려는 선로에 장애가 있음에도 진행을 지시하는 신호가 표시되는 경우(복구 및 유지 보수를 위한 경우로서 관제 승인을 받은 경우에는 제외)
- ㉢ 열차 또는 철도차량이 승인 없이 정지신호를 지난 경우
- ㉣ 열차 또는 철도차량이 역과 역 사이로 미끄러진 경우
- ㉤ 열차운행을 중지하고 공사 또는 보수작업을 시행하는 구간으로 열차가 주행한 경우
- ㉥ 안전운행에 지장을 주는 레일 파손이나 유지보수 허용범위를 벗어난 선로 뒤틀림이 발생한 경우
- ㉦ 안전운행에 지장을 주는 철도차량의 차륜, 차축, 차축베어링에 균열 등의 고장이 발생한 경우
- ㉧ 철도차량에서 화약류 등 철도안전법 시행령에 따른 위험물 또는 위해물품이 누출된 경우
- ㉨ ㉠부터 ㉧까지의 준사고에 준하는 것으로서 철도사고로 이어질 수 있는 것

04 다음 보기가 뜻하는 철도안전법령상 용어는?

> 여객의 승하차(여객 이용시설 및 편의시설을 포함한다), 화물의 적하, 열차의 조성, 열차의 교차 통행 또는 대피를 목적으로 사용되는 장소를 말한다.

㉮ 철도차량

㉯ 선 로

㉰ 철도시설

㉱ 정거장

해설 영 제2조 용어의 정의에서 정거장에 해당하는 설명이다.

05 철도안전법상 철도안전 종합계획을 수립하여야 하는 주기와 그 수립자를 바르게 짝지은 것은?

㉮ 3년 – 국토교통부장관

㉯ 시·도지사 – 5년

㉰ 3년 – 철도 운영자

㉱ 5년 – 국토교통부장관

해설 국토교통부장관은 5년마다 철도안전에 관한 종합계획(철도안전 종합계획)을 수립하여야 한다(법 제5조).

06 대통령령으로 정한 철도안전 종합계획의 경미한 변경의 범위는 원래 계획의 얼마 이내인가?

㉮ 총사업비를 원래 계획의 100분의 10 이내에서의 변경

㉯ 총사업비를 원래 계획의 100분의 20 이내에서의 변경

㉰ 총사업비를 원래 계획의 100분의 30 이내에서의 변경

㉱ 총사업비를 원래 계획의 100분의 25 이내에서의 변경

> **해설** **철도안전 종합계획의 경미한 변경(영 제4조)**
> • 철도안전 종합계획에서 정한 총사업비를 원래 계획의 100분의 10 이내에서의 변경
> • 철도안전 종합계획에서 정한 시행기한 내에 단위사업의 시행시기의 변경
> • 법령의 개정, 행정구역의 변경 등과 관련하여 철도안전 종합계획을 변경하는 등 당초 수립된 철도안전 종합계획의 기본방향에 영향을 미치지 아니하는 사항의 변경

07 철도안전법령상 철도안전 종합계획을 변경할 때 철도산업위원회의 심의를 거치지 않아도 되는 경우는?

㉮ 철도차량의 정비 및 점검 등에 관한 사항의 변경

㉯ 철도안전 관련 교육훈련에 관한 사항의 변경

㉰ 관계 법령의 정비 등 제도개선에 관한 사항의 변경

㉱ 종합계획의 시행기한 내에 단위사업 시행시기의 변경

> **해설** ㉱ 철도안전 종합계획 시행기한 내에 단위사업 시행시기를 변경하는 경우는 영 제4조제2호의 경미한 변경에 해당하는 사항으로 철도산업위원회의 심의를 거치지 않아도 된다.

08 철도안전 종합계획의 단계적 시행에 필요한 연차별 시행계획의 수립절차에 대한 설명으로 틀린 것은?

㉮ 시·도지사와 철도운영자 등은 다음 연도의 시행계획을 매년 10월 말까지 국토교통부장관에게 제출하여야 한다.

㉯ 시·도지사 및 철도운영자 등은 전년도 시행계획의 추진실적을 매년 6월 말까지 국토교통부장관에게 제출하여야 한다.

㉰ 국토교통부장관은 다음 연도의 시행계획이 철도안전 종합계획에 위반되거나 철도안전 종합계획을 원활하게 추진하기 위하여 보완이 필요하다고 인정될 때에는 시·도지사 및 철도운영자 등에게 시행계획의 수정을 요청할 수 있다.

㉱ 수정 요청을 받은 시·도지사 및 철도운영자 등은 특별한 사유가 없는 한 이를 시행계획에 반영하여야 한다.

> **해설** 시·도지사 및 철도운영자 등은 전년도 시행계획의 추진실적을 매년 2월 말까지 국토교통부장관에게 제출하여야 한다(영 제5조).

09 철도안전법령상 시행계획의 수립자는 국토교통부장관에게 언제까지 다음 연도의 시행계획을 제출하여야 하는가?

⑦ 매년 2월 말

⑭ 매년 5월 말

⑮ 매년 10월 말

⑯ 매년 12월 말

해설 특별시장·광역시장·특별자치시장·도지사 또는 특별자치도지사(시·도지사)와 철도운영자 및 철도시설관리자(철도운영자 등)는 다음 연도의 시행계획을 매년 10월 말까지 국토교통부장관에게 제출하여야 한다(영 제5조제1항).

10 철도안전 종합계획에 대한 설명으로 틀린 것은?

⑦ 국토교통부장관은 5년마다 철도안전 종합계획을 수립하여야 한다.

⑭ 철도안전 종합계획을 수립 시 철도산업위원회의 심의를 거쳐야 한다.

⑮ 국토교통부장관은 철도안전 종합계획을 변경하기 위하여 철도운영자에게 관련 자료의 제출을 요구할 수 있다.

⑯ 국토교통부장관은 철도안전 종합계획을 수립하거나 변경하였을 때에는 이를 관보에 고시하여야 한다.

해설 국토교통부장관은 철도안전 종합계획을 수립하거나 변경하기 위하여 필요하다고 인정하면 관계 중앙행정기관의 장 또는 특별시장·광역시장·특별자치시장·도지사·특별자치도지사에게 관련 자료의 제출을 요구할 수 있다. 자료제출 요구를 받은 관계 중앙행정기관의 장 또는 시·도지사는 특별한 사유가 없으면 이에 따라야 한다(법 제5조제4항).

11 철도안전법상 철도안전 종합계획에 대한 설명으로 틀린 것은?

⑦ 국토교통부장관은 5년마다 철도안전에 관한 "철도안전 종합계획"을 수립하여야 한다.

⑭ 국토교통부장관은 철도안전 종합계획을 수립하는 때에는 미리 관계 중앙행정기관의 장 및 철도운영자 등과 협의한 후 철도산업위원회의 심의를 거쳐야 한다.

⑮ 국토교통부장관은 철도안전 종합계획을 수립하거나 변경하기 위하여 필요하다고 인정하는 경우에는 관계 중앙행정기관의 장 또는 특별시장·광역시장·특별자치시장·도지사·특별자치도지사에게 관련 자료의 제출을 요구할 수 있다.

⑯ 국토교통부장관은 철도안전 종합계획을 수립하거나 변경하였을 때에는 이를 중앙일간지에 고시하여야 한다.

해설 국토교통부장관은 철도안전 종합계획을 수립하거나 변경하였을 때에는 이를 관보에 고시하여야 한다(법 제5조제5항).

12 철도안전법상 철도의 안전관리체계에 대한 설명으로 옳지 않은 것은?

㉮ 철도 및 철도시설의 안전관리에 관한 유기적 체계이다.

㉯ 철도운영자(전용철도 운영자는 제외)가 철도시설을 관리하려는 경우에는 안전관리체계를 갖추어 국토교통부장관의 승인을 받아야 한다.

㉰ 승인받은 안전관리체계를 변경하려는 경우에는 철도안전심의위원회의 변경승인이 있어야 한다.

㉱ 국토교통부장관은 철도운영 및 철도시설의 안전관리에 필요한 기술기준을 정하여 고시하여야 한다.

> **해설** 철도운영자 등은 승인받은 안전관리체계를 변경하려는 경우에는 국토교통부장관의 변경승인을 받아야 한다. 다만, 국토교통부령으로 정하는 경미한 사항을 변경하려는 경우에는 국토교통부장관에게 신고하여야 한다(법 제7조제3항).

13 철도안전관리체계의 승인신청 시 제출하는 서류 중 열차운행체계에 관한 서류가 아닌 것은?

㉮ 철도차량 제작 감독

㉯ 철도관제업무

㉰ 열차 운행계획

㉱ 위탁업무 관리에 관한 사항

> **해설** ㉮는 유지관리체계에 관한 서류이다.
> **철도안전관리체계의 승인신청 시 제출하는 서류 중 열차운행체계에 관한 서류(규칙 제2조제1항제4호)**
> • 철도운영 개요
> • 철도사업면허
> • 열차운행 조직 및 인력
> • 열차운행 방법 및 절차
> • 열차 운행계획
> • 승무 및 역무
> • 철도관제업무
> • 철도보호 및 질서유지
> • 열차운영 기록관리
> • 위탁 계약자 감독 등 위탁업무 관리에 관한 사항

14 안전관리체계의 이행가능성 및 실효성을 현장에서 확인하기 위한 검사로 옳은 것은?

㉮ 서류검사　　　　　　　　　㉯ 현장검사

㉰ 안전검사　　　　　　　　　㉱ 환경검사

> **해설** 안전관리체계의 이행가능성 및 실효성을 현장에서 확인하기 위한 검사는 현장검사이다. 서류검사의 경우 철도운영자 등이 제출한 서류가 안전관리기준에 적합한지 검사하는 것이다(규칙 제4조제1항).

15 철도안전법을 위반하여 안전관리체계를 지속적으로 유지하지 않아 철도운영이나 철도시설의 관리에 중대한 지장을 초래한 경우, 철도사고로 인한 사망자 수가 10명일 때 부과되는 과징금은?

㉮ 14억 4천만원

㉯ 7억 2천만원

㉰ 3억 6천만원

㉱ 21억 6천만원

해설 안전관리체계 관련 과징금의 부과기준(영 [별표 1])

위반행위	과징금 금액(단위 : 백만원)

법 제8조제1항을 위반하여 안전관리체계를 지속적으로 유지하지 않아 철도운영이나 철도시설의 관리에 중대한 지장을 초래한 경우
• 철도사고로 인한 사망자 수
  – 1명 이상 3명 미만
  – 3명 이상 5명 미만
  – 5명 이상 10명 미만
  – 10명 이상
	
	360
	720
	1,440
	2,160

16 정기검사를 마친 경우 검사 결과보고서에 포함되어야 하는 사항이 아닌 것은?

㉮ 안전관리체계의 검사 개요 및 현황

㉯ 안전관리체계의 검사 과정 및 내용

㉰ 안전관리체계의 검사 전후의 변경 상황

㉱ 시정조치 사항

해설 국토교통부장관은 정기검사 또는 수시검사를 마친 경우에는 안전관리체계의 검사 개요 및 현황, 안전관리체계의 검사 과정 및 내용, 시정조치 사항, 시정조치계획서에 따른 시정조치명령의 이행 정도, 철도사고에 따른 사망자·중상자의 수 및 철도사고 등에 따른 재산피해액이 포함된 검사 결과보고서를 작성하여야 한다(규칙 제6조제4항).

17 철도안전법령에서 정한 철도사고 사망자의 기준으로 옳은 것은?

㉮ 철도사고가 발생한 날부터 90일 이내에 그 사고로 사망한 경우

㉯ 철도사고가 발생한 날부터 180일 이내에 그 사고로 사망한 경우

㉰ 철도사고가 발생한 날부터 30일 이내에 그 사고로 사망한 경우

㉱ 철도사고가 발생한 날부터 60일 이내에 그 사고로 사망한 경우

해설 사망자란 철도사고가 발생한 날부터 30일 이내에 그 사고로 사망한 경우를 말한다(규칙 [별표 1]).

18 국토교통부장관이 안전관리체계의 승인을 받은 철도운영자 등에게 그 승인을 취소하여야 하는 경우는?

㉮ 변경승인을 받지 아니하고 안전관리체계를 변경한 경우

㉯ 안전관리체계를 유지하지 않아서 철도시설의 관리에 중대한 지장을 초래한 경우

㉰ 거짓이나 그 밖의 부정한 방법으로 승인을 받은 경우

㉱ 시정조치명령을 정당한 사유 없이 이행하지 아니한 경우

> **해설** ㉮, ㉯, ㉱의 경우에는 6개월 이내의 기간으로 업무 정지나 제한, 승인 취소를 할 수 있으나, ㉰의 경우에는 그 승인을 취소하여야 한다(법 제9조제1항).

19 국토교통부장관은 철도운영자 등에게 과징금을 얼마까지 부과할 수 있는가?

㉮ 10억원

㉯ 20억원

㉰ 30억원

㉱ 40억원

> **해설** 국토교통부장관은 철도운영자 등에 대하여 업무의 제한이나 정지를 명하여야 하는 경우로서 그 업무의 제한이나 정지가 철도 이용자 등에게 심한 불편을 주거나 그 밖에 공익을 해할 우려가 있는 경우에는 업무의 제한이나 정지를 갈음하여 30억원 이하의 과징금을 부과할 수 있다(법 제9조의2제1항).

20 철도안전법령상 과징금의 부과 및 납부에 대한 설명으로 틀린 것은?

㉮ 국토교통부장관은 과징금을 부과할 때에는 서면으로 통지하여야 한다.

㉯ 통지를 받은 자는 30일 이내에 과징금을 납부해야 한다.

㉰ 과징금을 받은 수납기관은 영수증을 내주어야 한다.

㉱ 과징금의 수납기관은 과징금을 받으면 지체 없이 국토교통부장관에게 통보하여야 한다.

> **해설** 과징금 납부 통지를 받은 자는 통지를 받은 날부터 20일 이내에 국토교통부장관이 정하는 수납기관에 과징금을 내야 한다(영 제7조제2항).

18 ㉰ 19 ㉰ 20 ㉯ **정답**

21 철도차량 운전면허 없이 운전할 수 있는 경우가 아닌 것은?

㉮ 철도차량 운전에 관한 전문 교육훈련기관(운전교육훈련기관)에서 실시하는 운전교육훈련을 받기 위하여 철도차량을 운전하는 경우

㉯ 운전면허시험을 치르기 위하여 철도차량을 운전하는 경우

㉰ 철도차량을 제작·조립·정비하기 위한 공장 안의 선로에서 철도차량을 운전하여 이동하는 경우

㉱ 철도사고 등을 복구 후 열차운행이 중지되지 않은 선로에서 사고복구용 특수차량을 운전하여 이동하는 경우

| 해설 | **운전면허 없이 운전할 수 있는 경우(영 제10조)**
• 철도차량 운전에 관한 전문 교육훈련기관(운전교육훈련기관)에서 실시하는 운전교육훈련을 받기 위하여 철도차량을 운전하는 경우
• 운전면허시험을 치르기 위하여 철도차량을 운전하는 경우
• 철도차량을 제작·조립·정비하기 위한 공장 안의 선로에서 철도차량을 운전하여 이동하는 경우
• 철도사고 등을 복구하기 위하여 열차운행이 중지된 선로에서 사고복구용 특수차량을 운전하여 이동하는 경우

22 철도안전법상 철도차량 운전면허를 받을 수 있는 자는?

㉮ 19세 미만인 사람

㉯ 두 귀의 청력을 완전히 상실한 사람

㉰ 운전면허가 취소된 날부터 2년이 지난 사람

㉱ 운전면허의 효력정지기간 중인 사람

| 해설 | **운전면허의 결격사유(법 제11조)**
• 19세 미만인 사람
• 철도차량 운전상의 위험과 장해를 일으킬 수 있는 정신질환자 또는 뇌전증환자로서 대통령령으로 정하는 사람
• 철도차량 운전상의 위험과 장해를 일으킬 수 있는 약물(마약류 관리에 관한 법률에 따른 마약류 및 화학물질관리법에 따른 환각물질) 또는 알코올 중독자로서 대통령령으로 정하는 사람
• 두 귀의 청력 또는 두 눈의 시력을 완전히 상실한 사람
• 운전면허가 취소된 날부터 2년이 지나지 아니하였거나 운전면허의 효력정지기간 중인 사람

23 철도차량 운전면허를 받으려는 사람의 신체검사에 대한 설명으로 옳지 않은 것은?

㉮ 대통령이 실시하는 신체검사에 합격하여야 한다.

㉯ 철도차량 운전에 적합한 신체상태를 갖추고 있는지 판정하기 위해 실시한다.

㉰ 신체검사는 의료기관에서 실시하게 할 수 있다.

㉱ 신체검사의 합격기준, 검사방법 및 절차는 국토교통부령으로 정한다.

해설 운전면허의 신체검사(법 제12조)
① 운전면허를 받으려는 사람은 철도차량 운전에 적합한 신체상태를 갖추고 있는지를 판정받기 위하여 국토교통부장관이 실시하는 신체검사에 합격하여야 한다.
② 국토교통부장관은 ①에 따른 신체검사를 제13조에 따른 의료기관에서 실시하게 할 수 있다.
③ ①에 따른 신체검사의 합격기준, 검사방법 및 절차 등에 관하여 필요한 사항은 국토교통부령으로 정한다.

24 철도차량 운전면허를 받으려는 사람의 운전적성검사에 대한 설명으로 틀린 것은?

㉮ 철도차량 운전에 적합한 적성을 갖추고 있는지를 판정한다.

㉯ 적성검사는 국토교통부장관이 실시한다.

㉰ 적성검사의 합격기준, 검사의 방법은 국토교통부령으로 정한다.

㉱ 적성검사과정에서 부정행위를 한 사람은 적성검사일부터 3개월간 운전적성검사를 받을 수 없다.

해설 운전적성검사(법 제15조)
• 운전면허를 받으려는 사람은 철도차량 운전에 적합한 적성을 갖추고 있는지를 판정받기 위하여 국토교통부장관이 실시하는 적성검사에 합격하여야 한다.
• 운전적성검사에 불합격한 사람 또는 운전적성검사 과정에서 부정행위를 한 사람은 다음의 구분에 따른 기간 동안 운전적성검사를 받을 수 없다.
  – 운전적성검사에 불합격한 사람 : 검사일부터 3개월
  – 운전적성검사과정에서 부정행위를 한 사람 : 검사일부터 1년
• 운전적성검사의 합격기준, 검사의 방법 및 절차 등에 관하여 필요한 사항은 국토교통부령으로 정한다.
• 국토교통부장관은 운전적성검사에 관한 전문기관(운전적성검사기관)을 지정하여 운전적성검사를 하게 할 수 있다.
• 운전적성검사기관의 지정기준, 지정절차 등에 관하여 필요한 사항은 대통령령으로 정한다.
• 운전적성검사기관은 정당한 사유 없이 운전적성검사업무를 거부하여서는 아니 되고, 거짓이나 그 밖의 부정한 방법으로 운전적성검사 판정서를 발급하여서는 아니 된다.

23 ㉮ 24 ㉱ **정답**

25 운전적성검사기관 또는 관제적성검사기관으로 지정받으려는 자의 제출서류로 옳지 않은 것은?

㉮ 적성검사기관 지정신청서

㉯ 운영계획서

㉰ 운전적성검사기관 또는 관제적성검사기관 추천서

㉱ 운전적성검사 또는 관제적성검사를 담당하는 전문인력의 보유 현황을 증명할 수 있는 서류

> **해설** 운전적성검사기관 또는 관제적성검사기관의 지정절차 등(규칙 제17조제1항)
> 운전적성검사기관 또는 관제적성검사기관으로 지정받으려는 자는 [별지 제10호 서식]의 적성검사기관 지정신청서에
> 다음의 서류를 첨부하여 국토교통부장관에게 제출하여야 한다. 이 경우 국토교통부장관은 행정정보의 공동이용을
> 통하여 법인 등기사항증명서(신청인이 법인인 경우만 해당한다)를 확인하여야 한다.
> • 운영계획서
> • 정관이나 이에 준하는 약정(법인 그 밖의 단체만 해당한다)
> • 운전적성검사 또는 관제적성검사를 담당하는 전문인력의 보유 현황 및 학력·경력·자격 등을 증명할 수 있는 서류
> • 운전적성검사시설 또는 관제적성검사시설 내역서
> • 운전적성검사장비 또는 관제적성검사장비 내역서
> • 운전적성검사기관 또는 관제적성검사기관에서 사용하는 직인의 인영

26 보기에 밑줄 친 부분이 뜻하는 것으로 옳지 않은 것은?

> 철도안전법 제19조(운전면허의 갱신)
> ③ 국토교통부장관은 제2항 및 제5항에 따라 운전면허의 갱신을 신청한 사람이 다음의 어느 하나에 해당하는
> 경우에는 운전면허증을 갱신하여 발급하여야 한다.
> 1. 운전면허의 갱신을 신청하는 날 전 10년 이내에 국토교통부령으로 정하는 철도차량의 운전업무에 종사한
> 경력이 있거나 국토교통부령으로 정하는 바에 따라 이와 같은 수준 이상의 경력이 있다고 인정되는
> 경우

㉮ 2년 이상의 관제업무

㉯ 2년 이상의 운전교육훈련업무

㉰ 3년 이상의 철도차량 운전자를 지시하는 업무

㉱ 2년 이상의 철도차량 운전자를 지도하는 업무

> **해설** 운전면허 갱신에 필요한 경력 등(규칙 제32조제1·2항)
> • 법 제19조제3항제1호에서 "국토교통부령으로 정하는 철도차량의 운전업무에 종사한 경력"이란 운전면허의 유효기간
> 내에 6개월 이상 해당 철도차량을 운전한 경력을 말한다.
> • 법 제19조제3항제1호에서 "이와 같은 수준 이상의 경력"이란 다음의 어느 하나에 해당하는 업무에 2년 이상 종사한
> 경력을 말한다.
> – 관제업무
> – 운전교육훈련기관에서의 운전교육훈련업무
> – 철도운영자 등에게 소속되어 철도차량 운전자를 지도·교육·관리하거나 감독하는 업무

27 철도시설관리자는 누가 정하는 기술기준에 맞게 철도시설을 유지관리하여야 하는가?

㉮ 철도기술심의위원회

㉯ 국토교통부령

㉰ 철도기술관련단체

㉱ 대통령

> **해설** 철도시설의 기술기준(철도의 건설 및 철도시설 유지관리에 관한 법률 제19조)
> ① 철도건설사업의 시행자는 국토교통부령으로 정하는 기술기준에 맞게 철도시설을 설치하여야 한다.
> ② 철도시설관리자는 국토교통부령으로 정하는 바에 따라 ①에 따른 기술기준에 맞게 철도시설을 유지관리하여야 한다.
> ③ 철도를 새로 건설하거나 개량하는 경우에는 철도차량이 철도 노선 간을 상호 연계하여 운행할 수 있도록 국토교통부령으로 정하는 바에 따라 철도시설의 호환성과 안전성을 확보하여야 한다.

28 철도시설관리자의 철도시설의 유지관리에 대한 설명 중 옳지 않은 것은?

㉮ 소관 철도시설의 위험성을 파악하고 그 원인 및 영향을 분석하여 철도사고의 발생 가능성을 최소화할 수 있도록 안전성 분석을 실시한다.

㉯ 선로에 열차의 안전운행 및 여객의 안전을 위해 노반(路盤)·교량·터널 등에 탈선방지시설, 대피시설, 안전시설 등을 설치하고, 주기적으로 점검한다.

㉰ 철도시설관리자는 대통령령으로 정하는 바에 따라 기술기준에 맞게 철도시설을 유지·관리하여야 한다.

㉱ 철도건널목의 이용자와 철도를 보호할 수 있도록 안전설비를 설치하고, 교통량 조사·관리원 배치 등 대책을 수립·시행한다.

> **해설** ㉰ 철도시설관리자는 국토교통부령으로 정하는 바에 따라 기술기준에 맞게 철도시설을 유지·관리하여야 한다(철도의 건설 및 철도시설 유지관리에 관한 법률 제19조제2항).
> **철도시설의 유지관리(철도의 건설 및 철도시설 유지관리에 관한 법률 시행규칙 제7조)**
> ① 철도시설관리자는 다음의 기준에 맞게 철도시설을 유지관리해야 한다.
> ㉠ 철도시설관리자는 소관 철도시설의 위험성을 파악하고 그 원인 및 영향을 분석하여 철도사고의 발생 가능성을 최소화할 수 있도록 안전성 분석을 실시할 것
> ㉡ 선로에 열차의 안전운행 및 여객의 안전을 위해 노반(路盤)·교량·터널 등에 탈선방지시설, 대피시설, 안전시설 등을 설치하고, 주기적으로 점검할 것
> ㉢ 역 시설에 열차가 안전하게 정지·출발하고 여객이 안전하고 자유롭게 이동·대기할 수 있도록 승강장, 대기실, 피난로 등을 설치하고, 주기적으로 점검할 것
> ㉣ 철도건널목의 이용자와 철도를 보호할 수 있도록 안전설비를 설치하고, 교통량 조사·관리원 배치 등 대책을 수립·시행할 것
> ㉤ 열차의 안전운행 및 수송의 효율성 향상에 적합하도록 전철전력설비, 철도신호제어설비 및 철도정보통신설비를 설치하고, 주기적으로 점검할 것
> ② 국토교통부장관은 ①에서 정한 기준의 시행에 필요한 세부기준을 정하여 고시할 수 있다.

29 철도안전법령상 운전업무종사자(1975년 1월 1일생)의 적성검사 주기로 옳은 것은?

㉮ 최초검사를 받은 후 2년마다

㉯ 최초검사를 받은 후 3년마다

㉰ 최초검사를 받은 후 5년마다

㉱ 최초검사를 받은 후 10년마다

> **해설** 운전업무종사자 등에 대한 적성검사의 구분(규칙 제41조)
> • 최초검사 : 해당 업무를 수행하기 전에 실시하는 적성검사
> • 정기검사 : 최초검사를 받은 후 10년(50세 이상인 경우에는 5년)마다 실시하는 적성검사
> • 특별검사 : 철도종사자가 철도사고 등을 일으키거나 질병 등의 사유로 해당 업무를 적절히 수행하기 어렵다고 철도운영
>   자 등이 인정하는 경우에 실시하는 적성검사

30 철도차량 형식승인검사 중 철도차량이 부품단계, 구성품단계, 완성차단계, 시운전단계에서 철도차량
기술기준에 적합한지 여부에 대한 시험으로 옳은 것은?

㉮ 설계적합성 검사

㉯ 합치성 검사

㉰ 차량형식 시험

㉱ 차량기술 시험

> **해설** 철도차량 형식승인검사의 방법 및 증명서 발급 등(규칙 제48조)
> • 설계적합성 검사 : 철도차량의 설계가 철도차량기술기준에 적합한지 여부에 대한 검사
> • 합치성 검사 : 철도차량이 부품단계, 구성품단계, 완성차단계에서 설계적합성 검사에 따른 설계와 합치하게 제작되었는
>   지 여부에 대한 검사
> • 차량형식 시험 : 철도차량이 부품단계, 구성품단계, 완성차단계, 시운전단계에서 철도차량기술기준에 적합한지 여부에
>   대한 시험

31 철도용품 형식승인검사의 방법에 해당하지 않는 것은?

㉮ 설계적합성 검사

㉯ 용품기술 시험

㉰ 합치성 검사

㉱ 차량형식 시험

> **해설** 철도용품 형식승인검사는 설계적합성 검사, 합치성 검사, 차량형식 시험으로 실시한다(규칙 제48조제1항).

32 철도안전법상 형식승인을 받은 철도차량 제작자승인의 승인권자는?

⑦ 대통령

⑭ 국토교통부장관

⑪ 철도기술심의위원회

⑭ 도로교통공단

> **해설** 형식승인을 받은 철도차량을 제작하려는 자는 국토교통부령으로 정하는 바에 따라 철도차량의 제작을 위한 인력,
> 설비, 장비, 기술 및 제작검사 등 철도차량의 적합한 제작을 위한 유기적 체계를 갖추고 있는지에 대하여 국토교통부장관
> 의 제작자승인을 받아야 한다(법 제26조의3).

33 철도차량 제작자승인을 취소하여야 하는 경우에 해당하는 것은?

⑦ 변경승인을 하지 아니하고 철도차량을 제작한 경우

⑭ 시정조치명령을 정당한 사유 없이 이행하지 아니한 경우

⑪ 부정한 방법으로 제작자승인을 받은 경우

⑭ 제작·수입·판매·사용 중지의 명령을 이행하지 아니한 경우

> **해설** 철도차량 제작자승인을 취소해야 하는 경우(법 제26조의7제1항제1·5호)
> • 거짓이나 그 밖의 부정한 방법으로 제작자승인을 받은 경우
> • 업무정지 기간 중에 철도차량을 제작한 경우

34 철도차량 또는 철도용품의 제작 또는 판매 중지의 시정조치의 면제를 받으려는 제작자는 중지 명령을
받은 날로부터 며칠 이내에 증명서류를 제출해야 하는가?

⑦ 5일

⑭ 10일

⑪ 15일

⑭ 20일

> **해설** 시정조치의 면제 신청 등(영 제29조)
> ① 법 제32조제3항에 따라 시정조치의 면제를 받으려는 제작자는 법 제32조제1항에 따른 중지명령을 받은 날부터
>   15일 이내에 법 제32조제2항 단서에 따른 경미한 경우에 해당함을 증명하는 서류를 국토교통부장관에게 제출하여야
>   한다.
> ② 국토교통부장관은 ①에 따른 서류를 제출받은 경우에 시정조치의 면제 여부를 결정하고 결정이유, 결정기준과
>   결과를 신청자에게 통지하여야 한다.

32 ⑭ 33 ⑪ 34 ⑪ **정답**

35 철도안전법령상 표준화에 대한 설명으로 옳지 않은 것은?

㉮ 철도의 안전과 호환성의 확보 등을 위하여 철도차량 및 철도용품의 표준규격을 정한다.

㉯ 국토교통부장관은 철도차량제작자 등에게 표준화를 권고할 수 있다.

㉰ 산업표준화법에 따른 한국산업표준이 제정되어 있어도 철도안전법령을 따른다.

㉱ 철도용품 표준규격을 제정·개정·폐지하려는 경우에는 기술위원회의 심의를 거쳐야 한다.

> **해설** **표준화(법 제34조)**
> ① 국토교통부장관은 철도의 안전과 호환성의 확보 등을 위하여 철도차량 및 철도용품의 표준규격을 정하여 철도운영자 등 또는 철도차량을 제작·조립 또는 수입하려는 자 등에게 권고할 수 있다. 다만, 산업표준화법에 따른 한국산업표준이 제정되어 있는 사항에 대하여는 그 표준에 따른다.
> ② ①에 따른 표준규격의 제정·개정 등에 필요한 사항은 국토교통부령으로 정한다.
> **철도기술심의위원회의 설치(규칙 제44조제3호)**
> 국토교통부장관은 다음의 사항을 심의하게 하기 위하여 철도기술심의위원회를 설치한다.
> • 법 제34조제1항에 따른 철도차량·철도용품 표준규격의 제정·개정 또는 폐지

36 철도차량 제작자승인의 경미한 사항 변경 신청 시 제출해야 하는 서류가 아닌 것은?

㉮ 철도차량 제작자승인증명서

㉯ 철도차량제작승인기준에 대한 비적합성 입증자료

㉰ 변경 전후의 대비표 및 해설서

㉱ 철도차량 제작자승인변경신고서

> **해설** **철도차량 제작자승인의 경미한 사항 변경 신청 시 제출 서류(규칙 제52조제2항)**
> • 철도차량 제작자승인변경신고서
> • 해당 철도차량의 철도차량 제작자승인증명서
> • 경미한 사항에 해당함을 증명하는 서류
> • 변경 전후의 대비표 및 해설서
> • 변경 후의 철도차량 품질관리체계
> • 철도차량제작자승인기준에 대한 적합성 입증자료

37 철도차량 제작자승인의 지위를 승계하는 자는 철도차량 제작자승계신고서를 누구에게 제출하여야 하는가?

㉮ 대통령

㉯ 시·도지사

㉰ 국토교통부장관

㉱ 행정안전부장관

> **해설** 철도차량 제작자승인의 지위를 승계하는 자는 철도차량 제작자승계신고서에 서류를 첨부하여 국토교통부장관에게 제출하여야 한다(규칙 제55조제1항).

38 철도차량 완성검사의 신청 시에 제출해야 하는 서류가 아닌 것은?

㉮ 완성검사 절차서

㉯ 형식승인증명서

㉰ 제작자승인증명서

㉱ 완성검사신청서

> **해설** 철도차량완성검사의 신청 시 제출서류(규칙 제56조제1항)
> - 철도차량 완성검사신청서
> - 철도차량 형식승인증명서
> - 철도차량 제작자승인증명서
> - 형식승인된 설계와의 형식동일성 입증계획서 및 입증서류
> - 주행시험 절차서
> - 그 밖에 형식동일성 입증을 위하여 국토교통부장관이 필요하다고 인정하여 고시하는 서류

39 철도차량 품질관리체계에 대한 법정 정기검사의 주기는?

㉮ 1년마다 1회

㉯ 1년마다 2회

㉰ 2년마다 1회

㉱ 2년마다 2회

> **해설** 철도차량 품질관리체계의 유지 등(규칙 제59조제1항)
> 국토교통부장관은 철도차량 품질관리체계에 대하여 1년마다 1회의 정기검사를 실시하고, 철도차량의 안전 및 품질 확보 등을 위하여 필요하다고 인정하는 경우에는 수시로 검사할 수 있다.

40 철도용품 형식승인의 경미한 사항 변경에 해당하지 않는 것은?

㉮ 철도용품의 안전 및 성능에 영향을 미치지 아니하는 형상 변경

㉯ 철도용품의 안전에 영향을 미치는 설비의 변경

㉰ 중량분포에 영향을 미치지 아니하는 장치 또는 부품의 배치 변경

㉱ 동일 성능으로 입증할 수 있는 부품의 규격 변경

> **해설** 철도용품 형식승인의 경미한 사항 변경(규칙 제61조제1항)
> - 철도용품의 안전 및 성능에 영향을 미치지 아니하는 형상 변경
> - 철도용품의 안전에 영향을 미치지 아니하는 설비의 변경
> - 중량분포에 영향을 미치지 아니하는 장치 또는 부품의 배치 변경
> - 동일 성능으로 입증할 수 있는 부품의 규격 변경
> - 그 밖에 철도용품의 안전 및 성능에 영향을 미치지 아니한다고 국토교통부장관이 인정하는 사항의 변경

41 철도용품에 형식승인을 받은 철도용품임을 나타내는 표시에 해당하지 않는 것은?

㉮ 형식승인품의 판매자명   ㉯ 형식승인품명의 제조일

㉰ 형식승인품의 제조자명   ㉱ 형식승인기관의 명칭

> **해설**   **형식승인을 받은 철도용품의 표시(규칙 제68조제1항)**
> • 형식승인품명 및 형식승인번호
> • 형식승인품명의 제조일
> • 형식승인품의 제조자명(제조자임을 나타내는 마크 또는 약호를 포함)
> • 형식승인기관의 명칭

42 철도용품 품질관리체계의 유지를 위한 국토교통부장관의 업무로 옳지 않은 것은?

㉮ 1년에 1회의 정기검사를 실시하여야 한다.

㉯ 수시로 검사를 할 수 있지만 횟수의 제한이 있다.

㉰ 정기검사 또는 수시검사 시행일 15일 전까지 검사계획을 통보하여야 한다.

㉱ 검사를 마친 후 검사 결과보고서를 작성하여야 한다.

> **해설**   국토교통부장관은 철도용품 품질관리체계에 대하여 1년마다 1회의 정기검사를 실시하고, 철도용품의 안전 및 품질 확보 등을 위하여 필요하다고 인정하는 경우에는 수시로 검사할 수 있다(규칙 제71조).

43 철도시설관리자가 종합시험운행을 실시하기 전에 철도운영자와 협의하여 종합시험운행계획에 포함시켜야 하는 것으로 거리가 먼 것은?

㉮ 평가항목 및 평가기준

㉯ 안전관리조직 및 안전관리계획

㉰ 종합시험운행의 일정

㉱ 종합시험운행의 장소

> **해설**   철도시설관리자는 종합시험운행을 실시하기 전에 철도운영자와 협의하여 다음의 사항이 포함된 종합시험운행계획을 수립하여야 한다(규칙 제75조제3항).
> • 종합시험운행의 방법 및 절차
> • 평가항목 및 평가기준 등
> • 종합시험운행의 일정
> • 종합시험운행의 실시 조직 및 소요인원
> • 종합시험운행에 사용되는 시험기기 및 장비
> • 종합시험운행을 실시하는 사람에 대한 교육훈련계획
> • 안전관리조직 및 안전관리계획
> • 비상대응계획
> • 그 밖에 종합시험운행의 효율적인 실시와 안전 확보를 위하여 필요한 사항

44 다음 보기의 종합시험운행 결과에 대한 검토의 순서로 옳은 것은?

> ㉠ 기술기준에의 적합여부 검토
> ㉡ 철도시설 및 열차운행체계의 안전성 여부 검토
> ㉢ 정상운행 준비의 적절성 여부 검토

⑦ ㉠ → ㉡ → ㉢

④ ㉠ → ㉢ → ㉡

⑤ ㉡ → ㉢ → ㉠

⑥ ㉢ → ㉠ → ㉡

> **해설** 종합시험운행 결과의 검토 및 개선명령 등(규칙 제75조의2)
> 법 제38조제2항에 따라 실시되는 종합시험운행의 결과에 대한 검토는 다음의 절차로 구분하여 순서대로 실시한다.
> ① 철도의 건설 및 철도시설 유지관리에 관한 법률 제19조제1항 및 제2항에 따른 기술기준에의 적합여부 검토
> ② 철도시설 및 열차운행체계의 안전성 여부 검토
> ③ 정상운행 준비의 적절성 여부 검토

45 철도종사자의 준수사항 등에 대한 설명으로 옳지 않은 것은?

⑦ 작업책임자는 철도차량의 운전업무 수행 중 국토교통부령으로 정하는 철도차량 운행에 관한 안전 수칙을 준수할 것

④ 관제업무종사자는 관제업무 수행 중 철도사고, 철도준사고 및 운행장애 발생 시 국토교통부령으로 정하는 조치사항을 이행할 것

⑤ 철도운행안전관리자는 철도차량의 운행선로 작업 수행 중 작업일정 및 열차의 운행일정을 작업수행 전에 조정할 것

⑥ 철도사고 등이 발생하는 경우 해당 철도차량의 운전업무종사자와 여객승무원은 철도사고 등의 현장을 이탈하여서는 아니 된다.

> **해설** 철도종사자의 준수사항(법 제40조의2제1항)
> 운전업무종사자는 철도차량의 운전업무 수행 중 다음의 사항을 준수하여야 한다.
> • 철도차량 출발 전 국토교통부령으로 정하는 조치 사항을 이행할 것
> • 국토교통부령으로 정하는 철도차량 운행에 관한 안전 수칙을 준수할 것

46 다음 중 철도안전법령상 위해물품을 휴대할 수 없는 자는?

⑦ 철도경찰 사무에 종사하는 국가공무원

④ 경찰관 직무를 수행하는 사람

⑤ 경비업법에 따른 경비원

⑥ 복무 중인 모든 군인

> **해설** 위험물품을 운송하는 군용열차를 호송하는 군인이 위해물품을 휴대·적재할 수 있다(규칙 제77조제4호).

47 철도안전법령상 위해물품의 종류 중 가연성 물질에 대한 설명으로 틀린 것은?

㉮ 가연성고체는 화기 등에 의하여 용이하게 점화되며 화재를 조장할 수 있는 고체이다.

㉯ 자연발화성 물질은 통상적인 운송상태에서 마찰·습기흡수·화학변화 등으로 인하여 자연발열하거나 자연발화하기 쉬운 물질이다.

㉰ 유기과산화물은 다른 물질을 산화시키는 성질을 가진 유기물질로 가연성 물질에 해당한다.

㉱ 물과 작용하여 인화성 가스를 발생하는 물질도 가연성 물질에 해당한다.

해설 **산화성 물질류(규칙 제78조제1항제5호)**
- 산화성 물질 : 다른 물질을 산화시키는 성질을 가진 물질로서 유기과산화물 외의 것
- 유기과산화물 : 다른 물질을 산화시키는 성질을 가진 유기물질

48 철도안전법령상 운송위탁 및 운송 금지 위험물을 모두 고르면?

㉠ 점화 또는 점폭약류를 붙인 폭약
㉡ 니트로글리세린
㉢ 건조한 기폭약
㉣ 뇌홍질화연에 속하는 것

㉮ ㉠   ㉯ ㉡, ㉣

㉰ ㉠, ㉢, ㉣   ㉱ ㉠, ㉡, ㉢, ㉣

해설 **운송위탁 및 운송 금지 위험물 등(영 제44조)**
- 점화 또는 점폭약류를 붙인 폭약
- 니트로글리세린
- 건조한 기폭약
- 뇌홍질화연에 속하는 것
- 그 밖에 사람에게 위해를 주거나 물건에 손상을 줄 수 있는 물질로서 국토교통부장관이 정하여 고시하는 위험물

49 철도안전법령상 운송취급주의 위험물이 아닌 것은?

㉮ 건조한 기폭약

㉯ 마찰·충격·흡습(吸濕) 등 주위의 상황으로 인하여 발화할 우려가 있는 것

㉰ 유독성 가스를 발생시킬 우려가 있는 것

㉱ 철도운송 중 폭발할 우려가 있는 것

해설 건조한 기폭약은 운송위탁 및 운송 금지 위험물 등에 해당한다(영 제44조).

50 철도안전법령상 대통령령으로 정하는 위험물이 아닌 것은?

㉮ 철도운송 중 폭발할 우려가 있는 것

㉯ 인화성·산화성 등이 강하여 그 물질 자체의 성질에 따라 발화할 우려가 있는 것

㉰ 주위의 상황으로 인하여 용기가 파손될 우려가 있는 것

㉱ 유독성 가스를 발생시킬 우려가 있는 것

> **해설** **운송취급주의 위험물(영 제45조)**
> 법 제44조제1항에서 "대통령령으로 정하는 위험물"이란 다음 중 어느 하나에 해당하는 것으로서 국토교통부령으로 정하는 것을 말한다.
> • 철도운송 중 폭발할 우려가 있는 것
> • 마찰·충격·흡습(吸濕) 등 주위의 상황으로 인하여 발화할 우려가 있는 것
> • 인화성·산화성 등이 강하여 그 물질 자체의 성질에 따라 발화할 우려가 있는 것
> • 용기가 파손될 경우 내용물이 누출되어 철도차량·레일·기구 또는 다른 화물 등을 부식시키거나 침해할 우려가 있는 것
> • 유독성 가스를 발생시킬 우려가 있는 것
> • 그 밖에 화물의 성질상 철도시설·철도차량·철도종사자·여객 등에 위해나 손상을 끼칠 우려가 있는 것

51 철도안전법에 따른 철도보호지구 안의 기준으로 옳은 것은?

㉮ 철도경계선(가장 안쪽 궤도의 끝선을 말한다)으로부터 30[m] 이내

㉯ 철도경계선(가장 바깥쪽 궤도의 끝선을 말한다)으로부터 50[m] 이내

㉰ 철도경계선(가장 안쪽 궤도의 끝선을 말한다)으로부터 50[m] 이내

㉱ 철도경계선(가장 바깥쪽 궤도의 끝선을 말한다)으로부터 30[m] 이내

> **해설** 법 제45조 참고

52 철도안전법령상 안전관리체계의 변경승인을 받지 않고 안전관리체계를 변경한 경우 1회 위반행위에 대한 과태료 금액은?

㉮ 50만원 　　　　　　　　　㉯ 150만원

㉰ 300만원 　　　　　　　　㉱ 500만원

> **해설** **과태료 부과기준(영 [별표 6])**
> 안전관리체계의 변경승인을 받지 않고 안전관리체계를 변경한 경우 1회 위반 시 300만원, 2회 위반 시 600만원, 3회 이상 위반 시 900만원의 과태료가 부과된다.

50 ㉰ 51 ㉱ 52 ㉰ **정답**

53 철도안전법상 여객열차에서의 금지행위가 아닌 것은?

㉮ 여객열차 내에서 취식하는 행위

㉯ 철도종사자와 여객 등에게 성적(性的) 수치심을 일으키는 행위

㉰ 여객열차 밖에 있는 사람을 위험하게 할 우려가 있는 물건을 여객열차 밖으로 던지는 행위

㉱ 여객열차 내에서 흡연하는 행위

해설 **여객열차에서의 금지행위(법 제47조제1항)**
- 정당한 사유 없이 국토교통부령으로 정하는 여객출입 금지장소에 출입하는 행위
- 정당한 사유 없이 운행 중에 비상정지버튼을 누르거나 철도차량의 옆면에 있는 승강용 출입문을 여는 등 철도차량의 장치 또는 기구 등을 조작하는 행위
- 여객열차 밖에 있는 사람을 위험하게 할 우려가 있는 물건을 여객열차 밖으로 던지는 행위
- 흡연하는 행위
- 철도종사자와 여객 등에게 성적(性的) 수치심을 일으키는 행위
- 술을 마시거나 약물을 복용하고 다른 사람에게 위해를 주는 행위
- 그 밖에 공중이나 여객에게 위해를 끼치는 행위로서 국토교통부령으로 정하는 행위

54 철도안전법상 궤도의 중심으로부터 양측으로 몇 미터 이내의 장소에 철도차량의 안전 운행에 지장을 주는 물건을 방치하여서는 안 되는가?

㉮ 1[m]

㉯ 3[m]

㉰ 7[m]

㉱ 10[m]

해설 궤도의 중심으로부터 양측으로 폭 3[m] 이내의 장소에 철도차량의 안전 운행에 지장을 주는 물건을 방치하는 행위를 하여서는 아니 된다(법 제48조제3호).

55 철도안전법령상 폭발물 등 적치금지 구역이 아닌 곳은?

㉮ 정거장 및 선로(정거장 또는 선로를 지지하는 구조물 및 그 주변지역을 제외)

㉯ 철도 역사

㉰ 철도 교량

㉱ 철도 터널

해설 ㉮ 정거장 및 선로를 지지하는 구조물 및 그 주변지역을 포함한다(규칙 제81조제1호).

56 철도안전법령상 철도 보호 및 질서유지를 위하여 철도운영자 등의 승낙 없이 출입이 금지되는 철도시설구역에 해당하지 않는 것은?

㉮ 철도 부속실 ㉯ 신호·통신기기 설치장소

㉰ 위험물을 적하하거나 보관하는 장소 ㉱ 철도차량 정비시설

> **해설** **출입금지 철도시설(규칙 제83조)**
> • 위험물을 적하하거나 보관하는 장소
> • 신호·통신기기 설치장소 및 전력기기·관제설비 설치장소
> • 철도운전용 급유시설물이 있는 장소
> • 철도차량 정비시설

57 철도안전법령상 질서유지를 위한 금지행위가 아닌 것은?

㉮ 흡연이 금지된 철도시설이나 철도차량 안에서 흡연하는 행위

㉯ 철도종사자의 허락 없이 철도시설이나 철도차량에서 광고물을 붙이거나 배포하는 행위

㉰ 역시설(물류시설·환승시설·편의시설은 제외)에서 철도종사자의 허락 없이 기부를 부탁하거나 물품을 판매·배부하거나 연설·권유를 하는 행위

㉱ 철도종사자의 허락 없이 선로변에서 총포를 이용하여 수렵하는 행위

> **해설** **질서유지를 위한 금지행위(규칙 제85조)**
> • 흡연이 금지된 철도시설이나 철도차량 안에서 흡연하는 행위
> • 철도종사자의 허락 없이 철도시설이나 철도차량에서 광고물을 붙이거나 배포하는 행위
> • 역시설에서 철도종사자의 허락 없이 기부를 부탁하거나 물품을 판매·배부하거나 연설·권유를 하는 행위
> • 철도종사자의 허락 없이 선로변에서 총포를 이용하여 수렵하는 행위

58 철도보호지구에서의 안전운행 저해행위로 보기 어려운 것은?

㉮ 폭발물이나 인화물질 등 위험물을 제조·저장하거나 전시하는 행위

㉯ 철도차량 운전자 등이 선로나 신호기를 확인하는 데 지장을 주는 행위

㉰ 전차선로에 의하여 감전될 우려가 있는 시설이나 설비를 설치하는 행위

㉱ 흡연이 금지된 철도시설이나 철도차량 안에서 흡연하는 행위

> **해설** 흡연이 금지된 철도시설이나 철도차량 안에서 흡연하는 행위는 질서유지를 위한 금지행위이다(규칙 제85조).
> **철도보호지구에서의 안전운행 저해행위 등(영 제48조)**
> • 폭발물이나 인화물질 등 위험물을 제조·저장하거나 전시하는 행위
> • 철도차량 운전자 등이 선로나 신호기를 확인하는 데 지장을 주거나 줄 우려가 있는 시설이나 설비를 설치하는 행위
> • 철도신호등으로 오인할 우려가 있는 시설물이나 조명 설비를 설치하는 행위
> • 전차선로에 의하여 감전될 우려가 있는 시설이나 설비를 설치하는 행위
> • 시설 또는 설비가 선로의 위나 밑으로 횡단하거나 선로와 나란히 되도록 설치하는 행위
> • 그 밖에 열차의 안전운행과 철도 보호를 위하여 필요하다고 인정하여 국토교통부장관이 정하여 고시하는 행위

56 ㉮ 57 ㉰ 58 ㉱ **정답**

59 철도안전법령상 철도종사자의 권한표시 방법에 해당하지 않는 것은?

㉮ 복 장

㉯ 모 자

㉰ 완 장

㉱ 전화상 지시

> **해설** 법 제49조에 따른 철도종사자는 복장·모자·완장·증표 등으로 그가 직무상 지시를 할 수 있는 사람임을 표시하여야
> 한다(영 제51조제1항).

60 철도안전법상 사람 또는 물건의 퇴거조치 대상이 아닌 것은?

㉮ 음주한 자

㉯ 운송 금지 위험물을 탁송 또는 운송하는 자

㉰ 위해물품을 휴대하고 열차에 승차한 자

㉱ 철도종사자의 직무상 지시를 따르지 않는 자

> **해설** **사람 또는 물건에 대한 퇴거 조치 등(법 제50조)**
> • 여객열차에서 위해물품을 휴대한 사람 및 그 위해물품
> • 운송 금지 위험물을 운송위탁거나 운송하는 자 및 그 위험물
> • 국토교통부장관의 행위 금지·제한 또는 조치 명령에 따르지 아니하는 사람 및 그 물건
> • 여객열차에서의 금지행위를 한 사람 및 그 물건
> • 철도보호 및 질서유지를 위한 금지행위를 한 사람 및 그 물건
> • 보안검색에 따르지 아니한 사람
> • 철도종사자의 직무상 지시를 따르지 아니하거나 직무집행을 방해하는 사람

61 국토교통부장관에게 즉시 보고하여야 하는 철도사고에 해당하는 것은?

㉮ 열차의 단순 고장으로 인한 지연

㉯ 철도차량에서 화재가 발생하여 운행을 중지시킨 사고

㉰ 열차의 운행과 관련하여 1명이라도 사상자가 발생한 사고

㉱ 철도차량과 관련하여 1천만원 이상의 재산피해가 발생한 사고

> **해설** **국토교통부장관에게 즉시 보고하여야 하는 철도사고 등(영 제57조)**
> "사상자가 많은 사고 등 대통령령으로 정하는 철도사고 등"이란 다음의 어느 하나에 해당하는 사고를 말한다.
> • 열차의 충돌이나 탈선사고
> • 철도차량이나 열차에서 화재가 발생하여 운행을 중지시킨 사고
> • 철도차량이나 열차의 운행과 관련하여 3명 이상 사상자가 발생한 사고
> • 철도차량이나 열차의 운행과 관련하여 5천만원 이상의 재산피해가 발생한 사고

62 철도운영자 등이 철도사고 발생 시 국토교통부장관에게 즉시 보고하여야 할 사항에 해당하지 않는 것은?

㉮ 사고 발생 일시 및 장소

㉯ 사고 복구 결과

㉰ 사고 발생 경위

㉱ 사고 수습 및 복구 계획 등

> **해설** 철도사고 발생 시 국토교통부장관에게 즉시 보고하여야 할 사항(규칙 제86조제1항)
> • 사고 발생 일시 및 장소
> • 사상자 등 피해사항
> • 사고 발생 경위
> • 사고 수습 및 복구 계획 등

63 철도안전법령상 운전교육훈련기관이 위반사항 1차 위반을 하였을 때 지정취소를 해야 하는 것은?

㉮ 거짓이나 그 밖의 부정한 방법으로 운전교육훈련 수료증을 발급한 경우

㉯ 지정기준에 맞지 아니한 경우

㉰ 정당한 사유 없이 운전교육훈련업무를 거부한 경우

㉱ 업무정지 명령을 위반하여 그 정지기간 중 운전교육훈련업무를 한 경우

> **해설** 운전교육훈련기관의 지정취소 및 업무정지기준(규칙 [별표 9])
>
> | 위반사항 | 처분기준 | | | |
> |---|---|---|---|---|
> | | 1차 위반 | 2차 위반 | 3차 위반 | 4차 위반 |
> | 1. 거짓이나 그 밖의 부정한 방법으로 지정을 받은 경우 | 지정취소 | – | – | – |
> | 2. 업무정지 명령을 위반하여 그 정지 기간 중 운전교육훈련 업무를 한 경우 | 지정취소 | – | – | – |
> | 3. 법 제16조제4항에 따른 지정기준에 맞지 아니한 경우 | 경고 또는 보완명령 | 업무정지 1개월 | 업무정지 3개월 | 지정취소 |
> | 4. 정당한 사유 없이 운전교육훈련업무를 거부한 경우 | 경 고 | 업무정지 1개월 | 업무정지 3개월 | 지정취소 |
> | 5. 법 제16조제5항에 따라 준용되는 법 제15조제6항을 위반하여 거짓이나 그 밖의 부정한 방법으로 운전교육훈련 수료증을 발급한 경우 | 업무정지 1개월 | 업무정지 3개월 | 지정취소 | – |

62 ㉯ 63 ㉱ **정답**

64 철도안전법상 철도안전 전문기관 등의 육성에 관한 내용으로 옳지 않은 것은?

㉮ 국토교통부장관은 철도안전에 관한 전문기관 또는 단체를 지도·육성하여야 한다.

㉯ 국토교통부장관은 철도시설의 건설, 운영 및 관리와 관련된 안전점검업무 등 대통령령으로 정하는 철도안 전업무에 종사하는 철도안전 전문인력을 원활하게 확보할 수 있도록 시책을 마련하여 추진하여야 한다.

㉰ 철도안전 전문인력의 분야별 자격기준, 자격부여 절차 및 자격을 받기 위한 안전교육훈련 등에 관하여 필요한 사항은 국토교통부령으로 정한다.

㉱ 안전전문기관의 지정기준, 지정절차 등에 관하여 필요한 사항은 대통령령으로 정한다.

> **해설** 철도안전 전문기관 등의 육성(법 제69조제1~6항)
> • 국토교통부장관은 철도안전에 관한 전문기관 또는 단체를 지도·육성하여야 한다.
> • 국토교통부장관은 철도시설의 건설, 운영 및 관리와 관련된 안전점검업무 등 대통령령으로 정하는 철도안전업무에 종사하는 전문인력(이하 "철도안전 전문인력")을 원활하게 확보할 수 있도록 시책을 마련하여 추진하여야 한다.
> • 국토교통부장관은 철도안전 전문인력의 분야별 자격을 다음과 같이 구분하여 부여할 수 있다.
>   − 철도운행안전관리자
>   − 철도안전전문기술자
> • 철도안전 전문인력의 분야별 자격기준, 자격부여 절차 및 자격을 받기 위한 안전교육훈련 등에 관하여 필요한 사항은 대통령령으로 정한다.
> • 국토교통부장관은 철도안전에 관한 전문기관(이하 "안전전문기관")을 지정하여 철도안전 전문인력의 양성 및 자격관리 등의 업무를 수행하게 할 수 있다.
> • 안전전문기관의 지정기준, 지정절차 등에 관하여 필요한 사항은 대통령령으로 정한다.

65 철도안전 전문인력에 대한 설명으로 틀린 것은?

㉮ 국토교통부장관은 철도안전에 관한 전문기관 또는 단체를 지도·육성하여야 한다.

㉯ 국토교통부장관은 철도안전 전문인력의 분야별 자격을 철도운행안전관리자와 철도안전전문기술자로 구분하여 부여할 수 있다.

㉰ 철도안전 전문인력의 분야별 자격기준, 자격부여 절차 및 자격을 받기 위한 안전교육훈련 등에 관하여 필요한 사항은 국토교통부령으로 정한다.

㉱ 국토교통부장관은 안전전문기관을 지정하여 철도안전 전문인력의 양성 및 자격관리 등의 업무를 수행하게 할 수 있다.

> **해설** 철도안전 전문인력의 분야별 자격기준, 자격부여 절차 및 자격을 받기 위한 안전교육훈련 등에 관하여 필요한 사항은 대통령령으로 정한다(법 제69조제4항).

66 철도안전법령상 국토교통부장관의 운전면허시험의 실시 위탁 대상은?

㉮ 한국교통안전공단

㉯ 해당지역 시·도지사

㉰ 철도특별사법경찰대장

㉱ 위탁하지 않음

> **해설** 국토교통부장관은 운전면허시험의 실시에 대하여 한국교통안전공단에 위탁한다(영 제63조제1항).

67 철도안전법상 폭행·협박으로 철도종사자의 직무를 방해한 자에 대한 벌칙으로 옳은 것은?

㉮ 1년 이하의 징역 또는 1천만원 이하의 벌금

㉯ 2년 이하의 징역 또는 2천만원 이하의 벌금

㉰ 3년 이하의 징역 또는 3천만원 이하의 벌금

㉱ 5년 이하의 징역 또는 5천만원 이하의 벌금

> **해설** 폭행·협박으로 철도종사자의 직무집행을 방해한 자는 5년 이하의 징역 또는 5천만원 이하의 벌금에 처한다(법 제79조제1항).

68 철도안전법상 완성검사를 받지 아니하고 철도차량을 판매한 자에 대한 벌칙은?

㉮ 1년 이하의 징역 또는 1천만원 이하의 벌금

㉯ 2년 이하의 징역 또는 2천만원 이하의 벌금

㉰ 3년 이하의 징역 또는 3천만원 이하의 벌금

㉱ 5년 이하의 징역 또는 5천만원 이하의 벌금

> **해설** 완성검사를 받지 아니하고 철도차량을 판매한 자는 2년 이하의 징역 또는 2천만원 이하의 벌금에 처한다(법 제79조제3항 제9호).

69 철도안전법상 면허가 없거나 정지된 자가 철도차량을 운전한 경우에 대한 벌칙으로 옳은 것은?

㉮ 1년 이하의 징역 또는 1천만원 이하의 벌금

㉯ 2년 이하의 징역 또는 2천만원 이하의 벌금

㉰ 3년 이하의 징역 또는 3천만원 이하의 벌금

㉱ 5년 이하의 징역 또는 5천만원 이하의 벌금

> **해설** 운전면허를 받지 아니하고(운전면허가 취소되거나 그 효력이 정지된 경우를 포함) 철도차량을 운전한 사람은 1년 이하의 징역 또는 1천만원 이하의 벌금에 처한다(법 제79조제4항제1호).

66 ㉮ 67 ㉱ 68 ㉯ 69 ㉮ **정답**

참 / 고 / 문 / 헌

- SD적성검사연구소, 코레일(KORAIL) 인적성검사 + 실제면접, 시대고시기획, 2013
- 구현우 외, 도로교통사고감정사, 시대고시기획, 2013
- 김대윤 등, 물류관리사 한권으로 끝내기, 시대고시기획, 2013
- 안영일 등, 유통관리사 한권으로 끝내기, 시대고시기획, 2013
- 김상훈, Win-Q 전기기사, 시대고시기획, 2013
- 김상훈, Win-Q 전기공사기사, 시대고시기획, 2013
- 김병수 등, 철도차량운전규칙, 일진사, 2012
- 안승호 등, 철도안전법, 일진사, 2012
- 이용상, 한국철도의 역사와 발전, 북갤러리, 2011
- 홍용기, 철도차량시스템, 화남, 2011
- 손영진 등, 신편철도차량공학, 구미서관, 2011
- 편집부, 철도건설공사 전문시방서, 한국철도시설공단, 2011
- 이용상, 한국철도의 역사와 발전, 북갤러리, 2011
- 홍용기, 철도차량시스템, 화남, 2011
- 손영진 등, 신편철도차량공학, 구미서관, 2011
- 정경희, 철도교량공학, 동명사, 2011
- 원기술 편집부, 철도법안전관계법, 원기술, 2010
- 서사범, 철도공학입문, 북갤러리, 2010
- 코레일, 철도주요연표, 2010
- 김대영, 철도노반공사 수량 및 단가산출기준 표준, 한국철도시설공단, 2008
- 코레일, KTX-II 차량시스템 및 형식시험 보고서, 2008
- 김기화 등, 철도신호기기, 태영문화사, 2006
- 이홍로, 교통안전관리론, 행정경영자료사, 2002
- 교통사고분석사연구회, 법규 및 안전관리론, 피엔에스출판, 2002
- 전태영, 교통사고분석사, 시대고시기획, 2002
- 국가철도공단 https://www.kr.or.kr
- 한국교통안전공단 https://www.kotsa.or.kr
- 한국철도공사 https://www.korail.com
- 한국철도기술연구원 https://www.krri.re.kr

교육은 우리 자신의 무지를 점차 발견해 가는 과정이다.

– 윌 듀란트 –

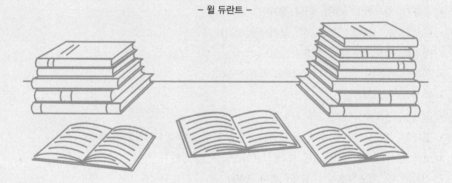

철도교통안전관리자 한권으로 끝내기

개정11판1쇄 발행	2024년 06월 05일 (인쇄 2024년 04월 24일)
초 판 발 행	2012년 07월 10일 (인쇄 2012년 05월 18일)
발 행 인	박영일
책 임 편 집	이해욱
편 저	철도교통안전관리자 편찬위원회
편 집 진 행	윤진영 · 김경숙
표지디자인	권은경 · 길전홍선
편집디자인	정경일
발 행 처	(주)시대고시기획
출 판 등 록	제10-1521호
주 소	서울시 마포구 큰우물로 75 [도화동 538 성지 B/D] 9F
전 화	1600-3600
팩 스	02-701-8823
홈 페 이 지	www.sdedu.co.kr

I S B N	979-11-383-7045-5(13530)
정 가	35,000원

더 이상의 자동차 관련 취업 수험서는 없다!

교통 · 건설기계 · 운전자격 시리즈

※ 도서의 이미지와 가격은 변동될 수 있습니다.